表面覆盖层标准应用手册

上卷

全国金属与非金属覆盖层标准化技术委员会　编

机 械 工 业 出 版 社

《表面覆盖层标准应用手册》分上、下两卷出版。上卷内容包括表面覆盖层通用规范与试验方法、电镀、化学镀与电刷镀、转化膜、防锈共五篇，下卷内容包括涂装、热喷涂、热浸镀及锌基涂层、搪瓷、气相沉积、其他表面技术共六篇。本手册对表面覆盖层领域现行的基础技术标准，从技术发展、标准制（修）订历程、与国际标准的对标及转化情况、标准主要内容与特点等方面进行了说明，提出了标准应用的关键问题和主要事项。本手册按专业技术分类，以技术特性分章，每项标准自成一节，每节中基本包括概论、标准主要特点与应用说明、标准内容三部分。本手册由全国金属与非金属覆盖层标准化技术委员会编写，内容全面、实用，权威性强，是贯彻实施表面覆盖层标准的必备参考书。

本手册可供表面工程技术人员及工人、标准化管理人员阅读使用，也可供相关专业的在校师生参考。

图书在版编目（CIP）数据

表面覆盖层标准应用手册. 上卷/全国金属与非金属覆盖层标准化技术委员会编. —北京：机械工业出版社，2023.3

ISBN 978-7-111-72575-6

Ⅰ.①表…　Ⅱ.①全…　Ⅲ.①金属覆层-标准-手册　Ⅳ.①TG174.44-65

中国国家版本馆 CIP 数据核字（2023）第 021937 号

机械工业出版社（北京市百万庄大街 22 号　邮政编码 100037）

策划编辑：陈保华　　　责任编辑：陈保华　王春雨

责任校对：樊钟英　梁　静　　封面设计：马精明

责任印制：邓　博

盛通（廊坊）出版物印刷有限公司印刷

2023 年 5 月第 1 版第 1 次印刷

184mm×260mm · 66.75 印张 · 2 插页 · 1661 千字

标准书号：ISBN 978-7-111-72575-6

定价：299.00 元

电话服务　　　　　　　　网络服务

客服电话：010-88361066　　机　工　官　网：www.cmpbook.com

010-88379833　　机　工　官　博：weibo.com/cmp1952

010-68326294　　金　　书　　网：www.golden-book.com

机工教育服务网：www.cmpedu.com

表面覆盖层标准应用手册编委会

前　言

构成各种机械与结构的单元是零件或构件，任何材料的优劣都可从零件或构件的使用寿命上体现出来，特别是最直接参与工作的零件或构件表面的使用寿命。对大部分结构材料而言，它们的性能基本上都与表面状态有关。据统计，机械产品中80%以上的零件的报废是由于表面失效造成的，而真正因材料整体强度不足产生断裂或变形的零件失效所占的比例很小。对另外一些产品，虽然不涉及表面寿命指标，但其使用性能只能通过表面体系呈现，如装饰层、反射层、表面化学和电学性能等。因此，提高材料的表面耐磨性、耐蚀性、抗疲劳性、表面强度以及表面功能性，是延长零件或构件使用寿命、合理配置性能、保证系统稳定性的关键。同时，通过表面处理，可以大量节约资源和能源，充分发挥材料的潜力，减少优质材料消耗，降低生产成本。要达到上述目的，必须通过表面工程技术才能实现。因此，表面工程技术得到人们的极大关注，发展迅速，对各类零件或构件的性能贡献度越来越高。

表面工程是经表面预处理后，通过表面涂覆、表面改性或多种技术手段复合处理，改变固体金属或非金属表面的形态、化学成分、组织结构和应力状态，以获得所需要表面性能的系统工程。它是产品制造的重要技术环节，也是当前研究工作非常活跃、应用领域极为广泛的制造技术。表面覆盖层技术作为表面工程中内涵深刻、外延广泛的系列技术，具备传统技术与高新技术相互交叉、融合渗透的鲜明特点，其技术发展源远流长而又不断扩展，从传统的表面装饰、单一表面防护，发展成为多材质、多功能、多实施手段复合的先进制造技术，广泛应用于国民经济的各个领域，成为装备制造、航空航天、电子工程、医疗器械等许多高新技术密集型产业不可或缺的关键技术。同时，表面覆盖层技术也是改变材料表面状态与性能、提高产品质量、延长零件或构件使用寿命、实现产品功能、减少制造过程中的资源消耗和废弃物排放的重要手段，是促进高新技术发展、实现资源循环利用的最直接途径。

表面覆盖层标准化工作是表面工程行业一项重要的基础性技术工作，是表面工程质量管理体系的重要环节，它对促进表面工程技术进步、保证产品质量和安全、提高产品效益和开展国际交流合作有着重要的作用。表面覆盖层技术应用领域非常广泛，从产品与工程设计、制造，实际生产、施工，到性能检测与质量评价，都需要标准作为根本指南。在表面工程领域，除了1999年由全国金属与非金属覆盖层标准化技术委员会秘书处组织编写了一部《覆盖层标准应用手册》（中国标准出版社出版）之后，再无新的同类书籍出版发行。二十多年来，原有的标准大部分已重新修订，又有一批新技术出现并形成技术标准。这种状况对表面覆盖层标准贯彻实施带来了许多困难，一是很难收集到标准的最新版本和配套齐全的成套标准，无法及时、全面掌握标准化动态，影响标准使用效果；二是由于参与标准制（修）订工作的单位和人员有限，使得标准应用时各类人员对标准的理解不够深入、不够准确，不利于标准的正确贯彻。为使表面覆盖层标准在技术开发、工业生产和合作交流中发挥更大作用，指导技术人员准确掌握与深入理解表面覆盖层标准的技术内容，并在相关工作中正确实施，我们组织编写了这套《表面覆盖层标准应用手册》。

《表面覆盖层标准应用手册》按专业技术分类，以技术特性分章，每项标准自成一节，共计十一篇，分别为：表面覆盖层通用规范与试验方法、电镀、化学镀与电刷镀、转化膜、防锈、涂装、热喷涂、热浸镀及锌基涂层、搪瓷、气相沉积以及其他表面技术，分上、下两卷出版。书中收集了表面覆盖层领域现行的国家标准和行业标准，各节中除了列出标准内容外，概述了该标准涉及技术的背景及发展现状、标准技术的特性、标准的制（修）订及版本情况、标准的基本内容及作用、标准建立及应用的意义、与国际标准的对标及转化情况，详细介绍了标准适用范围、基本结构与特点、重要技术方法与参数的选取原则和依据、标准应用中需要特别注意或重视的条款等，为标准的理解和应用提供帮助。

《表面覆盖层标准应用手册　上卷》包括表面覆盖层通用规范与试验方法、电镀、化学镀与电刷镀、转化膜、防锈等五篇，包含国家标准100项、行业标准40项，另有两个附录。各篇的编写人员为：第一篇，姜新华、张德忠、李长春、陈亚平、吴军；第二篇，毛祖国；第三篇，张德忠、赵涛；第四篇，张德忠、刘传烨、刘晓辉、苏会；第五篇，罗永秀、吴正前、王翠莲；附录，潘邻、易娟。本卷由潘邻、易娟统稿，潘邻主审。

在本手册编撰过程中，得到了全国金属与非金属覆盖层标准化技术委员会及其分技术委员会、特种表面保护材料及应用技术国家重点实验室、武汉材料保护研究所有限公司等机构和单位的大力支持，在此一并表示感谢！编撰本手册时，还参考了《覆盖层标准应用手册》（全国金属与非金属覆盖层标准化技术委员会编著，中国标准出版社，1999）部分内容，也对该书的参编人员表示感谢！

在手册编撰过程中，虽然各参编人员尽责尽力，但由于主客观原因，难免存在遗漏、错误和不周之处，恳请读者批评指正。

全国金属与非金属覆盖层标准化技术委员会秘书处

目录

第二篇 电 镀

第三篇 化学镀与电刷镀

第四篇 转 化 膜

第五篇 防 锈

第一篇　表面覆盖层通用规范与试验方法

第一章　通用规范

第一节　金属及其他无机覆盖层　表面处理　术语

一、概论

1. 表面处理的基本含义

表面处理，也称表面技术、表面工程，其基本定义是“改进表面性能的处理”。它是运用各种物理、化学和机械工艺过程来改变基材表面的形态、化学成分、组织结构或应力状态而使其具有某种特殊性能，从而满足特定的使用要求。表面处理技术的突出特点是无须整体改变材质而能获得原基材所不具备的某些特殊性能，以提高产品的可靠性或延长使用寿命。因此，表面处理是产品制造的基础工艺技术，也是保证产品质量的关键技术之一。

2. 表面处理技术的发展

人类使用表面技术已有悠久历史，其起源可追溯至我国石器时代山顶洞人的骨制品钻孔和磨制技术。我国战国时代就应用淬火技术，使钢的表面坚硬，欧洲应用类似的技术也有很长的历史。但是表面技术的迅速发展是从19世纪工业革命开始的，并在20世纪80年代成为世界上10大关键技术之一。

表面工程的概念于1983年首次提出。1983年英国伯明翰大学沃福森表面工程研究所建立，1985年《表面工程》国际刊物发行，1986年国际热处理联合会改名为国际热处理及表面工程联合会，这些都是表面工程技术在国际上迅速发展的重要标志。中国机械工程学会于1987年成立了表面工程研究所，1988年出版了中文版《表面工程》杂志（1997年改名为《中国表面工程》），1993年成立了中国机械工程学会表面工程分会。自1989年以来，我国先后多次召开全国性或国际性的表面工程学术会议和表面科学与工程学术会议。

表面工程是近代技术与经典表面工艺结合而繁衍、发展起来的，已经发展成为横跨材料学、冶金学、机械学、物理学、化学、摩擦学、光电子学等学科的一门新兴学科，具有明显的交叉、边缘学科性质和极强的实用性。

3. 表面处理的技术种类

按工艺特点来分，表面处理的技术种类有：

1）表面机械精整：喷砂、喷丸、磨光、抛光、刷光、滚光等。

2）表面化学预处理：溶剂清洗、碱洗、碱蚀、酸洗、酸蚀、电解清洗、超声清洗、乳液清洗、化学抛光、电解抛光等。

3）电镀和电刷镀：单金属电镀、合金电镀、复合电镀、电刷镀、非晶态电镀和非金属电镀。

4）化学镀和机械镀：化学镀镍、化学镀铜、机械镀锌等。

5）转化处理（转化膜）：化学转化和阳极氧化。化学转化有铬酸盐转化、磷化、钢铁发蓝（发黑）、三价铬转化、无铬转化及金属钝化等，阳极氧化有铝、镁、钛及其合金的阳极氧化、微弧氧化等。

6）热浸镀（热镀）：热镀锌、热镀铝、热镀锡。

7）热喷涂：火焰喷涂、电弧喷涂、等离子喷涂、爆炸喷涂、粉末等离子喷涂等。

8）气相沉积（薄膜技术）：物理气相沉积（PVD）、化学气相沉积（CVD）等。

9）搪瓷涂覆：钢板搪瓷釉、铸铁搪瓷釉、铝搪瓷釉、铜搪瓷釉，以及金、银搪瓷釉等。

10）有机涂装：涂漆、电泳、喷粉等。

11）热扩渗：固体渗、液体渗、气体渗和等离子渗等。

12）表面改性：激光束改性、电子束改性和离子束改性等。

4. 表面处理的应用

表面处理的应用已经十分广泛，可以用于防腐、耐磨、修复、强化、装饰等，也可以用于光、电、磁、声、热、化学、生物等方面，表面处理所涉及的基材不仅是金属材料，还包括无机非金属材料、有机高分子材料及复合材料等。

我国自“六五”规划以来，通过在设备维修领域和制造领域推广应用表面工程技术已取得了几百亿元的经济效益。在国家的节能、节材“九五”规划中建议将发展表面工程作为重大措施之一，并列为节能、节材示范项目。目前，表面处理还广泛应用于信息技术、生物工程、航空航天、海洋工程、能源、新材料等国家战略新兴产业，其应用领域可以说是上至太空下至深海，大到宇宙小到纳米材料。因此，表面处理在国民经济中具有重要的地位和作用，表面处理将成为主导21世纪工业发展的关键技术之一。

5. 表面处理术语标准

表面处理是一门交叉科学，不仅涉及化学、物理等基础科学，而且还涉及材料学、金属学、冶金学、化学工程等技术领域。因此，该领域出现了许多不同于化学、电化学和物理学的专业用语。这些用语常因叫法不同而产生误解。为了促进表面处理技术的交流和发展，将其常用的专业术语统一起来，给予明确的科学定义，尤为重要。

早在1973年，国际标准化组织（ISO）制定了ISO 2079《表面处理及金属覆盖层 术语的分类》和ISO 2080《电镀及有关工艺 术语》。两项标准的发布，为表面处理领域的科学研究和技术交流，尤其是国际交流，带来了极大的便利。为了完善两项标准的内容，1981年ISO对标准进行了修订。此后，为提高标准的应用性，ISO于2008年将两项标准合二为一并重新修订了标准，发布了ISO 2080：2008《金属及其他无机覆盖层 表面处理、金属及其他无机覆盖层 词汇》。与前版不同的是，标准新收录了不少电镀以外的常用术语。

我国根据国际标准，于1982年首次制定了国家标准GB/T 3138—1982《电镀常用名词术语》；1995年进行了修订，并将标准名称改为《金属镀覆与化学处理有关术语》，标准号为GB/T 3138—1995。为了与国际标准接轨，2015年在等同采用ISO 2080：2008的基础上，对GB/T 3138进行了第二次修订。GB/T 3138—2015《金属及其他无机覆盖层 表面处理 术语》于2015年5月15日发布，2016年1月1日实施。

二、标准主要特点与应用说明

1. 编制原则

该标准结合我国表面处理的具体实践，为便于该领域的国际交流，按 ISO 2080：2008 结构和顺序，编排相关术语。在格式、编排结构上按照 GB/T 1.1—2009《标准化工作导则　第1部分：标准的结构和编写规则》编制。

2. 标准特点

该标准列出了 245 条表面处理术语，并进行了统一界定和定义，基本上能反应表面处理技术的国际和国内情况。

该标准注重金属加工领域中表面处理技术的实际应用，只提出本领域应用中的专业术语，不涉及相关学科的基本术语和定义，如腐蚀和腐蚀科学中电化学技术的基本术语和定义，化学、物理手册或词典中可查到的化学、电化学或物理的基础术语和定义。

为了促进国际贸易和技术交流，每个术语给出了相对应的英文名称。当英文名称有不同叫法时，该标准分别列出英国英语和美国英语名称，并在名称后以 GB 和 US 标注。

3. 标准的应用

该标准列出的术语和定义适用于电镀及其他相关表面处理工艺，但不包括搪瓷和釉瓷、热喷涂、热浸镀锌的术语和定义，这些术语和定义可查询相关的专业术语标准。

该标准未对术语进行分类，术语按英文名称的字母顺序排列。如果某一术语包含不同分类，那么这些相关的术语就列于一个主术语之下，如“3.55 阳极氧化着色”为主术语，其下分别列出了“3.55.1 染色”“3.55.2 阳极氧化电解着色（两步）”“3.55.3 自然发色”。

某定义对应多个名称时，相应名称列于同一词条。这些名称叫法不同，但其含义相同，在实际应用中可以等同使用，如“3.24 黑色氧化、黑色精饰、发黑”。

该标准也列出了过去曾经使用而现在不用的术语，并在相应术语后标注“已放弃使用”。这些术语已经过时或不够严谨，实际应用时应避免使用。

三、标准内容（GB/T 3138—2015）

金属及其他无机覆盖层　表面处理　术语

1　范围

本标准提供了表面处理的一般类型及与此有关的术语和定义。本标准注重金属加工领域中表面处理技术的实际应用。本标准不包括搪瓷和釉瓷、热喷涂、热浸镀锌的术语和定义，这些术语和定义已收录于专业词汇表或正在制定的相关词汇表中。大多数情况下，本标准不包括在表面处理和其他技术领域有相同含义的基本术语，也不包括化学、物理手册和词典中定义的基础术语。

2　表面处理的一般类型

2.1　化学镀　chemical plating

用化学法而非电解方法沉积金属覆盖层。

2.1.1　自催化镀　autocatalytic plating

非电解镀　electroless plating（已放弃使用）

被沉积金属或合金通过催化还原反应而形成沉积金属覆盖层。

2.1.2 接触镀 contact plating

在含有被镀金属离子的溶液中将工件（3.202）与另一金属保持接触，通过形成的内部电流沉积金属覆盖层。

2.1.3 浸镀 immersion coating; immersion plate（US）

由一种金属从溶液中置换出另一种金属来获得金属覆盖层。例如：$Fe+Cu^{2+} \rightarrow Cu+Fe^{2+}$。

2.2 化学气相沉积 chemical vapour deposition（GB）；**chemical vapor deposition**（US）

CVD

在加热气态下，通过化学反应或蒸汽还原凝结在基体上形成的沉积层。

2.3 转化处理 conversion treatment

经化学或电化学过程形成的膜（通常简称为转化膜），含有基体金属元素和溶液中的阴离子化合物。

示例：铝、锌的铬酸盐膜（常误称为钝化膜）；钢的氧化膜和磷化膜。

注：阳极氧化（3.8）虽然满足上述定义，但是通常不称为转化膜或铬酸盐处理。

2.4 扩散处理 diffusion treatment

通过其他金属或非金属在基材（3.185）金属表面扩散形成表面膜的过程（通常称为扩散镀）。

示例：〈电镀〉通过扩散处理使两种或两种以上的不同镀层形成合金层。

注：电镀（2.5）后热处理（3.111），如驱氢，通常不认为扩散处理。

2.5 电镀 electroplating

电沉积 electrodeposition

为获得基体金属（3.22）所不具有的性能或尺寸，通过电解法在基材（3.185）上沉积结合力良好的金属或合金层。

注：电镀的英文单词不应单独用“plating”，而是“plating”与“electro”联合起来的“electroplating”。

2.6 热浸镀 hot-dip metal coating

将一般金属（3.22）浸入熔融金属以形成金属镀层。

注：传统术语“galvanizing”用来指在熔融锌中浸泡以获得锌层时，应始终冠以“hot-dip”。术语“spelter galvanizing”不应用于“热浸镀”。为给出“热浸镀锌”详细的术语和定义，应协商制定相关标准。

2.7 机械镀 mechanical coating

在细金属粉（如锌粉）和合适的化学试剂存在下，用坚硬的小圆球（如玻璃球）撞击金属表面，以在基体金属表面形成金属覆盖层。

注：不建议用“mechanical plating”“peen plating”和“mechanical galvanizing”。

2.8 金属覆盖 metal cladding

通过机械制造技术将一种金属覆盖到另一种金属上。

2.9 金属化 metallizing

在非金属或不导电材料表面上涂镀金属覆盖层。

注：不推荐使用这个术语作为金属热喷涂（2.10）或在金属基材（3.185）上沉积金属覆盖层的同义词。

2.10 金属热喷涂 metal spraying

通过热喷涂方法形成金属覆盖层。

2.11 釉瓷 porcelain enamelling

玻璃搪瓷 vitreous enamelling

大约425℃以上，在金属上熔覆釉瓷或玻璃质的无机涂层。

2.12 物理气相沉积 physical vapour deposition （GB）；**physical vapor deposition** （US）

PVD

通过蒸发、再凝结元素或化合物在基体表面上形成覆盖层，通常在高真空条件下进行。

参见溅射（3.175）和离子镀（3.119）。

2.13 渗锌 sherardizing

将锌粉和或惰性介质加热，在不同的基体金属（3.22）上形成的锌/铁合金层。

2.14 表面处理 surface treatment

改进表面性能的处理。

注：该术语不限于金属覆盖层。

2.15 热喷涂 thermal spraying

用喷枪将熔融或热软材料喷射到基材（3.185）上形成覆盖层。

3 通用术语

3.1 活化 activation

消除钝化的表面状况。

3.2 添加剂 addition agent；additive

为改进溶液的性能或改善从溶液中获得沉积物的质量，添加到溶液中的物质，通常是少量的。

3.3 结合力 adhesion

使覆盖层的不同膜层分离所需的力，或使覆盖层从相应表面的某一区域和基材（3.185）分离所需的力。

3.4 阳极腐蚀 anode corrosion

电镀槽中，通过电化学反应使阳极金属逐渐溶解或氧化、或使阳极材料溶解。

注：电解液无电流通过的化学反应使阳极溶解，一般不叫腐蚀，而叫溶解。

3.5 阳极膜 anode film

3.5.1 阳极液膜 anode film

〈溶液接触阳极〉与阳极接触的溶液层，其成分与溶液主体不同。

3.5.2 阳极膜 anode film

〈阳极本身〉阳极本身的外表层，由阳极金属的氧化物或反应产生物组成。

3.6 阳极氧化膜 anodic oxidation coating

采用电解氧化工艺在金属表面转化形成的防护性、装饰性或功能性的氧化膜。

参见阳极氧化（3.8）。

3.7 阳极性镀层 anodic coating （GB）；**sacrificial coating** （US）

比基体金属（3.22）的电极电位更负的金属覆盖层。

注：阳极性镀层在气孔或其他镀层缺陷处为基体金属（3.22）提供阴极保护。

3.8 阳极氧化 anodic oxidation；anodising （GB）；**anodizing** （US）

在阳极金属表面覆盖具有较好的保护性、装饰性或功能性覆盖层的电解氧化过程。

3.9 阳极液 anolyte

在一个分隔电解池（3.83）中，隔膜阳极一侧的电解液。

3.10 抗针孔剂 anti-pitting agent

用来防止电镀层产生小气孔的添加剂（3.2）。

3.11 自动输送机 automatic machine；conveyer

〈电镀〉清洗、阳极氧化或电镀等循环中用于自动运送工件的机械。

3.12 自动电镀 automatic plating

3.12.1 全自动电镀 fully-automatic electroplating

工件在工序间连续自动传送的电镀。

3.12.2 半自动电镀 semi-automatic electroplating

工件在工序间需要人工辅助的自动电镀。

3.13 辅助阳极 auxiliary anode

电沉积（2.5）过程中为使镀层获得较好的厚度分布而采用的辅加阳极。

3.14 辅助阴极 auxiliary cathode；thief；robber

用来转移工件（3.202）某些部位的部分电流以防止高电流密度（3.68）的辅加阴极。

3.15 烘烤 baking（已放弃使用）

见热处理（3.111）。

3.16 滚光 barrel burnishing

在无或装有金属或陶瓷丸（或球）磨料的滚桶中，通过翻滚工件（3.202）使表面光滑。

3.17 滚镀 barrel electroplating

在旋转、震荡或其他移动的容器中对散装工件进行电沉积的电镀工艺。

3.18 滚饰 barrel finishing

为了提高表面精饰，有或无磨料或抛光丸的情况下，在滚桶中进行的散件加工。

参见滚磨（3.193）。

3.19 滚动加工 barrel processing

在旋转或其他震动的容器中对散装工件进行机械处理、化学处理、自动催化处理或电解处理。

3.20 阻挡层 barrier layer

阳极氧化阻挡层 anodizing barrier layer

〈铝阳极氧化〉紧靠金属表面的薄而无孔的半导电的铝氧化物层，它区别于具有多孔结构的氧化膜主体。

3.21 一般金属 base metal

易氧化生成离子的金属。

示例：锌或镉。

注：一般金属与贵金属（3.139）相对。

3.22 基体材料 basis material

基体金属 basis metal

在其上沉积覆盖层的材料。

参见基材（3.185）。

3.23 双极电极 bipolar electrode

不与外电源连接而置于阴极和阳极之间电解液中的导体，其面对着阳极的一侧起着阴极作用，对着阴极的另一侧起着阳极作用的一种电极。

3.24 黑色氧化 black oxide

黑色精饰 black finishing

发黑 blackening

将金属浸泡在热的氧化性盐或盐溶液，或混合酸或碱溶液中以对其进行精饰（3.101）。

3.25 喷射 blasting

用固体金属、矿物、合成树脂、植物颗粒或水高速喷射工件（3.202），以清洗（3.54）、研磨或喷丸（3.171）表面。

3.25.1 喷金刚砂 abrasive blasting

用金刚砂高速喷射工件，以对工件进行清洗或精饰。

3.25.2 喷丸 bead blasting

在干或湿的条件下，用玻璃或陶瓷小圆球喷射材料表面。

3.25.3 喷金属丝粒 cut-wire blasting

用短金属丝或金属丝粒喷射（3.25）。

参见喷金刚砂（3.25.1）。

3.25.4 喷干冰 dry ice blasting（US）

用固体干冰（固体二氧化碳）颗粒喷射金属表面。

3.25.5 喷玻璃珠 glass bead blasting

见喷丸（3.25.2）。

3.25.6 喷钢砂 grit blasting

用不规则的细钢或可锻性铸铁喷射。

注1：在英国，该术语也可用于具有相同形状的非金属颗粒，例如：硅碳化或氧化铝。

注2：由于健康和安全的原因，大多数国家禁止喷射（3.25）砂子。

3.25.7 高速喷丸 shot blasting

将圆形固体以相对高速喷向工件，通过研磨作用改善表面性能。

参见喷金刚砂（3.25.1），喷丸（3.171）。

3.25.8 湿喷砂 wet abrasive blasting

湿法喷砂 vapour blasting（GB）；**vapor blasting**（US）

用含有金刚砂的液体介质或砂浆喷射（3.25）。

3.26 起泡 blister

镀层中由于镀层与基材（3.185）之间失去结合力（3.3）而引起的凸起缺陷。

3.27 起霜 bloom

表面上可见的渗出物或风化物。

3.28 发蓝 blueing

将钢铁工件置于空气中加热或进入氧化性溶液中，使其表面形成非常薄的蓝色氧化膜。

3.29 抛光 bobbing

见机械抛光（3.154）。

3.30 浸亮剂 bright dip

使金属表面光亮的溶液。

参见化学增亮（3.49）。

3.31 光亮精饰 bright finish

使表面具有均匀、光滑且具有高反射性的精饰（3.101）。

3.32 光亮电镀 bright electroplating

电镀层具有高镜面反射性的电沉积过程。

3.33 光亮电镀范围 bright electroplating range

在规定的操作条件下，电镀溶液沉积光亮电镀层的电流密度的范围。

3.34 光亮均镀力 bright throwing power

电镀液或规定的电镀工艺在不规则阴极上沉积均匀光亮镀层的性能的量度。

3.35 光亮剂 brightener

加入自动催化和电镀溶液中使镀层光亮的添加剂。

3.36 铜着色 bronzing

用化学精饰（3.101）使铜或铜合金（或铜和铜合金电镀层）表面改变颜色。

注：不能将铜着色与电镀铜混淆。

3.37 电刷镀 brush electroplating

用与阳极连接并能提供所需电镀液的垫或刷，在待镀阴极上移动而进行的电镀（2.5）。

3.38 电刷抛光 brush electropolishing

用与阴极连接并能提供所需电解液的垫或刷，在待抛光表面（阳极）移动所进行的电解抛光（3.96）。

3.39 缓冲剂 buffer

在溶液中仅部分离解，且加入溶液中可减少碱或酸的加入对 pH 值的影响的化学品。

3.40 打磨 buffing

用机械方法使表面光滑，可使用粒状磨料。

3.41 磨光 burnishing

通过摩擦使面光滑，一般需要施加压力，而不是去除表面层。

3.42 烧伤 burn-off

〈非金属电镀〉后续电镀（2.5）操作中，由于电流过高或接触面积过小，造成自催化沉积物从非导电基材（3.185）上脱落。

3.43 烧焦 burnt deposit

在过高的电流密度下形成的粗糙的、疏松的、质量差的沉积物，其通常含有氧化物或其他内杂质。

3.44 汇流排 busbar

传输电流的硬导线，例如，连接阳极或阴极排。

3.45 阴极效率 cathode efficiency

沉积金属的电流占总阴极电流的比例。

3.46 阴极液膜 cathode film

与阴极接触的溶液薄膜，电极在该处发生氧化反应，其成分不同于电解液主体。

3.47 阴极电解液 catholyte

阴极附近的电解液，即在分隔电解池（3.83）中隔膜（3.80）阴极一侧的电解液。

3.48 螯合剂 chelating agent

与金属化合形成由金属原子和非金属（通常为有机物）组成螯合物的化合物。

3.49 化学增亮 chemical brightening

在金属表面上形成光亮精饰（3.101）的化学（非电解）过程。

参见浸亮剂（3.30）。

注：不可将化学增亮与化学抛光（3.51）混淆。

3.50 化学刻蚀 chemical milling

将工件（3.202）浸入刻蚀剂中以获得某种表面修整。

注：应用抗蚀剂（3.161）或屏蔽剂选择性除去材料。

3.51 化学抛光 chemical polishing

将金属浸入合适的溶液中以提高表面光滑度。

3.52 铬酸盐转化膜 chromate conversion coating

铬化（3.53）获得的膜层。

参见转化处理（2.3）。

3.53 铬化 chromating

用含六价或三价铬化合物的溶液来获得铬酸盐转化膜（3.52）的过程。

3.54 清洗 cleaning

除去表面上的外来物质，如氧化皮（3.164）、水垢、油脂等。

3.54.1 酸洗 acid cleaning

用酸溶液清洗（3.54）。

3.54.2 碱洗 alkaline cleaning

用碱溶液清洗（3.54）。

3.54.3 阳极清洗 anodic cleaning

反向清洗 reverse cleaning（US）

将工件（3.202）作为电解池阳极进行的电解清洗（3.54.6）。

3.54.4 阴极清洗 cathodic cleaning

将工件（3.202）作为电解池阴极进行的电解清洗（3.54.6）。

3.54.5 复合清洗 diphase cleaning

在一个由有机溶剂层和水液层组成的液体系统中，通过溶解作和乳化双重作用进行的清洗（3.54）。

3.54.6 电解清洗 electrolytic cleaning

将工件（3.202）作为电极之一，在溶液中通入直流电流的清洗（3.54）。

参见阳极清洗（3.54.3）和阴极清洗（3.54.4）。

3.54.7 乳化剂清洗 emulsifiable solvent cleaning

采用溶剂和表面活性剂（3.187）乳化并通过水漂洗分离油脂的两阶段清洗（3.54）。

3.54.8 乳液清洗 emulsion cleaning

用由有机溶剂、水和乳化剂（3.97）组成的乳液体系进行的清洗（3.54）。

3.54.9 浸渍清洗 immersion cleaning

见浸泡清洗（3.54.10）。

3.54.10 浸泡清洗 soak cleaning

不用电流的浸泡清洗（3.54），通常在碱溶液中。

3.54.11 溶剂脱脂 solvent degreasing

在有机溶剂中浸泡以移除表面上的油脂和油。

3.54.12 喷淋清洗 spray cleaning

通过喷洒清洗溶液进行的清洗（3.54）。

3.54.13 超声波清洗 ultrasonic cleaning

采用化学手段辅助超声波的清洗（3.54）。

3.54.14 蒸汽脱脂 vapour degreasing（GB）；**vapor degreasing**（US）

在待清洗工件（3.202）上凝聚溶剂蒸汽以除去油和油脂。

3.54.15 生物除油 biological degreasing

由噬油细菌帮助进行的清洗金属表面的过程。

3.55 阳极氧化着色 colour anodising（GB）；**color anodizing**（US）

〈铝阳极氧化〉在进行阳极氧化过程中或氧化膜形成后，使着色物、颜料或染料被吸收而形成有色氧化膜的过程。

3.55.1 染色 dyeing

〈阳极氧化〉将未封闭的氧化膜浸入染料溶液中进行上色。

参见阳极氧化着色（3.55）。

3.55.2 阳极氧化电解着色（两步） **electrolytic**（2-step）**colour anodizing**（GB）；**electrolytic**（2-step）**color anodizing**（US）

通过吸收阳极氧化（3.8）溶液中的金属盐以产生不褪色的阳极氧化膜（3.6）的电解过程。

3.55.3 自然发色 integral colour anodising（GB）；**integral color anodizing**（US）

对于特定铝合金，采用适当的、通常含有机物和酸的电解液，在阳极氧化（3.8）过程中生成不退色的阳极氧化膜的氧化过程。

3.56 着色 colouring（GB）；**coloring**（US）

通过适当的化学或电化学作用，在金属表面或电镀涂层上产生理想颜色的过程。

3.57 擦亮 colouring off（GB）；**color buffing**（US）

为获得高光泽，对金属表面打磨（3.40），即最后擦光（3.137）。

3.58 络合剂 complexing agent

与金属离子形成配离子的化合物。

3.59 络合盐 complex salt

由两个单盐按简单的分子比结合形成的化合物。

注：水溶液中，络合盐被分离成离子（络合离子），其反应与单盐不一样。

示例：络合盐：氰化银钾 $KAg(CN)_2$

络合离子：氰亚铜酸盐 $[Cu(CN)_3]^{2-}$

3.60　复合镀层　composite coating

由金属离子与其他颗粒或纤维同时沉积而获得的镀层。

参见弥散镀层（3.82）。

3.61　表面调整　conditioning

一般情况下，使表面转化为适合后续步骤处理的状态的过程。

注：在欧洲，本术语用于非导电基材（3.185）。

3.62　导电盐　conducting salt

添加到溶液中能够提高溶液电导率的盐。

3.63　腐蚀膏试验　corrodkote test

镀层的加速腐蚀试验。

3.64　覆盖能力　covering power

在特定的电镀条件下，镀液在表面凹陷区域或孔内沉积金属的能力。

注：覆盖能力不能与分散能力（3.190）混淆。

3.65　裂纹　rack

表面覆盖层上尺寸和位置不定的窄裂口。

3.66　龟裂　crazing

覆盖层上细丝状裂痕形成的网状纹。

3.67　临界电流密度　critical current density

〈电镀〉高于或低于某一电流密度时，会发生不同的或意外的反应，则该电流密度被称为临界电流密度（3.68）。

3.68　电流密度　current density

电极表面上的电流与其面积的比。

注：电流密度单位常常用安培每平方分米（A/dm^2）表示。

3.69　电流效率　current efficiency

某一特定的过程中，法拉第电解定律中有效电流的比例。

注：电流效率通常用百分率表示。

3.70　去毛刺　deburring

通过机械的、化学的或电化学方法除去锐边或毛刺。

3.71　除氢脆　de-embrittlement（已放弃使用）

见降低氢脆的热处理（3.114）。

3.72　除油　degreasing

除去表面上油脂或油。

参见清洗（3.54）。

3.73　去离子　deionization

除盐　demineralisation（已放弃使用）

去除离子过程，例如，通过离子交换除去溶液中的离子。

3.74　去极化　depolarization

降低电极极化的方法（不同于电极平衡或稳定电势）。

3.75　去极化剂　depolarizer

减少电极极化的物质。

3.76 沉积范围 deposition range

见电镀范围（3.95）。

3.77 阴离子清洗剂 detergent, anionic

可产生带负电荷离子胶团的清洗剂。

3.78 阳离子清洗剂 detergent, cationic

可产生带正电荷离子胶团的清洗剂。

3.79 非离子清洗剂 detergent, non-ionic

可产生中性胶团的清洗剂。

3.80 隔膜 diaphragm

将电镀（2.5）槽的阳极区和阴极区彼此分隔开或与中间间隔分隔开的，允许电流流动的多孔分离物。

3.81 分散剂 dispersing agent

增加液体中悬浮颗粒的稳定性的材料。

3.82 弥散镀层 dispersion coating

一种材料粒子或纤维包含在另一中金属或非金属中组成的覆盖层。

参见复合镀层（3.60）。

3.83 分隔电解池 divided cell

用隔膜（3.80）或其他方式使阳极（3.9）和阴极（3.47）物理分隔的电解池。

3.84 双盐 double salt

由两种单盐按化学计量比结合形成的化合物，但在水溶液中，如同对应的单盐一样发生作用。

参见络合盐（3.59）。

3.85 带入 drag-in

引入的物体使液体进入溶液中的过程。

3.86 带出 drag-out

移开的物体使液体从溶液中移出的过程。

3.87 延展性 ductility

覆盖层无破裂的塑性变形能力。

3.88 消光精饰 dull finish

实质上缺乏扩散和镜面反射的精饰（3.101）。

参见哑光精饰（3.127）。

3.89 假阴极 dummy; dummy cathode

低电流电解作用下，用于去除电镀溶液中杂质的阴极。

3.90 双覆盖层 duplex coating

3.90.1 双镀层 duplex coating

〈电沉积金属〉同种电沉积金属形成的两镀层体系，如：双层镍，每一镀层的性质各不相同。

3.90.2 双覆盖层 duplex coating

〈不同材料〉为提高耐蚀性，由两层不同材料的镀（涂）层形成的组合。

注：通常由金属镀层加漆膜组成。

3.91 电化学刻蚀 electrochemical machining; electrochemical milling

ECM

在金属工件（3.202）（阳极）和具有一定形状的用具（阴极）之间的电解液中通以直流电，使电流集中在需要优先溶解的区域，从而使工件形成一定形状的过程。

3.92 非电解镀 electroless plating（已放弃使用）

见自催化镀（2.1.1）。

3.93 电解着色 electrolytic colouring（GB）；**electrolytic coloring**（US）

在基体金属或电镀层上产生颜色的电解过程。

注：电解着色与阳极氧化着色（3.55），阳极氧化电解着色（两步）（3.55.2）和自然发色（3.55.3）是有区别的。

3.94 电解液 electrolytic solution; electrolyte

一种导电介质，大多由酸、碱或沉积金属的溶解性盐组成的水溶液，在介质中电流的流动伴随着物质的运动。

3.95 电镀范围 electroplating range

获得合格电镀层的电流密度（3.68）的范围。

3.96 电解抛光 electropolishing

在合适的电解液中使金属发生阳极反应以提高金属表面的平滑度和光亮度的过程。

3.97 乳化剂 emulsifying agent

产生乳液或增加其稳定性的物质。

3.98 蚀刻 etch（动词）

不规则地溶解金属表面一部分的过程。

3.99 蚀刻剂 etchants

用于选择性去除材料或蚀刻（3.98）表面的溶液。

3.100 助滤剂 filter aid

惰性的不溶性物质，或多或少有微小的分解物，用于过滤机，或帮助过滤防止过度结块。

3.101 精饰 finish

3.101.1 精饰 finish（名词）

覆盖层或基体金属（3.22）的外观。

参见光亮精饰（3.31），消光精饰（3.88），哑光精饰（3.127），缎面精饰（3.163）。

3.101.2 精饰 finish（动词）

使覆盖层或基体金属（3.22）产生一定外观的处理。

3.102 闪镀 flash; flash plate

用作面镀层的十分薄的电镀。

注：本术语只用于面镀层，用于中间镀层时，应为冲击镀层（3.181）。

3.103 絮凝 flocculate（动词）

聚集成更大颗粒以增大尺寸，从而形成沉淀的过程。

3.104 软熔光亮处理 flow brightening

使镀层融化然后凝固的过程，特别是锡和锡铅合金的处理。

3.105 游离氰化物 free cyanide

不包括与溶液中金属化合的络合离子的氰离子或等价的碱金属氰化物的真实的或实际浓度；与溶液中一种或多种金属络合后，多余的游离氰化物或碱金属氰化物的计算浓度；或由特定分析方法测出的游离氰化物的浓度。

参见总氰化物（3.191）。

3.106 析气 gassing

电解时从一个或多个电极上释放气体的过程。

3.107 拉丝 graining（US）

见拉丝（3.124）。

3.108 磨光 grinding；polishing（US）

在坚硬的或柔韧的支托物上吸附或黏附磨料以除去工件（3.202）表面上的材料，磨光通常是抛光工艺的第一步。

3.109 硬质阳极氧化膜 hard anodized coating

比一般的铝阳极氧化膜具有更高的表观密度和厚度及更好的耐磨性的阳极氧化膜（3.6）。

3.110 哈林槽 Haring-blum cell；Haring-blum

用非导电材料制成的矩形盒，布置有主要和辅助电极，用来评估分散能力（3.190）和电极极化及其电位。

3.111 热处理 heat treatment

〈覆盖层，基体材料〉用来改善电镀、化学镀和其他类型镀层性能的各种加温处理，处理不改变基体材料（3.22）的冶金结构。

示例：镀前降低应力的热处理（3.180），镀后降低氢脆的热处理（3.114）。

3.112 霍尔槽 Hull cell

由不导电材料做成的带有电极的梯形盒子，用来观察较宽电流密度（3.68）范围内的阴极和阳极效应。

3.113 氢脆 hydrogen embrittlement

〈表面技术〉由于吸收氢原子而引起金属或合金脆化现象，例如，产生于电镀（2.5）、自催化电镀（2.1.1）、阴极清洗（3.54.4）或酸浸蚀（3.151）过程，其表现：在拉应力在存时（无论是外部施加和/或内部残余应力），出现延迟破裂、脆化破裂或降低延展性（3.87）。

3.114 降低氢脆的热处理 hydrogen-embrittlement-relief heat treatment

除氢脆 de-embrittlement（已放弃使用）。

不改变基体金属（3.22）的冶金结构，如再结晶，在一定温度范围内持续一段时间的热处理过程，该处理可使电镀工件脆性释放，即减少因吸收氢原子而产生的脆性。

参见降低应力的热处理（3.180）。

3.115 惰性阳极 inert anode

见不溶性阳极（3.116）。

3.116 不溶性阳极 insoluble anode

在电解液中不溶解，且电解作用下不消耗的阳极。

3.117 缓蚀剂 inhibitor

能减小化学或电化学反应速率的少量加入的物质，例如，腐蚀和酸洗中常用。

3.118 离子交换 ion exchange

固体无实质组织变化的情况下，固体和液体间的离子替换的可逆过程。

3.119 离子镀 ion plating

基材（3.185）和/或沉积薄膜经过高能粒子流（通常是气体离子）足以使界面区域或薄膜性能发生改变的技术的通称。

3.120 夹具 jig

见架具（3.159）。

3.121 研磨 lapping

有或无磨料的情况下使两个表面摩擦，以获得最好的尺寸精度或卓越的表面精饰（3.101）效果。

3.122 整平力 levelling（GB）；**leveling**（US）

电镀工艺使电镀层表面比基材（3.185）更平滑的能力。

3.123 极限电流密度 limiting current density

3.123.1 极限电流密度 limiting current density

〈电镀，阴极〉能获得满意镀层的最大的电流密度（3.68）。

3.123.2 极限电流密度 limiting current density

〈电镀，阳极〉阳极正常工作而不过度极化的最大的电流密度（3.68）。

3.124 拉丝 linishing（GB）；**graining**（US）

通过一个黏附磨料的旋转带对平面进行定向磨光（3.108）。

3.125 宏观分散力 macrothrowing power

电镀（2.5）溶液在工件（3.202）整体表面包括凹陷上获得均匀厚度的能力。

参见分散能力（3.190）、微观分散力（3.133）。

注：好的微观分散力（3.133）不一定表示好的宏观分散力。

3.126 芯模 mandrel

电铸中用作阴极的型模（3.136）或模型。

3.127 哑光精饰 matt finish

形成几乎没有镜面反射的细腻质感表面的一致性精饰（3.101）。

3.128 测量面 measurement area

为判断一个或多个规定要求是否合格而进行检测的表面区域。

3.129 金属分布比 metal distribution ratio

阴极两个指定区域上沉淀金属的厚度的比。

参见分散能力（3.190）。

3.130 微裂纹铬 microcracked chromium

特意形成显微裂纹的铬电镀层。

3.131 微断裂 microdiscontinuity

镀层中微裂纹或微孔。

3.132 微孔铬 microporous chromium

特意形成显微孔隙的铬电镀层。

3.133 微观分散力 microthrowing power

电镀（2.5）溶液或一套特定的电镀工艺在孔或划痕处沉积金属的能力。

注：好的微观分散力不一定表明好的宏观分散力（3.125）。

3.134 氧化皮 millscale

某些金属热加工或热处理（3.111）过程中产生的厚氧化层。

3.135 调制电流电镀 modulated current electroplating

阴极电流密度（3.68）周期变化的电镀（2.5）方法。

参见脉冲电镀（3.158）、周期换向电镀（3.149）。

3.136 型模 mould（GB）；**mold**（US）

见芯模（3.126）。

3.137 抛光 mopping（GB）；**buffing**（US）

用带有细磨料的悬浮液体、膏状或棒状磨料，通过柔软的旋转轮打磨使表面平滑过程。

参见磨光（3.108）和机械抛光（3.154）。

注：抛光表面具有半光亮到镜面光亮且没有明显的线条纹。

3.138 多层电镀（金属） **multilayer deposit**（metallic）

先后沉淀两层或多层不同金属或性质不同的同种金属的电镀。

3.139 贵金属 noble metal

不易腐蚀的金属或抗氧化的金属。

示例：金、铂（白金）等。

注1：贵金属相对于普通金属（3.21）而言。

注2：虽然其电极电位的表现没有一致规律。但是，“贵”和“普通”的含义是清楚的。

注3：通常，较贵的贵金属比较差的贵金属具有更好的抵抗腐蚀和抗化学攻击性能，然而，由于一些因素的影响，如表面氧化层的形成，不可能仅根据电极电位来预测金属的腐蚀行为。

3.140 结瘤 nodule

电镀过程中形成的、无放大情况下肉限可见的圆形突起物。

参见树枝状结晶（3.192）。

3.141 成核 nucleation

〈非导电基材上的电镀〉使催化物质吸附在基材（3.185）表面的预镀步骤，电镀以其作为开始的起点。

3.142 暴露率 open porosity

覆盖层表面上存在的孔、裂缝、坑、划痕、洞或其他开口等不连续状态，使底层或基体金属（3.22）暴露在环境中。

3.143 桔皮 orange peel

类似于桔皮外观的表面精饰（3.101）。

3.144 氧化剂 oxidizing agent

引起另一种物质氧化而自身减少的物质。

3.145 钝化 passivating

使金属表面或电镀层形成不活泼态（3.146）的过程。

3.146　不活泼态　passivity；passive state

特定条件下，能阻碍其正常反应的金属状态，其电位比其正常电位更正（通过形成一个表面阻挡层，通常是氧化层）。

3.147　起皮　peeling

基体金属（3.22）或低层上的分离或局部分离。

3.148　喷丸　peening

见喷丸（3.171）。

3.149　周期换向电镀　periodic reverse electroplating

PR电镀　PR electroplating

电流周期反向的电镀（2.5），其周期不超过几分钟。

3.150　磷化膜　phosphate conversion coating

用含正磷酸和/或正磷酸盐的药剂在金属表面形成的不溶性磷酸盐膜。

参见转化处理（2.3）。

3.151　酸浸蚀　pickling

通过化学或电化学作用去除金属表面的氧化层或其化合物。

3.152　麻点　pit

电镀（2.5）过程中或由于腐蚀作用在金属表面上形成的小坑或洞。

3.153　极化　polarizer

产生或增强极化的方法（电极电压与平衡电势不同，平衡电势时没有任何反应发生）。

3.154　机械抛光　polishing，mechanical

借助高速旋转的轮或带上黏附的磨光颗粒的作用使金属表面光滑的过程。

3.155　孔隙率　porosity

见暴露率（3.142）。

3.156　后成核　post-nucleation

〈电镀非导电材料〉如有必要，使催化剂改变为最终形式的步骤；自催化镀（2.1.1）前的最后步骤。

注：也称加速步骤。

3.157　初次电流分布　primary current distribution

没有极化时，电流根据几何因素在电极表面上的分布。

3.158　脉冲电镀　pulse plating

电流频繁中断或周期性的增大或减少的电镀（2.5）方法。

3.159　架具　rack；plating rack

夹具　jig

电镀（2.5）和相关的操作中，悬挂工件并给工件输送电流的框架。

3.160　雕刻　relieving

用机械的方式去除着色金属表面上特定部分的材料，以实现多彩的效果。

3.161　防护材料　resist

3.161.1　绝缘材料　resist

〈不导电表面〉用于阴极或电镀架具（3.159）的部分表面上使表面不导电的材料。

3.161.2　防护材料　resist

〈化学或电化学加工〉用于工件的部分表面，防止化学处理或电镀过程中该部分的金属发生反应的材料。

3.162　分流阴极　robber

见辅助阴极（3.14）。

3.163　缎面精饰　satin finish

光亮的（但没达到镜面）的表面精饰（3.101），表面具有精细的直纹理（通常用机械生产）或没有方向性的纹理。

3.164　氧化皮　scale

附着在表面比表层膜厚的氧化膜，称作锈。

3.165　阳极氧化膜封闭　sealing of anodic oxide coating

阳极氧化（3.8）后的处理，通过吸附、化学反应或其他机械作用，以增强阳极氧化膜抵抗褪色和抗腐蚀的性能，提高膜层颜色的耐久性，或赋予其他令人满意的性能。

3.166　铬酸盐转化膜封闭　sealing of chromate conversion coating

为提高转化膜的耐蚀性及其他性能，采用无机和/或非成膜性封闭剂对转化膜进行处理。

3.167　敏化　sensitization

〈非导电基材电镀〉使基材（3.185）表面吸附还原剂的过程。

3.168　上表面粗糙度　shelf roughness

电镀操作中，不溶固体沉降在工件朝上表面造成的粗糙度。

3.169　屏蔽物　shield（名词）

改变阳极或阴极电流分布的非导电中间物。

3.170　屏蔽　shield（动词）

通过插入非导体以改变正常电流在阳极或阴极上的分布。

3.171　喷丸　shot peening

用硬而小的球状物体，例如金属球或陶瓷珠，喷射表面，以加压强化表面或获得装饰效果。

3.172　有效表面　significant surface

工件上已镀覆或待镀覆的表面，该表面上的覆盖层对于工件的使用性能和/或外观是极为重要的。

3.173　剥落　spalling

通常由于热膨胀或收缩引起的覆盖层的碎裂。

3.174　起斑　spotting out

电镀或其他精饰的表面延后出现的斑点或瑕疵。

3.175　溅射　sputtering

在氩等重惰性气体高能离子的撞击下，由于动量的变化，材料从固体或液体表面喷射出去的过程。

注：离子源可能是一个离子束或等离子流，被撞击的材料置于其中。

3.176　粗糙　stardusting（US）

电镀层表面上极细的不平的形式。

3.177 挂镀 still plating（US）

见挂镀（3.196）。

3.178 防护 stopping off

用防护材料（3.161）涂覆电极［阴极、阳极或夹具（3.159）］。

3.179 杂散电流 stray current

流经预期电路以外的电流，例如流过加热线圈或镀槽的电流。

3.180 降低应力的热处理 stress-relief heat treatment

在一定的温度范围内，持续一定时间对基体金属（3.22）进行的热处理过程，在基体金属不发生冶金结构变化下，如再结晶，使待镀工件的应力得到释放。

参见降低氢脆的热处理（3.114）。

3.181 冲击镀层（液） strike（名词）

金属镀层上结合力强的薄过渡层，或沉积薄金属镀层的溶液。

3.182 冲击镀 strike（动词）

短时间的电镀（2.5），通常在高电流密度（3.68）下进行。

注：通常沉积速度快，不考虑效率。

3.183 退镀 strip（名词）

退去工件表面上镀层的过程。

3.184 退镀 strip（动词）

从基体金属（3.22）或底镀层上除去镀层。

3.185 基材 substrate

在其上直接电镀的材料，对于单一镀层或第一镀层，基材是基体金属（3.22），对于随后的镀层，则中间镀层为基材。

3.186 交流叠加 superimposed ac（US）

在直流电镀电流上叠加交流电的电流形式。

3.187 表面活性剂 surface active agent；furfactant

加入少量时能显著影响溶液的界面或表面张力的物质。

3.188 槽电压 tank voltage

电解时，电镀（2.5）液或电解槽的阳极和阴极之间的总电压，即平衡反应电压，电流—电阻（IR）压降和单个电极电位之和。

3.189 分流阴极 thief

见辅助阴极（3.14）。

3.190 分散能力 throwing power

在规定的条件下，特定镀液使电极（通常是阴极）上覆盖层（通常为金属）分布比初次电流分布（3.157）更均匀的能力。

注：本术语也可用于阳极过程，其定义类似。

3.191 总氰化物 total cyanide

无论以简单离子或络合离子形式存在，CN^-或碱金属氰化物的总含量，即溶液中化合的和自由的氰化物含量的总和。

3.192 树枝状结晶 trees; dendrites

树结晶 treeing（已放弃使用）

电镀（2.5）时阴极上形成的枝状或不规则的突起物，尤其出现在边缘和其他高电流密度（3.68）区域。

3.193 滚磨 tumbling

有或无磨料或磨光（3.41）丸的情况下，为提高表面精饰（3.101）效果，在滚桶中进行散装处理。

参见滚动加工（3.19）。

3.194 均匀性 uniformity

〈外观〉保证镀层类型在典型变化下，单一批或批与批之间，已镀零件主要表面上所有的视觉特征相同。

3.195 湿法喷砂 vapour blasting（GB）；**vapor blasting**（US）

见湿喷砂（3.25.8）。

3.196 挂镀 vat plating（GB）；**still plating**（US）

待镀件与挂具独立连接的电镀。

见滚镀（3.17）。

3.197 振动处理 vibratory finishing

将产品和磨料混合放入容器中进行振动除去毛刺（3.70）和表面精饰的过程。

3.198 电压效率 voltage efficiency

某特定电镀过程的反应平衡电位与测量的槽电压的比率。

注1：电压效率通常用百分比表示。

注2：平衡电位：结构和宏观特性不随时间变化的系统状态。

3.199 不连续水膜 water break

表面上间断的水膜，预示表面不均匀湿润，通常因表面污染引起。

3.200 润湿剂 wetting agent; Wetter（US）

能减小液体表面张力，使液体更容易在固体表面伸展开的物质。

3.201 晶须 whiskers

〈电镀〉一个单晶金属生长出如丝的增长物，通常是微小的，但有时可以长达几厘米。

3.202 工件 work

待电镀或待其他加工的材料。

第二节 金属及其他无机覆盖层 外观的定义及习惯用法

一、概论

表面处理最常见的方法是通过物理的、化学的或其他方法，在金属或非金属基体表面形成一层具有一定厚度、不同于基体材料且具有一定装饰、防护或功能的覆盖层。通俗讲，覆盖层是穿在工件上的特殊“外衣”，它直接决定了产品给用户的第一印象。因此，无论是装饰性覆盖层，还是防护性或功能性覆盖层，外观是产品质量的重要指标。尤其对于装饰性覆盖层而言，外观质量直接决定了产品总体质量，并影响用户对产品的接受度。

然而，外观是一种视觉语言，其质量指标主观能动性强且不容易直接测量。因此，覆盖层外观的要求很难通过文字描述或一些参数来准确规定，其指标具有一定模糊性。为了明确外观质量要求，减少人为差异，在实际应用中，习惯做法（通常做法）是提供外观样板，通过实物来明确外观的具体要求。通过与样板对比，来判断外观等是否符合要求，用以指导生产过程控制，或进行产品质量检验。

制定GB/T 34627—2017《金属及其他无机覆盖层 外观的定义及习惯用法》，对于提高覆盖层产品质量具有十分重要的意义。GB/T 34627—2017等同采用ISO 16348：2003，于2017年9月29日批准发布，2018年4月1日实施。

二、标准主要特点与应用说明

该标准界定和定义了外观、外观一致性、瑕疵、可见缺陷，给出了外观质量指标的描述原则，并对外观参考样件、检测条件和试验报告进行了规定。该标准既适用于装饰性覆盖层的检验和验收，也适用于防护性或功能性覆盖层的检验和验收。

外观质量主要包括颜色、光泽，以及瑕疵和缺陷。这些外观质量可以通过文字描述，并尽可能规定具体参数。对于难以用文字或参数表述的外观要求，最直接的方法是提供样板作为质量依据。为了保证样板的持久性，应对其进行专门的防腐处理。必要时，可以规定样板的有效期。

外观一般采用目视检测。因此，不同的视力，在不同的光照条件下，观察的结果会不同。为了降低肉眼观察的不确定性，应明确并统一检测条件。检测条件主要包括人员视力、检测光源、检测角度、检测距离、放大倍数，有时还要规定观察时间。该标准没有规定具体的检查条件，这是因为不同工件的覆盖层，其检测条件取决于覆盖层外观要求，并受工作场地的限制。因此，生产中应有针对性地设置检测条件。一般情况下，人员视力要求正常视力或矫正视力（1.0以上）且无色盲。

三、标准内容（GB/T 34627—2017）

金属及其他无机覆盖层 外观的定义及习惯用法

1 范围

本标准叙述了指定的金属和无机覆盖层，其外观及其相关术语和有效外观的描述原则。

2 术语和定义

下列术语和定义适用于本文件。

2.1 外观 appearance

所有主要表面的可见性特征。

2.2 外观的一致性 uniformity of appearance

一个批次或每个批次中，覆盖层的所有明显特征都与主要表面的整个区域的特征相同。

2.3 瑕疵 blemish

较浅的瑕疵，或与指定参照物外观比较，不损害产品正常功能的偏差。

2.4 可见缺陷 visible defect

覆盖层上不可接受的物理性瑕疵或裂纹，影响了指定参照物外观或降低了产品的使用功能。

3 原则

当指定作为覆盖层的技术要求时，特别是要用作一种参考试样时，务必对外观进行确认试验。产品标准应提供相关的详细信息。

注1：为了确保指定的试样持久性，可能需要采取专门的防护措施，如将其储存在干燥器中，或根据储存的条件确定有效期。

如果产品标准未规定方法，可以使用比较样块法确定外貌和一致性。通过将被涂件与指定的典型参考试样进行对比确认（见第4章）。

可以使用测量方法如光泽计、轮廓仪、配色计等合适的试验方法。这些方法可以提供产品标准或购买合约中规定的特性测定方法。

注2：仅凭外貌叙述一项是不充分的。

4 经确认的典型参考试样（代表性的参考试样的指定）

在一定的生产过程中可能要用到多个确认的参考试样来表征参数的变化。

试样的制造和涂覆工艺技术应该与购置件一样，以便确保买到的产品具有一致性和重现性。

为了避免争议，各相关方一致确认参考试样的各个方面因素。确认的参考试样应由各方保存，以便以后检测或参照。

5 检测条件

咨询和购置时，应确认检测条件，如照明类型、倾角、放大倍数和距离等。

6 试验报告

试验报告至少要含有以下信息：

a）试验类型和/或检测数量；

b）试验条件；

c）试验项目细节；

d）测试/检查条件；

e）与标准产品的差异。

第三节 金属镀覆和化学处理标识方法

一、概论

金属镀覆和化学处理的标识（以下简称“镀层标识”）是通过简单、明确的符号，准确地表示基体、镀层、后处理等特征信息。镀层标识是设计和施工作业中的共同语言，经常出现在工程图样或有关技术文件中。

镀层标识是按一定格式排列的字母及数字组合，具有以下特征：第一，简洁，方便书写和记录；第二，明确，其含义清楚、准确，不易混淆；第三，稳定，可长期有效，其使用不受时间和空间的限制。镀层标识为工程设计、技术交流及生产应用提供了便利，已成为表面处理行业所特有的专业语言。

为了统一标识规则，明确代号含义，制定镀层标识标准极为重要。我国早在1976年就专门制定了GB/T 1238—1976《金属镀覆和化学处理表示方法》，以汉语拼音作为标识符号。随着改革开放的深入，国际交流日益增加，为了与国际接轨，便于国际贸易和交流，1992年制定了GB/T 13911—1992《金属镀覆和化学处理表示方法》，代替GB/T 1238—1976，以相关名称的英文字母代替汉语拼音符号。GB/T 13911—2008《金属镀覆和化学处理标识方法》于2008年7月1日发布，2009年2月1日实施。

二、标准主要特点与应用说明

该标准规定了金属覆盖层和化学处理的标识方法，列出了常见镀覆和化学处理的标识实例。该标准的标识方法适用于金属和非金属制品上电镀、化学镀，气相沉积、化学转化和阳极氧化也可参照使用。

该标准规定标识金属镀覆的代号组成及顺序为：镀覆方法、标准号、基体材料、镀覆处理、后处理。根据内容性质，镀层标识可包含4部分：第1部分为镀覆方法；第2部分为执行标准号和基体材料；第3部分为镀层材料、镀层要求和镀层特征，它是标识的核心要素；第4部分为以上要素的详细说明，如特殊基体材料的牌号、热处理要求、镀层合金元素。其中，前3部分都是标识的必备要素，不能省略，第4部分为可选要素，可根据需要，必要时才标注。

该标准规定以基材和覆层的化学元素符号表示基材、镀覆层名称，合金镀层的名称以组成该合金的各化学元素符号和含量表示，合金元素之间用短横线“-”连接。必要时合金含量取其质量百分含量的上限值，以阿拉伯数字表示，标在相应的化学元素符号之后，并加上圆括号按含量多少依序排列。二元合金标出一种元素成分的含量，三元合金表示二种元素成分的含量，依此类推。若表示某金属镀层的纯度，则可在其元素符号后用圆括弧列出其质量百分含量，精确至小数点后一位。

多层镀层按镀覆先后从左到右依序标注出每层的名称、厚度和特征，每层标记之间空出一字母宽度，也可只标出最后镀覆层的名称与总厚度，并在镀覆层名称外加圆括号，以区别于单层镀覆层，但必须做适当规定和说明。

该标准中仅列举了部分典型镀层的标识方法，一些镀覆层的镀层特征和处理特征符号在相关镀层标准中有具体说明，所以标识时应具体参考各镀层标准。

三、标准内容（GB/T 13911—2008）

金属镀覆和化学处理标识方法

1　范围

本标准规定了金属镀覆和化学处理的标识方法。

本标准适用于金属和非金属制件上进行电镀、化学镀以及化学处理的标识。

铝及铝合金表面化学处理的标识方法可参照本标准规定的通用标识方法。

注：对金属镀覆和化学处理有本标准未予规定的要求时，允许在有关的技术文件中加以说明。

2　规范性引用文件

下列文件中的条款通过本标准的引用而成为本标准的条款。凡是注日期的引用文件，其随后所有的修改单（不包括勘误的内容）或修订版均不适用于本标准，然而，鼓励根据本标准达成协议的各方研究是否可使用这些文件的最新版本。凡是不注日期的引用文件，其最新版本适用于本标准。

GB/T 3138　金属镀覆和化学处理与有关过程术语（GB/T 3138—1995，neq ISO 2079：1981）

GB/T 9797　金属覆盖层　镍+铬和铜+镍+铬电镀层（GB/T 9797—2005，ISO 1456：2003，IDT）

GB/T 9798　金属覆盖层　镍电沉积层（GB/T 9798—2005，ISO 1458：2002，IDT）

GB/T 9799　金属覆盖层　钢铁上的锌电镀层（GB/T 9799—1997，eqv ISO 2081：1986）

GB/T 11379　金属覆盖层　工程用铬电镀层（GB/T 11379—2008，ISO 6158：2004，IDT）

GB/T 12332　金属覆盖层　工程用镍电镀层（GB/T 12332—2008，ISO 4526：2004，IDT）

GB/T 12599　金属覆盖层　锡电镀层　技术规范和试验方法（GB/T 12599—2002，ISO 2093：1986，MOD）

GB/T 12600　金属覆盖层　塑料上镍+铬电镀层（GB/T 12600—2005，ISO 4525：2003，IDT）

GB/T 13913　金属覆盖层　化学镀（自催化）镍-磷合金镀层　规范和试验方法（GB/T 13913—2008，ISO 4527：2003，IDT）

GB/T 13346　金属覆盖层　钢铁上的镉电镀层（GB/T 13346—1992，idt ISO 2082：1986）

GB/T 17461　金属覆盖层　锡-铅合金电镀层（GB/T 17461—1998，eqv ISO 7587：1986）

GB/T 17462　金属覆盖层　锡-镍合金电镀层（GB/T 17462—1998，eqv ISO 2179：1986）

ISO 4521　金属覆盖层　工程用银和银合金电镀层

ISO 4523　金属覆盖层　工程用金和金合金电镀层

3　术语和定义

GB/T 3138 中确立的术语和定义适用于本标准。

4　金属镀覆及化学处理标识方法

4.1　金属镀覆及化学处理的标识通常由四个部分组成：

第 1 部分包括镀覆方法，该部分为组成标识的必要元素；

第 2 部分包括执行的标准和基体材料，该部分为组成标识的必要元素；

第 3 部分包括镀层材料、镀层要求和镀层特征，该部分构成了镀覆层的主要工艺特性，组成的标识随工艺特性变化而变化；

第 4 部分包括每部分的详细说明，如化学处理的方式、应力消除的要求和合金元素的标注。该部分为组成标识的可选择元素（见第 5 章）。

金属镀覆及化学后处理的通用标识见表1。

表1 单金属及多层镀覆及化学后处理的通用标识

基本信息					底镀层			中镀层			面镀层			
镀覆方法	本标准号	-	基体材料	/	底镀层	最小厚度	底镀层特征	中镀镀层	最小厚度	中镀层特征	面镀层	最小厚度	面镀层特征	后处理

注：典型标识示例，电镀层 GB/T 9797-Fe/Cu20a Ni30b Cr mc（见5.1）。

镀覆标识顺序说明：

a）镀覆方法应用中文表示。为便于使用，常用中文：电镀、化学镀、机械镀、电刷镀、气相沉积等表示。

b）本标准号为相应镀覆层执行的国家标准号或者行业标准号；如不执行国家或行业标准则应标识该产品的企业标准号，并注明该标准为企业标准，不允许无标准号产品。

c）标准号后连接短横线“-”。

d）基体材料用符号表示，见表2常用基体材料的表示符号。对合金材料的镀覆必要时还必须标注出合金元素成分和含量。

e）基体材料后用斜线“/”隔开。

f）当需要底镀层时，应标注底镀层材料、最小厚度（单位为μm），底镀层特征有要求时应按典型标识（见第5章）规定注明底镀层特征符号，如无特征要求，则表示镀层无特殊要求，允许省略底镀层特征符号。对合金材料的镀覆必要时还必须标注出合金元素成分和含量。如果不需底镀层，则不需标注。

g）当需要中镀层时，应标注中镀层材料、最小厚度（单位为μm），中镀层特征有要求时应按典型标识（见第5章）规定注明中镀层特征符号，如无特征要求，则表示镀层无特殊要求，允许省略中镀层特征符号。对合金材料的镀覆必要时还必须标注出合金元素成分和含量。如果不需中镀层，则不需标注。

h）应标注面镀层材料及最小厚度标识。面镀层特征有要求时应按典型标识（见第5章）规定注明面镀层特征符号。对合金材料的镀覆必要时还必须标注出合金元素成分和含量。如无特征要求，则表示镀层无特殊要求，则应省略镀层特征符号。

i）镀层后处理为化学处理、电化学处理和热处理，标注方法见典型标识规定（见第5章）。

j）必要时需标注合金镀层材料的标识，二元合金镀层应在主要元素后面加括弧标注主要元素含量，并用短横线连接次要元素，如：Sn(60)-Pb表示锡铅合金镀层，其中锡的质量分数为60%；合金成分含量不需标注或不便标注时，允许不标注。三元合金标注出二种元素成分的含量，依次类推。

4.2 金属镀覆方法及化学处理常用符号

金属材料用化学元素符号表示，合金材料用其主要成分的化学元素符号表示，非金属材料用国际通用缩写字母表示。常用基体材料的表示符号见表2。

表 2 常用基体材料的表示符号

材料名称	符号
铁、钢	Fe
铜及铜合金	Cu
铝及铝合金	Al
锌及锌合金	Zn
镁及镁合金	Mg
钛及钛合金	Ti
塑料	PL
其他非金属	（宜采用元素符号或通用名称英文缩写）

5 典型镀覆层的标识示例

5.1 金属基体上镍+铬和铜+镍+铬电镀层标识

金属基体上镍+铬、铜+镍+铬电镀层的标识见 GB/T 9797 标识的规定。镀层特征标识见表 3，典型标识示例如下，非典型标识参见 GB/T 9797：

示例 1：电镀层 GB/T 9797-Fe/Cu20a Ni30b Cr mc

该镀覆标识表示，在钢铁基体上镀覆 20μm 延展并整平铜+30μm 光亮镍+0.3μm 微裂纹铬的电镀层标识。

示例 2：电镀层 GB/T 9797-Zn/Cu20a Ni20b Cr mc

该镀覆标识表示，在锌合金基体上镀覆 20μm 延展并整平铜+20μm 光亮镍+0.3μm 微裂纹铬的电镀层标识。

示例 3：电镀层 GB/T 9797-Cu/Ni25b Cr mp

该镀覆标识表示，在铜合金基体上镀覆 25μm 半光亮镍+0.3μm 微孔铬的电镀层标识。

示例 4：电镀层 GB/T 9797-Al/Ni20s Cr r

该镀覆标识表示，在铝合金基体上镀覆 20μm 缎面镍+0.3μm 常规铬的电镀层标识。

表 3 铜、镍、铬镀层特征符号

镀层种类	符号	镀层特征
铜镀层	a	表示镀出延展、整平铜
镍镀层	b	表示全光亮镍
	p	表示机械抛光的暗镍或半光亮镍
	s	表示非机械抛光的暗镍，半光亮镍或缎面镍
	d	表示双层或三层镍
铬镀层	r	表示普通铬（即常规铬）
	mc	表示微裂纹铬
	mp	表示微孔铬

注：mc 微裂纹铬，常规厚度为 0.3μm。某些特殊工序要求较厚的铬镀层（约 0.8μm）。在这种情况下，镀层标识应包括最小局部厚度，如：Cr mc（0.8）。

5.2 塑料上镍+铬电镀层标识

塑料上镍+铬、铜+镍+铬电镀层的标识见 GB/T 12600 标识的规定，镀层特征标识见表

3。标识示例及说明如下：

示例 1：电镀层 GB/T 12600-PL/Cu15a Ni10b Cr mp（或 mc）

该镀覆标识表示，塑料基体上镀覆 15μm 延展并整平铜+10μm 光亮镍+0.3μm 微孔或微裂纹铬的电镀层标识。

示例 2：电镀层 GB/T 12600-PL/Ni20dp Ni20d Cr mp

该镀覆标识表示，塑料基体上镀覆 20μm 延展镍+20μm 双层镍+0.3μm 微孔铬的电镀层标识。

注：dp 表示从专门预镀溶液中电镀延展性柱状镍镀层。

5.3 金属基体上装饰性镍、铜+镍电镀层标识

金属基体上镍、铜+镍电镀层的标识见 GB/T 9798 标识的规定，镀层特征标识见表 3。标识示例及说明如下：

示例 1：电镀层 GB/T 9798-Fe/Cu20a Ni25s

该镀覆标识表示，钢铁基体上镀覆 20μm 延展并整平铜+25μm 缎面镍的电镀层标识。

示例 2：电镀层 GB/T 9798-Fe/Ni30p

该镀覆标识表示，钢铁基体上镀覆 30μm 半光亮镍的电镀层标识。

示例 3：电镀层 GB/T 9798-Zn/Cu10a Ni15b

该镀覆标识表示，锌合金基体上镀覆 10μm 延展并整平铜+15μm 全光亮镍的电镀层标识。

示例 4：电镀层 GB/T 9798-Cu/Ni10b

该镀覆标识表示，铜合金基体上镀覆 10μm 全光亮镍的电镀层标识。

示例 5：电镀层 GB/T 9798-Al/Ni25b

该镀覆标识表示，铝合金基体上镀覆 25μm 全光亮镍的电镀层标识。

5.4 钢铁上锌电镀层、镉电镀层的标识

钢铁基体上锌电镀层、镉电镀层的标识见 GB/T 9799 和 GB/T 13346 标识的规定。标识中有关电镀锌、镉电镀层化学处理及分类符号见表 4。标识示例及说明如下：

示例 1：电镀层 GB/T 9799-Fe/Zn 25 c1A

该标识表示，在钢铁基体上电镀锌层至少为 25μm，电镀后镀层光亮铬酸盐处理。

示例 2：电镀层 GB/T 13346-Fe/Cd 8 c2C

该标识表示，在钢铁基体上电镀镉层至少为 8μm，电镀后镀层彩虹铬酸盐处理。

表 4 电镀锌和电镀镉后铬酸盐处理的表示符号

后处理名称	符 号	分 级	类 型
光亮铬酸盐处理	c	1	A
漂白铬酸盐处理			B
彩虹铬酸盐处理		2	C
深处理			D

5.5 工程用铬电镀层标识

工程用铬电镀层的标识见 GB/T 11379 的规定。标识中工程用铬电镀层特征符号见表 5。为确保镀层与基体金属之间的结合力良好，工程用铬在镀前和镀后有时需要热处理。镀层热处理特征符号见表 6，热处理特征标识见 GB/T 11379。标识示例及说明如下：

示例 1：电镀层 CB/T 11379-Fe//Cr50hr

该标识表示，在低碳钢基体上直接电镀厚度为 50μm 的常规硬铬（Cr50hr）电镀层的标识。

示例 2：电镀层 GB/T 11379-Al//Cr250hp

该标识表示，在铝合金基体上直接电镀厚度为 250μm 的多孔铬电镀层的标识。

示例 3：电镀层 GB/T 11379-Fe//Ni10sf/Cr25hr

该标识表示，在钢基体上电镀底镀层为 10μm 厚的无硫镍+25μm 的常规硬铬电镀层的标识。

示例 4：电镀层 GB/T 11379-Fe/[SR(210)2]/Cr50hr/[ER(210)22]

该标识表示，在钢基体上电镀厚度为 50μm 的常规硬铬电镀层，电镀前在 210℃下进行消除应力的热处理 2h，电镀后在 210℃下进行降低脆性的热处理 22h。

注 1：铬镀层及面镀层和底镀层的符号，每一层之间按镀层的先后顺序用斜线（/）分开。镀层标识应包括镀层的厚度（以微米计）和热处理要求。工序间不作要求的步骤应用双斜线（//）标明。

注 2：镀层热处理特征标识，例如：[SR(210)1] 表示在 210℃下消除应力处理 1h。

表 5　工程用铬电镀层特征符号

铬电镀层的特征	符　号
常规硬铬	hr
混合酸液中电镀的硬铬	hm
微裂纹硬铬	hc
微孔硬铬	hp
双层铬	hd
特殊类型的铬	hs

表 6　热处理特征符号

热处理特征	符　号
表示消除应力的热处理	SR
表示降低氢脆敏感性的热处理	ER
表示其他的热处理	HT

5.6　工程用镍电镀层标识

工程用镍电镀层的标识见 GB/T 12332 的规定。标识中工程镍电镀层类型、硫含量及延展性标识见表 7。为确保镀层与基体金属之间的结合力良好，工程用镍在镀前和镀后有时需要热处理。镀层热处理特征符号见表 6。标识示例及说明如下：

示例 1：电镀层 GB/T 12332-Fe//Ni50sf

该标识表示，在碳钢基体上电镀最小局部厚度为 50μm、无硫的工程用镍电镀层的标识。

示例 2：电镀层 GB/T 12332-Al//Ni75pd

该标识表示，在铝合金基体上电镀的最小局部厚度为 75μm、无硫的、镍层含有共沉积的碳化硅颗粒的工程用镍电镀层的标识。

示例 3：电镀层 GB/T 12332-Fe/[SR(210)2]/Ni25sf/[ER(210)22]

该标识表示，在高强度钢基体上电镀的最小局部厚度为 25μm、无硫的工程用镍电镀层，电镀前在 210℃下进行消除应力的热处理 2h，电镀后在 210℃下进行降低脆性的热处理 22h。

注：镍或镍合金镀层及底镀层和面镀层的符号，每一层之间按镀层的先后顺序用斜线分（/）开。镀层标识应包括镀层的以微米计的厚度和热处理要求。工序间不作要求的步骤应用双斜线（//）标明。

表 7 不同类型的镍电镀层的符号、硫含量及延展性

镍电镀层的类型	符 号	硫含量(质量分数,%)	延展性(%)
无硫	sf	<0.005	>8
含硫	sc	>0.04	—
镍母液中分散有微粒的无硫镍	pd	<0.005	>8

5.7 化学镀（自催化）镍磷合金镀层标识

化学镀镍磷镀层的质量与基体金属的特性、镀层及热处理条件有密切关系（见 GB/T 13913 的说明和规定）。所以化学镀镍磷镀层的标识包括 4.1 规定的通用标识外，必要时还应包括基体金属特殊合金的标识、基体和镀层消除内应力的要求、化学镀镍-磷镀层中的磷含量。双斜线（//）将用于指明某一步骤或操作没有被列举或被省略。

化学镀镍-磷镀层应用符号 NiP 标识，并在紧跟其后的圆括弧中填入镀层磷含量的数值，然后再在其后标注出化学镀镍-磷镀层的最小局部厚度，单位 μm。

典型标识示例如下，非典型的化学镀层的标识参见 GB/T 13913。

示例 1：化学镀镍-磷镀层 GB/T 13913-Fe<16Mn>[SR(210)22]/NiP(10)15/Cr0.5[ER(210)22]

该标识表示，在 16Mn 钢基体上化学镀含磷量为 10%（质量分数），厚 15μm 的镍-磷镀层，化学镀前要求在 210℃温度下进行 22h 的消除应力的热处理，化学镀镍后再在其表面电镀 0.5μm 厚的铬。最后在 210℃温度下进行 22h 的消除氢脆的热处理。

示例 2：化学镀镍-磷镀层 GB/T 13913-Al<2B12>//NiP(10)15/Cr0.5//

该标识表示，在铝合金基体上镀覆与示例 1 相同的镀层，不需要热处理。

示例 3：化学镀镍-磷镀层 GB/T 13913-Cu<H68>//NiP(10)15/Cr0.5//

该标识表示，在铜合金基体上镀覆与示例 1 相同的镀层，不需要热处理。

5.8 工程用银和银合金电镀层标识

工程用银和银合金电镀层的标识见 ISO 4521 标识的规定。贵金属镀层常用厚度见表 8。典型标识示例如下，非典型标识参见 ISO 4521：

示例 1：电镀层 ISO 4521-Fe/Ag10

该标识表示，在钢铁金属基体上电镀厚度为 10μm 的银电镀层的标识。

示例 2：电镀层 ISO 4521-Fe/Cu10 Ni10 Ag5

该标识表示，在钢铁金属基体上电镀厚度为 10μm 铜电镀层+10μm 镍电镀层+5μm 的银电镀层的标识。

示例 3：电镀层 ISO 4521-Al/Ni20 Ag5

该标识表示，在铝或铝合金基体上电镀厚度为 20μm 镍镀层+5μm 的银电镀层的标识。

5.9 工程用金和金合金电镀层标识

工程用金和金合金电镀层的标识见 ISO 4523 标识的规定。如果需要表示金的金属纯度时，可在该金属的元素符号后用括号（ ）列出质量百分数，精确至小数点后一位。贵金属镀层常用厚度见表8。标识示例及说明如下：

示例1：电镀层 ISO 4523-Fe/Au(99.9)2.5

该标识表示，在钢铁金属基体上电镀厚度为2.5μm纯度为99.9%的金电镀层的标识。

示例2：电镀层 ISO 4523-Fe/Cu10 Ni5 Au1

该标识表示，在钢铁金属基体上电镀厚度为10μm铜镀层，再电镀厚度为5μm镍镀层后，电镀1μm的金电镀层的标识。

示例3：电镀层 ISO 4523-Al/Ni20 Au0.5

该标识表示，在铝或铝合金基体上电镀厚度为20μm镍镀层后，电镀0.5μm金电镀层的标识。

注1：关于金合金的定义及标识见 ISO 4523。

注2：必要时，银和银合金镀层的厚度也可采用2μm的倍数。

表8 银和银合金镀层、金和金合金镀层常用厚度 （单位：μm）

银和银合金镀层厚度	金和金合金镀层厚度
2	0.25
5	0.5
10	1
20	2.5
40	5
—	10

5.10 金属基体上锡电镀层、锡-铅电镀层、锡-镍合金电镀层标识

金属基体上锡电镀层、锡-铅电镀层、锡-镍合金电镀层的表面特征在某些情况下与镀层的使用要求有关（见 GB/T 12599、GB/T 17461、GB/T 17462 的说明）。锡和锡合金电镀层的标识应包括镀层表面特征内容（见表9），合金电镀层应在主要金属符号后用括号标注主要元素的含量。非典型标识参见 GB/T 12599、GB/T 17461、GB/T 17462，典型标识示例如下：

示例1：电镀层 GB/T 12599-Fe /Ni2.5 Sn5 f

该标识表示，在钢或铁基体金属上，镀覆2.5μm镍底镀层+5μm锡镀层，镀后应用熔流处理。

示例2：电镀层 GB/T 17461-Fe/Ni5 Sn60-Pb 10f

该标识表示，在钢铁基体上，镀覆5μm镍底镀层+10μm公称含锡量为60%（质量分数）的锡-铅镀层，并且镀后经过热熔处理的锡-铅合金电镀层。

示例3：电镀层 GB/T 17462-Fe/Cu 2.5 SnNi 10

该标识表示，在钢铁基体上，镀覆5μm镍底镀层+10μm锡含量无要求的锡-镍合金电镀层的标识。

表9 锡和锡合金电镀层表面特征符号

镀层表面特征	符　号
无光镀层	m
光亮镀层	b
熔流处理的镀层	f

第四节　金属零（部）件镀覆前质量控制技术要求

一、概论

金属零（部）件镀覆前的质量，是指为了保证镀层符合要求，零（部）件镀覆生产（上架）前应具备的质量（技术条件），包括加工后送交表面处理车间的质量和上架前经适当准备之后的质量。它不包括上架后工件前处理（预处理）的质量。

镀覆产品质量不仅与镀覆工艺有关，还与镀覆前的质量息息相关。即使镀覆过程得到最精细的管控，如果镀覆前的质量不符合要求，仍旧会产生产品缺陷，导致产品不合格，给生产造成不必要的经济损失。因此，在镀覆前对待处理工件进行相应的质量控制极为重要，也是必不可少的环节。

金属零（部）件镀覆前的质量要求与覆层质量（产品质量）要求、零（部）件状态、镀覆工艺、生产流程等密切相关。生产中应将各种因素结合起来综合考虑，根据不同的情况提出有针对性的要求。在正式镀覆前，应对金属零（部）件进行必要的准备和/或采取措施，使其满足镀覆的技术要求。

镀覆前的质量控制不仅需要镀覆加工方来控制，而且很多措施需要在工件机械加工或成形过程中完成，甚至部分措施可追溯至产品设计过程。比如，为了防止汽车车门在涂装前处理过程中积留残液，设计车门时，需要在车门下方设置工艺孔。由此可见，镀覆前的质量控制是一个复杂的系统工程，需要表面处理技术人员、工件加工方及设计人员等多方相互沟通协作，才能得以完成。

镀覆前的质量控制范围广、内容复杂，全面把控极为困难。为提高镀覆前的质量控制水平，制定相关技术标准尤为重要。我国于 1990 年首次发布了 GB/T 12611—1990《金属零（部）件镀覆前质量控制技术要求》。经过十多年的发展，新型材料不断涌现，质量控制要求也更加全面。为适应新技术的发展，2008 年对 GB/T 12611—1990 进行了修订。GB/T 12611—2008《金属零（部）件镀覆前质量控制技术要求》于 2008 年 7 月 1 日发布，2009 年 2 月 1 日实施。

二、标准主要特点与应用说明

1. 标准主要内容和适用范围

该标准主要规定了金属零（部）件镀覆前质量控制的技术条件，包括外观要求、外形尺寸要求、组合件质量要求及镀覆方法、复杂内控的异形件质量要求、焊接件质量要求、除油除锈要求、消除应力的热处理要求、表面粗糙度及倒圆要求，以及其他控制要求。

该标准适用于金属零（部）件镀覆前的质量控制和验收，非金属件镀覆前的质量控制和验收也可参照使用。必须指出的是，该标准所指的镀覆工艺包括但不限于电镀、化学镀、化学转化（化学氧化）及阳极氧化等，其他表面处理前的质量控制也可参照该标准。

2. 详细资料对于精细控制镀前质量是十分必要的

该标准以必要资料和附加资料的形式列出了需方应向供方（镀覆加工方）提供的资料

信息。这些资料主要包括镀覆层质量要求和零（部）件状态信息。其中，镀覆层质量要求主要有外观要求、各种性能要求（指标）及其试验方法，验收标准和抽样水平，以及用于检验的替代试样；零（部）件状态信息则包括基体材质、热处理状态、外形尺寸、表面粗糙度、硬度等。供方根据这些资料，结合表面处理工艺过程和技术特性，才能有针对性地提出镀覆前质量要求，并采取相应措施，使其满足要求。例如，需方要求硬质氧化膜（50±5)μm，且氧化前后尺寸偏差不得超10μm，供方据此资料，结合硬质阳极氧化膜生长规律(硬质氧化后工件尺寸增加为氧化膜厚度的1/2)，推算氧化后工件尺寸会增大25μm左右，超出偏差要求，所以要求工件机械加工时预留不小于15μm的余量。

3. 消除应力是镀覆前质量控制的重要措施之一

机械加工或成形过程产生应力，会加速镀覆过程深入基体的氢原子的扩散，以致高强度材料在镀覆过程产生氢脆。因此，该标准中对经各种机械加工的零部件，除了要求必须除去处理中残留的异物，还必须进行消除残余应力的热处理。该标准规定了不同抗拉强度钢铁的热处理要求和注意事项。消除应力的热处理方法还可参照GB/T 19349《金属和其他无机覆盖层　为减少氢脆危险的钢铁预处理》。

4. 标准的应用

该标准规定的镀覆前的除油除锈是指零部件在上架前进行的准备工作，而不是镀覆生产前处理的除油除锈，使用时应将二者区分开来。镀覆前的除油除锈主要针对的是零部件在前处理过程中无法清除的重油、重锈，以及必须经过喷丸或喷砂处理的氧化皮等。

三、标准内容（GB/T 12611—2008）

金属零（部）件镀覆前质量控制技术要求

1　范围

本标准规定了金属零（部）件镀覆前质量控制的技术要求。

本标准适用于金属零（部）件在电镀、化学镀、化学钝化、化学氧化、电化学氧化及其他镀覆前的质量控制和验收。

2　规范性引用文件

下列文件中的条款通过本标准的引用而成为本标准的条款。凡是注日期的引用文件，其随后所有的修改单（不包括勘误的内容）或修订版均不适用于本标准，然而，鼓励根据本标准达成协议的各方研究是否可使用这些文件的最新版本。凡是不注日期的引用文件，其最新版本适用于本标准。

GB/T 197　普通螺纹　公差（GB/T 197—2003，ISO 965-1：1998，MOD）

GB/T 1172　黑色金属硬度及强度换算值

GB/T 3138　金属镀覆和化学处理与有关过程术语（GB/T 3138—1995，neq ISO 2079：1981）

GB/T 5267.1　紧固件　电镀层（GB/T 5267.1—2002，ISO 4092：1999，IDT）

GB/T 5270　金属基体上的金属覆盖层　电沉积和化学沉积层　附着强度试验方法评述（GB/T 5270—2005，ISO 2819：1980，IDT）

GB/T 6463　金属和其他无机覆盖层厚度测量方法评述（GB/T 6463—2005，ISO 3882：

2003，IDT）

GB/T 12609 电沉积金属覆盖层和相关精饰 计数检验抽样程序（GB/T 12609—2005，ISO 4519：1980，IDT）

GB/T 13911 金属镀覆和化学处理标识方法

GB/T 17720 金属覆盖层 孔隙率试验评述（GB/T 17720—1999，eqv ISO 10308：1995）

GB/T 20015 金属和其他无机覆盖层 电镀镍、自催化镀镍、电镀铬及最后精饰 自动控制喷丸硬化前处理（GB/T 20015—2005，ISO 12686：1999，MOD）

3 术语和定义

GB/T 3138 所确立的术语和定义适用于本标准。

4 金属零（部）件镀覆前电镀方应获得的资料

4.1 必要资料

金属零部件镀覆前，电镀方应通过合同或订购合约中，或在工程图样上书面获得以下资料：

a）镀覆层标识（见 GB/T 13911）；

b）待镀覆试样的主要表面，应在工件图样上标明，也可用有适当标记的样品说明；

c）镀覆层可容许的缺陷的类型、大小和数量要求（见第 5 章）；

d）金属零部件的外观和表面缺陷处理要求，如机械打磨、化学抛光整平、电化学抛光整平程度；也可用需方提供或认可的样品来表明金属零部件外观和所要求的处理，以便于比较；

e）镀覆层最小厚度及测量厚度的试验方法（参见 GB/T 6463）；

f）金属零部件镀覆层结合力和孔隙率的要求及其试验方法（参见 GB/T 5270 和 GB/T 17720）；

g）工件的抗拉强度和电镀前减小应力的热处理的要求；

h）抽样方案和验收标准（参见 GB/T 12609）。

4.2 附加资料

如果必需时，电镀方还应获得以下附加资料：

a）基体金属的标准成分或规格、冶金学状态以及硬度；

b）前处理的要求或限制，如用喷砂或酸洗前处理的限制；

c）结合力的特殊要求所规定的表面预处理；

d）可导致压应力的处理的必要性，如：电镀前或电镀后的喷丸处理（见 GB/T 20015）。

5 金属零（部）件镀覆前的质量控制要求

5.1 金属零（部）件镀覆前金属零部件外观要求

待镀的零（部）件应无机械变形和机械损伤，主要表面上应无氧化皮、斑点、凹坑、凸瘤、毛刺、划伤等缺陷。主要表面上的微量氧化皮、斑点、凸瘤、毛刺、划伤等缺陷应选用机械磨光、化学抛光或电化学抛光等方法消除。

经磨削加工的或经探伤检查的零（部）件及弹簧等，应无剩磁、磁粉及荧光粉等缺陷。

经热处理后的工件应进行表面清理，不允许有未除尽的氧化皮和残留物（如盐、碱、型砂及因热处理前工件表面未除尽的油垢所导致的烧结物等）；允许带有轻微的氧化色，但不允许有锈蚀现象。

粉末冶金件须进行孔隙及孔隙率检查。

5.2 镀覆前金属零（部）件外形尺寸要求

设计规定有配合要求的零（部）件，镀覆前必须留有镀覆层厚度的工艺尺寸，并应按照按工艺文件规定的尺寸进行检验和验收。

需镀覆的螺纹件，应按 GB/T 197 及 GB/T 5267.1 所规定的镀覆层厚度留有足够的余量。

5.3 组合件镀覆前质量要求及镀覆方法

镀覆前，金属-橡胶及金属-塑料组合件、黑色金属与有色金属精组合件、粉末冶金与其他金属组合件等，其橡胶或塑料部分或多种材料组合部分应无断裂及划伤；组合件的交界处，不应有毛刺、夹杂物和未胶合的部位；金属暴露部分的表面上不应有橡胶或塑料的残余物。

接收验收时，应在光线充足或人工照明良好的条件下目视检查，必要时可用 3~5 倍放大镜目测检查。

镀覆方法应根据以下分类进行镀覆：

a）以螺纹联接或可分离方式的组合件，金属部分镀覆前，应确认是否有公差尺寸的要求。应尽可能采用组合件分离，金属件部分单独电镀的方式进行镀覆。不能分离或不便分离的组合件由电镀方与需方协商电镀方式。

b）采用压合、搭接、铆接、搭焊、点焊等不可分离方式组合的组合件，镀覆时，可根据需方镀覆的要求，采用局部电镀、掩蔽电镀或其他镀覆方法进行镀覆。

5.4 带复杂内腔的异型件镀覆前质量要求

带有复杂内腔的焊接件镀覆前，应在不影响使用的部位留有便于液、气排出的工艺孔。

5.5 焊接件镀覆前质量要求

焊接件应无残留的焊料和熔渣。焊缝应经喷砂或其他方法清理；焊缝应无气孔和未焊牢等缺陷。

5.6 金属零（部）件镀覆前除油除锈要求

5.6.1 镀覆前金属零（部）件应清除油封。清除油封后，零（部）件表面应无油污、油漆、金属屑及机械加工划线的涂色等残留物。

5.6.2 不经机械加工的铸件、锻件和热轧件表面，应进行喷砂或喷丸处理。材料的极限抗拉强度小于或等于 1050MPa 的热轧件也可用酸洗去除氧化皮。

5.6.3 喷砂后的表面不应有残余的氧化皮、锈蚀、油迹、存砂、手印等。凡经喷砂处理的高强度钢零（部）件，应在 1h 内开始镀覆（包括预处理）。

5.7 金属零部件镀覆前消除应力的热处理要求

5.7.1 凡经机械加工、磨削、冷成型、冷拉伸、冷矫正的零（部）件，当其材料抗拉强度最大值大于 1050MPa 时，除表面淬火件外，应按表 1 规定的条件进行消除残余应力的热处理。

表 1 不同抗拉强度热处理条件

材料抗拉强度最大值/MPa	热处理温度/℃	热处理时间/h
>1050~1450	190~210	1
>1450~1800	190~210	18
>1800	190~210	24

5.7.2　当仅知材料的抗拉强度最小值时，可按表2确定其抗拉强度最大值。

表2　材料抗拉强度极限值　（单位：MPa）

材料抗拉强度最小值	材料抗拉强度最大值
1000～1400	1050～1450
1401～1750	1451～1800
>1750	>1800

5.7.3　当仅知材料的硬度值时，应按GB/T 1172查出其抗拉强度最大值。

5.7.4　消除应力热处理前，应将金属零（部）件表面上的油脂清洗干净。

5.7.5　表面淬火件消除残余应力的热处理，应在130℃～150℃下，保温不少于5h。如允许基体金属的表面硬度降低，也可采用较高温度、较短时间的热处理。

5.7.6　待镀的钢铁零（部）件应附带有消除残余力热处理的证明。

5.7.7　当需要喷丸处理时，喷丸应在消除残余应力热处理后进行。

5.7.8　当特殊要求消除应力热处理在喷丸后进行时，消除残余应力热处理的温度不得超过220℃。

5.8　金属零部件镀覆前表面粗糙度的要求

除设计已规定表面粗糙度值 *Ra* 和圆角值的零（部）件外，为保证镀层质量，零（部）件镀覆前的表面粗糙值 *Ra* 和圆角值应符合表3的规定。

表3　表面粗糙度与圆角值

镀覆层种类	镀覆前表面粗糙度值 *Ra*（不大于）/μm	圆角值/mm
工程镀铬(需做孔隙率检查)	0.8	≥0.5
工程镀铬(不需做孔隙率检查)	1.6	—
松孔镀铬	0.2	—
装饰镀铬	视光亮度要求确定	≥0.5
瓷质阳极氧化	0.2	—
镀钯、镀铑	0.2	≥0.5
硬质阳极氧化、绝缘阳极氧化	0.8	≥0.5
防渗碳、防氰化、防氧化而镀铜或镀锡	3.2	—

注：1. 本表是建立在镀覆后不经抛光、研磨等精饰的基础上。
2. 超过本表规定时，由需方与电镀方商定。

图样上已规定零（部）件表面粗糙度值［即零（部）件最终表面粗糙度值］的，其镀覆前的表面粗糙度值应不大于图样上所标出的粗糙度值的一半。

6　其他要求

6.1　除另有规定外，镀覆应在全部机械加工完成后实施。

6.2　锻件、铸件、焊接件、冲压件或原材料带有相应技术标准所允许的缺陷时，可接受镀覆。但因这些缺陷所造成的镀覆层缺陷，不作为镀覆工艺质量缺陷。

6.3 镀覆前、镀覆后检测抽样按 GB/T 12609 进行。

镀后需进行破坏性试验的产品，当批量较小或其形状不适合或价格太贵，应须带有与零（部）件相同的材料（同炉批）、相同的表面粗糙度、相同的热处理状态、几何尺寸相近的工艺样件或试片。数量按试验的项目和抽样数量要求确定。试样也可以采用同批中机械加工尺寸超差的报废零（部）件代替。

6.4 待镀的零（部）件必须装箱或采用专门的工位器具。表面粗糙度值 $Ra \leqslant 0.8\mu m$ 的和精密零（部）件，应装入专用包装箱内，分别包装，以免在搬运过程中损伤零（部）件或零（部）件发生锈蚀。

第五节 金属及其他无机覆盖层 金属表面的清洗和准备 第1部分：钢铁及其合金

一、概论

1. 金属表面的预处理

金属材料在镀（涂）覆盖层之前的表面清洗和准备，又称预处理或前处理。在对工件进行表面处理之前，应有预处理工序，以使工件的表面达到可以进行后续镀（涂）覆的状态。预处理的质量好坏是能否获得优质表面处理效果的重要环节。实践证明，经过表面处理获得的镀层、涂层或化学转化膜，有时会出现耐蚀性差、结合强度低、使用寿命短、表面不平滑光亮、起泡或剥落等现象，这常常是由于预处理不当而造成的后果。因此，在镀（涂）前，必须有保证质量的预处理工序。

2. 金属表面预处理的作用

金属表面预处理的目的是获得洁净且具有化学活性的表面，其作用如下：

1）增强覆盖层的结合强度（附着力）。结合强度取决于基体表面清洗效果。如果表面附着污垢、粉状物、锈或氧化皮，则镀层不连续或漏镀；表面局部有点状油污或氧化物时，则镀层不致密或多孔，以致工件受热后产生小气孔或鼓泡；当表面黏附极薄的甚至肉眼看不可见的油污或氧化物时，虽然也能获得外观正常、结晶致密的镀层，但由于油污和氧化物的存在，镀层和基体的结合强度不佳，工件在使用过程中易受弯曲、冲击或冷热变化等而开裂或脱落。当然，对于某些基材，即使表面洁净也无法获得好的结合强度，所以，为了提高结合强度，需要增加特殊预处理工序，如不锈钢电镀前采用冲击镀镍来增强结合强度。

2）为后续镀（涂）工序准备条件。对于电镀、化学镀、阳极氧化等工艺而言，只有基材表面洁净且具有化学活性，后续界面化学或电化学反应才能发生，从而保证镀覆工艺正常进行。因此，预处理必须为后续化学和/或物理过程创造有利条件。

3）获得所期望的外观效果。某些预处理工艺，不仅可以净化表面，同时还可以获得特殊的表面外观，如粗喷砂，不仅可以除锈除垢，还因此获得均匀的哑光表面。另外，通过有目的地选定某些预处理工艺，也可以获得预期的外观，如除油后再电解抛光可以获得光亮表面。

3. 金属表面预处理标准

金属表面预处理是表面处理的极为重要环节，且具有一定的复杂性。因此，制定 GB/T

34626《金属及其他无机覆盖层　金属表面的清洗和准备》，给出不同金属基材、不同镀（涂）方式的典型表面预处理工艺，对于提高金属表面处理质量具有十分重要的意义。GB/T 34626 分两个部分，即第 1 部分：钢铁及其合金；第 2 部分：有色金属及其合金。GB/T 34626.1—2017《金属及其他无机覆盖层　金属表面的清洗和准备　第 1 部分：钢铁及其合金》，于 2017 年 7 月 29 日批准发布，2018 年 4 月 1 日实施。

二、标准主要特点与应用说明

1. 标准适用范围和制定依据

GB/T 34626.1—2017 规定了钢铁表面的清洗工艺，适用于铸铁、纯铁、不耐蚀钢、不锈钢及耐热钢在镀（涂）覆盖层前除去表面油污及其他污染物，不适用钢铁产品使用过程累积的重油脂和污垢的清洗，以及电器接头焊接前的预处理。

该标准修改采用 ISO 27831-1：2008《金属及其他无机覆盖层　金属表面的清洗和准备　第 1 部分：钢铁及其合金》。与 ISO 27831-1：2008 相比，该标准结构和技术条款没有差异，只是规范性应用文件中引用了与国际标准相对应的国家标准，而这些标准可能存在技术差异。

2. 标准特点

1）充分考虑了表面预处理导致氢脆的负面效应。钢铁表面预处理过程中，由于析氢反应造成氢原子渗入基体而产生氢脆。为尽可能降低预处理导致的氢脆，该标准给出两种途径：

一是按抗拉强度的高低，将钢铁分为以下 4 类，并针对性地给出相应的预处理工艺，以降低氢原子渗入引起氢脆：

抗拉强度小于 1000MPa 的钢铁；

抗拉强度 1000MPa～1400MPa 的钢铁；

抗拉强度 1400MPa～1800MPa 的钢铁；

抗拉强度大于 1800MPa 的钢铁。

二是表面预处理前降低基材的氢脆敏感性。针对抗拉强度大于或等于 1000MPa 的钢铁，通过热处理消除应力，降低氢原子在基体中的扩散。

2）具有很强的针对性、实用性和可操作性。首先，按材质的不同将钢铁分为不耐蚀钢、铸铁和纯铁、耐蚀钢、耐热钢 4 类，然后针对每种材质，再按后续电镀、化学镀、转化膜、热浸镀、热喷涂、热扩散（渗锌）、搪瓷、物理气相沉积铝和镉、粉末涂装等工序，分别给出相应的表面清洗和准备方法，所以该标准内容针对性强。其次，该标准给出的清洗工艺，已在国内外广泛应用，且行之有效。另外，该标准不仅规定了的具体工艺流程，而且还给出了溶液的配方，很容易将其应用于生产。

3. 标准应用

1）表面处理过程中，应根据不同情况选择合适的预处理工艺流程（包括工艺、方法和工序），考虑的主要因素有：后续工序、工件材质、外观要求、尺寸要求、基体表面状态、污染物种类和等级、设备条件、环保要求、生产成本。

2）该标准给出的实用工艺，未考虑环境保护要求，部分工艺中采用了对环境有害的物质，如 Cr^{6+}，目前已被国内外限制或禁止使用；有的工艺在操作过程中可能产生有毒“黄烟”。因此，在使用该标准时，应根据当地环保政策来选择合适的工艺和方法。

三、标准内容（GB/T 34626.1—2017）

金属及其他无机覆盖层
金属表面的清洗和准备 第1部分：钢铁及其合金

警告——GB/T 34626 的本部分要求使用的一些物质和工艺，如果不采取合适的措施，会对健康产生危害。本部分没有讨论标准使用过程中涉及的任何健康危害、安全或环境的事项和法规。生产者、买方和标准使用者有责任建立合适可行的健康、安全和环境条例，并采取适当措施使其符合国家、地方和国际条例和法规的规定。遵从本部分不意味着免除法律义务。

1 范围

GB/T 34626 的本部分规定了钢铁及其合金表面清洗的工艺。

本部分适用于除去任何无关或不期望的沉积物以及在生产、贮存和使用过程中产生的其他污染物，并且为金属表面下一步处理做准备。

本部分不适用于使用过程累积的油、脂与污垢等重沉积物的初步清洗作业、电气触点焊接前的准备或清洗。然而，用户可以自行决定是否使用本部分给出的诸多处理工艺用于上述清洗作业。

本部分涵盖的工艺是镀（涂）以下覆盖层之前所需要的金属表面准备：

——电镀金属层；

——自催化金属镀层（自催化和置换类）；

——转化膜；

——热浸镀层；

——金属喷涂层；

——扩散涂层；

——搪瓷涂层；

——物理气相沉积铝和镉层；

——粉末涂层。

本部分描述了以下处理工艺：

——脱脂；

——除垢；

——酸洗；

——除锈；

——化学抛光；

——电解抛光。

上述处理工艺适用于以下金属：

——不耐蚀钢、铸铁和纯铁；

——耐蚀钢和耐热钢。

2 规范性引用文件

下列文件对于本文件的应用是必不可少的。凡是注日期的引用文件，仅注日期的版本适用于本文件。凡是不注日期的引用文件，其最新版本（包括所有的修改单）适用于本文件。

GB/T 3138 金属及其他无机覆盖层 表面处理 术语（GB/T 3138—2015，ISO 2080：2008，IDT）

GB/T 12334 金属和其他非有机覆盖层 有关厚度测量的定义和一般规则（GB/T 12334—2001，ISO 2064；1996，IDT）

GB/T 13913 金属覆盖层 化学镀镍-磷合金镀层 规范和试验方法（GB/T 13913—2008，ISO 4527：2003，IDT）

GB/T 19349 金属和其他无机覆盖层 为减少氢脆危险的钢铁预处理（GB/T 19349—2012，ISO 9587：2007，IDT）

GB/T 19350 金属和其他无机覆盖层 为减少氢脆危险的涂覆后钢铁的处理（GB/T 19350—2012，ISO 9588：2007，IDT）

GB/T 31566 金属覆盖层 物理气相沉积铝涂层 技术规范与检测方法（GB/T 31566—2015，ISO：22779；2006，IDT）

ISO 22778 金属覆盖层 物理气相沉积镉涂层 规范和试验方法（Metallic coatings—Physical vapour-deposited coatings of cadmium on iron and steel—Specification and test methods）

3 术语和定义

GB/T 3138、GB/T 12334、GB/T 19349、GB/T 19350、GB/T 31566 和 ISO 22778 界定的术语和定义适用于本文件。

4 买方应向加工方提供的必要信息

当订购的工件需按本部分进行处理时，买方应在合同、订单或者图样中提供以下书面信息：

a）本部分的编号（GB/T 34626.1）；

b）工件材料的规格和冶金条件；

c）钢件的抗拉强度以及为减少氢脆钢消除应力和清洗后消除氢脆的热处理的要求（见 7.1）；

d）所使用的本部分给出的清洗方法以及清洗方法以外的特殊处理（例如：为健康和安全考虑而使用的特殊方法）；

e）特殊表面的特定要求；

f）特殊步骤的详细信息（例如：工艺 H，方法 H1）；

g）特别难处理的表面的详细信息，以及需去除的覆盖层或需保护的覆盖层或嵌入物的特殊信息；

h）适当时，提供后续覆盖层的详细信息。

5 要求

5.1 用于清洗和准备的任何材料，其含汞量以质量分数计不应超过 $5\times10^{-4}\%$。当工件易受砷或锑的影响而分解时，清洗材料中砷、锑的最大含量如下：

砷（As）：质量分数为 $15\times10^{-4}\%$；

锑（Sb）：质量分数为 $15\times10^{-4}\%$。

注 1：酸溶液中砷、低价硫或低价磷化合物将增强钢铁对氢的吸附，降低后续涂层的附着力。

注 2：用抑制锑的溶液时，钢构件上会产生污染物。由此在暴露的表面上形成的锑沉积物可能对钢铁的性能以及后续处理产生不利影响。如果用于处理工件的溶液被污染了，将会导致后续处理工件受到类似的影响。

5.2 处理组装工件时，所选择的处理方法应适合组成部分的材料和材料组合。

5.3 工件经常需要进行一系列的脱脂和清洁处理。溶剂清洗有时候会在溶剂挥发后留下微量的污染物，所以应采取措施去除这些污染物。有机溶剂并不总是能除去无机污染物，因此有必要在最后的脱脂和清洗后用另外的水溶液清洗无机污染物。

5.3.1 工作表面应无油脂、油、氧化物、其他附着物，并处于一种完全可以进行后续处理的化学清洁的状态。

为了检测表面的清洁程度，可用水喷射清洁后的表面或将表面浸入干净的冷水中。在洁净的表面上，水将形成一个均匀的水膜；然而，如果表面有油质污垢，水膜将从污染的地方断开。在表面完全污染的情况下，整个水膜可能会分解成一个个小水珠。如果被测试的表面残留有含表面活性剂的清洗剂，即使有油脂的存在，也会在表面上形成一个连续的水膜。可以在检测表面之前将其浸入稀酸中然后水洗，以避免这种假象。清洁后应立即进行下一步处理。

5.3.2 用于某种金属或合金的磨料不能用于其他金属或合金。不同的合金系列，例如铁及铁合金、铝及其合金，应分别使用相应的喷砂介质。因此，用于铝表面喷砂的氧化铝不应是其他类型材料，如钢铁或富铜合金使用过的砂子，并且此清洁材料也不能被外部污染。

如有需要，可以在最后清洁和镀（涂）覆盖层前对基体金属或基材进行喷丸处理。

5.3.3 按正常的处理工艺不应降低工件的力学性能，除非它们可以通过后续的热处理或其他处理而得到恢复。

5.3.4 工件的尺寸和表面精饰应保证工件经过最后工艺（如电镀）处理后能达到图纸或规格的要求。

5.4 用溶剂清洗时，如果溶剂未完全从表面挥发，就对工件进行热处理，那么工件，特别是轻合金工件，可能发生腐蚀。因此，不应使用热分解而产生腐蚀的溶剂。也应采取措施以确保复杂工件或盲孔无残留液体。需要立即进行热处理的捆扎工件，应采用震动工件方式，以确保相互接触的表面之间无残留液体。任何情况下，脱脂后，工件应在完全干燥并且达到室温时，才可以浸入熔融盐中。

处理工序之间最好不要停留。应当注意：脱脂和清洗工艺完成后，产生的清洁表面的耐蚀性是很低的。因此，容易腐蚀的材料应当立即进行涂装或后续处理。

5.5 溶液处理后，应立即用干净的热水和/或冷水彻底清洗工件，要特别注意有裂缝的工件。最后一道水洗后，金属表面不能出现水膜断裂现象。当工艺最后水洗用水的电导率超过 10μS/cm 时，应倒掉或二次处理。

5.6 最后一道水洗或其他最后一道预处理后，不用干燥就立即将需在水溶液中进行保护处理的工件转移至处理槽液中。

5.7 需要在干燥条件下进一步处理和不需要进一步处理的工件应彻底烘干。

5.7.1 推荐用热风干燥工件，所使用的气体应无油和其他污染物。

5.7.2 不准许使用含氯类溶剂进行干燥。

5.8 脱脂和清洗的所有步骤应不间断地进行。

5.9 某些清洗和准备工艺中所使用的酸碱溶液对不稳定的材料有危害。使用这种溶液处理不稳定的材料时，应特别注意用干净的水完全彻底地把酸碱液冲洗掉。尤其要注意不规则工件、盲孔和裂缝。

5.10 当溶液成分的范围已知时，GB/T 34626 的本部分给出了其范围。没有说明溶液成分范围时，溶液成分的比例可在±10%的范围内波动。

6 标准清洗方法

6.1 本部分描述的工艺和方法只是在实践中最常用到的。然而，许多处理溶液配方和特殊处理方法并不包含在本部分中。在本部分中，清洗处理所引用的带括号的工艺和方法是指本部分第 10 章所给出的工艺和方法。

6.2 浸渍法处理前，所有的多孔铸件都应经过脱脂、清洗和干燥处理。

6.3 超声波搅拌可以适当提高某些方法的效率（工艺 A，方法 A6），但应谨慎使用，以防造成对精密部件和组装件的破坏，如电气部件或电子及半导体设备。

6.4 为了避免大批量小工件在浸泡清洗时聚集成堆或相互套叠，可以采用滚筒清洗。这种方法不适用于细小或精密的部件。

6.5 在含有清洁剂的研磨介质（工艺 D，方法 D3）中，运动装置形成的振动清洗，可以对易碎工件进行去毛刺和抛光。

7 不耐蚀钢、铸铁和纯铁

7.1 不耐蚀钢

7.1.1 清洁方法的选择

7.1.2 和 7.1.3 规定了抗拉强度大于或等于 1000MPa 的钢铁的清洗方法的选择，其目的是为避免工件在阴极或酸处理过程中由于氢的吸附而变脆。通常来说，标准给出的方法同时适用于钢和铁。然而，在酸溶液中处理铸铁时，容易在石墨的周围进行优先侵蚀，特别是在片状石墨周围，因为片状石墨是彼此分开的，其间形成的小孔可能会存储处理溶液，进而导致污染或腐蚀的产生。

7.1.2 消除应力的热处理

抗拉强度大于或等于 1000MPa、经过打磨处理或在最后一道退火处理后要进行重机加工的钢构件，应该按 GB/T 19349 或买方的要求消除应力。任何消除应力的处理都应在脱脂（工艺 A）之后和容易使工件变脆的工艺之前进行（见 7.1.1）。采用喷丸或冷加工使工件表面的任一部分获得有益压力时，工件的加热温度不应超过 230℃。

7.1.3 常规的脱脂和清洗

7.1.3.1 抗拉强度小于 1000MPa 的钢铁

按工艺 A（方法 A1 或 A2）和工艺 B（方法 B1、B2 或 B3）进行脱脂，然后从工艺 D 到 L 中选择适当的后续清洗工艺。

7.1.3.2 抗拉强度 1000MPa~1400MPa 的钢铁

不准许对钢铁进行任何形式的电解清洗。按工艺 A（方法 A1 或 A2）和工艺 B（方法 B1、B2 或 B3）进行脱脂，然后从工艺 D、F、H 和 K 中选择适当的后续清洗工艺。

7.1.3.3 抗拉强度 1400MPa~1800MPa 的钢铁

按工艺 A（方法 A1 或 A2）和工艺 B（方法 B1、B2 或 B3）进行脱脂。必要时，可外加阳极电流，也可进行碱除锈（方法 K1）。阴极或交流电都不能用于这些钢铁的处理。

为了达到清洗的目的，可采用研磨清理（工艺 D）和硫酸溶液阳极清洗（工艺 H）。如果需要用电解除锈，则应用碱液作电解质并施加阳极电流。

7.1.3.4 抗拉强度 1800MPa 以上的钢铁

按工艺 A（方法 A1 或 A2）和工艺 B（方法 B1）进行脱脂。为达到清洁的目的，可采用金刚石喷砂工艺 D（方法 D1）或硫酸溶液阳极清洗（工艺 H）。

研磨清理，特别是粗喷砂，表面很容易被腐蚀。因此，应该立即进行下一步处理。

如果用硫酸清洗代替工艺 D，工件浸入溶液前，应使工件接通电源并施加电流，处理后，切断电流前要快速地将工件取出，并立即冲洗（见 5.5）。用于配制溶液的硫酸含易氧化物质的质量分数应不超过 $11\times10^{-4}\%$，以二氧化硫计算，其测量方法见附录 C。这种预防措施是必要的，因为酸里面含有的低价态的硫、磷和砷化合物在冲洗的时候会促进氢的吸附。

工艺 H 和电解除锈不应用于抗拉强度大于或等于 1800MPa 的钢铁的处理。对于这些钢铁，为了防止发生氢脆的风险，只能在工艺 A 和（或）工艺 B 之后采用研磨清洗（工艺 D）。对抗拉强度在 1000MPa 以上的钢铁，进行电解除锈时，不应使用阴极电流或交流电。

7.1.4 电镀前的准备

按 7.1.3 脱脂和清洗时，应考虑钢的抗拉强度，可采用如下工艺：

a）工艺 A（方法 A1 或 A2）；

b）工艺 B（方法 B1、B2 或 B3）；

c）工艺 D 到 F，视情况而定（在 HCl 中处理时，方法 F 应避免用于弹性韧度好和表面硬化的工件）；

d）工艺 J 或 K，除锈；

e）工艺 G，如果用含缓蚀剂的溶液酸洗（工艺 F），需通过酸浸（工艺 G）或者合适的碱性溶液（工艺 B）来去除工件表面吸附的缓蚀剂，之后化学抛光（工艺 L）或电镀；

f）工艺 H，阳极清洗；

g）工艺 L，化学抛光。

抗拉强度在 1800MPa 或以上的钢的处理，见 7.1.3.4。

不推荐在抗拉强度超过 1000MPa 的钢上电镀锡、锡-锌、铅和铅-锡，因为 GB/T 19350 或买方的其他类似文件指出，在 190℃~220℃之间加热消除脆性的过程中，由于温度低于锡的熔点（232℃），锡有通过晶界渗透到钢里面的风险。

对于抗拉强度在 1400MPa 或以上的钢来说，为避免氢脆，锌和镉电解液中不能含有光亮剂。不推荐在抗拉强度在 1400MPa 或以上的钢上电沉积铜，因为它会导致不可逆的脆性出现，进而会影响基体的抗疲劳性能。

7.1.5 化学镀镍前的准备

7.1.5.1 抗拉强度低于 1000MPa 的钢，可在化学镀镍前进行以下处理：

a）按工艺 A（方法 A1）和工艺 B（方法 B1）脱脂，然后从工艺 D 到 F 和 K 中选择清洗顺序；

b）在碱液中进行周期性转向电流（以阳极方向结束）清洗；

c）在体积分数10%的硫酸（$\rho = 1.84g/cm^3$）溶液中或者体积分数10%～50%的盐酸（$\rho = 1.16g/cm^3$）溶液中酸浸。

含有铬和钼的钢铁可通过阳极清洗钝化。可参考7.1.3的处理方法用周期性转向电流对这类钢进行电解清洗。

化学镀镍前，可用温水冲洗来预热大的工件，但应确保工件浸入化学镀镍溶液前不能晾干。

经上述处理的工件可按照GB/T 13913或其他适用的标准进行化学镀镍。

7.1.5.2 抗拉强度在1000MPa～1400MPa之间的钢进行如下处理：

a）按工艺A（方法A1）和工艺B（方法B1）脱脂，然后从工艺D到F和K中选择清洗顺序。

b）进行1min～3min的阳极刻蚀（工艺H）。

频繁使用会破坏槽液的可用性。应定期检测槽液并保持其处于一个较好的状态。含铬和钼的钢可通过阳极清洗来钝化。

c）充分清洗（见5.5）工件表面以除去黏附的硫酸盐溶液。

经上述处理的工件可按照GB/T 13913或者其他适用的标准进行化学镀镍。

7.1.6 磷化前的准备

参考钢的抗拉强度，按7.1.3给出的工艺进行脱脂和清洗。首选喷砂清洗（工艺D）。如用含缓蚀剂的溶液酸洗（工艺F）或除锈（工艺J或K），应用酸浸（工艺G）或合适的碱溶液（工艺B）将吸附的缓蚀剂除去，随后进行水洗和磷化。

7.1.7 镀锌前的准备

参考钢的抗拉强度，按7.1.3给出的工艺进行脱脂和清洗。对抗拉强度在1400MPa及以上的钢不适于镀锌，因为镀层可能会反过来影响工件的性能。

7.1.8 热浸镀锌前的准备

7.1.8.1 除铸铁外的钢制品

按工艺A（方法A1或A2）和工艺B（方法B1）脱脂，接着进行如下工序之一：

a）按工艺F（方法F1或F2）酸洗。必要时，施加一层助镀剂涂层。

b）按工艺D（方法D1）用铸钢砂或有棱角的钢砂进行喷砂以除去焊渣或油漆。必要时，可按工艺F（方法F1或F2）的方法除去喷砂后的残余铁屑，然后应用助镀剂涂层。

对抗拉强度在1400MPa及以上的钢不适于热浸镀锌，因为镀层可能会反过来影响工件的性能。

7.1.8.2 钢铸件

按如下工序之一进行准备：

a）按工艺D（方法D1），用铸钢砂或有棱角的钢砂进行喷砂以除去型砂和铁鳞。喷砂后，按工艺A（方法A1、A2）和工艺B（方法B1）脱脂，按工艺F（方法F1或F2）清洗。必要时，施加一层助镀剂涂层。

b）用水将质量分数30%的氢氟酸（$\rho = 1.10g/cm^3$）稀释成体积分数2%～10%的氢氟酸溶液。用此稀释液处理工件，随后用水冲洗除去所有凝胶状物质。冲洗后，按工艺A（方法A1或A2）和工艺B（方法B1）脱脂，并按工艺F（方法F2）清洗。必要时，施加一层助镀剂涂层。

注1：高硬度钢在酸洗时易产生氢脆。

注2：镀锌之前，如不清除应力，由焊接或硬化引起的应力会导致热浸镀锌中产生的锌渗透到钢的晶界里。

7.1.9 金属喷涂前的准备

7.1.9.1 防腐与防高温氧化喷涂

按工艺A（方法A1或者A2）和工艺B（方法B1）脱脂，然后选用合适的磨料（见7.1.3）按工艺D（方法D1）喷砂。喷砂后应马上进行金属喷涂。

为减少厚度1.6mm及以下的钢基材表面处理时的变形，可适当放宽对粗糙度的要求。也可通过在钢板两侧分别进行喷砂处理来减少形变。

7.1.9.2 循环喷涂

脱脂后，进行清洗（见7.1.9.1）。清洗要按7.1.3给出的工艺和方法进行，清洁程度要达到下一步的金属喷涂的要求。

7.1.10 扩散涂层前的准备

按7.1.3给出的方法，对不同抗拉强度的钢进行脱脂与清洗。

7.1.11 搪瓷涂覆前的准备

7.1.11.1 传统搪瓷方法

根据实际情况，按a)~c）进行脱脂与清洗：

a）工艺A（A1），特别是有焊缝的工件；

b）工艺B；

c）工艺F（方法F1或者F2），不需要润湿剂。

将工件浸入到70℃~80℃、pH值3.0~3.5、浓度10g/L~20g/L的硫酸镍溶液中沉积镍镀层，并适当冲洗。沉浸时间按在一个工作面上沉积0.4g/m^2~0.6g/m^2镍为准。

70℃~80℃，将工件浸到如下中性溶液中：

碳酸钠（Na_2CO_3） 4.5g/L；

硼酸钠（$Na_2B_4O_7 \cdot 10H_2O$） 1.5g/L。

7.1.11.2 其他搪瓷方法

按7.1.11.1进行脱脂与清洗。

将工件浸入a）或b）特定溶液中，沉积镍镀层：

a）镍还原过程：

硫酸镍（$NiSO_4 \cdot 6H_2O$） 32g/L；

醋酸钠（NaOOC-CH_3） 12g/L；

次磷酸钠（$NaH_2PO_2 \cdot H_2O$） 7g/L；

pH 4.5~5.8；

温度 25℃~35℃。

b）镍置换过程：

硫酸镍（$NiSO_4 \cdot 6H_2O$） 10g/L~20g/L；

pH 3.0~3.5；

温度 70℃~80℃。

沉浸时间按在钢板的一个面上沉积 0.80g/m^2~1.30g/m^2 镍为准。

镍置换沉积后，按 7.1.11.1 将工件浸到中性溶液中。

7.1.12 热镀锡前的准备

7.1.12.1 普通低碳钢的准备

按 7.1.3 对工件进行脱脂与清洗。

7.1.12.2 无反应活性低碳钢的预处理（TRI 工艺）

在低温光亮退火或冲压和旋压操作中，钢表面上某些润滑剂的聚合使钢表面无反应活性，推荐进行以下处理：

a）为使组件有足够的时间达到熔炉的操作温度，热处理的温度应控制在 700℃~850℃。采用的最低温度应当足以去除工件表面的污染物，且此温度由同一批被测试材料的试验结果决定。应刷去组件上的所有疏松铁锈，然后按 7.1.3 处理。

b）按工艺 D（方法 D1 或 D2）进行喷砂清洗。

c）按如下所述，在硝酸里进行刻蚀。按 7.1.12.1 处理后，在 25℃下，将工件浸到体积分数 10%的硝酸（ρ=1.42g/cm^3）溶液中 1min~3min。冲洗干净（见 5.5）后，按工艺 G（方法 G2）将组件浸入到稀盐酸中，大约浸泡 1min。再冲洗干净（见 5.5），然后进行助镀和镀锡。

d）在硝酸与硫酸的混合溶液中进行刻蚀，方法如下。按 7.1.12.1 处理后，在 25℃~40℃条件下，将组件浸到质量分数 4%的硝酸（ρ=1.42g/cm^3）和质量分数 20%硫酸（ρ=1.84g/cm^3）溶液中，浸泡 4min~6min。

7.1.13 物理气相沉积镉和铝前的准备

按 7.1.2 和 7.1.3 脱脂与清洗，参考 ISO 22778 和 GB/T 31566 中的清洗过程和要求。

7.2 铸铁

7.2.1 常规的脱脂与清洗

见 7.1.1 到 7.1.3。

7.2.2 电镀前的准备

见 7.1.4。

为了便于在铸铁上电镀锌，需要进行冲击镀镉、锡、锡-锌或酸性的锌。

7.2.3 化学镀镍前的准备

见 7.1.5。

7.2.4 磷化和应用其他转化膜前的准备

见 7.1.6。

7.2.5 热浸镀锡前的准备

7.2.5.1 “直接氯化”方法（TRI 工艺）

镀锡前，按如下工序处理：

a）按工艺 D（方法 D1），用金属喷丸或有棱角钢砂对工件进行机械研磨、机械加工（不需要切削油或冷却剂）或粗喷砂。

b）按工艺 A（方法 A1）脱脂。

c）若 a）中所述机械处理不包含细磨，则需用可通过孔径 212μm 筛子的细砂、铸钢砂进行彻底的喷砂，或者在含有氧化铝的溶液中进行细砂液体喷砂处理。

d）浸入如下成分的助镀剂溶液中：

氯化锌（$ZnCl_2$） 400g/L；

氯化铵（NH_4Cl） 25g/L；

盐酸（ρ=1.16g/cm^3） 100mL/L（最大量）。

如果工件需镀锡，则要应用助镀涂层，这个涂层是通过在第一个镀锡槽里加入质量分数为73%的氯化锌、质量分数为18%的氯化钠和质量分数9%的氯化铵而制得的。助镀涂层的初始厚度约10mm，但在使用前，需用水充分喷射来活化，当起泡时，它的厚度可以增加到50mm~75mm。将铸铁件慢慢浸入，没过助镀涂层，浸入到镀锡液里。

7.2.5.2 金属预镀锡前的准备

为避免石墨污染的表面热浸镀锡可能出现的问题，首先要电镀易于热浸镀锡的金属，如铁、铜或镍。对于电镀铁来说，按如下工序进行：

a）按工艺D（方法D2）进行喷砂清洗，或者用合适的细砂对组件进行旋转砂磨（方法D4）。

b）按工艺A（方法A1）进行脱脂。

c）按工艺F（方法F2）进行酸洗。

d）在如下镀液和条件下进行电镀：

硫酸亚铁铵溶液［$Fe(NH_4)_2(SO_4)_2 \cdot 6H_2O$］ 300g/L；

电流密度 1A/dm^2~1.5A/dm^2；

温度 室温。

e）立刻对镀铁的铸铁进行冲洗（见5.5）、助镀，并热浸镀锡。

7.2.6 热浸镀锌前的准备

见7.1.8。

7.2.7 金属喷涂前的准备

见7.1.9.1。

7.2.8 扩散涂层前的准备

见7.1.10。

7.2.9 搪瓷涂覆前的准备

见7.1.11.1。

8 耐蚀与耐热钢

8.1 耐蚀钢

8.1.1 热处理消除应力

在研磨或重负荷加工后，某些可硬化的耐蚀钢需要消除应力。应按7.1.2中规定的热处理消除应力方法进行。

8.1.2 常规的脱脂与清洗

脱脂后，参考钢的抗拉强度，从7.1.3中选择并确定一个清洗顺序。

脱脂后，按工艺M（方法M1）处理工件。

也可选择合适的方法，对工件进行电解抛光（方法L2）或化学抛光。

8.1.3 电镀前的准备

按工艺A（方法A1）和工艺B（方法B1）脱脂后，参考钢的抗拉强度，从7.1.3中选择并确定一个清洗顺序。然后参考钢的抗拉强度，按方法 M4 对组件进行冲击镀镍，接着按要求电镀所需的金属。

使用包括冲击镀镍在内的改进方法，可使组件获得足够的附着力。

8.1.4 化学镀镍前的准备

8.1.4.1 考虑钢的抗拉强度，按 7.1.3 和 7.1.5 给出的方法脱脂和清洗，然后按方法 M4 对工件冲击镀镍，或在自催化镀镍的溶液中采用电催化的方法冲击镀镍，直到镀层已覆盖整个工件表面。

40℃~50℃，将工件浸到体积分数 50%的盐酸（$\rho=1.16g/cm^3$）溶液中浸泡 1min~2min，通过这种方法来活化工件表面。

8.1.4.2 水洗后，按 GB/T 13913 或其他合适的标准，将工件转移到自催化镀镍槽中进行自催化镀镍。

8.1.5 金属喷涂前的准备

8.1.5.1 金属喷涂的准备

按处理不耐蚀钢的方法清洗和准备工件，然后进行金属喷涂。

8.1.5.2 循环喷涂

对工件进行脱脂处理，然后按 7.1.3 给出的方法彻底清洗工件，以达到可以进行金属喷涂的目的。

8.1.6 搪瓷前的准备（奥氏体钢）

8.1.6.1 参考钢的抗拉强度，对其进行脱脂与清洗，可选择采用如下顺序：

a）工艺 A；

b）工艺 B；

c）工艺 D（方法 D2）；

或如下顺序：

d）在大约 800℃对材料进行热处理（若此温度对材料适合时）以烧掉工件表面上的油污；

e）工艺 D（方法 D2）；

f）工艺 A。

8.1.6.2 如下的操作工序也适合：

a）根据实际情况，按 8.1.6.1 中 a）到 c）进行。

b）在室温到 40℃之间，将工件浸入体积分数 10%的硝酸（$\rho=1.42g/cm^3$）和体积分数 2%的盐酸（质量分数 40%，$\rho=1.128g/cm^3$）的混合溶液中刻蚀 5min~20min。

c）70℃~80℃，将工件浸入到如下成分的中性溶液中 3min~5min；

碳酸钠（Na_2CO_3） 4.5g/L；

硼酸钠（$Na_2B_4O_7 \cdot 10H_2O$） 1.5g/L。

8.1.6.3 如下的操作工序也适合：

a）8.1.6.1d)~f)；

b）8.1.6.2b)~c)。

8.2 耐热钢

对基于镍、钴和铁的耐热合金来说，可按工艺 A 和工艺 B 脱脂，按工艺 D（方法 D2）、工艺

F（方法 F5）和工艺 K 清洗。将工件浸入到 480℃~490℃的诸如硝酸钠等氧化性盐类的氢氧化钠溶液中几分钟，然后在冷水中淬火，接着按工艺 F（方法 F5）处理以达到除垢的目的。

9 粉末涂装前金属的前处理

9.1 常规的脱脂与清洗

按 7.1.3 脱脂。

9.2 不耐蚀钢的准备

a）考虑钢的抗拉强度，对非铸铁的钢构件按 7.1.3 进行脱脂与清洗。粉末涂装前，若工件已经过磷化或其他转化膜处理，则要按 7.1.3 和 7.1.6 进行脱脂与清洗。

b）对铸铁来说，按 7.1.8.2a）进行脱脂与清洗。

9.3 耐蚀钢的准备

按工艺 A（方法 A1 或 A2）和工艺 B（方法 B1、B2 或 B3）脱脂，按工艺 D（方法 D2）清洗。

10 清洗和准备工艺

警告——本部分涉及的许多化学药品和工艺对健康和安全是有害的。应采取适当的防护措施，尤其是使用氢氟酸和铬酸进行处理时。本部分仅给出技术的适用性，不免除设计者、生产者、供应商和/或用户在生产或使用过程中的任何阶段涉及的有关健康、安全和环境的法定责任和其他所有的法律义务。使用本部分的标准使用者有责任建立适当的健康、安全和环境条例，并采取适当措施使其符合国家、地方和国际条例和法规的规定。

注 1：以下金属前处理的工艺和方法只是在实践中最常用的。然而，许多处理溶液配方并不包含在本部分里。另外，根据厂商的指南，有许多专利产品可用于清洗和准备工艺。

注 2：术语“冷”“室温“温”和“热”分别是指“低于 25℃”“25℃左右”“25℃~45℃”和“45℃以上”的温度。除非另有说明，所有的酸液都是工业级的。

10.1 工艺 A——有机溶剂脱脂和清洗

10.1.1 概述

不推荐使用对金属有不良影响的溶剂。工件的热容量影响显著，例如，严重污染的薄板用特定的蒸气处理达不到满意的脱脂效果。在这种情况下，较好的方法是用干净的浓溶剂喷洗经蒸气处理的薄板，或用沸腾的溶剂浸泡薄板。在大多数应用中，通常运用溶液和蒸气脱脂、碱性除油等方法对金属表面进行全面的脱脂处理。应按照厂商的说明和适合的国内、国际法规对沸液和蒸气设备进行操作和维护。

10.1.2 方法 A1——热溶剂，不水洗

该方法包括热卤代烃溶剂的液体和蒸气脱脂。应确定溶剂的等级符合稳定使用的要求。除金属钛的限制（见 GB/T 34626.2）以及国家和国际规则外，允许使用下列卤化溶剂：

三氯乙烯；

四氯乙烯。

采用这种方法时，铝、镁或钛工件应没有加工残留的金属切屑。附录 A 中给出了有机溶剂和蒸气脱脂槽液维护指南。三氯乙烯需要水分分离器。四氯乙烯的沸点比三氯乙烯更高，更适合用于除去高熔点的蜡。三氯乙烯和四氯乙烯不应用于含有织物、橡胶、涂料或类似材料的复合工件。

10.1.3 方法 A2——冷溶剂，不水洗

这类清洗试剂通常用于浸泡或手工操作（喷洗或刷洗）。选择溶剂的主要考虑因素是溶剂的毒性、挥发性和可燃性。合适的清洗试剂包括以下几种：

三氯乙烯；

四氯乙烯；

石油溶剂；

石油溶剂/石脑油溶剂。

采用这种方法时，铝、镁或钛工件应没有加工残留的金属切屑。当将组件浸泡到此类溶剂中脱脂时，至少要用三个连续的溶剂槽。手工操作时，应采用刷洗或喷洗的方法清洗工件，并允许溶剂在工作面上流淌。当溶剂因溶解油脂而变脏时，应将其更换。附录 A 给出了有机溶剂槽液的维护说明。

10.1.4 方法 A3——热溶剂，可水洗

本方法通过甲苯基酸和邻二氯苯的混合乳化溶剂对工件进行脱脂、脱漆和去除碳沉积物。清洗后在高于 60℃ 的水中进行封浴处理，或遵照厂商的操作指南。

10.1.5 方法 A4——冷溶剂，可水洗

基于二氯甲烷的混合溶剂（二氯甲烷的质量分数大约为 70%）主要用于脱漆和去除碳沉积物，但也可将其用于脱脂。当采用刷洗方法时，二氯甲烷的混合溶剂不适合用作脱脂剂。

加入浓缩乳化剂可增强接触效果，并使清洗变得容易。清洗紧公差工件或不希望金属表面产生轻微刻蚀时，也可加入缓蚀剂。

10.1.6 方法 A5——含有乳化剂的石油燃料油混合物

这种混合物可以彻底除去重油或脂。通常采用刷洗或喷淋的方法进行，然后水洗。合适的溶剂是含有乳化剂的碳氢化合物，例如石油溶剂油或煤油。为了完全彻底地除去所有残留污染物，处理后应接着进行工艺 B。

10.1.7 方法 A6——超声清洗

超声波可以作为溶剂清洗的补充来清除那些黏着力特别强的固体污染物或在深凹处及其他难清洗到的地方的污染物。最简便的清洗分两步进行，第一步是在超声搅拌的情况下，进行初步的溶剂清洗，接着进行蒸气清洗。当污染物非常严重时，可采用三步清洗法，这种方法先用蒸气进行初步清洗。溶剂和蒸气脱脂槽液的维护标准也适用于超声清洗系统，当使用氯化溶剂时，也应有类似的分离水的措施。

10.2 工艺 B——碱性除油

10.2.1 概述

该方法可用于完全彻底的脱脂，或用于初步的溶剂脱脂之后的进一步脱脂。与溶剂脱脂相比，这种方法在除去特定类型的污染物上有其优势，包括肥皂和盐。清洗主要是基于碱溶液的皂化和乳化作用实现的，通常需要添加螯合剂、络合剂和表面活性剂。组成成分通常从氢氧化钠、碳酸钠、硅酸钠、磷酸三钠、焦磷酸钠、硼酸钠、络合剂（例如 EDTA、葡萄糖酸盐、庚酸盐、多磷酸盐和氰化物）以及有机表面活性剂中选择。可以在热和冷及有/无外加电流的情况下使用，外加电流可以是阳极电流，也可以是阴极电流（其他要求参见 7.1.1 到 7.1.3）。应非常彻底地水洗以除去金属表面上的残留碱性清洗液。经过碱清洗后的金属工件，应首先在含质量分数 2.5% 的铬酐（CrO_3）、体积分数 2.5% 的磷酸（H_3PO_4）（$\rho = 1.75g/cm^3$）混合溶液中浸泡中和，随后水洗（见 5.5）并晾干，接着镀（涂）覆盖层。

10.2.2 方法 B1——普通碱性除油

清洗剂可能含有 10.2.1 的任何成分。强碱性清洗剂含有较高比例的氢氧化钠。这种清洗剂适用于除铝、铅、锡和锌之外的所有金属，因为铝、铅、锡和锌会被强碱腐蚀。对铝、铅、锡和锌来说，只有经过厂商的许可，才可以谨慎使用氢氧化钠或其他碱液浸洗，而且应进行严格控制。

10.2.3 方法B2——弱碱除油

清洗剂里不含有氢氧化钠和其他任何强碱，且应避免碱液对金属表面的侵蚀。该方法可采用浸泡方式或喷淋方式。

硅酸钠型的清洗剂应含质量分数至少为25%的硅酸钠。

非硅酸盐型的清洗剂主要成分是碱性磷酸盐和有机表面活性剂，需要时可加入缓蚀剂。这种清洗剂可在热或冷的条件下使用，可施加或不施加电流（其他要求参见7.1.1~7.1.3）。

10.2.4 方法B3——阴极碱性除油

其他被认可的、无化学抑制作用的水性脱脂剂可用于阴极除油，以避免对金属的侵蚀（其他要求参见7.1.1~7.1.3）。

10.3 工艺C——酸性乳液清洗

去除顽固的有机污染物，如冷轧材料上的有机污染物，和其他轻微的有机污染物，可用含体积分数2%~5%非离子表面活性剂的无机酸在冷或加温条件下喷淋或浸泡，无机酸的使用不得违反GB/T 34626本部分的其他条款的规定。

10.4 工艺D——机械清洗

10.4.1 概述

机械清洗残留在工件上的磨料可能会严重地干扰后续处理，因此应使用干净、无油、无尘的干燥空气流将其从金属表面上去除。处理机械清洗后的工件时应佩戴干净的橡胶、棉布或光滑塑料制成的手套，应避免留下任何灰尘、污垢、油、脂或水等污染物。

如果在方法D1中使用氧化铝，则不应使用处理过其他类型材料（例如钢或富铜合金）的氧化铝，氧化铝也不应有其他外部污染。

应注意避免使用不够粗的磨料或因在喷砂机中循环使用而已失去棱角的磨料。所用磨料的粗糙度和棱角性对后续覆盖层的附着力有非常大的影响。薄的工件不宜采用直接加压喷砂法，宜采用抽吸喷砂法，因为后者缓慢，形成的粗糙度较小。

10.4.2 方法D1——粗料喷砂法

本方法使用铸铁砂、氧化铝或其他粗磨料进行喷砂。本方法不适用于薄的工件或对轮廓有要求的表面。对耐蚀钢、铝和铝合金来说，只能用无铅的氧化铝喷砂。可通过氧化铝喷砂进行金属喷涂前的清洗，以提高金属表面的粗糙度，从而为喷涂提供足够的活性位。经喷砂的表面应亚光且均匀。应当注意使表面处于活化状态，活化状态变差将影响涂层的性能。

这种方法也适用于已腐蚀工件的清洗。

10.4.3 方法D2——细喷砂

本方法与D1所述方法相似。但与D1不同的是，本方法使用非金属磨料（如氧化铝、玻璃珠、玉米壳）或金属磨料通过干法或湿法喷砂形成更精细的表面状态。

10.4.4 方法D3——擦洗

本方法使用湿的浮石、氧化铝或其他非金属磨料摩擦或擦洗工件。金刚砂不适用于铝或铝合金的清洗（见GB/T 34626.2）。

10.4.5 方法 D4——滚筒清洗

滚筒清洗是在特定的设备中加入合适的磨料来进行清洗。该方法可使工件边角圆滑或除去毛刺。

10.5 工艺 E——苛性碱除垢

10.5.1 方法 E1——氢化钠除垢

本方法通常适用于铸件和经应力消除处理的耐热钢板制件。除非严格控制，熔融氢化物会导致钛合金和高强度钢因吸附氢而变脆。

将工件预热到 300℃，在如下成分的熔融盐浴中浸泡 10min，温度控制在 350℃~370℃：

氢氧化钠（NaOH） 质量分数 98%；

氢化钠（NaH） 质量分数 2%。

从熔融盐浴中取出工件，用流动的冷水淬火，最后用热水冲洗（见 5.5）。

10.5.2 方法 E2——碱性高锰酸盐除垢

将工件浸入含有如下成分的水溶液中，除去铁和不耐蚀钢表面上的大块污垢：

氢氧化钠（NaOH） 200g/L~250g/L；

高锰酸钾（$KMnO_4$） 10g/L~20g/L。

浸渍时间取决于污垢量。除垢后，充分水洗并在含有缓蚀剂的盐酸中（质量分数 10%，ρ=1.16g/cm^3）短暂浸泡，除去残留并已松动的污垢。高锰酸钾在热碱性溶液中易分解，需要定期更换。

10.6 工艺 F——非电解酸洗

10.6.1 概述

将工件浸入到 10.6.2~10.6.6 给出的一种溶液中。

10.6.2 方法 F1

20℃~45℃下，用 50mL/L~100mL/L 的浓硫酸（ρ=1.84g/cm^3）溶液酸洗工件，加或不加缓蚀剂与润湿剂均可。酸洗耐蚀钢的时候，浓硫酸的浓度要增加到 200mL/L。硫酸不适用于镀锌钢板。

10.6.3 方法 F2

室温下，用 100mL/L 的浓盐酸（ρ=1.16g/cm^3）溶液酸洗工件，加或不加缓蚀剂与润湿剂均可。

10.6.4 方法 F3

指定温度下，用如下给出的一种磷酸溶液酸洗，加或不加缓蚀剂与润湿剂均可：

a）室温下，体积分数 30%~50%的磷酸（ρ=1.75g/cm^3）溶液；

b）60℃~70℃，体积分数 15%~30%的磷酸（ρ=1.75g/cm^3）溶液。

用更稀的磷酸溶液除去钎焊助焊剂。

溶液含有不高于：

2g/L 硫酸盐，以硫酸钠计；

1g/L 氯化物，以氯化钠计；

总计质量分数不高于 8×10^{-4}%的砷和/或锑（见 5.1）。

溶液中可加入缓蚀剂来减少酸液对基体或基底金属的侵蚀。所用缓蚀剂应与溶液完全混合，并且在贮存或稀释时不会分解或分层。

10.6.5 方法 F4

如下是除去奥氏体不锈钢上轻微污垢的特殊溶液和条件：

硫酸铁溶液 [$Fe_2(SO_4)_3$]（质量分数 40%，ρ=1.50g/cm^3） 200mL/L~300mL/L；

氢氟酸（HF）（质量分数 40%，ρ=1.128g/cm^3） 50mL/L~75mL/L；

温度 60℃~70℃；

浸泡时间 2min~3min。

10.6.6 方法 F5

采用如下浓度的酸溶液：

硝酸（HNO_3）（ρ=1.42g/cm^3） 100mL/L；

氢氟酸（HF）（质量分数 40%溶液，ρ=1.128g/cm^3） 50mL/L。

10.7 工艺 G——酸浸

10.7.1 概述

将工件浸泡在 10.7.2 或 10.7.3 给出的无缓蚀剂的溶液中，浸泡时间不超过 2min。

10.7.2 方法 G1

低温或室温下，用 50mL/L~100mL/L 的硫酸（H_2SO_4）（ρ=1.84g/cm^3）溶液浸泡工件。

10.7.3 方法 G2

室温下，用 50mL/L~100mL/L 的盐酸（HCl）（ρ=1.16g/cm^3）溶液浸泡工件。

10.8 工艺 H——阳极酸洗

10.8.1 概述

阳极酸洗时，应避免使用已污染的含氯酸洗液。钢的阳极酸洗的基本目的是使其表面钝化，其表征是工件与阴极之间电压突然上升、相应电流下降以及工件上开始产生气泡。应保持钝化直到表面呈淡灰色，无黑斑。将工件从溶液中取出进行检验，如有需要，将工件放回溶液中作进一步处理。

阳极酸洗对管状工件内部可能无效且若不采用辅助阴极其内部可能产生点蚀。若只需对管状工件外表面进行清洗，应将管口堵住，以防止电解液进入管内。

10.8.2~10.8.4 给出了典型的阳极酸洗方法。

10.8.2 方法 H1

将工件浸入到含 300mL/L~350mL/L 硫酸（ρ=1.84g/cm^3）的水溶液（$\rho \geq$1.30g/cm^3）中。可通过周期性地添加硫酸来保持溶液的浓度，使其密度保持在 1.30g/cm^3 以上。将工件浸入酸溶液之前，先将其浸入接近沸点的葡萄糖酸钠碱性溶液中润湿以协助除污。

设置电压使其初始电流密度不低于 11A/dm^2（4V~8V），最好 2 倍于此电流密度。尽管常规条件下温度不应超过 25℃，但为了除垢，使用温度应达到 70℃。为减少污染物的形成，允许使用在溶液中稳定存在的缓蚀剂，但是应避免使用润湿剂，因为它会促进氢的吸附。对抗拉强度在 1400MPa~1800MPa（见 7.1.3）的钢采用电流中断的方法，存在高的氢脆风险，是不安全的，应建立一个安全的工艺，并在实施之前与需方协商好。

10.8.3 方法 H2

将工件浸入到含 750mL/L 硫酸（ρ=1.84g/cm^3）的水溶液（$\rho \geq$1.70g/cm^3）中，可添

加少量铬酸。可通过周期性地添加硫酸来保持溶液的浓度，使其密度保持在 1.70g/cm^3 以上。使用的初始电流密度不低于 10A/dm^2（4V~12V）。使用温度不应超过 25℃。

10.8.4 方法 H3

冲击镀镍（工艺 M，方法 M4）前，将耐蚀钢浸入到含 200mL/L 硫酸（ρ=1.84g/cm^3）的水溶液中（$\rho \geq$1.20g/cm^3）。可通过周期性地添加硫酸来保持溶液的浓度，使其密度保持在 1.20g/cm^3 以上。使用的初始电流密度为 20A/dm^2~25A/dm^2（大约 6V）。使用温度不应超过 20℃。合适的浸泡时间为 1min~3min。

10.9 工艺 J——酸除锈

10.9.1 铁锈（即铁和钢的腐蚀物）可通过浸入到工艺 F（见 10.6）给出的任一溶液中去除。抗拉强度超过 1000MPa 的钢的处理，见 7.1.3。

工艺 F 不能用于：

a）承压状态下的弹簧；

b）锈蚀严重导致不可修复的工件。

按工艺 G（见 10.7）酸浸工件，然后按工艺 L（见 10.11）进行化学抛光、磷化或者电镀。

10.9.2 70℃~80℃，将工件浸入质量分数 3%~10%、pH 值 6.65 的柠檬酸三铵［$(NH_4)_3C_6H_5O_7$］溶液中 5min~10min，除去工件表面裂缝中的大部分氯离子。

10.10 工艺 K——碱除锈

10.10.1 概述

电镀前，按 10.10.2~10.10.4 给出的任一方法除去铁锈（即铁和钢的腐蚀物）。

10.10.2 方法 K1（针对轻微锈蚀）

将工件浸入到氢氧化钠和一种螯合剂（例如庚酸一钠盐或葡萄糖酸钠）的混合溶液中。

10.10.3 方法 K2（针对严重锈蚀）

将工件浸入到主要电解质为氢氧化钠的溶液中。溶液中也可含有氰化钠或者乙二胺四乙酸和润湿剂。

典型的组成如下：

a）氢氧化钠（NaOH）	200g/L~300g/L；
氰化钠（NaCN）	25g/L；
润湿剂	6g/L；
水	4.5L。
b）氢氧化钠（NaOH）	100g/L；
乙二胺四乙酸	100g/L；
非离子型润湿剂	1.5g/L；
水	4.5L。
c）氢氧化钠（NaOH）	200g/L~300g/L；
葡萄糖酸钠	50g/L~100g/L。

操作温度应介于室温与 60℃之间。为避免氰化物的分解，使用含氰化物的溶液时，操作温度应低于 40℃。为提高除锈效果，可额外将工件作阳极或阴极，或在特定情况下施加周期性转向电流，施加的电流密度为 2.5A/dm^2~5A/dm^2（约 10V~12V）。

除锈后，用流动的冷水彻底清洗工件（见 5.5），应特别注意工件上的缝隙。

如果工件表面上有碱液残留（例如在即将进行磷化或者涂覆有机涂层的工件表面），需将工件放入磷酸溶液（体积分数约为0.5%）中漂洗，随后用冷水冲洗。

本方法不适用于：

——抗拉强度超过1000MPa的钢；

——含铝或铝合金的零部件；

——弹簧；

——受碱蚀易变脆的工件；

——锈蚀严重导致不可修复的工件。

10.10.4 方法K3（针对严重锈蚀）

采用电解的方法，用方法K1（见10.10.2）规定的溶液。

10.11 工艺L——钢的化学整平和电解抛光

10.11.1 方法L1——化学整平（针对不耐蚀钢）

按如下方法处理工件：

a）按工艺A（方法A1）脱脂和/或按工艺B（方法B1）碱洗。

b）按工艺G（方法G1）酸浸。

c）用冷水充分水洗（见5.5）。

d）将工件浸入如下成分的溶液中：

草酸（$H_2OOC—COOH_2$） 25g/L；

过氧化氢（H_2O_2） 13g/L（例如40mL/L质量分数30%的过氧化氢溶液）；

硫酸（H_2SO_4）（$\rho=1.84g/cm^3$） 0.053mL/L。

室温下使用上述溶液。

处理时间取决于实际应用情况，从几分钟到几个小时不等。低碳钢的金属腐蚀速率大约是10μm/h。化学整平处理对耐蚀钢和含量大于1%铬的低合金钢效果甚微。

过氧化氢分解非常快，因此，使用时每隔20min要添加一次，以使浓度值保持在初始浓度水平。

10.11.2 方法L2——耐蚀钢的电解抛光

按L1规定方法a）~c）处理后，在a）或b）规定的溶液中处理耐蚀钢（马氏体、铁素体或奥氏体）工件：

a）浸入到含如下成分的溶液中：

磷酸（H_3PO_4）（$\rho=1.75g/cm^3$） 500mL/L；

硫酸（H_2SO_4）（$\rho=1.84g/cm^3$） 450mL/L；

温度70℃~90℃，电流密度$20A/dm^2$~$30A/dm^2$（工件作阳极）。

b）或者浸入到含如下成分的溶液中：

磷酸（H_3PO_4）（$\rho=1.75g/cm^3$） 600mL/L；

铬酐（CrO_3） 150g/L；

温度30℃~80℃，电流密度为$10A/dm^2$~$100A/dm^2$（工件作阳极）。

10.12 工艺M——钝化、耐蚀钢表面污染的去除以及电镀前的表面准备

10.12.1 方法M1——钝化

合适的处理工艺：在含如下成分的溶液中浸泡20min，温度20℃~50℃

硝酸（HNO_3）（ρ=1.42g/cm^3） 190mL/L~210mL/L；

重铬酸钠（$Na_2Cr_2O_7 \cdot 2H_2O$） 20g/L~30g/L（钝化奥氏体不锈钢时，可省略此步骤）。

钝化处理后，用冷水冲洗；如果是铁素体和马氏体钢，钝化后需将工件浸泡到50g/L的重铬酸钠（$Na_2Cr_2O_7 \cdot 2H_2O$）溶液中30min，温度大约6℃，最后用冷水冲洗。

10.12.2 方法M2——表面污染检测

用含如下成分的溶液擦洗工件：

硫酸铜（$CuSO_4 \cdot 5H_2O$） 约4g/L；

硫酸（H_2SO_4）（ρ=1.84g/cm^3） 约1.5mL/L。

干燥后，如果工件表面上出现铜沉积层，则表明表面没处理好，需要重新钝化并重新评估其效果。

10.12.3 方法M3——表面污染检测的其他方法

清洗处理后，立刻取少量如下溶液滴到经过钝化的比较平整的表面，并将溶液保持3min：

氯化钯（$PdCl_2 \cdot 2H_2O$） 0.5g；

盐酸（HCl）（ρ=1.16g/cm^3） 20mL；

水 98mL。

用流动的冷水冲洗掉溶液。不需要擦洗。

被测表面没有或只有轻微的沉积物可以证明：钝化非常成功。该测试可以在钢构件或者在一个与工件材料组成相同、处理方式相同的平整、光滑的试件上进行。

10.12.4 方法M4——耐蚀钢电镀前的准备

参考7.1.1~7.1.3，用如下（冲击镀镍）方法之一处理工件：

a）阳极清洗（工艺H）工件，然后进行阴极处理5min，阳极为镍或铅，电流密度为16A/dm^2~22A/dm^2，温度控制在35℃~40℃，所用溶液如下：

硫酸镍（$NiSO_4 \cdot 6H_2O$） 约225g/L

硫酸（H_2SO_4）（ρ=1.84g/cm^3） 约27mL/L

b）工件作阳极，在下面的近似成分的水溶液中处理不超过2min，然后工件作阴极，逆向电流处理6min，温度控制在室温，电流密度控制在3A/dm^2：

氯化镍（$NiCl_2 \cdot 6H_2O$） 240g/L

盐酸（HCl）（ρ=1.16g/cm^3） 85mL/L

使用去极化的镍电极。

c）当逆向电流不可实行时，可以在无外加电流的溶液中浸泡15min替代上述方法b）短时间阳极处理，然后再用工件作阴极处理6min。

可以用各自独立的槽液分别对工件进行阳极处理（或浸泡）和阴极处理。

经过a）、b）或c）处理后，冲洗工件，并将其转移到最后的电镀槽中。

附 录 A

（资料性附录）

有机和蒸气脱脂槽液的维护

A.1 概述

有机溶剂浸泡或蒸气脱脂的槽液需要有规律的维护，以确保获得满意的清洁效果。

A.2 溶剂槽液

A.2.1 随着使用，槽液会被严重污染，因此处理效率会下降。根据使用情况，有必要相隔一定时间用干净的溶剂替换已被污染的溶剂。

A.2.2 对于污垢严重的工件，好的做法是用两个槽进行清洗，一个槽用来除去大量的油脂等污染物，第二个槽用来彻底清洗。当第一个槽液被严重污染时，应当将被污染的槽液换掉。污染比较轻微的第二个槽液可以用来做第一道清洗，再用干净的溶剂作为第二个清洗槽液。

A.2.3 应根据实际使用情况倒掉或再生用过的溶剂。如果要对溶剂进行再生，则要进行一些检测，以确保溶剂没有恶化（例如，因分解产物导致酸度的提高）或缓蚀剂没有减少。

A.3 蒸气脱脂

成功的操作主要取决于以下因素：

a）保持槽中溶剂在一个恰当的水平面。

b）以足够频繁的时间间隔对溶剂进行重蒸馏，以防止油、脂的积累。可溶的和不可溶的污染物都会在槽中积累。不可溶的物质可能会阻隔加热元件，结果会导致局部过热。可溶物质会提高溶剂的沸点，导致温度会逐步上升。对于三氯乙烯和四氯乙烯来说，温度分别高于120℃和160℃将会导致溶剂分解，致使溶剂呈酸性，所以应该避免温度过高。

c）尽早将固体物质从槽中除去。

d）溶剂接触的所有内表面特别是加热器表面保持清洁、无沉积物。

e）确保溶剂无酸（见附录B）。

f）除去水和水蒸气，以确保其不会接触到溶剂或溶剂蒸气。

附 录 B
（资料性附录）
蒸气清洗槽酸度的控制

B.1 蒸气脱脂所用的氯化溶剂含有添加剂，使用过程中添加剂会吸附溶剂分解产生的酸。了解已用溶剂中剩余添加剂的吸附能力，可以判断何时替换溶剂。

B.2 已有市售的测试设备，适合不太熟练的操作者使用。这种测试设备测量近似的酸度值，以评估溶剂的使用寿命，而无需将溶剂取至实验室进行测试。这种测试设备的供应商的名称和地址可以从溶剂提供商那里获得。

附 录 C
（资料性附录）
硫酸中易氧化物质的检测方法

将15mL浓硫酸（$\rho=1.84\text{g/cm}^3$）小心地加入到60mL水中，冷却后，加入0.10mL含有3.3g/L的高锰酸钾溶液，搅拌。粉红色持续5min，表明硫酸中含有易氧化物质质量分数不超过$11\times10^{-4}\%$，以二氧化硫计算。

第六节 金属及其他无机覆盖层 金属表面的清洗和准备 第2部分：有色金属及其合金

一、概论

随着科学技术的发展，有色金属及其合金在国民经济各领域的应用越来越广泛，已成为工业和科学技术发展必不可少的基础材料。例如飞机、导弹、火箭、卫星、核潜艇、雷达、电子计算机等所需的构件或部件大都是由有色金属及其合金中的轻金属和稀有金属制成的。为提高耐蚀性，延长使用寿命，有色金属及其合金零部件几乎都要进行表面处理。

与钢铁材料相比，有色金属及其合金具有一定的化学活性，如果不经特殊预处理，后续表面处理难以进行，如铝合金不能像钢铁材料那样直接电镀或化学镀，需要浸锌预处理。因此，有色金属及其合金表面清洗和准备与钢铁材料有所不同。同时，不同的有色金属及其合金，因本身的化学性质的差异，也需要采用不同的表面清洗和准备工艺。

为给生产提供指南并提高有色金属及其合金的表面处理质量，制定相关清洗和准备标准是十分必要的。我国于 2017 年修改采用 ISO 27831-2：2008，制定了国家标准 GB/T 34626. 2—2017《金属及其他无机覆盖层 金属表面的清洗和准备 第 2 部分：有色金属及其合金》。该标准于 2017 年 7 月 29 日批准发布，2018 年 4 月 1 日实施。

二、标准主要特点与应用说明

该标准规定了铝及铝合金、铜及铜合金、镍合金、钛及钛合金、锰合金、锌基合金、锡及锡合金、铅及铅合金等常用有色金属及其合金，以及镀锌、镉、铬和金等镀层（工件）的表面清洗工艺。

该标准列出的工艺方法包括机械法（此方法达到的清洁程度最低）、化学法和超声法（以达到比较高的清洁度），以及气相沉积前对基体的辉光放电等离子体处理（溅射清洗）。它们可以单独应用，也可组合协同应用。

选择表面清洗和准备工艺时，主要考虑因素为有色金属及其合金的种类、表面污染物类型和等级、工件大小和形状、清洁度要求、设备的可用性、生产成本、对环境的影响，以及后续工序的特性。

虽然有色金属及其合金的清洗和准备与钢铁及其合金有所不同，但是某些针对钢铁及其合金的清洗和准备工艺，也可应用于有色金属及其合金。因此，钢铁及其合金的表面清洗和准备工艺，也列于本部分中，并采用相同的顺序排列和使用相同的名称。

三、标准内容（GB/T 34626. 2—2017）

金属及其他无机覆盖层 金属表面的清洗和准备

第 2 部分 有色金属及其合金

警告——GB/T 34626 的本部分要求使用的一些物质和工艺，如果不采取合适的措施，会对健康产生危害。本部分没有讨论标准使用过程中涉及的任何健康危害、安全或环境的事项和法规。生产者、买方和标准使用者有责任建立合适可行的健康、安全和环境条例，并采取适当措施使其符合国家、地方和国际条例和法规的规定。遵从本部分不意味着免除法律义务。

1 范围

GB/T 34626 的本部分规定了有色金属及其合金表面清洁的工艺。

本部分适用于除去任何无关或不期望的沉积物以及在生产、储存和使用过程中产生的其他污染物，并且为金属表面下一步处理做准备。

本部分不适用于使用过程中积累的油、脂与污垢等重沉积物的初步清洗作业、焊接前准备或电气触点的清洁。然而，用户可以判断是否可使用 GB/T 34626 中的许多处理工艺用于这些清洁。

本部分涵盖的工艺是镀（涂）以下覆涂层之前所需要的金属表面准备：

——电镀金属层；
——自催化镀金属层（自催化和置换类）；
——转化膜；
——阳极氧化膜；
——热浸镀层；
——金属喷涂层；
——釉瓷涂层；
——物理气相沉积铝和镉层；
——粉末涂层。

本部分描述了以下处理工艺：

——脱脂；
——除垢；
——酸洗；
——刻蚀；
——除锈；
——化学整平；
——化学抛光；
——电解增亮；
——电解抛光；
——用氟化物进行阳极处理（清洗锰合金时使用）。

以上描述的处理工艺适用于以下金属：

——铝及铝合金；
——铜及铜合金；
——镍合金；
——钛及钛合金；
——锰合金；
——锌基合金；

——锡及锡合金；

——铅及铅合金；

——镀锌、镉、铬和金的工件。

2 规范性引用文件

下列文件对于本文件的应用是必不可少的。凡是注日期的引用文件，仅注日期的版本适用于本文件。凡是不注日期的引用文件，其最新版本（包括所有的修改单）适用于本文件。

GB/T 3138 金属及其他无机覆盖层 表面处理 术语（GB/T 3138—2015，ISO 2080：2008，IDT）

GB/T 12334 金属和其他非有机覆盖层 有关厚度测量的定义和一般规则（GB/T 12334—2001，ISO 2064：1996，IDT）

GB/T 13913 金属覆盖层 化学镀镍-磷合金镀层 规范和试验方法（GB/T 13913—2008，ISO 4527：2003，IDT）

GB/T 19349 金属和其他无机覆盖层 为减少氢脆危险的钢铁预处理（GB/T 19349—2012，ISO 9587：2007，IDT）

GB/T 19350 金属和其他无机覆盖层 为减少氢脆危险的涂覆后钢铁的处理（GB/T 19350—2012，ISO 9588：2007，IDT）

GB/T 19822 铝及铝合金硬质阳极氧化膜规范（GB/T 19822—2005，ISO 10074：1994，IDT）

GB/T 31566 金属覆盖层 物理气相沉积铝涂层 技术规范与检测方法（GB/T 31566—2015，ISO：22779，IDT）

GB/T 34626.1—2017 金属及其他无机覆盖层 金属表面的清洗和准备 第1部分：钢铁及其合金（ISO 27831-1：2008，MOD）

ISO 8078 航空航天工艺 铝合金的阳极氧化 硫酸氧化的非染色膜（Aerospace process—Anodic treatment of aluminium alloys—Sulfuric acid process，undyed coating）

ISO 22778 金属覆盖层 物理气相沉积镉涂层 规范和试验方法（Metallic coatings—Physical vapour-deposited coatings of cadmium on iron and steel—Specification and test methods）

3 术语和定义

GB/T 3138、GB/T 12334、GB/T 19349、GB/T 19350、GB/T 31566和ISO 22778界定的术语和定义适用于本文件。

4 买方应向加工方提供的必要信息

当订购的工件需按本部分进行处理时，买方应在合同、订单或工程图样上提供以下书面信息：

a）本部分的编号（GB/T 34626.2）；

b）工件材料的规格和冶金条件；

c）钢件的抗拉强度以及为减少氢脆危险钢消除应力和清洗后消除氢脆的热处理的要求（见附录E）；

d）所使用的本部分给出的清洁方法以及清洁方法以外的特殊处理（例如：为健康和安全考虑而使用的特殊方法）；

e）特殊表面的特定要求；

f）特殊步骤的详细信息（例如：工艺 H，方法 H1）；

g）特别难处理的表面状况的详细信息，以及需去除的覆盖层或需要保护的覆盖层或嵌入物的特殊信息；

h）适当时，提供后续覆盖层的详细信息。

5 要求

5.1 用于清洗和准备的任何材料，其含汞量以质量分数计不应超过 $5\times10^{-4}\%$。当工件易受砷或锑的影响而分解时，清洗材料中砷、锑的最大含量如下：

砷（As）：质量分数为 $15\times10^{-4}\%$；

锑（Sb）：质量分数为 $15\times10^{-4}\%$。

注 1：酸溶液中砷、低价硫或低价磷化合物将增强钢铁对氢的吸附，降低后续涂层的附着力。

注 2：用抑制锑的溶液时，钢构件上会产生污染物。由此在暴露的表面上形成的锑沉积物可能对钢铁的性能以及后续处理产生不利影响。如果用于处理工件的溶液被污染了，将会导致后续处理工件受到类似的影响。

5.2 处理组装工件时，所选择的处理方法应适合组成部分的材料和材料组合。

5.3 工件经常需要进行一系列的脱脂和清洁处理。溶剂清洗有时候会在溶剂挥发后留下微量的污染物，所以应采取措施去除这些污染物。有机溶剂并不总是能除去无机污染物，因此有必要在最后的脱脂和清洗后用另外的水溶液清洗无机污染物。

5.3.1 工作表面应无油脂、油、氧化物、其他附着物，并处于一种完全可以进行后续处理的化学清洁的状态。

为了检测表面的清洁程度，可用水喷射清洁后的表面或将表面浸入干净的冷水中。在洁净的表面上，水将形成一个均匀的水膜；然而，如果表面有油质污垢，水膜将从污染的地方断开。在表面完全污染的情况下，整个水膜可能会分解成一个个小水珠。如果被测试的表面残留有含表面活性剂的清洗剂，即使有油脂的存在，也会在表面上形成一个连续的水膜。可以在检测表面之前将其浸入稀酸中然后水洗，以避免这种假象。清洁后应立即进行下一步处理。

5.3.2 用于某种金属或合金的磨料不能用于其他金属或合金。不同的合金系列，例如铁及铁合金、铝及其合金，应分别使用相应的喷砂介质。因此，用于铝表面喷砂的氧化铝不应是其他类型材料，如钢铁或富铜合金使用过的砂子，并且此清洁材料也不能被外部污染。

如有需要，可以在最后清洁和镀（涂）覆盖层前对基体金属或基材进行喷丸处理。

5.3.3 按正常的处理工艺不应降低工件的力学性能，除非它们可以通过后续的热处理或其他处理而得到恢复。

5.3.4 工件的尺寸和表面精饰应保证工件经过最后工艺（如电镀）处理后能达到图样或规格的要求。

5.4 用溶剂清洗时，如果溶剂未完全从表面挥发，就对工件进行热处理，那么工件，特别是轻合金工件，可能发生腐蚀。因此，不应使用热分解而产生腐蚀的溶剂。也应采取措施以确保复杂工件或盲孔无残留液体。需要立即进行热处理的捆扎工件，应采用震动工件方式，以确保相互接触的表面之间无残留液体。任何情况下，脱脂后，工件应在完全干燥并且达到室温时，才可以浸入熔融盐中。

处理工序之间最好不要停留。应当注意：脱脂和清洗工艺完成后，产生的清洁表面的耐蚀性是很低的。因此，容易腐蚀的材料应当立即进行涂装或后续处理。

5.5 溶液处理后，应立即用干净的热水和/或冷水彻底清洗工件，要特别注意有裂缝的工件。最后一道水洗后，金属表面不能出现水膜断裂现象，当工艺最后水洗用水的电导率超过10μS/cm时，应倒掉或二次处理。

5.6 最后一道水洗或其他最后一道预处理后，不用干燥就立即将需在水溶液中进行保护处理的工件转移至处理槽液中。

5.7 需要在干燥条件下进一步处理和不需要进一步处理的工件应彻底烘干。

5.7.1 推荐用热风干燥工件，所使用的气体应无油和其他污染物。

5.7.2 不准许使用含氯类溶剂进行干燥。

5.8 脱脂和清洗的所有步骤应不间断地进行。

5.9 某些清洗和准备工艺中所使用的酸碱溶液对不稳定的材料有危害。使用这种溶液处理不稳定的材料时，应特别注意用干净的水完全彻底地把酸碱液冲洗掉。尤其要注意不规则工件、盲孔和裂缝。

5.10 当溶液成分的范围已知时，本部分给出了其范围。没有说明溶液成分范围时，溶液成分的比例可在±10%的范围内波动。

6 标准清洗方法

6.1 本部分描述的工艺和方法主要是实践中最常用的。然而，许多可用的溶液配方和特殊处理方法并不包含在GB/T 34626中。本部分中，清洗处理引用的带括号的工艺和方法是指第22章所描述的工艺和方法。

6.2 浸渍法处理前，所有的多孔铸件都应经过脱脂、清洗和干燥处理。

6.3 超声波搅拌可以适当提高某些方法的效率（工艺A，方法A6），但应谨慎使用，以防造成对精密部件和组装件的破坏，如电气部件或电子及半导体设备。

6.4 为了避免大批量小工件在浸泡清洗时聚集成堆或相互重叠，可以采用滚筒清洗。这种方法不适用于细小或精密的部件。

6.5 在含有清洁剂的研磨介质（工艺D，方法D3）中，运动装置形成的振动清洗，可以对易碎工件进行去毛刺和抛光。

7 不耐蚀钢、铸铁和纯铁

见GB/T 34626.1。

8 耐蚀钢和耐热钢

见GB/T 34626.1。

9 粉末涂装前金属的前处理

见GB/T 34626.1。

10 清洗和准备工艺

见GB/T 34626.1。

11 铝及铝合金

11.1 概述

刻蚀和酸洗处理可能会对抗疲劳强度产生不利的影响，并且对某些高强度合金来说，可能会导致应力腐蚀。特别是，氢氧化钠（方法P2）和酸洗（工艺N）会对工件产生严重的影响，所以需方与供方应对脱脂和清洗工艺达成一致意见。某些专家不建议用硫酸处理铝工件。

在100℃或以上温度下长时间处理可能会对某些热处理铝合金的性质造成不良影响。某些铝合金也很容易受氢脆的影响。

11.2　常规的脱脂和清洗

适当选用下列一种或几种工艺进行脱脂和清洗：

a）工艺A；

b）最后检查前，用工艺B（方法B1）所述方法对未加工或粗加工的铝合金锻件进行脱脂；

c）工艺B（方法B2）；

d）工艺D；

e）在铬酸/硫酸溶液中除去氧化物（工艺O）；

f）按工艺N进行酸洗；

g）在氢氧化钠溶液中进行刻蚀（方法P2）；

h）化学或电解抛光处理（工艺P）。

不准许用氯化溶剂进行干燥。

11.3　腐蚀产物的去除

用如下一种工艺处理：

a）按工艺P（方法P1）将工件浸入铬酸/磷酸溶液中浸泡。此方法对基体金属的破坏程度最小；

b）工艺O、工艺P（方法P3）或工艺D（除方法D1外）用于除去轻微的腐蚀物和污染物；

c）工艺P（方法P2）或工艺D（方法D1和D4除外）用于除去原位上的轻微腐蚀物。

注：在特定的环境下，细喷砂可能加重麻点，并遗留腐蚀产物。

11.4　阳极氧化前的准备

按11.2进行脱脂和清洗。按GB/T 19822、ISO 8078或其他合适的标准进行阳极氧化。

11.5　除去氧化物或成膜处理前的准备

按11.2进行脱脂和清洗。

11.6　非阳极氧化工件粘接前的准备

按11.2对工件进行脱脂和清洗以达到可以粘接的标准，视情况，然后按工艺O或P进行刻蚀处理。

11.7　电镀前的准备

与其他精饰的准备一样，工件应该按11.2进行脱脂、酸洗，然后进行浸锌盐化，最后电沉积铜（工艺W）或其他金属。

11.8　化学镀镍前的准备

任何可以为电镀提供比较好的锌酸盐或改性锌酸盐层的处理，都可用于自催化镀镍。

在自催化镀前，一个典型（推荐）的双层锌酸盐层的工艺如下：

a）工艺W a）后，再进行工艺W b）2）~W d）；

b）在硝酸（体积分数为50%）中浸泡大约1min，然后冲洗；

c）重复工艺W d）。

工件现在可以按 GB/T 13913 或其他合适的标准进行自催化镀镍。

11.9 转化膜前的准备

按 11.2 进行脱脂和清洗。

11.10 金属喷涂前的准备

按工艺 A（方法 A1 或 A2）和工艺 B（方法 B2）进行脱脂和清洗，然后按工艺 D（方法 D1）用非金属磨料进行粗喷砂。

11.11 釉瓷涂覆前的准备

11.11.1 板材、型材及铸造合金工件

用于板材、型材和铸造合金的一个典型（推荐）工艺如下：

a）按工艺 B（方法 B2）在 pH 值 8.9~10 的溶液中进行脱脂处理；

b）80℃下，在如下溶液中浸泡 5min~15min：

铬酐（CrO_3）	30g/L~40g/L
硫酸（H_2SO_4）（$\rho=1.84g/cm^3$）	165g/L~185g/L

（或使用特定的非铬酸盐脱氧剂）；

c）25℃下，在如下溶液中浸泡 30s~2min：

重铬酸钠（$Na_2CrO_4 \cdot 10H_2O$）	190g/L~210g/L
氢氧化钠（NaOH）	30g/L~50g/L

11.11.2 其他铸件

按工艺 B（方法 B2）在 pH 值 8.9~10 的溶液中进行脱脂处理。

11.12 物理气相沉积铝辅助处理前的准备

按工艺 A（方法 A2）进行脱脂，按 GB/T 31566 的要求进行清洗处理。

12 铜及铜合金

12.1 常规的脱脂和清洗

易应力腐蚀开裂的合金不能用酸性或氨介质清洗，也不能用氯化溶剂干燥。消除应力前允许使用稳定的氯代烃类或碱性水溶液脱脂。消除应力后，适当选用如下的方法对合金进行脱脂和清洗：

a）按工艺 A 在有机溶剂中脱脂；

b）按工艺 B 在碱溶液中脱脂；

c）按工艺 C 在酸乳化液中清洗；

d）按工艺 D（方法 D2、D3 或 D4，铸件仅用方法 D1）进行机械清洗；

e）按工艺 Q 进行清洗；

f）按工艺 R 用化学法（方法 R2 或 R3）或电解法（方法 R5）进行刻蚀或抛光。

12.2 电镀前的准备

12.2.1 适当时，按如下的工艺和方法进行脱脂和清洗；

a）按工艺 A 在有机溶剂中进行脱脂；

b）按工艺 B 在碱溶液中进行脱脂；

c）按工艺 C 在酸乳化液中清洗；

d）按工艺 D（方法 D2、D3 或 D4，铸铁仅用方法 D1）进行物理清洗；

e）按工艺 Q 进行清洗；

f）按工艺 R 进行酸除垢、刻蚀或增亮（注意：工艺 R 不能有效地清洗含有铝和/或镍的铜合金，这些合金需要对其进行附加的工艺 Q 处理）；

g）按工艺 R 用化学法（方法 R2 或 R3）或电解法（方法 R5）进行刻蚀或抛光。

12.2.2 如果清洗后在氰化物溶液中进行电镀，那么清洗过程应该包括按工艺 Q 或工艺 R（方法 R1 或 R2）进行的酸洗处理，清洗后需要用水进行冲洗并将工件浸入含有 50g/L 的氰化钠或氰化钾溶液中浸泡。

12.2.3 软焊接的工件（除铍/铜合金工件）应按工艺 A（方法 A1 或 A2）进行脱脂处理，然后按工艺 B（方法 B2）将工件浸入到加热的碱溶液中浸泡最短时间。接着将其浸入每升含约 100mL 质量分数 40%的氟硼酸（HBF_4）溶液中，彻底冲洗，然后在氰化铜电解质溶液（酒石酸盐/氰化物类型）中电镀厚度为 1μm 的铜镀层，操作温度为 60℃ ±10℃，pH 值 10~12。

12.2.4 需要在酸性电解质溶液中电镀的铍/铜的工件，应该按工艺 Q（方法 Q1）进行清洗，接着用水冲洗，然后将其浸入 100mL/L 的硫酸溶液（$\rho = 1.84g/cm^3$）中浸泡。

12.3 化学镀镍前的准备

按 12.2 进行脱脂和清洗处理，然后进行如下处理：

a）按工艺 B 在弱碱清洗液中进行阴极清洗；

b）冲洗（见 5.5）；

c）用如下四种方法之一进行表面活化（催化）：

——按工艺 M（方法 M4）将工件放入镍电解槽中冲击镀镍（见附录 F）；

——浸入含氯化钯的活性液中，直到表面变暗，表明形成了钯沉积层，接着冲洗并将工件转移到自催化镀镍槽中（当使用专利溶液时，应遵行供应商的使用指南）；

——用铝线连接工件，同时将其浸入到自催化镀镍溶液中（或将工件与已镀好的工件连接起来），直到自催化的镍覆盖整个工件表面；

——对浸入到自催化镀镍槽中的工件施加一个初始阴极电压。

按 GB/T 13913 或其他合适的标准进行自催化镀镍。

12.4 热镀锡（TRI 处理）前的准备

按工艺 A 或 B 进行脱脂处理。含氧铜应在碱溶液（例如 50g/L 的氢氧化钠）中进行阴极处理，电流密度为 $1A/dm^2 \sim 5A/cm^2$。

按工艺 R（方法 R1、R2 或 R4）进行后续的脱脂和酸洗处理。

12.5 玻璃质镀锡前的准备

按如下脱脂：

——对小工件来说，例如首饰，可以用熔炉或喷灯加热到暗红的状态，然后放到流动的冷水里或直接在空气里冷却（注意：由于淬火效应，相对细小的部分可能会发生扭曲变形）；

——对于大型或重型工件来说，可以按工艺 B 进行脱脂，如挤压时使用了润滑剂，可按工艺 A（方法 A1）的方法用三氯乙烯作为溶剂进行脱脂。以上两种脱脂后都要在流动的、搅拌的冷水中冲洗。

脱脂后，按如下方法进行酸洗：

——室温下，在 10%~15%体积分数的硝酸（$\rho = 1.42g/cm^3$）溶液中浸泡 2min~10min；

——在10%体积分数的盐酸（$\rho=1.16g/cm^3$）溶液中浸泡5min~15min；

——用弱碱溶液中和；

——用清洁的热空气干燥。

13 镍合金

13.1 常规脱脂和清洗

适当选用如下的一种或几种工艺和方法进行脱脂和清洗处理：

a）按工艺A（方法A1或A2）在有机溶剂中脱脂；

b）按工艺B在碱溶液中脱脂；

c）按工艺C在酸性乳液中进行清洗；

d）按工艺D进行喷砂清洗；

e）按工艺E进行氢氧化钠除垢；

f）按工艺T进行酸洗；

g）按工艺X进行化学或电解处理。

13.2 电镀前的准备

视情况，按13.1所述工艺和方法进行脱脂和清洗，包括工艺X。

13.3 化学镀镍前的准备

按13.1进行脱脂，接着进行冲击镀镍处理［工艺Xb)］。

13.4 釉瓷涂覆前的准备

13.4.1 通常按如下的工艺和方法脱脂与清洗：

a）工艺A；

b）工艺B；

c）工艺D（方法D2）。

13.4.2 也可用如下的工艺：

a）适当选用13.4.1中一种或几种工艺和方法进行脱脂和清洗；

b）浸入含10%体积分数的硝酸（$\rho=1.42g/cm^3$）和2%体积分数的氢氟酸（质量分数40%的溶液，$\rho=1.128g/cm^3$）混合溶液中浸蚀5min~20min，温度控制在室温到40℃；

c）70℃~80℃下，在如下中性溶液中浸泡3min~5min：

碳酸钠（Na_2CO_3）	4.5g/L
四硼酸钠（$Na_2B_4O_7\cdot 10H_2O$）	1.5g/L

14 钛及钛合金

14.1 常规的脱脂和清洗

14.1.1 适当选择14.1.2~14.1.7中的一种或几种工艺和方法进行脱脂和清洗。

14.1.2 按工艺A在有机溶剂中脱脂。某些氯代烃类溶剂（包括脱漆剂）可能会导致钛合金出现氢脆或应力腐蚀开裂，如果使用了这类溶剂，应注意如下的防范措施：

a）由钛或钛合金制成的预应力工件（例如Ti-5Al-2.5Sn）不能接触热的氯化溶剂；

b）溶剂应保持清洁，使用中应按供应商的说明防止游离酸的积累；

c）使用热溶剂（例如热的三氯乙烯或四氯乙烯）液体和/或蒸气脱脂时，任何脱脂操作的浸泡时间不能超过30min；

d）清洗之后和下一步处理之前，一定要注意立即将工件上的所有溶剂除去。

14.1.3 按工艺 B 在碱溶液中脱脂。不能使用电解清洗。

14.1.4 按工艺 C 在酸性乳液中进行清洗。

14.1.5 按工艺 D 进行喷砂清洗，但只能用湿法。

14.1.6 用合适的方法除去污垢。

14.1.7 按工艺 S 在硝酸/氢氟酸中进行酸洗。

14.2 电镀前的准备

钛和钛合金比较难电镀，建议使用工艺 Y 进行预处理。

14.3 化学镀镍前的准备

同电镀前准备（见 14.2）。冲击镀镍［方法 Y2c）］后，充分冲洗工件（见 5.5），然后将工件转移到自催化镀镍溶液中，按 GB/T 13913 或其他合适的标准进行电镀。

15 锰合金

15.1 电镀与转化前的常规脱脂和清洗

按工艺 A 或 B 中合适的方法进行脱脂。

15.2 电镀前的准备

用如下工艺：

a）室温下，在如下溶液中阴极清洗 1min：

氢氧化钠（NaOH）	30g/L
氰化钠（NaCN）	30g/L
碳酸钠（Na_2CO_3）	15g/L

b）冲洗（见 5.5）；

c）室温下，在磷酸（$\rho=1.75g/cm^3$）中酸洗 30s；

d）冲洗（见 5.5）；

e）室温下，在如下溶液中浸渍，活化表面：

磷酸（H_3PO_4）（$\rho=1.75g/cm^3$）	130mL/L~150mL/L，最佳 135mL/L
氟化钾（KF）	60g/L~80g/L，最佳 70g/L

f）冲洗（见 5.5）；

g）90℃~95℃，在如下溶液中浸泡 5min（最佳 pH 为 10.6）：

硫酸锌（$ZnSO_4\cdot 7H_2O$）	45g/L~55g/L，最佳 50g/L
焦磷酸钠（$Na_4P_2O_7$）	150g/L~200g/L，最佳 180g/L
氟化钾（KF）	4g/L~8g/L，最佳 6g/L
碳酸钠（Na_2CO_3）	3g/L~10g/L，最佳 4g/L

h）冲洗（见 5.5）；

i）在氰化铜溶液中电镀厚度至少为 5μm 的镀层，接着进行充分的冲洗。将工件浸入铜镀槽前通上电流；

j）电镀所需要的金属。

15.3 转化处理前的准备

15.3.1 概述

为保证高的耐蚀性，重要的是，锰合金不含有任何助溶剂并且杂质含量低，工件表面不能被铸造过程中的助溶剂、砂粒或铸造、轧制或锻造等制造工艺形成的或喷砂后留下的其他残留物污染。应避免表面黏附其他金属，如切削液中的加工剩余物。

15.3.2　铸件

15.3.2.1　除某些压铸件外，铸件应当首先按工艺 D（方法 D1）进行喷砂清洗，接着按工艺 F 进行酸洗。

15.3.2.2　除整体经过机加工的铸件外，工件随后在 150g/L～250g/L 的氟化氢铵（NH_4HF_2）溶液中进行阳极氧化。盛氟化氢铵的容器内衬耐酸性氟化物的硬橡胶或合适的塑料。

通过添新的 NH_4HF_2 使槽中的氟化氢铵的浓度维持在质量分数为 15%～25%。如果槽液被外来金属、非氟化物的酸基或有机物污染，则要将槽液换掉。

槽液温度不应超过 30℃。用木质、硬橡胶或镁合金棒搅拌槽液。

采用表面积与工件相当的极板，用 90V～120V 的交流电处理工件。将工件悬挂在液面下至少 225mm 的位置。伸入到溶液中的全部夹具应为镁锰合金以外的镁合金。初始电流一般比较高，随着表面上杂质的去除，电流应迅速减小，进而形成一个连续的氟化镁薄膜。

持续处理工件 10min～15min，或至较小电极上的电流降到 0.5A/cm^2。然后关掉电流，从槽液中取出工件，冲洗并检测。

工件应均匀干净，白色或珍珠灰色，表面无铸砂残留。

凹陷处的暗色可能表明处理过程中气体滞留。非常薄的半透明膜表明处理电压太低；然而，状态良好的机加工或锻造表面上的这种膜是可接受的。表面刻蚀表明槽液的氟化氢铵含量太低、槽液温度太高或操作电压太高。厚膜表明可能含有非氟化物的酸根。溶液中的氯离子可能导致表面产生点蚀。

警告——槽液产生的雾气有毒；使用高电压时需要有适当的安全防护。

15.3.2.3　除非后续的铬转化处理的酸溶液可以去除清洗过程中产生的氟化物膜，否则，工件应进行除膜处理。将工件在浸入 100g/L～150g/L 的铬酐（CrO_3）的沸液中浸泡 15min，接着浸入含 50g/L 的氢氧化钠沸液中浸泡 10min，或浸入 150g/L～200g/L 的氢氟酸（ρ = 1.128g/cm^3）冷溶液中浸泡 5min。

工件现已准备好可以进行转化膜和有机涂层的处理。

15.3.3　机加工铸件

按工艺 A（方法 A1）和工艺 B 进行脱脂。

工件准备完毕，可以进行转化膜和有机涂层的处理。

15.3.4　锻件

除了整体需要机加工外，所有的锻件都应按 15.3.2 进行处理。

15.3.5　板材和型材

按工艺 A（方法 A1）和工艺 B 进行脱脂。

然后按 15.3.2.2 处理工件或按工艺 D（方法 D3）用湿抹布蘸浮石粉擦洗工件。

工件准备完毕，可以进行转化膜和有机涂层的处理。

16　锌合金

16.1　常规脱脂和清洁

除另有要求外，例如锌表面的铬转化膜，按工艺 A（方法 A1）和工艺 B（方法 B2）进行脱脂。

锌合金通常以压铸件形式存在，并将铬转化膜作为最后精饰处理。压铸件通常表面下多孔，任何诸如酸浸蚀过程都可穿透表层而使孔隙暴露，从而造成腐蚀因子的残留，以致在储存和/或使用过程中产生腐蚀。应避免使用这些工艺。

16.2 腐蚀件的清洗

90℃下，浸入100g/L铬酐（CrO_3）的溶液中。

锌合金压铸件上的腐蚀可能会使表面内的孔隙暴露。如16.1中所述，应避免使用任何会留下腐蚀产物的清洗工艺。

16.3 电镀前锌合金压铸件的准备

工艺Z给出了预处理方法。

16.4 铬转化或磷化处理前锌合金铸件的准备

按工艺A和工艺B（方法B2）进行脱脂。

17 锡及锡合金

电镀前按工艺U进行准备。

18 钨合金

18.1 电镀前的准备

按工艺A（方法A1）和工艺B（方法B1）进行脱脂。在下列溶液中，电流密度为$5A/dm^2$，环境温度下，阳极清洗2min：

氢氧化钠（NaOH）	200g/L
氰化钠（NaCN）	100g/L

然后用冷流动水下冲洗（见5.5）。

有效的阳极清洗也可在较低的电流密度下进行，但是需要适当延长时间，例如采用$2A/dm^2$时需要处理5min。

18.2 粘接前的准备

按工艺A（方法A1）和工艺B（方法B2）进行脱脂。然后按工艺D清洗。某些合金可能需要一些特殊的处理。

19 铅及铅合金

注：铅的化学性质活泼，在空气中可以形成氧化膜，酸洗时可以与大部分酸形成不溶盐膜（不能使用硫酸、盐酸和氢氟酸，但可以使用氨基磺酸和氟硼酸），而且当其与其他有色金属接触时易扩散到有色金属上。

首先按工艺A进行脱脂。

然后将其浸入质量分数5%的醋酸铵的热溶液中清洗以除去PbO和$PbSO_4$。

20 镀锌、镉、铬和金工件

20.1 镀锌工件铬转化前的准备

新制的镀锌钢件，包括已按GB/T 19350进行了消除氢脆的热处理的工件，没被油、脂（如操作过程中沾上的）或灰尘污染的工件，或没有暴露在室外环境下的工件，可能不需要进一步的脱脂处理。

非新制的镀锌工件，包括已按GB/T 19350进行过消除氢脆的热处理的工件，应按工艺A和工艺B（方法B2）进行脱脂（见16.1和附录E）。

20.2 镀镉工件铬转化前的准备

按 20.1 进行脱脂（见 16.1）。

20.3 物理气相沉积镉辅助处理前的准备

按工艺 A（方法 A2）进行脱脂（见 ISO 22778）。

20.4 镀铬零件辅助处理前的准备

技工艺 A（方法 A2）进行脱脂处理，然后在室温下，将工件浸入含质量分数 1%的铬酐（CrO_3）溶液中浸泡几分钟。

20.5 金镀层表面污染物的去除

推荐的合适工艺是工艺 V。

21 粉末涂装前金属的准备

21.1 粉末涂装前铝的预处理

按 11.2 进行脱脂。

21.2 粉末涂装前镀锌和热浸镀锌钢的准备

镀锌钢：按 16.1 进行脱脂。

热浸镀锌钢：按工艺 A（方法 A1 或 A2）脱脂，接着进行工艺 D（方法 D2）。

注：热浸镀锌钢不适用硫酸酸洗（工艺 F）。

21.3 粉末涂装前铜和黄铜的准备

按 12.1 进行脱脂和清洗。

22 清洗和准备工艺（按 GB/T 34626.1—2017 第 10 章的顺序）

警告——本部分涉及的许多化学药品和工艺对健康和安全是有害的。应采取适当的防护措施，尤其是处理氢氟酸和铬酸。本部分仅提及技术的适用性，不免除设计者、生产者、供应商和/或用户在生产或使用的任何阶段涉及有关键康、安全和环境的法定的责任和其他所有的法律义务。使用本部分的用户有责任建立合适可行的健康、安全和环境条例，并采取适当措施使其符合国家、地方和国际条例和法规的规定。

将浓硫酸和水或水溶液进行混合时，一定要将硫酸缓慢地加入到水或水溶液中，切忌颠倒顺序，滴加的时候一定要充分搅拌。使用前，应将混合物冷却至室温。

注 1：以下金属前处理工艺和方法实践中最常用。然而，许多溶液配方并不包含在本部分。另外，根据厂商的指南，有许多专利产品可用于清洗和准备工艺。

注 2：术语“冷”“室温”“温”和“热”分别是描述“低于 25℃”“25℃左右”“25℃～45℃”和“45℃以上”的平均温度。除非另有说明，所有的酸液都是工业级的。

注 3：因为 GB/T 34626.1 给出的黑色金属的某些清洗和准备工艺也可以用于有色金属材料，所以本部分的清洁和准备工艺也遵循第 1 部分的顺序，并使用相同的名称。

22.1 工艺 A——有机溶剂脱脂和清洗

22.1.1 概述

不推荐使用对金属有不良影响的溶剂。工件的热容量影响显著，例如，严重污染的薄板用特定的蒸气处理达不到满意的脱脂效果。在这种情况下，较好的方法是用干净的浓溶剂喷洗经蒸气处理的薄板，或用沸腾的溶液浸泡薄板。在大多数应用中，常用溶液和蒸气脱脂、碱性除油等方法对金属表面进行全面的脱脂处理。应按照厂商的说明和适合的国内、国际法规对沸液和蒸气设备进行操作和维护。

22.1.2 方法 A1——热溶剂，不水洗

该方法包括热卤代烃溶剂的液体和蒸气脱脂。应明确溶剂的等级符合稳定使用要求。除金属钛的限制（见 14.1）以及国家和国际规则外，允许使用下列卤化溶剂：

三氯乙烯；

四氯乙烯。

采用这种方法时，铝、镁或钛工件应没有金属切屑。附录 A 中给出了有机溶剂和蒸气脱脂槽液维护指南。三氯乙烯应需要水分分离器。四氯乙烯的沸点比三氯乙烯更高，更适合用于去除高熔点的蜡。三氯乙烯和四氯乙烯不能用于含有织物、橡胶、涂料或类似材料的复合工件。

22.1.3 方法 A2——冷溶剂，不水洗

这类清洗溶剂常用于浸泡或手工操作（喷洗或刷洗）。选择溶剂的主要考虑因素是溶剂的毒性、挥发性和可燃性。合适的清洗溶剂包括以下几种：

三氯乙烯；

四氯乙烯；

石油溶剂；

石油溶剂/石脑油溶剂。

采用这种方法时，铝、镁或钛工件应没有金属切屑。当将组件浸泡到此类溶剂中脱脂时，至少要用三个连续的溶剂槽。用手工操作时，采用刷洗或喷洗的方法清洗工件，应允许溶剂在工作面上流淌。当溶剂溶解油脂而变污时，应要将其换掉。附录 A 对有机溶剂槽液的维护做了说明。

22.1.4 方法 A3——热溶剂，可水洗

本方法通过甲苯基酸和邻二氯苯的混合乳化溶剂对工件进行脱脂、脱漆和除碳沉积物。清洗后在温度高达 60℃ 下进行水封处理，或按照厂商的指南使用。

22.1.5 方法 A4——冷溶剂，可水洗

基于二氯甲烷的混合溶剂（二氯甲烷的质量分数大约为 70%）主要用于脱漆和除碳沉积物，但也可将其用于脱脂。当采用刷洗方法时，二氯甲烷的混合溶剂不适合作脱脂剂。

加入浓缩乳化剂可增强接触效果，并使清洗变得容易。清洗紧公差工件或不希望金属表面产生轻微刻蚀时，也可加入缓蚀剂。

22.1.6 方法 A5——含乳化剂的石油燃料油混合物

这种混合物可以彻底除去重油或脂。通常采用刷洗或喷淋的方法进行，然后水洗。合适的溶剂是含有乳化剂的碳氢化合物，例如石油溶剂油或煤油。为了完全彻底地除去所有残留污染物，处理后应接着进行工艺 B。

22.1.7 方法 A6——超声清洗

超声波可以作为溶剂清洗的补充来清除那些黏着力特别强的固体污染物，或深凹处或其他难清洗到的地方的污染物。最简便的清洗分两步进行，第一步是在超声搅拌的情况下，进行初步的溶剂清洗，接着进行蒸气清洗。当污染物非常严重的时候，可用三步清洗法，这种方法先进行蒸气清洗。溶剂和蒸气脱脂槽液的维护标准也适应于超声清洗系统，当用氯化溶剂时，也应有类似的分离水的措施。

22.2　工艺 B——碱性除油

22.2.1　概述

该方法可用于完全彻底的脱脂，或用于初步的溶剂脱脂之后的脱脂。与溶剂脱脂相比，这种方法在去除特定类型的污染物上有其优势，包括皂和盐。清洗主要是基于碱溶液的皂化和乳化作用实现的，通常需要添加螯合剂、络合剂和表面活性剂。组成成分通常从氢氧化钠、碳酸钠、硅酸钠、磷酸三钠、焦磷酸钠、硼酸钠、络合剂（例如 EDTA、葡萄糖酸盐、庚酸盐、多磷酸盐和氰化物）以及有机表面活性剂中选择。可以在热或冷和有无外加电流的情况下使用，外加电流可以是阳极电流，也可以是阴极电流（其他因素参见附录 E）。为了除去金属表面上的残留碱清洗液，一定要非常彻底地水洗金属。经过碱清洗后的金属工件一定要首先在含质量分数 2.5%的铬酐（CrO_3）外加体积分数 2.5%的磷酸（H_3PO_4）（ρ=1.75g/cm^3）的溶液中浸泡中和，随后水洗（见 5.5）并晾干，接着镀（涂）覆盖层。

22.2.2　方法 B1——普通碱性除油

清洗剂可能含有 22.2.1 的任何成分。重型清洗剂可含有较高比例的氢氧化钠。这种清洗剂适用于铝、铅、锡和锌之外的所有金属，因为铝、铅、锡和锌会被强碱腐蚀。对于铝、铅、锡和锌，只有经过厂商的许可，才可谨慎使用氢氧化钠或其他碱液浸洗，而且一定要进行严格控制。

22.2.3　方法 B2——弱碱除油

清洗剂不应含有氢氧化钠和其他任何强碱，一定要注意避免清洗剂对金属表面的侵蚀。该方法可采用浸泡方式或喷淋方式。

硅酸钠型的清洗剂应含质量分数至少为 25%的硅酸钠。

不含硅酸盐类型的清洗剂主要成分是碱性磷酸盐和有机表面活性剂，需要时还加入缓冲剂。这种清洗剂可在热或冷的条件下使用，可施加或不加电流（其他参见附录 E）。

22.2.4　方法 B3——阴极碱性除油

其他被认可的、无化学抑制作用的水性脱脂剂可用于阴极除油，以避免对金属的侵蚀（其他参见附录 E）。

22.3　工艺 C——酸性乳液清洗

除去顽固的有机污染物，如冷轧材料上的有机污染物以及其他轻微的有机污染物，可采用含体积分数 2%～5%非离子型表面活性剂的无机酸。无机酸可在冷或加温条件下使用，可喷淋或浸泡，其使用不得违反本部分的其他条款的规定。

22.4　工艺 D——机械清洗

22.4.1　概述

机械清洗残留在工件上的磨料可能会严重地干扰后续处理，因此一定要用干净的、无油和无尘的干燥空气流将其从金属表面除去。处理物理清洗后工件的工件时应带清洁的橡胶、棉布或光滑塑料手套，并应避免留下任何诸如灰尘、污垢、油、脂或水等污染物。

如果方法 D1 中使用氧化铝，则不应使用其他类型的材料（例如钢或富铜合金）使用过的氧化铝，氧化铝也不能被其他方式污染。

应注意避免使用不够粗的磨料或在喷砂机中循环使用已失去棱角的磨料。所用磨料的表面粗糙度和棱角对后续覆盖层的附着力有非常大的影响。薄的工件不应使用直接加压喷砂方法，最好使用抽吸喷砂方法，因为后者缓慢，形成的粗糙度小。

22.4.2 方法 D1——粗喷砂

本方法使用冷硬铸铁丸、氧化铝或其他粗磨料进行喷砂。本方法不适合用于薄的工件或表面要求精细的情况。对耐蚀钢、铝和铝合金来说，只能用无铅的氧化铝喷砂。金属喷涂前的清洁，应通过氧化铝喷砂处理使金属表面粗糙，以提供合适的活性。经喷砂的表面应呈现均匀、亚光外观。应当注意：表面处于一种非常活性状态，活性状态的变差将影响涂层的性能。

这种方法也适用于清洁已腐蚀的工件。

22.4.3 方法 D2——细喷砂

这种方法与 D1 所述方法相似，但与 D1 不同的是，本方法使用非金属磨料（例如，氧化铝、玻璃珠子、玉米壳）或金属磨料通过干法或湿法喷砂形成更精细的表面状态。

22.4.4 方法 D3——擦洗

这种方法使用湿的浮石、氧化铝或其他非金属磨料摩擦或擦洗工件。金刚砂不适用于铝及铝合金的擦洗。

22.4.5 方法 D4——滚筒清洗

滚筒清洗主要是在一个特定的容器中加入合适的磨料。这个过程可使工件边角到圆或去除边缘毛刺。

22.4.6 方法 D5——刷洗

可用手工或机械的方法进行刷洗，无须外加磨料。应仔细考虑刷子材料与被处理材料之间的相容性。例如，不耐蚀钢刷应仅用于不耐蚀的钢和铸铁。

22.5 工艺 E——烧碱除垢

该处理不常用于本部分包含的金属和金属合金（如需要，参见 GB/T 34626.1—2017 中的方法 E1）。

22.6 工艺 F——非电解酸洗

该处理不常用于本部分所包含的金属和金属合金。

22.7 工艺 G——酸浸

该处理不常用于本部分包含的金属和金属合金。

22.8 工艺 H——阳极酸洗

22.8.1 概述

GB/T 34626.1 中给出的阳极清洗方法，只有 H1 常用于本部分所包含的金属和金属合金。

22.8.2 方法 H1

用 300mL/L~350mL/L 硫酸（ρ=1.84g/cm^3）的溶液（ρ 至少为 1.30g/cm^3）浸泡工件。通过周期性地添加硫酸来保持溶液的浓度，使其密度在 1.30g/cm^3 以上。将工件浸入酸溶液之前，将其浸入接近沸点的葡萄糖酸钠碱性溶液中润湿，以协助除去污垢。

设置电压，使初始电流密度不低于 11A/dm^2（4V~8V），最好 2 倍于此电流密度。虽然常规条件下温度应不超过 25℃，但为了去除污垢，使用温度应达到 70℃。为减少污染物的形成，可以使用在溶液中稳定存在的缓蚀剂，但是应避免使用润湿剂，因为它会促进氢的吸附。

在阳极酸洗过程中，应避免氯化物污染清洗溶液。阳极酸洗的主要目的是使表面钝化，其表象是工件与阴极之间电压突然上升，相应电流的下降，以及工件上开始产生气体。保持钝化直到表面淡灰色、无深色污迹。将工件从溶液中取出进行检验，如有需要，再将工件放置到溶液中做进一步处理。

22.9 工艺J——酸除锈

这种处理并不经常用于本部分包含的金属和金属合金。

22.10 工艺K——碱除锈

这种处理并不经常用于本部分包含的金属和金属合金。

22.11 工艺L——钢铁的化学整平和电解抛光

这种处理并不经常用于GB/T 34626的本部分包含的金属和金属合金。

22.12 工艺M——耐蚀钢表面钝化、去污和电镀前的准备

这种处理并不经常用于本部分包含的金属和金属合金。

22.13 工艺N——铝合金的酸洗

22.13.1 概述

方法N1~N6给出的大致组成的溶液适用于脱脂后铝合金的酸洗，也常用于锻件检测前的处理。

板材最长浸泡为20min，铸件最长浸泡为1h。如果溶液盛于金属槽，则工件不能在通电的情况下接触金属槽。

22.13.2 方法N1

硫酸（H_2SO_4）($\rho=1.84g/cm^3$)	90mL/L~120mL/L
氟化钠（NaF）	7.5g/L~15g/L

室温下浸泡工件，直至表面清洁且状态均匀一致。用冷水冲洗（见5.5），然后转移至约500mL/L的硝酸（$\rho=1.42g/cm^3$）的冷除污溶液中浸泡1min，然后在不超过50℃温度下用干净的水彻底冲洗。

注：铝在槽中的积累会影响槽液的使用效果。

22.13.3 方法N2

硫酸（H_2SO_4）($\rho=1.84g/cm^3$)	100mL/L
氟化钾（KF）	40g/L

室温下浸泡工件，直至表面均一、干净。用冷水冲洗（见5.5），然后转移至约500mL/L的硝酸（$\rho=1.42g/cm^3$）的冷除污溶液中浸泡1min，然后在不超过50℃温度下用干净的水彻底冲洗。

注：铝在槽中的积累会影响槽液的使用效果。

22.13.4 方法N3

硫酸（H_2SO_4）($\rho=1.84g/cm^3$)	100mL/L
氢氟酸（HF）（质量分数40%的溶液；$\rho=1.128g/cm^3$）	15mL/L

室温下浸泡工件，直至表面清洁且状态均匀一致。用冷水冲洗（见5.5），然后转移至约500mL/L的硝酸（$\rho=1.42g/cm^3$）的冷除污溶液中浸泡1min，然后在不超过50℃温度下用干净的水彻底冲洗。

注：铝在槽中的积累会影响槽液的使用效果。

22.13.5 方法 N4

磷酸（H_3PO_4）（ρ=1.75g/cm^3） 200mL/L

氢氟酸（HF）（质量分数 40%的溶液；ρ=1.128g/cm^3） 7.5mL/L

室温下浸泡工件，直至表面清洁且状态均匀一致。在冷水中漂洗（见 5.5），然后转移至约 500mL/L 的硝酸（ρ=1.42g/cm^3）的冷除污溶液中浸泡 1min，然后在不超过 50℃ 温度下用干净的水彻底冲洗。

注：铝在槽中的积累会影响槽液的使用效果。

22.13.6 方法 N5

硫酸（ρ=1.84g/cm^3） 100mL/L

邻甲苯胺（$H_3C\text{-}C_6H_4\text{-}NH_2$） 10mL

在 90℃~95℃ 下浸泡工件，直到表面清洁且状态均匀一致。

22.13.7 方法 N6

含如下成分的轻微沸腾的水溶液：

铬酐（CrO_3） 7.5g/L~10g/L

磷酸（H_3PO_4）（ρ=1.75g/cm^3） 5mL/L~7.5mL/L

22.14 工艺 O——铝及铝合金除氧化物，如“刻蚀”

22.14.1 概述

该处理方法可用于阳极氧化、转化膜、粘接和电镀的前处理。这种处理方法不适用于处理含铜质量分数大于或等于 6%的铝合金，也不适用于含硅质量分数大于或等于 2%的铝合金，通常也不适用于铝与其他金属（特别是钢和铜合金）连接的复合工件。

工艺如下。

22.14.2 脱脂与清洗

工件按如下方法处理：

a）按工艺 A（方法 A1 或 A2）脱脂。污染严重的或小的工件可能需要不止一次的处理。

b）按工艺 B（方法 B2）进行化学除油。对于后续粘接的工件，用无硅型的清洗剂（见 22.2.3）。

c）冲洗（见 5.5），没有要求用湿法或干法喷砂时，则将工件直接转至浸蚀溶液中，不需要干燥。

d）要求进行干喷砂或湿喷砂清洗，又不需要立即进行冲洗时，应当烘干工件。注意保护已经清洁的工件不再被污染。

e）干喷砂后的工件应当用清洁、干燥的压缩空气处理，然后按工艺 B（方法 B2）进行化学除油，然后冲洗（见 5.5），以除去所有的砂粒。不需要干燥就将工件转移到铬酐/硫酸中。

f）湿喷砂后的工件应当冲洗（见 5.5）以除去所有的砂粒，不需要干燥就将工件转移到铬酐/硫酸中。

应除去所有的喷砂残留物，因为这些物质的存在会损害刻蚀表面的特性。

22.14.3 阳极氧化和粘接前的准备

22.14.3.1 清洗后，立即将工件浸入到 22.14.3.2~22.14.3.5 给出的溶液中。所有的情况下，温度都为 60℃~65℃。用于粘接和有机底漆前处理时，浸泡时间应为 25min~30min；用于阳极氧化和其他化学处理的预处理时，浸泡时间为 20min~30min。对于全部表面经过机械加的工件和不需要进行粘接的工件，应进行较短时间（少于 20min）的浸泡。

22.14.3.2 应用于粘接处理：

铬酐（CrO_3）	45g/L~55g/L
硫酸（H_2SO_4）(ρ=1.84g/cm^3)	220g/L~300g/L

22.14.3.3 用于阳极氧化和其他化学处理：

铬酐（CrO_3）	30g/L~55g/L
硫酸（H_2SO_4）(ρ=1.84g/cm^3)	150g/L~300g/L

22.14.3.4 用于粘接：

重铬酸钠（$Na_2Cr_2O_7 \cdot 2H_2O$）	65g/L~85g/L
硫酸（H_2SO_4）(ρ=1.84g/cm^3)	220g/L~300g/L

22.14.3.5 用于阳极和其他化学处理：

重铬酸钠（$Na_2Cr_2O_7 \cdot 2H_2O$）	45g/L~85g/L
硫酸（H_2SO_4）(ρ=1.84g/cm^3)	150g/L~300g/L

22.14.3.6 22.14.3.2~22.14.3.5 给出的溶液中，各物质不超过如下限量：

氯化物（以氯化钠计）	200mg/L
铝	14g/L
铜	1.0g/L
铁	1g/L

H_2SO_4 : CrO_3 的比例应介于 4.5:1~5.5:1（按质量分数计算）。H_2SO_4 : $Na_2Cr_2O_7 \cdot 2H_2O$ 的比例应介于 2.5:1~3.5:1 之间（按质量分数计算）。

用电导率不超过 10μS/cm 的水配制溶液，并保持液面在恰当的操作水平面，应在一定的时间间隔检测溶液以确保溶液各物质在控制的限度内。

室温下溶液的密度达到 ρ=1.38g/cm^3，或当溶液冷却至室温时固体物析出，或出现第一个点蚀迹象，无论哪种现象先出现，都应将溶液倒掉。

新鲜的溶液应当用 Al-Cu 合金废料或硫酸铝或硫酸铜老化。

如果浸蚀溶液储存在金属槽中，则在接通电流时，工件应避免与槽接触。

用流动的水冲洗工件，温度不超过 40℃，以防止表面的封孔效应（又见 5.5 冲洗方法）。将工件从酸洗槽转移到清洗槽时，越快越好，以防止表面上形成干点。

如果工件不需要进行后续化学处理，则工件应在不超过 65℃的温度下烘干，特别是在粘接前一定要烘干。对于需要用粘接剂粘接或需要进行底漆涂覆的工件，应当在工件干燥后立即进行粘接或涂覆底漆。浸蚀的表面不得用手或其他方式污染。浸蚀的表面应当具有均匀的外观，没有任何瑕疵、沉积物或凹陷处。

22.15 工艺 P——铝及铝合金腐蚀物的去除、蚀刻处理、化学抛光、电解增亮和电解抛光

22.15.1 腐蚀产物的去除

22.15.1.1 方法 P1——浸泡

将工件浸入到含有如下成分的轻微沸腾的溶液中：

铬酐（CrO_3） 7.5g/L~10g/L

磷酸（H_3PO_4）(ρ=1.75g/cm^3) 5mL/L~7.5mL/L

对板材来说，浸泡时间通常是20min；对铸件来说，一般要1h。

22.15.1.2 方法P2——擦洗

用50g/L的铬酸水溶液擦洗工件，然后用干净的水冲洗（见5.5）。

22.15.2 蚀刻处理

22.15.2.1 方法P3——刷洗或喷淋蚀刻

对于不适合浸泡处理的工件，可以用含有高岭土和合适颜料的磷酸溶液进行刷洗或喷淋处理。溶液的游离酸度按附录D所述方法测定，其值应与质量分数6.0%~6.5%磷酸溶液的游离酸度相当。在处理铝板时，铝板应垂直放置，用刷涂（或喷涂）方法在铝板表面上涂一层磷酸膜，其膜重140g/m^2。在无气流的环境下，温度15℃~20℃，将铝板放置20min，让膜干燥。干膜很容易用水流或硬刷子去掉，去除膜后的铝板表面会有轻微的刻蚀。

22.15.2.2 方法P4——氢氧化钠蚀刻和除污处理

如果不需要抛光处理，则在阳极处理前要进行浸蚀和除污处理。

将带油污的铝合金浸入到如下溶液中：

氢氧化钠（NaOH） 25g/L~50g/L

庚酸钠或葡萄糖酸钠 0.75g/L~1.0g/L

为了获得较均匀、中等深度的蚀刻效果，溶液中游离的氢氧化钠的浓度不应低于25g/L，铝不应超过30g/L。如果氢氧化钠和铝的浓度达到了这两个数值，那么一定要将溶液替换掉。

溶液温度控制在60℃~65℃，反应非常剧烈，浸蚀时间通常为15s~1min。

当处理完的工件的光泽度、反射性变差时，则表明溶液接近老化。

在30%~50%体积分数的硝酸（ρ=1.42g/cm^3）溶液中浸泡除污。

对于硅含量高的铝合金，去污液中应加入10%的氢氟酸（质量分数40%的溶液，ρ=1.128g/cm^3）。如果高硅铸件的去污效果不满意，则阳极处理前对其进行蒸气脱脂处理。

注1：好的浸蚀效果是在氢氧化钠溶液浓度的上限得到的。

注2：如果将工件从除污槽转至水洗时无法避免延误，则可能发生变色。

注3：如果刻蚀和硝酸除污后采用普通水洗，那么工件可能会被腐蚀。

22.15.3 方法P5——化学抛光

95℃下，将工件浸入到如下溶液浸泡中2min：

磷酸（H_3PO_4）(ρ=1.75g/cm^3) 750mL/L

硫酸（H_2SO_4）(ρ=1.84g/cm^3) 200mL/L

硝酸（HNO_3）(ρ=1.42g/cm^3) 50mL/L

浸泡结束后，冲洗工件（见5.5），然后在30%体积分数的硝酸（ρ=1.42g/cm^3）或10g/L的铬酸酐（CrO_3）溶液中做进一步的清洗处理，最后再次冲洗工件（见5.5）。

由于分解作用而损失的硝酸应控制在其体积分数为5%~10%。由于带出造成的其他成分的损失可以通过添加原始成分来弥补。

警告——由于含氮废气的排放，因此需要适当的抽风设施。

22.15.4　方法 P6——电解增亮

这种方法适合用于超纯铝（质量分数 99.99%）和基于 99.99%纯铝的合金。

在 75℃～80℃下，施加一个 20V 直流电压，在如下溶液中阳极处理 20min：

碳酸钠（Na_2CO_3）　120g/L～200g/L

磷酸三钠（无水的）（Na_3PO_4）　25g/L～75g/L

然后冲洗工件（见 5.5），95℃下将工件浸入到如下溶液中浸泡 2min 以去除电解增亮过程中产生的薄膜：

磷酸（H_3PO_4）（$\rho=1.75g/cm^3$）　35mL/L

铬酐（CrO_3）　20g/L

22.15.5　方法 P7——电解抛光

这种方法不适用于硅含量超过 2%质量分数的铝合金。

在如下溶液中进行阳极处理，温度 70℃～80℃，电流密度约为 $2A/dm^2$，直流电压 12V～15V，时间约 2min～5min：

磷酸（H_3PO_4）（$\rho=1.75g/cm^3$）　400g/L～800g/L

硫酸（H_2SO_4）（$\rho=1.84g/cm^3$）　100g/L～200g/L

铬酸（CrO_3）　40g/L～100g/L

22.16　工艺 Q——铜及铜合金的清洗

22.16.1　方法 Q1——重铬酸盐/硫酸溶液清洗

室温下，将工件浸入重铬酸盐/硫酸中浸泡 2min，典型的溶液组成为：

重铬酸钠（$NaCr_2O_7 \cdot 2H_2O$）　200g/L

硫酸（H_2SO_4）（$\rho=1.84g/cm^3$）　40mL/L

22.16.2　方法 Q2——硫酸铁/硫酸溶液清洗

在 20℃～50℃下，将工件浸入到如下溶液中：

硫酸铁溶液［$Fe_2(SO_4)_3$］（含约 640g/L 硫酸铁）　150mL/L

硫酸（H_2SO_4）（$\rho=1.84g/cm^3$）　50mL/L

22.17　工艺 R——铜及铜合金的酸除垢、刻蚀、化学平滑和电解抛光

22.17.1　方法 R1——浸渍除垢

25℃～50℃下，在 100mL/L 的硫酸（H_2SO_4）（$\rho=1.84g/cm^3$）溶液中浸泡工件。

22.17.2　方法 R2——浸渍光亮

这种溶液对铜合金有较强的腐蚀，所以不推荐用于薄工件或紧密配合工件。

室温下将工件浸入到如下水溶液中：

硫酸（H_2SO_4）（$\rho=1.84g/cm^3$）　500mL/L

硝酸（HNO_3）（$\rho=1.42g/cm^3$）　250mL/L

氯化钠或盐酸　分别为 1g/L 或 1mL/L（可忽略）

浸泡 1min 后，冲洗工件（见 5.5）。

警告——由于处理过程会产生高毒性烟气，因此有效的排烟措施是非常必要的。

22.17.3　方法 R3——化学整平

室温下，按如下方法处理工件：

a）按工艺 A（方法 A1）和工艺 B（方法 B2）脱脂；

b）用冷水充分冲洗（见 5.5）；

c）浸入到含有如下成分的溶液中：

过氧化氢（H_2O_2） 33g/L~50g/L

（例如：100mL/L~150mL/L 质量分数 30%的过氧化氢溶液）

硫酸（H_2SO_4）（ρ=1.84g/cm^3） 1.3mL/L。

d）按 22.17.1（方法 R1）在稀释硫酸中浸泡工件 20s。

根据使用情况，所需处理时间从 15min 到 1h 不等。

金属的溶解速率取决于被处理的金属和溶液的温度，但大致是 13μm/h。如果持续使用此溶液，那么所溶解的铜可以通过离子交换树脂循环或其他合适的方法除去。

22.17.4 方法 R4——硝酸酸洗

室温下，在 15%~20%体积分数的硝酸（ρ=1.42g/cm^3）中浸泡工件 2min~5min。经过阴极碱性清洗的含氧铜工件应当进行最短时间的浸泡。

22.17.5 方法 R5——电解抛光

基于磷酸的各种溶液可以用于铜及铜合金的电解抛光。推荐使用 70%质量分数的正磷酸（ρ=1.75g/cm^3）的脂肪醇/水混合溶液来处理，铜作阴极，电流密度为 2A/dm^2~5A/dm^2，温度 20℃~25℃。

22.18 工艺 S——钛和钛合金的酸洗

22.18.1 概述

用方法 S1 或 S2 给出的规定成分的溶液浸泡工件。

22.18.2 方法 S1

氢氟酸（HF）（质量分数 40%的溶液，ρ=1.128g/cm^3） 40mL/L~50mL/L

硝酸（HNO_3）（ρ=1.42g/cm^3） 不少于 200mL/L

应在室温下使用此溶液，但温度应不超过 30℃。

22.18.3 方法 S2

氢氟酸（HF）（质量分数 40%的溶液，ρ=1.128g/cm^3） 不多于 120mL/L

硝酸（HNO_3）（ρ=1.42g/cm^3） 不少于 400mL/L

应在室温下使用此溶液，但温度应不超过 30℃。

先将工件浸入 22.19.4（方法 T3）规定的碱性高锰酸盐溶液中，可以提高除垢的效果。

22.19 工艺 T——镍及镍合金的酸洗、化学抛光和电解抛光

22.19.1 概述

用方法 T1~T5 给出的规定成分的溶液浸泡工件。

注：除非镍合金浸入加热的溶液中，否则方法 T1 和 T2 中用的溶液可能会优先腐蚀镍合金。

22.19.2 方法 T1

氢氟酸（HF）（质量分数 40%的溶液，ρ=1.128g/cm^3） 50mL/L

硝酸（HNO_3）（ρ=1.42g/cm^3） 不少于 200mL/L

在不超过 65℃的温度下使用此溶液。

22.19.3 方法 T2

氢氟酸（HF）（质量分数 40%的溶液，ρ=1.128g/cm^3） 125mL/L

硫酸铁 [$Fe_2(SO_4)_3 \cdot 6H_2O$] 250g/L

在 65℃~70℃下使用此溶液。

22.19.4 方法 T3

氢氧化钠 (NaOH) 200g/L

高锰酸钾 ($KMnO_4$) 150g/L

在 55℃以上的温度下，在钢槽中使用此溶液。

冲洗后，将工件浸入到酸溶液中，如体积分数 10%的硫酸，除去疏松的氧化物等物质。

22.19.5 方法 T4——化学抛光

冰醋酸 (CH_3COOH) 体积分数 50%

硝酸 (HNO_3)(ρ=1.42g/cm^3) 体积分数 30%

磷酸 (H_3PO_4)(ρ=1.75g/cm^3) 体积分数 10%

硫酸 (H_2SO_4)(ρ=1.84g/cm^3) 体积分数 10%

90℃下使用此溶液。

使用此溶液的最佳方法是将其装到不锈钢容器中，用玻璃珠（空心球）覆盖表面，然后将工件盛入不锈钢篮中，浸入溶液。浸泡 1min~3min 后，快速冲洗工件（见 5.5）。溶液中的镍以硫酸镍的形式析出。需要周期性地加入浓硫酸来维持溶液中硫酸的含量。

22.19.6 方法 T5——电解抛光

在体积分数 70%的硫酸（ρ=1.84g/cm^3）溶液中对工件进行阳极电解，室温，电流密度为 2.5A/dm^2，工件做阳极。

22.20 工艺 U——锡合金电镀前的准备

a）按工艺 A（方法 A1）用热的有机溶剂脱脂；

b）按工艺 B（方法 B2）用弱碱性清洗剂浸泡或电解清洗；

c）用流动的冷水冲洗（见 5.5）；

d）在体积分数 10%的盐酸（ρ=1.16g/cm^3）中浸泡约 2min（对于含铅的锡合金，用每升含约 100mL 质量分数 40%的氟硼酸溶液来代替本溶液）；

e）用流动的冷水冲洗（见 5.5）；

f）在氰化物溶液中电镀约 5μm 的铜；

g）用流动的冷水冲洗（见 5.5）；

h）按要求电镀所需要的金属。

22.21 工艺 V——金镀层表面污染物的去除

推荐方法：将工件浸入 1%~10%质量分数的柠檬酸三铵 [$(NH_4)_3C_6H_5O_7$] 中浸泡 5min~10min，温度 40℃~80℃，pH 值为 6.5。

这种方法也可以提高镀金工件的可焊性。

22.22 工艺 W——铝合金电镀前的准备

按如下操作顺序处理：

a）按工艺 A（方法 A1）脱脂，按工艺 B（方法 B2）清洗；

b）按工艺 1）或 2）进行酸洗：

1）温度不超过 40℃，在如下水溶液中浸泡 1min：

氢氟酸（HF）(质量分数40%的溶液，$\rho=1.128g/cm^3$） 约100mL/L

硝酸（HNO_3）($\rho=1.42g/cm^3$） 约100mL/L

处理效果不好时，更新溶液。

2）按工艺O在铬酸/硫酸溶液中处理。

注：就提高结合力而言，该处理方法可能会比工艺1）里用氢氟酸处理效果差，但由于其对材料的腐蚀性比较小，该方法可获得一个比较平整、干净的表面。

酸洗后，按工艺P（方法P4）进行碱浸蚀和去污处理。

c）充分冲洗（见5.5），并立即进行锌酸盐处理；

d）锌酸盐处理：

1）在500mL/L的硝酸（$\rho=1.422g/cm^3$）溶液中浸泡1min；

2）冲洗（见5.5）；

3）室温下，在如下溶液中浸泡3min：

氧化锌（ZnO） 约100g/L

氢氧化钠（NaOH） 约540g/L

4）冲洗（见5.5）；

5）重复1)~4)。

e）在锌酸盐膜上直接电镀一层铜底层（或其他金属）。

镀铜时，将工件转移至含有如下成分的酒石酸盐的镀铜溶液中，并在电流密度为$1A/dm^2$下电镀10min：

氰化钠（NaCN） 30g/L~45g/L

氰化铜［$Cu(CN)_2$］ 25g/L~35g/L

酒石酸钠钾（$KNaC_4H_4O_6\cdot 4H_2O$）(罗谢尔盐） 40g/L~60g/L

碳酸钠（Na_2CO_3） 25g/L~50g/L

保持槽液pH值在9.5~10.5（用一种电测技术），温度控制在35℃~45℃。工件浸入溶液前接通电流。

f）镀铜后，充分冲洗工件（见5.5），然后不需要干燥就立刻将工件转移至最后的电镀槽中。

22.23 工艺X——镍合金电镀前的准备

按13.1进行脱脂和清洗，接着按如下顺序操作：

a）室温下，在如下水溶液中刻蚀，最长时间为1min：

氯化铁（$FeCl_3$） 150g/L~200g/L

或六水合氯化铁（$FeCl_3\cdot 6H_2O$） 250g/L~330g/L

盐酸（HCl）($\rho=1.16g/cm^3$） 155mL/L~170mL/L

b）按如下方法进行冲击镀镍（镀铬前不需要）：

工件作阴极，镀液如下：

氯化镍（$NiCl_2\cdot 6H_2O$） 约300g/L~400g/L

盐酸（HCl）($\rho=1.16g/cm^3$） 约100mL/L

室温下，镍作阳极，阴极电流密度约$15A/dm^2$，时间不超过2min。

c）冲击镀镍后，充分冲洗工件（见5.5），然后转移至最后的电镀槽中。

对于已镀镍的表面，应将其作为阳极，在新鲜的30%质量分数的硫酸（$\rho = 1.84\ g/cm^3$）溶液中电解5min，室温，电流密度为$22A/dm^2$。高电流密度处理后，将工件作阴极，用反向电流处理2s，从溶液中取出工件，充分冲洗（见5.5）并转移至最后镀液中。

22.24　工艺Y——钛合金电镀前的准备

22.24.1　方法Y1——钛合金的常用处理方法

本方法适用于某些钛合金电镀前的准备，例如Ti-2Cu，Ti-4Al-4Mn，Ti-5Al-2.5Sn，Ti-2.5Al-11Sn-4Mo和Ti-3Al-11Cr-13V。

a）按工艺A（方法A1或A2）和工艺B（方法B2，不需电流）（见14.1）脱脂。

b）用含如下成分的水溶液浸湿的浮石粉进行擦洗：

氢氧化钠（NaOH）	约50g/L
碳酸钠（Na_2CO_3）	约50g/L

擦洗后，冲洗（见5.5）并沥干多余水分。

c）约30℃下，在浓分析纯盐酸（$\rho = 1.16g/cm^3$）试剂中浸蚀。对于某些合金，加入0.05g/L的氯铂酸［$H_2(PtCl_6)$］可以提高镀层的附着力。最佳浸泡时间取决于合金的组成，约10min～2h。如果溶液保持在沸点，则浸泡约5min即可。

d）将工件快速转移到50g/L酒石酸钾钠溶液中漂洗。室温下使用，并适当搅拌工件。

e）室温下，立即将工件转移到酒石酸盐的镀铜溶液中：

硫酸铜（$CuSO_4 \cdot 5H_2O$）	约60g/L
酒石酸钾钠（$KNaC_4H_4O_6 \cdot 4H_2O$）	约160g/L
氢氧化钠（NaOH）	约50g/L

以$0.4A/dm^2$的电流电镀5min。工件浸入槽液前接通电流。

f）用如下两种溶液中的一种漂洗：

——如果随后在酸性镀液（例如：镍或铬）中电镀，则用稀硫酸（大约1%体积分数的溶液）漂洗；

——如果随后在氰化物溶液中电镀（如：银），则用大约5%的氰化钠或氰化钾（以单位体积的溶液中氰化物的质量表示）中漂洗。

可在薄铜底镀层上采用传统方法进行下一步电镀。为了获得最大的结合力，最后一道电镀工序后，需要将工件在450℃下热处理1h。

不推荐较厚的铜底镀层，因为后续的热处理会在铜和钛合金之间形成易脆的金属间化合物。

22.24.2　方法Y2——钛和特定钛合金的处理方法

这种方法适用于商品纯钛以及Ti-6Al-4V、Ti-4Al-4Mn、Ti-3Al-11Cr-13V和Ti-2Cu，不适用于Ti-4Al-2Sn-0.5Si或Ti-4Al-4Mo-4Sn-0.5Si。

a）按工艺A（方法A1或A2）和工艺B（方法B2，无须外加电流）（见14.1）脱脂。

b）将工件浸入盐酸（$\rho = 1.16g/cm^3$）中，90℃～110℃下浸泡5min，或室温下浸泡约1h，接着在流动的冷水中冲洗（见5.5）。

c）转移至由如下成分组成的冲击镀镍溶液中：

氯化镍（$NiCl_2 \cdot 6H_2O$） 150g/L~250g/L

盐酸（HCl）（$\rho=1.16g/cm^3$） 75g/L~125g/L

室温下，镍作阳极，阴极电流密度 $2.5A/dm^2$~$2.9A/dm^2$。如果冲击镀镍作为后续电镀的底层，则冲击镀层最小厚度为 1μm。

d）用流动的冷水冲洗（见 5.5）。

e）电镀合适的金属。

22.24.3 方法 Y3——化学刻蚀

这种方法适用于商品纯钛以及 Ti-6Al-4V、Ti-4Al-4Mn、Ti-3Al-11Cr-13V、Ti-5Al-2.5Sn 和 Ti-4Al-4Mo-2Sn-0.5Si。

a）按工艺 A（方法 A1 或 A2）和工艺 B（方法 B2，无须外加电流）（见 14.1）脱脂。

b）室温下，按工艺 S［方法 S1（轻微刻蚀）或方法 S2（深度刻蚀）］，在氢氟酸/硝酸溶液中刻蚀 5min。溶液温度不超过 30℃。

c）用流动的冷水冲洗（见 5.5）。

d）用如下两种溶液中的一种冲洗：

——如果接下来要电镀铜、镍或铬，则用稀硫酸（1%~2%体积分数的溶液）冲洗；

——如果要电镀其他任何一种金属，则用稀盐酸（2%~5%体积分数的溶液）冲洗。

如果要电镀铜、铬或镍以外的金属，则冲击镀镍层最小厚度为 1μm。

e）电镀所需要的金属。

22.25 工艺 Z——锌和锌合金电镀前的准备

22.25.1 方法 Z1

a）按工艺 A（方法 A1）和工艺 B（方法 B1）脱脂，接着水冲洗。

b）浸入体积分数为 0.5%~5%的硫酸溶液或质量分数为 1%的氢氟酸溶液中，然后立即用干净的水冲洗（见 5.5），以除去所有的酸迹。酸浸时间不应超过 1min，否则会失去光泽。

c）浸入含有 50g/L~55g/L 的氰化钾溶液中，接着用流动的冷水冲洗（见 5.5）。

d）氰化物溶液中电沉积一层最小厚度为 5μm 的铜镀层。工件浸入镀液前接通电流。

e）用流动的冷水冲洗（见 5.5）。

f）可立即电镀其他金属。

22.25.2 方法 Z2

a）按工艺 A（方法 A1）和工艺 B（方法 B1）脱脂。

b）用流动的冷水冲洗（见 5.5）。

c）在如下溶液中浸泡 30s~2min：

硫酸氢钠（$NaHSO_4$） 质量分数 90%

氟化钠（NaF） 质量分数 10%

d）浸入到含有 50g/L~55g/L 的氰化钾溶液中。

e）用流动的冷水冲洗（见 5.5）。

f）氰化物溶液中电沉积一层最小厚度为 5μm 的铜镀层。工件浸入镀液前接通电流。

g）用流动的冷水冲洗（见 5.5）。

h）可立即电沉积其他金属。

附　录　A
（资料性附录）
有机溶剂和蒸气脱脂槽液的维护

A.1　概述

有机溶剂浸泡或蒸气脱脂的槽液需要有规律的维护，以确保获得满意的清洁效果。

A.2　溶剂槽液

A.2.1　随着使用，槽液会被严重污染，因此处理效率会下降。根据使用情况，有必要相隔一定时间用干净的溶剂替换已被污染的溶剂。

A.2.2　对于污垢严重的工件，好的做法是用两个槽进行清洗，一个槽用来除去大量的油脂等污染物，第二个槽用来彻底清洗。当第一个槽液被严重污染时，应当将被污染的槽液换掉。污染比较轻微的第二个槽液可以用来做第一道清洗，再用干净的溶剂作为第二个清洗槽液。

A.2.3　应根据实际使用情况倒掉或再生用过的溶剂。如果要对溶剂进行再生，则要进行一些检测，以确保溶剂没有恶化（例如，因分解产物导致酸度的提高）或缓蚀剂没有减少。

A.3　蒸气脱脂

成功的操作主要取决于以下因素：

a）保持槽中溶剂在一个恰当的水平面。

b）以足够频繁的时间间隔对溶剂进行重蒸馏，以防止油、脂的积累。可溶的和不可溶的污染物都会在槽中积累。不可溶的物质可能会阻隔加热元件，结果会导致局部过热。可溶物质会提高溶剂的沸点，导致温度会逐步上升。对于三氯乙烯和四氯乙烯来说，温度分别高于120℃和160℃将会导致溶剂分解，致使溶剂呈酸性，所以应该避免温度过高。

c）尽早将固体物质从槽中除去。

d）溶剂接触的所有内表面特别是加热器表面保持清洁、无沉积物。

e）确保溶剂无酸（见附录B）。

f）除去水和水蒸气，以确保其不会接触到溶剂或溶剂蒸气。

附　录　B
（规范性附录）
蒸气清洗槽液酸度的控制

B.1　蒸气脱脂所用的氯化溶剂含有添加剂，使用过程中添加剂会吸附溶剂分解产生的酸。了解已用溶剂中剩余添加剂的吸附能力，可以判断何时替换溶剂。

B.2　已有市售的测试设备，适合不太熟练的操作者使用。这种测试设备测量近似的酸度值，以评估溶剂的使用寿命，而无需将溶剂取至实验室进行测试。这种测试设备的供应商的名称和地址可以从溶剂提供商那里获得。

附　录　C
（规范性附录）
硫酸中易氧化物质的测定

将15mL浓硫酸（$\rho=1.84g/cm^3$）小心地加入到60mL水中，冷却后，加入0.10mL含有3.3g/L的高锰酸钾溶液，搅拌。粉红色持续5min，表明硫酸中含有易氧化物质质量分数不超过$11\times10^{-4}\%$，以二氧化硫计算。

附 录 D

（资料性附录）

游离酸度的测量方法

称取25g±0.1g溶液，移到100mL量筒中，加水至100mL并混合。塞住量筒口并静置2h，然后过滤。取滤液50mL，以甲基橙作指示剂，用1mol/L的氢氧化钠滴定滤液。以质量分数2%的磷酸二氢钠（$NaH_2PO_4 \cdot H_2O$）中甲基橙的颜色，作为滴定终点。

1mL的1mol/L NaOH溶液相当于0.098g的H_3PO_4。

附 录 E

（规范性附录）

根据钢的抗拉强度选择镀锌工件铬转化前的清洗方法

下文选自GB/T 34626.1—2017的条款7.1.1~7.1.3。

7.1.1 清洁方法的选择

7.1.2和7.1.3的要求规定了抗拉强度大于等于1000MPa的钢铁的清洗方法的选择，其目的是为避免工件在阴极或酸处理过程中由于氢的吸附而变脆。通常来说，标准给出的方法同时适用于钢和铁。然而，在酸溶液中处理铸铁时，容易在石墨的周围进行优先侵蚀，特别是在片状石墨周围，因为片状石墨是彼此分开的，其间形成的小孔可能会存储处理溶液，进而导致污染或腐蚀的产生。

7.1.2 消除应力的热处理

抗拉强度大于或等于1000MPa，经过打磨处理或在最后一道退火处理后要进行重机加工的钢构件，应该按GB/T 19349或买方的要求消除应力。任何消除应力的处理都应在脱脂（工艺A）之后和容易使工件变脆的工艺之前进行（见7.1.1）。采用喷丸或冷加工使工件表面的任一部分获得有益压力时，工件的加热温度不应超过230℃。

7.1.3 常规的脱脂和清洗

7.1.3.1 抗拉强度小于1000MPa的钢铁

按工艺A（方法A1或A2）和工艺B（方法B1、B2或B3）进行脱脂，然后从工艺D到L中选择适当的后续清洗工艺。

7.1.3.2 抗拉强度1000MPa到1400MPa的钢铁

不准许对钢铁进行任何形式的电解清洗。按工艺A（方法A1或A2）和工艺B（方法B1、B2或B3）进行脱脂，然后从工艺D、F、H和K中选择适当的后续清洗工艺。

7.1.3.3 抗拉强度1400MPa到1800MPa的钢铁

按工艺A（方法A1或A2）和工艺B（方法B1、B2或B3）进行脱脂。必要时，可外加阳极电流，也可进行碱除锈（方法K1）。阴极或交流电都不能用于这些钢铁的处理。

为了达到清洗的目的，可采用研磨清理（工艺D）和硫酸溶液阳极清洗（工艺H）。如果需要用电解除锈，则应用碱液作电解质并施加阳极电流。

7.1.3.4 抗拉强度 1800MPa 以上的钢铁

按工艺 A（方法 A1 或 A2）和工艺 B（方法 B1）进行脱脂。为达到清洁的目的，可采用金刚石喷砂工艺 D（方法 D1）或硫酸溶液阳极清洗（工艺 H）。

研磨清理，特别是粗喷砂，表面很容易被腐蚀。因此，应该立即进行下一步处理。

如果用硫酸清洗代替工艺 D，工件浸入溶液前，应使工件接通电源并施加电流，处理后，切断电流前要快速地将工件取出，并立即冲洗（见 5.5）。用于配制溶液的硫酸含易氧化物质的质量分数应不超过 11×10^{-4}%，以二氧化硫计算，其测量方法见附录 C。这种预防措施是必要的，因为酸里面含有的低价态的硫、磷和砷化合物在冲洗的时候会促进氢的吸附。

工艺 H 和电解除锈不应用于抗拉强度大于或等于 1800MPa 的钢铁的处理。对于这些钢铁，为了防止发生氢脆的风险，只能在工艺 A 和（或）工艺 B 之后采用研磨清洗（工艺 D）。对抗拉强度在 1000MPa 以上的钢铁，进行电解除锈时，不应使用阴极电流或交流电。

附 录 F
（资料性附录）
方法 M4

本方法选自 GB/T 34626.1—2017 的 10.12.4。

10.12.4 方法 M4——耐蚀钢电镀前的准备

考虑附录 E 的因素，选用如下所述方法（冲击镀镍）之一处理工件：

a）阳极清洗（工艺 H）工件，然后进行阴极处理 5min，阳极为镍或铅，电流密度为 $16A/dm^2$~$22A/dm^2$，温度控制在 35℃~40℃，所用溶液如下：

硫酸镍（$NiSO_4\cdot6H_2O$）	约 225g/L
硫酸（H_2SO_4）($\rho=1.84g/cm^3$)	约 27mL/L

b）工件做阳极，在下面的近似成分的水溶液中处理不超过 2min，然后工件做阴极，逆向电流处理 6min，温度控制在室温，电流密度控制在 $3A/dm^2$：

氯化镍（$NiCl_2\cdot6H_2O$）	240g/L
盐酸（HCl）($\rho=1.16g/cm^3$)	85mL/L

使用去极化的镍电极。

c）当逆向电流不可实行时，可以在无外加电流的溶液中浸泡 15min 替代上述方法 b）短时间阳极处理，然后再用工件做阴极处理 6min。

可以用各自独立的槽液分别对工件进行阳极处理（或浸泡）和阴极处理。

经过 a）、b）或 c）处理后，冲洗工件，并将其转移到最后的电镀槽中。

第二章　覆盖层厚度测量

第一节　金属和其他非有机覆盖层　关于厚度测量的定义和一般规则

一、概论

覆盖层厚度是衡量镀/涂覆层质量的重要指标之一，直接关系着被镀/涂覆零件的服役或使用行为。对于有几何尺寸要求或公差配合要求的零件，准确的覆盖层厚度是零件所必需的要求。另外，覆盖层厚度还直接影响零件的腐蚀防护性能、内应力、耐磨性以及使用寿命等。覆盖层过薄，不能满足零件表面物理、化学和力学性能指标的要求，易引起零件的早期失效；覆盖层过厚，不仅会增加原料的耗费，还会影响零件的公差配合和内应力。因此，合适的覆盖层厚度、准确的厚度检测及控制方法是保证零件具有良好使用性能的基本要求。

厚度测量是利用适合的方法和设备测得镀/涂覆零件表面覆盖层厚度。镀/涂工艺的特性和零件的几何外形往往决定了零件表面覆盖层厚度是不均匀的，比如，电镀的高电流密度端和低电流密度端的厚度是有差异的，因此对镀/涂覆零件进行厚度测量，首先要确定厚度测量的部位。一般厚度测量都是在主要表面上进行，因为零件主要表面的覆盖层对其使用性能及外观是至关重要的，主要表面上的覆盖层厚度必须符合规定要求。

覆盖层厚度测量方法按测厚原理可分为物理法、化学法和机械法，这些方法又通常分破坏法和非破坏法。为了使各种厚度测量的应用有一共同语言，并能准确理解厚度测量技术，对其术语和一般规则做适当定义或界定实属必要。GB/T 12334—2001《金属和其他非有机覆盖层　关于厚度测量的定义和一般规则》等同采用 ISO 2064：1996《金属和其他非有机覆盖层　关于厚度测量的定义和一般规则》。该标准是对 GB/T 12334—1990 的修订，于 2001 年 12 月 17 日发布，2002 年 6 月 1 日实施。

二、标准主要特点与应用说明

该标准规定了任何基体上的金属和其他非有机覆盖层厚度测量的有关术语，以及测量覆盖层最小厚度所要遵循的一般规则。

该标准对主要表面、测量面、参比面、局部厚度、最小局部厚度、最大局部厚度、平均厚度等厚度测定的相关术语进行了定义。测量方法不同时，所定义的测量面也不同。分析法的测量面为退除覆盖层的区域，阳极溶解法的测量面为电解池封闭环所包围的区域，显微镜法的测量面为在规定放大倍数下的视场区域，无损法的测量面为与探头接触的区域或影响读数的区域。

该标准提出了局部厚度测量和平均厚度测量的要求。主要表面小于 1cm^2 的试件用于局部厚度测量时，参比面应当是试件的整个主要表面；主要表面大于 1cm^2 的试件的局部厚度

测量应在 $1cm^2$ 内进行。采用显微镜法进行局部厚度测量时，应至少沿规定的显微截面长度做5个散布点的测量。采用质量损失法测量平均厚度时，选择的测量面应足够大，若镀/涂覆件的主要表面小于必需的最小测量面积时，应选择多个试件同时测量；若镀/涂覆件的主要表面仅略大于必需的最小测量面积时，则在该件上的一次测量应视为该件的平均厚度，至少测量两件；若镀/涂覆件的主要表面明显大于必需的最小测量面积时，则应在主要表面上分散做规定次数的重复测量，分别记录测量结果。

三、标准内容（GB/T 12334—2001）

金属和其他非有机覆盖层　关于厚度测量的定义和一般规则

1　适用范围

本标准规定了任何基体上的金属和其他非有机覆盖层厚度测量的有关术语，并规定了测量覆盖层最小厚度所要遵循的一些一般规则。

本标准适用于任何基体上的金属和其他非有机覆盖层的厚度测量。

2　引用标准

下列标准所包含的条文，通过在本标准中引用而构成为本标准的条文。本标准出版时，所示版本均为有效。所有标准都会被修订，使用本标准的各方应探讨使用下列标准最新版本的可能性。

GB/T 4955—1997　金属覆盖层　覆盖层厚度测量　阳极溶解库仑法（idt ISO 2177：1985）

GB/T 6462—1986　金属和氧化物覆盖层　横断面厚度显微镜测量方法（eqv ISO 1463：1982）

3　定义

本标准采用下列定义。

3.1　主要表面　significant surface

工件上某些已涂覆或待涂覆覆盖层的表面，在该表面上覆盖层对其使用性能和（或）外观是至关重要的；该表面上的覆盖层必须符合所有规定要求。

3.2　测量面　measuring area

作单次测量的主要表面区域。

以下为各种测量方法所定义的测量面：

a）分析法的测量面为退除覆盖层的区域；

b）阳极溶解法的测量面为电解池封闭环所包围的区域；

c）显微镜法的测量面为在规定放大倍数下的视场区域（见 GB/T 6462）；

d）无损法的测量面为与探头接触的区域或影响读数的区域（见引言）；

3.3　参比面　reference area

要求作规定次数单次测量的区域。

3.4　局部厚度　local thickness

在参比面内进行的规定次数厚度测量的平均值（也见引言）。

3.5 最小局部厚度 minimum local thickness

在单个工件的主要表面所测得的局部厚度的最小值（也见引言）。

3.6 最大局部厚度 maximum local thickness

在单个工件的主要表面所测得的局部厚度的最大值。

3.7 平均厚度 average thickness

采用分析法（见5.1）得到的值，或者是采用在主要表面上均匀散布地进行规定次数的局部厚度测量得到的平均值（见5.2）。

注：大批涂覆件的产品规范可能要求测量一槽产品覆盖层的平均厚度值。在这种情况下必须知道标准差，以便能估计出低于平均厚度值的批量的比例。

4 局部厚度的测量

平均厚度测量通常在总表面积有限的若干小件上进行。

4.1 主要表面小于1cm^{2}的试件

用于测量局部厚度的正常参比面应当是试件的整个主要表面。在此参比面内进行的单次测量次数，应由供需双方商定。在特殊情况下可取一些较小的参比面，但供需双方应对参比面的大小、数量和位置协商一致。

4.2 主要表面大于1cm^{2}的试件

局部厚度应在约为1cm^{2}的参比面内进行测量（可能时用边长为1cm的正方形）。在此参比面内至多可取5个散布的测点（具体数取决于所用的测量方法）。实际测量次数应由供需双方商定。

4.3 显微镜法

采用GB/T 6462所规定的显微镜法测量时，至少应当沿规定的显微截面长度[1)]做5个散布点的测量。

5 平均厚度的测量

5.1 分析法

采用质量损失法测量平均厚度时，选择的测量面应当足够大，以便能用称重法充分准确地测量质量损失。

如果涂覆件的主要表面小于必需的最小测量面积，则应选择数个试件以便能提供一次测量所要求的测量面积。而且测量结果应视为平均厚度。

如果涂覆件的主要表面的面积仅略大于必需的最小测量面积，则在该件上的一次测量应视为该件的平均厚度。至少应测量两个试件以证明测量精度。

如果涂覆件的主要表面明显大于必需的最小测量面积，则应在主要表面上分散做规定次数的重复测量，并分别记录测量结果。

5.2 其他方法

如果涂覆件的主要表面的面积仅略大于测量局部厚度（见第4章）的参比面，则应当将局部厚度值作为平均厚度。

如果涂覆件的主要表面的面积明显地大于测量局部厚度（见第4章）的参比面，则应当将散布于主要表面上的3~5个局部厚度测量值的平均值作为平均厚度。

1）对于电镀层，此长度宜定为5mm；但对于厚度均匀的覆盖层，如阳极氧化膜，此长度可以为20mm。

第二节　金属和其他无机覆盖层　厚度测量方法评述

一、概论

1. 厚度测量方法的分类

测量覆盖层厚度的方法通常分为非破坏法和破坏法。非破坏法即测厚时不破坏覆盖层和基体的完整性，是通过检测覆盖层物理性质等相关数据，根据其与厚度的关系确定覆盖层厚度。常用的非破坏性测量方法有磁性法、涡流法、X 射线光谱法、β 射线反向散射法和分光束显微法（见表 2.2-1）。破坏法测厚时，需要对覆盖层和基体进行破坏或仅破坏覆盖层部分，常用的破坏性测量方法有光学显微镜法、轮廓仪法、扫描电子显微镜法、裴索多光束干涉法和溶解法等（见表 2.2-2）。

表 2.2-1　非破坏性厚度测量方法

测量方法	测量原理	适用范围	测量不确定度	测量标准
磁性法	测量磁引力变化或磁阻	磁性基体上非磁性覆盖层，磁性或非磁性基体上电镀镍层厚度	小于厚度的 10% 或 1.5μm，取其中较大值	GB/T 4956 ISO 2178 GB/T 13744 ISO 2361
涡流法	覆盖层与基体之间电导率的差异	非磁性金属基体上非导电覆盖层，非导体上单层金属覆盖层的厚度	小于厚度的 10% 或 0.5μm，取其中较大值	GB/T 4957 ISO 2360
X 射线光谱法	X 射线二次辐射具有该材料的特性，二次辐射强度与单位面积质量有关	适用于面积小、镀层薄、形状复杂的样品	小于厚度的 10%	GB/T 16921 ISO 3497
β 射线反向散射法	利用 β 射线背散射强度来计算覆盖层单位面积质量	适用于覆盖层与基体的原子序数相差一个适当的数值	小于厚度的 10%	GB/T 20018 ISO 3543
分光束显微镜法	分光束距离与覆盖层厚度成正比	可测量透明和半透明覆盖层，如铝合金阳极氧化膜，但不适用硬、非常薄（<2μm）、非常厚（>100μm）以及粗糙的覆盖层	小于厚度的 10%	GB/T 8014.3 ISO 2128

表 2.2-2　破坏性厚度测量方法

测量方法	测量原理	适用范围	测量不确定度	测量标准
光学显微镜法	从待测件上切割一块试样，镶嵌后，对横断面进行研磨、抛光和浸蚀，用校准过的标尺测量覆盖层	金属覆盖层、氧化膜层、釉瓷或玻璃搪瓷覆盖层的局部厚度	小于厚度的 10% 或 1.0μm，取其中较大值（厚度大于 25μm 时，不确定度小于 5%）	GB/T 6462 ISO 1463
轮廓仪法	溶解一部分覆盖层或在镀覆之前掩盖一部分基体以形成一台阶，用轮廓仪记录台阶的高度	适用于测量平表面上厚度 0.01μm ~ 1000μm 的金属覆盖层	小于厚度的 10% 或 0.005μm，取其中较大值	GB/T 11378 ISO 4518

（续）

测量方法	测量原理	适用范围	测量不确定度	测量标准
扫描电子显微镜法	将金相试样，放入扫描电子显微镜中进行检测	金属试样横截面局部厚度	小于厚度的 10% 或 0.1μm，取其中较大值	GB/T 31563 ISO 9220
裴索多光束干涉法	制备覆盖层表面到基体台阶，用多光束干涉法测量台阶的高度	适用于测量很薄的不透明的金属覆盖层的厚度，不适用于搪瓷层测量	±0.001μm	ISO 3868
溶解法-库仑法	试样为阳极，用适当的电解液从精确限定的面积上溶解覆盖层，通过所消耗的电量测定覆盖层厚度	导电性覆盖层，最佳厚度范围 0.2μm～50μm	小于厚度的 10%	GB/T 4955 ISO 2177
溶解法-重量法	覆盖层质量除以覆盖层密度和面积得到覆盖层厚度	不能测量小面积上的薄覆盖层	小于厚度的 10%	GB/T 20017 ISO 10111
溶解法-重量（分析）法	采用化学分析法测定溶解的覆盖层金属的含量来确定覆盖层质量，通过计算得到覆盖层厚度	不能测覆盖层和底层或基体金属中存在相同金属的覆盖层厚度	在很大的厚度范围内一般小于 5%	GB/T 20017 ISO 10111

2. 厚度测量方法的选择

在实际应用中，选择哪种厚度测量方法取决于基体和覆盖层的性质、厚度、应用要求和零件的几何外形等，同时结合各种方法的特点以及适用范围，遵循准确、快捷、方便的原则，选择合适的仪器和测量方法。

1）根据基体和覆盖层的性质选择。基体和覆盖层的材质和物理性质不同，其测厚的方法不同。基体和覆盖层的组合是厚度选择的关键。相同基体上的不同覆盖层，或不同基体上的同一覆盖层，采用的测厚方法不同。

2）根据厚度选择。测厚时还要考虑覆盖层的厚度范围。不同的测厚方法和设备都有适合的厚度范围，这与方法原理和设备精度、配置有关。

3）根据应用要求选择。在满足测量精度、具备相应设备的条件下，尽可能采用非破坏性测厚方法。当必须采取破坏性测厚方法时，检测部位和取样方法应执行相关标准。

4）仲裁检测。在需要对覆盖层厚度进行仲裁时，在厚度范围适合的前提下，通常采用金相方法。

将现有的、成熟的覆盖层厚度测量方法以标准化的方式进行评述，有助于这些方法的准确应用。GB/T 6463—2005《金属和其他无机覆盖层　厚度测量方法评述》正是基于此目的制定的。

GB/T 6463—2005 等同采用 ISO 3882：2003《金属和其他无机覆盖层　厚度测量方法评述》。该标准是对 GB/T 6463—1986 的修订，于 2005 年 6 月 23 日发布，2005 年 12 月 1 日实施。

二、标准主要特点与应用说明

1. 标准的主要特点

该标准概述了测量覆盖层厚度的各种方法，并叙述了它们的工作原理，介绍了不同方法的工作原理、测量不确定度以及某些仪器测量方法的适用范围。

该标准将厚度测量方法分为非破坏性测量方法和破坏性测量方法来评述，分别列举了磁性法、涡流法、X 射线光谱法、β 射线反向散射法和双光束显微镜法 5 种非破坏性测量方法和光学显微镜法、轮廓仪法、扫描电子显微镜法、裴索多光束干涉法和溶解法 5 种破坏性测量方法。该标准概述了这些方法的测厚原理和适用范围，有助于使用者理解并根据需要选择适合的厚度测量方法。

2. 标准的应用说明

该标准可以作为选择金属和其他无机覆盖层厚度测量方法的依据。标准列出的方法只包括国家标准或国际标准中规定的一些测量方法，不包括某些特殊情况下使用的方法。其中分光束显微法测量标准 GB/T 8015.2 已被 GB/T 8014.3 代替。

该标准仅提出了覆盖层厚度测量的典型仪器的适用范围的一般性指导，每种方法的使用应根据仪器与覆盖层和基体厚度的不同而改变，须参考已制定的相关标准。

该标准提出了覆盖层厚度测量仪器的典型厚度范围，但实际的范围取决于试样的基体材料、覆盖层材料、形状、尺寸和仪器的制作与型号等因素，厚度范围值往往由于测量技术和仪器的改进而扩宽，任何一台仪器都不可能包括各类仪器所测出的全部范围值。

三、标准内容（GB/T 6463—2005）

金属和其他无机覆盖层　厚度测量方法评述

1　范围

本标准评述了金属和非金属基体上的金属和其他无机覆盖层厚度的测量方法（见表 1、表 2、表 3）。这些方法仅限于在国家标准中已经规定或待规定的试验，不包括某些特殊用途的试验。

表 1　覆盖层厚度测量方法

非破坏法	破坏法
双光束显微镜(光切)法(GB/T 8015.2①)	显微镜(光学)法(GB/T 6462)
磁性法(GB/T 4956 和 GB/T 13744)	裴索多光束干涉法(ISO 3868②)
涡流法(GB/T 4957)	轮廓仪(触针)法(GB/T 11378②)
X 射线光谱方法(GB/T 16921)	扫描电子显微镜法(ISO 9220)
β 射线反向散射法(ISO 3543)	溶解法:重量(剥离和称重)法和重量(分析)法(ISO 10111)、库仑法(GB/T 4955)

① 在某些应用中可能是破坏的。

② 在某些应用中可能是非破坏的。

表 2 覆盖层厚度测量的典型仪器的适用范围

基体	覆盖层																	
	铝及其合金	银	阳极氧化	金	镉	铬	铜	镍（非催化）	自催化镍	非金属	铅	钯	铑	锡	锡-镍	锡-铅	瓷釉和搪瓷	锌
铝及其合金	—	BCX	E	BCX	BCX	BCXE	BCX	BCXM①②	BC③E①③X③④	E	BCX	BX	BX④	BCX	BCX	B⑤XC⑤	E	BCX
银	BX⑥C	—	X	BCX	CX	BCXE	BCX	BCXM①②	BC③④XE	BEX④	BCX	X④	X	CX	X	B⑤X	EX④	BCX
铜及其合金	BX⑥	BCX	E	BCX	BCX	BCXE	C⑦X	CXM①②	C③E①X④	BEX④	BCX	BX	BX	BCX	CX	B⑤XC④	EX④	CX
镁及其合金	BX⑥	BX	E	BX	BX	BX	BX	BXM①②	BX③E①③	E	BX	BX	BX	BX	X	B⑤X	E	BX
镍	BXM⑥	BCXM⑥	B	BCXM⑥	BCXM⑥	BCXM⑥	CXM⑥	S	—	M⑥X④	BCXM⑥	BXM⑥	BXM⑥	BCXM⑥	XM⑥	B⑤C⑤XM⑥	M⑥X④	CXM⑥
镍-钴-铁	BMX④⑥	BMCX	X	BCMX	BCMX	CMX	CMX	CX④	CX④M①	BMX④	BCMX	BMX	BMX	BMCX	X	BMXC⑤	X④M	MCX
非金属	BEX	BCXE⑧	—	BCXE⑧	BCXE⑧	BCXE⑧	BCXE⑧	BCXM①②	BC③X⑧E①③	—	BCXE⑧	BXE⑧	BXE⑧	BCXE⑧	XE⑧	B⑤C⑤XE⑧	—	BCXE⑧
磁性钢	BMX⑥	BCMX	X	BCMX	BCMX	CMX③	CMX	CXM①②	C③MX④	BEMX④	BCMX	BMX	BMX	BCMX	X	B⑤MXC⑤	MX④	BCMX
非磁性钢	BX⑥	BCXE⑧	X	BCXE⑧	BCX	CX⑨	CXE⑧	CXM①②	C③X③④	BEX④	BCX	BX	BX	BCX	XC	B⑤XC⑤	EX④	BCX
钛	B④X⑥	BCXE⑧	X	BCXE⑧	BCX	CX	BCXE⑧	BCXM①②	BC③X④	BE	BX	BX	BX	BCX	—	B⑤CX	X④	BCX
锌及其合金	BX⑥	BCX	X	BX	BX	CX	CX	CXM①②	CX③④	BEX④	BX	BX	BX	BCX	—	B⑤X	E⑤X④	—

表中的方法表示如下：

B＝β 射线反向散射法，ISO 3543；

C＝库仑法，GB/T 4955；

E＝涡流法，GB/T 4957；

M＝磁性法/电磁感应，GB/T 4956；

S＝阶梯法；

X＝X 射线光谱法，GB/T 16921。

注：1. 此表只提供一般性的指导，每种方法的使用应根据仪器与其他像覆盖层和基体厚度的不同而改变，对这些方法的细节，须参考已制定的相关标准。

2. 金属和非金属覆盖层的厚度，可用显微镜法（GB/T 6462）和扫描电子显微镜法（ISO 9220）测定，对重量法（ISO 10111）、干涉法（ISO 3868）、轮廓法（GB/T 11378）和双光束显微镜法（GB/T 8015.2）也适用。每种方法的测定应注意本标准与相关标准的适当条款。

① 此方法对覆盖层磁导率的变化是敏感的。

② 磁性法测厚仪可用于一些镍层厚度的测量。

③ 此方法对覆盖层中的磷/硼含量的变化是敏感的。

④ 方法可行但比规定的测量误差大。

⑤ 此方法对合金成分是敏感的。

⑥ 具有足够厚的基体。

⑦ 仅在铜锌、铜铍、铜锡铝上。

⑧ 此方法对覆盖层电导率的变化是敏感的。

⑨ 不对铬钢。

表 3　覆盖层厚度测量仪的典型厚度范围

仪器类型	典型厚度范围①②/μm	有关标准
磁性法(用于钢铁上非磁性覆盖层)	5~7500	GB/T 4956
磁性法(用于镍覆盖层)	1~125	GB/T 13744
涡流法	5~2000	GB/T 4957
X 射线光谱法	0.25~25	GB/T 16921
β 射线反向散射法	0.1~1000	ISO 3543
双光束显微镜法	2~100	GB/T 8015.2
库仑法	0.25~100	GB/T 4955
显微镜法	4~数百	GB/T 6462
轮廓仪法	0.002~100	GB/T 11378
扫描电子显微镜法	1~数百	ISO 9220

注：1. 规定的厚度范围代表以下情况：

——市场出售的标准型号仪器；

——使用大的、平的和光滑的试样；

——采用普通电镀、自催化镀、阳极氧化或搪瓷的覆盖层；

——小心细致的操作。

实际范围值取决于试样的基体材料、覆盖层材料、形状、尺寸和仪器的制作与型号等因素，已规定的范围值常常由于测量技术和仪器的改进而扩宽，任何一台仪器都不可能包括各类仪器所测出的全部范围值。

2. 通常，当厚度在范围值下限的 1/10 时，其测量不确定度大约可达 100%，因此显微镜法的测量不确定度为 4μm 的 1/10，即 0.4μm。

① 表中的数值是由仪器制造厂提供的。

② 厚度范围含有小于厚度 10%的不确定度。

2　规范性引用文件

下列文件中的条款通过本标准的引用而成为本标准的条款。凡是注日期的引用文件，其随后所有的修改单（不包括勘误的内容）或修订版均不适用于本标准，然而，鼓励根据本标准达成协议的各方研究是否可使用这些文件的最新版本。凡是不注日期的引用文件，其最新版本适用于本标准。

GB/T 4955　金属覆盖层　覆盖层厚度测量　阳极溶解库仑法（idt ISO 2177）

GB/T 4956　磁性基体上非磁性覆盖层　覆盖层厚度测量　磁性法（ISO 2178，IDT）

GB/T 4957　非磁性基体金属上非导电覆盖层　覆盖层厚度测量　涡流法（ISO 2360，IDT）

GB/T 6462　金属和氧化物覆盖层　厚度测量　显微镜法（ISO 1463，IDT）

GB/T 8015.2　铝及铝合金阳极氧化膜厚度的试验方法　光束显微镜法（idt ISO 2128）

GB/T 11378　金属覆盖层　覆盖层厚度测量　轮廓仪法（ISO 4518，IDT）

GB/T 12334　金属和其他无机覆盖层　关于厚度测量的定义和一般规则（idt ISO 2064）

GB/T 13744　磁性和非磁性基体上镍电镀层厚度的测量（idt ISO 2361）

GB/T 16921　金属覆盖层　厚度测量 X 射线光谱方法（eqv ISO 3497）

ISO 3543　金属和非金属覆盖层　覆盖层厚度测量　β 射线反向散射法

ISO 3868　金属和其他无机覆盖层　覆盖层厚度测量　裴索多光束干涉法

ISO 9220　金属覆盖层　覆盖层厚度测量　扫描电子显微镜法

ISO 10111 金属和其他无机覆盖层 单位面积质量的测量 重量法和化学分析法的评述

3 术语和定义

本标准采用 GB/T 12334 规定的术语和定义。

4 非破坏法

4.1 双光束显微镜（光切）法（GB/T 8015.2）

本仪器原为测量表面粗糙度而设计的，但也可用来测量透明和半透明覆盖层的厚度，尤其是铝的阳极氧化膜。一光束以 45°角投射到表面上，光束的一部分从覆盖层表面反射，另一部分则穿透覆盖层并从覆盖层与基体金属的界面反射，从显微镜目镜可以观察到两条分离图像，其距离与覆盖层厚度成正比。此方法仅适用于能从覆盖层与基体金属界面有足够光线反射回来，并在显微镜中显示清晰图像的覆盖层。对于透明或半透明的覆盖层，如阳极氧化膜，此方法是非破坏性法。

为了测量不透明覆盖层的厚度，要去掉一小块覆盖层，因此，此方法是破坏性的，利用覆盖层表面与基体金属之间形成一台阶产生光束的折射，测量出覆盖层厚度的绝对值。

此方法不适合测量硬的阳极覆盖层、非常薄（<2μm）或非常厚（>100μm）的覆盖层以及粗糙的覆盖层。也不适合测量基体经过度喷砂处理的覆盖层。在不能使用双光束显微镜测厚法的情况下，可选用其他的方法，如：涡流法（GB/T 4957）、干涉显微镜法（ISO 3868）和显微镜法（GB/T 6462）。

此方法的测量不确定度一般小于厚度的 10%。

4.2 磁性法（GB/T 4956 和 GB/T 13744）

这类方法的仪器是测量磁体与基体金属之间受覆盖层影响的磁引力变化，或测量通过覆盖层和基体金属间磁通路的磁阻。

用于磁性法的所有仪器对磁性条件和试样的特征，如表面曲率、表面清洁度、表面粗糙度、基体金属的厚度和覆盖层都是敏感的。

实际上，这些方法仅限于测量磁性基体上非磁性覆盖层（见 GB/T 4956）和磁性或非磁性基体上电镀镍层的厚度（见 GB/T 13744）。

此方法的测量不确定度一般小于厚度的 10%或 1.5μm，取其中较大的值。

4.3 涡流法（GB/T 4957）

此方法描述了一种根据覆盖层与基体之间电导率的差异而广泛应用的方法。该方法主要用于测量非磁性金属基体上非导电覆盖层和非导体上单层金属覆盖层的厚度。如果用此方法测量金属基体上金属覆盖层的厚度，须特别注意所得结果的适用性。

该方法是测定铝和铝合金上阳极氧化膜厚度的理想快速的方法，并能很好地用于现场测量。对于自催化镍覆盖层，该方法提出的测量不稳定是由于金属覆盖层的导电性与磷含量的变化而引起的。

此方法的测量不确定度一般小于厚度的 10%或 0.5μm，取其中较大的值。

4.4 X 射线光谱法（GB/T 16921）

此方法是利用发射和吸收 X 射线光谱的装置测定金属覆盖层的厚度。

使 X 射线发射到覆盖层表面一固定面积上，测量由覆盖层发射的二次射线强度或由基体发射而被覆盖层减弱的二次射线强度。X 射线强度与覆盖层厚度具有一定的关系，由校准标样确定。

该方法在下列情况下精度会降低：

——当基体金属中存在覆盖层的成分或者覆盖层中存在基体金属的成分时；

——当覆盖层多于两层时；

——当覆盖层的化学成分与校准标样的化学成分有大的差异时。

该方法不适用于超过由相关材料的原子序数和密度确定的饱和厚度的测量。

对于自催化镍覆盖层，此方法仅在电镀条件下的沉积层中推荐，必须知道覆盖层中的磷含量才可计算沉积层的厚度，覆盖层中磷的分布也会影响测量的不确定度，须在相同生产条件下制作校准标样。

市场上可购到的测厚仪的测量不确定度小于厚度的 10%。

4.5 β射线反向散射法（ISO 3543）

此方法采用放射性同位素发射 β 射线并测量由试样反射的 β 射线反散射强度。β 射线反向散射强度值应在覆盖层反向散射强度值和基体金属反散射强度值之间，只有当覆盖层材料与基体金属的原子序数相差足够大时才可测量。使用与待测试样具有相同覆盖层和基体的校准标准片校准仪器。试样测得的 β 射线反向散射强度用以计算覆盖层单位面积的质量，如果覆盖层的密度是均匀的，则 β 射线反向散射强度值与厚度成正比。

此方法可用于测量薄的覆盖层，其最大厚度是覆盖层原子序数的函数。

该方法在较大厚度范围内获得的测量不确定度小于厚度的 10%。

5 破坏法

5.1 显微镜（光学）**法**（GB/T 6462）

在这种方法中，覆盖层厚度是在覆盖层横断面放大的图像上测得的。

当有 0.8μm 的最小误差时，此方法的测量不确定度小于厚度的 10%，如果精心制备试样并使用适当的仪器，该方法在重复测量时，其测量不确定度可达到 0.4μm。

5.2 斐索多光束干涉法（ISO 3868）

完全溶解一小块覆盖层而不腐蚀基体或在电镀前掩蔽一块，从覆盖层表面到基体形成一台阶，用一台多光束干涉仪测量台阶的高度。

此方法特别适用于测量很薄的不透明的金属覆盖层的厚度。它不适用于搪瓷覆盖层的测量。此方法是一种实验室方法，用于测量标准片上覆盖层的厚度，以校准无损测厚仪，如 β 反向散射仪和 X 射线仪。尤其适用于测量相当薄（微米以下）覆盖层的标准片。

该方法规定了用显微镜垂直于试样表面测量，其厚度在 0.002μm~0.2μm 范围内的覆盖层厚度绝对值。此方法的测量不确定度为±0.001μm。

5.3 轮廓仪（触针）**法**（GB/T 11378）

在制备覆盖层时掩蔽一块，或不腐蚀基体溶解一小块覆盖层，使基体与覆盖层表面形成一台阶。触针通过台阶，由电子仪器测试并记录触针的移动来测量台阶的高度。

适用的商品仪器允许的测量范围为 0.00002mm（20nm）~0.01mm。

此方法的测量不确定度小于厚度的 10%。

5.4 扫描电子显微镜法（ISO 9220）

在这种方法中，覆盖层厚度是用一台扫描电子显微镜在覆盖层横截面放大的图像上测量的。此测量是在一张普通显像图或单向扫描横断层的视波信号照片上进行的。图像放大可能在整个视场上不一致，如果校准和测量不在同一切片视场上进行，则会发生误差。在厚度测量中，放大的图像常会随时间而变化，产生进一步的测量误差。

此方法的测量不确定度小于厚度的10%或0.1μm，取其中较大的值。

5.5 溶解法

5.5.1 库仑法（GB/T 4955）

在适当的条件下，试件作为阳极，用适当的电解液从精确限定的面积上溶解覆盖层，通过所消耗的电量测定金属覆盖层的厚度。

当溶解到底层材料时电位发生变化，以此表示溶解的结束点。本方法可用于测量金属和非金属基体上的金属覆盖层。

此方法的测量不确定度小于厚度的10%。

5.5.2 重量（剥离和称重）**法**（ISO 10111）

此方法在溶解掉覆盖层而不侵蚀基体的情况下，对溶解覆盖层前后的试样称重，或者在溶解掉基体而不侵蚀覆盖层的情况下，对覆盖层进行称重，以测定覆盖层的质量。覆盖层的密度应是均匀的。

覆盖层的质量除以覆盖层的面积和密度得到覆盖层厚度的平均值。

该方法的局限性是不能指出存在的裸露点或覆盖层厚度小于规定的最小值的部位。另外，每一次的测量值是整个测量区域内的平均值：这里不能进行更多的数学处理，如统计步骤的控制。

此方法的测量不确定度在很大的厚度范围内小于5%。

5.5.3 重量（分析）**法**（ISO 10111）

在此方法中，无论基体材料是否溶解，采用化学分析法测定溶解的覆盖层金属的含量，以测定覆盖层的质量。

覆盖层的质量除以覆盖层的面积和密度得到覆盖层厚度的平均值。

本方法规定如下：

——如果在覆盖层和底层或基体金属中存在相同的金属，用此方法是不可靠的；

——不能指出测量区域内存在的裸露点或覆盖层厚度小于规定的最小值的部位；

——每一次的测量值是整个测量区域内的平均值：这里不能进行更多的数学处理，如统计步骤的控制。

此方法的测量不确定度在很大的厚度范围内一般小于5%。

第三节 金属覆盖层 覆盖层厚度测量 阳极溶解库仑法

一、概论

阳极溶解库仑法测厚，又称电解法测厚，是将被测金属镀层作为阳极置于一定的电解液中，通过阳极溶解精确限定面积的镀层，根据所消耗的电量确定镀层厚度。阳极溶解库仑法是一种破坏性厚度测试方法。该方法具有操作简单、测量速度快、精度高的特点，适宜多层镀层的厚度测量。

阳极溶解库仑法测量厚度的精度取决于所用仪器的测量精度。1978年，我国研制出第一台具有完全拥有自主知识产权的库仑测厚仪。随着电子产品不断更新、电子元器件走向了集成电路化，以及电镀技术发展，库仑测厚仪从测量单一镀层发展到可测量多层镀层、合金镀层。随着计算机的普及，目前的库仑测厚仪已成为与计算机连接使用的新型智能测厚仪系统，仪器的稳定性和可靠性大幅度提高。

我国依据相关国际标准于1985年发布了GB/T 4955—1985《金属覆盖层厚度测量　阳极溶解库仑方法》，之后经两次修订。GB/T 4955—2005《金属覆盖层　覆盖层厚度测量　阳极溶解库仑法》于2005年10月12日发布，2006年4月1日起实施。

二、标准主要特点与应用说明

该标准规定了测量金属覆盖层厚度的阳极溶解库仑法，适用于导电性覆盖层，也适用于多层体系的金属覆盖层的测量，如Cu-Ni-Cr。

1. 标准的主要特点

1）该标准结合阳极溶解库仑法要求，对测量面积进行了明确定义。

2）该标准对仪器、电解液提出了要求：仪器的测量不确定度应小于或等于5%，电解液应具有已知的、足够长的贮存寿命。

3）该标准列举了各种影响厚度测量的因素，包括覆盖层厚度、电流变化、面积变化、搅拌、覆盖层和基体间的合金层、覆盖层的纯度、测试表面的状态、覆盖层材料的密度、电解池清洁度、电路连接处的清洁度、校正标样、不均匀溶解。

4）该标准规定了测量结果不确定度，测试仪器和操作过程应使覆盖层厚度的测量结果在其真实值的10%以内。

2. 标准的应用

阳极溶解库仑法测厚与其他测厚方法相比，在测试电镀、化学镀覆盖层厚度方面有其独特的优点。例如：能够测量多层镍镀层中每层镍厚度，通过分析镍镀层测量曲线上电位变化，可以知道是否存在高硫镍层，并能计算高硫镍层的厚度；通过测试过程中电位变化趋势，可以判断本次测量是否正常，镀层间电位有无异常变化。

该标准的发布实施，对导电性覆盖层及多层体系的金属覆盖层厚度测试提供了方法依据，对电镀行业生产、质量检验以及应用等工作具有十分重要的意义。随着电镀和电化学技术的发展进步，对表面覆盖层厚度测量的要求不断提高，该标准中某些参数可能不能满足实际需要，届时需要对该标准进行修订。

三、标准内容（GB/T 4955—2005）

金属覆盖层　覆盖层厚度测量　阳极溶解库仑法

1　范围

本标准规定了测量金属覆盖层厚度的阳极溶解库仑法。本法仅用于导电性覆盖层。

表1列举了本标准可以测定的典型金属覆盖层和基体的组合。使用其他组合时，可以使用通用的电解液（见附录A）测试。或使用为这些组合开发的新电解液对其进行测试，但是，这两种情况都必须验证对整个覆盖层体系的适应性。

本标准也适用于多层体系的测量，如Cu-Ni-Cr（见8.5）。

如果考虑到合金层应用时的特征，本标准可用于测量不同方法获得的合金层厚度。在某些情况下，本标准还可以用来探测扩散层的存在和厚度。也可以测量圆柱形和线性试样的覆盖层厚度（见8.7）。

表1 可用库仑法测试的覆盖层和基体的典型组合

覆盖层	基体(底材)							
	铝[1]	铜和铜合金	镍	Ni-Co-Fe合金	银	钢	锌	非金属
镉	√	√	√	—	—	√	—	√
铬	√	√	√	—	—	√	—	√
铜	√	仅在黄铜和铍铜合金上	√	—	—	√	√	√
金	√	√	√	√	√	√		
铅	√	√	√	√	√	√	—	√
镍	√	√	—	√		√	—	√
化学镀镍[2]	√	√	√	√	—	√	—	√
银	√	√	√	—		√	—	√
锡	√	√	√	—	—	√	—	√
锡-镍合金		√	—	—	—	—	—	√
锡-铅合金[3]	√	√	√	√	—	√	—	√
锌	√	√	√	—	—	√	—	√

① 对于某些铝合金，可能难于检测到电解池的电压变化。

② 这些覆盖层的磷或硼含量在一定限度内才能使用库仑法。

③ 本方法对合金组成敏感。

2 规范性引用文件

下列文件中的条款通过本标准的引用而成为本标准的条款，凡是注日期的引用文件，其随后所有的修改单（不包括勘误的内容）或修订版均不适用于本标准，然而，鼓励根据本标准达成协议的各方研究是否可使用这些文件的最新版本。凡是不注日期的引用文件，其最新版本适用于本标准。

GB/T 3138 金属镀覆和化学处理与有关过程术语（GB/T 3138—1995. neq ISO 2079：1981）

GB/T 12334 金属和其他非有机覆盖层 关于厚度测量的定义和一般规则（GB/T 12334—2001，idt ISO 2064：1996）

3 定义

GB/T 3138、GB/T 12334确立的以及下列术语和定义适用于本标准。

3.1 测量面积 measuring area

在测试件主要表面上作单个测量区域的面积。

注：本方法的测量面积的大小就是电解池密封圈所包围的面积。

4 原理

用适当的电解液阳极溶解精确限定面积的覆盖层。通过电解池电压的变化测定覆盖层的完全溶解。覆盖层的厚度通过电解所耗的电量（以库仑计）计算，所耗的电量依次由下列项数计算：

a）若用恒定电流密度溶解时，由试验开始到试验终止的时间间隔；

b）溶解覆盖层时累计所耗电量。

5　仪器

5.1　利用现成可用的元件可装配成适用的仪器，但一般使用专用仪器（见附录 B）。

5.2　专用直读式仪器通常使用制造商推荐的电解液。其他仪器应记录测量面积（见 3.1）内溶解覆盖层所耗的电量，以库仑为单位，测量面积通常为任选单位，覆盖层厚度是利用换算系数或表格进行计算。

采用直读式仪器时，根据电流密度计算厚度的过程是通过电子仪器完成的。

5.3　应用已知厚度的试样检验仪器的性能。若仪器厚度读数与试样已知的厚度相差不超过±5%，则仪器不需进一步调整就可使用；否则，要排除产生误差的原因。专用仪器应按制造单位的说明书规定进行校准。

已知厚度的适用试样应和待测试样的覆盖层与基体的种类相同，其不确定度应小于或等于 5%。如果测量合金覆盖层厚度，则使用正确的校正试样尤其重要。

6　电解液

电解液应具有已知的、足够长的贮存寿命，并应具备：

a）没有外加电流时，不与金属覆盖层起反应；

b）阳极溶解覆盖层的效率应尽可能接近 100%；

c）当覆盖层被阳极溶解至穿透并且暴露的基体面积不断增大时，电极电位应发生可检测到的急剧变化；

d）暴露于电解池内的测试面积应完全被润湿。

电解液应根据覆盖层、基体材料、电流密度以及电解液在测试电解池内流动情况来选择。

注：附录 A 描述了使用这类试验仪器测试特定基体上各种电沉积厚度所适用的典型电解液。

对于专用仪器，一般应按制造单位的推荐选择电解液。

7　影响测量准确度的因素

7.1　覆盖层厚度

除非使用特殊装置，通常对厚度大于 50μm、小于 0.2μm 的覆盖层的厚度测量，准确度都低于最佳值。

覆盖层厚度大于 50μm 时，在阳极溶解过程中可能出现明显的斜蚀或凹蚀。斜蚀程度主要取决于搅拌电解液的方法。提高溶解速度，即增加测试电流密度，可以消除或减少凹蚀现象。

7.2　电流变化

采用恒定电流和计时测量技术的仪器，电流变化会引起误差。使用电流—时间积分器的仪器，电流变化太大可能改变阳极电流效率或干扰终点而导致误差。

7.3　面积变化

厚度测量的准确度不会高于已知测量面积的准确度。由于密封圈的磨损、密封圈压力等引起的面积变化可能会带来测量误差。如果电解池设计使得密封圈能给出精确恒定的测量面积，则可获得高得多的准确度。某些情况下，在退镀和相应补偿调整后，测量阳极溶解覆盖层的面积可能更方便。

注：在某些情况下，若使用厚度校正标样校正仪器，可使因测量面积变化而引起的误差减至最小，这种覆盖层厚度校正标样的制作应与实际测试条件相似，测试弯曲表面尤应如此。

7.4 搅拌（如有要求）

不适当的搅拌会导致错误的终点。

7.5 覆盖层和基体间的合金层

库仑法测量覆盖层厚度一概假设覆盖层和基体间存在着界限分明的界面。如果覆盖层和基体间存在着合金层，如热浸得到覆盖层的情况，库仑法的终点可能发生在合金层内的某一点，以致给出比没有合金化覆盖层厚度较高的厚度值。

注：用电位记录仪可以记录，从合金起始点溶解达到纯基体时电压变化曲线。

7.6 覆盖层的纯度

与覆盖层金属（包括合金金属）共沉积的物质可以改变覆盖层金属的有效电化学当量、阳极电流效率和覆盖层密度。

7.7 测试表面的状态

油、脂、漆层、腐蚀产物、抛光配料、转化膜、镍覆盖层的钝化等会干扰测试。

7.8 覆盖层材料的密度

由于库仑法实质上是测量单位面积上的覆盖层质量，因此覆盖层金属的密度偏离正常值会引起线性厚度测量相应的偏差，合金成分正常波动会引起合金密度和电化学当量很小但很明显的变化。

7.9 电解池清洁度

在某些电解液中，作为阴极的电解池上可能发生金属沉积。这种沉积能改变电解池电压或阻塞电解池孔径，因此每次测试前后都应检查和维护电解池的清洁。

7.10 电路连接处的清洁度

使用非恒电流类型的仪器时，如果电路连接处不清洁，会干扰电流/电位关系，并导致错误的终点。

7.11 校正标样（如果使用）

使用校正标样的测量，要受到校正标样附加误差的影响。如果要测定合金覆盖层的厚度，一般需要使用合金覆盖层校正标样，并且按相同的程序测试覆盖层校正标样和被测试件。

注：标样和被测试样的覆盖层可能不会完全相同，例如酸性和碱性电镀液制备的锌镀层。

7.12 不均匀溶解

如果测量面积上覆盖层的溶解速度不均匀，则可能使终点提前而使结果偏低，因此，测试后应检查溶解后所得到的表面，以验证绝大部分的覆盖层已溶掉。在某些基体上会留下可见的、影响很小的部分覆盖层残留物。

覆盖层中的杂质、覆盖层表面和界面的粗糙度以及覆盖层的孔隙会引起电解池电压的波动，这样的波动会使终点提前。

8 操作程序

8.1 概述

商品仪器的操作步骤，电解液的使用，以及在必要时对仪器的校正（见5.3），都应遵照制造商的使用说明书进行。应特别注意第7章所列举的因素。

注：如果使用需要预置电压的仪器，应该注意实际电压值取决于特定的金属覆盖层、电流密度、电解液浓度和温度，端头连接的电路电阻。由于这些原因，应先做一次测值试验。

8.2　测试表面的准备

如果有必要，用适当有机溶剂清洗测试表面（见 7.7），也可能需要用机械的或化学的方法活化测试表面，但必须小心仔细，避免伤及金属。

8.3　电解池的使用

将已装好弹性密封圈的电解池压在覆盖层上，使其已知面暴露于测试电解液中。若电解池体是金属的，如不锈钢，则一般作为电解池的阴极，但有些场合是插入一个适当的阴极（在某些仪器中兼作电解液搅拌的机械部件）。

8.4　电解

加入适当的电解液，确保测量表面上没有气泡。如需要，在电解池内放入搅拌器，连接电路，让搅拌器正常工作，连续电解到阳极电位或电解池电压急剧变化或自动切断测试而指示出覆盖层溶解完毕。

8.5　底层覆盖层

测量两层或多层覆盖层时，在测量上层之后，要保证整个测量面积内的上层覆盖层完全退除。用适当的吸液装置吸去电解池内的电解液，用蒸馏水或去离子水洗净电解池。

在操作过程中，任何时候不得挪动电解池而导致其位移，如有位移，则不论位移大小，试验必须作废。

测量下一层覆盖层时，重置仪器控制，加入相应的电解液，按前述方法继续试验。

8.6　测试后的检查

测试结束后，移去电解池内的电解液，用水清洗，提起电解池，检查试样上密封圈所围面积内的覆盖层是否完全退除（见 7.12），以确定该次测试是否有效。

8.7　圆柱试样上的覆盖层

若表面积太小而不能使用带有常规弹性密封圈的电解池时，可用电解容器和相应的固定装置来代替。必要时使用搅拌器。这种装置必须可调整，应预调到使试样有一已知长度浸没于电解液中。直读式仪器，尤其是电解池尺寸可更换的仪器，要计算试样浸没长度，以使处于任何一个作为阴极的电解池中的试样，有着相同的已知测试面积。

注 1：在大量应用时，可以使用同样的电解液，但为了获得仪器最佳灵敏度和准确度，需要调整操作条件，如截止电压和退镀电流。

注 2：为保证测量准确度，需要有准确的退镀面积，而主要的误差源是弯液面和电解液表面的电流场。对于较大直径圆柱体如线材，其浸入的底面应进行屏蔽，使其与电流和电解液隔离。任何暴露端的面积不应大于整个区域面积的 2%。

9　结果表示

覆盖层厚度 d 用 μm 表示，按下述公式计算：

$$d = 100k\frac{QE}{A\rho} \tag{1}$$

式中　k——溶解过程中的电流效率（当电流效率为 100%时，k 等于 100）；

Q——溶解覆盖层耗用的电量（C）；若不是使用积分式仪器测试时，则 Q 按式（2）计算；

E——测试条件下覆盖层金属的电化学当量（g/C）；

A——覆盖层被溶解的面积，即测量面积（cm^2）；

ρ——覆盖层的密度（g/cm^3）。

$$Q = It \tag{2}$$

式中 I——电流（A）；

t——测试持续时间（s）。

厚度 d 可按下式计算出：

$$d = XQ \tag{3}$$

式中，X 在给定金属覆盖层、电解液和电解池条件下为常量。

注1：X 值既可由密封圈露出的试样面积、阳极溶解的电流效率（通常为100%）、电化学当量和覆盖层金属的密度进行理论计算，也可以通过测量已知厚度的覆盖层试验确定。

注2：大多数商品仪器，既可由仪器直接读出厚度，也可以用相应于电解池露出的测量面积和覆盖层金属的系数将仪器读数转换为厚度。

10 测量不确定度

测试仪器和操作过程应使覆盖层厚度的测量结果在其真实值的10%以内。

11 测试报告

测试报告

a）本标准的标准号；

b）试样名称或编号；

c）测量面积（cm^2）；

d）参比面位置；

e）试样上测量的各个位置；

f）电解液的标记或编号；

g）测试面上测量的厚度（μm），每个报告的测量值的平均测量次数；

h）任何不同于本方法的说明；

i）影响结果的因素；

j）所用仪器的名称或型号；

k）日期；

l）操作者和测试实验室的名称。

附 录 A
（资料性附录）
常用电解液

A.1 概述

虽然使用某些专用的电解液（以及可能用本附录中所列的某些电解液）时能使用较高的电流密度，但下列电解液（A.2 到 A.18）使用的电流密度只有在 $100mA/cm^2$ ~ $400mA/cm^2$ 的范围内才能达到100%的阳极电流效率。有几种电解液仅在电流密度范围的下限或上限时才适用，它们用“＊”号标出。

这些电解液基本上是以100%的阳极电流效率溶解金属覆盖层，所以厚度（以 μm 计）可按公式计算：

$$d = 10000\frac{QE}{A\rho}$$

或由此公式计算出的仪器计算系数（符号定义见第9章）。

注：直接计算法和使用标样校正法都应考虑其固有的误差。如电解池尺寸3%的误差将产生9%的测量误差。

A.2～A.5中的电解液应用分析纯级试剂和蒸馏水或去离子水制备。溶液浓度的少量变化不会影响结果的准确度。但若使用根据预置电压而自动断开的仪器时，则会影响电压预置。除A.10外，所有电解液贮存寿命在6个月以上。

必须根据制造商建议或说明书考虑这些电解液是否可用于制造商的仪器，以及对于某些特殊的覆盖层与基体组合是否需要专用的电解液，A.1～A.18中所述的电解液的用途概括列于表A.1。

注：一些仪器提供专用的溶液而不是下述组成。

表A.1　电解液的用途

覆盖层	基体					
	铝	铜和铜合金(如黄铜)	镍	钢	锌	非金属
镉	—	A.2	—	A.2	—	A.2
铬	A.3和A.5	A.4	A.3和A.5	A.3	—	A.3和A.5
铜	A.6和A.7	—	A.7	A.6	A.8	A.6,A.7和A.8
金	A.18	A.18	A.18	A.18	—	A.18
铅	—	A.9	A.9	A.9	—	A.9
镍	A.10	A.11	—	A.10	—	A.10和A.11
银	—	A.12	A.12	—	—	A.12
锡	A.14	A.13	A.13	A.13	—	A.13和A.14
锡-镍合金	—	A.17	—	A.16	—	A.16和A.17
锌	—	A.15		A.15	—	A.15

A.2　钢、铜或黄铜上镉覆盖层用电解液

制备每升含30g氯化钾（KCl）和30g氯化铵（NH_4Cl）的溶液，此电解液需严格的预置电压。

A.3*　钢、镍或铝上铬覆盖层用电解液

用水稀释95mL的磷酸（H_3PO_4，$\rho=1.75g/mL$）至1000mL，加25g的铬酐（CrO_3）。

警告：磷酸会引起灼伤，应避免其与眼睛和皮肤接触。

铬酐与易燃材料接触可能着火和引起灼伤，应避免吸入其粉尘，并避免与眼睛和皮肤接触。

本溶液只适用于约$100mA/cm^2$的电流密度和厚度不大于5μm的覆盖层，其测量误差大约是±10%。

注：铬在此电解液中以及在A.4和A.5电解液中的阳极溶解可生成六价铬离子Cr^{6+}，计算厚度时应使用Cr^{6+}的电化学当量。

A.4*　铜或黄铜上铬覆盖层用电解液

制备每升含100g碳酸钠（Na_2CO_3）的溶液。

此电解液只适用于约 $100mA/cm^2$ 的电流密度和厚度不大于 5μm 的覆盖层。

A.5* 镍或铝上铬覆盖层用电解液

用水稀释 64mL 的磷酸（H_3PO_4，$\rho=1.75g/mL$）至 1000mL。

警告：见 A.3。

此电解液最好在电流密度约 $100mA/cm^2$ 时使用，专门用于测量薄的或装饰性铬覆盖层（见 A.3 的注）。

A.6 钢或铝上铜覆盖层用电解液

将 800g 硝酸铵（NH_4NO_3）溶于水中，稀释至 1000mL，并加入 10mL 氨水（NH_3，$\rho=0.88g/mL$）。

警告：硝酸铵在强热下可能爆炸，与易燃物接触可能引起火灾，勿与热源和易燃物接触。

氨能引起灼伤，刺激眼睛、呼吸系统和皮肤，避免吸入其蒸气，防止其与眼睛、皮肤接触。

此电解液测出的厚度结果比正确值约低 1%~2%。

A.7 镍或铝上铜覆盖层用电解液

将 100g 硫酸钾（K_2SO_4）溶于水中，稀释至 1000mL，然后加 20mL 磷酸（H_3PO_4，$\rho=1.75g/mL$）。

警告：见 A.3。

A.8 锌或锌合金压铸件上铜覆盖层用电解液

用浓度不低于约 30%（质量分数）的纯六氟硅酸（H_2SiF_6）。

警告：六氟硅酸能引起灼伤，并且会因吸入，皮肤接触以及吞咽而致人中毒，避免吸入其蒸气，防止其与眼睛和皮肤接触。

此溶液在很低的电压下能以 100% 的电流效率溶解铜覆盖层，在测试终点露出的锌基体上几乎没有阳极腐蚀。不过在测试面积内的锌层上留有微量点状铜，这些痕迹铜虽然可见，但一般不会影响结果的准确度。

着重注意：

a）使用分析纯六氟硅酸，应基本上没有氯化物和硫化物之类的杂质，以免在测试终点时对锌基体产生阳极腐蚀。

b）此酸不应有太高的水分含量，它会导致 a）中所述的相同影响。

注：若所用酸的水分含量太高，可在酸中溶解少量六氟硅酸镁，以克服其不利影响。

A.9 钢、铜或镍（不论有无锡底层）上铅覆盖层用电解液

制备每升含 200g 乙酸钠（CH_3COONa）和 200g 乙酸铵（CH_3COONH_4）的溶液。

此电解液的电流效率可能稍低于 100%，但测试误差不会大于 5%。

A.10 钢或铝上镍覆盖层用电解液

将 800g 硝酸铵（NH_4NO_3，见 A.6 警告）溶于水，稀释至 1000mL，并加入 50mL 浓度为 76g/L 的硫脲［$CS(NH_2)_2$］溶液。

本混合溶液的贮存寿命相当短，因此应在使用前 5 天以内制备，可用预先配制好的 800g/L 硝酸铵和 76g/L 硫脲溶液混合而成。两种预配溶液的贮存寿命至少有 6 个月。

注：镍覆盖层钝化会降低此电解液的电流效率，在镍表面钝化时，该溶液不能以100%电流效率溶解镍。由于在测镍覆盖层厚度前，用磷酸电解液除铬面层，磷酸电解液的阳极化作用也会使镍覆盖层表面钝化。

测试期间电解池电压能指示出此现象的发生，若在约$400mA/cm^2$下测试，以100%电流效率溶解镍的电解池电压一般低于2.4V，而电解池电压为2.5V或更高时，则通常说明镍以比100%电流效率低很多的状态溶解，此时一般伴着镍的电抛光，或者说明在释放氧气而不发生镍的溶解。

如有必要，可以在测试前向电解池加入少量的稀盐酸［$1mol/L \leqslant c_{HCl} \leqslant 2mol/L$］将镍活化。0.5min~1min后移去酸液并淋洗干净，然后加入硝酸铵/硫脲电解液测试镍层厚度。

A.11*　铜、黄铜或其他铜合金上或不锈钢上镍覆盖层用电解液

用水稀释100mL盐酸（HCl，ρ=1.18g/mL）至1000mL。

警告：盐酸会引起灼伤，刺激呼吸系统，应避免吸入其蒸气，防止其与眼睛、皮肤接触。

此电解液仅在$400mA/cm^2$左右的电流密度下测铜或铜合金上镍覆盖层时结果才可靠。不适用于$100mA/cm^2$左右的电流密度。

注：电解液A.10和A.11也适用于测试钴、钴-镍或镍-铁合金覆盖层的厚度，钴和铁的电化学当量非常接近于镍的电化学当量，因此按纯镍计算这些合金层厚度不致出现明显的误差。

A.12　铜、铜合金或镍上银覆盖层用电解液

制备100g/L的氟化钾（KF）溶液。

警告：氟化钾被吸入，与皮肤接触以及吞咽后会中毒，避免吸入其粉尘，防止其与眼睛及皮肤接触。

此电解液适合于暗银覆盖层或含硫光亮剂的亮银覆盖层。但不宜用于含有少量锑或铋的亮银合金覆盖层。

注：在用A.12电解液测试银覆盖层时，容易使银沉积在不锈钢电解池的内壁上，此沉积物为一均匀覆盖层，不会阻塞孔口，但会降低溶解银覆盖层所需的电解池电压。因此，在每次测试以后，需用硝酸溶解不锈钢电解池上的银沉积物。

A.13　钢、铜合金或镍上锡覆盖层用电解液

用水稀释170mL的盐酸（HCl，ρ=1.18g/mL）至1000mL。

警告：见A.11。

此溶液在很低的电解池电压下溶解覆盖层，在测试终点时不会产生对基体的阳极腐蚀。可是在测试期间，溶液中的锡容易在阴极（如不锈钢电解池）上形成海绵状沉积物。一段时间后，此沉积物会阻塞电解池孔口，而在测试很厚的甚至一些较薄的锡覆盖层时会提前终止试验，所以每次测试前后必须清除电解池孔口上的沉积物。

注：此电解液有100%的电流效率。

A.14*　铝上锡覆盖层用电解液

用水稀释50mL硫酸（H_2SO_4，ρ=1.84g/mL）至1000mL，仔细将酸缓缓地加入水中，在溶液中溶解5g的氟化钾（KF）。

警告：见A.12，硫酸会引起严重灼伤。防止其与皮肤、眼睛接触，不得将水加入硫酸。

A.15　钢、铜或黄铜上锌覆盖层用电解液

制备100g/L的氯化钾（KCl）溶液。

此电解液要求比较严格的预置电压，但不如测试镉覆盖层那么严格（见 A.2）。

A.16[*] 钢上锡-镍合金用电解液

将 100mL 磷酸（H_3PO_4，$\rho=1.75g/mL$）和 50mL 盐酸（HCl，$\rho=1.18g/mL$）以及 50mL（在室温下呈饱和状态）的草酸（$C_2H_2O_4\cdot 2H_2O$）溶液混合。

警告：见 A.3 和 A.11，草酸与皮肤接触或吞咽后能造成伤害，避免其与眼睛、皮肤接触。

此电解液只适用于约 $100mA/cm^2$ 的电流密度，发现此电流密度下合金中的锡呈二价锡离子溶解。对于以二价锡形式溶解的 65/35 锡-镍合金，必须使用正确的电化学当量，即 0.453mg/C 来计算厚度。为获得更高准确度，应按实际合金组成调整该系数（见 7.8）。

A.17[*] 铜或黄铜上锡-镍合金用电解液

制备含有 12g 六水氯化镍（$NiCl_2\cdot 6H_2O$）、13g 无水氯化锡（$SnCl_4$）、200mL 水、40mL 盐酸（HCl，$\rho=1.18g/mL$）以及 50mL 磷酸（H_3PO_4，$\rho=1.75g/mL$）的溶液。

警告：见 A.3 和 A.11，氯化镍具有有害的粉尘，刺激眼睛和皮肤，避免吸入该粉尘，勿与眼睛、皮肤接触。

四氯化锡引起灼伤，刺激呼吸系统，勿与眼睛、皮肤接触，不允许因疏忽与水接触。

此电解液适用于约 $400mA/cm^2$ 的电流密度，在此电流密度下合金中的锡呈四价锡离子溶解。对于以四价锡形式溶解的 65/35 锡-镍合金，应该使用正确的电化学当量，即 0.306mg/C 来计算厚度。为获得更高的准确度，则应按实际合金组成调整该系数（见 7.8）。

A.18[*] 铝、铜合金、镍、银和钢铁上金镀层用电解液

预制 100g/L 氰化钾溶液。

警告：在酸存在下氰化钾释放出致命的氢氰酸气体；氰化钾本身不慎吸入或与皮肤接触及吸食时具有剧毒性，避免吸入粉尘、避免与眼睛、皮肤接触。

本电解液可以满足暗金和光亮金镀层要求，但是，对合金成分和密度敏感。

附 录 B
（资料性附录）
仪 器 类 型

B.1 概述

仪器的工作方法可以是下列两种中的任一种：

a）在恒定的电解电流下测量阳极溶解的时间。

b）用电流时间积分法，测量试验时间内所耗用的电量。

对于 a），通过电解池的电流必须控制在一恒定值，并且用计时器测量测试起点到终点的时间。

对于 b），用电量计测量耗用的电量，这时不需要精确知道电流和时间的单独值。测量结果可用时间单位表示，也可用时间与电流的乘积（电量）单位表示或通过计算装置直接以厚度表示。

用适当的电压表观察电解池电压的突变可确定测试终点；或用电路断开装置自动终止测试。在用电路断开装置的情况下，将电路断开装置调整在电解池退镀的切断电压值或电解池电压增长率的预置值时发生动作。

对于热浸镀层或其他类似在镀层和基体之间形成扩散层的覆盖层，这种预置值既可以是通过去除主镀层暴露扩散层，也可以是将扩散层完全去除，暴露出基体。

当溶解达到和穿透不同的材料时，通过使用电压记录仪可以最终记录电压的变化。实际上，这种方法可以测量扩散层厚度也可以测量同种材料不同镀层的厚度，如多层镍（ChryslerSTEP 试验）。

库仑仪上的其他非必备但却有用的器件可包括数字显示器，能准确地检测终点的电子计时器和开关，以及可容许不同大小的测试电解池或使用不同电流密度的器件。测试电解池的密封圈应能简便更换。

许多现代仪器能直接显示厚度测量的结果，并在每次测试开始时可给电路断开装置自动设定其断开控制值，以便正确的测试终点。

B.2 电解池

电解池为一容器，通常为圆柱形，通过非导电的弹性密封圈（如用橡胶或塑料材料制成）固定于试件上。电解池若由金属（如不锈钢）制作，其本身可作为阴极，此时密封圈作为阴极和阳极间的绝缘体。

若电解池由绝缘材料制成，则应使用单独的阴极，并在试验开始前浸入电解池中。

密封圈所包围的面积必须精确限定，并且应小到能用于曲面。测量形状复杂基体上的覆盖层厚度可能需要更小的电解池。由于形状问题，特别要注意密封面积的大小和在测量中的限定状态。对于任何电解池，本方法的准确度很大程度上受测量面积的准确度控制。当给定测量面积的密封圈放置在曲面上，若测试中出现不准确的测量值时，则应视曲面的曲率选择更合适尺寸的密封圈，或更换新密封圈以及检查密封圈在测量中的限定状态。密封圈磨损或端面歪斜也会带来附加误差。对此可用肉眼检查被溶解的覆盖层圆周来估计这个误差。

对于基本上是平面的基体，通常退镀面积为 0.2cm^2；而对于弯曲表面，可根据退镀面的直径，用表 B.1 所示尺寸的电解池进行测量。

表 B.1 曲面上测量用电解池尺寸

退镀面积直径/cm	退镀面积/cm^2	曲面最小直径/cm
0.32	0.080	3.0
0.22	0.038	1.0
0.15	0.018	0.4
0.10	0.008	0.15
0.05	0.002	0.15

第四节 磁性基体上非磁性覆盖层 覆盖层厚度测量 磁性法

一、概论

磁性法测厚是最常用的覆盖层无损测厚方法之一。磁性法测厚是通过测量永久磁铁和基体金属之间由于存在覆盖层而引起磁引力的变化，或者是测量穿过覆盖层与基体金属的磁通路的磁阻来测量覆盖层厚度。

磁性法测厚适用于磁性金属上非磁性覆盖层的厚度测量，具有操作简单，易于掌握，可逐点进行测量，测量速度快等特点。

磁性法测厚采用磁性测厚仪。为了保证测量精度，需要配备相应厚度量程的标准试片来对测厚仪进行校准。除了仪器本身的误差外，基体的材质、覆盖层表面状况、几何外形等都影响磁性法测量精度。为规范磁性测厚方法，我国早在 1985 年就依据国际标准制定了磁性测厚标准，后于 2003 年对此标准进行了修订。GB/T 4956—2003《磁性基体上非磁性覆盖层 覆盖层厚度测量 磁性法》等同采用 ISO 2178：1982《磁性基体上非磁性覆盖层 覆盖层厚度测量 磁性法》，于 2003 年 10 月 29 日发布，2004 年 5 月 1 日起实施。

二、标准主要特点与应用说明

该标准规定了使用磁性测厚仪测量磁性基体上非磁性覆盖层（包括釉瓷和搪瓷层）厚度的方法。该标准仅适用于适当平整试样上的测量。

该标准列举了 13 种影响覆盖层厚度测量准确度的因素，包括覆盖层厚度、基体金属的磁性、基体金属的厚度、边缘效应、曲率、表面粗糙度、基体金属机械加工方向、剩磁、磁场、外来附着尘埃、覆盖层的导电性、测头压力、测头取向等。

该标准对仪器的校准提出了要求。在仪器使用前，用适当的校准标准片进行校准；仪器在使用期间，每隔一段时间应对仪器进行校准。

该标准规定了磁性法测厚的测量程序及相关要求，为了保证测量准确度，在实际测量过程中应严格遵守这些测量程序及相关要求。

三、标准内容（GB/T 4956—2003）

磁性基体上非磁性覆盖层 覆盖层厚度测量 磁性法

1 范围

本标准规定了使用磁性测厚仪无损测量磁性基体金属上非磁性覆盖层（包括釉瓷和搪瓷层）厚度的方法。

本方法仅适用于在适当平整的试样上的测量。非磁性基体上的镍覆盖层厚度测量优先采用 GB/T 13744 规定的方法。

2 规范性引用文件

下列文件中的条款通过本标准的引用而成为本标准的条款。凡是注日期的引用文件，其随后所有的修改单（不包括勘误的内容）或修订版均不适用于本标准，然而，鼓励根据本标准达成协议的各方研究是否可使用这些文件的最新版本。凡是不注日期的引用文件，其最新版本适用于本标准。

GB/T 12334 金属和其他非有机覆盖层 关于厚度测量的定义和一般规则（idt ISO 2064）

GB/T 13744 磁性和非磁性基体上镍电镀层厚度的测量（eqv ISO 2361）

3 原理

磁性测厚仪测量永久磁铁和基体金属之间的磁引力，该磁引力受到覆盖层存在的影响；或者测量穿过覆盖层与基体金属的磁通路的磁阻。

4　影响测量准确度的因素

下列因素可能影响覆盖层厚度测量的准确度。

4.1　覆盖层厚度

测量准确度随覆盖层厚度的变化取决于仪器的设计。对于薄的覆盖层，其测量准确度与覆盖层的厚度无关，为一常数；对于厚的覆盖层，其测量准确度等于某一近似恒定的分数与厚度的乘积。

4.2　基体金属的磁性

基体金属磁性的变化能影响磁性法厚度的测量。为了实际应用的目的，可认为低碳钢的磁性变化是不重要的。为了避免各不相同的或局部的热处理和冷加工的影响，仪器应采用性质与试样基体金属相同的金属校准标准片进行校准；可能的话，最好采用待镀覆的零件作标样进行仪器校准。

4.3　基体金属的厚度

对每一台仪器都有一个基体金属的临界厚度。大于此临界厚度时，金属基体厚度增加，测量将不受基体金属厚度增加的影响。临界厚度取决于仪器测头和基体金属的性质，除非制造商有所规定，临界厚度的大小应通过试验确定。

4.4　边缘效应

本方法对试样表面的不连续敏感，因此，太靠近边缘或内转角处的测量将是不可靠的，除非仪器专门为这类测量进行了校准。这种边缘效应可能从不连续处开始向前延伸大约20mm，这取决于仪器本身。

4.5　曲率

试样的曲率影响测量。曲率的影响因仪器制造和类型的不同而有很大差异，但总是随曲率半径的减小而更为明显。

如果在使用双极式测头仪器时，将两极匹配在平行于圆柱体轴向的平面内进行测量或匹配在垂直于圆柱体轴向的平面内进行测量，也可能得到不同的读数。如果单极式测头的前端磨损不均匀也能产生同样的结果。

因此，在弯曲试样上进行测量可能是不可靠的，除非仪器为这类测量做了专门的校准。

4.6　表面粗糙度

如果在粗糙表面上的同一参比面（见 GB/T 12334）内测得的一系列数值的变动范围明显超过仪器固有的重现性，则所需的测量次数至少应增加到 5 次。

4.7　基体金属机械加工方向

使用具有双极式测头或已不均匀磨损的单极式测头仪器进行测量，可能受磁性基体金属机械加工（如轧制）方向的影响，读数随测头在表面上的取向而异。

4.8　剩磁

基体金属的剩磁可能影响使用固定磁场的测厚仪的测量值，但对使用交变磁场的磁阻型仪器的测量的影响很小（见 6.7）。

4.9　磁场

强磁场，例如各种电器设备产生的强磁场，能严重地干扰使用固定磁场的测厚仪的工作（见 6.7）。

4.10 外来附着尘埃

仪器测头必须与试样表面紧密接触，因为这些仪器对妨碍测头与覆盖层表面紧密接触的外来物质敏感。应检查测头前端的清洁度。

4.11 覆盖层的导电性

某些磁性测厚仪的工作频率在200Hz~2000Hz之间，在这个频率范围内，高导电性厚覆盖层内产生的涡流，可能影响读数。

4.12 测头压力

施加于测头电极上的压力必须适当、恒定，使软的覆盖层都不致变形。另一方面，软的覆盖层可用金属箔覆盖住再测量，然后从测量值中减去金属箔的厚度。如果测量磷化膜也有必要这样操作。

4.13 测头取向

与地球重力场有关，应用磁引力原理的测厚仪测得的读数可能受磁体取向的影响。因此，仪器测头在水平或倒置的位置上进行的测量，可能需要分别进行校准，或可能无法进行。

5 仪器的校准

5.1 概述

每台仪器在使用前，都应按制造商说明用一些适当的校准标准片进行校准；或采用比较法进行校准，即从这些标准片中选出一种对其进行磁性法测厚，同时对其采用涉及该特定覆盖层的有关国际标准所规定的方法测厚，然后将测得的数据进行比较。对于不能校准的仪器，其与名义值的偏差应通过与校准标准片的比较来确定，而且所有的测量都要将这个偏差考虑进去。

仪器在使用期间，每隔一段时间应进行校准。应对第4章中所列举的因素和第6章中所规定的程序给予适当的注意。

5.2 校准标准片

厚度均匀的校准标准片可以片或箔的形式，或者以有覆盖层的标准片的形式提供使用。

5.2.1 校准箔

注：本条中，“箔”这个词指非磁性金属的或非金属的箔或片。

因为难以保证良好接触，所以通常建议不用箔来校准磁引力原理的测厚仪；但在对采取的必要的预备措施做出了规定的某些情况下，箔还是适用的。箔通常能用于校准其他类型的仪器。

对于校准曲面，箔有独到之处，而且比有覆盖层的标准片适用得多。

为了避免测量误差，应保证箔与基体金属紧密接触；如果可能的话，应避免采用具有弹性的箔。

校准箔易形成压痕，应经常更换。

5.2.2 有覆盖层的标准片

有覆盖层的标准片由基体金属以及与基体金属牢固结合的厚度已知而且均匀的覆盖层构成。

5.3 校准

5.3.1 校准标准片的基体金属应具有与试样的基体金属相似的表面粗糙度与磁性能。建议将从无覆盖层的校准标准片的基体金属上得到的读数与从无覆盖层的试样上得到的读数作比较，以确认校准标准片的适用性。

5.3.2　在某些情况下，必须将测头再旋转90°来核对仪器的校准（见4.7和4.8）。

5.3.3　如果试样基体金属的厚度没有超过4.3中所定义的临界厚度，则试样和校准标准片二者的基体金属厚度必须相同。

通常可以用足够厚的相同金属将校准标准片或试样的基体金属垫起，以使读数与基体金属的厚度无关。

5.3.4　如果待测覆盖层的弯曲状态使之不能靠平面方式校准时，则有覆盖层的标准片的曲率或放置校准箔的基体的曲率，应与待测试样的曲率相同。

6　测量程序

6.1　概述

遵照制造商的说明去操作每台仪器，对第4章中列举的因素给予相应的注意。

在每次仪器投入使用时，以及在使用中每隔一定时间，都要在测量现场对仪器的校准进行核对（参见第5章），以保证仪器的性能正常。

必须遵守下列注意事项。

6.2　基体金属厚度

检查基体金属厚度是否超过临界厚度，如果没有，应采用5.3.3中所叙述的衬垫方法，或者保证已经采用具有与试样相同厚度和磁性能的校准标准片进行过仪器校准。

6.3　边缘效应

不要在靠近不连续的部位如靠近边缘、孔洞和内转角等处进行测量，除非为这类测量所做的校准的有效性已经得到了证实。

6.4　曲率

不要在试样的弯曲表面上进行测量，除非为这类测量所做的校准的有效性已经得到了证实。

6.5　读数的次数

由于仪器的正常波动性，因而有必要在每一测量面（亦见GB/T 12334）内取数个读数。覆盖层厚度的局部差异可能也要求在参比面内进行多次测量；表面粗糙时更是如此。

磁引力类仪器对振动敏感，应当舍弃过高的读数。

6.6　机械加工方向

如果机械加工方向明显地影响读数，则在试样上进行测量时应使测头的方向与在校准时该测头所取的方向一致。如果不能做到这样，则在同一测量面内将测头每旋转90°，增做一次测量，共做四次。

6.7　剩磁

使用固定磁场的双极式仪器测量时，如果基体金属存在剩磁，则必须在互为180°的两个方向上进行测量。

为了获得可靠结果，可能需要消去试样的磁性。

6.8　表面清洁度

在测量前，应除去试样表面上的任何外来物质，如灰尘、油脂和腐蚀产物等；但不能除去任何覆盖层材料。在测量时，应避开存在难于除去的明显缺陷，如焊接或钎焊焊剂、酸蚀斑、浮渣或氧化物的部位。

6.9 铅覆盖层

如果使用磁引力型仪器，铅覆盖层可能会粘在磁体上。涂一层很薄的油膜通常将提高测量的重现性；但在使用拉力型仪器测量时，应该擦去过量的油，使表面实际上呈现干燥状态。除铅覆盖层之外，其他覆盖层都不应涂油。

6.10 技巧

测量的结果可能取决于操作者的技巧。例如，施加在测头上的压力或在磁体上施加平衡力的速率将会因人而异。由将实施测量的同一操作者来对仪器做校准，或使用恒定压力测头，这些措施能减少或最大限度地降低这类影响。在某些场合，若不采用恒定压力测头，则极力推荐使用测量架。

6.11 测头定位

仪器测头应垂直放置于试样表面测量点上；对一些磁引力型仪器这是必要的；但是对另一些仪器，则要求将测头略微倾斜，并选择获得最小读数的倾斜角。在光滑表面上测量时，若所得的结果随倾斜角发生明显变化，则可能测头已磨损，需要更换。

如果在水平或倒置的位置上采用磁引力型仪器进行测量，而测量装置没有在重心处得到支撑，则应分别在水平或倒置的位置上校准仪器。

7 准确度要求

仪器的校准和操作应使覆盖层厚度能测准到真实厚度的10%或1.5μm以内，两个值取其较大的（见第5章）。本方法有较好的准确度。

第五节 非磁性基体金属上非导电覆盖层 覆盖层厚度测量 涡流法

一、概论

涡流法测厚是一种电磁测厚方法。该方法是通过仪器测头装置中产生的高频电磁场，在测头下面的导体中产生涡流，涡流的振幅和相位是导体和测头之间的非导电覆盖层厚度的函数，用此厚度函数关系测量对应覆盖层厚度。

涡流法适用于非磁性基体金属上非导电覆盖层厚度的测量，常用于铝及铝合金的阳极氧化膜厚度测量。如果基体材料与涂层材料的电导率差异较大，也可以使用涡流法测厚。

涡流测厚方法易于掌握，测量效率高，成本较低。便携式涡流法测厚仪便于携带，使用方便。我国早在1985年就依据国际标准制定了涡流法测厚标准，后于2003年对此标准进行了修订。GB/T 4957—2003《非磁性基体金属上非导电覆盖层 覆盖层厚度测量 涡流法》等同采用ISO 2360：1982《非磁性基体金属上非导电覆盖层 覆盖层厚度测量 涡流法》，于2003年10月29日发布，2004年5月1日起实施。

二、标准主要特点与应用说明

1. 标准的主要特点

该标准规定了使用涡流测厚仪测量非磁性基体金属上非导电覆盖层厚度的方法和设备。

该标准适用于测量大多数阳极氧化膜的厚度，但不适用于一切的转化膜，有些转化膜因为太薄而不能用这种方法测量。

该标准列举了11种影响测量准确度的因素，包括覆盖层厚度、基体金属的电性能、基体金属的厚度、边缘效应、曲率、表面粗糙度、外来附着尘埃、测头压力、测头的放置、试样的变形、测头的温度等。

该标准对仪器的校准提出了要求。在仪器使用前，应用适当的校准标准片对仪器进行校准；仪器在使用期间，每隔一段时间应进行校准。

该标准规定了涡流法测厚的测量程序及相关要求，为了保证测量准确度，在实际测量过程中应严格遵守这些测量程序及相关要求。

该标准规定了厚度测量准确度的要求。当覆盖层厚度小于3μm时，测量值可能达不到准确度的要求，应采用其他方法进行测试。

2. 标准的应用

涡流法测厚在材料选择、加工工艺、成品验收过程中起到质量控制作用，作为一种无损检测评价技术被广泛地应用于各种工业领域。随着科学技术进步，以及新材料、新工艺、新技术不断地推广和应用，该标准应不断充实和修订。

三、标准内容（GB/T 4957—2003）

非磁性基体金属上非导电覆盖层　覆盖层厚度测量　涡流法

1　范围

本标准规定了使用涡流测厚仪无损测量非磁性基体金属上非导电覆盖层厚度的方法。

本方法适用于测量大多数阳极氧化膜的厚度；但它不适用于一切的转化膜，有些转化膜因为太薄而不能用这种方法测量（见第7章）。

本方法理论上能测量磁性基体金属上覆盖层的厚度，但不予推荐。在这种情况下，应采用GB/T 4956中所规定的磁性方法进行测量。

2　规范性引用文件

下列文件中的条款通过本标准的引用而成为本标准的条款。凡是注日期的引用文件，其随后所有的修改单（不包括勘误的内容）或修订版均不适用于本标准，然而，鼓励根据本标准达成协议的各方研究是否可使用这些文件的最新版本，凡是不注日期的引用文件，其最新版本适用于本标准。

GB/T 4956　磁性基体上非磁性覆盖层　覆盖层厚度测量　磁性法（ISO 2178：1982，IDT）

3　原理

涡流测厚仪器测头装置中产生的高频电磁场，将在置于测头下面的导体中产生涡流，涡流的振幅和相位是存在于导体和测头之间的非导电覆盖层厚度的函数。

4　影响测量准确度的因素

下列因素可能影响覆盖层厚度测量的准确度。

4.1　覆盖层厚度

测量不确定度是本方法固有的。对于薄覆盖层测量的不确定度（确切地说）是恒定值，与覆盖层厚度无关，对于每一单次测量而言至少是 0.5μm。对于厚度约大于 25μm 的覆盖层，测量的不确定度等于某一近似恒定的分数与覆盖层厚度的乘积。

如果对厚度等于或小于 5μm 的覆盖层测量时，要取几个读数的平均值。

厚度小于 3μm 的覆盖层厚度测量可能达不到第 7 章规定的准确度要求。

4.2 基体金属的电性能

用涡流仪器测量厚度会受基体金属电导率的影响，金属的电导率与材料的成分及热处理有关。电导率对测量的影响随仪器的制造和型号不同而有明显的差异。

4.3 基体金属的厚度

每一台仪器都有一个基体金属的临界厚度，大于这个厚度，测量将不受基体金属厚度增加的影响。由于临界厚度既取决于测头系统的测量频率又取决于基体金属的电导率，因此，临界厚度值应通过实验确定，除非制造商对此有规定。

通常，对于一定的测量频率，基体金属的电导率越高，其临界厚度越小；对于一定的基体金属，测量频率越高，基体金属的临界厚度越小。

4.4 边缘效应

涡流仪器对试样表面的不连续敏感，因此，太靠边缘或内转角处的测量将是不可靠的，除非仪器专门为这类测量进行了校准。

4.5 曲率

试样的曲率影响测量。曲率的影响因仪器制造和类型的不同而有很大的差异，但总是随曲率半径的减少而更为明显。因此，在弯曲的试样上进行测量将是不可靠的，除非仪器为这类测量作了专门的校准。

4.6 表面粗糙度

基体金属和覆盖层的表面形貌对测量有影响。粗糙表面既能造成系统误差又能造成偶然误差；在不同的位置上做多次测量能降低偶然误差。

如果基体金属粗糙，还需要在未涂覆的粗糙基体金属试样上的若干位置校验仪器零点。如果没有适合的未涂覆的相同基体金属，应用不浸蚀基体金属的溶液除去试样上的覆盖层。

4.7 外来附着尘埃

涡流仪器的测头必须与试样表面紧密接触，因为仪器对妨碍测头与覆盖层表面紧密接触的外来物质十分敏感，应该检查测头前端的清洁度。

4.8 测头压力

使测头紧贴试样所施加的压力影响仪器的读数，因此，压力应该保持恒定。这可以借助于一个合适的夹具来达到。

4.9 测头的放置

仪器测头的倾斜放置，会改变仪器的响应，因此，测头在测量点处应该与测试表面始终保持垂直。这可以借助于一个合适的夹具来达到。

4.10 试样的变形

测头可能使软的覆盖层或薄的试样变形。在这样的试样上进行可靠的测量可能是做不到的，或者只有使用特殊的测头或夹具才可能进行。

4.11 测头的温度

由于温度的较大变化会影响测头的特性，所以应该在与校准温度大致相同的条件下使用测头测量。

5　仪器的校准

5.1　概述

每台仪器在使用前，都应按制造商的说明，用一些合适的校准标准片进行校准，并对第4章中列举的因素和第6章中叙述的程序给予适当的注意。

5.2　校准标准片

已知厚度的校准标准片可以是箔也可以是有覆盖层的标准片。

5.2.1　校准箔

5.2.1.1　用于涡流仪器校准的标准箔通常由适当的塑料制成。

箔有利于在弯曲表面上的校准，并且比有覆盖层的标准片更容易获得。

5.2.1.2　为了避免测量误差，应保证箔与基体紧密接触；如果可能的话，应避免使用具有弹性的箔。

标准箔易于形成压痕，必须经常更换。

5.2.2　有覆盖层的标准片

有覆盖层的标准片由已知厚度的、厚度均匀且与基体材料牢固结合的非导电覆盖层构成。

5.3　校准

5.3.1　校准标准片的基体金属应具有与试样的基体金属相似的电学性能。建议将从无覆盖层的校准标准片的基体金属上得到的读数与从试样基体金属上得到的读数作比较，以确认校准标准片的适用性。

5.3.2　如果基体金属厚度超过4.3中定义的临界厚度，则覆盖层厚度测量不受基体金属厚度的影响。如果没有超过临界厚度，则测量和校准的基体金属厚度应该尽可能相同。如果不能这样，则应用一片足够厚的、电学性能相同的金属将校准标准片或试样垫起，以使读数不受基体金属厚度的影响；但如果基体金属两面都有覆盖层，或基体金属和衬垫金属之间有任何缝隙，则不能用此方法。

5.3.3　如果待测覆盖层的弯曲状态使之不能靠平面方式校准时，则有覆盖层的标准片的曲率或放置校准箔的基体的曲率应与待测试样的曲率相同。

6　测量程序

6.1　概述

按制造商的说明去操作每一台仪器，对第4章中列举的因素给予相应的注意。

在每次仪器投入使用时，以及在使用中每隔一定时间（至少每小时一次），都应在测量现场对仪器的校准进行核对，以保证仪器的性能正常。

必须遵守下列注意事项。

6.2　基体金属厚度

检查基体金属厚度是否超过临界厚度，如果没有超过，应采用5.3.2中叙述的衬垫方法，或者保证已经采用与试样相同厚度和相同电学性能的标准片进行过仪器校准。

6.3　边缘效应

不要在靠近试样的边缘、孔洞、内转角等处进行测量，除非为这类测量所做的校准的有效性已经得到了证实[1)]。

6.4　曲率

不要在试样的弯曲表面上进行测量，除非为这类测量所做的校准的有效性已经得到了证实。

6.5　读数的次数

由于仪器的正常波动性，因而有必要在每一测量位置上取几个读数。覆盖层厚度的局部差别可能也要求在任一给定的面积上进行多次测量，表面粗糙时更是如此。

6.6　表面清洁度

测量前，应除去试样表面上的任何外来物质，如灰尘、油脂和腐蚀产物等；但不能除去任何覆盖层材料。

7　准确度要求

仪器及其校准和操作应使覆盖层厚度能测准到真实厚度的10%以内。如果测量小于5μm的覆盖层厚度，推荐取几次读数的平均值。覆盖层厚度小于3μm时，可能达不到这样的准确度。

第六节　金属和氧化物覆盖层　厚度测量　显微镜法

一、概论

显微镜法测厚，常称金相测厚，是从待测件上切割一块试样，镶嵌后，采用适当的技术对横断面进行研磨、抛光和浸蚀，用标尺经校准过的显微镜测量覆盖层断面的厚度。显微镜法常用于厚度大于1μm覆盖层的测量，厚度越大，相对误差越小。显微镜法测厚结果准确、直观，一般作为覆盖层厚度检测的仲裁检验方法。

制取合格的金相试样是显微镜法测厚的前提，是获得准确结果的关键。金相制样在很大程度上取决于操作者的熟练程度，主要体现在以下几点：

（1）试样前处理　为了保护覆盖层的边缘在制样过程中不产生倒角、裂纹、剥落，常在待测试样上附加镀层，附加镀层一般与被测覆盖层硬度相当，在显微镜下的颜色能清晰区分，或者通过腐蚀后能够清晰区分。

（2）取样过程　取样部位应为标准规范中规定的部位，或者双方协商指定的部位。取样的切割面应垂直表面覆盖层所在平面，切割后可以通过角度仪验证垂直度，并在后续制样过程中给予纠正。

（3）制样过程　此过程主要包括镶嵌、研磨和抛光。

镶嵌可以采用有机物快速镶嵌（比如环氧树脂冷镶嵌、酚醛树脂的热镶嵌等），也可采用机械夹具镶嵌（方形夹具、圆形夹具等）。当覆盖层为低熔点涂层，应采用冷镶嵌，且在

1）为了评估接近边缘的效应，可采用一种简单的边缘效应检查方法，即用一个干净的用基体金属制备的无覆盖层的试样按如下方法进行操作：将测头放置在试样上充分远离边缘处，并将仪器调至零点，将测头逐渐朝边缘移动，注意仪器读数发生变化时测头的位置，并测量其到边缘的距离。假如测头到边缘的距离较上述测得的距离远，则可能不用校准而直接使用仪器。如果测头靠近边缘使用，则仪器须做专门的校准。如有必要，参考制造商的说明书。

磨制过程中注意压力和转速的控制，以及冷却水流量的控制，以免低熔点涂层受热膨胀，影响测量精度。当覆盖层较软，受压容易变形，或者覆盖层硬脆，受压易崩裂，采用机械镶嵌时，应添加软金属片（铝箔、铜箔、镍箔）进行保护。

镶嵌试样的研磨应选用合适的砂纸，使用水和无水乙醇之类的润滑剂，并用合适的压力防止表面变斜。研磨初期应选用 100 号或者 180 号砂纸，使试样真实的轮廓显现出来，并除去变形部位，然后依次使用 240、320、500、600 号的砂纸进行研磨，每次时间不宜过长，更换一次砂纸应使研磨方向改变 90°。

研磨后的样品应在抛光轮盘上抛光 2min~3min，以消除划痕，便于最后观测。抛光轮盘上应涂抹金刚砂粒或者金刚石喷雾剂等抛光辅材，粒度一般为 1μm~5μm。制备很软的金属试样时，应采用大量流动的润滑剂以减少砂粒的嵌入。

（4）腐蚀过程　为提高金属层间的反差，应采用适当的腐蚀剂对抛光好的样品进行腐蚀，腐蚀程度应确保涂镀层与基体、涂镀层之间分界线清晰，不能腐蚀不足或过腐蚀。腐蚀过程应在具备良好通风条件的环境中进行。对于有毒腐蚀剂，应做好试验人员的防护。

（5）观察测量过程　采用适当的放大倍数，使显微镜的视野为覆盖层的 1.5 倍~3 倍。无论是采用目镜刻度尺还是使用计算机软件测量，均必须采用垂线测量厚度，测量点数一般不少于 5 个点。

为了规范实验室显微镜法测厚检测过程，提高测量准确度，我国制定了 GB/T 6462—2005《金属和氧化物覆盖层　厚度测量　显微镜法》。该标准等同采用 ISO 1463：2003《金属和氧化物覆盖层　厚度测量　显微镜法》，代替 GB/T 6462—1986《金属和氧化物覆盖层　横断面厚度　显微镜测量方法》。GB/T 6462—2005 于 2005 年 6 月 23 日发布，2005 年 12 月 1 日正式实施。

二、标准主要特点与应用说明

该标准规定了运用光学显微镜检测横断面金属覆盖层、氧化膜层和釉瓷或玻璃搪瓷覆盖层的局部厚度的方法。

该标准总结了影响横断面厚度测量结果的不确定因素，主要有以下几点：①样品表面粗糙度；②横断面的斜度；③覆盖层的变形；④覆盖层边缘倒角；⑤附加覆盖层；⑥浸蚀程度；⑦覆盖层相互遮盖；⑧检测图片放大倍数；⑨配套测量系统的误差；⑩金相显微镜设备系统误差。

采用显微镜法测厚时，试样的制备、镶嵌、研磨和抛光、浸蚀过程应满足标准要求，以减少样品制备过程带来的测量误差。

三、标准内容（GB/T 6462—2005）

金属和氧化物覆盖层　厚度测量　显微镜法

1　范围

本标准规定了运用光学显微镜检测横断面，以测量金属覆盖层、氧化膜层和釉瓷或玻璃搪瓷覆盖层的局部厚度的方法。

警告：应用本标准可能涉及危险的材料、操作和装置的使用。本标准没有提出使用过程中的任何健康危害和安全问题。在运用本标准前，使用者有责任根据国家或当地的规定制定合适的健康和安全条例，并采取相应的措施。

2 规范性引用文件

下列文件中的条款通过本标准的引用而成为本标准的条款。凡是注日期的引用文件，其随后所有的修改单（不包括勘误的内容）或修订版均不适用于本标准，然而，鼓励根据本标准达成协议的各方研究是否可使用这些文件的最新版本。凡是不注日期的引用文件，其最新版本适用于本标准。

GB/T 12334 金属和其他非有机覆盖层 关于厚度测量的定义和一般规则（idt ISO 2064）

3 术语和定义

GB/T 12334 确立的以及下列术语和定义适用于本标准。

局部厚度 local thickness

在参比面内进行规定次数厚度测量的平均值。

4 原理

从待测件上切割一块试样，镶嵌后，采用适当的技术对横断面进行研磨、抛光和浸蚀。用校正过的标尺测量覆盖层横断面的厚度。

注：有经验的金相学家对这些技术很熟悉，对于经验不足的操作者，第 5 章和附录 A 中给出了一些指南。

5 影响测量不确定度的因素

5.1 表面粗糙度

如果覆盖层或覆盖层基体表面是粗糙的，那么与覆盖层横断面接触的一条或两条界面线是不规则的，以致不能精确测量（见 A.5）。

5.2 横断面的斜度

如果横断面不垂直于待测覆盖层平面，那么测量的厚度将大于真实厚度。例如：垂直度偏差 10°，将产生 1.5%的误差。

注：附录 B 中 B.1 提供了关于倾斜横断面的指南。

5.3 覆盖层变形

镶嵌试样和制备横断面的过程中，过高的温度和压力将使软的或低熔点的覆盖层产生有害变形；在制备脆性材料横断面时，过度的打磨也同样会产生变形。

5.4 覆盖层边缘倒角

如果覆盖层横断面边缘倒角，即覆盖层横断面与边缘不完全平整，采用显微镜测量则得不到真实厚度。不正确的镶嵌、研磨、抛光和浸蚀都会引起边缘倒角，因此在镶嵌之前，待测试样常要附加镀层，这样可使边缘倒角减至最小。（见 A.2）

5.5 附加镀层

在制备横断面时，为了保护覆盖层的边缘，以避免测量误差，常在待测试样上附加镀层。在附加镀层前的表面准备过程中，覆盖层材质的除去将导致厚度测量值偏低。

5.6 浸蚀

适当的浸蚀能在两种金属的界面线上产生细而清晰的黑线；过度的浸蚀会使界面线不清晰或线条变宽，使测量产生误差。

5.7　遮盖

不适当的抛光或附加镀覆软金属会使一种金属遮盖在另一种金属上，造成覆盖层和基体之间的界面线模糊。为了减轻遮盖的影响，可反复制备金属镀层的横断面，直至厚度测量（见 A.3 和 A.5）出现重现，或附加镀覆较硬的金属。

5.8　放大率

对于待测的任何一个覆盖层厚度，测量误差一般随放大率减小而增大。选择放大率时应使显微镜视野为覆盖层厚度的 1.5 倍~3 倍。

5.9　载物台测微计的校正

载物台测微计校正时的误差将反映到试样的测量中。标尺必须经过严密的校正或验证，否则会产生百分之几的误差。常用的校准方法是：以满标尺的长度为准确值，然后使用线性测微计测量每格长度，根据比例算出每格刻度值。

5.10　测微计目镜的校正

线性测微计目镜可提供最满意的测厚方法。目镜经校准，测量将更为准确。因校准与操作者的人为因素有关，因而目镜应由测量操作者进行校准。

重复校正测微计目镜可希望得到小于 1%的误差。校正载物台测微计的两条线的间距应在 0.2μm 或 0.1%中较大一个的范围内。若载物台测微计未做精度验证，则应校正。

注：有些载物台测微计的测量不确定度是经制造厂验证过的：另外，有些载物台测微计在测量距离为 2mm 时．误差为 1μm 或 2μm；当测量距离为 0.1mm 和 0.01mm 时，其误差为 0.4μm 或者更大。

有些测微计目镜图像放大具有非线性特征，因而即使短距离测量其误差也可达到 1%。

5.11　对位

测微计目镜移动时的齿间游移也能引起测量误差。为消除这种误差，应保证对位过程中准线最后移动始终朝同一方向。

5.12　放大率的一致性

放大率在整个视野内不一致就会出现误差，因此，要保证将待测界面置于光轴中心，并且在视野的同一位置进行校准和测量。

5.13　透镜的质量

图像不清晰将产生测量不确定度，因而要保证使用优质的透镜。

注：有时，可用单色光束提高图像清晰度。

5.14　目镜的方位

保证目镜的准线在对线时移动的过程中与覆盖层横断面的界面线垂直。例如：偏离 10°，其误差为 1.5%。

5.15　镜筒的长度

镜筒长度的变化会引起放大率的变化，若此变化发生在校准和测量之间，则测量不准。目镜在镜筒内重新定位时，改变目镜镜筒焦距时，以及在进行显微镜微调时，注意避免镜筒长度发生变化。

6　横断面的制备

制备、镶嵌、研磨、抛光、浸蚀试样要求为：

a）横断面垂直于覆盖层；

b）横断面表面平整，其图像的整个宽度应在测量时所取的放大率下同时聚焦；

c）由于切割和制备横断面所引起的变形材质要去掉；

d）覆盖层横断面上的界面线仅由外观反差就能明显地确定或由一条易于分辨的细线确定。

注：第5章和附录A中给出了详细指南。一些典型的浸蚀剂列于附录C。

7 测量

7.1 应适当注意第5章和附录A中所列的各种因素。

7.2 用验证或校准过的载物台测微计校准显微镜及其测量装置。

7.3 测量覆盖层横断面图像的宽度时，沿显微断面长度至少取五点测量。

注：附录B给出了横断面的斜度和齿状结构覆盖层的测量指南。

8 测量的不确定度

对显微镜及其附件、显微镜及其附件的使用与校准的方法以及横断面制备的方法都应加以选择，使待测覆盖层厚度测量的不确定度在1μm或真实厚度的10%中较大的一个值之内。本方法能得到0.8μm的绝对测量不确定度，当厚度大于25μm时，合理的测量的不确定度应为5%或者更小（见B.3）。在良好的条件下，仔细地制备试样，并使用合适的仪器，本方法能得到0.4μm的测量不确定度。

9 试验报告

试验报告应包括下列内容：

a）本标准的编号，即GB/T 6462—2005；

b）待测试样的特性；

c）测量结果说明：

1）所取横断面在待测试样上的位置；

2）每点测量的厚度，以微米计（若大于1mm以毫米计）（7.3）：横断面上测量点分布的长度；

3）局部厚度，即厚度测量值的算术平均值。

d）来自指定过程的任何偏差；

e）在测试过程中观察到的任何不正常的特征（异常现象）：

f）检测日期。

附　录　A

（资料性附录）

关于横断面制备和测量的指南

A.1 引言

试样的制备和覆盖层厚度测量很大程度取决于个人技术，并且适用的技术多种多样。仅规定采用某一技术是不合理的，要包含所有适用的技术也是不现实的。本附录叙述的技术作为一种指南，供没有经验的金相工作者进行覆盖层厚度测量时参考。

A.2 镶嵌

为了防止覆盖层横断面边缘倒角，应支撑覆盖层的外表面，以使覆盖层与支撑物之间不留间隙。常在试样上镀覆硬度与覆盖层硬度相近的一种金属，作为附加镀层，厚度至少为10μm。对于硬的、脆的覆盖层（如氧化膜或铬镀层），镶嵌前可将试样紧紧地裹上一层软铝箔。

如果覆盖层较软，附加更软的金属镀层将使抛光更为困难，因为金属越软就越容易被抛光掉。锌和镉镀层上附加铜镀层将带来困难，因为在后面的浸蚀过程中，溶解的铜趋向于沉积到锌和镉镀层上。锌镀层上附加镉镀层较好，反之亦然。

A.3　研磨和抛光

保持镶嵌的横断面与覆盖层垂直极为关键。塑料镶嵌时在外边缘处另夹持几片金属片，定期改变研磨方向（旋转90°），以及保持研磨时间、压力最小，都有利于保持横断面的垂直。研磨前，如果在镶嵌好的边缘上刻上参考记号，就容易测定出与水平面的倾斜度。

镶嵌试样的研磨应选用合适的砂纸，使用水和无水乙醇之类的润滑剂，并用最小的压力防止表面变斜。研磨初期应选用100号或180号砂纸，使试样真实的轮廓显现出来，并除去变形的部位，然后依次使用240号、320号、500号、600号的砂纸进行研磨，每次时间不超过30s~40s；每更换一次砂纸应使研磨方向改变90°，最后在抛光轮上抛光2min~3min，以消除划痕，便于最后观测。抛光轮上应涂抹金刚砂粒为4μm~8μm的研磨膏和无水乙醇润滑剂。如对表面抛光等级要求特别高，可选用金刚砂粒约为1μm的研磨膏进行抛光。

在制备很软的金属试样时，研磨过程中研磨膏砂粒容易被嵌入试样表面。这时应在研磨过程中将砂纸全部浸入润滑剂，或采用大量流动的润滑剂，从而使嵌入量最小。如果砂粒已被嵌入，清除的方法是：在研磨后和金刚砂精抛前，采用短时间的轻微手工抛光或进行一次或几次浸蚀、抛光交替循环处理。

A.4　浸蚀

为了提高金属层间的反差，除去金属遮盖痕迹，并在覆盖层边界面处显示一条清晰的细线，采用浸蚀的方法通常是适宜的。一些典型的浸蚀剂列于附录C。

A.5　测量

测量仪器一般采用线性测微计或测微计目镜，后者精度较差。目镜放大图像有利于粗糙基体表面的薄覆盖层的测量。将图像投影到毛玻璃板上的测量方法通常不能令人满意，因为投影可见时，图像和标尺的读数的清晰度比较差。

测量仪器在测量前和测量后至少要标定一次，除非重复实验另有要求。

校准和测量都应由同一操作者进行。载物台测微计和覆盖层应置于视野中央，每测量一点至少要进行两次，并取其平均值。

对于关键的仲裁性测量，制备横断面和测量覆盖层厚度的所有步骤，从使用600号或更粗的砂纸研磨开始直到测量，都要进行两次。采用先进的技术和精密仪器制备平滑的覆盖层和基体表面，其重现性在2%或0.5μm中较大的一个数值以内。

某些显微镜容易发生载物台相对于物镜的自发移动，这可能是光源热效应不均匀引起的。测量厚度过程中选用高倍放大率时，这种移动会产生测量误差。快速完成测量，或每一间隔测量两次，一次从左到右，一次从右到左，可使误差减至最小。

附　录　B

（资料性附录）

横断面的斜度和齿状结构覆盖层的测量

B.1　横断面的斜度

如果试样方位偏离垂直面（见图B.1），则测量值就会偏高（见5.2）。

覆盖层厚度 d 可按公式（B.1）计算：

$$d = d'\cos\alpha \tag{B.1}$$

式中 d——$\alpha=0$ 时的覆盖层厚度；

α——横断面与覆盖层表面的垂直面的偏离度（°）；

d'——$\alpha\neq0$ 时覆盖层厚度的测量值。

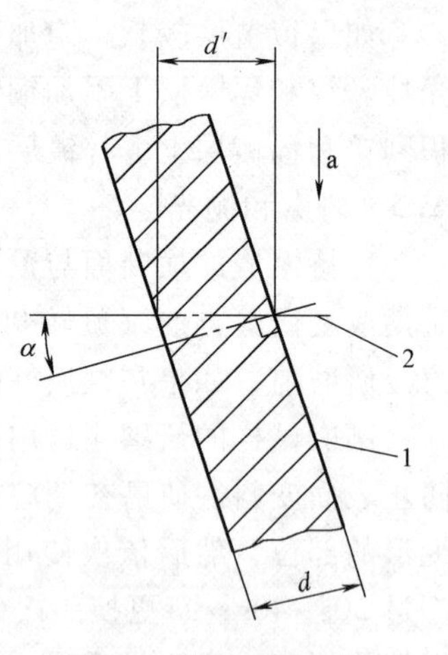

图 B.1 横断面偏离角 α

1—覆盖层表面 2—断面 a—观测方向

B.2 齿状结构覆盖层的测量

B.2.1 原理

本方法可用来测量齿状结构覆盖层的局部厚度，例如，由热化学产生的氮化硼覆盖层。

覆盖层厚度放大 200 倍，然后用位于覆盖层两边界线间相距 2mm 的屏线进行测量，直至超过适当总长，如 100mm（见图 B.2）。

B.2.2 数值计算

齿状结构覆盖层的算术平均值由单个数值计算得来，标准偏差给出了分界面不规则性（齿状结构的角度）的表示方法。

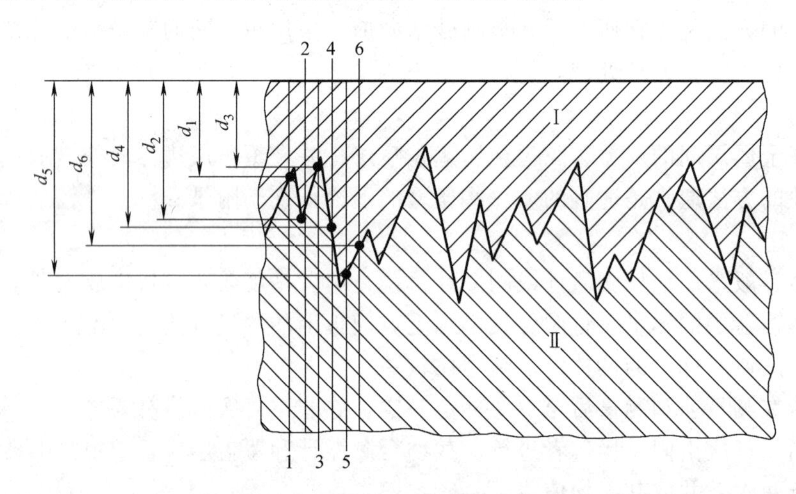

图 B.2 齿状结构覆盖层厚度的测量

Ⅰ—覆盖层 Ⅱ—基体

B.3 通过使用轻巧显微镜获得的测量标准偏差的经验值

可重复条件下，标准偏差（σ）为 0.3μm。对比条件下，标准偏差为 0.8μm。

对于给定标准偏差，表 B.1 列出覆盖层局部厚度的可靠区间，表中按公式（B.2）（简化式）计算出来的数值具有 95%的统计学可靠性。

$$q = \pm\frac{1.96}{\sqrt{n}}\times\sigma \tag{B.2}$$

式中 n——计算局部厚度的测量值的个数；

σ——标准偏差。

因此，95%的测量结果在覆盖层局部厚度 $\pm q$ 范围内。

表 B.1　95%统计学可靠性下覆盖层局部厚度的相对误差

局部厚度 q/μm	可重复的条件 $\sigma=0.3\mu m$		对比条件 $\sigma=0.8\mu m$	
	$n=3$	$n=10$	$n=3$	$n=10$
	局部厚度的相对误差(%)			
1	34	20	90	50
5	7	4	18	10
10	4	2	9	5
50	0.7	0.4	1.8	1
100	0.4	0.2	0.9	0.5

附　录　C
（资料性附录）
室温下使用的典型的浸蚀剂

室温下使用的一些典型的浸蚀剂见表 C.1。

警告：制备、使用、搬运和排放这些浸蚀剂时要小心谨慎。

表 C.1

序号	浸　蚀　剂	应　　用
1	硝酸溶液(ρ=1.42g/mL);5mL 乙醇溶液(体积分数 95%);95mL 警告:本混合物不稳定,可爆炸,加热时尤为如此	用于钢铁上的镍和铬镀层,浸蚀钢铁,这种浸蚀剂应是新配制的
2	六水合三氯化铁($FeCl_3 \cdot 6H_2O$):10g 盐酸溶液(ρ=1.16g/mL):2mL 乙醇溶液(体积分数 95%):98mL	用于钢铁、铜及铜合金上的金、铅、银、镍和铜镀层,浸蚀钢、铜及铜合金
3	硝酸溶液(ρ=1.42g/mL):50mL 冰醋酸溶液(ρ=1.16g/mL):50mL	用于钢和铜上的多层镍镀层的单层厚度测量,通过显示组织来区分每一层镍,浸蚀镍,过度腐蚀钢和铜合金
4	过硫酸铵:10g; 氢氧化铵溶液(ρ=0.88g/mL):2mL 蒸馏水:93mL	用于铜及铜合金上的锡和锡合金镀层,浸蚀铜及铜合金,本浸蚀剂须是新配制的
5	硝酸溶液(ρ=1.42g/mL):5mL 氢氟酸溶液(ρ=1.14g/mL):2mL 蒸馏水:93mL	用于铝及铝合金上的镍和铜镀层,浸蚀铝及铝合金
6	铬酐(CrO_3):20g 硫酸钠:1.5g 蒸馏水:100mL	用于锌合金上的镍和铜镀层,也适用于钢铁上的锌和镉镀层,浸蚀锌、锌合金和镉
7	氢氟酸溶液(ρ=1.14g/mL):2mL 蒸馏水:98mL	用于阳极氧化的铝合金,浸蚀铝及其合金

第七节 金属覆盖层 覆盖层厚度测量 轮廓仪法

一、概论

轮廓仪法测量覆盖层厚度是采取镀覆前掩盖一部分基体或镀覆后溶解一部分覆盖层，使基体和覆盖层之间形成台阶，通过轮廓仪测量台阶的高度，从而获得覆盖层厚度的方法。轮廓仪法测量覆盖层厚度的范围为0.01μm~1000μm。当覆盖层厚度小于0.01μm时，则对测量面的平直度和平滑度要求非常高，很难测定其准确的厚度。轮廓仪法测厚适用于平表面试样，常用于覆盖层厚度标准片厚度的测量。与显微镜法一样，轮廓仪法测厚直观，误差较小，但影响测量精度的因素较多。

GB/T 11378—2005《金属覆盖层 覆盖层厚度测量 轮廓仪法》等同采用ISO 4518:1980《金属覆盖层 覆盖层厚度测量 轮廓仪法》，是对GB/T 11378—1989的修订。GB/T 11378—2005于2005年6月23日发布，2005年12月1日实施。

二、标准主要特点与应用说明

该标准规定了轮廓仪法测量覆盖层厚度的范围、仪器参数与特性和测量规程，描述了测量原理和影响测量精度的有关因素。

制备合适的覆盖层和基体的台阶是测量的前提，该标准提出了台阶制备的方法和要求。只有保证台阶的顶部不遭受损坏或腐蚀，台阶底部应无任何覆盖层痕迹，才能保证台阶的高度能够真正代表覆盖层的厚度。

影响轮廓仪测量覆盖层厚度的因素很多，诸如仪器对轮廓的记录、垂直放大倍数、图形测量、外加力的大小、触针直径和表面粗糙度、振动、表面曲率、清洁度、温度、台阶轮廓、基准面及仪器的校准等都会不同程度地影响测量精度。该标准中一一列述了以上影响因素，使用者应在仪器及参数的选择、台阶制备、环境条件和操作过程中应注意克服和减少其影响。

三、标准内容（GB/T 11378—2005）

金属覆盖层 覆盖层厚度测量 轮廓仪法

1 范围

1.1 本标准规定了金属覆盖层厚度的一种测量方法。该方法是首先在覆盖层表面和基体金属表面之间形成一个台阶，然后应用轮廓记录仪测量台阶的高度。本标准具体规定了仪器的特性以及轮廓仪法的特殊测量规程。

1.2 本方法适用于测量平表面上厚度0.01μm~1000μm的金属覆盖层厚度，如果采取适当措施，也可以测量圆柱表面。它非常适合于微小厚度的测量，但对厚度小于0.01μm的工作表面平直度、平滑度的要求非常严格，因此建议不要在电子触针式仪器的最低厚度范围内采用本标准。本方法适用于制备覆盖层厚度标准片厚度的测量。

2　规范性引用文件

下列文件中的条款通过本标准的引用而成为本标准的条款。凡是注日期的文件，其随后所有的修改单（不包括勘误的内容）或修订版均不适用于本标准，然而，鼓励根据本标准达成协议的各方研究是否可使用这些文件的最新版本。凡是不注日期的引用文件，其最新版本适用本标准。

GB/T 4955　金属覆盖层　覆盖层厚度测量　阳极溶解库仑法（idt ISO 2177）

GB/T 12334　金属和其他非有机覆盖层　关于厚度测量的定义和一般规则（idt ISO 2064）

3　原理

溶解一部分覆盖层（验收试验）或在镀覆之前掩盖一部分基体（生产检验）以形成一台阶。用轮廓记录仪测量台阶的高度。

4　仪器：工作参数和测量特性

4.1　轮廓记录仪的类型

下列两种类型的仪器都可采用：

4.1.1　电子触针式仪器，即表面分析仪和表面轮廓记录仪，通常是用于测量表面粗糙度。但本标准的目的是用它来记录台阶的轮廓。

4.1.2　具有触针及记录台阶轮廓功能的电子感应比较仪。

电子触针式仪器的应用更广，可以测量表面粗糙度，但电子感应比较仪的结构更简单。两种仪器通常测量不同的厚度范围：电子触针式仪器的范围是 0.005μm~250μm，电子感应比较仪的范围是 1μm~1000μm。

4.2　电子触针式仪器

4.2.1　这类仪器用于记录表面轮廓，它们具有下列组件：

4.2.1.1　一个夹角为 1.57 弧度（90°）的圆锥或角锥触针传感器。触针针尖横断面半径公称值为 2μm、5μm、10μm 或 50μm。它与试验表面接触的压力不应超过表 1 给出的数值。

表 1　压在触针上的力

触针针尖半径的公称值/μm	2	5	10	50②
触针在平均高度的最大静压力/mN①	0.7	4	16	10②

① 1mN≈0.1gf。

② 适用于低硬度金属，如锡和铅的数值。

4.2.1.2　一个驱动单元，它使传感器相对于基准滑轨移动，如果滑轨可能导致被测表面损伤或者使被测台阶变形，则传感器应在一个具有轮廓的标称形状基准面上移动。

4.2.1.3　一个放大单元，它使轮廓的垂直放大倍数的标称值（V_v）在下面一组数据中任选：

100—200—500—1000—2000—5000—10000—20000—50000—100000—200000—500000—1000000。

4.2.1.4　一个描绘放大轮廓变化量的记录仪，当记录仪与驱动单元一起工作时，可以从下面一组数据中选择轮廓的水平放大倍数的标称值（V_h）：

10—20—50—100—200—500—1000—2000—5000。

4.2.2 轮廓记录仪具有下列测量特性：

——移动长度：1mm~100mm；

——厚度测量范围：0.005μm~250μm；

——分辨率（根据测量范围而定）：0.005μm~1μm。

4.3 电子感应比较仪

4.3.1 电子感应比较仪的设计和电子触针式仪器（4.2）非常相似，主要区别是其触针半径大，不能描绘表面的细微轮廓。

4.3.2 电子感应比较仪测量特性和工作参数的典型示例如下：

带有一个能使被扫描的表面做直线运动的工作台，一个匹配的放大器，线性度不低于5%的电子感应比较仪。采用下列工作参数：

——触针半径：250μm；

——最大放大倍数：×50000；

——触针静压力：0.12N。

具有下列测量特性：

——移动长度：100mm；

——厚度测量范围：1μm~1000μm；

——分辨率（根据测量范围而定）：0.02μm~20μm。

5 影响精度的有关因素

5.1 轮廓记录

因为厚度的测量是根据被记录的轮廓进行，因此，在一适当的放大倍数下，如果不能正确描绘出台阶，测量误差就大。不准确的记录可能是由于记录仪质量不好或调节不当造成的。

5.2 垂直放大倍数

如果垂直放大倍数太低，则测量精度低，此时应调整，按照台阶轮廓记录在记录纸上最佳宽度选择放大倍数。

5.3 图形测量

如果测试表面与参比（基准）表面不平行，则水平面的记录与图表坐标方格是倾斜的，台阶垂直部分也是倾斜的，但它仍可垂直于图表的坐标方格，这取决于垂直和水平放大倍数、触针的半径，最后取决于台阶的高度（即厚度）。当轮廓倾斜时，如果对水平放大倍数和垂直放大倍数的差别不做校正，测定轮廓的中心线间的垂直距离时通常会产生误差。

为了避免这些误差和额外的数学运算，基准面与测试表面应平行。这可用适当的夹具或装配去完成。

5.4 外加力的大小

如果作用于触针上的力太大，触针会造成表面刮伤或变形，可能引进测量误差。故应使力保持最小值，一般不应超过表1所给的值。

5.5 触针直径和表面粗糙度

如果使用小直径的触针作用于粗糙的表面，因所记录的台阶极值不宜确定，故台阶的高度很难准确地测量。大直径的触针可使这种困难减至最小。

如果基体与覆盖层表面具有不同的表面粗糙度，则由于存在不同的峰与峰的间距，触针在一个表面上移动较之在另一个表面上移动所经历的高点更多，以致记录台阶的轮廓失真。小直径的触针有助于减少这种误差。

配有电子滤波器来平滑轮廓的小直径的触针，可获得较好的轮廓，但台阶轮廓的拐角也都变圆了。

原则上，所记录的基体表面粗糙度（表面轮廓峰至谷的高度）不应超过台阶高度的10%。

5.6　振动

振动会使记录的轮廓产生不规则性或噪声，使准确测量难以进行。应将仪器与振源隔离，将其影响减至最小。原则上，峰与谷的高度不应超过台阶高度的10%。

5.7　表面曲率

表面曲率会妨碍轮廓的准确测量，故应尽可能在平坦的表面上进行测量。如果是在弯曲的表面上进行测量，则触针的移动应是最小的曲率方向，例如平行于圆柱体的轴线（台阶应平行于最大曲率的方向）。

5.8　清洁度

任何附着物，如灰尘、油脂以及腐蚀物均会导致错误的测量，故对欲测的表面应清除干净，实验室的空气应相对洁净且无粉尘。

5.9　温度

温度的变化能影响测量。因此，室温应保持均匀稳定。

5.10　台阶轮廓

如果制作的台阶不好（例如过分地磨光棱角），由于台阶的顶部和底部的平面高度不易确定，会给准确测量带来困难，故台阶应精细制作。

5.11　基准面

触针针座沿基准滑轨或基准面运行，相对基准滑轨或基准面的垂直运动被记录下来。基准滑轨是一个压在试件表面上的完整表面，而基准面是仪器部分，它与试件无关。

记录的可靠性随基准面的质量（平滑度和平直度）而定。

5.12　校准

厚度测量不会小于仪器的校准误差和用来校准仪器的台阶高度标准的误差。因校准可能发生变化，故需多次校准仪器，校准次数根据经验而定。即使细心地校准仪器，因仪器具有非线性特性，还可能有2%的误差。为使此误差最小，仪器可在十分接近待测台阶高度的两点进行校准。

6　校准

6.1　应根据制造商的说明书校准仪器，并适当地考虑第5章中所列举的影响因素。

6.2　用于校准仪器的标准块，其台阶高度应是已知的，且不确定度小于5%。但是，若台阶高度小于0.1μm，其不确定度可能大大超过5%。

6.3　每隔一定时间以及每当怀疑校准有变化时，就应进行重复校准。

7　测量规程

7.1　台阶的制备

7.1.1　除掉一部分覆盖层，对基体不要有任何腐蚀。台阶的顶部无论如何不得遭受损坏或腐蚀，台阶的底部应无任何覆盖层痕迹。制备台阶的适当方法见7.1.2、7.1.3和7.1.4。

7.1.2 采取合适材料遮蔽除要溶解区域以外的全部覆盖层。用对基体不产生腐蚀的合适的试剂溶解暴露的覆盖层，然后除掉全部遮蔽材料。

7.1.3 采用 GB/T 4955 的阳极溶解库仑厚度测量法相同的方式以电解池溶掉一小面积覆盖层。

触针单方向横穿小电解池所形成圆坑的直径，可以提供两个台阶的轮廓。

为了与 GB/T 12334 中关于测量大于 $1cm^2$ 的标准面积的最小厚度的规定一致，建议在 1cm×1cm 的面积内除掉四个小圆面积的覆盖层（图 1），用以记录台阶轮廓和测量正方形中靠近每一角的台阶高度。

7.1.4 在某些情况下，台阶是在制备覆盖层前屏蔽一部分基体而形成的。所屏蔽的面积足够地小（直径约为 1mm 或 2mm），所形成的边界不会妨碍测量。

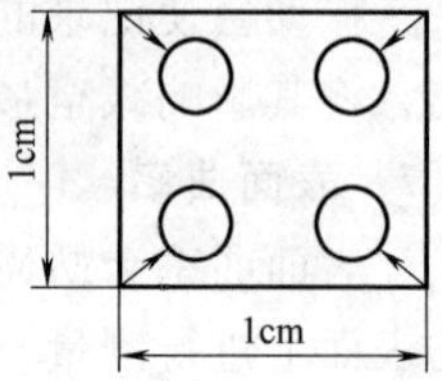

图 1

7.2 轮廓记录

按照仪器制造商的说明书记录轮廓，应事先根据第 4 章的说明及测量特性确定操作参数。要特别注意第 5 章阐述的影响测量精度的因素。

7.3 厚度测量

通过台阶上下边界值的每一记录，描绘其平均线，并将它们延展，以便使两平均线交叠。以台阶中点至两条平均线的距离来确定台阶的高度。

在进行这种测量时，应避免边界效应，还应做出沿扫描轮廓的膜厚变化的允许量。

7.4 测量精度

仪器的校准和操作应使覆盖层厚度测量精度在 10% 或 ±0.005μm（以大值为准）范围内。

第八节 金属覆盖层 覆盖层厚度测量 X 射线光谱法

一、概论

1. X 射线光谱法测厚原理

高强度 X 射线撞击入射路径上材料时会产生二次辐射，此二次辐射具有该材料的波长和能量特性，二次辐射强度与单位面积质量存在一定的关系，该关系可通过已知单位面积的覆盖层校正标准块校正确定。若已知覆盖层材料的密度，则测量结果也可用覆盖层的线性厚度表示。

X 射线激发可由高压 X 射线管和放射性同位素产生。高压 X 射线管通过准直器能在很小的测量面上产生一束极强的辐射束，发射稳定，人身安全要求容易保证，故而被广泛应用；放射性同位素由于存在强度低、不能进行小面积测量、半衰期和同位素源保管及人员防护等问题，在实际应用较少。

X 射线照射产生的二次辐射通常包含除覆盖层厚度测量所要求之外的成分，利用波长色散或能力色散可分离所需要的成分，两种色散方式采集数据的原理和方式不同，仪器结构和功能也有区别。覆盖层 X 射线测厚专用设备属于能量色散型仪器，使用简单便捷。厚度测量分为 X 射线发射方法、吸收方法和比率方法。大多数商用仪器厂采用归一化计数率系统，将无覆盖层的基体的特征计数率调整为 0，而无限厚度的覆盖层材料的特征计数率为 1，所以，所有可测厚度计数率都处在 0~1 的归一化计数率范围。测量的最好或最灵敏范围大约在 0.3~0.8 的特征计数率之间。

2. X 射线光谱法测厚的应用

X 射线光谱法是一种快速、高精度、非破坏性的厚度测量方法，可对面积极小、覆盖层极薄、形状极复杂的样品进行测量。X 射线光谱法可同时测量三层覆盖层体系的厚度，其测量厚度范围取决于 X 射线荧光能量、所允许的测量不确定度和所用设备。

目前，商用的 X 射线测厚仪已被广泛应用。X 射线测厚仪是基于能量色散方法的无损定量分析仪器，主要由 X 射线源、准直器、试样台、检测器和一个评价系统组成。射线源、准直器和检测器通常相互几何固定。评价系统可将强度测量转为单位面积质量或覆盖层厚度。仪器生产商将测量过程进行了计算机程序化，便捷高效，故 X 射线测厚仪广泛应用于电子、半导体、首饰、材料分析等行业。

X 射线光谱法测量厚度方法专业化程度高，为了保证测量的准确可靠，国际标准化组织和我国国家标准化委员会均将此方法进行了标准化。GB/T 16921—2005《金属覆盖层　覆盖层厚度测量　X 射线光谱法》等同采用 ISO 3497：2000《金属覆盖层　覆盖层厚度测量　X 射线光谱法》，是对 GB/T 16921—1997 的修订。GB/T 16921—2005 于 2005 年 10 月 12 日发布，2006 年 4 月 1 日实施。

二、标准主要特点与应用说明

该标准不包括人员防 X 射线辐射的问题，标准明确警告，关于防 X 射线辐射方面的信息可参考现行的国际和国家标准及地方法规。该标准规定了应用 X 射线光谱法测量金属覆盖层厚度的方法，对 X 射线测厚相关术语、原理、仪器、影响因素、校准、测量规程、测量不确定度和测试报告 8 个方面进行了重点描述。

标准中定义了 X 射线测厚相关术语，包括 X 射线荧光、荧光辐射强度、饱和厚度、归一化强度 x_n、中间覆盖层、计数率、基体材料、基体金属和基体，对这些术语定义的理解直接关系着对 X 射线厚度测量方法的原理和程序的理解。

X 射线测厚原理是该标准的重要部分，该标准从操作机理、激发、色散、检测、厚度测量、二次辐射的吸收器、数学反卷积、多层测量、合金成分厚度测量 9 个方面进行阐述。

影响 X 射线厚度测量结果的因素主要包括计数统计、校正标准块、覆盖层厚度、测量面的尺寸、覆盖层组成、覆盖层密度、基体成分、基体厚度、表面清洁度、中间覆盖层、试样曲率、激发能量和激发强度、检测器、辐射程、计数率转换和试样表面的倾斜度等。该标准对如何降低和克服这些影响因素进行了规定，对仪器的校准、测量规程和测量不确定度提出了要求和规定。

三、标准内容（GB/T 16921—2005）

金属覆盖层　覆盖层厚度测量　X 射线光谱法

1　范围

警告：本标准不包括人员防 X 射线辐射的问题，关于此重要方面的信息，可参考现行的国际和国家标准及地方法规。

1.1 本标准规定了应用 X 射线光谱方法测量金属覆盖层厚度的方法。

1.2 本标准所用的测量方法基本属于测定单位面积质量的一种方法。如果已知覆盖层材料的密度，则测量结果也可用覆盖层的线性厚度表示。

1.3 本测量方法可同时测量三层覆盖层体系，或同时测量三层组分的厚度和成分。

1.4 给定覆盖层材料的实际测量范围主要取决于被分析的特征 X 射线荧光的能量以及所允许的测量不确定度，而且因所用仪器设备和操作规程而不同。

2 术语和定义

下列术语和定义适用于本标准。

2.1 X 射线荧光 X-ray fluorescence（XRF）

高强度入射 X 射线撞击置于入射光束路径上的材料时产生的二次辐射。

注：此二次发射具有该材料的波长和能量特征。

2.2 荧光辐射强度 intensily of fluorescent radiation

辐射强度 x，由仪器测量的、用每秒计数（辐射脉冲）来表示。

2.3 饱和厚度 saturation thickness

即为超过时，荧光强度不再产生任何可察觉的变化的厚度。

注：饱和厚度取决于荧光辐射的能量或波长、材料的密度和原子序数、入射角度以及材料表面的荧光辐射。

2.4 归一化强度 x_n normalized intensity

在同一条件下得到的覆盖层试样 x 和未涂覆基体材料 x_0 的强度差与厚度大于或等于饱和厚度的材料 x_s（见 2.3）和未涂覆基体材料 x_0 的强度差之比。

注 1：归一化强度数学关系式为：

$$x_n=\frac{x-x_0}{x_s-x_0}$$

式中 x——覆盖层试样的强度；

x_0——未涂覆基体材料的强度；

x_s——厚度大于或等于饱和厚度的材料的强度。

注 2：归一化强度与测量和积分时间及激发（入射辐射）强度无关，激发辐射的几何结构和能量影响归一化的计数率，其值在 0 到 1 之间有效。

2.5 中间覆盖层 Intermediate coatings

位于表面覆盖层和基体材料之间的厚度小于其每层饱和厚度的覆盖层。

注：表面覆盖层和基体材料（基体）之间厚度超过饱和厚度的任何覆盖层本身都可视为真正的基体，因为在这样的覆盖层下的材料不会影响测量，测量时可以不考虑。

2.6 计数率 count rate

每单位时间仪器记录辐射脉冲的数目（见 2.2）。

2.7 基体材料 basis material

基体金属 basis metal

在其表面沉积或形成覆盖层的材料［ISO 2080：1981，定义 134］。

2.8 基体 substrate

被一种覆盖层直接沉积的材料［ISO 2080；1981，定义 630］。

注：对于单一的或第一层镀层，基体与基体材料等同；对后续镀层，中间镀层即为基体。

3　原理

3.1　操作机理

覆盖层单位面积质量（若密度已知，则为覆盖层线性厚度）和二次辐射强度之间存在一定的关系。对于任何实际的仪器系统，该关系首先由已知单位面积质量的覆盖层校正标准块校正确定。若覆盖层材料的密度已知，同时又给出实际的密度，则这样的标准块就能给出覆盖层线性厚度。

注：覆盖层材料密度是覆盖状态的密度，不一定是测量时的覆盖层材料的理论密度。如果该密度与校正标准的密度不同，应当采用一个反映这种差别的系数并在测试报告中加以评注。

荧光强度是元素原子序数的函数。如果表面覆盖层、中间覆盖层（如果存在）以及基体是由不同元素组成或一个覆盖层由不止一个元素组成，则这些元素会产生各自的辐射特征。可调节适当的检测器系统以选择一个或多个能带，使此设备既能测量表面覆盖层又能同时测量表面覆盖层和一些中间覆盖层的厚度和组成。

3.2　激发

3.2.1　一般要求

X 射线光谱方法测定覆盖层厚度是基于一束强烈而狭窄的多色或单色 X 射线与基体和覆盖层的相互作用。此相互作用产生离散波长和能量的二次辐射，这些二次辐射具有构成覆盖层和基体的元素特征。

高压 X 射线管发生器或适当的放射性同位素可产生这样的辐射。

3.2.2　由高压 X 射线管产生

稳定条件下如果对 X 射线管外加足够的电位，则能产生适当的激发辐射。大多数厚度测量要求的外加电压约为 25kV~50kV，但为了测量低原子序数覆盖层材料，可能有必要将电压降至 10kV。由于应用了安装在 X 射线管和试样之间的基色滤色器，降低了测量的不确定度。

该激发方法的主要优点为：

——通过准直，能在很小的测量面上产生一束极强的辐射束；

——人身安全要求容易保证；

——通过现代电子学方法可获得足够稳定的发射。

3.2.3　由放射性同位素产生

只有几种放射性同位素发射的 γ 射线在能量带上适合覆盖层厚度测量。理想的是，激发辐射的能量比要求的特征 X 射线能量稍高（波长稍短），放射性同位素激发的优点在于仪器结构更紧凑，这主要是因为无须冷却。此外，与高压 X 射线管发生器不同，其辐射是单色的而且本底强度低。

与 X 射线管方法相比，其主要技术缺点是：

——所得强度低得多，不能进行小面积测量；

——一些放射性同位素半衰期短；

高强度放射性同位素带来人员防护问题（高压 X 射线管可简单关闭）。

3.3　色散

3.3.1　一般要求

覆盖层表面经 X 射线照射产生的二次辐射通常包含除覆盖层厚度测量所要求之外的成

分。利用波长色散或能量色散可分离所需要的成分。

3.3.2 波长色散

用一个晶体分光仪可选择覆盖层或基体的波长特征，现有的常用晶体典型特征辐射数据见各国权威机构的出版物。

3.3.3 能量色散

X射线量子通常是以波长或等效能量表示。波长和能量的关系式为：

$$\lambda \times E = 1.2398427$$

式中 λ——波长（nm）；

E——能量（keV）。

3.4 检测

波长色散系统用的检测器类型由一充气管、固态检测器或与光电倍增器相连接的闪烁计数器构成。

能量色散系统用的最适当的接收荧光光子的检测器由仪器设计者根据应用选定。在1.5keV~100keV的能带范围内，可在正常气氛中进行测量，而不需氦气或真空。

不同特征能量的荧光辐射先进入能量色散检测器，然后再进入一多道分析仪以控制选择正确的能带。

3.5 厚度测量

3.5.1 发射方法

若测量覆盖层的特征辐射强度，则在达到饱和厚度前，此强度将随厚度的增加而增加，见图1a。

使用X射线发射方法时，将仪器调到接收选定的覆盖层材料的特征能量带，这样，薄覆盖层产生低强度而厚覆盖层产生高强度。

3.5.2 吸收方法

若测量基体的特征辐射强度，则此强度随厚度增加而减小。见图1b。

X射线吸收方法利用基体材料的特征能带。这样，薄覆盖层产生高强度而厚覆盖层产生低强度。在实际运用时，要注意确保不存在中间层。

吸收特征与发射特征反向相似。

3.5.3 比率方法

当覆盖层厚度用基体和覆盖材料各自的强度比表示时，则可能使X射线吸收方法和发射方法结合。这种强度比率方法的测量基本同试样和检测器之间的距离无关。

3.5.4 测量

对3.5.1和3.5.2中所描述的两种方法，许多商用仪器常采用归一化计数率系统，将无覆盖层的基体的特征计数率调整为0，而无限厚度的覆盖层材料的特征计数率为1，因此，所有可测厚度计数率都处于0到1的归一化计数率范围，见图2。

在所有的情况下，测量的最好或最灵敏范围大约在0.3~0.8的特征计数率标度之间。因此，要在整个厚度范围得到最好的测量精度，宜用0.3~0.8的特征计数率值的校正标准。为了确保其他厚度的测量精度，一些仪器可能用其他标准。因为校正标准的不确定度随厚度的减少而增加，所以通过适当使用具有厚覆盖层而低不确定度的标准块，在厚度范围的薄端建立正确的数学关系。

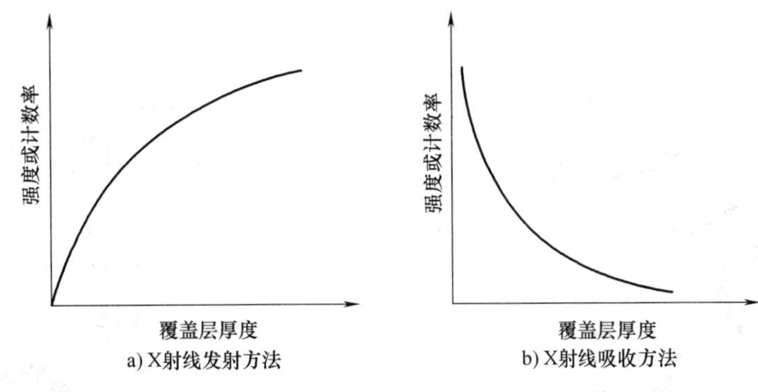

图1　强度或计数率与覆盖层厚度之间关系的图示

3.6　二次辐射的吸收器

当测量具有宽能量差异（能量色散系统）的覆盖层/基体材料组合时，饱和厚度覆盖层和无覆盖层基体的特征计数率的比率很高（典型为10∶1）。在这种情况下，不一定需要具有类似或相同基体的校正标准（因为基体材料将不辐射与覆盖层材料同样的能带）。当无覆盖层基体与无限厚覆盖层的计数率比为3∶1时（对具有相似能量的覆盖层/基体组合），往往必须选用一种“吸收器”，以吸收其中一种材料的辐射，通常指基体材料的辐射。这种吸收器通常是手动或自动放置在被测表面与检测器之间。

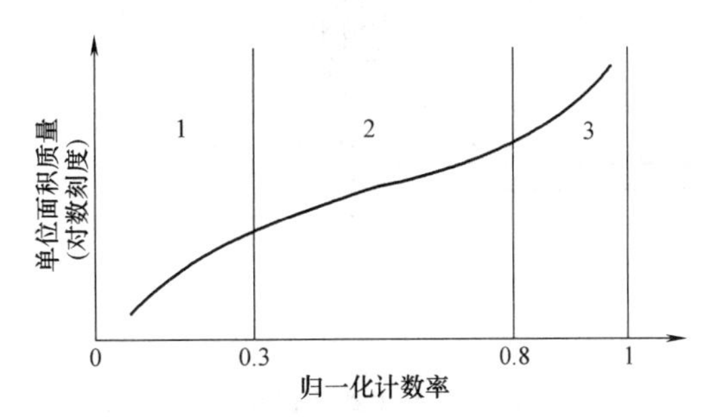

图2　单位面积质量与归一化计数率之间关系的图示

1—线性范围　2—对数范围　3—双曲线范围

注：饱和基体（未覆盖）材料计数率=0；

饱和覆盖层（无限）材料计数率=1。

3.7　数学反卷积

在使用多道分析器时，二次辐射频谱的数学反卷积可求出特征辐射强度。当被检测特征摄射的能量不能充分地区分时，如来自金和黄铜的特征辐射，则可使用这种方法。这种方法被称为“数字滤波”而有别于滤波法（见3.6）。

3.8　多层测量

只要内层的特征X射线发射不完全被外层吸收，则可以测量一层以上的覆盖层，在一个能量色散系统中安装多道分析仪，用以接收两种或更多种材料的两个或更多个不同的特征能带。

3.9　合金成分厚度测量

某种合金和化合物，例如锡-铅，可以同时测量其成分和厚度。在某些情况下，该方法也可在3.8描述的情况下使用，例如，铜合金基体上/镍/钯/金。因为合金或化合物的厚度测量取决于合金的成分，所以，必须在测量厚度之前知道或认定其成分或者能测量其成分。

注：认定的成分会引入厚度测量误差。一些覆盖层会通过与基体的互相扩散形成合金，这种合金层的存在可能增加测量的不确定度。

4　仪器

见图3~图5。

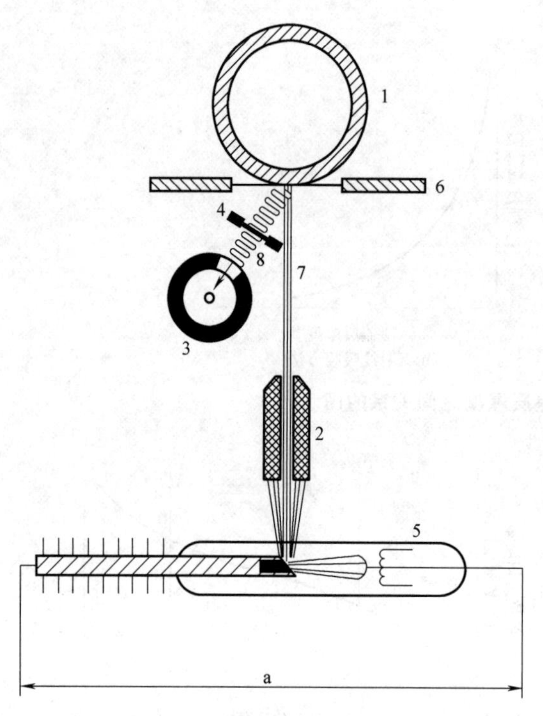

图3 X射线管图示

1—测试试样 2—准直器 3—检测器 4—吸收器 5—X射线发生器 6—试样支架 7—入射X射线光束 8—检测和分析的特征荧光X射线光束 a—高压

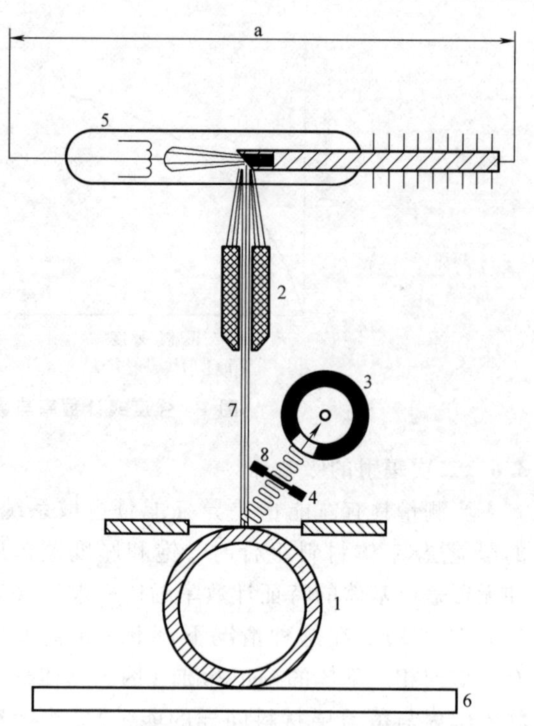

图4 带固体试样支架的X射线管图示

1—测试试样 2—准直器 3—检测器 4—吸收器 5—X射线发生器 6—试样支架 7—入射X射线光束 8—检测和分析的特征荧光X射线光束 a—高压

4.1 初级X射线源

这是一个X射线管或适当的放射性同位素，两者都能激发测量用的荧光辐射。

4.2 准直器

采用尺寸精确的单孔或多孔，这些孔在理论上可为任何形状。这种孔的大小和形状决定被测覆盖层表面的入射X射线光束的尺寸。现有商用仪器的准直器孔呈圆形、正方形或长方形。

4.3 检测器

接收被测样品的荧光辐射，并将它转化为进行评价的电信号，评价系统用于选择一个或多个表面覆盖层、中间层和/或基体材料的特征能带。

4.4 评价系统

此系统根据软件程序处理获得的数据从而确定试样的单位面积覆盖层质量或覆盖层厚度。

注：符合本标准的测量覆盖层厚度的荧光X射线设备在市场上可买到，覆盖层测厚专用设备属于

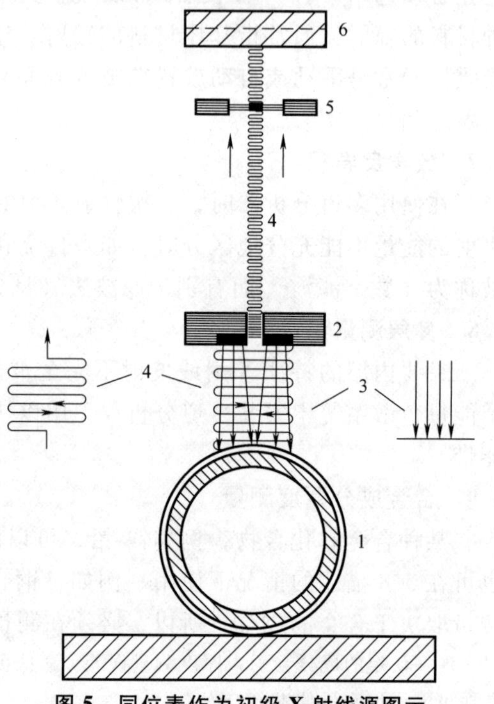

图5 同位素作为初级X射线源图示

1—测试试样 2—同位素和准直器 3—入射X射线光束 4—检测和分析的特征荧光X射线光束 5—吸收器 6—检测器

能量色散类设备，常配有微处理器，用以将强度测量转化为单位面积质量或厚度，以储存校正数据以及计算不同的统计测量。荧光 X 射线覆盖层测厚仪主要包括一个初级 X 射线源、准直器、试样台，检测器和一个评价系统，射线源、准直器和检测器通常相互几何固定。如果覆盖层和基体材料的原子序数非常接近，则要引入一吸收器吸收其中一种材料如基体的特征荧光能量。

5 影响测量结果的因素

5.1 计数统计

5.1.1 就时间而论，X 射线量子的产生是随机的，这就意味着在一固定的时间间隔内，发射的量子数不一定总相同，于是产生了统计误差。这种统计误差是所有的辐射测量固有的。因此，一个短计数期（如 1 秒或 2 秒）的计数率可能与一个长计数期的计数率明显不同，在计数率低的时候更是如此。此误差与其他误差，如操作者的错误或使用不正确的标准等引起的误差无关。要将统计误差降到可接受的水平，必须采用一个适当长的计数周期，以积累足够的计数。当使用能量色散系统时，应该认识到预定计数周期的相当大部分可能以死时间而消耗，即超过系统计数容量的时间。遵照制造厂对其特殊仪器的使用说明，可以修正死时间的损失。

5.1.2 随机误差的标准偏差 s 非常近似于计数率和累计时间商的平方根：

$$s=\sqrt{\frac{X}{t_{\mathrm{meas}}}}$$

式中 s——标准偏差；

X——计数率；

t_{meas}——累计时间（测量时间）的秒数。

所测量的 95%的计数率在这范围内：$x-2s\leqslant x\leqslant x+2s$。

5.1.3 厚度测量的标准偏差与计数率的标准偏差不一样，但与计数率的标准偏差具有函数关系，此关系取决于测量点的校正曲线的斜率。大部分商用 X 射线荧光测厚仪的标准偏差都表示为微米或平均厚度的百分率。

当用解析（数字过滤器）方法时，计数率的标准偏差的另一来源为数学的规则系统。

5.2 校正标准块

用厚度标准块进行校正测量是可行的，标准块的不确定度小于 5%（一些特别情况会更高），但对于薄覆盖层，由于粗糙度、孔隙和扩散等原因，保证 5%的不确定度十分困难。该校正标准块仅用于覆盖层的归一化计数率在 0.05~0.9 的范围内。

除校正标准块的可靠性之外，校正过程中的测量重现性影响来自不同仪器和不同实验室的覆盖层厚度结果的再现性。

标准块的单位面积质量、密度、厚度和组成必须有保证，且能溯源至国家、国际或其他能接受的标准，供应商和顾客之间能互相接受。

5.3 覆盖层厚度

在可重复的条件下测量厚度范围影响测量的不确定度。在图 2 所示的曲线中，大约在曲线的近似 30%~80%的饱和状态的相对精度最高。而超出此范围外，在给定时间内测量精度迅速下降。此情况类似于吸收曲线。一般来说，覆盖层材料不同，厚度极限范围不同。

5.4 测量面的尺寸

为了在一较短计数周期内得到满意的统计计数（见 5.1），应选择一个与试样形状和尺寸相称的准直器孔径以得到尽可能大的测量面。在大多数情况下，被测的有关的或有代表性的面积要大于准直器光束的面积（测量表面的准直器光束面积不一定和准直器孔径尺寸相同）。然而，在有些情况下，被测面积可以比光束面积小（见5.1）。这种情况被测面积的变化必须充分校正。

一定要注意测量面积是否产生饱和计数率或超过检测器的能力（有些商用仪器会自动限制计数率，但这应经过有关厂商的检验）。

5.5 覆盖层组成

覆盖层中的外来物质如夹杂物、共沉积物或由基体与覆盖层界面扩散形成的合金层，都会对单位面积质量的测量有影响。所以，如有可能厚度和组成同时测量（见3.7）。

除此之外，厚度的测量还受空洞和孔隙的影响。可采用相同条件制备的并有代表性X射线特征的标准块来消除一些误差。由于夹杂物、孔隙或空洞的存在导致密度不同，具有这些缺陷的覆盖层最好以单位面积质量进行测量，如果知道实际覆盖层密度值，将其输入测量仪器就能进行修正（见5.6）。

5.6 覆盖层密度

如果覆盖层材料的密度与校正标准不同，在测厚时将会产生一个相应的误差。当覆盖层材料密度已知时，则可得到其厚度（见3.1）。

如果仪器测量以单位面积质量 m 为单位，则线性厚度 d 可由该值除以覆盖层密度 ρ：

$$d=\frac{m}{\rho}$$

如果测量使用线性单位密度修正的厚度式为：

$$d=d_{\mathrm{m}}\times\frac{\rho_{\mathrm{standard}}}{\rho_{\mathrm{coating}}}$$

式中 d——线性厚度（μm）；

d_{m}——线性厚度读数（μm）；

ρ_{standard}——校正标准块覆盖层材料的密度（g/cm^3）；

ρ_{coating}——测试试样覆盖层材料的密度（g/cm^3）；

m——测试试样覆盖层单位面积质量（mg/cm^2）。

5.7 基体成分

如果采用发射方法，那么在下列情况下基体组成差别可忽略不计：

a）基体发射的荧光X射线不侵入覆盖层能量的特征能带（如果发生侵入，则须采取措施消除其影响）；

b）基体材料的荧光X射线不能激发覆盖层材料。

如果采用吸收方法或强度比率方法，校正标准块或参考标准块的基体成分应和试样的基体成分相同。

5.8 基体厚度

用X射线发射方法测量时，双面覆盖层试样的基体应足够厚，以防止任何反面材料的干扰。

用X射线吸收方法或强度比率方法测量时，基体厚度应等于或大于其饱和厚度，如果不符合此标准，则必须用相同基体厚度的参考标准校正仪器（见6.3）。

5.9　表面清洁度

表面上的外来物质会导致测量不精确，保护层、表面处理或油脂也会导致测量不精确。

5.10　中间覆盖层

在中间覆盖层吸收性能不清楚的情况下，吸收方法不能用。在这种情况下，建议采用发射方法。

5.11　试样曲率

如果测量必须在曲面上进行，应选择合适的准直器或光束限制孔，使表面曲率影响最小。测试时选择比表面曲率更小尺寸的准直器，以降低表面曲率的影响。

注：测量圆柱形表面使用矩形孔为宜。

如果用与试样同样尺寸或形状的标准块进行校正，则可消除试样表面曲率的影响，但这种测量一定要在相同的位置、相同的表面和相同测量面积上进行。这时，有可能使用面积大于测试试样的准直器孔。

5.12　激发能量和激发强度

由于荧光辐射强度取决于激发能量和激发强度，所以所用的仪器必须足够稳定以在校正和测量时提供相同的激发特性，例如，X 射线管电流的变化将改变射线管辐射的初级强度。

5.13　检测器

检测系统的不稳定或非正常运行会引入测量误差。所以使用前，要检验仪器的稳定性。

稳定性检验可以是：

a）仪器自动进行；

b）操作者手动进行。

在两种情况下，将单个参比件或试样放于 X 光束中，且在检验过程中不要移动，在一较短时间内作一系列的单个计数率测量，该系列的标准偏差不应明显大于该系列平均值的平方根。为了确定较长时期的稳定性，将以上结果与其他时间预先得到的（或储存于仪器中自动检验的）结果相比较。

注：以用于单个测量系列的时间或两个独立测量系列所间隔的时间，来确定那一时期的稳定性。

5.14　辐射程

由于辐射在路径中的损失会增加测量的不确定度，所以辐射程应尽可能短。仪器设计者应按使用范围使辐射程最佳。原子序数低于 20 的元素不能发射图 3、图 4、图 5 所示仪器类型所需的足够强度的辐射。因此测量较低原子序数元素时，必须使用真空或氦分光计。

5.15　计数率转换为单位面积质量或厚度

现代商用仪器使用微处理器将计数率转换为单位面积质量或厚度。微处理器常具有一个用数学方法导出的主程序，该程序在输入适宜的校正或参考标准块后，可满足测试的实际需要。转换的可靠性取决于标准曲线、方程式、计算方法和其他转换方法的正确性，也取决于校正标准块的质量、数量以及相对于被测厚度的标准块校正点的厚度值。

当某一覆盖层导致其他层产生附加荧光时，转换方法应予考虑。在校正标准块确定的厚度范围外推，可能导致很大的误差。

5.16　试样表面的倾斜度

如果试样表面相对于 X 射线束的倾斜度与在校正过程中不同，则计数率有明显变化，尤其是校正曲线高于 0.9 时的归一化计数率，将造成极大的厚度变化，例如，倾斜度相差

5°可造成计数率3%的变化，由此导致厚度12%的变化。

6 仪器的校准

6.1 概述

6.1.1 一般要求

仪器校准应按仪器说明书规定进行，并适当考虑第5章中所述的因素和第8章中的要求。

仪器校准时所用标准块的覆盖层和基体的组成应与被测材料相同。当条件的变化不影响用来计算厚度（和组成）读数的辐射特性时，例外是允许的。

无论何时仪器必须用标准块来校准。当标准块很难得到时，例如，覆盖层和基体材料不常用时，就可用通过以基本参数为基础的计算机模拟的无标样方法来校正。尽管用来校准的任何标准块应与被测材料具有相同的覆盖层和基体组成，但当条件的变化不影响用来计算厚度（和组成）读数的辐射特性时，例外是允许的。

示例：

——待测试样：不锈钢上镀金；

——校准用：镍上镀金；

——金上的辐射强度不受镍或不锈钢的辐射特性影响。使用发射方法（见3.5.1），如果金上的强度交迭的峰值被修正，则可用镍上镀金的标准块来校准。

校准曲线的不确定度的一方面原因是由校准程序中所选择的测量时间而产生，因此必须选择足够长的测量时间，以使标准块计数率测量的不确定度足够小。

6.1.2 线性范围校准

为测量厚度很薄的覆盖层，即产生归一化计数率低于0.3（满量程的30%）的线性范围的覆盖层，建议使用未覆盖的基体材料和在线性范围内已知厚度的单个覆盖层厚度标准块进行校准。使用者必须确定要测量的厚度以及校准标准处于线性范围内。

6.1.3 对数范围校准

为在此范围进行测量，在大多数情况下，必须采用至少四个一套的标准块：

——一个未覆盖的基体标准块；

——一个至少为饱和厚度的覆盖层材料标准块；

——一个厚度接近或达到对数范围下限的覆盖层标准块；

——一个厚度接近对数范围上限的覆盖层标准块。

6.1.4 全部测量范围

从零到双曲线范围内进行测量，则必须运用附加的覆盖层标准块，以更严格地限制厚度范围的极限。

用附加覆盖层标准块校准的一些仪器能够在零值和标准块最小厚度值之间内插。如超过标准块最大厚度，一般不要外推，否则可能会导致不可靠结果（见5.2）。

6.1.5 计算机模拟主要参数的无标样技术

对无标样技术来说，模拟软件必须精确地模拟试样真实的物理特性。

此项技术可获得厚度和组成的测量值，而这在过去是很困难的或是不可能。然而，如使用标准块其测量准确性则会提高。遵循6.1.1的相同的程序和同样的限制条件，通过外加的标准块来修正这些测量。

当试样和所用的标准块不具备 6.1.1 的条件时，若满足以下条件时基于基础参数技术的计算机模拟将适用这些情况：

a）标准块覆盖层的组成与被测部分没有明显不同；

b）如果基体成分的特征辐射影响计算覆盖层厚度和成分的辐射强度，标准块基体的成分与试样没有明显的不同。

6.2 标准块

6.2.1 一般要求

使用可靠的参考标准块校准仪器。最后的测量不确定度直接取决于校准标准块的测量不确定度和测量精度。

参考标准块应具有已知单位面积质量或厚度的均匀的覆盖层，如果是合金，则应知其组成。参考标准块的有效或限定表面的任何位置的覆盖层不能超过规定值的±5%。只要用于相同组成和同样或已知密度的覆盖层，规定以厚度为单位（而不是单位面积质量）的标准块，将是可靠的。合金组成的测定，校准标准不需要相同，但应当已知。

6.2.2 金属箔标准片

如果使用金属箔贴在特殊基体表面作标准片，就必须注意确保接触面清洁，无皱折扭结。任何密度差异，除非测量允许，否则必须进行补偿后再测。

6.3 标准块的选择

可用标准块的单位面积质量或厚度单位校准仪器。如果是以后者校正，厚度值必须伴随着覆盖层材料的密度，或者如果标准块的厚度由单位面积质量的测量来校正，则其厚度值伴随着假定的密度。标准块应与被测试样具有相同的覆盖层和基体材料（见 5.7 和 5.8），尽管一些仪器设计允许与此目标有一些偏离（见 3.1）。

6.4 标准块的 X 射线发射（或吸收）特性

校正标准块的覆盖层应与被测覆盖层具有相同的 X 射线发射（或吸收）特性（见 5.6）。

6.5 厚度标准块的基体 X 射线发射特性

如果厚度由 X 射线吸收方法或比率方法确定，则厚度标准块的基体应于被测试样的基体具有相同的 X 射线发射特性，通过比较被测试样与校正参考标准块的未镀基体所选的特征辐射的强度，可以证明这一点。

6.6 基体厚度

在 X 射线吸收方法或比率方法中，除非超过其饱和厚度（见 2.3）。否则试样与校正标准块的基体厚度应该相同。

如果覆盖层的曲面不能用平面校准时，则要：

a）遵照 5.11 的预防措施；或者

b）用与试样具有相同曲率的标准块进行校正。

7 规程

7.1 一般要求

按仪器说明书操作仪器，同时适当考虑第 5 章中所列的因素及 6.2 和第 8 章的精度要求。

7.2 准直器或孔

根据试样的形状和有效测试面积的大小选择准直器或孔。确保准直器孔口与试样之间的距离在测量过程中保持不变。根据仪器说明书，检验试样表面入射 X 射线光束的位置和面积。

7.3 曲面测量

测量曲面时，如能选择足够小的准直器孔使得被测试的曲面特性近似符合平表面，可用平面厚度标准块校正后进行测量。否则，应考虑 5.4 和 5.11 的要求。

7.4 校准校核

通过重复测量校准标准块或已知单位面积质量或厚度的参考试样，周期性或一个测量系列前校核仪器校准。当厚度测量变化大到不能满足第 8 章的要求时，应重新校准仪器。

7.5 测量时间

由于测定不确定度取决于测量时间，应选取足够的时间以产生一个可接受的、低的测量不确定（重现性）。

7.6 测量次数

测量不确定度部分决定于测量次数，增加测量次数可降低测量不确定度。假如测量次数增加 n 倍，则测量不确定度将降低 $1/\sqrt{n}$。

在入射 X 射线光束上下的同一测量面内重复定位进行至少 10 次测量，来计算标准偏差。

7.7 防护措施

见第 1 章警告。

7.8 结果表示

强度值（计数率）向单位面积质量或厚度的转换，商售仪器可自动进行。对于其他仪器，使用适当的校准标准绘制类似于图 1 的曲线。除非另有规定，单位面积质量的结果用 mg/cm^3 表示，厚度测量结果用 μm 表示。

8 测量不确定度

仪器的校准和操作都应使测量不确定度小于 10%。

测量的不确定度同样还取决于标准块的真实性、校准曲线的精确性、测量的重现性以及第 5 章描述的未修正的系统因素。为降低测量的不确定度，可以增加测量时间、提高校准和测试试样的测量次数，选择最大可能的准直器或孔的尺寸。

9 测试报告

测试报告应包括下列内容：

a）本标准的编号；

b）试样的准确标识；

c）测量日期；

d）试样上测量位置；

e）平均每份报告的测量次数；

f）如果两尺寸不同，要标明准直器孔径和测量面积大小；

g）测量数值；

h）用于厚度计算的密度值及使用理由；

i）报告的测量值具有代表性的标准偏差；

j）与本标准方法的差别；

k）可能影响报告结果解释的因素；

l）实验室名称和操作者姓名；

m）最近期的校准证书或其他可接受的参考标准块的使用及溯源。

附　录　A

（资料性附录）

常见覆盖层测量的典型测量范围

表 A.1　常见覆盖层测量的典型测量范围

覆　盖　层	基　　体	近似厚度范围	
		μm	in
铝	铜	0~100.0	0~0.004
镉	铁	0~60.0	0~0.0024
铜	铝	0~30.0	0~0.0012
铜	铁	0~30.0	0~0.0012
铜	塑料	0~30.0	0~0.0012
金	陶瓷	0~8.0	0~0.00032
金	铜或镍	0~8.0	0~0.00032
铅	铜或镍	0~15.0	0~0.0006
镍	铝	0~30.0	0~0.0012
镍	陶瓷	0~30.0	0~0.0012
镍	铜	0~30.0	0~0.0012
镍	铁	0~30.0	0~0.0012
钯	镍	0~40.0	0~0.0016
钯-镍合金	镍	0~20.0	0~0.0008
铂	钛	0~7.0	0~0.00028
铑	铜或镍	0~50.0	0~0.0020
银	铜或镍	0~50.0	0~0.002
锡	铝	0~60.0	0~0.0024
锡	铜或镍	0~60.0	0~0.0024
锡-铅合金	铜或镍	0~40.0	0~0.0016
锌	铁	0~40.0	0~0.0016

注：1. 在整个范围内测量不确定度不是恒定的，而且靠近每个范围两端会增大。

2. 所给定的范围是近似的，而且主要取决于可接受的测量不确定度。

3. 如果同时测量表层和中间层，由于荧光 X 射线光束的各种相互作用，即表层会吸收中间层的荧光，那么各覆盖层材料可测厚度范围会发生变化。例如，测量在铜上的金和镍时，若金覆盖层厚度超过 2.0μm，则无足够的荧光保证镍层高精度测量。

4. 当进行厚度大于 0μm（如铜或镍上的金：±0.005μm）覆盖层厚度测量过程中，测量仪应显示仪器规定的测量不确定度，这就必须了解测量范围的下限。

第九节 金属与非金属覆盖层 覆盖层厚度测量 β射线背散射法

一、概论

背散射是粒子进入物体沿同一表面背向离开该物体的散射。当β粒子射到材料上时，其中一部分发生背散射，这种背散射主要是该材料原子序数的函数。如果物体表面有覆盖层，基体和覆盖层材料的原子序数相差又足够大，则背散射的强度将介于基体与覆盖层的背散射强度之间，可通过测量系统根据背散射强度测出覆盖层单位面积质量。如果覆盖层的密度均匀，则它与厚度成正比，即与被测面积内的平均厚度成正比。

β射线背散射法是一种非破坏性的厚度测量方法，它适用于测量金属和非金属基体上金属和非金属覆盖层的厚度。由于X射线荧光测厚方法的广泛使用，β射线背散射方法越来越少用于覆盖层厚度测量，然而，由于它的消耗低、测量范围宽，对许多应用来说，它仍是一种非常有用的测量方法。β射线背散射法的测量精度随基体和覆盖层原子序数的差异增加而提高，故而特别适于贵金属覆盖层的厚度测量。

GB/T 20018—2005《金属与非金属覆盖层 覆盖层厚度测量 β射线背散射法》等同采用ISO 3543：2000《金属与非金属覆盖层 覆盖层厚度测量 β射线背散射法》，于2005年10月12日首次发布，2006年4月1日实施。

二、标准主要特点与应用说明

该标准不包括人员防辐射的问题。标准明确警告，虽然使用各种放射性源的强度通常很低，但如果处理不当，对人的健康还是有害的，因此操作人员必须遵守现行的国际和国家标准及地方法规。

该标准规定了应用β射线背散射仪测量金属覆盖层厚度的方法，定义了β射线背散射测厚相关术语，包括放射性衰变、β粒子、β发射源、电子伏特、活度及衰变率、放射性半衰期、散射、背散射、背散射系数R、背散射计数、绝对背散射计数X、归一化背散射计数X_n、归一化背散射曲线、等效原子序数、饱和厚度、密封射线源、孔眼、放射源的几何结构、死时间、分辨时间、基体材料、基体金属和基体。这些术语定义直接关系着对标准内容的理解。

该标准描述了β射线背散射测厚原理，绘制了覆盖层厚度与β射线背散射强度关系曲线。β射线背散射强度通过背散射计数表示，曲线是连续的，可细分为线性区、对数区和双曲线区，对数区测量精度最高。

β射线背散射测厚仪通常由放射源、测量系统和读数仪表组成。放射源能够发射β粒子，测量厚度时应选择在半衰期之内的放射源，标准的附录A表A.1列出β背散射仪的一些同位素源及其最大能量和半衰期；测量系统包括一系列的孔眼和一个检测器，孔眼可限制β粒子射到试样上测量覆盖层的面积，检测器可以对背散射粒子计数；读数仪表可以显示被散射强度，可以是绝对计数或绝对归一化计数，也可以是厚度或单位面积质量。

影响β射线背散射厚度测量结果的因素主要包括计数统计、覆盖层和基体材料、孔眼、覆盖层厚度、检测器的分辨时间、放射源的几何形状、试样曲率、基体厚度、表面清洁度、基体材料、覆盖层材料密度、覆盖层组成、β粒子能量、测量时间、放射源活度、覆盖层-基体组合、表面粗糙度。该标准对这些影响因素一一列述，同时对如何降低和克服这些影响因素进行了规定。

该标准对仪器的校准提出了技术要求，规定了校正次数、校正方法、校正标准块的要求，以及基体厚度和试样曲率的修正要求。该标准提出了β射线背散射厚度测量过程中的7项注意事项，规定测量误差不超过真实厚度值的10%。

三、标准内容（GB/T 20018—2005）

金属与非金属覆盖层　覆盖层厚度测量　β射线背散射法

1　范围

警告　测量覆盖层厚度的β射线背散射仪使用各种放射源，尽管这些放射源的强度通常很低，但如果处理不当，对人的健康还是有害的。因此，操作人员必须遵守现行的国际和国家标准及地方法规。

本标准规定了应用β射线背散射仪无损测量覆盖层厚度的方法。它适用于测量金属和非金属基体上的金属和非金属覆盖层的厚度。使用本方法，覆盖层和基体的原子序数或等效原子序数应该相差一个适当的数值。

注：由于X射线荧光方法的使用。β射线背散射方法越来越少用于覆盖层厚度的测量，然而，由于它的消耗低，对许多应用来说，它仍是一种非常有用的测量方法。此外，它具有较宽的测量范围。

2　术语和定义

下列术语和定义适用于本标准。

2.1　放射性衰变　radioactive decay

一种自然的核蜕变。蜕变中放射粒子或γ射线或被轨道电子捕获而放射X射线，或原子核发生自然裂变［ISO 921，1997，定义972］。

2.2　β粒子　beta particle

核蜕变过程中，由原子核或中子发射的带正电荷或带负电荷的电子［ISO 921：1997，定义81］。

2.3　发射β的同位素　beta-emitting isotope

β发射源　beta-emitting source

β发射体　beta-emitter

其原子核发射β粒子的物质。

注1：β发射体可以按其蜕变时释放出来的粒子的最大能级分类。

注2：表A.1列出了β射线背散射仪使用的一些同位素。

2.4　电子伏特　electron-volt

一个能量单位，等于通过电位差为1V的一个电子的能量变化［ISO 921：1997，定义393］。

注1：$1eV=1.60219\times10^{19}J$。

注2：因为这个单位对所遇到的β粒子来说太小，所以通常用百万电子伏特（MeV）。

2.5　活度　activity

衰变率　disintegration rate

在一个适当小的时间间隔内，一定数量物质发生的自然核蜕变数除以该时间间隔［ISO 921：1997，定义 23］。

注 1：在 β 背散射测量中，活度越高，相应的 β 粒子发射就越多。

注 2：活度的国际单位是贝克勒尔（Bq）。用在 β 背散射仪的放射性元素的活度通常以微居里（μCi）表示（$1\mu Ci = 3.7\times10^4 Bq$，表示每秒中有 3.7×10^4 个衰变）。

2.6 放射性半衰期 radioactive half-life

一放射性衰变的活度减少到它原来数值一半所需要的时间［ISO 921：1997，定义 975］。

2.7 散射 scattering

入射的粒子或辐射与粒子或粒子体系碰撞而使其方向或能量发生变化的过程［ISO 921：1997，定义 1085］。

2.8 背散射 backscatter

粒子进入物体沿同一表面背向离开该物体的散射。

注：β 射线以外的辐射由覆盖层和基体产生发射或背散射，它们中有一些可能被包含在背散射测量之中。在本标准中，背散射这一术语的使用意味着所有辐射测量。

2.9 （物体的）背散射系数 *R* backscatter coefficient（of a body）

物体背散射粒子数与入射粒子数之比。

注：R 值与同位素活度和测量时间无关。

2.10 背散射计数 backscatter count

2.10.1 绝对背散射计数 *X* absolute backscatter count

在一固定的时间间隔内，检测器接收到的背散射粒子数。

注：X 与同位素的活度，测量时间、测量系统的几何形状以及检测器的性能有关。通常，设无覆盖层材料得到的计数为 X_0，覆盖层材料得到的计数为 X_0，为得到这些数值，所得材料的厚度都应超过其饱和厚度（见 2.13）。

2.10.2 归一化背散射计数 X_n normalized backscatter count

一个与同位素的活度、测量时间和检测器性能无关的数值，它由下式决定：

$$X_n = \frac{X - X_0}{X_S - X_0}$$

式中 X_0——基体材料在饱和厚度时的绝对背散射计数；

X_S——覆盖层材料在饱和厚度时的绝对背散射计数；

X——覆盖层试样的绝对背散射计数。

从相同的时间间隔取得每次计数。

注 1：X_n 值在 0～1 之间。

注 2：为简便起见，通常将归一化背散射计数 X_n 乘 100 后以百分数表示。

2.11 归一化背散射曲线 normalized backscatter curve

覆盖层厚度与 X_n 的函数关系曲线。

2.12 等效（表观）原子序数 equlvalent（apparent）**atomic number**

一种可能是合金或化合物的材料，某一种元素的背散射系数 R 与这种材料相同，则该元素的原子序数可视为这种材料的等效原子序数。

2.13　饱和厚度　saturation thickness

当材料厚度增加，而产生的背散射不再改变，这一种情况下的材料最小厚度即为饱和厚度。

注：图 A.1 显示了饱和厚度 S 按不同的同位素划分作为密度的系数。

2.14　密封射线源　sealed source

放射源被密封在一个容器内或具有黏合牢靠的包裹物。为了在使用和磨损的条件下，防止放射性材料泄漏和与人接触，容器和包裹物应该很坚固［ISO 921：1997，定义 1094］。

注：密封射线源也可称密封同位素。

2.15　孔眼　aperture

支撑试样的障板的开口，决定覆盖层厚度的被测面积的尺寸。

注：障板也被称为台板、开孔台板或试样支座。

2.16　放射源的几何结构　source geometry

指放射源、孔眼和检测器之间的相互位置。

2.17　死时间　dead time

盖革-弥勒计数管对接收更多的粒子不再有反应的那个时间间隔。

2.18　分辨时间　resolving time

盖革-弥勒计数管及其连接的电子装置当计数电路对输入更多的脉冲不再响应的恢复时间。

2.19　基体材料　basis material

基体金属　basis metal

在其表面沉积或形成覆盖层的材料［ISO 2080：1981，定义 134］。

2.20　基体　substrate

被覆盖层直接沉积的材料［ISO 2080：1981，定义 630］。

注：对于单一的或第一层镀层，基体与基体材料等同；对后续镀层，中间镀层即为基体。

3　原理

当 β 粒子射到材料上时，其中一部分发生背散射，这种背散射主要是该材料原子序数的函数。

如果物体表面有覆盖层，基体和覆盖层材料的原子序数相差又足够大，那么，背散射的强度将介于基体与覆盖层的背散射强度之间。用适当的仪器显示，就可以根据背散射强度测出覆盖层单位面积质量，如果覆盖层的密度均匀，则它与厚度成正比，即与被测面积内的平均厚度成正比。

表示覆盖层厚度与 β 背散射强度关系的曲线是连续的，并且可以细分为三个区域，如图 1 所示，X 轴为归一化计数 X_n，Y 轴为覆盖层厚度的对数。在 $0 \leqslant X_n \leqslant 0.3$ 区域，曲线基本呈线性，在 $0.3 \leqslant X_n \leqslant 0.8$ 区域，曲线近似为对数，也就是说，当描绘于半对数坐标纸上，就像在图 1 中，曲线近似为直线。在 $0.8 \leqslant X_n \leqslant 1$ 区域，曲线近似为双曲线。

4　仪器

β 背散射仪由下列部分组成：

a）一个主要发射 β 粒子的放射源（同位素），其 β 粒子能量适合测量覆盖层厚度；

b）一个探头或测量系统，它应该具有一系列的孔眼，以便限制 β 粒子射到试样上测量覆盖层厚度的面积。它还包括一个可以对背散射粒子计数的检测器，例如盖革-弥勒计数器（或计数管）；

c）一个显示背散射强度的读数仪表；

d）读数仪表显示可以是仪表读数或数字显示，读数可以是比例的绝对计数或绝对归一化计数，也可以是厚度单位或单位面积质量表示的覆盖层厚度。

5 影响测量不确定度的因素

5.1 计数统计

放射性衰减以一种随机的方式发生。这就意味着在每一个固定的时间间隔内，背散射的β粒子数将不总是一样的，于是引起辐射计数固有的统计误差。因此，短计数间隔（例如5s）的计数率测定可能与较长计数周期的计数率测定有较大的差异，当计数率低时尤其如此。为了减少统计误差到可以接受的程度，计数间隔必须足够长，以积累足够的计数数量。

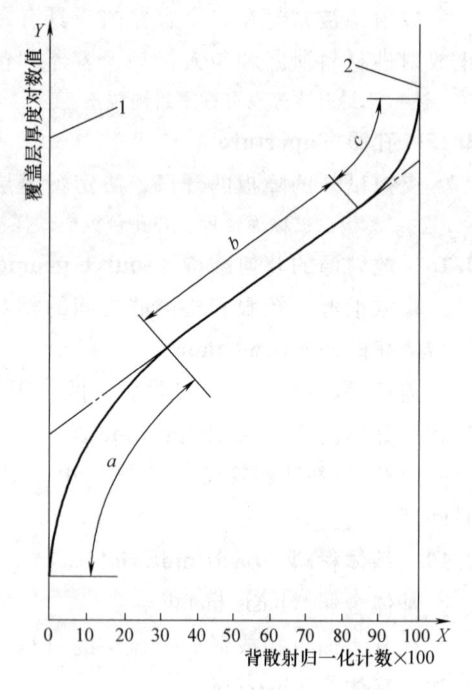

图 1 典型的归一化背散射曲线

1—饱和厚度的基体 2—饱和厚度的覆盖层 *a*—近似为线性 *b*—近似为对数 *c*—近似为双曲线

通常计数的标准偏差 σ 很接近绝对计数的平方根，即 $\sigma=\sqrt{X}$；有95%的情况真正的计数在 $X\pm2\sigma$ 以内。为了判断有效的精度，往往将标准偏差表示为计数的一个百分数，即用 $100\sqrt{X}/X$ 或 $100/\sqrt{X}$ 表示，这样100000个计数给出的数值将比1000个计数精确10倍。无论何时，选择的计数时间间隔至少能提供100000计数，这相当于放射性衰减的随机性质所引起的标准偏差为1%。

直接读数仪器也有这些统计的随机误差。但是如果这些仪器不能显示实际的计数率，确定精度的一种方法是对覆盖层试样的同一部位进行多次重复测量，再用常规的方法计算其标准偏差。

注：β背反射测厚的精度总是低于5.1描述的精度，因为它与5.2~5.17描述的因素也有关。

5.2 覆盖层和基体的材料

由于测量的背散射强度与基体和覆盖层的原子序数有关，测量的不确定度在很大程度上将取决于这些原子序数的差异。所以，测量参数相同，则原子序数相差越大，测量就越精确。

大多数应用得到的一个规则是：基体和覆盖层原子序数差不应少于5。原子序数低于20的材料，差值可以降低到较高的原子序数的25%；原子序数高于50的材料，这个差值至少为较高的原子序数的10%。可以假定大多数无填充塑料和相近的有机材料（如感光性树脂）的等效原子序数近似为6。

注：表A.2给出了一些典型的覆盖层和基体材料的原子序数。

5.3 孔眼

不论商业上的背散射仪的放射源的准直特性如何，检测器记录到的背散射几乎总是为暴露于障板孔眼的那部分试样和样品支撑台所产生背散射的总和。所以最好采用低原子序数的材料制造台板，应用的台板尽可能选择大的孔眼。然而，如果孔眼的边缘磨损或损坏，或试样不能与边缘适当地接触，仍然会产生误差。

为了避免另一个变量即检测试样尺寸的影响，试样上的测量面积应该保持不变，也就是说，孔眼应该比被测表面的面积小。

5.4 覆盖层厚度

5.4.1 在对数区域，相对测量误差近似不变，且为最小值。

5.4.2 在线性区域，以单位面积质量或厚度表示的绝对测量误差近似不变。这就意味着随着覆盖层厚度减少，相对测量误差增加。靠近 $X_n = 0.3$ 的地方，线性区和对数区的相对误差大致相等。这就是说为了实用目的，可以用该点的相对误差来计算整个线性区域的绝对误差。

5.4.3 在双曲线区域，测量误差总是比较大，因为 β 背散射强度较小变化将使被测覆盖层厚度的测量值产生大的变化。

5.5 检测器的分辨时间

因为盖革-弥勒计数管有死时间（见 2.17），所以读数仪表显示的计数总是低于其他方法所得的实际的 β 粒子的背散射计数。除非计数率非常高，它才不至于降低测量精度。

5.6 放射源的几何形状

放射源相对于检测试样的某一位置放置，可以获得最好的测量精度。这个位置与放射源 β 粒子束的准直、孔眼的部位、形状和尺寸的大小有关。如果可能，射线的背散射大部分应该来自检测试样，而不是来自台板。通常，当同位素放在有孔眼的台板上，并被调节到最佳位置时，测量不确定度可以减至最小。必须按照说明书规定安装放射源。

5.7 曲率

该测试方法对试样的曲率敏感，但是如果试样表面凸入台板孔眼的尺寸不超过 50μm，或者用具有与试样相同的曲率的标准块进行校正，则归一化背散射曲线仍然相同。通过特别选择的开孔台板或障板，同位素安放在一个最佳的固定位置上，平面和曲面试样可以得到几乎相同的读数。这样可以使用平面试样标准块来测量曲率试样。

多数情况下最大孔径尺寸和样品表面曲率因不同的仪器设计而不同。详细情况可以从制造者提供的数据得到。

5.8 基体厚度

5.8.1 覆盖层和基体材料之间没有中间层的试样

这种试验方法对基体厚度敏感，但对每一种同位素和材料都有一个临界厚度，称为“饱和厚度”。超过这个厚度，基体厚度增加，将不再影响测量。饱和厚度取决于同位素的能量和材料的密度，材料的原子序数影响很小。如果仪器制造厂没有提供这些数据，则由实验确定。

如果试样基体厚度小于饱和厚度，但恒定不变，通常经过基体校正后，仍不影响测量精度。但是如果基体厚度小于饱和厚度，而且是变化的，此方法得不到一个单一的覆盖层厚度值，而是一个具有上下限的厚度范围。如果读数仪表能够显示绝对或归一化背散射计数率，当没有实际标准块时，也可应用简化的图表来决定每一基体厚度的这一范围。如果制造者没有提供这个范围的数据，则需要由实验决定。

5.8.2 覆盖层和基体材料之间有中间层的试样

如果紧靠覆盖层的中间层的厚度大于饱和厚度，基体厚度的任何变化对试验方法没有影响，仪器只需用具有的中间层作为基体材料的标准块进行校正。

如果中间层的厚度小于饱和厚度，但恒定不变，通常经过基体校正后，不影响测量精度。但是如果中间层厚度小于饱和厚度，而且是变化的，此方法得不到一个单一的覆盖层厚度值，而是一个具有上下限的厚度范围。如果读数仪表能够显示绝对或归一化背散射计数率，当没有实际标准块时，也可应用简化的图表来决定每一基体厚度的这一范围。如果制造者没有提供这个范围的数据，则需要由实验决定。

5.9 表面清洁度

灰尘、油脂、腐蚀产物等外来物质会导致错误的读数。某些金属镀层上形成的自然氧化膜会产生偏低的读数，特别是当需要应用能量低于 0.25MeV 的同位素进行测量时，更是如此。

5.10 基体材料

为了得到精确的厚度读数，要求试样基体产生的背散射和校正标准块产生的相同。如果不同，就要采用其他的校正标准块，或根据说明书进行适当的修正。

5.11 覆盖层材料的密度

β 背散射试验方法基本上是一种比较方法，比较试样上覆盖层材料与标准块上覆盖层材料单位面积质量。如果它们二者有差异，必须根据这些差异修正厚度读数。修正的方法是先用校正标准块的覆盖层密度乘测得的厚度值，然后用试样的覆盖层密度除这个乘积。覆盖层材料中的孔隙和空洞也可以改变材料的表观密度。

5.12 覆盖层的组成

因为覆盖层的成分影响单位面积覆盖层的质量，所以也影响仪器的灵敏度（β 背散射总数）。如果合金元素的密度彼此相近，例如钴-镍合金，此影响可以忽略。当合金元素的量很少，例如在高金合金镀层中，此影响也很小。

5.13 β 粒子能量

对于某一同位素，在整个测量范围内，测量精度是变化的，但在归一化 β 背散射曲线（见图 1）的对数部分精度最高。因此无论何时，都应尽可能这样选择同位素，使测量都落在标准曲线 $0.3 \leqslant X_n \leqslant 0.8$ 的范围内。

通常，对于合适的同位素的选择，制造商已做了说明。

5.14 测量时间

测量时间太短，测量精度不高，因此测量时间要根据要求的测量精度选择。每当测量时间增加 n 倍，计数的误差就减少到原值的 $1/\sqrt{n}$。

5.15 放射源的活度

计数率与放射源的活度有关。旧放射源活度低，要使测量精确，就需要特别长的测量时间（见 5.1）根据实际经验，放射源到半衰期就要更换。

5.16 覆盖层-基体组合

测量精度与覆盖层和基体之间的原子序数之差有关。此差别越大，测量精度越高（见 5.2）。

5.17　表面粗糙度

覆盖层表面粗糙度能影响测量精度，但通常可以忽略不计，特别是在β粒子的能量高而覆盖层的原子序数低时更是如此。

6　仪器的校准

6.1　校正次数

在测量前或每次测量条件改变时，都要用标准校正块校正β背散射仪。使用期间，至少每4h要核对上述的校正。而且根据仪器的稳定性，至少每1h要在一个点上校正一次，这个点通常选在没有覆盖层的基体材料上。校正时要注意第5章所列的因素和第7章中的规程。

6.2　校正方法

除零点外，整个校正曲线可根据对数区域的两个点校正，如果对数区域的斜率已知，也可以根据对数区的一个点来校正，但前者需要两个校正块，而后者只需要一个。

6.3　校正标准块

仪器应该用具有均匀覆盖层厚度的标准块校正，只要可能，这些标准块应该有5%或更高的精度（见8.2）。标准块的基体和覆盖层材料的原子序数应该与试样的相同或等效。相应的未覆盖镀层的基体材料和覆盖层材料的标准块也看作是“校正”标准。有时也可以用覆盖层的材料箔贴在基体上校正仪器，这些箔片应该清洁、平滑、厚度均匀并能与基体紧密接触。

校正标准块基体的背散射特性应与试样的相同，检验的方法是比较它们未覆盖镀层的基体材料的背散射强度。

如果标准块的覆盖层材料的原子序数与试样相同或等效，但密度不同，此时，归一化背散射曲线实际上是平行的。在这种情况下，厚度的测量应该按不同的密度修正（见5.11）。

如果用材质不同但β背散射性能相同的材料做成等效校正标准块校正仪器，则在测量前应该确定它们的适用性。

6.4　基体厚度

除非超过规定的饱和厚度（见5.8.1），试样和校正标准块的基体厚度应该相同。如果不同，则必须进行适当的修正。

6.5　曲率

试样和校正标准块的曲率应该相同，除非能够证明平面试样和曲面试样的读数实际上是相同的，否则，读数应该进行修正。

7　测量程序

7.1　校正和操作

每一仪器应该按照说明书操作，要特别注意第5章所列的因素，按照第6章进行校正。

每当仪器投入使用，或使用期间，都要按6.1所规定的时间间隔，对仪器的校正进行检验。

7.2　注意事项

7.2.1　基体厚度

基体厚度应该超过饱和厚度。如果没有超过，要确保用一个与试样厚度和性质相同的基体校正，或者根据5.8所述的规程修正读数。

7.2.2 测量孔眼

测量孔眼的尺寸依赖于试样的形状和尺寸。应该遵循制造者关于测量孔眼选择的建议。测量的孔眼决不能大于试样上覆盖层的有效测量面积。除非是进行连续或大面积测量，试样应该对着测量孔眼稳固可靠地放置。

7.2.3 曲面试样

校核测量孔眼使之适合试样的曲率半径，如果仪器未用与试样曲率半径相同的标准块校正，就按下述方法检验用于测量的校正是否适用。

需要两个试验试样，一个是曲面试样，另一个是同种材料的平面试样。

将平面试样放在台板的孔眼上并与其紧密接触。记录在本仪器、同位素和台板条件下该试样所得到的计数率，移动并重新放置试样几次，记下每一次的计数率，确定计数率的平均值以及相关的偏差。

用曲面试样取代平面试样，重复平面试样的程序。如果所用的台板对这个试验完全合适，曲面试样所得的平均计数率应该完全在平面试样所确定的范围内。实际上，由曲率引起的小误差与覆盖层测量误差（见5.4）比较可以忽略，则是可以允许的。

7.2.4 基体材料

标准块的基体所产生的背散射应该与试样的相同。这点可根据实际试验验证。如果有显著不同，应遵照说明书进行修正，或用与试样一致的新标准块校正。

7.2.5 表面清洁度

所有外来杂质，如灰尘、油脂、漆、氧化物和转化膜在测量前都应从表面除去。清洗时不能除去任何覆盖层。应该避免在有溶渣、酸蚀点等可见缺陷的表面上进行测量。

7.2.6 测量时间

所用的测量时间要满足读数的重现性和所要求的精度。

7.2.7 连续测量

被测材料、测量供给装置和测量头都应该处于仪器制造厂建议规定的条件。

8 测量不确定度

8.1 市场上已有测量不确定度为百分之几的覆盖层测厚仪。

8.2 仪器和操作应能使测得的覆盖层厚度的误差不超过真实厚度值的10%。

9 测试报告

测试报告应包括下列内容：

a）本标准的编号；

b）试样的明确标识；

c）测量日期；

d）试样上测量位置；

e）平均每份报告的测量次数；

f）孔眼的尺寸；

g）根据实际的重复测量计算所得的测量值和标准偏差应附有所用校正标准块鉴定和可靠性的说明（见注）；不论何时厚度测试报告都应该附有下列说明或与它们等效的情况说明（见6.3）；

1）未对密度修正的覆盖层厚度；

2）覆盖层与校正标准块的成分不一样；

3）试样基体和校正标准块不同，有无对它们之差进行修正。

h）用于厚度计算的密度值及使用理由；

i）本标准测量方法的任何偏差；

j）可能影响报告结果解释的因素；

k）实验室名称和操作者姓名；

l）最近期的校准证书或其他可接受的参考标准块的使用及溯源。

注：在实际测量之前，根据某些说明书，可以确定厚度测量随机误差的简便方法。如果没有，可按下列两种方法确定误差：

1）根据重复的厚度测量计算标准偏差；

2）根据重复的计数，计算计数率的标准偏差，并计算厚度的等效偏差。

附　录　A
（资料性附录）
一般信息

表 A.1 列出 β 背散射仪的一些同位素，表 A.2 列出了一些典型覆盖层和基体的原子序数。图 A.1 显示了厚度 S 作为各种同位素的函数关系。

表 A.1　β 背散射仪使用的同位素

同位素或源	符　号	E_{max}/MeV	半衰期/年
碳	C-14	0.16	5750
钷	Pm-147	0.22	2.5
铊	Tl-204	0.77	3.8
铋-铅（镭 D+E）	Bi-210	1.17	19.4
锶	Sr-90	2.27	28
钌	Ru-106	3.54	1

注：E_{max} 表示 β 射线的最大能量。

表 A.2　某些常用覆盖层和基体的原子序数

元　素	原子序数
铝	13
镉	48
铬	24
钴	27
铜	29
金	79
铁	26
铅	82
镁	12
镍	28

（续）

元　素	原子序数
有机材料	≈6
铂	78
铑	45
银	47
锡	50
钛	22
锌	30

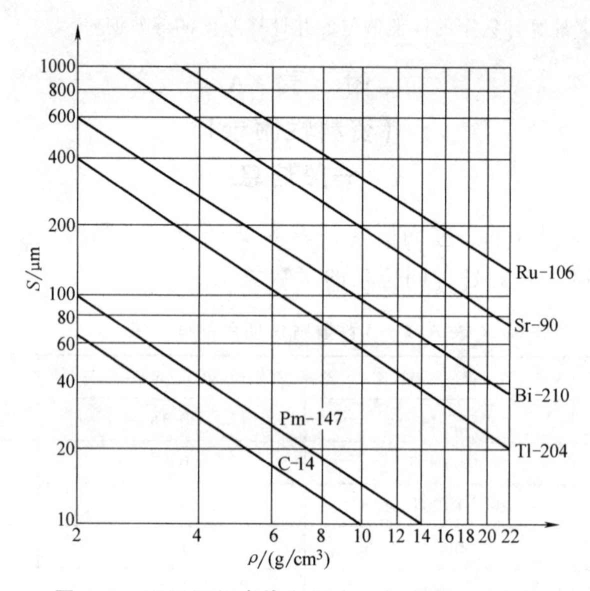

图 A.1 不同同位素饱和厚度 S 与密度 ρ 的关系

第十节 金属和非金属基体上非磁性金属覆盖层覆盖层厚度测量 相敏涡流法

一、概论

相敏涡流法测量覆盖层厚度是将通有交变电流的探头线圈置于被检对象上，在被检对象中产生涡流，涡流的大小、相位等与检测频率、金属覆盖层电导率及基体金属电导率密切相关；同时，涡流也会产生一个磁场，该磁场反作用于线圈，使线圈输出的信号发生变化。在选择合适激励频率的情况下，使金属覆盖层厚度变化产生的涡流信号和探头提离产生的涡流信号方向垂直，把提离信号相位旋转到0，则金属覆盖层厚度变化的信号在垂直方向上，即对金属覆盖层厚度进行测量。

相敏涡流法是国际上常用的一种测量金属和非金属基体上非磁性金属覆盖层厚度的方法。当非铁磁性基体金属上覆盖有非铁磁性金属覆盖层，且一种金属的电导率至少是另一种金属的 1.5 倍时，对金属覆盖层厚度的测量可以采用相敏涡流检测方法。另外，基体金属的电导率要保持恒定，否则检测数据的误差将会增大。

GB/T 31554—2015《金属和非金属基体上非磁性金属覆盖层　覆盖层厚度测量　相敏涡流法》等同采用 ISO 21968：2005《金属和非金属基体上非磁性金属覆盖层　覆盖层厚度测量　相敏涡流法》，于 2015 年 5 月 15 日首次发布，2016 年 1 月 1 日起实施。

二、标准主要特点与应用说明

该标准规范了相敏涡流法测厚试验的方法和设备，规定了使用相敏涡流测厚仪测量金属和非金属基体上非磁性金属覆盖层厚度的方法，如钢铁基体上镀锌、镉、铜、锡或铬，复合材料基体上镀铜或银。

与 GB/T 4957《非磁性基体金属上非导电覆盖层　覆盖层厚度测量　涡流法》相比，相敏涡流法对较小表面和较大曲率表面的覆盖层厚度测量更精确，同时，受基体的磁性影响更小，但相敏涡流法受覆盖层材料电性能的影响更大。

该标准的具有以下特点：

1）测量准确度的影响因素。标准中列举了 12 种影响测量准确度的因素，即覆盖层厚度、基体金属的电性能、覆盖层材料的电性能、基体金属的厚度、边缘效应、表面曲率、表面粗糙度、提离效应、探头压力、探头倾斜、温度影响、中间覆盖层。

2）提出了仪器校准要求。在仪器使用前，用合适的校准标准片进行校准；至少用两种已知厚度的标准片进行校准；校准标准片的厚度应有可靠的溯源。

3）比较了幅敏涡流测厚法的差异。与 GB/T 4957 幅敏涡流法相比较，明确指出基体材料的电性能、边缘效应、表面曲率、表面粗糙度、探头压力对相敏涡流法测试结果影响较小。

4）提出了测量准确度要求。仪器选取、校准和操作，应使覆盖层厚度测量值准确到真实厚度值的 10%以内。

该标准作为推荐性标准，在航空、航天及核工业领域中作为一种测量方法用于指导生产，如核工业中测试铀三硅二-铝燃料板包壳厚度。由于科技不断地进步，新材料、新工艺、新技术会不断地得到开发和应用，因此该标准需要随着技术的进步不断充实和修订。

三、标准内容（GB/T 31554—2015）

金属和非金属基体上非磁性金属覆盖层
覆盖层厚度测量　相敏涡流法

1　范围

本标准规定了使用相敏涡流测厚仪无损测量金属和非金属基体上非磁性金属覆盖层厚度的方法，如：

a）钢铁基体上镀锌、镉、铜、锡或铬；

b）复合材料基体上镀铜或银。

与 GB/T 4957 幅敏涡流法相比，相敏涡流法对较小表面和较大曲率表面的镀层无厚度测量误差，同时，受基体的磁性影响更小，但相敏涡流法受覆盖层材料电性能的影响更大。

测量金属基体上的金属覆盖层，制品的一种材料（如基体材料）电导率和渗透率（σ、μ）至少应该是另一种材料（如覆盖层材料）电导率和渗透率的 1.5 倍。非铁磁材料的相对渗透率为 1。

2 原理

涡流探头（或集成探头/仪表）放置（或靠近）在被测覆盖层表面，然后从设备读数器读出厚度值。

每一台仪器都有最大可测量覆盖层厚度限量。

由于厚度范围既取决于探测器系统的使用频率，又取决于与覆盖层的电性能，最大可测厚度应该由实验来确定，除非制造商已有规定。

附录 A 给出了涡流产生的原理和最大可测量覆盖层厚度 d_{max} 的计算方法。

如果缺少其他资料，最大可测量覆盖层厚度 d_{max} 也可用式（1）估算：

$$d_{max} = 0.8\delta_0 \tag{1}$$

式中 δ_0——覆盖层材料的标准渗透深度，见式（A.1）。

3 设备

探测器：包括一个涡流发生器，一个连接测量系统和显示幅值、相位变化能力的检测器，通常应能直接读出覆盖层厚度。

注 1：探测器和测量/显示系统可以集成为一个单一仪器。

注 2：测量精度的影响因素在第 5 章中讨论。

4 取样

根据特定的用途和镀层取样，试样区域、部位和数量应由相关方同意并记录在报告中（见第 9 章）。

5 影响测量准确度的因素

5.1 覆盖层厚度

测量不确定度是本方法固有的。对于薄覆盖层，测量不确定度（确切地说）是恒定值，与覆盖层厚度无关。该值既取决于探测器系统的使用频率，也取决于样品材料的导电率和渗透率。在探测器测量范围内，随着厚度的增加，测量不确定度是厚度的函数，也即是近似于恒定分数与这个厚度的乘积。

厚度要取几个测量值的平均值，以降低不确定度，特别是在探测器的测量范围下限处。

5.2 基体材料的电性能

基体材料的导电性和渗透性对测量有影响，但比 GB/T 4957 幅敏涡流法的影响小。

5.3 覆盖层材料的电性能

覆盖层材料的电导率影响镀层厚度的测量，覆盖层材料电导率依次取决于材料的成分、涂覆工艺（添加剂、杂质等）和镀后处理，如热处理或机械加工。

5.4 基体金属的厚度

每一台仪器都有一个基体金属的临界厚度，大于这个厚度，测量将不受基体金属厚度增加的影响。

由于临界厚度取决于探测器的测量频率和基体金属的电磁性能，因此临界厚度值应通过实验确定，除非制造商对此有规定。

附录 A 给出了涡流产生和最小基体材料厚度 d_{min} 的解释。

如果缺乏其他资料，最小基体材料厚度 d_{min} 也可用式（2）计算：

$$d_{min}=2.5\delta_0 \tag{2}$$

式中　δ_0——基体材料的标准渗透深度，见式（A.1）。

5.5　边缘效应

涡流探测仪对试样表面的轮廓突变敏感。因此，太靠近边缘或内转角处的测量是不可靠的，除非仪器专门为这类测量进行了校准（见 6.2.4 和附录 B）。

注：与 GB/T 4957 幅敏涡流法相比，相敏涡流法受试样的边缘效应影响小得多。

5.6　表面曲率

试样的曲率影响测量。曲率的影响因仪器制造和类型的不同而有很大的差异，但总是随曲率半径的减少而更为显著。因此，在弯曲的试样上进行测量是不可靠的，除非针对这类测量作了专门的校准。

注：与 GB/T 4957 幅敏涡流法相比，相敏涡流法受试样表面曲率的影响小得多。

5.7　表面粗糙度

基体材料和覆盖层的表面形貌对测量有影响。粗糙表面既能造成系统误差也能造成偶然误差，在不同的位置上作多次测量能降低偶然误差。

如果基体材料粗糙，还需要在未涂覆的粗糙基体样品的若干位置校验仪器的零点。如果没有合适的未涂覆的代表性基体材料，可采用不侵蚀基体的化学溶液除去试样覆盖层后测量。

注：与 GB/T 4957 幅敏涡流法相比，相敏涡流法受基体材料和覆盖层表面粗糙度的影响小得多。

5.8　提离效应

如果探头没有直接放置在覆盖层上，探头和覆盖层之间的提离效应将会影响到金属镀层厚度测量。使用设计合适的电路和（或）数学运算，测试仪可允许提离效应补偿最大可达 1mm。

用已知厚度的非导体薄垫片插入探头和覆盖层之间，按照制造商操作手册进行提离效应补偿校验。

当要透过油漆层来测量金属覆盖层，或必须进行非接触测量，或在探头和覆盖层之间意外出现外来物质等情形，可以特意制造提离效应来实现测量。

应经常检查探头前端的清洁度。

5.9　探头压力

使探头紧贴到试样所施加的压力会影响仪器的读数，因此压力应保持恒定。

注：与 GB/T 4957 幅敏涡流法相比，相敏涡流法的探头压力造成的影响小得多。可进行非接触样品测量（见 5.8）。

5.10　探头倾斜

除非厂家另有说明，探头应该与覆盖层表面保持垂直；探头倾斜会改变仪器的响应，造成测量误差。

可以借助于探头设计，或者使用合适夹具来达到减少无意识的探头倾斜的可能性。

5.11　温度影响

由于温度的变化会影响探头的特性，因此应该在与校准温度大致相同的条件下使用探头测量。除非建立探头的温度补偿。

大多数金属的电导率随温度而变化，而覆盖层和基体金属电导率的变化会影响覆盖层厚度的测量，因此应避免大的温度变化。

5.12 中间覆盖层

如果中间覆盖层的电性能与覆盖层和基体材料不同，也会影响覆盖层厚度的测量。当中间覆盖层的厚度小于 d_{min} 时，这种测量差异的确存在；当厚度大于 d_{min} 时，则中间覆盖层可以视为基体材料。

一些多频率的仪器可以同时测量表层和中间覆盖层。

6 测量程序

6.1 仪器的校准

6.1.1 概述

每台仪器在使用前，都应按制造商的说明，用一些合适的校准标准片进行校准，并对第5章列出的因素给予适当的关注。

在校准时，仪器和校准标准片的温度应尽量接近于测量时的温度，目的是尽量减小由于温度的不同引起的电导率的变化。

测量过程中，为避免仪器零点漂移，必要时，仪器应进行校准。

6.1.2 校准标准片

至少用两种不同已知厚度的标准片校准仪器，这些标准片中的一种有时可以是未经涂覆的基体材料（已知厚度的校准标准片可以是箔也可以是有覆盖层的标准片）。

标准校准片的厚度应有可靠的溯源。

测量覆盖层和基体材料两者的电导率和磁导率部分特性。

因校准标准片随时间和使用会出现磨损和变差，应定期或咨询制造商后，进行重新校准和（或）更换。

6.1.3 校准

校准标准片的基体金属应具有与试样的基体金属相似的电学性能。

建议对从无覆盖层校准标准片的基体金属上得到的读数与从试样基体金属上得到的读数进行比较，以确认校准标准片的适用性。

如果基体金属厚度超过5.4中定义的临界厚度，则覆盖层厚度测量不受基体金属厚度的影响。

如果没有超过临界厚度，则测量和校准的基体金属厚度应该尽可能相同。如果不能这样，则应用一片足够厚的、电学性能相同的金属垫在标准片或试样下面，以使读数不受基体金属厚度的影响。如果使用这种方法，应该做一些测试来证实方法的适用性并确定其额外存在的误差。

如果覆盖层表面弯曲使之不能按平面方式校准时，则用于校准的覆盖层的标准片的曲率（或放置校准箔的基体的曲率）应与待测试样的曲率相同，除非使用带有曲率补偿的特殊探头。

6.2 测量程序

6.2.1 概述

按制造商的说明操作每一台仪器，并对第5章中列出的因素给予适当的关注。

在每次将仪器投入使用时、以及在使用中每隔一定时间，都应在测量现场对仪器的校准进行核对，以保证仪器的性能正常（见 6.1）。

应遵守 6.2.2~6.2.6 列出的预防事项。

6.2.2 表面清洁度

测量前，应除去校准标准片和试样表面上的任何外来物质，如灰尘、油脂和腐蚀产物等；但不能除去任何覆盖层材料。

6.2.3 基体金属厚度

检查基体金属厚度是否超过临界厚度（见 5.4）。如没有超过，应采用 6.1.3 中叙述的衬垫方法，或者保证已经采用与试样相同厚度和相同电性能的标准片进行过仪器校准。

6.2.4 边缘效应

不要在靠近试样的边缘、孔洞、内转角等地方进行测量，除非这类测量所做的有效校准得到证实（见附录 B）。

6.2.5 曲率

不要在试样的弯曲表面上进行测量，除非为这类测量所做的校准的有效性已经得到了证实。

6.2.6 读数的次数

在同一个点的多次测量（必要时可使用探头夹固定）可给出仪器、探头和测量厚度的重现性（标准偏差）信息（见注释）。

注：变异系数 V 能从上述标准偏差计算。V 等于相关的标准偏差（用百分数表示），允许不同厚度的标准偏差的直接对比。

在覆盖层表面规定区域内移动探头的多次测量可给出仪器、规定区域内厚度变化的重现性信息。

如果覆盖层表面粗糙或者试样表面存在大的厚度梯度（例如，由尺寸和/或外形引起），测量零点的调整应有多次测量来确立。

7 结果表述

关于结果的表述应由各相关方协调一致，通常应包括：

——所有读数列表；

——平均值、最大值和最小值；

——标准偏差或变异系数。

8 准确度要求

仪器选取、校准和操作，应能使覆盖层厚度测量值准确到真实厚度值的 10%以内。

9 检测报告

检测报告应包括以下内容：

a）试样各种特征表述；

b）所依照的国家标准，包括发布日期，即本标准编号 GB/T 31554—2015；

c）测量区域尺寸大小，以 mm^2 为单位；

注：其他单位也可以使用，但需由需方和供应商达成一致。

d）每一试样被检测的部位；

e）检测试样的数目；

f）仪器、探头和测试使用的标准物规格和名称，包括涉及所有设备的有效证明；

g）厚度检测结果保留到 μm，包括每一读数和平均值；

h）检测员姓名和检测实验室名称；

i）任何不正常情况和任何可能影响到结果或结果有效性的环境或条件；

j）测量操作中的任何偏差；

k）检测中观察到的任何反常情况；

l）检测日期。

附　录　A
（资料性附录）
金属导体中涡流产生的原理

涡流仪的工作原理是：仪器的探头装置中产生的高频电磁场，将在置于探头下面的导体中产生涡流，涡流是由于探头线圈阻抗的振幅和相位的变化引起的。通过涡流来测量金属覆盖层的厚度。金属导体中涡流产生的原理图见图 A.1。

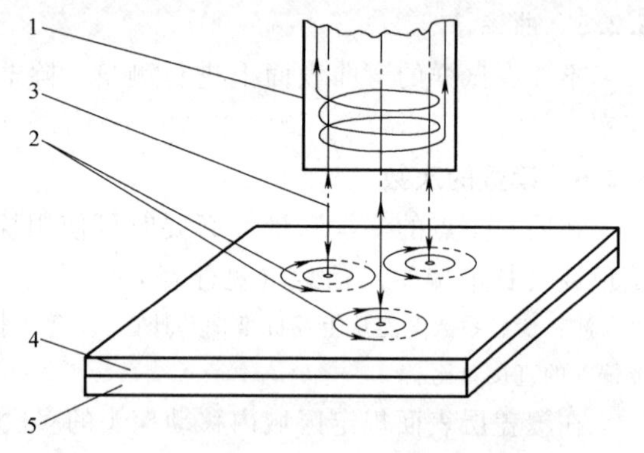

图 A.1　涡流在金属导体中产生原理图

1—探头（连接涡流发生器）　2—由磁场在金属导体中产生的涡流　3—由探头产生的振荡电磁场　4—覆盖层（被测量层）　5—基体金属

涡流 $J(\delta)$，其大小随与金属导体之间的距离变化而变化。在标准渗透深度 δ_0 时，高频电磁场和表面所产生的涡流 $J(\delta_0)$ 会降到 37%，例如：$J(\delta_0)/J(0)=1/e$。

标准渗透深度 δ_0，是一个重要的大致判断参数。可以通过式（A.1）来计算，单位为 mm。

$$\delta_0=\frac{503}{\sqrt{f\sigma\mu_r}} \tag{A.1}$$

式中　f——探头的工作频率（Hz）；

σ——导体的电导率（MS/m）；

μ_r——导体相对渗透率（非磁性材料 $\mu_r=1$）。

最大可测导体覆盖层厚度由标准渗透深度 δ_0 所决定。例如：测量范围由探头的频率和覆盖层的电导率所决定。最大可测厚度 d_{max} 可以通过式（A.2）大致计算得出，单位为 mm。

$$d_{max}=0.8\delta_0 \tag{A.2}$$

如果覆盖层厚度继续增加，涡流电流可能不再增加。

如果金属覆盖层是镀在基体金属材料上，应该确认测量结果不会由于基体金属厚度的变化而改变。

最小测量厚度 d_{min} 可以通过式（A.3）来推算，单位为 mm。

$$d_{min}=2.5\delta_0 \tag{A.3}$$

因此，最小基体金属厚度也是由标准渗透深度 δ_0 决定的，即 d_{min} 由探头的频率和基体金属的电导率和渗透率所决定。

幅敏涡流法最适用于测量非磁性基体金属上非导电覆盖层厚度的测量，也适用于非导电基体材料上的非磁性金属覆盖层测量，见 GB/T 4957。本标准中采用的相敏涡流法最适用于测量金属或非金属基体材料上非磁性金属覆盖层的测量，特别是在有油漆和非直接接触的情况下的测量。

附　录　B
（规范性附录）
边缘效应的测试

一种简单的边缘效应测试方法用于评估接近边缘的效应，即用一个干净的用基体金属制备的无覆盖层的试样按以下步骤操作。边缘效应测试方法图示见图 B.1。

步骤 1　将探头放置在试样充分远离边缘处；

步骤 2　将仪器调至零点；

步骤 3　将探头逐渐朝边缘移动，注意仪器读数发生变化时探头的位置；

步骤 4　测量探头到边缘的距离 d（见图 B.1）。

假如探头到边缘的距离较上述测得的距离远，则可能不用校准而直接使用仪器。如果探头靠近边缘使用，则仪器须作专门的校准。如有必要，参考制造商的说明书。

如果测试样品不平整，可用一个尺寸形状相近的无覆盖层样品替代。

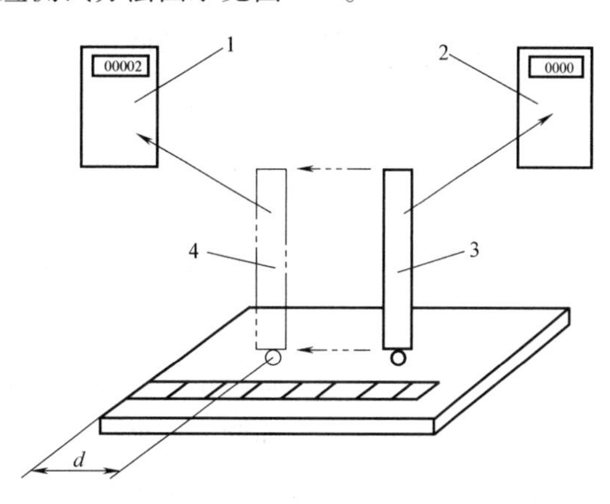

图 B.1　边缘效应测试方法图示

1—检测器末次读数　2—检测器起始位置　3—探头起始位置　4—探头终止位置　d—探头到边缘的距离

第十一节　金属覆盖层　厚度测量　扫描电镜法

一、概论

扫描电镜法测厚原理与显微镜法测厚原理基本一致，均是从待测件上沿垂直于涂层水平方向切割，并经过打磨和抛光，制成金相试样，采用扫描电子显微镜（扫描电镜，SEM）进行检测。测量是通过常规的涂层截面显微图片，来获取覆盖层的厚度。

扫描电镜法测厚精度高，设备分辨率为纳米级，测量结果不确定度可以达到 0.1μm。该方法主要用于超薄涂层（PVD、离子注入、微弧氧化等）的厚度测量。

扫描电镜法测厚的金相试样制备的技术难度很大，主要体现在以下几点（详细描述请参考本章第六节显微镜法测厚）：

1）试样前处理——需进行保边处理等。

2）取样过程——需要指定测量部位的垂直横断面。

3）制样过程——保证覆盖层不会开裂、剥落、相互覆盖。

4）腐蚀过程——覆盖层与基体、覆盖层之间应分界线清晰，不能过腐蚀。

5）观察测量过程——采用适当的放大倍数，用垂线测量厚度。

GB/T 31563—2015《金属覆盖层 厚度测量 扫描电镜法》修改采用 ISO 9220：1988《金属覆盖层 厚度测量 扫描电镜法》，于 2015 年 5 月 15 日发布，2016 年 1 月 1 日实施。

二、标准主要特点与应用说明

该标准主要规定了扫描电子显微镜测量金属覆盖层厚度的方法，它是一种破坏性的检测方式。

该标准对影响测量结果的不确定因素一一进行列举：①样品表面粗糙度；②试样横截面的锥度；③试样倾斜；④涂层的变形；⑤涂层边缘倒角；⑥附加镀层；⑦浸蚀程度；⑧污点；⑨对比度；⑩放大倍数。

该标准规定了试样的制备、镶嵌、研磨、抛光、浸蚀过程等要求，以减少样品制备过程带来的测量误差。

三、标准内容（GB/T 31563—2015）

金属覆盖层 厚度测量 扫描电镜法

1 范围

本标准规定了通过扫描电子显微镜（SEM）检测金属试样横截面局部厚度的方式测量金属涂层厚度的方法。它通常是一种破坏性的检测方式，不确定度小于 10%，或者 0.1μm。该测量方法也可以用来测量几个毫米厚的涂层，但是对于这类厚涂层建议采用光学显微镜法（GB/T 6462）进行测量。

2 规范性引用文件

下列文件对于本文件的应用是必不可少的。凡是注日期的引用文件，仅注日期的版本适用于本文件。凡是不注日期的引用文件，其最新版本（包括所有的修改单）适用于本文件。

GB/T 6462 金属和氧化物覆盖层 厚度测量 显微镜法（GB/T 6462—2005，ISO 1463：2003，IDT）

GB/T 12334 金属和其他非有机覆盖层 关于厚度测量的定义和一般规则（GB/T 12334—2001，ISO 2064：1996，IDT）

GB/T 27788—2011 微束分析 扫描电镜 图像放大倍率校准导则（ISO 16700：2004，IDT）

3 术语和定义

下列术语和定义适用于本文件。

局部厚度 local thickness

在涂层的一个指定区域内进行多次测量，取平均值所得的厚度值。

[GB/T 12334—2001，3.4]

4 原理

将试样沿垂直于涂层水平方向切割，并经过仔细打磨和抛光，制成金相试样，放入扫描电子显微镜中进行检测。测量是通过常规的涂层截面显微图片，来获得涂层的厚度。

5　仪器

5.1　扫描电子显微镜（SEM）

分辨率应优于50nm。

5.2　SEM台置测微标尺

用于校准扫描电子显微镜的放大倍数，其不确定度的误差值应小于5%。

6　影响测量结果的因素

6.1　表面粗糙度

如果涂层或其基体相对于涂层厚度而言是粗糙的，即涂层较薄而涂层或基体的表面粗糙度较大，将会使涂层横截面上一侧或两侧的涂层界面轮廓不规则，以致不能精确测量视场内涂层的平均厚度。

6.2　试样横截面的锥度

如果试样横截面表面与涂层表面不垂直，那么测量的涂层厚度值要比真实值大。例如，一个10°的倾斜角将会产生1.5%的偏差。

6.3　试样倾斜

试样（横截面的平面）相对于扫描电子显微镜的电子束存在的任何倾斜，都可能导致不准确的测量值。

注：如果倾斜的测试试样方向与所用的校准试样台方向不同，将产生不准确的测试结果。

6.4　涂层变形

当安装和制备软涂层或者低熔点金属涂层的横截面时所产生的高温、高压可以引起涂层不利的变形。另外，制备涂层横截面时，脆性材料的过度磨损也可以引起涂层不利的变形。

6.5　涂层边缘的倒角

如果涂层横截面边缘存在圆角，即涂层横截面平面没有完整延伸到它的边，那么观察到的涂层厚度与涂层的真实厚度不同；边缘圆角是由于涂层截面不适当的安装、打磨、抛光或者腐蚀造成的（见6.6和A.1）。

6.6　电镀试样

制备涂层横截面时，在涂层表面电镀可以起到保护涂层的边缘，减小不准确测量值的作用。但是，如果在表面制备时需要去除电镀层材料，可能会引起涂层厚度的测量值变小。

6.7　腐蚀

适宜的腐蚀将会在两种金属的界面产生一条清晰明显而狭窄的黑线。而一条宽而模糊的腐蚀线将降低测量精度。

6.8　污点

抛光可能会在横截面上留下金属屑，使不同金属间的真实分界线模糊，从而导致不精确的测量值。这个多发生于软金属，例如铅、铟和金。为了帮助辨认是否有污点，应该重新抛光、腐蚀和多次测量。如果看到涂层厚度有比较大的变化，表明截面可能存在污点。

6.9　差的对比度

当涂层横截面金属原子序数接近时，在扫描电子显微镜中不同金属间的视觉对比度（反差）很差。例如：光亮和半光亮镍层是不可分辨，除非对涂层横截面进行适当的腐蚀，从而使他们的共同边界显示出来，并正确应用扫描电子显微镜技术进行观察；对于一些金属组合来说，可使用EDS线扫描或背散射技术（见A.3.4）进行辅助测量。

6.10　放大倍数

对于给定的涂层厚度，随着仪器放大倍数的减小，测量误差将增加。在实际操作过程中，仪器放大倍数应该是有选择性的，标准要求视场应该在涂层厚度的1.5倍~3倍进行选择。

扫描电子显微镜读出的放大倍数通常要比推荐精确测量值相差5%左右，对于有些仪器，放大倍数可能会产生25%的误差值。要适当地利用扫描电子显微镜的台置测微标尺（放大倍数标样）和控制试验程序使仪器的放大倍数误差缩到最小。

6.11　放大倍数的均匀性

因为扫描电子显微镜的放大倍数在整个视场内并不是均匀一致的，如果两次校准和测量不在同一视场的同一位置进行，可能会导致误差增大。因此，在视场内同一位置进行厚度测量很重要。

6.12　放大倍数的稳定性

6.12.1　扫描电子显微镜的放大倍数通常会随着时间发生改变或飘移。将台置测微标尺（放大倍数标样）与试样并排同时安放在扫描电镜载物台上，及时进行校正，可以克服这种影响。

6.12.2　在调节聚焦器和操作其他控制器时都会引起放大倍数改变。例如，旋转扫描、工作电压和对比度控制。

这种改变可通过以下方式予以克服：对台置测微标尺（放大倍数标样）照相后，除采用X、Y、Z机械（手动）聚焦控制器外，不再使用电子聚焦控制器或其他SEM的电子控制器。合适的操作X、Y、Z机械（手动）聚焦控制器可以将试样表面带到扫描电子显微镜光束聚焦点上。

7　制备横截面

制备测试试样镶嵌需要做到以下几点：

a）横截面垂直于涂层表面；

b）表面平整，测量时涂层整个宽度在使用的放大倍数下同时聚焦；

c）排除所有在切割或者制备横截面时形成的材料变形；

d）涂层横截面的边界要能够通过对比外观或有窄而明显的界线，明显区分。

注：更进一步的说明参见附录A。

8　仪器的校准

8.1　一般原则

SEM放大倍数的标定（校准）方法，可依据GB/T 27788—2011。

应适当的注意第6章所列的影响因素、第9章所规定的操作程序、第10章所限制的不确定值。经常检查校准值的稳定性。

8.2　照相

在最小信噪比为2∶1时对带有测微计刻度的图像进行照相，并与近期测量的图像进行对比。

8.3　测量

8.3.1　利用衍射板记录器或者是等效装置在图像中测量接近0.1mm范围内两条线之间的垂直距离。

8.3.2 在照片上间隔 3mm 以上的不同区域分别测量一次，从而计算测量的平均值。

8.4　放大倍数计算

利用测量各自给定选择线之间的平均距离除以选择线之间的已知距离来计算照片的放大倍数按式（1）：

$$\gamma = 1000 l_m / l_c \tag{1}$$

式中　γ——放大倍数；

l_m——照片上测量的平均距离（mm）；

l_c——已知距离（mm）。

9　操作程序

9.1 每一个设备（见 5.1）都应根据出厂说明进行操作，适当地注意第 6 章所列因素和第 10 章中的不确定要求条件。

9.2 在与标定时相同条件和仪器设置参数下，获取测试样品的显微图像，并对图像进行测量。

对于常规显微照片：

a）用涂层试样清晰可见的边界线，制作带 SEM 台置测微标尺（放大倍数标样）和测试试样图像的常规显微照片。

b）扫描一个涂层横截面微观图像，调入图像测量软件中，选择适当位置获取涂层厚度数据。

注：进一步的说明参见附录 A。

9.3 根据式（2）计算厚度：

$$d = 1000 l_m / \gamma \tag{2}$$

式中　d——涂层厚度（μm）；

l_m——在显微照片上的线性距离（mm）；

γ——放大倍数（见 8.4）。

10　测量的不确定度

由设备、设备校准和设备操作引起涂层厚度测量值的不确定度，无论哪一个更大，都应该优于 10%或者 0.1μm。

11　结果的表达

表达结果精确到 0.01μm，如果大于 1μm 就保留三位数字。

注：这个要求是使测量的舍入计算值的不确定性最小化。

12　检测报告

检测报告至少应包括以下信息：

a）采用本标准；

b）测量值；

c）测试样品的区分编号；

d）测试样品的测量位置；

e）标注设备测试试验样品之前和之后的放大倍数；

f）可能影响测量结果的不正常的因素；

g）注明测量的日期；

h）责任签名；

i）测量方式：常规显微照片。

附 录 A
（资料性附录）
横截面的制备与测量的通用指南

A.0 简介

试样的制备和涂层厚度的检测极大地依赖于各自的技术，并且存在多种合适有效的技术。只指定一种技术是不合理的，但是囊括所有合适的技术也是不切合实际的。附录中描述的技术仅供指导。

A.1 安装

为了防止涂层横截面边缘出现倒角，涂层的表面应该被夹紧，使得涂层与它的夹紧面之间没有任何的空隙。通常是通过在原始涂层上涂镀一层至少 10μm 厚，硬度类似于原始涂层的金属层。涂镀层应该具有与原始涂层不同的电子信号强度。

夹紧材料的表面应该具有导电性，以防止检测过程中发生核电现象。

如果夹紧部分是较软的材料，那么在打磨过程中，打磨的颗粒可能会嵌入到材料中。可以通过将试样完全浸没在润滑剂中打磨或在打磨时使用大流量的润滑剂以将此影响降到最低。如果打磨颗粒已经嵌入，可以在打磨完成后金刚石精抛光前通过金属抛光机和一个短时间的轻微手动抛光过程来去除打磨颗粒，或者由一个或多个交替的刻蚀和抛光周期达到去除打磨颗粒的目的。

A.2 打磨和抛光

A.2.1 打磨时最重要的是试样横截面平面要垂直于涂层。通过在试样外边缘处增加额外的金属片、周期性的改变打磨的方向（旋转 90°）、保持较短的打磨时间和较小压力将能有效地改善打磨效果。若在打磨前，在夹紧材料的侧面刻有参照标记，那么任何水平方向的倾斜都将很容易被观察到。采用合适的砂纸打磨试样、选择合适的润滑剂比如水或者石油溶剂油、使用较小的力量，能有效地避免在打磨过程中表面发生倾斜。最初的打磨应采用 100 号或 180 号的砂纸使试样真实的轮廓显露出来，同时去除试样上任何变形的金属。接着，分别在 240 号、320 号、500 号和 600 号的砂纸上，每张砂纸打磨不超过 30s～40s；每次更换砂纸都要改变打磨的方向 90°。接着，推荐在抛光布上通过 6μm～9μm、1μm、0.5μm 的钻石抛光膏进行打磨。

A.2.2 一种简单的判断横截面是否存在锥度的方法，是在试样上增加一个垂直于横截面平行于涂层的细直径的棒或者丝。如果存在锥度，那么棒或者丝的横截面就是一个椭圆。

A.3 扫描电子显微镜的应用

A.3.1 当用常规显微镜进行横截面检测时，涂层截面的边界仅由拍摄的两种材料之间的对比度显示，那么显示出来的涂层截面的宽度可能根据对比度和亮度的设定而有所变化。这种变化在放大倍率不变的情况下可能会达到 10%。为了使测量误差达到最小，可以适当调整亮度和对比度，使得图像能清楚显示材料表面每一条边的细节。

A.3.2 因为 SEM 的放大倍率会随着时间或其他设备参数的调整而自动变化，最好在试样测试前后对 SEM 进行校准。对于关键的测量，测试试样前后应该采用平均测量法进行校准测量。这样可以确保放大倍率没有发生变化，并且保证测量的精确性。

A.3.3 许多扫描电子显微镜都装配有X射线能量色散谱（EDS），这有助于帮助表征各金属涂层。EDS的解析度最多为1μm并且常常更低。

A.3.4 当被检测金属原子序数非常接近，相对原子质量仅相差1，或者两种金属在扫描电子显微镜里可分辨率仅为0.1μm时，可以利用背散射图像代替二次电子图像来帮助区分金属层。

A.3.5 目前并没有全方位统计检测误差的报告。但是对于薄的金涂层，有实验室测试报告表明，SEM的台置测微标尺尺度上存在0.039μm的测量不确定度，对于校准显微照片的测量有0.02μm。

第十二节 柔性薄膜基体上涂层厚度的测量方法

一、概论

柔性薄膜基材主要分为纸张、金属箔带和高分子薄膜。当前，新材料的研究发展向多功能化、复合化、低维化发展，在柔性薄膜基材表面制备功能涂层是一个重要的研究方向。

表面功能涂层材料分为金属材料、无机非金属和有机材料。

金属材料中铜、铝、镍是常用的表面金属化材料，它们是重要的电极材料和导电材料，例如，表面金属化后的聚酯薄膜可以用作电子产品的柔性连接线、薄膜电容器的电极等；磁性合金涂覆或者沉积在高分子薄膜上、纸张上，可以用作标签、编码、身份识别等；铜铟镓硒柔性太阳能电池，可以降低成本，提高效率。

无机非金属材料有氧化物、氮化物和超导材料等。例如，氧化铟锡和Al掺杂ZnO是目前应用最广的透明导电膜材料，GaN柔性薄膜可以制备大屏幕放光材料，氮化铝柔性薄膜可以制作柔性压电复合材料。

有机材料有塑料、橡胶、复合聚合物等，在电化学电容器、柔性显示、有机场效应晶体管等领域得到广泛的研究应用。

柔性薄膜基体上涂层厚度直接决定了功能薄膜的性能，对柔性薄膜基材上涂层厚度的测量控制尤为重要。薄膜上涂层厚度的测量按照测量方式可分为直接测量方法和间接测量方法。直接测量指应用测量仪器，通过接触（或光接触）直接感应出薄膜涂层的厚度，常见的直接法测量有：螺旋测微法、精密轮廓扫描法（台阶法）、扫描电子显微镜法（SEM）；间接测量指根据一定对应的物理关系，将相关的物理量经过计算转化为薄膜涂层的厚度，从而达到测量薄膜厚度的目的，常见的间接测量法有：称重法、电容法、电阻法、等厚干涉法、变角干涉法、椭圆偏振法。薄膜上涂层厚度的测量按照测量原理可分为三类：称量法、电学法、光学法。常见的称量法有：天平法、石英法、原子数测定法；常见的电学法有：电阻法、电容法、涡流法；常见的光学方法有：等厚干涉法、变角干涉法、光吸收法、椭圆偏振法。

采用扫描电子显微镜进行薄膜涂层厚度测量，测量原理和显微镜法测厚原理类似，此方法的难点是样品截面的制备。

在样品制备过程中，柔性薄膜基体采用机械抛光容易发生扭曲变形或磨粒嵌入等问题；

而采用氩离子束抛光机可以有效对柔性薄膜基体截面进行抛光，在扫描电子显微镜的二次电子像或者背散射电子像下能够清晰区分柔性薄膜基体与基体上的涂层。

氩离子束抛光机是由带涡轮真空泵的样品室和用于样品定位的光学显微镜组成。抛光过程中，样品固定在样品座上，在光学显微镜下选择样品抛光区域，然后用遮挡板遮住样品非目标区域仅露出需抛光区域，抽真空后氩气通过离子源产生离子束，经加速、集束后轰击样品抛光区域，与样品表面层发生碰撞，将能量传递给样品表面的原子、分子而使之产生溅射，从而形成对样品的抛光作用。

GB/T 38518—2020《柔性薄膜基体上涂层厚度的测量方法》于 2020 年 3 月 3 日首次发布，2021 年 2 月 1 日实施。

二、标准主要特点与应用说明

该标准为检测方法标准，规定了扫描电子显微镜测量柔性薄膜基体上涂层（包含有机、无机与金属涂层）厚度的基本方法。该标准适用于厚度不大于 3mm 的柔性薄膜基体上厚度为 10nm～0.5mm 的涂层的厚度测量。

扫描电子显微镜测厚原理是用扫描电子显微镜在相同加速电压和工作距离下，获取待测样品截面和标准样品的二次电子像或背散射电子像，然后测量出待测样品图像中柔性薄膜基体上涂层的厚度和标准样品图像中的网格长度。

该标准的主要内容为：适用范围、测量方法及原理、标准样品和仪器设备、操作方法、测量数据处理。

三、标准内容（GB/T 38518—2020）

柔性薄膜基体上涂层厚度的测量方法

1 范围

本标准规定了柔性薄膜基体上涂层（包含有机、无机与金属涂层）厚度扫描电子显微镜测量的基本方法及原理、标准样品和仪器设备、操作方法、数据处理的方法。

本标准适用于厚度不大于 3mm 的柔性薄膜基体上厚度为 10nm～0.5mm 的涂层的厚度测量。

2 规范性引用文件

下列文件对于本文件的应用是必不可少的。凡是注日期的引用文件，仅注日期的版本适用于本文件。凡是不注日期的引用文件，其最新版本（包括所有的修改单）适用于本文件。

GB/T 20307—2006 纳米级长度的扫描电子显微镜测量方法通则

3 基本方法及原理

3.1 截面制备

针对柔性薄膜基体采用机械抛光容易发生扭曲变形或磨粒嵌入等问题，采用氩离子束抛光机可以有效对柔性薄膜基体截面进行抛光，在扫描电子显微镜的二次电子像或者背散射电子像下能够清晰区分柔性薄膜基体与基体上的涂层。

氩离子束抛光机主要由带涡轮真空泵的样品室和用于样品定位的光学显微镜组成。抛光过程中，样品固定在样品座上，在光学显微镜下选择样品抛光区域，然后用遮挡板遮住样品非目标区域仅露出需抛光区域，抽真空后氩气通过离子源产生离子束，经加速、集束后轰击样品抛光区域，与样品表面层发生碰撞，将能量传递给样品表面的原子、分子而使之产生溅射，从而形成对样品的抛光作用。

3.2　厚度测量

用扫描电子显微镜在相同加速电压和工作距离下，获取待测样品截面和标准样品的二次电子像或背散射电子像，然后测量出待测样品图像中柔性薄膜基体上涂层的厚度和标准样品图像中的网格长度。结合标准样品的已知长度，计算涂层的厚度。

4　标准样品和仪器设备

4.1　标准样品

采用国家级有证书标准样品或省级以上（含省级）计量技术机构标定的样品。

4.2　扫描电子显微镜

二次电子像分辨力优于3nm，背散射电子像分辨力优于5nm。

4.3　氩离子束抛光机

能够加工出来可供观察的最大截面面积不小于1mm×1mm，配备温控液氮冷却台。

5　操作方法

5.1　待测样品截面的制备

5.1.1　从待测样品的指定部位垂直于涂层表面切取尺寸不大于20mm×12mm（长×宽）的试样，切面应垂直于涂层表面。

注：针对涂层最外层是有机物或者含有机物的待测样品，可在待测样品表面蒸镀厚度约为50nm的金属层（如铂层）作为保护层与分隔层。

5.1.2　在模具内，将待测样品平放，倒入按比例配备均匀的冷镶嵌树脂进行镶嵌。

5.1.3　对5.1.2得到的镶嵌样品上表面和截面进行粗磨和细磨，使表面粗糙度 Ra 不大于20μm，使镶嵌样品上表面到待测样品表面的距离小于0.5mm，涂层截面完全暴露且镶嵌样品的上表面与截面垂直。

5.1.4　用热蜡或胶带将研磨好的待测样品粘到长方体样品座上，截面应与样品座边缘平行，并高出样品座边缘1mm~2mm。

5.1.5　对氩离子束抛光机进行校验，确保离子束聚焦束斑中心与光学显微镜十字叉丝吻合。

5.1.6　将氩离子束抛光机样品台的倾斜角度调整到零。

5.1.7　将样品座安置在氩离子束抛光机内，在光学显微镜下，按以下原则确定被抛光位置：

a）确保挡板与镶嵌样品上表面在40倍光学显微镜下无缝隙；

b）调整镶嵌样品位置，使被抛光区域处于光学显微镜视场中央位置；

c）调整挡板位置，确保挡板边缘与光学显微镜刻度的 X 轴保持平行，并使镶嵌样品抛光面突出挡板下边缘约50μm。

5.1.8　设置氩离子束抛光机的工作参数如下：

a）加速电压为3kV~6kV；

b）电流：170μA~280μA；

c）样品台摆动速度到最快挡；

d）氩气压控制在0.03MPa~0.05MPa，氩气流速控制在1.5cm^3/min~1.8cm^3/min；

e）根据需要加工深度，设置合适的加工时间。

注1：根据柔性薄膜基体与涂层的热稳定性选择合适的加速电压，热稳定性差的待测样品，选择较低的加速电压。

注2：热稳定性差的待测样品在采用较低加速电压后，仍发生热损伤时，建议采用配有温控液氮冷却台的氩离子束抛光机进行加工。

5.1.9 当样品室内到达规定真空值，按下开关，开始加工，直至加工结束，得到待测样品截面。

注：加工过程中，可通过氩离子束抛光机的光学显微镜观察加工进度。

5.2 预估待测涂层的厚度值

5.2.1 将抛光好的待测样品水平固定在扫描电子显微镜长方体样品座的一侧。

5.2.2 用扫描电子显微镜观察待测样品，根据扫描电子显微镜的标准放大倍数（或图像上的标尺），估算待测薄膜基体上涂层的厚度。

5.3 选取标准样品

选取标准样品的原则如下：

a）优先选取不确定度小的标准样品；

b）优先选取分度值接近待测涂层厚度的标准样品；

c）优先选取线间距的标准样品；

d）优先选取标记敏锐的标准样品；

e）对于精确测量，如果标准样品的分度值，大于待测涂层厚度的1.5倍，应按照GB/T 20307—2006的B.1进行；

f）如果没有分度值合适的标准样品，应按照GB/T 20307—2006的B.2扩展标准样品。

5.4 待测样品和标准样品的安装

将标准样品和待测样品同时固定在扫描电子显微镜的长方体样品座的一侧或两侧，使标准样品的长度方向和待测涂层的厚度方向平行。

5.5 获取标准样品和待测样品的二次电子像或背散射电子像

5.5.1 将扫描电子显微镜调整到最佳工作状态，一般要求是：

a）选取合适的工作距离；

b）选取合适的加速电压；

c）选取合适的电子束电流；

d）选取合适的图像对比度与亮度，使长度标记敏锐；

e）尽可能消除电子束的像散；

f）使图像正焦。

5.5.2 扫描电子显微镜的样品台倾斜角度调整为零。

5.5.3 选取合适的放大倍数：显示屏上待测放大的图像中，待测柔性薄膜基体上涂层不超过视场的五分之四，涂层厚度应尽可能大一些。

5.5.4 移动样品台，使标准样品分度的图像处于视场的中央位置，获取标准样品分度的图像，并记录实际工作距离。

5.5.5 调节待测样品高度至与标准样品测试时相同的实际工作距离，在不改变扫描电子显微镜状态与其他参数情况下，移动样品台，使视场中待测涂层的厚度方向与标准样品的分度方向相同，且处于视场的中央位置，获取待测涂层的图像。

5.6　放大图像的测量

5.6.1　使用扫描电子显微镜自备的测量工具对标准样品图像进行测量，重复测量标准样品放大图像中网格的长度25次，并计算获得标准样品放大图像中长度的实测平均值A。

5.6.2　使用扫描电子显微镜自备的测量工具对待测涂层图像进行测量，重复测量待测样品放大图像中涂层的厚度25次，并计算获得待测样品放大图像中涂层厚度的实测平均值B。

6　数据处理

6.1　柔性薄膜基体上涂层厚度实测值T，按式（1）计算：

$$T=h\frac{B}{A} \tag{1}$$

式中　h——标准样品中网格长度的标定值；

B——待测样品放大图像中涂层厚度的实测平均值；

A——标准样品放大图像中网格长度的实测平均值。

6.2　柔性薄膜基体上涂层厚度实测值T的标准不确定度u，按式（2）计算：

$$u=\sqrt{\frac{T^2}{h^2}\left(e^2+\frac{d^2}{18n}\right)+\frac{d^2}{18n}} \tag{2}$$

式中　h——标准样品中网格长度的标定值；

e——标准样品的标准不确定度；

d——扫描电子显微镜的分辨力；

n——标准样品和待测样品放大图像的测量次数，一般情况n取25。

第三章　覆盖层孔隙率及单位面积质量的测定

第一节　金属覆盖层　孔隙率试验评述

一、概论

1. 孔隙和孔隙率

孔隙是指覆盖层表面存在的不连续，能使底层或基体金属暴露的孔、洞、裂纹、划痕、擦伤或其他开口。孔隙一般都垂直于覆盖层表面，也可能倾斜于覆盖层表面，往往呈圆形，也可能呈扭曲形。孔隙尺寸各不相同，从亚微观到微观到宏观，即从在普通显微镜下不可见到放大 10 倍~1000 倍可见到肉眼可见。

孔隙率是指单位面积上覆盖层至基体或底层孔隙的数目，它与试验中所用的具体试验方法和检查所用的放大倍数有关，是一相对值。通常，孔隙是一种镀覆缺陷（微裂纹铬和微孔铬除外），孔隙率的大小直接影响了覆盖层的腐蚀防护能力，孔隙率常作为评价覆盖层耐蚀性的参照指标之一。

2. 孔隙率试验

孔隙率试验是利用适当的试剂与覆盖层不连续暴露的基体起作用而形成可观察到的反应最终产物来表示试验结果，其中一些反应产物出现于原处，另一些出现于纸上或胶状覆层中。观察结果按照试验方法和由需方确定的试验项目表示，可目测或采用 10 倍显微镜观察，还可采用放大照片或显微放大照片的方法进行观察。

孔隙率试验与特别涉及试验时间的腐蚀试验和老化试验不同，它基本是短暂试验。良好的孔隙率试验过程必须对被孔隙暴露的底金属进行清洁、去极化和活化，并使之浸蚀，产生的腐蚀产物足以将孔隙填充而到达覆盖层表面。这种腐蚀作用不应与覆盖层表面发生反应，因此必须严格限制浸蚀时间，尤其是对薄镀层而言。当腐蚀产物溶解于试剂中时，可用沉淀指示剂形成反应产物。

孔隙率试验的方法一般分为化学法、电化学法、物理法，这些试验方法有的是在文献上公开发布的方法，有的已制定了相关的试验方法标准。GB/T 17720—1999《金属覆盖层　孔隙率试验评述》将孔隙率试验方法以标准化的方式进行评述，有助于这些试验方法的准确应用。

GB/T 17720—1999《金属覆盖层　孔隙率试验评述》等效采用 ISO 10308：1995《金属覆盖层　孔隙率试验评述》，于 1999 年 4 月 8 日发布，1999 年 9 月 1 日实施。

二、标准主要特点与应用说明

该标准评述了覆盖层中孔隙率试验方法，提出了孔隙率试验的原理、特点和试样的一般要求，对在标准或文献中已公布的 27 种孔隙率具体试验方法的适用范围和方法进行了一一概述。标准的附录 A 列出了孔隙率试验表，附录 B 提出了孔隙率试验的典型报告和评价的要求，附录C给出了孔隙类型图示，附录D对金属和其他无机覆盖层不连续进行了分类，附录E对孔隙率试验方法进行了分类，附录F是根据基体材料和覆盖层名称检索试验名称的索引，附录G是孔隙率试验的参考文献。

覆盖层孔隙率试验可分为化学法、电化学法和物理法三大类，其中化学法最常用。化学法又分为浸渍试验、溶液铺展试验、滤纸试验、液雾试验和气体气氛试验。具体选择哪种试验方法取决于基材与覆盖层的种类和用户需求。

三、标准内容（GB/T 17720—1999）

金属覆盖层 孔隙率试验评述

1 范围

本标准评述了已公布的揭示覆盖层中孔隙和不连续的方法，适用于铝、阳极氧化铝、黄铜、镉、铬、钴、铜、金、铟、铅、镍、镍-硼、镍-钴、镍-铁、镍-磷、钯、铂、釉瓷或搪瓷、铑、银、锡、锡-铅、锡-镍、锡-锌、锌等覆盖层以及铝、铍-铜、黄铜、铜、铁、Kovar（NiFeCo）合金、镁、镍、镍-硼、镍-磷、磷-青铜、银、钢、锡-镍和锌合金基体金属上的铬酸盐转化膜和磷酸盐转化膜（包括有关的有机膜）。

本标准中所述的各类试验，是利用适当的试剂与覆盖层不连续处暴露的基体起作用而形成的可观察到的反应产物。

注1：孔隙一般都垂直于覆盖层表面，也可能倾斜于覆盖层表面；它们往往呈圆形，也可能呈扭曲形，见附录C（提示的附录）。

注2：孔隙尺寸各不相同，从亚微观，即在普通显微镜下不可见；到微观，即放大10倍到1000倍可见；到宏观，即肉眼可见。

注3：孔隙可以用覆盖层表面的色斑来明确显示。

注4：覆盖层中的孔隙并非总是有害的，例如，微裂纹铬及微孔铬要求裂纹或小孔。

注5：孔隙率试验的结果以每平方厘米表面的孔隙数来表示，它与试验中所用的具体试验方法和检查中所用的放大倍数有关，是一相对值。

2 引用标准

下列标准所包含的条文，通过在本标准中引用而构成为本标准的条文。本标准出版时，所示版本均为有效。所有的标准都会被修订，使用本标准的各方应探讨使用下列标准最新版本的可能性。

GB/T 3138—1995 金属镀覆和化学处理与有关过程术语（neq ISO 2079：1981及ISO 2080：1981）

GB/T 6461—1986 金属覆盖层 对底材为阴极的覆盖层 腐蚀试验后的电镀试样的评级（eqv ISO 4540；1980）

GB/T 6465—1986 金属和其他非有机覆盖层 腐蚀膏腐蚀试验（CORR试验）（eqv ISO 4541：1978）

GB/T 8752—1988 铝及铝合金阳极氧化 薄阳极氧化膜不连续性的检验 硫酸铜试验（idt ISO 2085：1986）

GB/T 9789—1988 金属和其他非有机覆盖层 通常凝露条件下的二氧化硫腐蚀试验（eqv ISO 6988：1985）

GB/T 9797—1997 金属覆盖层 镍+铬和铜+镍+铬电沉积层（eqv ISO 1456：1988）

GB/T 10125—1997 人造气氛腐蚀试验 盐雾试验（eqv ISO 9227：1990）

GB/T 11379—1989 金属覆盖层 工程用铬电镀层（neq ISO 6158：1984）

GB/T 12305.2—1990 金属覆盖层 金和金合金电镀层的试验方法 第二部分：环境试验（eqv ISO 4524-2：1985）

GB/T 12305.3—1990 金属覆盖层 金和金合金电镀层的试验方法 第三部分：孔隙率的电解显像试验（eqv ISO 4524-3：1985）

GB/T 12332—1990 金属覆盖层 工程用镍电镀层（eqv ISO 4526：1985）

GB/T 12600—1990 金属覆盖层 塑料上铜+镍+铬电镀层（eqv ISO 4525：1985）

GB/T 17721—1999 金属覆盖层 孔隙率试验 铁试剂试验（eqv ISO 10309：1994）

ISO 3160.2—1992 表壳和附件 金合金覆盖层 第二部分：细度、厚度和耐蚀性的测定

ISO 4527—1987 自催化镍-磷镀层 技术要求和试验方法

ISO 4538—1978 金属覆盖层 硫代乙酰胺腐蚀试验（TAA 试验）

3 定义

本标准采用 GB/T 3138 及下列定义。

不连续 discontinuities

裂纹、微孔、麻点、擦伤或暴露出不同底金属的覆盖层表面的其他开口。关于覆盖层的不连续详见附录 D（提示的附录）和附录 G（提示的附录）中参考文献［1］。

4 原理

孔隙率试验结果以化学反应最终产物来表示，其中一些出现于原处，另一些则出现于纸上或胶状敷层中。观察结果按照试验方法和由需方确定的试验项目表示。可目测或采用 10 倍显微镜观察，还可采用放大照片或显微放大照片的方法进行观察，参见附录 G 中参考文献［1］、［2］、［3］、［5］和［6］［也可参见附录 A（标准的附录）孔隙率试验表和附录 D（提示的附录）金属和其他无机覆盖层不连续的分类］。

5 孔隙率试验的共同特点

孔隙率试验与特别涉及试验时间的腐蚀试验和老化试验不同，它基本是短暂试验。良好的孔隙率试验过程必须对被孔隙暴露的底金属进行清洁、去极化和活化，并且浸蚀它，使其产生的腐蚀产物足以将孔隙填充而达到覆盖层表面。在理想情况下，这种腐蚀作用不应与覆盖层表面起反应。对反应时间必须加以限制，特别是对薄覆盖层，因为，腐蚀作用会向各个方向浸蚀基体，这样就会使覆盖层底部发生浸蚀，以致得到假的观察结果。当腐蚀产物溶解于试剂中时，可用沉淀指示剂形成反应产物［见附录 E（提示的附录）孔隙率试验方法分类］。

6 试验试样

孔隙率试验一般都是破坏性的，用于评价基体涂（镀）覆加工的质量。因此，一般不允许有单独的试验试样。

7 具体的孔隙率试验

7.1 茜素试验

7.1.1 范围

适用于铝基体上的铬（包括 Cu/Ni/Cr 和 Ni/Ni/Cr）、钴、铜、镍，镍-硼、镍-钴、镍-

铁和镍-磷层。

7.1.2　方法概要

在规定条件下用氢氧化钠、磺酸茜素钠、冰醋酸处理试样，生成的红色痕迹或斑点显示孔隙。试验程序详见 ISO 4527，也见附录 G 中参考文献［9］、［31］和［37］。

7.2　蒽醌试验

7.2.1　范围

适用于铝、镁或锌合金基体上的铬（包括 Ni/Ni/Cr）、钴、镍、镍-硼、镍-钴、镍-铁和镍-磷层。

7.2.2　方法概要

在规定条件下用氢氧化钠和 1-氨基蒽醌-2 羧酸钾处理试样，生成的红色痕迹或斑点显示孔隙。试验程序详见附录 G 中参考文献［13］。

7.3　硫化镉试验

7.3.1　范围

适用于铍铜、黄铜、铜、磷青铜和银基体上的金属铬（包括 Ni/Ni/Cr）、金、钯、铂和铑层。

7.3.2　方法概要

将滤纸在氯化镉溶液中浸湿，然后用硫化钠处理，在滤纸上沉淀出硫化镉。试验程序详见 GB/T 12305.3。

7.4　硫酸铜（Preece）试验

7.4.1　范围

A 种　适用于铁、钢或铁基合金基体上的镉和锌层。

B 种　适用于铝合金基体上厚度小于 5μm 的薄阳极氧化膜。

7.4.2　方法概要

将试样浸于硫酸铜溶液，铝合金和铁合金基体分别浸于不同成分的溶液。铜的浅红色痕迹或斑点显示铁基体上覆盖层的孔隙，黑色痕迹或斑点显示铝合金基体上覆盖层的孔隙。试验程序详见附录 G 中参考文献［38］和 GB/T 8752。

7.5　硫酸铜（Dupernell）试验

7.5.1　范围

适用于铝、铁、钢或锌合金基体上的铜/镍层或镍/镍层上的铬层和微裂纹铬层或微孔铬层。

7.5.2　方法概要

将试样作为酸性镀铜液的阴极，铜只沉积于暴露的基体金属上或底层上，铬保持钝态。试验程序详见 GB/T 9797、GB/T 12600、GB/T 11379 以及附录 G 中参考文献［40］和［41］。

7.6　腐蚀膏试验（CORR）

7.6.1　范围

适用于铝合金、塑料、钢和铁合金或锌合金基体上的铜/镍层或镍/镍层上的铬层和微裂纹铬层或微孔铬层。

7.6.2 方法概要

试样涂覆腐蚀性盐膏，然后干燥。将被涂覆的试样在高相对湿度条件下暴露规定时间。试验程序详见 GB/T 6465 及附录 G 中参考文献 [26] 和 [51]。

7.7 电解显像试验

7.7.1 范围

A 种 丙烯酰胺电解显像法（见 7.7.2 的“注意”）适用于银或镍层上的金层以及铜基体上的镍层。

B 种 胶体电解显像法适用于铜上的金、钴、镍、钯层以及镍上的金、铜、钴、钯层和银基体上的金层。

C 种 纸电解显像法适用的指示剂—覆盖层/基体组合见表 1，试样应具有平的表面或近于平的表面。

表 1

指示剂	覆盖层/基体
硫化镉	铍铜、黄铜、铜、磷青铜和银基体上的铬、金、钯、铂和铑层
丁二酮肟	黄铜、铍铜、铜、磷青铜、镍、镍-硼和镍-磷基体上的金、钯、铂、铑和银层
红氨酸	铍铜、黄铜、铜和磷青铜基体上的铬、金、钯、铂和铑层
环己二酮二肟	镍、镍-硼、镍-铁，镍-磷和锡-镍基体上的金、钯、铂和铑层
亚铁氰化钾	黄铜、铍铜、铜和磷青铜基体上的铬、金、钯、铂和铑层
铁氰化钾	黄铜、银和钢基体上的镉、镍、锡和锌层
试镁灵	镁基体上的铬、钴、铜、镍、镍-硼、镍-钴、镍-铁和镍-磷层

7.7.2 方法概要

A 种 丙烯酰胺电解显像法

将含有硬化剂和指示剂的丙烯酰胺溶液在接近于胶化时倾于试样上，在盛氯化物溶液的电解池中以试样作阳极，进行电解，试样上的色痕或斑点显示孔隙。试验程序详见附录 G 中参考文献 [7]。

注意：已鉴定丙烯酰胺为中枢神经致毒物质和致癌物质，应慎用。

B 种 胶体电解显像法

将透明的明胶、导电盐和指示剂的混合物置于电解池中，以金或铂作阴极，试样作阳极。允许混合胶液随电解而固化。试样上的色痕或色斑显示孔隙。试验程序详见附录 G 中参考文献 [52]。

C 种 纸电解显像法

试样夹在浸渍电解液的纸和浸渍指示剂的纸之间作阳极，并用两个阴极盖（非活性材料，例如金或不锈钢）夹住，按规定的电流（一般为 0.15mA/cm^2 ~ 1.55mA/cm^2）经一定的时间（一般为 10s ~ 30s）通电。暴露之后，用指示剂润湿试纸，然后使之干燥。

可采用各种商品试纸。试验程序详见 GB/T 12305.3 及附录 G 中参考文献 [15]、[18]、[35]、[36] 和 [42]。

7.8 亚铁氰化物试验

7.8.1 范围

适用于铜基上的铬、钴、金、镍、镍-硼、镍-铁、镍-磷、钯、铂和铑层。

7.8.2　方法概要

在规定条件下用冰醋酸、亚铁氰化钾处理试样，试样上的棕色痕迹或斑点显示孔隙。试验程序详见 ISO 4527 及附录 G 中参考文献［12］和［37］。

7.9　试铁灵试验

7.9.1　范围

适用于钢铁基体上的铝、黄铜、镉、铬、钴、铟、铅、镍、镍-硼、镍-磷、搪瓷、有机膜、银、锡、锡-铅、锡-镍、锡-锌和锌层。

7.9.2　方法概要

在规定条件下用酸和 0.1%试铁灵（8-羟基喹啉-7-碘-5-磺酸）溶液处理试样，试样上的红色痕迹或斑点显示孔隙。试验程序详见附录 G 中参考文献［4］。

7.10　铁试剂试验

7.10.1　范围

适用于在试验过程中不与铁氰化物和氯离子发生明显作用，并对铁或钢基体呈阴极性的金属覆盖层（例如黄铜、铬、钴、铜、金、铟、铅、镍、镍-硼、镍-磷、银、锡、锡-铅和锡-镍层）以及有机膜和搪瓷。

7.10.2　方法概要

将用氯化钠电解液润湿的、并经氯化钠凝胶处理的纸带与试样表面紧密地接触一定时间，然后，用铁氰化物指示剂溶液适当润湿纸带，纸带上的蓝色痕迹或斑点显示孔隙。试验程序见 GB/T 12332、GB/T 17721、ISO 4527 及附录 G 中参考文献［29］、［35］、［36］、［39］和［43］。

7.11　硫华孔隙试验

7.11.1　范围

主要适用于铜、铜合金或银基体上的金和镍层。也适用于在还原硫气氛中不明显变色的其他覆盖层。

7.11.2　方法概要

将试样悬挂于容器中硫华的上方，在这封闭系统中经历规定的时间。悬挂架和容器均由非活性材料制成，容器的湿度可控制，温度可升至 50℃。试样上的痕迹、斑点或退色显示孔隙。试验程序详见附录 G 中参考文献［44］。

7.12　热水试验

7.12.1　范围

适用于对铁基体呈阴极性的金属覆盖层［例如铁、可伐（Ni-Fe-Co）合金或钢基体上的黄铜、铜、金、铟、镍、镍-硼、镍-磷、锡、锡-铅和锡-镍层］以及钢基体上的釉瓷、搪瓷和有机膜。

7.12.2　方法概要

在室温下置试样于盛满中性充气水的玻璃容器中，加热容器，让水在 15min～20min 内沸腾，并继续沸腾 30min，取出试样干燥后，黑色痕迹或斑点以及红锈显示孔隙。试验程序详见 ISO 4527 以及附录 G 中参考文献［37］和［43］。

7.13 硫化氢或二氧化硫/硫化氢试验

7.13.1 范围

A 种 适用于铍铜、黄铜、铜、磷青铜和银基体上厚度小于 5μm 的金、钯或铑层。

B 种 适用于铍铜、黄铜、铜、镍、镍-硼、镍-磷、磷青铜或银基体上的厚度大于 5μm 的金、钯、铑、锡、锡-铅或锡-镍层。

7.13.2 方法概要

A 种 将试样悬挂于盛有新生成硫化氢气体的容器中，经过规定时间，一般为 24h，试样表面上的色斑显示孔隙。挂具和容器均由非活性材料制成。试验程序详见附录 G 中参考文献 [27]。

B 种 将试样悬挂于盛有新生成二氧化硫气体的容器中，经过规定时间，一般为 24h；紧接着挂在新生成的硫化氢气体的容器中，再经过规定时间，一般为 24h。表面上的色斑显示孔隙，挂具和容器均由非活性材料制成。试验程序详见附录 G 中参考文献 [17]。

7.14 苏木试验

7.14.1 范围

适用于铝基体上的黄铜层或黄铜和铜基体上的银层。

7.14.2 方法概要

将用苏木精处理过的纸带浸于水中，然后使纸带紧密与试样表面接触，经过规定时间，检查纸带，出现的蓝色痕迹或斑点显示孔隙。试验方法详见附录 G 中参考文献 [8] 和 [11]。

7.15 试镁灵试验

7.15.1 范围

适用于镁基体上的铬、钴、铜、镍、镍-硼、镍-钴、镍-铁和镍-磷层。

7.15.2 方法概要

用氢氧化钠处理试样，将滤纸浸于 0.01%对-硝基苯-偶氮-间苯二酚的乙醇溶液中以制备试镁灵试纸。将试纸干燥并置于已处理的试样的表面。红色背景上出现的蓝色痕迹或斑点显示孔隙。试验程序详见附录 G 中参考文献 [15]。

7.16 硝酸气氛试验

7.16.1 范围

适用于铍铜、黄铜、铜、镍、镍-硼、镍-磷、磷青铜和锡-镍基体上的金层。

7.16.2 方法概要

将浓硝酸置于非活性材料制成的容器中，盖上容器，在规定的环境中放置 0.5h，以形成稳定的酸气氛。

将试样悬挂于此密闭系统的气氛中，经过规定的时间，铜合金基体为 1h，镍基体为 2h，然后烘干试样，以固定反应产物。反应产物一般均突起于表面，每一反应产物的痕迹或斑点均显示出一处覆盖层中的孔隙。试验程序详见 GB/T 12305.2 及附录 G 中参考文献 [45]。

7.17 8-羟基喹啉试验

7.17.1 范围

适用于铝、镁和锌基体上的铬、钴、铜、镍、镍-硼、镍-钴、镍-铁和镍-磷层。

7.17.2　方法概要

用氢氧化钠处理试样，将滤纸浸于5%的8-羟基喹啉的乙醇溶液中以制备8-羟基喹啉试纸。将试纸干燥并置于已处理的试样的表面，色痕或斑点显示孔隙。试验程序详见附录G中参考文献［10］和［14］。

7.18　高锰酸盐试验

7.18.1　范围

适用于铁、钢或铁基合金基体上的铝、镉和锌层。

7.18.2　方法概要

将试样浸于稀高锰酸钾溶液中，出现的二氧化锰的黑色痕迹或斑点显示孔隙。试验程序详见附录G中参考文献［8］。

7.19　多硫化物试验

7.19.1　范围

适用于铍铜、黄铜、铜和磷青铜基体上的锡、锡-镍和锡-锌金属覆盖层。

7.19.2　方法概要

用溶剂清洗试样，然后浸于多硫化钠溶液中，试样上出现的黑色痕迹或斑点显示孔隙。试验程序详见附录G中参考文献［46］。

7.20　α-亚硝基-β-萘酚试验

7.20.1　范围

适用于对铁、钢或铁基合金基体呈阴极性的金属覆盖层，如黄铜、铬、铜、金、镍、镍-硼、镍-磷、锡、锡-镍层及其合金层。

7.20.2　方法概要

将用α-亚硝基-β-萘酚处理过的纸带浸于水中或浸于能加速反应的5%的氯化钠溶液中，然后将纸带与试样表面紧密接触，经过规定的时间，检查纸带，其上的绿色痕迹或斑点显示孔隙。试验程序详见附录G中参考文献［8］。

7.21　盐雾试验［中性盐雾试验（NSS）、醋酸盐雾试验（AASS）、铜加速醋酸盐雾试验（CASS）］

7.21.1　范围

适用于在试验过程中不与氯离子发生明显作用，并对铁、钢或铁基合金基体呈阴极性的金属覆盖层，例如黄铜、铬、钴、铜、金、铅、镍、镍-硼、镍-磷、锡、锡-铅和锡-镍层，也适用于铝、镁、锌基体上的铜/镍层上的铬层和镍/镍层上的铬层。

7.21.2　方法概要

将试样放于箱内，并经5%氯化钠溶液的喷雾。铁、钢或铁基合金基体上的红锈、黑色痕迹或斑点以及铝、镁或锌合金基体上的覆盖层中的气泡、白色痕迹或斑点显示孔隙。试验程序详见GB/T 10125及附录G中参考文献［32］、［33］、［47］和［48］。

7.22　二氧化硫试验

7.22.1　范围

A种　适用于铜、铜合金和镍基体上的金层。

B种　适用于银基体上的金层。

C种　适用于铜、铜合金和钢基体上的锡、锡-铅和锡-镍层。

7.22.2 方法概要

将试样用挂具悬挂于新生成的二氧化硫气氛的容器中，经过规定的时间，通常为24h。挂具和容器均由非活性材料制成。作为腐蚀气氛的二氧化硫的浓度按A、B、C三类（覆盖层与基体组合）进行选择。试样表面上的色斑显示孔隙。试验程序详见GB/T 12305.2和GB/T 9798及附录G中的参考文献［28］、［32］、［35］、［49］和［50］。

7.23 亚硫酸/二氧化硫气氛试验

7.23.1 范围

适用于镀-铜、黄铜、铜、镍、镍-硼、镍-磷和磷-青铜基体上的金和钯层。

7.23.2 方法概要

将试样用挂具悬挂于亚硫酸/二氧化硫气氛的容器中，经过规定时间，一般为24h。试样表面上的色斑显示孔隙。挂具和容器由非活性材料制成。试验程序详见附录G中参考文献［53］。

7.24 硫氰酸盐试验

7.24.1 范围

适用于在试验过程中不与硫氰酸盐和氯离子发生明显作用，并对铁或钢合金基体呈阴极性的金属覆盖层，例如铬、铜、镍、镍-硼、镍-磷、锡、锡-镍及其合金层。

7.24.2 方法概要

将用氯化钠电解液润湿的、并经氯化钠凝胶处理的纸带与试样表面紧密地接触于规定的时间。然后，用硫氰酸盐指示剂溶液适当润湿纸带，红色痕迹或斑点显示孔隙。试验程序详见附录G中参考文献［8］。

7.25 硫代乙酰胺试验（TAA）

7.25.1 范围

适用于铜、铜合金和银基体上的金、镍或锡层，也适用于黄铜、铜或银基体上的有机覆盖层。

7.25.2 方法概要

将试样悬挂于以饱和乙酸钠溶液来控制湿度（75%RH）的盛硫代乙酰胺晶体的密闭容器中，在25℃经历规定的时间。挂具和容器均用非活性材料制成。痕迹、斑点或退色显示孔隙。试验程序详见ISO 4538及附录G中参考文献［16］。

7.26 表壳的乙酸试验

7.26.1 范围

适用于含镍或不含镍的铜合金和锌基合金压铸件上的金层。

7.26.2 方法概要

将试样悬挂于充满乙酸气氛的容器中，在（23±2）℃恒温24h。挂具及容器均用非活性材料制成。试验程序详见ISO 3160.2。

7.27 表壳的亚硫酸氢钠试验

7.27.1 范围

适用于铁合金上的金层。

7.27.2 方法概要

将试样悬挂于充满亚硫酸氢钠气氛的容器中，在（23±2）℃恒温24h。挂具和容器均用非活性材料制成。试验方法详见 ISO 3160.2。

附　录　A
(标准的附录)
孔隙率试验表

表 A.1

覆盖层	基体或底层						
	铝合金	铜合金				铁合金	
		铍-铜	黄铜	铜	磷-青铜	铸铁和钢	可伐
铝	—	—	—	—	—	9,18	9
阳极氧化铝	4B	—	—	—	—	—	—
黄铜	14	—	—	—	—	9,10,12,20,21	9,10,12
镉			7C6			4A,7C6,9,18	4A,9
铬酸盐转化膜	21				11		
铬	1,2,5,6,17	3,7C1,7C3,7C5	3,7C1,7C3,7C5	3,7C1,7C3,7C5,8	3,7C1,7C3,7C5	5,6,9,10,12,20,21,24	5,6,9,10,12
双层镍+铬	1,2,5,6,17,21	3,7C5	3,7C5	3,7C5	3,7C5	5,6,9,10,20,21	5,6,9,10
铜+镍+铬	1,2,5,6,17,21	3,7C5	3,7C5	3,7C5	3,7C5	5,6,9,10,20,21	5,6,9,10
钴	1,2,17			8,7B		9,10,12,21	9,10,12
铜	1,17	—	—	—	—	10,12,20,21,24	10,12
金	—	3,7C1,7C2,7C3,7C5,11,13A,13B,16,22A,23,25,26	3,7C1,7C2,7C3,7C5,11,13A,13B,16,22A,23,25,26	3,7B,7C1,7C2,7C3,7C5,8,11,13A,13B,16,22A,23,24,25,26	3,7C1,7C2,7C3,7C5,11,13A,13B,16,22A,23,25,26	10,12,20,21,27	10,12
铟	—	—	—	—	—	9,10,12	9,10,12
铅	—	—	—	—	—	9,10,12,21,22	9,10,12
镍	1,2,17	11,25	7C6,11,25	1,7A,7B,10,11,25	11,25	1,7C6,9,10,12,20,21,24	9,10,12
镍-硼	1,2,17	11,25	11,25	8,11,25	11,25	9,10,12,20,21,24	9,10,12
镍-钴	1,2,17	11	11	11	11	—	—
镍-铁	1,2,17	11	11	11	11	—	—
镍-磷	1,2,17	11,25	11,25	8,11,25	11,25	9,10,12,20,21,24	9,10,12

（续）

覆盖层	基体或底层						
	铝合金	铜合金				铁合金	
		铍-铜	黄铜	铜	磷-青铜	铸铁和钢	可伐
钯	—	3,7C1,7C2,7C3,7C5,13A,13B,23	3,7A,7C1,7C2,7C3,7C5,13A,13B,23	3,7B,7C1,7C2,7C3,7C5,8,13A,13B,23	3,7C1,7C2,7C3,7C5,13A,13B,23	—	—
磷酸盐转化膜	—	—	—	—	—	—	—
铂	—	3,7C1,7C2,7C3,7C5	3,7C1,7C2,7C3,7C5	3,7C1,7C2,7C3,7C5	3,7C1,7C2,7C3,7C5	—	—
铑	—	3,7C1,7C2,7C3,7C5,13A,13B	3,7C1,7C2,7C3,7C5,13A,13B	3,7C1,7C2,7C3,7C5,8,13A,13B	3,7C1,7C2,7C3,7C5,13A,13B	—	—
银	—	7C2	7C2,14	7C2,14	7C2	9,10	9,10
锡	—	19,22C,25	7C6,19,22C,25	13B,19,22C,25	19,22C,25	7C6,9,10,12,20,21,22C,24	9,10,12
锡-铅	—	22C	22C	13B,22C	22C	9,10,12,20,21,22C,24	9,10,12
锡-镍	—	19,22C,25	19,22C,25	13B,19,22C,25	19,22C,25	9,10,12,21,22C	9,10,12
锡-锌	—	19	19	19	19	9	9
锌	—	—	7C6	—	—	4A,7C6,9,18	4A,9
釉瓷和搪瓷	—	—	—	—	—	9,10,12	9,10,12
有机膜	4	11,25	11,25	11,25	11,25	9,10,12	9,10,12

覆盖层	基体或底层						
	镁合金	镍合金			银	锡-镍	锌合金
		镍	镍-硼	镍-磷			
铝							
阳极氧化铝	—	—	—	—	—	—	—
黄铜	—	—	—	—	—	—	—
镉	—	—	—	—	7C6	—	—
铬酸盐转化膜	21	—	—	—	—	—	21
铬	2,7C7,15,17,21	5	—	—	3,7C1,	—	2,5,6,17,21
双层镍+铬	2,7C7,15,17,21	—	—	—	—	—	2,5,6,17,21
铜+镍+铬	2,7C7,15,17,21	—	—	—	—	—	2,5,6,17,21
钴	2,7C7,15,17,21	—	—	—	—	—	2,17,21
铜	7C7,15,17	7B	—	—	—	—	17

（续）

覆盖层	基体或底层						
	镁合金	镍合金			银	锡-镍	锌合金
		镍	镍-硼	镍-磷			
金	—	1,7A,7B,7C2,7C4,13B,16,22A,23	7C2,7C4,16,23	7C2,7C4,16,23	1,3,7A,7B,7C1,11,13A,13B,22B,25	7C4,16,23	26
铟	—	—	—	—	—	—	—
铅	—	—	—	—	—	—	
镍	2,7C7,15,17	—	—	—	7C6,11,25	—	2,17,21
镍-硼	2,7C7,15,17	—	—	—	11,25	—	2,17,21
镍-钴	2,7C7,15,17	—	—	—	—	—	2,17,21
镍-铁	2,7C7,15,17	—	—	—	11	—	2,17,21
镍-磷	2,7C7,15,17	—	—	—	11,25	—	2,17
钯	—	7B,7C2,7C4,13B,23	7C2,7C4,13B,23	7C2,7C4,13B,23	3,7C1,13A,13B	7C4,23	—
磷酸盐转化膜	—	—	—	—	—	—	—
铂	—	7C2,7C4	7C2,7C4	7C2,7C4	3,7C1	7C4	—
铑	—	7C2,7C4,13B	7C2,7C4,13B	7C2,7C4,13B	3,7C1,13A,13B	7C4	—
银	—	7C2	7C2	7C2	—	—	—
锡	—	—	—	—	7C6,13B,25	—	—
锡-铅	—	—	—	—	13B	—	—
锡-镍	—	—	—	—	13B,25	—	—
锡-锌	—	—	—	—	—	—	—
锌	—	—	—	—	7C6	—	—
釉瓷和搪瓷	—	—	—	—	—	—	—
有机膜	—	—	—	—	25	—	—

注：表中数字是指第 7 章下的条，数字后面的字母是指种类。

附　录　B
（提示的附录）
孔隙率试验的典型报告和评价

B.1　报告

孔隙率试验结果一般以下列方案之一报告。

B.1.1　方案 1

有效面积内的孔隙数量和大小，换算为孔隙密度，每 100mm^2 的缺陷数。

B.1.2　方案 2

被孔隙覆盖的累计面积的百分比。

B.1.3 方案3

有效表面上最大痕迹或斑点的面积，以 mm^2 表示。

B.2 评价

B.2.1 范围

孔隙率试验对暴露于腐蚀环境中的覆盖层的预期性能提供一些信息。如果确知某一正确沉积的具有规定厚度的覆盖层是耐蚀的，就可将孔隙率试验作为控制这一工艺过程的手段。覆盖层多孔可能由以下一个或多个原因引起：基体加工，基体前处理，电镀液，镀覆工艺。

B.2.2 步骤

按方案1，根据产品技术规范或产品图样规定，在放大10倍的情况下，计算覆盖层有效面积上的孔隙个数。

按方案2，将结果与GB/T 6461规定的试板对照或与需方提供的标准样板对照。

按方案3，扫描最大缺陷。

B.2.3 评判标准（通过—通不过）

通过—通不过的评判标准是要求孔隙试验的技术规范的专有条款。其原因在于具体方法的灵敏度彼此不同，也因不同金属组合而异，因此，没有一个简单的评判标准。另外，覆盖层的各种产品本身的孔隙合格标准也有不同。

以下列举几个常用于评判通不过的标准实例：

1）孔隙数大于50个/$100mm^2$ 或孔隙累计面积大于1%。

2）任一痕迹、斑点或裂纹的全部面积大于 $2.5mm^2$。

B.3 准确度和偏差

孔隙率试验用于表征覆盖层保护作用或覆盖的完整性。基体、工艺、搬运、包装等因素都会影响测定的准确度。因此，只有在涂（镀）覆、搬运和包装过程处于受控状态的条件下，这些试验才可作为定性指南。

附 录 C
（提示的附录）
孔隙类型图示

孔隙的各种类型见图C.1，也可参见附录G中参考文献［8］。

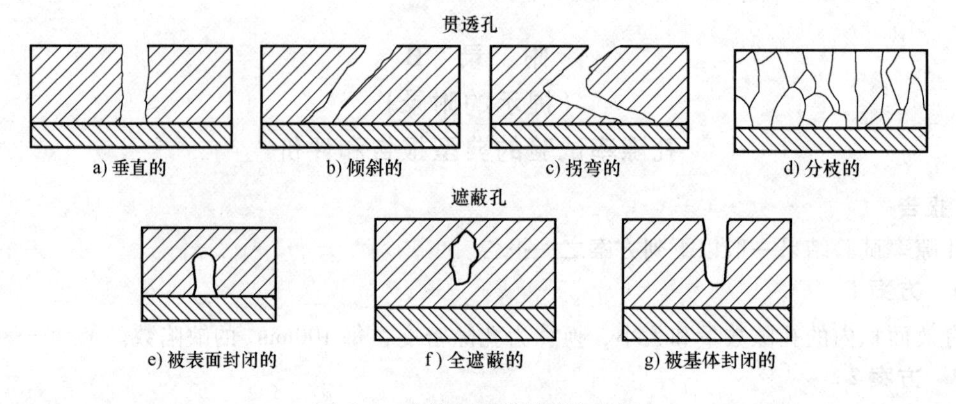

图C.1 电镀层孔隙类型和起因

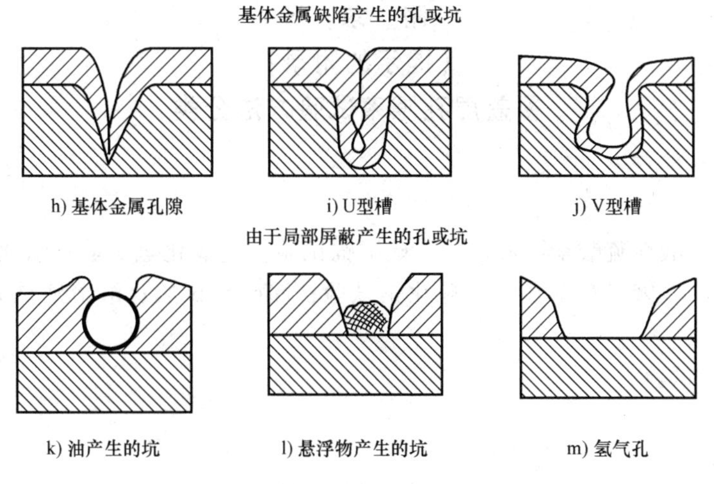

图 C.1　电镀层孔隙类型和起因（续）

注：a~d 所示孔隙由覆盖层的固有特性所致；e~g 所示孔隙由遮蔽作用所致；h~j 所示孔隙由基体金属的微观几何形状所致；k~m 所示孔隙由镀液氢气泡及外来颗粒或基体金属表面的残余污物所致。

附　录　D
（提示的附录）
金属和其他无机覆盖层不连续的分类

D.1　按不连续的类型和部位分类

a）孔隙从基体延伸到涂层金属表面

　1）与覆盖层表面垂直的孔隙；

　2）与覆盖层表面倾斜的孔隙；

　3）扭曲孔隙。

b）遮蔽孔

　1）从基体金属表面延伸的孔；

　2）既没到达基体金属也没到达覆盖层表面的内孔。

c）擦伤或裂纹

　1）从基体金属表面延伸到覆盖层表面的擦伤和裂纹；

　2）未到达基体金属的擦伤和裂纹。

D.2　按不连续的大小分类

a）宏观的（肉眼可见的）；

b）微观的（在显微镜下或用 10 倍放大率观察）；

c）亚微观的（在普通显微镜下不可见，其出现与覆盖层结构有关）。

D.3　按孔隙成因分类

a）沉积条件的影响（形成遮蔽孔或延伸到基体金属的孔隙）；

b）镀覆表面显微几何形状的影响；

c）夹入覆盖层的来自镀槽中氢气泡和小固体粒子的影响；

d）金属表面未除去的污物（灰尘、油脂）的影响。

附　录　E
（提示的附录）
覆盖层孔隙率试验方法分类

E.1　化学法

a）浸渍试验

铁试剂试验；酸性硫酸铜溶液试验；硫酸镉试验；过氧化氢试验；氯化钠/过氧化氢溶液试验；热蒸馏水（95℃）试验；多硫化钠试验；沸硝酸试验；酸溶液试验；有机指示剂试验。

b）溶液铺展试验

铁试剂试验。

c）滤纸试验

铁试剂试验；有机指示剂试验。

d）液雾试验

中性盐雾试验；醋酸盐雾试验。

e）气体气氛试验

NH_3、SO_2、H_2S、HNO_3、湿 S。

E.2　电化学法

a）阳极处理

铁试剂试验。

b）电解显像试验

照相纸试验；石膏压痕试验；胶状介质试验；分析测定。

E.3　物理法

a）光学法；

b）透气性法；

c）超声法；

d）放射自显影术和同位素法；

e）高电压或高频法。

附　录　F
（提示的附录）
根据基体材料和覆盖层名称检索试验名称的索引

按汉语拼音检索

附　录　G

（提示的附录）

参考文献

[1] BIESTEK, T. and SEKOWSKI, S., Methoden zur Prüfung metallischer Überzüge (Methods of Testing Metallic Coatings), Eugen G. Leuze Verlag, Saulgau, Württ and Wydawnictwa Naukowo-Techniczne, Warszawa, 1973, pp. 234-262

[2] ATKINSON, R. H., A Review of Corrosion Tests for Plated Finishes, Transactions of the Institute of Metal Finishing, Vol 58, Part 4, 1980, pp. 142-144

[3] Clarke, M., Porosity and Porosity Tests, Properties of Electrodeposits, R. Said, H. Leidheiser and F. Ogburn, Eds., Electrochemical Society Princeton, NJ 08540 USA, 1975, pp. 122-141

[4] FEIGL, F., Spot tests, Elsevier Publishing Co., Fifth Edition, Amsterdam, 1954, p. 163

[5] KRUMBEIN, S. J., Porosity Testing of Contact Platings, 20th Annual Connector and Interconnection Technology Symposium. 1987, pp. 47-63

[6] KRUMBEIN, S. J. and HOLDEN, C. A., Jr., Porosity Testing of Metallic Coatings, Testing of Metallic and inorganic Coatings, ASTM STP 947, W. B. Harding and G. A. DiBari, Eds., American Society for Testing and Materials, Philadelphia, PA 19103 USA, 1987, pp. 193-210

[7] FOLFF, R., Die Messung von Poren in galvanischen Schichten (Measurement of Pores in Plated Coatings), Galvanotechnik, Vol. 73, May 1982, pp. 451-452

[8] KUTZELNIGG, A., Testing Metallic Coatings (Translated from Die Prüfung metallischer Überzüge, with some additions), Robert Draper Ltd., Teddington, United Kingdom,

1963, pp. 92-128
[9] The Merck Index, Fifth Edition, Merck & Co. , Rahway, NJ, USA, Test No. 124
[10] The Merck Index, Fifth Edition, Merck & Co. , Rahway, NJ, USA, Test No. 296
[11] The Merck Index, Fifth Edition, Merck & Co. , Rahway, NJ, USA, Test No. 465
[12] The Merck Index, Fifth Edition, Merck & Co. , Rahway, NJ, USA, Test No. 556
[13] The Merck Index, Fifth Edition, Merck & Co. , Rahway, NJ, USA, Test No. 997
[14] The Merck Index, Fifth Edition, Merck & Co. , Rahway, NJ, USA, Test No. 1686
[15] The Merck Index, Fifth Edition, Merck & Co. , Rahway, NJ, USA, Test No. 3910
[16] Australian Standard AS 2331. 3. 4: 1980. Methods of test for metallic and related coatings—Part 3: Corrosion and related property tests—Thioacetamide anti-tarnish and porosity test
[17] Australian Standard AS 2331. 3. 5: 1980. Methods of test for metallic and related coatings—Part 3: Corrosion and related property tests—Sulphur dioxide/hydrogen sulphide porosity tests
[18] Australian Standard AS 2331. 3. 6: 1980. Methods of test for metallic and related coatings—Part 3: Corrosion and related property tests—Electro-graphic porosity test
[19] Czechoslovak Standard Č SN 03 8622: 1987, Anodic oxide coatings on aluminium and its alloys—Methods of determination of sealing efficiency
[20] Czechoslovak Standard Č SN 03 8154: 1962, Porosity determination of protective coatings on steel
[21] Czechoslovak Standard Č SN 03 8509: 1988, Electroplated coatings of cadmium
[22] Czechoslovak Standard Č SN 03 8511: 1988, Electroplated coatings of zinc
[23] Czechoslovak Standard Č SN 03 8513: 1988, Electroplated nickel-chromium and copper-nickel-chromium coatings
[24] Czechoslovak Standard Č SN 03 8514: 1988, Electroplated nickel and copper-nickel coatings
[25] Czechoslovak Standard Č SN 03 8515: 1988, Electroplated coatings of tin
[26] Finnish Standard SFS 3707: 1976, Coatings of metals—Accelerated corrosion tests—Salt, spray tests
[27] IEC 68-2-42: 1982, Environmental testing—Test Kc: Sulphur dioxide test for contacts and connections
[28] IEC 68-2-43: 1976, Environmental testing—Test Kd: Hydrogen sulphide test for contacts and connections
[29] Italian Standard UNI 4240: 1959, Porosity testing of electrolytic coatings on ferrous materials
[30] Italian Standard UNI 4241: 1959, Porosity testing of electrolytic coatings on zinc alloys
[31] Italian Standard UNI 4524: 1960, Porosity testing of electrolytic coatings on copper and its alloys
[32] Japanese Standard JIS H 8502: 1988, Methods of corrosion resistance test for metallic coatings

[33] Japanese Standard JIS Z 2371：1994，Methods of neutral salt spray testing
[34] Polish Standard PN-81/H-97010，Electroplated silver coatings
[35] Polish Standard PN-74/H-97011，Electroplated coatings of tin on steel，copper and copper alloys
[36] Polish Standard PN-78/H-97012，Electroplated coatings of silver for engineering purposes
[37] United States Standard ASTM B 733-90，Standard Specification for Autocatalytic Nickel-Phosphorus Coatings on Metals
[38] United States Standard ASTM A 239-89，Standard Test Method for Locating the Thinnest Spot in a Zinc（Galvanized）Coating on Iron or Steel Articles by the Preece Test（Copper Sulfate Dip）
[39] United States Standard ASTM B 650-85，Standard Specification for Electrodeposited Engineering Chromium Coatings of Ferrous Substrates
[40] United States Standard ASTM B 456-91，Standard Specification for Electrodeposited Coatings of Copper Plus Nickel Plus Chromium and Nickel Plus Chromium
[41] United States Standard ASTM B 604-80，Standard Specification for Decorative Electroplated Coatings of Copper/Nickel/Chromium on Plastics
[42] United States Standard ASTM B 741-90，Standard Test Method for Porosity In，Gold Coatings On Metal Substrates By Paper Electrography
[43] United States Standard ASTM B 689-90，Standard Specification for Electroplated Engineering Nickel Coatings
[44] United States Standard ASTM B 809-90，Standard Test Method for Porosity in Metallic Coatings by Humid Sulfur Vapor（"Flowers-of-Sulfur"）
[45] United States Standard ASTM B 735-89，Standard Test Method for Porosity in Gold. Coatings on Metal Substrates by Nitric Acid Vapor
[46] United States Standard ASTM B 246-88，Standard Specification for Tinned Hard-Drawn and Medium Hard-Drawn Copper Wire for Electrical Purposes
[47] United States Standard ASTM B 117-90，Standard Test Method of Salt Spray（Fog）Testing
[48] United States Standard ASTM B 368-85（Reapproved 1990），Standard Method for Copper-Accelerated Acetic Acid-Salt Spray（Fog）Testing（CASS Test）.
[49] United States Standard ASTM B 545-83，Standard Specification for Electrodeposited Coatings of Tin.
[50] United States Standard ASTM B 605-75（Reapproved 1982），Standard Specification for Electrodeposited Coatings of Tin-Nickel Alloy.
[51] United States Standard ASTM B 380-85（Reapproved 1990），Standard Method of Corrosion Testing of Decorative Electrodeposited Coatings by the Corrodkote Procedure.
[52] United States Standard ASTM B 798-90，Standard Test Method for Porosity in Gold or Palladium Coatings on Metal Substrates by Gel-Bulk Electrography.
[53] United States Standard ASTM B 799-88 Standard Test Method for Porosity in Gold and Palladium Coatings in Sulfurous Acid/Sulfur-Dioxide Vapor.

第二节 金属覆盖层 孔隙率试验 铁试剂试验

一、概论

铁试剂试验是一种测试金属覆盖层孔隙率或不连续性的试验方法。它是将浸润过氯化钠凝胶溶液的试纸紧贴于覆盖层表面，在覆盖层的孔隙或不连续处底部，由于腐蚀电池的作用，基体金属离子向表面试纸迁移，当此试纸浸入铁氰化物指示剂溶液中时，试纸上的基体金属离子即形成蓝色斑痕，根据试纸上斑痕确定孔隙率的大小和位置。铁试剂试验适用于在试验过程中不与铁氰化物和氯离子发生明显作用并对钢铁基体呈阴极性的金属覆盖层，如钢铁基体上工程用铬、镍、铜等覆盖层。

铁试剂试验能够快速测定覆盖层孔隙率，从而有效控制镀覆工艺，是检测镀层质量的重要手段之一。为了使用者能正确规范使用铁试剂试验方法，服务于生产实践，制定了 GB/T 17721—1999《金属覆盖层 孔隙率试验 铁试剂试验》。

GB/T 17721—1999 等效采用 ISO 10309：1994《金属覆盖层 孔隙率试验 铁试剂试验》，于 1999 年 4 月 8 日发布，1999 年 9 月 1 日实施。

二、标准主要特点与应用说明

该标准规定了用铁试剂试验测定金属覆盖层孔隙率或不连续的方法，特别适用于工程镀铬覆盖层。该标准具有以下特点：

1）标准规定了铁试剂试验所用试剂和材料的技术要求。铁试剂试验所用的试剂和材料主要包括试验用水、氯化钠试剂、铁氰化物试剂、试纸和选用器具。标准要求试验用水的电导率不超过 20μS/cm，所使用的化学试剂都是分析纯试剂。

2）标准提出了氯化钠试剂和铁氰化物试剂溶液的配置方法和使用要求。氯化钠试剂是采用 50g 氯化钠和 1g 非离子润湿剂溶入 1L 热水（90℃）中，再将 50g 明胶或琼脂溶入上述热氯化钠溶液中，溶液冷却后会产生凝胶，使用时需加热到 35℃使之液化；铁氰化物试剂是将 10g 铁氰化钾溶入 1L 水中，用 10%（体积分数）盐酸溶液或 5%（质量分数）氢氧化钠溶液调 pH 值至 6.0±0.2，溶液应随用随配。试验用试纸应在润湿时具有一定强度，试验前不应受任何污染。可制备一块正方形透明柔性塑料板，用于确定试纸上显示蓝色斑痕的面积。

3）标准从试样的预处理、试纸处理、试纸检查和孔隙计数四个步骤对试验过程提出了要求。被测试样表面要用适当的有机溶剂进行清洗和脱脂预处理。试纸使用前要进行铁污染检验，不得被铁污染；使用时，试纸应裁剪成适当的尺寸，充分浸润，滴去过量的溶液；试纸与试样表面要紧密贴合，不应留有气泡，试纸与试验面保持接触 10min，试验过程中不能移动试纸；从试验面揭下的试纸要立即浸入铁氰化钾溶液中显色，当覆盖层孔隙或不连续处暴露钢铁基体时，试纸上会显现明显的蓝色斑痕，目测计数试纸上试验面积内的蓝色斑痕数目。

三、标准内容（GB/T 17721—1999）

金属覆盖层　孔隙率试验　铁试剂试验

1　范围

本标准规定了一种测试金属覆盖层孔隙率或不连续的试验方法。在试验过程中所试验的覆盖层不与铁氰化物和氯离子发生明显作用，并对钢铁基体呈阴极性。本方法特别适用于工程用铬覆盖层。

注1：在10min试验期间，氯化钠溶液会溶解极薄一层覆盖层材料（见5.2.3），以致有时会重新暴露极薄层所遮蔽的孔隙。试验表明，在实际使用中这种遮蔽的孔隙往往会再显露。

2　引用标准

下列标准所包含的条文，通过在本标准中引用而构成为本标准的条文。本标准出版时，所示版本均为有效。所有标准都会被修订，使用本标准的各方应探讨使用下列标准最新版本的可能性。

ISO 3696：1987　分析实验室用水　规范和试验方法

3　原理

在金属覆盖层的孔隙或不连续处底部，由于腐蚀电池的作用而形成的基体金属离子向经过处理的紧贴于覆盖层表面的试纸迁移。当此试纸浸入铁氰化物指示剂溶液时，此试纸上的基体金属离子即形成蓝色斑痕。

4　试剂和材料

4.1　纯度

试验所使用的化学试剂都必须是分析纯级试剂，试验用水应用电导率不超过20μS/cm的蒸馏水或去离子水（见ISO 3696）。

4.2　试剂溶液配制

4.2.1　氯化钠试剂

将50g氯化钠和1g非离子型润湿剂，溶入1L热水（90℃）中，再将50g明胶或琼脂溶入上述热氯化钠溶液中，溶液冷却后会产生凝胶，使用时需加热到35℃使之再液化。

注2：现有各种非离子润湿剂商品，如乳化剂OP-10。

4.2.2　铁氰化物试剂

将10g铁氰化钾溶入1L水中，用10%（体积分数）盐酸溶液或5%（质量分数）氢氧化钠溶液调pH至6.0±0.2。溶液应随用随配。

4.3　试纸

试验用纸应在润湿时具有一定强度，如滤纸。试纸在试验前不应受任何污染。

4.4　可选用器具

制备一块具有正方形孔（尺寸不小于10mm×10mm）的平整柔性塑料薄板（模板），用于确定试纸上显示蓝色斑痕的面积。

5　规程

5.1　试样预处理

用适当有机溶剂，例如1，1，1-三氯乙烷等，对被测试样表面进行清洗和脱脂。

5.2 试纸处理

5.2.1 铁污染检验

制备试纸的纸不得被铁污染。先将纸浸入氯化钠溶液，沥干，然后再浸入铁氰化钾溶液，将干燥后的纸与未处理的纸相比，若出现蓝色斑痕或白色纸外观有轻度变化，则证明有铁的污染。

5.2.2 制备

剪适当尺寸的试纸（见4.3），浸入氯化钠凝胶溶液（见4.2.1）中，试纸充分润湿后，取出试纸，约停1min，滴去过量的溶液。

注3：用一块干净玻璃能有效地托住湿润的试纸，并使之滴去过量的溶液。

注4：将氯化钠溶液直接滴于试样表面会产生发散的，而不是有明显范围的孔点。因此建议采用试纸。

5.2.3 试纸应用

将浸润过的试纸贴在清洁的被测覆盖层表面上，试纸与整个试验面应完全接触，不应留有气泡，以使氯化钠溶液与暴露的基体金属发生反应。试纸与试验面应保持接触10min。试验中如果试纸变干，应适当滴加氯化钠溶液润湿，但不能移动试纸。

注5：按试验表面形状剪相应的试纸可用于不规则表面或小表面。

5.2.4 试纸显色

从试验面上揭下试纸并立即浸入铁氰化钾溶液（见4.2.2）中，使试纸上对应覆盖层孔隙或不连续处显现蓝色斑痕。

5.3 试纸检查

检查显色试纸表面，以证实覆盖层是否有孔隙或不连续。当覆盖层上的孔隙或不连续处暴露出钢铁基体时，试纸上会显现范围明显的蓝色斑痕。

5.4 孔隙计数

目测计数试纸上试验面积内的蓝色斑痕数目。

注6：对于较大的试验面积，可将塑料模板（见4.4）平放于试纸上，待试纸显色后，用于计数孔隙。

5.5 重复试验

如果需要在同一区域面积上重复试验，必须用热蒸馏水（见4.1）彻底漂洗覆盖层表面，除去前次试验可能残留在覆盖层表面上的反应产物及残液。将清洗后的试样经充分干燥后再进行试验。

6 试验结果

孔隙率用试验区域内单位面积孔隙个数的平均值表示，即 X 个孔/cm^2。或者用10mm×10mm计数模板（见4.4）所测得的最多孔数/cm^2 表示。

注7：由于不同覆盖层具有不同的规范；不同产品具有不同的规范以及覆盖层厚度的差异，因此本标准中不规定合格或不合格的判断标准。

7 试验报告

试验报告应包括下列内容：

a）本标准编号；

b）试验表面区域；

c）有关覆盖层或产品标准的参照；

d）试验结果。

第三节　金属覆盖层　孔隙率试验　潮湿硫（硫华）试验

一、概论

潮湿硫（硫华）试验通常用于测试铜、铜合金或银基体上的金层和镍层孔隙率，它是一种破坏性试验方法。硫华试验的原理是使基体金属或底镀层与潮湿环境中的硫蒸汽反应生成硫化物及氧化物，这些反应产物通过金属覆盖层中的不连续而被暴露出来，如银和铜的硫化物与铜的氧化物形成肉眼易观察到的黑色或棕褐色斑痕。潮湿硫（硫华）试验适用于在还原硫气氛中不明显变色的各种单层或组合层覆盖层孔隙率试验，如金、镍、锡、锡-铅、钯及其合金。

GB/T 18179—2000《金属覆盖层　孔隙率试验　潮湿硫（硫华）试验》等同采用 ISO 12687：1996（E）《金属覆盖层　孔隙率试验　潮湿硫（硫华）试验》，于 2000 年 8 月 28 日首次发布，2001 年 1 月 1 日起实施。

二、标准主要特点与应用说明

该标准规范了潮湿硫（硫华）试验的方法和设备，规定了揭示金属覆盖层中贯通单层或多层覆盖层而通达银、铜或铜合金基体的不连续和孔隙的方法，具有以下特点：

1）规范了术语和定义。标准结合潮湿硫（硫华）试验方法要求，对腐蚀产物、不连续、测量区域、金属覆盖层、微孔、孔隙、主要表面、变色膜、变色蠕动、底镀层 10 条术语进行了明确定义。

2）规定了试验条件和试验方法。标准对试剂、设备、试样制备、操作规程和试验时间提出了具体要求。

3）规定了试验结果评判。标准提出了对试验结果进行检查和评价的方法，强调在可靠的光源下检查试样的测试区域，通过腐蚀产物颜色、腐蚀点数、腐蚀点占测试区域面积比例、腐蚀点直径分布来评价镀层的孔隙。

潮湿硫（硫华）试验是以变色膜污染试样表面来揭示孔隙的存在，试验后的试样或工件都不能继续使用。潮湿硫（硫华）试验通常用来模拟室内潮湿气氛变色膜和变色蠕动效应，与其服役环境下产生的变色膜的组成和化学性质并不相似。因此，对产品性能评价需结合其他性能试验综合进行评价。该方法还可以用于检验底镀层质量，尤其是精饰体系中镍或镍合金底镀层的质量。

三、标准内容（GB/T 18179—2000）

金属覆盖层　孔隙率试验　潮湿硫（硫华）试验

1　范围

本标准规定了揭示金属覆盖层中贯通单层或多层覆盖层而通达银、铜或铜合金基体的不连续和孔隙的方法。

本方法特别适用于在还原硫气氛中不明显变色的各种单层或组合覆盖层，例如：金、镍、锡、锡-铅、钯及其合金。

本试验方法旨在显示覆盖层是否符合用户确定的可验收孔隙率水平的要求。孔隙率规定值一般由用户按拟应用情况可接受的程度，凭经验来确定。

关于孔隙率试验和试验方法的最新评述见附录B（提示的附录）中文献［1］、［2］。金属和其他无机覆盖层孔隙率试验的通用导则见GB/T 17720《金属覆盖层　孔隙率试验评述》。

2　引用标准

下列标准所包含的条文，通过在本标准中引用而构成为本标准的条文。本标准出版时，所示版本均为有效。所有标准都会被修订，使用本标准的各方应探讨使用下列标准最新版本的可能性。

GB/T 3138—1995　金属镀覆和化学处理与有关过程术语（neq ISO 2079：1981 和 ISO 2080：1981）

GB/T 6682—1992　分析实验室用水规格和试验方法（neq ISO 3696：1987）

GB/T 17720—1999　金属覆盖层　孔隙率试验评述（eqv ISO 10308：1995）

3　定义

本标准采用下列定义，其他有关定义见GB/T 3138。

3.1　腐蚀产物　corrosion products

从表面不连续处露出的基体所产生的化学反应产物。此化学反应产物在试验过程中生成，经试验后容易被检查到，它们不能用缓和的空气除尘法［见10中b）2）］除去。

3.2　不连续　discontinuity

贯通覆盖层的各种开口。典型情况为覆盖层中的孔隙或裂纹，它们也可能是机械损伤（例如：擦伤等）或基体材料中的非导体夹杂物引起的空穴或破断。

3.3　测量区域　measurement area

在本方法中指检测孔隙存在的一个或几个表面区域。测量区域应标于工件图纸上或以适当标记的试样来给出。

3.4　金属覆盖层　metallic coatings

覆盖于基体上的自催化层、化学（非电解）镀层、包覆层、电镀层和热浸层。此覆盖层可由单金属层或组合金属层构成。

3.5　微孔　pore

一种孔眼。典型情况为具有显微尺度，并随机分布，多呈圆形的小孔。微孔贯通覆盖层至底镀层或基体金属。

3.6　孔隙　porosity

覆盖层中存在的暴露底金属的裂纹、不连续、微孔或擦伤。

3.7　主要表面　significant surface

对于工件的使用性或功能是必不可少的，或能成为腐蚀产物或变色膜的萌生处而影响工件功能的覆盖层表面上的那一部分或几部分。许多镀覆产品的主要表面与测量区域相同。

3.8　变色膜　tarnish film

铜或银与氧或还原硫（即H_2S及硫蒸汽，而不是SO_2或硫的其他氧化物）的反应产物，它们以薄膜或斑痕迹的形式存在，但并不明显地突出于金属精饰层表面（这与腐蚀产物不同）。

3.9 变色蠕动 tarnish creepage

变色膜通过覆盖层表面的运动。变色膜萌生于覆盖层中的微孔、裂纹或测量区域附近的基体金属裸露区（例如：切割边缘）。也称作蠕变腐蚀。

3.10 底镀层 underplate

基体与最上面层之间的金属覆盖层。底镀层厚度一般大于1μm。可能有多层底镀层。

4 原理

此试验使基体金属或底镀层与潮湿环境中的硫蒸汽反应生成硫化物及氧化物，这些反应产物通过金属覆盖层中的不连续而被暴露出来。银和铜的硫化物与铜的氧化物形成肉眼易观察的黑色或棕褐色斑痕。

5 方法概要

将试样悬挂于试验容器中，置于硫华（粉状）的上方。试验容器应装有通风口，并具有可控制的相对湿度和温度。在这封闭系统中硫蒸汽总是与硫化保持着平衡，并腐蚀着任何外露的基体金属或底镀层，例如暴露于微孔孔底的铜、铜合金、银或银合金。黑色或棕褐色变色斑痕表示孔隙的存在。

试验周期是可变的，具体的取决于所要揭示孔隙的程度。

此试验包含变色或氧化（腐蚀）反应，在此反应中，腐蚀产物显示出覆盖层中的缺陷位置。试验形成腐蚀产物的组成和化学性质通常与自然环境或使用环境中的不相似。因此，除非事先已建立了与使用经验的相关性，此类试验不推荐用于预测产品的使用性能。

6 试剂

6.1 纯度

试验所用的硝酸钾应是分析纯试剂。试验用水应采用电导率不大于20μS/cm的蒸馏水或去离子水（见GB/T 6682）。硫应采用市售实验室用试剂。

6.2 硝酸钾溶液

饱和硝酸钾溶液由约200g硝酸钾（KNO_3）加入约200mL的水中配制而成（见6.1）。

注：饱和溶液含不溶解的硝酸钾盐，此条件对在溶液上方达到恒定的潮湿气氛是必要的。

6.3 干试剂

硫，即沉淀的硫（硫华）。

7 设备

7.1 试验容器

采用合适尺寸的玻璃或丙烯酸树脂（或其他不受硫和高湿度影响的材料）制成的透明容器，例如：容量大约10L的干燥器。容器上应有盖，盖上应开有一个可用塞子塞紧的口，口的大小应能插入遥感温、湿度传感器，塞子上还应留有一直径为1mm~4mm的通气口。

7.2 试样架

试样架或挂具应用不受硫和高湿度影响的材料制成，例如：玻璃、丙烯酸树脂或聚丙烯塑料。其放置要使试样与湿度控制溶液（硝酸钾溶液）和硫华至少相距75mm（见7.3），试样距容器壁至少25mm，试样彼此之间以及试样与其他表面间至少相距10mm。不要用干燥器隔板作主要支架，但可用作下支架。挂具和支架不应覆盖容器横截面积的20%以上，以便在试验中使容器内的空气对流不受限制。

7.3 玻璃皿

采用直径约 150mm 的玻璃皿或其他不受硫和高湿度影响的材料制成的浅皿，用于盛放硫华。可用塑料块将此皿架于湿度控制液上方，或浮于液面上；液面的空余面积应足够大，以保证在整个试验中容器内湿度平衡条件。

7.4 烘箱

能使试验容器内保持 50℃±2℃的温度。

7.5 温度计或其他温度传感器

在试验期间能使试验容器内的温度至少控制在 40℃±1℃～60℃±1℃的范围。

7.6 介电湿度计

具有置于试验容器内的遥控传感探头，其测试的湿度范围为 75%RH～95%RH。

7.7 光学体视显微镜

放大倍数为×10。其目镜应包含刻度标尺，用以测定变色斑的直径。刻度标尺应在所用放大倍数下进行标定。

7.8 光源

可用白炽光或荧光。

8 试样制备

试样应避免不必要的移动。移动试样应用夹钳、显微镜头拭纸或洁净柔软的棉质或尼龙手套。

试验前用×10 倍体视显微镜（见 7.7）检查试样上是否有异物的微粒附着，若有，则用清洁、无油空气除去；再用溶剂或不含 CFCs、氯化碳氢化合物或其他已知破坏臭氧的化合物溶液漂洗已除去附着微粒的试样，然后用清洁空气干燥；为了加速干燥常将试样浸入热的分析纯的甲醇、乙醇、变性乙醇或异丙醇中。

以下规程有助于避免采用氯化碳氢化合物：

a）在各清洗工序中，如有可能损伤测量区域，则应将各试样彼此分隔开来。

b）用超声波清洗器清洗试样 5min。超声波清洗液为热的（65℃～85℃）2%弱碱性（pH 为 7.5～10）去污剂溶液。

c）超声波清洗后，用温流动水彻底漂洗试样不少于 5s。

d）用新鲜的蒸馏水或去离子水（见 6.1）超声波漂洗试样 2min，以除去最后的去污剂残物。

e）试样浸于新鲜的分析纯的甲醇、乙醇、变性乙醇或异丙醇中，并超声波搅动不少于 30s，以除去试样的水分。

f）取出试样，风干至醇完全挥发；如果采用吹风机来加速干燥，应保证吹出的空气洁净、无油和干燥。

g）清洗后，不可裸手接触试样的测量区域。

用×10 倍显微镜再次检查试样表面是否仍有异物微粒附着，如有，则重复以上清洗工序。由于污物（如：镀覆盐、金属屑等）可能误指示孔隙，因此清洗试样表面极为重要。

如果试样表面具有防变色层或润滑层或两者兼有之，而要测定它们在还原硫气氛中的功能，则可免去清洗工序。

常规的孔隙率试验试样的制备应能使测量区域（即主要表面）最佳地暴露于试验环境。

9　规程

9.1　试验容器平衡

初始操作试验装置时，试验容器（见7.1）在第一次试样暴露前至少要平衡24h。

注：所有后续的试验不必重复最初平衡24h的步骤（见本条最后一段及9.2条）。

a）将试验容器连同试样架（见7.2）放入烘箱（见7.4）中，在容器底部加入饱和硝酸钾溶液（见6.2）。为保证溶液在50℃±2℃时仍处于饱和状态，应在室温下按大约20g/100mL的添加量加入硝酸钾晶体。

b）将容器加盖（不要用润滑脂密封），通过盖顶部的开口（移去塞子）插入温度计或其他温度传感器（见7.5）和湿度遥感探头（见7.6），将烘箱温度控制到55℃。

c）在平衡过程中，可适时打开容器盖搅动溶液，当试验容器内的温度接近50℃时，应适当调节烘箱温度以使容器内的温度保持在50℃±2℃。不得封闭塞子上的通气口，以免容器内的相对湿度接近100%。

d）将硫华（见6.3）盛足半玻璃皿（见7.3）（若有块状硫华应打碎），再将玻璃皿架于硝酸钾溶液的上方或直接浮于溶液之上（见图1）。

e）重新盖上容器盖，在盖子的开口中塞入有通气口的塞子。连续监测容器内温度数小时，并按需要调整烘箱温度，使容器内的温度被控制在50℃±2℃，当温度达到稳定，而且相对湿度在85%~90%的范围内时，便可放入试样。

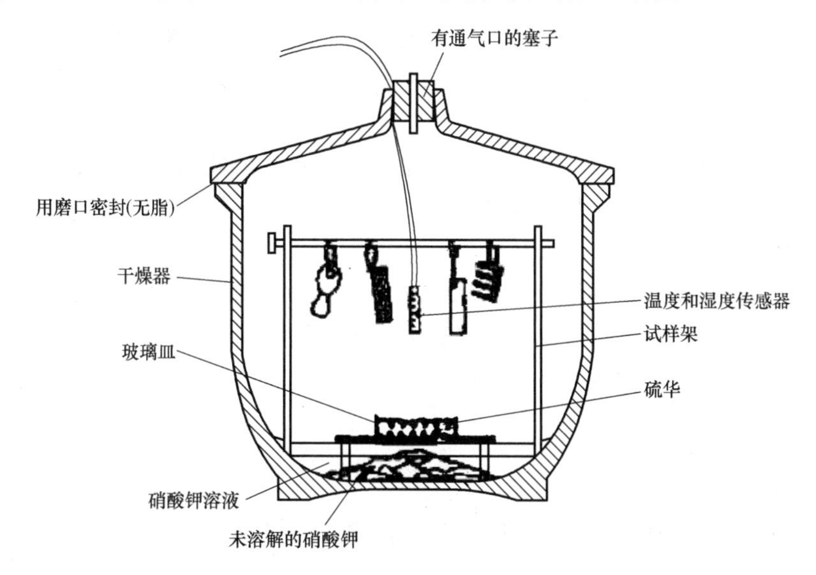

图1　典型试验设备布置

本条所述的试验体系可多次重复用于后续试验，而无须更换化学试剂；只要化学试剂不被腐蚀产物和污物污染，则可保存半年以上。当试验体系冷却后，硝酸钾溶液会固化，但当容器再被加热并搅动溶液时，它又会变成液态。对于结成硬壳和硬块的硝酸钾，先将其破碎，然后搅拌成糊状；必要时可加几毫升水（见6.1），即可恢复到正常状态。

9.2　试验步骤

将试验容器按9.1进行平衡。为减小其平衡条件的偏差，在将洁净试样放入容器时应尽可能迅速。每次开始试验都应放入一件洁净的未镀覆的铜或铜合金试样于容器中，用作内部对比试样，以指示试验系统处于运行中。此铜试样应在几小时内开始变黑。

a）在试验进行的最初 1h~2h 内，将容器盖上带有通气口的塞子拔去，并将盖稍微打开，以防止系统在升温过程中产生凝露。当达到试验温度并且相对湿度处于 85%~90%范围内时（可能要 1h~2h），将带有通气口的塞子重新盖严。

b）在试样暴露的最初 2h~3h 内，以适当的时间间隔检查容器内的温度和湿度，并进行记录，以保证试验条件的平衡。试验快结束之前，也应这样做。

c）按规定的时间连续试验，一般为 24h，也可另行规定试验时间。试验系统在夜晚（或周期为三天的试验中遇到周末）时，无须监测。

d）试验结束后，取出试样，重新盖好容器盖。在检查前允许将试样冷却至室温。

e）对所有的后续试验都可省略 9.1 规定的步骤，但对容器内的真实温度和湿度仍需进行例行监测。进行新的试验前，可能需要临时搅动容器内的硝酸钾溶液。

10 试样的检查和评价

利用光源（见 7.8），在×10 倍体视显微镜（见 7.7）下检查试样的测量区域。

a）若出现棕褐色或黑色变色斑痕迹，表明覆盖层在这些位置存在通达铜、铜合金或银基体的孔隙。超过试验周期变色往往形成由孔隙萌生的蠕动并使斑痕扩展。

b）若要计数孔点，以下提示有助于计数：

1）只计棕褐色到黑色的变色膜和腐蚀产物。

2）不要将经轻柔吹风就容易除去的疏松物当作变色膜或腐蚀产物。

3）在光照下转动试样而改变角度，以检验微孔的计数。光亮的金覆盖层可能显现黑斑。

c）若一个斑点或痕迹的至少四分之三的部分处于测量区域内，则测量并计数此变色或腐蚀斑痕。对于始发于测量区域外，而处于测量区域内的变色蠕动不应计数，但应记录值得注意的变色蠕动及其位置。

d）应以腐蚀产物的最长直径定义微孔尺寸。除非另有规定，直径小于 0.05mm 的腐蚀产物不应计数。显微镜的刻度标尺有助于确定计数尺寸。

注：微孔按以下三个尺寸范围划分有助于确定其尺寸：

① 直径等于或小于 0.12mm；

② 直径在 0.12~0.4mm 之间；

③ 直径大于 0.4mm。

e）应在相应的图样或技术规范中规定可接受的变色膜或腐蚀斑痕的数量、尺寸和位置。

附 录 A
（提示的附录）
意义和应用

A.1 覆盖层质量

本试验方法主要用于确定覆盖层质量。鉴于本标准第 1 章所述覆盖层是作为保护层，所以孔隙率试验揭示的是覆盖层提供的保护或覆盖的完整程度，其试验结果也是覆盖层沉积过程控制的尺度。

A.2　应用于检验底镀层质量

潮湿硫试验的特殊目的是确定精饰体系中镍或镍合金底镀层的质量，该体系的镍层上有一层薄的（1μm~2μm 或更薄）金属面层，由于底镀层中的孔隙通常会延伸到这一面层。

A.3　应用于检验室内环境变色膜

潮湿硫试验往往用作环境试验，以模拟许多室内潮湿气氛变色膜和变色蠕动效应，然而，这种环境试验产生的变色膜可能与其他服役环境下产生的变色膜的组成和化学性质并不相似。因此，这样的产品性能评价只能按产品说明书中的规定与其他性能试验评价结合起来进行。

A.4　与老化试验的关系

由于腐蚀和老化试验用于测定覆盖层化学稳定性，因此孔隙率试验与它们不一样。然而在一个好的孔隙率试验过程中，腐蚀剂不应侵蚀覆盖层；而必须将由孔隙暴露出来的基体金属加以净化、去极化和（或）活化，并充分地侵蚀，使反应产物充满孔隙并显露于覆盖层表面上。

A.5　灵敏度

潮湿硫试验很灵敏，基本能检测通达铜或铜合金基体的所有孔隙。由于镍在低于或等于100℃的温度下不会被潮湿硫蒸汽腐蚀，所以，若微孔或裂纹未贯通镍底层至铜基体时，就不能用此试验检验面层中的微孔或裂纹。

A.6　允许的孔隙率

允许的覆盖层孔隙率，取决于产品在使用或贮存中可能遇到的环境的严酷性。同时，微孔在表面上的位置也重要，如果微孔数很少或远离主要表面时，往往允许其存在。

A.7　几何形状和选择性考虑

本试验可用于各种几何形状的试样，例如有曲率的表面。如果为萌生于裸露的铜合金区域的变色蠕动留出余地，则本试验也可用于选择区域的覆盖层。

A.8　破坏性试验

本试验属于破坏性试验，它以变色膜污染试件表面来揭示孔隙的存在。经过此试验的任何工件都不应再使用。

A.9　验收

本方法揭示的孔隙率与产品的使用性能和服役寿命之间的关系必须由试验的用户通过实际经验或判断来确定。因此，某些镀覆物可能要求覆盖层中无孔隙，而另一些镀覆物可能允许在主要表面上存在少许孔隙。

附　录　B
（提示的附录）
参考文献

[1] CLARKE. M. "Porosity and porosity tests", in "Properties of Electrodeposits". edited by Sard. Leidheiser and Ogburn. The Electrochemical Society, 1975, P. 122.

[2] KRUMBEIN. S. J. "Porosity testing of contact platings", Trans. Connectors & Interconnection Technology Symposium, Philadelphia, PA, October, 1987, P. 47.

第四节　金属覆盖层　金属基体上金覆盖层孔隙率的测定　硝酸蒸汽试验

一、概论

1. 镀金技术在电子工业的应用

金覆盖层通常指金电镀层、包金层和焊金层，其中电镀金技术是传统的电镀技术，最早可以追溯到1805年意大利科学家Brougnatell教授的研究。早期的镀金技术主要是对钟表、饰品、餐具的表面进行装饰，展现其高贵性。

随着现代科技的进步，镀金技术的使用范围扩大了许多，特别在电子领域的应用最为广泛。尤其是随着工业信息化的快速发展，电子组件的集成化程度不断提高，电子组件消耗的热量越来越高，温度过高将会影响电子组件的化学、力学、电学等性能，降低产品的可靠性和稳定性。由于金镀层具有良好的导电性、抗高温氧化性、耐蚀性、耐磨性、焊接性、稳定性等特点，镀金技术在各种电子元器件中被广泛使用。镀金技术的运用，能有效提高电子元器件的电气性能，减少零件之间的摩擦力，加强电路的稳定性、可靠性，提高电器使用性能和寿命。

2. 硝酸蒸汽试验

镀金技术广泛使用于可分式电气接插件和其他器件的触头。在精密的电气接插件和触头装置设计中，为保证电路参数正常运行，触点和接触部位必须紧密配合。为保证接插件和触头的正常运行，其表面金覆盖层的孔隙数量及孔隙位置至关重要。

硝酸蒸汽试验是一种严苛的化学法孔隙率试验方法，是采用相对湿度低的硝酸蒸汽与金覆盖层在孔隙处与基体金属发生反应，反应产物在金覆盖层表面呈不连续斑，通过光学显微镜或低倍体式显微镜计数斑点，从而确定金覆盖层孔隙率。硝酸蒸汽试验是破坏性试验，任何经受此试验的试件都不能再使用。

硝酸蒸汽试验方法简单、快速、灵敏，常用于测定几何形状复杂电触头金覆盖层的孔隙率。硝酸蒸汽方法能检测参与基体反应的金镀层中所有孔隙和其他缺陷，能精确测定孔隙的位置和数量，但硝酸蒸汽试验腐蚀产物的化学作用和性质与服役环境中出现的腐蚀反应不相类似。因此，此试验不推荐用于预测触头的电性能，除非此试验与服役经验的相关性已事先确定。

硝酸蒸汽试验可用于金镀层孔隙率的定量描述，如单位面积的孔隙数，或每个触头的孔隙数，也可用于孔隙率的定性检测和对比检测。为了规范使用硝酸蒸汽试验测定金覆盖层孔隙率，制定了GB/T 19351—2003《金属覆盖层　金属基体上金覆盖层孔隙率的测定　硝酸蒸汽试验》。

GB/T 19351—2003等同采用ISO 14647：2000（E）《金属覆盖层　金属基体上金覆盖层孔隙率的测定　硝酸蒸汽试验》，于2003年10月29日发布，2004年5月1日实施。

二、标准主要特点与应用说明

该标准规定了利用硝酸蒸汽法测定金覆盖层孔隙率的设备和方法。该标准特别适用于电触头上的电沉积层和包金层孔隙率的测定，尤其是金含量≥75%（质量分数）的镶金层或包金层，金含量≥95%（质量分数）的电沉积金层或通常在电触头中采用的铜、镍及其合金底镀层；不适用于厚度<0.6μm的金覆盖层；也不适用于比金或铂活泼的覆盖层，如钯及其合金或闪镀金的钯及其合金。

该标准具有以下特点：

1）提出了硝酸蒸汽试验相关术语和定义。该标准结合硝酸蒸汽试验方法要求，对腐蚀产物、主要表面、测量面、金属覆盖层、孔隙率、底镀层6条术语进行了明确定义。

2）标准提出了安全要求。由于硝酸蒸汽具有强腐蚀性和毒性，为保证试验过程人员和设施安全，要求在抽风厨中完成此试验。标准还对硝酸的搬运和试验容器中湿度的控制提出了要求。

3）对试验装置、试剂和试验程序提出了要求。一般选用带玻璃盖的玻璃容器，容器中的空气空间与硝酸表面积之比不应大于25∶1，标准对试验夹具支架的材料和安置、烘箱的温度、硝酸的浓度和密度等提出了技术要求；标准从试验前样品的检查及处理要求、温度要求、湿度要求、试剂要求、试验后样品处理、检查和计数要求等方面详细描述了硝酸蒸汽的试验程序。

4）提出了暴露于硝酸蒸汽的时间要求。暴露于硝酸蒸汽的时间应足以产生直径大于0.05mm的腐蚀产物，又足以避免这些腐蚀产物发生明显的重叠。若暴露时间过短，孔隙处腐蚀反应不充分，导致腐蚀产物过少，孔隙不易被看出；而若暴露时间过长，则腐蚀产物会重叠或聚集在一起，以致无法准确判定孔隙所在的部位。附录A给出了不同金厚度暴露于硝酸蒸汽的时间。

三、标准内容（GB/T 19351—2003）

金属覆盖层　金属基体上金覆盖层孔隙率的测定
硝酸蒸汽试验

1　范围

本标准规定了利用硝酸蒸汽法测定金覆盖层，特别是电触头上的电沉积层和包金层孔隙率的设备和方法。

此方法拟用于说明孔隙率是否小于或大于由用户根据经验提出的，并为具体应用对象所接受的一些数值。

本标准适用于金含量≥75%的镶金层或包金层，金含量≥95%的电沉积金层或通常在电触头中采用的铜、镍及其合金底镀层。

硝酸蒸汽试验过于严格，而不适用于厚度<0.6μm的金覆盖层；也不适用于比金或铂活泼的覆盖层，例如，钯及其合金或闪镀金的钯及其合金。

几种其他孔隙试验方法见GB/T 17720和相关文献。

2　规范性引用文件

下列文件中的条款通过本标准的引用而成为本标准的条款。凡是注日期的引用文件，其随后所有的修改单（不包括勘误的内容）或修订版均不适用于本标准，然而，鼓励根据本标准达成协议的各方研究是否可使用这些文件的最新版本。凡是不注日期的引用文件，其最新版本适用于本标准。

GB/T 3138 金属镀覆和化学处理与有关过程术语（参照采用 ISO 2079 及 ISO 2080）

GB/T 12334—2001 金属和其他非有机覆盖层 关于厚度测量的定义和一般规则（idt ISO 2064：1996）

GB/T 17720 金属覆盖层 孔隙率试验评述（eqv ISO 10308）

3 术语和定义

GB/T 3138 和 GB/T 12334—2001 确定的以及以下给出的其他术语和定义适用于本标准。

3.1 腐蚀产物 corrosion products

蒸汽试验暴露之后，突出于或附着于覆盖层表面的由孔隙中析出的反应物。

3.2 主要表面 significant surface

见 GB/T 12334—2001 中 3.1。

注：重要的是，将欲测零件的主要表面或测量区域通过零件图样上的标注或提供适当标记的样品来表明。

3.3 测量面 measuring area

见 GB/T 12334—2001 中 3.2。

3.4 金属覆盖层 metallic coatings

覆盖于基体上的电沉积层、包覆层或其他金属层。

注：覆盖层可为单层金属层，也可为多层金属层的组合。

3.5 孔隙率 porosity

覆盖层中存在的，能使各种底金属暴露出来的任何不连续、裂纹或孔洞。

3.6 底镀层 underplate

位于基体与单层或多层面层之间的金属沉积层。

注：底镀层的厚度一般大于 0.8μm。

4 装置

4.1 试验容器

选用适当尺寸并可用玻璃盖封住的玻璃容器，例如，容量 9L~12L 的玻璃干燥器。其腔室中空气空间（立方厘米）与硝酸表面积（平方厘米）之比不应大于 25∶1。

4.2 试样夹具或支架

支架或挂具应由玻璃、聚四氟乙烯或其他惰性材料制作。关键的是试样架的设计和试样的安置要保证蒸汽的循环不受阻。试样距液面应至少有 75mm，距容器壁应至少有 25mm；各个试样的测量面也应彼此相距至少 12mm。

不得采用遮挡超过液面横截面积 30% 的瓷板或其他构件，以保证试验过程中容器内空气和蒸汽的运动不受限制。

4.3 体视显微镜

孔隙计数应利用具有放大 10 倍的放大率的仪器。此外，也可用能倾斜照明试样表面的可移动照明源。

4.4 烘箱

操作温度能达到 125℃。

4.5 干燥器

用于冷却试样。

5　试剂

5.1　硝酸

试剂级，其浓度为（69±2）%，相对密度（20℃）为1.39~1.42。

6　安全

在抽化学烟雾柜中完成此试验，主要是因为，每一次试验结束时，打开反应容器所释放出的气体极具腐蚀性和毒性。

然而须注意，要保证抽烟雾柜中常出现的容器中的液体舀出不致明显冷却容器壁，因为容器壁的冷却会导致相对湿度提高而加速试验（见7.3）。合适的做法通常是，将反应容器置于一个带有松配合盖的箱中。

在搬运腐蚀性酸时，要遵守正常预防措施；特别是在搬运硝酸时要带能完全保护眼睛的面罩，并使冲洗眼的设备处于随时能用的状态。

7　程序

7.1　试样要避免任何不必要的搬运，只能用镊子、显微镜目镜绢布、清洁软棉或尼龙手套接触试样。在试验前，采用体视显微镜（见4.3）放大10倍检查试样有无任何颗粒物质存在；若有，则用清洁无油空气除去颗粒，然后用不含氯氟碳（CFSs）、氯化烃或其他已知破坏臭氧的化合物的溶剂或溶液轻轻漂洗，以彻底清洗已除去颗粒的试样。而后用清洁空气干燥。往往采用热的分析试剂级甲醇、乙醇、变性乙醇或异丙醇浸渍，以加速干燥。

注：若存在大面积暴露的非贵金属，则可能要掩蔽这些暴露区；而当用电镀者用的胶带掩蔽时，要小心不要抑制酸汽向测量面的流动。

7.2　实验开始时的环境温度、试样温度和溶液温度均为23℃±3℃，并在试验期间始终保持不变。

7.3　试验容器（见4.1）中的相对湿度（RH）应处于40%~55%范围内，应不允许下降到低于40%或升高到高于60%。若RH>60%，则中止此试验。

7.4　加500mL新鲜HNO_3（见5.1）于清洁、干燥的试验容器底部，并立即盖上盖子。经30min±5min之后，采用适当的夹具（见4.2）放入试样，并重新盖上盖子。在加入HNO_3和放入试样期间，其环境RH不应高于60%，最好在40%与55%之间。

注1：RH>60%，金属表面易于吸附一层显微水层。此看不见但极薄（≤1μm）的水层的厚度会随试样附近空气的RH的增加而增加。

注2：若采用干燥器，则干燥器边缘及其盖子不能涂脂，可环绕干燥器边缘等间距最少压三圈压敏聚四氟乙烯胶带（黏结一侧向下）。

7.5　除非另有规定，暴露于硝酸蒸汽的时间应为60min±5min。金覆盖层厚度在2μm~2.5μm范围时也常用75min±5min的暴露时间。推荐的暴露时间表见表A.1。

注：通常推荐暴露时间随厚度而变化，因为较厚覆盖层中的孔隙比较薄覆盖层中的孔隙更深，其平均尺寸更小，因此硝酸介质穿透较厚覆盖层的平均孔隙所需时间比穿透较薄覆盖层的平均孔隙所需时间更长；另一方面，若暴露时间过长，则腐蚀产物将部分重叠，而影响孔隙描绘。

7.6　试验结束后取出试样，放入烘箱（见4.4）中于125℃±5℃干燥30min~60min。然后从烘箱中取出试样，直接放入装有活性干燥剂的干燥器（见4.5），冷却到室温。

注：应以安全的并为法律许可的方式处理HNO_3。

7.7　储存试样于干燥器中至开始检查为止。然后，慢慢打开干燥器，因为冷却试样的过程能产生不完全的真空。

7.8　检查应在试样从烘箱中取出后1.5h内进行。

7.9 使用平行的白炽光照明，在光束倾角低于15°的情况下，放大10倍计数各孔隙。从孔隙处突出的腐蚀产物将描绘孔隙所在的位置。因为在镀金的镍或镍底镀层上这些固体的腐蚀产物是透明的，所以计数要特别谨慎，尤其是对粗糙表面或曲面更是如此。

7.10 当一个腐蚀产物的至少四分之三落在了测量区域内，则测量并计数之。那些发源于测量区域之外但延伸到测量区域之内的以及形状不规则的腐蚀产物（见图1），则不计数。

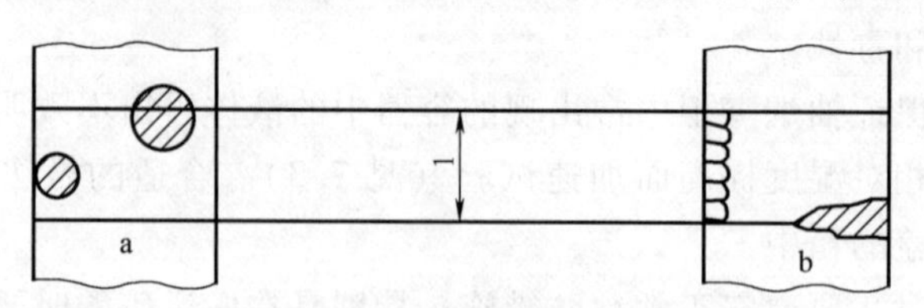

图1 腐蚀产物的计数

1—测量区域 a—要计数 b—如果腐蚀产物处于测量区域边缘或连续延伸到测量区域之外，则不计数

7.11 镍或镍底镀层上的镀金层可能偶然伴随出现气泡，这可能发生于孔隙处，而且可能是镀层底下的腐蚀产物所致。应把这些气泡作为孔隙计数。

7.12 推荐对每个测量区域进行两次读数，然后取两个读数的平均值。

7.13 定义腐蚀产物的最长直径为孔隙尺寸。腐蚀产物小于0.05mm时，放大10倍一般不能予以分辨，即使用高倍放大可以观察到它们，也不要将它们作为孔隙计数。

注：若将腐蚀产物按尺寸列表，一个有用的按尺寸大小排列的方法是按三个尺寸范围将孔隙分类列表，即（近似）直径≤0.12mm，直径在0.12mm与0.40mm之间，直径>0.40mm，显微镜目镜的标线可用于计数和定尺寸。

8 精确度

正在利用具有镍底层的镀金电触头研究本试验方法的精确度。由三个独立实验室在相同的严酷度下各进行四次试验，所得的结果给出的每一实验室的数据变化系数均低于20%；然而，将不同实验室的结果彼此比较所得到的精确度较差。

9 试验报告

试验报告应包括以下信息：

a）本标准编号GB/T 19351；

b）基体和任何中间层的特性；

c）覆盖层，即电沉积层或包覆层的特性；

d）试验溶液成分；

e）试验容器的相对湿度（见7.3）；

f）环境相对湿度（见7.4）；

g）暴露于试验环境的时间（见7.5）；

h）获得的结果，即孔隙腐蚀的数量、位置、颜色和尺寸；

i）相关产品标准规定的孔隙腐蚀产物的可接受数量、位置、颜色和尺寸。

附 录 A
（规范性附录）
暴露于硝酸蒸汽的时间

本标准推荐的暴露时间长短适宜，它足以产生直径大于0.05mm的腐蚀产物，但又足以防止这些产物发生明显的重叠。若暴露时间过短，则许多孔隙的腐蚀产物可能太小，放大10倍不易看出；而若暴露时间过长，则腐蚀产物会重叠或聚集在一起，以致损害描绘各孔隙所在部位的能力。

表A.1有助于规定通常电触头金覆盖层的暴露时间。

表A.1　金覆盖层暴露时间

金厚度/μm	暴露于硝酸蒸汽时间/min
<0.6	
0.6~2.0	60±5
2.0~2.5	75±5

附　录　B
（规范性附录）
避免使用氯化烃的推荐程序

已发现以下程序有助于避免使用氯化烃：

a）在各清洁过程中若有可能损伤测量区域，则将各试件分离开；

b）在盛有用弱碱性（pH为7.5~10）去污剂配制的热的（65℃~85℃）2%水溶液的超声清洗器中清洗试样5min；

c）超声清洗之后，在热流动自来水中充分漂洗试样至少5s；

d）在新鲜去离子水中超声漂洗试样2min，以除去最后的去污剂残留物；

e）浸于新鲜的试剂级甲醇、乙醇、变性乙醇或异丙醇中，并超声“震动”至少30s，以除去试样上的水；

f）取出，并空气干燥试样到醇完全蒸发尽为止；若要用压缩空气帮助干燥，则要保证所用空气无油、清洁而且干燥。不要用裸手指触及清洗后的试样测量面。

第五节　金属和其他无机覆盖层　单位面积质量的测定　重量法和化学分析法评述

一、概论

覆盖层除了用厚度表示之外，常用单位面积质量来表示其表面沉积或转化的量。比如，一些化学转化膜一般不以膜的厚度来表示，而是以单位面积膜重来表示；热浸镀层锌也常以单位面积的锌层质量来表示锌的镀覆量。在一定的使用或服役条件下，厚度或单位面积质量决定了覆盖层的使用寿命。

单位面积质量是通过测量的表面覆盖层质量和面积，计算出覆盖层的平均表面密度，覆盖层的厚度可根据平均表面密度和覆盖层材料的密度计算。单位面积质量测定方法有重量法、化学分析法和物理分析法，其中重量法和化学分析法是测定转化膜层、热浸镀层及各类沉积层的常用方法。

重量法测定覆盖层质量有两种方法：一是在不浸蚀基体的试剂或电解液中溶解覆盖层，

称量溶解前后试样的质量；二是在不浸蚀覆盖层的试剂中溶解基体，然后称量溶解后覆盖层的质量。化学分析法是覆盖层和基体两者都溶解在一个合适的试剂中，或只溶解覆盖层，然后定量分析所产生的溶液。

阳极氧化膜、化学转化膜、热浸镀锌层、自催化沉积层、机械沉积层、化学沉积层、电沉积层和真空沉积层平均表面密度的测定方法已标准化，GB/T 20017—2005《金属和其他无机覆盖层 单位面积质量的测定 重量法和化学分析法评述》对这些方法的一般要求进行评述，有助于这些方法的准确运用。

该标准等同采用 ISO 10111：2000《金属和其他无机覆盖层 单位面积质量的测定 重量法和化学分析法评述》，于 2005 年 10 月 12 日发布，2006 年 4 月 1 日实施。

二、标准主要特点与应用说明

该标准概述了已标准化一定程度的重量法和其他化学分析法测定阳极氧化膜和或自催化沉积层、机械沉积层、化学转化膜、电沉积层、热浸镀锌层和真空沉积层平均表面密度的一般方法。该标准具有以下特点：

1）规定了限制使用范围。该标准不适用于用化学法或物理法不能使覆盖层和基体完全分开或覆盖层和基体都含有不易分离的共同成分的情况（如镍上的镍磷合金）；极小试片上很薄覆盖层将导致测量精度降低。

2）提出了重量法测量面积的限度。标准规定测量的最小面积与测量值有关，单位面积质量大的样件，小的测量面积就可以满足测量精度要求，而单位面积质量小的样件则需要较大面积才能满足测量精度要求。

3）概述了覆盖层面积测量方法。覆盖层面积的测量精度要高于表面密度测量精度，一般采用线性测量法测量面积，每一个尺寸都应在三个位置测量。

4）对重量法测量覆盖层的质量提出了技术要求。重量法有质量差法和直接称重法两种测量方法，质量差法是称量覆盖层溶解前后试样的质量，直接称重法是溶解基体并直接称量覆盖层。标准从试样尺寸、设备及测量步骤三方面具体描述了重量法测量覆盖层质量的方法要求。

重量法试验的关键是选择合适的试剂、浸渍的温度和时间，标准正文中没有提出要求。在标准的附录 A 中列出了不同的覆盖层和基体组合溶解金属层的试剂和要求，这些方法有的已标准化，未标准化的方法均在公开文献中有描述或至少在一个实验室作为常规使用。

5）没有对化学分析法测量覆盖层质量的具体方法进行规定。若需要采用此方法，则需根据基体和覆盖层的材质选取适合的化学分析方法。

三、标准内容（GB/T 20017—2005）

金属和其他无机覆盖层 单位面积质量的测定 重量法和化学分析法评述

警告：本标准涉及的方法可能包含危险的物质、操作和设备。本标准没有提出与标准使用相关的所有的安全问题。本标准使用者有责任在使用前考虑和制定合适的安全和健康条例，并且确定条例的使用范围。

1　范围

1.1　总则

本标准概述了已标准化一定程度的重量法和其他化学分析法测定阳极氧化膜或自催化沉积层、机械沉积层、化学转化膜、电沉积层、热浸镀锌层和真空沉积层平均表面密度的一般方法。

各种方法描述如下：

——用化学或电化学方法溶解覆盖层或基体来测量覆盖层表面密度的重量法；

——利用溶解覆盖层的光度法或容量法测定覆盖层表面密度的分析方法；

——用无损测试仪器测量覆盖层表面密度的物理分析法。

除 GB/T 9792 描述的重量法外，本标准没有给出引用方法的测量不确定度。

1.2　来源

附录 A 引用的溶解方法在公开的文献资料的技术规范中有描述或至少在一个实验室作为常规使用。

1.3　限制

本标准描述的方法适用于许多覆盖层-基体的组合。不适用于用化学法或物理法不能使覆盖层和基体一种从另一种上完全分开以及覆盖层与基体两者都含有不易分离的共同成分的情况（例如：镍上的镍磷合金）。

注：测量极小试片上的很薄的覆盖层将导致测量精确度降低，并且缺乏重现性。对类似试样采用不同步骤组合的几种测量方法可克服这些不足。

1.4　限度

原则上，重量法可以用来测定非常薄的或小面积上的覆盖层，但是不能测量小面积上的薄的覆盖层。这个限度依赖于要求的精确度，例如，2.5mg/cm^2 的覆盖层其测量面积可能需要 1cm^2，但是 0.1mg/cm^2 的覆盖层其测量面积可能需要 25cm^2 才能获得 2.5mg 的覆盖层。这些限度并不适用于化学分析法。

重量法并没有指明测量面积上存在裸露点或厚度小于规定的最小值的部位。此外，从每个测量区域上得出的单个数值就是该区域的平均厚度。对单一数值不能进行进一步的数学分析，例如：用于统计学处理以验证结果。

2　规范性引用文件

下列文件中的条款通过本标准的引用而成为本标准的条款。凡是注日期的引用文件，其随后所有的修改单（不包括勘误的内容）或修订版均不适用于本标准，然而，鼓励根据本标准达成协议的各方研究是否可使用这些文件的最新版本。凡是不注日期的引用文件，其最新版本适用于本标准。

GB/T 3138—1995　金属镀覆和化学处理与有关过程术语（neq ISO 2079：1981）

GB/T 8015.1—1987　铝及铝合金阳极氧化膜厚度的试验方法　重量法（idt ISO 2106：1982）

GB/T 9792—2003　金属材料上的转化膜　单位面积质量的测定　重量法（ISO 3892：2000，MOD）

GB/T 9799—1997　金属覆盖层　钢铁上的锌电镀层（eqv ISO 2081：1986）

GB/T 12599—2002　金属覆盖层　锡电镀层　技术规范与试验方法（ISO 2093：1986，

MOD）

GB/T 13346—1992 金属覆盖层 钢铁上的镉电镀层（idt ISO 2082：1986）

GB/T 17461—1998 金属覆盖层 锡-铅合金电镀层（eqv ISO 7587：1986）

ISO 8407：1991 金属与合金的腐蚀 腐蚀试验试样上腐蚀产物的除去

3 术语和定义

GB/T 3138 中确立的术语和定义适用于本标准。

4 原理

测量面上覆盖层的质量通过以下操作测定：

a）在不浸蚀基体的试剂或电触液中溶解覆盖层，称量溶解前后试样的质量；

b）在不浸蚀覆盖层的试剂中溶解基体，然后称量溶解后覆盖层的质量；

c）覆盖层和基体两者都溶解，或只溶解覆盖层，然后定量分析所生成的溶液。

由测量的质量和面积计算出覆盖层的表层密度，覆盖层的厚度根据质量、面积和覆盖层材质的密度计算。

5 专用设备

表 A.1（见第 8 章和第 9 章）涉及的特定方法需要某种专用的化学、电化学和化学分析设备。

6 试样的制备

6.1 尺寸

试样应足够大，以便能够精确地测量面积和质量（见第 8 章和第 9 章）。

6.2 形状

试片的形状以其表面面积易于测量为宜。通常矩形或圆形的试样较为合适。

6.3 边缘状况

如果测量的面积小而且需要精确测量，就要对试样边缘进行整理以除去轮廓不清的覆盖层和疏松毛刺从而得到轮廓清晰并且直（矩形）的边缘。面积不足 100mm^2 时宜按所述方法进行整理。

整理矩形试样边缘的方法之一是用两块塑料或金属板夹紧试样，并保证试样边缘和夹板的边缘对齐，然后用金相法研磨、抛光边缘。

6.4 热处理

如果要溶解基体以得到完整的覆盖层，需要先对试样进行热处理以使覆盖层不会紧紧的卷起或破碎。某些 1.5mg/cm^2（小于 0.9μm）的金沉积层在基体溶解后将会破碎，但是在 120℃温度下热处理 3h，金沉积层将保持完好。测量覆盖层的厚度（代替表面密度）时，如果热处理会改变覆盖层材质的密度，则试样不能进行热处理。

7 覆盖层面积的测量

7.1 测量方法

由于面积测量的精确度要高于表面密度测量的精确度，因此面积测量的方法取决于要求的精确度和试样尺寸。在较大的厚度范围内，重量法的测量不确定度通常不超过 5%（见 GB/T 9792）。

7.2 面积测量仪器

面积可用面积仪测量，但常采用线性测量法测定。通常用测微计或游标卡尺，然而，大面积也可用刻度尺测量。

若精确度要求极高，应使用显微镜测量。

直接精确地测量线状零件的面积很困难，这种情况下应根据零件的图样或公布的数表进行间接测量。

7.3 测量值

由于圆形或矩形的试样可能并不是规则的圆或矩形，因此，每一个尺寸都应在三个位置测量。对于矩形，应该测量每个边的长度和经过中心的长和宽，每个尺寸应取平均值。

注：就圆柱体而言，通常测量直径和长度。电镀或其他方法涂覆金属层的导线（栅栏）的技术说明中，线状试样的长度不用测量，实际上其长度由质量（以任何方式测得的）、半径和基体材质的密度按下式计算出来：

$$l=\frac{m}{\pi r^2\rho_b}$$

式中 l——长度；

m——质量；

r——半径；

ρ_b——基体的密度。

8 化学分析法测量覆盖层的质量

化学分析法是很常规的方法。覆盖层和基体都溶解在一个合适的试剂中，然后分析产生的溶液，测出覆盖层的质量。对于每一个覆盖层-基体-试剂组合，都有几种分析方法。

9 重量法测量覆盖层的质量

9.1 试样尺寸

由于质量测量的不确定度会小于表面密度测量所要求的测量不确定度，因此试样应足够大以使覆盖层的称量满足要求的精确度。

9.2 重量法分析的设备

重量法分析需要一架天平，但是所要求的天平的灵敏度取决于试样的尺寸、覆盖层的厚度（覆盖层的质量）和测量所需的精确度。经检验，覆盖层溶解前后称量试片质量时分析天平应能精确到0.1mg。阳极和阴极溶解时，需要一个恒定直流电源。

9.3 步骤

9.3.1 概述

覆盖层的质量通过以下方法测量：

a）称量覆盖层溶解前后试样的质量（见附录A）并记录质量差（见9.3.2）；

b）溶解基体（见附录A）并直接称量覆盖层（见9.3.3）。

注：第一次进行重量法测量时，应根据9.3.2.2和9.3.3.2进行验证。

9.3.2 质量差法

9.3.2.1 首先清理试样上的任何其他材质，然后用醇（甲醇、乙醇、异丙醇）或其他合适的溶剂清洗，用干净的空气吹干后称重。把试样浸到合适的试剂（见附录A）中以化学或电化学方法溶解覆盖层，用水清洗，然后用醇漂洗，用干燥的空气吹干，再称重。减少的质量就是覆盖层的质量。

9.3.2.2 为检验测量时是否有基体的溶解，应对已溶解覆盖层的基体进行重复试验，并确保基体浸入试剂的时间与前面一致。任何质量的减少都表明在溶解过程中基体被溶解，因此可能产生测量误差。

9.3.3 直接称重法

9.3.3.1 在合适的试剂中溶解基体（见附录A）。用水清洗覆盖层，然后用醇（甲醇、乙醇、异丙醇）或其他合适的溶剂漂洗，用干净空气吹干后称重。

9.3.3.2 为检验测量时是否有覆盖层的溶解，对已溶去基体的覆盖层进行重复试验，并确保覆盖层浸入试剂的时间与前面一致，任何质量的减少都表明在溶解过程中覆盖层被溶解，因此可能产生测量误差。

10 计算

10.1 表面密度

由以下公式计算表面密度 ρ_A（mg/cm^2）：

$$\rho_A = \frac{m}{A}$$

式中 m——覆盖层的质量（mg）；

A——面积（cm^2）。

10.2 厚度

由以下公式计算厚度 d（μm）：

$$d = 10 \times \frac{\rho_A}{\rho_C}$$

式中 ρ_A——表面密度（mg/cm^2）；

ρ_C——覆盖层的密度（g/cm^3）。

注：覆盖层金属的密度通常并不和块状或锻造金属的公布值一致。例如：电沉积金的密度一般小于 $19.3g/cm^3$，有时小至或低于 $17g/cm^3$。一些电沉积金属的密度在参考文献［1］中给出。

若由表面密度（mg/cm^2）计算厚度（μm）所用的覆盖层密度数值不确定，则应对所采用的覆盖层密度进行说明。

附 录 A

（规范性附录）

选择性溶解金属层的试剂

表A.1给出的一些试剂，溶解金属层时，可能还有其他金属层的溶解。通常溶解并不显著，但是宜按9.3.2和9.3.3描述的方法验证其可能性。

除非另外说明，溶解都应在室温下进行，所有的试样在称量前都应清洗并干燥。

表A.1 用化学和电化学法选择性溶解金属及其他无机覆盖层的试剂

（无损测量法不需要任何试剂）

覆盖层	基体	试　剂①	备　注②
铝	钢	(1)质量分数为20%的NaOH+质量分数为80%的水 (2)浓HCl	见[1] 约90℃下，浸入溶液几分钟（不要太长时间）；清洗，并用海绵擦去疏松的材质；将水放干，室温下浸入浓盐酸3s，在流动水中再次擦洗。重复以上全部操作直到其在盐酸中无明显反应。通常要重复进行2~3次

（续）

覆盖层	基体	试　剂①	备　注②
铝	钢	(1)200g$SbCl_3$溶于1L浓盐酸 (2)100g$SnCl_2\cdot H_2O$溶于1L浓盐酸+少量锡粒	见[1]和[2] 等体积混合(1)和(2)，温度保持在38℃以下，浸渍，直到析氢停止(约1min~4min)，漂洗并用软布擦净
阳极氧化铝	铝	35mL/L H_3PO_4+20g/L CrO_3	见GB/T 8015.1—1987和[3]、[4]室温下浸渍，漂洗，干燥，称重，重复以上操作直到质量损失恒定
阳极氧化镁(HAE)	镁	300g/L CrO_3	见[5] 室温下浸渍，漂洗，干燥，称重并重复操作直到质量损失小于3.9mg/dm²。溶液中放一片工业纯铝，但不能与镁接触
黄铜	钢	500g/L CrO_3+50g/L H_2SO_4	室温，浸渍，轻微搅拌
镉	钢	300g/L NH_4NO_3	见GB/T 13346—1992的11.1.2.2和[6]浸渍
		200g Sb_2O_3溶于1L浓盐酸	见[7] 浸渍到气体析出停止
		20g Sb_2O_3+800mL浓盐酸+200mL水	见GB/T 13346—1992的11.1.2.2和[7]及[8] 浸渍到气体析出停止
		5%$(NH_4)_2S_2O_8$+体积分数为10%的浓NH_4OH溶液	见[7] 浸渍
铬酸盐	铝	(1)$NaNO_2$ (2)1体积的水+1体积的浓HNO_3	见[9] 在326℃到354℃下浸入熔融$NaNO_2$中2min，冷水漂洗，然后室温下在(2)中浸渍30s
铬酸盐(老化的)	铝及其合金	(1)98%$NaNO_3$+2%NaOH (2)1体积65%~70%质量分数的HNO_3+1体积水	见GB/T 9792—2003的4.6.2.1和[10] 在370℃到500℃下(一些覆盖层可能要求更高的温度)浸入(1)中2min~5min，用水漂洗，室温下浸入(2)中15s~30s
铬酸盐(新的)	铝合金	1体积水+1体积65%~70%质量分数的HNO_3	见GB/T 9792—2003的4.6.1.2和[10] 成膜后不超过3h的覆盖层室温下浸1min
铬酸盐(老化的和新的)	铝合金	(1)500mL 1%H_2SO_4 (2)$(NH_4)_2S_2O_8$	见[10] 沸点时浸入(1)中10min，蒸发到50mL左右。用(2)(非临界浓度)将Cr(Ⅲ)氧化到Cr(Ⅵ)。测量波长λ=445nm的光度值
铬酸盐	锡或锌	(1)100g/L KNO_3+100g/L KCl (2)100g NaCl或KCl溶于1L水中	见[11] 锡上的铬酸盐在(1)中浸渍，漂洗，干燥，重量法测量。锌上的铬酸盐在(2)中浸渍，漂洗，干燥，重量法测量
		(1)100g/L KNO_3+100g/L KCl (2)100g NaCl或KCl溶于1L水中	见[12] 锡上的铬酸盐在(1)中浸渍，漂洗，干燥，容量法测量。锌上的铬酸盐在(2)中浸渍，漂洗，干燥，容量法测量

（续）

覆盖层	基体	试 剂[①]	备 注[②]
铬酸盐	镉或锌	50g/L NaCN 或 KCN+5g/L NaOH	见 GB/T 9792—2003 的 4.5.1 室温，15A/dm^2 的电流密度阴极电解
铬	镍或钢	12g/L NaOH	见[13] 铬在 20mA/cm^2 的电流密度下阳极电解
铜	镍	(1) 200g Na_2S 溶于 750mL 水，加入 20g 硫，加热到沸腾，稀释到 1L (2) 20% NaCN	见[14] 浸入(1)，当铜变成黑色硫化铜并且开始剥落时，漂洗，然后浸入(2)中溶解硫化铜
铜	镍或钢	500g/L CrO_3+50g/L H_2SO_4	见[15]和[13] 以约 1.2μm/min 的速度溶解
铜	锌合金	1 份浓 HCl+4 份水	溶解锌合金基体。冷却初始反应以防止铜的溶解 一些试验室作为常规使用
金	钢，铜，镍或铁-镍-钴	1~3 体积水+1 体积浓 HNO_3	浸渍使基体溶解。按要求加热，保持无卤化物。镍可能钝化—和镍线相连以增加镍的面积
铅-锡合金	钢		见“镀铅锡合金钢板”
镍	黄铜	90% H_3PO_4	见[16] 不加水，在 180℃ ~190℃ 下浸入。溶解 2.5μm 镍约要 10min
镍	黄铜	500g/L CrO_3+50g/L H_2SO_4	室温，轻微搅拌，浸渍使黄铜基体溶解 一些试验室作为常规使用
镍	钢	(1) 发烟 HNO_3（轻微搅拌） (2) 1 体积发烟 HNO_3+1 体积浓 HNO_3 (3) 10% CrO_3	见[17]和[13] 轻微浸蚀钢铁，快速地转移到铬酐中除去 HNO_3，接着用水冲洗。镍在(2)中溶解更快
镍	钢	(1) 65g 亚硝基苯磺酸钠+10gNaOH+100g NaCN 加水至 1L (2) 65g 硝基苯甲酸钠+20g NaOH+100g NaCN 加水至 1L	见[16] 75℃到 85℃浸入(1)或(2)，约 30min 镍可溶解 7μm。如果使用铜底层，则其也能被这些溶液溶解
镍或铜-镍	锌合金	1 份浓 HCl+4 份水	溶解锌合金基体。冷却初始反应以阻止铜的溶解。检验镍的溶解。从镍上移去铜，参见镍上镀铜
磷酸盐（无定形）	铝及其合金	1 体积水+1 体积 65%~70% 质量分数的 HNO_3	见 GB/T 9792 室温下浸 1min
磷酸盐（结晶的）	铝及其合金	质量分数为 65% 的 HNO_3+质量分数为 35% 的 H_2O	见 GB/T 9792 和[18] 75℃下浸渍 5min 或室温下浸渍 15min

（续）

覆盖层	基体	试剂[①]	备注[②]
磷酸盐	镉	4%质量分数的三乙醇胺+12%质量分数的 Na_4EDTA[③]+9%质量分数的 NaOH+75%质量分数的水	见[18] 70℃浸 5min
磷酸盐	镉或锌	20g/L $(NH_4)_2Cr_2O_7$ 溶于 25%~30%质量分数的 NH_4OH	见 GB/T 9792 室温下浸 3min~5min
磷酸盐	钢	20g Sb_2O_3 溶于 1L 浓 HCl	见[19] 室温下浸渍，擦去疏松的物质
磷酸盐	钢	(1)4%质量分数的三乙醇胺+2%质量分数的 Na_4EDTA[③]+9%质量分数的 NaOH+75%质量分数的水 (2)5%质量分数的 CrO_3+95%质量分数水	见[18] (1)在 70℃浸 5min (2)在 70℃浸 15min
磷酸盐（锰、锌或铁系）	钢	50g/L CrO_3	见 GB/T 9792 和[20] 75℃±5℃下至少浸 15min，漂洗，干燥，称量并且重复操作直至质量恒定
磷酸盐（锌系）	钢	100g/L NaOH+90g/L 乙二胺四乙酸四钠盐+4g/L 三乙醇胺	见 GB/T 9792 75℃±5℃浸 5min
磷酸盐（锌系）	钢	180g/L NaOH+90g/L NaCN	见[20] 浸渍至少 10min，漂洗，干燥，称量并且重复操作直至质量恒定
磷酸盐（锌系）	锌	(1)质量分数为 2.2%的 $(NH_4)_2Cr_2O_7$+质量分数 27.4%的 NH_3+70.4%质量分数的水 (2)质量分数为 5%的 CrO_3+质量分数为 95%的水	见[18] 25℃浸入(1)或(2)5min
银	镍黄铜	19 体积的浓 H_2SO_4+1 体积的浓 HNO_3	见[21] 在 80℃下浸渍
银	铜合金	(1)19 体积的浓 H_2SO_4+1 体积的浓 HNO_3 (2)浓 H_2SO_4	见[22] 60℃~70℃下浸渍直到银溶解，在浓 H_2SO_4 中浸蚀，漂洗
银	镍和钢	90g NaCN+15g NaOH+1000mL 水	2V~4V 时阳极溶解
银	耐蚀钢	30g/L NaCN	见[21] 3V~4V 时阳极溶解
银	锡合金	30g/L NaCN	4V 时阳极溶解
铅锡合金	长镀铅锡合板（钢）	(1)100g/L NaOH (2)1 体积浓 HCl+3 体积水	见[23] 77℃~88℃，在 NaOH 溶液中以 $12A/dm^2$ 的电流密度阳极剥离。换向电流 5s~10s，漂洗，在 HCl 溶液中浸蚀 1s~2s，再漂洗，再在 HCl 溶液中浸蚀 1s~2s，再漂洗
铅锡合金	长镀铅锡合板（钢）	200g/L $AgNO_3$	见[23] 漂洗，银置换铅锡合金，在水中擦净并检验残留的铅锡合金
锡	铜合金	浓 HCl	见 GB/T 12599 和[22]和[24] 缓慢加热到 95℃或更高温度，浸渍，直到锡溶解

（续）

覆盖层	基体	试剂①	备注②
锡	钢	40% NaOH	浸渍，加热，直到气体析出停止 在一些实验室作为常规使用
锡	钢	120g $SbCl_3$ 溶于 1L 浓 HCl	见[21] 浸渍到气体析出停止，然后停 15s 到 30s
锡	钢	20g Sb_2O_3 溶于 1L 浓 HCl	见 GB/T 12599 和[25] 浸渍直到气体析出停止后 1min
锡-铅合金	铜	10mL 浓 HNO_3+15g 尿素+10mLH_2O_2（10 体积）+80mL 水	见[26] 合金以 0.1μm/min 溶解。铜以约 0.5mg/(dm^2·min)的速度溶解
锡-铅合金	铜和铜合金	50mL 质量分数为 6%的 H_2O_2+50mL 质量分数为 40%的氟硼酸（HBF_4）	见 GB/T 17461 在新配制的溶液中浸渍
锡-铅合金	镍和钢	20g/L Sb_2O_3+1000mL 浓 HCl	见 GB/T 17461 浸渍
锡-镍合金	铜和铜合金	浓 H_3PO_4	见[27] 在 180℃到 200℃温度下浸渍
锡-镍合金	钢	20g/L NaOH+30g/L NaCN	见[27] 在接近沸点下阳极溶解。如果电流密度太高，则覆盖层钝化，随之气体析出。阴极化几分钟可使其活化
锌	钢	（1）20g Sb_2O_3 或 32g $SbCl_3$ 溶于 1L 浓盐酸 （2）在 100mL 浓盐酸中加 5mL 的（1）	见[28] 保持 38℃温度以下，浸入溶液（2），直到剧烈的氢气析出停止且仅有少量气泡散出
锌	钢	20g Sb_2O_3+50g $SnCl_2$ 溶于 100g 浓盐酸	见 ISO 8407:1991 保持低于 38℃温度以下，浸入溶解，直到剧烈的气体析出停止仅有少量气泡散出
锌	钢	20g Sb_2O_3+800mL 浓 HCl+200mL 水	见 GB/T 9799 和[8] 浸渍直到停止冒气泡
锌	钢	3.2g $SbCl_3$ 或 2g Sb_2O_3+500mL 浓 HCl 加水到 1L	见[29] 浸渍至无明显反应，刷去疏松沉淀
锌	钢	1 体积浓 HCl+1 体积水	见[28] 浸渍至氢气的明显析出停止
锌	钢	5g$(NH_4)_2S_2O_8$+10mL NH_4OH(ρ_{20}=0.880)+90mL 水	见[6] 浸渍
锌	钢	10mL 质量分数为 30%的甲醛+500mL 浓盐酸+500mL 水	见 GB/T 9799 浸渍
锌	钢	300g/L NH_4NO_3	见 GB/T 9799 浸渍
锌	钢	500g 浓 HCl + 1g 2-丙炔-1-醇（C_3H_4O）+500mL 水	见 GB/T 9799 浸渍

① 表中涉及的酸在 20℃的相对密度 ρ_{20}：盐酸 HCl，ρ_{20}=1.18；硝酸 HNO_3，ρ_{20}=1.42；磷酸 H_3PO_4，ρ_{20}=1.75；硫酸 H_2SO_4，ρ_{20}=1.84。

② 括号中的序号为参考文献序号。

③ EDTA 为乙二胺四乙酸。

参 考 文 献

[1] ASTM A428M-95, Standard Test Method for Weight [Mass] of Coating on Aluminum-Coated Iron or steel Aricles.

[2] United States Standard, Standards for Anodically Coated Aluminum Alloys for Architectural Applications, 2nd ed. The Aluminum Association, June 1965.

[3] ASTM B 137-95, Standard Test Method for Measurement of Coating Mass Per Unit Area on Anodically Coated Aluminum.

[4] DIN 50944: 1979[1), Testing of inorganic non-metallic coatings on pure aluminium alloys—Determination of substances by chemical dissolution.

[5] United States Standard MIL-M45202C, Anodic Treatment of Magnesium Alloys.

[6] BS 3382: Parts 1&2: 1961, Specification for electroplated coatings on threaded components Cadmium on steel components. Zinc on steel components.

[7] CLARKE S G. Tests of thickness of protective cadmium coatings on steel. J. Electrodepositors' Tech. Soc, 1932-33, Ⅷ (11).

[8] BS 1706: 1990, Method for specifying electroplated coatings on zinc and cadmium on iron and steel.

[9] ASTM B449-93 (1998), Standard Specification for Chromates on Aluminum.

[10] DIN 50939: 1996, Corrosion protection-Chromating aluminim-Principles and testing.

[11] DIN 50988-1: 1984[2), Measurement of coating thickness, determination of mass per unit area of zinc, and tin coatings on ferrous materials by dissolution of the coating material-Gravimetric, method.

[12] DIN 50988-2: 1988, Measruement of coating thicknesss, determination of mass per unit area of zinc, and tin coatings on ferrous materials by dissolution of the coating material-Volumetric method.

[13] BRENNER A. Methods of stripping plated coatings, Monthly review (AES), November 1933.

[14] BROWN H E. Determination of plate thickness on zinc base alloy diecasting. Plating, 1951, 38: 556.

[15] READ H J. and LORENAZ F E. Methods for testing thickness of electrodeposits, Ⅲ. Comparison of methods for acid copper on steel. Plating, 1951, 38: 946.

[16] BS 3382: Parts 3&4: 1965, Specification for electroplated coatings on threaded components. Nickel or nickel plus chromium on steel components. Nickel or nickel plus chromium on copper and copper alloy (including brass) components.

[17] READ H J and LORENZ F E. methods for testing thickness of electrodeposits, Ⅱ. Comparison of methods for nickel on steel. Plating, 1951, 38: 225.

1) 已被 DIN/EN 12373-2: 1999 取代。

2) 已被 DIN/EN/ISO 1460: 1992 取代。

[18] DIN 50942：1996，Phosphating metals—Principles and testing.

[19] BS 3189：1991，Method for specifying phosphate conversion coatings for metals.

[20] United States Standard DOD-P-16232F，Phosphate Coatings，Heavy，Manganese or Zinc Base（for Ferrous Metals）.

[21] Uited States Standard RR-T-51D，Tableware and Flatware—Silverplated.

[22] BS3382：Parts 5&6：1967，Specification for electroplated coatings on threaded components. Tin on copper and copper alloy（including brass）components. silver on copper and copper alloy（including brass） components.

[23] ASTM A309-94a，Standard Test Method for Weight and Composition of Coating on Teme Sheet by the Triple Spot Test.

[24] BS 1872：1984，Specification for electroplated coatings of tin.

[25] CLARKE S G. A rapid test of thickness of tin coatings on steel. Analyst，1934，59：525.

[26] PRICE J W. Determination of thickness of tin-lead alloy coatings on copper wire. J. Soc. Chem. Industry，1944，63（10）.

[27] BS 3597：1984，Specification for electroplated coatings of 65/35 tin/nickel alloy.

[28] ASTM A90-95a，Standard Test Method for Weight［Mass］Coating on Iron and Steel Articles with Zinc or Zinc-Alloy Coatings.

[29] BS 729：1971[1)]，Specification for hot dip galvanized coatings on iron and steel articles.

[30] GB/T 9797 金属覆盖层 镍+铬和铜+镍+铬电沉积层（eqv ISO 1460）

[31] GB/T 9798 金属覆盖层 镍电沉积层（eqv ISO 1458）

[32] GB/T 13825 金属覆盖层 黑色金属材料热浸镀锌层的质量测定 称量法（neq ISO 1460）

[33] GB/T 12334 金属和其他无机覆盖层 关于厚度测量的定义和一般规则（eqv ISO 2064）

[34] GB/T 17462 金属覆盖层 锡-镍合金电镀层（eqv ISO 2179）

[35] GB/T 6463 金属和其他无机覆盖层 厚度测量方法评述（eqv ISO 3882）

[36] GB/T 12306 金属覆盖层 工程用银和银合金电镀层（eqv ISO 4521）

[37] GB/T 12304 金属覆盖层 工程用金和金合金电镀层（eqv ISO 4523）

[38] GB/T 12600 金属覆盖层 塑料上铜+镍+铬电镀层（idt ISO 4525）

[39] GB/T 12332 金属覆盖层 工程用镍电镀层（eqv ISO 4526）

[40] GB/T 13913 自催化镍-磷镀层 技术要求和试验方法（neq ISO 4527）

[41] GB/T 11379 金属覆盖层 工程用铬电镀层（neq ISO 6158）

[42] United States Standard，FED-STD-STD-151B，Test methods for metals，Method 513. 1. Weight of Coating on Hot Dip Tin Plate and Electrolytic tin Plate.

[43] SAFRANEK W H. The Properties of Electrodeposited Metals and Alloys，2nd ed. American Electroplaters' and Surface Finishers' Society，1986.

1）该标准已撤销。

第四章　覆盖层物理、力学性能试验

第一节　金属基体上的金属覆盖层　电沉积和化学沉积层附着强度试验方法评述

一、概论

1. 附着强度的基本定义

使覆盖层的不同膜层分离所需要的力，或使覆盖层从相应表面的某一区域和基材分离所需要的力，称为附着力（也称结合力）。单位面积覆盖层的附着力或结合力称为附着强度（也称结合强度）。

附着强度是覆盖层基本的、重要的力学性能指标，是覆盖层发挥各种功能或表现使用行为的前提。附着强度差的覆盖层在使用前或服役时会产生起泡、脱落、开裂等现象，致使覆盖层失效。因此，附着强度不合格的覆盖层无须进行其他性能测试。

2. 附着强度的试验方法

常用的附着强度试验和检测方法可分为定性测量方法和定量测量方法。定性测量方法简单快捷，但不能测出具体的强度或力值；定量测量方法可以测出强度或力值，但需要特制的试样和仪器。

（1）定性测量方法　常用的附着强度定性测量方法有：

1）摩擦抛光试验。对试样局部进行摩擦，受加工硬化和摩擦热影响，附着力较差的区域将鼓泡、起皮、脱落。该方法适用于较薄的覆盖层。

2）钢球摩擦抛光试验。采用 3mm 的钢球，并用皂液作润滑剂在滚筒或振动磨光器中进行，附着力差的覆盖层会鼓泡。该方法适用于较薄的覆盖层。

3）喷丸试验。利用重力或压缩空气，把铁球或钢球喷于覆盖层表面，撞击导致覆盖层变形，附着力差的覆盖层会鼓泡。喷丸强度与覆盖层厚度有关，薄覆盖层比厚覆盖层需要的喷丸强度小。

4）剥离试验。常用的剥离试验是胶带试验，胶带每 25mm 宽度的黏附力是 8N。此试验特别适用于印制电路的导线和触点上覆盖层。

5）锉刀试验。用一种粗的研磨锉（只有一排锯齿）沿基体金属到覆盖层的方向，与覆盖层表面约呈 45°的夹角进行锉削。该方法不适用于很薄的覆盖层，以及锌或镉之类的软覆盖层。

6）磨、锯试验。沿基体金属到覆盖层的切割方向，利用砂轮或钢锯磨削试样边缘。该方法适用于镍和铬之类的较硬覆盖层。

7）凿子试验。该方法可用于较厚（大于 125μm）的覆盖层，分为两种方法：

① 凿子+锤击：把一种锐利的凿子放在覆盖层伸出部分的背面，给以猛烈的锤击。

② 凿子+钢锯：沿垂直覆盖层方向锯试样，如果附着力不好，则会发生明显断裂或镀层

剥离；如果在断口处覆盖层没有分离，则用凿子尽力凿起边缘的镀层，若覆盖层以相当大的面积从边缘剥离，说明附着力较差。

8）划线划格试验。采用30°的硬质钢划刀，划两条相距2mm的平行线或一定数量边长为1mm的方格，一次刻线即穿过覆盖层到基体。

9）弯曲试验。以一定的加载形式，弯曲覆盖层试样，任何剥离迹象都是附着强度不好的象征。

10）缠绕试验。将带或线试样绕一心轴进行缠绕，任何剥离迹象都是附着强度不好的象征。

11）热震试验。把试样加热保温至一定的温度和时间，而后骤冷，覆盖层和基材不同的热膨胀系数导致覆盖层起泡剥落。

12）深引试验。主要是埃里克森杯凸试验和罗曼诺夫凸缘帽试验，常用于镀覆的金属薄板。

13）阴极试验。在一定溶液中将覆盖层试样作为阴极进行电解，由于阴极的析氢作用，在覆盖层与基体金属之间的任何不连续处会产生压力，致使覆盖层鼓泡。

（2）定性测量方法　定量测量时，通常以强度或破坏力值来表征覆盖层与基体的结合情况。试验时，需要对覆盖层试样进行制样，利用特定设备进行。

拉力试验是常用的定量测量方法。拉力试验是在覆盖层表面施加垂直作用力，使其与基体分离，单位面积覆盖层剥离时承受的载荷就是附着强度。抗拉强度及拉伸破坏力可直观反应覆盖层的附着强度和附着力。

根据覆盖层的结合、分离的方式等，拉力试验可分为三类：

1）直接拉拔试验；

2）使用黏胶剂的拉拔试验；

3）机械剥离试验。

使用黏胶剂的拉拔试验时，当粘接工艺不到位或黏胶剂强度小于覆盖层附着强度时，拉伸时黏胶剂脱开而覆盖层未剥离，则此时的试验数据不能真实反应覆盖层的附着强度。

通过制样和借助特殊设备可对覆盖层试样进行剪切试验和压缩试验，覆盖层的剪切破坏力和抗剪强度以及压缩破坏力和抗压强度，也能用来表征覆盖层与基体的结合情况。

3. 附着强度的试验标准

覆盖层附着强度的试验和检测，不仅可保证最终所得到的覆盖层最基本的质量，也可为覆盖层的工艺过程控制提供重要依据。附着强度的试验方法大多是定性的测量方法。GB/T 5270—2005《金属基体上的金属覆盖层　电沉积和化学沉积层　附着强度试验方法评述》将这些方法以标准的形式集中加以评述，有助于这些方法的应用。

GB/T 5270—2005等同采用ISO 2819：1980《金属基体上的金属覆盖层　电沉积和化学沉积层　附着强度试验方法评述》，该标准是对GB/T 5270—1985的修订。GB/T 5270—2005于2005年6于23日发布，2005年12月1日实施。

二、标准主要特点与应用说明

该标准涵盖了电沉积和化学沉积层附着强度定性检验的主要方法，对摩擦抛光试验、钢球摩擦抛光试验、喷丸试验、剥离试验、锉刀试验、磨锯试验、凿子试验、划线划格试验、弯曲试验、缠绕试验、拉力试验、热震试验、深引试验、阴极试验14种附着强度试验方法进行了逐一评述，规定了这些试验方法的适用范围和基本操作要求，介绍了各种方法的特点。标准还对各种覆盖层所适合的附着强度试验方法进行了归纳列表，便于选择和使用。

该标准中评述的附着强度试验方法为定性试验方法，不包括定量方法。标准中评述的试验方法，由于不需要特殊的设备和很熟练的技巧，因此，常作为生产中控制产品质量的试验方法。

当各种覆盖层的国家标准中包含某些附着强度试验方法时，应当优先使用那些标准中的方法。

三、标准内容（GB/T 5270—2005）

金属基体上的金属覆盖层　电沉积和化学沉积层 附着强度试验方法评述

1　范围

本标准叙述了检查电沉积和化学沉积覆盖层附着强度的几种试验方法。它们仅限于定性试验。表2说明了每种试验对常用的一些金属覆盖层的适应性。其中大多数试验都会破坏覆盖层和零件，而一些试验则只破坏覆盖层，即使试验试件在非破坏试验中覆盖层的附着强度是合格的，也不应认为该试件未受损伤。例如摩擦抛光试验（见2.1）可能使试件不能再用，热震试验（见2.12）可能产生不允许的金相变化。

本标准未述及各时期制订的金属覆盖层与基体金属附着强度的一些定量试验方法。因为这样的试验在实践中需要特殊的仪器和相当熟练的技术，这使之不适用于作产品零件的质量控制试验。然而，某些定量试验方法对研究开发工作可能有用。

把附着强度试验的特殊方法规定于具体覆盖层的国家标准中时，应优先采用本标准所述及的方法，并应征得供需双方的事先同意。

2　试验方法

2.1　摩擦抛光试验

如果镀件局部进行擦光，则其沉积层倾向于加工硬化并吸收摩擦热。如果覆盖层较薄，则在这些试验条件下，其附着强度差的区域的覆盖层与基体金属间将呈起皮分离。

在镀件的形状和尺寸许可时，可利用光滑的工具在已镀覆的面积不大于6cm^{2}的表面上摩擦大约15s。直径为6mm、末端为光滑半球形的钢棒是一种适宜的摩擦工具。

摩擦时用的压力应足以使得在每次行程中能擦去覆盖层，而又要不能大到削割覆盖层，随着摩擦的继续，鼓泡不断增大，便说明该覆盖层的附着强度较差。

如果覆盖层的机械性能较差，则鼓泡可能破裂，且从基体上剥离。此试验应限于较薄的沉积层。

2.2　钢球摩擦抛光试验

钢球磨光往往用于抛光。但是，也可以用于测试附着强度。采用直径约为3mm的钢球、用皂液作润滑剂在滚筒或振动磨光器中进行。当覆盖层的附着强度很差时，可能产生鼓泡。此方法适用于较薄的沉积层。

2.3　喷丸试验

利用重力或压缩空气，把铁球或钢球喷于受试验的表面上，钢球的撞击导致沉积层发生变形。

如果覆盖层的附着强度差，则会发生鼓泡。一般来讲，引起非附着覆盖层起皮的喷丸强度随着覆盖层的厚度变化而改变，薄覆盖层比厚覆盖层需要的喷丸强度小。

用长度 150mm、内径为 19mm 的管子将喷嘴与发射铁或钢丸（直径约 0.75mm）的容器相连进行此试验，把压力为 0.07MPa~0.21MPa 的压缩空气送入上述装置中，喷嘴和试样之间的距离为 3mm~12mm。

另一种方法最适用于检查电镀生产中厚度为 100μm~600μm 的电镀层的附着强度（见附录 A）。它采用一种标准气动箱来喷钢丸。

如果银镀层的附着强度差，则会延展或滑动而鼓泡。

2.4 剥离试验

本试验适用于基本平整、表面厚度小于 125μm 的覆盖层。将一种大约 75mm×10mm×0.5mm 的镀锡中碳钢带或镀锡黄铜带，在距一端 10mm 处弯成直角，将较短的一边平焊于覆盖层表面上。将一载荷施加于未焊接的一边，并垂直于焊接点的表面，如果覆盖层的附着强度比焊接点弱，则覆盖层将从基体上剥落。如果覆盖层的附着强度比焊接点大，则将在焊接点或覆盖层内发生断裂。

本方法未被广泛应用。因为在焊接操作过程中所到达的温度可能改变附着强度。另外，可利用一种具有适当抗拉强度的硬化合成树脂黏合剂代替钎焊完成这种试验。

另一种试验（胶带试验）是利用一种纤维黏胶带，其每 25mm 宽度的附着力值约为 8N。利用一个固定重量的辊子把胶带的黏附面贴于要试验的覆盖层，并要仔细地排除掉所有的空气泡。间隔 10s 以后，在带上施加一个垂直于覆盖层表面的稳定拉力，以把胶带拉去。若覆盖层的附着强度高则不会分离覆盖层。此试验特别用于印制电路的导线和触点上覆盖层的附着力试验，镀覆的导线试验面积应大于 $30mm^2$。

2.5 锉刀试验

锯下一块有覆盖层的工件，夹在台钳上，用一种粗的研磨锉（只有一排锯齿）进行锉削，以期锉起覆盖层。沿从基体金属到覆盖层的方向，与镀覆表面约呈 45°的夹角进行锉削，覆盖层应不出现分离。本试验不适用于很薄的覆盖层，以及像锌或镉之类的软镀层。

2.6 磨、锯试验

沿基体金属到沉积层的切割方向，利用砂轮磨削已镀覆的试样边缘。如果覆盖层的附着强度差，则沉积层将从基体金属上裂开。可以利用一种钢锯来代替砂轮机。重要的是锯子锯动的方向，使施加的力倾向于使覆盖层从基体金属上分离。磨、锯试验对镍和铬之类的较硬镀层特别有效。

2.7 凿子试验

通常情况下，可以把凿子试验应用于较厚（大于 125μm）的覆盖层。

一种试验方法是把一种锐利的凿子放在覆盖层伸出部分的背面，给以猛烈的锤击。如果覆盖层的附着强度高，则覆盖层会裂开或被切断而不影响基体金属和覆盖层之间的结合。

另一种“凿子试验”是与“钢锯试验”结合进行。此试验是垂直于覆盖层锯试样。如果覆盖层的附着强度不很好，则会明显断裂。在断口处未发现分离的情况下，则用一锐利的凿子尽力凿起边缘的覆盖层，如果覆盖层能以相当大的距离从边缘剥离，便说明其附着强度较差或较弱，在每次试验之前，凿子的锋刃应当磨得锐利。

以刀代替凿子可以用于较薄覆盖层的试验，可用或者不用锤子轻轻敲打试样。凿子试验不适用锌或镉之类的软镀层。

2.8 划线和划格试验

采用磨为30°锐刃的硬质钢划刀，相距约2mm划两根平行线。在划两根平行线时，应当以足够的压力一次刻线即穿过覆盖层切割到基体金属。如果在各线之间的任一部分的覆盖层从基体金属上剥落，则认为覆盖层未通过此试验。

另一种试验是划边长为1mm的方格，同时，观察在此区域内的覆盖层是否从基体金属上剥落。

2.9 弯曲试验

弯曲试验就是弯曲挠折具有覆盖层的产品。其变形的程度和特性随基体金属、形状和覆盖层的特性及两层的相对厚度而改变。

试验一般是用手或夹钳把试样尽可能快地弯曲，先向一边弯曲，然后，再向另一边弯曲，直到把试样弯断为止。弯曲的速度和半径可以利用适当的机器进行控制。此试验在基体金属和沉积层间产生了明显的剪切应力，如果沉积层是延展性的，则剪切应力大大降低，由于覆盖层的塑性流动，甚至当基体金属已经断裂时，覆盖层仍未破坏。

脆性的沉积层会发生裂纹，但是，即使是如此，此试验也能获得关于附着强度的一些数据。必须检查断口，以确定沉积层是否剥离或者沉积层能否用刀或凿子除去。

剥离、碎屑剥离或片状剥离的任何迹象都可作为其附着强度差的象征。

具有内覆盖层或外覆盖层的试样都可能发生破坏。虽然，在某些情况下，检查弯曲的内边可能得到更多的数据，但是，一般都是在试样的外边观察覆盖层的性能。

2.10 缠绕试验

在此试验中，把试样（一般是带或线）绕一心轴进行缠绕，此试验的每一部分都能标准化，即：带的长度和宽度、缠绕速度、缠绕动作的均匀性和试样所缠绕的棒（心轴）的直径。

剥离、碎屑剥离和片状剥离的任何迹象都可作为附着强度差的象征。

具有内覆盖层或外覆盖层的试样都可能发生变化。虽然在某些情况下，检查弯曲的内边可能得到更多的数据，但是，一般都是在试样的外边观察到覆盖层的性能。

2.11 拉力试验

这只适用于某些类型的镀覆零件。对零件施加拉伸应力直至断裂。断口附近的覆盖层一般都会显现出一些开裂。不应有覆盖层从基体金属上明显脱落的现象。

2.12 热震试验

把具有覆盖层的试样加热，而后骤然冷却，便可以测定许多沉积层的附着强度。此试验原理是覆盖层和基体金属之间的热膨胀系数不同所致。

因此，该试验适用于覆盖层与基体金属之间的膨胀系数明显不同的情况。试验是在炉中把试样加热足够的时间，使之达到表1所列的适当温度。此温度应保持在±10℃的公差范围内。对易氧化的金属应当在惰性气氛、还原性气氛中或在适当的液体中加热。

然后，把试样放入水或室温中骤冷。覆盖层应没有发生从基体金属上分离的现象，例如，鼓泡、片状剥离或分层剥离。

应当注意，加热一般都会提高电沉积层的附着强度[1]。所以，需要把试样加热的任何试验方法都不能正确地指示电镀状态的附着强度。

表1 热震试验温度

基体金属	镀层金属	
	铬，镍，镍+铬，铜和锡-镍	锡
钢	300℃	150℃
锌合金	150℃	150℃
铜和铜合金	250℃	150℃
铝和铝合金	220℃	150℃

2.13 深引试验

最常用于镀覆金属薄板的深引实验是埃里克森杯凸试验[2] 和罗曼诺夫凸缘帽试验。它们是借助于几种柱塞使沉积层和基体金属发生杯状或凸缘帽状的变形。

在埃里克森试验中，采用适当的液压装置把一个直径为20mm的球形柱塞以0.2mm/s~6mm/s的速度推进试样中，一直推到所需要的深度为止。

附着强度差的沉积层经几毫米的变形，便从基体金属上呈片状剥离。然而，由于冲头的穿透作用，即使基体金属已发生开裂，附着良好的沉积层仍不会出现剥离。

罗曼诺夫试验仪器是由一般冲床和附有一套与凸缘帽配合使用的可调模具所组成。其凸缘直径为63.5mm，帽的直径为38mm，帽的深度从0mm~12.7mm，可以调节。一般把试样测试到使帽发生断裂的程度为止。深引件的未损伤部分说明深引效应影响沉积层的结构。这些方法特别适用于较硬金属的沉积层，例如，镍或铬。

在所有的情况下，必须仔细地分析所得到的结果。因为它包括了沉积层和基体金属的延展性。

2.14 阴极试验

将镀覆的试件在溶液中作为阴极，在阴极上仅有氢析出。由于氢气通过一定覆盖层进行扩散时在覆盖层与基体金属之间的任何不连续处积累产生压力，致使覆盖层发生鼓泡。

在5%的氢氧化钠（密度1.054g/mL）溶液中，以10A/dm^{2}电流密度、90℃处理试样2min。在覆盖层中附着强度差的点便形成小的鼓泡。如果在经过15min之后，镀层仍无鼓泡发生，则可以认为，覆盖层的附着强度良好。另外，可以采用硫酸（质量分数为5%）溶液，在60℃、电流密度为10A/dm^2、经5min~15min后，附着强度差的覆盖层会发生鼓泡。

电解试验只限于可透过阴极释放氢的镀层。镍或镍-铬镀层的附着强度差时，用此试验比较适宜。像铅、锡、锌、铜或镉之类金属镀层，则不适用于这种试验方法。

适用于各种金属镀层的附着强度试验见表2。

表2 适用于各种金属镀层的附着强度试验

附着强度试验	覆盖层金属									
	镉	铬	铜	镍	镍+铬	银	锡	锡-镍合金	锌	金
摩擦抛光	•		•	•	•	•	•	•	•	•

1) 在其他情况下，镀层同基体的扩散可能产生脆性层，因此引起剥离的是断裂，而不是无附着性。

2) 此法详见GB/T 9753 色漆和清漆 杯凸试验。

（续）

附着强度试验	覆盖层金属									
	镉	铬	铜	镍	镍+铬	银	锡	锡-镍合金	锌	金
钢球磨光	●	●	●	●	●	●	●	●	●	●
剥离（钎焊法）			●	●		●		●		
剥离（黏结法）	●		●	●		●	●	●	●	●
锉刀			●	●	●			●		
凿子		●		●	●	●		●		
划痕	●		●	●	●	●	●		●	●
弯曲和缠绕		●	●	●	●			●		
磨与锯		●		●	●			●		
拉力	●		●	●	●	●		●	●	
热震		●	●	●	●		●	●		
深引（埃里克森）		●	●	●	●			●		
深引（凸缘帽）		●	●	●	●	●		●		
喷钢丸				●		●				
阴极处理		●		●	●					

注：黑点●表示覆盖层所适用的试验方法。

附　录　A

（资料性附录）

喷丸法测定银沉积层（100μm～600μm）附着强度

A.1　范围

此试验方法适用于评价钢上的厚度为0.10mm～0.60mm之间的银沉积层的附着强度。其试验结果只是定性的。此方法不破坏零件。由此方法所得覆盖层的附着强度是满意的。

A.2　参考文献

GB/T 4956 磁性金属基体上非磁性覆盖层厚度测量　磁性方法

A.3　试验设备

A.3.1　喷丸设备

一般的压缩空气或离心式喷丸设备。

A.3.2　钢丸

平均直径为0.4mm、硬度不小于350HV30的钢球。用筛网法测量其尺寸。并且，必须具备相当于表A.1所列的尺寸。

表A.1

筛孔/mm	丸的控制率（%）
0.707	≤10
0.420	≥85
0.354	≥97

必须至少每周从喷嘴中取出100g钢丸试样来筛选一次，以检查丸的尺寸。

A.4 程序

在进行喷丸之前，所有的零件先在190℃±10℃加热2h，以消除应力。

遮掩不需喷丸的所有表面。

采用非破坏性方法（例如，按GB/T 4956）测定银镀层的厚度。弃掉银镀层厚度小于0.10mm或大于0.60mm的及最大和最小厚度之间的差大于0.125mm的零件，对所有的合格件都标上最大厚度的记号，并把试样按批分组，其中合格产品的厚度差应不大于0.125mm。

以图A.1中所表示的相对于最厚的测量厚度的最低喷丸强度，向银镀层表面喷丸。在每批处理开始之前，必须根据亚尔门A试样试验来调节喷丸强度（见A.6）。

至少每小时做一次亚尔门试样测定，以控制喷丸强度。

从已经喷丸的零件上除去表面遮掩物。

目察喷过丸的表面，它应当受到全部喷射，若有漏喷的区域，则必须重喷。

检查镀层中有没有夹嵌钢丸的部位。用空气吹去任何残存的丸。

A.5 评定

用肉眼仔细检查镀银层的表面。在试验过程中，附着强度差的银沉积层上会形成泡或起皮，或者镀层本身脱落。

A.6 喷丸强度的调节

采用硬度为400HV30~500HV30，厚度为1.6mm的碳素钢板，切成尺寸为（76±0.2）mm×（19±0.1）mm并磨到厚度为（1.30±0.02）mm（亚尔门A试样）。

在按下述规定测量时，其平整度偏差不应超过38μm的弧高度。

把试样紧固于图A.2所示的夹具上，对暴露的一面进行喷丸。

喷丸后，从夹具上卸下试样，并用深度计测试未喷丸面的曲率，把试样支撑在形成32mm×16mm的长方形的4个直径为5mm的球上，把深度计的中心指针指在试样的中心，使试样对称地对准深度计，在深度计指示的32mm以上的深度，测定试样中心的弧高度，精确至25μm为止。按需要调整喷丸的条件，以得到所要求的弧高度。

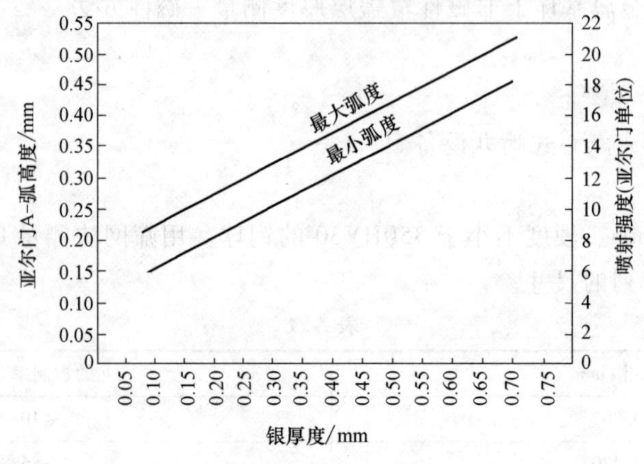

图A.1 银镀层厚度与喷丸强度关系

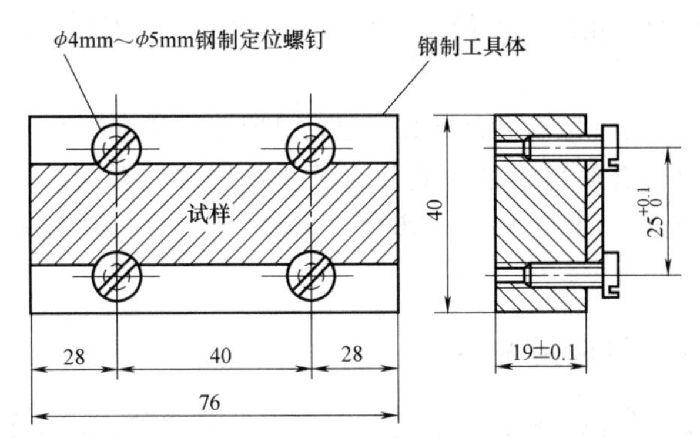

图 A.2　喷丸试验的试样夹具

第二节　金属材料　金属及其他无机覆盖层的维氏和努氏显微硬度试验

一、概论

维氏硬度英文名称为“Vickers hardness”，它由英国科学家维克斯首先提出，其测量值用 HV 表示。维氏硬度测量的优点如下（与布氏硬度和洛氏硬度比较）：

1）维氏硬度试验的压痕是正方形，轮廓清晰，对角线测量准确，因此，维氏硬度是常用硬度试验方法中精度较高的方法。

2）维氏硬度试验测量范围宽广，可以测量目前工业上所用到的几乎全部的金属材料和金属覆盖层以及部分无机非金属覆盖层。从几个 HV 到 3000HV 左右的硬度值都可以测量。

3）在中低硬度值范围内，在同一均匀材料上，维氏硬度试验和其他硬度试验结果可以参考 GB/T 1172《黑色金属硬度及强度换算值、强度硬度对照表》进行换算。

4）维氏硬度试验采用不同数值的试验力，不影响测量值。

5）维氏硬度试验的试验力可以小到 10g，压痕特别小，配合显微镜，可以测量薄小覆盖层的硬度。

维氏硬度试验存在的缺点是效率较低，要求测试人员具备较高的试验技术，特别是制样技术，如保证试样的平整度、表面粗糙度，进行边缘保护等。

努氏硬度英文名称为“Knoop hardness”，它是以发明人 Knoop 的名字命名，也称克努普硬度，其测量值用 HK 表示。努氏硬度测量的优点如下：

1）试验时能产生长短对角线为 7∶1 的棱形压痕，测量时只测量长线，测量精度及相对误差优于维氏硬度。

2）努氏硬度试验的压痕压入深度只有长对角线长度的 1/30，而维氏硬度试验的压痕压入深度为对角线长度的 1/7，所以努氏硬度试验适用于表层硬度和薄件的硬度测试。

3）努氏硬度的测量值可以达到 8000HK 左右，它更适于测试硬而脆的材料，常被用于珐琅、玻璃、人造金刚石、金属陶瓷及矿物等材料的硬度测量。

两种硬度的试验原理一样，均是以规定的试验力，将具有一定形状的金刚石压头以适当的压入速度缓慢垂直压入被测定的表层，保持规定的时间后卸除试验力，用显微镜测量压痕的对角线长度，将测量的对角线长度代入硬度计算公式或根据对角线长度查硬度值表得到维氏或努氏显微硬度值。

GB/T 9790—2021《金属材料　金属及其他无机覆盖层的维氏和努氏显微硬度试验》修改采用 ISO 4516：2002《金属覆盖层及其他有关覆盖层维氏和努氏显微硬度试验》，是对 GB/T 9790—1988 的修订。GB/T 9790—2021 于 2021 年 4 月 30 日发布，2021 年 11 月 1 日实施。

二、标准主要特点与应用说明

该标准规定了金属及其他无机覆盖层的维氏和努氏显微硬度试验的原理、符号和说明、设备、影响测量准确度的因素、试验程序、结果的不确定度和试验报告，适用于电沉积覆盖层、自催化覆盖层、喷涂铝的覆盖层和铝阳极氧化膜等多种覆盖层的测定。

该标准的内容涵盖设备介绍、影响测量准确度的因素、试验程序（过程）、结果的不确定度、试验报告等内容。标准应用时，应注意影响测量准确度的因素，主要有：试验力的选择、压头速度、试验力的保持时间、环境的振动、试样表面粗糙度、表面曲率、试样的放置面以及表面倾斜角度、材料本身的脆性、显微镜的分辨率、压痕的位置等。

三、标准内容（GB/T 9790—2021）

金属材料　金属及其他无机覆盖层的维氏和努氏显微硬度试验

1　范围

本文件规定了金属及其他无机覆盖层的维氏和努氏显微硬度试验的原理、符号和说明、设备、影响测量准确度的因素、试验程序、结果的不确定度和试验报告。

本文件适用于电沉积覆盖层、自催化覆盖层、喷涂铝的覆盖层和铝阳极氧化膜等多种覆盖层的测定。测定时试验力一般不大于 9.807N（1kgf）。本文件 8.3 适用于覆盖层截面的显微硬度测定，8.4 适用于覆盖层表面的显微硬度测定。

注 1：GB/T 18449 的第 1 部分~第 4 部分描述了金属材料努氏硬度试验。GB/T 4340 的第 1 部分~第 4 部分描述了金属材料维氏硬度试验。GB/T 21838（所有部分）描述了金属材料硬度和材料参数的仪器化压痕试验。

注 2：覆盖层试验力通常选用 GB/T 4340.1—2009 中显微维氏硬度范围内的试验力。但是，由于宜尽可能选择大的试验力，也可选用 GB/T 4340.1—2009 中小力值维氏硬度范围内的试验力。

2　规范性引用文件

下列文件中的内容通过文中的规范性引用而构成本文件必不可少的条款。其中，注日期的引用文件，仅该日期对应的版本适用于本文件；不注日期的引用文件，其最新版本（包括所有的修改单）适用于本文件。

GB/T 4340.1—2009　金属材料　维氏硬度试验　第 1 部分：试验方法（ISO 6507-1：2005，MOD）

GB/T 4340.2　金属材料　维氏硬度试验　第 2 部分：硬度计的检验与校准（GB/T 4340.2—2012，ISO 6507-2：2005，MOD）

GB/T 4340.4　金属材料　维氏硬度试验　第 4 部分：硬度值表（GB/T 4340.4—2009，

ISO 6507-4：2005，IDT）

GB/T 6462　金属和氧化物覆盖层　厚度测量　显微镜法（GB/T 6462—2005，ISO 1463：2003，IDT）

GB/T 18449.1—2009　金属材料　努氏硬度试验　第1部分：试验方法（ISO 4545-1：2005，MOD）

CB/T 18449.2　金属材料　努氏硬度试验　第2部分，硬度计的检验与校准（GB/T 18449.2—2012，ISO 4545-2：2005，MOD）

GB/T 18449.4　金属材料　努氏硬度试验　第4部分：硬度值表（GB/T 18449.4—2009，ISO 4545-4：2005，IDT）

JJG 151　金属维氏硬度计检定规程

JJG 1047　金属努氏硬度计检定规程

3　术语和定义

本文件没有需要界定的术语和定义。

4　原理

以规定的试验力，将具有一定形状的金刚石压头以适当的压入速度缓慢垂直压入被测定的覆盖层，保持规定的时间后卸除试验力，用显微镜测量压痕的对角线长度。将测量的对角线长度代入硬度计算公式或根据对角线长度查硬度值表（维氏硬度查 GB/T 4340.4，努氏硬度查 GB/T 18449.4）得到维氏或努氏显微硬度值。

5　符号和说明

维氏和努氏显微硬度分别用 HV 和 HK 表示，此符号前的数字表示硬度值，符号后面是：

a）试验力（为牛顿乘以比例系数 0.102）（见表1）；

b）试验力保持时间，以秒为单位。一般试验力保持 10s～15s，如果试验力保持时间不在 10s～15s 范围内，注明试验力保持时间。

维氏硬度的表示方法如示例1，努氏硬度的表示方法如示例2。

示例1：640HV0.1：表示维氏硬度值 640、试验力 0.1kgf（0.9807N）、试验力保持时间 10s～15s。

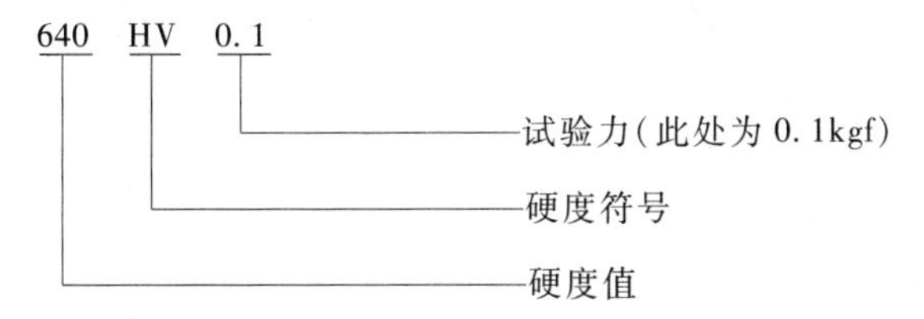

示例2：640HK0.1/20：表示努氏硬度值 640、试验力 0.1kgf（0.9807N）、试验力保持时间 20s。

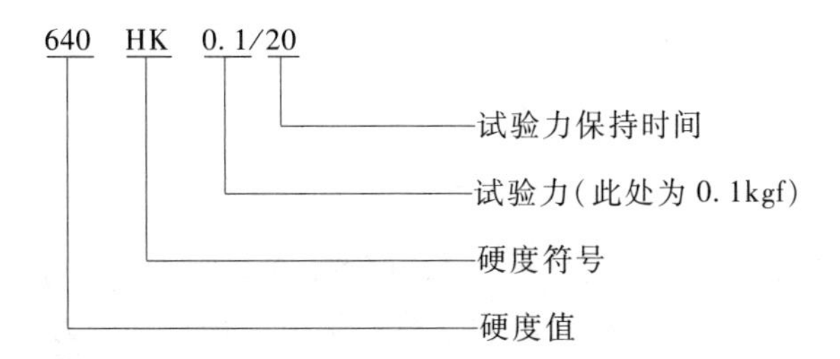

表 1 符号和说明

符号	单位	说明	
		维氏	努氏
h	μm	压痕深度	
F	N	试验力	试验力
d_1	μm	压痕对角线长度	
d_2	μm	压痕对角线长度	
d_V	μm	压痕两对角线长度 d_1、d_2 的算术平均值 $d_V=(d_1+d_2)/2$	
d_K	μm		压痕长对角线的长度
HV 和 HK		维氏硬度值 $=(0.102F)/A_V=0.1891\times10^6F/d_V{}^2$	努氏硬度值 $=(0.102F)/A_K=1.4514\times10^6F/d_K{}^2$
A_V	mm²	压痕接触面积	
A_K	mm²		压痕投影面积
t	μm	覆盖层厚度	覆盖层厚度
s		$s=\sqrt{\frac{1}{n-1}\sum_{i=1}^{n}(\mathrm{HV}_i-\overline{\mathrm{HV}})^2}$	$s=\sqrt{\frac{1}{n-1}\sum_{i=1}^{n}(\mathrm{HV}_i-\overline{\mathrm{HK}})^2}$
n		测量数	测量数
$\overline{\mathrm{HV}}$ 和 $\overline{\mathrm{HK}}$		$\overline{\mathrm{HV}}=\frac{\sum_{i=1}^{n}\mathrm{HV}_i}{n}$	$\overline{\mathrm{HK}}=\frac{\sum_{i=1}^{n}\mathrm{HK}_i}{n}$
V	%	变异系数 $V=100s\sqrt{\mathrm{HV}}$	变异系数 $V=100s\sqrt{\mathrm{HK}}$

6 设备

6.1 硬度计

维氏硬度计应符合 GB/T 4340.2 或 JJG 151 的规定，努氏硬度计应符合 GB/T 18449.2 或 JJG 1047 的规定。

6.2 压头

6.2.1 形状和尺寸

6.2.1.1 维氏硬度计压头

硬度计压头为金刚石正四棱锥体，其相对两面之间的顶角为 136°±0.50°，两相对棱之间的夹角为 148.11°±0.76°，如图 1。应采用具有适当精度的测角仪核查此角。对角线 d_1 和 d_2 的平均值与压痕深度 h 的关系约为 7∶1，公式（1）表示了对角线 d_1 和 d_2 与压痕深度 h 的近似关系。

$$7h\approx\frac{d_1+d_2}{2} \tag{1}$$

四个面对压头的轴线应当具有同样的倾角（误差在±0.5°以内），并交于一点。常规条件下交点处的放大如图 2 所示，其相对面间交线的最大允许长度应为 0.5μm。

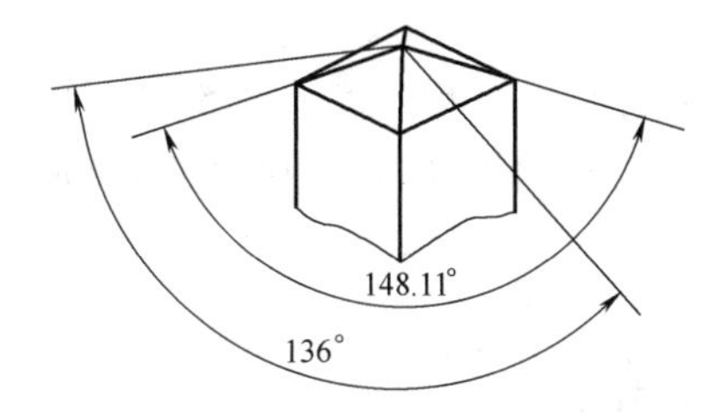

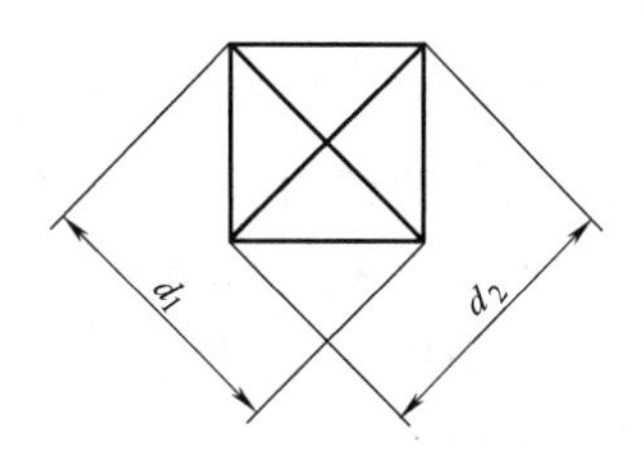

图 1　维氏硬度计压头示意图

6.2.1.2　努氏硬度计压头

努氏硬度计压头为具有菱形基面的金刚石棱锥体（见图3）。长度方向的两个相对棱边之间的顶角应为 172.5°±0.1°，宽度方向两个相对棱边之间的顶角应为 130°±1.0°。应采用具有适当精度的测角仪核查此角。四个面对压头的轴线应当具有同样的倾斜度（误差在±0.5°以内），并在一点相交。常规条件下交点处的放大如图 4 所示，其相对面间交线的最大长度应为 1.0μm。长对角线和压痕深度之间的关系约为 30∶1。

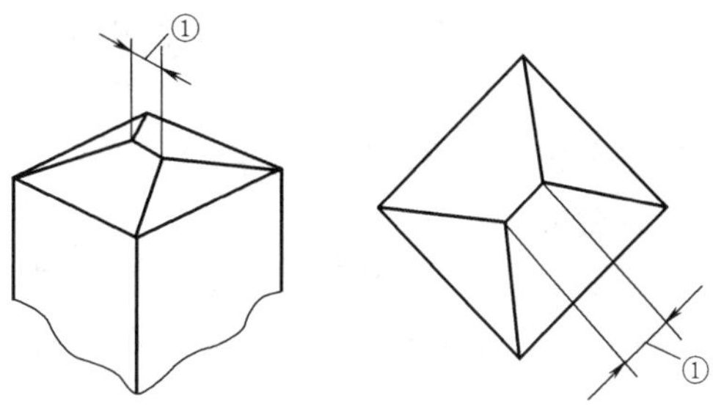

图 2　维氏硬度计压头锥顶交线示意图

① 相对面间交线的最大允许长度 0.5μm。

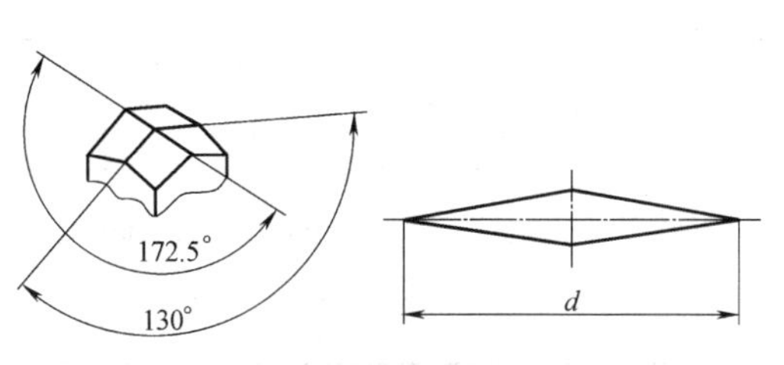

图 3　努氏硬度计压头示意图

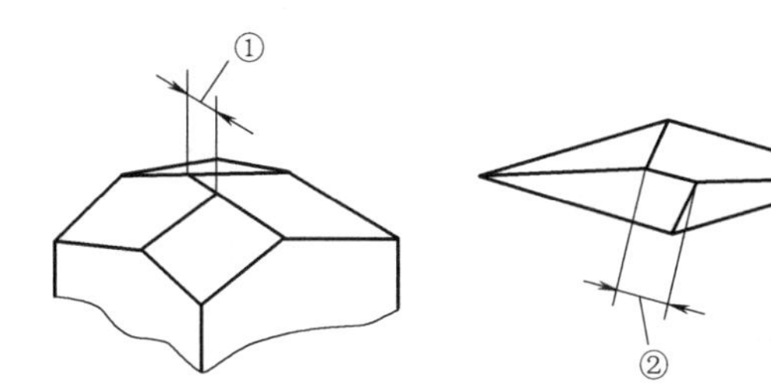

图 4　努氏硬度计压头锥顶交线示意图

① 相对面间交线的允许长度。

② 相对面间交线的最大允许长度 1.0μm。

6.2.2　表面特征

硬度计压头的表面应光滑，无裂纹和其他瑕疵或缺陷。应定期检查压头，清除任何外来污物。如果硬度计压头发生开裂、破损或在安装时有松动应立即更换。

注：清洗压头的方法是把压头压入铜或硬度较低的钢中予以清除，也可浸入对设备无害的溶剂中进行清洗。压头可以使用扫描电子显微镜或数值孔径大于 0.85 的光学显微镜进行核查。压头的裂纹、其他瑕疵或缺陷常可以通过检查压痕的形状和对称性而察知。此外清洁技术也可由制造商提供。

6.3　标准硬度块

标准硬度块表面涂有防护层以防止在储存期间被腐蚀，因此标准硬度块在使用前应清洁。

应使用标准硬度块核查硬度计及测量操作，所用标准硬度块的硬度值应接近测试的硬度值。标准硬度块应为细晶粒的金属，经过校准机构或硬度计制造厂商校准，具有已知的均匀硬度值。选用的标准硬度块的标称试验力应与测试试验力接近，两者偏差应在标称试验力的

25%以内。同时满足以下条件：

a）标准硬度块的校准值与标称硬度值的偏差应在标称硬度值的5%以内；

b）标准硬度块的测试面和支撑面应当平行，误差不超过±0.0005mm/mm；

c）平面度的偏差不超过5μm；

d）试样表面粗糙度 *Ra* 不超过0.1μm；

e）标准硬度块应被制造商消磁并在使用过程中始终保持这种状态。

使用标准硬度块间接校准硬度计的频次取决于硬度计的使用频率。间接校准的时间间隔一般应不超过12个月。应在当天使用硬度计之前，用标准硬度块对硬度计所用的标尺进行核查。

7 影响测量准确度的因素

7.1 试验力

与试验力大于9.807N（1kgf）得到的宏观硬度值比较，显微硬度测定值受试验力大小的影响更大。只有在试验力（误差在1%以内）及保持时间相同的情况下，才能获得可比硬度值。

要获得覆盖层最准确的显微硬度值，应当采用与覆盖层厚度相适应的最大试验力（见图5）。只有采用相同的试验力，才能获得可比结果。表2列出了试验力的选择范围。

表2 试验力选择的通用指南

材 料	试验力 *F*/N	试验条件
覆盖层硬度值不小于300(HV或HK)	0.981	HV0.1或HK0.1
铝上硬阳极氧化膜	0.490	HV0.05或HK0.05
硬度值小于300(HV或HK)的材料，如贵重金属及其合金，一般的薄覆盖层	0.245	HV0.025或HK0.025
硬度值小于100(HV或HK)的材料	0.0981	HV0.01或HK0.01

注：1. 对于覆盖层比较软的金属，如镀锌层、锌铝合金层等，如设备配置条件允许，可选用10gf试验力。

2. 如果由于某些原因，采用了其他的试验力，则得到的硬度值与采用规定的试验力所测得的硬度值可能有明显的差别。

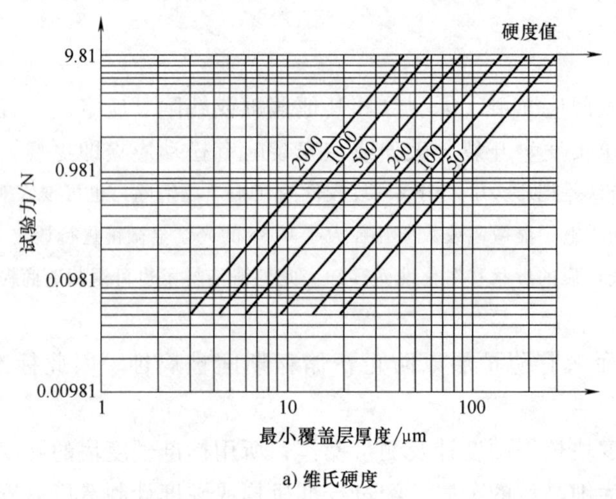

a) 维氏硬度

图5 最小覆盖层厚度、试验力及硬度值之间的关系

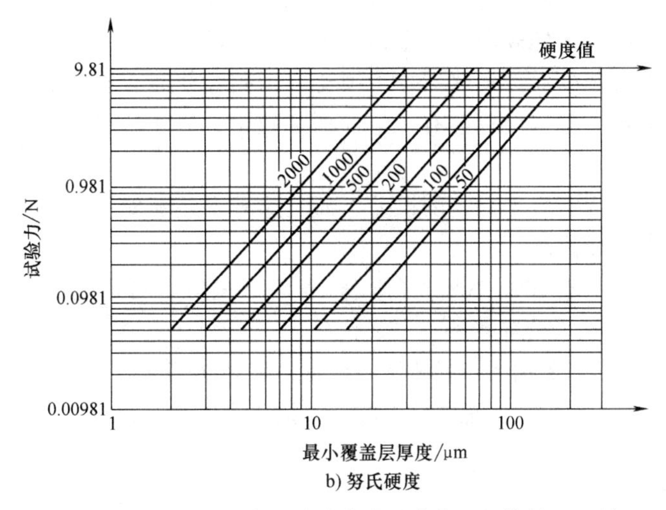

b) 努氏硬度

图5　最小覆盖层厚度、试验力及硬度值之间的关系（续）

7.2　压头速度

如果压头同试样表面接触的速度太大，则获得的硬度值偏低。应选择合适的压头速度，即在这个速度下，速度的任何降低不会导致硬度值的变化。试验力应能用合适的仪器测量；在加载过程中，试验力应不超过规定的试验力。大多数仪器的压头下降速度在 15μm/s～70μm/s 范围内。

要确定所用速度是否正确，应逐渐降低压头速度作重复试验，直至硬度值无明显变化，硬度值无明显变化时的速度即为所选试验力下正确的压头速度。进行上述试验应当采用与实际硬度测定时相同的覆盖层材料和试验力。

7.3　试验力的保持时间

试验力宜保持 14^{+1}_{-4}s，当试验力的保持时间不在 14^{+1}_{-4}s 范围内，应在试验报告中注明（见第 10 章）。如果试验力的保持时间小于 10s，则压痕的大小可能与保持时间有关，硬度值可能偏高。对于一些室温下呈现明显蠕变的材料，试验力保持时间将更至关重要。较长的试验力保持时间可能对振动更敏感。

7.4　振动

无论试验力大小，试验中出现的振动都是一种严重的误差源，试验力较小时，这种影响更明显。如果有振动存在，一般获得的硬度值偏低。使用与试验表面硬度相近的标准硬度块进行对比测定（见 6.3），可以测定出这种误差源。为了减小振动的影响，可把试样装在刚性支撑台上。

噪声会导致硬度测量产生误差，导致较低的硬度值。振动源可能有：

a）风扇；

b）空调；

c）公路噪声。

7.5　试样的表面状况

7.5.1　表面粗糙度

如果试样表面粗糙，则不可能准确地测量出压痕对角线的长度，因此一般都在试样的横截面上测定显微硬度。试样应进行化学、电解或机械抛光，见 GB/T 6462。如果试样表面经过研磨和抛光，也可以在试样表面上测定，试样表面粗糙度应在报告中说明。

机械抛光时应尽量减少局部发热或加工硬化，否则会使原有硬度值发生改变。由于受金相试样制备技术的影响，覆盖层总会有一定的加工硬化，应注意尽量减少这种影响。

7.5.2 表面曲率

表面曲率会给硬度测定带来一定的误差，而且这种误差随着曲率半径的减小而增大。凸表面上的硬度示值比实际值高。

如果维氏硬度试验需要在曲率较大的试样表面上进行，可以通过采用 GB/T 4340.1—2009 的修正系数进行修正来消除影响。

努氏硬度值用与试验对象曲率半径相同、硬度值大致相等并已知其硬度值的试样测定而得到的修正系数进行修正。如果零件是圆柱形的，应把压头的长对角线调整到圆柱的轴线方向。

7.6 试样的放置

7.6.1 试验面的调整

如果压头轴线与试验面不垂直，则测量无效。当垂直误差小于 0.5°时，可以获得准确的结果。如果被测材料是各向同性的，而在同一对角线的两个侧边明显不等时，则表明试验面不垂直于压头的轴线。

7.6.2 表面倾斜

试样应固定，以便在试验过程中不发生移动。为避免压痕变形，被测试样应固定在载物台或夹具上，使试验面垂直于试验力的作用方向，在整个试验过程中应始终保持这种状态。试验过程中，试验面的位置变化不应超过 0.5μm。

7.7 脆性材料

在加载过程中试样如果产生裂纹，则不能获得有效的硬度值。通常用减小试验力的办法来解决，但会导致准确度降低。

7.8 显微镜分辨率

通过采用显微镜物镜可以达到 8.6 所规定的准确度。采用照明系统时，试样的待测面应处于与光轴成直角的位置，并通过视域光栏来调节照明光束的大小，使反射光束照射整个视场的三分之二以上，但不超过整个视场。对于非常硬的覆盖层（硬度值大于 750HV），物镜的数值孔径应不小于 0.85。光学系统的放大率可用合适的台式千分尺进行核查。

注 1：通过使用绿色滤光片，可以在人眼的最大灵敏度范围内进行测量。

注 2：当对角线小于 10μm 时，准确度会显著降低。

7.9 压痕的位置

硬度测量受覆盖层近处其他材料的影响。例如，如果压痕接近基体，而基体又比覆盖层软时，则获得的硬度值可能偏低。如果材料包含沉淀物或夹杂物，则压痕会在这些材料微观结构的不均匀处产生变形。如果压痕出现不正常的形状，可能产生这些类型的误差（见 8.3.1，8.3.2，8.4）。

注：覆盖层的微观结构影响硬度的测量，有的覆盖层有不同的组织结构，沿覆盖层厚度方向显微硬度值有差异，硬度测定位置由双方协商确定。

8 试验程序

8.1 概要

按设备说明书使用，试验中应注意第 7 章提到的因素。在覆盖层的特性（光滑度，厚度等）能够保证准确读取压痕对角线的条件下，硬度试验可以在覆盖层的横截面上或表面上进行。

8.2 试验力的选择

除因为技术原因另有规定或选择外，均需用7.1规定的试验力。如果由于某些原因，采用了其他的试验力，则获得的硬度值与采用规定的试验力所获得的硬度值相比可能有明显的差别，但该结果可作为对比和参考之用。

8.3 覆盖层截面硬度的测定

8.3.1 覆盖层厚度

当采用维氏压头时，覆盖层应有足够的厚度，对于软覆盖层，厚度应至少为100μm（HV0.025），对于硬覆盖层，厚度应至少为80μm（HV0.1）。当试验位置确定且压痕的一条对角线垂直于覆盖层边缘时，压痕应满足如下要求：

a）压痕两条对角线的长度应基本相等，其差值应在5%以内；

b）压痕的四个边应基本相等，其差值应在5%以内。

当采用努氏压头时，对于软覆盖层，厚度应至少为40μm（硬度值小于300HK）；对于硬覆盖层，厚度应至少为25μm（硬度值不小于300HK）。这大约相当于压痕长对角线长度的0.6倍。压痕的对称性要求，长压痕对角线的一半与另一半差值在10%以内。

注：对于厚度小于25μm较薄覆盖层，如设备配置允许，可以选择HK0.01或（HV0.001/HK0.001）试验条件，且在显微镜放大倍数至少400倍以上条件下测量压痕，获得覆盖层硬度。这样得到的硬度值可能不准确，但是能够反映覆盖层的特性，如覆盖层的耐磨性能。

8.3.2 试样制备

应根据GB/T 6462规定，镶夹、抛光和浸蚀试样。也可以去除样品的一部分，用与原始覆盖层硬度大致相同的材料，在其上覆盖一层厚度至少为12μm的覆盖层。应尽量减小加工硬化的影响（见7.5.1）。如可能，应避免在浸蚀表面上试验。

注：对于锌铝等易发生水敏的软金属覆盖层，制样时会遇水氧化、锈蚀发黑，无法清晰观测到覆盖层压痕，建议抛光时减少用水冲洗，可用酒精代替。

8.3.3 压痕

努氏压痕的长对角线应平行于覆盖层与基体的结合面。努氏压痕两相邻压痕之间的距离及压痕中心到覆盖层与基体的结合面或试样边缘的间距，对于硬覆盖层，应至少为短对角线长度的2.5倍；对于软覆盖层，应至少为短对角线长度的3倍。维氏压痕的一条对角线应当与覆盖层与基体的结合面约呈90°，维氏硬度两个压痕中心之间的距离至少应为压痕两对角线平均长度的5倍；任意压痕中心到覆盖层与基体的结合面或试样边缘的间距，至少应为压痕对角线长度的3倍。测定层状材料时，应当把结合面看作决定压痕位置的一个边。

8.4 覆盖层表面硬度的测定

在覆盖层表面上进行硬度测定之前，应当采用GB/T 6462等有关标准测量覆盖层的厚度。所采用的试验力应当使压痕深度小于覆盖层厚度的十分之一（见图5）。维氏硬度试验时，覆盖层的厚度应至少为压痕对角线平均长度的1.4倍，努氏硬度试验时，覆盖层的厚度应至少为压痕长对角线长度的0.35倍。维氏硬度和努氏硬度试验时的最小厚度应为15μm（见图5）。

注：制备表面试样时，初次磨制时使用的砂纸粒度不能太粗，可以选择粒度较细（500#以上）的砂纸

进行磨制，磨制的道次少，力度不能过大，否则会将覆盖层磨掉。

8.5 温度

试验应在23℃±5℃的环境下进行，任何超出此范围的试验温度应在报告中注明。

8.6 光学测量

应在视场中央测量硬度压痕，压痕面积不宜超过整个视场的三分之二。

用测微尺目镜或最好用螺旋测微尺目镜测量压痕，确定示值的测量游标应总是从同一方向移向测定部位，而且应当总是以其刻线的同一边缘为准读数。也可用测量系统软件中提供的四顶点法、对角线法等方法测量压痕。

在每次测量前或对光学系统进行了改变放大倍数的调整后，应核查放大倍数。

光学系统的放大倍数应使用误差小于0.2μm的测微尺进行校准，放大倍数的核查应由硬度测量人员进行。可使用带刻度的目镜或通过网格转化来进行测量。

使用图像分析系统测量压痕时会由于光学对比度的偏差而引起测量误差，因此在测量时应使用合适的光学条件。

8.7 计算

计算维氏硬度时，压痕对角线的平均长度应为两个分别测量的压痕对角线长度的算术平均值。如果覆盖层材料是非晶态的或与压痕尺寸相比具有小的晶粒尺寸，两条对角线长度的差小于较长对角线长度的5%，该硬度测量结果才被认为是有效的。

每一试样在有效测试区域内至少取五个压痕，计算其平均值作为试样的硬度值，计算的变异系数通常应小于5%，如果得到的变异系数较大，应在试验报告中说明。如需要报告最大值与最小值之间的硬度值，可在试验报告中说明。

8.8 替代试样

如果生产零部件的几何形状不适合硬度测定时，则可以使用替代试样，前提是替代试样是使用相近的生产工艺或与其接近的等效材料制备的。这样所获得的硬度值也许不能反映产品的真实硬度，但是，如果这样的硬度数值与覆盖层的其他性能，例如耐磨性有对应关系时，这些数值就可能是有用的。对于电镀零件，此数值可以有效地用于控制电镀槽液，特别是镀层硬度对槽液成分和其他参数很敏感的镀层，如金镀层的槽液控制。制作替代试样时，试验条件如电流密度、温度、搅拌和槽液成分等，应尽可能与实际产品的条件接近。

9 结果的不确定度

如需要，维氏硬度测定可按照GB/T 4340.1—2009进行完整的不确定度评估，GB/T 4340.1—2009附录D给出了不确定度评估的详细说明。努氏硬度测定可按照GB/T 18449.1—2009进行完整的不确定度评估，GB/T 18449.1—2009附录B给出了不确定度评估的详细说明。

10 试验报告

10.1 除非另有规定，试验报告应包括如下内容：

a）本文件编号；

b）试验结果；

c）测量位置（如截面或表面）；

d）表面粗糙度；

e）表面曲率；

f）试验温度；

g）变异系数；

h）覆盖层厚度；

i）试验日期；

j）操作人员；

k）试验力保持时间（如果不在10s~15s范围内）。

10.2 试样检测报告示例如表3所示。

表3 试验报告示例

a)本文件编号	GB/T 9790—2021
b)显微硬度值	800HV0.1/25
c)测量位置	截面
d)表面粗糙度	0.1μm *Ra*
e)表面曲率	平面
f)试验温度	25℃
g)变异系数	0.1%
h)覆盖层厚度	25μm
i)试验日期	年-月-日
j)操作人员	×××
k)试验力保持时间	25s

附 录 A
（资料性）
本文件章条编号与ISO 4516：2002章条编号对照

表A.1给出了本文件章条编号与ISO 4516：2002章条编号对照一览表。

表A.1 本文件章条编号与ISO 4516：2002章条编号对照

本文件章条编号	对应的ISO 4516:2002章条编号
1	1
2	2
3	—
4	3
5	4
6.1	5.1
6.2.1.1	5.2.1.1
6.2.1.2	5.2.1.2
6.2.2	5.2.2
6.3	5.3
7.1	6.1
7.2	6.2

（续）

本文件章条编号	对应的 ISO 4516:2002 章条编号
7.3	6.3
7.4	6.4
7.5.1	6.5.1
7.5.2	6.5.2
7.6.1	6.6.1
7.6.2	6.6.2
7.7	6.7
7.8	6.8
7.9	6.9
8.1	7.1
8.2	7.2
8.3.1	7.3.1
8.3.2	7.3.2
8.3.3	7.3.3
8.4	7.4
8.5	7.5
8.6	7.6
8.7	7.7
8.8	7.8
9	—
10.1	8.1
10.2	8.2
附录 A	—
附录 B	—

附 录 B

（资料性）

本文件与 ISO 4516：2002 技术性差异及其原因

表 B.1 给出了本文件与 ISO 4516：2002 技术性差异及其原因一览表。

表 B.1 本文件与 ISO 4516：2002 技术性差异及其原因

本文件章条编号	技术性差异	原因
1	更改了范围中的试验力值	与本标准中的试验力值及设备上标注的试验力值保持一致

（续）

本文件章条编号	技术性差异	原因
2	• 用等同采用国际标准的 GB/T 6462 代替 ISO 1463(见 8.3.2,8.4) • 用修改采用国际标准的 GB/T 4340.1 代替 ISO 6507-1(见 7.5.2,第 9 章) • 删除了 ISO 9002(见 ISO 4516:2002 的 8.1) • 增加引用了 GB/T 4340.2(见 6.1) • 增加引用了 GB/T 4340.4(见 4) • 增加引用了 GB/T 18449.1—2009(见 9) • 增加引用了 GB/T 18449.2(见 6.1) • 增加引用了 GB/T 18449.4(见 4) • 增加引用了 GB/T 18449.1—2009(见 9) • 增加引用了 GB/T 18449.2(见 6.1) • 增加引用了 GB/T 18449.4(见 4) • 增加引用了 JJG 151(见 6.1) • 增加引用了 JJG 1047(见 6.1)	适应我国的技术条件
4	更改了原理的表述	在本标准特殊性的基础上,与 GB/T 4340.1—2009 和 GB/T 18449.1—2009 中的试验原理保持一致
5	更改了表 1 中的标准方差公式	ISO 4516:2002 公式有误
6.1	增加了对硬度计计量符合性的规定	适应我国国情
6.2.1.1、6.2.1.2	更改了维氏硬度计压头和努氏硬度计压头参数	与 GB/T 4340.2 和 GB/T 18449.2 一致
7.1	更改了试验力的大小	与 GB/T 4340.1—2009 和 GB/T 18449.1—2009 一致
7.2	更改了试验中压头的加载速度	与 GB/T 18449.1—2009 一致
8.3.1	更改了努氏硬度长压痕对角线的一半与另一半的相差值,并增加一个注	与 GB/T 18449.1—2009 一致 ISO 4516:2002 中 7.3.1b)条款规定试样厚度至少 25μm 以上,但实际使用中有更薄的样品,且设备配置能够满足测试,故增加了薄规格厚度样品的测定
8.6	增加了采用测量系统软件测量压痕的规定	设备已升级,加入硬度计设备软件自带的测试压痕方法,适应我国国情
9	增加了结果的不确定度	参考 GB/T 4340.1—2009 和 GB/T 18449.1—2009 评估不确定度,便于不确定度的评定

第三节　金属覆盖层　延展性测量方法

一、概论

延展性的基本定义是“覆盖层无破裂的塑形变形能力”（见 GB/T 3138—2015 定义

3.87)。它是在应力作用下，金属或其他覆盖层产生弹性、塑性形变时而不断裂或开裂的能力。延展性是材料的一种性能，与试样尺寸无关，但明显受覆盖层厚度影响。因此，测量延展性时，应尽可能提高覆盖层厚度的均匀性。

覆盖层延展性可以在去除基体的覆盖层箔上测量，或直接在有基体的覆盖层上测量。这两个测量方法都是在一定的装置上对试样进行拉伸或弯曲试验，直至断裂或开裂，然后计算其延展性。

1. 去除基体的覆盖层延展性试验

采用适当的方法将覆盖层箔从基体剥离，或将基体去除后仅留下覆盖层，作为其延展性试验的试样。覆盖层箔应厚度均匀、完好无损，且有足够的厚度，所以制备完好的覆盖层箔是试验的关键。电沉积层制箔可采用在可溶基体上电镀和在非附着性基体上电镀实现。覆盖层箔延展性测量方法有：①拉伸试验；②弯曲试验（测微计弯曲试验）；③台钳弯曲试验；④液压凸起试验；⑤机械凸起试验。

2. 有基体的覆盖层延展性试验

对于延展性低于基体且不易完整剥离的覆盖层，可采用带有基体的试样测量延展性，但要求覆盖层与基体应有良好的结合力。基体可使用退过火的铜、黄铜或适合的 ABS 塑料等，覆盖层可以是脆性较大的电沉积层。有基体的覆盖层延展性试验的关键是确定覆盖层何时开始出现裂纹，除了用目测或放大镜观测外，可采用一定的手段，如测定 ABS 塑料表面镀层电阻变化就能准确发现裂纹出现的时刻。主要试验方法有：①拉伸试验；②三点弯曲试验；③四点弯曲试验；④圆柱芯轴弯曲试验；⑤螺旋线芯轴弯曲试验；⑥圆锥芯轴弯曲试验；⑦机械凸起（杯突试验）。

覆盖层延展性综合反映了覆盖层弹性、塑形、强度和结合力性能，延展性试验方法的标准化有利于方法的准确应用。GB/T 15821—1995《金属覆盖层 延展性测量方法》标准等效采用 ISO 8401：1986《金属覆盖层 延展性测量方法评述》，于 1995 年 12 月 13 日发布，1996 年 8 月 1 日实施。

二、标准主要特点与应用说明

该标准规定了由电镀、自催化沉积或其他工艺所制备的、厚度不超过 200μm 的金属覆盖层的延展性的一般测量方法，适用于测量单层或多层金属复合覆盖层的延展性。当相关国家标准中包含有各种覆盖层的专用试验方法时，应当优先使用那些标准中的方法。

该标准定义了延展性和线性延伸率术语，概述了金属覆盖层延展性试验的两种方法，即去除基体的覆盖层和带基体的覆盖层延展性测量。标准对这些方法的原理、设备、试片准备、试验过程和结果表示进行了逐一评述，展示了各种方法的要求和特点，利用大量的示意图来说明各种试验方法试样、设备及操作示意，有利于试验方法的准确理解和运用。标准的附录 A 阐述了制箔方法，附录 B 补充说明了当箔膜表面积增大（凸起）时的延展性计算方法，附录 C 补充说明了液压凸起试验中延展性和拉伸强度的计算方法，附录 D 补充说明了机械凸起试验延展率的计算方法。这些补充说明是标准的重要组成部分。

标准列举了延展性试验的多种测量方法，使用者可根据材料的特性和用途来选择适合的试验方法，不同的试验方法获得的结果往往不具备可比性。厚度小于 10μm 的覆盖层适合在基体上进行试验。脆性的沉积层优先选择拉伸试验，可延性沉积层优先选择弯曲试验。厚度超过 10μm 的覆盖层可用覆盖层箔进行试验，前提是获得完好的覆盖层箔。可延性箔可采用液压凸起法或拉伸法进行试验，脆性箔可采用测微计弯曲法或机械凸起法进行试验。脆性大、高应力的覆盖层即使厚度超过 10μm，也应采用在适当的可延性基体上进行试验，优先采用拉伸试验，也可采用圆柱形芯轴弯曲或螺旋线芯轴弯曲试验。

三、标准内容（GB/T 15821—1995）

金属覆盖层　延展性测量方法

1　主题内容与适用范围

本标准规定了由电镀、自催化沉积或其他工艺所制备的，厚度不超过 200μm 的金属覆盖层的延展性的一般测量方法。

本标准适用于测量单层金属覆盖层或多层金属复合覆盖层的延展性，并能确定复合层中各单层金属覆盖层对总延展性的影响。

本标准也适用于测量镀覆工艺导致的基体的脆性。

当国家标准中包含有各种覆盖层的专用试验方法时，应优先于本标准中叙述的方法而被采用，并事先得到供需双方的同意。

2　术语

2.1　延展性　ductility

金属或其他覆盖层在应力作用下，产生塑性形变或弹性形变，或者同时产生两种形变时，而不断裂或开裂的能力。

2.2　线性延伸率　linear elongation

试件形变的延长部分 ΔL 与形变前长度 L_0 的比值，该值作为延展性的一种量度。通常用百分率表示。

3　概述

测量金属覆盖层延展性的方法可分为二大类：一类是在有基体的覆盖层上测量，一类是在去除基体后的覆盖层箔上测量。测量的主要方法都是在一定的装置上，对上述两类金属覆盖层试样进行拉伸或弯曲试验，直至断裂或开裂，然后计算其延伸率。通常，测量材料延展性总是将试件沿一定方向延伸。拉伸法是如此，沿直线方向延伸。弯曲法中的一些方法，也是将试片的外层（即覆盖层）在某曲面方向延伸（见图 3），故可直接用线性延伸率计算其延展性。然而对弯曲法中有些方法，如杯突试验，箔的整个表面被延伸，应该用厚度的减薄来计算其线性延伸率，若仅用一个轴向的形变分量计算材料的延展性将会得出错误的结果（见图 4）。在这种情况下，用表面积的增大来计算箔层的减薄量，是测量延展性较好的方法［见附录 B（补充件）］。

延展性是材料的一种性能，它不受试样尺寸的影响，但覆盖层厚度可能影响线性延伸率（$\Delta L/L_0$）的数值。非常薄的覆盖层表现出与较厚覆盖层不同的性质，这是由于最初形成的覆盖层受到基体的影响会产生晶体取向生长，高的内应力可能存在于初始覆盖层中，从而影响延展性。厚度不均匀的覆盖层试片，试验中较薄部位过早开裂，较厚部位与较薄部位延展性不一致，所以，应用本标准制备试片时，其整个试片上的覆盖层厚度应尽可能均匀。

4 对去基体覆盖层箔的试验

下述五种试验方法适用于从基体上剥离下来的覆盖层箔（见图 1）。覆盖层箔可由数层组成。所以，可以测量底层对箔夹层总延展性的影响。制备去基体覆盖层箔的方法见附录 A（补充件）。

4.1 拉伸试验

4.1.1 概述

用拉力试验机夹持覆盖层箔进行直线拉伸试验，直至覆盖层箔拉伸至断裂，测量试验前后试片尺寸的变化，计算其延展性。

4.1.2 装置

拉力试验机。如在拉力试验机上配备观测显微镜，则实验结果更精确。

4.1.3 试片的制备

取去基体覆盖层箔制成矩形且两端加宽的试片，两端加宽的目的在于避免试片在夹爪中断裂，如图 7 所示。在试片上刻上等距离标记。按附录 A 制成的覆盖层箔边缘处应无不应有的微裂纹，以免过早断裂导致结果不稳定。同时也应保证覆盖层箔的均匀性（见图 10）。

4.1.4 试验过程

首先测定标记之间的距离，再将试片夹持在拉力试验机的卡爪之间，用根据试片总厚度选定的十字头速度进行拉伸。试验后再测量试片标记间的距离（见图 8）。

4.1.5 结果表示

4.1.5.1 计算

以百分率表示的延展率 D，由下式计算：

$$D=\frac{L_1+L_2-L_0}{L_0}\times 100\% \quad (1)$$

式中 L_0——试验前标记间的距离（mm）；

L_1+L_2——试验后标记间的距离（mm）。

4.1.5.2 变化域

机械加工方法制备的试片其结果可能有一个变化域，其变化系数 $S/\overline{D}$（S 为标准偏差，$\overline{D}$ 为平均延展率）可高达 20%，覆盖层较均匀的试片变化域较小。

4.1.6 试验过程中注意事项

4.1.6.1 由于试片断面的收缩（见图 8），可能需要对较小的长度变化进行测量，因此，最好采用带游标尺的显微镜。

4.1.6.2 如果是脆性薄试样，则装到拉力试验机卡爪中可能提高试片的预应力，以致延展性的测定值将偏低。

4.1.6.3 试验过程中必须避免试片扭曲（见图 9）。

4.1.6.4 当 4.1.6.1 至 4.1.6.3 所列错误因素不能消除时，应当采用其他延展性试验方法。

4.2 弯曲试验（测微计弯曲试验）

4.2.1 概述

用测微计挤压覆盖层箔使其弯曲的试验方法。它仅适用于评价脆性金属箔。例如光亮镀镍层。

4.2.2 装置

测微计。

4.2.3　试片的制备

取去基体覆盖层箔制成0.5cm×7.5cm的试片带，箔的厚度通常为25μm~40μm。在弯曲点上测量试片厚度，被测厚度要求精确达到其标称值的5%。4.1.3的要求也适用于本方法。

4.2.4　试验过程

将试片弯曲成U形，置于测微计的卡爪之间，缓慢地闭合测微计卡爪，使试片继续弯曲直至试片箔开裂。此试验至少进行两次。记录测微计的读数和箔的厚度（见图11）。

4.2.5　结果表示

4.2.5.1　计算

计算测微计读数的平均值（见4.2.4）。

以百分率表示的延展率D，由下式计算（见图12）：

$$D=\frac{\delta}{2\bar{r}-\delta}\times 100\% \tag{2}$$

式中　δ——试片的总厚度（mm）；

$2\bar{r}$——测微计读数的平均值（mm）。

4.2.5.2　精确度

由式（2）可见，测量出具有高精确度的δ值很重要。否则D值将出现较大偏差。

4.3　台钳弯曲试验

4.3.1　概述

用台钳夹持试片作往复弯曲的试验方法。此方法较简单并有一定实用性，但弯曲引起的冷作硬化和其他因素可能影响试验结果，故多采用对比性试验结果。

4.3.2　试验装置

配有钳口板的钳工台钳（见图13）。

4.3.3　试片的制备

将去基体覆盖层箔制成1cm×5cm的试片带。

4.3.4　试验过程

将试片置于台钳中夹牢，然后在±90°之间正反向连续迅速弯曲试片，并多次反复直至试片断裂。

4.3.5　结果表示

延展性结果以试片断裂时弯曲的次数表示。

4.4　液压凸起试验

4.4.1　概述

本方法是将试片夹持在液压缸底部和一块顶压板之间，压板上有一个直径与液压缸直径相同的开口圆孔，缓慢增高水压，使试片稳定变形到凸起或拱圆，直至试片箔爆破（见图14）。

本方法可用来精确地测量薄片材料的延展性，尤其适合测量延展性高的材料。

4.4.2　试验装置

见图15。

4.4.3　试验过程

采用图15所示装置，将液压缸注满水至边缘，置试片于水面上，用带空心椎的盖板夹紧试片。

从储水罐中引水注入空心椎内，过量的水上升至玻璃量规中，当水平线超过光敏装置时，将控制储水罐流水阀门关闭。开动马达缓慢升高光敏装置，当装置和弯月形液面在同一直线上时，由于装置中的光线产生折射，由此而引起电压降低将马达关闭。

采用柱塞的方式升高试片下方的压力。当玻璃量规中弯月面开始升高，马达将自动启动，光敏装置也随着水平面的上升而上升。采用电位测量的方式在 X-Y 记录仪上记录体积增大值。

液压缸中的压力传感器同时记录试片下面的压力。在市售的装置中，采用压敏开关，在爆破的瞬时关闭马达。这样能从电位计的数字显示器上直接读出水的总排出量。

4.4.4 结果表示

4.4.4.1 计算

金属试片的延展率以排出水的体积（等于拱顶下边水的体积）来计算。金属箔的拉伸强度也可以爆破时的压力值来测定。具体计算将在附录 C（补充件）中讨论。

4.4.4.2 变化域

由于试验是在箔（ϕ30mm）的中心部位进行，在电镀时，这个部位电流密度分布和厚度较均匀。变化系数 $S/\overline{D}=0.05$ 即 5%的值是容易达到的。

4.4.5 试验过程中注意事项

试片上的针孔可能使试验结果产生误差。在试验前可采用照光的办法检查针孔。即：用一个 100W 的灯泡，放在一个盒子里，盒子的顶板上有个比装置中圆锥开口直径稍小的孔，将试片置于顶板上就能很容易地发现针孔。

当有针孔时，可以放一片很薄的塑料薄膜在试片底部，以阻止水通过针孔。

用目视观测，能发现开裂的瞬间。此刻关闭光敏装置的马达，会清晰地指示出多孔箔的延展率。

4.5 机械凸起试验

4.5.1 概述

利用转动测微计拱起钢球顶破试片而测量延展率，如图 16 所示。

4.5.2 试验装置

简单的试验装置可由一个测微计、一个带有钢球的主轴延长部分和两块在中央有圆孔的圆形板及夹持架组成，主轴延长部分和试片之间的两端串联电源和灯泡（见图 17）。

4.5.3 试验过程

将试片箔置于两块圆形板之间，用螺栓将两块圆形板夹紧。然后，转动测微计推动主轴延长部分使钢球压向试片箔，钢球接触试片箔时灯泡亮，记下测微计上这时的读数，再继续推动钢球至用 15 倍放大镜目测到金属箔发生裂纹，这时再记下测微计上的读数。

4.5.4 结果表示

计算试片箔凸起锥面部分试验前后的面积变化，最后用锥面顶点凸起高度值计算延展率[见附录 D（补充件）]。

4.5.5 特殊情况

可以优先使用一种改进的方法，如图 18、图 19 和图 20 所示原理装置中，钢球是静止的，用马达带动两块夹持板和试片箔向下移，直至试片开裂。用 70 倍显微镜在试片观测处观测初始开裂。试验一开始，当钢球与试片之间形成电接触，马达即停止，然后手动断开回路，驱动马达带动试片继续下移，在开裂的瞬间，闭合回路，关闭马达。试片凸起的高度用一个分辨率为 5μm 的位移电位计来测量。

采用马达驱动的装置，比较容易得到好的结果。因为：

a）试验过程中，钢球与试片间，没有因转动测微计螺旋产生的扭矩。

b）最好采用 Nomarski 型干涉显微镜，它能较可靠地观测出初始裂纹出现的时刻。

c）电位计测试片箔凸起的高度比测微计更为精确。

d）改进方法改善试验过程中的光照，并保持显微镜与试片凸起顶点间相对位置不变，比上述测微计法的重现性更好，比较容易达到变化系数 $S/\overline{D}=0.05$ 即 5%的值。

5 对有基体覆盖层的试验

下述七种试验方法适用于对有基体的覆盖层进行试验。

这些方法要求覆盖层与基体应有良好的结合力，基体比覆盖层的延展性要好。尤其是在评价很脆的电沉积层时更为重要。例如基体可使用退过火的铜、黄铜或适宜的 ABS 塑料材料等。这类方法可避免对有基体覆盖层试验中由于制箔所引起的许多缺陷，但在用目测（包括矫正视力）或放大镜观测覆盖层出现开裂时，需非常仔细地发现其开裂点，如果基体是电镀过的 ABS 塑料，试验中测量覆盖层电阻变化能准确发现开裂出现的时刻（见图 21）。这些方法有时也可用来测定电镀过程造成的基体的脆性，如镀锌钢的氢脆。

七种方法阐述如下。

5.1 拉伸试验

5.1.1 装置

见 4.1.2。

5.1.2 试片的准备

为便于试片安装到拉力机的卡爪中，并避免不同轴心，试片最好制成缩颈状。试片边缘可以抛光，去掉毛边，防止边缘开裂。

5.1.3 试验过程

见 4.1.4。

5.2 三点弯曲试验

5.2.1 概述

试片两端用两个垂直力点支撑，在两力点的中心部位垂直方向，向试片另一面反向施加一力点，使试片缓慢弯曲直至镀层开裂。

5.2.2 装置

可选用图 22 所列的三种加载方式的装置。这些装置可以安装在万能试验机上或者采用专用弯曲装置。

5.2.3 试验过程

将试片上三点按上述方式缓慢地连续加载，定期反复检查表面，以确定镀层开裂的准确时刻。但要注意，在整个弯曲过程中，要不断地观测试片在试验中有无扭曲或折合，如图 23a 所示。因为试片在试验过程中的扭曲或折合会产生误差。

5.2.4 结果表示

以百分率表示的延展率 D，由下式计算：

$$D=\frac{4\delta S}{L^2}\times 100\% \tag{3}$$

式中 δ——试片总厚度值（mm）；

S——垂直位移（mm）；

L——标准长度（两支撑点间的距离）（mm）。

见图 12 和图 23b。

5.3 四点弯曲试验

5.3.1 概述

本试验类似三点弯曲试验，但试片受对称于中心区两个力点载荷的作用（见图 24）。本试验的主要优点在于避免试片扭曲。

5.3.2 结果表示

以百分率表示的延展率 D，由下式计算：

$$D=\frac{\delta S}{L_2^2+2L_1L_2}\times 100\% \tag{4}$$

式中 δ——试片总厚度值（mm）；

S——垂直位移（mm）；

L_1——两载荷作用力点间距离的一半（mm）；

L_1+L_2——两支撑点间距离的一半（mm）。

见图 24。

5.4 圆柱芯轴弯曲

5.4.1 概述

将待测覆盖层的窄带状试片或丝状试样依次绕在一组直径递减的芯轴进行弯曲试验。

5.4.2 装置

一个夹子和一组直径为 5mm～50mm，级差为 3mm 的芯轴（见图 25）。

5.4.3 试片的准备

试片的基体厚度和延展性必须使其绕最小直径芯轴弯曲而不发生开裂。例如可以使用低碳钢或可延性铜制备厚度为 1.0mm～2.5mm，宽度为 10mm，长度至少为 150mm 的镀覆的试片。

5.4.4 试验过程

将试片绕在直径递减的芯轴弯曲，记录下弯曲时不发生覆盖层开裂的最小芯轴直径，确定其延展率。如果裂纹不易观测，可将试验后弯曲的试片再进行孔隙率试验，此时裂纹会扩展成明显裂纹线条。

5.4.5 结果表示

以百分率表示的延展率 D 由下式计算：

$$D=\frac{\delta}{d+\delta}\times 100\% \tag{5}$$

式中 δ——试样总厚度值（mm）；

d——覆盖层不发生开裂的最小芯轴直径（mm）。

5.5　螺旋线芯轴弯曲

5.5.1　概述

将有覆盖层的试片带绕在一曲率逐渐变小的螺旋线芯轴进行弯曲试验。

5.5.2　装置

螺旋线心轴（见图26）。

5.5.3　试验过程

将试片贴合螺旋线芯轴沿曲率减小方向弯曲，直至覆盖层出现裂纹，记录开裂部位的曲率半径。如果基体是一种非导电体，可用电测方法，测定开裂的时刻（见图21）。

5.5.4　结果表示

弯曲柄的角度（见图27）能作为延展性相对大小的量度，以百分率表示的延展率按5.4.5计算。

5.6　圆锥芯轴弯曲

5.6.1　概述

将有覆盖层的方形试片或丝状试样绕在一圆锥形芯轴进行弯曲试验（见图28、图29）。此方法由于装置最小曲率半径为4mm，且只能对厚度小于0.5mm试片进行贴合弯曲，所以，不适合测定延展率大于11%的覆盖层试片。

5.6.2　装置

圆锥形芯轴。

5.6.3　试验过程

将试片紧绕锥形芯轴弯曲后，用10倍放大镜或显微镜检查试样表面，以确定开裂部位及其所处位置锥形的曲率半径。

5.6.4　结果表示

以试样开裂点所处锥体的曲率半径由公式（5）计算出延展率的百分比。

5.7　机械凸起（杯突试验）

5.7.1　概述

将钢球（或球状冲头）均匀压向夹紧于规定压模内的覆盖层试片，使其产生开裂。

5.7.2　装置

杯突试验机（参见4.5.5）。

5.7.3　试片的准备

试片一般采用无擦伤的延展性好的较薄铜板作为基体，以使试验结果更可靠。因为试验弯曲部分基体有擦伤时，将会影响试验结果的精确度。

5.7.4　试验过程

同4.5.3。

试验装置压模孔的直径应确保100倍显微镜视野能观测到预期有裂纹的区域。根据试片的厚度选择匹配的孔和钢球（或球状冲头）的尺寸，可能会得到重现的结果。

5.7.5　结果表示

其结果计算见附录D。

6　试验方法的选择

6.1　不可能推荐一种能适合于测量所有材料和用途的覆盖层的延展率的方法。附录E（补充件）表中所列的指导原则，将有助于试验方法的选择。但要注意的是用不同的方法获得的结果很少有可比性。

6.2 厚度小于10μm的覆盖层应在合适的基体上进行试验。脆性沉积层优先采用拉伸试验方法，但也可选用弯曲试验（5.4和5.5）。可延性沉积层优先采用弯曲试验（5.3）。

6.3 厚度超过10μm的覆盖层可用去基体箔的形式进行试验。可延性箔可采用液体凸起法（4.4）或拉伸法（4.1）进行试验。脆性箔可采用测微计弯曲试验（4.2）或机械凸起法（4.5）进行试验。

6.4 脆性和（或）高应力的覆盖层，即使其厚度超过10μm，也应使其覆盖在适当的可延性基体上进行试验。在此情况下，虽然能采用圆柱芯轴弯曲（5.4）或螺旋线芯轴弯曲（5.5）试验，但应首先进行拉伸试验（5.1）。

7 试验报告

试验报告至少应包括下列内容：

a）被测试样的名称、数量及说明；

b）本标准号及使用的试验方法；

c）试验装置及设备；

d）试验条件及试片准备情况；

e）试验结果及计算公式；

f）试验日期及试验人员。

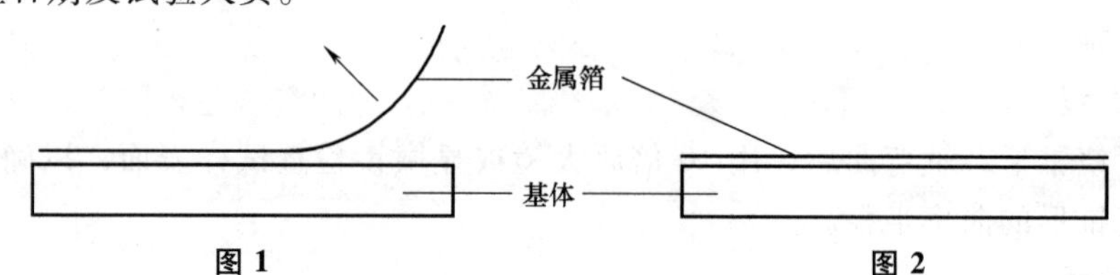

图1　　图2

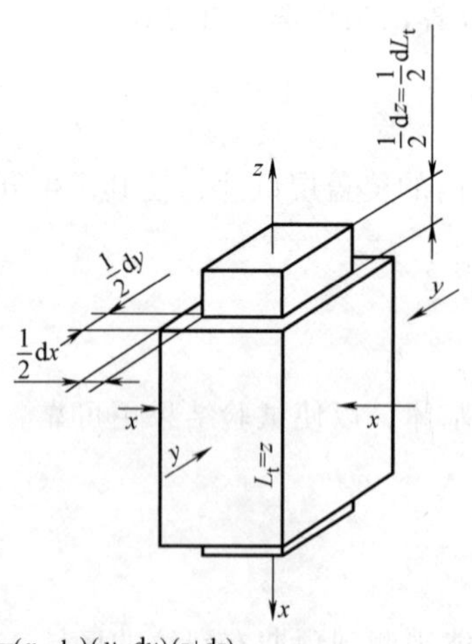

$xyz=(x-dx)(y-dy)(z+dz)$

$xyz=xyz+xydz-xzdy-yzdx$

$\frac{dz}{z}=\frac{dy}{y}+\frac{dx}{x}$

$\frac{dz}{z}>\frac{dy}{y}$

$\frac{dL_t}{L_t}=\frac{dz}{z}$

图3　拉伸试验1

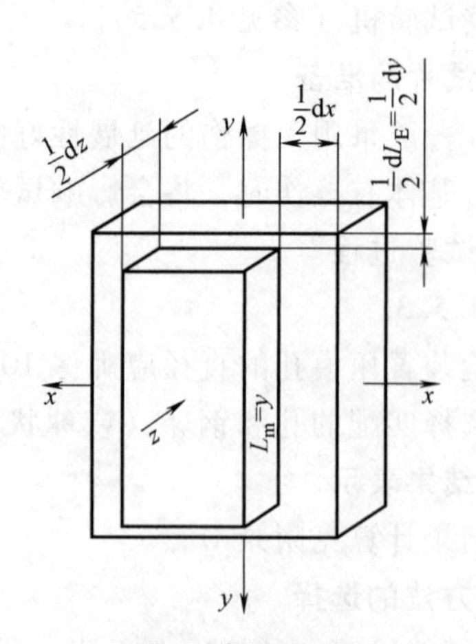

图4　杯突试验

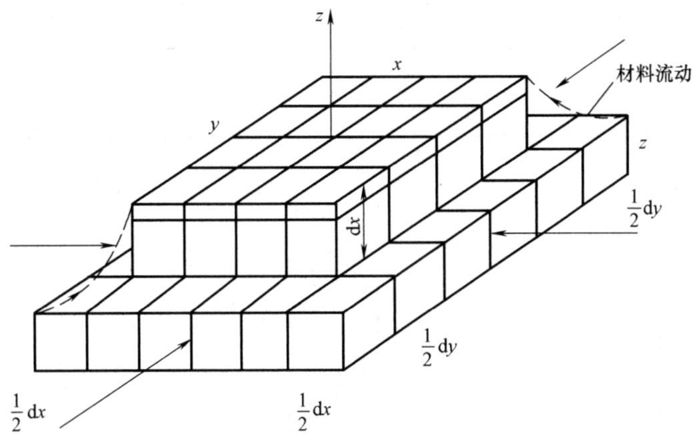

$$xyz=(x-\mathrm{d}x)(y-\mathrm{d}y)(z+\mathrm{d}z)$$

$$\frac{\mathrm{d}L_{\mathrm{t}}}{L_{\mathrm{t}}}=\frac{\mathrm{d}z}{z}$$

图 5　拉伸试验 2

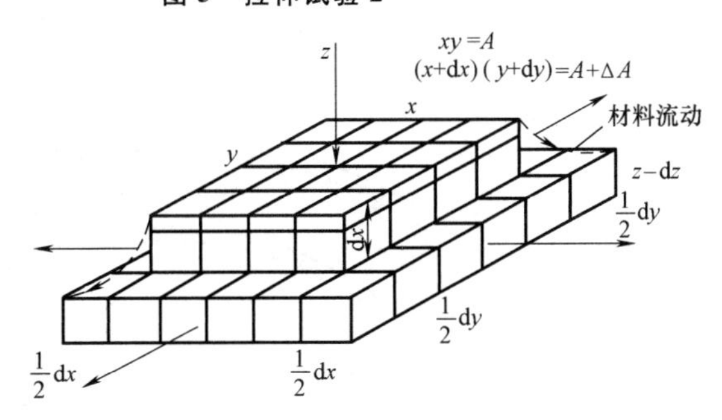

$$xyz=(x+\mathrm{d}x)(y+\mathrm{d}y)(z-\mathrm{d}z)$$

$$\frac{\Delta L_{\mathrm{c}}}{L_{\mathrm{c}}}=\frac{\mathrm{d}z}{z}$$

$$z(xy)=(z-\mathrm{d}z)(x+\mathrm{d}x)(y+\mathrm{d}y)$$

$$zA=(z-\mathrm{d}z)(A+\Delta A)$$

$$\frac{z}{z-\mathrm{d}z}-1=\frac{A+\Delta A}{A}-1$$

$$\frac{\mathrm{d}z}{z-\mathrm{d}z}=\frac{A+\Delta A}{A}-1$$

$$D=\frac{\Delta L}{L}=\frac{A+\Delta A}{A}-1$$

图 6　杯突试验（液压或机械）

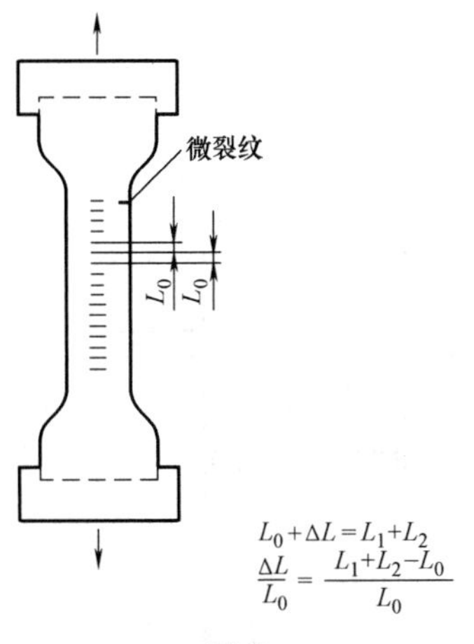

图 7

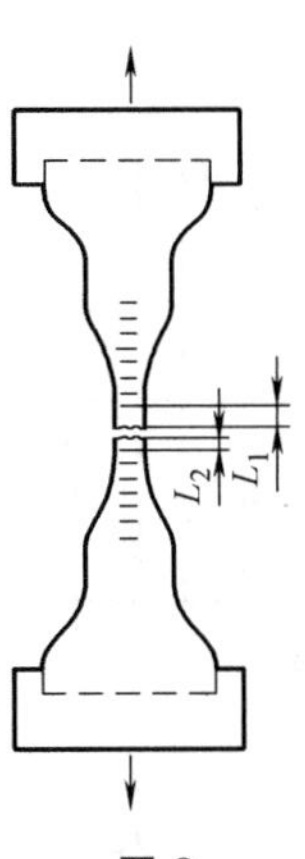

图 8

拉伸试片可用尺寸

标准长度/mm	200	50	25
宽度/mm	40	12.5	6.25

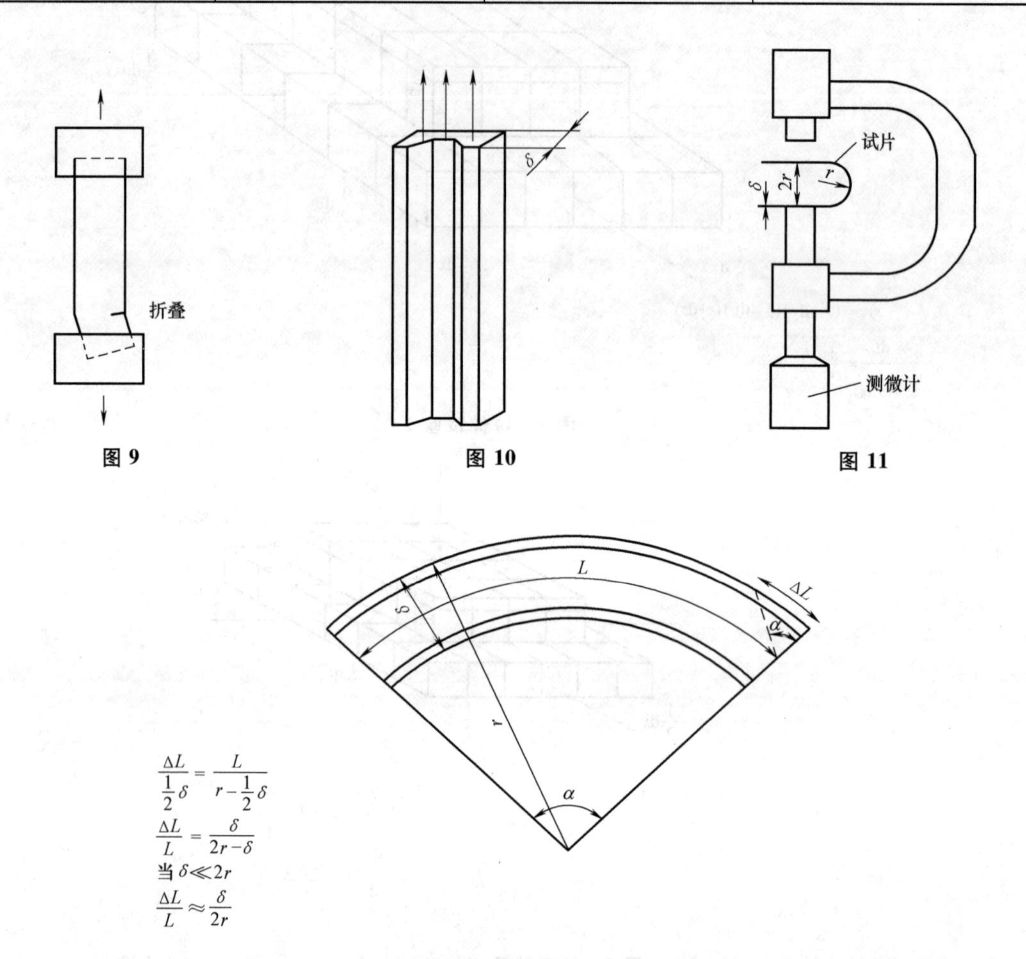

图 9　　图 10　　图 11

图 12

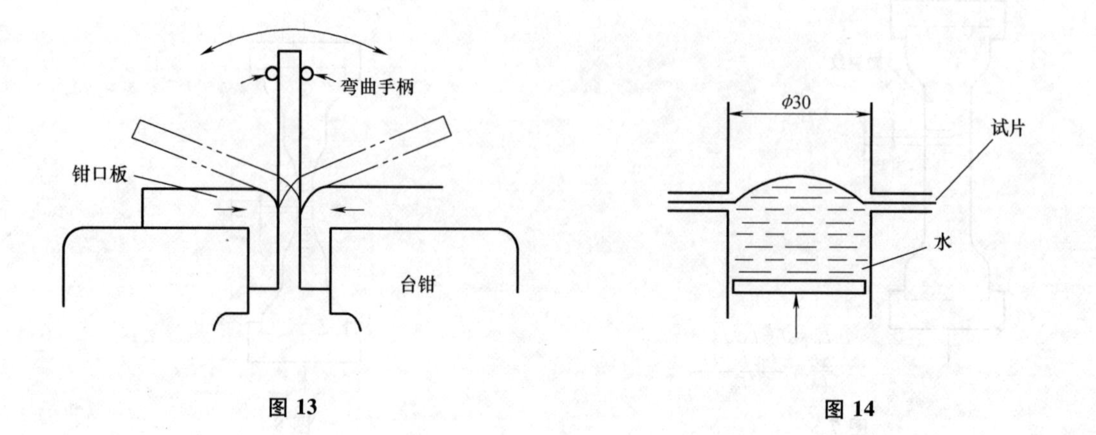

图 13　　图 14

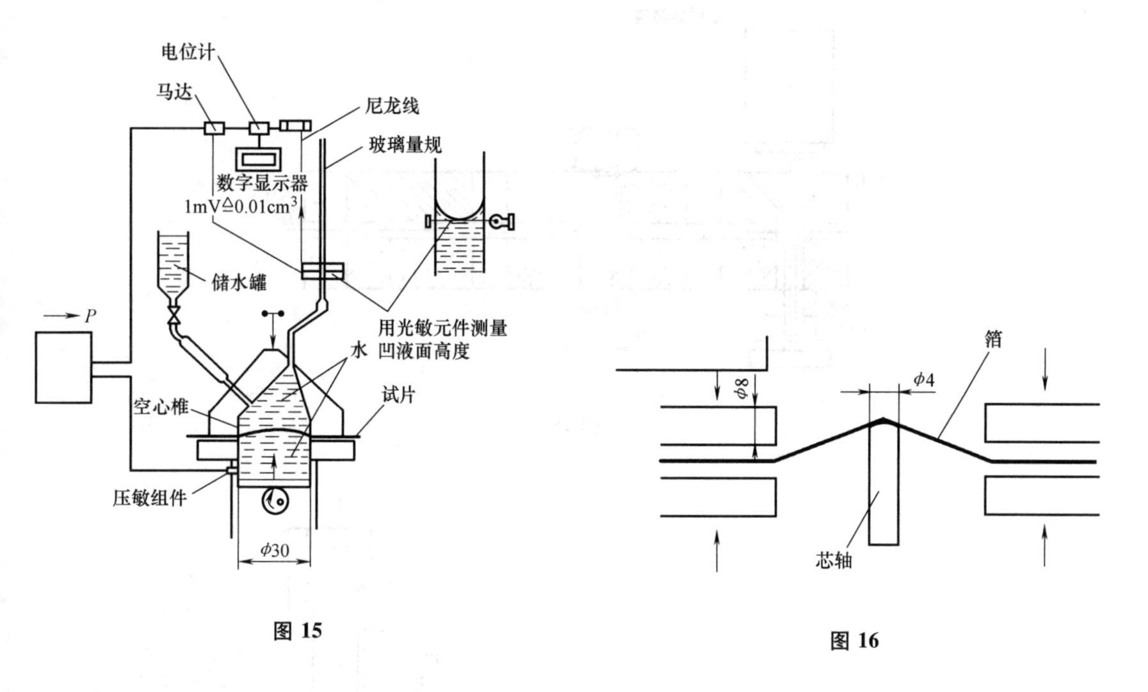

图 15

图 16

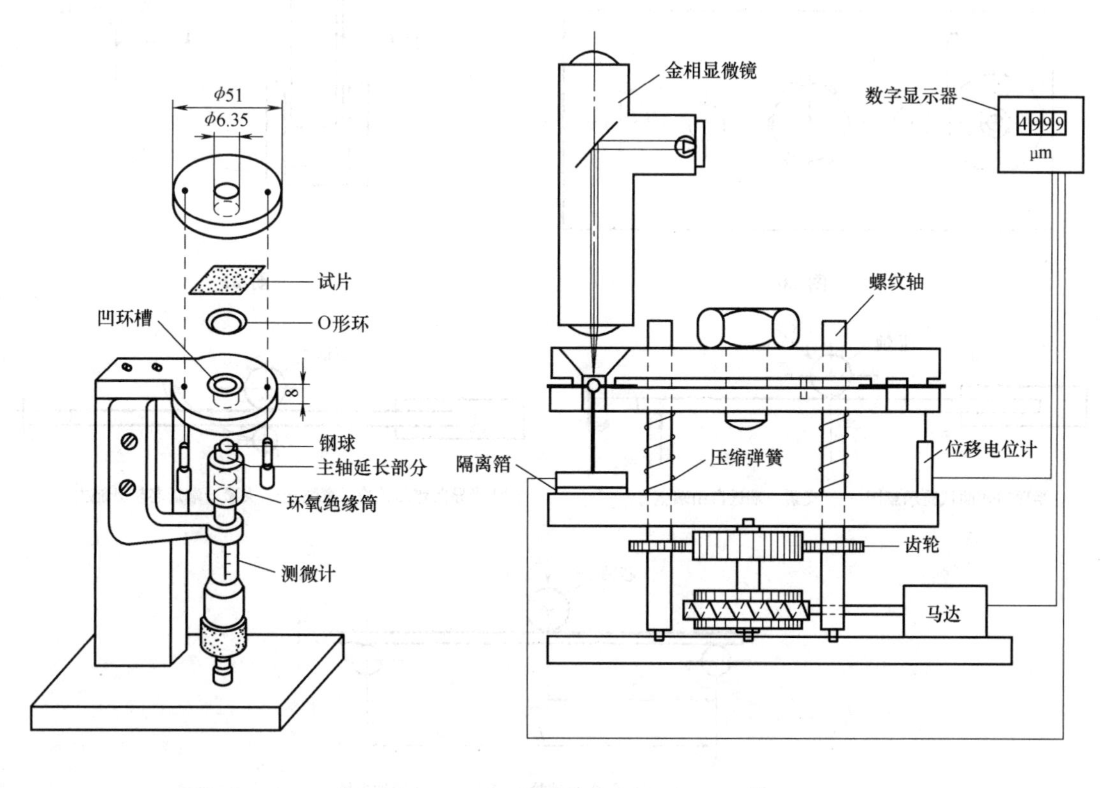

图 17

图 18

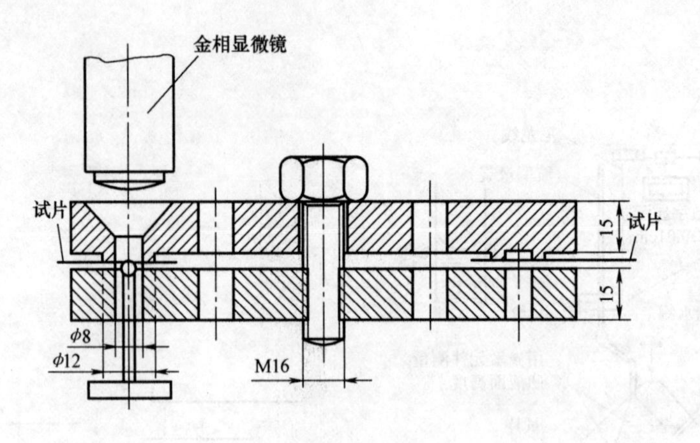

图 19

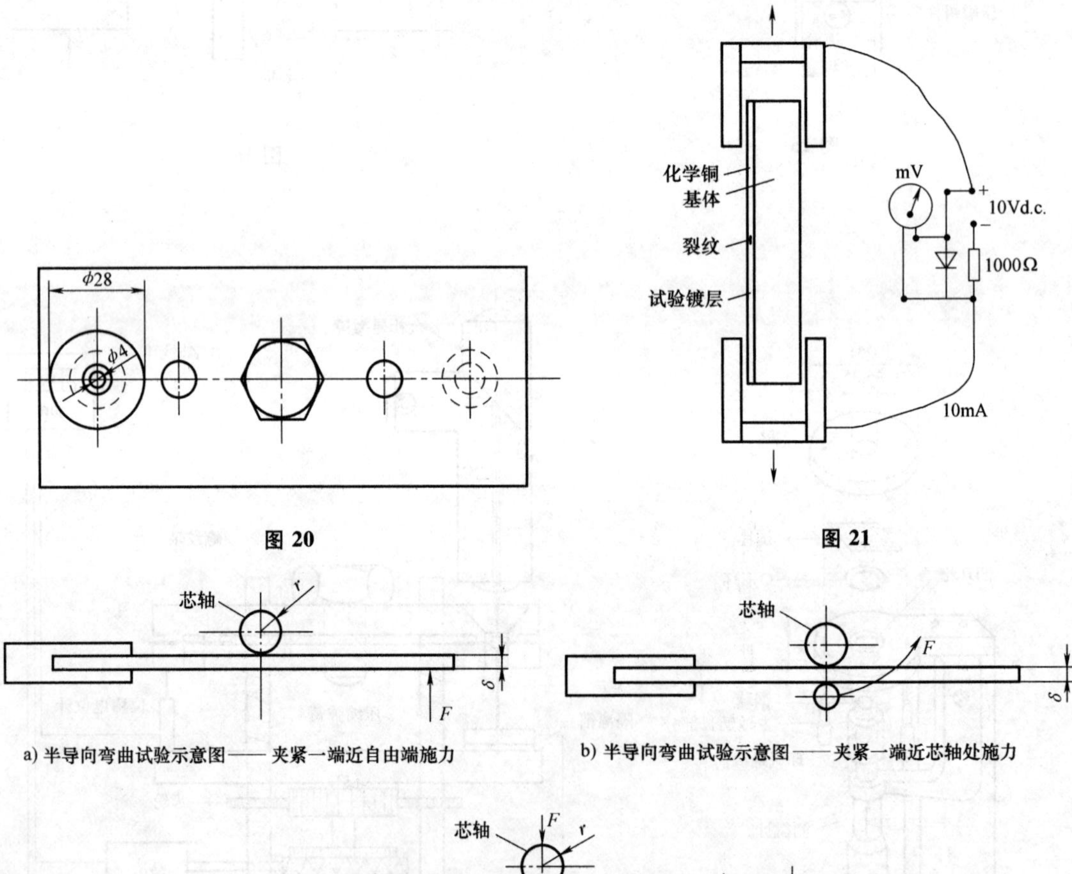

图 20

图 21

a) 半导向弯曲试验示意图——夹紧一端近自由端施力

b) 半导向弯曲试验示意图——夹紧一端近芯轴处施力

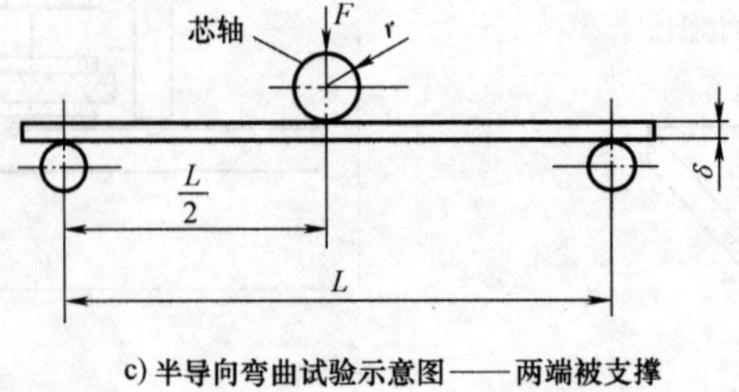

c) 半导向弯曲试验示意图——两端被支撑

图 22

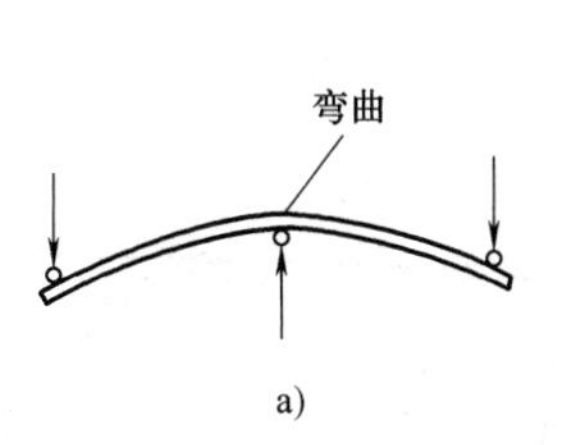

a)

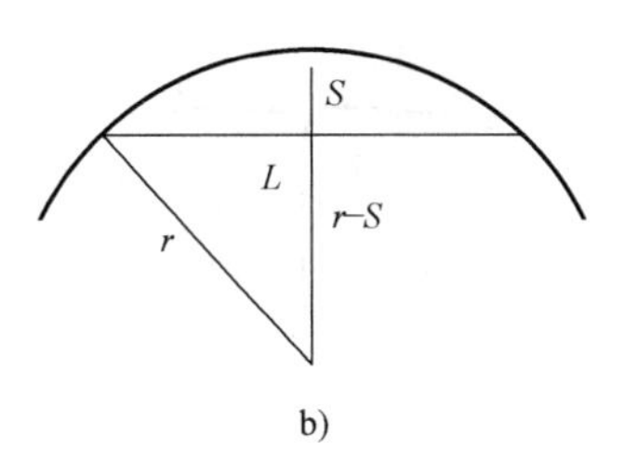

b)

$$\frac{\Delta L}{L}=\frac{\delta}{2r-\delta}=\frac{\delta}{\frac{1}{4}\cdot\frac{L^2}{S}-\delta}$$

$$\frac{\Delta L}{L}=\frac{4\delta S}{L^2-4\delta S}\times 100\%$$

当 $4\delta S \ll L^2$

$$\frac{\Delta L}{L}=\frac{4\delta S}{L^2}\times 100\%$$

$$r^2=(r-S)^2+\frac{1}{4}L^2$$

$$2rS=S^2+\frac{1}{4}L^2$$

$$S\ll L$$

$$r=\frac{L^2}{8S}$$

图 23

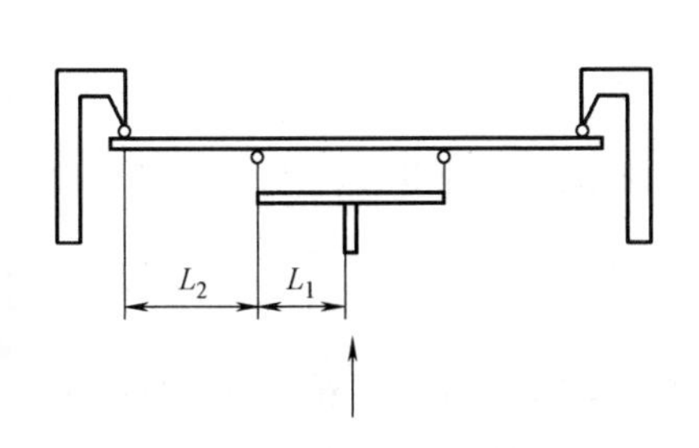

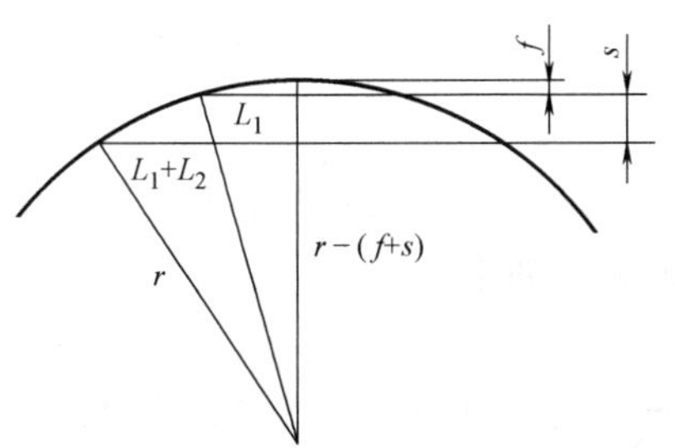

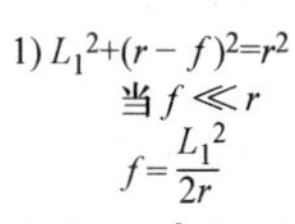

1) $L_1^2+(r-f)^2=r^2$

当 $f\ll r$

$$f=\frac{L_1^2}{2r}$$

2) $(L_1+L_2)^2+[r-(f+s)]^2=r^2$

当 $s\ll r$

$$r=\frac{L_2^2+2L_1L_2}{2S}$$

3) $\frac{\Delta L}{L}=\frac{\delta}{2r}$

4) $\frac{\Delta L}{L}=\frac{\delta S}{L_2^2+2L_1L_2}\times 100\%$

图 24

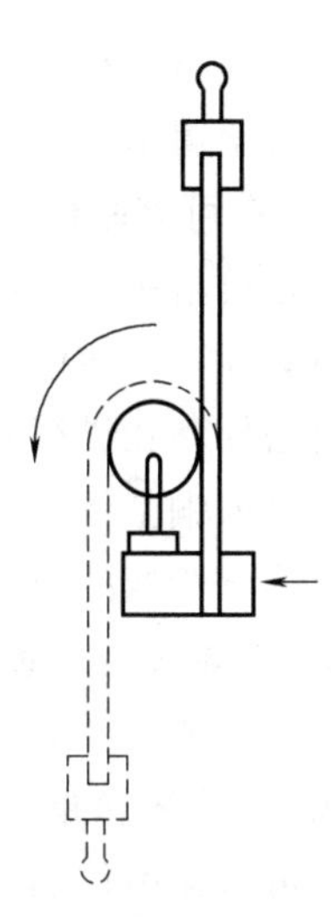

图 25

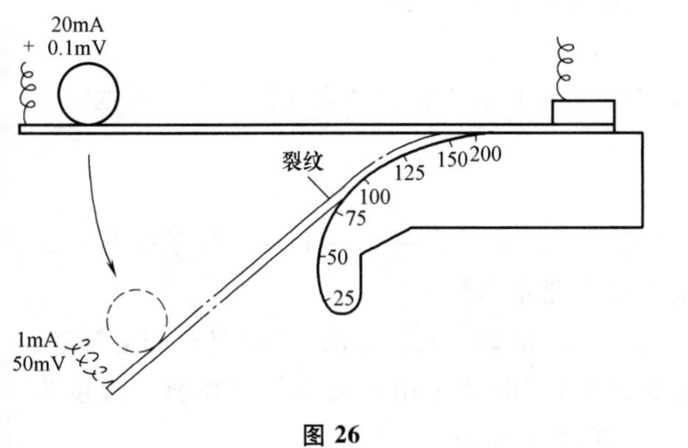

图 26

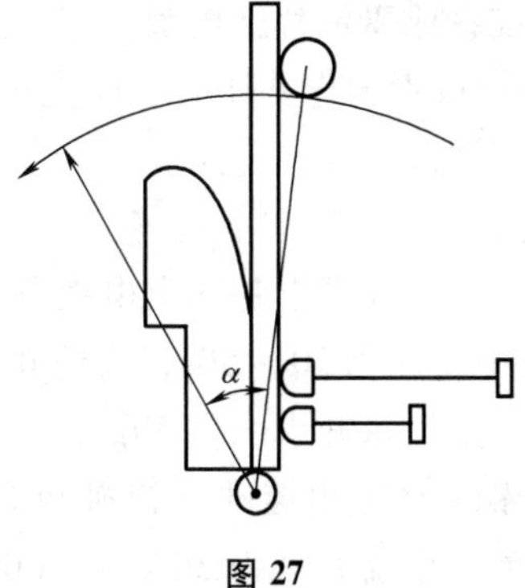

图 27

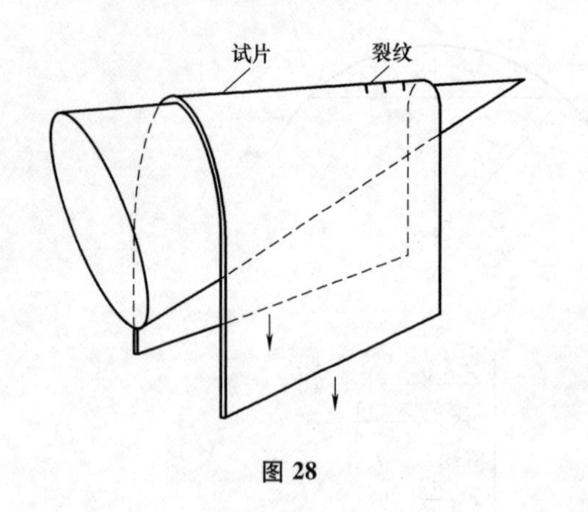

图 28

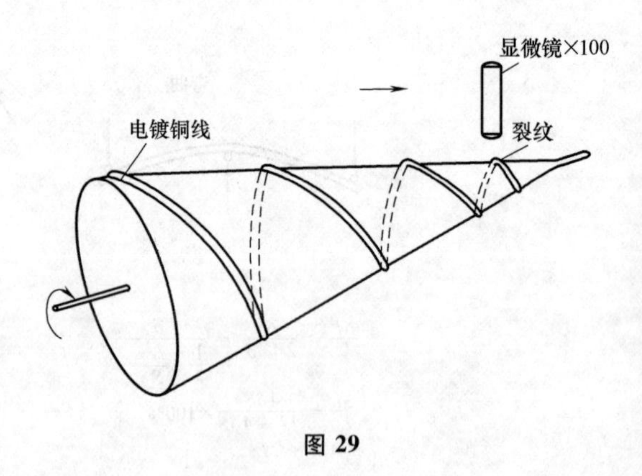

图 29

附 录 A
制箔方法
(补充件)

引言

如果电沉积层能较容易地从基体上剥离下来，可采用这种基体进行电镀，然后用剥离办法制备金属箔。常采用的方法如下。

A.1 在可溶基体上电镀

在可溶基体上镀上被试验的镀层，然后将基体溶去，制备出镀层箔。但要注意，被试验的箔必须不受溶解所用溶液影响。即使其侵蚀仅使箔的光泽变暗，整个镀层的表面脆性仍可能会增加，在进行延展性试验时镀层将可能提前产生初始裂纹。

例如铜基体上的金镀层通常采用硝酸溶液溶解铜，制备出金箔。若采用塑料作基体，在不影响试验箔的质量时，可用有机溶剂溶解塑料后制出箔。

A.2 在非附着性基体上电镀

可在镀层不能牢靠附着的金属基体上电镀，然后将箔从这种基体上剥离下来。

A.2.1 在不锈钢片上电镀

可将无擦伤的不锈钢片放置在热碱清洗液中，阳极清洗 15min 后进行电镀。镀后从试片的边缘开始，仔细地将试验箔剥离下来。但必须注意：不锈钢的表面不得有擦伤，因为这些伤痕会在镀层上出现，在进行延展性试验时可能会提前出现初始裂纹。

A.2.2 在铜或青铜片上电镀

采用铜或青铜作基体时，应先进行抛光，再经过钝化后电镀，镀后从试片上仔细地将试验箔剥离下来。

常用的钝化方法如下所述。

A.2.2.1 在铜或青铜基体上电镀 5μm~15μm 光亮镍，随后浸入 5%~11%（质量分数）的铬酸溶液中，钝化 30s~50s，为防止损坏钝化层必须带电入槽。

A.2.2.2 采用每升水中含 59g 三氧化二砷（As_2O_3）和 21g 氢氧化钠（NaOH）的电解液，在铜或青铜基体上电镀砷（镀砷可达到钝化的目的）。电镀时用碳或石墨作阳极，温度为 18℃~30℃，电流密度为 30A/m^2（0.3A/dm^2），时间为 5min。

A. 2. 2. 3 浸多硫化物溶液：每升水中含多硫化钠（Na_2S_n）50g。

A. 2. 3 钢上电镀

可以采用电镀镍的钢片。例如尺寸适合的冷轧钢板，经适当预清洗、浸酸和电镀约 7. 5μm 厚的镍漂洗后试片经钝化见（A. 2. 2. 1）或者在热碱清洗液中阳极清洗 15s，再浸入 0. 5mol/L 硫酸液中，经水漂洗，然后放入被试验的金属电镀液中，镀至所需厚度。

附 录 B
当箔膜表面积增大（凸起）时的延展性计算
（补充件）

对材料施加应力，可能会产生两种形变。

a）弹性形变——在被镀金属中，整个形变中的这一部分与塑性形变相比是很小的：

$$\frac{\mathrm{d}L}{L_0}\approx 0.2\%$$

这种形变将引起体积微量减少。

b）塑性形变——整个形变中的这一部分可能高达 42%。材料的体积不变。

试验在 Z 轴方向进行，如果是拉伸试验，其 Z 轴方向将产生适当的延伸，而在 X 轴和 Y 轴方向造成尺寸缩小（见图 3）。图中微试片的体积为 XYZ。而对杯突试验（见图 4），在 Z 轴方向也产生适当的延伸，但其厚度将变薄，由于 Z 轴是垂直于表面的，即必须将厚度减薄量 dZ 纳入计算。Y 轴方向的延伸较小，这是因为在 XY 平面上，将出现 X 轴和 Y 轴两个方向上的延伸。由于杯突试验中的材料流动方向同拉伸试验中的相反，所以需要采用下式：

$$D=\frac{\mathrm{d}Z}{Z-\mathrm{d}Z}$$

以求得等同于从拉伸试验中所获得的延展率值（见图 5 和图 6）。

附 录 C
液压凸起试验中延展性和拉伸强度计算
（补充件）

液压凸起试验中形成的圆顶的体积 V 是圆顶高度 h 和圆顶底面半径 r 的函数，它由下式计算（见图 C. 1）：

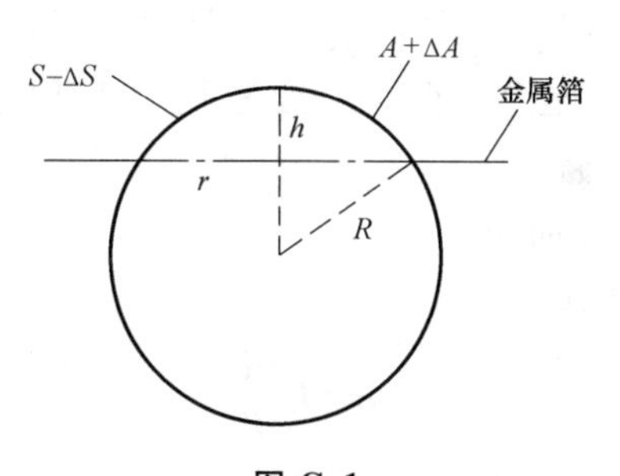

图 C. 1

$$V=\frac{\pi}{6}h^3+\frac{\pi}{2}hr^2 \tag{C.1}$$

解等式（C.1），得 h 值：

$$h=\sqrt[3]{\frac{3V}{\pi}+\sqrt{\left(\frac{3V}{\pi}\right)^2+r^6}}+\sqrt[3]{\frac{3V}{\pi}-\sqrt{\left(\frac{3V}{\pi}\right)^2+r^6}} \tag{C.2}$$

在整个试验过程中试片的体积保持恒定值（见图5和图6）。

$$ZA=(Z-\Delta Z)(A+\Delta A) \tag{C.3}$$

式中 Z——箔层的厚度（mm）；

A——表面面积（mm^2）。

延展率 D 由厚度减薄量 ΔZ 同受应力区箔层厚度值 $Z-\Delta Z$ 的比率来定义：

$$D=\frac{\Delta Z}{Z-\Delta Z}=\frac{A+\Delta A}{A}-1 \tag{C.4}$$

(见图5和图6)

式（C.3）中所列表面面积即圆顶底面积 A 和圆顶的表面积 $A+\Delta A$ 由下式计算：

$$\left.\begin{aligned}A&=\pi r^2\\A+\Delta A&=2\pi Rh\end{aligned}\right\} \tag{C.5}$$

式中 R——球面半径，圆顶是球体的一部分（见图C.1）。

式（C.4）可以写为

$$D=\frac{2Rh}{r^2}-1 \tag{C.6}$$

半径 R 由 $(R-h)^2+r^2=R^2$ 关系式算出，因此，

$$R=\frac{h^2+r^2}{2h} \tag{C.7}$$

代入式（C.6）得

$$D=\left(\frac{h}{r}\right)^2 \tag{C.8}$$

延展率等于圆顶高度同圆顶底面半径比的平方。

式（C.2）可以同式（C.8）联立。得到一个以百分数表示的以圆顶体积和圆顶底面半径表达的延展率表达式：

$$D=\left[\frac{\sqrt[3]{\frac{3V}{\pi}+\sqrt{\left(\frac{3V}{\pi}\right)^2+r^6}}}{r}+\frac{\sqrt[3]{\frac{3V}{\pi}-\sqrt{\left(\frac{3V}{\pi}\right)^2+r^6}}}{r}\right]^2 \tag{C.9}$$

由式（C.9）可绘出图C.2曲线。

箔层拉伸强度 σ 用下式计算：

$$\sigma=P\frac{R}{Z} \tag{C.10}$$

式中 P——胀破试片箔时的压力（MPa）；

R——圆顶部分球面半径（mm）；

Z——试片的厚度（mm）。

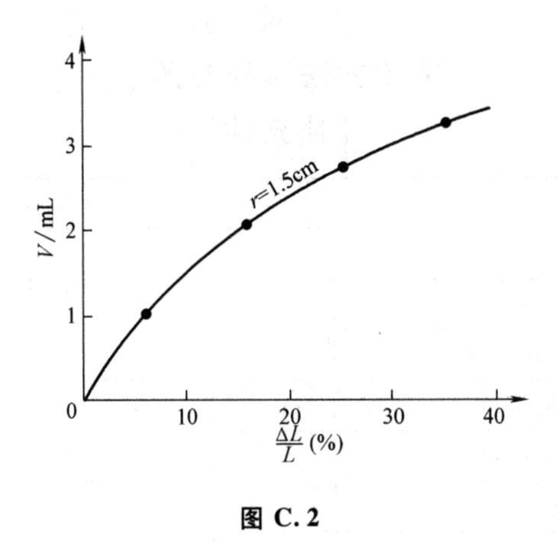

图 C.2

附　录　D
机械凸起试验延展率的计算
(补充件)

根据液压凸起试验计算（4.4）所采用的同一基本原则，延展率应该是：

$$D=\frac{A_{最大}}{A_0}-1 \tag{D.1}$$

式中　$A_0=\pi R^2$

$A_{最大}$=锥面的表面积（见图 D.1），$A_{最大}$为圆顶 KK'的面积与圆台 $MK-K'M'$面积的总和；

$$A_{圆顶}=2\pi r(r-\sqrt{r^2-K^2})$$

$$A_{圆台}=2\pi\frac{R+K}{2}\sqrt{(R-K)^2+[h-(r-\sqrt{r^2-K^2})]^2}$$

$$A_{最大}=2\pi r(r-\sqrt{r^2-K^2})+\pi(R+K)\cdot\sqrt{(R-K)^2+[h-(r-\sqrt{r^2-K^2})]^2}$$

使用一个程序计算器，不难得到函数式：

$$D=f(h)。$$

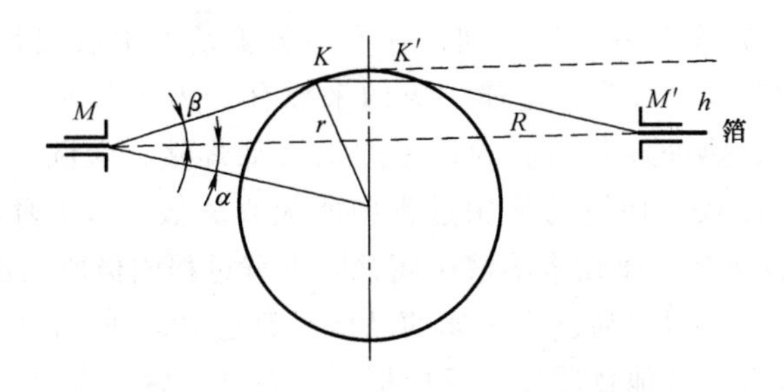

图 D.1

附 录 E
试验方法选择参照表
(补充件)

试验方法		对不同镀层的适应性				
		可延性	脆性	裂纹敏感性	准确度	取样计划
去基体覆盖层	拉伸(4.1)	D	A	E	D	D
	测微计弯曲(4.2)	A	B	D	B	C
	台钳弯曲(4.3)	A	B	C	A	C
	液压凸起(4.4)	E	C	E	E	E
	机械凸起(4.5)	C	C	D	D	E
有基体覆盖层	拉伸(5.1)	B	E	D	C	D
	三点弯曲(5.2)	B	C	C	B	C
	四点弯曲(5.3)	C	C	C	C	C
	圆柱芯轴弯曲(5.4)	B	D	C	B	C
	螺旋线芯轴弯曲(5.5)	A	D	B	C	C
	圆锥芯轴弯曲(5.6)	A	C	B	B	C
	机械凸起(5.7)	B	C	B	B	D

注：1. 表中字母系指：

A：无代替的方法时才可采用。

B：用其他因数证明为正确的，可采用。

C：适用于大多数用途。

D：不要求很理想时是非常适宜的。

E：最有可能采用的。

2. 取样计划应理解为制备被测试样的时间。

第四节 金属与其他无机覆盖层
镀覆和未镀覆金属的外螺纹和螺杆的残余氢脆试验 斜楔法

一、概论

氢脆，又称氢致开裂或氢损伤，是一种由于金属中氢引起的材料塑性下降、开裂或损伤的现象。因为氢原子的扩散需要一定时间，在发生氢脆情况下会出现“延迟破坏”现象，即破坏需要经历一定时间才会发生。金属中氢的来源有“内含”及“外来”的两种：前者指材料在冶炼、热加工、热处理及随后的机械加工（如焊接、酸洗、电镀等）过程中所吸收的氢，后者是指材料在致氢环境的使用过程中所吸收的氢。致氢环境既包括含有氢的气体，如 H_2、H_2S 等，也包括金属在水溶液中腐蚀时电解过程阴极所放出的氢。

由于氢原子半径很小，很容易进入金属的晶格空隙之中并进行扩散运动，因此在材料缺陷位置原子重新结合或者与其他物质发生反应形成气态分子后，体积迅速膨胀导致该位置产生裂纹。一般对于氢脆敏感性比较高的材料，在酸洗或者电镀等操作后要及时进行去氢处理。

螺纹和螺杆制件的表面处理一般靠滚镀工艺实现。在此工艺中，将一定数量的制件放于滚筒中，制件与滚筒共同运动，滚筒的每一工序可以流入、流出处理液和漂洗液。当滚筒按工序步骤旋转运动时，滚筒中的各制件彼此相连。在某些工序中，特别是在电解清洗和电镀工序中，需要外加电流。随机暴露并彼此相连的每一制件表面成为工艺电极，同时所有制件之间也保持着连续电接触。在电解和非电解工序中产生的氢，也同样随机地存在于每一个制件中。经验和实验证明，无论采用何种工艺，同批制件中的一部分制件将比另一部分制件渗入更多的氢，这是滚镀工艺的随机性所致。因此，有必要对螺纹和螺杆制件的残余氢脆程度进行检测评价，以确认批量制件是可接受的还是报废。目前检测材料中残余氢脆的主要方法有：①应力持久法（斜楔法属于应力持久法）；②缺口拉伸试验；③慢应变速率拉伸试验；④弯曲试验；⑤逐级加力试验；⑥化学法；⑦气泡法。

GB/T 26107—2010《金属与其他无机覆盖层　镀覆和未镀覆金属的外螺纹和螺杆的残余氢脆试验　斜楔法》修改采用 ISO 10587：2000《金属与其他无机覆盖层　镀覆和未镀覆金属的外螺纹和螺杆的残余氢脆试验　斜楔法》，于 2011 年 1 月 10 日发布，2011 年 10 月 1 日实施。

二、标准主要特点与应用说明

该标准规定了以统计学为依据确定的氢脆或氢脆破坏概率的方法，主要针对成批滚镀、化学镀、磷化或化学处理的螺纹件，以及挂镀螺纹件、螺杆。

该标准适用于抗拉强度≥1000MPa 的钢制螺纹件或螺杆和表面硬化螺纹件或螺杆，不适用于紧固件、扣件。

该标准试验方法在除去氢脆热处理之后实施，也可以用于评价处理溶液、使用条件和技术之间的差异。试验方法主要有两个作用：①采用统计抽样方法时，可判断批量接受或报废；②可用作控制测试，以确定有效的各种处理步骤，其中包括为减少螺纹件和螺杆中氢浓度的前、后热处理。虽然该试验方法能确定制件的氢脆程度，但它并不能确保完全无氢脆。

该标准的主要内容包括范围、术语定义、方法原理、试验设备、抽样规则、试验操作规程、结果的评价、试验报告等。

三、标准内容（GB/T 26107—2010）

金属与其他无机覆盖层
镀覆和未镀覆金属的外螺纹和螺杆的残余氢脆试验　斜楔法

1　范围

本标准规定了以统计学为依据确定的以下氢脆或氢破坏存在概率的方法：

a）成批滚镀、化学镀、磷化或化学处理的螺纹件；

b）挂镀螺纹件或螺杆。

本标准适用于抗拉强度≥1000MPa（相应硬度：300HV，303HBW 或 31HRC）的钢制螺纹件或螺杆和表面硬化螺纹件或螺杆。不适用于紧固件扣件。

本方法在去除氢脆热处理之后实施。本方法还可用于评价处理溶液、使用条件和技术之间的差异。

本试验方法有两个主要作用：

a）采用统计抽样方法时，可判断批量接受或报废；

b）可用作控制测试，以确定有效的各种处理步骤，其中包括为减少螺纹件和螺杆中氢浓度的前、后热处理。

虽然本试验方法能确定制件的氢脆程度，但它并不能确保完全无氢脆。

本标准并不能免除镀覆人员、工艺人员或生产者实施和监测适当的工艺过程控制。

注1：酸洗槽中添加缓蚀剂不一定能确保避免氢脆。

注2：附录A提供了氢渗入螺纹件的原因分析。

2 术语及定义

下列术语和定义适用于本标准。

2.1 氢脆件 embrittled article

试验开始就立即失效或试验到48h才失效的制件或零部件。

2.2 48试验批级 grade 48 proof batch

经48h试验不断裂的批次。

2.3 96试验批级 grade 96 proof batch

经96h试验不断裂的批次。

2.4 200试验批级 grade 200 proof batch

经200h试验不断裂的批次。

2.5 批 batch

在相同时间内经同样挂具或滚筒同一工序处理的不同部件。

2.6 批量 lot

一批在相同时间或相近时间内经过相同或类似工序处理，并且材料也经相同热处理的工件。

注1：批量可按处理目的分解成批次，然后再组合为同批量。

注2：在单一镀覆批次或一定批量内工件发生氢脆的程度可能在大范围内变化，特别是可运动或自由迁移到工件高应力集中区的部分氢，氢脆程度是批次或批量工件中原子氢浓度的函数，此浓度以 10^{-6} 表示。

3 原理

螺纹件或螺杆插入淬火矩形钢楔的间隙孔中，通过与螺母配合因拉力而产生应力（见图1）。按照螺纹件试验段长度将具有平行面的矩形淬火钢块作为垫板插入。其他加载系统和夹具可提供试验所需同样载荷、角度和方位。钢楔的上下表面研磨光滑并有一定角度。以能测量拉力载荷的任何方法给螺母施加拉力。4.5中规定的扭矩法属于这样一种方法。若采用拉紧的扭矩

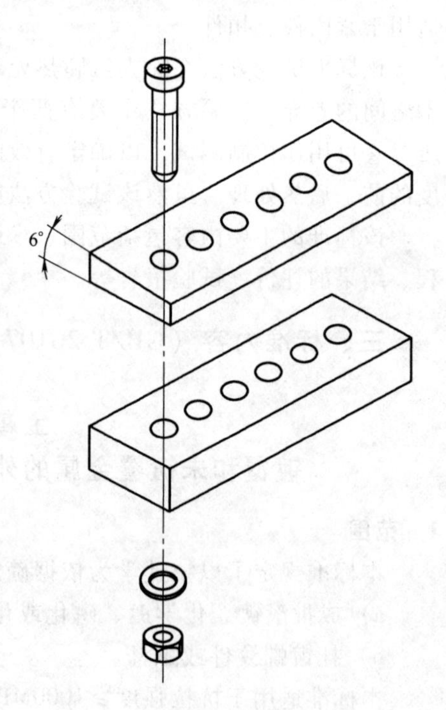

图1 螺纹件或螺杆试验图示

（例如：6°楔角和平行垫板）

法，则将试件扭紧到所需值，然后保持预定的最少时间后检验确定是否保持初始扭力，再检查是否氢脆失效（见第7章）。

注：不要以低于“安全系数”百分率的方式增加外加扭矩。

4　设备

4.1　总则

试验夹具应由淬火钢楔（4.2），一个或多个垫板（4.3）和淬火垫圈（4.4）所组成（见图1），其上面的每一个孔径都应尽可能与试验的螺纹件或螺杆的主直径一致。

注1：间隙过大会使试件在孔中倾斜，而造成低扭力值条件下的失效。

注2：已发现多孔夹具适用于多次或重复试验。夹具由一面磨成适当楔形角度的矩形钢组成，并淬火到60HRC。

4.2　钢楔

钢楔应具有表1所规定的角度。

表1　楔角选择

螺纹件的额定尺寸/mm	试件无螺纹部分长度小于两个直径的楔角/(°)	试件无螺纹部分长度等于或大于两个直径的楔角/(°)
2~6	6	6
>6~18	4	6
>18~38	0	4

4.3　垫板

垫板与钢楔夹具应用同一型号和硬度相同的钢制成，安装和拧紧之后，垫板厚度应使螺纹件的三道螺纹能全嵌入，且不超过螺母的五道螺纹。

4.4　垫圈

垫圈的硬度应为38HRC~45HRC。

4.5　扭矩装置

若采用拧紧的扭矩法，通过测定拧紧力矩，则载荷测量装置能测量螺纹件或螺杆中产生的真实拉力（见6.3）。

5　抽样

采用的AQL等级和抽样方法应是本标准要求的文件所规定的。

注：广泛应用的抽样方法见GB/T 12609和GB/T 2828.1。

应从单批工件数量超过500件的每一除氢脆处理批中至少选择30件试样。

6　操作规程

6.1　试验温度

试验温度范围为15℃~25℃。

6.2　试件安装

试件端头朝上放于钢楔斜面的孔中。方形、六角形（或类似的直边端头）件，应将直边对钢楔斜面放置；端头为椭圆或其他形状的件，应将椭圆短直径边对钢楔斜面放置；无端头件、双头螺栓或螺纹件的一端应装上螺母作端头进行试验；若试件具有不同螺距的螺纹，则应将较细的螺纹当作端头。在试件的另一端套上螺母，并拧紧直到手指感觉紧了为止。

注：工件上的螺纹起始点对于钢楔角度来说是无关紧要的。

6.3 扭力测定

从试验批量中随机选择 5 件试件。装配到扭矩装置中（4.5），配上螺母，并将螺母拧紧到载荷等于所产生最后抗拉强度的（75±2)%为止，测量产生这种载荷所需扭力，以测量五个试件扭力的算术平均值确定拉紧扭力。

6.4 扭力操作

将钢楔套螺母端面的适当部位牢固地固定于钳台。利用经校正的扭力工具将螺母紧到所需扭力，并记录其值。然后将钢楔从台钳上拆卸，并静止存放至试验周期结束（见第 2 章)。

7 评价

7.1 裂纹，断头和破裂

完成规定试验周期后，检查每一试件的失效，例如裂纹、断头和破裂。用指压法检查每一端头的破裂情况。检查裂纹可以采用 10 倍放大镜、磁性粒子以及液体染料渗剂等方法进行。

7.2 松弛扭力

按 7.1 检查试件之后，将钢楔固定于钳台上，用扭力工具向“开启”方向小心旋转每一配合螺母，至螺母松动向前角位移为止，记录松动时的扭力值，并将此值与初始记录的扭力值进行对比，扭力松弛大于 10%应记录为失效。

卸下螺母，检查试件的横向裂纹，并进行失效记录。

8 试验报告

试验报告应包括如下信息：

a）本标准号，即，GB/T 26107；

b）批次标记和批次中试件的总数；

c）已测试试件的数量；

d）破坏的试件数量，裂纹明显或观察到其他失效的试件，以及显示松弛扭力的试件数量；

e）试验持续时间；

f）试验批级（见 2.2~2.4)。

附 录 A
（资料性附录）
氢渗入螺纹件的原因

螺纹件和螺杆的处理和金属覆盖层一般靠滚镀工艺实现。在此工艺中，将一定数量的制件放于称为滚筒的容器中，该滚筒使得批制件共同运动，同时，滚筒的每一工序可以流入、流出处理液和漂洗液。当滚筒按工序步骤旋转运动时，滚筒中的各制件彼此相连。在某些工序中，特别是在电解清洗和电镀工序中，需要外加电流。随机暴露并彼此相连的每一制件表面成为工艺电极，同时所有制件之间也保持着连续电接触。

在电解和非电解工序中产生的氢，亦同样随机地存在于每一制件中。经验和实验表明，无论采用什么好工艺，同批制件中的一部分制件将比另一部分制件渗入更多的氢，这是滚镀工艺的随机性所致。

对滚镀件的检查和分析表明，制件渗氢是遵循正态分布或钟形曲线分布的。很少有制件不渗氢的，绝大部分都要渗少量的氢，且有少量制件还会渗更多的氢。不同时间和不同温度的热处理都可控制氢的运动，从而使制件不发生氢脆。但也有一些工艺参数，无论采用什么好的方法也会增加制件的渗氢量。镀覆人员不能消除或控制随机的渗氢作用。因此，试验按统计抽样计划选取具有代表性数量的精饰件是必要的。试验不一定能确保由这样一些工艺产生的批量螺纹件完全无氢脆，只能确保已试验的批量中的具有代表性数量的制件，而且只表明在规定的试验期内不发生氢脆失效。

第五章　覆盖层腐蚀试验与评定

第一节　人造气氛腐蚀试验　一般要求

一、概论

1. 腐蚀及腐蚀试验

腐蚀是指材料与环境介质之间化学或电化学反应造成的外观及其性能破坏。腐蚀与材料及该材料共处的环境有关，大多数的腐蚀发生在大气环境中。大气环境腐蚀主要受大气中水分、氧、腐蚀性气体、有机物、含盐固体微粒等条件的影响。其中，含盐固体微粒主要有硫化物、氯化物、氧化物、煤烟、尘埃等，这些固体微粒溶解于水，从而形成电解质，在环境中会大大加速金属及覆盖层材料的腐蚀。工业大气环境和海洋大气环境中均含有较多强腐蚀性的污染物质，主要是含氯化物，在高湿条件下容易在金属及覆盖层材料表面形成含有 Cl^- 的薄液膜或水滴，腐蚀状况会更加显著。

在不同自然环境中，材料的腐蚀率可以相差数倍至几十倍，且材料自然环境腐蚀失效情况十分复杂，影响因素很多，难以在实验室进行模拟。长期以来，自然暴露试验一直是研究大气腐蚀最可靠、最丰富的信息来源。虽然它能反映出材料与环境相互作用的真实性，但依然存在着许多难以克服的缺点：一是试验周期长，至少需要 3~5 年时间，不能满足工艺、生产的迫切需要；二是测得的腐蚀速率等结果往往是很长一段时间内的平均结果，由于大气环境具有复杂性，即使以天来计算也是相当不准确的；三是大气具有复杂性和多样性的特点，一般是多种腐蚀因素共同作用的结果，难以评估每个变量所起的作用；四是由于大气环境具有多变性的特点，人们无法有效控制大气腐蚀环境，难以进行更为深入的腐蚀机理研究。

一直以来，研究者不断努力，致力于通过实验室内的加速腐蚀试验，研究材料大气腐蚀行为。国际上通常采用人工加速的方法来模拟自然环境条件，进而预测材料、防护层等在工业大气环境中的腐蚀寿命，获得材料的长期腐蚀行为信息，如通过模拟潮湿的热带气候区、海边的含盐空气、高度工业化地区的环境等。尽管室内加速腐蚀试验方法已发展到数十种之多，且具有简单、快速、重现性好等优点，但始终无法全面模拟错综复杂和千变万化的实际环境。

2. 人造气氛腐蚀试验

人造气氛腐蚀试验是在有影响材料腐蚀的强化气氛中进行的实验室试验，通过强化温度、相对湿度、冷凝湿气及腐蚀介质等因素而加速腐蚀的进行，以达到快速获得腐蚀性能的目的。试验是在封闭箱中进行，被试验的材料可以有永久性或暂时性防腐蚀措施，也可以无任何防腐蚀措施。人造气氛腐蚀试验试图通过模拟服役条件下（如大气或其他环境）的腐蚀作用，从而快速评价材料的耐蚀性，这类加速腐蚀试验被广泛采用，但各加速试验与其他类型试验之间的相关性以及它们与实际使用的一致性还无法明确。

人造气氛腐蚀试验可划分为加速环境试验、短期腐蚀试验和快速质量控制试验。加速环境试验中选择的试验条件应能使服役工况下存在的腐蚀机理再现，可预测被试对象的长期腐蚀以及防腐蚀措施的长期防腐蚀性；短期腐蚀试验中选择的腐蚀环境应能加速腐蚀进程，可以与经实际经验证明适用于这种特定环境的同类防腐蚀措施的耐蚀性相比较；快速质量控制试验中选择的腐蚀环境应能超常规地加速腐蚀进程，可快速确定防腐蚀措施中的缺陷和弱点。具体试验的分类，取决于受试材料。

3. 人造气氛腐蚀试验标准

为了不同地区、不同实验室、不同技术程度人员进行的人造气氛腐蚀试验结果可比较，有必要对试验要求进行规范，制定统一的标准方法。目前，这方面的标准较为普遍，有国际标准、国家标准、地区标准、先进工业国家标准，以及学会、协会或行业标准，具体如盐雾试验标准、湿热试验标准、老化试验标准、全浸试验标准、二氧化硫试验标准、腐蚀膏试验标准、电解腐蚀标准等。

GB/T 14293—1998《人造气氛腐蚀试验　一般要求》等效采用 ISO 7384：1986《人造气氛腐蚀试验　一般要求》。鉴于使用气体腐蚀介质（如二氧化硫）时，我国已有 GB/T 9789—1988《金属和其他非有机覆盖层　通常凝露条件下的二氧化硫试验》可引用，因此在 GB/T 14293—1998 第 6.13 条中规定检测方法和允许误差明确按照 GB/T 9789—1988 来确定。GB/T 14293—1998 代替 GB/T 14293—1993，于 1998 年 8 月 12 日发布，1999 年 7 月 1 日实施。

二、标准主要特点与应用说明

该标准对人造气氛腐蚀试验给予了明确的定义，规定了人造气氛腐蚀试验的试样、试验设备、试验规程及结果评定的一般要求，包括人造气氛腐蚀试验的试验方案、受试对象的特性或防蚀方法、试验方法、试验箱内气氛腐蚀性的校准、试验结果的评定及方法。

该标准是进行人造气氛腐蚀试验应遵循和参考的一般要求，具体的试验方法应按具体的方法标准执行。该标准的主要内容和主要特点如下：

1）对试样提出了统一要求。标准对人造气氛腐蚀的试样提出了具体要求，要求包括试样的尺寸、形状、数量、表面粗糙度，以及表面缺陷的限制，试样上的防腐蚀措施，如何从较大覆盖层件上切割试样及切割边的保护，如何制备具有焊缝的试样，试样的标记及对比试样等。

标准规定进入试验箱之前应采用惰性脱脂剂对试样进行脱脂，并进行针对性的检查。例如，暂时性防腐蚀保护的试样，在实施涂覆前应检查试样表面；经过存放的试样，试验前要检查其腐蚀情况；以表面外观变化评定腐蚀行为的试样，试验前应确认试样表面粗糙度是否符合要求、表面有无明显缺陷及涂覆工艺等；以质量变化评定腐蚀行为时，应测量试样表面面积并称重。总之，要根据所选用的试验结果评定标准来检查试样在试验前的原始表面特征。试样应放置于试验箱内腐蚀环境符合试验条件所规定的全部参数的区域，标准对试样的具体放置以及如何避免不希望的影响都做出了规定。

2）对试验箱提出了一般要求。人造气氛腐蚀试验在特制的容器或箱中进行。标准要求箱或容器的设计要保证试验气氛分布均匀和条件一致，在整个试验期间应能保持所确定的条件。同一试验箱或容器内只做一种腐蚀介质试验，挥发性缓蚀剂保护的试样应在专门的试验箱内进行试验。标准中规定了试验箱内温度和相对湿度的控制要求，对盐雾试验及盐水滴腐蚀试验的标准和喷雾空气进行了规定，要求当使用其他腐蚀介质（如二氧化硫）时，要检验试验箱内腐蚀气体的浓度和流量的均匀性。

3）推荐了一般试验暴露期。每一试验方法试验的总时间取决于试验目的、受试对象的防护特点以及所选择的腐蚀行为的评价标准和方法。标准中提出了试验期间试样取出、检查的频率、试验后试样的表面处理的要求。

4）提出了试验结果的评定方法。试验结果评定主要有外观的变化、出现腐蚀的时间、腐蚀缺陷的数量及分布、质量变化、尺寸变化，以及力学、电、光学和其他性能的变化等方面。采用何种评定方法，取决于受试对象、防护方法以及试验方法和目的。标准中还统一规定了试验报告必须的内容，当然，在此基础上，为了更清楚地说明人造气氛腐蚀试验的情况，可以适当增加一些内容。

三、标准内容（GB/T 14293—1998）

人造气氛腐蚀试验　一般要求

1　范围

本标准规定了对人造气氛腐蚀试验的试样、试验设备和试验规程的一般要求。适用于有永久性或暂时性防蚀措施的金属和合金，也适用于无永久性或暂时性防蚀措施的金属和合金。

本标准规定的要求也可用于涉及人造气氛腐蚀试验、加速腐蚀试验方法和新试验箱结构的其他国家标准。

2　引用标准

下列标准所包含的条文，通过在本标准中引用而构成为本标准的条文。本标准出版时，所示版本均为有效。所有标准都会被修订，使用本标准的各方应探讨使用下列标准最新版本的可能性。

GB/T 6461—1986　金属覆盖层　对底材为阴极的覆盖层　腐蚀试验后的电镀试样的评级（eqv ISO 4540：1980）

GB/T 9789—1988　金属和其他非有机覆盖层　通常凝露条件下的二氧化硫腐蚀试验（eqv ISO 6988：1985）

GB/T 9797—1997　金属覆盖层　镍+铬和铜+镍+铬电沉积层（eqv ISO 1456：1988）

GB/T 9798—1997　金属覆盖层　镍电沉积层（eqv ISO 1458：1988）

GB/T 9799—1997　金属覆盖层　钢铁上的锌电镀层（eqv ISO 2081：1988）

GB/T 10125—1997　人造气氛腐蚀试验　盐雾试验（eqv ISO 9227：1990）

GB/T 13346—1992　金属覆盖层　钢铁上的镉电镀层（eqv ISO 2082：1986）

GB/T 13452.4—1992　色漆和清漆　钢铁表面上的丝状腐蚀试验（eqv ISO 4623：1984）

GB/T 13912—1992　金属覆盖层　钢铁制品热镀锌层　技术要求（neq ISO 1461：1973）

JB/T 6074—1992　腐蚀试样的制备、清洗和评定（idt ASTM G31-1972）

JB/T 7702—1995　金属基体上金属和非有机覆盖层　盐水滴腐蚀试验（SD 试验）
（eqv ISO 4536：1985）

3　定义

人造气氛腐蚀试验：在有影响金属和合金腐蚀的强化因素存在的气氛中进行的实验室试验；被试验的金属和合金可以有永久性或暂时性防蚀措施，也可以无永久性或暂时性防蚀措施。

注：人造气氛腐蚀试验企图模拟服役条件（如大气或其他环境）下的腐蚀作用。

4　原理

4.1　通过强化温度、相对湿度、冷凝湿气及腐蚀介质（如二氧化硫、氯化物、酸类、氨类、硫化氢、有机或无机气氛等）等因素使腐蚀过程得到加速。

4.2　试验方案应包括如下内容：

试验目的；

受试金属、合金的特性或防蚀方法（化学成分、厚度、试样表面状态）；

试验方法：操作条件、总的试验时间、试样的位置和可能的移置、试验中试样取出和检查的频率、取出试样的数量和对比试样的数量；

无论试样在试验箱中如何取向，试验箱内气氛腐蚀性的校准；

试验结果的评定标准及方法。

4.3　试验分类

a）加速环境试验：在此类试验中选择的试验条件应能使服役工况下存在的腐蚀机理再现，并能使过程加速进行。这类试验可预测金属和合金的长期腐蚀以及防腐措施的长期防蚀性。

b）短期腐蚀试验：在此类试验中选择的腐蚀环境应能加速腐蚀。这类试验可以与已被实际经验证明适用于这种特定环境的同类防蚀措施的耐蚀性相比较。

c）快速质量控制试验：在此类试验中选择的腐蚀环境应能超常规地加速腐蚀。这类试验可快速确定防蚀措施中的缺陷和弱点。

具体试验的分类，取决于受试材料。

5　试样要求

5.1　不管所用的方法如何，所有试验都应采用以相同方法准备的而且具有相同形状、尺寸和表面粗糙度的试样来进行。

5.2　试样的形状和尺寸应根据所选用的试验方法和试验结果的评定标准和方法来选定。试样的厚度最好在 0.5mm~3mm 之间，在任何情况下都应保证试样在试验中不变形。

对于其形状不会使试验结果评定发生困难的制成品或其部件，必要时也可作为试验试样。为了尽可能排除形状不规则的影响，试验试样的总面积应尽可能大，而且不得小于 $25cm^2$，特殊试验规程要求小面积试样时例外。

5.3　试样表面粗糙度应在试验方案中规定。

5.4　金属及合金试样的表面应无明显缺陷，如划痕、夹杂物、裂纹、针孔、孔隙。切边应无毛刺。

5.5　试样覆盖层应符合 GB/T 9797、GB/T 9798、GB/T 9799、GB/T 13346 和 GB/T 13912 等的要求。

5.6 如果试样是从较大涂覆件上切割下来的，则所采用的切割方法应能保证将切割损伤限制于切口附近。

5.7 在制备具有焊缝的试样时，其焊缝应位于试样的中部，且平行于试样的最长边。

5.8 试样的切边应采用在所选择的腐蚀环境中稳定的适当涂料进行保护，可以采用色漆、清漆、磁漆，或采用蜡、胶带进行保护。

当必须检验未保护边缘对腐蚀的影响时，切割边缘应保持未保护状态。

5.9 试样要做标记。标记应在整个试验周期内清晰、耐久，且应对试验结果无影响。

5.10 对比试样用来与取出的试样作对比，对比试样应在整个试验周期内都存放于防腐蚀条件下。该防腐蚀条件应在试验方案中予以规定。

5.11 试样数量取决于试验的总时间、试验过程中试样取出和检查的频率及试验方案中规定的试验试样的数量和对比试样的数量。

5.12 平行试验的试样不得少于三个；至少还应有一个对比试样。

6 设备要求

6.1 试验应在专门的容器或箱中进行。容器或箱的尺寸应保证气氛分布均匀和条件一致。箱顶部的形状要能保证潮气和喷雾溶液所凝聚成的液滴不致滴落到试验中的试样上。

6.2 在整个试验期间，箱内暴露区域应保持所确定的运行条件。

6.3 应控制所确定的试验条件。除凝露试验外，应自动记录温度和相对湿度。腐蚀介质浓度应自动记录或定期测定。

6.4 不推荐在同一试验箱内做不同腐蚀介质的试验。

6.5 用挥发性缓蚀剂保护的试样，应在专门的试验箱内进行试验。进行这类以评价挥发性缓蚀剂保护效果为目的的试验前，应把先前试验中残留于试验箱内的挥发性缓蚀剂除尽。

6.6 箱体的内表面、门和孔的密封垫、信号传感设备和仪器、试验用的和试样用的装置，凡是同腐蚀介质接触的部位均要用耐试验气氛腐蚀的材料制作。

6.7 为保证整个试验箱内运行条件一致，必要时可以安装空气循环系统。

6.8 在启动时，应能以至少1℃/min的升温速度使箱内温度升高。

6.9 箱内的相对湿度应用潮湿空气来调节。产生潮湿空气的水只能用蒸馏水或去离子水。禁止用盐溶液产生试验箱内相对湿度。

6.10 从启动至达到规定的箱内相对湿度值所需时间不应超过1h。

6.11 箱内温度和相对湿度的控制精确度应分别为±2℃和±5%。

6.12 如果进行盐雾试验或盐水滴腐蚀试验，则所采用供气的压力、温度、湿度应符合GB/T 10125和JB/T 7702的规定。

提供喷雾的空气应不含任何油迹或固体物质。必要时应测定喷雾溶液成分，溶液在整个试验箱容积内应均匀分布。

检验溶液分布均匀性的方法和允许误差见GB/T 10125和JB/T 7702。

6.13 当使用气体腐蚀介质（如二氧化硫）时，要检验箱内腐蚀气体的浓度和流量的均匀性。检验的方法和允许误差见GB/T 9789。

7 试样的准备

7.1 试验前试样的处理

试验前，无论有无金属和其他无机覆盖层的试样表面，都应用惰性脱脂剂脱脂。

7.2　试验前试样的检验

7.2.1　试验前，应检查试样。

暂时性防蚀保护的试样，在实施涂覆前应检查试样表面。经过存放的试样，试验前要检查其腐蚀情况。

7.2.2　以表面外观变化评定其腐蚀行为的试样，应按照5.3~5.5的要求检查。

应记录下列关于表面外观变化的情况：颜色、表面失光、有关各方允许的可见腐蚀缺陷的存在及分布。为了测定缺陷的数量及分布，应将柔软透明材料划成网格覆盖在试样上。如用塑料作为网丝材料应符合GB/T 9798附录C的规定，丝网的经纬线将试样表面划分为若干5mm×5mm的方格，然后从左上角开始逐个计数每一方格。应分别记录试样两面的检查结果。

7.2.3　以质量变化评定腐蚀行为时，应测量试样表面积，然后试样应在含适当干燥剂的干燥器中至少存放24h后称重：

质量≤200g的试样，精确到0.001g；

质量>200g的试样，精确到0.01g。

7.2.4　试样的其他原始特征应根据所选用的试验结果评定标准来确定。

7.3　试样在试验箱中的放置

7.3.1　试样应放置在试验箱内腐蚀环境符合试验条件所规定的全部参数的区域。

不允许冷凝的液珠和试验溶液从箱的上部或上面的试样滴落到下面的试样上。

试样的摆放应不致使彼此间发生保护作用而抵消环境的影响。

试验箱的每立方米容积内容纳的试样总面积不应超过0.75m^2。

7.3.2　根据试验方法，试样应采用垂直或与垂直面呈15°~30°放置。带焊缝的试样，应将焊缝与试验箱底面垂直或与箱底呈15°~30°放置。

试样之间的距离不应小于20mm，试样的最下边缘距试验箱底部不应小于200mm。

7.3.3　考虑到试验条件，固定试样的夹具应用惰性材料制作，试样应适当固定牢固。

试样与夹具的接触面积应尽可能小。夹具不应导致电偶效应或试样污染。

8　规程

8.1　试验持续时间

8.1.1　每一试验方法试验的总时间取决于试验目的，受试金属、合金和保护方法的特点，以及所选择的对腐蚀行为的评价标准和方法。

推荐的试验暴露期为：24、48、96、240、480、720、2016h。

8.1.2　应在所有规定的运行条件都符合时才将试样放入试验箱，并从此刻开始记录试验持续时间。

8.1.3　试验被迫中断及定期检查和取出试样的时间，不应计算在试验暴露期内。

8.2　试验期间试样取出和检查的频率

8.2.1　根据试验方案，在试验期间所有试样都应被检查，其中有些应被取出。

8.2.2　定期检查时应从箱内取出试样，检查后再放回原处继续试验。检查时应避免损伤试样。

8.2.3　试验结束后，经试验的试样应立即存放于有干燥剂的干燥器内，防止试样发生进一步腐蚀。

8.3 试验后试样的表面处理

试验后试样表面的处理应与所选定的由 9.1 给出的试验结果评定判据相匹配。

9 试验结果的评定

9.1 评定有和无防蚀措施的金属和合金的耐蚀性的判据，主要有：

a）试验期间试样外观的变化；

b）基体金属或覆盖层首次出现局部腐蚀所经历的时间；

c）腐蚀缺陷的数量及分布；

d）质量变化（见 JB/T 6074）；

e）尺寸变化（主要是厚度）；

f）力学、电、光学和其他性能的变化。

9.2 采用何种评定方法，取决于受试金属、合金和防护方法的要求以及试验方法和目的。可采用适当的国家标准，如 GB/T 6461、GB/T 9798 的附录 C 和 GB/T 13452.4，或由试验方案规定的评定方法。

10 试验报告

试验报告应包括下列内容：

a）试验目的；

b）试验方法，包括对腐蚀环境的化学成分和试验运行条件的说明；

c）试样的标识及描绘（化学成分，形状和尺寸，处理方法：化学的、热的、机械的，覆盖层的类型及其厚度）；

d）经试验的试样的已知特征；

e）试验暴露期；

f）试验持续时间及试验循环数；

g）试验中试样的放置方法和固定试样所采用的材料；

h）经试验的试样表面腐蚀变化的评定结果，包括定性和定量的评定。尽可能附上试验试样的照片。

其他数据是否写入试验报告，取决于试验方法和目的，以及所选用的试验结果评定判据。

第二节 人造气氛腐蚀试验 盐雾试验

一、概论

1. 盐雾腐蚀

盐雾腐蚀是一种常见的大气腐蚀现象，盐雾中的主要腐蚀成分是氯化物盐，主要来自海洋及内地盐碱地区。盐雾腐蚀是由于氯离子穿透金属表面的氧化层和防护层与内部金属发生电化学反应引起的。同时，氯离子含有一定的水合能，易被吸附在金属表面的孔隙、裂缝，排挤并取代氧化层中的氧，把不溶性的氧化物变成可溶性的氯化物，使钝化态表面变成活泼表面。

2. 盐雾试验

盐雾试验是利用具有一定容积空间的盐雾试验箱人工模拟沿海环境大气条件来考核金属和覆盖层耐蚀性的环境试验，是一种常用的实验室人工加速腐蚀试验方法。根据试验条件的不同，盐雾试验可分为中性盐雾（NSS）、乙酸盐雾（AASS）和铜加速乙酸盐雾（CASS）三种方法，选择哪种盐雾试验方法取决于金属基材、覆盖层的种类及试验需求。

中性盐雾试验（NSS）是在受控环境下将5%（质量分数）氯化钠中性溶液进行雾化的一种方法，试验温度为35℃±2℃，pH值（收集溶液）6.5~7.2；乙酸盐雾试验（AASS）是在受控环境下将加入冰乙酸的5%（质量分数）氯化钠酸性溶液进行雾化的一种试验方法，试验温度为35℃±2℃，pH值（收集溶液）3.1~3.3；铜加速乙酸盐雾试验（CASS）是在受控环境下将加入氯化铜和冰乙酸的5%（质量分数）氯化钠酸性溶液进行雾化的一种试验方法，试验温度为50℃±2℃，pH值（收集溶液）3.1~3.3。

盐雾试验适用对象和试验条件见表5.2-1。

表5.2-1　盐雾试验适用对象和试验条件

试验方法			中性盐雾试验	乙酸盐雾试验	铜加速乙酸盐雾试验
适用对象			金属及其合金、金属覆盖层、转化膜、阳极氧化膜及金属基体上的有机覆盖层	铜+镍+铬或镍+铬装饰性镀层、铝的氧化膜和有机覆盖层	铜+镍+铬或镍+铬装饰性镀层、铝的氧化膜和有机覆盖层
试验温度/℃			35±2	35±2	50±2
喷雾压力/kPa	70	饱和塔水温/℃	45	45	61
	84		46	46	63
	98		48	48	64
	112		49	49	66
	126		50	50	67
	140		52	52	69
	160		53	53	70
	170		54	54	71
试验溶液的浓度/(g/L)			氯化钠:50±5	氯化钠:50±5	氯化钠:50±5 二水合氯化铜:0.26±0.02 (或无水氯化铜0.205±0.015)
调节pH值用溶液			用分析纯盐酸、氢氧化钠或碳酸氢钠配置的溶液进行调整	用分析纯冰乙酸、氢氧化钠或碳酸氢钠配置的溶液进行调整	用分析纯冰乙酸、氢氧化钠或碳酸氢钠配置的溶液进行调整
氯化钠溶液的浓度(收集液)/(g/L)			50±5	50±5	50±5
pH值(收集液)			6.5~7.2	3.1~3.3	3.1~3.3
80cm² 水平面积的平均沉降量/(mL/h)			1.5±0.5	1.5±0.5	1.5±0.5

3. 盐雾试验标准

盐雾试验作为考核被测试材料抗盐雾腐蚀能力的重要手段，试验结果的科学性、合理性至关重要。影响盐雾试验结果稳定性和一致性的因素很多，要提高盐雾试验结果的有效性，试验技术及制定统一的试验方法标准是关键。鉴于此，国际标准化组织、其他国家标准化组织、各行业组织等均制定了盐雾试验标准，我国于1997年首次发布了《人造气氛腐蚀试验 盐雾试验》标准，2012年第一次修订，2021年第二次修订。GB/T 10125—2021《人造气氛腐蚀试验 盐雾试验》修改采用ISO 9227：2017《人造气氛腐蚀试验 盐雾试验》，于2021年8月20日发布，2022年3月1日实施。

二、标准主要特点与应用说明

1. 标准的编制说明及主要技术变化

与ISO 9227：2017相比，GB/T 10125—2021在结构上有较多调整，标准的附录A列出了与ISO 9227：2017结构调整对照表；标准与ISO 9227：2017相比存在部分技术性差异，标准的附录B给出了相应技术差异和原因一览表。

GB/T 10125—2021代替GB/T 10125—2012，与2012年版相比，除结构调整和编辑性改动外，主要技术变化如下：

——增加了乙酸盐雾试验、铜加速乙酸盐雾试验的适用范围和该标准不适用的范围（见第1章）；

——更改增加了规范性引用文件（见第2章，2012年版第2章）；

——增加了第3章“术语和定义”；

——增加了第4章“原理”；

——更改了溶液配置所用氯化钠重金属杂质含量的控制要求（见5.1，2012年版的3.1）；

——更改了收集喷雾溶液pH值得测量方法（见5.2，2012年版的3.2）；

——增加了对试样支架的要求（见6.1）；

——删除了盐雾试验箱的容积不小于$0.4m^3$的要求（见2012年版的4.2）；

——增加了对盐雾箱喷雾的新要求（见6.2）；

——更改了温度测量区位置的要求（见6.3，2012年版的4.3）；

——增加了喷雾压力的推荐值（见6.4.2）；

——更改了压缩空气湿化使用设备的要求（见6.4.3，2012版的4.4）；

——增加了160MPa和170MPa喷雾压力下饱和塔热水温度的指导值（见表1）；

——增加了获得温度、连续、均匀喷雾的操作方法（见6.4）；

——增加了盐雾箱试验后清洗的注意事项（见6.6）；

——更改了钢参比试样的适用数量和处理方法（见7.2，2012年版的5.2.1、5.3.1、5.4.1）；

——更改了盐雾箱内放置钢参比试样数量和对盐雾箱验证方法的要求（见7.3，2012年版的5.2.2、5.3.2、5.4.2）；

——删除了试验时间（见2012年版的5.2.2、5.3.2、5.4.2）；

——删除了ISO 8407规定的钢腐蚀产物清除方法（见2012年版的5.2.3、5.3.3、5.4.3）；

——更改了对中性盐雾、乙酸盐雾、铜加速乙酸盐雾试验的盐雾箱性能评定方法的书写格式（见第7章，2012年版的第5章）；
——增加了盐雾箱参数设定值要求（见表3）；
——增加了盐雾收集溶液浓度和pH值测量的注意事项（见10.2）；
——增加了盐雾沉降速率测试频率推荐值（见10.3）；
——增加了氯化钠溶液浓度和pH值波动的防止方法（见10.5）；
——更改了试验周期的推荐值（见11.1，2012年版的9.1）；
——增加了试验期间每天盐雾箱打开时间不超过1h的规定（见11.2）；
——增加了试验后试样处理的方法概述（见12.1）；
——更改了盐雾箱的设计简图（见图C.1、图C.2，2012年版的附录A的图A.1、图A.2）；
——更改了盐雾箱内放置锌参比试样的数量和对盐雾箱验证方法的要求（见D.1、D.2，2012年版的B.1、B.2）；
——更改了有机覆盖层试验试样划痕之间距离值（见E.4，2012年版的C.4）；
——更改了附录G中国外标准年代号（见附录G，2012年版的附录E）；
——删除了附录NA（2012年版的附录NA）。

2. 标准的主要内容及特点

（1）盐雾试验的适用范围　标准规定了中性盐雾（NSS）、乙酸盐雾（AASS）和铜加速乙酸盐雾（CASS）试验使用的设备、试剂、试验方法和评估试验箱环境腐蚀性的方法，可用于评价金属材料和覆盖层的耐蚀性，被测试对象可以是具有永久性或暂时性防腐蚀性能的，也可以是不具有永久性或暂时性防腐蚀性能的。标准适用于检测金属及其合金、金属覆盖层、有机覆盖层、阳极氧化膜和转化膜的不连续性，如孔隙率及其缺陷，不适用于对不同材料进行有耐蚀性的排序或预测试验材料的长期耐蚀性。

中性盐雾试验适用于金属及其合金、金属覆盖层、转化膜、阳极氧化膜及金属基体上的有机覆盖层，乙酸盐雾试验和铜加速乙酸盐雾试验适用于铜+镍+铬或镍+铬装饰性镀层，也适用于铝的氧化膜和有机覆盖层。

（2）盐雾试验的技术要求　标准从氯化钠溶液的配置、调整pH值、过滤等方面对试验溶液提出了技术要求和规定；从试验箱组件防护、盐雾箱、加热和温控装置、喷雾装置、盐雾收集器、试验箱再次使用等方面对试验设备提出了技术要求和规定；对中性盐雾、乙酸盐雾和铜加速乙酸盐雾的试验温度、盐雾平均沉降量、收集液的浓度和pH值等试验条件提出了技术要求和规定。

标准对盐雾试验的试样提出了统一要求，包括试样的类型、数量、尺寸、制备、试验前的清洗和限制，对切割试样也提出了保护要求。试验时，试样表面在盐雾箱中的放置角度非常重要，标准规定无论是规则的平板试样还是不规则的工件试样，在盐雾箱中被试表面与垂直方向成15°~25°，并尽可能成20°，试样不应放在盐雾直接喷射的位置，可以放在不同水平面上，但不能接触箱体，也不能互相接触。标准对试样间的距离、换位要求、试验支架都提出了技术要求和规定。

（3）盐雾试验的运行要求　盐雾箱运行期间，每天应检查盐雾沉降量，用过的喷雾溶液不应重复使用。在试验过程中，应有措施防止氯化钠溶液浓度和pH值波动。标准推荐了一般试验周期，应尽量减少试验中断，每天打开盐雾箱的总时间不应超过1h。开箱检查试样时，不应干扰被试表面。

（4）盐雾箱性能评价方法　为了检验试验设备或不同实验室间同类设备试验结果的再现性和重复性，采用参比试样评价盐雾箱性能的方法。在固定操作中，评价盐雾箱性能的合适的时间间隔为3个月。一般采用钢参比试样评价盐雾箱腐蚀性能，高纯锌参比试样可作为钢参比试样的补充。盐雾箱性能评价非常重要，这将直接关系到试验结果的有效性。若参比试样的质量损失在标准中表2或表D.1允许范围内，则验证该试验箱的性能满足要求。

3. 标准的应用说明

盐雾试验可用于有或无防腐蚀保护金属材料相对质量的检验，可作为快速评价有机或无机覆盖层的不连续性、孔隙及破损等缺陷的试验方法，也可作为具有相同防腐蚀体系试样的工艺质量比较。比较试验只适用于同一种基材和覆盖层，不同的金属基材和覆盖层不能根据盐雾试验对其耐蚀性进行直接比较。

影响金属腐蚀的因素是多方面的，单一的抗盐雾腐蚀性能不能代替抗其他介质腐蚀的性能，盐雾试验结果不能作为被测试对象在所有使用环境中抗腐蚀性能的直接指南。由于在实际环境中耐蚀性和在盐雾试验中的耐蚀性明显不同，故而从盐雾试验的比较结果得出的不同防腐蚀体系的长期腐蚀行为是不可靠的。

盐雾试验结果评价标准和方法主要有外观的评价、腐蚀缺陷的评价、出现腐蚀的时间、质量变化、显微形貌变化以及力学变化等方面，采用何种评价方法，取决于受试对象、防护方法和试验目的。

三、标准内容（GB/T 10125—2021）

人造气氛腐蚀试验　盐雾试验

1　范围

本文件规定了中性盐雾（NSS）、乙酸盐雾（AASS）和铜加速乙酸盐雾（CASS）试验使用的设备、试剂和方法。本文件也规定了评估试验箱环境腐蚀性的方法。

本文件适用于评价金属材料及覆盖层的耐蚀性，被测试对象可以是具有永久性或暂时性防蚀性能的，也可以是不具有永久性或暂时性防蚀性能的。

本文件未规定试验试样尺寸和类型，特殊产品的试验周期和结果解释，这些内容参见相应的产品规范。

本文件适用于检测金属及其合金、金属覆盖层、有机覆盖层、阳极氧化膜和转化膜的不连续性，如孔隙及其他缺陷。

中性盐雾试验适用于：

——金属及其合金；

——金属覆盖层（阳极性或阴极性）；

——转化膜；

——阳极氧化膜；

——金属基体上的有机覆盖层。

乙酸盐雾试验适用于铜+镍+铬或镍+铬装饰性镀层，也适用于铝的阳极氧化膜和有机覆盖层。

铜加速乙酸盐雾试验适用于铜+镍+铬或镍+铬装饰性镀层，也适用于铝的阳极氧化膜和有机覆盖层。

这些方法都适用于金属材料具有或不具有腐蚀保护时的质量检查，不适用于对不同材料进行有耐蚀性的排序或预测试验材料的长期耐蚀性。

2　规范性引用文件

下列文件中的内容通过文中的规范性引用而构成本文件必不可少的条款。其中，注日期的引用文件，仅该日期对应的版本适用于本文件；不注日期的引用文件，其最新版本（包括所有的修改单）适用于本文件。

GB/T 6461　金属基体上的金属和其他无机覆盖层　经腐蚀试验后试样和试件的评级（GB/T 6461—2002，ISO 10289：1999，IDT）

GB/T 9271　色漆和清漆　标准试板（GB/T 9271—2008，ISO 1514：2004，MOD）

GB/T 10123　金属和合金的腐蚀　基本术语和定义（GB/T 10123—2001，eqv ISO 8044—1999）

GB/T 13452.2　色漆和清漆　漆膜厚度的测定（GB/T 13452.2—2008，ISO 2808：2007，IDT）

GB/T 16545　金属和合金的腐蚀　腐蚀试样上腐蚀产物的清除（GB/T 16545—2015，ISO 8407：2009，IDT）

GB/T 30786　色漆和清漆　腐蚀试验用金属板涂层划痕标记导则（GB/T 30786—2014，ISO 17872—2007，IDT）

GB/T 30789.1　色漆和清漆　涂层老化的评价　缺陷的数量和大小以及外观均匀变化程度的标识　第1部分：总则和标识体系（GB/T 30789.1—2015，ISO 4628-1：2003，IDT）

GB/T 30789.2　色漆和清漆　涂层老化的评价　缺陷的数量和大小以及外观均匀变化程度的标识　第2部分：起泡等级的评定（GB/T 30789.2—2014，ISO 4628-2：2003，IDT）

GB/T 30789.3　色漆和清漆　涂层老化的评价　缺陷的数量和大小以及外观均匀变化程度的标识　第3部分：生锈等级的评定（GB/T 30789.3—2014，ISO 4628-3：2003，IDT）

GB/T 30789.4　色漆和清漆　涂层老化的评价　缺陷的数量和大小以及外观均匀变化程度的标识　第4部分：开裂等级的评定（GB/T 30789.4—2015，ISO 4628-4：2003，IDT）

GB/T 30789.5　色漆和清漆　涂层老化的评价　缺陷的数量和大小以及外观均匀变化程度的标识　第5部分：剥落等级的评定（GB/T 30789.5—2015，ISO 4628-5：2003，IDT）

GB/T 30789.8　色漆和清漆　涂层老化的评价　缺陷的数量和大小以及外观均匀变化程度的标识　第8部分：划线或其他人造缺陷周边剥离和腐蚀等级的评定（GB/T 30789.8—2015，ISO 4628-8：2003，IDT）

ISO 3574　商业级和冲压级的冷轧碳素钢薄板（Cold-reduced carbon steel sheet of commercial and drawing qualities）

ISO 4623-2：2016　色漆和清漆　铝及铝合金表面涂膜的耐丝状腐蚀试验（Paints and varnishes—Determination of resistance to filiform corrosion—Part 2：Aluminium substrates）

ISO 8993　铝和铝合金阳极氧化　点蚀评价的评级体系　图表法（Anodizing of aluminium and its alloys—Rating system for the evaluation of pitting corrosion—Chart method）

3 术语和定义

GB/T 10123 界定的以及下列术语和定义适用于本文件。

3.1 参比材料 reference material

具有已知测试性能的材料。

3.2 参比试样 reference specimen

参比材料（3.1）的一部分，是为检查所用试验箱的试验结果的再现性和重复性。

3.3 试验试样 test specimen

样品上进行试验的特定部分。

3.4 替代试样 substitute specimen

惰性材料（如塑料或玻璃）制成的试样，用于试验试样（3.3）的替代。

4 原理

4.1 中性盐雾试验（NSS）是在受控环境下将5%氯化钠中性溶液进行雾化的一种试验方法。

4.2 乙酸盐雾试验（AASS）是在受控环境下将加入冰乙酸的5%氯化钠酸性溶液进行雾化的一种试验方法。

4.3 铜加速乙酸盐雾试验（CASS）是在受控环境下将加入氯化铜和冰乙酸的5%氯化钠酸性溶液进行雾化的一种试验方法。

5 试验溶液

5.1 氯化钠溶液配制

5.1.1 在温度为25℃±2℃时，电导率不高于20μS/cm的蒸馏水或去离子水中溶解氯化钠，配制成浓度为50g/L±5g/L的溶液。所收集的喷雾液浓度应为50g/L±5g/L。在25℃时，配制的溶液相对密度在1.029~1.036范围内。

5.1.2 氯化钠中的铜、镍、铅等重金属总含量应低于0.005%（质量分数）。氯化钠中碘化钠含量应不超过0.1%（质量分数）或以干盐计算的总杂质应不超过0.5%（质量分数）。

注：含有防结块剂的氯化钠可促进或抑制腐蚀。

5.2 调整pH值

5.2.1 氯化钠溶液的pH值

根据收集的喷雾溶液的pH值调整氯化钠溶液pH到规定值。

5.2.2 中性盐雾试验（NSS试验）

试验溶液（5.1）的pH值应调整至使盐雾箱（6.2）收集的喷雾溶液的pH值在25℃±2℃时处于6.5~7.2之间。用电位pH计测量pH值，pH值的测量应采用适用于弱缓冲氯化钠溶液（溶于去离子水）的电极。溶液的pH值用分析纯盐酸、氢氧化钠或碳酸氢钠配制的溶液进行调整。

注：喷雾时溶液中二氧化碳损失可能导致pH值变化。采取相应措施，例如，将溶液加热到超过35℃，才送入仪器或由新的沸腾水配制溶液，以降低溶液中的二氧化碳含量。

5.2.3 乙酸盐雾试验（AASS试验）

在按5.1制备的氯化钠溶液中加入适量的冰乙酸（CH_3COOH），以保证盐雾箱（6.2）内收集液的pH值在25℃±2℃时处于3.1~3.3之间。如初配制的溶液pH值为3.0~3.1，则收集液的pH值一般在指定的范围内。用电位pH计测量pH值，pH值的测量应采用适用于弱缓冲氯化钠溶液（溶于去离子水）的电极。溶液的 pH 值用分析纯冰乙酸（CH_3COOH）、氢氧化钠（NaOH）或碳酸氢钠（$NaHCO_3$）配制的溶液进行调整。

5.2.4 铜加速乙酸盐雾试验（CASS 试验）

在按 5.1 制备的盐溶液中，加入二水合氯化铜（$CuCl_2 \cdot 2H_2O$），其浓度为 0.26g/L±0.02g/L [即 0.205g/L±0.015g/L 无水氯化铜（$CuCl_2$）]。溶液的 pH 值调整方法与 5.2.3 相同。

5.3 过滤

如有必要，将溶液过滤后再加入设备的贮槽中，以清除任何可能堵塞装置喷淋孔的固体物质。

6 试验设备

6.1 组件防护

6.1.1 与盐雾或试验溶液接触的所有组件均应由耐蚀且不影响溶液腐蚀性的材料制成。

6.1.2 试验试样支架应使不同类型的基材互不影响，且支架本身应不影响试验试样。

6.2 盐雾箱

6.2.1 箱体内喷雾应均匀分布。对于容量小于 $0.4m^3$ 的箱体，由于受容量限制，应仔细考虑箱体的装载量对喷雾分布和温度的影响。盐雾不应直接喷到试验试样上，而应分布于整个箱体，自然降落到试验试样上。箱体顶部设计应避免试验时聚积的溶液滴落到试验试样上。

6.2.2 盐雾箱的形状和尺寸应能使箱内溶液的收集速率符合 10.3 规定。

6.2.3 基于环保考虑，设备宜采用适当方式处理废气、废液。

注：盐雾箱设计简图参见附录 C（见图 C.1 和图 C.2）。

6.3 加热和温控装置

加热系统保持箱内温度达到 10.1 规定。温度测量区距箱内壁和热源应不小于 100mm。

6.4 喷雾装置

6.4.1 喷雾装置由一个压缩空气供给器、一个盐水槽和一个或多个喷雾器组成。

6.4.2 供应到喷雾器的压缩空气应通过过滤器，去除油质和固体颗粒。喷雾压力应控制在 70kPa~170kPa 范围内。压力值通常为 98kPa±10kPa，但可根据使用的箱体和喷雾器的类型而改变。

6.4.3 为防止雾滴（气溶胶）中水分蒸发，空气在进入喷雾器前应通过合适的加湿器加湿。加湿空气应饱和，沉降溶液浓度应在 5.1 规定范围内。加湿的空气也应加热，使其与氯化钠溶液混合时不会对箱内温度产生明显的扰动。根据使用的压力和喷嘴的类型选择合适的温度。单独或同时调节温度、压力或湿度，使箱内盐雾沉降率和收集液的浓度符合 10.3 规定。常用的加湿器是饱和塔，其温度和压力是可控的。表 1 给出了不同喷雾压力下饱和塔水温的指导值。

表 1 饱和塔水温的指导值

喷雾压力/kPa	当进行不同类型的盐雾试验时，饱和塔热水温度的指导值/℃		
	中性盐雾试验(NSS)	乙酸盐雾试验(AASS)	铜加速乙酸盐雾试验(CASS)
70	45	45	61
84	46	46	63

（续）

喷雾压力/kPa	当进行不同类型的盐雾试验时，饱和塔热水温度的指导值/℃		
	中性盐雾试验（NSS）	乙酸盐雾试验（AASS）	铜加速乙酸盐雾试验（CASS）
98	48	48	64
112	49	49	66
126	50	50	67
140	52	52	69
160	53	53	70
170	54	54	71

6.4.4 喷雾器应由惰性材料制成。挡板能防止喷雾对试验试样的直接影响，使用可调挡板可使箱体内喷雾均匀。使用带有喷雾器的分散塔也可达到同样目的。

6.4.5 供给喷嘴的氯化钠溶液应保持稳定，以确保如10.3所述沉降的连续、均匀。可通过控制储液箱中氯化钠溶液的液位或氯化钠溶液向喷嘴的流量实现连续稳定的喷雾。

6.4.6 应使用电导率在25℃±2℃时不超过20μS/cm的蒸馏水或去离子水对喷雾空气加湿。

6.5 盐雾收集器

箱体内应至少放置两个盐雾收集器用于检查喷雾的均匀性。收集器用玻璃等惰性材料制成漏斗形状，直径为100mm，收集面积约80cm^2，漏斗管插入带有刻度的容器中。收集器应放置在箱体内摆放试验试样的区域，一个靠近喷嘴，一个远离喷嘴，收集的应仅是盐雾，而不是试样或箱体其他部位滴下的液体。

6.6 再次使用

如果试验箱曾用于AASS或CASS试验，或其他与NSS不同的溶液，不应直接用于NSS试验。如要再次使用，应彻底清洗盐雾箱，按照5.2.2的方法检验收集液的pH值，按照第7章的方法验证盐雾箱的性能，以使其不受之前试验的影响。

注：将曾用于AASS或CASS试验的试验箱清洗干净以进行NSS试验是非常困难的。

7 评价盐雾箱性能的方法

7.1 总则

7.1.1 为了检验试验设备或不同实验室里同类设备试验结果的再现性和重复性，应定期对设备按7.2~7.4规定验证。

注：在固定的操作中，评价盐雾箱性能的合适时间间隔一般为3个月。

7.1.2 应采用钢参比试样确定试验的腐蚀性。

7.1.3 作为钢参比试样的补充，高纯锌参比试样可以进行试验，并参照附录D的规定确定腐蚀性能。

7.2 参比试样

7.2.1 参比试样至少采用4块符合ISO 3574的CR4级冷轧碳素钢板，其板厚1.0mm±0.2mm，参比试样尺寸为150mm×70mm。表面应无缺陷，即无孔隙、划痕及氧化色（表面粗糙度轮廓的算术平均偏差Ra=0.8μm±0.3μm）。从冷轧板或带上截取试样。

注：本文件钢参比试样所用的标准牌号与国内外标准牌号的近似对照表见附录G。

7.2.2 参比试样经小心清洗后立即投入试验。除按8.2和8.3规定之外，还应清除一切尘埃、油或影响试验结果的其他外来物质。

7.2.3　采用清洁的软刷、没有残留物的软布、无纺无绒布或超声清洗装置，用适当有机溶剂（沸点在60℃~120℃之间的碳氢化合物）彻底清洗参比试样。在装满溶剂的容器中进行清洗。清洗后，用新溶剂漂洗试样，然后干燥。

7.2.4　清洗后的参比试样吹干称重，精确到±1mg，然后用可去除的覆盖层，如可剥性塑料膜，保护参比试样背面。参比试样的边缘也可用胶带进行保护。

7.3　参比试样的放置

7.3.1　在箱内四角至少放置4块参比试样（如果是6块试样，那么将它们放置在包括四角在内的六个不同的位置上），未保护一面朝上并与垂直方向成20°±5°的角度。用惰性材料（例如塑料）制成或涂覆参比试样架。参比试样的下边缘应与盐雾收集器的上部处于同一水平。

7.3.2　在试样试验期间，应对试验箱进行检查。此时，应特别注意试样之间不相互影响。否则，试验箱内应装上替代试样以保持箱体的均匀性。验证程序应使用与测试运行相同的设置来执行。

7.4　测定质量损失（单位面积质量）

7.4.1　按照表2，试验周期结束后应立即取出参比试样，除掉试样背面的保护膜，按GB/T 16545规定的物理及化学方法去除腐蚀产物。一种可供选择的化学清洗方法是在23℃下于20%（质量分数）分析纯柠檬酸氢二铵［$(NH_4)_2HC_6H_5O_7$］水溶液中浸泡10min。

7.4.2　浸泡后，在室温下用水彻底清洗试样，再用乙醇清洗，然后干燥。

7.4.3　参比试样称重精确到1mg。将测定的质量损失除以参比试样的暴露表面积，得出单位面积质量损失。

7.4.4　每次清除腐蚀产物时，建议使用新配制的溶液。

7.5　满足要求的盐雾箱性能

如果钢参比试样的质量损失在表2所示的允许范围内，则该试验箱的性能满足要求。

注：锌参比试样见附录D。

表2　盐雾箱性能验证时钢参比试样的质量损失允许范围

试验方法	试验周期/h	质量损失允许范围/(g/m^2)
NSS	48	70±20
AASS	24	40±10
CASS	24	55±15

8　试验试样

8.1　试验试样的类型、数量、形状和尺寸，应根据被试材料或产品有关规范选择，若无规范，有关双方可以协商确定。除非另有规定或商定，用于试验的有机覆盖层试板应由符合GB/T 9271规定的抛光钢板制成，尺寸约为150mm×100mm×10mm。附录E描述了有机覆盖层试板的制备。附录F给出了有机覆盖层试板测试需要的补充信息。

8.2　如果没有其他规定，试验前试验试样应彻底清洗干净，清洗方法取决于试验试样材料性质、试验试样表面及其污物，清洗不应采用可能浸蚀试验试样表面的磨料或溶剂。试验试样清洗后应注意避免再次污染。

8.3 如果试验试样是从带有覆盖层的工件上切割下来的，不能损坏切割区附近的覆盖层。除另有规定外，应使用适当的覆盖层如油漆、石蜡或胶带等对切割区进行保护。

9 试验试样放置

9.1 试验试样不应放在盐雾直接喷射的位置。

9.2 试验试样表面在盐雾箱中的放置角度是非常重要的。试验试样原则上是平板，在盐雾箱中被试表面与垂直方向成15°~25°，并尽可能成20°。对于不规则的试验试样，例如整个工件，也应尽可能接近上述规定。

9.3 试验试样可以放置在箱内不同水平面上，但不能接触箱体，也不能相互接触。试验试样之间的距离应不影响盐雾自由降落在被试表面上，试验试样或其支架上的液滴不得落在其他试验试样上。对检查后总的试验周期超过96h的试验试样，可允许换位。

9.4 试验试样支架应用惰性的非金属材料制成。如果必须悬挂试验试样，所用材料不能用金属，而应用人造纤维，棉纤维或其他绝缘材料。

10 试验条件

10.1 试验条件见表3。

表3 试验条件

试验方法	中性盐雾试验(NSS)	乙酸盐雾试验(AASS)	铜加速乙酸盐雾试验(CASS)
温度/℃	35±2	35±2	50±2
$80cm^2$的水平面积的平均沉降率/(mL/h)	1.5±0.5		
氯化钠溶液的浓度(收集溶液)/(g/L)	50±5		
pH值(收集溶液)	6.5~7.2	3.1~3.3	3.1~3.3

注：给出的正负偏差是允许的波动，即在平衡条件下控制设定值与传感器设置的正负偏差。这并不意味着设定值可随给定值的正负偏差而变化。

10.2 由于空载和满载的试验箱表现不同，检查与试验期间装载量类似的试验箱的盐雾沉降率和其他试验条件，装载量应与试验期间类似。当确认试验条件在规定范围内后，停止喷雾，将试验试样置于盐雾箱内并开始试验。收集的溶液在箱内蒸发会对浓度和pH值产生影响，应注意只测量没有明显蒸发的溶液。

10.3 每个收集装置（6.5）中收集溶液的氯化钠浓度和pH值应在表3给出的范围内。盐雾沉降的速度应在连续喷雾至少24h后测量。推荐盐雾箱运行期间，每天检查盐雾沉降量。

10.4 用过的喷雾溶液不应重复使用。

10.5 在试验过程中，氯化钠溶液容器应装有盖子以防止灰尘或其他污染物影响溶液，并防止氯化钠溶液浓度和pH值波动。

11 试验周期

11.1 试验周期应根据被试材料或产品的有关标准选择。若无标准，可由相关方协商约定。推荐的试验周期为2h、6h、24h、48h、96h、168h、240h、480h、720h、1008h。

11.2 应尽量减少试验中断。只有当需要短暂观察试验试样和因无法从箱体外补充氯化钠溶液而对贮槽中的氯化钠溶液进行补充时才能打开盐雾箱。每天打开盐雾箱的总时间应不超过1h。

11.3　如果试验终止取决于开始出现腐蚀的时间，应按照11.2要求经常检查试验试样。

11.4　可定期目视检查预定试验周期的试验试样，但在检查过程中，不应干扰被试表面，开箱时间应是观察和记录任何可见变化所必需的最短时间。

12　试验后试验试样的处理

12.1　概述

试验后如何处理试验试样应包括在客户提供的试验规范或材料规范中。在开始试验前，应与试验各方协商一致。

12.2　非有机覆盖层试验试样：金属和/或无机涂层

试验结束后取出试验试样，为减少腐蚀产物的脱落，试验试样在清洗前放在室内自然干燥0.5h~1h，然后用温度不高于40℃的清洁流动水轻轻清洗以除去试验试样表面残留的盐雾溶液，接着在距离试验试样约300mm处用气压不超过200kPa的空气立即吹干。

注：可以采用GB/T 16545所述的方法处理试验后的试样。

12.3　有机覆盖层试验试样

12.3.1　有划痕的有机覆盖层试验试样

将试验试样从盐雾箱中取出后，直接用自来水冲洗有机覆盖层试验试样表面。可用软海绵去除划痕处的污垢和盐残留物，但不能去除可评估的腐蚀现象。可采用下列方法去除划痕标记处周围的剥层区域。

a）用刀去除。用一定角度的刀片去除松散涂层，将刀片置于涂层与基体之间界面处，使涂层剥离基体。

b）用胶带去除。

注：根据涂层的种类和在潮湿条件下的性能去除有机覆盖层。如经相关方同意，可将试验试样在室温下干燥24h后按a）、b）方法处理。

12.3.2　无划痕的有机覆盖层试验试样

应使用自来水冲洗无划痕的有机覆盖层试验试样，应该进行评估的腐蚀产物和/或腐蚀现象不应受清洗影响。

13　试验结果的评价

为满足特定要求，可以采用不同评价试验结果的标准，例如：

a）试验后的外观；

b）去除表面腐蚀产物后的外观；

c）腐蚀缺陷（如：点蚀、裂纹、起泡、锈蚀或有机覆盖层划痕处锈蚀的蔓延程度等）的数量及分布可按照ISO 8993和GB/T 6461所规定的方法以及GB/T 30789.1、GB/T 30789.2、GB/T 30789.3、GB/T 30789.4、GB/T 30789.5、GB/T 30789.8中所述的有机覆盖层的评价方法进行评定（见附录F）；

d）开始出现腐蚀的时间；

e）质量变化；

f）显微形貌变化；

g）力学性能变化。

注：被试涂层或产品的恰当评价标准是在良好的工程实践中确定的。

14　试验报告

14.1　试验报告应按照试验规定的结果评价标准写明试验结果。报告每个试验试样的试验结果，必要时报告一组平行试验试样的平均结果。如有需要，随报告附上试验试样照片。

14.2 试验报告应包含试验过程信息，信息可因试验目的和规定指南而不同。一般包括如下内容：

a）本文件编号，如 GB/T 10125，及进行的试验（NSS、AASS 或 CASS）；

b）试验使用的盐、水的类型和纯度；

c）被试材料或产品的说明；

d）试验试样的尺寸、形状，试验面的性质和面积；

e）试验试样的制备，包括试验前的清洗和对试样边缘或其他特殊区域的保护措施；

f）覆盖层的已知特征及表面处理的说明；

g）代表每种材料或产品接受测试的试验试样数量；

h）试验后试验试样的清洗方法，如有必要，应说明由清洗引起的失重；

i）试验试样放置角度；

j）试验试样位移的频率和次数；

k）试验周期以及中间检查结果；

l）为了检查试验条件的稳定性，特地放在盐雾箱内的参比试样的性能；

m）试验温度；

n）收集液的体积；

o）试验溶液和收集液的 pH 值；

p）收集液的盐浓度或密度；

q）参比试样（钢，或钢和锌）的腐蚀量（质量损失，g/m^2）；

r）试验过程中的意外情况；

s）检查的时间间隔。

附 录 A

（资料性）

本文件与 ISO 9227：2017 章条编号对照一览表

本文件与 ISO 9227：2017 相比在结构上有较多调整，具体结构调整对照情况见表 A.1。

表 A.1 本文件与 ISO 9227：2017 的结构调整对照情况

本文件章条编号	对应的 ISO 9227:2017 章条编号
1、2、3、4	1、2、3、4
4.1、4.2、4.3	—
5	5
5.1.1、5.1.2	—
6	6
6.1.1、6.1.2、6.2.1~6.2.3、6.4.1~6.4.6	—
7	7
7.1.1~7.1.3、7.2.1~7.2.4、7.3.1、7.3.2、7.4.1~7.4.4	—
8、9、10、11、12、13、14	8、9、10、11、12、13、14
附录 A	—
附录 B	—
附录 C	附录 A
附录 D	附录 B

（续）

本文件章条编号	对应的 ISO 9227:2017 章条编号
D. 1. 1～D. 1. 3、D. 2. 1～D. 2. 4、D. 3. 1～D. 3. 3	—
附录 E	附录 C
E. 1. 1～E. 1. 3、E. 4. 1～E. 4. 6	—
附录 F	附录 D
F. 1、F. 2	—
附录 G	—

附　录　B

（资料性）

本文件与 ISO 9227：2017 技术性差异及其原因一览表

表 B. 1 给出了本文件与 ISO 9227：2017 的技术性差异及其原因。

表 B. 1　本文件与 ISO 9227：2017 的技术性差异及其原因

本文件章条编号	技术性差异	原因
2	对于规范性引用文件，本标准做了具有技术性差异的调整，以适应我国的技术条件，调整的情况集中反映在第 2 章“规范性引用文件”中，具体调整如下 ——用等同采用国际标准的 GB/T 6461 代替 ISO 10289（见第 13 章） ——用修改采用国际标准的 GB/T 9271 代替 ISO 1514（见 8. 1、E. 1. 1） ——用等效采用国际标准的 GB/T 10123 代替 ISO 8044（见第 3 章） ——用等同采用国际标准的 GB/T 13452. 2 代替 ISO 2808（见 E. 3、F. 2） ——用等同采用国际标准的 GB/T 16545 代替 ISO 8407 引用的 ISO 8407：2009（见 7. 4. 1、12. 2、D. 3. 2） ——用等同采用国际标准的 GB/T 30786 代替 ISO 17872（见 E. 4. 1） ——用等同采用国际标准的 GB/T 30789. 1 代替 ISO 4628-1（见第 13 章） ——用等同采用国际标准的 GB/T 30789. 2 代替 ISO 4628-2（见第 13 章） ——用等同采用国际标准的 GB/T 30789. 3 代替 ISO 4628-3（见第 13 章） ——用等同采用国际标准的 GB/T 30789. 4 代替 ISO 4628-4（见第 13 章） ——用等同采用国际标准的 GB/T 30789. 5 代替 ISO 4628-5（见第 13 章） ——用等同采用国际标准的 GB/T 30789. 8 代替 ISO 4628-8（见第 13 章）	适应我国的技术条件
5. 2. 3、5. 2. 4	增加了化学方程式	明确化学试剂的分子构成，便于试剂的选取
6. 2	将废气、废液的处理要求修改为：基于环保考虑，设备宜采用适当方式处理废气、废液	由于盐雾试验对环境污染较小，不对试验后的废气、废液处理进行强制要求，以适用于我国不同地区的实验室条件
6. 4 表 1	修改了表格的格式	表述更明确、清楚
7. 2	删除角标 2）	将角标 2）对无缺陷的注释移至正文中
附录 E	修改了引用文件，引用修改采用 ISO 1514：2004 的 GB/T 9271	适应我国的技术条件
附录 G	增加了资料性附录 G，“关于钢参比试样牌号的补充信息”	便于我国进行用于制作参比试样钢的选取

附 录 C
(资料性)
一种带有处理盐雾废气、废水功能的盐雾箱设计示意图

盐雾箱的设计示意图见图 C.1 和图 C.2。

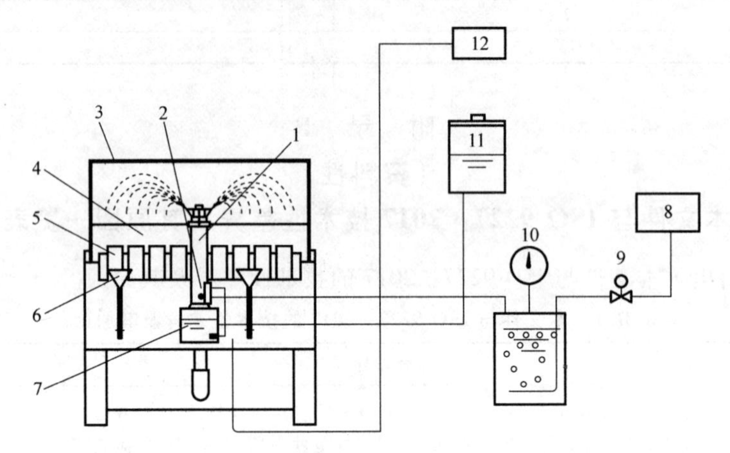

图 C.1 盐雾箱的设计示意图（正面图）

1—盐雾分散塔 2—喷雾器 3—试验箱盖 4—试验箱体 5—试验试样 6—收集器 7—饱和塔 8—压缩空气 9—电磁阀 10—压力表 11—溶液箱 12—温度控制器

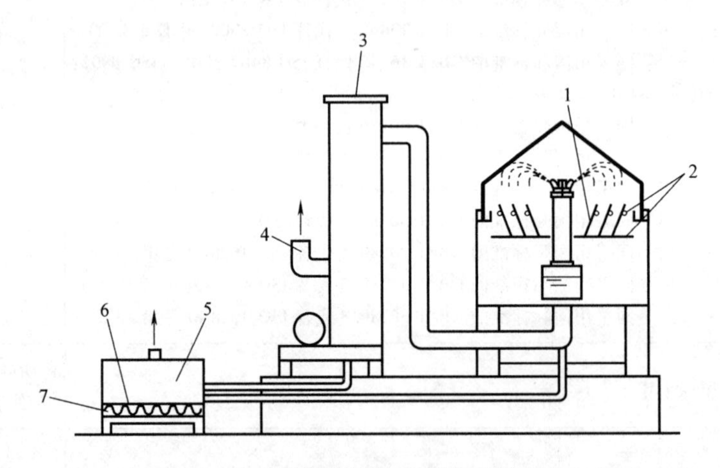

图 C.2 盐雾箱的设计示意图（侧面图）

1—试验试样 2—试验试样支架 3—废气处理装置 4—排气口 5—废水处理装置 6—盐托盘 7—加热器

附 录 D
(资料性)
采用锌参比试样评价盐雾箱性能的补充方法

D.1 参比试样

D.1.1 作为本文件检验试验期间盐雾箱性能的补充方法，使用至少 4 块锌参比试样，每块

试样的杂质质量分数小于0.1%。参比试样的尺寸宜为50mm×100mm×1mm。

D.1.2 试验前，应用碳氢化合物溶剂仔细清洗参比试样以去除能影响腐蚀速率测量结果的明显污迹、油剂或其他外来物质。干燥后，参比试样称重精确到1mg。

D.1.3 用可去除的涂层保护参比试样背面，如可剥性塑料膜。

D.2 参比试样的放置

D.2.1 将至少4块参比试样放置在盐雾箱内四角（如果是6块试样，那么将它们放置在包括四角在内的6个不同的位置上），未保护一面朝上并与垂直方向成20°±5°的角度。

D.2.2 参比试样支架应由惰性材料如塑料制成或涂覆。参比试样放置的高度应与试验试样相同。

D.2.3 NSS试验推荐试验时间为48h，AASS试验为24h，CASS试验为24h。

D.2.4 在试样试验期间，应对试验箱进行检查。此时，应特别注意试样之间不相互影响。否则，试验箱内应装上替代试样以保持箱体的均匀性。验证程序应使用与测试运行相同的设置来进行。

D.3 质量损失的测定

D.3.1 试验结束后，立即去除保护性涂层，然后按照ISO 8407的规定反复清洗，去除腐蚀产物，化学清洗方法如下：在1000mL去离子水中加入250g±5g的$C_2H_5NO_2$（分析用）配成饱和氨基乙酸溶液。

D.3.2 化学清洗工序最好重复浸泡5min后进行，每次浸泡后应在室温下用流动水轻轻刷洗参比试样，用丙酮或乙醇清洗。干燥后称重，参比试样称重精确到1mg。按GB/T 16545中所述绘制参比试样质量随清洗次数的变化曲线。

注：为了在浸泡过程中更有效的溶解腐蚀产物，可以搅动清洗液，最好使用超声清洗。

D.3.3 按照ISO 8407规定，从质量随清洗次数变化曲线上可以得到去除腐蚀产物后的试样的真实质量，用参比试样试验前质量减去试验后去除腐蚀产物后的试样质量，再除以参比试样的有效试验面积，计算得出参比试样每平方米的质量损失。

D.4 满足要求的盐雾箱性能

每块锌参比试样的质量损失如在规定范围内（见表D.1），则该试验箱性能满足要求。

表D.1 盐雾箱性能验证时锌参比试样质量损失的允许范围

试验方法	试验周期/h	锌参比试样质量损失的允许范围/(g/m²)
NSS	48	50±25
AASS	24	30±15
CASS	24	50±20

附 录 E
（规范性）
有机覆盖层试样的制备

E.1 试样的制备与涂覆

E.1.1 除非另有规定或商定，按GB/T 9271的规定制备每一块试样，然后用待试产品或体系按规定方法进行涂覆。

E.1.2 除非另有规定，试样的背面和边缘也用待试产品或体系涂覆。

E.1.3 如果试样的背面和边缘上的涂覆与被试产品不同，则应具有比被试产品更好的耐腐蚀性。

E.2 干燥和状态调节

涂覆试样按规定时间和条件干燥（或固化）和状态调节（如需要），除另有规定，应在温度23℃±2℃和相对湿度50%±5%、具有空气循环，不受阳光直接暴晒的条件下，状态调节至少16h，然后尽快投入试验。

E.3 涂层厚度

用GB/T 13452.2规定的非破坏性方法之一测定干涂层的厚度，单位为微米（μm）。

E.4 划痕的刻制

E.4.1 如未另行约定，划痕按GB/T 30786中规定处理，所有的划痕距试板的每一条边和划痕之间距离应至少为20mm。

E.4.2 划痕应为透过涂层至底材的直线。

E.4.3 实施划痕时使用一种带有硬尖的划痕工具，划痕应有两侧平行或上部加宽的断面，金属底材划痕宽度为0.2mm~1.0mm，另有规定除外。

E.4.4 可以划一道或两道划痕。除非另有规定，划痕应与试板的长边平行。

E.4.5 用于划痕标记的工具应统一规格。不准许使用其他刀具。

E.4.6 对铝板底材来说，应使用两条划痕相互垂直但不交叉。按照ISO 4623-2：2016的图1，一条划痕应与铝板轧制方向平行，而另一条划痕与铝板轧制方向垂直。

附 录 F
（规范性）
有机覆盖层试验试样需要补充的信息

F.1 如需要，应提供本附录中的各项补充信息。

F.2 所需要资料最好经有关各方商定，可以部分地或全部地来自受试样品的国际标准或国家标准或与被测系统有关的其他文件。

a）所使用的基材及表面处理方法（见E.1）；

b）涂料涂覆至底材上的方法（见E.1）；

c）试验前试验试样干燥（或固化）和状态调节（如需要）的时间和条件（见E.2）；

d）干涂层厚度（以μm计），根据GB/T 13452.2测量厚度的方法，是单一涂层还是复合涂层（见E.3）；

e）暴露前要刻制的划痕数量和位置（见E.4）；

f）试验持续时间；

g）在评定测试涂层耐蚀性时考虑的特性及所使用的测试方法。

附 录 G
（资料性）
关于钢参比试样牌号的补充信息

本附录提供本文件钢参比试样所用的标准牌号与国内外标准牌号的近似对照表。

表G.1 本文件钢参比试样所用的标准牌号与国内外标准牌号的近似对照表

标准号	本文件	GB/T 5213—2008	ISO 3574:2008	EN 13130—2006	JIS G 3141—2017	ASTM A 1008M-07
牌号	7.2采用ISO 3574:2008的CR4	DC05(特深冲级)	CR4(特深冲级)	DC05(特深冲级)	SPCF(特深冲级)	DDS

第三节　金属和其他无机覆盖层　腐蚀膏腐蚀试验（CORR 试验）

一、概论

腐蚀膏试验是模拟含氯化物盐类在高温高湿条件下对金属及覆盖层材料的腐蚀试验，是实验室内人工加速腐蚀试验方法。腐蚀膏试验的操作原理是将含有腐蚀性盐类的泥膏涂覆在试样上，待泥膏干燥后，将试样放进潮湿箱中按规定的时间周期进行暴露，再对试样表面进行评价。腐蚀膏试验具有测试简便、试验周期短、结果重现性好、与室外大气环境腐蚀具有一定的相关性等优点。

GB/T 6465—2008《金属和其他无机覆盖层　腐蚀膏腐蚀试验（CORR 试验）》等同采用 ISO 4541：1978《金属和其他无机覆盖层　腐蚀膏腐蚀试验（CORR 试验）》，代替 GB/T 6465—1986。GB/T 6465—2008 于 2008 年 6 月 19 日发布，2009 年 1 月 1 日实施。

二、标准主要特点与应用说明

该标准规定了评价金属和其他无机覆盖层质量的腐蚀膏法的试剂、设备和步骤，规范了腐蚀膏腐蚀试验的方法和设备。该标准主要适用于铜-镍-铬或镍-铬镀件的腐蚀评价。该标准具有以下特点：

1）对腐蚀膏试验条件做出了具体要求。标准对腐蚀膏的配制、设备、试样、试验中试样的位置、试验箱内条件、试验周期和试验后样品的处理提出了要求。腐蚀膏主要成分有三价铁盐、铜盐和氯化物等；设备包括潮湿箱、试样支架、加热装置和箱内空气循环装置；试样试验前要适当清洗；试样之间或试样与箱壁间应不接触；试样箱内温度、湿度有明确要求；推荐连续暴露 16h 为一个试验周期；试验后应对试样表面进行清洗。

2）提出了腐蚀膏试验结果评价方法。腐蚀试验后，可以从覆盖层外观、腐蚀等级评定、腐蚀程度评定三个方面对结果进行评价。

自然环境中各种因素的单独作用或协同作用决定了对覆盖层产品腐蚀影响的多样性，因此加速腐蚀试验的结果与其他介质的耐适性没有直接关系，腐蚀膏试验观察到的结果不应作为被试材料在所有场合耐蚀性的直接指导。由于环境中各种因素的不断变化，就金属覆盖层产品的腐蚀而言，湿度、温度和环境介质等一般都会促进腐蚀的发生，对各类产品在不同环境条件下腐蚀试验提出了更高要求，需要创造条件更好地模拟各类产品在自然环境中的腐蚀过程。

三、标准内容（GB/T 6465—2008）

金属和其他无机覆盖层　腐蚀膏腐蚀试验（CORR 试验）

1　范围

本标准规定了评价金属和其他无机覆盖层质量的腐蚀膏法的试剂、设备和步骤。

本方法主要适用于铜-镍-铬或镍-铬镀件。

2　规范性引用文件

下列文件中的条款通过本标准的引用而成为本标准的条款。凡是注日期的引用文件，其随后所有的修改单（不包括勘误的内容）或修订版均不适用于本标准，然而，鼓励根据本标准达成协议的各方研究是否可使用这些文件的最新版本。凡是不注日期的引用文件，其最新版本适用于本标准。

GB/T 6461 金属基体上金属和其他无机覆盖层 经腐蚀试验后的试样和试件的评级（GB/T 6461—2002，ISO 10289：1999，IDT）

GB/T 10125 人造气氛腐蚀试验 盐雾试验（GB/T 10125—1997，eqv ISO 9227：1990）

3 原理

将含有腐蚀性盐类的泥膏涂敷在试样上，待泥膏干燥后，将试样放在相对湿度高的潮湿箱中按规定时间周期进行暴露。

4 腐蚀膏的配制

在玻璃烧杯中将 0.035g 试剂级的硝酸铜［$Cu(NO_3)_2 \cdot 3H_2O$］、0.165g 试剂级的三氯化铁［$FeCl_3 \cdot 6H_2O$］和 1.0g 试剂级的氯化铵［NH_4Cl］溶解于 50.0mL 蒸馏水中，搅拌，加入 30.0g 经水洗涤的陶土级高岭土，用玻璃棒搅拌使料浆充分混合并使其静置 2min，以便高岭土被充分浸透。使用前再用玻璃棒搅拌使其充分混合。

注 1：配制腐蚀膏的另一种方法如下：称 2.50g 硝酸铜［$Cu(NO_3)_2 \cdot 3H_2O$］在 500mL 容量瓶中用蒸馏水稀释至刻度，称 2.50g 三氯化铁［$FeCl_3 \cdot 6H_2O$］在 500mL 容量瓶中用蒸馏水稀释至刻度，称 50.0g 氯化铵［NH_4Cl］在 500mL 容量瓶中用蒸馏水稀释至刻度，然后取 7.0mL 硝酸铜溶液，33.0mL 三氯化铁溶液和 10.1mL 氯化铵溶液于烧杯中并加入 30.0g 高岭土，用玻璃棒搅拌。

注 2：三氯化铁溶液须在有橡皮塞或玻璃塞的烧瓶中置于暗处保存，保存期不应超过两周。因为放置过久，溶液会变得不稳定。

5 设备

5.1 设备包括潮湿箱、试样支架、加热装置和箱内空气循环装置。

5.2 箱体设计应使箱顶、箱壁或试样支架上积聚的雾滴不致落在试样上。

5.3 所用结构材料不得影响试验。

6 试样

6.1 选择的试样数量和类型及试验结果评定的标准都是根据受试的覆盖层或产品规范而定。

6.2 试验前试样可用适当的溶剂如乙醇、乙醚、丙酮或石油醚清洗，不得使用有腐蚀性或能生成保护膜的溶剂。

6.3 用干净的（油漆）刷子将腐蚀膏涂敷在试样上，用蘸有腐蚀膏的刷子在试样上做圆周运动使试样完全被覆盖，然后用刷子轻轻地沿一个方向将涂层整平。湿膏膜厚度不能小于 0.08mm，也不能大于 0.2mm。试样置入潮湿箱前，在室温且相对湿度低于 50%的条件下干燥 1h。

6.4 如果试样系从较大的镀覆工件上切割的，切割时不应破坏覆盖层，尤其是切口附近区域的覆盖层。切割时应注意避免屑渣污染试样。除另有规定外，切边可用涂料、清漆、石蜡或胶带等在试验条件下稳定的材料充分保护。

7 试验中试样的位置

试验中试样在潮湿箱中的位置不做严格规定，只要试样之间或试样与箱壁间不接触，试样支架不碰及已用腐蚀膏覆盖的试样表面即可。

8 潮湿箱内的条件

潮湿箱暴露区的温度维持在 38℃ ±1℃。箱内暴露区的相对湿度维持在 80% ~90%之间以使试样上不产生凝露。只要箱内湿度不低于80%，允许在箱顶和箱壁上产生凝露。

注：选用有鼓风设备的潮湿箱，以便使箱内温度和湿度均匀。确定箱内空气环流量是每个箱子维持上述条件所必需的。

9　试验周期

9.1　除对受试的覆盖层或产品另有规定外，在潮湿箱中连续暴露16h作为一周期。除投放或取出试样需要短暂间断外，潮湿箱应在关闭状态下连续运行，且这些间断保持在最短时间内。

9.2　如果规定的试验周期多于或少于16h，每个试验周期后按11.1和11.2规定处理试样。以后的每一个周期均用新鲜腐蚀膏涂敷。试验完成后，按11.1、11.2和11.3规定处理试样。

10　试验时间

每个试验周期的时间和要求的试验周期数应按受试的覆盖层或产品规范的规定进行。

11　试验后试样的处理

11.1　除对受试材料另有规定外，每个试验周期后试样按11.2处理。在最后一个试验周期后，或在试验周期期间检查试样；则试样按11.2和11.3处理。

11.2　从潮湿箱中取出试样，首先检查带有完整泥膏的试样，然后用新鲜流水清洗并以清洁的粗棉布或人造海绵除去所有的泥膏。可用一种软磨料除去任何黏附较牢的物质。

11.3　按11.2所述的清洗操作除去腐蚀产物，以便采用以下方法重现腐蚀点，如在按GB/T 10125规定的盐雾箱中暴露4h；在温度为38℃，相对湿度为100%且有凝露的潮湿箱中暴露24h，或用其他可以引起基体金属腐蚀而不破坏覆盖层的方法。

注：试样上带有泥膏处的可见腐蚀产物不一定是由覆盖层腐蚀点所引起，在潮湿箱试验前金属颗粒偶然附着在试样上也会引起可见腐蚀产物，务必避免此类污染。

12　结果的评价

试验结果的评价标准通常是在覆盖层或受试产品的规范中给定，对于一般的试验，仅需考虑下列几点：

a）试验后的外观；

b）除去表面腐蚀产物后的外观；

c）腐蚀缺陷的数量和分布，如凹点、裂纹、气泡等。可按GB/T 6461规定的方法进行评定。

13　试验报告

除在规范中另有规定，试验报告应包括下列内容：

a）受试基体材料的规格；

b）覆盖层的类型及表面处理的说明；

c）每种受试产品或覆盖层试样的数量；

d）试样的形状和尺寸及受试表面的面积和表面状态；

e）试样的制备，包括所有使用的清洗处理方法和对切边或其他特殊部位的保护方法；

f）试验后试样采用的清洗方法，必要时可说明由清洗引起的失重；

g）潮湿箱暴露区的温度读数；

h）潮湿箱暴露区的湿度读数；

i）每个周期的暴露时间和周期数；

j）说明完全满足本标准规定的所有要求而采取的措施；

k）与试样同时放入箱中的任何参考试片的情况；

l）所有观察到的结果。

第四节 金属和其他无机覆盖层 通常凝露条件下的二氧化硫腐蚀试验

一、概论

大气环境腐蚀性的差别，主要受到气候条件和大气中污染物质及含量的影响。材料在不同地区、不同环境下，其腐蚀破坏行为相差甚远。其中，工业大气环境对金属及覆盖层材料有着非常强的腐蚀性。工业大气中含有较多强腐蚀性的污染物质，主要是含硫化物，SO_2 是其中最主要的污染性气体之一，它能直接溶解在液膜中，形成酸性的腐蚀介质，从而加速金属材料的腐蚀。当空气中的湿度增大时，SO_2 加速腐蚀的作用会更加明显。建筑及重大工程装备设施等长期在工业大气环境中暴晒，会产生严重的腐蚀问题，缩短使用时间，造成安全隐患。

鉴于自然暴露试验周期长，试验区域性强，不利于试验结果的推广和应用，几十年来，研究者不断努力、寻求通过实验室内的短期加速腐蚀试验，研究材料大气腐蚀行为。国际上通常采用人工加速的方法来模拟自然环境条件，进而预测材料、防护层等在工业大气环境中的腐蚀寿命。因此，制定相关标准对于快速评价金属及无机覆盖层材料在模拟工业大气环境的耐蚀性能具有重要意义。

GB/T 9789—2008《金属和其他无机覆盖层 通常凝露条件下的二氧化硫腐蚀试验》等同采用 ISO 6988：1985《金属和其他无机覆盖层 通常凝露条件下的二氧化硫腐蚀试验》，代替 GB/T 9789—1988。GB/T 9789—2008 于 2008 年 6 月发布，2009 年 1 月 1 日实施。

二、标准主要特点与应用说明

该标准主要用来评定材料或产品在凝露条件下二氧化硫气氛环境中耐蚀性的一种加速腐蚀试验方法，通过控制 SO_2 气体量及湿度、温度，获得试验结果。

二氧化硫试验是在一个密闭空间的试验箱内，试验箱的容积一般为 300L，箱体配备有温度调节、加热和气体导入装置。箱子底部放入蒸馏水，将 2L 的电导率小于 500μs/m 的蒸馏水置于箱子底部，保持一定的湿度。被测试样置于箱内中间的隔板上，使其与垂直方向成 15°角倾斜放置，关闭试验箱。调节到试验要求的温度和湿度后，将 0.2L 的二氧化硫气体通入箱内，开始计时。按试验要求设定试验周期，观察或检测试样的性能变化。

该标准广泛应用于能源、交通、机械冶金、化工、桥梁、电网等行业。

由于大气环境具有复杂性和多样性的特点，难以有效控制大气环境腐蚀的影响因子。通过该标准试验方法可以开展 SO_2 气体对金属及覆盖层材料更加深入的腐蚀影响机制研究，带有模拟工业大气环境的腐蚀作用。但该标准不能完全真实地反映所有大气环境腐蚀状况，其试验结果不能直接作为被试验材料在使用时所遇到的各类环境中的耐蚀性指南，同样也不能作为不同材料在使用时相对耐蚀性的直接指导，具有一定的局限性。

三、标准内容（GB/T 9789—2008）

金属和其他无机覆盖层 通常凝露条件下的二氧化硫腐蚀试验

1 范围

本标准规定了在含二氧化硫气氛和凝露条件下，材料或产品耐蚀性能的试验方法。

本标准适用于金属覆盖层和无机覆盖层的腐蚀试验。

本标准不适用于涂料和清漆覆盖层的腐蚀试验。

本试验结果不能直接作为被试验材料在使用时所遇到的各类环境中的耐蚀性指南，同样也不能作为不同材料在使用时相对耐蚀性的直接指导。

2 规范性引用文件

下列文件中的条款通过在本标准的引用而成为本标准的条款，凡是注日期的引用文件，其随后所有的修改单（不包括勘误的内容）或修订版均不适用于本标准，然而，鼓励根据本标准达成协议的各方研究是否可使用这些文件的最新版本。凡是不注日期的引用文件，其最新版本适用于本标准。

GB/T 6461 金属基体上金属和其他无机覆盖层 经腐蚀试验后的试样和试件的评级（GB/T 6461—2002，ISO 10289：1999，IDT）

GB/T 16545 金属和合金的腐蚀 腐蚀试样上腐蚀产物的清除（GB/T 16545—1996，idt ISO 8407：1991）

3 设备和材料

3.1 试验箱

最好使用容积为 $300dm^3 \pm 10dm^3$，其门应能严密封闭，并装配有 3.2、3.3、3.4 中所规定的部件。典型的门式和罩式试验箱见图 1。

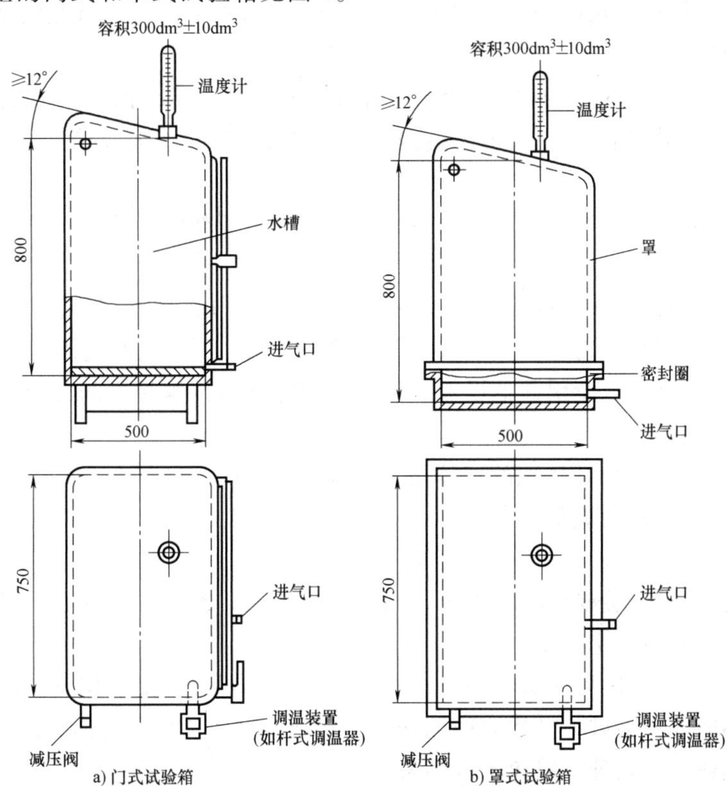

图 1 试验箱

注：如果容积不是 $300dm^3 \pm 10dm^3$，只要试样所经受的试验条件一样，仍可使用。

本标准所规定的细节仅说明适用于 $300dm^3 \pm 10dm^3$ 容积的试验箱。对于其他容积的试验箱，要做相应的细节修改。

3.1.1 结构材料

试验箱使用的一切结构材料都应耐潮湿的二氧化硫气氛的腐蚀，且这些材料本身也不得释放出对试样腐蚀有影响的任何气体或蒸汽。

箱底和箱壁下部应能耐热，并至少能容纳约 2.5dm^3 溶有二氧化硫的水而不泄漏。包铅材料适用于这些部位及作为箱子的骨架和接头材料。

新箱用作试验之前，至少应先空载运转（不放入试样）一个周期，运转按正常步骤操作。但应通入 2dm^3 二氧化硫气体，以减少箱内气氛因结构材料蒸汽而受到污染的危险。

3.1.2 形状

试验箱的形状允许有某些变化，但箱盖上的潮气凝露不可滴落到箱内的试样上，使箱顶与水平面大约成12°的倾角，即可达到要求。

3.1.3 安装

试验箱应安装于气氛洁净的室内，并使其不受到太快或大幅度的温度波动与直接的阳光照射和强气流干扰（见6.5.2）。

3.2 温度调节装置

温度调节装置，包括安在试验箱上部的温度传感器以及一根能从试验箱外读数的温度计。温度计的水银球离箱顶和箱门 150mm，距最近箱壁的距离为 250mm。

3.3 加热装置

加热装置应能使试验箱内的温度在 1.5h 内升到 40℃±3℃，并维持此温度（见 6.4）。

3.4 气体导入管

气体导入管位于箱底上方约 50mm 处，气体经导入管进入试验箱内，在试验箱顶部或顶部附近有一阀门，当箱内气体超压时经此阀门排出。此外，在试验箱底部有一个排水龙头。

3.5 气源

瓶装液态二氧化硫是一种常用气源，也可用亚硫酸钠与硫酸反应在箱外产生二氧化硫气体。

3.6 测量输入气体量的方法

可采用任何一种方法来测量输入试验箱内的二氧化硫气体量。例如：

a）用黏性液态石蜡作为压力控制液的气体滴定管法，所测量的气体量为 0.2dm^3，测量时应避免各种原因所引起的误差。例如，滴定管与试验箱之间的导入管内的空气就会引起误差。

b）将装有已知二氧化硫体积的气体瓶，放入试验箱内开启瓶盖。

c）有一个经过校正的流量计。

4 试样

4.1 按照被试验的覆盖层或产品的规定，选择试样数量、类型、形状及尺寸。当无此规定时也可由有关方面协商选定。

4.2 试验前，要对试样做彻底清洁处理，所采用清洁处理方法要根据试样表面性质及污染情况而定，但不能使用会破坏试样表面的任何磨料或溶剂。试样在清洁处理后，不要做过多的或粗心的触摸或其他处理，以免再被污染。

4.3 如果试样要从已有覆盖层的大工件上切割下来，则在切割时要小心，不能让覆盖层受到损坏，特别是邻近切口的区域。除非另有规定，切口处要用在试验条件下稳定的适当覆盖层加以封闭，可使用蜡或胶带等覆盖此处，试样非受试部位或小件镀覆试样的边角也最好用上面的方法进行封闭处理。

5　试样曝露方式

5.1　将试样放入箱内支架上，试样之间的距离不得小于 20mm；试样与箱壁或箱顶的距离不得小于 100mm；试样下端与箱底水面的距离不得小于 200mm。试样与支架的接触面积要尽可能小。

5.2　试样的布置要使试样或支架上的任何冷凝水不得滴落到置于下面的其他试样上。

5.3　曝露试样表面的倾斜度应严格控制。如试样为平板，除非另有规定，应使其与垂直方向成 15°±2°角倾斜放置。

5.4　在任何一次试验中，受试验试样的总曝露面积要基本一致，除另有协议外，对于 3.1 所推荐的试验箱，受试总面积为 $0.5m^2±0.1m^2$。对其他容积的试验箱，则要按上述比例做适当的修改。

5.5　试样支架应采用非金属材料，如玻璃、塑料或进行过适当保护的木材。在箱子内用于悬挂试样的任何材料应是合成纤维或其他惰性绝缘材料，不得使用金属材料。

6　试验方法

6.1　将 $2.0dm^3±0.2dm^3$ 电导率为（或低于）500μs/m 的去离子水或蒸馏水盛于箱子底部。

注：水的数量取决于试验箱容积的大小。对于类似形状的试验箱，其容积改变时，水量可按比例改变。

6.2　将试样放好后，关闭试验箱。

6.3　将 $0.2dm^3$ 的二氧化硫气体通入试验箱内，并开始计时。

6.4　接通加热器，使箱内温度在 1.5h 内升到 40℃±3℃，以后应使之保持在此范围。

6.5　以 24h 为一个试验周期，但是在每个试验周期内，可以是在试验箱内连续曝露，或是在箱内光曝露 8h，然后在室内环境大气中曝露 16h。无论是采用哪种方式，在每 24h 周期开始之前，必须更换试验箱内的水和二氧化硫气氛。

6.5.1　在试验箱内连续曝露超过 24h 的试验情况下，每试验 24h 后要更换一次水和二氧化硫气氛，更换时尽量不要干扰试样。

6.5.2　当采用一周期内规定部分时间在室内环境曝露时，室内环境条件应符合 3.1.3 中安装试验箱的试验室的要求，并且此室内要求大气温度为 23℃±5℃，相对湿度低于 75%。

7　试验周期数

试验周期数按试验材料或产品规格规定，或者由供需双方协商决定。

8　试验后试样的清洗

试验结束后，从箱内取出试样，在进行评价之前，将试样悬挂在一般室内大气中，直至液态的腐蚀产物干燥。首先在不除去腐蚀产物的情况下检查试样，然后进行清洁处理。清洁处理应根据试验结果的评定规范进行，金属覆盖层试样可按照 GB/T 16545 规定的方法进行清洁。

9　结果评定

可使用许多不同的试验结果评定标准，以满足各种特殊要求。例如，可采用质量变化、通过显微镜检查所揭示的变化或力学性能的变化来评定。一般在受试材料或产品说明中都注明了适当的检查标准。对于多数的常规试验工作而言，仅需考虑下述项目：

a）试验后的外观；

b）除去表面层腐蚀产物后的外观；

c）腐蚀缺陷的数量和分布。腐蚀缺陷指针孔、裂纹、鼓泡等。这些可以按 GB/T 6461 所规定的方法予以评定；

d）第一个腐蚀点出现以前经历的试验时间。

10 试验报告

10.1 试验报告要表明按照评定标准所得到的试验结果。要报告的每一试样结果，方便的时候，对一组重复试样还要有平均结果。根据要求，尚须附上试样的照片。

10.2 试验报告应当包括有关试验实施方面的资料，它们按照试验目的以及所规定的方法而有所不同，但是通常所要求的具体内容包含下列方面：

a）基材规范；

b）试样类型及尺寸或零件状态说明；

c）试样的准备，包括所采用的任何清洁处理以及对边缘或其他特殊部位上所进行的保护处理；

d）覆盖层的类型，同时注明它的表面精饰情况；

e）受试验的每一种镀覆试样或产品数量；

f）试验后，清洁处理试样时所采用的方法。必要时还要注明由于清洁处理所造成的试样质量的损失；

g）试验箱曝露区的温度计读数；

h）试验周期（见 6.5 和第 7 章）；

i）曝露时，试样放置的倾斜角度；

j）放在试验箱内，用以核对试验条件的任何参比试片的特性，以及这些参比试片的腐蚀试验结果；

k）试验是连续的还是不连续的（见 6.5）；

l）所用二氧化硫的浓度；

m）全部检查结果。

第五节 金属和其他无机覆盖层 储存条件下腐蚀试验的一般规则

一、概论

在自然环境条件下，由于金属材料表面缺乏有效防护，常常发生严重锈蚀现象，若存放于在气、液、固三态之中，特别容易发生环境腐蚀。自然环境下的腐蚀程度，与外界的环境条件紧密相连，其中环境的温度、湿度，大气中的 CO_2、SO_2、粉尘、氯离子等具有腐蚀性的介质，都是造成金属材料腐蚀的主要原因。

储存条件下腐蚀试验是一种模拟试样在特定自然环境条件下的腐蚀试验，对仪器设备、金属零部件、电子产品等的存储、包装、运输有指导意义。

储存条件下腐蚀试验是采用试验条件与试样实际使用条件一致或相似的环境腐蚀试验，具有以下作用：①评价不同的保护覆盖层在特定的储存条件下的耐蚀性；②比较两种或多种保护覆盖层的耐蚀性；③确定保护覆盖层的种类、最佳厚度，以及保护包装的类型；④可以探索在给定的试验室试验条件下和储存条件下试验结果的相关性。

GB/T 11377—2005《金属和其他无机覆盖层　储存条件下腐蚀试验的一般规则》等同采用 ISO 4543：1981《金属和其他无机覆盖层　储存条件下腐蚀试验的一般规则》，代替 GB/T 11377—1989。GB/T 11377—2005 于 2005 年 10 月 12 日发布，2006 年 4 月 1 日起实施。

二、标准主要特点与应用说明

该标准规范了储存条件下腐蚀试验的方法，规定了在加热和不加热、有控制或没有控制气候参数的储存室中，金属和其他无机覆盖层的腐蚀试验方法。该标准适用于金属、金属覆盖层、转化膜和其他无机覆盖层及它们的保护性包装或无保护性包装的试样和试件。该标准的主要内容和主要特点如下：

1）对试样的类型、形状和尺寸、准备、搬运、标记、数量、标准试样和试样的保存提出了要求。试样类型有专门制备的、镀（涂）有受试覆盖层的试样或带有覆盖层的试件或零部件；试样的表面面积应尽可能大，任何情况下不得小于 50cm^2；在试验前，应彻底清洗试样，以除去可能影响受试覆盖层性能的任何污染物；对准备好的试样应戴上清洁的棉布手套搬运；每件试件应做好标记，避免在储存试验过程中发生混乱；试样的数量应根据试样的类型、评价特定物理性能所需数量，以及在试验期间预计要定期取出的数量而定；通常在进行试验的覆盖层试样旁放置金属的标准试样，以便评价试验过程中的腐蚀条件；试验前，试样应保存在有空气调节、温度控制、相对湿度不大于 50% 的清洁干燥的环境中，或将试样密封在干燥器中，或密封在含干燥剂的抽空塑料袋中。

2）对暴露用的架子、试样的放置、测量仪器提出了要求。试样架必须耐腐蚀、结构稳定、远离地面和距离屋顶至少 0.5m；对同类试样、特殊试样、相同试验条件试样的放置提出了要求；封装试样放置测试的仪器应测量其内外湿度，测量环境条件应测量温度与湿度、二氧化硫含量、粉尘等。

3）提出了试样定期检查的次数要求。根据试验目的和试样类型，决定总的试验周期；试样定期检测的次数，由受试试样的耐蚀性决定，推荐检测周期为 1 周、2 周、2 个月、3 个月、6 个月、12 个月、18 个月、24 个月、36 个月、48 个月和 60 个月。

自然环境条件下各种环境因素的协同作用对金属和其他无机覆盖层产品的腐蚀是多种多样，对储存条件下腐蚀试验条件的模拟提出了更高要求。该标准的实施，对金属和其他无机覆盖层产品进行储存条件下环境腐蚀试验具有重要意义。随着技术的进步和生产的发展，需要更好地模拟自然环境条件及其变化，提高对各类产品进行腐蚀性能试验的水平。

三、标准内容（GB/T 11377—2005）

金属和其他无机覆盖层　储存条件下腐蚀试验的一般规则

1　范围

本标准规定了在加热和不加热、有控制或没有控制气候参数的储存室中，金属和其他无机覆盖层的腐蚀试验方法。

本标准适用于金属、金属覆盖层、转化膜和其他无机覆盖层及它们的保护性包装或无保护性包装的试样和试件。

2 试样

2.1 类型

可采用下述类型的试样：

——专门制备的、镀（涂）有受试覆盖层的试样；

——带有覆盖层的试件或零部件。

试样和产品零部件有或没有保护包装，以及有或没有暂时性保护层，由试验目的决定。

2.2 形状和尺寸

为使边缘效应引起的误差减至最低程度，并使其受到有代表性的腐蚀，试样的表面面积应尽可能大，任何情况下不得小于$50cm^2$（5cm×10cm）。

如果采用面积小于$50cm^2$的镀覆件，则可以将同类试样组合而达到所要求的最小表面积。但是这种情况所得到的结果不宜与专门制备的、规定最小面积的试样所得的结果进行比较。

2.3 准备

在试验前，应彻底清洗试样，以除去可能影响受试覆盖层性能的任何污染物。清洗的方法取决于试件表面和污染物的性质，不应使用可能损害试样表面或形成保护膜的任何磨料或溶剂。

如果所测覆盖层带有临时性保护膜，则不需清洗表面。

2.4 搬运

对准备好的试样应戴上清洁的棉布手套搬运（如安放在试样支架、吊架上等）。

2.5 标记

每件试件应做好标记，避免在储存试验过程中发生混乱。标记在整个试验过程中应清晰、耐久。标记不应标在会影响外观检查及具有功能作用的表面上。

试样可用下列方法之一进行标记：

a）在镀（涂）覆前打上标识缺口（最佳方法）；

b）打上合适的号码；

c）在试样上吊挂一块耐腐蚀材料制作的号码标牌，吊挂时要使用松软的非金属线（如尼龙线）；

d）用合适的耐候油漆涂于试样反面。

号码最好标记在试样正面（测试面）的底边上，吊挂标牌的孔应打在试样底边，标牌不与试样接触。试样的标记可用数字和字母表示，用以指明下列内容：

a）覆盖层的类型；

b）包装或封存的种类；

c）如果使用了暂时性保护，需要说明暂时性保护层的种类；

d）序号；

e）储存的地点和条件。

标记应尽可能简明，最好与第5章所要求内容相对应。

2.6 数量

在任何一批试验中，试样的数量应根据试样的类型、评价特定物理性能所需数量以及在试验期间预计要定期取出的数量而定。每一试验周期，用于预定评价的每一类试样的数量不得少于 3 件，且表面积至少为 $50cm^2$。如果试样的表面积较小，则相应取较多数量的试样。

2.7　标准试样

通常在进行试验的覆盖层试样旁放置金属（如锌、铜或低合金钢）的标准试样，以便评价试验过程中的腐蚀条件。标准试样在各储存室中的腐蚀数据是已知的，标准试样应按 2.8 所规定的条件保存。

2.8　试样的保存

试验前，试样应保存在有空气调节、温度控制、相对湿度不大于 50%的清洁干燥的环境中，或将试样密封在干燥器中，或密封在含干燥剂的抽空塑料袋中。

3　储存试验条件

3.1　腐蚀环境

选择的试验条件应与覆盖层、试件使用或储存的实际条件一致或相似。试验前应对储存室本身的腐蚀因素做出评价。

对受试的各种材料，影响其腐蚀的因素是不同的。这些因素可以是下列任何一种或多种：

a）大气的湿度及其波动；

b）大气的温度及其波动；

c）大气中的污染物质，包括化学污染物（如各种气体和蒸汽）和物理污染物（如灰尘、烟尘及杂质）；

d）试样的温度及其波动值；

e）试样的表面清洗质量；

f）生物因素；

g）与试样表面接触的材料的腐蚀性；

h）包装或封存的类型、质量及其不渗透性。

附录 A 提出了这些因素的合适的监测频率。

3.2　储存室和暴露方法

3.2.1　位置

试样应放在储存室的特定区域（如架子上）。为了避免损伤试样，可以分开暴露位置，而不会影响环境条件。

试样应处在不会被局部热源、通风口和排气扇等影响的位置。

暴露位置应设置在便于评价储存环境的地方。

储存室地面应铺设吸尘材料。

3.2.2　暴露用的架子

暴露用的架子，包括放置包装试样的试样架（以下简称试样架）和放置不包装试样的框架（以下简称框架）。试样架和框架的结构不作具体规定，但应满足下述要求：

a）所用的材料必须耐腐蚀，且对试样不产生腐蚀作用；

b）如果架子是木制的，木材含水率最高不超过 15%，且不散发腐蚀性有机化合物气体；

c）框架应保持试样不发生移动或摇摆；

d）除另有规定外，架子上放置的试样应尽可能远离地面，且距屋顶至少 0.5m；

e）如果架子是木制的，设计时要考虑尽可能减少木材防腐剂对金属及金属表面暂时性保护层的影响。

3.2.3 测量仪器

仪器的放置及操作应按其使用和维护说明书进行。如果是封装试样，尤其是用箱子包装的试样，应测量其内外湿度。

测量环境条件的仪器：

a）自动记录温、湿度仪，用以测记温度、绝对湿度和相对湿度；

b）测定并记录二氧化硫含量、大气灰尘和氯离子的仪器。

3.2.4 试样在储存室暴露

试样应经受实际储存条件下的暴露。

如果试样是覆有保护剂和/或包裹或包装的零部件产品，则应按储存这种产品公认的方法放置：

a）各个试样之间、试样与任何可能影响试样腐蚀的材料之间，不得直接接触。为此，试样要固定在框架上，固定试样用的夹具、钩子或夹子需采用耐大气腐蚀且不对试样腐蚀造成影响的非金属材料制成。试样与夹具之间的接触面积要尽可能小；

b）便于观察试样表面；

c）便于取样；

d）防止试样掉落（例如受风作用）、偶然污染或损伤；

e）各试样所处条件应一致，应使其均匀地接触来自各个方向的空气。

4 试验程序

4.1 试样的放置

绘制出试样位置图，并标出特殊试样的位置。

如果试验计划要求定期取下若干组同类试样，则应按其取下的时间顺序放置。

对需要定期观察或功能评定的试样，可以把同类试样组成一个整体放置。

如果试验是在不同的储存室进行，则暴露时的条件应尽可能相同，以期结果有可比性。为此，在试样放置以及对暴露用的架子、框架的尺寸和结构设计时应特别注意。如果要对不同时间或地点试验的金属、覆盖层和试件的试验结果进行比较，则需用标准试样比较各环境的腐蚀严酷性。标准试样的放置要与试验试样类似。

4.2 试验持续时间

根据试验目的和试样类型，决定总的试验周期。原则上，试验应连续进行，直至基体金属出现最初腐蚀缺陷为止。如果试样需定期取出，则取样间隔时间视试样类型、数量和试验目的而定。试样定期检测的次数，由受试试样的耐腐蚀性决定，推荐检测周期为1周、2周、2个月、3个月、6个月、12个月、18个月、24个月、36个月、48个月和60个月。

4.3 试验结果的评价

如果条件允许，可在暴露试样的储存室中直接评定试样的腐蚀程度。如需移至其他地方进行评定，则应防止转移过程中的试样损伤、水迹和指纹印，应避免将试样快速地从冷环境转移到热而潮湿的环境中，且要防止试样在转移过程中发生腐蚀变化。

除另有规定外，在整个暴露期间按4.2所推荐的检测周期定期评价试样的腐蚀变化。建议在试验的第一个月内，每1周或每2周进行一次评价。试样的评定应在暴露试验结束后的一个月内进行，在此期间应按2.8规定保存试样。

试验结果的评定方法由试验目的和方案决定。除另有规定外，金属覆盖层试验结果的评定应根据有关标准规定的方法进行。

4.4　腐蚀因素的记录

试验前，应对储存室中腐蚀因素的种类和程度做一般的评价。试验期间，应按附录A（资料性附录）所列，监测和记录外界腐蚀因素。

4.5　试验结果的记录

对每一试样腐蚀变化的观察和评定结果，应详细记录在适当设计的卡片上，记录卡片应包括下列项目：

a）试样编号或标记；

b）暴露试验日期；

c）试验前试样表面外观；

d）每次评价日期；

e）每次评价应分别详细描述每一试样的表面外观变化，应定期测量质量增减或其他物理性能的变化，如果可能，附上试样在试验前、试验中及试验后的照片；

f）使用未经暴露的按2.8规定保存的试样、照片或标准图，用目测或其他方法评价腐蚀等级；

g）对封装或包装的评价。

5　试验报告

试验报告应包括以下内容：

a）试验的范围；

b）关于专门制备的试样的资料（见2.5）；

1）基体材料的说明；

2）覆盖层类型、覆盖层材料及实际厚度；

3）镀（涂）覆前基体表面清洗与准备方法；

4）覆盖层制备方法；

5）镀（涂）覆后表面处理方法；

6）试样外观及覆盖层的基本性能，如孔隙率、硬度、延展性等，并包括评价这些性能所采用的试验方法；

7）包装或封存的材料和包装方式。

c）关于零部件产品的资料：

1）主要技术资料，例如附有材料及覆盖层规格的图样，包括覆盖层类型特别是覆盖层的实际厚度；

2）覆盖层的基本性能的数据，并附有评价这些性能所采用的试验方法以及试验前这些性能的原始值；

3）镀（涂）覆前基体表面制备和清洗方法；

4）封装的方法（如所用材料的说明）。

d）试验条件的资料：

1）暴露地点；

2）试样的放置或固定方法；

3）试验起止时间；

4）试验期间外界腐蚀因素的记录结果（见附录 A）。

e）特殊试样按 4.5 规定列出检查日期、腐蚀变化评价结果，包括文字描述及数据，有时还需有试验过程中的特殊变化情况、试样照片与包装情况。

附 录 A

（资料性附录）

储存条件下腐蚀因素的类型和数值

测定项目		单位	测量类型和次数	结果的表示
空气温度		℃	连续测定	每天、每月和每年平均值
相对湿度及其变化		%		最大值和最小值
绝对湿度及其变化		g/m^3		最大值和最小值
空气污染物	SO_2 浓度	mg/m^3	每周至少一次	每月和每年平均值
	Cl^- 浓度	mg/m^3		
	每日累计沉积 SO_2	mg/m^2	连续测定	每月和每年总的数量
	每日累计沉积 Cl^-	mg/m^2		
固体尘埃		g/m^2		一月内的化学成分和总的数量
生物因素		—	定期观察	有或没有

第六节 金属基体上金属和其他无机覆盖层经腐蚀试验后的试样和试件的评级

一、概论

经腐蚀试验后的试样和试件表面会发生变化，此变化发展后可导致覆盖层乃至基体金属的腐蚀破坏。无论金属基体上对底材呈阳极性还是阴极性的装饰性和保护性覆盖层，覆盖层保护基体免遭腐蚀破坏的能力和覆盖层保持其完整性及保持满意外观的能力一直是研究者关注的问题，这些能力的如何评价需要一个相对客观的依据，建立一种相对客观的评级系统很有必要。

我国于 20 世纪先后发布了 GB/T 6461—1986《金属覆盖层 对底材为阴极的覆盖层腐蚀试验后的电镀试样的评级》和 GB/T 12335—1990《对底材呈阳极性的覆盖层腐蚀试验后的试件的评级》，这两个标准分别规定了对底材呈阴极性和阳极性的覆盖层腐蚀试验后的评级方法。GB/T 6461—2002《金属基体上金属和其他无机覆盖层 经腐蚀试验后的试样和试件的评级》标准等同采用 ISO 10289：1999《金属基体上金属和其他无机覆盖层 经腐蚀试验后的试样和试件的评级》，代替 GB/T 6461—1986 和 GB/T 12335—1990。GB/T 6461—2002 于 2002 年 9 月 11 日发布，2003 年 4 月 1 日实施。

二、标准主要特点与应用说明

该标准提出了一种评价覆盖层和基体金属受腐蚀破坏的数字评级系统，适用于在腐蚀环境中进行过暴露试验或经其他目的的暴露后，装饰性和保护性金属和无机覆盖层的试板或试件腐蚀状态的评定。

1. 评级方法

该标准采用保护评级（R_P）和外观评级（R_A）两种相对独立的评级来记录表面的检验结果，称之为性能评级（R_P/R_A）。

保护评级（R_P）是评定覆盖层保护基体金属免遭腐蚀的能力，是一种简单的数字评级。保护评级（R_P）数字评级体系是基于出现腐蚀的基体面积（保护缺陷面积），根据式（5.6-1）计算而得，因此保护缺陷面积的评价是关键。保护缺陷包括凹坑腐蚀、针孔腐蚀、基体腐蚀引起的腐蚀斑点、鼓泡以及基体金属腐蚀而造成的其他缺陷。可采用该标准附录 A 的圆点图和附录 B 的照片来评价缺陷面积，也可采用 1mm×1mm、2mm×2mm 或 5mm×5mm 柔性透明网格板来评价缺陷面积。标准中表 1 规定了评级数及缺陷面积的对应关系，对没有出现基体金属腐蚀的试样保护评级评定为 10 级，对缺陷面积大于 50%的试样保护评级评定为 0 级。对于腐蚀缺陷面积极小的试样，严格按公式（5.6-1）计算将导致评级大于 10，因此式（5.6-1）仅限缺陷面积占比大于 0.046416%的试样。

$$R_P = 3(2-\lg A) \tag{5.6-1}$$

式中　R_P——保护评级，化整到最接近的整数，见标准内容中表 1；

A——基体金属腐蚀所占总面积的百分数。

外观评级（R_A）是描述试样的全部外观，包括由暴露所导致的所有缺陷，是一种可包括具体缺陷类型及表示其严重程度的数字评级。标准列出了覆盖层破坏的 10 种缺陷类型和缺陷类型代号，以及 4 种严重程度和严重程度代号。记录外观评级时，应描述缺陷的类型、缺陷影响的面积和严重程度，同时用缺陷类型代号和 10~0 等级来评定某类缺陷的评级，用非常轻度（vs）、轻度（s）、中度（m）、重度（x）4 种型式对严重程度进行主观评价。

性能评级（R_P/R_A）是保护评级数后接斜线再接外观评级数的组合。当只需要保护评级（R_P）时，允许省略外观评级（R_A），其表示方法是在保护评级后面接一字线（R_P/—）。

2. 检查方法

试验前应对试样表面进行仔细检查，可采用图样或适当的标记指明试样的主要表面，如实记录表面存在的预制损伤和某些方面存在的缺陷。试样可在试样架上检查，也可移至合适之处检查。检查时光线要尽可能均匀，并从不同角度检查，以确保缺陷充分显现。标准规定了试验后试样的清洗方法，清洗试样干燥后方可检查。试样边缘 5mm 之内的缺陷可在报告中注明，但不影响数字评级。接触痕、挂具痕和固定孔等缺陷可以忽略。

3. 结果表示

（1）保护评级（R_P）的表示　保护评级（R_P）用数字描述覆盖层保护基体免遭腐蚀的能力。保护评级（R_P）示例：出现的生锈超过表面 1%，小于表面 2.5%，保护评级（R_P）为：5/—。

（2）外观评级（R_A）的表示　外观评级（R_A）用字母和数字描述试样的全部外观，包括由腐蚀和环境引起的所有破坏和破坏程度的主观评价。外观评级（R_A）示例：中度起斑点，面积超过20%，外观评级（R_A）为：—/2mA。

（3）性能评级（R_P/R_A）的表示 性能评级（R_P/R_A）是保护评级 R_P 后接斜线再接外观评级 R_A 的组合。性能评级（R_P/R_A）示例：试样上0.3%的面积出现基体腐蚀（$R_P=7$），阳极性腐蚀产物占总面积0.15%，且出现的轻微起泡（未到基体金属）面积超过总面积的0.75%，性能评级（R_P/R_A）为：7/8vsC；6mG。

三、标准内容（GB/T 6461—2002）

金属基体上金属和其他无机覆盖层 经腐蚀试验后的试样和试件的评级

1 范围

本标准规定了在腐蚀环境中进行过暴露试验或经其他目的的暴露后，装饰性和保护性金属和无机覆盖层所覆盖的试板或试件腐蚀状态的评定方法。

本标准规定的方法适用于在自然大气中动态或静态条件下暴露的试板或试件，也适用于经加速试验的试板或试件。

注1：示例见本标准参考文献。

本标准认为，保护评级可按第6章的规定客观地做出，而外观评级则取决于许多主观因素（见6.2）。

注2：试板或试件的边缘可能要予以保护，例如用胶带或石蜡进行保护。如果这种保护是腐蚀试验所约定的，则应在试验报告中予以记录。当试样是从大的零件上切割下来而其边缘无覆盖层的情况下，这种保护是重要的。

2 术语和定义

下列术语和定义适用于本标准。

2.1 保护评级 protection rating

R_P

保护评级数（见表1）表示覆盖层保护基体金属免遭腐蚀的能力。

2.2 保护缺陷 protection defect

与评定保护评级相关的缺陷，包括凹坑腐蚀、针孔腐蚀、基体腐蚀引起的腐蚀斑点、鼓泡以及因基体金属腐蚀而造成的其他缺陷。

注：铝和锌合金压铸件上电镀层的鼓泡通常表示基体金属腐蚀，但是检查者应判断鼓泡是否发生在基体金属与覆盖层的界面上。

2.3 外观评级 appearance rating

R_A

评级数（见表1）和代号（见表2）描述试样的全部外观，包括由暴露所导致的所有缺陷。

2.4 外观缺陷 appearance defect

对试样外观有损害的缺陷（见表2）。

2.5 性能评级 performance rating

保护评级数（R_P）后接斜线再接外观评级数（R_A）的组合，即 R_P/R_A。

2.6 覆盖层体系 coating system

特殊的沉积系列，包括多层沉积的各层厚度和各层的类型以及对基体金属的处理。

2.7　主要表面　significant surface

工件上已被覆盖层所覆盖或待覆盖的一部分表面，这部分表面对工件外观或使用性能是重要的（见第5章）。

3　原理

本标准提出了一种评价覆盖层和基体金属受腐蚀破坏的评级系统。本标准描述的评级方法用于评价覆盖层外观，以及试板或试件的主要表面经受性能试验后的腐蚀程度。

用保护评级（R_P）和外观评级（R_A），这两种互相独立的评级来记录表面的检查结果，称之为性能评级。

记录试样表面评级时，如果需要表示缺陷的类型和严重程度，应使用约定的缺陷类型代号和缺陷程度代号来记录这些信息。

当只需要保护评级（R_P）时，允许省略外观评级（R_A）。其表示方法是在保护评级后面接一字线（R_P/—），以表明省略了外观评级。

4　缺陷类型

缺陷可能既影响保护评级（R_P），又影响外观评级（R_A）。在这种评级系统中，保护评级是一个简单的数字评级，而外观评级可包括具体的缺陷及表示其严重程度的数字评级。

缺陷一览表见表2。当记录具体的缺陷时，也可补充此表。

缺陷指凹坑腐蚀、针孔腐蚀、覆盖层的全面腐蚀、腐蚀产物、鼓泡和覆盖层的任何其他缺陷。部分缺陷，如鼓泡可能与覆盖层、基体金属、覆盖层与基体金属的界面或覆盖层中层与层之间的界面有关。

其他缺陷虽然只是轻微的腐蚀，但对外观有显著的影响，如斑点、失光、开裂等。

虽然采用了精细的机械加工方法，但是基体金属表面的缺陷，例如，擦痕、孔隙、非导体夹杂、轧痕和模具痕、冷隔和裂纹等，仍然会对覆盖层性能产生负面影响，应对这样的缺陷做出记录并单独进行评级。

因为某些缺陷的重要性可能取决于覆盖层对基体金属呈阳极性还是呈阴极性，所以要切实记录覆盖层体系。

应注意在暴露中缺陷的发展状况，如覆盖层的起皮或脱落，这表明基体金属的预处理或覆盖层涂覆可能存在问题。

5　检查方法

采用图样或做出适当标记指明试样的主要表面。

在进行环境试验前，有必要将某些方面存在缺陷的材料找出来，并做好记录。

如果在表面上预制损伤，试验前要记录下这一损伤并如实报告。如果有意使试样发生变形，则要单独对变形区进行评级。

试样可在暴露架上进行检查，也可移至更合适之处检查。检查时光线要尽可能均匀，要避免阳光直接反射或云层的遮蔽，并从不同角度检查，以确保缺陷充分显现。

试验结束后，如果试样状态允许，可不经清洗进行检查。如果污垢和盐类沉积物等掩盖了缺陷而使检查难以进行时，宜用蘸有中性肥皂液的海绵对表面进行擦拭，然后用水漂洗。但在此过程中不应施加压力，以免洗掉腐蚀产物而造成评级偏高。清洗液不应对覆盖层产生任何破坏。中途或定期检查时不允许清洗试样，否则会干扰试样的腐蚀行为。

试样清洗后应待干燥，才能进行检查。

对表面评级时要加以说明，进行计数的缺陷系指正常视力或矫正视力可见的缺陷。

注1：在初始检查之后，可进一步借助光学仪器来描绘缺陷的特征。

距试样边缘或胶带/石蜡 5mm 以内的边缘缺陷可在报告中注明，但不应影响数字评级。同样地，可忽略接触痕、挂具痕和固定孔等缺陷。

注2：深度加工制造的试样，如螺纹、孔等之上的边缘缺陷可能难以评定；在这种情况下，可由需方和供方商定要报告的确切的缺陷区。

当覆盖层对基体金属呈阳极性时，从试样边缘发展出的白色腐蚀产物不应认为是覆盖层失效。

有时要对试样表面进行擦拭、抛光、化学清洗等，以便对表面进行研究，但这样的处理应限制在尽可能小的区域内，就 100mm×150mm 试样而言，其处理面积最好不大于 $100mm^2$。要说明用于继续试验评级的这个面积。

6 评级的表示

6.1 保护评级（R_P）的表示

数字评级体系基于出现腐蚀的基体面积，其计算公式如下：

$$R_P = 3(2-\lg A) \tag{1}$$

式中 R_P——化整到最接近的整数，如表 1 所列；

A——基体金属腐蚀所占总面积的百分数。

注1：在某些情况下，可能难以计算出准确的面积，尤其是深度加工的试样如螺纹、孔等，在这种情况下检查者要尽可能精确地估计此面积。

对缺陷面积极小的试样，严格按公式（1）计算将导致评级大于 10。因此，公式（1）仅限于面积 $A>0.046416\%$ 的试样。通常，对没有出现基体金属腐蚀的表面，人为规定为 10 级。如果需要，可用分数值区分如表 1 所列评级之间的各种评级。

注2：当采用某些对基体金属呈阳极性的覆盖层体系时，由于覆盖层形成大量的腐蚀产物，可能难以评价出真实的保护评级数。由于这些腐蚀产物的高黏附性，它们会掩盖基体腐蚀的真实面积。例如，暴露于含盐气氛中的钢上锌覆盖层。虽然本标准可用于对钢上锌覆盖层的性能进行评级，但是在一些环境中可能难以确定其保护评级。

若缺陷很集中，可采用附录 A 和附录 B 所列的圆点图或照片标准，也可用 1mm×1mm，2mm×2mm 或 5mm×5mm 的柔性网板评价腐蚀面积。

如果要在同一时间检查一大组试样，建议按公式（1）逐一评价。当全组试样评级结束后，应该对各个评级进行复查，以确保每一个评级都能真实反映试样的缺陷程度。复查起到对各个评级核查的作用，并有助于保证检查者的判断或参照系不因检查过程中诸如照明条件变化或疲劳等因素而改变。

可用以下方案改进检查：

a）从暴露架上逐一取出试样，然后将类同的试样进行比较；

b）按优劣顺序排列所有试样。

表 1 保护评级（R_P）与外观评级（R_A）

缺陷面积 A(%)	评级 R_P 或 R_A
无缺陷	10
$0<A\leqslant 0.1$	9
$0.1<A\leqslant 0.25$	8

（续）

缺陷面积 A(%)	评级 R_P 或 R_A
$0.25<A\leq0.5$	7
$0.5<A\leq1.0$	6
$1.0<A\leq2.5$	5
$2.5<A\leq5.0$	4
$5.0<A\leq10$	3
$10<A\leq25$	2
$25<A\leq50$	1
$50<A$	0

用这种方法评定保护评级 R_P 的示例：

a）轻微生锈超过表面 1%，小于表面 2.5%时：5/—

b）无缺陷时：10/—

6.2　外观评级（R_A）的表示

按如下项目评定外观评级：

a）用表 2 给出的分类确定的缺陷类型；

b）用表 1 所列的等级 10~0 确定的受某一缺陷影响的面积；

c）对破坏程度的主观评价，例如：

vs＝非常轻度；

s＝轻度；

m＝中度；

x＝重度。

表 2　覆盖层破坏类型的分类

A	覆盖层损坏所致的斑点和(或)颜色变化(与明显的基体金属腐蚀产物的颜色不同)
B	很难看得见,甚至看不见的覆盖层腐蚀所致的发暗
C	阳极性覆盖层的腐蚀产物
D	阴极性覆盖层的腐蚀产物
E	表面点蚀(腐蚀坑可能未扩展到基体金属)
F	碎落,起皮,剥落
G	鼓泡
H	开裂
I	龟裂
J	鸡爪状或星状缺陷

用这种方法评定外观评级（R_A）的示例：

a）中度起斑点，面积超过 20%：—/2mA；

b）覆盖层（阳极性的）轻度腐蚀，面积超过 1%：—/5sC；

c）极小的表面蚀点引起整个表面轻度发暗：—/0s B，vsE。

注：外观评级（R_A）可包含一个以上缺陷，在此情况下，应分别报告每一个缺陷［见 6.3c）的示例］。

6.3 性能评级的表示

如 2.5 所述，性能评级是保护评级（R_P）后接斜线再接外观评级（R_A）的组合（R_P/R_A），性能评级的示例：

a）试样出现超过总面积的 0.1%的基体金属腐蚀和试样的剩余表面出现超过该面积的 20%的中度斑点：9/2mA；

b）试样未出现基体金属腐蚀，但出现小于总面积的 1.0%的阳极性覆盖层的轻度腐蚀：10/6s C；

c）试样上 0.3%的面积出现基体金属腐蚀（R_P=7），阳极性覆盖层的腐蚀产物覆盖总面积的 0.15%，而且最上面的电沉积层出现轻微鼓泡的面积超过总面积的 0.75%（但未延伸到基体金属）：7/8 vs C，6 m G。

7 试验报告

除非另有规定，试验报告应包括以下内容：

a）试验条件，例如某一标准规定的试验条件；

b）暴露周期，已知的或估计的；

c）覆盖层体系和基体金属或受试产品的描述；

d）评定 R_P 中所遇到困难的报告；

e）试样或试件的尺寸和形状；

f）对要评价的表面采用的准备方法，包括所采用的任何清洗处理、对边缘或其他特殊部位的任何保护以及试验前的任何预制损伤；

g）代表每种覆盖层或产品的试样或试件的数量；

h）若有要求，应报告试验后试样或试件的清洗方法；

i）分别按 6.1 和 6.2 表示的每一试样或试件的保护评级（R_P）和外观评级（R_A）（性能评级按 2.5）。

附 录 A
（资料性附录）
对基体金属呈阴极性覆盖层的圆点图和彩色照片

A.1 总则

这些图和照片代表了给定评级所允许的基体金属的最大腐蚀量，从 1 级至 9 级每一评级都有一个图或照片。除非在 1 级和 0 级之间再划分评级。否则比 1 级的图或照片更差的试样评为 0 级。

A.2 圆点图的使用

当使用圆点图或照片时，建议将相应的图或照片并排置于被检查表面旁边，并使缺陷尽可能与其中评级之一相接近。如果被检查表面比（X）级稍好，但又不如（X+1）级，则评为（X 级）；如果表面比（X）稍差，但又比（X-1）级好，则评为（X-1）级。

所遇到的腐蚀缺陷类型，可能因试验中大气暴露类型和覆盖层类型而不同。因此，在某些情况下，最好使用圆点图；而在另一些应用中，彩色照片也许会更适合。然而，在某些情况下，直接测量对评定受影响的面积可能是有利的。

通常，圆点图适合于评价工业大气腐蚀程度，照片更有助于评价海洋大气腐蚀程度。

每六个方图代表 10 个评级中的一个评级或腐蚀面积，它用图来显示腐蚀斑点的数量。

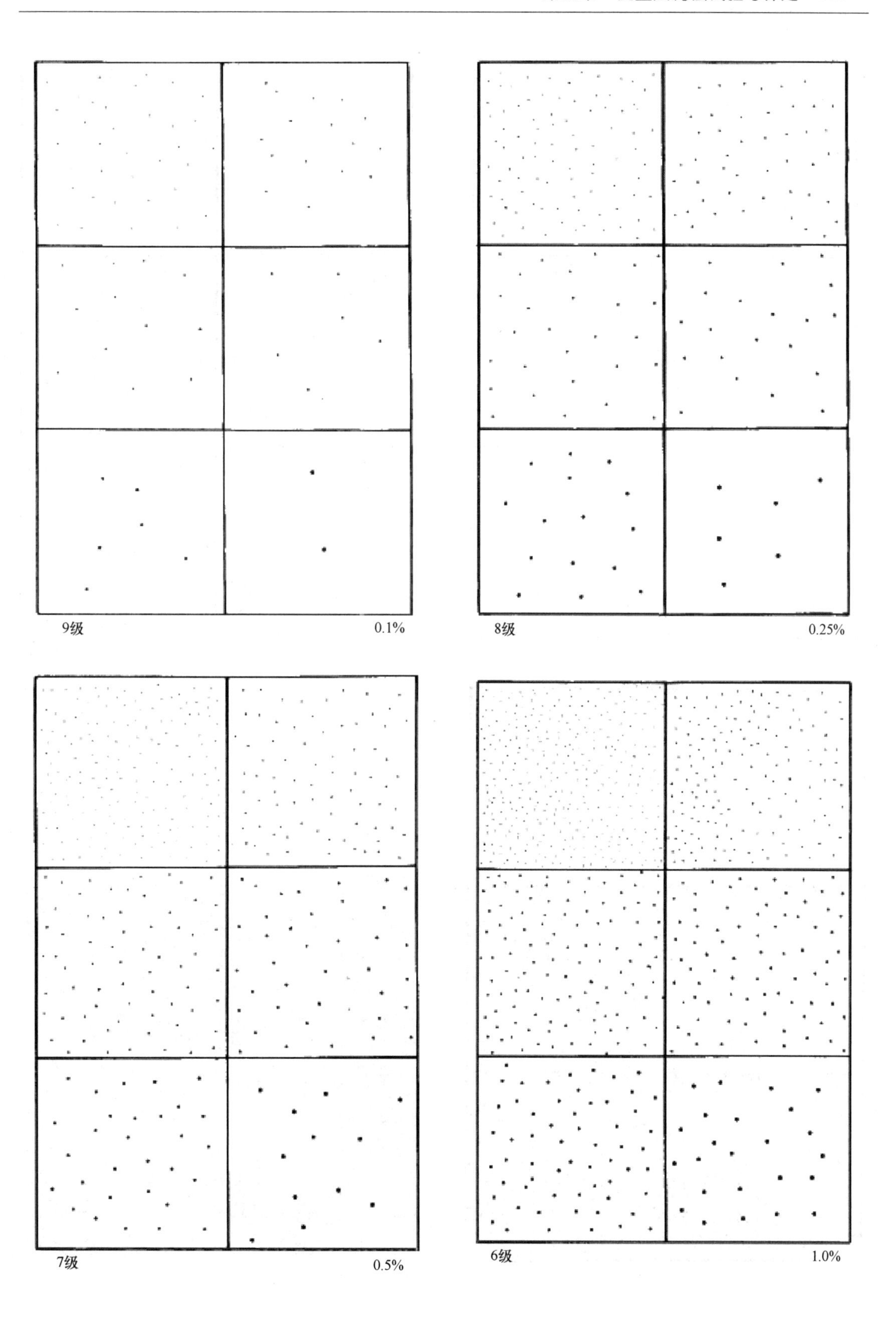
9级
0.1%
8级
0.25%
7级
0.5%
6级
1.0%

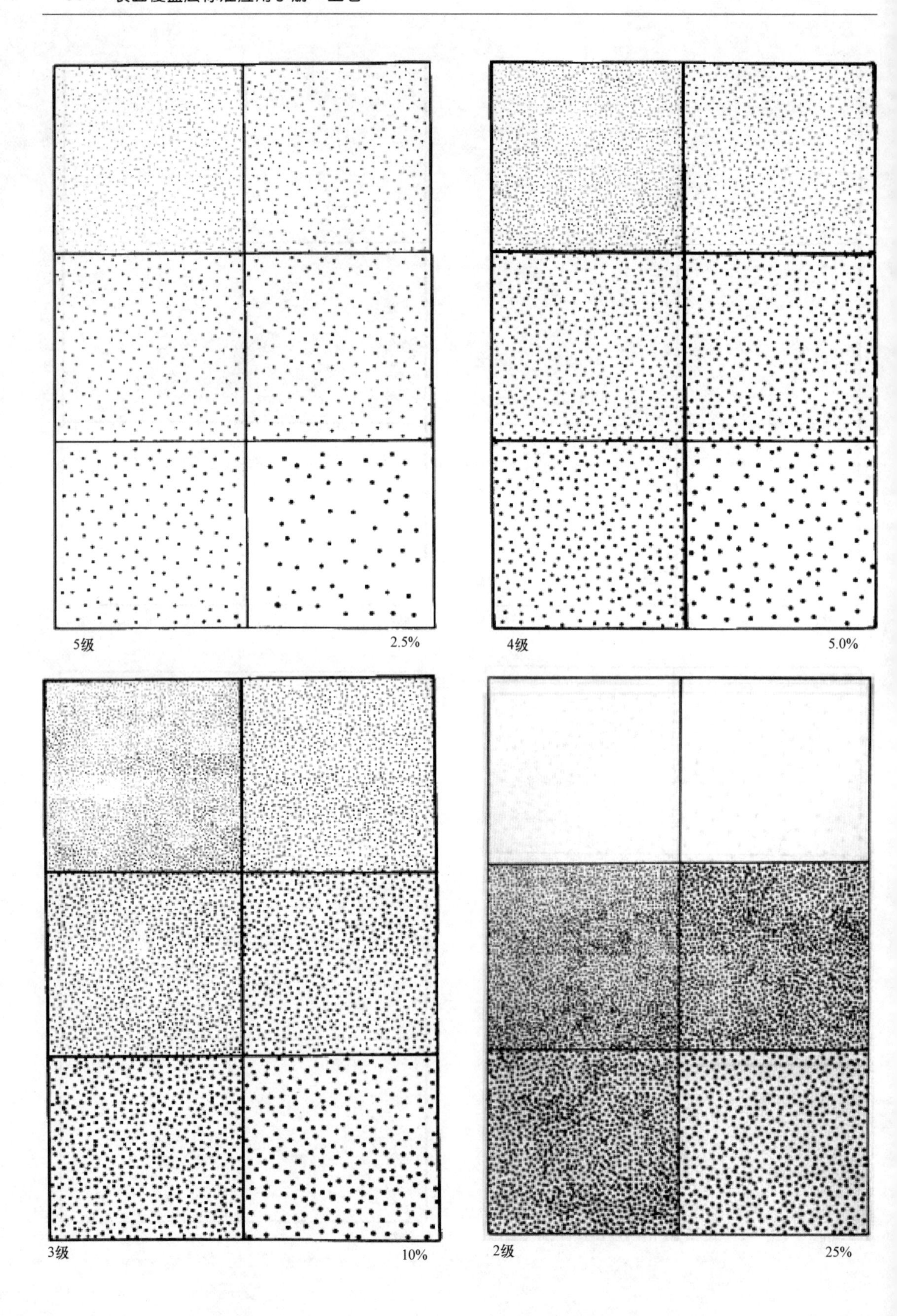
5级
2.5%
4级
5.0%
3级
10%
2级
25%

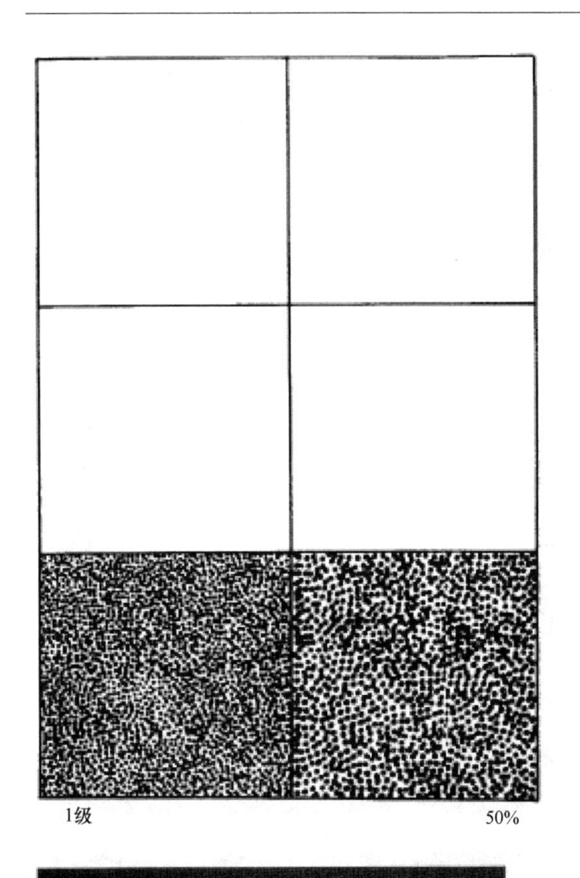

1级　　50%

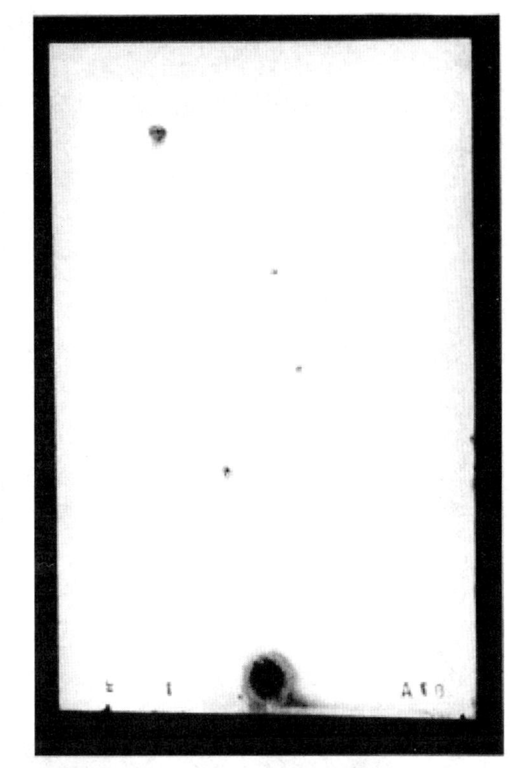

保护9级

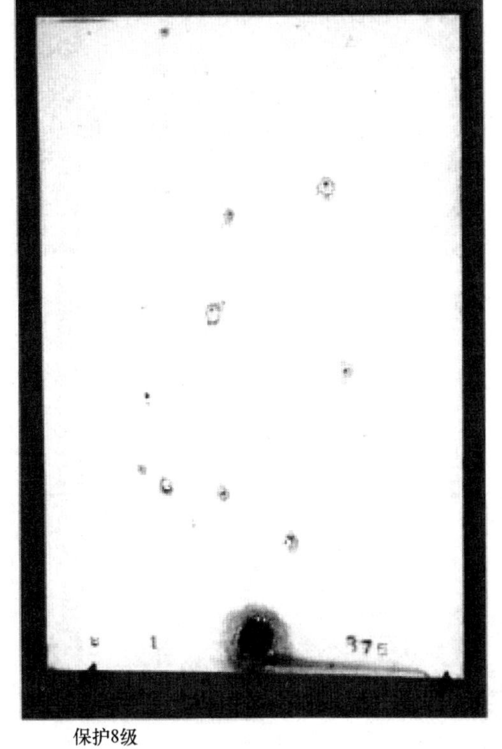

保护8级

保护7级

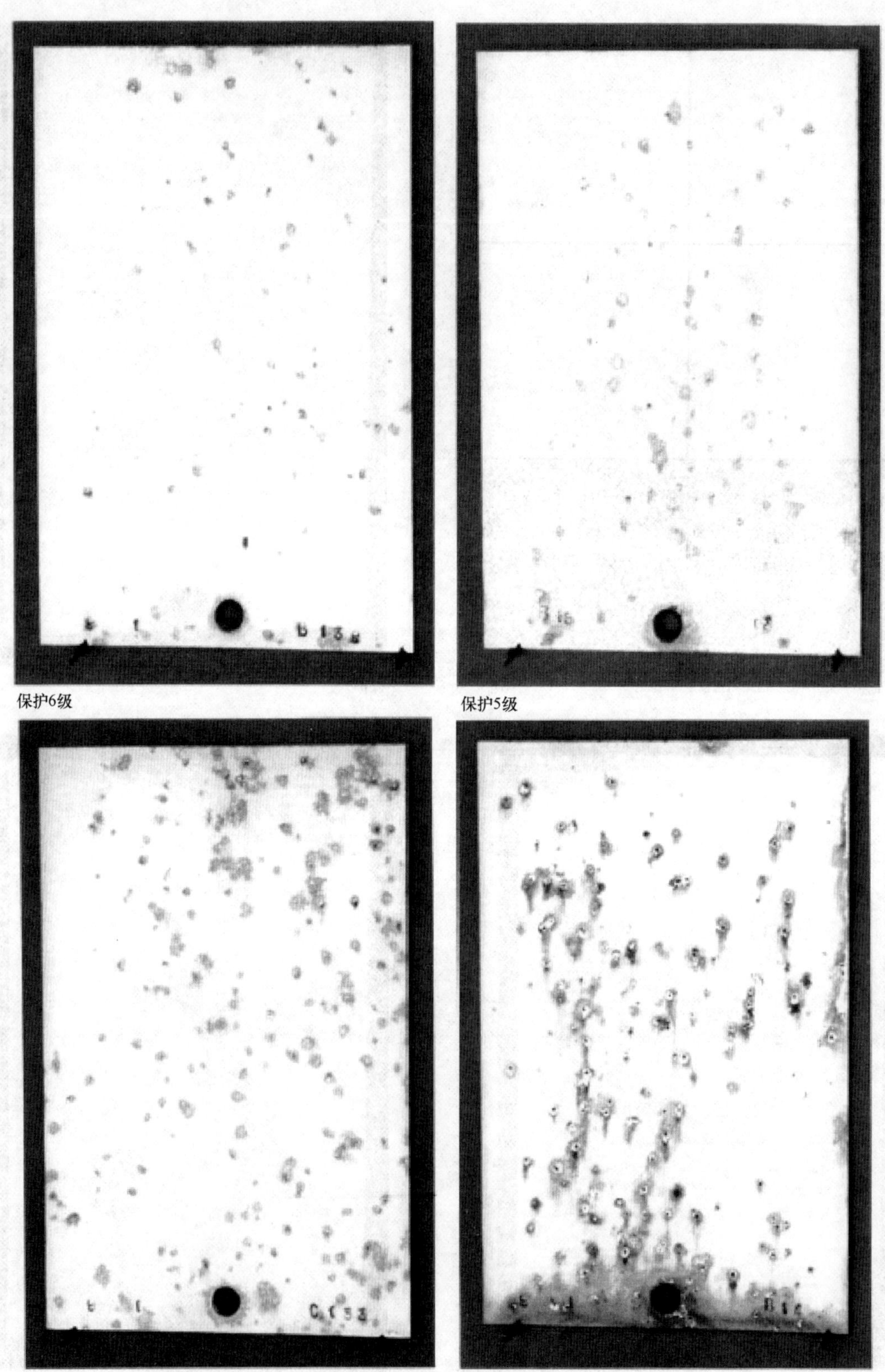

保护6级

保护5级

保护4级

保护3级

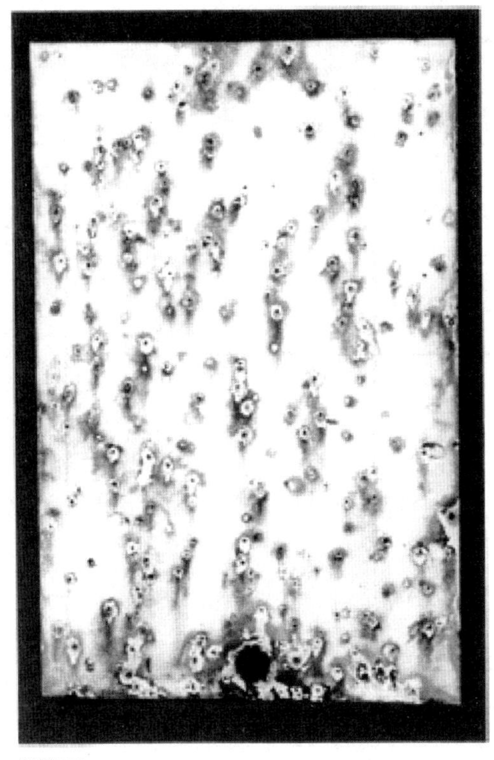

保护2级

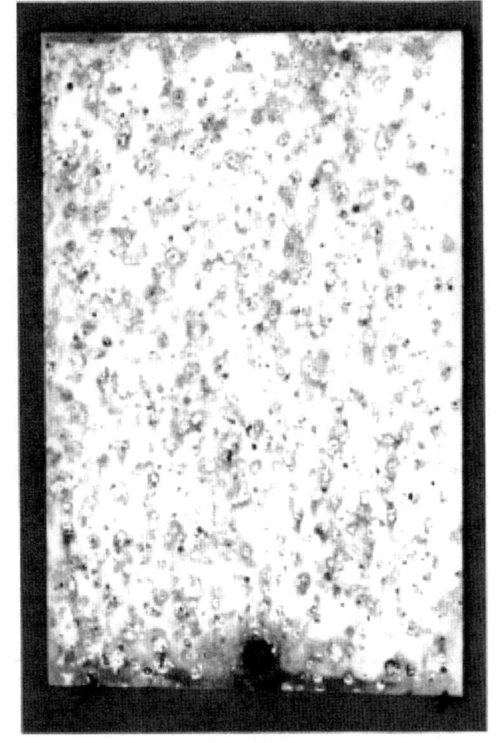

保护1级

附　录　B
（资料性附录）
对基体金属呈阳极性覆盖层的圆点图

B.1　总则

这些图代表了给定评级所允许的覆盖层和基体金属的最大腐蚀量；从 1 至 9 级的每一评级都有一个图。除非在 1 级和 0 级之间再划分评级，否则比 1 级的图或照片更差的试样评为 0 级。

B.2　圆点图的使用

当使用圆点图时，建议将相应的图并排置于被检查表面旁边，并使缺陷尽可能与其中评级之一相接近。如果被检查表面比（X）级稍好，但又不如（X+1）级，则评为（X 级）；如果表面比（X）级稍差，但又比（X-1）级好，则评为（X-1）级。

所遇到的腐蚀缺陷的类型，可能因试验中大气暴露类型和覆盖层类型而不同。因此，在某些情况下，最好使用圆点图；而在另一些应用中，彩色照片也许会更适合。然而，在某些情况下，直接测量对评定受影响的面积可能是有利的。

每六个方图代表 10 个评级中的一个评级或腐蚀面积，它用图来显示腐蚀斑点的数量。

9级 0.1%

8级 0.25%

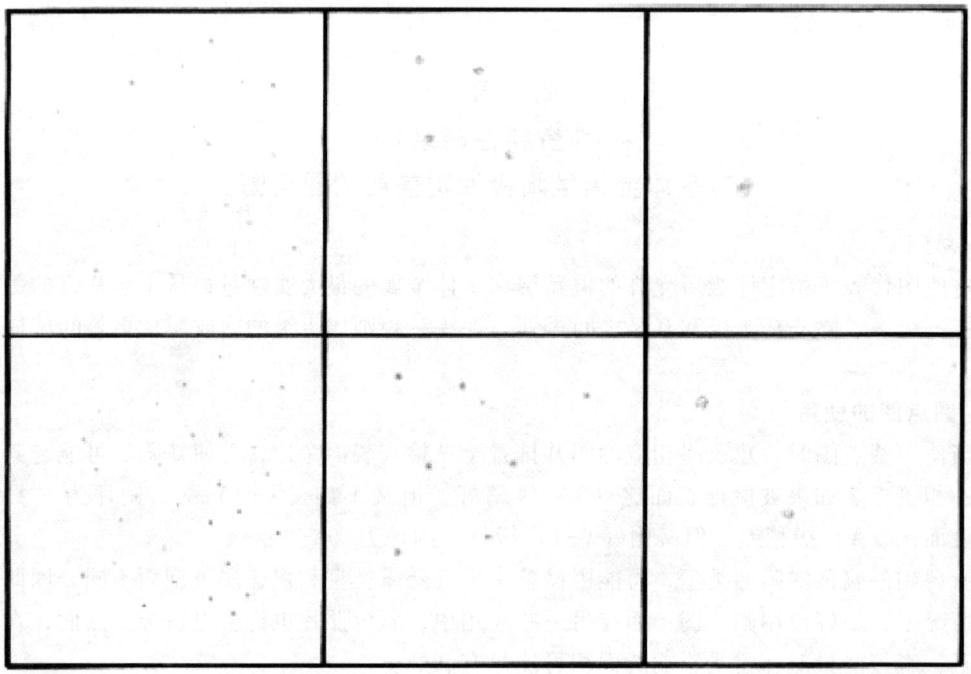

7级　　0.5%

6级　　1%

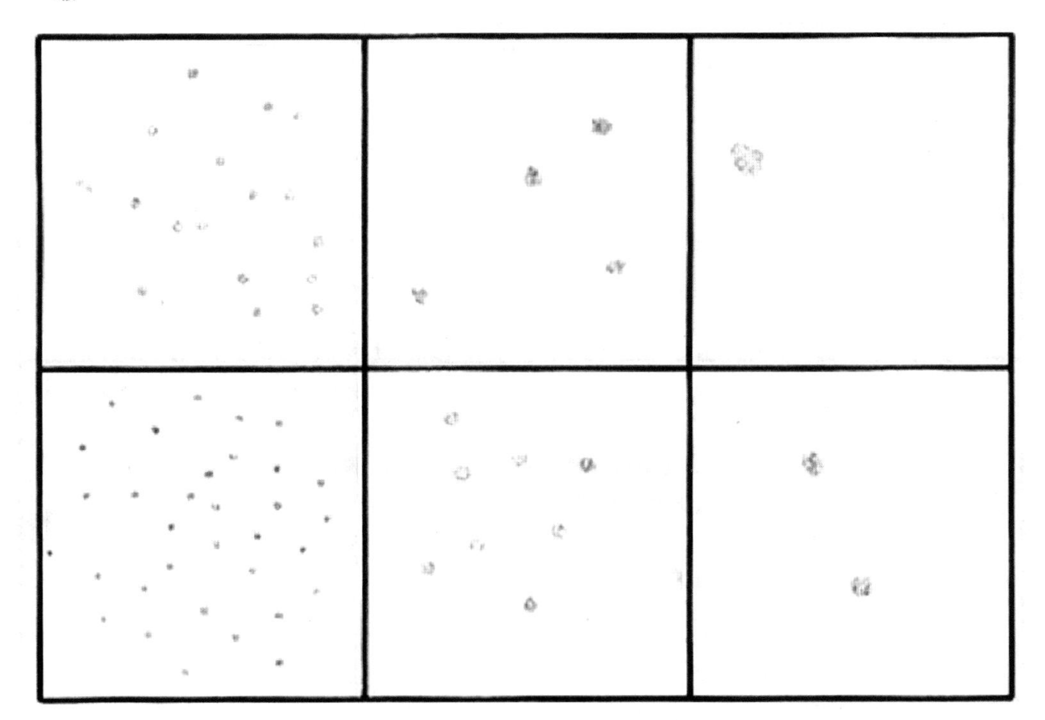

5级

2.5%

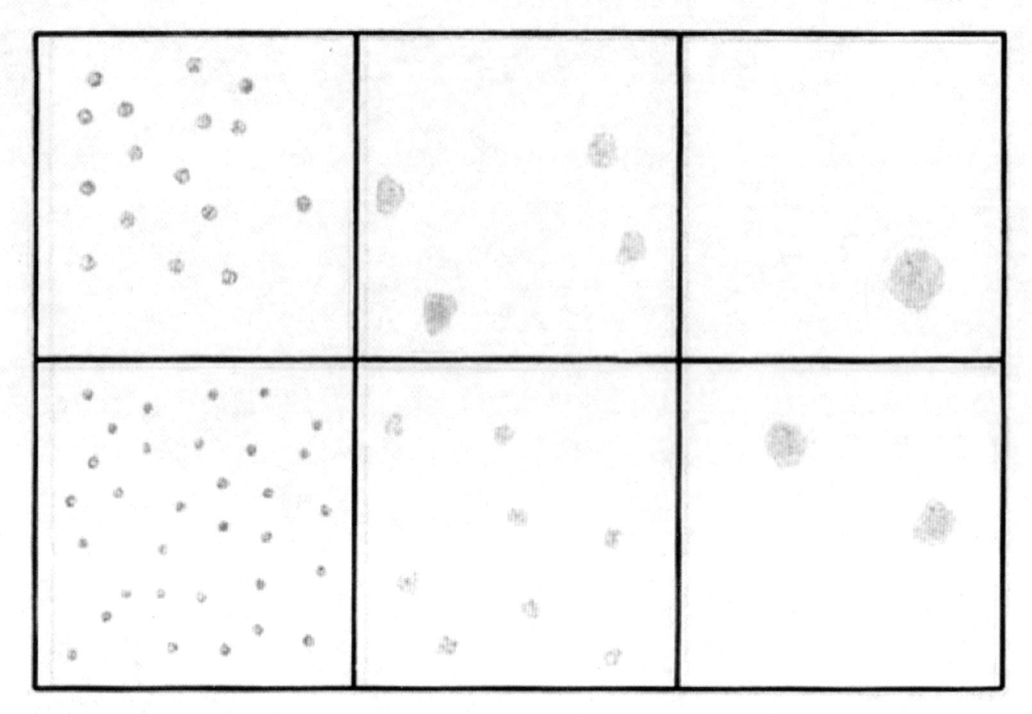

4级

5%

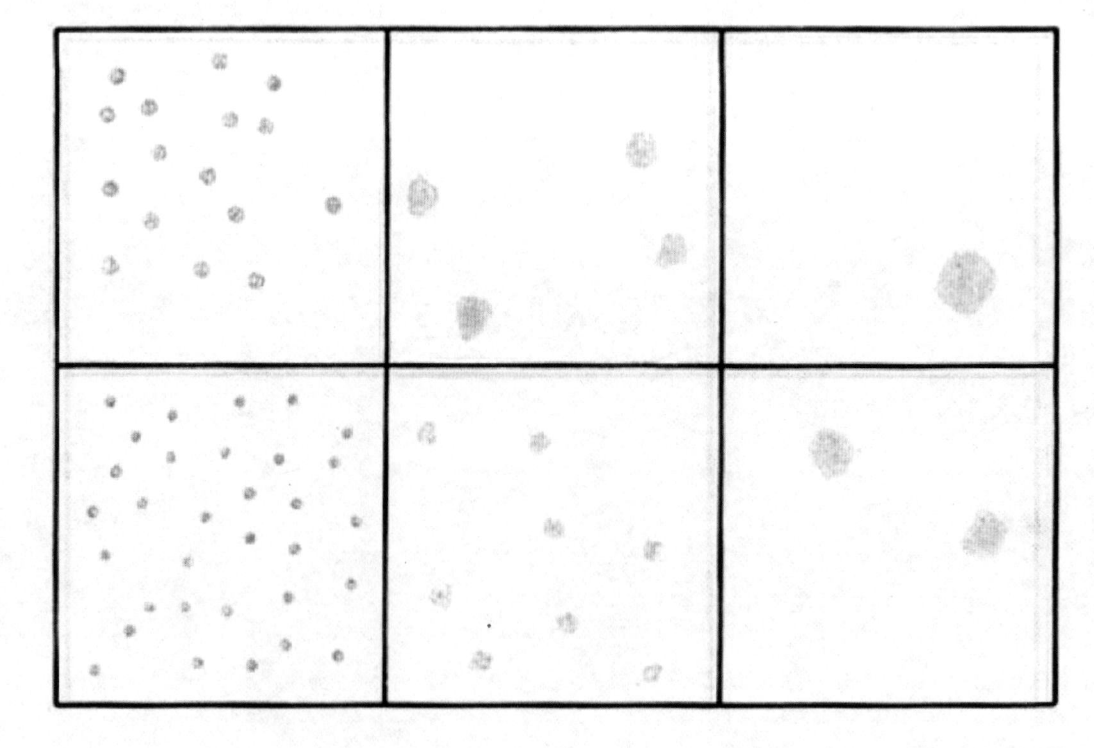

3级

10%

2级

25%

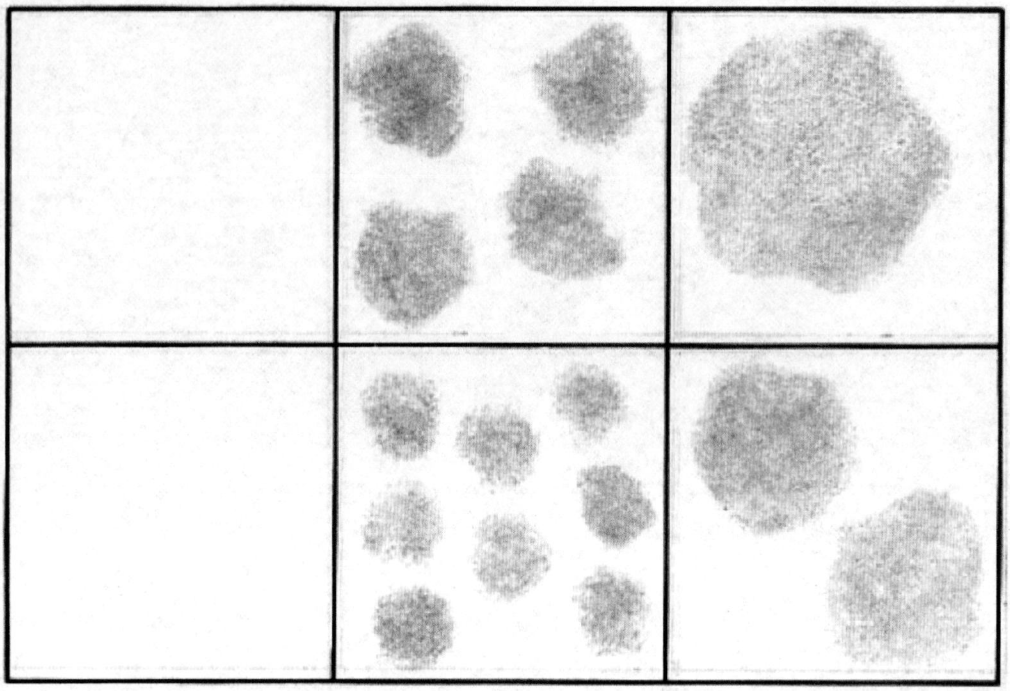

第七节 金属基体上金属和非有机覆盖层 盐水滴腐蚀试验（SD 试验）

一、概论

一般情况下，金属基体上的可见液滴是通过大气降水或凝露效应形成的。当大气中湿度较高或者气温骤变时，水分子会在基体上形成可见或不可见的薄液层，但是从微观角度来看，薄液层可以认为是由许多大小不同的液滴组成形成的，所有材料在大气环境暴露的过程中，基体表面液滴的形式是一个普遍发生的自然现象，而液滴的形成会为金属材料电化学腐蚀的发生提供环境条件，也可以说金属基体表面的液滴现象，是影响金属大气腐蚀行为的一个重要因素。特别对于大气腐蚀初期行为的机理研究首先就需要对液滴现象有个深刻的认识。

海洋大气环境具有高温、高湿、高盐雾的显著特征，更容易在金属表面发生含有 Cl^- 的薄液膜或水滴腐蚀现象，腐蚀状况会更加显著。而盐水滴试验在机理上与海洋环境腐蚀的液滴腐蚀一致，可用来研究海洋大气环境液滴及时间对基体的影响。因此，JB/T 7702—1995《金属基体上金属和非有机覆盖层 盐水滴腐蚀试验（SD 试验）》主要用来模拟海洋环境中金属和非有机覆盖层盐水滴腐蚀试验研究。

JB/T 7702—1995《金属基体上金属和非有机覆盖层 盐水滴腐蚀试验（SD 试验）》等同采用 ISO 4536—1985《金属基体上金属和非有机覆盖层 盐水滴腐蚀试验（SD 试验）》，JB/T 7702—1995 于 1995 年 6 月 20 日发布，1996 年 1 月 1 日实施。

二、标准主要特点与应用说明

该标准规定了金属基体上金属和非有机覆盖层盐水滴腐蚀试验所使用的试验溶液、设备和方法。通过该标准的试验方法，可以为同种材料的腐蚀性能做出一个初步判断。但海洋环境腐蚀的影响因素众多。单一的盐水滴腐蚀试验不足以完全反映出金属材料的腐蚀全过程。因此，目前更多的试验则是借鉴了盐水滴腐蚀试验方法，或是重新设计试验溶液，以达到试验要求。比如“泥滴”附着腐蚀试验，根据材料的使用要求，设计了一种泥浆试验溶液，根据该标准试验方法，观察和研究钢板腐蚀的过程和特征。

由于盐水滴试验是影响金属电化学腐蚀的重要因素，所以该标准主要适用于检测阴极性金属镀层缺陷，不适用于在严酷环境中使用的镀层，具有一定的局限性。盐水滴腐蚀试验是在温度为23℃，湿度为85%~95%的试验箱内进行的。喷雾装置是将试验溶液喷射到试样上，液滴应均匀地分布在整个试样的表面，但是不能形成连续的膜。试样喷雾后应立即放入规定的温度和湿度试验箱内。最后按照试验周期取样，可进行试样结果评价。

三、标准内容（JB/T 7702—1995）

金属基体上金属和非有机覆盖层　盐水滴腐蚀试验（SD试验）

1　主题内容与适用范围

本标准规定了金属基体上金属和非有机覆盖层盐水滴腐蚀试验所使用的试验溶液、设备和方法。

本标准适用于检测阴极性金属覆盖层的缺陷，也适用于检测由铬酸盐和磷酸盐等方法处理所得到的化学或电化学转化膜的质量。本标准不适用于严酷环境中使用的覆盖层。

本标准获得的试验结果不能作为被试覆盖层在使用环境中耐蚀性的依据，也不能作为不同覆盖层在使用中耐蚀性相互比较的依据。

2　引用标准

GB 6461　金属覆盖层　对底材为阴极的覆盖层腐蚀试验后的电镀试样的评级

3　试验溶液

使用分析纯试剂，用pH为6.5~7.2的蒸馏水或去离子水配制试验溶液，其组成见表1。

表1　试验溶液的组成

成分	浓度/(g/L)
氯化钠　NaCl	26.5
氯化镁　$MgCl_2$	2.4
硫酸镁　$MgSO_4$	3.3
氯化钙　$CaCl_2$	1.1
氯化钾　KCl	0.73
碳酸氢钠　$NaHCO_3$	0.20
溴化钠　NaBr	0.28

使用前，溶液需要过滤，以免固体物质堵塞喷嘴。

4 设备

4.1 喷雾装置

包括盛试验溶液的容器、能产生适当喷雾的喷嘴和压力装置。

推荐一种合适的手工操作喷雾装置，见附录 B（参考件）。

4.2 台架

用于固定试样。台架用耐试验溶液腐蚀的非金属材料（如玻璃或塑料）制作。

4.3 试验箱

除另有规定外，试验箱内温度为 23℃±3℃，相对湿度为 85%～95%。试验箱可以选用适当的型式和尺寸，并用耐蚀材料（如玻璃或塑料）制造，以防止试样污染。

可以由在箱底放置的盛有水或不影响腐蚀过程的饱和盐溶液（如氯化钾或硝酸钾）的开口容器来产生和维持所要求的相对湿度。

5 试样

5.1 试样的类型、数量、形状和尺寸，应根据被试覆盖层或产品标准的要求而定。若无标准，可由试验双方协商决定。

5.2 试验前，试样必须充分清洗。清洗方法视试样表面状况和污物性质而定。清洗中不能使用会侵蚀试样或形成表面膜的磨料和溶剂。试样洗净后，必须避免沾污。

5.3 如果试样是从工件上切割下来的，则不能损坏覆盖层，尤其是不能损坏切割区附近的覆盖层。除另有规定外，试样边缘必须用适当的材料如油漆、石蜡或黏结胶带等进行保护。

6 试样放置

6.1 试样喷雾后置于台架上，试样不能与箱壁或箱内其他物体接触，试样也不能相互接触。试验溶液不有从一个试样流到另一个试样上。

6.2 被试表面可以任意角度倾斜，但需保证试验过程中能维持 7.1 条所要求的液滴分散状况。

7 试验过程

7.1 使用喷雾装置将试验溶液轻轻喷射到试样上，喷雾液滴应均匀地分布在整个被试表面上，液滴的大小和分布要求见附录 A（补充件）。

液滴不能在被试表面上形成连续的膜。如果发生液滴聚合，则应重新喷雾。在重新喷雾前，应洗净液滴并干燥试样。

7.2 试样喷雾后，立即放入已达到规定温度和相对湿度的试验箱内台架上。尽量避免温湿度的骤变。

7.3 每 24h 至少检查试样一次。检查时从箱内取出试样，检查的时间尽可能短，不允许液滴干燥，不得损坏盐和腐蚀产物的积聚。检查时，如发现液滴大小和数量减少，应按 7.1 条规定重新喷雾。

7.4 试验结束后，试样按被试覆盖层或产品规定的方法清洗和检查。通常应清除表面残留的雾液，如在温度不超过 40℃的清洁流动水中轻轻冲洗或浸洗，然后立即用吹风机干燥。应避免腐蚀产物损坏或脱落。

8 试验周期

试验周期由被试覆盖层或产品标准确定。推荐的试验周期为2h、6h、24h、48h、96h、240h、480h、720h。

9 试验结果的评价

试验结果评价方法按被试覆盖层或产品标准规定。一般需考虑下列几点：

a）开始腐蚀的时间；

b）试验后清洗前试样外观，清洗后试样外观；

c）腐蚀产物去除后试样外观；

d）腐蚀缺陷（如点蚀、裂纹、气泡等）的数量和分布，腐蚀等级采用GB 6461评定。

10 试验报告

10.1 试验报告必须写明采用的评价标准和得到的试验结果。必要时，应有每件试样的结果，每组平行试样的平均结果或试样的照片。

10.2 试验报告必须包括试验方法的资料，这些资料可根据试验目的及其要求而定。一般包括下列内容：

a）被试覆盖层或产品的说明；

b）试样的形状和尺寸，试样面积和表面状态；

c）试样的制备，包括试验前的清洗和对试样边缘或其他特殊部位的保护；

d）试样数量；

e）试验后试样的清洗方法，必要时，应说明由清洗引起的失重；

f）试验溶液的成分，试验过程中喷雾的次数；

g）试验箱内温度和相对湿度及其波动范围；

h）试验时间；

i）为了检验试验条件的准确性，放入试验箱内的参考试片的性质及其所得的结果。

附 录 A
喷雾液滴大小和分布要求
（补充件）

喷雾液滴的大小和分布要求如图A.1b所示，图A.1a、c均不符合要求。

如试样表面由于表面粗糙度或颜色而很难看清液滴图形，则可先在清洁、光滑的金属、玻璃或塑料样板上试喷，待喷雾液滴符合要求，再以相同的操作在被试表面喷雾。

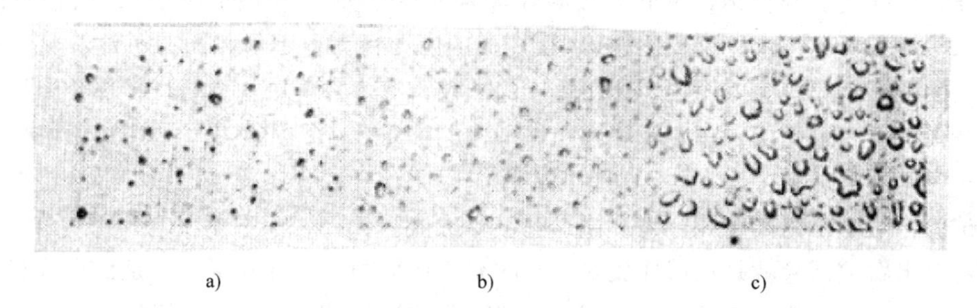

a) b) c)

图A.1 喷雾液滴大小和分布要求

附　录　B
手工操作喷雾装置
(参考件)

推荐一种合适的手工操作喷雾装置，见图 B.1。

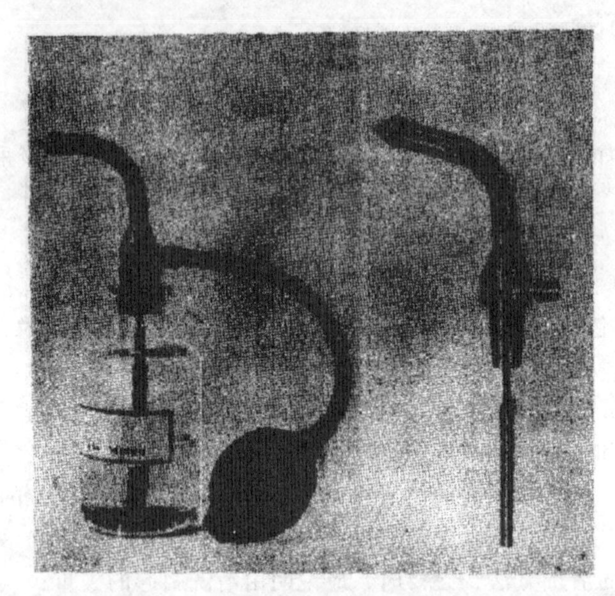

图 B.1　手工操作喷雾装置

第八节　金属覆盖层和有机涂层　天然海水腐蚀试验方法

一、概论

金属材料海水腐蚀造成的材料损耗、设施装备破坏以及灾难性事故，给人类带来了巨大损失。开展金属及涂层材料海水腐蚀试验，积累腐蚀数据，掌握腐蚀行为和规律，为工程装备的选材、涂层体系设计及新材料研发提供依据，对减少海水腐蚀造成的损失具有重要意义。

海洋腐蚀问题十分复杂，不同海域的环境差异性很大，即使同一海区，面临不同的海拔、海水深度和环境区带（暴露方式），所造成的腐蚀行为也不尽相同。通常情况下，为了避免海上装备和工程设施因腐蚀破坏而造成的失效，海水环境中的金属材料都会施加重防护涂层进行保护。有机涂层在一定时间内能够抵抗电解质离子，如氯离子的透过，避免了水与氧在较短时间内渗透到金属表面而具有保护性。因此，开展金属覆盖层和有机涂层在天然海水腐蚀试验，对于研究其腐蚀行为规律具有重要价值。

天然海水腐蚀试验就是把试样放在实际的海洋环境中进行挂片试验，是最直接有效的海洋腐蚀试验方法。它能真实反映所在地点的腐蚀状况，试验结果最为真实，最符合实际情况，数据最为准确，可以如实地反映金属材料在海洋环境中的腐蚀行为，是获取材料乃至装备环境适应性的最真实可靠的方法。通过自然海水腐蚀试验可以掌握不同材料在不同海洋环境中的耐蚀性及机理，为工程防腐设计和典型恶劣环境下使用的材料提供科学合理的设计依据。

材料在海水中的腐蚀试验研究一直受到世界各国的重视。为了保证金属及涂层材料海水腐蚀试验的规范性、可靠性和可比性，许多国家或国际组织都制定了金属材料海水腐蚀试验方法标准。国外的金属材料海水暴露腐蚀试验方法有美国材料与试验协会标准 ASTM G52—1988《金属和合金在表层海水中暴露和评定标准方法》（现为 ASTM G52—2000）、德国的 DIN 50917T. 2《金属的腐蚀　自然腐蚀　海水中的自然腐蚀试验》和国际标准化组织的 ISO 11306：1998《金属和合金的腐蚀金属和合金在表层海水中暴露和评定的导则》等。我国现行的金属材料海水暴露腐蚀试验方法标准有 GB/T 5776—1986《金属材料在表面海水中常规暴露腐蚀试验方法》（现为 GB/T 5776—2005《金属和合金的腐蚀　金属和合金在表层海水中暴露和评定的导则》）和 GB/T 6384—1986《船舶及海洋工程用金属材料在天然环境中的海水腐蚀试验方法》（现为 GB/T 6384—2008）。

JB/T 8424—1996《金属覆盖层和有机涂层　天然海水腐蚀试验方法》主要参照美国材料与试验协会标准 ASTM G52—1988《金属和合金在表层海水中暴露和评定标准方法》制定。由于 ASTM G52—1988、GB/T 5776—1986 和 GB/T 6384—1986 只适用于金属材料，因此，该标准第 5 章和第 7 章内容根据金属覆盖层和有机涂层的特点及有关标准制定。JB/T 8424—1996 于 1996 年 9 月 3 日发布，1997 年 7 月 1 日实施。

二、标准主要特点与应用说明

1. 标准主要特点

该标准主要规定了金属覆盖层和有机涂层在天然海水中全浸、潮差和飞溅条件下的腐蚀试验方法。海水全浸区是常年被海水浸泡的区域，表层区和深海区的海水溶氧量不同，腐蚀状况也不相同；海水潮差区位于海水平均高潮线与低潮线之间，特点是涨潮时被淹没，退潮时则暴露在空气中，干湿交替变化明显，还伴随着海洋生物的附着，使得腐蚀加剧；海洋飞溅区位于海平面平均高潮线附近，海水飞沫可以喷溅到金属表面，且涨潮时又不会被浸没，该区含盐粒子量大，浪花飞溅形成干湿交替，在海水气泡冲击破坏材料表面时，使腐蚀大大加快。

由于自然海水环境中温度、流速、含盐量、电导率、pH 值、海生物和溶解氧浓度的变化，以及潮差、飞溅环境中的温度与湿度、辐照、风速和污染物等都会对材料的腐蚀速率和机理产生影响，所以在开展自然环境暴露试验的同时，还应定期测量和记录海洋环境因素数据。

2. 标准应用说明

根据自然海水腐蚀试验不同的试验要求，建立相应的实海试验设施，一般国际上都采用建立专门的腐蚀试验站的方法。按照腐蚀区的不同，划分为针对某一腐蚀区的单独腐蚀试验或贯穿多个腐蚀区的长周期挂片腐蚀试验。开展实海挂片试验前，根据试验目的，确定试验类型（全浸试验、潮差试验和飞溅试验），制作试验框架，方便固定和放置。样品类型为金属覆盖层和有机涂层，同种样品数量不得少于 3 件。自然海水环境腐蚀试验过程当中，根据试验周期的设计要求取下试验样品并送到实验室中做进一步研究，以获得试验结果。

随着我国经济的快速发展，海洋油气平台、海底管线、海水风电、船舶运输、跨海大桥、海洋交通设施等不断增加。沿海更拥有大量的海港码头、滨海电厂等重大工程设施。而实海挂片试验是在海洋环境下对材料进行耐海水腐蚀性能评价的唯一可靠方法。该标准试验方法常用于评定材料的耐蚀性能、工程选材和涂层体系设计等方面。

三、标准内容（JB/T 8424—1996）

金属覆盖层和有机涂层 天然海水腐蚀试验方法

1 范围

本标准规定了金属覆盖层和有机涂层在天然海水中全浸、潮差和飞溅条件下的腐蚀试验方法。

本标准适用于金属覆盖层和有机涂层。

2 引用标准

下列标准所包含的条文，通过在本标准中引用而构成为本标准的条文。本标准出版时，所示版本均为有效。所有标准都会被修订，使用本标准的各方应探讨使用下列标准最新版本的可能性。

GB/T 6461—1986 金属覆盖层 对底材为阴极的覆盖层腐蚀试验后的电镀试样的评级

GB/T 9277.1~9277.5—1988 色漆涂层老化的评价

GB/T 12335—1990 金属覆盖层 对底材呈阳极性的覆盖层腐蚀试验后的试样评级

JB/T 6094—1991 腐蚀试样的制备、清洗和评定

3 试验条件

3.1 试验地点

试验地点应满足下列要求：

a）试验地点应选择有代表性的天然海水环境的区域；

b）海水环境因素稳定，无工业污染源；

c）无大的波浪冲击，有潮汐引起的自然流动，流速在1m/s以下；

d）随季节变化有一定的温差和海生物生成，无冰冻期；

e）有安全防护措施，能防止风暴袭击。

3.2 试验条件的测量

应定期测量和记录以下海洋环境因素：

a）海水温度；

b）海水含盐量、电导率和pH值；

c）海水中溶解氧的浓度；

d）海水流动速度；

e）海水中污染物的种类和含量；

f）主要海生物种类；

g）对于潮差、飞溅条件下的暴露，应测量大气温度、湿度、日照时间和强度、风向、风速、大气污染等因素。

3.3 试验类型

根据试验目的，可采用以下试验类型。

3.3.1 全浸试验

对于固定式装置，试样距海底不小于 0.8m，距最低潮位时的水面不小于 0.2m。对于浮动式装置，试样距水面不小于 0.2m。

3.3.2 潮差试验

试样处于平均中潮位±0.3m 之间。

3.3.3 飞溅试验

飞溅区试样应挂在试验设施上的腐蚀最严酷区域（该区域可由金属试样挂片腐蚀速度来确定），应有阳光的照射。

4 试验装置

4.1 试验设施

a）固定式：如全浸吊笼、潮差平台及码头栈桥吊挂等；

b）浮动式：如浮筏、浮筒装置上设置试样框架，并满足 3.3.1 或 3.3.2 要求；

c）飞溅试验推荐使用栅栏式挂片架。

4.2 试样框架

试样框架应选用耐海水腐蚀且不影响试样腐蚀行为的材料，在整个试验期间不得更换框架。框架可采用金属材料制作，配用塑料或尼龙隔套绝缘，也可用增强的塑料或处理过的木材制作。试样框架需要时可作保护处理，以保证试验正常进行。

4.3 试样的固定与放置

4.3.1 试样与框架、试样与试样之间保持电绝缘，避免形成电偶腐蚀电池，可用瓷器或塑料作绝缘物，用塑料螺栓和螺母安装试样。

4.3.2 为避免试样之间海生物的阻塞，保证水流通畅，试样之间应保持足够的距离，一般试样与框架之间的距离不小于 50mm，主要试样面之间的距离不小于 100mm。

4.3.3 为避免人为造成的缝隙腐蚀，固定试样的夹具与试样的接触面积应尽可能小，其接触造成的缝隙尺寸应尽可能一致。

4.3.4 对于飞溅试验，所有试样应尽可能暴露在相同条件下。

4.3.5 铜和铜合金试样与其他金属覆盖层试样应分开放置并要保持一定距离。

4.3.6 对于潮差和全浸试样主要试验面应与水平面垂直，并与水流方向平行。

5 试样及其准备

5.1 试样类型

试样类型为金属覆盖层和有机涂层，可采用专门制备的平板试样或产品试件。如果试样形状复杂，须设计适合它们的试样架。

5.2 试样尺寸

推荐平板试样的尺寸为（300～350）mm×（150～250）mm×（2～3）mm，对特殊试验目的的试样，如有特殊要求，可按要求执行。

5.3 试样数量

在任何一批试验中，试样的数量应根据试样的类型、评价特定物理性能所需数量以及在试验期间预计要定期取出的数量而定。就某一项目的评定而言，同一种试样的数量不得少于三件。

5.4 试样标记

在整个试验期间，试样标记必须始终清晰可认。最佳方法是镀（涂）覆前在试样上打标位孔。标记应表明试验材料、试验地点、试验条件、试验周期、平行试样序号。根据试验装置，做好试样的定位孔。

5.5 试样的准备

5.5.1 试样基体表面应进行清洁处理，钢铁表面机械除锈等级应大于或等于 SIS 05—5900 中 Sa2.5。金属覆盖层和有机涂层的镀（涂）覆工艺应符合有关的技术要求。

5.5.2 试验前，测量试样表面覆盖层的有关参数，检查试样外观，记录表面缺陷和人为损伤。

5.5.3 需要时，称取试样原始质量，精确至±1mg；测量试样的原始尺寸，精确至±0.1mm。

5.6 试样的保存

试验前，将试样放在密封的干燥器中，或密封在含干燥剂的抽真空塑料袋中。

5.7 对比试样

如需比较不同海域或不同时期试样的试验结果，可在试样旁放置对比试样（如冷轧钢板等）。

6 试验程序

6.1 按第 5 章准备试样。

6.2 按 4.3 固定与放置试样，并绘制试样框位图。

6.3 推荐试验开始时间为每年 9~10 月份，试验周期为 1 年、2 年、5 年、10 年、20 年，最短为 1 年。

6.4 根据试验要求定期检查试样，一般每年检查试样一次，观察并记录腐蚀和海生物附着情况。检查时，不得损坏腐蚀产物和海生物附着层，试样框架出水时间不得超过 30min。

6.5 定期测量并记录 3.2 中所述海洋环境因素。

6.6 按预定试验周期取出试样，观察并记录试样腐蚀情况和海生物附着情况（如海生物附着种类、质量、厚度等）。

6.7 用塑料或木质刮刀除去试样上附着的海生物，用软刷洗去试样上的沉积污物，不要损伤覆盖层。按第 7 章检查试样，评价试验结果。

7 试验结果评价

试样去除附着的海生物后，按下述方法检查并评价试样腐蚀情况：

a）对阴极性金属覆盖层，按 GB/T 6461 规定的方法评定；

b）对阳极性金属覆盖层，按 GB/T 12335 规定的方法评定；

c）对有机涂层，按 GB/T 9277.1~9277.5 规定的方法评定；

d）对需要得到腐蚀速率的试样，按 JB/T 6094 所述方法去除腐蚀产物，并计算腐蚀速率。

8 试验报告

试验报告应包括下列内容。

8.1 试样

a）基体材料的名称、牌号、成分及金相组织；

b）覆盖层镀（涂）覆前，基体表面处理情况；

c）覆盖层的类型、材料及实际厚度；

d）覆盖层后处理方法（如封闭、表面涂层等）；

e）覆盖层的基本性能（如结合力、孔隙率、硬度、延展性等）；

f）试样数量、原始质量和原始尺寸；

g）试验前试样外观。

8.2 试验条件

a）试验地点；

b）定期测量的海洋环境因素数据；

c）试验类型；

d）试样固定与放置方法。

8.3 试验结果

a）试验起止时间；

b）中间检查日期及检查结果；

c）试验结束后，试样外观腐蚀形貌描述和腐蚀评级；

d）试样腐蚀速率及试验后试样清洗方法；

e）必要时，附上试验前后试样照片。

第九节 腐蚀数据统计分析标准方法

一、概论

数据作为重要的基础性战略资源参与社会生产与社会管理，驱动技术进步与科技发展，具有重大价值。材料腐蚀学科是严重依赖数据的学科，无论腐蚀机理与规律研究、测试方法确定、工业标准制定，还是腐蚀事故处理，都严重依赖腐蚀数据以及与腐蚀相关的环境数据。材料腐蚀数据获得必须采用标准化与规范化的方法采集，只有如此，数据才具有科学性与实用性。然而，获得材料腐蚀数据后，如何准确、科学的分析处理这些数据，也是材料腐蚀学研究中需要解决的问题。

在许多情况下，必须对试验数据进行分析处理，才能做出正确可靠的判断。特别是在同生产应用关系比较密切的腐蚀试验中，影响试验结果的因素往往更多，试验过程又不能控制所有因素的变化情况，试验结果分散性比较大，特别需要应用统计分析方法对试验数据进行分析处理，以便从分散性较大的试验结果中分清和判断各种因素的影响，从而做出不掺杂主观成分的推论和判断。因此，为了获得更加规范、准确、有效的腐蚀数据，我国制定了 GB/T 12336—1990《腐蚀数据统计分析标准方法》。该标准等效采用美国 ASTM G16-71《腐蚀数据统计分析标准方法》，后来替换为 JB/T 10579—2006。JB/T 10579—2006 于 2006 年 7 月 27 日发布，2006 年 10 月 11 日实施。

二、标准主要特点与应用说明

该标准主要提供腐蚀试验数据统计分析的一般方法，通过分析腐蚀数据，确定腐蚀数据置信度。众所周知，材料在腐蚀的过程中会受到诸多因素的影响，腐蚀试验结果通常比其他类型的试验更具分散性，例如地下管道腐蚀的影响，不仅包括管道所用材料的成分、组织结构和设计，同时也包括了一系列的环境因素。统计分析有助于研究人员分析和解释这些结果，尤其是在需要确定两组试验结果是否存在显著性差异的情况下。当试验涉及多种材料时，试验难度会增加，但统计分析方法可以为这一类问题提供合理的解决方法。现代数据简化程序与计算机的结合使用，可以使人们更加容易地对数据集进行复杂的统计分析。因此，统计分析可以使得研究人员更加容易地确定不同变量之间是否存在关联，如果存在，则进一步制定出与变量相关的定量表达式。在分析各种定量结果中，统计评估是必不可少的步骤。该分析方法可以从测量结果中估计出置信区间。

通过标准化获得的腐蚀数据，可以建立腐蚀数据库、数据建模，以及利用腐蚀数据进行腐蚀过程模拟仿真及其实验验证，进而实现更加精准的腐蚀失效预测和更好的防腐蚀设计。另外，利用腐蚀数据可以深入研究材料在各种环境下的腐蚀机理，发展腐蚀检测手段，预防和延缓腐蚀失效的方法，有效降低腐蚀损失，为提升防腐工程水平和新材料研发提供技术支撑。目前，大量腐蚀试验数据和规律性研究结果，已在我国航天航空、石油化工、海洋工程、电力能源、交通运输、基础设施等领域得到广泛应用。

三、标准内容（JB/T 10579—2006）

腐蚀数据统计分析标准方法

1 主要内容和适用范围

1.1 本标准旨在提供腐蚀试验数据统计分析的一般方法。本标准提供了设计腐蚀试验，分析腐蚀数据，确定腐蚀数据的置信度的方法。

1.2 本标准包括下列内容：

误差及其识别、处理

标准差

概率曲线

曲线拟合——最小二乘法

平均值真值的置信区间估计

平均值比较

在概率曲线上进行数据比较

样本量

方差分析

二水平析因实验设计

1.3 可以根据处理腐蚀数据的需要，选择采用上述方法。

2 误差及其识别、处理

2.1 无论是实验室研究还是现场失效分析都要进行各种测量，但是测量不可能十分准确，总是要出现误差。为此一般是将某一测量重复进行多次，这种重复使我们能利用统计学方法来确定测量数据的精确度。

2.2 统计方法不能消除误差，但可以估计误差的大小。统计分析的前提是误差服从于正态分布或某特定的分布。误差来源于测试过程和数据处理过程。为了减少误差，并保证所有误差的来源均可明确地鉴别，在实验过程中和计算过程中，认真仔细是极为重要的。

2.2.1　正态分布

如果从一合金棒材上制备一批一定厚度的腐蚀试样，显然全部试样不可能具有完全相同的厚度，而总是会有些误差，这种误差称为随机误差。将处于某厚度区间的试样数对厚度作图，则得到直方图曲线。这种曲线的形状与图1所示的特点相似，这就是正态分布曲线。应当注意并不是所有的实验误差都服从正态分布，可以根据直方图来决定数据是否服从正态分布，但应该取得大量的至少不少于二十个的数据。

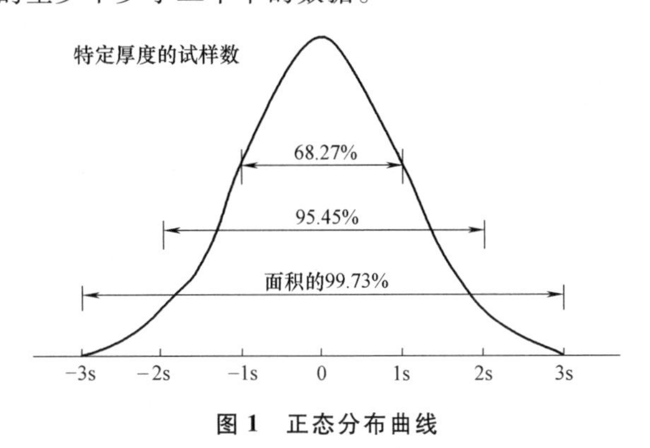

图1　正态分布曲线

2.2.2　系统误差

在上述例子中，如果由不同的人测量腐蚀试样的厚度，按上述方法作图，每人都可根据自己的数据得到一条正态分布曲线，并且曲线的最大值将分别位于图1中曲线的最大值的左侧和右侧，这种误差称系统误差，而不是随机误差。

2.2.3　过失误差

在实验和数据计算中，由于失误而出现的异常值称为过失误差，应予剔除，否则会对数据的统计处理造成不良影响，在分析问题时还会导致做出错误的结论。异常值可用统计学方法鉴别，因为这种数值的出现概率很低。

2.2.4　有效数字

2.2.4.1　报告结果时应该给出正确的有效数字位数。例如，2700表明四位有效数字，即准确到±1；2.7×10^3表明有两位有效数字，即准确到±100。

2.2.4.2　在计算过程中可以采用保留一位非有效数字的方法来减小舍入误差，但最后给出结果时应舍弃非有效数字。例如，2700+7.07的正确结果是2707，而不是2707.07。

2.2.5　计算中误差的传递

2.2.5.1　数据的数学运算必然会引起数据原有的误差发生变化。一般需要考虑两类误差：（1）最大误差，（2）可能误差。最大误差可以从测量仪器的说明书中得到，它包括系统误差也包括随机误差。可能误差是当系统误差已知或可忽略时，与随机误差引起的标准差有关。

2.2.5.2　最大误差可按式（1）计算：

$$\Delta Q=\sum_{i=1}^{n}\left|\frac{\partial Q}{\partial X_i}\right|\Delta X_i \tag{1}$$

式中　Q——所要计算的量，是n个被测变量X_i的函数；

ΔQ——Q 的最大误差；

ΔX_i——独立变量的最大误差。

式（1）中所有 X_i 都假定是独立变量，否则应将非独立变量的偏微分值在括号中归并组合成独立变量的偏微分。归并时应注意各偏微分的符号。

2.2.5.3 如果已知标准差，则

$$\sigma(Q)=\left[\sum_{i=1}^{n}\left(\frac{\partial Q}{\partial X_i}\right)^2\sigma^2(X_i)\right]^{\frac{1}{2}} \tag{2}$$

式中 $\sigma(Q)$——Q 的标准差；

$\sigma(X_i)$——X_i 的标准差。

2.2.5.4 如果假定各 X_i 相互独立，当

$$Q(X_1X_2\cdots X_n)=AX_1^aX_2^b\cdots X_n^j \tag{3}$$

时，式（1）可简化为：

$$\frac{\Delta Q}{Q}=\left|a\left(\frac{\Delta X_1}{X_1}\right)\right|+\left|b\left(\frac{\Delta X_2}{X_2}\right)\right|+\cdots+\left|j\left(\frac{\Delta X_n}{X_n}\right)\right| \tag{4}$$

当

$$Q=aX_1+bX_2+\cdots+jX_n \tag{5}$$

时，式（1）可简化为：

$$\Delta Q=|a\Delta X_1|+|b\Delta X_2|+\cdots+|j\Delta X_n| \tag{6}$$

3 标准差

3.1 表 1 中的二十四个 X 值是一种特殊合金在海水中暴露数月后的失重数据，单位为 $mg/(dm^2\cdot d)$。全部数据可描述为：（1）平均值 $\overline{X}$，它是全部 n 个数据的算术平均值。（2）中值，即数据按递增顺序排列的中间值（因为 n 是偶数，所以它等于第十二和十三两个数据的平均值）。当个别数据显著偏离其余数据时，中值较平均值更有意义。（3）标准差 σ。

3.2 一组数据的标准差定义如下：

$$\sigma=\sqrt{\frac{\sum_{i=1}^{n}{d_i}^2}{n}} \tag{7}$$

$$d_i=X_i-\mu \tag{8}$$

式中 σ——标准差；

n——数据个数；

X_i——试验数据；

μ——数据总体平均值。

如果不能独立知道 μ，则对有限次的观测而言，只能得到标准差的估计值 S：

$$S=\sqrt{\sum d_i^2/(n-1)} \tag{9}$$

或

$$S=\sqrt{\frac{\left[n\sum_{i=1}^{n}{X_i}^2-\left(\sum_{i=1}^{n}X_i\right)^2\right]}{n(n-1)}} \tag{10}$$

式中 S——标准差的估计值，通常也称为标准差；

d_i——$X_i-\overline{X}$（X_i：试验数据，$\overline{X}$：一组 n 个数据的平均值）；

n——数据个数。

标准差的平方称为方差。表 1 中列出了计算结果。

表 1 某种合金在海水中的失重数据及其平均值、标准差

［单位：mg/(dm^2·d)］

X	d	d^2	X	d	d^2	X	d	d^2
190	13	169	178	1	1	178	1	1
195	18	324	162	15	225	164	13	169
169	8	64	162	15	225	189	12	144
185	8	64	171	6	36	178	1	1
180	3	9	192	15	225	171	6	36
178	1	1	172	5	25	172	5	25
170	7	49	195	18	324	156	21	441
179	2	4	181	4	16	185	8	64

$\overline{X}=177.17$

$d=|X-\overline{X}|$ $S=\sqrt{\sum d^2/(n-1)}=\sqrt{2642/23}=10.72$

4 概率曲线

4.1 数据服从正态分布时，它们在正态概率标纸中将分布在一条直线附近。作图之前，先将数据按递增顺序排列，并按式（11）确定每个数据的累积概率：

$$P(\%)=100[(i-0.375)/(n+0.25)] \tag{11}$$

式中 i——数据点在递增数列中的位置；

n——数据点的总数。

表 1 中试验数据的累积概率见表 2。

表 2 表 1 中试验数据的累积概率

i	P 数据		i	P 数据		i	P 数据	
	%	MDD		%	MDD		%	MDD
1	2.6	156	9	35.5	172	17	68.5	181
2	6.7	162	10	40	172	18	72.5	185
3	10.8	162	11	44	178	19	77	185
4	15	164	12	48	178	20	81	189
5	19	109	13	52	178	21	85	190
6	23	170	14	56	178	22	89.2	192
7	27	171	15	60	179	23	93.3	195
8	31.5	171	16	64.5	180	24	97.4	195

注：MDD——mg/(dm^2·d)。

4.2 在正态概率坐标中，把平均值在横坐标为 50%处做出一个点，再把平均值和标准差的和（$\overline{X}+S$）在横坐标为 84.13%处做出一个点，通过这两个点的直线便是这些数据点的拟合直线。平均值和标准差的差（$\overline{X}-S$）也可作为两点之一，这时它对应的横坐标为 15.87%。表 2 中的数据在正态概率坐标中的分布见图 2。

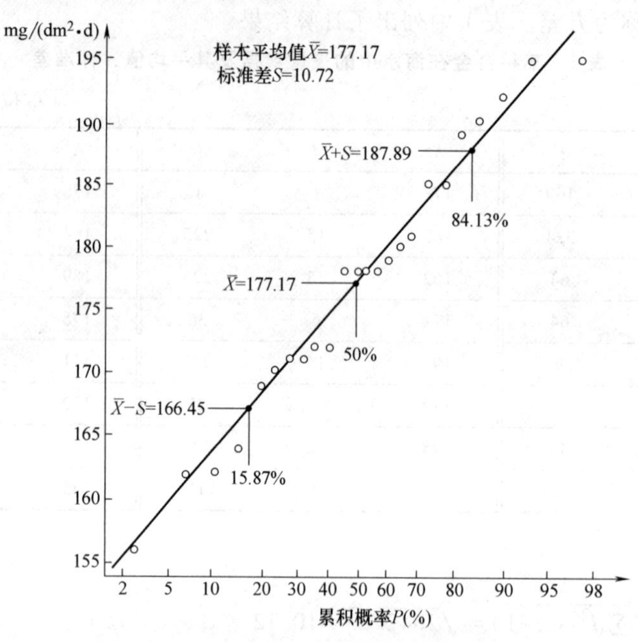

图 2 表 2 中的数据在正态概率坐标中的分布

4.3 数据服从对数正态分布时，它们在对数正态概率坐标中分布在一条直线附近。例如，铝合金在盐溶液中的应力腐蚀断裂时间服从于对数正态分布，表 3 和图 3 分别示出了铝合金应力腐蚀开裂的持久时间和它们的对数正态概率曲线。数据的拟合直线是根据对数平均值（在横坐标 50%处）和对数平均值与对数标准差的和或差（在横坐标 84%或 16%处）做出的。

表 3 Al-5% Mg 铝合金在 3%NaCl 溶液中的应力腐蚀开裂持久时间 （单位：min）

恒电流 6.2mA/cm²	66,70,72,73,75,75,76,77,80,80,82,82,82,88,89,90,91,91,92,92,93,93,94,94,94,95,96,96,96,97,97,97,97,99,99,100,100,100,101,106,106,106,107,107,107,108,108,110,111,116,116,116,116,116,117,117,118,119,120,122,122,122,123,126,127,128,130,130,132,133,135,135,136,140,147,150,152
	平均值 = 103.2 对数(lg)平均值 = 2.014 对数(lg)标准差 = 0.0844
恒电位 0.34V （相对饱和甘汞电极）	50,52,57,60,60,60,62,63,63,64,66,66,67,67,67,67,67,68,68,69,69,70,70,70,70,70,71,71,71,71,72,72,72,72,72,72,72,73,74,74,74,74,75,75,75,76,76,76,76,76,76,77,77,77,78,78,78,78,78,78,80,80,80,80,80,81,81,81,82,82,82,83,83,83,83,84,84,85,85,85,85,85,86,86,86,86,86,87,88,88,89,90,90,92,92,92,92,92,93,93,94,94,95,95,97,97,97,98,98,99,99,99,99,99,100,100,100,102,105,105,108,112,112,115
	平均值 = 80.15 对数(lg)平均值 = 1.90387 对数(lg)标准差 = 0.0844

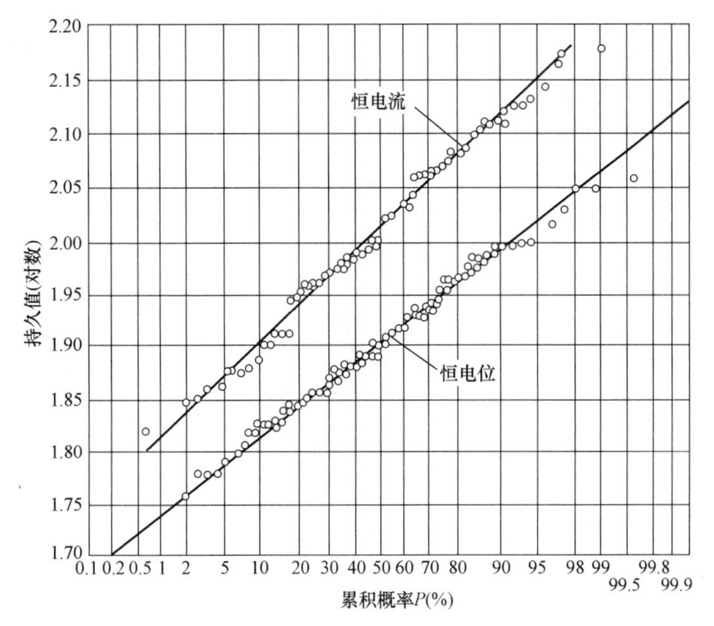

图 3　表 3 中的试验数据在正态概率坐标中的分布

4.4　极值分布是一种特殊的分布，这种分布可以用于分析最大孔蚀深度。对给定的一组腐蚀试样，虽然每个试样孔蚀深度的分布服从于指数函数分布，但全部试样的最大孔蚀深度却服从于极值分布。虽然极值分布的数学表示很复杂，但是利用极值概率纸可以使这种技术的应用得到简化。

4.5　例如用极值概率坐标纸研究铝合金的孔蚀。表 4 列举了由九个或十个试样组成的试样组在自来水中暴露二个星期到一年后所测试得的最大孔蚀深度。把这些数据按递增的顺序排列，数列中每个数据在图中位置由 $R/(n+1)$ 决定，其中 R 表示序号，n 表示试样总数。

4.6　图 4 是表 4 的数据在极值概率坐标中的分布。它们都分布在直线附近，说明数据服从于极值分布。将直线外推则可以做出某些预测。例如，根据暴露时间为两星期的数据可看出，得到深度等于或小于 760μm 的蚀孔的概率为 99.90%，得到深度大于 760μm 的蚀孔的概率为 0.1%，而观测到的最大点蚀深度为 580μm。

表 4　Alcan3S-0 合金在自来水中的最大孔蚀深度（单位 μm）、**浸泡时间、试样序号和图点位置**

序号	2 星期	图点位置	1 月	图点位置	2 月	图点位置	4 月	图点位置	6 月	图点位置	1 年	图点位置
1	330	0.1000	570	0.0909	600	0.1000	620	0.0909	640	0.0909	700	0.0909
2	460	0.2000	620	0.1813	670	0.2000	620	0.1818	650	0.1818	700	0.1818
3	500	0.3000	640	0.2727	770	0.3000	670	0.2727	670	0.2727	750	0.2727
4	500	0.4000	640	0.3636	790	0.4000	680	0.3636	700	0.3636	770	0.3636
5	530	0.5000	700	0.4545	790	0.5000	720	0.4545	720	0.4545	780	0.4545
6	540	0.6000	740	0.5454	830	0.6000	780	0.5454	730	0.5454	810	0.5454
7	560	0.7000	780	0.6363	860	0.7000	780	0.6363	750	0.6363	820	0.6363
8	560	0.8000	810	0.7272	930	0.8000	800	0.7272	770	0.7272	830	0.7272
9	580	0.9000	840	0.8181	1030	0.9000	830	0.8181	780	0.8181	830	0.8181
10	—	—	910	0.9090	—	—	920	0.9090	850	0.9090	930	0.9090

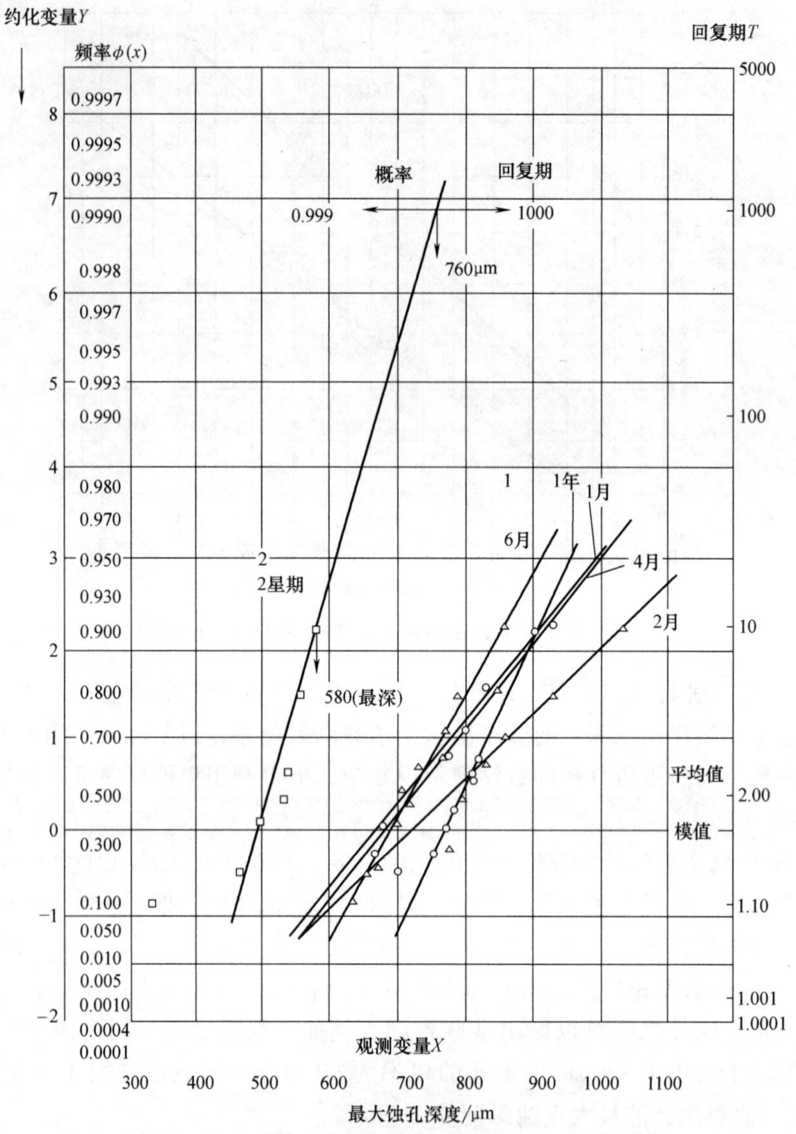

图 4 表 4 中的试验数据在极值概率坐标中的分布

5 曲线拟合——最小二乘法

5.1 如果用 $Y=mX+b$ 形式的直线去拟合数据，则必须求解下面两个方程：

$$m\sum_{i=1}^{n}X_i^2+b\sum_{i=1}^{n}X_i=\sum_{i=1}^{n}X_iY_i \tag{12a}$$

$$m\sum_{i=1}^{n}X_i+bn=\sum_{i=1}^{n}Y_i \tag{12b}$$

或

$$m=\left(n\sum_{i=1}^{n}X_iY_i-\sum_{i=1}^{n}X_i\sum_{i=1}^{n}Y_i\right)\Big/\left[n\sum_{i=1}^{n}X_i^2-\left(\sum_{i=1}^{n}X_i\right)^2\right] \tag{12c}$$

$$b=(1/n)\left(\sum_{i=1}^{n}Y_i-m\sum_{i=1}^{n}X_i\right) \tag{12d}$$

如果用 $Y=aX^2+bX+c$ 形式的抛物线拟合数据，则必须解下列三个方程：

$$a\sum_{i=1}^{n}X_i^4+b\sum_{i=1}^{n}X_i^3+c\sum_{i=1}^{n}X_i^2=\sum_{i=1}^{n}X_i^2Y_i \tag{13a}$$

$$a\sum_{i=1}^{n}X_i^3+b\sum_{i=1}^{n}X_i^2+c\sum_{i=1}^{n}X_i=\sum_{i=1}^{n}X_iY_i \tag{13b}$$

$$a\sum_{i=1}^{n}X_i^2+b\sum_{i=1}^{n}X_i+c_n=\sum_{i=1}^{n}Y_i \tag{13c}$$

5.2　表 5 列出了锆锡合金试样曝露在 400℃、106kg/cm^2 蒸汽中得到的数据。已经知道，锆锡合金在 400℃蒸汽中的腐蚀动力学服从两个速率定律，开始腐蚀速率随时间按幂函数规律增加，约四十二天后速率变为按线性规律增加。因此表 5 中的数据是初始反应动力学数据，它们服从幂函数规律：

$$W=Kt^a$$

式中　W——增重；

K——速率常数；

t——时间；

a——无量纲常数。

上述方程用对数形式表达如下：

$$\lg W=a\lg t+\lg K$$

由此可见增重的对数与时间的对数呈直线关系，只要令：

$Y=\lg W$

$X=\lg t$

$b=\lg K$

$m=a$

则可用直线的最小二乘法进行数据拟合。

表 5　锆锡合金曝露在 400℃蒸汽中的增重数据　（单位：mg/dm^2）

1 天	3 天	7 天	14 天	28 天	42 天
9.8	11.8	20.3	25.6	34.8	47.2
7.2	11.8	19.7	25.5	36.0	49.2
6.6	10.5	19.0	24.3	34.1	47.3
8.5	13.8	22.3	26.9	34.8	48.6
9.9	13.9	22.4	27.1	41.7	52.2

5.3　表 6 中列举了表 5 中数据的对数和进行曲线拟合所需的总和。经计算：

$m=0.469$

$b=0.897$

所以

$K=7.89$

$a=0.469$

因此数据的最佳拟合曲线方程为：

$$W=7.89t^{0.469}$$

表6 锆锡合金在400℃蒸汽中试验数据的最小二乘法计算

对数时间 x	0	0.48	0.85	1.15	1.45	1.62
对数增重 y	0.99	1.07	1.31	1.41	1.54	1.67
	0.86	1.07	1.29	1.41	1.56	1.69
	0.82	1.02	1.28	1.39	1.53	1.67
	0.93	1.14	1.35	1.43	1.54	1.69
	1.00	1.14	1.35	1.43	1.62	1.72
$\sum x=27.75$		$\sum y=39.92$		$\sum xy=41.303$		$\sum x^2=35.0015$

5.4 在图5所示的双对数坐标中做出上述曲线，图中还做出回归直线的95%置信区间。当自变量为非统计量（例如时间），置信区间由下式计算：

$$\lg W=\lg K+a\lg t\pm 2S$$

其中 $S=\sqrt{\sum_{i=1}^{n}(Y_i-\hat{Y})/(n-2)}$

式中 $\hat{Y}$——在暴露时间为 t 时，按曲线拟合方程计算出的增重的对数；

Y——在暴露时间为 t 时，试验数据的对数。

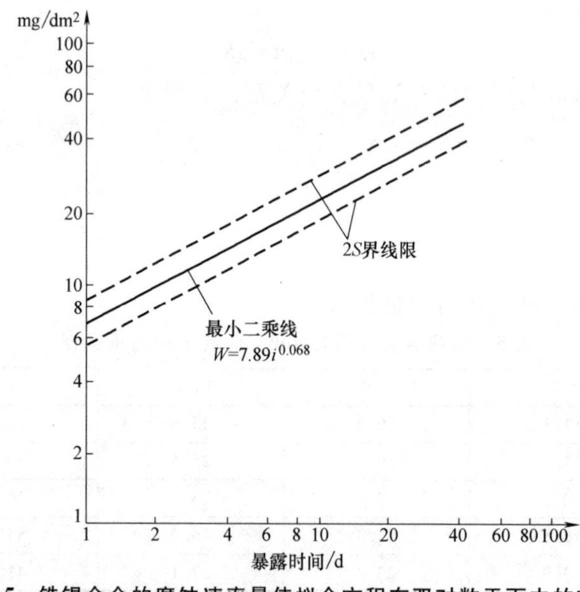

图5 锆锡合金的腐蚀速率最佳拟合方程在双对数平面中的轨迹

6 平均值真值的置信区间估计

6.1 对一组 n 个试验数据，根据式（14）计算平均值真值的置信区间的界限：

$$\Delta=t_{\frac{\alpha}{2}(n-1)}\left(\frac{S}{\sqrt{n}}\right) \tag{14}$$

式中 S——标准差；

Δ——平均值真值的置信区间的界限；

α——给定正数，$(1-\alpha)$ 称置信概率；

$t_{\frac{\alpha}{2}(n-1)}$——$\alpha$、$n$ 确定后则可查附录 A（补充件）表 A.1 得到。

平均值真值的置信区间的界限确定后，则平均值真值的置信区间为（$\overline{X}-\Delta$，$\overline{X}+\Delta$）。

6.2　锆锡合金在 400℃蒸汽中曝露十四天后的试验数据（见表 5）平均值置信区间估计。

平均值：$\overline{X}=25.9$

标准差：$S=1.15$

数据个数：$n=5$

$(1-\alpha)=0.50$ 时，$t_{0.25(4)}=0.741$

$(1-\alpha)=0.95$ 时，$t_{0.025(4)}=2.776$

$(1-\alpha)=0.99$ 时，$t_{0.005(4)}=4.604$

计算结果：

置信概率	置信区间下限	置信区间上限
0.50	25.5	26.5
0.95	24.5	27.3
0.99	23.5	28.3

因此，根据计算，我们有 99%的把握认为平均值真值包含在 23.5 与 28.3 之间。

7　平均值比较

7.1　按下述方法比较两组腐蚀数据的平均值是否存在差异。根据式（15）计算出 t 值：

$$t=\frac{|\overline{X}_1-\overline{X}_2|}{\sqrt{\dfrac{(n_1-1)S_1^2+(n_2-1)S_2^2}{n_1+n_2-2}\left(\dfrac{1}{n_1}+\dfrac{1}{n_2}\right)}} \tag{15}$$

式中　$\overline{X}_1$、$\overline{X}_2$——第一组和第二组数据的平均值；

S_1^2、S_2^2——第一组和第二组数据的方差；

n_1、n_2——第一组和第二组数据的个数。

然后指定显著水平 α，在表 A.1 中查出 $t_{\frac{\alpha}{2}(n_1+n_2-2)}$。如果 $t\geqslant t_{\frac{\alpha}{2}(n_1+n_2-2)}$，则两个平均值差异显著；否则，差异不显著。

7.2　例如，确定锆锡合金经过两种热处理后是否会造成腐蚀行为的差异。表 7 列出了热处理工艺和在 400℃蒸汽中曝露十四天的试验数据。由式（15）计算得 $t=1.528$，而查表 A.1，当 $\alpha=0.50$、$\alpha=0.05$、$\alpha=0.01$ 时，分别得 $t_{0.25(8)}=0.706$、$t_{0.025(8)}=2.306$、$t_{0.005(8)}=3.355$。因此，在 0.50 的显著水平下两组数据的平均值差异显著；在 0.05 和 0.01 的显著水平下，两组数据的平均值无显著差异。

表 7　锆锡合金的两种热处理工艺和在 400℃蒸汽中曝露十四天的增重数据　（单位：mg/dm^2）

热处理工艺	腐蚀试验数据				
790℃水淬	25.6	25.5	24.3	26.9	27.1
900℃水淬	25.5	26.8	26.8	27.2	30.5

8 在概率曲线上进行数据比较

8.1 可以在概率坐标纸上做出两组腐蚀数据的分布曲线的置信区间，根据它们相互间的关系比较两组数据。

8.2 含银和不含银的铝合金应力腐蚀开裂持续时间在对数正态概率坐标中的分布见图6。由分布曲线上与累积概率为50%和16%相对应的持久时间的差得到标准差S。在中值处，置信概率（1-α）为95%时，分布曲线的置信区间的界限为：$\pm t_{\frac{\alpha}{2}(n-1)}\left(\frac{S}{\sqrt{n}}\right)$

其中n为发生应力腐蚀开裂的试样个数。在$\pm S$处，置信概率为95%时，分布曲线的置信区间为$\pm t_{\frac{\alpha}{2}(n-1)}\left(\frac{S}{\sqrt{n}}\right)$与$\pm t_{\frac{\alpha}{2}(n-1)}\left(\frac{S}{\sqrt{2n}}\right)$的和。通过这些点和中值处置信区间的界限的直线便近似表示分布曲线的置信区间。

8.3 虽然图6中两组数据的分布曲线的置信区间互相重叠，但是因为任何一组数据的分布曲线的置信区间不包含另一组数据的分布曲线，所以在概率为2%～50%的范围内，加银对铝合金的应力腐蚀开裂有显著影响。

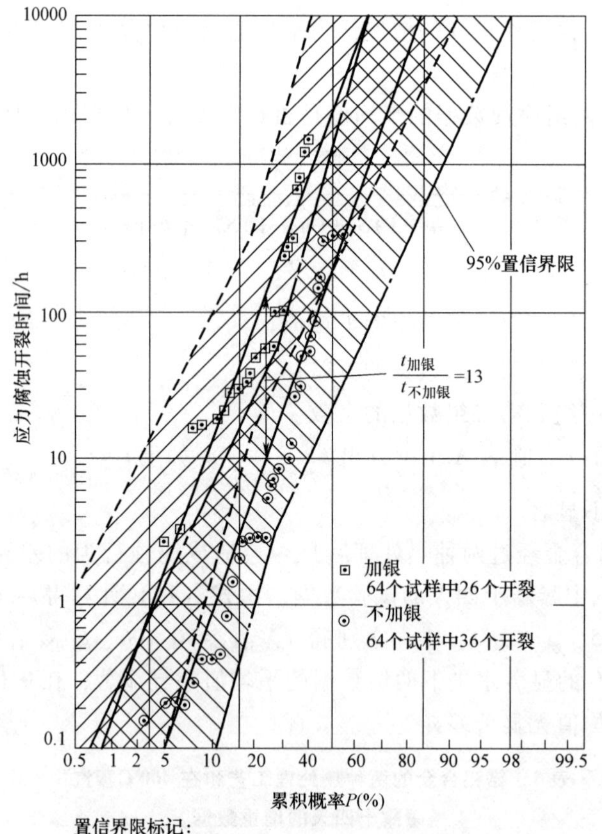

图6 银对7079型铝合金应力腐蚀开裂行为的影响

9　样本量

9.1　在某个腐蚀试验中应取多少个试样，取决于有关的一些要求。如果要确定一种新合金材料在一种腐蚀环境中的腐蚀行为，并且以前用类似合金进行的试验已得出标准差的估计值 S 为 10mg/dm^2。现在希望在95%的置信概率下，平均值真值置信区间的界限不超过 5mg/dm^2，则根据第6章式（14）得到：

$$n = t^2_{\frac{\alpha}{2}(n-1)} S^2/A^2 \tag{16}$$

式中　各量意义同式（14）。

式（16）中，$t_{\frac{\alpha}{2}(n-1)}$ 是 n 的函数。为了计算 n，作一级近似处理。设 $n=16$，在表A.1中查得 $t_{0.025(15)}=2.131$，代入方程（16），计算得：

$$n=18.2$$

把与 $n=18$ 对应的 $t_{\frac{\alpha}{2}(n-1)}$ 代入式（16）重新计算，可以得到更准确的 n 值。实际上，在95%的置信概率下十八个试样的 $t_{\frac{\alpha}{2}(n-1)}$ 与十六个试样的 $t_{\frac{\alpha}{2}(n-1)}$ 差别不大，因此在上述条件下，样本量为十八就可保证在95%的置信概率下，平均值真值置信区间的界限不超过 $\pm 5\text{mg/dm}^2$。

9.2　如果腐蚀试验是同种材料在同种环境中进行，并且周期性地取出试样测试，那么可以用较少的试样来进行实验。对进行 r 个周期的试验而言，在每个周期末取出 P 个试样测试，按式（17）计算试验数据的标准差：

$$S = \sqrt{\frac{\sum_{i=1}^{r}\sum_{j=1}^{p}(X_{ij}-\overline{X}_i)^2}{rp-1}} \tag{17}$$

式中　i——试验周期数；

j——每个周期内试验数据个数；

X_{ij}——第 i 个周期内第 j 个试验数据；

$\overline{X}_i$——第 i 个周期试验数据平均值。

这种方法假定各试验周期的方差相同。因此，有两种方法计算每个周期试验数据的标准差：第一种方法是根据全部试验数据按式（17）计算；第二种方法是根据每个周期内试验数据按式（9）计算。从统计角度看，前者有意义。

9.3　如果要进行是非类型的评价（如是否出现孔蚀、是否发生开裂等），为了得出有意义的结果需要大量的腐蚀数据。这种类型服从于二项分布。例如，从热交换器中随机抽取出十根管子观测是否出现应力腐蚀开裂。如果只有一根出现裂纹，则根据表A.2可在95%的置信概率下预计其余管子出现裂纹的可能性为0%～45%；如果都不出现裂纹，则其余管子有0%～31%可能出现裂纹；如果取出一百根管子观测，并且均未发现裂纹，则在95%的置信概率下预计其余管子出现应力腐蚀裂纹的可能性为0%～4%。

10　方差分析

10.1　采用一元方差分析法分析单因素对试验结果是否有显著影响。用 A 代表因素，并且有 r 个水平，在每个水平下做 n_i 次试验，得到试验数据：

$X_{ij},(i=1,2,\cdots,r;j=1,2,\cdots,n_i)$ 计算：

$$n = \sum_{i=1}^{r} n_i \tag{18}$$

$$\overline{X} = \frac{1}{n}\sum_{i=1}^{r}\sum_{j=1}^{n_i} X_{ij} \tag{19}$$

$$\overline{X}_i = \frac{1}{n_i}\sum_{j=1}^{n_i} X_{ij} \tag{20}$$

$$Q_A = \sum_{i=1}^{r} n_i(\overline{X}_i - \overline{X})^2 \tag{21}$$

$$Q_E = \sum_{i=1}^{r}\sum_{j=1}^{n_i}(X_{ij} - \overline{X}_i)^2 \tag{22}$$

$$Q_T = \sum_{i=1}^{r}\sum_{j=1}^{n_i}(X_{ij} - \overline{X})^2 \tag{23}$$

$$S_E^2 = \frac{Q_B}{n-r} \tag{24}$$

$$S_A^2 = \frac{Q_A}{r-1} \tag{25}$$

式中 X_{ij}——第 i 个水平下第 j 个试验数据；

Q_T——总离差平方和；

Q_A、Q_E——组间和组内离差平方和；

S_A^2、S_E^2——组间和组内均方离差。

10.2 根据组间和组内均方离差得出 F 值：

$$F = \frac{S_A^2}{S_E^2} \tag{26}$$

给定显著水平 α，在 F 分布表（见表 A.3）中查出 $F_\alpha(r-1,n-r)$。如果 $F \geqslant F_\alpha(r-1,n-r)$，则因素 A 对试验结果有显著影响；否则，无显著影响。一元方差分析表见表 8。

表 8 一元方差分析表

来源	离差平方和	自由度	均方离差	F 值
组间	$Q_A = \sum_{i=1}^{r} n_i(\overline{X}_i - \overline{X})^2$	$r-1$	$S_A^2 = \frac{Q_A}{r-1}$	$F = \frac{S_A^2}{S_E^2}$
组内	$Q_E = \sum_{i=1}^{r}\sum_{j=1}^{n_i}(X_{ij} - \overline{X}_i)^2$	$n-r$	$S_E^2 = \frac{Q_E}{n-r}$	
总和	$Q_T = \sum_{i=1}^{r}\sum_{j=1}^{n_i}(X_{ij} - \overline{X})^2$	$n-1$		

10.3 采用二元方差分析法分析两种因素对试验结果是否有显著影响。用 A、B 分别代表两个因素，因素 A 有 r 个水平，因素 B 有 p 个水平，在每一种组合水平 $A_i \times B_i$ 重复试验 $c(c>1)$ 次，得到试验数据：

$$X_{ijk},(i=1,2,\cdots,r;j=1,2,\cdots,p;k=1,2,\cdots,c)$$

计算：

$$\overline{X}=\frac{1}{rpc}\sum_{i=1}^{r}\sum_{j=1}^{p}\sum_{k=1}^{c}X_{ijk} \tag{27}$$

$$X_{ij}=\frac{1}{c}\sum_{k=1}^{c}X_{ijk} \tag{28}$$

$$\overline{X}_{i}=\frac{1}{p}\sum_{j=1}^{p}\overline{X}_{ij} \tag{29}$$

$$\overline{X}_{j}=\frac{1}{r}\sum_{i=1}^{r}\overline{X}_{ij} \tag{30}$$

$$Q_{A}=pc\sum_{i=1}^{r}(\overline{X}_{i}-\overline{X})^{2} \tag{31}$$

$$Q_{B}=rc\sum_{j=1}^{p}(\overline{X}_{j}-\overline{X})^{2} \tag{32}$$

$$Q_{I}=c\sum_{i=1}^{r}\sum_{j=1}^{p}(\overline{X}_{ij}-\overline{X}_{i}-\overline{X}_{j}+\overline{X})^{2} \tag{33}$$

$$Q_{E}=\sum_{i=1}^{r}\sum_{j=1}^{p}\sum_{k=1}^{c}(X_{ijk}-\overline{X}_{ij})^{2} \tag{34}$$

$$Q_{T}=\sum_{i=1}^{r}\sum_{j=1}^{p}\sum_{k=1}^{c}(X_{ijk}-\overline{X})^{2} \tag{35}$$

$$S_{A}^{2}=\frac{Q_{A}}{r-1} \tag{36}$$

$$S_{B}^{2}=\frac{Q_{B}}{p-1} \tag{37}$$

$$S_{I}^{2}=\frac{Q_{I}}{(r-1)(p-1)} \tag{38}$$

$$S_{E}^{2}=\frac{Q_{B}}{rp(c-1)} \tag{39}$$

式中　X_{ijk}——因素 A 在第 1 个水平下，因素 B 在第 j 个水平下的第 k 个数据；

Q_{A}、Q_{B}、Q_{I}——因素 A、B 和 AB 间交互作用引起的离差平方和；

Q_{E}——误差；

Q_{T}——总离差平方和；

S_{A}^{2}、S_{B}^{2}、S_{I}^{2}——因素 A、B 和 AB 间交互作用引起的均方离差；

S_{E}^{2}——均方误差。

10.4　根据因素 A、B 和 AB 间交互作用引起的均方离差和均方误差得到 F_{A}、F_{B} 和 F_{I} 值：

$$F_{A}=\frac{S_{A}^{2}}{S_{E}^{2}} \tag{40}$$

$$F_{B}=\frac{S_{B}^{2}}{S_{E}^{2}} \tag{41}$$

$$F_I = \frac{S_I^2}{S_E^2} \tag{42}$$

给定显著水平 α，在 F 分布表（见表 A.3）中查出 $F_\alpha(r-1,rp(c-1))$、$F_\alpha(p-1,rp(c-1))$ 和 $F_\alpha((r-1)(p-1),rp(c-1))$，将之分别与计算所得的 F_A、F_B 和 F_I 比较。如果 $F_A \geqslant F_\alpha(r-1,rp(c-1))$，则认为因素 A 对试验结果有显著影响；否则，无显著影响。如果 $F_B \geqslant F_\alpha(p-1,rp(c-1))$，则认为因素 B 对试验结果有显著影响；否则，无显著影响。如果 $F_I \geqslant F_\alpha((r-1)(p-1),rp(c-1))$，则认为因素 A、B 的交互作用对试验结果有显著影响；否则，无显著影响。二元方差分析表见表 9。

10.5 表 10 中列出了四种铜合金在 3%NaCl 溶液中进行冲击试验的结果。25×100×1.25mm 的试样沿径向固定在金属圆盘上，每个圆盘上有同种合金的四个试样，试样外端的最大线速度分别为 6、8、12m/s。试验进行十个星期后测量每个试样上的最大孔蚀深度。用因素 A 代表合金种类，有四个水平，$r=4$；用因素 B 代表试样外端最大线速度，有三个水平，$p=3$；每一试验条件下的平行试验次数 $c=4$；试验数据总数 $rpc=48$。根据 10.2 节的方法计算出方差分析所需的各个量。方差分析表见表 11。

表 9 二元方差分析表

来源	离差平方和	自由度	均方离差	F 值
因素 A	$Q_A = pc\sum_{i=1}^{r}(\overline{X}_i - \overline{X})^2$	$r-1$	$S_A^2 = \frac{Q_A}{r-1}$	$F_A^2 = \frac{S_A^2}{S_E^2}$
因素 B	$Q_B = rc\sum_{j=1}^{r}(X_j - \overline{X})^2$	$p-1$	$S_B^2 = \frac{Q_B}{p-1}$	$F_B^2 = \frac{S_B^2}{S_E^2}$
交互作用	$Q_I = c\sum_{i=1}^{r}\sum_{j=1}^{p}(X_{ij} - X_i - X_j + \overline{X})^2$	$(r-1)(p-1)$	$S_I^2 = \frac{Q_I}{(r-1)(p-1)}$	$F_I^2 = \frac{S_I^2}{S_E^2}$
误差	$Q_N = \sum_{i=1}^{r}\sum_{j=1}^{p}\sum_{k=1}^{c}(X_{ijk} - \overline{X}_{ij})^2$	$rp(c-1)$	$S_B^2 = \frac{Q_R}{rp(c-1)}$	
总和	$Q_T = \sum_{i=1}^{r}\sum_{j=1}^{p}\sum_{k=1}^{c}(X_{ijk} - \overline{X})^2$	$rpc-1$		

表 10 铜合金最大孔蚀深度 （单位：10^{-2}mm）

合金种类	速度/(m/s)		
	6	8	12
合金Ⅰ	24,24,22,23	19,18,20,21	33,35,31,34
合金Ⅱ	23,22,22,20	21,19,19,19	31,36,30,33
合金Ⅲ	5,4,5,5	28,30,20,23	21,19,24,18
合金Ⅳ	10,6,10,7	3,13,4,3	7,14,8,9

表 11 方差分析表

来源	离差	自由度	均方离差	F 值
合金种类	2402	$r-1=3$	800.7	$F_A=119$
试样线速度	744	$p-1=2$	372	$F_B=55.4$
交互作用	997	$(r-1)(p-1)=6$	166	$F_I=24.7$
误差	242	$rp(c-1)=36$	6.72	
总和	4385	$rpc-1=47$		

10.6　给定显著水平 $\alpha=0$、$\alpha=0.01$，查表 A.3 得：

$F_{0.05}(3.36)<2.92$、$F_{0.01}(3.36)<4.51$、$F_{0.05}(2.36)<3.32$、$F_{0.01}(2.36)<5.39$、$F_{0.05}(6.36)<2.42$、$F_{0.01}(6.36)<3.47$。比较得知，合金种类、试样线速度对最大孔蚀深度有显著影响，合金种类和试样线速度对最大孔蚀深度有显著交互作用。

11　二水平析因实验设计

11.1　二水平析因实验设计是确定哪些因素和交互作用对试验结果有影响的一种方法。各个效应和交互作用的显著性由方差分析决定。

11.2　原始实验应该尽量包括影响试验结果的因素。为了简化问题，示例中只采用了三个因素。

11.3　假设采用 3%NaCl 溶液中的交替浸泡试验评定两种铝合金的应力腐蚀开裂持久性，其中一种铝合金含银，另一种不含银。同时还研究冷加工与过时效对应力腐蚀开裂的影响。为方便叙述，规定下列符号：

$A+$——含银合金　　$A-$——不含银合金

$B+$——经冷加工　　$B-$——未经冷加工

$C+$——过时效　　$C-$——无过时效

	$A+$		$A-$	
	$B+$	$B-$	$B+$	$B-$
$C+$				
$C-$				

11.4　实验要在八种完全不同的条件下进行，为了更准确地确定样本内的误差，需要重复试验，因此至少要进行十六次分组试验。在本例中试验数据是每个试样的应力腐蚀开裂持久值的对数。

	$A+$		$A-$	
	$B+$	$B-$	$B+$	$B-$
$C+$	1.86	2.54	2.01	3.02
	1.95	2.43	2.32	2.89
$C-$	1.65	2.32	1.98	2.56
	1.73	2.25	1.87	2.60

每种条件对应的试验数据由其在表中的位置确定。例如，Y_{A+B+C+} 对应两个试验数据，它们分别为 1.86 和 1.95，可以进一步用脚标表示为 $Y_{A+B+C+1}$ 和 $Y_{A+B+C+2}$。均方误差由下式计算：

$$\sum_{ijk}^{A\pm B\pm C}\left[\sum_{l=1}^{2} Y^2(ijk)l - \frac{1}{2}\left(\sum_{l=1}^{2} Y(ijk)l\right)^2\right] \tag{43}$$

本例中均方误差为 0.0863，其自由度为 $(2-1)\times8=8$，其中 2 是每种条件下重复试验的次数，8 是试验数据对的数目。

11.5　研究因素的效应时，从数学处理的角度考虑，处理水平间的差较处理每个水平下的平均值容易。水平间的差称为对比度：

$$\hat{A} = (1/N)\left(\sum_{i}^{A+} Y + - \sum_{i}^{A} Y -\right) \tag{44}$$

式中 $\hat{A}$——银的对比度或效应；

N——试验次数，本例中为 16；

$Y+$——$A+$列中的任一试验数据；

$Y-$—— $A-$列中的任一试验数据。

$\hat{B}$、$\hat{C}$ 也按相似的方法计算。$\widehat{AB}$、$\widehat{AC}$、$\widehat{BC}$ 和$\widehat{ABC}$ 按这种方法计算时，参加运算的试验数据的符号由各变量符号的乘积决定，而数据的绝对值不变。计算对比度$\widehat{AB}$ 时，$A+B+$和$A-B-$的符号是“+”，$A+B-$和 $A-B+$的符号是“-”。每个效应或对比度的自由度为（2-1）=1，2 是每种因素的水平数。

11.6 对比度平方后再乘以试验次数得到均方离差。求出每个效应的均方离差与均方误差的比值 F。给定显著水平 α，在表 11 中查出 $F_{\alpha}(\phi_1,\phi_2)$，$\phi_1$ 是均方离差的自由度，ϕ_2 是均方误差的自由度。如果 $F \geqslant F_{\alpha}(\phi_1,\phi_2)$，则这种效应对试验结果有显著影响；否则，无显著影响。

在本例中，均方离差的自由度均为 1，均方误差的自由度为 8。给定显著水平 $\alpha=0.05$ 和 $\alpha=0.01$，$F_{0.05}(1,8)=5.32$、$F_{0.01}(1,8)=11.25$。方差分析表见表 12。

11.7 根据表 12 可以断定铝合金经冷加工与未经冷加工相比对应力腐蚀开裂较敏感；而加银和过时效均无影响。注意，本例的数据是虚拟的，并不反映真实情况。

11.8 进行二水平析因实验设计时，每增加一个因素，试验次数便要增加一倍。因此因素很多时，试验次数将达到令人吃惊的程度。这时可采用部分重复来减少试验次数，不过这将减少从实验中获取的信息。

表 12 方差分析表

效应	对比度	均方离差	自由度	F 值
A	-0.1575	0.397	1	4.60
B	-0.3275	0.716	1	19.88
C	0.1288	0.265	1	3.07
AB	0.0338	0.018	1	0.21
AC	-0.025	0.010	1	0.12
BC	-0.015	0.086	1	0.04
ABC	0.0188	0.0056	1	0.06
误差		0.0863	8	

11.9 这里列举的例子是三个因素的析因实验设计，不过其中不包括对比度 ABC 的负项。

	$A+$		$A-$	
	$B+$	$B-$	$B+$	$B-$
$C+$	1.86			3.02
	1.95			2.89
$C-$		2.32	1.98	
		2.25	1.87	

11.10 因为对比度$\widehat{ABC}$ 的负项略去，所以不能得到$\widehat{ABC}$，并且对比度 $\hat{A}=\widehat{BC}$、$\hat{B}=\widehat{AC}$、$\hat{C}=\widehat{AB}$。在本例中，因为所有交互作用对试验结果无显著影响的假设正确，所以由部分重复得出结论与全因子析因实验设计得出的结论一致。在交互作用的影响可能比主效应大时，上述假设将导致做出严重错误的结论。因此在采用部分重复前，应尽量掌握交互作用的情况。

附　录　A
附　　表
（补充件）

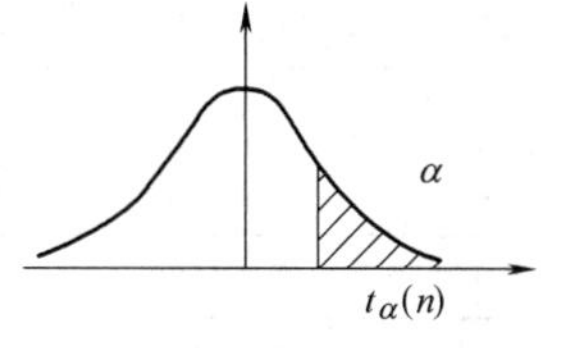

表 A.1　t 分布上侧分位数表 $P\{t(n)>t_\alpha(n)\}=\alpha$

n	α=0.25	0.10	0.05	0.025	0.01	0.005
1	1.0000	3.0777	6.3138	12.7062	31.8207	63.6574
2	0.8165	1.8856	2.9200	4.3027	6.9646	9.9248
3	0.7649	1.6377	2.3534	3.1824	4.5497	5.8409
4	0.7407	1.5332	2.1318	2.7764	3.7469	4.6041
5	0.7267	1.4759	2.0150	2.5706	3.3647	4.0322
6	0.7176	1.4398	1.9432	2.4469	3.1429	3.7074
7	0.7111	1.4149	1.8946	2.3646	2.9980	3.4995
8	0.7064	1.3968	1.8595	2.3060	2.8965	3.3554
9	0.7027	1.3830	1.8331	2.2622	2.8214	3.2498
10	0.6998	1.3722	1.8125	2.2281	2.7638	3.1693
11	0.6974	1.3634	1.7959	2.2010	2.7181	3.1058
12	0.6955	1.3562	1.7823	2.1788	2.6810	3.0545
13	0.6938	1.3502	1.7709	2.1604	2.6503	3.0123
14	0.6924	1.3450	1.7613	2.1448	2.6245	2.9768
15	0.6912	1.3406	1.7531	2.1315	2.6025	2.9467
16	0.6901	1.3368	1.7459	2.1199	2.5835	2.9208
17	0.6892	1.3334	1.7396	2.1098	2.5669	2.8982
18	0.6884	1.3304	1.7341	2.1009	2.5524	2.8784
19	0.6876	1.3277	1.7291	2.0930	2.5395	2.8609
20	0.6870	1.3253	1.7247	2.0860	2.5280	2.8453
21	0.6864	1.3232	1.7207	2.0796	2.5177	2.8314
22	0.6858	1.3212	1.7171	2.0739	2.5083	2.8188
23	0.6853	1.3195	1.7139	2.0687	2.4999	2.8073
24	0.6848	1.3178	1.7109	2.0639	2.4922	2.7969
25	0.6844	1.3163	1.7081	2.0595	2.4851	2.7874
26	0.6840	1.3150	1.7056	2.0555	2.4786	2.7787
27	0.6837	1.3137	1.7033	2.0518	2.4727	2.7707
28	0.6834	1.3125	1.7011	2.0484	2.4671	2.7633
29	0.6830	1.3114	1.6991	2.0452	2.4620	2.7564

（续）

n	α=0.25	0.10	0.05	0.025	0.01	0.005
30	0.6728	1.3104	1.6973	2.0423	2.4573	2.7500
31	0.6825	1.3095	1.6955	2.0395	2.4528	2.7440
32	0.6822	1.3086	1.6939	2.0369	2.4487	2.7385
33	0.6820	1.3077	1.6924	2.0345	2.4448	2.7333
34	0.6818	1.3070	1.6909	2.0322	2.4411	2.7284
35	0.6816	1.3062	1.6896	2.0301	2.4377	2.7238
36	0.6814	1.3055	1.6883	2.0281	2.4345	2.7195
37	0.6812	1.3049	1.6871	2.0262	2.4314	2.7154
38	0.6810	1.3042	1.6860	2.0244	2.4286	2.7116
39	0.6808	1.3036	1.6849	2.0227	2.4258	2.7079
40	0.6807	1.3031	1.6839	2.0211	2.4233	2.7045
41	0.6805	1.3025	1.6829	2.0195	2.4208	2.7012
42	0.6804	1.3020	1.6820	2.0181	2.4185	2.6981
43	0.6802	1.3016	1.6811	2.0167	2.4163	2.6951
44	0.6801	1.3011	1.6802	2.0154	2.4141	2.6923
45	0.6800	1.3006	1.6794	2.0141	2.4121	2.6896
∞	0.674	1.282	1.645	1.960	2.326	2.576

表 A.2 二项分布的95%置信区间（%）

观测数 X	样本量 10		15		20		30		50		100		观测分数 X/n	样本量 250		1000	
0	0	31	0	22	0	17	0	12	0	07	0	4	0.00	0	1	0	0
1	0	45	0	32	0	25	0	17	0	11	0	5	0.01	0	4	0	2
2	3	56	2	40	1	31	1	22	0	14	0	7	0.02	1	5	1	3
3	7	65	4	48	3	38	2	27	1	17	1	8	0.03	1	6	2	4
4	12	74	8	55	6	44	4	31	2	19	1	10	0.04	2	7	3	5
5	19	81	12	62	9	49	6	35	3	22	2	11	0.05	3	9	4	7
6	26	88	16	68	12	54	8	39	5	24	2	12	0.06	3	10	5	8
7	35	93	21	73	15	59	10	43	6	27	3	14	0.07	4	11	6	9
8	44	97	27	79	19	64	12	46	7	29	4	15	0.08	5	12	6	10
9	55	100	32	84	23	68	15	50	9	31	4	16	0.09	6	13	7	11
10	60	100	38	88	27	73	17	53	10	34	5	18	0.10	7	14	8	12
11			45	92	32	77	20	56	12	36	5	19	0.11	7	16	9	13
12			52	96	36	81	23	60	13	38	6	20	0.12	8	17	10	14
13			60	98	41	85	25	63	15	41	7	21	0.13	9	18	11	15
14			68	100	46	88	28	66	16	43	8	22	0.14	10	19	12	16
15			78	100	51	91	31	69	18	44	9	24	0.15	10	20	13	17

（续）

观测数	样本量										观测分数	样本量			
X	10	15	20		30		50		100		X/n	250		1000	
16			56	94	34	72	20	46	9	25	0.16	11	21	14	18
17			62	97	37	75	21	48	10	26	0.17	12	22	15	19
18			69	99	40	77	23	50	11	27	0.18	13	23	16	21
19			75	100	44	80	25	53	12	28	0.19	14	24	17	22
20			83	100	47	83	27	55	13	29	0.20	15	26	18	23
21					50	85	28	57	14	30	0.21	16	27	19	24
22					54	88	30	59	14	31	0.22	17	28	19	25
23					57	90	32	61	15	32	0.23	18	29	20	26
24					61	92	34	63	16	33	0.24	19	30	21	27
25					65	94	36	64	17	35	0.25	20	31	22	28
26					69	96	37	66	18	36	0.26	20	32	23	29
27					73	98	39	68	19	37	0.27	21	33	24	30
28					78	99	41	70	19	38	0.28	22	34	25	31
29					83	100	43	72	20	39	0.29	23	35	26	32
30					88	100	45	73	21	40	0.30	24	36	27	33
31							47	75	22	41	0.31	25	37	28	34
32							50	77	23	42	0.32	26	38	29	35
33							52	79	24	43	0.33	27	39	30	36
34							54	80	25	44	0.34	28	40	31	37
35							56	82	26	45	0.35	29	41	32	38
36							57	84	27	46	0.36	30	42	33	39
37							59	85	28	47	0.37	31	43	34	40
38							62	87	28	48	0.38	32	44	35	41
39							64	88	29	49	0.39	33	45	36	42
40							66	90	30	50	0.40	34	46	37	43
41							69	91	31	51	0.41	35	47	38	44
42							71	93	32	52	0.42	36	48	39	45
43							73	94	33	53	0.43	37	49	40	46
44							70	95	34	54	0.44	38	50	41	47
45							78	97	35	55	0.45	39	51	42	48
46							81	98	36	56	0.46	40	52	43	49
47							83	99	37	57	0.47	41	53	44	50
48							86	100	38	58	0.48	42	54	45	51
49							89	100	39	59	0.49	43	55	46	52
50							93	100	40	60	0.50	44	56	47	53

注：1. 若 X 超过 50，读取观测数 $=100-X$ 一行的置信界限，然后从 100 减去这个读数。

2. 若 X/n 超过 0.50，读取观测分数 $=1.00-X/n$ 一行的置信界限，然后从 100 减去这个读数。

表 A.3 F 分布上侧分位数表 $P\{F(n_1,n_2)>F_\alpha(n_1,n_2)\}=\alpha$

$\alpha=0.10$

n_2	n_1																		
	1	2	3	4	5	6	7	8	9	10	12	15	20	24	30	40	60	120	∞
1	39.86	49.50	53.59	55.83	57.24	58.20	58.91	59.44	59.86	60.19	60.71	61.22	61.74	62.00	62.26	62.53	62.79	63.06	63.33
2	8.53	9.00	9.16	9.24	9.29	9.33	9.35	9.37	9.38	9.39	9.41	9.42	9.44	9.45	9.46	9.47	9.47	9.48	9.49
3	5.54	5.46	5.39	5.34	5.31	5.28	5.27	5.25	5.24	5.23	5.22	5.20	5.18	5.18	5.17	5.16	5.15	5.14	5.13
4	4.54	4.32	4.19	4.11	4.05	4.01	3.98	3.95	3.94	3.92	3.90	3.87	3.84	3.83	3.82	3.80	3.79	3.78	3.76
5	4.06	3.78	3.62	3.52	3.45	3.40	3.37	3.34	3.32	3.30	3.27	3.24	3.21	3.19	3.17	3.16	3.14	3.12	3.10
6	3.78	3.46	3.29	3.18	3.11	3.05	3.01	2.98	2.96	2.94	2.90	2.87	2.84	2.82	2.80	2.78	2.76	2.74	2.72
7	3.59	3.26	3.07	2.96	2.88	2.83	2.78	2.75	2.72	2.70	2.67	2.63	2.59	2.58	2.56	2.54	2.51	2.49	2.47
8	3.46	3.11	2.92	2.81	2.73	2.67	2.62	2.59	2.56	2.54	2.50	2.46	2.42	2.40	2.38	2.36	2.34	2.32	2.29
9	3.36	3.01	2.81	2.69	2.61	2.55	2.51	2.47	2.44	2.42	2.38	2.34	2.30	2.28	2.25	2.23	2.21	2.18	2.16
10	3.29	2.92	2.73	2.61	2.52	2.46	2.41	2.38	2.35	2.32	2.28	2.24	2.20	2.18	2.16	2.13	2.11	3.08	2.06
11	3.23	2.86	2.66	2.54	2.45	2.39	2.34	2.30	2.27	2.25	2.21	2.17	2.12	2.10	2.08	2.05	2.03	2.00	1.97
12	3.18	2.81	2.61	2.48	2.39	2.33	2.28	2.24	2.21	2.19	2.15	2.10	2.06	2.04	2.01	1.99	1.96	1.93	1.90
13	3.14	2.76	2.56	2.43	2.35	2.28	2.23	2.20	2.16	2.14	2.10	2.05	2.01	1.98	1.96	1.93	1.90	1.88	1.85
14	3.10	2.73	2.52	2.39	2.31	2.24	2.19	2.15	2.12	2.10	2.05	2.01	1.96	1.94	1.91	1.89	1.86	1.83	1.80
15	3.07	2.70	2.49	2.36	2.27	2.21	2.16	2.12	2.09	2.06	2.02	1.97	1.92	1.90	1.87	1.85	1.82	1.79	1.76

（续）

n_2	$\alpha=0.10$ n_1: 1	2	3	4	5	6	7	8	9	10	12	15	20	24	30	40	60	120	∞
16	3.05	2.67	2.46	2.33	2.24	2.18	2.13	2.09	2.06	2.03	1.99	1.94	1.89	1.87	1.84	1.81	1.78	1.75	1.72
17	3.03	2.64	2.44	2.31	2.22	2.15	2.10	2.06	2.03	2.00	1.96	1.91	1.86	1.84	1.81	1.78	1.75	1.72	1.69
18	3.01	2.62	2.42	2.29	2.20	2.13	2.08	2.04	2.00	1.98	1.93	1.89	1.84	1.81	1.78	1.75	1.72	1.69	1.66
19	2.99	2.61	2.40	2.27	2.18	2.11	2.06	2.02	1.98	1.96	1.91	1.86	1.81	1.79	1.76	1.73	1.70	1.67	1.63
20	2.97	2.59	2.38	2.25	2.16	2.09	2.04	2.00	1.96	1.94	1.89	1.84	1.79	1.77	1.74	1.71	1.68	1.64	1.61
21	2.96	2.57	2.36	2.23	2.14	2.08	2.02	1.98	1.95	1.92	1.87	1.83	1.78	1.75	1.72	1.69	1.66	1.62	1.59
22	2.95	2.56	2.35	2.22	2.13	2.06	2.01	1.97	1.93	1.90	1.86	1.81	1.76	1.73	1.70	1.67	1.64	1.60	1.57
23	2.94	2.55	2.34	2.21	2.11	2.05	1.99	1.95	1.92	1.89	1.84	1.80	1.74	1.72	1.69	1.66	1.62	1.59	1.55
24	2.93	2.54	2.33	2.19	2.10	2.04	1.98	1.94	1.91	1.88	1.83	1.78	1.73	1.70	1.67	1.64	1.61	1.57	1.53
25	2.92	2.53	2.32	2.18	2.09	2.02	1.97	1.93	1.89	1.87	1.82	1.77	1.72	1.69	1.66	1.63	1.59	1.56	1.52
26	2.91	2.52	2.31	2.17	2.08	2.01	1.96	1.92	1.88	1.86	1.81	1.76	1.71	1.68	1.65	1.61	1.58	1.54	1.50
27	2.90	2.51	2.30	2.17	2.07	2.00	1.95	1.91	1.87	1.85	1.80	1.75	1.70	1.67	1.64	1.60	1.57	1.53	1.49
28	2.89	2.50	2.29	2.16	2.06	2.00	1.94	1.90	1.87	1.84	1.79	1.74	1.69	1.66	1.63	1.59	1.56	1.52	1.48
29	2.89	2.50	2.38	2.15	2.06	1.99	1.93	1.89	1.86	1.83	1.78	1.73	1.68	1.65	1.62	1.58	1.55	1.51	1.47
30	2.88	2.49	2.28	2.14	2.05	1.98	1.93	1.88	1.85	1.82	1.77	1.72	1.67	1.64	1.61	1.57	1.54	1.50	1.46
40	2.84	2.44	2.23	2.09	2.00	1.93	1.87	1.83	1.79	1.76	1.71	1.66	1.61	1.57	1.54	1.51	1.47	1.42	1.38
60	2.79	2.39	2.18	2.04	1.95	1.87	1.82	1.77	1.74	1.71	1.66	1.60	1.54	1.51	1.48	1.44	1.40	1.35	1.29
120	2.75	2.35	2.13	1.99	1.90	1.82	1.77	1.72	1.68	1.65	1.60	1.55	1.48	1.45	1.41	1.37	1.32	1.26	1.19
∞	2.71	2.30	2.08	1.94	1.85	1.77	1.72	1.67	1.63	1.60	1.55	1.40	1.42	1.38	1.34	1.30	1.24	1.17	1.00

（续）

n_2	$\alpha=0.05$																		
	n_1																		
	1	2	3	4	5	6	7	8	9	10	12	15	20	24	30	40	60	120	∞
1	161.4	199.5	215.7	224.6	230.2	234.0	236.8	238.9	240.5	241.9	243.9	245.9	248.0	249.1	250.1	251.1	252.2	253.3	254.3
2	18.51	19.00	19.16	19.25	19.30	19.33	19.35	19.37	19.38	19.40	19.41	19.43	19.45	19.45	19.46	19.47	19.48	19.49	19.50
3	10.13	9.55	9.28	9.13	9.01	8.94	8.89	8.85	8.81	8.79	8.74	8.70	8.66	8.64	8.62	8.59	8.57	8.55	8.53
4	7.71	6.94	6.59	6.39	6.26	6.16	6.09	6.04	6.00	5.96	5.91	5.86	5.80	5.77	5.75	5.72	5.69	5.66	5.63
5	6.61	5.79	5.41	5.19	5.05	4.95	4.88	4.82	4.77	4.74	4.68	4.62	4.56	4.53	4.50	4.46	4.43	4.40	4.36
6	5.99	5.14	4.76	4.53	4.39	4.28	4.21	4.15	4.10	4.06	4.00	3.94	3.87	3.84	3.81	3.77	3.74	3.70	3.67
7	5.59	4.74	4.35	4.12	3.97	3.87	3.79	3.73	3.68	3.64	3.57	3.51	3.44	3.41	3.38	3.34	3.30	3.27	3.23
8	5.32	4.46	4.07	3.84	3.69	3.58	3.50	3.44	3.39	3.35	3.28	3.22	3.15	3.12	3.08	3.04	3.01	2.97	2.93
9	5.12	4.26	3.86	3.63	3.48	3.37	3.29	3.23	3.18	3.14	3.07	3.01	2.94	2.90	2.86	2.83	2.79	2.75	2.71
10	4.96	4.10	3.71	3.48	3.33	3.22	3.14	3.07	3.02	2.98	2.91	2.85	2.77	2.74	2.70	2.66	2.62	2.58	2.54
11	4.84	3.98	3.59	3.36	3.20	3.09	3.01	2.95	2.90	2.85	2.79	2.72	2.65	2.61	2.57	2.53	2.49	2.45	2.40
12	4.75	3.89	3.49	3.26	3.11	3.00	2.91	2.85	2.80	2.75	2.69	2.62	2.54	2.51	2.47	2.43	2.38	2.34	2.30
13	4.67	3.81	3.41	3.18	3.03	2.92	2.83	2.77	2.71	2.67	2.60	2.53	2.46	2.42	2.38	2.34	2.30	2.25	2.21
14	4.60	3.74	3.34	3.11	2.96	2.85	2.76	2.70	2.65	2.60	2.53	2.46	2.39	2.35	2.31	2.27	2.22	2.18	2.13
15	4.54	3.68	3.29	3.06	2.90	2.79	2.71	2.64	2.59	2.54	2.48	2.40	2.33	2.29	2.25	2.20	2.16	2.11	2.07
16	4.49	3.63	3.24	3.01	2.85	2.74	2.66	2.59	2.54	2.49	2.42	2.35	2.28	2.24	2.19	2.15	2.11	2.06	2.01
17	4.45	3.59	3.20	2.96	2.81	2.70	2.61	2.55	2.49	2.45	2.38	2.31	2.23	2.19	2.15	2.10	2.06	2.01	1.96
18	4.41	3.55	3.16	2.93	2.77	2.66	2.58	2.51	2.46	2.41	2.34	2.27	2.19	2.15	2.11	2.06	2.02	1.97	1.92
19	4.38	3.52	3.13	2.90	2.74	2.63	2.54	2.48	2.42	2.38	2.31	2.23	2.16	2.11	2.07	2.03	1.98	1.93	1.88
20	4.35	3.49	3.10	2.87	2.71	2.60	2.51	2.45	2.39	2.35	2.28	2.20	2.12	2.08	2.04	1.99	1.95	1.90	1.84

（续）

$\alpha=0.05$

n_2	n_1=1	2	3	4	5	6	7	8	9	10	12	15	20	24	30	40	60	120	∞
21	4.32	3.47	3.07	2.84	2.68	2.57	2.49	2.42	2.37	2.32	2.25	2.18	2.10	2.05	2.01	1.96	1.92	1.87	1.81
22	4.30	3.44	3.05	2.82	2.66	2.55	2.46	2.40	2.34	2.30	2.23	2.15	2.07	2.03	1.98	1.94	1.89	1.84	1.78
23	4.28	3.42	3.03	2.80	2.64	2.53	2.44	2.37	2.32	2.27	2.20	2.13	2.05	2.01	1.96	1.91	1.86	1.81	1.76
24	4.26	3.40	3.01	2.78	2.62	2.51	2.42	2.36	2.30	2.25	2.18	2.11	2.03	1.98	1.94	1.89	1.84	1.79	1.73
25	4.24	3.39	2.99	2.76	2.60	2.49	2.40	2.34	2.28	2.24	2.16	2.09	2.01	1.96	1.92	1.87	1.82	1.77	1.71
26	4.23	3.37	2.98	2.74	2.59	2.47	2.39	2.32	2.27	2.22	2.15	2.07	1.99	1.95	1.90	1.85	1.80	1.75	1.69
27	4.21	3.35	2.96	2.73	2.57	2.46	2.37	2.31	2.25	2.20	2.13	2.06	1.97	1.93	1.88	1.84	1.79	1.73	1.67
28	4.20	3.34	2.95	2.71	2.56	2.45	2.36	2.29	2.24	2.19	2.12	2.04	1.96	1.91	1.87	1.82	1.77	1.71	1.65
29	4.18	3.33	2.93	2.70	2.55	2.43	2.35	2.28	2.22	2.18	2.10	2.03	1.94	1.90	1.85	1.81	1.75	1.70	1.64
30	4.17	3.32	2.92	2.69	2.53	2.42	2.33	2.27	2.21	2.16	2.09	2.01	1.93	1.89	1.84	1.79	1.74	1.68	1.62
40	4.08	3.23	2.84	2.61	2.45	2.34	2.25	2.18	2.15	2.08	2.00	1.92	1.84	1.79	1.74	1.69	1.64	1.58	1.51
60	4.00	3.15	2.76	2.53	2.37	2.25	2.17	2.10	2.04	1.99	1.92	1.84	1.75	1.70	1.65	1.59	1.53	1.47	1.39
120	3.92	3.07	2.68	2.45	2.29	2.17	2.09	2.02	1.96	1.91	1.83	1.75	1.66	1.61	1.55	1.50	1.43	1.35	1.25
∞	3.84	3.00	2.60	2.37	2.21	2.10	2.01	1.94	1.88	1.83	1.75	1.67	1.57	1.52	1.46	1.39	1.32	1.22	1.00

$\alpha=0.025$

n_2	n_1=1	2	3	4	5	6	7	8	9	10	12	15	20	24	30	40	60	120	∞
1	647.8	799.5	864.2	899.6	921.8	937.1	948.2	956.7	963.3	968.6	976.7	984.9	993.1	997.2	1001	1006	1010	1040	1080
2	38.51	39.00	39.17	39.25	39.30	39.33	39.36	39.37	39.39	39.40	39.41	39.43	39.45	39.46	39.46	39.47	39.48	39.49	39.50
3	17.44	16.04	15.44	15.10	14.88	14.73	14.62	14.54	14.47	14.42	14.34	14.25	14.17	14.12	14.08	14.04	13.99	13.95	13.90

（续）

n_2	$\alpha=0.025$																		
	n_1																		
	1	2	3	4	5	6	7	8	9	10	12	15	20	24	30	40	60	120	∞
4	12.22	10.65	9.98	9.60	9.36	9.20	9.07	8.98	8.90	8.84	8.75	8.66	8.56	8.51	8.46	8.41	8.36	8.31	8.26
5	10.01	8.43	7.76	7.39	7.15	6.98	6.85	6.76	6.68	6.62	6.52	6.43	6.33	6.28	6.23	6.18	6.12	6.07	6.02
6	8.81	7.26	6.60	6.23	5.99	5.82	5.70	5.60	5.52	5.46	5.37	5.27	6.17	5.12	5.07	5.01	4.96	4.90	4.85
7	8.07	6.54	5.89	5.52	5.29	5.12	4.99	4.90	4.82	4.76	4.67	4.57	4.47	4.42	4.36	4.31	4.25	4.20	4.14
8	7.57	6.06	5.42	5.05	4.82	4.65	4.53	4.43	4.36	4.30	4.20	4.13	4.00	3.95	3.89	3.84	3.78	3.73	3.67
9	7.21	5.71	5.08	4.72	4.48	4.32	4.20	4.10	4.03	3.96	3.87	3.77	3.67	3.61	3.56	3.51	3.45	3.39	3.33
10	6.94	5.46	4.83	4.47	4.24	4.07	3.95	3.85	3.78	3.72	3.62	3.52	3.42	3.37	3.31	3.26	3.20	3.14	3.08
11	6.72	5.26	4.63	4.28	4.04	3.88	3.76	3.66	3.59	3.53	3.43	3.33	3.23	3.17	3.12	3.06	3.00	2.94	2.88
12	6.55	5.10	4.47	4.12	3.89	3.73	3.61	3.51	3.44	3.37	3.28	3.18	3.07	3.02	2.96	2.91	2.85	2.79	2.72
13	6.41	4.97	4.35	4.00	3.77	3.60	3.48	3.39	3.31	3.25	3.15	3.05	2.95	2.89	2.84	2.78	2.72	2.66	2.60
14	6.30	4.86	4.24	3.89	3.66	3.50	3.38	3.29	3.21	3.15	3.05	3.95	2.84	2.79	2.73	2.67	2.61	2.55	2.49
15	6.20	4.77	4.15	3.80	3.58	3.41	3.29	3.20	3.12	3.06	2.96	2.86	2.76	2.70	2.64	2.59	2.52	2.46	2.40
16	6.12	4.69	4.08	3.73	3.50	3.34	3.22	3.12	3.05	2.99	2.89	2.79	2.68	2.63	2.57	2.51	2.45	2.38	2.32
17	6.04	4.62	4.01	3.66	3.44	3.28	3.16	3.06	2.98	2.92	2.82	2.72	2.62	2.56	2.50	2.44	2.38	2.32	2.25
18	5.98	4.56	3.95	3.61	3.38	3.22	3.10	3.01	2.93	2.87	2.77	2.67	2.56	2.50	2.44	2.38	2.32	2.26	2.19
19	5.92	4.51	3.90	3.56	3.33	3.17	3.05	3.96	2.88	2.82	2.72	2.62	2.51	2.45	2.39	2.33	2.27	2.20	2.13
20	5.87	4.46	3.86	3.51	3.29	3.13	3.01	2.91	2.84	2.77	2.68	2.57	2.46	2.41	2.35	2.29	2.22	2.16	2.09
21	5.83	4.42	3.82	3.48	3.25	3.09	2.97	2.87	2.80	2.73	2.64	2.53	2.42	2.37	2.31	2.25	2.18	2.11	2.04
22	5.79	4.38	3.78	3.44	3.22	3.05	2.93	2.84	2.76	2.70	2.60	2.50	2.39	2.33	2.27	2.21	2.14	2.08	2.00
23	5.75	4.35	3.75	3.41	3.18	3.02	2.90	2.81	2.73	2.67	2.57	2.47	2.36	2.30	2.24	2.18	2.11	2.04	1.97
24	5.72	4.32	3.72	3.38	3.15	3.99	2.87	2.78	2.70	2.64	2.54	2.44	2.33	2.27	2.21	2.15	2.08	2.01	1.94

（续）

n_2	$\alpha=0.025$																		
	n_1																		
	1	2	3	4	5	6	7	8	9	10	12	15	20	24	30	40	60	120	∞
25	5.69	4.29	3.69	3.35	3.13	2.97	2.85	2.75	2.68	2.61	2.51	2.41	2.30	2.24	2.18	2.12	2.05	1.98	1.91
26	5.66	4.27	3.67	3.33	3.10	2.94	2.82	2.73	2.65	2.59	2.49	2.39	2.28	2.22	2.16	2.09	2.03	1.95	1.88
27	5.63	4.24	3.65	3.31	3.08	2.92	2.80	2.71	2.63	2.57	2.47	2.36	2.25	2.19	2.13	2.07	2.00	1.93	1.85
28	5.61	4.22	3.63	3.29	3.06	2.90	2.78	2.69	2.61	2.55	2.45	2.34	2.23	2.17	2.11	2.05	1.98	1.91	1.83
29	5.59	4.20	3.61	3.27	3.04	2.88	2.76	2.67	2.59	2.53	2.43	2.32	2.21	2.15	2.09	2.03	1.96	1.89	1.81
30	5.57	4.18	3.59	3.25	3.03	2.87	2.75	2.65	2.57	2.61	2.41	2.31	2.20	2.14	2.07	2.01	1.94	1.87	1.79
40	5.42	4.05	3.46	3.13	2.90	2.74	2.62	2.53	2.45	2.39	2.29	2.18	2.07	2.01	1.94	1.88	1.80	1.72	1.64
60	5.29	3.93	3.34	3.01	2.79	2.63	2.51	2.41	2.33	2.27	2.17	2.06	1.94	1.88	1.82	1.74	1.67	1.58	1.48
120	5.15	3.80	3.23	2.89	2.67	2.52	2.39	2.30	2.22	2.16	2.05	1.94	1.82	1.76	1.69	1.61	1.53	1.43	1.31
∞	5.02	3.69	3.12	2.79	2.57	2.41	2.29	2.19	2.11	2.05	1.94	1.83	1.71	1.64	1.57	1.48	1.39	1.27	1.00

n_2	$\alpha=0.01$																		
	n_1																		
	1	2	3	4	5	6	7	8	9	10	12	15	20	24	30	40	60	120	∞
1	4052	4999.5	5403	5625	5764	5859	5928	5982	6022	6056	6106	6157	6209	6235	6261	6287	6313	6339	6366
2	98.50	99.00	99.17	99.25	99.30	99.33	99.36	99.37	99.39	99.40	99.42	99.43	99.45	99.46	99.47	99.47	99.48	99.49	99.50
3	34.12	30.82	29.46	28.71	28.24	27.91	27.67	27.49	27.35	27.23	27.05	26.87	26.69	26.60	26.50	26.41	26.32	26.22	26.13
4	21.20	18.00	16.69	15.98	15.52	15.21	14.98	14.80	14.66	14.55	14.37	14.20	14.02	13.93	13.84	13.75	13.65	13.56	13.46
5	16.26	13.27	12.06	11.39	10.97	10.67	10.46	10.29	10.16	10.05	9.89	9.72	9.55	9.47	9.38	9.29	9.20	9.11	9.02
6	13.75	10.92	9.78	9.15	8.75	8.47	8.26	8.10	7.98	7.87	7.72	7.56	7.40	7.31	7.23	7.14	7.06	6.97	6.88
7	12.25	9.55	8.45	7.85	7.46	7.19	6.99	6.84	6.72	6.62	6.47	6.31	6.16	6.07	5.99	5.91	5.82	5.74	5.65
8	11.26	8.65	7.59	7.01	6.63	6.37	6.18	6.03	5.91	5.81	5.67	5.52	5.36	5.28	5.20	5.12	5.03	4.95	4.86

（续）

n_2	$\alpha=0.01$																		
	n_1																		
	1	2	3	4	5	6	7	8	9	10	12	15	20	24	30	40	60	120	∞
9	10.56	8.02	6.99	6.42	6.06	5.80	5.61	5.47	5.35	5.26	5.11	4.96	4.81	4.73	4.65	4.57	4.48	4.40	4.31
10	10.04	7.56	6.55	5.99	5.64	5.39	5.20	5.06	4.94	4.85	4.71	4.56	4.41	4.33	4.25	4.17	4.08	4.00	3.91
11	9.65	7.21	6.22	5.67	5.32	5.07	4.89	4.74	4.63	4.54	4.40	4.25	4.10	4.02	3.94	3.86	4.78	3.69	3.60
12	9.33	6.93	5.95	5.41	5.06	4.82	4.64	4.50	4.39	4.30	4.16	4.01	3.86	3.78	3.70	3.62	3.54	3.45	3.36
13	9.07	6.70	5.74	5.21	4.86	4.62	4.44	4.30	4.19	4.10	3.96	3.82	3.66	3.59	3.51	3.43	3.34	3.25	3.17
14	8.86	6.51	5.56	5.04	4.69	4.46	4.28	4.14	4.03	3.94	3.80	3.66	3.51	3.43	3.35	3.27	3.18	3.09	3.00
15	8.68	6.36	5.42	4.89	4.56	4.32	4.14	4.00	3.89	3.80	3.67	3.52	3.37	3.29	3.21	3.13	3.05	2.96	2.87
16	8.53	6.23	5.29	4.77	4.44	4.20	4.03	3.89	3.78	3.69	3.55	3.41	3.26	3.18	3.10	3.02	2.93	2.84	2.75
17	8.40	6.11	5.18	4.67	4.34	4.10	3.93	3.79	3.68	3.59	3.46	3.31	3.16	3.08	3.00	2.92	2.83	2.75	2.65
18	8.29	6.01	5.09	4.58	4.25	4.01	3.84	3.71	3.60	3.51	3.37	3.23	3.08	3.00	2.92	2.84	2.75	2.66	2.57
19	8.18	5.93	5.01	4.50	4.17	3.94	3.77	3.63	3.52	3.43	3.30	3.15	3.00	2.92	2.84	2.76	2.67	2.58	2.49
20	8.10	5.85	4.94	4.43	4.10	3.87	3.70	3.56	3.46	3.37	3.23	3.09	2.94	2.86	2.78	2.69	2.61	2.52	2.42
21	8.02	5.78	4.87	4.37	4.04	3.81	3.64	3.51	3.40	3.31	3.17	3.03	2.88	2.80	2.72	2.64	2.55	2.46	2.36
22	7.95	5.72	4.82	4.31	3.99	3.76	3.59	3.45	3.35	3.26	3.12	2.98	2.83	2.75	2.67	2.58	2.50	2.40	2.31
23	7.88	5.66	4.76	4.26	3.94	3.71	3.54	3.41	3.30	3.21	3.07	2.93	2.78	2.70	2.62	2.54	2.45	2.35	2.26
24	7.82	5.61	4.72	4.22	3.90	3.67	3.50	3.36	3.26	3.17	3.03	2.89	2.74	2.66	2.58	2.49	2.40	2.31	2.21
25	7.77	5.57	4.68	4.18	3.85	3.63	3.46	3.32	3.22	3.13	2.99	2.85	2.70	2.62	2.54	2.45	2.36	2.27	2.17
26	7.72	5.53	4.64	4.14	3.82	3.59	3.42	3.29	3.18	3.09	2.96	2.81	2.66	2.58	2.50	2.42	2.33	2.23	2.13
27	7.68	5.49	4.60	4.11	3.78	3.56	3.39	3.26	3.15	3.06	2.93	2.78	2.63	2.55	2.47	2.38	2.29	2.20	2.10
28	7.64	5.45	4.57	4.07	3.75	3.53	3.36	3.23	3.12	3.03	2.90	2.75	2.60	2.52	2.44	2.35	2.26	2.17	2.06
29	7.60	5.42	4.54	4.04	3.73	3.50	3.33	3.20	3.09	3.00	2.87	2.73	2.57	2.49	2.41	2.33	2.23	2.14	2.03

（续）

n_2	$\alpha=0.01$																		
	n_1																		
	1	2	3	4	5	6	7	8	9	10	12	15	20	24	30	40	60	120	∞
30	7.56	5.39	4.51	4.02	3.70	3.47	3.30	3.17	3.07	2.98	2.84	2.70	2.55	2.47	2.39	2.30	2.21	2.11	2.01
40	7.31	5.18	4.31	3.83	3.51	3.29	3.12	2.99	2.89	2.80	2.66	2.52	2.37	2.29	2.20	2.11	2.02	1.92	1.80
60	7.08	4.98	4.13	3.65	3.34	3.12	2.95	2.82	2.72	2.63	2.50	2.35	2.20	2.12	2.03	1.94	1.84	1.73	1.60
120	6.85	4.79	3.95	3.48	3.17	2.96	2.79	2.66	2.56	2.47	2.34	2.19	2.03	1.95	1.86	1.76	1.66	1.53	1.38
∞	6.63	4.61	3.78	3.32	3.02	2.80	2.64	2.51	2.41	2.32	2.18	2.04	1.88	1.79	1.70	1.59	1.47	1.32	1.00

n_2	$\alpha=0.005$																		
	n_1																		
	1	2	3	4	5	6	7	8	9	10	12	15	20	24	30	40	60	120	∞
1	16211	20000	21615	22500	23056	23437	23715	23925	24091	24224	24426	24630	24836	24940	25044	25148	25253	25359	25465
2	198.5	199.0	199.2	199.2	199.3	199.3	199.4	199.4	199.4	199.4	199.4	199.4	199.4	199.5	199.5	199.5	199.5	199.5	199.5
3	55.55	49.80	47.47	46.19	45.39	44.84	44.43	44.13	43.88	43.69	43.39	43.08	42.78	42.62	42.47	42.31	42.15	41.99	41.83
4	31.33	26.28	24.26	23.15	22.46	21.97	21.62	21.35	21.14	20.97	20.70	20.44	20.17	20.03	19.89	19.75	19.61	19.47	19.32
5	22.78	18.31	16.53	15.56	14.94	14.51	14.20	13.96	13.77	13.62	13.38	13.15	12.90	12.78	12.66	12.53	12.40	12.27	12.14
6	18.63	14.54	12.92	12.03	11.46	11.07	10.79	10.57	10.39	10.25	10.03	9.81	9.59	9.47	9.36	9.24	9.12	9.00	8.88
7	16.24	12.40	10.88	10.05	9.52	9.16	8.89	8.68	8.51	8.38	8.18	7.97	7.75	7.65	7.53	7.42	7.31	7.19	7.08
8	14.69	11.04	9.60	8.81	8.30	7.95	7.69	7.50	7.34	7.21	7.01	6.81	6.61	6.50	6.40	6.29	6.18	6.06	5.95
9	13.61	10.11	8.72	7.96	7.47	7.13	6.88	6.69	6.54	6.42	6.23	6.03	5.83	5.73	5.62	5.52	5.41	5.30	5.19
10	12.83	9.43	8.08	7.34	6.87	6.54	6.30	6.12	5.97	5.85	5.66	5.47	5.27	5.17	5.07	4.97	4.86	4.75	4.64
11	12.23	8.91	7.60	6.88	6.42	6.10	5.86	5.68	5.54	5.42	5.24	5.05	4.86	4.76	4.65	4.55	4.44	4.34	4.23
12	11.75	8.51	7.23	6.52	6.07	5.76	5.52	5.35	5.20	5.09	4.91	4.72	4.53	4.43	4.33	4.23	4.12	4.01	3.90
13	11.37	8.19	6.93	6.23	5.79	5.48	5.25	5.08	4.94	4.82	4.64	4.46	4.27	4.17	4.07	3.97	3.87	3.76	3.65

（续）

n_2	$\alpha=0.005$																		
	n_1																		
	1	2	3	4	5	6	7	8	9	10	12	15	20	24	30	40	60	120	∞
14	11.06	7.92	6.68	6.00	5.56	5.26	5.03	4.86	4.72	4.60	4.43	4.25	4.06	3.96	3.86	3.76	3.66	3.55	3.44
15	10.80	7.70	6.48	5.80	5.37	5.07	4.85	4.67	4.54	4.42	4.25	4.07	3.88	3.79	3.69	3.58	3.48	3.37	3.26
16	10.58	7.51	6.30	5.64	5.21	4.91	4.69	4.52	4.38	4.27	4.10	3.92	3.73	3.64	3.54	3.44	3.33	3.22	3.11
17	10.38	7.35	6.16	5.50	5.07	4.78	4.56	4.39	4.25	4.14	3.97	3.79	3.61	3.51	3.41	3.31	3.21	3.10	2.98
18	10.22	7.21	6.03	5.37	4.96	4.66	4.44	4.28	4.14	4.03	3.86	3.68	3.50	3.40	3.30	3.20	3.10	2.99	2.87
19	10.07	7.09	5.92	5.27	4.85	4.56	4.34	4.18	4.04	3.93	3.76	3.59	3.40	3.31	3.21	3.11	3.00	2.89	2.78
20	9.94	6.99	5.82	5.17	4.70	4.47	4.26	4.09	3.96	3.85	3.68	3.50	3.32	3.22	3.12	3.02	2.92	2.81	2.69
21	9.83	6.89	5.73	5.09	4.68	4.39	4.18	4.01	3.88	3.77	3.60	3.43	3.24	3.15	3.05	2.95	2.84	2.73	2.61
22	9.73	6.81	5.65	5.02	4.61	4.32	4.11	3.94	3.81	3.70	3.54	3.36	3.18	3.08	2.98	2.88	2.77	2.66	2.55
23	9.63	6.73	5.58	4.95	4.54	4.26	4.05	3.88	3.75	3.64	3.47	3.30	3.12	3.02	2.92	2.82	2.71	2.60	2.48
24	9.55	6.66	5.52	4.89	4.49	4.20	3.99	3.83	3.69	3.59	3.42	3.25	3.06	2.97	2.87	2.77	2.66	2.55	2.43
25	9.48	6.60	5.46	4.84	4.43	4.15	3.94	3.78	3.64	3.54	3.37	3.20	3.01	2.92	2.82	2.72	2.61	2.50	2.38
26	9.41	6.54	5.41	4.79	4.38	4.10	3.89	3.73	3.60	3.49	3.33	3.15	2.97	2.87	2.77	2.67	2.56	2.45	2.33
27	9.34	6.49	5.36	4.74	4.34	4.06	3.85	3.69	3.56	3.45	3.28	3.11	2.93	2.83	2.73	2.63	2.52	2.41	2.29
28	9.28	6.44	5.32	4.70	4.30	4.02	3.81	3.65	3.52	3.41	3.25	3.07	2.89	2.79	2.69	2.59	2.48	2.37	2.25
29	9.23	6.40	5.28	4.66	4.26	3.98	3.77	3.61	3.48	3.38	3.21	3.04	2.86	2.76	2.66	2.56	2.45	2.33	2.21
30	9.18	6.35	5.24	4.62	4.23	3.95	3.74	3.58	3.45	3.34	3.18	3.01	2.82	2.73	2.63	2.52	2.42	2.30	2.18
40	8.83	6.07	4.98	4.37	3.99	3.71	3.51	3.35	3.22	3.12	2.95	2.78	2.60	2.50	2.40	2.30	2.18	2.06	1.93
60	8.49	5.79	4.73	4.14	3.76	3.49	3.29	3.13	3.01	2.90	2.74	2.57	2.39	2.29	2.19	2.08	1.96	1.83	1.69
120	8.18	5.54	4.50	3.92	3.55	3.28	3.09	2.93	2.81	2.71	2.54	2.37	2.19	2.09	1.98	1.87	1.75	1.61	1.43
∞	7.88	5.30	4.28	3.72	3.35	3.09	2.90	2.74	2.62	2.52	2.36	2.19	2.00	1.90	1.79	1.67	1.53	1.36	1.00

第十节　金属覆盖层　实验室全浸腐蚀试验

一、概论

覆盖层产品有时在全浸没于各种腐蚀介质的条件下使用和服役，为了试验和评价这种服役环境下覆盖层的使用性能，可采用全浸腐蚀试验的方法。全浸腐蚀试验是将试样全浸在试验溶液中的腐蚀试验，是常用的实验室腐蚀方法之一。为了规范实验室全浸腐蚀试验的试验方法，我国在1992年制定了机械行业标准JB/T 6073—1992《金属覆盖层　实验室全浸腐蚀试验》。该标准规定了实验室全浸腐蚀试验的试验装置、试样要求、试验条件、试验时间、试验程序和结果计算等技术要求。JB/T 6073—1992于1992年5月5日发布，1993年7月1日实施。

二、标准主要特点与应用说明

该标准适用于评价金属覆盖层和化学转化膜的全浸腐蚀试验性能，所得的结果只能用来评价被试覆盖层在某种试验介质中的耐蚀性，不能用来泛指这种覆盖层在其他介质中的耐蚀性。该标准的主要内容和主要特点如下：

1）对试验装置提出了统一要求。规定所用的试验容器应对腐蚀介质呈惰性，在沸腾或高温条件下试验应采用回流冷凝装置。试样支撑系统应对腐蚀介质和试样呈惰性，并与试样接触的面积尽可能小。

2）对试验试样提出了统一要求。规定了试样的尺寸、形状、数量、制备、标记和清洗技术要求，要求试样表面积的计算应精确到$1mm^2$，试样的质量应精确到0.001g。

3）对试验条件提出了统一要求。试验条件由试验目的决定，试验通常要控制的主要因素是溶液的组分及浓度、pH值、温度、试验溶液的用量，以及是否通气等。标准要求为了保证试验结果的重现性，应按一定的顺序控制试验条件。采用人工配置溶液时，应采用蒸馏水或去离子水以及分析纯及分析纯以上的试剂，严格控制水溶液的pH值和溶解气体量，试验溶液的用量应与试样表面积成一定比例，并要考虑腐蚀率的大小。腐蚀率小于1mm/a，每平方厘米试样面积所需溶液量不少于20mL；腐蚀率大于1mm/a，每平方厘米试样面积所需溶液量不少于40mL。

4）对试验时间提出了统一要求。试验时间的长短由试验材料腐蚀率的大小，以及在试验溶液中是否能形成钝化膜而定。一般试验时间较长的结果较准确，但对发生严重腐蚀的材料，试验时间不宜过长；对易形成钝化膜的材料，延长试验时间将得到更为真实的结果。

5）对试验程序提出了统一要求。标准规定了计时开始的要求、试样放置的要求、试验过程观察的要求、试验后试样处理的要求。

6）对结果计算和评价提出了统一要求。标准提出了腐蚀率的计算公式，腐蚀率单位为mm/a。按有关试验方法对局部腐蚀进行评价；均匀腐蚀时，则采用所试验的全部平行试样的腐蚀率的平均值作为试验结果的主要评价。当某个平行试样的腐蚀率与平均值的响度偏差超过±10%时，应取新的试样做重复试验，若仍达不到要求则应给出两次试验的平均值和每个试样的腐蚀率。

三、标准内容（JB/T 6073—1992）

金属覆盖层 实验室全浸腐蚀试验

1 主题内容与适用范围

本标准规定了金属覆盖层在各种腐蚀性液体介质中的实验室全浸腐蚀试验方法。

本标准适用于评价金属覆盖层和化学转化膜的全浸腐蚀试验性能。

本试验所得结果只能用来评价被试覆盖层在某种试验介质中的耐蚀性，不能用来泛指这种覆盖层在其他介质中的耐蚀性。

2 引用标准

JB/T 6074 腐蚀试样的制备、清洗和评定

3 试验装置

3.1 容器

3.1.1 容器材料应使用对腐蚀介质呈惰性的材质，如玻璃、塑料、陶瓷等。

3.1.2 在沸腾或高温条件下试验时，应装置回流冷凝器。

3.1.3 在较低温度下试验时，可采用适当密封的广口容器，以保证试液量的衡定。

3.2 加热器

根据不同的温度要求，可以使用浴槽、加热炉等附有温度控制系统的热源。

3.3 试样支撑系统

3.3.1 试样支撑系统应能把试样支持于试液中间，并与试样接触的面积应尽可能小。

3.3.2 支撑系统的材质应对试液和试样呈惰性，一般采用玻璃支架或挂钩。也可采用塑料、陶瓷及化学纤维等材质的支撑系统。但不宜采用多孔、多纤维的棉麻线或绳。

3.4 其他装置

在试验期间，试液如需搅动或持续流动与补充，则须根据实际情况设计和增加相应的装置。

4 试样

4.1 试样的形状和尺寸

4.1.1 试样的形状和尺寸由试验目的、材料性质和使用的容器而定。应尽量采用表面面积与质量之比比值大的，边缘面积与总面积之比比值小的试样。

4.1.2 每个试样总表面积应不小于 $1000mm^2$。推荐两种形状的试样。规格如下：

板状试样（mm）：$l \times b \times h$ 50×25×(2~3)

或 30×15×(1.5~3)

圆形试样（mm）：$\phi \times h$ 38×(2~3)

或 30×(2~3)

4.1.3 同批试验的试样形状和规格应相同。

4.1.4 每次试验至少取 3 片平行试样。

4.2 试样制备

4.2.1 试样类型

可采用下述类型的试样：

a）专门制备的带有受试覆盖层的试样；

b）带有覆盖层的产品零部件。

如果用产品零部件进行试验，则所选用的零部件应具有代表性。

4.2.2 试样标记

必要时可用适当的方法在试样上做出鉴别标记，如打钢印、电刻或采用耐试验溶液腐蚀的涂料标记等。此操作须十分小心，以免由此引起明显的局部腐蚀或应力腐蚀开裂。标记不应标在具有功能作用的表面上。

4.2.3 试样如需悬挂，可在试样上钻孔，建议孔径不大于5mm。

4.2.4 试样上未涂覆保护层的部位应采用不影响试验的惰性材料封闭，如涂料或石蜡等。

4.2.5 试验前试样必须充分清洗，清洗方法视试样材料、表面状况和污物性质而定。一般用水充分洗净，然后用丙酮、乙醇等溶剂清洗，吹干或烘干后贮于干燥器中，放置到室温后再测量面积和称重。

4.2.6 清洗后的试样在进行尺寸测量、称重等操作时，不允许用手直接触摸试验，应戴上干净的工作手套。测量工具必须干净油污。

4.2.7 试样表面积的计算应精确到1mm^2，质量精确到0.001g。

5 试验条件

5.1 试验条件由试验目的决定。试验通常需要控制的因素包括溶液组分及其浓度、pH值、温度、体积，以及是否通气等。

5.2 为保证试验结果的重现性，应按一定顺序控制试验条件。

5.3 试验溶液

5.3.1 试验溶液的来源和成分由试验目的而定。一般有天然的和人工的两种。

a）天然的有海水、工业废水和直接取自生产过程的介质。使用这一类溶液时，需测定其成分，并且不能忽视次要成分。

b）人工配制溶液时，使用蒸馏水或去离子水和符合国标或部标中的分析纯及分析纯以上级别的试剂。如用其他低级别的试剂，需在报告中说明。

5.3.2 溶液的浓度用mol/L表示。如用其他方法表示，则需说明。

5.3.3 水溶液的pH值、溶解气体量都可能影响腐蚀速度，必要时应予以测量和控制。

5.3.4 试验溶液的用量应与试样表面积成一定的比例，并要考虑腐蚀率的大小，腐蚀率小于1mm/a，每平方厘米面积所需溶液量不少于20mL；腐蚀率大于1mm/a，每平方厘米面积所需溶液量不少于40mL。

5.3.5 试验溶液的温度波动应控制在±1℃以内。室温试验时，应在报告上写明试验期间实际温度的上下限和平均温度。

5.3.6 在溶液沸腾条件下进行试验时，为避免气泡冲击，应使用沸石。

5.3.7 试验溶液黏度高时，可用磁力搅拌器进行搅拌。

5.3.8 如需排除溶解氧，可用惰性气体（如氮气）通气，若试验溶液要求被氧饱和，则可通氧气。通气时，应避免气流直接喷洒在试样上。

6 试验时间

6.1 试验时间指溶液达到规定温度后从试样浸入溶液时开始，直到试样取出时为止所计的时间。

6.2 试验时间的计算精确到千分之五。

6.3 试验时间的长短由试验材料腐蚀率的大小以及在试验溶液中是否能形成钝化膜而定。一般，试验时间较长结果较准确，但对发生严重腐蚀的材料，试验时间不宜过长。对易形成钝化膜的材料，延长试验时间将得到更为真实的结果。

6.4 试验时间按表1规定，最常用的试验周期是48~168h(2~7d)。

表1 试验时间的选择

估算或预测①的腐蚀率/(mm/a)	试验时间/h	更换溶液与否
>1	48	不更换
>0.1~1	120	不更换
>0.01~0.1	500	10d更换一次
≤0.01	1000	10d更换一次

① 预测腐蚀率时，试验时间为24h，溶液量一律为$20mL/cm^2$。

6.5 试验期间需更换溶液时，操作要迅速，试样不做任何处理。更换溶液的全部操作时间不应超过总试验时间的千分之五，这时所损失的试验时间可以不扣除。

6.6 如果需要了解试验时间对金属腐蚀速度和试验溶液腐蚀性的影响，并确定最佳试验周期时，可使用计划化的间歇腐蚀试验方法，见附录A。

7 试验程序

7.1 按5.3.5条取适量溶液放入已充分洗涤过的试验容器中。

7.2 室温试验时，可将容器置于试验室的通风柜内或其他适当的地方。

7.3 试验温度高于室温时，将容器置于热源上并迅速升温。如需要时，应先接通冷凝器的循环冷却水。

7.4 溶液达到试验温度后，将已测量表面积和称重的试样全部浸入溶液中并开始计时。如有气泡附在试样表面应晃动试样或溶液以除去气泡。

7.5 试样应尽量放置在溶液中部，并保持与液面距离相等，不允许与容器壁接触。容器中试样间相距1cm以上。在同一溶液中只能置同一类型的试样。

7.6 沸腾试验时，应使溶液保持微沸腾状态，黏度大的试液可以加入适量的沸腾助示物(如玻璃球、四氟乙烯屑等)。

7.7 试验期间，应经常观察试样和溶液的变化情况，并做记录。

7.8 试验达到预定时间，取出试样，先用水或适当溶剂洗涤，然后用毛刷、橡皮等器具擦去腐蚀产物，也可用超声波方法进行清洗。

7.9 当腐蚀产物不易去除时，可按JB/T 6074中第3.1、3.2条电解法或化学法进行清除。

7.10 清洗后的试样，按4.2.5~4.2.7条处理。

8 计算和评价

8.1 清洗并称重后的试样，应仔细检查其外观。若有局部腐蚀时，则按有关试验方法进行评价。

8.2 若为均匀腐蚀，则采用所试验的全部平行试样的腐蚀率的平均值作为试验结果的主要评价。当某个平行试样的腐蚀率与平均值的相对偏差超过±10%时，应取新的试样做重复试验。若仍达不到要求。则应同时给出两次试验的平均值和每个试样的腐蚀率。

8.3 腐蚀率按式（1）计算：

$$R=\frac{8.76\times10^4\times(W-W_t)}{STD} \tag{1}$$

式中　R——腐蚀率（mm/a）；

W——浸渍前的试样质量（g）；

W_t——浸渍后的试样质量（g）；

S——试样的总表面积（cm^2）；

T——试验时间（h）；

D——覆盖层材料的密度（g/cm^3）。

9　试验报告

试验报告应包括下列内容：

9.1　关于试样的资料

a）基体材料名称、牌号、成分及金相组织等情况的说明；

b）基体表面清洗与准备方法；

c）覆盖层类型及实际厚度；

d）覆盖层制备方法（包括后处理方法）；

e）试样外观及覆盖层的基本情况，如孔隙率、硬度、延展性等，并包括测量方法。

9.2　试验溶液成分及其浓度、试验温度和试验时间。

9.3　试验中发生的现象及腐蚀后试样外观。

9.4　试样评价项目及方法，如腐蚀产物的清洗方法。

9.5　试验结果，如腐蚀率。

9.6　操作和审核人员的署名。

9.7　报告日期。

9.8　其他情况说明。

附　录　A
计划化的间歇腐蚀试验方法

A.1　试验目的

检验试验时间对溶液腐蚀性及金属腐蚀率的影响，并以此选择最佳试验周期。

A.2　试验方法

A.2.1　取四组试样，每组至少两片。四组试样都置于同一容器的介质中进行试验。如容器不够大时，可每组取一个试样置于一个容器中试验，也可用两个容器进行条件相同的平行试验。

A.2.2　四组试样的试验时间按图 A.1 安排：

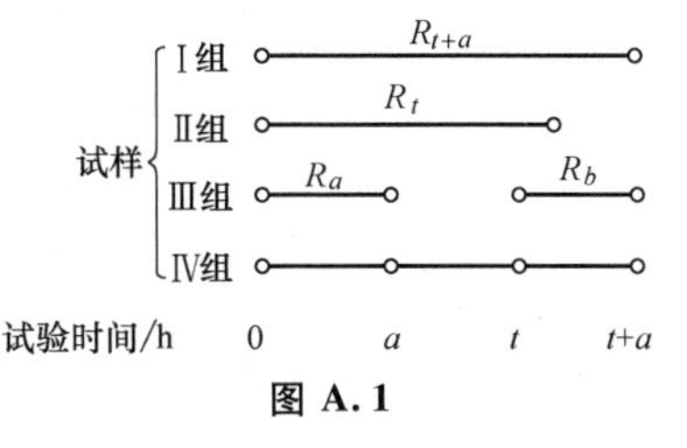

图 A.1

即Ⅰ、Ⅱ、Ⅲ组同时开始试验，Ⅰ组为全程试验（试验时间为：$t+a$），Ⅱ组为长程试验（试验时间为 t），Ⅲ组为短程试验（试验时间为 a）。当试验进行到 t 时，将第Ⅳ组试样置入上述溶液中开始试验，试验时间为 b（$b=a$）。

A.2.3 全部试验都按本标准进行，将获得的四组试样的腐蚀损失（单位面积的失重）作为评价依据。

A.2.4 评价

A.2.4.1 设 R_{t+a}，R_t，R_a，R_b 分别为Ⅰ、Ⅱ、Ⅲ、Ⅳ组试样的腐蚀损失，$R_c=R_{t+a}-R_t$。

A.2.4.2 试验期间发生的情况根据表 A.1，表 A.2 进行判断。

表 A.1 腐蚀试验期间发生的情况

类型	结论	判据
溶液腐蚀性	没有变化	$R_a=R_b$
	下降	$R_b<R_a$
	增加	$R_a<R_b$
金属腐蚀率	没有变化	$R_c=R_b$
	下降	$R_c<R_b$
	增加	$R_b<R_c$

表 A.2 综合情况评价表

序号	溶液腐蚀性	金属腐蚀率	判据
1	没有变化	没有变化	$R_a=R_c=R_b$
2	没有变化	下降	$R_c<R_a=R_b$
3	没有变化	增加	$R_a=R_b<R_c$
4	下降	没有变化	$R_c=R_b<R_a$
5	下降	下降	$R_c<R_b<R_a$
6	下降	增加	$R_a>R_b<R_c$
7	增加	没有变化	$R_a<R_c=R_b$
8	增加	下降	$R_a<R_b>R_c$
9	增加	增加	$R_a<R_b<R_c$

第二篇　电　　镀

第六章　单种金属电镀与组合电镀

第一节　金属覆盖层　镍电沉积层

一、概论

电镀是利用电解方法在经准备的基材表面沉积所需覆盖层的过程，电镀所获得的覆盖层称为电镀层。电镀是覆盖层领域中较为古老的一种技术，广泛应用于装饰和防护各种金属与非金属，赋予各种基体以特殊功能。目前，功能电镀和高装饰防护电镀是电镀技术发展的重要方向。

电镀包括单种金属电镀、组合电镀、合金电镀、多层电镀等，可镀覆的材料很多，其中电镀镍是应用较广泛的镀种之一，镍镀层在工件上起到装饰性和防护性作用。镍可镀覆在低碳钢、锌合金、某些铝合金、铜及铜合金等表面以保护基材不受腐蚀，电镀光亮镍能达到装饰的目的。为了增加镀层耐蚀性，根据使用条件需要可电镀双层镍或多层镍。GB/T 9798—2005《金属覆盖层　镍电沉积层》涵盖了主要的装饰和防护性镍电镀技术。

GB/T 9798—2005《金属覆盖层　镍电沉积层》等同采用 ISO 1458：2002《金属覆盖层　镍电沉积层》，替代 GB/T 9798—1997《金属覆盖层　镍电沉积层》。GB/T 9798—2005 于 2005 年 10 月 12 日发布，2006 年 4 月 1 日实施。

该标准规定了钢铁、锌合金、铜及铜合金、铝及铝合金上装饰性和防护性镍电沉积层的技术要求，以及钢铁、锌合金上铜-镍电镀层的技术要求；给出了不同厚度和种类镀层的标识，镀件暴露于相应服役条件下镀层选择的指南。该标准对电镍镀技术的工业应用有十分重要的指导意义。

二、标准主要特点与应用说明

该标准按服役条件、镀层的使用要求与不同基体上的电镀镍层厚度的关系，对镀层进行分级。标准中对服役条件的严酷程度的分级都是针对一些典型条件，而实际条件不可能如此截然划分，所以实施者要认真比较。不同的标准，特别是不同国家的标准对服役条件的分级不一样，有的分三级，有的分四级，甚至分五级，关键在于领会和比较对每一级服役条件的限定，实施者可互相参考与对照，设计出合理的电镀镍层体系。

电镀镍过程对基体金属会产生不利影响，这对高强度钢表现尤甚，可能使之在遭受循环应力或疲劳载荷时发生开裂或断裂。因此，标准中对于这些高强度钢制件推荐了电镀前消除应力和电镀后消除电镀过程中渗氢所致氢脆的热处理规范。从这类电镀镍件的安全应用而言，这是不可缺少的。

电镀镍层电位相对锌、铁等基材要正，不像电镀锌层或电镀镉层那样对所保护的基体金属起牺牲保护作用，即对这些基体金属不属阳极性镀层，而是阴极性镀层，保护作用主要是靠屏障，即将环境与基体金属分隔开来的作用来实现。因此，除电镀层的常规结合强度之外，对各类（全光亮镍、机械抛光的暗镍或半光亮镍，不进行机械抛光的暗镍、缎面镍或半光亮镍、双或三层镍）镍镀层的要求及其厚度，以及铜底层的厚度都按一般需要提出了要求和规定，对耐蚀性级别做了严格的规定。

该标准包含范围、规范性引用文件、术语和定义、需方应向电镀方提供信息、服役条件号、标识、要求、抽样八部分。

根据不同服役条件和不同基材可选取相应镀层厚度及镀层组合。要特别注意条款 7.5“铜加速乙酸盐雾（CASS）和乙酸盐雾（AASS）耐蚀试验”，这种试验与镀层成分紧密相关。

该标准也可作为其他基材电镀镍的参考资料。

三、标准内容（GB/T 9798—2005）

金属覆盖层　镍电沉积层

1 范围

本标准规定了在钢铁、锌合金、铜和铜合金、铝和铝合金上装饰性和防护性镍电沉积层的要求，以及在钢铁、锌合金上钢-镍电镀层的要求。给出了不同厚度和种类镀层的标识，以及镀件暴露于相应服役条件下镀层选择的指南。

本标准未规定电镀前基体金属的表面状态，本标准不适用于未加工成形的板材、带材、线材上的镀层，也不适用于螺纹紧固件或密圈弹簧上的镀层。

GB/T 9797 规定了金属基材上镍+铬、铜+镍+铬电镀层的要求。GB/T 12600 规定了塑料上镍+铬、铜+镍+铬电镀层的要求。GB/T 12332 和 GB/T 11379 分别规定了工程用镍、铬电镀层的要求。

2 规范性引用文件

下列文件中的条款通过本标准的引用而成为本标准的条款。凡是注日期的引用文件，其随后所有的修改单（不包括勘误的内容）或修订版均不适用于本标准，然而，鼓励根据本标准达成协议的各方研究是否可使用这些文件的最新版本。凡是不注日期的引用文件，其最新版本适用于本标准。

GB/T 3138　金属镀覆和化学处理与有关过程术语（GB/T 3138—1995，neq ISO 2079：1981）

GB/T 4955　金属覆盖层　覆盖层厚度测量　阳极溶解库仑法（GB/T 4955—1997，idt ISO 2177：1985）

GB/T 5270　金属基体上的金属覆盖层（电沉积层和化学沉积层）附着强度试验方法（GB/T 5270—1985，eqv ISO 2819：1980）

GB/T 6461—2002　金属基体上金属和其他无机覆盖层　经腐蚀试验后的试样和试件的评级（ISO 10289：1999，IDT）

GB/T 6462 金属和氧化物覆盖层 横断面厚度显微镜测量方法（GB/T 6462—1986，eqv ISO 1463，1982）

GB/T 6463 金属和其他无机覆盖层 厚度测量方法的评述（GB/T 6463—1986，eqv ISO 3882：1986）

GB/T 10125—1997 人造气氛腐蚀试验 盐雾试验（eqv ISO 9227：1990）

GB/T 12334 金属和其他非无机覆盖层 关于厚度测量的定义和一般规则（idt ISO 2064：1996）

GB/T 12609 电沉积金属覆盖层和有关精饰 计数抽样检查程序（GB/T 12609—2005，ISO 4519：1980，IDT）

GB/T 13744 磁性及非磁性基体上镍电镀层厚度的测量（GB/T 13744—1992，idt ISO 2361：1982）

GB/T 16921 金属覆盖层 覆盖层厚度测量 X射线光谱方法（GB/T 16921—2005，ISO 3497：2000，IDT）

GB/T 19349 金属和其他无机覆盖层 为减少氢脆危险的钢铁预处理（GB/T 19349—2003，1SO 9587：1999，IDT）

GB/T 19350 金属和其他无机覆盖层 为减少氢脆危险的涂覆后钢铁的处理（GB/T 19350—2003，ISO 9588：1999，IDT）

GB/T 20018 金属与非金属覆盖层 覆盖层厚度测量 β射线背散射法（GB/T 20018—2005，ISO 3453：2000，IDT）

ISO 9220 金属覆盖层 厚度测量 扫描电子显微镜法

ISO 16348 金属与其他无机覆盖层 关于外观的定义和习惯用语

3 术语和定义

GB/T 12334、GB/T 3138 和 ISO 16348 标准确立的术语和定义适用于本标准。

4 需方应向电镀方提供的信息

4.1 必要信息

在订购符合本标准的镀件时，需方应以书面形式，例如合同、购货清单或工程图，提供如下信息：

a）标识（见6）；

b）表面精饰要求，例如，光亮的、暗色的或缎面的（见6.3和7.1），也可由需方提供或经认可的表明表面精饰要求或表面精饰范围的样品（见7.1）；

c）主要表面应标在零件图上或提供适当标识的样品；

d）应采用腐蚀试验的类型（见7.6和表6）；

e）应采用结合强度试验的类型（见7.4）；

f）非主要表面上允许缺陷的程度（见7.1）；

g）主要表面上不可避免的挂具痕或接触痕位置（见7.1）；

h）抽样方法和验收水平（见8）；

i）钢铁的抗拉强度和减小氢脆的电镀前（后）处理要求及氢脆测试方法（见7.8和7.9）。

4.2 附加信息

需方还可提供下列附加信息：

a）STEP 测试要求（见 7.6）；

b）不能被直径为 20mm 的球接触到的表面的厚度要求（见 7.2）；

c）是否需铜底镀层［见 6.1c）和 6.2］。

5 服役条件号

服役条件号用于需方规定镀件服役环境严酷程度的等级，其记数如下：

3——严酷；

2——中度；

1——轻度。

各服役条件号相应的典型服役条件见附录 A。

6 标识

6.1 一般规定

镀层标识是指规定基体金属、镀层种类和与每种服役条件对应的镀层厚度（表 1~表 4 中各种基体），表示如下：

a）术语，“电镀层”，本标准号，如 GB/T 9798 后接一横线；

b）表示基体金属（或合金中的主金属），后接一斜线，表示如下：

Fe/表示基体金属为钢铁；

Zn/表示基体金属为锌合金；

Cu/表示基体金属为铜或铜合金；

Al/表示基体金属为铝或铝合金。

c）用铜或含铜量超过 50%的铜合金作底镀层时，Cu 表示铜或铜合金镀层；

d）数字表示铜镀层的最小局部厚度，单位为 μm；

e）表示铜镀层种类的字母（见 6.2）；

f）镍的化学符号 Ni；

g）数字表示镍镀层的最小局部厚度，单位为 μm；

h）表示镍镀层种类的字母（见 6.3）；

i）如镍上有面镀层，应用化学符号和表明最小局部厚度的数字作标识，如面层为合金，使用合金层的主金属。如面层为贵金属，如金、银，化学符号后括号中的数字，表示金属最小含量，用十进制质量百分数表示。

举例见 6.4。

表 1 钢铁上镍和铜+镍电镀层

服役条件号	一般标识
3	Fe/Ni30b Fe/Cu20a Ni25b Fe/Ni30p Fe/Cu20a Ni25p Fe/Ni30s Fe/Cu20a Ni25s Fe/Ni30s Fe/Cu20a Ni25d

（续）

服役条件号	一般标识
2	Fe/Ni25b Fe/Cu15a Ni20b Fe/Ni20p Fe/Cu15a Ni20p Fe/Ni20s Fe/Cu15a Ni20s Fe/Ni15d Fe/Cu15a Ni15d
1	Fe/Ni10b Fe/Cu10a Ni10b Fe/Ni10s Fe/Cu10a Ni10s

注：钢铁件电镀前通常用氰化物镀铜作最底层，厚度应为5μm～10μm，以避免其后镀酸铜时，镀液浸蚀基材，使结合力变差。用铜作最底层（闪铜）时，氰化物镀铜不能被表1规定的延展酸铜代替。

表2　锌合金上镍和铜+镍电镀层

服役条件号	一般标识
3	Zn/Ni25b Zn/Cu15a Ni20b Zn/Ni25s Zn/Cu15a Ni20s Zn/Ni25d Zn/Cu15a Ni15d
2	Zn/Ni15b Zn/Cu10a Ni15b Zn/Ni15a Zn/Cu10a Ni15b
1	Zn/Ni10b Zn/Cu10a Ni10b Zn/Ni10s Zn/Cu10a Ni10s

注：锌合金必须先镀铜，以确保连续镀镍的结合力。最底层铜通常为氰化物镀铜，也有用无氰碱性镀铜。铜最底层最小厚度为8μm～10μm。如是复杂工件，最小厚度需增加到15μm左右，确保覆盖主要表面外低电流密度区，当规定的铜镀层厚度大于10μm时，通常需要在氰化物镀铜后从酸型溶液中电镀延展性、整平性铜镀层。

表3　铜或铜合金上镍电镀层

服役条件号	一般标识
3	Cu/Ni20b Cu/Ni20p Cu/Ni20s Cu/Ni20d
2	Cu/Ni10b Cu/Ni10s Cu/Ni10p

（续）

服役条件号	一般标识
1	Cu/Ni5b Cu/Ni5s

表 4 铝或铝合金上镍电镀层

服役条件号	一般标识
3	Al/Ni30b Al/Ni30s Al/Ni30p Al/Ni25d
2	Al/Ni25b Al/Ni25s Al/Ni25p Al/Ni20d
1	Al/Ni10b

注：在铝或铝合金上，电镀本表规定的镍镀层前，需浸渍锌或锡、电镀铜和其他底镀层作为前处理部分，确保结合强度。

6.2 铜镀层的种类

铜的种类用下列符号表示：

a 表示从酸型溶液中电沉积延展性整平性铜。

6.3 镍镀层的种类

镍镀层的种类用下列符号表示：

b 表示全光亮镍；

p 表示机械抛光的暗或半光亮镍；

s 表示不进行机械抛光的暗或半光亮镍；

d 表示双层或三层镍，要求见表 5。

6.4 标识实例

钢上镀 20μm 延展性整平性铜层（Cu20a），30μm 光亮镍（Ni30b），表示如下：

电镀层 GB/T 9798-Fe/Cu20a Ni30b

在上述基础上再镀 2μm 金，其金最小含量为 98%［Au(98.0)2］，表示如下：

电镀层 GB/T 9798-Fe/Cu20a Ni30b Au(98.0)2

注：签订合同时，详明的产品规格不仅要包含标识，使用特殊的产品时还应包括其他要求的书面说明（见 4）。

7 要求

7.1 外观

在镀件主要表面上不应有明显的镀层缺陷，例如鼓泡、孔隙、粗糙、裂纹、局部漏镀、花斑或变色。在非主要表面上可允许的镀层缺陷程度和主要表面上不可避免的挂具痕迹的位置应由需方规定。外观均匀、颜色一致，应与提供的样品相当。

7.2 局部厚度

标识中的覆盖层厚度应是局部最小厚度。除非需方另有规定，应对主要表面上能被直径为 20mm 的球接触的表面电镀层任意一点最小局部厚度进行测量。

电沉积覆盖层厚度测试方法见附录 B。

7.3　双层和三层镍电镀层

双层和三层镍电镀层的要求见表 5。

表 5　双层和三层镍电镀层要求

层次（镍层类型）	延伸率[①]（%）	含硫量[②]（质量分数,%）	厚度占总镍层厚度的百分数[③]（%）	
			双　层	三　层
底层(s)	>8	<0.005	≥60	50~70
中间层(高硫)	—	>0.15		≤10
面层(b)	—	>0.04 和<0.15	10~40	≥30

① 延伸率的测试方法见附录 C。

② 规定镍层的含硫量是为了说明所用的镀镍溶液种类。镀件镍层的含硫量的测量尚没有简单方法，但是，通过专门制备的试样可以准确测定含硫量（见附录 D）。

③ 按 GB/T 6462 规定制备试样。抛光、浸蚀横断面后，用显微镜法测量，鉴别多层镍的种类和厚度比，或用 STEP 方法测量。

7.4　结合强度

镀层与基体以及各镀层之间应结合良好，能通过 GB/T 5270 的相应试验或热震试验，镀层与基体和各镀层之间不应有脱皮、分离。

注：电镀方应负责制定电镀前处理工艺以满足表面要求。

7.5　铜加速乙酸盐雾（CASS）和乙酸盐雾（AASS）耐蚀试验

镀件应按相应的服役条件号进行表 6 规定的一种腐蚀试验。GB/T 10125 给出腐蚀测试方法。要采用的任何特殊腐蚀试验应由需方规定。为了确保镀层的有效应用，需方应按镀层使用情况确定腐蚀试验持续时间。但实验持续时间和镀件服役寿命之间的相关性很小。进行了某一腐蚀试验后的试件应按 GB/T 6461 的规定进行检查和评定。其级别应为 9 和 10。

无铬面层的镍镀层和铜+镍镀层使用不广泛，这样，有关其加速试验和实际应用信息有限。

表 6　相应服役条件下的腐蚀试验

服役条件号	腐蚀测试时间[①②]/h	
	CASS(GB/T 10125)	AASS(GB/T 10125)
3	16	96
2	8	48
1	4	8

① 表中列出的每一腐蚀试验测试时间并非实验确定的，仅作参考。

② GB/T 10125 规定盐雾实验提供了一种控制镀层持续性和质量的方法。但实验测试时间和镀件服役寿命之间的相关性很小，特别是使用本标准规定的镍镀层。

7.6　镀层厚度电位差同步测量（STEP）实验要求

当需方有要求时，需测量多层镍之间的电位差。

注 1：虽对各镍层间电位差的最佳值尚有争议，但一般认为半光亮镍和光亮镍的电位差范围为 100mV~200mV，且半光亮镍层电位高于光亮镍层。

注 2：在三层镍体系中，高硫镍和光亮镍间的电位差范围为 15mV~35mV；且高硫镍电位低于光亮镍层。

7.7 延展性

与铜底镀层相同，多层镍中半光亮镍的延伸率应按附录 C 的规定方法测试，应符合表 5 的规定。

7.8 消除应力的镀前热处理

当需方有规定，钢件最大抗拉强度大于或等于 1000MPa（31HRC），由机加工、磨光、拉伸、冷成形操作引起的拉应力应在清洗、沉积金属前进行消除应力热处理，其工艺和类型应由需方规定，或需方指定 GB/T 19349 中合适工艺和类型。

有氧化皮的钢件在电镀前应进行清除。对高强度钢，用碱性化学法和碱性阳极电解清除，也可用机械方法，这样，可以避免清除过程中产生氢脆。

7.9 消除氢脆处理

最大抗拉强度为 1000MPa（31HRC）或以上的钢件和表面硬化过的钢件，应按 GB/T 19350 或需方规定的工艺和类型消除氢脆。

消除氢脆处理的效果应由 ISO 标准或需方规定的测试方法测定，如 ISO 10587 规定的工件残余氢脆的测试方法。

电镀过的弹簧或弯形工件在消除氢脆前不应弯曲。

注：在本标准中规定的此类覆盖层种类较少，若使用，一般应用于抗拉强度大于 1000MPa 的钢件并需经过热处理，若是易氢脆的钢件，电镀后应按要求热处理，需方应注意加热可造成变色，使含硫的镀镍层变脆。

8 抽样

按 GB/T 12609 规定选择抽样方法，检验等级由需方规定。

附　录　A
（资料性附录）
各种服役条件号相对应的服役条件举例

A.1 服役条件号 3

室外常见雨水或潮湿的条件；

A.2 服役条件号 2

室内可能产生凝露的区域；

A.3 服役条件号 1

室内温和、干燥的条件。

附　录　B
（规范性附录）
厚度测试方法

B.1 一般规定

GB/T 6463 综述了金属和其他镍电镀层测试方法。

B.2 破坏性测试

B.2.1 显微镜法

使用 GB/T 6462 的方法，如需要可选用 1 份硝酸（密度 = 1.40g/mL）和 5 份冰醋酸的混合液做镍和铜+镍镀层的浸蚀液。

注：使用浸蚀液能区分双层和三层镍各镀层，并能测量各层厚度。

B.2.2　库仑法

使用 GB/T 4955 方法，能测量镍和底层铜的总厚度，必要时，可测量主要表面上能被直径 20mm 的接触球接触到的任一位置。

B.2.3　扫描电镜法

使用 ISO 9220 方法，能测量三层镍中的各层厚度。

B.2.4　STEP 测试法

STEP 可测量双层或三层镍各层厚度。

注：有争议时，用库仑法测量厚度小于 10μm 的铬层和镍层的厚度，用显微镜法测量 10μm 及以上的镍层和底层的厚度。

B.3　非破坏性测试

B.3.1　磁性测试方法（仅适用于镍镀层）

使用 GB/T 13744 规定的方法。

注：本方法的灵敏度随镀层渗透而变化。

B.3.2　β 射线背散射法（仅适用于无铜底镀层）

按 GB/T 20018 规定方法。

注：本方法测得的是镀层总厚度，包括铜底层。如必要，可结合 GB/T 4955 规定的方法测量底和面镀层，如测镍和铬层，或结合 GB/T 13744 规定的方法测量，如镍镀层。

B.3.3　X 射线光谱法

使用 GB/T 16921 规定方法。

附　录　C
（规范性附录）
延展性试验

C.1　范围

本附录规定了试片上镍镀层延伸率测量方法，提供了评价镀层延展性的一种手段。

注：利用此方法检查镍镀层的种类是否符合表 5 的规定，可用于评价其他镀层的延展性要求。

C.2　原理

将电镀试片绕一规定的直径圆轴弯曲，产生 8%最小延伸率，目测试片表面裂纹。

C.3　装置

圆轴，直径为 11.5mm±0.1mm。

C.4　试片准备

按下述方法准备一长 150mm，宽 10mm，厚 1.0±0.1mm 的电镀试片。

抛光一块与电镀工件的基体相类似的板材。如果基体是锌合金，则可用软黄铜代替。所用的板材要足够大，以便试片从板材上切割下来时，余下的周边宽度不得小于 25mm。

在板材的抛光面上电镀镍，镀层厚度为 25μm，所用的镀液和电镀规范应与镀件相同。

用剪床或剪刀从电镀薄板上切割下试片，仔细将其边缘锉圆或磨圆。至少应将有镀层的一面上的切口倒圆。

C.5　试验

将试片沿圆轴表面弯曲 180°，至试片的两端互相平行。在弯曲过程中，使电镀面承受张力，所施压力应稳定，应保证试片和圆轴相接触，弯曲后目察弯曲试片凸面的裂纹。

C.6 结果描述

试验后，试样上没有穿透凸面的裂纹时，则可认为所试镀层符合延伸率为8%的最低要求。

附 录 D
（规范性附录）
镍电沉积层含硫量的测定

D.1 燃烧-碘酸盐滴定方法

在感应炉的氧气流中燃烧镍试样，用酸化的碘酸钾淀粉溶液吸收燃烧时释放出的二氧化硫气体，然后用碘酸钾溶液滴定，此碘酸钾溶液应是用已知含硫量的钢标样新标定的，这样可以校正仪器产生的误差和二氧化硫回收中随时间的变化所引起的误差。应进行消除坩埚和助溶剂等因素影响的空白试验。

本附录的这部分规定了测量镍电沉积层中含硫量的燃烧-滴定法，适用于以硫表示的镍电沉积层中的含硫量质量分数在0.005%~0.5%范围内的产品。

注：已有采用红外检测热传导方法测量燃烧产生的二氧化硫的仪器，该仪器附计算机装置，能直接读出含硫量。

D.2 形成硫化物和碘酸盐滴定法

用盐酸处理使电镀镍中的硫变成硫化氢，盐酸中加有六氯铂酸作溶解催化剂，硫化氢与硫酸铵锌反应生成硫化锌，用标准碘酸钾溶液滴定硫化锌，由标准碘酸钾的滴定消耗量确定硫的含量。

第二节 金属及其他无机覆盖层 钢铁上经过处理的锌电镀层

一、概论

电镀锌在所有镀种中应用量最大。锌电镀层（简称锌镀层）是典型的两性金属，易溶于酸，也溶于碱，对钢铁而言是阳极性镀层，可提供可靠的电化学保护。锌又是一种活泼的元素，在空气中（特别是湿热条件下）会很快氧化而失去光泽。为降低锌的活性，镀锌之后进行钝化处理必不可少，一般采用铬酸盐溶液进行钝化，在其表面形成铬酸盐转化膜，可使锌镀层耐蚀性提高6~8倍。这种转化处理不仅可以提高锌镀层的耐蚀性，还可在表面呈现出蓝色、五彩、军绿、黑色、黄金色等绚丽多彩的外观。GB/T 9799—2011《金属及其他无机覆盖层 钢铁上经过处理的锌电镀层》涵盖了电镀锌及其钝化技术。

该标准规定了钢铁上的经过处理的锌电镀层的技术要求，可为企业电镀加工提供指南。

GB/T 9799—2011《金属及其他无机覆盖层 钢铁上经过处理的锌电镀层》等同采用ISO 2081：2008《金属及其他无机覆盖层 钢铁上经过处理的锌电镀层》，替代GB/T 9799—1997《金属覆盖层 钢铁上的锌电镀层》。GB/T 9799—2011于2011年12月30日发布，2012年10月1日实施。

二、标准主要特点与应用说明

该标准规定了钢铁上的经过处理的锌电镀层的要求，指出钢铁基材不同耐蚀性要求对应的锌镀层厚度及锌镀层处理工艺。

电镀锌层与其所镀覆的基体金属协同组成电镀锌金属或电镀锌件体系，此体系的性能既优于纯粹的电镀锌层材料，也优于电镀锌层材料所覆盖的基体金属。电镀锌层对其覆盖的金属基体会产生一定的强化作用，同样，金属基体对电镀锌层会产生不同程度的各种影响。因此，为了组成适当的或最佳的电镀锌金属或电镀锌件体系，对基体金属应有严格的要求，但由于要求比较复杂，该标准中不便一一反映或规定。按照具体情况具体分析和分别对待的原则，标准中将提出要求的权利授予供需双方，要注意基体金属的表面状态，对电镀锌层的外观和使用中的行为会产生不同程度的影响。

该标准中提出的电镀锌金属或构件的使用条件和使用寿命与电镀锌层厚度的关系，即使用条件越严格和使用寿命越长，所要求的电镀锌层应越厚，并按此关系规定了电镀锌层体系的分级号。使用环境或使用条件是很复杂的，因地理位置、与城市或工业区或海洋的距离远近而变化很大，这种规定是非常粗略的。在提出具体预期的使用寿命的电镀锌层厚度时，要注意认真分析该电镀锌体系使用的具体环境（温度、湿度、降雨、大气成分），否则盲目地加厚镀层会造成各种浪费。但如果厚度不足，又会达不到预期的使用寿命要求。

标准中对电镀锌层的外观、锌镀层厚度、锌镀层的结合强度提出的要求或规定相应的试验与检验，应属电镀中对一般镀层的常规要求。转化膜是电镀锌镀层的特点，一般应进行铬酸盐钝化或其他转化处理，形成相应类型的转化膜，并经受相当的试验与检验。电镀锌层属于防腐蚀镀层，按理应提出对其耐蚀性的要求和试验或检验，但考虑与其转化膜结合而未提出。

该标准包含范围，规范性引用文件，术语、定义、缩略语和符号，需方应向电镀生产方提供的资料，标识，要求，抽样七部分。

标准中，根据工业应用中耐蚀性要求，给出了不同镀锌层厚度和钝化处理工艺。应用时，要注意条款6.3“转化膜和其他辅助处理”和条款6.5“加速腐蚀试验”，应根据不同的需求和镀层成分选择后处理和腐蚀试验方法。

该标准可以作为带材、线材电镀锌用锌镀层作底材电镀的参考资料。

三、标准内容（GB/T 9799—2011）

金属及其他无机覆盖层　钢铁上经过处理的锌电镀层

注意：本标准可能与国家的某些健康、安全和环境法规不一致，并且标准要求使用的一些物质和/或工艺，如果不采取合适的措施，会对健康产生危害。本标准没有讨论标准使用过程中涉及的任何健康危害、安全或环境的事项和法规。生产者、需方和/或标准使用者有责任建立合适可行的健康、安全和环境条例，并采取适当措施使其符合国家、地方和/或国际条例和法规的规定。遵从本标准不意味着免除法律义务。

1　范围

本标准规定了钢铁上经过处理的锌电镀层的要求。本标准的内容包含需方向电镀生产方提供的资料和电镀前、后热处理的要求。

本标准不适用于：

——未加工成形的钢铁板材、带材和线材的锌电镀层；

——密绕弹簧的锌电镀层；

——非防护装饰性用途的锌电镀层。

本标准没有规定电镀锌前基体金属的表面状态的要求，但基体金属表面的缺陷会对外观和膜层性能产生不利影响。

螺纹件上电镀层的厚度可以通过螺纹等级或装配等尺寸要求加以限定。

2 规范性引用文件

下列文件对于本文件的应用是必不可少的。凡是注日期的引用文件，仅注日期的版本适用于本文件。凡是不注日期的引用文件，其最新版本（包括所有的修改单）适用于本文件。

ISO 1463 金属和氧化物覆盖层 厚度测量 显微镜法（Metallic and oxide coatings—Measurement of coating thickness—Microscopical method）

ISO 2064 金属和其他非有机覆盖层 关于厚度测量的定义和一般规则（Metallic and other inorganic coatings—Definitions and conventions concerning the measurement of thickness）

ISO 2080 金属及其他无机覆盖层 金属及其他无机覆盖层的表面处理 词汇（Metallic and other inorganic coatings—Surface treatment，metallic and other inorganic coatings—Vocabulary）

ISO 2177 金属覆盖层 覆盖层厚度测量 阳极溶解库仑法（Metallic coatings—Measurement of coating thickness—Coulometric method by anodic dissolution）

ISO 2178 磁性基体上非磁性覆盖层 覆盖层厚度测量 磁性法（Non-magnetic coatings on magnetic substrates—Measurement of coating thickness—Magnetic method）

ISO 2819 金属基体上的金属覆盖层 电沉积和化学沉积层 附着强度试验方法评述（Metallic coatings on metallic substrates—Electrodeposited and chemically deposited coatings—Review of methods available for testing adhesion）

ISO 3497 金属覆盖层 覆盖层厚度测量 X射线光谱法（Metallic coatings—Measurement of coating thickness—X-ray spectrometric methods）

ISO 3543 金属和非金属覆盖层 覆盖层厚度测量 β射线背散射法（Metallic and non-metallic coatings—Measurement of thickness—Beta backscatter method）

ISO 3613 金属及其他无机覆盖层 锌、镉、铝-锌合金和锌-铝合金的铬酸盐转化膜 试验方法（Metallic and other inorganic coatings—Chromate conversion coatings on zinc，cadmium，aluminiumzinc alloys and zinc-aluminium alloys—Test methods）

ISO 3892 金属材料上的转化膜 单位面积膜质量的测量 重量法（Conversion coatings on metallic materials—Determination of coating mass per unit area—Gravimetric methods）

ISO 4518 金属覆盖层 覆盖层厚度测量 轮廓仪法（Metallic coatings—Measurement of coating thickness—Profilometric method）

ISO 4519 电沉积金属覆盖层和相关精饰 计数检验抽样程序（Electrodeposited metallic coatings and related finishes—Sampling procedures for inspection by attributes）

ISO 9587 金属和其他无机覆盖层 为减少氢脆危险的钢铁预处理（Metallic and other inorganic coatings—Pretreatment of iron or steel to reduce the risk of hydrogen embrittlement）

ISO 9588 金属和其他无机覆盖层 为减少氢脆危险的涂覆后钢铁的处理（Metallic and other inorganic coatings—Post-coating treatments of iron or steel to reduce the risk of hydrogen embrittlement）

ISO 10289 金属基体上的金属和其他无机覆盖层的腐蚀试验方法 经腐蚀试验后的试

样和试件的评级（Methods for corrosion testing of metallic and other inorganic coatings on metallic substrates—Rating of test specimens and manufactured articles subjected to corrosion tests）

ISO 10587　金属和其他无机物覆层　金属覆层和无覆层的外螺纹物体及棒材的残留物脆裂试验斜楔体法（Metallic and other inorganic coatings—Test for residual embrittlement in both metallic coated and uncoated externally-threaded articles and rods—Inclined wedge method）

ISO 15724　金属和其他无机覆盖层　钢铁析氢的电化学测量　藤壶电极法（Metallic and other inorganic coatings—Electrochemical measurement of diffusible hydrogen in steels—Barnacle electrode method）

ASTM B117　盐喷雾设备运行的标准实施规程［Standard practice for operating salt spray（fog）apparatus］

3　术语、定义、缩略语和符号

3.1　术语和定义

ISO 2064 和 ISO 2080 界定的术语和定义适用于本文件。

3.2　缩略语

C——彩虹色转化膜；

D——不透明铬酸盐转化膜；

ER——降低氢脆的热处理；

NM——非金属材料；

PL——可电镀的塑料；

SR——降低应力的热处理；

T2——有机封闭剂。

3.3　符号

Al——铝的化学符号；

Cu——铜的化学符号；

Fe——铁的化学符号；

Zn——锌的化学符号。

4　需方应向电镀生产方提供的资料

4.1　必要资料

应在合同或订购合约中，或在工程图样上书面提供以下资料：

a）本标准的标准号 GB/T 9799 及镀层标识（见第 5 章）；

b）指定的主要表面，例如，用图纸标注或提供有适当标记的样品；

c）基体金属的性质、表面状态和精饰种类（当这些因素可能影响电镀层的适用性和/或外观时）（见第 1 章）；

d）表面上允许出现无法克服的缺陷（挂具痕）的位置（见 6.1）；

e）精饰类型，例如，光亮的、暗的或其他精饰，最好同时提供经认可的精饰样品；

f）铬酸盐转化膜和其他辅助处理的类型（见 6.3 和附录 A）；需方有特殊要求时，可取消铬酸盐转化膜，也可在铬酸盐转化膜上进行非传统转化膜和/或其他辅助处理（见表 A.2），或类似油漆的涂覆处理；

g）厚度和结合强度试验的要求（见 6.2、6.4 和附录 B）；

h）工件的抗张强度及电镀前和/或电镀后热处理的要求（见6.6和6.7）；

i）抽样方法、接受水平或其他检验要求（采用不同于ISO 4519中规定的检验方法时）（见第7章）；

j）加速腐蚀试验（见6.5）和评级（见6.5.2）的要求。

4.2 附加资料

应向电镀生产方提供以下附加资料：

a）待镀工件预处理的特殊要求或限制；

b）其他要求，如特殊形状工件的试验和评级的区域。

5 标识

5.1 概述

标识可能出现在工程图、订购单、合同或详细的产品说明中。标识按照以下顺序明确指出基体材料、降低应力的要求、底镀层的类型和厚度（有底镀层时）、锌电镀层的厚度、镀后热处理要求、转化膜的类型和/或辅助处理。

5.2 标识规范

标识应包括以下内容：

a）术语“电镀层”；

b）本标准的标准号，即GB/T 9799；

c）连字符；

d）基材的化学符号Fe，后加铁或钢的标准牌号；

e）斜线（/）；

f）降低应力的热处理（SR）的标识（如需要进行降低应力的热处理时），后加一斜线（/）；

g）锌的化学符号Zn；

h）表示锌电镀层最小厚度的数字，以微米计，后加一斜线（/）；

i）降低氢脆的热处理（ER）的标识（如需要进行降低氢脆的热处理时），后加一斜线（/）；

j）适当时，标明铬酸盐转化膜的代号，后加一斜线（/）；

k）适当时，标明其他辅助处理的代号（见附录A）。

标识中应用斜线来区隔不同工艺步骤的数据范围。双分隔符或斜线标识工艺中某步骤要么不需要要么被取消（见ISO 27830）。

如果在铬酸盐转化膜上再进行其他辅助处理，那么膜厚为25μm的锌电镀层的标识应为：

Fe/Zn25/X/Y

其中：

X——表A.1中给出的铬酸盐转化膜代号中的一个；

Y——表A.2中给出的其他辅助处理膜层代号中的一个。

基材金属的化学符号后应标注特殊合金的标准牌号，例如，应在符号〈〉中标出特殊合金的UNS编号，或等同的国家或地方编号。

例如：Fe〈G43400〉是一种高强度钢的UNS牌号。

5.3　基材的标识

基材应用其化学符号表示，如果是合金，则应标明主要成分。例如：

a） Fe 表示铁或钢；

b） Zn 表示锌合金；

c） Cu 表示铜及铜合金；

d） Al 表示铝及铝合金。

可电镀的塑料基材用字母 PL 标识，非金属基材用字母 NM 标识。

5.4　热处理要求的标识

热处理要求应按如下要求标注：

a） 字母 SR 表示电镀前消除应力的热处理，字母 ER 表示电镀后降低氢脆敏感性的热处理；

b） 在圆括号中标明最低温度，用摄氏度（℃）计；

c） 热处理持续时间，用小时（h）计。

例如：SR(210) 1 表示消除应力的热处理为 210℃下处理 1h。

5.5　举例

以下是标识实例。

示例 1：铁或钢（Fe）上厚度为 12μm 的锌电镀层（Zn12），镀层经彩虹色化学转化处理（C），其标识为：

电镀层 GB/T 9799-Fe/Zn12/C

示例 2：铁或钢（Fe）上厚度为 25μm 的锌电镀层（Zn25）；为降低氢脆，镀后在 190℃下热处理 8h，标识为 ER(190)8；镀层经过不透明铬酸盐处理（D），并用有机封闭剂进行封闭（T2），其标识为：

电镀层 GB/T 9799-Fe/Zn25/ER(190)8/D/T2

示例 3：同示例 2，但工件在镀前进行降低应力的热处理，200℃下持续最短时间为 3h，其标识为：

电镀层 GB/T 9799-Fe/SR(200)3/Zn25/ER(190)8/D/T2

6　要求

6.1　外观

虽然本标准没有规定镀前基材的表面状态、精饰或粗糙度，但是电镀层的外观取决于基材的表面状态。电镀件的主要表面上不应有明显可见的镀层缺陷，如起泡、孔隙、粗糙、裂纹或局部无镀层，但是因基体金属缺陷引起的不可避免的镀层缺陷除外。工件上接触痕是无法避免的，其部位应由利益各方商定（见 4.1）。工件应清洁，无损伤。

除需方另有规定外，锌电镀层应是光亮的。必要时，应由需方提供或确认能表明镀层外观要求的样品［见 4.1e)］。

6.2　厚度

标识中标明的镀层厚度应为最小局部厚度。除非需方另有规定，最小局部厚度应在主要表面上凡能被直径为 20mm 的球接触的部位进行测量（见 4.1 和 4.2）。

ISO 1463、ISO 2177、ISO 2178、ISO 3497、ISO 3543、ISO 4518 规定的方法适用于测量钢铁上多种锌电镀层的厚度。

当厚度测量有争议时，镀层主要表面的面积大于或等于 100mm^2 时应采用 ISO 2177 规定的方法测量；镀层主要表面的面积小于 100mm^2 时，应按附录 B 规定的方法测量镀层平均厚度，镀层平均厚度的最小值可视为镀层的最小局部厚度。

采用 ISO 2177 规定的方法测量厚度之前，应使用一种软质磨料，如氧化铝研磨膏，除去铬酸盐转化膜或其他转化膜。转化膜较厚时，测量结果略有偏低。

镀层粗糙或无光泽时，显微镜法（ISO 1463）和轮廓仪法（ISO 4518）测得的结果可能不可靠；磁性法测量时，单位面积上质量相等的镀层上，粗糙或无光泽镀层比光滑镀层测得的厚度值大。

表1给出了各种使用条件下达到防护要求的厚度值。

6.3 转化膜和其他辅助处理

当需方特别要求时，可取消铬酸盐转化处理，或用其他转化处理代替铬酸盐转化，如三价铬转化或磷酸盐转化（见4.1）。附录A给出了铬酸盐转化和所有其他辅助处理的代号。

符合本标准的不含六价铬（如三价铬）或无铬的化学转化膜已商业化。除磷化膜外，所有类型的铬酸盐转化膜及非传统转化膜或替代膜应满足本标准的耐蚀性要求。但这些替代工艺产生的转化膜的外观可能与六价铬转化膜不同。表1、表2、表A.1、表A.2、表C.1给出的要求和产品，世界金属精饰行业生产者、需方和使用者使用和接受已达数十年。

6.4 锌电镀层和铬酸盐转化膜的结合强度

按ISO 2819规定的摩擦抛光进行试验时，锌电镀层应持续附着于基体金属。铬酸盐膜（六价或其他）应按ISO 3613进行结合强度试验。

包括加速腐蚀试验在内的所有试验都应在铬酸盐转化处理后的24h进行。

6.5 加速腐蚀试验

6.5.1 中性盐雾试验

根据ASTM B117规定的中性盐雾试验（NSS），试验持续表1和表2中规定的时间后，用肉眼或矫正视力观察，试验表面应无红色腐蚀产物（见表1）和白色腐蚀产物（见表2）。轻微变色不应成为拒收的理由。

表1 基本金属腐蚀（红锈）开始时锌+铬转化膜的中性盐雾耐蚀性

电镀层标识（部分）	中性盐雾试验持续时间/h
Fe/Zn5/A Fe/Zn5/B Fe/Zn5/F	48
Fe/Zn5/C Fe/Zn5/D Fe/Zn8/A Fe/Zn8/B Fe/Zn8/F	72
Fe/Zn8/C Fe/Zn8/D Fe/Zn12/A Fe/Zn12/F	120
Fe/Zn12/C Fe/Zn12/D Fe/Zn25/A Fe/Zn25/F	192
Fe/Zn25/C Fe/Zn25/D	360

表 2　锌电镀层腐蚀（白锈）开始时铬酸盐转化膜的耐蚀性

铬酸盐转化膜代号①	中性盐雾试验时间/h	
	滚　镀	挂　镀
A	8	16
B	8	16
C	72	96
D	72	96
F	24	48

① 见附录 A。

表 1 和表 C.1 中部分镀层标识给出了各种使用条件下锌电镀层经铬酸盐处理后的最小局部厚度。为确保耐蚀性，镀层的厚度要求取决于使用条件的严苛程度。例如，镀层标识 Fe/Zn5 仅适用于干燥的室内环境。当使用条件变得更严苛时，应增加锌电镀层的厚度以保证镀层的耐蚀性并使镀层满足使用条件的要求（见表 C.1）。

当要求长使用寿命时，例如钢结构件，可以根据 ISO 1461 进行热浸镀锌来获得更厚的锌镀层。

人工大气腐蚀试验的持续时间和结果与电镀件的使用寿命关系不大，因此，所获得的测试结果不能作为工件在使用条件中的耐蚀性的直观体现。

6.5.2　腐蚀评级

中性盐雾试验后，样品应按 ISO 10289 进行评级。可接受的等级由需方规定。

6.6　电镀前降低应力的热处理

当需方有规定时，最大抗拉强度大于或等于 1000MPa 以及机加工、研磨、锻造或冷成形过程中产生了张应力的钢件，在清洗和金属沉积前应进行降低应力的热处理。热处理的工艺和等级应按需方的规定进行，或由需方根据 ISO 9587 规定合适的工艺和等级。

当电镀前消除应力或电镀后降低氢脆的热处理有规定时（见 6.7），热处理工艺的时间和温度应按 5.3、5.4 和 5.5 的规定标注在标识中。

有氧化皮或污垢的钢件在电镀前应进行清洗。对于高强度钢（抗拉强度大于或等于 1000MPa），为避免在清洗过程中产生氢脆，应采用化学碱性除油或阳极电解除油或机械除油。

6.7　降低氢脆的热处理

最大抗拉强度大于或等于 1000MPa 的钢件及表面强化过的工件，应进行降低氢脆的热处理。热处理的工艺和等级按 ISO 9588 进行或按需方的规定进行。

当电镀前消除应力或电镀后降低氢脆的热处理有规定时（见 6.6），热处理工艺的时间和温度应按 5.3、5.4 和 5.5 的规定标注在标识中。除非需方另有规定，降低氢脆的热处理的实际效果应按如下方法测量：按 ISO 10587 对螺纹件进行残留氢脆试验；按 ISO 15724 测量钢中相对的溶氢浓度。

降低氢脆的热处理应在铬酸盐化学转化处理前进行。

7　抽样

从检验批中随机抽取 ISO 4519 规定数量的样本。检查样本中的工件以判断其是否符合本标准的要求，并根据 ISO 4519 中抽样程序将检验批分为合格批或不合格批。如果采用其他类型的抽样检验程序，则应随机抽取样本，并对样本中的工件进行检查以判断其是否符合本标准的要求。

附 录 A
(规范性附录)
铬酸盐转化膜和其他辅助处理的标识

A.1 概述

铬酸盐转化液通常是酸性的，可能含有六价铬或三价铬，并加有可以改善膜层外观和硬度的其他盐。锌电镀层经过合适的溶液处理，可以获得光亮的、漂白的、彩虹色的、橄榄绿的和黑色的膜层。白色膜也可以通过在碱液或磷酸溶液中漂白彩虹膜来获得。表 C.1 给出了合适膜层的指南。表 A.1 列出了每类铬酸盐转化膜按 ISO 3892 测出的大致表面密度（单位面积的质量）。

表 A.1 铬酸盐转化膜的类型、外观和表面密度

类型		典型外观	膜层表面密度
代号	名称		$\rho_A/(g/m^2)$
A	光亮膜	透明，透明至浅蓝色	$\rho_A \leqslant 0.5$
B①	漂白膜	带轻微彩虹的白色	$\rho_A \leqslant 1.0$
C	彩虹膜	偏黄的彩虹色	$0.5 < \rho_A < 1.5$
D	不透明膜	橄榄绿	$\rho_A > 1.5$
F	黑色膜	黑色	$0.5 \leqslant \rho_A \leqslant 1.0$

注：此表中对铬酸盐涂层的描述不一定是指色漆和清漆附着的改善。所有的铬酸盐膜可能含有或不含六价铬离子。

① 此为两步骤工艺。

A.2 封闭

为了进一步提高耐蚀性，铬酸盐膜可以进行封闭后处理。封闭是在铬酸盐膜上涂上有机或无机物。本方法也可以增强铬酸盐膜在高温下的耐蚀性。

封闭可以通过在转化膜上浸或喷聚合物的水溶液来进行，也可通过在铬酸盐转化液中加入合适的有机物来进行。

A.3 非转化后处理

如果需要进行非转化后处理，应根据表 A.2 的代号来标识。

表 A.2 非转化后处理

代号	处理类型
T1	涂覆涂料、油漆、粉末涂层或类似材料
T2	涂覆有机或无机封闭剂
T3	有机染色
T4	涂动物油脂或油或其他润滑剂
T5	涂蜡

附 录 B
(规范性附录)
小工件上镀层平均厚度的测量

B.1 材料

警告：在通风橱中进行退镀操作。甲醛溶液有毒，可燃。应避免吸入蒸汽，避免接触皮

肤和眼睛。

注意：按本附录退镀的工件不得重复使用。

B.1.1　溶液 A

10mL 甲醛（质量分数 30%）溶于 500mL 盐酸（$1.16g/mL<\rho_{HCl}<1.19g/mL$），然后用 500mL 蒸馏水或去离子水稀释。

B.1.2　溶液 B

300g/L 的硝酸铵（NH_4NO_3）溶液。

注：溶液 A 和溶液 B 是合适的退镀液。

B.2　步骤

对于主要表面积小于 $1cm^2$ 的工件，应取足够数量的工件，使镀层的质量不低于 100mg。称量工件至毫克，然后使用退镀液在室温下退除锌电镀层。

如果工件形状复杂，检测和评级的表面应由需方规定［见 4.2b)］。

用流动水漂洗工件，必要时用刷子刷除表面的疏松沉淀物，仔细干燥并称重，记下质量损失。最后通过公式（B.1）计算锌电镀层的厚度 d，以 μm 计。

$$d=\frac{\Delta m\times10^3}{A\rho} \tag{B.1}$$

式中　Δm——失重（mg）；

A——表面上进行检测的面积（m^2）；

ρ——锌镀层的密度（g/cm^3），通常为 $7.1g/cm^3$。

附　录　C
（资料性附录）
关于铬酸盐转化膜的耐蚀性、漂洗和干燥、散装工件的处理及染色的附加资料

C.1　锌电镀层+铬酸盐转化膜中性盐雾试验的耐蚀性

表 C.1 给出了锌电镀层+铬酸盐转化膜在不同使用条件下的中性盐雾试验的耐蚀性。

表 C.1　锌电镀层+铬酸盐转化膜中性盐雾试验的耐蚀性

镀层标识（部分）	使用条件号	使用条件	中性盐雾试验持续时间/h
Fe/Zn5/A Fe/Zn5/B Fe/Zn5/F	0	完全用于装饰性	48
Fe/Zn5/C Fe/Zn5/D Fe/Zn8/A Fe/Zn8/B Fe/Zn8/F	1	温暖、干燥的室内	72
Fe/Zn8/C Fe/Zn8/D Fe/Zn12/A Fe/Zn12/F	2	可能发生凝露的室内	120

（续）

镀层标识（部分）	使用条件号	使用条件	中性盐雾试验持续时间/h
Fe/Zn12/C Fe/Zn12/D Fe/Zn25/A Fe/Zn25/F	3	室温条件下的户外	192
Fe/Zn25/C Fe/Zn25/D	4	腐蚀严重的户外 （如:海洋环境或工业环境）	360

对于某些重要的应用，使用条件为 3 时，锌电镀层的最小厚度建议由 14μm 代替 12μm。对于直径不到 20mm 的螺纹件，镀层的最小厚度建议为 10μm；对于铆钉、锥形针、开口销和垫片之类的工件，其镀层的最小厚度建议为 8μm。

C.2 漂洗和风干

对于六价铬转化膜，为防止六价铬酸盐的溶解，如果铬酸盐处理最后用热水漂洗，则漂洗的时间应尽可能短。为防止铬酸盐膜脱水产生裂纹，工件的干燥温度应与所采用的铬酸盐类型保持一致（通常最高干燥温度为 60℃）。

C.3 散装工件的处理

如果散装工件在滚桶中进行电镀和铬酸盐转化，那么铬酸盐转化膜的耐蚀性会有一定程度的降低。表 2 给出的盐雾试验要求反映了耐蚀性降低的程度。

C.4 染色

如有需要，类型 A 和类型 B 的铬酸盐转化膜可以进行有机染色，染色产生的带有颜色的精饰面适用于标识性用途。染色的操作方式为浸泡或喷淋含有合适的有机染料的水溶液。

附 录 NA
（资料性附录）
与本标准中规范性引用的国际文件有一致性对应关系的我国文件

GB/T 3138 金属镀覆和化学处理与有关过程术语（GB/T 3138—1995，neq ISO 2080：1981）

GB/T 4955 金属覆盖层 覆盖层厚度测量 阳极溶解库仑法（GB/T 4955—2005，ISO 2177：2003，IDT）

GB/T 4956 磁性基体上非磁性覆盖层 覆盖层厚度测量 磁性法（GB/T 4956—2003，ISO 2178：1982，IDT）

GB/T 5270 金属基体上的金属覆盖层 电沉积和化学沉积层 附着强度试验方法评述（GB/T 5270—2005，ISO 2891：1980，IDT）

GB/T 6461 金属基体上的金属和其他无机覆盖层 经腐蚀试验后的试样和试件的评级（GB/T 6461—2002，ISO 10289：1999，IDT）

GB/T 6462 金属和氧化物覆盖层 厚度测量 显微镜法（GB/T 6462—2005，ISO 1463：2003，IDT）

GB/T 9791 锌、镉、铝-锌合金和锌-铝合金的铬酸盐转化膜 试验方法（GB/T 9791—2003，ISO 3613：2000，IDT）

GB/T 9792 金属材料上的转化膜 单位面积膜质量的测量 重量法（GB/T 9792—2003，ISO 3892：2000，IDT）

GB/T 11378 金属覆盖层 覆盖层厚度测量 轮廓仪法（GB/T 11378—2005，ISO 4518：1980，IDT）

GB/T 12334 金属和其他非有机覆盖层 关于厚度测量的定义和一般规则（GB/T 12334—2001，ISO 2064：1996，IDT）

GB/T 12609 电沉积金属覆盖层和相关精饰 计数检验抽样程序（GB/T 12609—2005，ISO 4519：1980，IDT）

GB/T 16921 金属覆盖层 覆盖层厚度测量 X 射线光谱法（GB/T 16921—2005，ISO 3497：2000，IDT）

GB/T 19349 金属和其他无机覆盖层 为减少氢脆危险的钢铁预处理（GB/T 19349—2003，ISO 9587：1999，IDT）

GB/T 19350 金属和其他无机覆盖层 为减少氢脆危险的涂覆后钢铁的处理（GB/T 19350—2003，ISO 9588：1999，IDT）

GB/T 20018 金属和非金属覆盖层 覆盖层厚度测量 β 射线背散射法（GB/T 20018—2005，ISO 3543：2000，IDT）

第三节 金属覆盖层 锡电镀层 技术规范和试验方法

一、概论

电镀锡是指通过电化学方法在固体表面沉积一薄层金属锡的过程。锡电镀层（简称锡镀层）有如下特点：

1）化学稳定性高。在大气中耐氧化不易变色，与硫化物不起反应，与硫酸、盐酸、硝酸稀溶液几乎无反应。

2）锡镀层电位比铁正，对钢铁属阴极性镀层，只有在镀层无空隙时才能有效保护基体。但在密闭条件下，有机酸介质中的锡的电位比铁负，具有电化学保护作用。

3）锡导电性好，易钎焊。

因此，锡镀层具有抗腐蚀、耐变色、易钎焊、柔软、延展性好及无毒等优点，广泛用于食品包装、电子行业及汽车行业等。该标准涵盖相关行业对锡镀层的技术要求。

锡电镀层可从碱性或酸性溶液中获得。碱性溶液只含金属的锡酸盐和适当的氢氧化物，采用不加衬里的钢槽即可，设备要求比较低。现有几种酸性电镀锡溶液，其中硫酸亚锡和氟硼酸亚锡几乎适用于任何应用场景。氯化物-氟化物型和特殊硫酸盐型电镀锡溶液已用于高速电镀冷轧钢带，生产镀锡薄板。酸性电镀锡溶液与碱性电镀锡溶液有许多区别。溶于适当酸中的亚锡盐，电镀不出平滑且结合力高的锡层，必须添加晶粒细化剂，还须添加润湿剂，要电镀出镀态光亮锡电镀层也需添加有机光亮剂。

虽然有各种电镀锡液，并采用不同的工艺规范，但它们都必须达到锡电镀层的质量要求。一般锡电镀层是以屏障作用保护其镀覆的基体，所以镀层应尽量少孔隙，最好是无孔隙。为此，锡电镀层一般要进行电镀后重新熔流处理，以得到无孔隙镀层，无论在国外还是国内，都针对这些要求对锡电镀层制定了相关标准，这些标准促进了电镀锡工艺的不断改进和提高。

GB/T 12599—2002《金属覆盖层 锡电镀层 技术规范和试验方法》修改采用 ISO 2093：1986《锡电镀层 技术规范及试验方法》，替代 GB/T 12599—1990《金属覆盖层 锡电镀层》。GB/T 12599—2002 于 2002 年 9 月 11 日发布，2003 年 4 月 1 日实施。

二、标准主要特点与应用说明

该标准适用于金属制品上纯锡镀层，用于食品包装时应考虑国家对食品工业用锡镀层的相关法规和条例。该标准含基材、使用条件分类，电镀前后热处理、底镀层、镀层技术要求（外观、厚度、附着强度、孔隙率、可焊性）及检测要求等相关技术内容。该标准的制（修）订对相关行业及锡镀层加工企业有一定的指导意义。

该标准基于对电镀锡层使用环境条件的分类，以及使用条件和要求的使用寿命与锡电镀层厚度的关系，对锡电镀层提出了分类或分级。注意，这里的使用条件分四类，标号为 1~4，而不是像其他一些标准中所规定的标号为 0~3，或分为五类（1~5 或 0~4），实施者要注意对每一类使用条件的界定，以便进行比较。

基体金属电镀前表面状态或质量较为复杂，难以一一限定或提出要求，所以该标准规定让供需双方按其实际情况共同商定，这是非常重要的。基体金属的表面是电镀的基础，绝大部分电镀质量问题都发生于不当的电镀前基体表面质量。该标准规定深度冷加工件、渗碳淬火再磨加工件必须进行消除应力的热处理，因为这些加工或处理在工件中形成的应力在电镀过程中不仅不能缓解或松弛，甚至还会加剧，以致严重恶化工件在使用中的行为。

除按电镀常规对锡电镀层提出外观、厚度和结合强度的要求及相应的试验与检验之外，针对镀锡层的特点，该标准特别提出了对锡电镀层的孔隙率和焊接性能的要求及相应的试验与检验。

该标准包含十部分：范围、规范性引用文件、术语和定义、需方应向供方提供的资料、基体材料、抽样、分类、钢的热处理、底镀层要求、锡镀层要求。

该标准根据需方提供要求和镀层使用分类号，选取相应底镀层、镀层厚度及检测方法。应用标准时应注意条款 7“分类” 和附录 C“指导意见”。前者指出了分类等级与使用条件的关系；后者则强调了锡电镀层用于食品行业时，要考虑国家对食品工业用锡镀层的相关法规和条例。

三、标准内容（GB/T 12599—2002）

金属覆盖层 锡电镀层 技术规范和试验方法

0 引言

本标准规定了金属制品防腐蚀和提高可焊性的锡镀层的要求。

执行本标准应考虑国家对食品工业用锡镀层的相关法规和条例。

附录 C 为用户提供了附加信息。

需方除规定本标准号外还应当提出 4.1、4.2 所规定的内容。

1　范围

本标准规定了金属制品上标称纯锡镀层的要求。镀层可以是无光的、光亮的镀后状态，或电镀后以熔融方法进行熔流处理的状态。

本标准不适用于：

a）螺纹零件；

b）镀锡铜丝；

c）未加工成型的板材、带材和线材上的锡镀层，或由它们制成的产品；

d）螺旋形弹簧上的锡镀层；

e）采用化学方法（浸、自催化或化学镀）获得的锡镀层；

f）抗拉强度大于 1000MPa（或相应硬度）的钢表面的锡镀层，因为这类钢电镀时会产生氢脆。

2　规范性引用文件

下列文件中的条款通过本标准的引用而成为本标准的条款。凡是注日期的引用文件，其随后所有的修改单（不包括勘误的内容）或修订版均不适用于本标准，然而，鼓励根据本标准达成协议的各方研究是否可使用这些文件的最新版本。凡是不注日期的引用文件，其最新版本适用于本标准。

GB/T 2423.28　电工电子产品基本环境试验规程　试验 T：锡焊试验方法（eqv IEC 68-2-20）

GB/T 4955　金属覆盖层　覆盖层厚度测量　阳极溶解库仑法（idt ISO 2177）

GB/T 5270　金属基体上的金属覆盖层（电沉积层和化学沉积层）附着强度试验方法（eqv ISO 2819）

GB/T 6462　金属和氧化物覆盖层　横断面厚度显微镜测量方法（eqv ISO 1463）

GB/T 9789　金属和其他非有机覆盖层　通常凝露条件下的二氧化硫腐蚀试验（eqv ISO 6988）

GB/T 10125　人造气氛腐蚀试验　盐雾试验（eqv ISO 9227）

GB/T 12334　金属和其他非有机覆盖层　关于厚度测量的定义和一般规则（idt ISO 2064）

GB/T 12609　电沉积金属覆盖层和有关精饰计数抽样检查程序（idt ISO 4519）

GB/T 16921　金属覆盖层　厚度测量　X 射线光谱方法（eqv ISO 3497）

QB/T 3819　轻工产品金属镀层和化学处理层的厚度测量方法　β 射线反向散射法（idt ISO 3543）

ISO 2859　特性检查抽样程序和抽样表

3　术语和定义

下列术语和定义适用于本标准。

3.1　主要表面　significant surface

工件上某些已涂覆或待涂覆覆盖层的表面，在该表面上覆盖层对其使用性能和（或）外观是至关重要的；该表面上的覆盖层必须符合所有规定要求（定义见 GB/T 12334）。

3.2 熔流、熔融、流光、重熔 flow-melting，fusing，flow-brightening，reflowing

采用加热熔融镀层的方法改善镀层的光亮度或可焊性的一种工艺（见 C.4）。

4 需方应向供方提供的资料

4.1 必要资料

需方应向供方提供以下资料：

a）本标准号；

b）基体材料的性质（见 5）；

c）要求的镀层使用条件号（见 7.1）或镀层的分级号（见 7.2）；

d）标明待镀制品的主要表面，例如提供图样或有适当标识的样品；

e）验收抽样方法（见 6）；

f）可以接受的不可避免的接触痕迹和其他缺陷的位置（见 10.1）；

g）采用的附着强度试验方法（见 10.3）。

4.2 附加资料

需方可以附加以下资料：

a）热处理要求（见 8）；

b）孔隙率试验要求（见 10.4）；

c）可焊性试验要求和采用的试验方法及条件（见 10.5）；

d）底镀层的特殊要求（见 9）；

e）表明精饰要求的试样（见 10.1）；

f）特殊预处理要求；

g）锡镀层纯度要求（见 0 和 C.5）；

h）镀后零件的包装要求；

i）特殊的镀后处理要求。

5 基体材料

本标准没有规定电镀前基体材料的状态、精加工或表面粗糙度（见 C.2.1）。

6 抽样

抽样方法按照 GB/T 12609 和 ISO 2859 的规定。

抽样方法和验收水平应由供需双方商定。

7 分类

7.1 使用条件号

下述等级的使用条件号表明该使用条件的严酷程度：

4：极严酷——例如在严酷腐蚀条件的户外使用，或同食物或饮料接触，在此条件下必须获得一个完整的镀锡层以抗御腐蚀和磨损（见 C.1.1）；

3：严酷——例如在一般条件的户外使用；

2：中等——例如在一定潮湿的户内使用；

1：轻度——例如在干燥大气中户内使用，或用于改善可焊性。

注：见 10.2，给出了使用条件号和最小厚度之间关系的提示。

锡镀层在有磨料环境中或含有特定有机蒸汽环境中易损伤，在规定使用条件号或镀层分级号时应予以考虑，见 C.1.1。

7.2 镀层分级号

镀层分级号必须由四部分组成，其中前两部分用一斜线分开，如：a/bcd

其中：

a——基体金属的化学符号（如为合金，则标出主要成分）；

b——底镀层金属的化学符号（如为合金，则标出主要成分），随后标出底镀层最小厚度（μm）值，如无底镀层，则免去此项［见4.2d)］；

c——锡镀层的化学符号Sn，随后标出锡镀层最小厚度（μm）值；

d——表面的光泽度：M代表无光镀层，b代表光亮镀层，f代表熔流处理的镀层。

示例：Fe/Ni2.5Sn5f

该例表示钢或铁为基体金属，底镀层为厚度2.5μm的镍层，锡镀层厚度5μm，镀后应用熔流处理。

8 钢的热处理

8.1 电镀前消除应力处理

经过深度冷加工的钢件，电镀前需在190℃～220℃处理1h。有些钢件在经过渗碳、火焰淬火或感应淬火及随后进行的磨削加工后，若有上述温度处理，可能使其性能下降；在这种情况下应代之以较低的温度去应力处理，例如在130℃～150℃处理时间不少于5h。

8.2 电镀后消除氢脆处理

因为氢气穿过锡镀层的扩散很慢，电镀后不能采用热处理方法消除氢脆。

9 底镀层要求

当存在下列的任一原因时，某些基体表面可要求底镀层：

a）防止扩散（见C.2.2和C.2.3）；

b）保持可焊性（见C.2.2、C.2.3和C.2.4）；

c）保证附着强度（见C.2.4和C.2.5）；

d）提高耐蚀性。

为避免给基体材料或加工好的零件带来不希望的性质（如脆性），应注意选择底镀层，例如应避免采用高应力的镍镀层。

如果基体材料是含锌的铜合金，并要求可焊性，除规定的锡镀层厚度外（见C.2.3），还有必要使镍或铜底镀层的最小局部厚度达到2.5μm；这种底镀层对于保持良好的外观和附着强度也是必要的。

如果底镀层已经确定，需方应规定其特性（见附录C）和最小局部厚度（见10.2）。

一层或多层底镀层的厚度应按附录A规定的方法测量。

10 锡镀层要求

10.1 外观

用正常或矫正后正常的视力目视检查时，镀层的主要表面必须无任何可见的缺陷，如气泡、砂眼、粗糙、裂纹或漏镀，并且不得有锈迹或变色。

需方应规定非主要表面上不可避免的接触痕迹以及缺陷可接受的程度和位置。

镀层应清洁，不允许有损伤。镀层表面应平滑，无结瘤。熔流处理后的表面不允许有非润湿区。

如有必要，需方应提供或认可能够表明外观要求的样品。

10.2 厚度

锡镀层按厚度分类，并分别用于不同的使用条件（见7.1），各类最小厚度值规定于表1（或见C.3.2）。

应按附录A给出的适当方法，在主要表面内任何能被直径为20mm的小球接触到的部位上的一个基本测量面（见GB/T 12334）进行镀层厚度测量。当镀件的主要表面面积大于或等于100mm^{2}时，最小厚度应视为最小局部厚度值。当镀件的主要表面小于100mm^{2}时，最小厚度应视为平均厚度的最小值。

表1 镀层厚度

使用条件号	铜基体金属①		其他基体金属②	
	镀层分级号(部分的)	最小厚度/μm	镀层分级号(部分的)	最小厚度/μm
4	Sn30	30	Sn30	30
3	Sn15	15	Sn20	20
2	Sn8	8	Sn12	12
1	Sn5	5	Sn5	5

① 锌铜合金基体材料上的底镀层应注意第9章中的基本要求。

② 特定基体材料上底镀层的要求见C.2.4和C.2.5。

当镀件是带电镀通孔的印制电路板时，厚度要求应适用于通孔的表面及直径为20mm的小球能接触到的表面。

对于熔流处理过的镀层，厚度要求适用于熔流前的电镀态镀层（见C.3.2，C.4和附录A）

在有争议的情况下，参见A.0.2中的仲裁方法。

10.3 附着强度

当需方规定按附录B所给出的方法之一进行试验时，镀层不应出现剥离现象。

10.4 孔隙率

如果需方对孔隙率有规定，对于最小厚度大于或等于10μm的镀层，应经过下列一种试验：

a）钢铁基体上的镀层，按GB/T 10125规定；

b）非钢铁基体上的镀层，按GB/T 9789规定。

在上述两种情况下，当用三倍放大镜观察时，基体应无腐蚀痕迹（见C.1.1）。

10.5 可焊性（见4.2）

10.5.1 一般材料和零件

如果需方对可焊性有规定，应按照GB/T 2423.28中Ta试验的方法1，采用非活性焊剂进行可焊性试验。

如果在试验前要求加速老化，需方应规定加速老化过程。

10.5.2 印制电路板

如果需方对可焊性有规定，符合本标准的印制电路板上的镀层应按照GB/T 2423.28中Tc试验方法进行可焊性试验。

如果在试验前要求加速老化，需方应规定加速老化过程。

附　录　A
（规范性附录）
镀层厚度测量

A.0　引言

A.0.1　常规方法

如果将本附录给出的各种方法正确应用于各自相适应的试样的镀层厚度测量，可以认为这些方法都具有足够的准确度。应选择一种预计能得到最可靠结果的方法用于镀层厚度的常规测量，选用时应考虑镀层厚度、零件形状、零件尺寸、镀层成分、基体材料等因素。

如果能确定在特定的应用中有比本附录给出方法更好的或同样好的其他方法，也可采用。

A.0.2　仲裁方法

A.0.2.1　一般要求

在有争议的情况下，应采用 A.0.2.2 到 A.0.2.6 提出的仲裁方法。对于库仑法和分析法，锡的密度值应取为 7.30g/cm^3，即使这样取值可能造成镀层厚度值的测量结果小于真实厚度。

A.0.2.2　局部厚度大于 9μm

采用 A.1.1 规定的显微镜法测定。

A.0.2.3　局部厚度小于 9μm

采用 A.1.2 规定的库仑法测定；不能采用库仑法测定时，采用 A.1.1 规定的显微镜法测定。

注：采用库仑法测量底镀层厚度时，应首先除去锡镀层，采用库仑法溶解锡镀层或按 A.2 规定的分析法退镀都能达到目的。

A.0.2.4　铜、镍或钢基体上锡镀层的平均厚度

采用 A.2 规定的分析法测定。

A.0.2.5　底镀层的平均厚度及基体（例如铝基体）加底镀层上锡镀层的平均厚度

采用 A.1.2 规定的库仑法测定；不能采用库仑法测定时，采用 A.1.1 规定的显微镜法测定。显微截面应通过试片中心，沿显微截面间距均匀地至少取五点测量。

A.0.2.6　带电镀通孔的线路板锡镀层厚度

采用 A.1.1 规定的显微镜法测定。显微截面应平行于孔的轴线，并垂直于要测量的镀层或覆层表面（见 GB/T 6462）。

A.1　局部厚度测量

A.1.1　显微镜法

采用 GB/T 6462 规定的方法测量厚度时，在锡镀层上应加镀厚度不小于 10μm 的铜保护镀层。

本方法测定厚度值准确度通常为±0.8μm；厚度大于 25μm 时，不确定度不大于 5%。

A.1.2　库仑法

采用 GB/T 4955 规定的方法测量厚度。通常本方法测定厚度值不确定度不大于 10%。

A.1.3　β 射线反向散射法

采用 QB/T 3819 规定的方法测量厚度。本方法要求所用的仪器及其操作能使镀层厚度测量的不确定度不大于其真实厚度值的 10%；此不精确度取决于镀层单位面积的质量和基体材料的有效原子序数。

A.1.4 X 射线光谱法

采用 GB/T 16921 规定的方法测量厚度。本方法要求所用的仪器及其校准与操作能使镀层厚度测量不确定度不大于其真实厚度值的 10%。

A.2 平均厚度测量

A.2.1 原理

已知表面积的一个适当的已镀试样（若试样较小，则为一组试样），经清洗、称重、用化学退镀液退除其镀层，再称重。

本方法一般不适用于不能确定表面面积的异型件和工件或某些金属（见 C.2.5）上的镀层。在此情况下，建议用若干显微截面测量的平均值作为平均厚度值（见 GB/T 12334）。

A.2.2 试剂

在测量过程中，只能使用分析级试剂和蒸馏水或与其纯度相当的水。

A.2.2.1 铁基材料和镍底镀层上锡镀层的退镀液

溶解 20g 三氧化锑于 1000mL 的冷浓盐酸中（ρ=1.16g/mL~1.18g/mL）。

注：用此溶液退除镀层的制品不可再镀。

A.2.2.2 铜和铜合金上锡镀层退镀液

热浓盐酸（90℃以上）（ρ=1.16g/mL~1.18g/mL）。

A.2.3 试样

采用一个或多个试样，其镀层总表面积足以提供不少于 0.1g 的质量损失，试样的面积测量能准确到 2%或更好。并采用适当的有机溶剂或有机蒸汽脱脂以除去试样上的所有污物。

A.2.4 过程

A.2.4.1 对铁基材料上和铜及铜合金基体加镍底镀层上的锡镀层

将清洗过的试样（A.2.3）称重准确到 0.001g，浸入退镀液（A.2.2.1）中，并让其浸泡到停止析气后 2min，从溶液中取出，在流动水中彻底清洗，擦掉任何污物。干燥并称重准确到 0.001g。

A.2.4.2 对铜和铜合金上的锡镀层

将清洗过的试样（A.2.3）称重准确到 0.001g，浸入退镀液（A.2.2.2）中。镀层完全溶解后立即取出，在流动水中彻底清洗，干燥并称重准确到 0.001g。

A.2.5 结果表示

以微米计的镀层厚度 t 用下式计算：

$$t=\frac{(m_1-m_2)}{A}\times137\times10^3$$

式中 t——镀层厚度（μm）；

m_1——退镀前试样的质量（g）；

m_2——退镀后试样的质量（g）；

A——试样表面面积（mm^2）；

137×10^3——根据锡的密度（7.30g/cm^3）求得的系数。

附　录　B
（规范性附录）
附着强度试验

B.1　摩擦抛光试验

采用 GB/T 5270 所规定的方法，受摩擦的主要表面面积不大于 600mm^2。

注：一种柄长为 60mm～100mm 的玛瑙牙科刮刀，其玛瑙刀长 30mm～50mm，宽 5mm～10mm，边缘稍有点倒圆，是一种已获知的最佳的摩擦抛光工具。

B.2　弯曲试验

将试样放入一台能给试样提供曲率直径为 4mm 的弯曲程度的合适的试验机中弯曲。将试样弯曲超过 90°，然后将其反折回初始状态。此过程反复进行三次，目视检查试样镀层有无剥离现象。

B.3　热震试验

注：本试验影响被试制品的力学性能。因此，热震试验试样不应再用于其他试验。

采用 GB/T 5270 规定的方法。

附　录　C
（资料性附录）
指导意见

C.0　本指导意见意在提醒使用者注意：

a）锡的确切性能。如果不了解，可能导致不适当地使用锡镀层。

b）基体的性能和准备。

c）电镀实施。

C.1　锡镀层性能

C.1.1　引言

锡镀层软而易磨损。可以预料锡在某些户外暴露条件下会产生一定的腐蚀，因此可以要求沉积的锡镀层厚度明显大于给定条件下规定的锡镀层厚度。使用条件表中规定的厚度是最小厚度值，可以要求使用厚度大于规定值的锡镀层。在通常的户内暴露中，锡镀层能保护大多数金属，但特别是铁金属上镀层不连续或有孔处除外。电镀层的孔隙率不仅与其厚度有关，还与基体材料状态和电镀过程有关，在要求进行孔隙率试验时，宜考虑到这些情况。

与热浸涂方法比较，采用本标准电镀的锡镀层，可以得到更薄或更厚的镀层。

C.1.2　晶须的生长

电镀锡易于自发地生长金属晶须（细丝），特别是在有应力的镀层上。如果晶须生长的可能性被认为是不利条件，推荐采用锡-铅合金电镀层或镀层熔流。采用合适的底镀层，如镍层，可延缓晶须的生长。

C.1.3　同素异形转变

如果温度在零度以下，高纯度锡镀层会产生同素异形转变（变为 α 锡或灰白锡）。在这样的条件下，宜考虑采用锡-铅合金或其他合适的锡合金镀层。

C.2 基体材料的性能和准备

C.2.1 表面状态

镀层的表面状态部分地依赖于基体材料的表面状态。

C.2.2 金属间化合物的形成

锡镀层与铜或铜合金之间的相互扩散，取决于时间和温度，它能导致锡镀层可焊性变坏和颜色变暗。变坏的程度依储存条件而定，而在不良储存条件下，保存期可能仅几个月。

C.2.3 锌的扩散

锌从含锌合金如黄铜中扩散出来，经过锡镀层达到表面。会降低镀层可焊性、附着强度和外观（见第9章）。

C.2.4 难清洗处理的基体材料

某些基体材料，如磷-青铜、铍-铜合金和镍-铁合金，由于其表面氧化膜特性，均难于做化学清洗前处理。如果要求锡镀层的可焊性，加镀最小局部厚度为2.5μm的镍或铜底镀层可能是有益的。

C.2.5 铝、镁和锌合金

这些合金容易受到稀酸和（或）碱的浸蚀，因此，在制品能够电镀锡以前，需要特殊的预处理，包括沉积一层厚度为10μm~25μm的铜、黄铜或镍底镀层。

C.3 电镀实施

C.3.1 电镀后漂洗

如果要求镀层的可焊性，在清洗的操作过程中可包括采用适当的溶液，如质量分数为3%的柠檬酸或酒石酸溶液的漂洗，以确保除去水合锡盐。否则干燥后残留在镀层表面上的水合锡盐能影响该表面的可焊性。

C.3.2 镀层厚度要求

除非GB/T 12334中另有规定，在不同情况下，宜注意到本标准规定的沉积层厚度均为最小局部厚度，而非平均厚度。所要求的平均厚度对应于主要表面上的最小局部厚度，它既取决于被镀件的几何形状，又取决于与电极位置有关的电镀槽的几何形状。还宜注意到，采用滚镀时（特别是小工件），镀层厚度的变化符合正态（高斯）分布。

由于熔流产生弯月形表面，镀层厚度亦受其影响。在相应的情况下，能够按可焊性要求评定其特性。

C.3.3 有机物共沉积

在锡电镀液中有时使用有机添加剂。如果可焊性是镀层的主要要求，宜注意选择有机添加剂，其共沉积宜减至最低程度。因为这些有机添加剂在随后的熔融或焊接操作过程中可导致镀层释放气体或鼓泡。然而，如果电镀件是滑动接触件，则含有特殊的有机化合物可以改善镀层的力学性能。

C.4 熔流处理

锡镀层经一定处理，如浸入热油，或暴露于红外辐射或压缩热蒸汽中，可快速熔流。由于基体中的一些缺陷可能会导致不良的可焊性，也将导致熔融态的镀层不润湿，在这种情况下，对锡镀层做熔流处理以消除镀层缺陷是有益的。厚度为20μm左右的镀层可成功进行熔流处理；但是，在熔流处理过程中，如果被熔镀层有可能流到边缘，则沉积层厚度宜限定在8μm以内，以避免在工件边缘处形成“瘤峰”。已经很光亮的镀锡层不推荐做熔流处理。

C.5　同食物接触的锡镀层

C.5.1　有机光亮剂

如果光亮锡镀层要用于同食物接触，宜考虑共沉积的有机物质被析出来的可能性，这样可能导致污染食物。

C.5.2　锡含量

一般说来，用于同食物接触的锡镀层中锡的质量分数不宜低于99.75%，铅的质量分数不宜高于0.2%。

第四节　金属及其他无机覆盖层　钢铁上经过处理的镉电镀层

一、概论

电镀镉广泛用于钢铁的防腐涂层，特别是防止海洋环境条件的腐蚀。镉电镀层（简称镉镀层）相对铁是一种阳极腐蚀牺牲性镀层，即使在镉镀层中存在空隙和麻点，铁基材也可得到保护而不被腐蚀。传统电镀镉采用碱性氰化物溶液，近年来，由于受环境政策和相关法规的影响，无氰镀镉技术的应用越来越普遍。

镉是一种高毒性金属，因此出于对健康、安全和环境的考虑，镉在非必要情况下的使用受到严格限制。尽管如此，由于镉电镀层的独有特性，例如耐蚀性、自润滑性、延展性、导电性以及低接触电阻，在一些极重要的产品应用中（特别是航空相关领域），电镀镉仍具有不可替代性。该标准涵盖电镀镉技术各方面，对使用行业和加工企业有一定指导作用。

GB/T 13346—2012《金属及其他无机覆盖层　钢铁上经过处理的镉电镀层》等同采用ISO 2082：2008《金属及其他无机覆盖层　钢铁上经过处理的镉电镀层》，替代GB/T 13346—1992《金属覆盖层　钢铁上的镉电镀层》。该标准于2012年11月5日发布，2013年3月1日实施。

二、标准主要特点与应用说明

该标准适用钢铁上经过处理的镉电镀层，主要包含适用范围、需方向供方提供的资料、标识、主要技术指标（外观、厚度、转化膜和其他处理转化膜附着力、加速腐蚀试验、电镀前后热处理）等内容。

镉镀层属防腐蚀镀层，该标准提出了此镀层的使用条件和使用寿命与电镀镉层厚度的相应关系，即一般使用条件越严酷和所要求的使用寿命越长，所要求的电镀镉层的厚度越厚。由此关系提出了电镀镉层的分级。

电镀镉的过程对其所镀覆的基体的性能会产生影响。对于在电镀镉过程中渗氢的钢，该标准提出了电镀镉前消除应力和电镀镉后消除氢脆的热处理要求，以免电镀镉件在经受循环应力或疲劳载荷时造成应力腐蚀开裂或断裂。抗拉强度大于或等于1000MPa的钢电镀镉时，必须进行所规定的处理。

该标准对电镀层提出的要求，除电镀镉层外观、厚度和结合强度属于对电镀层的常规要求外，转化膜的应用和电镀镉层的耐蚀性等要求是具有针对性的。电镀镉层一般必须进行相应的转化膜处理，达到相应类型的转化膜。电镀镉层属防蚀镀层，特别是耐海洋腐蚀，所以应要求和检验其耐蚀性。

该标准包括范围、规范性引用文件、术语定义速写术语和符号、需方向供方提供资料、标识、要求及抽样等部分。

该标准要求，根据需方向供方提供资料和使用条件号，选取相应镀镉层厚镀和镀后处理方法。

该标准应用中需注意条款 6.3 “转化膜和其他后处理”、条款 6.5 “加速腐蚀试验” 和附录 C “关于铬酸盐转化膜耐腐蚀性，清洗，干燥，散装零件加工和染色的资料” 等内容，在实际应用中可参考镀锌的相关标准。

三、标准内容（GB/T 13346—2012）

金属及其他无机覆盖层　钢铁上经过处理的镉电镀层

注意 1：镉蒸气有剧毒。因此在热处理过程中，应采取足以保证操作者安全的可靠预防措施。还应注意焊接或其他加热工艺中镉气化所产生危险的可能性。由于其毒性，镉不能作为与食物、饮料或任何家庭用品接触的容器的镀层。

注意 2：本标准在使用过程中如不采取足够的安全措施，可能会危害健康。本标准不能解决任何危害健康、环境、安全或与其使用相关的法律问题。使用本标准的供需双方有责任建立适当健康、安全和环保的做法，并采取适当行动，以符合国家或国际规则条例。遵守本标准并不从法律上赋予对使用者义务的豁免权。

1　范围

本标准规定了钢铁上经过处理的镉电镀层的要求。包括由需方提供给电镀方的信息，并包括镀层及对电镀前后热处理的要求。

本标准不适用于未加工成形的板材、带材或线材的镉电镀层；密绕弹簧的镉电镀层；或用途以外的保护性、自润滑性、延展性、导电性和低接触电阻的使用目的。

本标准没有对电镀镉前基体金属的表面状况指定要求。

螺纹件的镀层厚度会受到螺纹等级和配合等尺寸要求的限制。

2　规范性引用文件

下列文件对于本文件的应用是必不可少的。凡是注日期的引用文件，仅注日期的版本适用于本文件。凡是不注日期的引用文件，其最新版本（包括所有的修改单）适用于本文件。

ISO 1463　金属和氧化物覆盖层　厚度测量　显微镜法（Metallic and oxide coatings—Measurement of coating thickness—Microscopical method）

ISO 2064　金属和其他无机覆盖层　关于厚度测量的定义和一般规则（Metallic and other inorganic coatings—Definitions and conventions concerning the measurement of thickness）

ISO 2080　金属及其他无机覆盖层　表面处理　词汇（Metallic and other inorganic coatings—Surface treatment—Vocabulary）

ISO 2177　金属覆盖层　覆盖层厚度　阳极溶解库仑法（Metallic coatings—measurement of coating thickness—Coulometric method by anodic dissolution）

ISO 2178　磁性基体上非磁性覆盖层　覆盖层厚度测量　磁性法（Non-magnetic coatings

on magnetic substrates—Measurement of coating thickness—Magnetic method)

ISO 2819　金属基体上的金属覆盖层　电沉积和化学沉积层　附着强度试验方法评述(Metallic coatings on metallic substrates—Electrodeposited and chemically deposited coatings—Review of methods available for testing adhesion)

ISO 3497　金属覆盖层　覆盖层厚度测量　X 射线光谱法(Metallic coatings—Measurement of coating thickness—X-ray spectrometric methods)

ISO 3543　金属和非金属覆盖层　覆盖层厚度测量　β 射线背散射法(Metallic and other inorganic coatings—Measurement of coating thickness—Beta backscatter method)

ISO 3613　锌、镉、铝-锌合金和锌-铝合金的铬酸盐转化膜　试验方法(Chromate conversion coatings on zinc, cadmium, aluminium-zinc alloys and zinc-aluminium alloys—Test methods)

ISO 3892　金属材料上的转化膜　单位面积膜质量的测量　重量法(Conversion coatings on metallic materials—determination of coating mass per unit area—gravimetric methods)

ISO 4518　金属覆盖层　覆盖层厚度测量　轮廓仪法(Metallic coatings—Measurement of coating thickness—Profilometric method)

ISO 4519　电沉积金属覆盖层和相关精饰　计数检验抽样程序(Electrodeposited metallic coatings and related finishes—sampling procedures for inspection by attributes)

ISO 9587　金属和其他无机覆盖层　为减少氢脆危险的钢铁预处理(Metallic and other inorganic coatings—Pretreatment of iron or steel to reduce the risk of hydrogen embrittlement)

ISO 9588　金属和其他无机覆盖层　为减少氢脆危险的涂覆后钢铁的处理(Metallic and other inorganic coatings—Post-coating treatments of iron or steel to reduce the risk of hydrogen embrittlement)

ISO 10289　金属基体上的金属和其他无机覆盖层　经腐蚀试验后的试样和试件的评级(Methods for corrosion testing of metallic and inorganic coatings on metallic substrates—Rating of test specimens and manufactured articles subjected t corrosion tests)

ISO 10587　金属与其他无机覆盖层　镀覆和未镀覆金属和外螺纹和螺杆的残余氢脆试验　斜楔法(Metallic and other inorganic coatings—Test for residual embrittlement in both metallic-coated and uncoated externally-threaded articles and rods—Inclined wedge method)

ISO 15724　金属和其他无机覆盖层　钢铁析氢的电化学测量　藤壶电极法(Electrochemical measurement of diffusible hydrogen in steels—Barnacle electrode method)

ISO 27830　金属和其他无机覆盖层　金属和无机覆盖层专用指南(Metallic and other inorganic coatings—Guidelines for specifying metallic and inorganic coatings)

ASTM B117　盐雾试验设备使用规范(Standard Practice for Operating Salt Spray (Fog) Apparatus)

3　术语，定义，缩写术语和符号

3.1　术语和定义

ISO 2080 和 ISO 2064 给出的术语和定义适用于本文件。

3.2　编写术语

C　彩色转化膜；

D　不透明的铬酸盐转化膜；

ER 消除氢脆的热处理；

NM 非金属材料；

PL 可镀塑料材料；

SR 时效热处理；

T2 有机封闭剂。

3.3 符号

Cd——镉的化学符号；

Fe——铁的化学符号。

4 需方向供方提供的资料

4.1 必要资料

下面的资料应以书面方式，例如，在合同、订单或工程图样中提供给供方：

a）引用并指定本标准 GB/T 13346（见第5章）；

b）重要表面的标示，例如，按图样或样品规定的标记；

c）如果基材的性质、表面状态和表面精饰会影响到镀层的外观（见第1章）；

d）不可避免的表面缺陷，如加工痕迹（见6.1）；

e）最终需要，例如，光亮、哑光或其他精饰，最好与已经核准的标准样本进行对照（见6.1）；

f）铬酸盐转化膜或辅助处理的类型（见6.3和附录A）；是否采用铬酸盐转化膜和替代转化膜及其他辅助处理（见表A.2）或在铬酸盐涂层上的保护涂料如油漆等，取决于需方的具体要求；

g）对厚度、附着力和加速腐蚀试验的要求（见6.2，6.4，6.5和附录B）；

h）热处理前和电镀后零件的抗拉强度和必要条件（见6.6和6.7）；

i）如果抽样方法、验收标准和任何其他检查必要条件有冲突，应以 ISO 4519 为准（见第7章）。

4.2 附加资料

以下的附加资料也应向供方提供：

a）任何对产品涂层的特殊要求或限制；

b）任何其他要求，如对于形状复杂产品的试验或评价区域。

5 标识

5.1 概述

标识应该出现在工程图样，采购订单、合同或详细的产品规格中。标识规定应按照下列顺序排列，基础金属，时效处理要求，底镀层厚度和类型，表面镉镀层厚度，电镀后热处理要求，转化膜类型和/或后处理。

5.2 标识规格

标识规格将包含以下内容：

a）术语“电镀层”；

b）本标准的标准号，GB/T 13346；

c）连字符；

d）基材的化学符号，Fe（铁或钢），依据基材的标准名称；

e）斜线（/）；

f）如果需要，在斜线（/）后标注 SR；

g）镉的化学符号，“Cd”；

h）在斜线（/）后以 μm 表示的镉镀层最小厚度；

i）如果需要，在斜线（/）后标注 ER；

j）如果需要，在斜线（/）后用代码标明铬酸盐转化膜的类型（见附录 A）；

k）如果需要，用代号指定的任何后处理方法（见附录 A）。

斜线（/）用于隔断不同处理顺序之间数据的步骤。双斜线或单斜线表示在处理过程中的一个步骤是不需要或是已经省略（见 ISO 27830）。

如果在 25μm 厚的镉镀层上增加铬酸盐转化膜以外的后处理，则表示为 Fe/Cd25/X/Y。

注：

X——代表 A.1 中给出的铬酸盐转化膜代号之一；

Y——代表 A.2 中给予其他辅助涂层代号之一。

5.3　热处理要求的指定

热处理要求应按如下要求指定：

SR 表示电镀前降低应力热处理/ER 表示电镀后清除氢脆的热处理；

括号中的最低温度，用摄氏度（℃）表示；

热处理持续时间，用小时（h）表示。

例如：SR（210）1 表示在 210℃进行 1h 降低应力的热处理。

5.4　范例

以下是指定镀层的实例。

例一：在铁或钢上电镀 12μm 厚度的镉及彩色钝化膜（C）处理：

电镀层 GB/T 13346-Fe/Cd12/C

例二：在铁或钢上电镀 25μm 厚度的镉，电镀后在 190℃进行 8h 消除氢脆的热处理，标识为 ER（190）8，增加不透明铬酸盐转化膜（D）及有机封闭剂封闭的后处理（T2）：

电镀层 GB/T 13346-Fe/Cd25/ER（190）8/D/T2

例三：同例二，但要在电镀前于 200℃进行至少 3h 消除应力的热处理，标识为 SR（200）3：

电镀层 GB/T 13346-Fe/SR（200）3/Cd25/ER（190）8/D/T2

6　要求

6.1　外观

虽然本标准没有对基材电镀前的表面粗糙度做出特殊指定，但基材的表面状态亦决定电镀层的外观。在电镀零件的重要表面不应有肉眼可见镀后缺陷如鼓泡、麻坑、粗糙、裂纹或漏镀区域（基材金属缺陷引起的除外）。镀件上无法避免的接触痕迹部位应由有关各方协议确定（见 4.1）。镀件应干净且无损伤。

除非需方另有规定，镉镀层应是光亮的。如果必要，应当由需方提供或批准按照样品显示所需完成［见 4.1e)］。

6.2　厚度

镉镀层的厚度应为指定范围内的最小厚度。镀层最小局部厚度应在主要表面上能被直径为 20mm 的球接触的部分测量，除非需方另有规定（见 4.1 和 4.2）。

在 ISO 2177 、ISO 2178、ISO 1463 、ISO 3497、ISO 3543 和 ISO 4518 中规定了钢上镉镀层厚度的测量方法。

如果出现争议，在 ISO 2177 中规定测量面积应大于或等于 $100mm^2$。若有争议零件的表面面积小于 $100mm^2$，最小厚度应被视为由附录 B 规定的方法测定的平均厚度的最小值。

在按 ISO 2177 规定的方法测量之前，应用非常柔软的研磨剂去除铬酸盐转化膜，例如，氧化铝软膏。在有转化膜存在的情况下，测量结果会略有降低。

如果镀层表面较粗糙，显微镜法（ISO 1463）和轮廓仪法（ISO 4518）的测量结果可能会不可靠，而采用磁性测量方法测量得到的结果比对相同质量的每单位面积的平滑镀层偏大。

表 1 提供了各种使用条件下的防腐蚀保护层厚度的要求。

6.3 转化膜和其他后处理

在需方的要求下，转化膜可以省略，或用其他转化膜代替［见 4.1f)］。附录 A 规定了铬酸盐转化膜及其他辅助涂层的代号。

符合本标准的不含六价铬的化学转化膜，例如三价铬或无铬化学转化膜，可以在市场上购买到。所有可用的铬酸盐转化膜、替代转化膜或替代品（除磷化膜外），都应符合本标准满足腐蚀性条件下的使用。

含三价铬的转化膜适用于表 A.1 所有代号。然而，替代转化膜的外观可能和六价铬转化膜有所不同。在这里，表 1，表 2，表 A.1，表 A.2 和表 C.1 反映了本标准的要求，并且几十年来在实践使用中得到全球金属精饰行业生产商、产品加工和购买者普遍接受。

6.4 镉镀层和铬酸盐转化膜的附着力

镉镀层应在 ISO 2819 中指定打磨后的基体金属上接受测试。铬酸盐转化膜的测试应符合 ISO 3613 规定的附着力。

6.5 加速腐蚀试验

危险——吸入镉蒸气有剧毒。在热处理过程中，应采取足以保证操作者安全的可靠预防措施。还提请应注意焊接或加热和其他工艺所产生的危险，其中，镉气化的可能性是存在的。由于其毒性，镉不能作为与食物、饮料或任何家庭用品接触的容器的镀层。

6.5.1 中性盐雾试验

按照 ASTM B117 盐雾试验设备使用规范测试的中性盐雾（NSS）加速试验结果列在表 1 和表 2，通过肉眼或矫正视力检查测试表面残留红色腐蚀产物（见表 1）或白色腐蚀产物（见表 2）。轻微变色是可以接受的。

如果进行铬酸盐处理，表 1 和表 C.1 给出了所需镉镀层的最小厚度。镉镀层的厚度取决于使用条件的严酷程度以确保所需的耐腐蚀性。例如名称为 Fe/Cd5 的镀层，建议仅用于干燥的室内环境。对于使用条件严酷的环境，有必要增加镉镀层厚度以提高耐腐蚀性能，并指定镉镀层使用条件要求（见表 C.1）。

建议用分类代号 Fe/Cd12 和 Fe/Cd25 表示镉镀层的彩色铬酸盐转化膜。

人造气氛腐蚀试验的时间和结果可能与镀层的实际使用寿命没有直接的联系，因此，试验得到的结果不能被看作是所有直接指导这些镀层可用于环境中的测试镀层的耐腐蚀性。

表1　镉加铬酸盐转化膜中性盐雾耐蚀性基础金属腐蚀（红锈）开始时间

镀层规格(局部的)	中性盐雾试验时间/h
Cd5/A Cd5/F	48
Cd5/C Cd5/D Cd8/A Cd8/F	72
Cd8/C Cd8/D Cd12/A Cd12/F	120
Cd12/C Cd12/D Cd25/A Cd25/F	192
Cd25/C Cd25/D	360

表2　镉镀层上的铬酸盐转化膜的耐腐蚀性

铬酸盐转化膜代号①	中性盐雾试验时间/h	
	滚　镀	挂　镀
A	8	16
B	72	96
C	72	96
D	24	48

① 见附录A。

6.5.2　腐蚀评级

经过测试后，试样评定应符合ISO 10289的规定。验收评价应由需方指定。

6.6　金属清洗和电镀前消除应力的热处理

当需方指出钢件极限抗拉强度大于或等于1000MPa（包含机械加工、磨削、冷成形或矫直作业造成的应力）时，应在金属清洗和电镀前进行消除应力的热处理。时效热处理的步骤和类别应由需方指定或由需方根据ISO 9587规定的步骤和类别进行。

当指定电镀前消除应力或电镀后消除氢脆的热处理时（见6.7），热处理时间和温度包括指定的镀层如5.3和5.4所示。

进行电镀前应清除钢铁表面的氧化和锈蚀物。对于高强度钢（大于或等于1000MPa），应首选非电解碱性、阳极碱性清洁剂以及机械清洗方式，应避免生产过程中产生氢脆危险的清洁方式。

6.7　电镀后消除氢脆的热处理

根据需方指定，对于抗拉强度大于或等于1000MPa的钢件以及表面硬化零件应按照ISO 9588规定的步骤和类别进行消除氢脆的热处理。

当指定电镀前消除应力热处理（见6.6）或电镀后消除氢脆热处理后，热处理时间和温度包括指定的镀层如 5.3 和 5.4 所示。除非需方另有指定，消除氢脆热处理的效果应当确定符合 ISO 10587 涂覆和未涂覆金属覆盖层的螺栓和螺杆的残余氢脆试验——斜楔法和 ISO 15724 钢中可扩散氢的电化学测量——藤壶电极法的规定。

所有消除氢脆的热处理应在铬酸盐转化膜处理之前进行。

7 抽样

按照 ISO 4519 规定，应从检验批次中随机抽取样本。根据 ISO 4519 的取样准则，检查的样品应符合本标准的规定，列为合格或不合格。如果选择其他形式的抽样方案［见 4.1i)］，应在待测样品中随机抽样选定符合本标准的要求进行。

附 录 A
(规范性附录)
铬酸盐转化膜和其他后处理的规定

A.1 概述

铬酸盐转化处理溶液通常呈酸性，并含有六价铬或三价铬盐以及能够改变转化膜外观和硬度的其他盐类。镉镀层通过不同溶液的处理可以获得光亮、彩虹色、橄榄绿色和黑色的钝化膜。彩虹膜也可在碱性或磷酸溶液中褪色得到透明薄膜。见表 C.1 提供的适当涂层指导。表 A.1 根据 ISO 3892 测量给出了各种类型铬酸盐转化膜近似面密度（单位面积质量）。

表 A.1 铬酸盐转化膜类型、外观和表面密度

类型		典型外观	表面密度
代号	名称		$\rho_A/(g/m^2)$
A	光亮	透明，淡蓝	$\rho_A \leqslant 0.5$
C	彩虹	黄色彩虹	$0.5<\rho_A<1.5$
D	不透明	橄榄绿色	$\rho_A>1.5$
F	黑色	黑色	$0.5 \leqslant \rho_A \leqslant 1.0$

注：1. 此表中对铬酸盐涂层的描述不一定是指色漆和清漆附着的改善。

2. 此表中铬酸盐涂层可能含或不含六价铬离子。

A.2 封闭

为了提供更好的耐蚀性，可通过有机或无机产品对铬酸盐转化膜进行封闭处理。封闭处理也提高了铬酸盐转化膜的耐温性能。

可用聚合物水溶液浸渍或喷涂对转化膜进行密封。一个类似的处理方案是在铬酸盐溶液中添加合适的有机物。

A.3 转化膜的后处理

如果需要对转化膜进行后处理，处理类型和代号如表 A.2 所示。

表 A.2 转化膜的后处理

代号	处理类型
T1	采用涂料、清漆、粉末涂料或类似的涂层材料
T2	采用有机或无机密封剂
T3	采用有机染料
T4	采用油脂、油或其他润滑剂
T5	采用蜡

附　录　B
（规范性附录）
小零件上镀层平均厚度的测量

B.1　材料

注意——制样过程应在通风橱或通风罩中进行。

重要事项——本附录规定退镀后的零件不得重复使用。

B.1.1　合适的退镀溶液，其中包括 300g/L 硝酸铵（NH_4NO_3）。

B.2　步骤

小零件测量的表面区域不能小于 $1cm^2$，所取零件数量应满足镀层质量不低于 100mg。将零件称重，精确到毫克，在室温下用合适的退镀溶液退除镉镀层。

如果零件形状复杂，应由需方指定测试和评定区域［见 4.2b)］。

在自来水下冲洗零件，必要时可以刷洗以除掉零件表面的疏松沉积物，干燥并称量，记录失重。以下面的公式计算：

$$d=(\Delta m\times10^3)/(A\rho)$$

式中　Δm——失重（mg）；

A——测量的表面积（mm^2）；

ρ——密度（g/cm^3），通常镉镀层的密度为 $8.6g/cm^3$。

附　录　C
（资料性附录）
关于铬酸盐转化膜耐腐蚀性，清洗，干燥，散装零件加工和染色的资料

C.1　镉加铬酸盐转化膜在中性盐雾中的耐腐蚀性

表 C.1 提供了在不同使用条件下镉加铬酸盐转化膜中性盐雾（ASTM B117）耐腐蚀性的信息。

对于一些重要的应用，建议最低按使用条件 3，镉镀层局部厚度为 14μm。对于那些螺纹直径 20mm 以下的零件，推荐的最小厚度为 10μm。对于铆钉、锥形销、开口销及垫圈，推荐的最小厚度为 8μm。

表 C.1　镉加铬酸盐转化膜耐中性盐雾腐蚀性

涂层名称（局部的）	使用条件编号	使用条件	中性盐雾试验时间/h
Cd5/A Cd5/F	0	纯装饰性	48
Cd5/C Cd5/D Cd8/A Cd8/F	1	温暖、干燥的室内环境	72
Cd8/C Cd8/D Cd/12/A Cd/12/F	2	可能会出现凝露的室内环境	120

（续）

涂层名称（局部的）	使用条件编号	使用条件	中性盐雾试验时间/h
Cd12/C Cd12/D Cd25/A Cd25/F	3	在良好的户外使用条件下	192
Cd25/C Cd25/D	4	在室外严重腐蚀条件下使用例如海洋或工业环境	360

C.2 清洗和干燥

如果在铬酸盐处理后用热水做最终清洗，则为了防止六价铬的溶解，清洗时间应尽可能短。为防止铬酸盐转化膜脱水而开裂，干燥温度应与铬酸盐转化膜类型相匹配（通常最高干燥温度应不超过60℃）。

C.3 散装零件的处理

如果散装零件是在滚桶中进行电镀和铬酸盐处理，则铬酸盐转化膜的耐蚀性将降低，表2的盐雾试验要求反映了耐蚀性程度。

C.4 染色

如果需要，可以用有机染料染色生产用于识别目的的A型或B型彩色饰面铬酸盐转化膜。其过程是采用适当的有机染料水溶液进行浸渍或喷洒。

附 录 NA
（资料性附录）
与本标准中规范性引用的国际文件有一致性对应关系的我国文件

GB/T 3138 金属镀覆和化学处理与有关过程术语（GB/T 3138—1995，ISO 2080：1981，NEQ）

GB/T 4955 金属覆盖层 覆盖层厚度测量 阳极溶解库仑法（GB/T 4955—2005，ISO 2177：2003，IDT）

GB/T 4956 磁性基体上非磁性覆盖层 覆盖层厚度测量 磁性法（GB/T 4956—2003，ISO 2178：1982，IDT）

GB/T 5270 金属基体上的金属覆盖层 电沉积和化学沉积层 附着强度试验方法评述（GB/T 5270—2005，ISO 2819：1980，IDT）

GB/T 6461 金属基体上的金属和其他无机覆盖层 经腐蚀试验后的试样和试件的评级（GB/T 6461—2002，ISO 10289：1999，IDT）

GB/T 6462 金属和氧化物覆盖层 厚度测量 显微镜法（GB/T 6462—2005，ISO 1463：2003，IDT）

GB/T 9791 锌、镉、铝-锌合金和锌-铝合金的铬酸盐转化膜 试验方法（GB/T 9791—2003，ISO 3613：2000，IDT）

GB/T 9792 金属材料上的转化膜 单位面积膜质量的测定 重量法（GB/T 9792—2003，ISO 3892：2000，MOD）

GB/T 11378 金属覆盖层 覆盖层厚度测量 轮廓仪法（GB/T 11378—2005，ISO

4518：1980，IDT）

GB/T 12334　金属和其他非有机覆盖层　关于厚度测量的定义和一般规则（GB/T 12334—2001，ISO 2064：1996，IDT）

GB/T 12609　电沉积金属覆盖层和相关精饰　计数检验抽样程序（GB/T 12609—2005，ISO 4519：1980，IDT）

GB/T 16921　金属覆盖层　覆盖层厚度测量 X 射线光谱法（GB/T 16921—2005，ISO 3497：2000，IDT）

GB/T 19349　金属和其他无机覆盖层　为减少氢脆危险的钢铁预处理（GB/T 19349—2003，ISO 9587：1999，IDT）

GB/T 19350　金属和其他无机覆盖层　为减少氢脆危险的涂覆后钢铁的处理（GB/T 19350—2003，ISO 9588：1999，IDT）

GB/T 20018　金属和非金属覆盖层　覆盖层厚度测量　β 射线背散射法（GB/T 20018—2005，ISO 3543：2000，IDT）

GB/T 26107　金属与其他无机覆盖层　镀覆和未镀覆金属的外螺纹和螺杆的残余氢脆试验　斜楔法（GB/T 26107—2010，ISO 10587：2000，IDT）

第五节　三价铬电镀　技术条件

一、概论

为了取代对环境存在严重污染的六价铬电镀，各国电镀工作者进行了大量研究，目前三价铬电镀取得了明显进展，已在装饰电镀方面获得工业应用。三价铬镀液具有许多特点，其中最突出的两个特点：一是镀液三价铬离子的含量只有六价铬镀液中铬离子的 1/7，甚至更少，三价铬毒性只有六价铬 1/100，废水处理比较容易，无六价铬铬雾产生；二是三价铬镀液有较好的分散能力和覆盖能力，电流密度宽广，可以电镀形状较复杂的零件。但三价铬电镀也存在获得的镀层很难加厚，其稳定性较六价铬差等问题。目前，三价铬电镀溶液有硫酸盐体系和氯化物体系，随着广大电镀工作者不断努力研发，三价铬电镀工艺正在不断完善。

GB/T 26108—2010《三价铬电镀　技术条件》涵盖了三价铬电镀溶液试验方法、三价铬镀层技术要求，以及三价铬电镀溶液中三价铬的检测方法与六价铬的定性检验方法，对三价铬电镀溶液供应商及电镀加工方都有一定指导意义。该标准于 2011 年 1 月 10 日发布，2011 年 10 月 1 日实施。

二、标准主要特点与应用说明

该标准适用于装饰防护性铜+镍+铬和镍+铬镀层用三价铬组合镀层，含镀液试验方法、镀层技术要求及检验方法技术内容，具体包括：三价铬溶液外观及水溶性，三价铬镀液性能要求（密度、铬阴极含量、霍尔槽试验、覆盖能力、分散能力及阴极电流效率），三价铬镀层及组合镀层外观、厚度、结合强度、耐蚀性。

该标准包含范围、规范性引用标准、术语及定义、三价铬电镀溶液及镀层技术要求、实验方法、规范性和资料性附录等部分。

该标准的技术指标是根据现有三价铬电镀溶液供应商应用水平选取的。标准应用中要注意条款4“三价铬电镀溶液及镀层技术要求”，这是该标准的核心内容。三价铬电镀溶液随着电镀技术的发展而发展。

三、标准内容（GB/T 26108—2010）

三价铬电镀 技术条件

1 范围

本标准规定了三价铬电镀溶液的试验方法和三价铬镀层技术要求，还规定了三价铬电镀溶液中三价铬的检测方法和六价铬的验证方法。

本标准适用于装饰防护性铜+镍+铬和镍+铬电镀层用三价铬电镀铬组合镀层。

注：从环境的因素考虑，六价铬是对环境有高强度污染的价态，人或动物吸收六价铬，非常难以代谢。三价铬影响则较小，工艺淤渣少。用三价铬替代六价铬电镀可以减少对环境的危害。

2 规范性引用标准

下列文件中的条款通过本标准的引用而成为本标准的条款。凡是注日期的引用文件，其随后所有的修改单（不包括勘误的内容）或修订版均不适用于本标准，然而，鼓励根据本标准达成协议的各方研究是否可使用这些文件的最新版本。凡是不注日期的引用文件，其最新版本适用于本标准。

GB/T 3138 金属镀覆和化学处理与有关过程术语

GB/T 4955 金属覆盖层 覆盖层厚度测量 阳极溶解库仑法（GB/T 4955—2005，ISO 2177：2003，IDT）

GB/T 5270 金属基体上的金属覆盖层 电沉积层和化学沉积层 附着强度试验方法评述（GB/T 5270—2005，ISO 2819：1980，IDT）

GB/T 6461 金属基体上金属和其他无机覆盖层 经腐蚀试验后的试样和试件的评级（GB/T 6461—2002，ISO 10289：1999，IDT）

GB/T 7466 水质 总铬的测定

GB/T 9797 金属覆盖层 镍+铬和铜+镍+铬电镀层（GB/T 9797—2005，ISO 1456：2003，IDT）

GB/T 12334 金属和其他非有机覆盖层 关于厚度测量的定义和一般规则（GB/T 12334—2001，ISO 2064：1996，IDT）

GB/T 12600 金属覆盖层 塑料上镍+铬电镀层（GB/T 12600—2005，ISO 4525：2003，IDT）

GB/T 16921 金属覆盖层 覆盖层厚度测量 X射线光谱法（GB/T 16921—2005，ISO 3497：2000，IDT）

JB/T 7704.1 电镀溶液试验方法 霍尔槽试验

JB/T 7704.2 电镀溶液试验方法 覆盖能力试验

JB/T 7704.3 电镀溶液试验方法 阴极电流效率试验

JB/T 7704.4 电镀溶液试验方法 分散能力试验

3 术语及定义

GB/T 3138、GB/T 12334 中确立的以及下列术语和定义适用于本标准。

3.1　三价铬电镀　trivalent chromium electroplating

以三价铬为主盐，通过电沉积获得金属铬镀层的过程。

3.2　六价铬电镀　hexavalent chromium electroplating

以六价铬为主盐，通过电沉积获得金属铬镀层的过程。

4　三价铬电镀溶液及镀层技术要求

4.1　三价铬电镀溶液技术要求

4.1.1　外观及水溶性

工作温度下，将50mL三价铬电镀溶液注入100mL以上无色透明的玻璃容器中。在自然光下正常视力目测观察，三价铬电镀溶液应为绿色或蓝绿透明的溶液。溶液应均匀，无固体悬浮物、沉淀物或分层现象。

4.1.2　电镀溶液性能要求

三价铬电镀溶液性能应符合表1的技术要求。

表1　三价铬电镀溶液性能技术要求

项　　目	技术要求	试验方法
溶液密度①	符合标定值	见5.1.1
Cr^{3+}含量②	符合标定值	见附录A
霍尔槽试验	霍尔槽试验试片镀层长度不小于7cm	见5.1.3
覆盖能力	≥70%	见5.1.4
分散能力	≥80%	见5.1.5
阴极电流效率	≥10%	见5.1.6

① 本标准所称的电镀溶液均指电镀加工时的工作溶液。溶液密度指工作溶液时的密度。

② 一般来说，三价铬电镀溶液中铬含量低于六价铬电镀溶液中铬的含量。

4.2　三价铬镀层及组合镀层要求

4.2.1　外观

三价铬主要用于铜+镍+铬或镍+铬组合镀层的铬装饰层。在正常视力条件下，允许三价铬与六价铬镀层颜色有差异。观察镀件主要表面上不应有明显的镀层缺陷，例如：鼓泡、空隙、粗糙、裂纹、局部漏镀区、花斑或变色。

在非主要表面上可允许的镀层缺陷程度和主要表面上不可避免的挂具痕迹的位置应由需方规定或供需双方协商。

4.2.2　厚度

金属基体上的铜+镍+铬或镍+铬组合镀层的厚度应符合GB/T 9797规定的使用条件相对应的厚度要求。塑料件上组合镀层的厚度应符合GB/T 12600规定的使用条件相对应的厚度要求。三价铬电镀获得铬镀层的最小厚度不应低于0.05μm。

4.2.3　结合强度

按5.2.2规定的结合强度试验后，镀层与基体以及各组合镀层之间的结合力结合良好，应无脱落、剥离、起皮等缺陷。

4.2.4　耐蚀性

金属基体上镀层的耐蚀性应按GB/T 9797的规定进行试验。塑料基体上的镀层的耐蚀性应按 GB/T 12600 的规定进行试验。有特殊耐蚀性要求的，供需双方应协商是否需要电镀后浸涂保护层。

注：一般来说，六价铬镀层比三价铬镀层耐盐雾试验优良。通常加工方在三价铬镀层上浸涂一层保护层提高镀层的防变色性和耐蚀性。

5 试验方法

5.1 镀液性能试验方法

5.1.1 溶液密度

在工艺规定的温度条件下，用波美度或密度计测定。

5.1.2 Cr^{3+}含量

按附录 A 规定的方法之一检测。

5.1.3 霍尔槽试验

按照 JB/T 7704.1 规定的方法。霍尔槽试片需用新镀镍的试片，一般硫酸盐体系三价铬电镀工艺在 3A 电流下电镀 5min；氯化物体系三价铬电镀工艺在 7A 电流下电镀 3min。

5.1.4 覆盖能力测定

按照 JB/T 7704.2 规定的直角阴极法进行测试。

5.1.5 分散能力测定

按照 JB/T 7704.4 规定的弯曲阴极法进行测试。

5.1.6 阴极电流效率测定

按照 JB/T 7704.3 规定的铜库仑法进行测试。在试验中，硫酸盐体系三价铬电镀工艺待测镀液的阴极电流密度宜选择 $5A/dm^2$，氯化物体系三价铬电镀工艺待测镀液的阴极电流密度宜选择 $15A/dm^2$，电镀时间 10 min。

5.2 镀层性能试验方法

5.2.1 厚度

三价铬电镀层厚度应在被直径 20mm 的球接触的主要表面上任何部位测量，应用 GB/T 4955 规定的库仑法或 GB/T 16921 规定的 X 射线法测量三价铬镀层厚度。或供需双方商定认可的测量方法。

5.2.2 结合强度

按 GB/T 5270 规定的热震试验或锉刀之一试验镀层的结合强度。

5.2.3 耐蚀性

镀件按 GB/T 9797、GB/T 12600 规定的要求进行盐雾试验，试验后按 GB/T 6461 评级。

附 录 A
（规范性附录）
三价铬镀液 Cr^{3+}含量分析方法

A.1 Cr^{3+}含量化学滴定法测定

A.1.1 试验材料

a）过氧化钠（Na_2O_2），分析纯。

b）10%碘化钾（KI）溶液

称取 10g 碘化钾（分析纯），置于 100mL 烧杯中，加入去离子水约 50mL，完全溶解均匀，置于 100mL 容量瓶中，补充去离子水至 100mL 刻度。

c）1∶1 硫酸溶液

取 50mL 去离子水，置于 100mL 烧杯中，缓慢加入硫酸（H_2SO_4，98%）50mL，置于 100mL 容量瓶中，补充去离子水至 100mL 刻度。

d）0.1mol/L 硫代硫酸钠标准溶液

在 1L 容量瓶中加入 300mL 去离子水，称取分析纯硫代硫酸钠（$Na_2S_2O_3 \cdot 5H_2O$）25g，溶于去离子水中，加入（分析纯）碳酸钠 0.1g，用去离子水稀释至 1L，标定。

e）1%淀粉指示剂

称取可溶性淀粉 1g，以少量水调成浆，倾于 100mL 沸水中，搅匀，煮沸，冷却，加入氯仿（$CHCl_3$）数滴。

A.1.2　滴定程序

用移液管准确吸取硫酸盐体系三价铬镀液 5mL（氯化物体系三价铬镀液取 1mL），置于 250mL 锥形瓶中，加去离子水 100mL，再加入过氧化钠（Na_2O_2）2g（当镀液工作时间较长时可适当多加），煮沸 20min～30min，此过程应防止溶液暴沸。取下锥形瓶，冷却至室温，加去离子水至 70mL，加入 10% KI 5mL，（1∶1）硫酸 10mL，以 0.1mol/L 硫代硫酸钠（$Na_2S_2O_3$）标准溶液滴定至溶液由棕黄色变为浅黄色，加入 1%淀粉指示剂 1mL，此时溶液为蓝黑色，继续滴定至溶液为透明淡蓝色为终点，记录消耗硫代硫酸钠标准溶液体积 $V_{Na_2S_2O_3}$（mL）。

A.1.3　Cr^{3+}含量计算公式为：

$$C_{Cr^{3+}} = \frac{C_{Na_2S_2O_3} V_{Na_2S_2O_3} \times 52}{3n}$$

式中　$C_{Cr^{3+}}$——Cr^{3+}的含量（g/L）；

$C_{Na_2S_2O_3}$——硫代硫酸钠标准溶液的浓度，其浓度为 0.1mol/L；

$V_{Na_2S_2O_3}$——消耗硫代硫酸钠标准溶液的体积（mL）；

n——取镀液的 mL 数，硫酸盐体系镀液取 5，氯化物体系镀液取 1。

A.2　Cr^{3+}含量高锰酸钾氧化-二苯碳酰二肼分光光度法测定

按照 GB/T 7466 的规定测定三价铬电镀溶液中铬的总含量。

附　录　B

（资料性附录）

三价铬镀液六价铬定性检验——二苯碳酰二肼显色法

B.1　试验试剂

a）甲醇或乙醇（分析纯）；

b）二苯碳酰二肼（分析纯）；

c）1∶1 硫酸。

B.2　试验过程

取甲醇（或乙醇）5mL，加去离子水 5 mL，（1∶1）硫酸 2mL，加入少许二苯碳酰二肼（米粒大小），摇晃至溶解完全，加入三价铬镀液 3 滴～5 滴。若溶液显红色，证明电镀溶液

中有 Cr^{6+}存在，若溶液显绿色，则表示电镀溶液中无 Cr^{6+}存在或不足以影响三价铬镀液的微量 Cr^{6+}。

第六节 金属覆盖层 工程用铬电镀层

一、概论

铬电镀层（简称铬镀层）硬度高（800HV~900HV），耐磨性好，反光能力强，有较好的耐热性，在 500℃以下加热，表面光泽和硬度均无明显变化，因此广泛用于功能性镀层。

电镀铬有两种，用作耐久、不变色的表面精饰电镀铬和用于各种工程应用的工业电镀铬或电镀硬铬。工业电镀铬层厚，主要利用电镀铬层的耐热、耐磨损、耐腐蚀、耐冲刷和摩擦系数低的特点，一般将铬直接电镀于基体金属上而不需要先镀底层或预电镀层。工程电镀铬与装饰电镀铬的区别在于：

1）电镀硬铬或工业电镀铬赋予被镀基体表面低的摩擦系数，因而镀件耐擦伤、耐磨料和润滑磨损、耐腐蚀等，可延长零部件的使用寿命；另一重要应用是修复零部件。

2）工程电镀铬层厚度范围为 2.5μm~500μm，甚至更厚，而装饰电镀铬层厚度却很少超过 0.3μm。

3）除少数例外，工程电镀铬层一般都直接电镀于基体金属上，而装饰电镀铬层则罩镀于镍底层或铜和镍底层上。

GB/T 11379—2008《金属覆盖层 工程用铬电镀层》规定了黑色和有色金属上的有或无底镀层的工程用铬电镀层的技术要求，可为电镀工程用铬企业提供技术支持。目前，电镀工程铬技术正向使用高电流效率电镀溶液的方向发展。

GB/T 11379—2008 等同采用 ISO 6158：2004《金属覆盖层 工程用铬电镀层》，替代 GB/T 11379—1989。该标准于 2008 年 6 月 19 日发布，2009 年 1 月 1 日实施。

二、标准主要特点与应用说明

该标准主要规范了电镀工程铬标识、替代式样、镀层厚度、结合强度、空隙率和硬度测量等内容。

电镀铬的电流效率一般都比其他金属电镀的低，甚至低很多，以致阴极上或镀件上发生的各种副反应会更严重地影响所镀覆的基体金属，特别是工程电镀铬层的厚度都比较厚，进行的电镀过程时间长，以致这种影响更严重。因此，该标准特别重视工程电镀铬前的基体质量的检查和镀铬前基体消除应力的热处理，推荐了不同情况可采用的热处理条件或规范，规定了在电镀前对基体进行喷丸处理。通过喷丸强化向基体引入适当的压应力和得到塑性变形表面层，抵消电镀过程中可能引入的张应力，从而改善制件承载状态，特别是承受循环载荷的疲劳性能。

为了消除工程电镀铬过程的各种副反应，特别是析出氢的副反应给基体金属产生的负面效应，该标准对钢件直接电镀工程铬和先镀镍底层后再电镀工程铬的具体情况，分别提出了工程电镀铬后的消除氢脆的热处理，同时也规定改善铝及铝合金上工程电镀铬层结合强度的热处理。

在改善或提高电镀铬层的装饰防护性能方面，特别是防护性能方面，电镀铬技术有了很大的发展。除了传统的一般电镀铬层、常规电镀铬层或标准电镀铬层之外，为避免应力集中的作用或局部作用，在无法避免电镀铬层的孔隙或裂纹或不连续的情况下，设法使这些裂纹或孔隙或不连续微小化，而且使其在电镀铬层中的分布尽可能均匀。该标准分别对常规铬、微裂纹铬提出了要求，同时对无裂纹、多孔铬和双层铬做出了规定。

该标准含范围、规范性引用文件、术语和定义、向供方提供的资料、标识、要求、抽样七部分。

根据工程镀铬层用途，可选取不同铬镀层及厚度。在标准应用中，要注意条款 6.8 “电镀前消除应力的热处理”、条款 6.9 “降低氢脆的热处理” 及 “附录 A”，这些条款的合理采用，有助于提高镀铬层的性能和使用寿命。用于军工产品时，还要注意镀层夹杂。

三、标准内容（GB/T 11379—2008）

金属覆盖层　工程用铬电镀层

1　范围

本标准规定了黑色和有色金属上的有或无底镀层的工程用铬电镀层的要求。电镀层标识提供了一种表示典型工程应用的铬电镀层的厚度的方法。

2　规范性引用文件

下列文件中的条款通过本标准的引用而成为本标准的条款。凡是注日期的引用文件，其随后所有的修改单（不包括勘误的内容）或修订版均不适用于本标准，然而，鼓励根据本标准达成协议的各方研究是否可使用这些文件的最新版本。凡是不注日期的引用文件，其最新版本适用于本标准。

GB/T 3138　金属镀覆和化学处理与有关过程术语（GB/T 3138—1995，neq ISO 2079：1981）

GB/T 4955　金属覆盖层　覆盖层厚度测量　阳极溶解库仑法（GB/T 4955—2005，ISO 2177：2003，IDT）

GB/T 4956　磁性基体上的非磁性覆盖层　覆盖层厚度测量　磁性法（GB/T 4956—2003，ISO 2178：1982，IDT）

GB/T 5270　金属基体上的金属覆盖层　电沉积和化学沉积层　附着力强度试验方法评述（GB/T 5270—2005，ISO 2819：1980，IDT）

GB/T 6462　金属和氧化物覆盖层　厚度测量　显微镜法（GB/T 6462—2005，ISO 1463：2003，IDT）

GB/T 6463　金属和其他无机覆盖层厚度测量方法评述（GB/T 6463—2005，ISO 3882：2003，IDT）

GB/T 9790　金属覆盖层及其他有关覆盖层　维氏和努氏显微硬度试验（GB/T 9790—1988，neq ISO 4516：1980）

GB/T 12332　金属覆盖层　工程用镍电镀层（GB/T 12332—2008，ISO 4526：2004，IDT）

GB/T 12334　金属和其他非有机覆盖层　关于厚度测量的定义和一般规则（GB/T

12334—2001，ISO 2064：1996，IDT）

GB/T 12609 电沉积金属覆盖层和相关精饰 计数检验抽样程序（GB/T 12609—2005，ISO 4519：1980，IDT）

GB/T 17721 金属覆盖层 孔隙率试验 铁试剂试验（GB/T 17721—1999，eqv ISO 10309：1994）

GB/T 19349 金属和其他无机覆盖层 为减少氢脆危险的钢铁预处理（GB/T 19349—2003，ISO 9587：1999，IDT）

GB/T 19350 金属和其他无机覆盖层 为减少氢脆危险的涂覆后钢铁的处理（GB/T 19350—2003，ISO 9588：1999，IDT）

GB/T 20015 金属和其他无机覆盖层 电镀镍、自催化镀镍、电镀铬及最后精饰 自动控制喷丸硬化前处理（GB/T 20015—2005，ISO 12686：1999，MOD）

GB/T 20018 金属和非金属覆盖层 覆盖层厚度测量 β射线背散射法（GB/T 20018—2005，ISO 3543：2000，IDT）

ISO 9220 金属覆盖层 厚度测量 扫描电镜法

ISO 10587 金属和其他无机覆盖层 涂覆和未涂覆金属覆盖层的螺栓和螺杆的残余氢脆试验斜楔法

ISO 15274 金属和其他无机覆盖层 钢铁析氢的电化学测量 藤壶电极法

EN 12508 金属及合金的防护 表面处理，金属和其他无机覆盖层 词汇

3 术语和定义

GB/T 3138、GB/T 12334、EN 12508 确立的术语和定义适用于本标准。

4 向供方提供的资料

4.1 必要资料

按本标准订购电镀产品时，需方应在合同或订购合约中，或在工程图样上书面提供以下资料：

a）标识（见第5章）；

b）替代试样的要求（见6.1）；

c）主要表面，应在工件图样上标明，也可用有适当标记的样品说明（见6.2）；

d）铬电镀层的外观和表面精饰，如电镀的、打磨的或机加工的（见6.2和6.3）。也可用需方提供或认可的样品来表明外观和所要求的精饰，以便于比较（见6.2）；

e）可容许的缺陷的类型、大小和数量（见6.2）；

f）表面上最小厚度有要求的附加部分（见6.4）；

g）测量厚度的试验方法（见6.4）；

h）结合力和孔隙率的要求及其试验方法（见6.6和6.7）；

i）工件的抗拉强度和电镀前减小应力的热处理的要求（见6.8）；

j）电镀后降低氢脆热处理的要求和氢脆试验方法（见6.9）；

k）抽样方案和接收水平（见第7章）。

4.2 附加资料

适当时，需方应提供以下附加资料：

a）基体金属的标准成分或规格、冶金学状态以及硬度（见5.3）；

注：修复工件时，很难提供这些资料，因此镀层的质量难以保证。

b）前处理的任何要求或限制，如用蒸汽喷砂代替酸洗前处理；

c）结合力的任何特殊要求（见6.6）；

d）可导致压应力的任何处理的必要性，如：电镀前或电镀后的喷丸处理（见6.10）；

e）底镀层（见5.5和6.11）和退镀（见6.12）的要求。

5　标识

5.1　概述

标识可能出现在工程图、订购单、合同或详细的产品说明中。

标识按照规定的顺序明确指出了基体金属、特殊合金、减小应力的要求、底镀层的类型和厚度、铬镀层的类型和厚度以及包括降低氢脆敏感性的热处理在内的后处理。

5.2　组成

标识应包括以下内容：

a）术语“电镀层”；

b）本标准的编号，即GB/T 11379；

c）连字符；

d）基体金属的化学符号（见5.3）；

e）斜线（/）；

f）铬镀层及面镀层和底镀层的符号，每一层之间按镀层的先后顺序用斜线（/）分开。镀层标识应包括镀层的厚度（以微米计）和热处理要求（见5.4）。省去的或不做要求的步骤应用双斜线（//）标明。

注：特种合金建议用该基体金属的化学符号后加标准牌号注明，如：UNS号，或等同的国家或地方牌号，其牌号置于〈　〉内。

示例：Fe〈G43400〉是高强度钢的UNS牌号。

5.3　基体金属的标识

基体金属应用其化学符号表示。如果是合金，则应标明主要成分。

例如：

a）Fe表示铁和钢；

b）Zn表示锌合金；

c）Cu表示铜及铜合金；

d）Al表示铝及铝合金。

注：为确保表面预处理合适及镀层与基体金属之间的结合力良好，标明特种合金及其冶金学状态（回火、渗氮等）尤为重要。

5.4　热处理要求的标识

热处理要求应按如下要求标注在方括号内：

a）SR表示消除应力热处理；ER表示降低氢脆敏感性热处理；HT表示其他热处理；

b）在圆括号中标明最低温度，用℃计；

c）热处理持续时间，用h计。

示例：[SR（210）1] 表示在210℃下消除应力处理1h。

热处理有规定时，标识中应包括其要求（见5.6）。

5.5 金属镀层的类型和厚度

铬电镀层用表1给出的符号后加所要求的以微米计的最小局部厚度表示。附录A给出了工程用铬电镀层的典型厚度。

表1 不同类型的铬电镀层的符号

铬电镀层的类型	符 号
常规硬铬	hr
混合酸液中电镀的硬铬	hm
微裂纹硬铬	hc
微孔硬铬	hp
双层铬	hd
特殊类型的铬	hs

示例：Cr50hr表示厚度为50μm的常规硬铬电镀层。

镍底镀层应按GB/T 12332来表示，即：符号sf表示无硫镍，sc表示含硫镍，sh表示镍母液中分散有微粒的无硫镍。将适当的符号置于所要求的镍电镀层的最小局部厚度数值（以微米计）后面，以表示镍底镀层的类型。

示例：Ni10sf表示从不会向电镀层中引入硫的溶液中电镀的镍底层，其厚度为10μm。

5.6 标识实例

低碳钢（Fe）上电沉积的厚度为50μm的常规硬铬（Cr50hr）电镀层标识为：

电镀层 GB/T 11379-Fe//Cr50hr

铝上电沉积的厚度为250μm的多孔铬电镀层（Cr250hp）标识为：

电镀层 GB/T 11379-Al//Cr250bp

钢上厚度为25μm的常规硬铬电镀层（Cr25hr），其底镀层为10μm厚的无硫镍，则该铬电镀层标识为：

电镀层 GB/T 11379-Fe//Ni10sf/Cr25hr

钢上厚度为50μm的常规硬铬电镀层，电镀前在210℃下进行消除应力的热处理2h，电镀后在210℃下进行降低脆性的热处理22h，该铬电镀层标识如下：

电镀层 GB/T 11379-Fe/[SR(210)2]/Cr50hr/[ER(210)22]

为了便于订货，详细的产品说明书不仅包括标识，而且还应清楚地注明特定产品其他必要的使用要求。

6 要求

6.1 替代试样

当电镀件不适合进行试验，或因电镀件数量较少或价值贵重而不可提交进行破坏性试验时，可用替代试样来测量结合力、厚度、孔隙率、耐蚀性、硬度和其他性能。替代试样的材质、冶金学状态、表面状态应与电镀件一样，并且与其代表的电镀件一起加工。

需方应明确规定替代试样的使用方法以及所用替代试样的数量、材质、形状和大小[见4.1b)]。

6.2 外观

主要表面上的铬电镀层应是光亮的或有光泽的，用肉眼检查时，不应有麻点、起泡、脱落或对表面精饰有害的其他缺陷。电镀后直接使用或磨光的工件表面上，除镀层的最外边缘处，其他部位不允许有铬瘤。由于基体金属的表面状态（划痕、孔隙、钢印、杂质）引起的缺陷，即使经过良好的金属精饰也难以除去，则这些缺陷不应成为拒收的理由。需方应规定精饰或未精饰产品容许的缺陷。

可用确认的样品进行对比检查［见 4.1d)］。

电镀工件应无肉眼可见的裂纹。厚度大于 50μm 的镀层不允许有通达基体的裂纹。

为满足尺寸要求镀后要进行打磨的电镀件，不应干磨，而应采用合适的液体冷却剂，并采用足够轻的压力以免开裂。打磨后，在无放大情况下肉眼观察，粗裂纹应作为拒收的理由。

电镀方进行热处理和打磨时产生的肉眼可见的气泡和裂纹应拒收。

6.3　表面精饰

见 4.1d)。

注：对于打磨精饰，表面粗糙度 *Ra* 为 0.4μm 称为细抛，*Ra* 为 0.2μm 称为精抛。

6.4　厚度

标识中规定的镀层厚度应是最小局部厚度。除非另有规定，否则电镀层的局部厚度应在主要表面上直径 20mm 的球所能接触到的任何一点上进行测量［见 4.1f)］。

铬电镀层、镍或其他金属底镀层的最小局部厚度应按附录 B 中给出的方法进行测量。

如遇争议，则库仑法用来测量 10μm 以下的铬电镀层的厚度，显微镜法用来测量 10μm 及以上厚度的铬电镀层和底层的厚度［见 4.1g)］。

注：铬电镀层的厚度不受技术限制，但由于电镀件的尺寸和几何形状造成的实际影响，铬电镀层增厚时很难获得光滑的表面和一致的厚度。为对铬电镀层进行打磨或机加工以满足外观和表面粗糙度的要求，电镀操作要在工序间中断。当电镀工序中断时，经过机械打磨或加工的表面必须进行合适的再活化以增强后续电沉积层的结合力。为提高电沉积层厚度和覆盖能力，可采用辅助电极。

6.5　硬度

当硬度有规定时，应按 GB/T 9790 给出的方法进行测量。

6.6　结合强度

没有完全满意的试验来测量铬电镀层与基体金属的结合力。然而在镀有 25μm 铬电镀层的替代试样上进行弯曲试验可用来检验工艺中结合力的效果。GB/T 5270 对结合力试验方法做了评述，其中包括适合某特定情况的热震试验。对于厚的铬电镀层（大于 25μm），打磨试验可用来鉴别差的结合力［见 4.1h)］。

注：电镀方有责任确定电镀前的表面预处理方法，以确保镀层与基体金属的结合力。另见 6.4 的注，注意采用适当的表面预处理以确保铬镀层与铬镀层的结合力。

6.7　孔隙率

电镀铁件（或替代试样）应进行 GB/T 17721 中描述的孔隙率试剂试验或需方设计的改进的孔隙率试验。如果每一个工件或每单位面积的孔隙数超过需方和供方共同认可的数量，那么工件就应报废。

当多孔的、裂纹的或其他类型的铬镀层不连续性有规定时，铬电镀层的孔隙和裂纹数应通过合适放大倍数的光学显微镜或用附录 C 给出的方法（适用时）进行目测检查［见 4.1h)］。

注：附录C给出的方法不适用于裂纹和孔隙没有伸展到基体金属或镍底镀层的厚铬镀层。

6.8 电镀前消除应力的热处理

当需方有规定时，最大抗拉强度大于或等于1000MPa（31HRC）以及机加工、研磨、锻造或冷成形过程中产生了张应力的钢件，在清洗和金属沉积前应进行消除应力的热处理。热处理的工艺和等级应按需方的规定进行，也可由需方根据GB/T 19349来规定合适的工艺和等级［见4.1i)］。

有氧化皮或污垢的钢件在电镀前应进行清洗。对于高强度钢，为避免在清洗过程中产生氢脆危害，应采用化学碱性除油或阳极电解除油及机械除油。对高强度钢（抗拉强度大于1400MPa）进行机械除油时，应考虑进行过热处理的可能性。

6.9 降低氢脆的热处理

最大抗拉强度大于或等于1000MPa（31HRC）的钢件及表面强化过的工件，应进行降低氢脆的热处理。热处理的工艺和等级按GB/T 19350进行或按需方的规定进行［见4.1j)］。

降低氢脆的热处理的效果可按需方规定的试验方法进行测量，或按标准中描述的方法测量，例如：GB/T 6462和ISO 15274。

6.10 喷丸

如果需方规定电镀前或电镀后要进行喷丸处理，则应按GB/T 20015进行。测量喷丸强度的方法在该标准中有描述［见4.2d)］。

注：电镀前的喷丸处理可将疲劳强度的降低减至最小。疲劳强度的降低产生于高强度钢电镀层受拉应力和工件受复杂承载部件的重复使用过程中。其他影响疲劳寿命的因素包括镀层厚度和沉积层的残余内应力；镀层厚度应足够薄，以适应所期望的使用条件。喷丸产生的压应力使耐蚀性和抗应力腐蚀开裂性能提高。

6.11 底镀层的应用

当需方有规定时，可采用镍或其他金属底镀层。如需降低氢脆处理，则电镀后应按GB/T 19350规定的工艺和等级进行。电镀镍底层应符合GB/T 12332的要求。

6.12 退镀

允许进行退镀和重镀，但最大抗拉强度≥1000MPa（31HRC）的工件的镀层在酸中退镀后，重镀前应进行降低氢脆的处理（见6.9）。如果工件在碱性溶液中进行阳极退镀，则退镀后不需要进行降低氢脆的处理［见4.2e)］。

当工件的铬电镀层被磨掉或磨至露出基体金属或镍底层（如有）时，为获得更好的修复效果，常将剩余镀层全部退去。

虽然表面上铬镀层完好，但是为尽可能满足最终产品的要求，表面仍应进行精饰，例如，用涂有氧化铝的金刚砂轮打磨。在碱性溶液中脱脂和阳极清洗后，彻底浸泡，再在电镀液中以6V电压阳极浸蚀10s~20s，以活化铬镀层的最外层，然后将工件变成阴极，开始通入3V电压，再在30s~60s内慢慢提高电压至析氢和电沉积出现，并且使电流在5min内达到正常值。

7 抽样

抽样方案应从GB/T 12609规定的程序中选择。接收水平应由需方规定［见4.1k)］。

附　录　A
（资料性附录）
工程用铬电镀层的典型厚度

典型厚度/μm	应　　用
2~10	用于减小摩擦力和抗轻微磨损
>10~30	用于抗中等磨损
>30~60	用于抗黏附磨损
>60~120	用于抗严重磨损
>120~250	用于抗严重磨损和耐严重腐蚀
>250	用于修复

附　录　B
（资料性附录）
铬及其他金属镀层厚度的测量方法

B.1　概述

GB/T 6463 综述了金属及其他无机覆盖层厚度的测量方法。

B.2　破坏性试验

B.2.1　显微镜法

采用 GB/T 6462 规定的方法。

B.2.2　库仑法

GB/T 4955 中规定的库仑法可用于测量铬镀层和金属底镀层的总厚度。用该方法时，应在直径 20mm 的小球可接触到的主要表面上任何一点上测量。

B.2.3　扫描电镜法

ISO 9220 中描述的扫描电镜法可用来测量铬电镀层和底镀层的厚度。

B.3　非破坏性试验

B.3.1　磁性法

当基体金属是磁性材料时，可采用 GB/T 4956 中规定的方法。

B.3.2　β 反向散射法

采用 GB/T 20018 规定的方法。本方法适用于铝及铝合金、镁及镁合金、钛及钛合金和非金属材料基体上铬电镀层厚度的测量。

附　录　C
（规范性附录）
铬电镀层的裂纹和孔隙的测量

C.1　概述

微裂纹通常采用无前处理的显微镜法直接测量。在有争议的情况下，建议用电沉积铜法（见 C.3）来显露裂纹，而且电沉积铜法也是显露微裂纹必需的方法。

C. 2 裂纹的无前处理的显微镜测量法

在适当放大倍数的光学显微镜下，用反射光检查表面的裂纹。用测微计目镜或类似的装置测出用以计数裂纹的距离。在已测量的至少可数出 40 条裂纹的长度上进行检测。

C. 3 裂纹和孔隙的电沉积铜法 ［硫酸铜（Dubpernell）试验］

C. 3. 1 原理

在酸性硫酸铜溶液中，以低电流密度或电压在铬镀层不连续处的镍底镀层上（如果有）或铁、锌或铝基体金属上电沉积铜。本方法可以用来快速目测裂纹和孔隙的均匀性，或数出裂纹和孔隙的数量。最后可用显微镜观察。

C. 3. 2 步骤

本试验最好是在电镀铬后立即进行。如果要延迟进行，实验前应将试验试样进行彻底的脱脂，并避免电解处理。以试验试样作阴极，在 20℃ ±5℃ 时，通以 0. 3A/dm^2 的平均电流密度（0. 2V~0. 4V，取决于阴阳极面积比），在阴极上电镀铜 1min，其电镀液包括 200g/L 的五水硫酸铜（$CuSO_4 \cdot 5H_2O$）和 20g/L 的硫酸（H_2SO_4，ρ=1. 84g/mL）。

在浸入电镀液前，必须将试验试样和阳极接通电流。

如果电镀铬后几天才进行试验，则应在电沉积铜前将试样浸入约 65℃ 的 10g/L~20g/L 硝酸中 4min，有助于显露裂纹和孔隙。在已测量的至少可以数出 40 条裂纹或 200 个孔隙的长度上进行检测。

第七节 金属覆盖层 工程用镍电镀层

一、概论

工程用镍电镀层（简称镍镀层）具有多方面应用，如修复磨损、被腐蚀的零件等。采用刷镀技术可进行局部镀；采用电铸工艺，用来制造印刷行业的电铸版、唱片模以及其他模具。厚的镍镀层具有良好的耐磨性，可以作为耐磨镀层。近几年发展起来的复合镀，可沉积出夹有耐磨粒子的复合镍镀层，其耐磨性和硬度比镀镍层更高。以石墨或氟化石墨作为分散微粒，获得的镍-石墨或镍-氟化石墨复合镀层具有很好的自润滑性。

GB/T 12332—2008《金属覆盖层 工程用镍电镀层》规定了黑色和有色金属上的工程用镍和镍合金电镀层的技术要求、镀层性能检测，涵盖了工程用镍各类应用，对工程用镍生产企业具有指导作用。

GB/T 12332—2008 等同采用 ISO 4526：2004《金属覆盖层 工程用镍电镀层》，替代 GB/T 12332—1990。该标准于 2008 年 6 月 19 日发布，2009 年 1 月 1 日实施。

二、标准主要特点与应用说明

工程用镍电镀层的厚度较厚，一般都超过 30μm，适用于经受腐蚀、磨损、疲劳等承载复杂的服役条件。为了获得符合所需质量的工程用镍电镀层，对基体金属的电镀前处理应有严格的要求，因此不同于其电镀标准，该标准专设一章对基体金属的电镀表面质量和电镀前处理特别是镀前消除应力提出了要求和规定，不仅推荐了一般可实施的用于高强度钢的消除应力热处理条件，还给了供需双方商定的权利。

在基体金属电镀前处理中，特别规定了喷丸处理。受控喷丸处理或受控喷丸强化是近几十年来得到有效发展的人为地赋予钢基体以适当压应力和塑性变形表面层的先进技术。该标准对黑色和有色金属的适当喷丸强度提出了要求和规定，推荐了喷丸强化方法。

除了对电镀层的外观、厚度、结合强度等提出常规要求之外，特别对工程用镍电镀层的表面粗糙度和孔隙率等提出了要求，以适应摩擦、磨损和腐蚀等工程需要。

由于工程用镍电镀层比一般装饰防护镍电镀层厚得多，所以其电镀过程的时间也相对更长，电镀过程对基体金属的影响也相对更严重。因此，该标准也特别提出了一般的工程电镀镍后的热处理，用于钢铁的消除氢脆热处理，以及用于铝及铝合金件的提高工程用镍电镀层与基体结合强度的热处理。

该标准适合黑色和有色金属上的工程用镍和镍合金电镀层，包括工程用镍标识、镀层外观、表面精饰、厚度、硬度、结合强度、孔隙率、延展性以及电镀前后热处理方法等内容。

该标准包含范围、规范性引用文件、术语和定义、向供方提供的资料、标识、要求、抽样七部分。

根据工程用镍用途和性能要求，选取镀镍溶液；根据镍镀层厚度大小，选取镀层厚度测量方法。一般来讲，库仑法适合厚度在10μm以下的镀层测量，厚度在10μm以上的镀层需采用金相显微镜法测量。

在该标准应用中，应注意条款6.11“内应力”，附录E“不同用途的附加资料”。在附录E中重点强调了镍镀层用于耐磨工况可能出现的问题，以及工艺过程控制对镍镀层性能的影响。

该标准也适合刷镀镍镀层。

三、标准内容（GB/T 12332—2008）

金属覆盖层　工程用镍电镀层

1　范围

本标准规定了黑色和有色金属上的工程用镍和镍合金电镀层的要求。

本标准不适用于镍为小组分的二元镍合金电镀层。

标识提供了一种表示工程用镍及镍合金电镀层的类型和厚度的方法。

2　规范性引用文件

下列文件中的条款通过本标准的引用而成为本标准的条款。凡是注日期的引用文件，其随后所有的修改单（不包括勘误的内容）或修订版均不适用于本标准，然而，鼓励根据本标准达成协议的各方研究是否可使用这些文件的最新版本。凡是不注日期的引用文件，其最新版本适用于本标准。

GB/T 3138　金属镀覆和化学处理与有关过程术语（GB/T 3138—1995，neq ISO 2079：1981）

GB/T 4955　金属覆盖层　覆盖层厚度测量　阳极溶解库仑法（GB/T 4955—2005，ISO 2177：2003，IDT）

GB/T 5270　金属基体上的金属覆盖层　电沉积和化学沉积层　附着力强度试验方法评述（GB/T 5270—2005，ISO 2819：1980，IDT）

GB/T 6461 金属基体上金属和其他无机覆盖层 经腐蚀试验后的试样和试件的评级（GB/T 6461—2002，ISO 10289：1999，IDT）

GB/T 6462 金属和氧化物覆盖层 厚度测量 显微镜法（GB/T 6462—2005，ISO 1463：2003，IDT）

GB/T 6463 金属和其他无机覆盖层厚度测量方法评述（GB/T 6463—2005，ISO 3882：2003，IDT）

GB/T 9790 金属覆盖层及其他有关覆盖层 维氏和努氏显微硬度试验（GB/T 9790—1988，neq ISO 4516：1980）

GB/T 12334 金属和其他非有机覆盖层 关于厚度测量的定义和一般规则（GB/T 12334—2001，ISO 2064：1993，IDT）

GB/T 12609 电沉积金属覆盖层和相关精饰 计数检验抽样程序（GB/T 12609—2005，ISO 4519：1980，IDT）

GB/T 13744 磁性和非磁性基体上的镍电镀层厚度的测量（GB/T 13744—1992，idt ISO 2361：1982）

GB/T 15821 金属覆盖层 延展性测量方法（GB/T 15821—1995，eqv ISO 8401：1986）

GB/T 16921 金属覆盖层 覆盖层厚度测量 X射线光谱法（GB/T 16921—2005，ISO 3497：2000，IDT）

GB/T 19349 金属和其他无机覆盖层 为减少氢脆危险的钢铁预处理（GB/T 19349—2003，ISO 9587：1999，IDT）

GB/T 19350 金属和其他无机覆盖层 为减少氢脆危险的涂覆后钢铁的处理（GB/T 19350—2003，ISO 9588：1999，IDT）

GB/T 20015 金属和其他无机覆盖层 电镀镍、自催化镀镍、电镀铬及最后精饰 自动控制喷丸硬化前处理（GB/T 20015—2005，ISO 12686：1999，MOD）

GB/T 20018 金属和非金属覆盖层 覆盖层厚度测量 β射线背散射法（GB/T 20018—2005，ISO 3543：2000，IDT）

ISO 9220 金属覆盖层 厚度测量 扫描电镜法

ISO 10587 金属和其他无机覆盖层 涂覆和未涂覆金属覆盖层的螺栓和螺杆的残余氢脆试验斜楔法

ISO 15274 金属和其他无机覆盖层 钢铁析氢的电化学测量 藤壶电极法

EN 12508 金属及合金的防护 表面处理、金属和其他无机覆盖层 词汇

3 术语和定义

GB/T 3138、GB/T 12334、EN 12508确立的术语和定义适用于本标准。

4 向供方提供的资料

4.1 必要资料

按本标准订购电镀产品时，需方应在合同或订购合约中，或在工程图样上书面提供以下资料：

a）标识（见第5章）；

b）替代试样的要求（见6.1）；

c）主要表面，应在工件图样上标明，也可用有适当标记的样品说明（见 6.2）；

d）最后的表面精饰状态，如电镀的、打磨的、机加工的或抛光的。也可用需方提供或认可的样品来表明所要求的精饰状态，以便于比较（见 6.2 和 6.3）；

e）缺陷的类型和大小，每类缺陷在表面或每平方分米表面上允许的数量（见 6.2）；

f）表面上最小厚度有要求的附加部分（见 6.4）；

g）测量厚度、结合强度、孔隙率的试验方法；如有需要，还应指明内应力和延展性的试验方法（依次见 6.4、6.6、6.7、6.11 和 6.12）；

h）工件的抗拉强度及电镀前为减少内应力的热处理的要求（见 6.8）；

i）电镀后降低氢脆的要求及氢脆试验方法（见 6.9）；

j）抽样方案和接收水平（见第 7 章）。

4.2　附加资料

适当时，需方应提供以下附加资料：

a）基体金属的标准组成或规格、冶金学状态以及硬度（见 5.3）；

注：修复工件时，很难提供这些资料，因此镀层的质量难以保证。

b）电镀前/后喷丸的必要性（见 6.10）；

c）前处理的任何要求或限制，如用蒸汽喷砂代替酸洗前处理；

d）底电镀层和/或面层的要求（见 5.5）；

e）表面精饰、硬度、结合力的要求（见 6.3、6.5 和 6.6）。

5　标识

5.1　概述

标识可能出现在工程图、订购单、合同或详细的产品说明中。

标识按照规定的顺序明确指出了基体材料及其标准牌号（非强制性的）、减小应力的要求、底镀层的类型和厚度、镍或镍合金镀层的类型和厚度、面镀层的类型和厚度以及包括热处理在内的后处理。

5.2　组成

标识应包括以下内容：

a）术语“电镀层”；

b）本标准的编号，即 GB/T 12332；

c）连字符；

d）基体金属的化学符号（见 5.3）；

e）斜线（/）；

f）镍或镍合金镀层及底镀层和面镀层的符号，每一层之间按镀层的先后顺序用斜线分（/）开。镀层标识应包括镀层的以微米计的厚度（见 5.5）和热处理要求（见 5.4）。省去的或不作要求的步骤应用双斜线（//）标明。

注：特种合金建议用该基体金属的化学符号后加标准牌号注明，如：UNS 号，或等同的国家或地方牌号。其牌号置于〈　〉内。

示例：Fe〈G43400〉是高强度钢的 UNS 牌号。

5.3　基体金属的标识

基体金属应用其化学符号表示。如果是合金，则应标明主要成分。例如：

a）Fe 表示铁和钢；

b）Zn 表示锌合金；

c）Cu 表示铜及铜合金；

d）Al 表示铝及铝合金。

注：为确保表面预处理合适及镀层与基体金属之间的结合力，标明特种合金的成分和冶金学状态（回火、渗氮等）尤为重要。

5.4 热处理要求的标识

热处理要求应按如下要求标注在方括号内：

a）SR 表示消除应力的热处理；ER 表示降低氢脆敏感性的热处理；HT 表示其他的热处理；

b）在圆括号中标明最低温度，用℃计；

c）热处理持续时间，用 h 计。

示例：[SR（210）1] 表示在 210℃下消除应力处理 1h。

热处理有规定时，标识中应包括其要求（见 5.6 中的第三个实例）。

5.5 金属镀层的类型和厚度

电镀镍用镍的化学符号 Ni 后加以微米计的最小局部厚度表示。镍电镀层的类型用表 1 中给出的符号表示，并置于厚度数值的后面。

对于镍合金电镀层，表 2 给出了表示合金电镀层的符号，在其后面的圆括号中标注合金镀层的主要成分的数值，再注明规定的以微米计的最小局部厚度的数值。

示例：NiCo（35）25 表示厚度为 25μm，含钴质量分数为 35%的镍-钴合金电镀层。

电沉积或以其他方式镀覆的金属底镀层和面镀层应用沉积金属的化学符号表示，后接镀层的最小局部厚度的数值（以微米计）。

表 1 不同类型的镍电镀层的符号、硫含量及延展性

镍电镀层的类型	符　号	硫含量（质量分数，%）	延展性（%）
无硫	sf	<0.005	>8
含硫	sc	>0.04	—
镍母液中分散有微粒的无硫镍	pd	<0.005	>8

表 2 电沉积二元镍合金的符号和主要成分

镍合金	符　号	主 要 成 分	质量分数(%)
镍-钴	NiCo	钴	5~50
镍-铁	NiFe	铁	10~30
镍-锰	NiMn	锰	约 0.5
镍-钼	NiMo	钼	5~40
镍-钨	NiW	钨	5~40
镍-磷	NiP	磷	1~30

注：工程用镍电镀层常由瓦特镍和氨基磺酸镍槽液电沉积，附录 A 给出了槽液的主要成分。符号 sf 表示槽液不含硬化剂、光亮剂和减小应力的添加剂，镀层不含硫。符号 sc 表示槽液中可能含有硫或其他共沉积元素或化合物，这些物质用来增加镍层的硬度、减小粗糙度或控制内应力。为了电沉积钴、铁、锰或磷的镍合金，可对瓦特槽和氨基磺酸镍槽液进行调整。无论是电沉积钼还是钨的镍合金槽液，都与瓦特镍和氨基磺酸盐槽液显著不同。据报道，已出现了适于电沉积镍-钼、镍-钨的槽液。

5.6　标识实例

碳钢上电沉积的最小局部厚度为50μm、无硫的工程用镍电镀层标识为：

电镀层　GB/T 12332-Fe//Ni50sf

铝合金上电沉积的最小局部厚度为75μm、无硫的、镍层含有共沉积的碳化硅颗粒的工程用镍电镀层标识为：

电镀层　GB/T 12332-Al//Ni75pd

高强度钢上电沉积的最小局部厚度为25μm、无硫的工程用镍电镀层，电镀前在210℃下进行消除应力的热处理2h，电镀后在210℃下进行降低脆性的热处理22h，该镍电镀层标识为：

电镀层　GB/T 12332-Fe/[SR(210)2]/Ni25sf/[ER(210)22]

为了便于订货，详细的产品说明书不仅包括标识，而且还应清楚地注明特定产品其他必要的使用要求。

注：前面两个实例中的双分隔号表明电镀前和电镀后对热处理不作要求。

6　要求

6.1　替代试样

当电镀件不适合进行试验，或因电镀件数量较少或价值昂贵而不可提交进行破坏性试验时，可用替代试样来测量结合力、厚度、孔隙率、腐蚀性、硬度和其他性能。替代试样的材质、冶金学状态、表面状态应与电镀件一样，并且与再提交的电镀件一起加工。

需方应明确规定代表性试验试样的使用方法以及所用替代试样的数量、材质、形状和大小［见4.1b)］。

6.2　外观

主要表面上的电镀层应光滑且无明显缺陷，如麻点、裂纹、起泡、起皮、脱落、烧焦和露镀。表面上仅部分进行电镀的镀层边缘在经过需方规定的机加工和其他加工后，应没有颗粒、结瘤、晶粒粗大、锯齿边缘和其他缺陷［见4.1c)］。

可用确认的样品进行对比［见4.1d)］。

由基体金属的表面状态引起的缺陷或正常操作下仍存在的缺陷不应拒收。需方应规定基体金属缺陷的接收限［见4.1e)］。

需要进行机加工的电镀层允许电沉积时产生轻微的缺陷，这些缺陷可通过机加工来消除。为满足尺寸要求镀后要进行打磨的电镀件，打磨时应使用不含硫的液体冷却剂，并采用足够轻的压力以免开裂。电镀方进行热处理和打磨时产生的肉眼可见的气泡和裂纹应拒收。

6.3　表面精饰

见4.1d）和4.2e)。

注：对于打磨精饰，表面粗糙度 Ra 为0.4μm称为细抛，Ra 为0.2μm称为精抛。

6.4　厚度

标识中规定的镀层厚度应是最小局部厚度。除非另有规定，否则电镀层的局部厚度应在主要表面上直径为20mm的球所能接触到的任何一点上进行测量［见4.1f)］。

镍电镀层的局部厚度应按附录B给出的方法进行测量。局部厚度通常为5μm～200μm，其主要取决于具体的工程应用［见4.1g)］。

附录B中给出的大多数方法可用于镍合金电镀层厚度的测量。

注：镍电镀层的厚度不受技术限制，但由于电镀件的尺寸和几何形状造成的实际影响，镍电镀层增厚时很难获得光滑的表面和一致的厚度。对镍电镀层进行机加工以满足外观和表面粗糙度的要求时，电镀操作要在工序间中断。当电镀工序中断时，经过机加工的镍电镀层表面必须进行合适的再活化以增强后续电沉积层的结合力。为提高电沉积层厚度的一致性，应采用辅助电极和/或选择适当的保护。

6.5 硬度

当硬度有规定时，应按 GB/T 9790 给出的方法进行测量［见 4.2c)］。

6.6 结合强度

电镀件或替化试样应通过 GB/T 5270 中描述的弯曲、挫刀或热振实验。具体采用的试验方法应由需方指明［见 4.1g)］。

注 1：供方有责任确定电镀前的表面预处理方法，以使表面能满足本条的要求。

注 2：为提高镀层的结合强度，铝合金电镀后应在 130℃下进行热处理。对于那些在等于或高于该温度时会变质的合金，本处理不做要求。

6.7 孔隙率

电镀铁件或代表性试验试样应进行附录 C 中描述的热水孔隙率试验或附录 D 中描述的改进型孔隙率试纸试验。试验后应根据 GB/T 6461 对电镀件进行评级。除非需方另有规定，如果发现孔隙率达到某一程度，工件就应报废［见 4.1g)］。

6.8 电镀前消除应力的热处理

当需方有规定时，最大抗拉强度大于或等于 1000MPa（31HRC）及在机加工、研磨、锻造或冷成形过程中产生了张应力的钢铁件在清洗和电镀前应进行消除应力的热处理。热处理的工艺和等级应按需方的规定进行，也可由需方根据 GB/T 19349 来规定合适的工艺和等级［见 4.1h)］。

注：有氧化皮或污垢的钢铁在电镀前应进行清洗。对于高强度钢，为避免在清洗过程中产生氢脆危害，应采用化学碱性除油或阳极电解除油及机械除油。对高强度钢（抗拉强度大于 1400MPa）进行机械除油时，应考虑进行过热处理的可能性。

6.9 降低氢脆的热处理

最大抗拉强度大于或等于 1000MPa（31HRC）的钢件及表面强化过的工件，应进行降低氢脆的热处理。热处理的工艺和等级按 GB/T 19350 进行或按需方的规定进行［见 4.1h)］。

降低氢脆的热处理的效果可按需方规定的实验方法进行测量，也可按国家标准或国际标准中描述的方法测量，例如：ISO 10587 描述的测量螺纹件降低残余氢脆的热处理试验方法；ISO 15724 描述的测量钢中相关析氢浓度的方法。

需要弯曲的电镀弹簧和其他工件，在降低氢脆的热处理前不应进行弯曲。

注：含少量硫的镍和镍合金电镀层在 200℃以上温度下热处理时会褪色和变脆。脆性发生的精确温度取决于镍镀层中硫的含量及在超高温度下的处理时间。

6.10 喷丸

如果需方规定电镀前或电镀后要进行自动控制的喷丸处理，则应按 GB/T 20015 执行。测量喷丸强度的方法在该标准中有描述［见 4.2b)］。

注：电镀前和电镀后的喷丸处理可将疲劳强度的降低减至最小，疲劳强度的降低产生于高强度钢电镀层受拉应力和工作复杂承载部件的重复使用过程中。其他影响疲劳寿命的因素包括镀层厚度和电镀层的残余内应力。镀层厚度应足够薄以适应所期望的使用条件，残余内应力也应该尽可能小。喷丸产生的压应力

可提高工件耐蚀性和抗应力腐蚀开裂性能。

6.11　内应力

电沉积镍及镍合金层的内应力变化范围大。一般而言，高于100MPa的高张应力或压应力可能导致加工困难。瓦特镍比氨基磺酸镍槽液电沉积时产生的内应力高。可用有机添加剂来降低内应力，但必须谨慎使用，因为这些添加剂增加电沉积层的硫含量，也可能产生压应力。含硫的镍及镍合金电镀层在高于200℃时加工或使用可能变脆，这取决于在超高温度下的时间。整平剂往往会在张力方向上增加电镀层的内应力［见4.1g)］。

螺旋压力测量计、刚性带及其他测量内应力的方法可用来测量内应力，但这些方法都未进行标准化。测量内应力的设备供应商可提供测量电镀层的内应力的详细说明。

6.12　延展性

电镀后须进行弯曲或加工成型的应用中，电沉积镍和镍合金层的延展性是重要的考虑因素，例如电气和电子方面的许多应用。延展性不好可导致镀层在加工成形时开裂。不含硫的镍电沉积层的延展性通常大于8%。需方应规定所要求的延展性（见注）和测量方法（见GB/T 15821)。延展性常按GB/T 15821中描述的圆柱心轴弯曲法进行测量［见4.1g)］。

注：附录A表明，以拉伸的百分率测量，从瓦特镍槽液中电沉积镍的延展性在10%~30%之间，从氨基磺酸镍槽液中电沉积镍的延展性在5%~30%之间，这取决于pH值、温度和电流。不含硫的镍电沉积层的延展性可通过电镀后的热处理来提高。

7　抽样

抽样方案应从GB/T 12609规定的程序中选择。接收水平应由需方规定［见4.1j)］。

附　录　A
(资料性附录)
瓦特镍和氨基磺酸镍槽液的典型组成和操作条件及镍电镀层的力学性能

项　　目		瓦　特　镍	氨基磺酸镍
电镀液			
硫酸镍($NiSO_4 \cdot 6H_2O$)	浓度/(g/L)	—	225~400
氨基磺酸镍[$Ni(SO_3NH_2)_2$]		—	300~450
氯化镍($NiCl_2 \cdot 6H_2O$)		30~60	0~10
硼酸(H_3BO_3)		30~45	30~45
温度/℃		50~65	40~65
搅拌		空气或机械	空气或机械
操作条件			
阴极电流密度/(A/dm^2)		3~8	0.5~30
阳极		镍	镍
pH值		3.5~4.5	3.8~4.2
典型的力学性能			
抗拉强度/MPa		345~485	415~610
延展性(%)		10~30	5~30
维氏硬度[100gf(0.98N)载荷]　HV		130~200	170~230
内应力/MPa		125~185 (张应力)	0~50 (张应力)

注：通常加入镀镍针孔抑制剂来控制针孔的产生。

附 录 B

（资料性附录）

厚度测量的试验方法

B.1 概述

GB/T 6463 综述了金属及其他无机覆盖层厚度的测量方法。

B.2 破坏性实验

B.2.1 显微镜法

采用 GB/T 6462 规定的方法。如需浸蚀，则采用标准中规定的硝酸/冰醋酸浸蚀剂。对于铜+镍电镀层，浸蚀剂体积为 1 的硝酸（密度 $\rho=1.4g/mL$）和体积为 5 的冰醋酸的混合液。

B.2.2 库仑法

GB/T 4955 规定的库仑法可用于测量镍镀层和铜底镀层的总厚度。应用该方法时，可在主要表面上直径 20mm 的小球可接触到的任何一点上测量。

B.2.3 扫描电镜法

ISO 9220 描述的扫描电镜法可用来测量镍电镀层和底镀层的厚度。

注：如遇争议，则库仑法用来测量 10μm 以下的镍电镀层的厚度，显微镜法用来测量 10μm 及以上厚度的镍电镀层和底镀层的厚度。

B.3 非破坏性试验

B.3.1 磁性法（仅用于镍电镀层）

采用 GB/T 13744 规定的方法。

注：这种方法的灵敏度随电镀层渗透性的变化而变化。

B.3.2 β 反向散射法（仅用于没有铜底层的电镀层）

采用 GB/T 20018 规定的方法。本方法适用于铝基体上单镍电镀层。如果用于测量有铜底层的电镀层，则本方法测量的是镀层（包括铜底层）的总厚度。

B.3.3 X 射线光谱法

采用 GB/T 16921 规定的方法。

附 录 C

（规范性附录）

热水孔隙率试验

C.1 概述

本方法考察铁件上镍电镀层的不连续和孔隙率，并对镍镀层无腐蚀性。

C.2 材料

不锈钢或衬胶容器，或玻璃容器，中间悬挂工件，并使工件与金属容器接触处隔热。电镀层的主要表面应全部浸入清洁的蒸馏水或去离子水中。水的 pH 值应保持在 6.0~7.5 之间，电导率不高于 0.5μS/m。用于调节 pH 值的添加剂应对镍镀层无腐蚀性，并得到需方的认可。例如，pH 值可通过引入 CO_2 或加入 H_2SO_4 或醋酸或 NaOH 来调节。无油气源应能在水中产生足够的搅动，以免气泡依附在工件的主要表面上。

C.3 步骤

对待测电镀层表面进行清洗和脱脂，使其表面无水痕，然后将工件镀层表面全部浸入85℃的水中。当工件和水在85℃±3℃达到平衡时开始计时，保持试验60min，其间温度维持不变。试验结束时，将工件从热水中取出，并使水沥干，可用无油压缩空气加速干燥。黑点或红斑表明基体金属腐蚀或存在孔隙。

C.4 试验报告

试验报告应包括以下信息：

a）被测表面的面积；

b）肉眼可见的斑点的数量和直径；

e）符合需方定义和规定的单位面积上可见斑点的最大数量。

附 录 D
(规范性附录)
改进型孔隙率试剂试验

D.1 概述

本方法考察铁件上的镍电镀层的不连续和孔隙率。

如果试验超出规定周期（10min）3min及更长时间，试验对镍电镀层有轻微的腐蚀性。本试验对表面上存在的铁敏感，如镍电镀层表面与铁接触时，其表面上存在微量铁的地方会出现蓝色斑点。实验结果取决于表面精饰，*Ra* 大于 0.08μm 的表面比粗糙度低于该值的表面可能展现更多的孔隙。

D.2 材料和试剂

D.2.1 溶液A，将50g明胶和50g的氯化钠溶入1L热（45℃）蒸馏水中。

D.2.2 溶液B，将50g的氯化钠和1g非离子型润湿剂溶入1L蒸馏水中。

D.2.3 溶液C，将50g铁氰化钾溶入1L蒸馏水中。

D.2.4 滤纸，具有一定的润湿强度和条形。

D.3 步骤

保持溶液A在一定温度，使明胶溶解。将滤纸条浸入溶液A中，然后让滤纸干燥。使用前，将其浸入溶液B中足够长，使滤纸完全湿透。再将滤纸紧贴在彻底脱脂和清洗过的待测镍电镀层的表面。试验保持接触10min。其间，如滤纸变干，用溶液B重新润湿。试验结束时移开滤纸，并迅速将其浸入溶液C中。滤纸上的蓝色印记被认为基体金属腐蚀或存在孔隙。

D.4 试验报告

试验报告应包括以下信息：

a）被测表面的面积；

b）肉眼可见的斑点的数量和直径；

c）符合需方定义和规定的单位面积上可见斑点的最大数量。

附 录 E

（资料性附录）

不同用途的附加资料

E.1 耐磨性

镍与包括镍表面和钢在内的某些金属接触滑动时，即使经过很好的润滑，也易磨损。镍与铬和磷青铜接触滑动也不能形成好的磨合。为避免该问题，可用其他金属作为镍层的表面镀层。

E.2 电镀前的清洗和准备

a）对基体金属进行喷砂清洗可使表面光滑，但导致结合力不好。

b）含铬的浸蚀液不适于电镀前使用，因为其可能使镍电镀槽液污染，以致镀层产生起泡、麻点、起皮。

c）镍不能在铅、锌、锌基合金、铝合金、含锌量超过40%的铜合金上直接电镀。锌、锌基合金、含锌量超过40%的铜合金电镀镍前需镀铜底层（最小厚度为8μm～10μm）。铝及其合金在电镀镍前通常在锌酸盐或锡酸盐中浸镀，然后在浸镀层上电镀铜或其他中间层。

E.3 镀镍槽液中杂质的影响

a）铝和硅使电镀层高中电流密度区域发雾和轻微粗糙。

b）铁使镀层表面变粗糙。

c）60℃时溶液中硫酸钙以钙计超过0.5g/L时，产生硫酸钙沉淀，以致出现针状粗糙。

d）以铬酸盐形式存在的铬造成暗条纹，高电流密度时析气，也可产生起皮。

e）三价铬与铁、硅、铝一样可使镀层发雾、变粗糙。

f）铜、锌、镉使低电流密度区域发雾、发暗/黑。

g）有机污染物使光亮层发雾、变暗，也会造成暗镍变得半光亮或光亮。

第八节　金属覆盖层　工程用铜电镀层

一、概论

铜电镀层（简称铜镀层）既是功能镀层也是装饰镀层，它作为屏障层广泛用作多层电镀层体系的底层，用于热传导和电铸、电磁屏蔽、印制电路板导电层及热膨胀屏障层，有时也用于表面装饰。工程用铜电镀层一般采用碱性镀铜镀底层，酸性镀铜加厚。碱性镀铜从原来氰化物镀铜发展至无氰碱性镀铜技术，酸铜电镀技术的发展使得电流密度更宽广、镀层分散性能更好。GB/T 12333—1990《金属覆盖层　工程用铜电镀层》涵盖当前工程用铜电镀技术的整个过程，对该技术的工业应用具有重要的指导意义。GB/T 12333—1990于1990年4月27日发布，1990年12月1日实施。

二、标准主要特点与应用说明

该标准适用于工程用途的铜电镀层，如在热处理零件表面化学热处理对氮、碳等原子扩散起阻挡作用的铜镀层，拉拔丝加工过程中要求起减磨作用的铜电镀层，用作锡镀层的底层以防止基体金属扩散的铜电镀层。该标准包含不同用途铜镀层厚度选择、电镀前后热处理条件、铜镀层要求（外观、厚度、结合强度、孔隙率、可焊性及氢脆性）检测等内容。

作为工程用途的铜电镀层会经受服役中的各种不同的载荷或应力，这就要求铜电镀层与其镀覆的基体要能达到较好的组合。因其要镀覆的基体金属的表面状态要求高，而各种基体的表面状态或表面质量较为复杂，该标准对工程电镀铜前基体的表面状态未一一提出要求或规定，而只提出由供需双方按实际情况进行商定。不同的工程，要求不同厚度的铜电镀铜层，标准中列举了一些工程电镀铜层的典型应用厚度。基体电镀前经受的各种加工或处理所产生的各种应力不但不会在工程电镀铜过程消除、缓解或松弛，相反会加剧，例如酸洗、电镀等过程中的渗氢。该标准规定了一些基体材料制件，即高强度钢制件，在电镀前要进行消除应力的热处理，在电镀后要进行消除电镀过程中渗氢所致氢脆的热处理，特别对于经受循环应力或疲劳载荷的制件。

该标准除对工程用铜电镀层的外观提出一般要求之外，针对其特殊应用，例如，化学热处理中的局部防渗的特殊情况提出了边界无毛刺、无结瘤或无其他有害不规则边缘等要求，并留给供需双方一定的权利。在工程用铜电镀层的厚度要求方面提出了公差配合要求。考虑到工程用铜电镀层与其镀覆基体之间可能存在电化学阴极性关系，特别提出了对工程用铜电镀层的孔隙率要求。工程用铜电镀层用于电气、电子工业，所以标准中特别提出了可焊性要求和检验，还提出了一些钢电镀工程铜层的氢脆性要求和检验。

该标准分为：主要内容及适用范围、引用标准、术语、镀层的表示方法、基体金属、需方应向供方提供资料、厚度系列、钢件电镀前消除应力的热处理、镀层要求、钢件电镀后消除氢脆的热处理、抽样、替代试样、试验方法十三部分。

该标准强调，应根据不同用途，选取相应的铜电镀层厚度。在该标准的应用中，要特别注意条款 6.1“必要资料”和条款 7“厚度系列”，前者指出了需方应向供方提供资料的完整性，后者介绍了不同应用条件下应选择铜镀层的最小厚度。

该标准也可用于铜层修复。

三、标准内容（GB/T 12333—1990）

金属覆盖层　工程用铜电镀层

1　主题内容与适用范围

本标准规定了金属基体上工程用铜电镀层的有关技术要求。

本标准适用于工程用途的铜电镀层，例如在热处理零件表面起阻挡层作用的铜电镀层，拉拔丝加工过程中要求起减磨作用的铜电镀层，作锡镀层的底层防止基体金属扩散的铜电镀基等。

本标准不适用于装饰性用途的铜电镀层和铜底层及电铸用铜镀层。

2　引用标准

CB 1238　金属镀层及化学处理表示方法

GB 2423.28　电工电子产品基本环境试验规程　试验 T：锡焊试验方法

GB 4955 金属覆盖层厚度测定 阳极溶解库仑方法

GB 4956 磁性金属基体上非磁性覆盖层厚度测量 磁性方法

GB 5270 金属基体上金属覆盖层（电沉积层和化学沉积层）附着强度试验方法

GB 5931 轻工产品金属镀层和化学处理层的厚度测试方法 β射线反向散射法

GB 6462 金属和氧化物覆盖层 横断面厚度显微镜测量方法

GB 6463 金属和其他无机覆盖层 厚度测量方法评述

GB 12609 电沉积金属覆盖层和有关精饰计数抽样检查程序

GB 12334 金属和其他无机覆盖层 关于厚度测量的定义和一般规则

3 术语

3.1 主要表面

制件上某些已电镀或待电镀的表面，在该表面上镀层对制件的外观和（或）使用性能是重要的。

3.2 最小局部厚度

在一个制件的主要表面上所测得的局部厚度的最小值，也称最小厚度。

4 镀层的表示方法

镀铜层及有关处理的表示方法见 GB 1238。

5 基体金属

本标准未对基体金属电镀前的表面状态做规定，但供需双方应对其进行商定。

6 需方应向供方提供的资料

6.1 必要资料

a）本标准的标准号，即 GB 12333；

b）铜电镀层的最小厚度要求（见第 7 章）；

c）主要表面，应在订货单或图样上标明，也可用有适当标记的样品说明；

d）抽样方案（见第 11 章）；

e）破坏性试验的试样数量；

f）是否进行孔隙率试验，需进行时，应说明孔隙率的要求；

g）是否进行可焊性试验，需进行时，应说明有关细节（见 13.2）；

h）是否进行氢脆性试验，需进行时，应说明试验方法和要求；

i）规定的铜镀层的厚度是否有尺寸公差的要求，若有要求，应说明公差值。

6.2 附加资料

必要时，需方还应提供下述资料：

a）基体材料牌号；

b）零件的最大抗拉强度或硬度；

c）是否已经做过或需要做消除应力的热处理；

d）是否要求做消除氢脆的热处理；

e）铜镀件的包装、贮存或运输要求。

6.3 必要时，需方应提供代替产品进行试验的试样，即“替代试样”（见第 12 章）。

7 厚度系列

铜电镀层的厚度系列，即最小厚度要求及应用实例列于表 1。

表 1 铜电镀层的厚度系列

要求的最小局部厚度/μm	应用实例
25	热处理的阻挡层
20	渗碳、脱碳的阻挡层，印制电路板通孔镀铜，工程拉拔丝镀铜
12	电子、电器零件镀铜，螺纹零件密合性要求镀铜
5	锡覆盖层的底层，阻止基体金属向锡层扩散
按需要规定	上述类似用途或其他用途

8 钢件电镀前消除应力的热处理

8.1 若需方规定电镀前钢制零件要做消除应力的热处理，一般按表 2 的规定进行。

表 2 钢件电镀前消除应力的热处理规定

钢的最大抗拉强度 R_m/MPa	热处理	
	温度/℃	时间/h
$R_m \leqslant 1050$	—	—
$1050 < R_m \leqslant 1450$	190~220	至少 1
$1450 < R_m \leqslant 1800$	190~220	至少 18
$R_m > 1800$	190~220	至少 24

8.2 热处理也可采用不同于表 2 的条件进行，如适当提高温度和缩短时间，但应由供需双方商定。

8.3 表面曾淬火的零件，消除应力应在 130℃~150℃至少处理 5h。如果允许基体表面的硬度降低，也可以在较高温度下做较短时间的处理。

9 镀层要求

9.1 外观

在主要表面上，镀层应光滑平整，不应有明显的缺陷，如起泡、麻点、粗糙、裂纹、剥皮、烧焦及漏镀处。局部电镀层（如防渗碳镀铜）的边界应无毛刺、结瘤或其他有害的不规则边缘。非主要表面上可允许的镀层缺陷及其程度应由需方规定。主要表面上不可避免的挂具痕迹的状况及其位置也应由需方做出规定。必要时，供方可提出修改意见，但应由需方认可。

9.2 厚度

主要表面上铜层的最小厚度应符合表 1 的规定或需方的要求，若有尺寸公差的要求时，还应达到需方规定的公差值［见 6.1 中 b）和 i)］。

注：螺纹零件镀铜时，应避免螺纹的牙顶上镀得太厚。为了使牙顶上的镀层厚度不超过允许的最大厚度值，可以允许其他表面上镀层的厚度比规定值略小。

9.3 结合强度

镀层与基体应结合良好。结合强度试验按 GB 5270 中规定的适合铜镀层使用的一种或几种方法进行。试验后镀层与基体之间不应有任何形式的分离。

9.4 孔隙率

当需方规定镀层有孔隙率要求时，可按附录 A（参考件）规定的方法或需方指定的其他标准方法进行孔隙率试验，试验结果应达到需方规定的要求。

9.5 可焊性

当需方规定镀层有可焊性要求时，应按 GB 2423.28 中规定的一种方法或需方指定的其他标准方法进行可焊性试验。试验结果应达到 GB 2423.28 中 4.6.4（焊槽试验）或 4.7.4（烙铁试验）或 4.8.4（焊球试验）规定的要求或者需方指定的其他方法规定的要求。需方还应说明试验的部分细则，具体内容见 13.2。

9.6 氢脆性

当需方规定某些结构钢或高强度钢零件电镀后需进行氢脆性试验时，可按附录 B（参考件）规定的方法或需方指定的其他标准方法进行氢脆性试验。试验结果应达到各方法规定的要求。

10 钢件电镀后消除氢脆的热处理

10.1 若需方规定电镀后钢制零件要做消除氢脆的热处理，应按表 3 的规定进行。

表 3 钢件电镀后消除氢脆的热处理

钢的最大抗拉强度 R_m/MPa	热 处 理	
	温度/℃	时间/h
$R_m \leqslant 1050$	—	—
$1050<R_m \leqslant 1450$	190~220	至少 8
$1450 \leqslant R_m \leqslant 1800$	190~220	至少 18
$R_m>1800$	190~220	至少 24

10.2 热处理应在电镀后 4h 内尽快实施。

10.3 热处理温度不能超过零件的回火温度。

10.4 表面曾淬火的零件，消除氢脆时，应在 130℃~150℃ 加热至少 2h，如果允许基体表面的硬度降低，也可在较高温度下处理。

10.5 电镀的弹性零件或其他需要承受弯曲的零件，在消除氢脆之前不应被弯曲。

11 抽样

为了检查铜镀层是否符合本标准第 9 章中的要求，应按 GB 1260.9 的有关规定抽样。

12 替代试样

12.1 当镀件的大小和形状不宜进行本标准中规定的某些试验，或破坏性试验会明显地减少小批量电镀产品的数量时，需方应说明是否采用替代试样进行本标准中规定的某些破坏性试验。

替代试样与它所代表的镀件应该完全相同或十分接近，包括它们的基体金属材料的成分、含量、状态、电镀前表面粗糙度，以及电镀工艺过程，甚至在电镀槽中与阳板和其他镀件的相对位置、距离等均应与镀件一致，并与所代表的镀件同时进行镀前准备、电镀和镀后处理。

12.2 如果需方没有另外的说明，在生产现场进行非破坏性试验和目测检查时，不得使用替代试样。

13 试验方法

13.1 厚度

可以根据镀件的不同情况选择 GB 4955、GB 4956、GB 5931、GB 6462 中的方法测量镀铜层的厚度，也可以选择 GB 6463 中规定的适合铜镀层使用的其他方法，但要保证测量误差在 10%以内。

有关镀层厚度测量的规定见 GB 12334。

13.2　可焊性

当按 GB 2423.28 的规定进行镀层的可焊性试验时，需方应说明下述试验细则：

a）是否进行加速老化试验；

b）老化试验的方法（见 GB 2423.28）；

c）可焊性试验方法的类型，即焊槽法、烙铁法或焊球法，一般镀铜零件常用焊槽法。

附　录　A
孔隙率的试验方法
（参考件）

本附录规定的方法能测量钢铁基体上铜电镀层中通达基体的孔隙。

A.1　贴滤纸法

A.1.1　本方法适用于试验表面允许贴附一定面积滤纸的零件。

A.1.2　试验溶液

用蒸馏水配制含有下列成分的溶液：

铁氰化钾{$K_3[Fe(CN)_6]$}　10g/L

氯化钠（NaCl）　20g/L

试剂级别：化学纯

A.1.3　试验步骤

应保持试验环境的清洁，避免空气中弥漫铁粉尘。

用乙醇或其他适当的除油剂彻底除去待测表面的油污，以蒸馏水洗净并晾干。刚出镀槽的零件不必除油。

将具有一定湿态强度的滤纸条浸入 A.1.2 溶液，然后紧密贴附在待测表面上，滤纸和测试面之间不允许有任何间隙，保持 20min，试验过程中应使滤纸保持润湿。

取下滤纸并观察与镀层接触的表面。镀层中如有通达基体的孔隙就会有蓝色印痕出现。

A.1.4　孔隙率的测算

将刻有方格（大小为 $1cm^2$）的有机玻璃板，放在印有孔隙痕迹的检验滤纸上。记录测试面积和孔隙数目，计算孔隙率（每平方厘米个数）。必要时，还应测量和记录最大孔隙的尺寸、数量和单位面积（如 $1cm^2$）或指定面积内最多孔隙数，并在试验报告中说明。

A.2　浸渍法

A.2.1　本方法适用于任何尺寸和形状的零件。

A.2.2　试验溶液

用蒸馏水配制含有下列成分的溶液：

铁氰化钾{$K_3[Fe(CN)_6]$}　10g/L

氯化钠（NaCl）　15g/L

白明胶　20g/L

试剂级别：化学纯

A.2.3 试验步骤

按 A.1.3 的要求处理待测零件，然后浸入 A.2.2 溶液，5min 后取出观察，镀层中如有通达基体的孔隙就会出现蓝色斑点。

A.2.4 孔隙率的测算

仔细测算浸入溶液中的表面积和蓝色斑点数，计算孔隙率（每平方厘米个数）；或按 A.1.4 的方式处理。

附 录 B
氢脆性试验方法
（参考件）

本附录规定了用延迟破坏方法，鉴定高强度钢和抗拉强度在 1372MPa（$140kgf/mm^2$）以上的结构钢和弹簧钢对某镀覆工艺的氢脆性是否合格，并可对镀覆工艺及产品的氢脆性做仲裁鉴定。

B.1 方法原理

高强度钢和结构钢由于吸收氢和施加应力的作用，在小于屈服强度的静载荷下持续一定时间，将发生早期的脆性断裂。

B.2 试样

B.2.1 试样的材料

B.2.1.1 鉴定镀覆工艺时，试样应与产品的材料相同，并热处理至抗拉强度的上限。

B.2.1.2 鉴定产品时，试样的材料和热处理工艺均与产品相同。

B.2.2 试样的形状和尺寸

延迟破坏的试样，其形状和尺寸应符合图 B.1 规定。

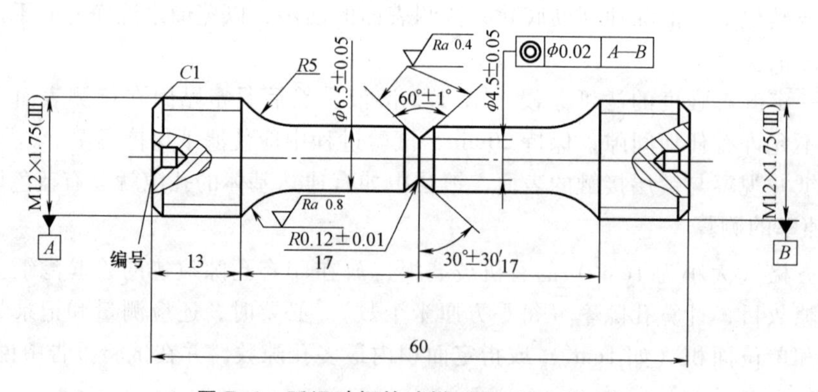

图 B.1 延迟破坏的试样（$R0.12$，$K_t=4$）

B.2.3 应力集中系数 K_t

本方法规定试样缺口根部应力集中系数 K_t 等于 4。K_t 值是按 Neuber 公式作图求出的。

B.2.4 试样的制备

B.2.4.1 使试样的轴线平行于材料的轧制纤维方向，按图示要求加工。粗加工后热处理至材料要求的抗拉强度，然后精加工到规定尺寸。缺口处用中软细粒氧化铝砂轮磨削，磨削量不宜过大，冷却液应充分。试样加工进刀量开始为 0.02mm ~ 0.01mm，精加工时为

0.005mm。磨削后应保证缺口根部半径圆滑并投影检查，以保证缺口尺小符合图示要求。逐根测量缺口根部直径尺寸（图中 ϕ4.5mm±0.05mm），并记录备查。

B.2.4.2 为了保证同心度，试样两端的螺纹应热处理后再精加工到要求的尺寸。

B.2.5 镀前消除应力

试样应按本标准第 8 章的要求进行镀前热处理，以消除磨削应力。消除应力时的最高温度，应比试样材料的回火温度低 10℃～20℃，同时要避开材料回火脆性区，以保证清除应力后的试样硬度不变。

B.2.6 电镀

试样应按替代试样的要求进行镀前准备、电镀和镀后处理。V 形缺口处镀层的厚度为 12μm～18μm。镀层应符合本标准第 9 章中规定的质量要求，镀层应一次完成，不允许重复电镀。电镀后试样应按本标准第 10 章的规定于 3h 内尽快进行消除氢脆的热处理。

B.3 延迟破坏试验

B.3.1 延迟破坏试验用的持久试验机，其力值误差应小于 1%，同心度误差小于 15%。

B.3.2 试样进行延迟破坏试验时所承受的载荷等于未镀覆试样缺口截面积乘以其缺口试样抗拉强度的 75%，加载后记录断裂时间。未镀覆试样的缺口抗拉强度应是 3～5 个未镀覆试样的平均值。如果 5 个试样的缺口抗拉强度值相差太大，应再取 3～5 个试样重新试验。

B.4 试验结果评定

B.4.1 鉴定镀覆工艺的氢脆性时用六根平行试样进行延迟破坏试验；鉴定产品氢脆性时用两根，在规定的（见 B3.2）静载荷下 200h 不断裂，则认为该工艺或该产品的氢脆性合格。如果有一个试样断裂时间少于 200h 则认为氢脆性不合格。

B.4.2 在分析断裂原因时，应考虑基材含氢量以及各加工工艺，如热处理等，增氢因素的影响。

第九节 光亮镀锌添加剂技术条件

一、概论

电镀锌属于面大而广的镀种。对钢铁制品来说，锌镀层是阳极性保护镀层，在工业大气和海洋大气环境中对钢铁能起到较好的保护作用。根据电解液成分不同，电镀锌电解液分为碱性和弱酸性两大类。碱性镀锌有碱性无氰镀锌和氰化物镀锌，弱酸性镀锌有氯化镀锌和硫酸镀锌。镀锌工艺关键是电镀锌添加剂，电镀工作者开发了适用不同工艺的各种添加剂，并不断完善和供应市场。

JB/T 10339—2002《光亮镀锌添加剂技术条件》涵盖了上述电镀锌添加剂技术，对添加剂生产企业和使用企业有一定指导意义。该标准于 2002 年 7 月 16 日发布，2002 年 12 月 2 日执行。

二、标准主要特点与应用说明

该标准适用于氰化物镀锌、锌酸盐镀锌、铵盐镀锌、氯化物镀锌及硫酸盐镀锌等光亮镀锌添加剂，主要技术内容涵盖各种添加剂霍尔槽试验、深镀能力、分散能力、阴极电流效率、镀层光泽、镀层结合强度及延展性等要求及检验方法。

该标准包含范围、规范性引用文件、技术要求、试验方法、检验规则及标志、包装和贮运等部分。

该标准主要技术指标是参照市场中档以上添加剂的技术指标而提出的，随着电镀锌添加剂技术发展，其技术指标还在不断提高。在标准应用中，要注意条款3.4“电镀性能”，标准中列出了电镀锌添加剂所对应的性能指标要求。

三、标准内容（JB/T 10339—2002）

光亮镀锌添加剂技术条件

1 范围

本标准确立了光亮镀锌添加剂的技术、试验方法、检测规则、标志、包装和贮运的一般原则。

本标准适用于氰化物镀锌、锌酸盐镀锌、铵盐镀锌、氯化物镀锌及硫酸盐镀锌的光亮镀锌添加剂。镀层锌含量≥99%的锌合金电镀的光亮添加剂亦可参照采用本标准。

2 规范性引用文件

下列文件中的条款通过本标准的引用而成为本标准的条款。凡是注日期的引用文件，其随后所有的修改单（不包括勘误的内容）或修订版均不适用于本标准，然而，鼓励根据本标准达成协议的各方研究是否可使用这些文件的最新版本。凡是不注日期的引用文件，其最新版本适用于本标准。

GB/T 191 包装储运图示标志（eqv ISO 780）

GB/T 619 化学试剂 取样及验收规则

GB/T 5270 金属基体上的金属覆盖层（电沉积层和化学沉积层）附着强度试验方法（eqv ISO 2819）

GB/T 15821 金属覆盖层 延展性测量方法（eqv ISO 8401）

JB/T 7704.1 电镀溶液试验方法 霍尔槽试验

JB/T 7704.2 电镀溶液试验方法 覆盖能力试验

JB/T 7704.3 电镀溶液试验方法 阴极电流效率试验

JB/T 7704.4 电镀溶液试验方法 分散能力试验

3 技术要求

3.1 外观

添加剂应为透明或半透明液体，无沉淀和分层。

3.2 水溶性

添加剂应完全溶解于水。

3.3 浊点

添加剂的浊点应不低于65℃。氰化物镀锌和锌酸盐镀锌添加剂不要求测试浊点。

3.4 电镀性能

添加剂的电镀性能应符合表1的技术要求。

表 1　电镀性能技术要求

项　目	技术要求			
	氰化物镀锌添加剂	锌酸盐镀锌添加剂	铵盐、氯化物镀锌添加剂	硫酸盐镀锌添加剂
霍尔槽试验	合格	合格	合格	合格
深镀能力	≥90mm	≥70mm	≥90mm	≥50mm
分散能力	≥20%	≥25%	≥20%	≥15%
阴极电流效率	≥80%	≥75%	≥95%	≥95%
镀层光泽①	≥500	≥500	≥500	≥450
镀层延展性②	—	—	—	≥3mm
镀层结合强度	镀层与基体间无分离	镀层与基体间无分离	镀层与基体间无分离	镀层与基体间无分离
添加剂消耗量	符合产品规定要求	符合产品规定要求	符合产品规定要求	符合产品规定要求

① 光泽值表示的是相对值。

② 延展性的测定宜采用杯突试验法。

4　试验方法

4.1　外观

在（25±2）℃下，将适量添加剂注入无色透明的玻璃容器中，在自然光下观察，其结果符合本标准 3.1 要求为合格。

4.2　水溶性

取 5mL 添加剂注入无色透明的玻璃容器中，用蒸馏水或去离子水稀释 50mL，摇匀，其结果符合本标准 3.2 要求为合格。

4.3　浊点

按照表 2 试验基础溶液的相应配方以及产品说明规定的添加剂的添加量，配制 500mL 镀锌溶液，置于恒温水浴中，逐渐加热至镀液出现浑浊，记录初始出现浑浊的温度，即为浊点温度，试验至少进行 3 次。

4.4　电镀性能试验

电镀性能试验所使用的化学试剂为化学纯试剂，使用的阳极为 Zn-0 号锌板（纯度≥99.99%）。不同镀锌的试验基础溶液见表 2。

表 2　试验基础溶液配方

组　成		氰化物镀锌			锌酸盐镀锌	酸性镀锌		
		低氰	中氰	高氰		氯化物	铵盐	硫酸盐
硫酸锌	浓度/(g/L)							400
氯化锌						75	75	
氯化钾						220	150	
氯化铵							50	
硼酸						40	30	40
氧化锌		12	20	40	12			
氢氧化钠		75	85	70	120			
氰化钠		12	40	90				
温度/℃		25±2	25±2	25±2	25±2	25±2	25±2	25±2
pH 值						5.0~5.6	5.2~5.8	4.5~5.5

4.4.1 霍尔槽试验

按照 JB/T 7704.1 规定的方法，在 1A 电流下电镀 10min，试片上应无漏镀现象。在 2A 电流下电镀 10min，低电流密度端的非光亮镀层区域距低电流密度端边缘应小于 5mm，高电流密度端的镀层应全光亮。符合上述要求为合格。

4.4.2 深镀能力测定

按照 JB/T 7704.2 规定的内孔法进行测定，在试验中，阴极采取垂直放置使阴极管的中心轴线与阳极平行。

4.4.3 分散能力测定

按照 JB/T 7704.4 规定的远近阴极法进行测定，在试验中 K 值宜选择 3。

4.4.4 阴极电流效率测定

按照 JB/T 7704.3 规定的方法进行测定。在试验中，待测镀液的阴极电流密度宜选择 $2A/dm^2$。

4.4.5 镀层光泽测定

4.4.5.1 试验仪器

a）光泽计；

b）实验室电镀装置（整流器、镀槽、计时器等）。

4.4.5.2 试样

选用 0.5mm~1mm 厚的冷轧钢板制备成 100mm×50mm 的样片，经打磨抛光后，其表面粗糙度为 $0.63\mu m < Ra \leqslant 1.25\mu m$，其光泽值为 260~300。样片经常规电镀前处理后，在相关的镀锌溶液中，按添加剂产品规定的电镀工艺条件，电镀（15±3）μm 厚的锌层，再在 1%硝酸溶液中进行 3s 的出光，作为试样。

4.4.5.3 测定

用经过校准的光泽计（入射角 60°）在试样同一面的上、中、下部位测量三点，取其算术平均值作为测定结果。

4.4.6 镀层延展性测定

按照 GB/T 15821 规定的机械凸起（杯突试验）方法进行测定。

4.4.7 镀层结合强度试验

选用 0.5mm~1mm 厚的冷轧钢板制备成 100mm×50mm 的样片，经常规电镀前处理后，按添加剂产品规定的电镀工艺条件，电镀（15±3）μm 厚的镀锌层，作为试样，然后按照 GB/T 5270 的规定任意选择两种方法进行试验。

4.4.8 添加剂消耗量

4.4.8.1 试验仪器

a）实验室电镀装置（整流器、镀槽等）；

b）直流安培小时计。

4.4.8.2 试片

选用 0.5mm~1mm 厚的冷轧钢板制备成 100mm×50mm 的样片，经打磨抛光后，其表面粗糙度为 $0.63\mu m < Ra \leqslant 1.25\mu m$，其光泽值为 260~300。经常规电镀前处理后，作为试片。

4.4.8.3 测试

按照产品说明书配制 1L 溶液，串联直流安培小时计，放入阳极，并使镀液控制在

(25±2)℃温度下。

将试片全浸入镀槽，为使新配制的镀液活化，按添加剂产品规定的电流密度通入电流，试镀1A·h。

更换试片，按添加剂产品规定的电流密度通入电流，进行预镀，电镀0.5A·h取出试片，在1%硝酸溶液中进行3s的出光，水洗，干燥后，以此试片上镀层光亮状况作为比较的基准。然后每通电0.5A·h~1A·h取出试片与基准试片比较，观察镀层是否全光亮，当镀层出现轻微失光或局部发雾时预镀结束。

在该镀液中按添加剂产品规定的补加量补加添加剂，仍按上述（第三段）预镀的方法进行电镀，直至试片与基准试片比较，镀层再次出现轻微失光或局部发雾时，记录补加添加剂后的电镀安时数和添加剂的补加量，并计算出每千安时消耗添加剂的毫升量［即mL/(kA·h)］。

在该镀液中按上述测试方法至少重复3次测试。将各次测试的算术平均值作为测试结果值。

注1：在测试过程中应使镀液始终保持在正常工艺条件内。

注2：在测试过程中应适时更换试片。

5　检验规则

5.1　检验样品应按GB/T 619进行抽样，一次投料为一批，每批取样总量应不少于1000mL。

5.2　若检验结果有一项指标不符合本标准技术要求，应增加3倍抽样数量进行复检，若仍不合格，则视该批产品不合格。

5.3　添加剂有效期一般为两年，对有特殊时效要求的添加剂，应在产品标识上注明有效期限。

6　标志、包装和贮运

6.1　标志

添加剂产品在包装上应有产品名称、生产单位名称、产品编号及批号、净重量、生产日期、有效日期、检验员编号等标志。运输图示按GB/T 191进行标志。

6.2　包装

添加剂产品采用适当的、安全的容器包装，必要时需加外包装。

6.3　贮运

添加剂产品应放置于阴暗干燥处，应防止其他化工产品的污染。运输中应轻装轻卸，防止重压、倒置、日晒和雨淋。

第十节　装饰性酸性光亮镀铜添加剂技术条件

一、概论

装饰性酸性镀铜添加剂具有光亮整平，提高电流密度范围作用。该添加剂主要含有有机多硫化物、有机染料及表面活性剂。有机多硫化物有促进镀层晶粒细化、提高电流密度作用，有机染料的作用在于极大地改善铜镀层的整平能力并扩大光亮范围，表面活性剂则可减少镀层针孔的出现。随着各种合成技术发展，酸性镀铜技术正处在不断完善和提高之中。

JB/T 12274—2015《装饰性酸性光亮镀铜添加剂技术条件》涵盖了装饰性酸性光亮镀铜添加剂的技术要求、试验方法等基本内容，对酸性光亮镀铜添加剂生产商和使用厂家提供技术指南。该标准于2015年10月10日发布，2016年3月1日实施。

二、标准主要特点与应用说明

该标准适用于电镀工业中装饰酸性光亮镀铜添加剂。标准对添加剂的外观、水溶性、电镀性能（霍尔槽试验、深镀能力、分散性能、阴极电流效率、整平能力、镀层光泽、镀层延展性、镀层结合强度）等做了具体规定。

该标准包含范围、规范性引用文件、术语和定义、技术要求、试验方法、检验规则、标志包装储运等部分。

该标准在制定过程中参照了部分酸性镀铜添加剂生产商的企业标准，其技术指标根据现有市场销售酸铜添加剂中等以上水平选取。在标准使用中，应注意条款4“技术要求”，该部分列出了对添加剂技术性能的具体要求和测试方法。

酸性镀铜添加剂是电镀行业研究比较活跃的一种产品，其技术指标随着研究水平的提高而不断提高，新产品可以参考该标准确定新的技术要求及试验方法。

三、标准内容（JB/T 12274—2015）

装饰性酸性光亮镀铜添加剂技术条件

1 范围

本标准规定了装饰性酸性光亮镀铜添加剂的术语和定义、技术要求、试验方法、检测规则、标志、包装和储运。

本标准适用于电镀工业中装饰性酸性光亮镀铜添加剂。

本标准不适用于镀厚铜添加剂。

2 规范性引用文件

下列文件对于本文件的应用是必不可少的。凡是注日期的引用文件，仅注日期的版本适用于本文件。凡是不注日期的引用文件，其最新版本（包括所有的修改单）适用于本文件。

GB/T 191 包装储运图示标志

GB/T 3138 金属及其他无机覆盖层 表面处理 术语

GB/T 5270 金属基体上的金属覆盖层 电沉积和化学沉积层 附着强度试验方法评述

GB/T 9754 色漆和清漆 不含金属颜料的色漆漆膜的20°、60°和85°镜面光泽的测定

GB/T 12334 金属和其他非有机覆盖层 关于厚度测量的定义和一般规则

GB/T 15821 金属覆盖层 延展性测量方法

HG/T 3921 化学试剂 采样及验收规则

JB/T 7704.1 电镀溶液试验方法 霍尔槽试验

JB/T 7704.2 电镀溶液试验方法 覆盖能力试验

JB/T 7704.3 电镀溶液试验方法 阴极电流效率试验

JB/T 7704.4 电镀溶液试验方法 分散能力试验

JB/T 7704.5 电镀溶液试验方法 整平性试验

3　术语和定义

GB/T 3138、GB/T 12334 界定的以及下列术语和定义适用于本文件。

3.1　装饰性酸性光亮镀铜添加剂　additive of bright acid copper plating for decoration

加入以硫酸、硫酸铜为电解质镀液中的、能显著提高镀液光亮整平性能的少量添加物。

4　技术要求

4.1　外观

按 5.1 的要求试验后，添加剂应为透明的溶液，均匀，无固体悬浮物、沉淀物或分层现象。

4.2　水溶性

按 5.1 的要求试验后，添加剂应完全溶解于水。

4.3　电镀性能

添加剂的电镀性能应符合表 1 的技术要求。

表 1　电镀性能技术要求

项　目	技术要求	试验方法
霍尔槽试验	电流 0.5A 电镀 5min，试片无漏镀 电流 2A 电镀 10min，试片全光亮	5.3.2
深镀能力	100%	5.3.3
分散能力	2.0%	5.3.4
阴极电流效率	≥95%	5.3.5
整平性	≥1.0	5.3.6
镀层光泽(60°入射角)	电镀前后光泽增加值≥400	5.3.7
镀层延展性	>8%(延伸率)	5.3.8
镀层结合强度	镀铜层与底镀层之间无分离	5.3.9
添加剂消耗量	应符合产品规定的要求	5.3.10

5　试验方法

5.1　外观

在 (25±2)℃下，将适量添加剂注入无色透明的玻璃容器中，在自然光下观察。

5.2　水溶性试验

取 5mL 添加剂注入无色透明的玻璃容器中，用蒸馏水或去离子水稀释至 50mL，混合均匀。

5.3　电镀性能试验

5.3.1　基本要求

电镀性能试验所使用的化学材料为满足 HG/T 3921 要求的化学纯试剂。

使用的阳极为纯度（质量分数）≥99.9%磷铜，磷含量（质量分数）为 0.03%~0.08%。

试验镀液按硫酸铜 200g/L、硫酸 70g/L、氯离子 70mg/L 称取，用蒸馏水或去离子水配制。按添加剂产品规定的含量，将添加剂用水稀释后加入镀液中。

5.3.2　霍尔槽试验

按 JB/T 7704.1 规定的方法进行霍尔槽试验，一片在 0.5A 电流下电镀 5min，另一片在

2A 电流下电镀 10min。

5.3.3 深镀能力测定

按 JB/T 7704.2 规定的直角阴极法进行测试，阴极为铁基材镀暗镍，电流密度为 2A/dm^2，电镀时间为 5min。

5.3.4 分散能力测定

按 JB/T 7704.4 规定的远近阴极法进行测试，阴极为铁基材镀暗镍，电流密度为 2A/dm^2，在试验中 K 值宜选择 3。

5.3.5 阴极电流效率测定

技 JB/T 7704.3 规定的方法进行测试。在试验中，待测镀液的阴极电流密度宜选择 2A/dm^2。

5.3.6 整平性

按 JB/T 7704.5 规定的假正弦波法进行测试，试验用暗镍镀层作为各层底镀层，电流密度为 2A/dm^2。

5.3.7 镀层光泽

5.3.7.1 试验仪器

试验仪器包括：

a）实验室电镀装置（整流器、镀槽等）；

b）光泽度计。

5.3.7.2 试样

选用 1.0mm~2.0mm 厚的黄铜板制成 20mm×50mm 的试片，打磨抛光至光泽 200~300（60°入射角），经常规电镀前处理、电镀暗镍底镀层后，按添加剂产品规定的电镀工艺条件，电镀（15±2）μm 厚的镀铜层作为试样。

5.3.7.3 测定

按 GB/T 9754 规定的测量方法测定电镀铜前、后的光泽（60°入射角），电镀前后差值为增加值。

5.3.8 镀层延展性测定

按 GB/T 15821 规定的（圆柱芯轴弯曲）方法进行测定。

5.3.9 镀层结合强度试验

选用 1.0mm~2.0mm 厚的黄铜板（H62）制成 100mm×50mm 规格的试片，经常规电镀前处理、电镀暗镍底镀层后，按添加剂产品规定的电镀工艺条件，电镀（15±2）μm 厚的镀铜层作为试样，然后按照 GB/T 5270 的规定任意选择两种方法进行试验。

5.3.10 添加剂消耗量测定

5.3.10.1 试验仪器

试验仪器包括：

a）实验室电镀装置（整流器、镀槽等）；

b）直流安培小时计。

5.3.10.2 试样

选用 0.5mm~1mm 厚的冷轧钢板制成 20mm×50mm 的试片，经打磨抛光电镀前处理后，作为试样。

5.3.10.3　测定

按添加剂说明书配制 1L 酸性光亮铜溶液，安培小时计与整流器串联，阳极放入镀槽，同时采用适当的搅拌，按产品规定的电镀工艺条件电镀。

将试样先在暗镍（或碱铜）镀 5min～10min。新配制酸性光亮铜用试样镀 1A·h 以进行镀液活化，然后更换试样，镀 1A·h 后取出试样，试样经水洗、干燥后，留作样板。以此试样的镀层光亮状况作为比较的基准，更换试样并通电 0.5A·h～1A·h 后取出试样与基准试样比较，观察镀层是否全光亮。当镀层出现轻微失光或局部发雾时，按添加剂产品规定的补加量补加添加剂，仍按上述方法进行电镀。试样镀层再次出现轻微失光或局部发雾时，记录补加添加剂后的电镀安时数和添加剂的补加量，并计算出每千安时消耗添加剂的毫升数[即 mL/(kA·h)]。

在该镀液中按上述测试方法至少重复三次试验，将测试的算术平均值作为测试结果值。

注 1：在测试过程中应使镀液始终保持在正常工艺条件内。

注 2：在测试过程中应适时更换试样。

6　检验规则

6.1　检验样品应按 HG/T 3921 的规定进行抽样，一次投料为一批，每批取样总量应不少于 1000mL。

6.2　若检验结果有一项指标不符合本标准的技术要求，应增加三倍抽样数量进行复检，若仍不合格，则视该批产品不合格。

6.3　添加剂有效期一般为两年，对有特殊时效要求的添加剂，应在产品标识上注明。过期产品按本标准进行检验合格后，仍可使用。

7　标志、包装和储运

7.1　标志

添加剂产品在包装上应有产品名称、生产单位名称、产品编号及批号、净重量、生产日期、有效日期、检验员编号等标志。运输图示按 GB/T 191 的规定进行标志。

7.2　包装

添加剂产品采用适当的、安全的容器包装，必要时需加外包装。

7.3　储运

添加剂产品应放置于阴凉干燥处，应防止其他化工产品的污染。运输中应轻装轻卸，防止重压、倒置、日晒和雨淋。

第十一节　电镀锌三价铬钝化

一、概论

电镀锌钝化分六价铬钝化和不含六价铬的环保型钝化，环保型钝化又有含三价铬钝化和无铬钝化之分。目前，无铬钝化虽然无毒环保，但耐蚀性和外观逊于六价铬，难以满足电镀锌钝化要求，未能在工业上广泛应用。因此，无六价铬环保钝化技术主要立足三价铬钝化技术。

JB/T 11616—2013《电镀锌三价铬钝化》涵盖了发展至今的三价铬钝化技术，对电镀锌三价铬钝化液生产商及使用企业有一定指导意义。该标准于2013年12月31日发布，2014年7月1日实施。

二、标准主要特点与应用说明

该标准规定了用于防护装饰性电镀锌三价铬钝化工作液和三价铬钝化层的技术要求及试验方法，其中电镀锌三价铬钝化层的技术要求包括颜色与外观、结合强度、耐蚀性、六价铬含量等内容，并特别提出了三价铬钝化液中锌离子和二价铁离子的容忍量。

该标准包含范围、规范性引用文件、术语及定义、电镀锌三价铬钝化工作液及钝化层技术要求、实验方法及附录等部分。

该标准主要技术指标是参照市场上中档以上添加剂的技术指标而提出的，采用标准转化膜检测方法检测。随着三价铬钝化技术发展，其技术指标还在不断完善和提高。

在标准应用中，要注意条款4.1.2“三价铬钝化工作液技术要求”和条款4.2“电镀锌三价铬钝化层技术要求”，前者列出了三价铬钝化工作液所对应的性能指标要求，后者特别指出了电镀锌三价铬钝化层所包含的技术要求和测试方法。

三、标准内容（JB/T 11616—2013）

电镀锌三价铬钝化

1 范围

本标准规定了用于防护装饰性电镀锌三价铬钝化工作液和三价铬钝化层技术要求及试验方法，还规定了三价铬钝化工作液中三价铬和六价铬的检测方法及三价铬钝化层中六价铬的验证方法。

本标准适用于防护装饰性电镀锌三价铬钝化工作液和三价铬钝化层。

本标准不适用电镀锌三价铬钝化仅提供特殊颜色或改善油漆附着强度的表面精饰。

2 规范性引用文件

下列文件对于本文件的应用是必不可少的。凡是注日期的引用文件，仅注日期的版本适用于本文件。凡是不注日期的引用文件，其最新版本（包括所有的修改单）适用于本文件。

GB/T 3138 金属镀覆和化学处理与有关过程术语

GB/T 6461 金属基体上的金属和其他无机覆盖层 腐蚀实验后试样和试件的评级

GB/T 7466 水质 总铬的测定

GB/T 9791—2003 锌、镉、铝-锌合金和锌-铝合金的铬酸盐转化膜 试验方法

GB/T 9792 金属材料上的转化膜 单位面积膜质量的测量 重量法

GB/T 9799 金属及其他无机覆盖层 钢铁上经过处理的锌电镀层

GB/T 10125 人造气氛腐蚀试验 盐雾试验

GB/T 12334 金属和其他非有机覆盖层 关于厚度测量的定义和一般规则

3 术语和定义

GB/T 3138、GB/T 12334界定的以及下列术语和定义适用于本文件。

3.1　三价铬钝化　trivalent chromium passivation

以三价铬化合物为主盐在金属镀层表面形成转化膜的过程。

3.2　六价铬钝化　hexavalent chromium passivation

以铬酸及其盐为主在金属镀层表面形成转化膜的过程。

3.3　封闭　close

为了提高钝化层耐蚀性改善外观，在钝化层表面覆盖一层表面膜的过程。

4　电镀锌三价铬钝化工作液及钝化层技术要求

4.1　三价铬钝化工作液技术要求

4.1.1　外观及水溶性

按照5.1.1要求试验后，电镀锌三价铬钝化溶液应为透明的溶液，溶液应均匀，无固体悬浮物、沉淀物或分层现象。

4.1.2　三价铬钝化工作液技术要求

三价铬钝化工作液应符合表1的技术要求。

表1　三价铬钝化工作液技术要求

项　　目	技术要求	试验方法
Cr(Ⅲ)含量	≥1.0g/L	见5.1.2
Cr(Ⅵ)含量	未检出Cr(Ⅵ)	见5.1.3
Zn^{2+}容忍量	≥8.0g/L	见5.1.4
Fe^{2+}容忍量	≥100mg/L	见5.1.5

4.2　电镀锌三价铬钝化层技术要求

4.2.1　颜色与外观

三价铬钝化层有白、蓝白、彩虹和黑色，其颜色与三价铬钝化溶液和钝化工艺条件有关。外观取决于基材的表面状态、镀锌光亮度、所用镀锌溶液种类。钝化层主要表面上不应有明显肉眼可见的钝化层缺陷，如起雾、花斑、水印、脱膜或局部无钝化层，但是因基体金属缺陷引起的不可避免的钝化层缺陷除外。工件上接痕是无法避免的，其部位应由供需双方商定。钝化后工件应清洁，无损伤。

必要时，应由需方提供或确认能表明钝化层外观要求的比对样品。

4.2.2　结合强度

按照5.2.2的要求试验后，如果在白纸上没有肉眼可见的非常轻微的沾染物和不存在因钝化层脱落而露出基体金属表面迹象，则应判断钝化层具有满意的结合强度。

4.2.3　耐蚀性

镀锌层分级号见GB/T 9799，三价铬钝化层耐蚀性按照本标准5.2.4的要求试验，试验达到表2（氰化镀锌）、表3（锌酸盐镀锌）、表4（酸性镀锌）中规定的时间后，按照GB/T 6461的规定进行评级，达到需方要求。轻微变色不应成为拒收的理由。

4.2.4　Cr（Ⅵ）含量

钝化工件按附录B规定的方法检测无Cr（Ⅵ）。

注：三价铬钝化层在储存过程中存在产生六价铬的可能性。

表 2 三价铬钝化层的耐蚀性（氰化镀锌）

三价铬钝化类型	中性盐雾试验时间/h			
	滚镀		挂镀	
	非封闭	封闭	非封闭	封闭
白色	—	24	—	48
蓝白	48	72	72	96
彩虹	72	96	96	120
黑色	—	24	—	48

表 3 三价铬钝化层的耐蚀性（锌酸盐镀锌）

三价铬钝化类型	中性盐雾试验时间/h			
	滚镀		挂镀	
	非封闭	封闭	非封闭	封闭
白色	—	24	—	48
蓝白	48	72	72	120
彩虹	72	96	96	168
黑色	—	48	—	72

表 4 三价铬钝化层的耐蚀性（酸性镀锌）

三价铬钝化类型	中性盐雾试验时间/h			
	滚镀		挂镀	
	非封闭	封闭	非封闭	封闭
白色	—	24	—	48
蓝白	24	48	48	72
彩虹	48	72	72	96
黑色	—	24	—	48

5 试验方法

5.1 钝化工作液性能试验方法

5.1.1 外观

工作温度下，将 20mL 三价铬钝化工作液注入 25mL 比色管中。在自然光下正常视力目测观察。

5.1.2 Cr（Ⅲ）含量

按附录 A 规定的方法之一检测。

5.1.3 Cr（Ⅵ）含量

按附录 B 规定的方法检测。

5.1.4 Zn^{2+}容忍量

取新配制的钝化工作液 1000mL，加入 Zn^{2+} 8g［相当含量，如加入硝酸锌 $Zn(NO_3)_2 \cdot 6H_2O$，36g］时，考察钝化层，钝化层仍可满足 4.2 的要求。

5.1.5　Fe^{2+}容忍量

取新配制的钝化工作液1000mL，加入Fe^{2+} 0.1g［相当含量，如加入硝酸亚铁$Fe(NO_3)_2 \cdot 6H_2O$，0.5g］时，考察钝化层，钝化层仍可满足4.2的要求。

5.2　钝化层试验方法

5.2.1　试验时间

三价铬钝化层所有试验都应在钝化处理后的24h～240h内进行。必要时由供需双方商定。

5.2.2　外观

在自然光下正常视力观察。

5.2.3　结合强度

按照GB/T 9791—2003中5.9的要求试验。

5.2.4　耐蚀性

按照GB/T 10125的规定进行试验，按照GB/T 6461的规定进行评级。

5.2.5　Cr（Ⅵ）含量

按附录B规定的方法检测。

附　录　A
（规范性附录）
三价铬钝化液Cr（Ⅲ）含量分析方法

A.1　Cr（Ⅲ）含量——化学滴定法测定

A.1.1　试验材料

试验材料规定如下：

a）过氧化钠（Na_2O_2）

分析纯。

b）10%碘化钾（KI）溶液

称取10g碘化钾（分析纯），置于100mL烧杯中，加入去离子水约50mL，完全溶解均匀，置于100mL容量瓶中，补充去离子水至100mL刻度。

c）1∶1硫酸溶液

取50mL去离子水，置于100mL烧杯中，缓慢加入硫酸（H_2SO_4，98%）50mL，置于100mL容量瓶中，补充去离子水至100mL刻度。

d）0.1mol/L硫代硫酸钠标准溶液

在1000mL容量瓶中加入300mL去离子水，称取分析纯硫代硫酸钠（$Na_2S_2O_3 \cdot 5H_2O$）25g，溶于去离子水中，加入（分析纯）碳酸钠0.1g，用去离子水稀释至1000mL，标定。

e）1%淀粉指示剂

称取可溶性淀粉1g，以少量水调成浆，倾于100mL沸水中，搅匀，煮沸，冷却，加入氯仿（$CHCl_3$）数滴。

A.1.2　滴定程序

用移液管准确吸取三价铬钝化液5mL置于250mL锥形瓶中，加去离子水100mL，再加入过氧化钠（Na_2O_2）2g（当镀液工作时间较长时可适当多加），煮沸 20min～30min，此过程应防止溶液暴沸。取下锥形瓶，冷却至室温，加去离子水至 70mL，加入 10% KI 5mL，1∶1 硫酸 10mL，以 0.1mol/L 硫代硫酸钠（$Na_2S_2O_3$）标准溶液滴定至溶液由棕黄色变为浅黄色，加入 1%淀粉指示剂 1mL，此时溶液为蓝黑色，继续滴定至溶液为透明淡蓝色为终点，记录消耗硫代硫酸钠标准溶液体积 $V_{Na_2S_2O_3}$（mL）。

A.1.3 Cr（Ⅲ）含量计算公式

Cr（Ⅲ）含量按式（A.1）计算：

$$C_{Cr(Ⅲ)}=\frac{C_{Na_2S_2O_3}V_{Na_2S_2O_3}\times 52}{3n} \tag{A.1}$$

式中 $C_{Cr(Ⅲ)}$——Cr（Ⅲ）的含量（g/L）；

$C_{Na_2S_2O_3}$——硫代硫酸钠标准溶液浓度（mol/L），浓度为 0.1mol/L；

$V_{Na_2S_2O_3}$——消耗硫代硫酸钠标准溶液的体积（L）；

n——取镀液的毫升数。

A.2 Cr（Ⅲ）含量——紫外分光光谱法测量

A.2.1 试验仪器

试验仪器规定如下：

a）紫外光谱仪。可直读浓度数据。

b）波长：542nm+2nm。测量范围 0.01g/L～1.00g/L。

A.2.2 试验程序

A.2.2.1 用移液管准确吸取三价铬钝化液 5mL，置于 250mL 锥形瓶，加入水 100mL，过氧化钠（Na_2O_2）2g（当镀液工作时间较长时可适当多加），煮沸 20min～30min，此过程应防止溶液暴沸。取下锥形瓶，冷却至室温，加入水 50mL，1∶1 硫酸 10mL，置于 100mL 容量瓶中，加去离子水至 100mL。

A.2.2.2 参照 GB/T 7466 的规定，从容量瓶取样，测量试样的铬含量 A。

A.2.3 Cr（Ⅲ）含量计算公式

Cr（Ⅲ）含量按式（A.2）计算：

$$C_{Cr(Ⅲ)}=NA \tag{A.2}$$

式中 $C_{Cr(Ⅲ)}$——Cr（Ⅲ）的含量（g/L）；

N——稀释倍数，取 20；

A——氧化后试样中铬元素含量用紫外光谱仪测量的读数（g/L）。

附 录 B
（资料性附录）
三价铬钝化液及钝化层中六价铬定性检验：二苯碳酰二肼显色法

B.1 试验试剂

试验试剂规定如下：

a）甲醇或乙醇（分析纯）；

b）二苯碳酰二肼（分析纯）；

c）1∶1 硫酸。

B.2　试验过程

B.2.1　三价铬钝化液六价铬定性检验

取甲醇（或乙醇）5mL，加去离子水 5mL，1∶1 硫酸 2mL，加入少许二苯碳酸二肼（米粒大小）。摇晃至溶解完全，加入钝化液 3 滴~5 滴。若溶液显红色，证明有 Cr（Ⅵ）存在；若无红色，则证明无 Cr（Ⅵ）。

B.2.2　三价铬钝化层六价铬定性检验

测试样品的表面积为（50±5）cm^2，对于小零件用适当数量的样品使总面积达到（50±5）cm^2。往一个有刻度烧杯中加入 50mL 的去离子水，使水浸过样品，加热至水沸腾，在水沸腾状态下，浸没 5min，冷却至室温，取出样品。如果水蒸发掉，加水至 50mL，若溶液乳状或沉淀，过滤（A 液）。

取甲醇（或乙醇）5mL，加去离子水 5mL，1∶1 硫酸 2mL，加入少许二苯碳酰二肼（米粒大小），摇晃至溶解完全（B 液）。

取 B 液 3 滴~5 滴加入 A 液中，若溶液显红色，证明有 Cr（Ⅵ）存在；若无红色，则证明无 Cr（Ⅵ）。

第七章　合金电镀与多层电镀

第一节　金属及其他无机覆盖层　电气、电子和工程用金和金合金电镀层　技术规范和试验方法

一、概论

合金电镀层与单金属镀层相比，合金镀层可以获得单金属镀层所没有的特殊物理性能，例如导磁性、减摩性（自润滑性）、钎焊性、耐蚀性等。合金镀层可以具备比组成它们的单金属层更耐磨、耐蚀、耐高温的性能，并有更高的硬度和强度，但延展性和韧性通常有所降低。虽然在理论上能配制出许多不同成分的合金电镀液，但是很少能电镀出相应实用的合金，所以实际上合金电镀的发展远不如单金属电镀发展快，也不如单金属电镀的工业化程度高、应用面广。目前电镀铜合金、电镀锌合金、镍合金、铬合金、银合金和金合金已得到相对广泛的研究，取得了不同范围的应用。

就金合金电镀而言，随着电气和电子工业的发展，金和金合金镀层的工程用途不断扩大，低电压和低电流、干电路以及微波频率装置需要使用低电阻的互联系统、连接器和波导体。对于接触表面的稳定性极为重要的连接器，适合选择不变色、低电阻的金镀层。为提高金镀层的耐磨性，促使镀金溶液不断发展，通过控制镀液中金属和非金属添加剂的含量以改变金镀层的成分或晶体结构。为适应印制电路行业的特殊需求，酸性镀金溶液发展为不含游离氰化物的镀液，所形成的柔软镀层具有坚硬、光亮和可焊性的特点。另外，电流密度为 $200A/dm^2$ 的高速镀金配方已用于带材连续镀或点状选择性镀金和金合金层。

金的高成本推动了局部镀金和厚度分布型镀金技术的发展，使金镀层只存在于工件需要金的活跃部位，以控制金的使用。因此，设计者常常会指定需要镀金的部位及镀层厚度分布，必要时，还在图样上做适当标注。

为提高金和金合金镀层的质量，以达到工程应用的目的，必须控制镀层的组成、外观、硬度、厚度、纯度、孔隙率、耐磨性、可焊性、接触电阻、红外反射率和其他性能。随着许多新的镀金配方的引入和工程应用的发展，迫切需要制定相关技术标准，以规定金和金合金镀层的要求及验证镀层是否符合技术指标的试验方法。

GB/T 34625—2017《金属及其他无机覆盖层　电气、电子和工程用金和金合金电镀层　技术规范和试验方法》涵盖电气、电子和工程用金和金合金电镀层的标识、对镀层要求及试验方法，并为供需双方提供了镀金及金合金质量要求指南。

GB/T 34625—2017 采用重新起草法修改采用 ISO 27874：2008《金属及其他无机覆盖层　电气、电子和工程用金和金合金电镀层　技术规范和试验方法》。该标准于 2017 年 10 月 14 日发布，2018 年 5 月 1 日实施。

二、标准主要特点与应用说明

该标准适用于金属和非金属基体上电气、电子和其他工程用金和金合金电镀层，主要技

术内容有镀层的组成控制、外观、硬度、厚度、纯度、孔隙率、耐磨性、可焊性、接触电阻、红外反射率和其他性能测量镀层性能的要求及试验方法。

该标准包含范围、规范性引用文件、术语和定义、向电镀方提供的信息、标识、要求和试验方法、抽样及附录等部分。

金和金合金电镀层厚度虽不如其他镀层厚，但由于金很昂贵，电镀溶液中的金含量控制很低，以致达到所要求的厚度的电镀时间同样不会太短，电镀过程对基体材料在使用中的行为也会产生严重的负面效应。该标准规定了高强钢制件在电镀前必须经一定的热处理消除各种加工或处理产生的各种应力，特别是拉应力，电镀后必须经适当的热处理消除电镀过程中渗氢所致的氢脆，这是不容许忽视的。

任何基体材料在电镀金和金合金之前都需要先镀底层，典型的底层有铜、镍、钯、锡-镍及其组合。该标准规定了一些基体所需电镀底层的厚度，对特殊条件、用途和需要，由供需双方共同商定。该标准对镀层外观的要求较其他镀层高，列举了一些不允许的缺陷，对镀层厚度也只提出一般的可用范围，在有特殊需要时，按具体要求由供需双方共同商定。金和金合金电镀层对不少基体金属呈电化学阴极性，属阴极镀层，靠屏蔽作用保护基体金属，因此，镀层应无孔隙。

该标准根据需方镀层用途，选取不同镀层厚度及性能要求。在标准应用中，要注意条款4“向电镀方提供的信息”和条款6“要求和试验方法”，它们详细说明了产品技术指标具体内容、性能要求和测试方法。

随电镀金合金组成的发展，可以参考该标准确定新的技术要求及试验方法。

三、标准内容（GB/T 34625—2017）

金属及其他无机覆盖层　电气、电子和工程用金和金合金电镀层　技术规范和试验方法

警告——本标准要求使用的一些物质和工艺，如果不采取合适的措施，会对健康产生危害。本标准没有讨论标准使用过程中涉及的任何健康危害、安全或环境的事项和法规。标准使用者有责任建立合适可行的健康、安全和环境条例，并采取适当措施使其符合国家、地方和国际条例和法规的规定。遵从本标准不意味着免除法律义务。

1　范围

本标准规定了金属和非金属基体上电气、电子和其他工程用金和金合金镀层的要求，也规定了用于测量镀层性能的试验方法。

虽然本标准没有规定电镀前基材的状态、精饰或表面粗糙度，但是金或金合金镀层的外观和性能取决于基材的状态。需方有必要规定基材的精饰和表面粗糙度，使镀层性能符合产品要求。

本标准不适用于螺纹件或未加工成形的板材或带材的镀层。

2　规范性引用文件

下列文件对于本文件的应用是必不可少的。凡是注日期的引用文件，仅注日期的版本适用于本文件。凡是不注日期的引用文件，其最新版本（包括所有的修改单）适用于本文件。

GB/T 2423.28　电工电子环境试验　第2部分：试验方法　试验T：锡焊（GB/T

2423.28—2005，IEC 60068-2-20：1979，IDT）

GB/T 3138 金属及其他无机覆盖层 表面处理 术语（GB/T 3138—2015，ISO 2080：2008，IDT）

GB/T 4955 金属覆盖层 覆盖层厚度测量 阳极溶解库仑法（GB/T 4955—2005，ISO 2177：2003，IDT）

GB/T 5270 金属基体上的金属覆盖层 电沉积和化学沉积层 附着强度试验方法评述（GB/T 5270—2005，ISO 2819：1980，IDT）

GB/T 6461 金属基体上金属和其他无机覆盖层 经腐蚀试验后的试样和试件的评级（GB/T 6461—2002，ISO 10289：1999，IDT）

GB/T 6462 金属和氧化物覆盖层 厚度测量 显微镜法（GB/T 6462—2005，ISO 1463：2003，IDT）

GB/T 6463 金属和其他无机覆盖层 厚度测量方法评述（GB/T 6463—2005，ISO 3882：2003，IDT）

GB/T 9790 金属覆盖层及其他有关覆盖层 维氏和努氏显微硬度试验（GB/T 9790—1988，eqv ISO 4516：1980）

GB/T 11378 金属覆盖层 覆盖层厚度测量 轮廓仪法（GB/T 11378—2005，ISO 4518：1980，IDT）

GB/T 12305.6 金属覆盖层 金和金合金电镀层的试验方法 第六部分：残留盐的测定（GB/T 12305.6—1997，eqv ISO 4524-6：1988）

GB/T 12334 金属和其他非有机覆盖层 关于厚度测量的定义和一般规则（GB/T 12334—2001，ISO 2064：1996，IDT）

GB/T 12609 电沉积金属覆盖层和相关精饰 计数检验抽样程序（GB/T 12609—2005，ISO 4519：1980，IDT）

GB/T 16921 金属覆盖层 覆盖层厚度测量 X射线光谱法（GB/T 16921—2005，ISO 3497：2000，IDT）

GB/T 17720 金属覆盖层 孔隙率试验评述（GB/T 17720—1999，ISO 10308：1995，IDT）

GB/T 18179 金属覆盖层 孔隙率测试 潮湿硫（硫华）试验（GB/T 18179—2000，ISO 12687：1996，IDT）

GB/T 19349 金属和其他无机覆盖层 为减少氢脆危险的钢铁预处理（GB/T 19349—2012，ISO 9587：2007，IDT）

GB/T 19350 金属和其他无机覆盖层 为减少氢脆危险的涂覆后钢铁的处理（GB/T 19350—2012，ISO 9588：2007，IDT）

GB/T 19351 金属覆盖层 金属基体上金镀层孔隙率的测定 硝酸蒸汽试验（GB/T 19351—2003，ISO 14647：2000，IDT）

GB/T 20018 金属与非金属覆盖层 厚度测量 β射线背散射法（GB/T 20018—2005，ISO 3543：2000，IDT）

ISO 3868 金属和其他无机覆盖层 厚度的测量 Fizeau 干涉仪多束干涉法（Metallic and other non-organic coatings—Measurement of coating thicknesses—Fizeau multiplebeam interferometry method)

ISO 4524-2　金属覆盖层　金和金合金电镀层的试验方法　第2部分：混合流动气体(MFG)环境试验 [Metallic coatings—Test methods for electrodeposited gold and gold alloy coatings—Part 2: Mixed flowing gas (MFG) environmental tests]

ISO 4524-3：1985　金属覆盖层　金和金合金电镀层的试验方法　第3部分：孔隙率的电图试验 (Metallic coatings—Test methods for electrodeposited gold and gold alloy coatings—Part 3: Electrographic tests for porosity)

3　术语和定义

GB/T 3138、GB/T 12334 界定的以及下列术语和定义适用于本文件。

3.1　金或金合金电镀层　gold or gold alloy coating

电沉积形成的金沉积层或组成中含有特定合金元素的金合金沉积层。

3.2　双层金或金合金电镀层　double-layer gold or gold alloy coating

由两层金含量不同的镀层形成的金或金合金电镀层。

3.3　多层金和金合金电镀层　multilayer gold or gold alloy coating

由两层以上金含量不同的镀层形成的金或金合金电镀层。

4　向电镀方提供的信息

4.1　必要信息

需方应在订单、合同或工程图样上向电镀方提供以下书面信息：

a) 标识（见第5章）；

b) 工件的主要表面。例如，在图样上以尺寸范围标注或提供有适当标记的样品；

c) 基体金属的性质、状态和精饰（可能影响镀层的性能和/或外观时）（见第1章）；

d) 任何不可避免的缺陷的位置，如挂具痕迹（见6.2）；

e) 所要求的精饰，例如光亮、暗淡或其他类型，最好提供双方确认的精饰样品（见6.2）；

f) 孔隙率测试方法以及可接受的空隙数量和位置（见6.4）；

g) 工件的拉伸强度，镀前或镀后热处理的要求（见6.7和6.8）；

h) 如果不同于 GB/T 12609 的规定，则应规定抽样方法、验收标准和其他检验要求（见第7章）；

i) 镀层厚度的要求，包括在尺寸图上标注测量位置（见6.3）；

j) 结合强度的测试要求（见6.9）。

4.2　附加信息

必要时，需方应在合同、订单或工程图样上以书面形式提供以下附加信息：

a) 镀层的成分以及合金元素和杂质的具体组成（见6.6）；

b) 需要使用的特殊清洗工艺；

c) 底镀层的特殊要求（见6.15和附录A）；

d) 双镀层或多镀层的每一层的成分和厚度要求（见第3章）；

e) 镀层电学性能及其试验方法（见6.10）；

f) 镀层的显微硬度及其试验方法（见6.11）；

g) 可焊性要求及其试验方法（见6.12）；

h）耐磨性要求及其试验方法（见6.13）；

i）延展性要求及其试验方法（见6.14）；

j）去除成品表面污染物的要求（见6.16）；

k）当厚度测量方法要求用密度计算时，应给出约定的金合金镀层的平均密度（参见附录B）；

l）加速腐蚀试验的要求（见6.5）；

m）其他要求，如残盐试验（见6.16）。

5 标识

5.1 概述

标识可能出现在工程图样、采购订单、合同或详细产品说明书中。

标识按照以下顺序明确指出基体材料、特定的合金（可选）、降低应力的要求、底镀层的类型和厚度（有底镀层时）、金或金合金镀层、双镀层或多镀层的厚度和组成以及附加处理，如降低氢脆敏感性的热处理。

5.2 标识规定

标识应包括以下内容：

a）术语“电镀层”；

b）本标准编号；

c）连字符；

d）基材的化学符号（见5.3）；

e）斜线（/）；

f）底镀层金属的化学符号（有底镀层时），后接以微米计的底镀层的厚度值（见6.15和附录A）；

g）斜线（/）；

h）金的化学元素符号Au，或金合金的标准标识，包括合金元素符号和在括号中给出表示元素平均含量的质量百分数，数值保留小数点后一位；

i）金或金合金镀层的最小局部厚度数值，单位为微米；

j）对于双层和多层金镀层，随后的每一层金或金合金，重复h）和i），后接一斜线（/）。

5.3 基材的标识

基材用其化学符号表示，如果是合金，则应标明主要成分。例如：

a）Fe表示铁或钢；

b）Zn表示锌合金；

c）Cu表示铜及铜合金；

d）Al表示铝及铝合金。

非金属基材用字母NM标识。

特种合金用该基体金属的化学符号后加标准牌号注明，如：UNS号或等同的国家或地方牌号。其牌号置于〈 〉内。

示例：Fe〈G43400〉是高强度钢的UNS牌号。

5.4 热处理要求的标识

热处理要求应按如下方法标注在方括号内：

a）字母 SR 表示电镀前消除应力的热处理；字母 ER 表示电镀后降低氢脆的热处理；字母 TH 表示其他用途的热处理；

b）在圆括号中标明最低温度，单位：℃；

c）热处理持续时间，单位为 h。如：[SR（210）1] 表示消除应力的热处理为：210℃处理 1h。

当镀前或镀后的热处理有要求时，应按实例在标识中标注要求（见 5.5）。

热处理可能改变金和金合金的结构和成分，也可能显著地改变镀层的性能。设计者规定高抗拉强度基材上的金镀层时，应熟知这些影响。

5.5 实例

镀镍钢（Fe/Ni）上最小厚度为 5μm 的纯金镀层（Au），其标识如下：

电镀层 GB/T 34625—Fe/Ni/Au5

锌合金（Zn）上含 98.0% 金、2.0% 银的合金镀层 [AuAg（2.0）]，其最小厚度为 5μm，以铜和镍为底镀层，其标识如下：

电镀层 GB/T 34625—Zn/Cu/Ni/AuAg（2.0）5

铜合金（Cu）上含 99.5% 金和 0.2% 镍的合金镀层 [AuNi（0.2）]，最小厚度为 0.5μm，沉积在最小厚度 1μm 的纯金镀层上，其标识如下：

电镀层 GB/T 34625—Cu/Au1/AuNi（0.2）0.5

抗拉强度为 1200MPa 钢上最小厚度为 5μm 的纯金镀层（Au5），沉积在 5μm 厚的铜底镀层上（Cu5），为消除应力，镀前在 200℃ 下热处理为 3h [SR（200）3]；为降低氢脆危险，镀后在 190℃ 下热处理 12h [ER（190）12]，其标识如下：

电镀层 GB/T 34625—Fe/[SR(200)3]/Cu5/Au5/[ER(190)12]

标识描述了依次进行的热处理和电镀步骤。以上实例中，可将基材的标准标识置于化学符号 Fe 后。对于镀前难处理的和氢脆敏感的金属和合金，知道其标准标识极为重要。

6 要求和试验方法

6.1 概述

金和金合金镀层通常是单层，常有冲击镀底层，底镀层的厚度未做规定，双层或多层金和金合金镀层的要求可由需方规定 [见 4.2c)]。

6.2 外观

虽然本标准没有规定电镀前基材的状态、精饰或表面粗糙度，但是金或金合金镀层的外观取决于基材的状态。电镀工件主要表面上除了由基材引起的缺陷外，应无明显的起泡、麻点、表面粗糙、裂纹和漏镀。电镀工件应无污染物和机械损伤。电镀工件无法避免挂具痕迹，它的位置和程度应由需方规定 [见 4.1d)]。

局部电镀时，电镀区和非电镀区边界变色的程度和范围应在产品图样中规定。

如有需要，需方应提供或确认事前准备的符合标准要求的精饰样品 [见 4.1e)]。

局部镀金的工件通常也要局部电镀其他金属，如镍底镀层或可焊性锡合金镀层。外观要求也应包括所有底镀层的电镀区和边界的内容。因此，这些要求有必要在产品图样中做出规定。

6.3 厚度

标识中规定的镀层厚度应为最小局部厚度。镀层的最小局部厚度应在主要表面或工件图样上规定的位置进行测量。金或金合金镀层的最小厚度应符合需方规定。

金或金合金镀层的厚度可按附录 B 中给出一个或多个方法进行测量。

最小厚度分布曲线可以选择性地在适当图样中做出规定。

表 1 给出了电气、电子或工程用金和金合金镀层的常用厚度。

表 1 金和金合金镀层在各种应用中的常用厚度实例

应 用	最小厚度/μm
保持可焊性,低可靠性的电触点	0.1
中等可靠性的电气连接器和开关触点(酸性镀金合金)	0.25
半导体焊接(纯金)	0.5
高可靠性的电触点	0.75
高频器件和波导(纯金)	1.0
重要安全领域应用的高可靠性的电触点	2.5 或 5.0

给定的厚度值仅是近似值。设计者根据使用情况规定的厚度，是保证孔隙率试验和/或磨损试验结果达到要求的所需要的最小厚度值。

6.4 孔隙率

当需方对孔隙率有要求时，应对工件进行 ISO 4524-3、GB/T 17720、GB/T 18179 或 GB/T 19351 中的一个或多个环境试验和孔隙率试验。测试使用的方法和可接受的孔隙的数量和位置应由需方规定。

ISO 4524-3：1985 第 2 章～第 5 章中规定的电图试验适用于平整表面的工件，GB/T 18179 和 GB/T 19351 给出的气体暴露试验和 ISO 4524-3：1985 第 6 章规定的电图试验适用于弯曲表面的工件。

6.5 加速腐蚀试验

镀金工件的耐蚀性重要且加速腐蚀试验有规定时，应从 ISO 4524-2 给出的加速腐蚀试验中选择一个方法进行试验。需方应根据 GB/T 6461 规定腐蚀试验后可接受的腐蚀速率。

加速腐蚀试验的持续时间和结果可能与镀金工件的使用寿命没有关系。因此，耐腐蚀试验的结果并不作为镀层在具体环境中的耐蚀性的直接判据。

加速腐蚀试验经常作为电镀金或金合金的电气组件的合格检测的一部分。运行试验通常涉及组件的多个操作，然后暴露于腐蚀性气体中。合格与否取决于电学性能的测试结果，例如试验前后接触电阻的测量。腐蚀试验本身不作为合格检测的性能判据。

6.6 成分

当成分有要求时，镀层最小的金含量应当由需方在标识中做出规定。当合金镀层的成分有要求时，应规定金和合金元素的含量。应对非金属夹杂物的性质和数量做出规定，特别是电气和电子用镀层。非金属夹杂物可能显著地影响镀层的性能。

如果需方对金含量有规定，则镀层的金含量参照附录 D 给出方法进行测量。

从亚硫酸盐溶液中形成的纯金镀层或金合金镀层更适合冷焊。不推荐使用该工艺对连接器、开关触点进行镀金。

6.7　镀前消除应力的热处理

当需方有规定时，最大抗拉强度大于或等于 1000MPa 的钢件以及由机加工、研磨、矫直或蜷曲成形引起拉应力的钢件，在清洗和金属沉积前应先进行消除应力的热处理。消除应力热处理的工艺和等级应由需方规定，或需方根据 GB/T 19349 指定合适的工艺或等级［见 4.1g)］。

有氧化物或锈皮的钢材电镀前应进行清洗。对于高强度钢（抗拉强度大于或等于 1000MPa），为避免清洗过程产生氢脆危险，碱性化学清洗、碱性阳极电解清洗以及机械清洗应作为首选工艺。

6.8　镀后降低清脆的热处理

最大抗拉强度大于或等于 1000MPa 的钢件和表面经硬化的工件，应按 GB/T 19350 规定的工艺和等级或需方的规定进行降低氢脆的热处理。

降低氢脆热处理的效果可通过需方规定的或标准给出的试验方法进行测定。

热处理工艺可能使某些金合金镀层的性能发生改变，大于或等于 1000MPa 的高强度钢不能用于任何这样的应用。

6.9　结合强度

当需方对结合强度有要求时，镀层应通过附录 C 中给出一个或多个结合强度试验（GB/T 5270）。按本标准给出的方式进行试验时，不应分离每一层进行试验。

铝合金镀后在 130℃ 下进行热处理可以提高镀层的结合强度。这种处理不推荐用于合金镀层，因为合金镀层在大于或等于这个温度时性能会变差。

显微镜测量镀层厚度时，制备金相试样的横截面可暴露结合强度不好的镀层，因为研磨和抛光后的样品在显微镜下可以看到镀层与基体的分离。制备金相试样过程中，研磨或抛光不正确可能导致误导性的结果。

6.10　电学性能

如果电学性能对镀层的功能起着重要作用，需方应规定电学性能的要求及其评估方法［见 4.2e)］。

6.11　显微硬度

如果规定了镀层的显微硬度，应按 GB/T 9790 中给出的方法进行测量。表 2 给出了典型的金和金合金镀层的显微硬度范围。

表 2　典型的金和金合金镀层的显微硬度范围

努氏显微硬度范围 HK25	典型的镀层和典型的应用
≤90	纯金镀层，用于半导体链接和微波系统
91～130	酸性镀液形成的金合金镀层，用于滑动触点和连接器
131～200	中性或碱性电镀溶液形成的金合金镀层，用于开关或重型连接器
>200	要求耐磨的其他应用

金和金合金镀层的显微硬度取决于电镀溶液的配方以及工艺的控制和操作。一般情况下，通过加入合金元素和有机添加剂来改变镀层的显微硬度。

6.12　可焊性

可焊性有要求时，金或金合金镀层的可焊性应当按 GB/T 2423.28 规定的方法进行测量，或按需方规定的替代试验方法进行测量。应对试验的类型和试验前实施人工时效处理做出规定［见 4.2g)］。

薄而多孔的金镀层在储存过程中，可能产生脆性接头，可焊性也会降低。金镀层上软钎焊接头可能含有硬而脆的金属间化合物，从而降低耐剪切、耐疲劳和耐冲击性能。脆性发展的风险随焊接温度的升高或金镀层厚度的增大而增大，且合金镀层的这种风险比纯金层大。如果厚度超过 1.5μm，则需采用特殊的焊接技术。当薄镀层的可焊性有规定时，采用合适的底镀层可以避免储存过程中可焊性的降低。

6.13 耐磨性

如果耐磨性对镀层的功能起着重要作用，需方应规定耐磨性的要求及其试验方法［见 4.2h)］。

6.14 延展性

延展性重要时，需方应规定延展性的要求及其试验方法［见 4.2i)］。

6.15 底镀层

金或金合金镀层的底镀层可用来提高耐蚀性、结合强度和可焊性，防止基体和镀层之间的相互扩散，防止电镀液的污染或降低表面粗糙度和孔隙率。典型的底镀层包括铜、镍、钯、钯镍，钯钴以及这些底镀层的组合。当底镀层有规定时，则底镀层应符合附录 A 给出的要求。

6.16 残盐试验

如果需方有规定，应按 GB/T 12305.6 对工件进行残盐试验。经试验测试，电导率增大不超过 150μs/m 是可接受的。

镀金或金合金的工件经每一电镀工序后都应彻底清洗，最好用去离子水冲洗，并且最后一道冲洗完成后应进行彻底的干燥。

7 抽样

应按 GB/T 12609 规定的样本量从检验批中随机抽取样本。检查样本中的工件以确认其是否符合本标准的要求。应根据 GB/T 12609 的抽样程序，判断检验批符合或不符合每项要求［见 4.1h)］。

附 录 A
(资料性附录)
底镀层的要求

A.1 厚度要求和测量

表 A.1 给出了不同基材上金或金合金镀层的底镀层的最小厚度要求。底镀层的最小厚度应符合表 A.1 的数值。如底镀层的厚度有规定时，应采用显微镜法（GB/T 6462）或库仑法（GB/T 4955）测量，对局部电镀工件进行厚度测量时，应采用 X 射线光谱法（GB/T 16921）。

表 A.1 各种基材和应用对底镀层厚度的要求

基 材	应 用	底 镀 层	最小厚度/μm
铜	防止扩散	镍	2
铜合金(尤其是含铅铜合金)		铜或镍	由需方规定

（续）

基　　材	应　　用	底　镀　层	最小厚度/μm
黑色金属材料(奥氏体不锈钢除外)	提高耐蚀性	镍①	10
		铜+镍①	10μm 铜 + 5μm 镍（即 Cu10/Ni5）
奥氏体不锈钢②	提高结合强度	通常要求酸性冲击镀镍(Woods 镀液)③	薄的,通常不做规定
锌和锌合金	提高结合强度 提高耐蚀性	铜和镍①	10μm 铜 + 10μm 镍（即 Cu10/Ni10）
铝和铝合金	提高结合强度 提高耐蚀性	镍①④	20
带锡焊或铜焊缝的其他基材	提高结合强度 防止扩散	可能需要镍或铜	由需方规定
非金属基材	提高结合强度 增大强度 导电性	可能需要镍和/或铜	由需方规定

① 韧性好、低应力的镍底镀层可能必不可少。

② 如果在奥氏体不锈钢上电镀金用于氯化物环境中，则应有较好镍底镀层，并应规定其厚度。

③ 镍镀层下可电镀初始铜镀层，但镍镀层的厚度不能减小。

④ 铝合金镀后在 130℃ 下进行热处理以提高镀层的结合强度。不推荐用该方法处理合金镀层，因为合金镀层在大于或等于这个温度时性能会变差。

A.2　常用底镀层的化学符号

对于常规的底镀层，如有要求，则应使用表 A.2 中的化学符号标识底镀层。

表 A.2　电镀金常用底镀层的化学符号

化学符号	底　镀　层
Ni	镍
Cu	铜
Cu/Ni	镍+铜

附　录　B
（资料性附录）
金和金合金镀层厚度的测量

B.1　测量的不确定度

下面给出的方法具有足够的精确度，即选用合适的方法并经标准厚度校准，其测量不确定度小于 10%。如果是仲裁测量，则应由需方指定测量方法，或从 B.3、B.4 和 B.5 中选择一种方法。选择最可靠的方法（GB/T 6463）时，应考虑预期的镀层厚度、工件的形状和尺寸、镀层材料的性质和基体材料的性质。

B.2　密度和厚度的计算

对于需要用到镀层密度的厚度测试方法，应使用金或金合金镀层的真实密度。如果真实密度是未知的，则使用合适的计算方法计算其密度值。例如，合金镀层含金 60%（质量分数）和银 40%（质量分数），其密度（g/cm³）计算如下：

$$\rho = 100/[60/19.3+40/10.5] = 14.5$$

式中 ρ——合金镀层的计算密度（g/cm³）；

19.3——纯金的密度（g/cm³）；

10.5——纯银的密度（g/cm³）。

B.3、B.4 和 B.5 描述的 β 射线背散射法、X 射线光谱法、库仑法、重量法和化学分析法需要使用密度值。如果密度值是计算值或假设值，则测量的不确定度可能会大于 10%。

特殊镀金溶液的供应商可以估算出从其独有的溶液中沉积的金镀层的密度，但实际生产中，操作条件、溶液老化、镀液维护不佳或有机物杂质会使镀层密度值发生变化。

不同镀液的金镀层的真实密度值与根据沉积纯度计算的密度值的对比见表 B.1。表 B.1 表明计算密度值引入较大的误差。

这些真实密度值仅供参考，不能将其作为由单位面积的质量计算厚度的密度因子。

表 B.1 不同镀液的金镀层的真实密度和计算密度

金电镀液的类型	纯度(质量分数,%)	真实密度/(g/cm³)	计算密度/(g/cm³)
碱性氰化物(暗)	99.9	18.9	19.3
碱性非氰化物(光亮)	99.9	19.2	19.3
“合金”(Ag)碱性氰化物(光亮)	99.0	16.7	19.1
“合金”(Cd)碱性非氰化物(光亮)	98.6	18.9	19.0
酸性硬质金(Co)(光亮)	99.5	17.8	19.2

B.3 无损法

B.3.1 β 射线背散射法（见 GB/T 20018）

该方法测量金镀层的厚度的不确定度小于 10%，相当于单位面积的质量大于或等于 1mg/cm² 的基体上所含原子数小于 35。金或金合金镀层的密度需要精确测量。

B.3.2 X 射线光谱法（见 GB/T 16921）

该方法测量 0.5μm~7.5μm 厚度的不确定度小于 10%。金或金合金镀层的密度需要精确测量。

B.4 半破坏性方法

对于本附录而言，术语“半破坏性方法”是指厚度测量在极小面积上进行，通常只有小于几平方毫米的镀层被剥离。剥离镀层的面积是微不足道的，通过重新电镀或有机涂层修复后，工件可以返回使用。

B.4.1 库仑法（见 ISO 2177）

仪器制造商应推荐阳极溶解溶液，以溶解特殊基体材料上的金或金合金镀层。

电镀液中的某些添加剂可能影响库仑法的测量结果。

B.4.2 轮廓仪法（见 GB/T 11378）

这种方法的测量不确定度小于 10%。

B.4.3 干涉法（见 ISO 3868）

这种方法的测量不确定度小于 10%。

B.5　破坏性方法

B.5.1　显微镜法（见 GB/T 6462）

这种方法的测量不确定度为小于 10%或±0.8μm 两者中较大者。使用高分辨率显微镜，并且精细地制备试样，本方法能得到小于 0.5μm 的不确定度。

B.5.2　重量法

B.5.2.1　原理

通过化学或电化学方法在不侵蚀金或金合金镀层情况下将基体材料溶解，然后测定镀层的质量。镀层的平均厚度可以由它的面积、质量和密度计算出来。

B.5.2.2　试样

从工件上仔细切割或冲压一试样，并保证试样镀层的面积和质量的测量精度能达到 98%或更好。必须将试片切割成正方形，并打磨试样边缘，以除去切割或冲压操作形成的毛刺。

B.5.2.3　步骤

测量镀层的面积。溶解镀层前，使用机械方法尽可能多地去除基体材料，以减少镀层受到的潜在侵蚀。溶解基体材料而不侵蚀镀层。大多数基体可在 20℃左右用 25%体积比的硝酸溶液（ρ=1.42g/mL）溶解，但这种酸能溶解金合金镀层中的某些元素。

将金镀层从溶液中取出，冲洗，在 100℃下干燥约 30min，然后称量。如果金镀层在溶液中断裂成碎片，有必要采用标准的分析技术过滤，将金从溶液中分离出来，然后冲洗、干燥和称重。

B.5.2.4　厚度的计算

平均厚度的计算公式如下：

$$d = 10m/A\rho$$

式中　d——镀层的平均厚度（μm）；

m——镀层的质量（mg）；

A——镀层的面积（cm^2）；

ρ——镀层的密度（g/cm^3）（除非真实值已知，否则用 19.3g/cm^3 代入计算）。

B.5.3　化学分析法

B.5.3.1　原理

从一小块已知面积的测试试样（取自成品工件的合适部位）上分离基体材料。然后用王水溶解金，试验溶液中金的质量采用分光光度法或原子光谱吸收法测定。镀层的平均厚度通过试样上镀层的面积、质量、密度和纯度计算。

如果要测量镀层的金含量，则在王水溶解前，镀层应进行清洗和干燥，然后称重。

B.5.3.2　试剂

试验只使用分析纯试剂，蒸馏水或相当纯度的水。

B.5.3.2.1　硝酸

25%（体积分数）的硝酸溶液，密度约为 1.2g/mL。

B.5.3.2.2　王水

将 25mL 浓硝酸（ρ=1.42g/mL）加入到 75mL 浓盐酸（ρ=1.18g/mL）中。

B.5.3.2.3 金标准溶液 0.05g/L

用20mL王水（B.5.3.2.2）溶解0.050g纯度为99.99%（质量分数）的金，移至1000mL的带有刻度的容量瓶中，然后用水稀释至刻度。1mL本标准溶液含金50μg。

B.5.3.3 仪器

使用前，用王水彻底清洁所有玻璃器皿，包括分光光度计的比色皿（B.5.3.2.2），然后用水清洗。分析所用的玻璃器皿最好单独存放。

B.5.3.4 试样

从工件上仔细地切割或冲压出一试样，切取试样的大小应保证金镀层的面积和质量的测量不确定度小于2%。必须将试片切割成正方形，并打磨试样边缘，以除去切割或冲压操作形成的毛刺。厚度测量的精确度主要取决于面积测量的精确度。对于横截面窄的薄工件，可以利用冲压机和冲模截取一个已知直径的圆片。对于印刷电路板上的镀金层，其铜箔通常可以用机械法分离。必要时，可以用煮沸的约200g/L的氢氧化钠溶液将镀金层从铜箔上分离出来。

B.5.3.5 试验溶液和标准溶液的准备

B.5.3.5.1 试验溶液

制备过程中要求的试剂量和稀释量是基于0.1cm^2的面积，即应取的最小试样。如果所取试样面积较大，则应相应调整稀释量和实验各部分试样的体积。

分离镀层前，使用机械方法尽可能多地去除基体材料（B.5.3.4）以减少镀层受到的潜在侵蚀。用硝酸溶液（B.5.3.2.1）溶解基体材料，将镀层从剩余的基体材料中分离出来。清洗和干燥剥离镀层，然后将其置于50mL的烧杯中用热的3mL王水（B.5.3.2.2）将其溶解。

B.5.3.5.2 金标准溶液

按表B.2所列的体积，分取相应的金标准溶液（B.5.3.2.3），置于6个50mL的烧杯。

利用分光光度法（B.5.3.6）或原子吸收光谱法（B.5.3.7）测定试验溶液中的金含量。

表B.2 金标准溶液

金标准溶液的体积（B.5.3.2.3）/mL	对应的金的质量/mg	最后溶液的金的浓度/(mg/L)
0①	0①	0①
1.0	0.05	0.005
2.0	0.10	0.010
4.0	0.20	0.020
6.0	0.30	0.030
8.0	0.40	0.040

① 修正溶液。

B.5.3.6 分光光度法

B.5.3.6.1 原理

将氯化钾加到测试溶液中形成稳定的氯化金钾。溶液蒸干后用分光光度法测定金含量。

基本金属形成可溶性无色的氯化物，铜、镍钴和铁形成有色氯化物，不干扰测量。当金镀层中含银或形成不溶性氯化物的其他金属时，测量溶液的吸光度前需要过滤溶液。

B.5.3.6.2　试剂

B.5.3.6.2.1　氯化钾溶液

10g/L 氯化钾溶液。

B.5.3.6.2.2　盐酸溶液

将 200mL 浓盐酸（ρ=1.18g/mL）稀释至 1000mL。

B.5.3.6.3　仪器

普通的实验室仪器及如下设备：

B.5.3.6.3.1　分光光度计

带有 10mm 以及 40mm 或 50mm 光路长度的石英比色皿。

B.5.3.6.3.2　烧杯

50mL 矮型烧杯，至少 6 个。

B.5.3.6.3.3　微滤漏斗

装有烧结玻璃板或合适的滤芯。

B.5.3.6.3.4　电烘箱

能保持温度在 110℃ ±2℃。

B.5.3.6.4　校准曲线的准备

B.5.3.6.4.1　制备标定溶液

对每个烧杯中的金标准溶液（见 B.5.3.5.2）进行如下处理：加入 1mL 氯化钾溶液，在加热板或水浴中小心蒸发至初干，然后置于电烘箱中在 110℃ ±2℃ 下干燥，再冷却。用盐酸重新溶解残余物，移至带刻度的 10mL 容量瓶中，然后用相同的盐酸稀释至刻度。

B.5.3.6.4.2　光谱测量

调整分光光度计，使其对水的吸光度为零。使用 10mm 比色皿，在 312nm 波长下测量 B.5.3.6.4.1 制备的标定溶液的吸光度。

B.5.3.6.4.3　绘制校准曲线

标定溶液测得的吸光度减去修正溶液的吸光度（见表 B.2）。以金的浓度（mg/mL）为横坐标，以相应的吸光度值为纵坐标，绘制曲线，可获得一条直线。

B.5.3.6.5　测定

从试样制备开始，对不同的两个试样（见 B.5.3.4）进行重复测量。在试验溶液中加入 1mL 氯化钾溶液，在加热板或水浴中小心蒸发至初干，然后置于电烘箱中在 110℃ ±2℃ 下干燥，再冷却。用盐酸重新溶解残余物，移至带刻度的容量瓶中，容量瓶的容积见表 B.3，然后用相同的盐酸稀释至刻度。

调整分光光度计，使其对空白溶液的吸光度为零用（见 B.5.3.6.6）。使用表 B.3 指定尺寸的比色皿，在 312nm 的波长下用分光光度计测量溶液的吸光度。测量所得的吸光度值减去空白试验（见 B.5.3.6.6）的吸光度值，通过校准曲线，得出吸光度对应的金的质量。

表 B.3 不同镀层厚度所使用的稀释体积和比色皿尺寸

涂层的厚度 d/μm	容量瓶的容积/mL	比色皿尺寸/mm
$5.0<d<10.0$	20	10
$1.25<d<5.0$	10	10
$0.1<d<1.25$	10	40 或 50

B.5.3.6.6 空白试验

不加入试验样品，以相同的步骤，使用相同的试剂，平行试样测量进行空白试验。

B.5.3.7 原子吸收光谱法

B.5.3.7.1 原理

在试验溶液中加氯化镧防止干扰，然后测量原子的吸光度。

B.5.3.7.2 试剂

B.5.3.7.2.1 氯化镧溶液 100g/L

将 58.6g 氧化镧溶于 250mL 浓盐酸中（ρ=1.18g/mL），然后用水稀释至 500mL。

B.5.3.7.3 仪器

普通的实验室设备和原子吸收光谱仪。

B.5.3.7.4 校准曲线的准备

B.5.3.7.4.1 制备标定溶液

按如下方法处理每个含有金标准溶液（见 B.5.3.5.2）的烧杯：将溶液移至一组 6 个带刻度的 100mL 容量瓶中，然后加入 4mL 氯化镧溶液，用水稀释至刻度。

B.5.3.7.4.2 光谱测量

按设备制造商规定的测量金的条件，将标定溶液直接吸入原子吸收光谱仪的火焰，然后记录吸光度读数。

B.5.3.7.4.3 绘制校准曲线

从标定溶液测得的吸光度减去修正溶液的吸光度（见表 B.2）。以金的浓度（mg/mL）为横坐标，以相应的吸光度值为纵坐标，绘制曲线。

B.5.3.7.5 测量

将试验溶液（见 B.5.3.5.1）移至表 B.4 给定容积的带刻度的容量瓶中，按表 B.4 给出的体积加氯化镧溶液（B.5.3.7.2.1），用水稀释至刻度。按 B.5.3.7.4.2 的描述测量所得溶液的吸光度。测量所得的吸光度值减去空白试验（见 B.5.3.6.6）的吸光度值，通过校准曲线，得出吸光度值对应的金的质量。

表 B.4 各种金的质量对应的稀释体积和氯化镧溶液体积

试样中金的质量 m_{Au}/mg	容量瓶的容积/mL	氯化镧溶液的体积/mL
$m_{Au}<0.2$	10	0.4
$0.2<m_{Au}<2$	100	4
$2<m_{Au}<20$	1000	40

B.5.3.7.6 空白试验

不加入试验样品，以相同的步骤，使用相同的试剂，平行试样测量进行空白试验。

B.5.3.8　厚度的计算

镀层的平均厚度按如下公式计算：

$$d=(10m_1/A\rho)(100/w_{Au})$$

式中　d——镀层的平均厚度（μm）；

m_1——测试溶液中金的质量（mg），由校准曲线（见 B.5.3.6.4 或 B.5.3.7.4）和最终试验溶液的总体积（见表 B.2 和表 B.3）计算，并考虑空白试验（见 B.5.3.6.6 或 B.5.3.7.6）；

A——测试样品（见 B.5.3.4）的面积（cm^2）；

ρ——镀层密度（g/cm^3）；

w_{Au}——金的含量，用镀层的质量百分比表示（见附录 D）。

B.5.3.9　试验报告

试验报告应至少包含以下信息：

a）本附录的编号及所用试验方法的序号和名称；

b）测试结果及其表示形式；

c）测量过程中观察到的异常现象；

d）本附录或参考标准中不包括的操作；

e）需方要求的其他相关信息。

附　录　C
（资料性附录）
结合强度试验

C.1　概述

需方可从 GB/T 5270 描述的方法中指定一个或多个检测结合强度的定性方法，也可从下面所描述的方法中选择合适的方法。

C.2　摩擦抛光试验

在主要表面上选择一个不超过 $6cm^2$ 的区域，用合适的抛光工具快速平稳地摩擦 15s。一个合适的抛光工具是：手柄长约 60mm 的牙科玛瑙铲，前端有一个 30mm 长、5cm 宽的玛瑙片，其边缘经轻微倒圆。所施加压力应在每一行程中足以擦光镀层，但不应大到磨穿镀层。用低倍显微镜观察试样上镀层是否起泡。测试区应没有起泡。

C.3　胶带试验

使用直尺和已磨尖的硬钢划线器，在测试区划出一个 2mm×2mm 的方格。施加足够的压力，一次划穿镀层至基体材料。将粘接力为 2.9N/cm～3.1N/cm 的不转移性黏胶带的黏结面黏附在待测镀层上，注意排除气泡。10s 后，垂直于镀层表面迅速拉掉胶带。用低倍显微镜观察样品和胶带上镀层的掉落痕迹。镀层应没有被胶带剥离。本试验只用于检测结合强度明显不好的试样。

C.4　热震试验

将试样置于烘箱中在 200℃～300℃下加热约 30min，然后浸入室温的水中迅速冷却。用低信显微镜检查镀层是否有气泡或脱落痕迹。镀层应无起泡或脱落。

C.5 弯曲试验

将试样置于弯曲半径为4mm的弯曲装置（或钳口）。将试样弯曲90°，然后将其返回到原来的位置，重复三次。用低倍显微镜检查镀层试样是否有脱落的迹象。如果镀层不脱落，基体微观或宏观裂纹不应成为拒收的原因。

C.6 检验报告

试验报告应至少包含以下信息：

a）本附录的编号以及所用试验方法的序号和名称；

b）测试结果及其表示形式；

c）测量过程中观察到的异常现象；

d）本附录或参考标准中不包括的操作；

e）需方要求的其他相关信息。

附 录 D
（资料性附录）
金含量的测定

D.1 概述

某些金含量低于约90%的金合金镀层，在镀层与基体金属分离时，某些合金元素有可能被硝酸溶解（见D.2）。如果发生这种情况，可能使得到的结果偏高而不准确。这时，金镀层试样应采用机械方法与基体分离。

提高称重的精确度对于减小金含量的测量不确定度是十分重要的，因此，这需要较大的试样。必要时，为提高称重精确度，则要制作特厚的镀层作为替代试样。然而，试验试样不需要限定在工件的特定区域，其可以是一个或多个完整的小工件。另外，试样可以从易镀厚的电镀区域选取，包括大工件的外部和边缘。

如果要求金含量大于99%，为确保纯度水平，供需双方应采取特殊措施。措施应包括使用厚镀层的替代试样进行痕量污染物的光谱分析，或事先签订控制镀金槽液的协议，以确保基体金属引入的杂质不超过最大限度。

对于金含量小于99%的金镀层，推荐使用D.3和D.4给出的方法，但也可使用其他方法，如电子探针法。

D.2 金镀层与基体金属和底镀层的剥离

从试样上切割或分离一个或多个合适的镀金块，或必要时，将一个或多个的完整工件切成大小合适的镀金块。剥离之前，尽可能多的用机械方法从镀金块上除去基体材料，以降低金镀层潜在的侵袭。

将一个或多个的镀金块放入小烧杯中，在约20℃下，加入一定量由1体积浓硝酸（ρ=1.42g/mL）和3体积水混合形成的稀硝酸溶液。然而，这种酸会可能会溶解合金镀层中的某些合金元素。使基体金属和底镀层（如有底镀层）完全溶解。要特别注意基体金属含锡，因为溶解生成的氢氧化锡紧紧地依附在金合金镀层上。为防止氢氧化锡沉积，可在硝酸中添加2%（体积分数）氢氟酸或5%（体积分数）氟硼酸。倒出酸液，用水清洗剩下的镀层数次，然后在约100℃干燥。

D.3　火试金法

D.3.1　步骤

可取 5mg 的剥离镀层进行测量，如果可能，最好取更大的质量以获得更高的精确度。

用分析天平称量剥离镀层，精确到 0.01mg，并且用一铅箔（分析纯）将镀层和一定质量的纯银及小片纯铜包裹在一起。银的质量应是金试样质量的 2~2.5 倍，铜的质量应是金试样质量的大约 0.1 倍。铅箔质量应为试样的 30 倍左右，但是至少应为 1g。

将试金用灰皿置于为分析金而设计的马弗炉中，在 1100℃~1150℃下熔化铅，并使铅氧化，留下金和银的合金粒。将所得颗粒碾平，在约 700℃下退火约 1min。将其碾成薄片然后再退火。分离退火薄片中的金银，即在 25%的硝酸（ρ=1.2g/mL）中溶解金银合金中的银，接着在更浓的硝酸（ρ=1.3g/mL）中溶解。每一溶解过程，酸应加热至沸腾并自始至终保持在沸点。金在 700℃下退火约 5min，然后称量所得卷金，精确到 0.01mg。

取一已知质量与样品所含金相当的纯金，加入与试样相当的合金元素，平行样品分析同时进行一次或多次验证分析。

D.3.2　计算

镀层的金含量按下列等式计算：

$$w_{Au}=100m_1/m_0$$

式中　w_{Au}——镀层的金含量，用质量百分数表示；

m_1——经校对试验修正后火试金法所得金卷的质量（mg）；

m_0——剥离镀层的质量（mg）。

D.4　分光光度法和原子吸收光谱法

清洗、干燥镀层，然后称量，接着用热王水溶解镀层，然后采用 B.5.3 规定的方法进行测量。

D.5　检验报告

试验报告应至少包含以下信息：

a）本附录的编号及所用试验方法的序号和名称；

b）试验结果及其表示形式；

c）测量过程中观察到的异常现象；

d）本附录或参考标准中不包括的操作；

e）需方要求的其他相关信息。

第二节　金属覆盖层　低氢脆镉钛电镀层

一、概论

金属镉具有许多突出的性能，例如耐蚀性特别好，尤其是在海洋环境中的耐蚀性。然而，镉有毒，不利于安全、健康和环境保护。镉也比较贵，所以人们在探索代镉电镀层的同时，也在充分利用镉的突出性能而电沉积镉的合金，例如，已出现 Cd20-Zn80 的合金，其耐蚀性与纯镉层一样，但是减少了 20%的镉，减轻了对安全、健康和环境的危害。

20 世纪 60 年代初，电镀镉钛合金技术已取得专利权。镉钛电镀层主要优点是抗海水腐蚀性能优于镉镀层和锌镀层，其耐蚀性是镉镀层的数倍；另外，该镀层还具有低氢脆性，可用于易发生高强度钢制件因氢脆引起的灾难性破坏的行业，以防止或降低氢脆危害，对提高重要装备的安全性非常有益。目前，镉钛电镀层主要用于航天航空、航海和电子行业。

GB/T 13322—1991《金属覆盖层 低氢脆镉钛电镀层》涵盖了镉钛电镀层技术要求，对镉钛电镀层使用企业和加工企业有一定指导作用。

GB/T 13322—1991 参考美国军用标准 MIL-STD-1500A（USAF）《低氢脆镀镉钛》制定。该标准于 1991 年 12 月 13 日发布，1992 年 1 月 1 日实施。

二、标准主要特点与应用说明

该标准规定了高强度钢零件低氢脆镀镉钛的质量检验要求、检验方法和镀前检验要求，适用于高强度钢零件低氢脆镀镉钛的镀前和镀后质量检验。其技术内容涵盖镉钛合金镀层外观、厚度、结合强度、耐蚀性及镀层钛含量、镀覆材料的氢脆性能要求等。

该标准对高强度钢制件电镀前的质量控制和验收给予了特别的规定，要求必须完成电镀前应予完成的各种加工、处理，包括电镀前消除各种加工或处理所致应力的热处理。但是，对复杂表面状态的要求未一一列出，由供需双方商定。

该标准对镀层本身的质量要求，除了在耐蚀性方面要求经铬酸盐钝化处理的镉钛电镀层能通过 500h 的中性盐雾试验，以及镉钛电镀层中钛的质量分数应为 0.1%～0.7%，其余在镀层的外观、厚度和结合强度等方面属常规要求。

该标准根据国军标 GJB 594《金属镀覆层和化学覆盖层选择原则和厚度系列》的耐蚀性及氢脆要求提出技术指标。特别指出，除了电镀的基体要经各种处理除去应力，还对镉钛电镀层材料本身的氢脆性提出了严格的要求，即合格鉴定试样和工艺控制试验试样在 75% 缺口极限抗拉强度的应力下进行持久载荷试验中，至少应持续 200h 不发生断裂。该标准从电镀基体、电镀溶液和电镀层材料等方面保证获得电镀层的低氢脆性能。

该标准包含适用范围、引用标准、定义、资料、镀层标记、零件镀前的验收要求、对镀层的质量检验要求、镀覆材料的氢脆性能要求、抽样、实验方法及附录部分。

在标准应用时，可参考镀锌、镀镉的相关标准，还应注意条款 8“镀覆材料的氢脆性能要求”，该部分特别指出了镀覆材料氢脆性能控制指标和测试方法。

三、标准内容（GB/T 13322—1991）

金属覆盖层 低氢脆镉钛电镀层

1 主题内容与适用范围

本标准规定了高强度钢零件低氢脆镀镉钛的质量检验要求、检验方法和镀前检验要求。

本标准适用于高强度钢零件低氢脆镀镉钛的镀前和镀后质量检验。

2 引用标准

GB 1238 金属镀层及化学处理表示方法

GB 3138 电镀常用名词术语

GB 4677.6 金属和氧化覆盖层厚度测试方法 截面金相法

GB 4955　金属覆盖层厚度测量　阳极溶解库仑方法
GB 4956　磁性金属基体上非磁性覆盖层厚度测量　磁性方法
GB 5270　金属基体上金属覆盖层（电沉积层和化学沉积层）附着强度试验方法
GB 6458　金属覆盖层　中性盐雾试验（NSS 试验）
GB 6463　金属和其他无机覆盖层　厚度测量方法评述
GB 9791　锌和镉上铬酸盐转化膜试验方法
GB 12609　电沉积金属覆盖层和有关精饰计数抽样检查程序
GJB 594　金属镀覆层和化学覆盖层选择原则与厚度系列

3　定义

3.1　高强度钢

本标准将热处理到抗拉强度大于等于 1240MPa（127kgf/mm^2）的钢定义为高强度钢。

3.2　主要表面

指零件上电镀前和电镀后的规定表面，该表面上的镀层对于零件的外观和使用性能是起主要作用的。

3.3　最小局部厚度

指在主表面上测到的局部厚度的最低值。

4　资料

4.1　必要资料

需方向供方提供下列资料：

a）本标准号（GB/T 13322）；
b）要求镀层标记（见第 5 章）；
c）主要表面应在零件图上注明和（或）提供样件；
d）表面外观（见 7.1）；
e）采用的结合强度试验方法（见 10.2）；
f）采用的氢脆试验方法（见 10.3）；
g）采用的抽样方法（见第 9 章）。

4.2　补充资料

如果需要，可由需方提供下列补充资料：

a）基体金属的性质、表面状态和表面粗糙度（见 6.1）；
b）电镀前消除应力和电镀后消除氢脆的要求；
c）对镀层的特殊要求，包括厚度；
d）对耐蚀性的要求及采用的试验方法（见 7.4）。

5　镀层标记

镀层标记按 GB 1238 中的规定。

6　零件镀前的验收要求

6.1　基体金属：本标准未规定基体金属的镀前表面状态，对基体金属的具体要求应由供需双方达成协议。

6.2　零件在镀前应完成所有的机加工、成型、焊接工序。

6.3　对原材料、热处理、机加工、磁力探伤等工序的检验。

6.4　要求具有镀前消除应力的检验印章。进行电镀的高强度钢零件，为了减少产生氢脆破坏的危险性，在电镀前均应进行热处理以消除零件表面的残余应力。零件热处理的温度和时间的选择，应保证最大限度地消除应力而又不使零件的强度和硬度降低（一般温度至少低于材料最低回火温度30℃，时间4h以上）。

7　对镀层的质量检验要求

7.1　外观

镀层应清洁完整、结晶均匀细致。未经铬酸盐处理的镉钛镀层的颜色应为乳白色、灰白色或浅灰色；经铬酸盐处理的镉钛镀层的颜色为彩虹色或金黄色。

在电镀件的主要表面上，不应有明显的镀层缺陷，如起泡、剥落、麻点、烧焦、海绵状或局部无镀层。但是，因镀件基体的缺陷引起的不可避免的镀层缺陷除外。零件上无法避免工卡具接触痕迹，其位置和面积的大小应由供需双方商定。

必须需要时，应由需方提供能说明外观要求的样品。

7.2　厚度

对镀层厚度的要求应由需方在给出的图样中按GB 1238规定的方法标出最小局部厚度要求。在图样中未做厚度规定的零件，其厚度可参照GJB 594中对镉镀层的厚度要求。

7.3　结合强度

结合强度按10.2条对镀件进行试验时，应满足GB 5270对镀件的要求，镀层应牢固地附着在基体金属上，无起泡、剥落现象。

7.4　耐蚀性

如果需方规定镀件必须经过腐蚀试验，则镉钛镀件应按GB 6458中的中性盐雾方法进行试验。

带铬酸盐转化膜镉钛镀层的耐蚀性，经500h不出现红锈腐蚀产物。

镉钛镀层上的铬酸盐转化膜类型与镉镀层相同，在GB 9791中有详细的规定和说明。

7.5　镀层钛含量

按照附录A（补充件）中的方法进行镀层钛含量分析，镉钛镀层内的钛含量应在0.1%～0.7%之间。

8　镀覆材料的氢脆性能要求

8.1　缺口试样持久试验

合格鉴定试验试样和工艺控制试验试样在75%缺口极限抗拉强度的应力下进行持久载荷试验，至少持续200h不断裂。

8.2　测氢试验

工艺控制试验可采用测氢仪进行试验。符合低氢脆镀镉钛溶液的λ_{Pc}值应在80s以内［见附录C（参考件）］。

9　抽样

抽样方式和验收水平按GB 12609的规定进行。

10　试验方法

10.1　可采用GB 4677、GB 4955、GB 4956规定的方法测定高强度钢上镀镉钛镀层的厚度。此外，还可按GB 6463中规定的镉镀层的其他厚度测量方法测定。

当厚度测量有争议时，采用GB 4955规定的方法测量，但不包括主要表面小于100mm²

的零件。

10.2　结合强度试验

按 GB 5270 中规定的摩擦抛光试验，或镉镀层适用的其他结合强度的试验方法进行。

10.3　氢脆性检验试验

10.3.1　氢脆性合格鉴定试验

10.3.1.1　按附录 B（补充件）中的试样技术要求和加工方法准备六根高强度钢缺口拉伸试样。

10.3.1.2　六根试样单独在镉钛槽中电镀，电镀时试样应对称地安装在挂具上，试样的非电镀面应进行适当的绝缘。在 $2A/dm^2 \sim 3A/dm^2$ 的电流密度下，电镀至厚度达 12μm。镀后在 4h 之内，在 190℃±5℃下，进行除氢 12h。

10.3.1.3　试样在 75%缺口极限抗拉强度的应力下进行持久载荷试验，至少持续 200h。试样中任何一根在 200h 以内断裂，则认为该电镀溶液的氢脆性能不合格。这样就需要进行分析，查找断裂原因。待原因查出并排除故障后，仍需重复进行氢脆性合格鉴定试验。直至合格后，才能进行正式生产。

10.3.1.4　电镀溶液在配制和调整后均需进行氢脆性合格鉴定试验。

10.3.2　工艺控制氢脆性试验

工艺控制氢脆性试验以缺口试样持久试验为准。在工艺控制过程中也可用测氢仪进行检验。

10.3.2.1　缺口试样持久试验

a）按附录 B 中的试样技术要求和加工方法准备三根缺口拉伸试样。

b）三根试样与电镀的零件同槽电镀。装挂时，要注意合理安排试样与零件在镀槽中的摆放位置，尽量使试样与零件在相同条件下电镀。镀后试样与零件一起进行除氢处理。

c）试样应在 75%缺口极限抗拉强度的应力下，至少持续 200h。试样中任何一根在 200h 以内断裂，则认为工艺过程氢脆性检验不合格，生产应立即停止。在此期间生产的零件应立即退回，进行分析并妥善处理。待电镀溶液氢脆性合格后，才能重新进行生产。

10.3.2.2　测氢仪试验

a）测氢仪试验应由具备操作资格证书或质量控制部门认可的专职人员按照附录 C 中规定的试验方法和仪器操作说明书进行。

b）测氢仪试验，一个星期至少进行两次。

10.3.2.3　在每 30 天的最大时间间隔里，应按 10.3.2.1 条进行缺口试样持久试验。如果在 30 天内没有进行此试验，则必须按 10.3.1 条进行氢脆性合格鉴定试验。

附　录　A
镉钛镀层中钛的分析方法
（补充件）

A.1　方法要点

在 1.5N~3.5N（0.75mol/L~1.75mol/L）的硫酸溶液中，四价钛与过氧化氢生成稳定的黄色络合物，用比色法测定钛量。

A.2 试剂

a）硝酸铵（化学纯）：10%水溶液；

b）硫酸（化学纯）：1∶9（体积比）水溶液；

c）硫酸（化学纯）：密度 1.84g/L；

d）硝酸（化学纯）：密度 1.42g/L；

e）磷酸（化学纯）：密度 1.70g/L；

f）乙醇（化学纯）；

g）过氧化氢（化学纯）：3%溶液；

h）钛标准溶液：含钛 0.1mg/mL。

A.3 分析程序

A.3.1 将镀镉钛的试样清洗干净后，放入 120℃烘箱内 30min，取出放入干燥器中冷却至室温，称量。置试样于 150mL 烧杯中，加 10%硝酸铵溶液 20mL，待镉钛镀层溶解后，用套有橡皮头的玻璃棒将试片表面附着物擦洗在烧杯中，取出用水冲洗干净，并用乙醇脱水，再放入 120℃烘箱内 30min，取出放入干燥器中冷至室温并称量。两次重量之差即为待测镉钛镀层的质量。

A.3.2 于上述 150mL 烧杯中加硝酸 1mL~2mL、硫酸 5mL，加热至冒白烟，冷却后用水稀释至刻度并摇匀。用 2cm 比色皿，在波长 460μm 下进行比色，测出消光值，在钛标准曲线上查得相应的钛含量。

A.3.3 钛标准曲线的绘制：分别取钛标准溶液 0mL、1mL、2mL、3mL、4mL、5mL 放入 6 个 50mL 容量瓶中，各加 1∶9 硫酸溶液 20mL、磷酸 1mL~2mL、3%过氧化氢 2mL 发色，然后，各以 1∶9 硫酸溶液加至刻度，摇均匀。用 2cm 比色皿，在波长 460μm 下进行比色测出消光值，并绘制成标准曲线。

A.4 计算

$$w(\mathrm{Ti})=\frac{G_1}{G}\times 100\% \tag{A.1}$$

式中 G_1——从标准曲线上查得的钛的质量（mg）；

G——比色测定时所取镀层的质量（mg）。

注：1. 本方法要求试样基体为钢材，尺寸为 30mm×25mm×1mm 为宜。取下镀层的质量在 0.05g~0.1g 之间。

2. 试样表面粗糙度为 *Ra*0.8μm，取样时一定要把附着物刮洗干净。

附 录 B

缺口持久试样的加工方法

（补充件）

B.1 技术要求

B.1.1 鉴定氢脆性的缺口持久试样，应使用与被镀零件相同的材料制备，经热处理后，试样基本材料的抗拉强度应接近上限。

B.1.2 试样的形状与尺寸应符合图 B.1 和图 B.2 的规定。

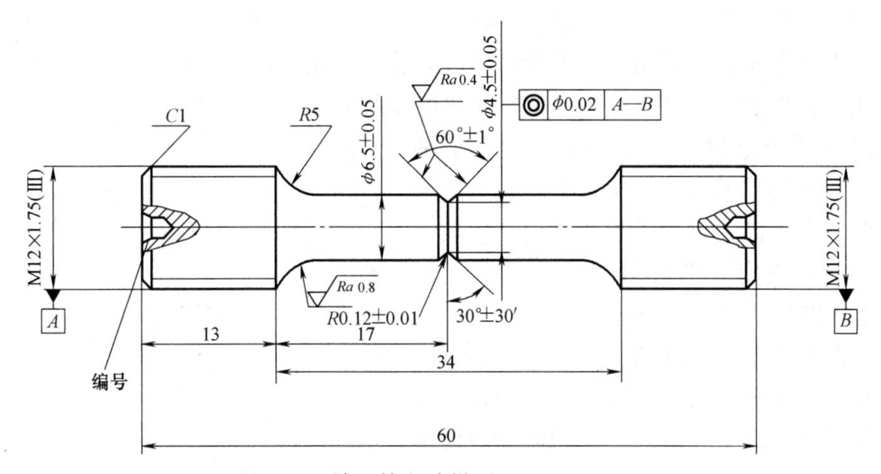

图 B.1　缺口持久试样（R0.12，$K_t=4$）

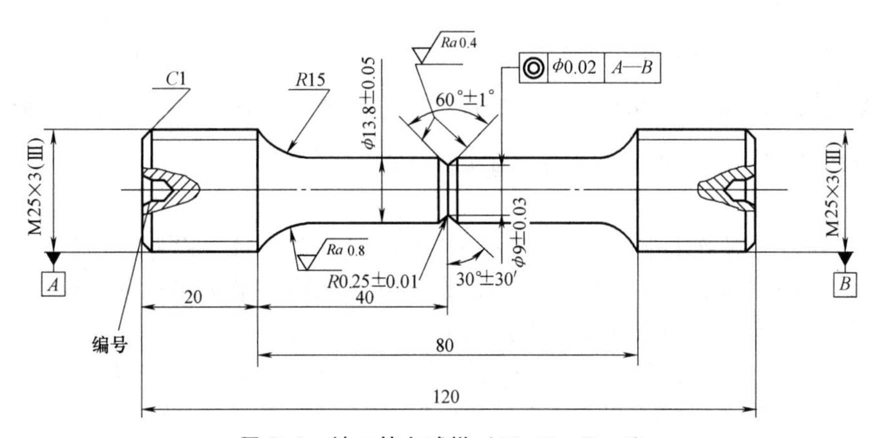

图 B.2　缺口持久试样（R0.25，$K_t=4$）

B.2　加工方法

B.2.1　按图加工试样，取样的轴线应平行于材料的轧制纤维方向。粗加工后，热处理到试样要求的抗拉强度，然后精加工到规定尺寸。缺口处用中软细粒氧化铝砂轮磨削，磨削量不宜过大，冷却液应充分，试样加工进刀量开始为0.02mm~0.01mm，精加工时为0.005mm。磨削后应保证缺口根部圆滑。磨削后进行投影检查，以保证缺口尺寸符合要求。

B.2.2　为了保证试样的同心度，试样两端的螺纹应在热处理后再精加工到要求的尺寸。

B.2.3　试样在电镀前，应消除磨削应力，消除应力的温度和时间与被镀零件相同。

附　录　C
测氢仪试验方法
（参考件）

C.1　测试原理

测氢仪是一种测量电镀时氢的吸收量和镀层的氢渗透性的仪器。它是利用铁壳电子管作为探头进行电镀，电镀过程中产生的一部分原子透过镀层和管壁渗入电子管内，使内真空度降低（电镀产生的氢脆正是这部分渗入基体内部的原子氢引起的）。由于氢原子在管内受发射电流冲击而离子化，从而引起电子管板极电流发生变化，此变化经微电流放大器放大后记录下来。此即把渗氢引起真空度的变化转变成电流信号。

测氢仪在整个电镀测试过程中所记录的曲线，以示意图（见图 C.1）说明如下：

电镀时，由于部分氢原子渗入管内，使其氢压电流上升（真空度下降），曲线上升（第Ⅰ阶段）。电镀结束后，清洗管壁，曲线稍有下降，即管内氢稍向外扩散（第Ⅱ阶段）。最后将电子管置于 200℃的烘箱中烘烤。这时，开始是镀层和管壁吸收的氢继续向管内扩散，管内真空度继续下降，曲线继续上升；当扩散达到平衡时，曲线达一最高点，此即氢峰值 HP_P；然后，就是管内氢通过管壁和镀层向外扩散，管内真空度又回升，曲线开始下降（第Ⅲ阶段）。曲线下降的速度与镀层对氢的渗透性直接有关。于是，测定曲线从最高点 HP_P 降到$\frac{1}{2}HP_P$ 所需的时间为“λ_P”值［以秒（s）为单位］，此即表示镀层对氢的可渗透性。λ_P 值小，表示镀层氢脆危险小。

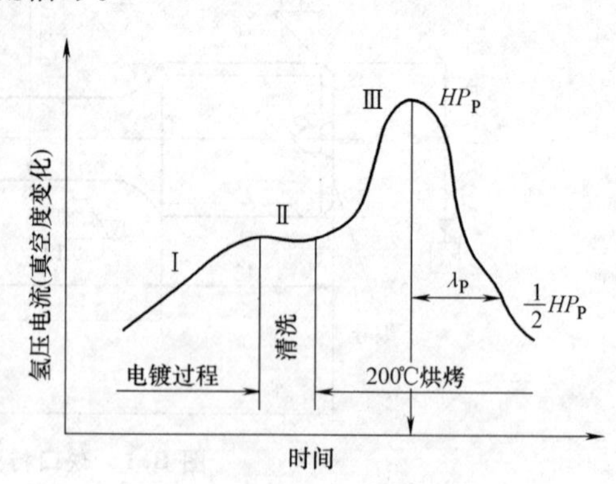

图 C.1 测氢仪测试过程示意图

C.2 定标

C.2.1 定标作业和电镀作业：单独测试探头管壁渗透性能的过程称为定标作业。所用溶液基本上与电镀溶液相同，但不含被镀的金属盐。定标时探头进行阴极充电。电镀作业则是用电镀溶液测试探头管壁与镀层的渗透性能的过程。

C.2.2 I_H：探头的氢压电流，为记录曲线的纵坐标，单位为 $1I_H = 1\times10^{-7}$A。

C.2.3 氢峰值 HP：经阴极充电或电镀后将探头置于 200℃烘箱内烘烤时所取得的最大 I_H。

C.2.3.1 H_{Pc}：定标作业取得的氢峰值。

C.2.3.2 HP_P：电镀作业取得的氢峰值。

C.2.4 λ：在 200℃烘箱中烘烤时，氢峰值 HP 衰减至$\frac{1}{2}HP$ 所需的时间，单位为秒（s）。

C.2.4.1 λ_0：为新探头初次定标所取得的 λ 值，一般小于 40s。

C.2.4.2 λ_c：为定标作业取得的 λ 值。

C.2.4.3 λ_P：为电镀作业取得的 λ 值。

C.3 测试程序

具体测试步骤及操作方法按具体的测氢仪使用说明书进行。

C.3.1 探头准备：作为探头的电子管，其真空度要求大于或等于 8×10^{-6}Torr（1Torr = 133.322Pa）。将真空度检查合格的探头用喷磨料的方法清除表面的旧绝缘层，然后留以适当面积作为电镀窗口，其余均绝缘之。

C.3.2 定标作业：以定溶液对电子管探头进行阴极充电，然后水洗，丙酮冲洗，滤纸吸干，并置于 200℃烘箱中烘烤，记录其氢压电流随时间变化的曲线。在曲线上标出 H_{Pc} 和 $\frac{1}{2}H_{Pc}$ 时的位置，并用几何作图法求其 λ_c 的数值，当曲线衰减到$\frac{1}{2}H_{Pc}$ 时，定标作业就可结束。

C.3.3　电镀作业：对定标合格的电子管探头进行电镀，然后水洗，丙酮冲洗，滤纸吸干，并置于200℃烘箱中烘烤，记录其氢压电流随时间变化的曲线，在曲线上标出 HP_P 及 $\frac{1}{2}HP_P$ 的位置，并用几何作图法求出其 λ_P 的数值，当曲线衰减到 $\frac{1}{2}HP_P$ 时，电镀作业即可结束。

C.4　测试条件及结果的换算

C.4.1　测试条件的规定

测试条件见表C.1。

表 C.1

测试项目	测试电流/A	测试电压/V	测试时间/min	烘烤温度/℃	窗口面积/dm^2
定标	0.05	1~6	3	200±2	0.05
电镀	0.10	1~6	15	200±2	0.05

C.4.2　测试结果的换算：将不少于三次的测试结果，取其平均值。按下式换算成 λ_{Pc}（s）来评定电镀溶液的氢脆性能：

$$\lambda_{Pc} = \lambda_P \times \frac{\lambda_0}{\lambda_c} = \lambda_P \times \frac{40}{\lambda_c}$$

第三节　金属覆盖层　锡-铅合金电镀层

一、概论

在电镀锡合金中电镀锡-铅合金的应用最普遍。锡-铅合金电镀层（简称锡铅镀层）主要用于防腐蚀、改善焊接性能等工况。在改善焊接性能方面，锡铅镀层可以减少或防止纯锡的锡须生长和锡疫的发生，广泛用于电子、电气制品制造；但铅不利于环境保护和人身健康，应用时应特别注意。随着各国政府环保要求加强，已逐步采用电镀纯锡、锡铜、锡银铜及锡铟等技术替代电镀锡-铅合金。

电镀锡-铅合金比较简单，锡与铅的标准电极电位只相差10mV，可从磺酸盐、氟硅酸盐、磷酸盐、氯化物、氟硼酸盐等电解液中镀得，其中氟硼酸盐和磺酸盐电解液已经工业化，特别是磺酸盐电解液已在电子工业中普及，对设备的腐蚀性较小，镀层均匀，容易控制，对环境的危害相对小。

锡-铅合金电镀层用作钢铁的保护层，镀层中锡的质量分数一般为4%~15%，成分由具体应用而定。印制电路板用的锡-铅合金电镀层中锡的质量分数为55%~65%。用作抗浸蚀镀层和促进焊接的铜合金和42Ni-58Fe合金基体的锡-铅电镀合金层中锡的质量分数高达80%，可用于制造电子元件。

GB/T 17461—1998《金属覆盖层　锡-铅合金电镀层》涵盖了使用条件分类和镀层分级、电镀前后处理、对底镀层的要求、对镀层的技术要求和检验等内容，为供需双方提供了应用指南。

GB/T 17461—1998《金属覆盖层　锡-铅合金电镀层》等效采用ISO 7587：1986《锡-铅

合金电镀规范和试验方法》。该标准于1998年8月12日发布，1999年7月1日实施。

二、标准主要特点与应用说明

该标准适用于电子、电气制品及其他金属上防止腐蚀和改善焊接性能的含锡量范围为50%~70%（质量分数）的锡-铅合金电镀层，也适用于其他成分的锡-铅合金电镀层，但使用时应注意这些镀层的性能可能与上述合金成分范围的锡-铅合金电镀层不同。其技术内容含外观、厚度成分、结合强度、孔隙率及焊接性能。

按锡-铅合金电镀层的使用环境和服役要求，该标准提出了镀层使用条件号及其相应的分级号。将锡-铅合金电镀层服役的环境按严酷性分为四级，即特别严酷、严酷、中等、轻微。显然，每一级不可能截然划分，必须理解每一级的具体条件，以便与实际情况进行比照，再提出相应的划分归类。

电镀基体因其材质和经受的各种加工可能会存在程度不同的残余应力，此应力不可能在电镀过程中消失或松弛。因此，这类材料及经受这样加工的电镀锡-铅合金件在电镀前应进行消除应力的热处理。该标准不仅提出了相应的电镀前消除应力的热处理要求，也针对一些具体情况提出了相应的热处理工艺规范指南。

在电镀过程中，包括前处理和电镀本身，可能会使电镀锡-铅合金基体渗氢，以致在使用中会发生氢脆，尤其是经受循环应力或疲劳载荷时，为此应进行电镀后消除氢脆热处理；但是，考虑消除氢处理的温度会使锡-铅合金电镀层熔化，又考虑氢通过镀层的扩散缓慢，所以该标准中指出不宜进行电镀后消除氢脆的热处理。这就要求电镀者要认真控制前处理（尽量不采用阴极电清洗）和电镀过程（尽可能提高电镀溶液的电流效率）。

该标准对电镀层提出的要求，包括对底镀层的要求和锡-铅合金电镀层本身的要求，是为了防止扩散，保持焊接性，保证锡-铅合金电镀层的结合强度，提高镀层耐蚀性。该标准规定了选择的底镀层或镀层体系不应使基体材料或已镀零件产生氢脆等不良性能，采用的底镀层的性能和最小局部厚度，由需方规定。

在引用文件GB/T 2423.28《电子电工产品基本环境试验规程　试验T：锡焊试验方法》中详细描述了电子电工产品锡焊的试验条件，根据不同使用条件和镀层分级号选择不同镀层及技术参数。

在标准应用中，应注意条款10“对镀层的要求”，该部分列出了对锡-铅合金电镀层性能要求和测试方法。

锡铅镀层替代技术不断发展，应用时应考虑使用成本和功能，尽量采用新技术。

三、标准内容（GB/T 17461—1998）

金属覆盖层　锡-铅合金电镀层

1 范围

本标准规定了含锡量范围为50%~70%（质量分数）的锡-铅合金电镀层[1)]的技术要求和试验方法（见10.3）。

1）锡-铅合金电镀层比纯锡的抗晶须生长和抗同素异形变化的性能好。

本标准适用于电子、电气制品及其他金属制品上防止腐蚀和改善焊接性能的锡-铅合金电镀层。

本标准也适用于其他成分的锡-铅合金电镀层，但使用时应注意这些镀层的性能可能与上述合金成分范围的锡-铅合金镀层不同。

本标准中的分类方法明确表示了基体金属的类别和一定含锡量范围的镀层成分，以及对热熔层和光亮沉积层的规定。

本标准不适用于：

a）螺纹件上的锡-铅合金镀层；

b）轴承上的锡-铅合金镀层；

c）未加工成型的板材、带材或线材上的锡-铅合金镀层，或由它们加工成型的零件上的锡-铅合金镀层；

d）抗拉强度大于1000MPa（或相应硬度）钢上的锡-铅合金镀层，因为这种钢经电镀后易产生氢脆（见8.2）。

2　引用标准

下列标准所包含的条文，通过在本标准中引用而构成为本标准的条文。本标准出版时，所示版本均为有效。所有标准都会被修订，使用本标准的各方应探讨使用下列标准最新版本的可能性。

GB/T 2423.28—1982　电子电工产品基本环境试验规程　试验T：锡焊试验方法（eqv IEC 68-2-20：1979）

GB/T 4955—1997　金属覆盖层　覆盖层厚度测量　阳极溶解库仑法（idt ISO 2177：1985）

GB/T 5270—1985　金属基体上的金属覆盖层（电沉积层和化学沉积层）附着强度试验方法（eqv ISO 2819：1980）

GB/T 5931—1986　轻工产品金属镀层和化学处理层的厚度测试方法　β射线反向散射法（idt ISO 3543：1981）

GB/T 6462—1986　金属和氧化物覆盖层　横断面厚度显微镜测量方法（eqv ISO 1463：1982）

GB/T 9789—1988　金属和其他非有机覆盖层　通常凝露条件下的二氧化硫腐蚀试验（eqv ISO 6988：1985）

GB/T 10125—1997　人造气氛中的腐蚀试验　盐雾试验（eqv ISO 9227：1990）

GB/T 10574.1—1989　锡铅焊料化学分析方法　碘酸钾滴定法测定锡量

GB/T 12334—1990　金属和其他无机覆盖层　关于厚度测量的定义和一般规则（eqv ISO 2064：1990）

GB/T 12609—1990　电沉积金属覆盖层和有关精饰计数抽样检查程序（eqv ISO 4519：1980）

GB/T 16921—1997　金属覆盖层　厚度测量　X射线光谱法（eqv ISO 3497：1990）

3　定义

本标准采用下列定义。

3.1 主要表面 significant surface

工件上某些已电镀或待电镀的表面，在该表面上镀层对工件的外观和（或）使用性能是重要的，并且应满足标准规定的所有要求。

3.2 基本测量面 reference area

主要表面上的一个区域，在该区域内要求做规定次数的单次测量。

3.3 热熔 flow-melting

用熔融镀层方法来改善表面质量以获取所需要的如光亮度或钎焊性等性能而使用的一种工艺过程［见附录 D（提示的附录）中 D.4］。

4 需方应向电镀生产方提供的资料

4.1 必要资料

需方应向电镀生产方提供下列资料：

a）本国家标准编号；

b）基体金属的性质（见第 5 章）；

c）使用条件号（见 7.1）或镀层分级号（见 7.2）和合金成分要求（见 10.3）；

d）镀层成分是否要检验（见 10.3）；

e）规定工件待镀的主要表面，如用图样标注或提供有适当标记的样品；

f）抽样和检验要求（见第 6 章）；

g）工件上无法避免的接触痕迹部位和其他可以接受的镀层缺陷（见 10.1）；

h）采用的结合强度试验方法（见 10.4）；

i）特殊的镀后处理（见附录 D 中 D.3.1）。

4.2 补充资料

需方也可以要求提供下列补充资料：

a）热处理的要求（见第 8 章）；

b）孔隙率试验要求（见 10.5）；

c）钎焊性试验要求和试验方法以及使用条件（见 10.6）；

d）对底镀层的特殊要求（见第 9 章）；

e）能表明镀层外观要求的样品（见 10.1）；

f）特殊的前处理要求；

g）对已镀件的特殊包装要求。

注：需方应提出 4.1 中所规定的内容，必要时还应提出 4.2 中所规定的内容，只提出本标准的编号而无这些内容是不够的。

5 基体

本标准对电镀前基体的表面状态、外观或表面粗糙度未做要求（见附录 D 中 D.2.1）。但因基体表面质量太差而使镀层达不到外观和（或）使用性能要求时，不能认为电镀生产质量不合乎要求。

6 抽样

当需要检查锡-铅镀层是否符合本标准第 10 章所规定的要求时，按 GB/T 12609 中规定的抽样方法进行抽样，验收合格水平应由供需双方商定。

7 分类

7.1 使用条件号

按下列使用环境的条件划分并用使用条件号标明使用条件的严酷性：

4 特别严酷——如使用于户外的严酷腐蚀条件（见附录 D 中 D.1）；

3 严酷——如使用于户外的典型温度条件；

2 中等——如使用于户内的稍有凝露条件；

1 轻微——如使用于户内的干燥气氛条件，在此环境里焊接性能是主要要求。

注：1. 见 10.2，该处给出了使用条件号和最小厚度之间关系指南。

2. 当规定使用条件号或镀层分级号时，应注意锡-铅合金在有磨料或在某些有机挥发蒸汽的环境中很容易损伤（见附录 D）。

7.2 镀层分级号

镀层分级号由四部分组成，其中前两部分之间应用一短斜线分开。如

a/b c d

其中：a——表示基体金属（或合金基体中主要成分）的化学符号；

b——表示底镀层金属（或合金底镀层中主要成分）的化学符号，之后用数字表示底镀层的最小厚度，单位 μm，如无底镀层可省略［见 4.2d）］；

c——表示镀层成分，方法为化学符号 Sn 及其后表示锡在镀层中的质量百分数，接着一短横线和化学符号 Pb，再用数字表示出锡-铅镀层的最小厚度，单位 μm；

d——表示镀层表面精饰状态，符号 m 为无光镀层，b 为光亮镀层，f 为热熔镀层。

例如：Fe/Ni 5 Sn60-Pb 10 f

该分级号表示基体金属为钢铁，底镀层为至少 5μm 厚的镍镀层，锡-铅镀层的公称含锡量为 60%（质量分数），至少 10μm 厚，并且经过热熔处理。

8 钢的热处理

8.1 电镀前消除应力

深度冷变形加工硬化的钢件电镀前应在温度 190℃～220℃下热处理 1h。以消除应力。

经渗碳、火焰淬火或高频感应淬火并随后经磨削的某些钢，用上述条件处理会损害其性能，可代之以较低的温度消除应力，如用 130℃～150℃，处理时间不少于 5h。

8.2 电镀后消除氢脆

由于氢透过锡-铅镀层的扩散很慢，同时在除氢处理所要求的温度下镀层会熔化，所以电镀后不宜做消除氢脆的热处理。

9 对底镀层的要求

由于下列任一原因，某些基体材料有必要电镀底镀层：

a）防止扩散（见附录 D 中 D.2.2 和 D.2.3）；

b）保持焊接性能（见附录 D 中 D.2.2、D.2.3 和 D.2.4）；

c）保证结合强度（见附录 D 中 D.2.4 和 D.2.5）；

d）提高耐蚀性。

选择底镀层或底镀层体系应该注意，它不应带来不良的性能，如使基体材料或已镀零件产生氢脆，应避免使用高应力镍。

如果基体材料是一种含锌的铜合金，并且要求焊接性能，除达到规定的锡-铅合金镀层厚度（见10.2）以外，需要有最小局部厚度为2.5μm的镍或铜底镀层，该底镀层对保持良好的外观和结合强度也是必需的（见附录D中D.2.3）。

如果规定采用底镀层，则其性能（见附录D）和最小局部厚度（见10.2）应由需方规定。

单一底镀层或多层底镀层的厚度应用附录B（标准的附录）所规定的适当方法测量。

10 对镀层的要求

10.1 外观

用目视检验时，在镀件的主要表面上不应有可见的缺陷，如起泡、针孔、粗糙不平、裂纹或局部无镀层，并不应有污斑或变色。

需方应规定可以接受的无法避免的接触痕迹部位以及非主要表面上允许存在的缺陷。

电镀后的工件表面应清洁、无损伤、均匀、无结节，在熔化处不得出现非润湿区。表面可能出现的网状花纹，不能视为不合格。

必要时，应由需方提供或认可能表明镀层外观要求的样品。

10.2 厚度

将锡-铅镀层按厚度分类，在表1中规定出每种使用条件号（见7.1）对应的最小厚度值（见附录D中D.3.2）。

表1 镀层厚度

	铜基体材料①		其他基体材料②	
使用条件号	（部分的）分级号	最小厚度/μm	（部分的）分级号	最小厚度/μm
4	Snx③—Pb30	30	Snx③—Pb30	30
3	Snx③—Pb15	15	Snx③—Pb20	20
2	Snx③—Pb8	8	Snx③—Pb12	12
1	Snx③—Pb5	5	Snx③—Pb5	5

① 含有锌成分的铜合金基体材料上底镀层的基本要求见第9章。

② 见附录D中D.2.4和D.2.5有关需要底镀层的某些基体金属。

③ x是镀层的公称含锡量。

在主要表面上基本测量面内，采用附录B中所给出的合适方法，测量能够被直径20mm小球接触到的任一部位的厚度。镀层最小厚度应达到表1中所规定的要求。在工件的主要表面面积等于或大于100mm^{2}的情况下，表中最小厚度应视为局部厚度最小值。在工件的主要表面面积小于100mm^{2}的情况下，表中最小厚度应视为平均厚度最小值。

对于带有电镀通孔的印制电路板，镀层最小厚度要求不仅适用于能够被直径20mm小球接触到的主要表面上的任一位置，而且也适用于通孔内的表面（见附录B中B.0.2.6）。

热熔镀层的厚度要求仅适用于热熔前镀态时的镀层（见附录D中D.3.2，D.4和附录B）。

当厚度测量有争议时，应采用附录B中B.0.2规定的仲裁方法。

10.3 成分

本标准是基于含锡量在50%~70%（质量分数）范围的镀层。

应在分级号中标明公称含锡量，还应在提供给电镀方的资料中指出成分公差（见注）。

附录A（标准的附录）中给出了锡-铅镀层的分析方法，在有争议的情况下应采用此方法。

注：附录 D 给出了其他成分合金的应用指南。

10.4　结合强度

若需方规定测试结合强度，则采用附录 C（标准的附录）所述方法之一进行试验，镀层不得出现与基体脱离的迹象。

10.5　孔隙率

如果需方规定测定孔隙率，则最小厚度为 10μm 或大于 10μm 的镀层应经下述试验中的一种试验，试验周期数由供需双方商定：

a）铁基体按 GB/T 10125 进行试验；

b）非铁基体按 GB/T 9789 进行试验。

对上述两种情况而言，当用 3 倍放大镜观察试验后的镀层时，都不应出现基体腐蚀迹象（见附录 D 中 D.1）。

10.6　焊接性能（见附录 D 中 D.2）

10.6.1　一般材料和零部件

如果需方规定测试焊接性能，则应按照 GB/T 2423.28—1982 中 Ta 试验的方法 1，采用非活性焊剂进行焊接性能试验。

如果有试验前加速老化的要求，应由需方规定老化程序。

10.6.2　印制电路板

如果需方规定测试焊接性能，则符合本标准的印制电路板镀层应按照 GB/T 2423.28—1982 中 Tc 试验进行焊接性能试验。

如果有试验前加速老化的要求，应由需方规定老化程序。

附　录　A
（标准的附录）
镀层分析

A.1　一般要求

本方法不适用于电镀组合件，因为难于确保完全除去基体上的镀层。

注：电镀组合件镀层成分的常规测定，用 β 射线反向散射法较为合适。

如果要求对镀层成分作仲裁分析，则需在与待加工工件相同的工艺条件下电镀专用试样，并按 A.3 中的方法测定此镀层的锡含量。

A.2　专用试样的制备

A.2.1　挂镀试样

在大约 100mm×80mm×0.5mm 的奥氏体不锈钢板上电镀 25μm～30μm 锡-铅合金镀层，该镀层应能容易地刮下和剥离下来，无法剥离的试样应废弃，并重新制备。

A.2.2　滚镀试样

A.2.2.1　退镀溶液配制，将 6%（质量分数）的过氧化氢溶液 50mL 加入到 40%（质量分数）的氟硼酸溶液 50mL 中配成。应在使用前配制新鲜的溶液。

A.2.2.2　准备一些铜试样（直径约为 12mm，长约 50mm 铜棒较合适）和待镀工件一同电镀。

A.2.2.3　电镀后，取一定数量的试样，使其镀层质量之和足以达到 0.5g 左右，称重，精确到 0.001g。后浸入 50mL 的退镀液（A.2.2.1）中除去镀层，漂洗干净，并将漂洗液收集于另一烧杯，干燥并再次称重试样。合并退镀液和漂洗液，按 A.3 中的方法测定其含锡量。

A.3 锡的测定

A.3.1 原理

将锡还原成二价锡，并用碘量法测定。

A.3.2 范围

含锡 10%~90%（质量分数）。

锡测定结果的允许差应为±0.5%（质量分数）。

A.3.3 试剂

在分析过程中，只能使用分析纯试剂和新鲜的蒸馏水，或煮沸冷却后的去离子水。

A.3.3.1 盐酸，ρ=1.16~1.18g/mL。

A.3.3.2 过氧化氢，6%（质量分数）溶液。

A.3.3.3 碳酸氢钠，饱和溶液。

A.3.3.4 还原铁粉，氢还原，无锡。

A.3.3.5 淀粉指示剂，10g/L 溶液。

用 1g 可溶性淀粉和水配成浆状，搅拌加入 100mL 沸水中，冷却后备用。

A.3.3.6 碘酸钾标准溶液，用于含锡量超过 25%（质量分数）的合金。

先在 105℃干燥碘酸钾，然后溶解 6.01g 经干燥的碘酸钾于含有 1g 氢氧化钠和 30g 碘化钾的 400mL 水中。在 1000mL 容量瓶中稀释至刻度（见 A.3.8）。

1mL 该溶液相当于 0.010g 的锡。

A.3.4 装置

所用的全部容量法玻璃器具均需符合相应国家标准的 A 级精度。

一个带有橡皮塞的 750mL 锥形烧瓶，上面连接着一种发生和维持惰性气氛的适当装置，如一个盛有饱和碳酸氢钠溶液的盖氏（GOCKEL）漏斗或类似原理的双球安全漏斗。也可以采用带减压阀及管路的钢瓶装的惰性保护气体（氮、氩或二氧化碳）。

A.3.5 试液配制

A.3.5.1 挂镀试样

称量 0.5g~0.8g 的分析试样，精确到 0.001g，移入一个 750mL 锥形瓶里。加入 75mL 盐酸（A.3.3.1）并加热使之溶解，同时断续地添加数滴过氧化氢溶液（A.3.3.2），促进其溶解。

A.3.5.2 滚镀试样

定量地移入退镀溶液于 750mL 锥形瓶里。并加入 60mL 盐酸（A.3.3.1）。

A.3.6 步骤

将足够的水加入到试液（A.3.5）中，使溶液体积为 250mL，加入 0.5g 还原铁粉（A.3.3.4），盖好并慢慢煮沸至溶解。

用带有盖氏漏斗或双球安全漏斗的橡皮塞将锥形瓶盖紧，在漏斗里注入饱和碳酸氢钠溶液（A.3.3.3），将溶液加热至沸腾，并维持沸腾 30min 以上。

将烧瓶移至散热器上，冷却至 20℃以下。在冷却过程中须随时注意补充饱和碳酸氢钠溶液（A.3.3.3），防止空气吸入瓶内。

取下橡皮塞及漏斗，迅速加入 2mL~3mL 淀粉溶液（A.3.3.5），用碘酸钾标准溶液（A.3.3.6）滴定到浅蓝色不变。

采用同样数量的试剂，但不用试液，按同样的步骤，同时进行一次空白试验。

注：也可以采用通入惰性气体的方法，装置的具体接法见 GB/T 10574.1—1989 中的第 5 章，在烧瓶里加入试液（A.3.5）、水和还原铁粉（A.3.3.4）后，塞紧橡皮塞，通入适量的惰性保护气体。

将溶液加热至沸腾，并维持沸腾 30min 以上；在维持惰性气氛的同时，将烧瓶移至散热器上，冷却至 20℃以下，拔开橡皮塞，迅速加入大约 20mL 饱和碳酸氢钠溶液（A.3.3.3）和 2mL~3mL 的淀粉溶液（A.3.3.5），用碘酸钾标准溶液（A.3.3.6）滴定到浅蓝色不变。

A.3.7　结果表示

锡-铅镀层的含锡量 c，以质量百分数表示，其计算式如下：

$$c=\frac{(V_1-V_0)\times m_1}{m_0}\times 100$$

式中　V_0——滴定空白液用的碘酸钾标准溶液的体积（mL）；

V_1——滴定试液用的碘酸钾标准溶液的体积（mL）；

m_0——所取样品的质量（g）；

m_1——1mL 碘酸钾标准溶液所相当的锡的质量（g）。

A.3.8　说明

通常对本标准所要求的精度而言，可不考虑碘酸钾标准溶液的标定。但若需标定该溶液时，可称取约 0.4g 纯度为 99.9%（质量分数）的锡粉，精确到 0.001g，按挂镀试样（A.3.5.1）的方法配制作三次，平行测定。

附　录　B
（标准的附录）
镀层厚度测量

B.0　引言

B.0.1　常规方法

只要正确地使用符合本附录方法规定的试样时，可认为本附录给出的全部方法均具有足够的精度。考虑到镀层厚度、零件形状、零件尺寸、镀层成分和基体材料等因素，所选择的常规试验方法应是能产生预期的最可靠结果的方法。

在个别情况下也可以采用被证明与本附录给出的试验方法相当或更好的其他方法。

B.0.2　仲裁方法

B.0.2.1　一般要求

在有争议情况下，应根据 B.0.2.2~B.0.2.6 中的具体情况来选定仲裁方法。在使用库仑法和化学退除法时，还应用附录 A 给出的方法来测定合金成分，采用 B.2.5 给出的计算公式以求得更准确的厚度值，尽管如此，通过镀层密度计算得出的厚度值仍可能会小于真实厚度值。

B.0.2.2　局部厚度大于 9μm

采用 B.1.1 规定的显微镜法。

B.0.2.3　局部厚度小于 9μm

如果镀层表面足够平整，电解液不致从电解测头里漏出，则采用 B.1.2 规定的库仑法测定；否则，采用B.1.1规定的显微镜法测定。

注：底镀层采用库仑法测量，应先除去锡-铅合金镀层。采用库仑法测量的方式退除锡-铅合金镀层，或采用A.2中用于分析试样的退镀方法。

B.0.2.4 铜、镍或钢上锡-铅合金镀层的平均厚度

采用B.2规定的化学退除法。

B.0.2.5 底镀层的平均厚度或除铜、镍、钢之外的其他基体上或底镀层上的锡-铅合金镀层的平均厚度。

如果镀层表面足够平整，电解液不致从电解测头里漏出，则采用B.1.2规定的库仑法；否则，采用B.1.1规定的显微镜法，显微断面应经过试样中心，且必须沿显微断面进行至少5点等距离的测量。

B.0.2.6 印制电路板通孔中锡-铅合金镀层的厚度

采用B.1.1规定的显微镜法。显微断面应平行于孔的轴线，并且应垂直于要测量镀层或底层的表面（见GB/T 6462）。

B.1 局部厚度测量

B.1.1 显微镜法

采用GB/T 6462规定的方法，此方法包括保护镀层规程，即采用电镀厚度不小于10μm的铜保护层。

本方法准确度允许差为±0.8μm，或在厚度大于25μm时，准确度允许差为厚度的±5%。

B.1.2 库仑法

采用GB/T 4955中规定的方法。本方法一般具有10%以内的精度。

B.1.3 β射线反向散射法

采用GB/T 5931规定的方法，该方法要求仪器和操作精度能达到使镀层厚度的测量值准确到其真实值的10%以内；此精度决定于镀层的单位面积质量、基体金属的原子序数和合金成分的变化。

B.1.4 X射线光谱法

采用GB/T 16921中规定的方法，该方法要求仪器和操作精度能达到使镀层厚度测量值准确到其真实值的10%以内。

B.2 平均厚度的测量

B.2.1 原理

将一个已知表面积的合适的已镀试样（如试样较小可多取几个），清洗干净、称重、用化学溶解方法退除其镀层，再称重。

本方法一般不适合于小工件或某些金属上的镀层（见附录D中D.2.5），必要时，应以若干个断面的显微镜厚度测量的平均值作为平均厚度测量值（见GB/T 12334）。

B.2.2 试剂

在分析过程中，只允许使用分析纯试剂和蒸馏水或去离子水。

B.2.2.1 铁基体和镍底镀层上的镀层退除

将20g三氧化二锑溶解于1000mL冷浓盐酸（ρ=1.18g/mL）。

注：采用此溶液退镀的工件可能不宜再电镀。

B.2.2.2　铜和铜合金上的镀层退除

将6%（质量分数）的过氧化氢溶液50mL加入到40%（质量分数）的氟硼酸溶液50mL中配成退镀液。应在使用前配制新的退镀溶液。

B.2.3　试样

采用一个试样或多个试样，其总表面积应足够得到不少于0.1g的失重量，其表面积应可以测量到高于2%的精度。采用适当的有机溶剂或蒸汽脱脂清除试样上所有的污物。

B.2.4　步骤

B.2.4.1　铁基体和镍底镀层上的镀层

称量清洗好的试样（B.2.3），精确到0.001g，浸入退镀液（B.2.2.1）中。待停止冒气后再保持2min，从溶液中取出试样，用流水彻底清洗干净，刷去污物，烘干，冷却后称重，精确到0.001g。

B.2.4.2　铜和铜合金上的镀层

称量清洗好的试样（B.2.3），精确到0.001g，浸入退镀液（B.2.2.2）中，镀层完全溶解后立即取出。用流动水彻底清洗干净，烘干，冷却后称重，精确到0.001g。

B.2.5　结果表示

B.2.5.1　公称含锡量60%（质量分数）的镀层平均厚度，单位μm，按下式计算：

$$\frac{(m_1-m_2)}{A}\times 117400$$

式中　m_1——退镀前试样的质量（g）；

m_2——退镀后试样的质量（g）；

A——试样的表面积（mm^2）；

117400——根据合金比60/40和密度为8.52g/cm^3的锡-铅合金求得的系数。

B.2.5.2　其他合金成分的镀层平均厚度，单位μm，可根据下列公式计算：

$$\frac{(m_1-m_2)}{A\gamma}\times 10^6$$

式中　m_1——退镀前试样的质量（g）；

m_2——退镀后试样的质量（g）；

A——试样的表面积（mm^2）；

γ——其他合金成分的镀层密度（g/cm^3），按下式计算：

$$\gamma=\frac{11340}{1000+553c}$$

c——锡-铅镀层的含锡量，质量百分数。

附　录　C
（标准的附录）
结合强度试验

C.1　摩擦试验

采用GB/T 5270规定的方法，在主要表面上的一块面积不大于600mm^2的镀层上进行试验。

注：一个柄长60mm~100mm，玛瑙片长30mm~50mm，宽5mm~10mm，刀口磨到稍有点倒角的牙科玛

瑙刮刀用作摩擦工具较为理想。

C.2 弯曲试验

将试样置于能使试样的弯曲半径为4mm的适当器械（或台钳的卡爪）中，将试样弯曲过90°，又返回到原来位置。如此进行三次，检查试样镀层有无脱离迹象。

C.3 热震试验

注：本试验可能对试件的力学性能有不良影响。因此，试验后试样不得用于其他试验。

采用GB/T 5270中规定的方法。

附 录 D
（提示的附录）
指导提示

这些指导提示提请使用者注意：

a）如果对锡-铅合金的某些性能不了解，可能导致不正确地使用这种镀层；

b）基体的性能和准备；

c）电镀实践。

D.1 镀层的性能

锡-铅镀层是一种软而易磨损的镀层，组成为62Sn/38Pb的低共熔合金镀层熔点低达183℃。锡-铅合金的这种比较低的熔化温度能有利于自动焊接。在某些户外暴露条件下，特别是在高潮湿条件下，锡-铅镀层可能发生某种腐蚀。表1中所规定的厚度均为最小值，实际使用时厚度可能要求大于表1中的规定值。在正常的户内暴露下，若没有酚醛类化合物和挥发性有机酸之类的有机蒸气，镀层又不是不连续的和多孔的，则锡-铅镀层能保护大多数金属。镀层的孔隙率不仅受其厚度影响，也受基体材料的表面状态和实际电镀工艺条件等因素的影响。当规定孔隙率试验时（见10.5），应考虑以上因素，与纯锡镀层相比，在本标准规定的成分范围以内的锡-铅合金镀层能更好地防止晶须生长现象或在0℃以下温度时的同素异形变化。

符合本国家标准的电镀层可比一般热浸涂层更薄或更厚。

D.2 基体材料的性能和准备

D.2.1 表面状况

镀层表面状况部分地取决于基体材料表面状况。

D.2.2 金属间化合物的形成

由于存在固体与固体间的扩散过程，镀层与铜或铜基合金会互相扩散，扩散程度取决于时间和温度条件，这种扩散能导致薄镀层变黑和焊接性能变坏。这种变坏率依存放条件而异。在较差的条件下，存放期可能只有几个月。

D.2.3 锌的扩散

黄铜等含锌合金中的锌通过锡-铅镀层扩散到达表面，而降低镀层的焊接性能、结合强度和外观（见第9章）。

D.2.4 "难清洗的"基体材料

某些基体材料，如磷青铜、铍青铜和镍铁合金，由于其表面的自然氧化膜，难于进行完好的化学预清洗。如果对锡-铅合金镀层有焊接性能要求，则预镀最小局部厚度为2.5μm的镍或铜底层将有利于焊接性能的改善。

D.2.5　铝、镁和锌合金

这些合金很容易受到稀酸和（或）碱的破坏，因此在电镀锡-铅合金镀层之前需要进行专门的预处理，即需沉积一层相当厚（10μm~25μm）的铜、铜-锡合金或镍底镀层。

D.3　电镀实践

D.3.1　镀后漂洗

如果镀层有焊接性能要求，则需在水洗工序中用适当的溶液，如3%（质量分数）的柠檬酸或酒石酸溶液漂洗，以保证除去水合锡盐。如果镀层表面存在水合锡盐，则其干涸后对该表面的焊接性能会产生有害影响。

D.3.2　镀层厚度要求

除非GB/T 12334中另有规定，否则应当注意本标准规定的沉积层厚度是最小局部厚度，而不是平均厚度。对满足主要表面上一给定的最小局部厚度要求所应达到的平均厚度，将取决于镀件和镀槽二者的几何形状，以及与两者密切相关的阴阳极的放置位置。在滚镀时，特别是滚镀小零件时，镀层厚度的偏差符合正态（高斯）分布规律。

热熔处理时，由于弯月面的形成会影响镀层厚度，属于此类情况的镀层只应评定其焊接性能要求。

D.3.3　有机物的共沉积

锡-铅电镀溶液中常使用有机添加剂。如果是用于有焊接性能要求的镀层，则应当注意有机添加剂的选择，以最低限度减少有机物共沉积，因为在融化或焊接过程中有机物可能导致镀层起皮或鼓泡。然而，如果是接插件上的镀层，则共沉积夹杂的某些有机物会提高镀层的力学性能。

D.4　热熔处理

锡-铅镀层如做浸入热油，或置于红外辐射或压缩热蒸汽中的工艺处理，很容易产生热熔。热熔的优点在于，由基体缺陷所引起的焊接性能不良处可在镀层热熔时以非润湿区显现出来。厚度20μm以内的镀层热熔处理可得到满意的效果，但如果在热熔处理过程中熔化的镀层有流淌到工件边缘的可能时，则应限定镀层厚度在8μm以内，以避免在工件的边缘形成“瘤峰”。对于已经很光亮的电镀层，不推荐采用热熔处理。

第四节　金属覆盖层　锡-镍合金电镀层

一、概论

锡-镍合金电镀层（简称锡镍镀层）是粉红色而略带黑色且难以变色的镀层，耐蚀性优异，适用于自行车、汽车、电子产品。锡的质量分数为65%~72%的锡镍合金结构是单一的中间相，镀层硬度高（600HV以上），耐磨性好，抗氧化变色、化学药品腐蚀、大气腐蚀等性能均优于单层镍和锡镀层。在锌铜、镍铁、铜锡或光亮铜、镍上施镀薄层的锡镍合金可代替装饰镀铬，也可作磷铜青铜弹簧板、熔断器帽和接线板以及印制电路板的导电、钎焊镀层。

GB/T 17462—1998《金属覆盖层　锡-镍合金电镀层》等效采用ISO 2179：1986《锡-镍

合金电镀层规范和试验方法》。该标准于1998年8月12日发布，1999年7月1日实施。

二、标准主要特点与应用说明

该标准适用于钢铁及其他金属制品上的锡-镍合金电镀层，该电镀层在不同的使用条件下能防止基体金属腐蚀。其主要技术内容涵盖了使用条件号和镀层分机号，对镀层外观、厚度、结合强度、孔隙率要求及检查方法等。

电镀锡-镍合金不能修饰电镀基体的表面缺陷，电镀后仍会显现基体电镀前的表面状态。因此，该标准虽未对电镀前基体的表面状态、外观或表面粗糙度提出具体要求，但是强调基体表面质量太差所致锡-镍合金电镀层达不到外观和/或使用性能要求不能视为电镀生产质量不合格，但也要求有关各方都注意控制电镀前基体的表面质量。

该标准按使用条件的严酷性和对锡-镍合金电镀层的使用要求提出了锡-镍合金电镀层的使用条件号及相应其分级号，实施时要认真与实际服役条件进行比照而做出适当分级。该标准将服役条件的严酷性分为四级，要理解各级的限定条件，才可与实际情况进行比照。

因材质和经受的各种加工，电镀基体金属中可能存在不同程度的内应力，这些应力不仅不会在电镀过程中予以消除或松弛，而且还可能加剧。因此，该标准提出了电镀前要进行消除应力的热处理，并给出了具有针对性的热处理工艺选择指南。

在电镀过程中，包括电镀前处理和电镀本身，可能会导致电镀件渗氢。这样的电镀件在使用中，特别是在承受循环应力或疲劳载荷时会发生氢脆，为此应在电镀后进行除氢热处理；但考虑到氢通过锡-镍合金电镀层的扩散很慢，所以该标准认为不宜进行电镀后消除氢脆的热处理。这就要求电镀者应严格控制电镀前处理，例如避免阴极电清洗；控制电镀过程，例如尽可能提高电镀过程的阴极电流效率，以减少电镀过程中的渗氢。

为保证镀层的结合强度，提高耐蚀性，在电镀之前，基体金属需先电镀底镀层。这些底镀层不应带来不良性能，例如，为不使基体材料或已电镀件产生氢脆，应避免电镀高应力镍底层。该标准指出所要电镀底层的性能及其最小局部厚度应由需方规定。

该标准包含范围、引用标准、定义、需方应向电镀生产方提供的资料、基体、抽样、分类、钢的热处理、对镀层的要求及附录等部分。

该标准根据镀层使用条件号分类，镀取相应厚度。在标准应用中，应注意条款7“分类”及条款9“对底镀层的要求”，它们指出了锡镍合金电镀层的服役环境，以及对镀层技术指标的要求。

锡-镍合金电镀层比大多数基体金属的电位更正，此时属于阴极性镀层。当镀层有空隙时，基体金属腐蚀更严重，所以该技术应用时应尽量使用底镀层，并减少镀层孔隙率。

三、标准内容（GB/T 17462—1998）

金属覆盖层　锡-镍合金电镀层

1　范围

本标准规定了由约为65%（质量分数）锡和30%（质量分数）的镍所组成的金属间化合物锡-镍合金电镀层的技术要求和试验方法。

本标准适用于钢铁及其他金属制品上的锡-镍合金电镀层，该电镀层在不同的使用条件下能防止基体金属腐蚀。

本标准不适用于：

a）螺纹件上的锡-镍合金镀层；

b）未加工成型的板材、带材或线材上的锡-镍合金镀层，或由它们加工成型的零件上的锡-镍合金镀层；

c）弹簧圈上的锡-镍合金镀层；

d）抗拉强度大于1000MPa（或相应硬度）钢上的锡-镍合金镀层，因为这种钢经电镀后易产生氢脆（见8.2）；

e）主要用作改变零件表面色调，赋予零件装饰性外观的锡-镍合金薄表面镀层。

2　引用标准

下列标准所包含的条文，通过在本标准中引用而构成为本标准的条文。本标准出版时，所示版本均为有效。所有标准都会被修订，使用本标准的各方应探讨使用下列标准最新版本的可能性。

GB/T 4955—1997　金属覆盖层　覆盖层厚度测量　阳极溶解库仑法（idt ISO 2177：1985）

GB/T 5270—1985　金属基体上的金属覆盖层（电沉积层和化学沉积层）附着强度试验方法（eqv ISO 2819：1980）

GB/T 5931—1986　轻工产品金属镀层和化学处理层的厚度测试方法　β射线反向散射法（idt ISO 3543：1981）

GB/T 6462—1986　金属和氧化物覆盖层　横断面厚度显微镜测量方法（eqv ISO 1463：1982）

GB/T 9789—1988　金属和其他非有机覆盖层　通常凝露条件下的二氧化硫腐蚀试验（eqv ISO 6988：1985）

GB/T 9798—1997　金属覆盖层　镍电沉积层（eqv ISO 1658：1988）

GB/T 12334—1990　金属和其他无机覆盖层　关于厚度测量的定义和一般规则（eqv ISO 2064：1990）

GB/T 12609—1990　电沉积金属覆盖层和有关精饰计数抽样检查程序（eqv ISO 4519：1980）

GB/T 16921—1997　金属覆盖层　厚度测量　X射线光谱方法（eqv ISO 3497：1990）

3　定义

本标准采用下列定义。

3.1　主要表面　significant surface

工件上某些已电镀或待电镀的表面，在该表面上镀层对工件的外观和（或）使用性能是重要的，并且应满足标准规定的所有要求。

3.2　基本测量面　reference area

主要表面上的一个区域，在该区域内要求做规定次数的单次测量。

4　需方应向电镀生产方提供的资料

4.1　必要资料

需方应向电镀生产方提供下列资料：

a）本国家标准编号；

b）基体金属的性质（见第5章）；

c）使用条件号（见7.1）或镀层分级号（见7.2）；

d）规定工件待镀的主要表面，如用图样标注或提供有适当标记的样品；

e）抽样和检验要求（见第6章）；

f）工件上无法避免的接触痕迹部位和其他可以接受的镀层缺陷（见10.1）；

g）采用的结合强度试验方法（见10.3）。

4.2 补充资料

必要时，需方也应提供下列补充资料：

a）热处理的要求（见第8章）；

b）孔隙率试验要求（见10.4）；

c）对底镀层的特殊要求（见第9章）；

d）能表明镀层外观要求的样品（见10.1）；

e）特殊的前处理要求；

f）对已镀件的特殊包装要求。

注：需方应提出4.1中所规定的内容，必要时还应提出4.2中所规定的内容。只提出本标准的编号而无这些内容是不够的。

5 基体

本标准对电镀前基体的表面状态、外观或表面粗糙度未做要求［见附录B（提示的附录）中B.2.1］。但因基体表面质量太差而使镀层达不到外观和（或）使用性能要求时，不能认为电镀生产质量不合要求。

6 抽样

当需要检查锡-镍镀层是否符合本标准第10章所规定的要求时，按GB/T 12609中规定的抽样方法进行抽样检查，验收合格水平应由供需双方商定。

7 分类

7.1 使用条件号

按下列使用环境划分使用条件，并用使用条件号标明使用条件的严酷性：

4 特别严酷——如使用于户外的严酷腐蚀条件；

3 严酷——如使用于户外的典型温度条件；

2 中等——如使用于户内的稍有凝露条件；

1 轻微——如使用于户内的干燥气氛条件。

注1：见10.2，该处给出了使用条件号和最小厚度之间的关系指南。

注2：当规定使用条件号或镀层分级号时，应注意锡-镍镀层较脆且易被碰伤（见附录B）。

7.2 镀层分级号

镀层分级号由三部分组成，其中前两部分之间应用一短斜线分开，如：

a/b c

其中：a——表示基体金属（或合金基体中主要成分）的化学符号；

b——表示底镀层金属（或合金底镀层中主要成分）的化学符号，后面接着用数字表示底镀层的最小厚度，单位μm，如无底镀层可省略［见4.2c)］；

c——表示镀层组成的化学符号 SnNi，后接表示镀层最小厚度的数字，单位 μm。

例如：Fe/Cu 2.5 SnNi 10

该分级号表示基体金属为钢铁，底镀层为至少 2.5μm 厚的铜镀层，锡-镍镀层至少 10μm 厚。

8　钢的热处理

8.1　电镀前消除应力

深度冷变形加工硬化的钢件电镀前应在温度 190℃～220℃下热处理 1h，以消除应力。

经渗碳、火焰淬火或高频感应淬火并随后经磨削的某些钢，用上述条件处理会损害其性能，可代之以较低的温度消除应力，如用 130℃～150℃，处理时间不少于 5h。

8.2　电镀后消除氢脆

由于氢透过锡-铅镀层的扩散很慢，所以电镀后不宜做消除氢脆的热处理。

9　对底镀层的要求

由于下列任一原因，某些基体材料有必要电镀底镀层：

a）保证结合强度（见附录 B 中 B.2.2 和 B.2.3）；

b）提高耐蚀性。

选择底镀层或底镀层体系应该注意，它不应带来不良的性能。如使基体材料或已镀零件产生氢脆，应避免使用高应力镍。

对使用条件号为 2、3 或 4 时，除应达到规定的锡-镍合金镀层厚度（见 10.2）以外，对钢铁和铁基合金还需要有最小局部厚度为 8μm 的铜、镍、铜-锡合金或锡底镀层，该底镀层对保持良好的外观和结合强度是很必要的。

如果规定采用底镀层，则其性能（见附录 B 中 B.2）和最小局部厚度（见 10.2）应由需方规定。

单一底镀层或多层底镀层的厚度应用附录 A（标准的附录）中 A.1.1 所规定的适当方法测量。

10　对镀层的要求

10.1　外观

用目视检验时，在镀件的主要表面上不应有可见的缺陷，如起泡、针孔、粗糙不平、裂纹或局部无镀层，并不应有污斑或变色。

需方应规定可以接受的无法避免的接触痕迹部位以及非主要表面上允许存在的缺陷。

必要时，应由需方提供或认可能表明镀层外观要求的样品。

10.2　厚度

将锡-镍镀层按厚度分类，在表 1 中规定出每种使用条件号（见 7.1）对应的最小厚度值（见附录 B 中 B.1）。

表 1　镀层厚度

使用条件号	（部分的）分级号	最小厚度/μm	使用条件号	（部分的）分级号	最小厚度/μm
4	SnNi25	25	2	SnNi10	10
3	SnNi15	15	1	SnNi5	5

注：1. 对于某些只利用锡-镍镀层耐磨性能的工程应用场合，此时耐蚀性能是次要的，可以使用表中规定的较低的镀层厚度（见附录 B 中 B.1）。

2. 在非常特殊的环境下，可以采用大于表中规定厚度的镀层，如最小厚度为 45μm 的镀层（见附录 B 中 B.1）。

在主要表面上基本测量面内，采用附录 A 中所给出的合适方法，测量能够被直径 20mm 小球接触到的任一部位的厚度。镀层最小厚度应达到表 1 中所规定的要求。在工件的主要表面面积等于或大于 $100mm^2$ 的情况下，表中最小厚度应视为局部厚度最小值。在工件的主要表面面积小于 $100mm^2$ 的情况下，表中最小厚度应视为平均厚度最小值。

对于带有电镀通孔的印制电路板，镀层最小厚度要求不仅适用于能够被直径 20mm 小球接触到的主要表面上的任一位置，而且也适用于通孔内的表面。（见附录 A 中 A. 0. 2. 4）。

当厚度测量有争议时，应采用附录 A 中 A. 0. 2 规定的仲裁方法。

10. 3 结合强度

注意：本试验可能对试件的机械性能有不良影响。因此，热震试验后的试样不得用于其他试验。

若需方规定测试结合强度，则采用 GB/T 5270—1985 中 1. 12 热震试验方法进行试验，不同基体金属的试验温度见 GB/T 5270—1985 表 1 的规定，加热时间 1h，试验后不得出现镀层与基体脱离的迹象。

10. 4 孔隙率

如果需方规定测定孔隙率，则最小厚度为 10μm 或大于 10μm 的镀层应采用 GB/T 9789 中的方法进行试验。试验周期数由供需双方商定，并按 GB/T 9798—1997 中附录 C《金属覆盖层——对基体金属呈非阳极的覆盖层——加速腐蚀试验——结果的评价方法》的规定对试验结果进行级数评定。如有下述任何一种情况，则认为孔隙率不合乎要求：

a）厚度等于或大于 25μm 的镀层经试验后等级小于 9；

b）厚度 10μm~25μm 范围之间的镀层经试验后等级小于需方的要求值。

附 录 A
（标准的附录）
镀层厚度测量

A. 0 引言

A. 0. 1 常规方法

只要正确地使用符合本附录方法规定的试样时，可认为本附录给出的全部方法均具有足够的精度。考虑到镀层厚度、零件形状、零件尺寸、镀层成分和基体材料等因素，所选择的常规试验方法应是能产生预期的最可靠结果的方法。

在个别情况下也可以采用被证明与本附录给出的试验方法相当或更好的其他方法。

A. 0. 2 仲裁方法

A. 0. 2. 1 一般要求

在有争议情况下，应根据 A. 0. 2. 2~A. 0. 2. 4 中的具体情况来选定仲裁方法。

A. 0. 2. 2 局部厚度大于 9μm

采用 A. 1. 1 规定的显微镜法。

A. 0. 2. 3 局部厚度小于 9μm

如果基体是铜、铜合金、镍或者钢，且镀层表面足够平整光滑，电解液不致从电解测头里漏出，则采用 A. 1. 4 规定的库仑法测定；否则，采用 A. 1. 1 规定的显微镜法测定。

注：底镀层采用库仑法测量，应先除去锡-镍合金镀层。采用库仑法测量的方式退除锡-镍合金镀层。

A.0.2.4　印制电路板通孔中锡-镍合金镀层的厚度

采用 A.1.1 规定的显微镜法。显微断面应平行于孔的轴线，并且应垂直于要测量镀层或底层的表面（见 GB/T 6462）。

A.1　局部厚度测量

A.1.1　显微镜法

采用 GB/T 6462 规定的方法，此方法包括保护镀层规程，即采用电镀厚度不小于 10μm 的铜保护层。

本方法准确度允许差为±0.8μm，或在厚度大于 25μm 时，准确度允许差为厚度的±5%。

A.1.2　β 射线反向散射法

采用 GB/T 5931 规定的方法，该方法要求仪器和操作精度能达到使镀层厚度的测量值准确到其真实值的 10%以内；此精度决定于镀层的单位面积质量、基体金属的原子序数和合金成分的变化。

A.1.3　X 射线光谱法

采用 GB/T 16921 中规定的方法，该方法要求仪器和操作精度能达到使镀层厚度测量值准确到其真实值的 10%以内。

A.1.4　库仑法

采用 GB/T 4955 中规定的方法。本方法一般具有 10%以内的精度。

当使用本方法作仲裁方法时，按锡-镍合金密度等于 8.828g/cm^3，合金成分为 65%（质量分数）的锡和 35%（质量分数）的镍来计算锡-镍合金的电化学当量；也可以用直接测量的合金成分及密度来计算。

A.2　平均厚度的测量

因没有通用可行的锡-镍镀层化学溶解退除方法，所以通常不采用重量法测量镀层的平均厚度，而采取主要表面上的若干个局部厚度测量值的算术平均值作为平均厚度测量值（见 GB/T 12334）。

附　录　B
（提示的附录）
指导提示

这些指导提示提请使用者注意：

a）如果对锡-镍合金的某些性能不了解，可能导致不正确地使用这种镀层；

b）基体的性能和准备；

c）电镀实践。

B.1　镀层的性能

电镀的锡-镍合金是一种单相亚稳态的合金化合物，其分子式近似于 SnNi。虽然此合金在 800℃以下不会融化，而升高温度时会发生相变，但有合适的底镀层时有一个最高安全工作温度，约为 300℃。此镀层硬（约 750HV）且有脆性，故镀后不宜进行变形加工；使用在经受变形和震动场合下的零件，当外观是主要的要求时，不可采用这种镀层。由于锡-镍合金较脆，镀层厚度不宜大于 25μm。锡-镍合金电镀层的光亮度与基体金属的表面状态密切相关，随着镀层厚度增大，光亮度呈下降的趋势（见 B.2.1）。

除某些强酸性环境外，锡-镍合金镀层暴露在空气中很容易形成一层钝化膜而具有良好的耐蚀性。锡-镍镀层比大多数基体金属的电位更正，这使暴露在镀层孔隙下面的基体金属的腐蚀破坏程度更加严重，因此要使镀层有较好的耐蚀性，其孔隙率必须较低，因而可以要求比表1中规定厚度更大的镀层厚度（例如45μm）。

在某些需利用锡-镍合金镀层的低摩擦系数或较高的耐磨性的使用场合，镀层孔隙率则是较次要的因素；若使用时需保持润滑油，孔隙的存在还会有利于润滑。

与锡镀层不同，锡-镍镀层不会发生须晶生长现象，也不会产生同素异形变化，但操作条件不当时，会沉积出不良的高应力镀层。

尽管除了镀层厚度之外，其他的因素也会影响镀层孔隙率，然而镀层厚度分级号中给出的厚度值仍有助于对孔隙率做出预计。

B.2 基体材料的性能和准备

B.2.1 表面状况

镀层表面状况部分地取决于基体材料表面状况。

B.2.2 “难清洗的”基体材料

某些基体材料，如磷青铜、铍青铜和镍铁合金，尤其是压延或轧制的合金，因其表面的自然氧化膜，难于进行完好的化学预清洗，若预镀最小局部厚度为2.5μm的铜底层将有利于提高镀层的结合强度。

B.2.3 铝、镁和锌合金

这些合金很容易受到稀酸和（或）碱的破坏，因此在电镀锡-镍合金镀层之前需要进行专门的预处理，即需沉积一层相当厚（10μm~25μm）的铜、铜-锡合金或镍底镀层。

B.3 电镀实践

B.3.1 镀层厚度要求

除非GB/T 12334中另有规定，否则应当注意本标准规定的沉积层厚度是最小局部厚度，而不是平均厚度。对满足主要表面上一给定的最小局部厚度要求所应达到的平均厚度，将取决于镀件和镀槽二者的几何形状，以及与两者密切相关的阴阳极的放置位置。在滚镀时，特别是滚镀小零件时，镀层厚度的偏差符合正态（高斯）分布规律。

第五节 金属覆盖层 锌镍合金电镀层

一、概论

锌镍合金电镀层具有以下特点：

1）优良的耐蚀性。镍的质量分数为7%~9%的锌镍合金镀层比同等厚度的锌镀层耐蚀性高3~5倍，镍的质量分数为10%~16%的合金镀层比同等厚度的锌镀层耐蚀性高6~10倍。

2）优良的力学性能。镀后不改变钢材的屈服强度、抗拉强度和延展性。

3）优良的钎焊性。

4）镀层应力小。在钢铁上电镀锌镍合金可代替镀镉。因此，电镀锌镍合金广泛用于汽车、船舶、军工等行业零部件。

JB/T 12855—2016《金属覆盖层 锌镍合金电镀层》涵盖了镀层标识、需方应向电镀生产方提供的资料、镀层技术要求、镀层试验方法等内容，为电镀锌镍合金供需双方提供了技术指南。该标准于2016年4月5日发布，2016年9月1日实施。

二、标准主要特点与应用说明

该标准适用于汽车、航天、兵器等产品零部件的锌镍合金电镀层。标准规定了锌镍合金电镀层的外观、镀层的合金比例和厚度、结合强度、耐蚀性、摩擦系数及相应试验方法等。

该标准包含范围、规范性引用文件、需方应向电镀生产方提供的资料、镀层技术要求、镀层试验方法等部分。

该标准主要指标参考了锌镍合金镀液供应商和电镀锌镍合金生产单位的企业标准，其技术参数根据电镀锌镍现有市场中等以上水平选取。在标准应用中，应注意条款6“镀层技术要求”，该部分列出了对锌镍合金电镀层技术性能的具体要求。

锌镍合金电镀层技术正在不断发展，其技术指标也在不断提高，新产品可以参考该标准确定新的技术要求及试验方法。

三、标准内容（JB/T 12855—2016）

金属覆盖层　锌镍合金电镀层

1　范围

本标准规定了钢铁上的镍含量（质量分数）为5%～10%（低镍）和10%～17%（高镍）的锌-镍合金电镀层的技术要求和试验方法。

本标准适用于汽车、航天、兵器等产品零（部）件的锌镍合金电镀层。

本标准不适用于：

——抗拉强度大于1200MPa或维氏硬度大于370HV的零件；

——质量等级大于10.9的紧固件（螺栓、螺母等）；

——与镁材料接触的零件。

2　规范性引用文件

下列文件对于本文件的应用是必不可少的。凡是注日期的引用文件，仅注日期的版本适用于本文件。凡是不注日期的引用文件，其最新版本（包括所有的修改单）适用于本文件。

GB/T 3138　金属及其他无机覆盖层　表面处理　术语

GB/T 6461　金属基体上金属和其他无机覆盖层　经腐蚀试验后的试样和试件的评级

GB/T 6462　金属和氧化物覆盖层　厚度测量　显微镜法

GB/T 9791　锌、镉、铝-锌合金和锌-铝合金的铬酸盐转化膜　试验方法

GB/T 10125　人造气氛腐蚀试验　盐雾试验

GB/T 12334　金属和其他非有机覆盖层　关于厚度测量的定义和一般规则

GB/T 13911　金属镀覆和化学处理标识方法

GB/T 16823.3　紧固件　扭矩-夹紧力试验

GB/T 16921　金属覆盖层　覆盖层厚度测量　X射线光谱方法

3　术语和定义

GB/T 3138、GB/T 12334界定的以及下列术语和定义适用于本文件。

3.1 白雾 white smog

在腐蚀介质作用下，镀层的微观裂纹处出现白色氧化物而使镀层的初始颜色发生很轻微的变化。

3.2 白锈 white rust

在腐蚀介质作用下，镀层表面钝化膜层和封闭膜层被破坏，镀层出现腐蚀生成粉状白色腐蚀产物的现象。

注：通常将产生白锈看作第一腐蚀点。

3.3 红锈 red rust

在腐蚀介质作用下，零部件表面镀层被破坏，基体出现腐蚀生成斑（点）状红色腐蚀产物的现象。

注：通常将产生红锈看作第二腐蚀点。

4 镀层的标识

4.1 标识方法

根据 GB/T 13911 的规定，镀层标识的组成如下：

镀覆方法 本标准号-基体材料/镀覆方法·镀覆层名称和镀覆层厚度·钝化膜类型和封闭表示标识的符号、含义及电镀层钝化膜颜色见表 1。

表 1 标识的符号、含义及电镀层钝化膜颜色

<table>
<tr><th colspan="2">标识</th><th>符号</th><th>含义</th><th>电镀层钝化膜颜色</th></tr>
<tr><td colspan="2">基体材料</td><td>Fe</td><td>钢铁基体</td><td rowspan="4">—</td></tr>
<tr><td colspan="2">镀覆方法</td><td>Ep</td><td>电镀</td></tr>
<tr><td colspan="2">镀覆层名称</td><td>ZnNi</td><td>锌镍合金电镀层</td></tr>
<tr><td colspan="2">镀覆层厚度</td><td>5/8/12/18/25</td><td>镀层厚度(μm)</td></tr>
<tr><td rowspan="9">钝化膜类型和封闭</td><td rowspan="3">六价铬钝化</td><td>B</td><td>（蓝）白色钝化</td><td>银白色至蓝白色</td></tr>
<tr><td>C</td><td>彩色钝化</td><td>彩虹色</td></tr>
<tr><td>E</td><td>黑色钝化</td><td>黑色</td></tr>
<tr><td rowspan="3">三价铬钝化</td><td>BF</td><td>（蓝）白色钝化</td><td>银白色至蓝白色</td></tr>
<tr><td>CF</td><td>彩色钝化</td><td>呈蓝紫的彩虹色</td></tr>
<tr><td>EF</td><td>黑色钝化</td><td>黑色或灰黑色</td></tr>
<tr><td rowspan="3">三价铬钝化+封闭</td><td>BFS</td><td>（蓝）白色钝化+封闭</td><td>灰白色至镀层本色</td></tr>
<tr><td>CFS</td><td>彩色钝化+封闭</td><td>浅彩色至镀层本色</td></tr>
<tr><td>EFS</td><td>黑色钝化+封闭</td><td>黑色或灰黑色</td></tr>
</table>

注：1. 锌镍合金电镀层三价铬（蓝）白色钝化（或彩色钝化）再经封闭，由于其颜色偏浅至镀层本色，通常称为本色钝化。

2. 汽车等行业有禁限用物质要求，不允许采用六价铬钝化。

3. 三价铬钝化膜不具备自修复能力，在转运、装配和使用中若造成损伤会加速腐蚀，因此钝化后通常要封闭处理。

4.2 标识示例

锌镍合金电镀层标识方法示例及说明见表 2。

表 2　锌镍合金电镀层标识方法示例及说明

标识方法示例	说明
电镀层 JB/T 12855-Fe/Ep · ZnNi8 · B	钢铁基体,电镀锌镍合金 8μm,六价铬(蓝)白色钝化
电镀层 JB/T 12855-Fe/Ep · ZnNi8 · C	钢铁基体,电镀锌镍合金 8μm,六价铬彩色钝化
电镀层 JB/T 12855-Fe/Ep · ZnNi8 · E	钢铁基体,电镀锌镍合金 8μm,六价铬黑色钝化
电镀层 JB/T 12855-Fe/Ep · ZnNi10 · BF	钢铁基体,电镀锌镍合金 10μm,三价铬(蓝)白色钝化
电镀层 JB/T 12855-Fe/Ep · ZnNi10 · CF	钢铁基体,电镀锌镍合金 10μm,三价铬彩色钝化
电镀层 JB/T 12855-Fe/Ep · ZnNil0 · EF	钢铁基体,电镀锌镍合金 10μm,三价铬黑色钝化
电镀层 JB/T 12855-Fe/Ep · ZnNi8 · BFS	钢铁基体,电镀锌镍合金 8μm,三价铬白色钝化+封闭(本色钝化)
电镀层 JB/T 12855-Fe/Ep · ZnNi8 · CFS	钢铁基体,电镀锌镍合金 8μm,三价铬彩色钝化+封闭(本色钝化)
电镀层 JB/T 12855-Fe/Ep · ZnNi8 · EFS	钢铁基体,电镀锌镍合金 8μm,三价铬黑色钝化+封闭

5　需方应向电镀生产方提供的资料

5.1　必要资料

需方应向电镀生产方提供下列资料:

a）本标准编号;

b）镀层的标识（见第 4 章）;

c）标明待镀工件的主要表面，如用图样标注或提供有适当标记的样品;

d）基体金属的性质、表面状态和精饰种类（当这些因素可能影响电镀层的适用性和/或外观时）;

e）工件上允许出现的镀层缺陷（见 6.1.2）;

f）锌镍合金电镀层中镍含量;

g）螺纹紧固件的摩擦系数;

h）工件的抗拉强度以及电镀前和/或电镀后的热处理要求;

i）抽样方法、接受水平或其他检验要求。

5.2　附加资料

需方应向电镀生产方提供下列附加资料:

a）待镀工件预处理的特殊要求或限制;

b）对已镀工件的特殊包装要求;

c）其他要求，如特殊形状工件的试验和评级的区域。

6　镀层技术要求

6.1　外观

6.1.1　一般要求

工件主要表面上镀层结晶致密，均匀、光滑、平整，每批次钝化膜的颜色应保持一致。通常锌镍合金电镀层钝化膜的颜色见表 1。

6.1.2　允许缺陷

镀层允许的缺陷有:

a）轻微的水迹或颜色不均。

b）工件非重要表面的镀层上允许有轻微的夹具印。

c）工件基体材料与表面状态不同导致的同一工件颜色和光泽的差异。

d）在复杂件和大型件的边、棱、角处有粗糙和堆积，但不应影响装配质量和使用性能。

e）经除氢的工件，钝化后膜层颜色稍暗或色泽不均。

f）直径（或宽度）不大于10mm的盲孔（或槽、缝），在深度大于直径（或宽度）处的表面允许局部无镀层；直径不大于10mm的通孔，在深度大于两倍直径处的表面允许局部无镀层。

6.1.3 不允许缺陷

镀层不允许的缺陷有：

a）镀层起皮、起泡、烧焦、麻坑、结瘤、斑点、毛刺、脱落、粗糙、针孔和桔皮；

b）树枝状、海绵状和条纹状的镀层；

c）局部无镀层，另有规定的除外；

d）未经洗净的镀液盐迹或钝化液残迹。

6.2 镀层的合金比例、厚度和耐蚀性

镀层的合金比例、厚度和耐蚀性的关系见表3。

表3 锌镍合金电镀层的合金比例、厚度和耐蚀性

适用条件			最低白锈时间/h		最低红锈时间/h
			滚镀	挂镀	
合金比例（质量分数）	低镍:5%~10%	防腐要求较低的零件	96	144	480
	高镍:10%~17%	防腐要求高的零件	144	240	720
镀层厚度	≥5μm	总成内部或螺纹区域	96	144	480
	≥8μm	偶尔接触雨雪等侵蚀的一般环境零件	144	240	720
	≥12μm	雨雪等直接侵蚀的恶劣环境零件	144	240	1000

注：1. 表中耐蚀性是指锌镍合金电镀层三价铬（蓝）白色钝化、彩色钝化或黑色钝化，经封闭后应达到的最低指标。

2. 锌镍合金电镀层三价铬（蓝）白色钝化、彩色钝化或黑色钝化，经封闭后，三者耐腐蚀性能指标基本接近。

6.3 结合强度

镀层与基体金属应结合良好，应无起泡、脱落、剥离、起皮等缺陷。

6.4 耐蚀性

进行镀层中性盐雾试验后：

a）允许钝化层变色和出现白雾；

b）装饰性的外观零件不允许出现白锈；

c）非外观工件允许出现不大于5%面积的白锈，但不允许出现红锈；

d）铸铁工件允许出现不大于5%面积的白锈和不大于3%面积的红锈；

e）安装后不可见的螺纹区域允许出现不大于10%面积的白锈和不大于5%面积的红锈；

f）铆接、焊接等局部部位允许降低要求评价，具体由供需双方协商。

6.5 摩擦系数

螺纹紧固件的摩擦系数为0.08~0.20。

6.6　禁限用物质

汽车、电子等零部件有禁限用物质要求时，应采用三价铬钝化，镀层中六价格的含量不应大于 0.1μg/cm^2。

6.7　消除氢脆的热处理

电镀锌镍合金后，有消除氢脆要求的，应进行消除氢脆的热处理，具体要求见表 4。

表 4　电镀锌镍合金后消除氢脆的要求

电镀锌镍合金后需消除氢脆的零件	镀后到达除氢温度的时间间隔/h	除氢温度/℃	除氢时间/h
1. 抗拉强度为 1000MPa～1100MPa 或维氏硬度为 310HV～340HV 的零件 2. 紧固件中性能等级为 9 的螺母和性能等级为 9.8 的螺栓 3. 表面淬火、渗碳、渗氮后的零件	≤2	190～220	4
1. 抗拉强度为 1100MPa～1200MPa 或维氏硬度为 340HV～370HV 的零件 2. 紧固件中性能等级为 10 的螺母和性能等级为 10.9 的螺栓 3. 卡箍、弹簧等弹性元件	≤1	190～220	6

7　镀层试验方法

7.1　外观

在自然散射光或无反射光的白色透明光线下，距离测试表面约 500mm 目视检查。

7.2　合金比例

按 GB/T 16921 规定的测量方法，同时测量镀层的厚度和合金成分（合金比例）。

7.3　厚度

镀层厚度按 GB/T 16921 的规定测量，当供需双方意见不一致时，按 GB/T 6462 的规定测量。

7.4　结合强度

将镀好的工件放入温度为 300℃±5℃的干燥箱中，保温 30min，然后把工件浸入温度为 20℃±5℃的水中，几秒钟后裸视目测，电镀层应无可见的缺陷，符合 6.3 的要求。

7.5　耐蚀性

将电镀后至少存放 24h 的工件，在干燥箱中加热到 120℃±2℃，保温 1h。当工件温度降低到室温时，将工件送入盐雾箱中，按 GB/T 10125 规定的中性盐雾试验方法进行耐蚀性试验，性能应达到表 4 的规定；试验后按 GB/T 6461 进行评级，保护等级不应低于 9 级。

7.6　摩擦系数

按 GB/T 16823.3 规定的试验方法，根据试验目的，选择标准条件下或特殊条件下的试验方法，对紧固件的扭矩特性进行测定，确定总摩擦系数、螺纹间摩擦系数和支承面摩擦系数。

7.7　禁限用物质

参照 GB/T 9791 规定的试验方法对铬酸盐膜六价铬含量进行测定：

——先进行铬酸盐膜六价铬存在的测定；

——确认六价铬存在后，再进行铬酸盐膜六价铬含量的测定。

第六节 金属覆盖层 铜-锡合金电镀层

一、概论

铜的质量分数为55%~95%、锡的质量分数为5%~50%的铜-锡合金电镀层也称低锡青铜电镀层，该镀层具有孔隙率低、韧性好、容易抛光、耐蚀性良好、钎焊性好、对人体不产生不良反应等特点，在装饰防护行业和电子行业应用以替代镍镀层，主要用于眼镜、首饰、拉链、电子元器件等产品。

JB/T 10620—2006《金属覆盖层 铜-锡合金电镀层》涵盖了镀层标识、电镀前后热处理、铜锡合金镀层实验方法的内容，可以作为铜锡合金镀层供需双方的技术指南。该标准于2006年9月14日发布，2007年3月2日实施。

二、标准主要特点与应用说明

该标准适用于电子、电气制品防腐蚀和改善焊接性能的铜-锡合金电镀层，也适用于部分其他金属制品商装饰电镀铜-锡合金电镀层。

该标准包含范围、规范性引用文件、术语和定义、需方应向电镀加工方提供的资料、基材、抽样、镀层的标识、工件消除氢脆的处理、铜锡合金镀层的试验方法等部分。

该标准根据需方要求选取各种技术参数。在标准应用中，应注意条款9“铜锡合金镀层的试验方法”，该部分列出了对铜锡合金镀层的技术性能要求和测试方法。

高锡铜锡合金电镀也可参照此标准执行。

三、标准内容（JB/T 10620—2006）

金属覆盖层 铜-锡合金电镀层

1 范围

本标准规定了铜含量为50%~95%（质量分数）、锡含量为5%~50%（质量分数）的铜-锡合金电镀层的技术要求和试验方法。

本标准适用于电子、电气制品防腐蚀和改善焊接性能的铜锡合金电镀层，也适用于部分其他金属制品上装饰性电镀铜锡合金电镀层的要求。

注：本标准规定的铜锡合金镀层，在制造过程中不得使用铅添加材料。

2 规范性引用文件

下列文件中的条款通过本标准的引用而成为本标准的条款。凡是注日期的引用文件，其随后所有的修改单（不包括勘误的内容）或修订版均不适用于本标准，然而，鼓励根据本标准达成协议的各方研究是否可使用这些文件的最新版本。凡是不注日期的引用文件，其最新版本适用于本标准。

GB/T 2423.28 电工电子产品环境试验 第2部分：试验方法 试验T：锡焊（GB/T 2423.28—2005，IEC 60068-2-20：1979，IDT）

GB/T 3138 金属镀覆和化学处理与有关过程术语（GB/T 3138—1995，neq ISO 2079：

1981）

GB/T 5270　金属基体上的金属覆盖层　电沉积和化学沉积层　附着强度试验方法评述（GB/T 5270—2005，ISO 2819：1980，IDT）

GB/T 6461　金属基体上金属和其他无机覆盖层　经腐蚀试验后的试样和试件的评级（GB/T 6461—2002，ISO 10289：1999，IDT）

GB/T 9789　金属和其他非有机覆盖层　通常凝露条件下的二氧化硫腐蚀试验（GB/T 9789—1988，eqv ISO 6988：1985）

GB/T 10125　人造气氛腐蚀试验　盐雾试验（GB/T 10125—1997，eqv ISO 9227：1990）

GB/T 12609　电沉积金属覆盖层和相关精饰　计数检验抽样程序（GB/T 12609—2005，ISO 4519：1980，IDT）

GB/T 16921　金属覆盖层　覆盖层厚度测量　X 射线光谱法（GB/T 16921—2005，ISO 3497：2000，IDT）

GB/T 19349　金属和其他无机覆盖层　为减少氢脆危险的钢铁预处理（GB/T 19349—2003，ISO 9587：1999，IDT）

3　术语和定义

GB/T 3138 中所确立的术语和定义适用于本标准。

4　需方应向电镀加工方提供的资料

4.1　需方应向电镀加工方提供下列资料：

a）本标准编号；

b）基体金属的性质（见第 5 章）；

c）铜锡合金电镀层中铜锡含量（见 9.3）；

d）不同使用环境下对应的厚度要求（见 9.2）；

e）标明待镀工件的主要表面，如用图样标注或提供有适当标记的样品；

f）抽样（见第 6 章）；

g）工件上无法避免的接触痕迹部位和其他可以接受的镀层缺陷（见 9.1）。

4.2　需方也可以要求提供下列补充资料：

a）防止氢脆的预处理要求（见第 8 章）；

b）钎焊性试验要求和试验方法以及使用条件（见 9.6）；

c）对已镀件的特殊包装要求。

5　基体

本标准对电镀前基体的表面状态、外观或表面粗糙度未做要求。但因基体表面质量差而使镀层达不到外观和使用性能要求时，不应认为电镀生产质量不合乎要求。

6　抽样

当需要按本标准第 9 章所规定的要求检查铜锡合金镀层时，应按照 GB/T 12609 规定的抽样方法进行抽样检查，验收合格水平应由供需双方商定。

7　镀层的标识

镀层标识由本标准号和三个部分组成，组成如下：

电镀层　本标准号　a/b c

其中：a——基体金属（或合金基体中主要成分）；

b——镀层组成的化学符号 Cu x-Sn，x 表示合金镀层中铜的平均含量；

c——镀层最小厚度的数字，单位为 μm。

例如：一个钢铁基体（Fe）上包括铜的质量分数为 90%的铜锡合金镀层，厚度为 5μm，表示方法如下：

电镀层 JB/T 10620 Fe/Cu90-Sn5

又如：一个黄铜基体（Cu-Zn）上镀铜的质量分数为 85%的铜锡合金镀层，厚度为至少 3μm，表示方法如下：

电镀层 JB/T 10620 Cu-Zn/Cu85-Sn3

8 工件消除氢脆的处理

8.1 电镀前消除氢脆的预处理

电镀前工件应按 GB/T 19349 的规定，进行电镀前消除氢脆的预处理。

8.2 电镀后消除氢脆

由于氢透过铜锡合金镀层的扩散很慢，所以电镀后不宜做消除氢脆的热处理。

9 铜锡合金镀层的试验方法

9.1 外观

用目视检验时，电镀后的工件表面应清洁、无损伤、均匀、无结节。在镀件的主要表面上不应有可见的缺陷，如起泡、针孔、粗糙不平、裂纹或局部无镀层；不应有污斑或变色。工件表面可能出现的网状花纹，不应视为不合格产品。

需方应规定可接受的无法避免的接触痕迹部位以及非主要表面上允许存在的缺陷。

装饰性铜锡合金电镀，有光泽要求时，需方应提供或认可能表明镀层外观要求的样品供比对。

9.2 厚度

9.2.1 铜锡合金镀层厚度测量应按 GB/T 16921 的规定测量厚度。

注：按 GB/T 16921 测量镀层厚度时，应按规定制作同等成分的铜锡合金镀层标准厚度试样。本方法测得的厚度值的误差应不大于实际厚度值的 10%。

9.2.2 镀层厚度分类：

将铜锡合金镀层按锡含量高、低和不同的使用环境分类。表 1 中规定了每种使用环境对应的最小厚度值。

表 1 不同使用环境条件下对应的铜锡合金镀层厚度要求

使用条件号	高锡铜锡合金镀层（锡含量 30%～50%）	低锡铜锡合金镀层（锡含量 5%～20%）
	最小厚度/μm	
室外湿热环境	30	15
室外干燥环境	15	8
室内湿热环境	8	5
室内干燥环境	5	2

注：通常情况下，高锡铜锡合金镀层具有硬度高、耐蚀性好宜用于装饰性镀层。但镀层较脆，不能经受变形。低锡铜锡合金镀层孔隙率低、耐蚀性较好，也具有良好的钎焊性，宜用于电子电气产品的电镀保护层。

9.3 成分

本标准是基于铜含量在 50%～95%（质量分数）范围的铜锡合金镀层。应在标识中标明公称铜含量。

铜锡合金镀层中化学成分可采用 X 射线荧光测量法方便的测量。

注：用 X 射线荧光测量法测量合金中铜、锡成分的准确度取决于仪器的精密程度。目前商业上的 X 射线仪的精度可以达到 0.5%的误差。

9.4　结合强度

合金镀层的结合强度，应按 GB/T 5270 中规定的方法进行试验，镀层不得出现与基体脱落、鼓泡等的现象。

9.5　镀层耐蚀性

9.5.1　盐雾试验

室内干燥环境下使用的产品，应按 GB/T 10125 规定的中性盐雾试验进行耐蚀性试验。

9.5.2　二氧化硫腐蚀试验

室内潮湿环境和室外环境下使用的产品，应按 GB/T 10125 规定的醋酸铜加速盐雾试验和 GB/T 9789 规定的二氧化硫腐蚀试验进行耐腐蚀试验。

注：盐雾试验和二氧化硫腐蚀试验的试验周期决定了铜锡合金镀层的使用性能，需方应根据使用环境提出试验周期要求，或由电镀方告知需方与使用环境对应的试验周期。腐蚀试验的结果应按 GB/T 6461 的规定评级。

9.6　镀层焊接性能

电器产品上的铜锡合金镀层应按 GB/T 2423.28 中规定的 Ta 试验方法 1，采用非活性焊剂进行焊接性能试验。

第七节　无铅电镀锡及锡合金工艺规范

一、概论

随着各国政府对环保要求越来越严格，铅锡合金电镀已被限制使用，采用电镀纯锡和锡合金替代电镀铅锡合金已成发展趋势。为适应技术发展的需要，电镀工作者开发了纯锡、锡铜、锡银铜等无铅电镀工艺，随着开发工作进一步深入，其他替代工艺也不断涌现。

无铅电镀锡及锡合金是因应环保要求而发展起来的新工艺，国内外还无此类技术规范。GB/T 39807—2021《无铅电镀锡及锡合金工艺规范》针对现已成熟的电镀纯锡和锡铜工艺制定相应的规范，涵盖了无铅电镀锡及锡合金工艺要求、生产控制、产品质量要求等内容，为供需双方提供了技术指南。该标准于 2021 年 3 月 9 日发布，2021 年 10 月 9 日实施。

二、标准主要特点与应用说明

该标准适用于电子行业可焊性纯锡及电镀锡铜合金，其技术内容有：工艺流程、电镀底镀层、电镀锡及锡合金、后处理、生产控制、设备要求、镀层组成、外观、厚度、结合强度、可焊性、孔隙率、抗变色性能及抗晶须性能等。

该标准包含范围、规范性引用文件、术语和定义、工艺要求、产品质量要求等部分。

该标准的技术参数根据可焊性镀层使用条件号选取。在标准应用中，应注意条款 5“产品质量要求”，该部分列出了对可焊性纯锡及锡铜合金电镀层技术性能的要求和测试方法。

随着替代铅锡合金镀层技术的不断开发，可以参考该标准确定新的技术要求及试验方法。

三、标准内容（GB/T 39807—2021）

无铅电镀锡及锡合金工艺规范

1 范围

本标准规定了电镀纯锡及锡铜合金工艺要求、产品质量要求及抽样。

本标准适用于电子行业可焊性电镀纯锡及电镀锡铜合金。

本标准不适用于装饰性锡及锡合金电镀。

2 规范性引用文件

下列文件对于本文件的应用是必不可少的。凡是注日期的引用文件，仅注日期的版本适用于本文件。凡是不注日期的引用文件，其最新版本（包括所有的修改单）适用于本文件。

GB/T 2423.28 电工电子产品环境试验 第2部分：试验方法 试验T：锡焊

GB/T 3138 金属及其他无机覆盖层 表面处理 术语

GB/T 9789 金属和其他无机覆盖层 通常凝露条件下的二氧化硫腐蚀试验

GB/T 10125 人造气氛腐蚀试验 盐雾试验

GB/T 12609 电沉积金属覆盖层和相关精饰 计数检验抽样程序

GB/T 12334 金属和其他非有机覆盖层 关于厚度测量的定义和一般规则

GB/T 12599—2002 金属覆盖层 锡电镀层 技术规范和试验方法

3 术语和定义

GB/T 3138 和 GB/T 12334 界定的以及下列术语和定义适用于本文件。

3.1 无铅电镀锡及锡合金 Pb-free plating tin and tin alloys

不含铅的电镀锡及锡合金镀层。

3.2 电镀纯锡 electroplating pure tin

碳含量低于0.05%，锡含量高于99.95%的电镀锡镀层。

3.3 电镀锡铜 electroplating tin-copper

铜含量2%~4%的锡铜合金镀层。

4 工艺要求

4.1 工艺流程

4.1.1 电镀前处理

电镀前处理采用化学除油、阴极电解除油、阳极电解除油和活化多道组合工艺。

4.1.2 电镀底镀层（选择性）

当存在下列的任一原因时，某些基体表面可要求底镀层；

a）防止扩散（应按照 GB/T 12599—2002 中 C.2.2 和 C.2.3）；

b）保持可焊性（应按照 GB/T 12599—2002 中 C.2.2、C.2.3 和 C.2.4）；

c）保证附着强度（应按照 GB/T 12599—2002 中 C.2.4 和 C.2.5）；

d）提高耐蚀性。

为避免给基体材料或加工好的零件带来不希望的性质，例如脆性，应注意选择底镀层。

例如应避免采用高应力的镍镀层。

如果基体材料是含锌的铜合金，并要求可焊性，除规定的锡镀层厚度外（应按照 GB/T 12599—2002 中 C. 2. 3），还有必要使镍或铜底镀层的最小局部厚度达到 2. 5μm；这种底镀层对于保持良好的外观和附着强度也是必要的。

如果底镀层已经确定，需方应规定其特性（应按照 GB/T 12599—2002 中附录 C）和最小局部厚度（应按照 GB/T 12599—2002 中 10. 2）。

一层或多层底镀层的厚度应按照 GB/T 12599—2002 中附录 A 规定的方法测量。

4. 1. 3　电镀锡及锡合金

电镀锡及锡合金可使用硫酸盐或甲基磺酸盐工艺，应使用合适的添加剂以获得能满足本标准所要求的镀层。

4. 1. 4　后处理

为了改善镀层抗变色和耐高温等性能，应使用合适处理液进行后处理。

无铅电镀锡及锡合金工艺使用的水、原辅材料等应不含铅。

4. 2　生产控制

4. 2. 1　生产设备检查

生产前操作者应检查相关生产设备是否有合格标牌或合格证，并经核实在有效期内方可使用。

4. 2. 2　水质要求

配制电镀锡及锡合金及后处理液、电镀后所有水洗都应用去离子水或蒸馏水。

4. 2. 3　水洗

在生产过程中，每一工序后均进行二次或二次以上的水洗，并确保清洗干净。

4. 2. 4　槽液分析

所有槽液成分均应定期分析，且每周不得少于三次，镀液杂质每周分析一次，记录完整。

4. 2. 5　过滤

电镀过程应采用连续过滤，槽液循环量每小时不得少于四次，记录完整。

4. 2. 6　冷冻

电镀锡及锡合金溶液因温度过高极易产生二价锡水解，镀液应配备冷冻设备。

4. 2. 7　生产记录

生产过程中应记录零件的加工日期、名称、数量、时间、电流及原辅材料添加量等。

4. 3　替代试样

当不宜用零件进行破坏性试验时，可用试样代替零件，试件为 150mm×100mm×1mm 纯铜板，试件应与所代表的零件在同样的条件进行电镀及其他处理。

4. 4　设备要求

4. 4. 1　电源的要求

电镀所用的电源可采用各种直流电源，其电压、电流额定输出值应能满足镀槽在满载荷下所需的最大电压、电流。电压、电流表的精度等级应不低于 1. 5 级。

4. 4. 2　槽的要求

槽应对所盛溶液具有耐蚀性，电解除油、酸活化、电镀等槽应有抽风装置。

4.4.3 仪器、仪表

测量仪器、仪表和量具均应有合格证，并定期校验，在有效期内方可使用。

5 产品质量要求

5.1 基材要求

无铅电镀锡及锡合金基材应满足如下要求：

a）应无严重油污、金属屑、漆层以及锈蚀和氧化皮等；

b）零件表面应无毛刺、裂纹、压坑等因操作不良而导致的人为损伤，表面划伤；

c）焊接件应无焊料剩余物和熔渣等；

d）铸件不得有未除尽的砂粒和涂料烧结物。

5.2 镀层铜、锡含量

用不锈钢做基材电镀锡或锡合金，用1∶1硝酸退去表面镀层，采用原子吸收光谱（或其他仪器）测量锡、铅和铜含量，镀层应不含铅，电镀锡铜合金铜含量2%~4%，电镀纯锡镀层锡含量大于99.95%。也可采用电子能谱直接测量。

5.3 镀层外观

所有零件都应进行目视外观检查。镀层为银白色或略带浅黄色，且镀层结晶均匀、细致、平滑。挂镀件允许在隐蔽部位有轻微夹具印。允许因基体材质不均和表面加工状态不同而表现出的轻微的不均匀颜色或光泽；允许高温检验后的零件表面有轻微变黄色。不准许有斑点、黑点、烧焦、粗糙、针孔、麻点、裂纹、分层、起泡、起皮、脱落、晶状镀层、局部无镀层（在盲孔、通孔深处及技术文件有规定的除外）等缺陷。

5.4 镀层厚度

纯锡及锡合金镀层按厚度分类，并分别按照GB/T 12599—2002中7.1用于不同的使用条件，各类最小厚度值的规定见表1。

表1 镀层厚度

使用条件号	铜基体金属①		其他基体金属②	
	镀层分级号(部分的)	最小厚度/μm	镀层分级号(部分的)	最小厚度/μm
4	Sn30	30	Sn30	30
3	Sn15	15	Sn20	20
2	Sn8	8	Sn12	12
1	Sn5	5	Sn5	5

① 锌铜合金基体材料上的底镀层应符合GB/T 12599—2002中第9章的要求。

② 特定基体材料上底镀层的要求应符合GB/T 12599—2002中C.2.4和C.2.5。

按GB/T 12599—2002中附录A给出的适当方法测量，在主要表面内任何能被直径为20mm的小球接触到的部位上的一个基本测量面应按照GB/T 12334进行镀层厚度测量。当镀件的主要表面面积大于或等于100mm^{2}时，最小厚度应视为最小局部厚度值。当镀件的主要表面面积小于100mm^{2}时，最小厚度应视为平均厚度的最小值。

5.5 结合强度

当需方规定按GB/T 12599—2002中附录B所给出的方法之一进行试验时，镀层不应出现剥离现象。

5.6 可焊性

5.6.1 一般材料和零件

如果需方对可焊性有规定，应按照 GB/T 2423.28 中 Ta 试验的方法 1，采用非活性焊剂进行可焊性试验。

如果在试验前要求加速老化，需方应规定加速老化过程。

5.6.2 印制电路板

如果需方对可焊性有规定，符合本标准的印制电路板上的镀层应按照 GB/T 2428.28 中 Tc 试验方法进行可焊性试验。

如果在试验前要求加速老化，需方应规定加速老化过程。

5.7 孔隙率

如果需方对孔隙率有规定，对于最小厚度大于或等于 10μm 的镀层，应经过下列一种试验：

a）钢铁基体上的镀层，按 GB/T 10125 的规定；

b）非钢铁基体上的镀层，按 GB/T 9789 的规定。

在上述两种情况下，当用三倍放大镜观察时，基体应无腐蚀痕迹。

5.8 防变色性能

在密闭容器中，常压下加热纯水（电导率低于 5μS/cm）至 100℃，工件置于水面上 1cm 处，暴露蒸汽中 5h，镀层不变色。

5.9 抗锡须性能

采用高低温湿热试验箱在温度 85℃，相对湿度 85%条件下进行实验 1000h 后，用扫描电镜放大 200 倍观察应无晶须。

6 抽样

抽样方法可按照 GB/T 12609 的规定。抽样方法和验收水平也可由供需双方商定。

第八节 无六价铬电镀装饰镀层工艺规范

一、概论

装饰铬镀层作为面层广泛用于电镀铜镍铬和镍铬组合镀层体系，过去装饰铬镀层均使用六价铬电镀工艺。随着各国政府对环境保护的加强，六价铬的使用开始受到限制，电镀工作者开发了三价铬电镀、锡钴锌合金电镀和锡钴合金电镀工艺替代六价铬电镀工艺，用于装饰电镀组合镀层面层。此工艺随着电镀工作者不断研发和应用日趋完善。

JB/T 12857—2016《无六价铬电镀装饰镀层工艺规范》涵盖了替代六价铬电镀的工艺流程、生产流程、生产控制、替代试样、设备要求等工艺要求，以及镀前表面质量、外观、镀层厚度、结合强度、耐蚀性等产品质量要求，对推广使用无六价铬电镀装饰镀层具有一定的指导作用。该标准于 2016 年 4 月 5 日发布，2016 年 9 月 1 日实施。

二、标准主要特点与应用说明

该标准适用于装饰防护性铜+镍+铬和镍+铬组合镀层中，用三价铬、锡钴锌合金和锡钴合金镀层替代六价铬镀层。

该标准包含范围、规范性引用文件、术语和定义、工艺要求、产品质量要求、抽样要求等部分。其中，在主要引用文件 GB/T 26108《三价铬电镀 技术条件》中，规定了三价铬电镀溶液的试验方法和镀层技术要求，还规定了三价铬电镀溶液中三价铬的检测方法和六价铬的验证方法，这对 JB/ 12857—2016 的制定和应用具有重要的指导意义。

该标准技术参数根据现有市场中上等水平选取。在标准应用中，应注意条款 4“工艺要求”，该部分列出了电镀时的具体操作规范和质量控制要求。

该标准随着无六价铬电镀装饰镀层技术提高和市场应用成熟而不断完善，新技术可以参考该标准确定新的技术要求及试验方法。

三、标准内容（JB/T 12857—2016）

无六价铬电镀装饰镀层工艺规范

1 范围

本标准规定了用于装饰防护性电镀三价铬、锡钴锌合金和锡钴合金的工艺要求、质量控制及质量要求。

本标准适用于装饰防护性铜+镍+铬和镍+铬组合镀层中，用三价铬、锡钴锌合金和锡钴合金镀层替代六价镀层。

注：该镀层部分替代装饰性六价铬镀层。

2 规范性引用文件

下列文件对于本文件的应用是必不可少的。凡是注日期的引用文件，仅注日期的版本适用于本文件。凡是不注日期的引用文件，其最新版本（包括所有的修改单）适用于本文件。

GB/T 3138 金属及其他无机覆盖层 表面处理 术语

GB/T 4955 金属覆盖层 覆盖层厚度测量 阳极溶解库仑法

GB/T 5270 金属基体上的金属覆盖层 电沉积和化学沉积层 附着强度试验方法评述

GB/T 6461 金属基体上金属和其他无机覆盖层 经腐蚀试验后的试样和试件的评级

GB/T 6465 金属和其他无机覆盖层 腐蚀膏腐蚀试验（CORR 试验）

GB/T 9797 金属覆盖层 镍+铬和铜+镍+铬电镀层

GB/T 10125 人造气氛腐蚀试验 盐雾试验

GB/T 12334 金属和其他非有机覆盖层 关于厚度测量的定义和一般规则

GB/T 12609 电沉积金属覆盖层和相关精饰 计数检验抽样程序

GB/T 26108 三价铬电镀 技术条件

3 术语和定义

GB/T 3138、GB/T 12334 界定的以及下列术语和定义适用于本文件。

3.1 无六价铬电镀装饰性镀层 hexavalent chromium-free decorative plating

采用不含六价铬工艺电镀铬或类似铬镀层。

3.2 电镀锡钴锌合金 Tin-cobalt-zinc alloy plating

电镀含锡 70%～85%（质量分数）、钴 1%～7%（质量分数）、锌 10%～15%（质量分数）合金镀层，外观似铬。

3.3 电镀锡钴合金 Tin-cobalt alloy plating

电镀含锡 70%~80%（质量分数）、钴 20%~30%（质量分数）合金镀层，外观似铬。

4 工艺要求

4.1 工艺流程

4.1.1 以锡钴锌合金（锡钴合金）镀层作面层工艺流程

电镀前处理→电镀多层镍（铜+镍）→清洗→电镀锡钴锌（锡钴）→清洗→钝化→清洗。

4.1.2 以三价铬镀层作面层工艺流程

电镀前处理→电镀多层镍（铜+镍）→清洗→电镀三价铬→清洗。

4.2 生产流程

4.2.1 电镀前处理

金属件电镀前处理采用除蜡、化学除油、阴极电解除油、阳极电解除油和活化等多道组合工艺，除去工件油污和锈污。塑料件电镀前处理采用除油、粗化及活化等工序，使其金属化。

4.2.2 电镀多层镍（铜+镍）

按 GB/T 9797 要求电镀相应厚度。

4.2.3 清洗

用自来水或纯水清洗两次或两次以上，清洗掉残留在工件上的溶液。

4.2.4 电镀锡钴锌（锡钴）合金

选取合适电镀锡钴锌（锡钴）溶液以获得能满足本标准要求的镀层。

4.2.5 电镀三价铬

按 GB/T 26108 选取合适电镀三价铬溶液以获得能满足本标准要求的镀层。

4.2.6 钝化

电镀锡钴锌合金（锡钴合金）之后，为加快镀层钝化过程，一般需钝化处理，根据需要选取合适的钝化剂。

4.3 生产控制

4.3.1 水洗

在生产过程中，每一工序后均进行两次或两次以上的水洗，并确保清洗干净。

4.3.2 水质要求

配制电镀锡钴锌（锡钴）及三价铬镀液用水为去离子水或蒸馏水。

4.3.3 槽液分析

所有槽液均应定期分析，每周分析不得少于三次，镀液杂质每周分析一次，记录完整。

4.3.4 pH 值检测

在生产过程中，所有槽液每 2h~4h 检测一次，记录完整。

4.3.5 过滤

镀液应采用连续过滤，槽液循环量每小时不得少于三次，记录完整。

4.3.6 生产记录

生产过程中应记录零件的加工日期、名称、数量与时间等。

4.3.7 生产设备检查

操作者生产前，应检查相关生产设备（电源、过滤机、空压机及制冷机等）日常检查情况。

4.4 替代试样

当不宜用零件进行破坏性试验时，可用试样代替零件，试件为150mm×100mm×1mm冷轧板（或塑料件），试件应与所代表的零件在同样的条件下进行电镀及其他处理。

4.5 设备要求

4.5.1 电源的要求

电镀槽可采用各种直流电源，其电压、电流额定输出值应能满足镀槽在满载荷下所需的最大电压、电流。电压、电流表的准确度等级应不低于1.5级。

4.5.2 槽体要求

槽子应对所盛溶液具有耐蚀性，电解除油、酸活化、电镀及出光等槽应配有抽风装置。

4.5.3 仪器、仪表

测量仪器、仪表和量具均应有合格证，并定期校验，在有效期内方可使用。

5 产品质量要求

5.1 镀前表面质量要求

电镀锡钴锌合金（锡钴合金）或三价铬镀层前，底镀层应完整、光亮、无任何污染物，镀件经活化清洗之后进入镀槽。

5.2 外观

镀件主要表面上不应有明显的镀层缺陷，如鼓泡、孔隙、粗糙、裂纹、局部漏镀、花斑和变色。在非主要表面上可能产生的镀层缺陷程度应由需方规定。若主要表面上有不可避免的挂具痕迹，痕迹的位置应由需方规定。工件外观应均匀，与协商规定的颜色一致，符合供方比对用样品的外观。

5.3 镀层厚度

按GB/T 4955规定方法测量，其厚度不低于0.05μm。

5.4 结合强度

镀层与基体以及各组合镀层之间应结合良好，应能通过GB/T 5270规定的锉刀试验或者热震试验。镀层不应从基体上有任何剥落，镀层之间不应有任何分离。

5.5 耐蚀性

按GB/T 9797规定的服役条件镀取相应组合镀层，已镀工件应按本标准表1给出的腐蚀试验方法、服役条件号对应的试验持续时间进行试验，用于某些目的的特殊试验应由需方规定。GB/T 6465和GB/T 10125规定的几种腐蚀试验方法提供了一套控制镀层连续性和质量的手段，但是这些试验持续时间和试验结果与精饰工件使用寿命之间的相关性很小。镀件经受恰当的腐蚀试验之后，应按GB/T 6461的规定进行检查和评级。腐蚀试验后最低评级应为9级。

表1 腐蚀试验与服役条件号的对应关系

基体金属	服役条件号	腐蚀试验的持续时间/h		
		CASS试验（见GB/T 10125）	CORR试验（见GB/T 6465）	ASS试验（见GB/T 10125）
钢、锌和锌合金、铜和铜合金、铝合金	4	24	2×16	144
	3	16	16	96
	2	8	8	48
	1	—	—	8

注：“—”表示没有试验要求。

6　抽样方法

应按 GB/T 12609 规定的程序抽样，验收水平应由需方规定。

第九节　金属覆盖层　装饰性多色彩组合电镀层

一、概论

装饰性多色彩组合电镀层广泛用于日用五金件，如电扇、锁具、灯具、手表等，通过不同镀层组合、机械拉丝等手段得到丰富多彩的颜色。随着新的镀种出现，表面颜色更加多样，不断满足着人们的美好生活需求。

JB/T 10241—2001《金属覆盖层　装饰性多色彩组合电镀层》涵盖了现有组合彩色镀层，可对日用五金件电镀企业及设计企业提供一定技术指导。该标准于 2001 年 5 月 23 日发布，2001 年 10 月 1 日实施。

二、标准主要特点与应用说明

该标准适于应用在室内环境中，装饰性用途的彩色组合电镀层。标准包括彩色组合镀层工艺流程，不同颜色组合方法分类，组合镀层外观、厚度、耐蚀性、结合强度、漆膜硬度和附着力等技术内容。

该标准包含范围、引用标准、定义、需方应向供方提供的资料、分类及表示方法、性能要求和试验方法、抽样试验及包装储存等部分。

该标准根据需方要求，结合电镀层性能要求选取技术方法。在标准应用中，要重点注意条款 5“分类及表示方法”及条款 6“性能要求和试验方法”内容，这两部分列出了组合电镀层的分类与表示方法，以及对镀层技术指标的要求。该标准涉及的彩色组合镀层随着新的镀种和加工技术发展而不断发展，从业人员应关注相关新技术的出现与应用情况。

三、标准内容（JB/T 10241—2001）

金属覆盖层　装饰性多色彩组合电镀层

0　引言

装饰性多色彩组合电镀层属于多镀覆层组合体，它通常是由增强基体材料与镀层结合力的薄冲击镀层（如冲击镀铜、冲击镀镍层等）、提供良好耐蚀性和整平光泽能力的中间加厚镀层以及色彩丰富多样的表面调色电镀层，加上抗变色和防污染的透明清漆层构成的组合覆盖层。

1　范围

本标准规定了在钢铁、锌合金、铜和铜合金、铝和铝合金、ABS 塑料等适合于电镀的基体上电镀装饰性多色彩组合电镀层的技术要求、试验方法、检验规则及包装储存。

本标准适用于应用在室内环境中，装饰性用途的彩色组合电镀层。本标准不适用于其他功能性用途的彩色单层金属镀层，不适用于电镀层上涂覆的有色涂层（如代金胶、金色电泳漆等有色涂层）。

2 引用标准

下列标准所包含的条文，通过在本标准中引用而构成为本标准的条文。本标准出版时，所示版本均为有效。所有标准都会被修订，使用本标准的各方应探讨使用下列标准最新版本的可能性。

GB/T 1720—1979 漆膜附着力测定法

GB/T 3138—1995 金属镀覆和化学处理与有关过程术语（neq ISO 2079：1981）

GB/T 4955—1997 金属覆盖层 覆盖层厚度测量 阳极溶解库仑法（idt ISO 2177：1985）

GB/T 5270—1985 金属基体上的金属覆盖层（电沉积层和化学沉积层）附着强度试验方法评述（eqv ISO 2819：1980）

GB/T 6462—1986 金属和氧化物覆盖层 横断面厚度显微镜测量方法（eqv ISO 1463：1982）

GB/T 6739—1996 涂膜硬度铅笔测定法

GB/T 10125—1997 人造气氛中的腐蚀试验 盐雾试验（eqv ISO 9227：1990）

GB/T 12609—1990 电沉积金属覆盖层和有关精饰计数抽样检查程序（eqv ISO 4519：1980）

GB/T 13911—1992 金属镀覆和化学处理表示方法

JB/T 6073—1992 金属覆盖层 实验室全浸腐蚀试验

3 定义

本标准采用 GB/T 3138 中的定义和下列定义。

3.1 表面调色电镀层 surface electroplated coating for colour control

在一种金属镀层表面通过电镀或电镀后经化学处理能呈现颜色且厚度较薄的金属或合金镀层，或经扫丝刷光处理后表面颜色和图案更富于变化的、有丝纹的表面电镀层。

3.2 单层金属镀层 electroplated coating of single metallic layer

由单一金属或合金构成的镀层。

3.3 冲击镀层 coating of strike plating

在特定的溶液中，采用以高的电流密度短时间电沉积出金属薄层来改善随后沉积镀层与基体间结合力的电镀方法获得的镀层。

3.4 多色彩组合电镀层 multicolour composite electroplated coating

由薄的冲击镀层、中间加厚镀层及表面调色电镀层和/或薄的透明清漆层构成的多电镀层体系。

3.5 扫丝刷光 brush burnishing

用纤维制成的工具，有目的地抛磨表面以调节电镀层色调的方法。通过调节扫刷强度、深度以及扫刷纹路，可改变表面调色电镀层暴露的面积比例和改变表面色调的深浅和纹理方向。

4 需方应向供方提供的资料

4.1 本标准的标准号。

4.2 外观要求，例如色调，也可由需方提供能表明外观要求的样品。

4.3 主要表面应在工件图样上标明，或用有适当标记的样品表明。主要表面上不可避免的夹具痕迹位置也要标明。

5 分类及表示方法

表 1 中的各分类符号按下列顺序排列。

[基体材料]/[冲击镀层][中间镀层（厚度）][调色层（表面色彩）][扫丝刷光][罩光清漆]

表 1 组合电镀层分类表示符号

各组合单元	材料及镀、涂层类别	表示符号	附加说明
基体材料	铁、钢	Fe	其他材料基体用该材料符号表示
	铜及铜合金	Cu	
	铝及铝合金	Al	
	锌合金	Zn	
	ABS 塑料	ABS	
冲击镀层	冲击镀铜	Cu_{sk}	—
	冲击镀镍	Ni_{sk}	—
中间镀层（厚度）	铜镀层（厚度）	Cu（厚度）	其他中间镀层用其镀层金属的元素符号表示。其后（ ）中的数字表示中间镀层总厚度，单位 μm。对于单一的中间层即为单层厚度；对多层电镀层为其总厚度
	铜锡合金镀层（厚度）	Cu-Sn（厚度）	
	镍镀层（厚度）	Ni（厚度）	
	铜加镍镀层（厚度）	Cu+Ni（厚度）	
调色层（表面色彩）	白色及仿白色镀层	用镀层金属元素符合表示，后接（ ）内填颜色代码或颜色特称	如：Cr（WH），Ni-Co（不锈钢色），Ni（珍珠色），Cu-Sn（WH），Rh（WH），Ag（SR）
	金色及仿金镀层		如：Au（24K 金色），Cu-Sn（仿 18K 金色）
	仿古色镀层		如：Cu-Zn（黄古铜色），Cu-Zn（青古铜色），Cu（红古铜色），Cu-Sn-Zn（棕古铜色），Ag（古银色），Au（古金色），Sn（古锡色）
	黑色及仿黑色镀层		如：Sn-Ni（BK），Ru（BK），Cr（BK），Sn-Ni-Cu（黑珍珠色）
扫丝刷光	—	Bb	若此道工序无要求可以省略
罩光清漆	光亮清漆	V	此道工序可喷涂、浸涂或电泳，获得一层防止镀层变色、抗指纹、防污迹的薄而透明的漆膜，对色调无影响
	亚光清漆	FV	

注：颜色代码见 GB/T 13911—1992 中的表 7，表中没有的颜色可用颜色特称表示。颜色特称为约定俗成的表示，如"…色""仿…色""…古铜色"和"古…色"等。

例 1：Al/Cu_{sk}Cu(10)Cu（红古铜色）Bb V

表示铝基体上冲击镀铜打底后，再镀 10μm 的铜层，镀红古铜色镀层，扫丝刷光后涂光亮清漆。

例 2：ABS/Cu_{sk}Cu+Ni(6)Cu-Zn（仿金色）Bb FV

表示 ABS 塑料基体冲击镀铜打底后，镀总厚度 6μm 的铜加镍镀层，镀铜锌仿金色镀层，扫丝刷光后涂亚光清漆。

例 3：Zn/Cu_{sk}Cu+Ni(8)Ag（古银色）Bb V

表示锌合金基体冲击镀铜打底后，镀总厚度 8μm 的铜加镍镀层，镀仿古银色镀层，扫丝刷光后涂光亮清漆。

6 性能要求和试验方法

6.1 外观

在镀件的主要表面上不应有明显的镀层缺陷，如鼓泡、孔隙、粗糙、裂纹、漏镀、发暗或脱色。镀层外观颜色要均匀，整批产品色调要一致。光亮镀层应光泽好，色彩鲜艳，亚光镀层则应亮度均匀适中，色彩丰满。扫丝刷光镀层，应丝纹均匀，纹理过渡自然一致。

次要表面光亮度可稍差，但是不要有漏镀，具体可容许的缺陷程度应由双方商定。主要表面上不可避免的挂具痕迹的位置应由需方规定。

镀件上喷涂、浸涂或电泳光亮或亚光无色透明清漆层，不应有流挂、漏涂、针孔、收缩起皱及黏附异物。

6.2　厚度

厚度测量按 GB/T 4955 中规定的库仑法或 GB/T 6462 中规定的金相显微镜法测定。组合镀层厚度由供需双方商定，但最小厚度不得低于 6μm。

6.3　耐蚀性

6.3.1　中性盐雾试验

按 GB/T 10125 中的中性盐雾试验要求试验，采用 24h 连续喷雾，试验开始后 8h、24h 各开箱检查一次，观察试样表面变化情况。镀件表面开始出现变色和腐蚀迹象的时间应不少于 24h。

6.3.2　盐水浸泡试验

按 JB/T 6073 中方法试验，将试样浸在 25℃±1℃的 3.5%（质量分数）氯化钠（化学纯）溶液中，溶液 pH 值为 6.7~7.2，镀层表面开始出现变色时间应不少于 48h。

6.4　结合强度

按 GB/T 5270 中热震试验进行，当基体为 ABS 塑料时，热震试验温度控制在 80℃恒温 1h，然后放入 15℃的水中，如此循环 3 次镀层表面不得起泡、剥离。其他非金属材料基体上镀层的结合强度由供需双方商定。

6.5　漆膜硬度

按 GB/T 6739 的方法试验，漆膜铅笔硬度应不低于 4H。当基体为 ABS 塑料时，漆膜铅笔硬度由供需双方商定。

6.6　漆膜附着力

按 GB/T 1720 中的圆滚线划痕法测定，漆膜附着力应不低于 1 级。

7　抽样检验

按 GB/T 12609 中规定的抽样方法进行抽样。外观以需方提供的样品或供方提供并经需方认可的样品作为参照依据进行验收。外观、厚度为每批必检项目，中性盐雾试验和其他项目检验按需方要求进行，或定期抽检。

8　包装储存

产品采用柔软的包装材料包装。存放于干燥环境中，远离腐蚀气氛和火源，避免阳光直射。

第十节　金属覆盖层　镍+铬和铜+镍+铬电镀层

一、概论

多层电镀是指两层以上同种或不同种电镀层组成的电镀层体系，一般为底镀层+中间层+

面层，底镀层为铜镀层或镍镀层，中间层为镍层或多层镍层，面层为铬镀层或贵金属镀层，应用最广泛的多层电镀是装饰防护镀层镍+铬和铜+镍+铬，其中镍镀层为双层镍和多层镍。利用不同镍层电位不同对镀层体系起电化学保护作用。

微不连续铬、微孔或微裂铬是电镀铬在提高防护作用方面的重要发展。此多层电镀体系的室外腐蚀试验和加速腐蚀试验结果说明，腐蚀是由于电镀镍层和电镀铬层之间的原电池作用所致。其中，电镀镍层起着阳极的作用，电镀铬薄层中的微孔或微裂纹以分散网络的形式均匀地暴露电镀镍底层，而镀镍底层腐蚀穿透的速度与腐蚀电池的阳极电流具有函数关系。所以，微裂纹或微孔电镀薄铬层使暴露的电镀镍底层的面积增大，减少穿透电镀镍底层的腐蚀电流密度，从而延长了穿透电镀镍底层的腐蚀时间。这样的多层电镀层体系的优点是能提供长期防护，而又不致在电镀镍底层表面产生明显的小麻点。

大多数装饰铬都采用六价铬电镀溶液镀覆，但是，由于六价铬的环境和职业安全问题，开发了三价铬电镀溶液。三价铬电镀溶液具有良好的覆盖能力和深镀能力。为减少环境和健康问题，还出现了低浓度电镀铬溶液。

镍+铬和铜+镍+铬多层装饰防护体系的发展，体现了高装饰防护电镀的发展方向，其标准化工作受到了国内外的关注。GB/T 9797—2005《金属覆盖层　镍+铬和铜+镍+铬电镀层》等同采用 ISO 1456：2003（E）《金属覆盖层　镍+铬和铜+镍+铬电镀层》，替代 GB/T 9797—1997《金属覆盖层　镍+铬和铜+镍+铬电沉积层》。该标准于 2005 年 10 月 12 日发布，2006 年 4 月 1 日实施。

二、标准主要特点与应用说明

该标准适用于钢铁、铜及铜合金、铝及铝合金上，提供装饰性外观和增强防腐蚀性的镍+铬和铜+镍+铬电镀层的要求，涵盖了外观、局部厚度、双层和三层镍、结合强度、铜加速醋酸盐（CASS）、腐蚀膏（CORR）和醋酸盐雾（ASS）试验、STEP 试验要求、延展性、镀前消除应力处理、镀后消除氢脆处理等主要技术内容。

该标准包含范围、规范性引用文件、术语和定义、需方向电镀方提供的信息、服役条件号、标识、要求、抽样及附录等部分。

该标准界定了五类使用条件，按使用条件和要求的使用寿命与电镀层厚度的关系推荐了钢铁、锌合金、铜或铜合金、铝或铝合金上镍+铬或铜+镍+铬电镀层的级别。

考虑多层电镀过程对其所覆盖的基体金属的影响，该标准规定了一些钢制件应采用电镀前消除各种加工或处理产生的应力和电镀后消除电镀过程中渗氢所致氢脆的热处理，推荐了典型的热处理规范。由于多层电镀层比较复杂，所以对镀层的技术要求也较复杂。

该标准特别界定了双层镍和三层镍，例如硫含量、延伸率、占总镍层厚度的百分比；规定了微裂纹铬，如在镀层的任何方向上每厘米长度的微裂纹数应超过 250 条，而且在整个主要表面上形成封闭网络；规定了微孔铬层的每平方厘米面积内的微孔数至少有 10000 个。

多层电镀的结合强度，不仅指总镀层体系与基体金属的结合强度，也指各镀层之间的结合强度。

该标准的镀层体系用于装饰防护，所以该标准规定了防护性能，即经过规定的试验，其耐蚀性一般至少为9级。

该标准根据镀层服役条件号选取技术条件。在标准应用中，应注意条款7“要求”及附录A“各种服役条件号相对应的服役环境举例”，它们对多层电镀层的性能、检测方法和服役环境提出了要求。

该标准在使用时，可根据基材表面状态对镀层厚度进行适当调整。实践证明，表面粗糙度值越低，其孔隙率越低，耐蚀性越好。

三、标准内容（GB/T 9797—2005）

金属覆盖层
镍+铬和铜+镍+铬电镀层

1 范围

本标准规定了在钢铁、锌合金、铜和铜合金、铝和铝合金上，提供装饰性外观和增强防腐蚀性的镍+铬和铜+镍+铬电镀层的要求。规定了不同厚度和种类镀层的标识，提供了电镀制品暴露在对应服役环境下镀层标识选择的指南。

本标准未规定电镀前基体金属的表面状态，本标准不适用于未加工成形的薄板、带材、线材的电镀，也不适用于螺纹紧固件或螺旋弹簧上的电镀。

GB/T 12600规定了塑料上铜+镍+铬电镀层的要求。GB/T 9798规定了未镀铬面层的相同镀层的要求。

GB/T 12332和GB/T 11379分别规定了工程用镍和工程用铬电镀层的要求。

2 规范性引用文件

下列文件中的条款通过本标准的引用而成为本标准的条款。凡是注日期的引用文件，其随后所有的修改单（不包括勘误的内容）或修订版均不适用于本标准，然而，鼓励根据本标准达成协议的各方研究是否可使用这些文件的最新版本。凡是不注日期的引用文件，其最新版本均适用于本标准。

GB/T 3138 金属镀覆和化学处理与有关过程术语（GB/T 3138—1995，neq ISO 2079：1981）

GB/T 4955 金属覆盖层 覆盖层厚度测量 阳极溶解库仑法（GB/T 4955—1997，idt ISO 2177：1985）

GB/T 5270 金属基体上的金属覆盖层（电沉积层和化学沉积层）附着强度试验方法（GB/T 5270—1985，eqv ISO 2819：1980）

GB/T 6461—2002 金属基体上金属和其他无机覆盖层 经腐蚀试验后的试样和试件的评级（ISO 10289：1999，IDT）

GB/T 6462 金属和氧化物覆盖层 横断面厚度显微镜测量方法（GB/T 6462—1986，eqv ISO 1463：1982）

GB/T 6463 金属和其他无机覆盖层 厚度测量方法的评述（GB/T 6463—1986，eqv ISO 3882：1986）

GB/T 6465　金属和其他无机覆盖层　腐蚀膏腐蚀试验（CORR 试验）（GB/T 6465—1986，eqv ISO 4541：1978）

GB/T 10125—1997　人造气氛腐蚀试验　盐雾试验（eqv ISO 9227；1990）

GB/T 12334　金属和其他非无机覆盖层　关于厚度测量的定义和一般规则（idt ISO 2064：1996）

GB/T 12609　电沉积金属覆盖层和有关精饰　计数抽样检查程序（GB/T 12609：2005，ISO 4519：1980，IDT）

GB/T 13744　磁性及非磁性基体上镍电镀层厚度的测量（GB/T 13744—1992，idt ISO 2361：1982）

GB/T 16921　金属覆盖层　覆盖层厚度测量　X 射线光谱方法（GB/T 16921—2005，ISO 3497：2000，IDT）

GB/T 19349　金属和其他无机覆盖层　为减少氢脆危险的钢铁预处理（GB/T 19349—2003，ISO 9587：1999，IDT）

GB/T 19350　金属和其他无机覆盖层　为减少氢脆危险的涂覆后钢铁的处理（GB/T 19350—2003，ISO 9588：1999，IDT）

GB/T 20018　金属与非金属覆盖层　覆盖层厚度测量　β 射线背散射法（GB/T 20018—2005，ISO 3453：2000，IDT）

ISO 9220　金属覆盖层　厚度测量　扫描电子显微镜法

ISO 10587　金属与其他无机覆盖层　镀覆和无镀覆镀层外螺纹件和杆表面残余脆性试验—斜楔法

ISO 16348　金属与其他无机覆盖层　关于外观的定义和习惯用语

ASTM B 764—94　多层镍镀层厚度及电位差的同步测量方法（STEP 试验）

3　术语和定义

GB/T 3138、GB/T 12334、ISO 16348 所确立的术语和定义均适用于本标准。

4　需方应向电镀方提供的信息

4.1　必要信息

在按照本标准要求订购电镀件时，需方应向电镀方提供如下信息，例如，在合同或订购单或工程图样上注明：

a）标识（见第 6 章）；

b）外观要求，如光亮、无光或缎面的要求（见 6.3 和 7.1）。或者需方应提供或认可符合精饰要求和精饰种类的样品，供比对用（见 7.1）；

c）在工件的图样上标明主要表面，或者提供恰当标记主要表面的样品；

d）采用的腐蚀试验类型（见 7.5 和表 8）；

e）采用的结合强度试验方法（见 7.4）；

f）非主要表面上可允许的缺陷程度（见 7.1）；

g）主要表面上不可避免的夹具或触点痕迹的位置（见 7.1）；

h）抽样方法和验收水平（见第 8 章）；

i）钢铁为减少氢脆危害进行的预处理和后处理，所需的钢铁抗拉强度和相关要求的信息以及氢脆试验方法（见 7.8 和 7.9）。

4.2 附加信息

需要时，需方还可提供下述附加信息：

a）STEP 试验的相关要求（见7.6）；

b）不能被直径为20mm的球接触到的表面区域的厚度要求（见7.2）；

c）是否需要镀铜底层（见6.1和6.2）。

5 服役条件号

需方应使用服役条件号规定工件需要的保护级别，服役条件号与工件暴露在服役环境中的严酷性相对应，按以下描述划分：

5——极其严酷；

4——非常严酷；

3——严酷；

2——中度；

1——温和。

附录A列出了各服役条件号相应的典型服役环境条件。

6 标识

6.1 概述

镀层标识规定了对应于每一服役条件号（见表1~表6，各种基体）的镀层厚度和类型，包括以下组成部分：

a）术语“电镀层”，本标准号：GB/T 9797，后面接一连线；

b）表示基体金属（或合金基体中的主要金属）的化学符号，后接一斜线，如下：

——Fe/表示基体为钢铁；

——Zn/表示基体为锌或锌合金；

——Cu/表示基体为铜或铜合金；

——Al/表示基体为铝或铝合金。

c）如果用铜或含铜量超过50%的黄铜合金层作底镀层时，化学符号Cu表示底镀层；

d）使用铜底镀层时，Cu后的数字表示铜镀层的最小局部厚度，单位为μm；

e）使用铜底镀层时，小写字母表示铜的类型；

f）化学符号Ni表示镍镀层；

g）Ni后的数字表示镍镀层的最小局部厚度，单位为μm；

h）小写字母表示镍镀层类型（见6.3）；

i）化学符号Cr表示铬镀层；

j）Cr后的一个或数个小写字母，表示铬镀层的类型和最小局部厚度（见6.4）。

6.2 铜镀层类型

符号“a”表示铜镀层的类型，即从酸性溶液中镀出的延展、整平性铜。

6.3 镍镀层类型

镍镀层的种类应由下列符号表示：

——b表示全光亮镍沉积；

——p表示机械抛光的暗镍或半光亮镍；

——s表示非机械抛光的暗镍，半光亮镍或缎面镍；

——d表示双层或三层镍，有关要求见表7。

表 1　钢铁上的镍+铬镀层

服役条件号	部分标识	服役条件号	部分标识
5	Fe/Ni 35d Cr mc Fe/Ni 35d Cr mp	2	Fe/Ni 20b Cr r Fe/Ni 20b Cr mc Fe/Ni 20b Cr mp Fe/Ni 20p Cr r Fe/Ni 20p Cr mc Fe/Ni 20p Cr mp Fe/Ni 20s Cr r Fe/Ni 20s Cr mc Fe/Ni 20s Cr mp
4	Fe/Ni 40d Cr r Fe/Ni 30d Cr mp Fe/Ni 30d Cr mc Fe/Ni 40p Cr r Fe/Ni 30p Cr mc Fe/Ni 30p Cr mp	1	Fe/Ni 10b Cr r Fe/Ni 10p Cr r Fe/Ni 10s Cr r
3	Fe/Ni 30d Cr r Fe/Ni 25d Cr mp Fe/Ni 25d Cr mc Fe/Ni 30p Cr r Fe/Ni 25p Cr mc Fe/Ni 25p Cr mp Fe/Ni 40b Cr r Fe/Ni 30b Cr mc Fe/Ni 30b Cr mp	—	—

表 2　钢铁上的铜+镍+铬镀层

服役条件号	部分标识	服役条件号	部分标识
5	Fe/Cu 20a Ni 30d Cr mc Fe/Cu 20a Ni 30d Cr mp	3	Fe/Cu 15a Ni 25d Cr r Fe/Cu 15a Ni 20d Cr mc Fe/Cu 15a Ni 20d Cr mp Fe/Cu 15a Ni 25p Cr r Fe/Cu 15a Ni 20p Cr mc Fe/Cu 15a Ni 20p Cr mp Fe/Cu 20a Ni 35b Cr r Fe/Cu 20a Ni 25b Cr mc Fe/Cu 20a Ni 25b Cr mp
4	Fe/Cu 20a Ni 30d Cr r Fe/Cu 20a Ni 25d Cr mp Fe/Cu 20a Ni 25d Cr mc Fe/Cu 20a Ni 30p Cr r Fe/Cu 20a Ni 25p Cr mc Fe/Cu 20a Ni 25p Cr mp Fe/Cu 20a Ni 30b Cr mc Fe/Cu 20a Ni 30b Cr mp	2	Fe/Cu 20a Ni 10b Cr r Fe/Cu 20a Ni 10p Cr r Fe/Cu 20a Ni 10s Cr r
—	—	1	Fe/Cu 10a Ni 5b Cr r Fe/Cu 10a Ni 5p Cr r Fe/Cu 10a Ni 20b Cr mp

注：钢铁表面电镀酸性延展铜前，通常浸入氰化铜溶液中获得 5μm~10μm 的最底铜镀层以防止浸渍沉积和沉积物结合性变差的情况。这种最底铜镀层（闪铜）不能被表 2 规定的延展酸性铜取代。

表3 锌合金上的镍+铬镀层

服役条件号	部分标识	服役条件号	部分标识
5	Zn/Ni 35d Cr mc Zn/Ni 35d Cr mp	3	Zn/Ni 25d Cr r Zn/Ni 20d Cr mc Zn/Ni 20d Cr mp Zn/Ni 25p Cr r Zn/Ni 20p Cr mc Zn/Ni 20p Cr mp Zn/Ni 35b Cr r Zn/Ni 25b Cr mc Zn/Ni 25b Cr mp
4	Zn/Ni 35d Cr r Zn/Ni 25d Cr mc Zn/Ni 25d Cr mp Zn/Ni 35p Cr r Zn/Ni 25p Cr mp Zn/Ni 25p Cr mc Zn/Ni 35b Cr mc Zn/Ni 35b Cr mp	2	Zn/Ni 15b Cr r Zn/Ni 15p Cr r Zn/Ni 15s Cr r
—	—	1	Zn/Ni 8b Cr r Zn/Ni 8b Cr r Zn/Ni 8b Cr r

注：锌合金必须先镀铜以保证后续镍镀层结合强度。最底铜镀层通常是从氰化铜溶液中电镀得到，无氰碱性铜溶液也可以使用。最底铜镀层最小厚度应为8μm~10μm。对于形状复杂的工件，这种铜镀层的最小厚度需要增加到15μm，以保证充分覆盖主要表面外的低电流密度区域。当规定最底铜镀层厚度大于10μm时，最底铜镀层上通常采用从酸性溶液获得的延展、整平铜镀层。

表4 锌合金上的铜+镍+铬镀层

服役条件号	部分标识	服役条件号	部分标识
5	Zn/Cu 20a Ni 30d Cr mc Zn/Cu 20a Ni 30d Cr mp	3	Zn/Cu 15a Ni 25d Cr r Zn/Cu 15a Ni 20d Cr mc Zn/Cu 15a Ni 20d Cr mp Zn/Cu 15a Ni 25p Cr r Zn/Cu 15a Ni 20p Cr mc Zn/Cu 15a Ni 20p Cr mp Zn/Cu 20a Ni 30b Cr r Zn/Cu 20a Ni 20b Cr mc Zn/Cu 20a Ni 25b Cr mp
4	Zn/Cu 20a Ni 30d Cr r Zn/Cu 20a Ni 20d Cr mc Zn/Cu 20a Ni 20d Cr mp Zn/Cu 20a Ni 30p Cr r Zn/Cu 20a Ni 20p Cr mc Zn/Cu 20a Ni 20p Cr mp Zn/Cu 20a Ni 30b Cr mc Zn/Cu 20a Ni 30b Cr mp	2	Zn/Cu 20a Ni 10b Cr r Zn/Cu 20a Ni 10p Cr r Zn/Cu 20a Ni 10s Cr r
—	—	1	Zn/Cu 10a Ni 8b Cr r Zn/Cu 10a Ni 8p Cr r Zn/Cu 10a Ni 8s Cr r

注：锌合金必须先镀铜以保证后续镍镀层结合强度。最底铜镀层通常是从氰化铜溶液中电镀得到，无氰碱性铜溶液也可以使用。最底铜镀层最小厚度应为8μm~10μm。对于形状复杂的工件，这种铜镀层的最小厚度需要增加到15μm，以保证充分覆盖主要表面外的低电流密度区域。当规定最底铜镀层厚度大于10μm时，最底铜镀层上通常采用从酸性溶液获得的延展、整平铜镀层。

表 5　铜或铜合金上的镍+铬镀层

服役条件号	部 分 标 识	服役条件号	部 分 标 识
4	Cu/Ni 30d Cr r Cu/Ni 25d Cr mc Cu/Ni 25d Cr mp Cu/Ni 30p Cr r Cu/Ni 25p Cr mc Cu/Ni 25p Cr mp Cu/Ni 30b Cr mc Cu/Ni 30b Cr mp	2	Cu/Ni 10b Cr r Cu/Ni 10p Cr r Cu/Ni 10s Cr r
3	Cu/Ni 25d Cr r Cu/Ni 20d Cr mc Cu/Ni 20d Cr mp Cu/Ni 25p Cr r Cu/Ni 20p Cr mc Cu/Ni 20p Cr mp Cu/Ni 30b Cr r Cu/Ni 25b Cr mc Cu/Ni 25b Cr mp	1	Cu/Ni 5b Cr r Cu/Ni 5p Cr r Cu/Ni 5s Cr r

表 6　铝或铝合金上的镍+铬镀层

服役条件号	部 分 标 识	服役条件号	部 分 标 识
5	Al/Ni 40d Cr mc Al/Ni 40d Cr mp	2	Al/Ni 20d Cr r Al/Ni 20d Cr mc Al/Ni 20d Cr mp Al/Ni 25b Cr r Al/Ni 25b Cr mc Al/Ni 25b Cr mp Al/Ni 20p Cr r Al/Ni 20p Cr mc Al/Ni 20p Cr mp Al/Ni 20s Cr r Al/Ni 20s Cr mc Al/Ni 20s Cr mp
4	Al/Ni 50d Cr r Al/Ni 35d Cr mc Al/Ni 35d Cr mp		
3	Al/Ni 30d Cr r Al/Ni 25d Cr mc Al/Ni 25d Cr mp Al/Ni 35p Cr r Al/Ni 30p Cr mc Al/Ni 30p Cr mp		
		1	Al/Ni 10b Cr r

注：对浸镀锌或锡的铝和铝合金，按本表采用镍镀层时，为了保证结合强度，应先电镀铜和其他底镀层做预处理。

表 7　双层或三层镍镀层要求

层次(镍镀层类型)	延伸率① (%)	硫含量② (质量分数,%)	厚度占总镍层厚度的百分比③	
			双层	三层
底层(s)	>8	<0. 005	≥60	50~70
中间层(高硫)	—	>0. 15	—	≤10
面层(b)	—	>0. 04 和<0. 15	10~40	≥30

① 延伸率（或延展性）的试验方法见附录 D 的规定。

② 规定镍层的硫含量是为了说明所用镀镍溶液的种类。还没有简单的测量镍镀层硫含量的方法。但是，附录 E 规定了在专门制备的试样上，可进行精确测量的方法。

③ 通常，按 GB/T 6462 或 STEP 试验方法的规定，对工件进行抛光和浸蚀后，用显微镜可以观测多层镍的种类和确定镍镀层之间的厚度比。

6.4 铬镀层的类型和厚度

铬层的类型和厚度应由下列符号跟在化学符号 Cr 后表示：

——r 表示普通铬（即常规铬），厚度为 0.3μm；

——mc 表示微裂纹铬。当采用附录 B 中规定的方法测定时，镀件任意方向上每厘米长度应有 250 条以上的裂纹，在整个主要表面上构成一个紧密的网状结构，厚度为 0.3μm。某些工序为达致所必需的裂纹样式，要求坚硬、较厚的（约 0.8μm）铬镀层。在这种情况下，镀层标识应包括最小局部厚度如下：Cr mc（0.8）；

——mp 表示微孔铬。当采用附录 E 中规定的方法测定时，在镀件的每平方厘米面积内至少应有 10000 个微隙，厚度为 0.3μm。微孔应是裸视或校正视力不可观察到的。

注 1：在含惰性的非导电颗粒的特别薄的镍层上沉积铬层，可得到微孔铬镀层。在 b、s、p 或 d 型镍层上可以镀出这种薄镍镀层。

注 2：mp 或 mc 铬镀层，在使用一段时间后，镀层可能会失去一些光泽，在某些应用情况下是不能接受的。对于微孔或微裂纹铬镀层（见表 1～表 6），这种失效趋势可以通过增加 0.5μm 厚度的铬镀层来减缓。

6.5 标识

举例 钢铁上包含 20μm 延展、整平铜+30μm 光亮镍+0.3μm 微裂纹铬的镀层如下标识：

电镀层 GB/T 9797-Fe/Cu20a Ni30b Cr mc

注：若是签订合同，详细产品规格不仅包括标识，还要清楚注明满足该特定产品使用所需的其他要求（见第 4 章）。

7 要求

7.1 外观

镀件主要表面上不应有明显的镀层缺陷，例如鼓泡、孔隙、粗糙、裂纹、局部漏镀、花斑和变色。在非主要表面上可能产生的镀层缺陷程度应由需方规定。若主要表面上有不可避免的挂具痕迹，痕迹的位置应由需方规定。工件外观应均匀，颜色与协商规定的一致，应符合供比对用样品的外观［见 4.1b)］。

7.2 局部厚度

标识中规定的镀层厚度应为最小局部厚度。电镀层最小局部厚度应在能被直径为 20mm 的球接触到的主要表面上任意一点进行测量，否则应由需方规定。

镀层厚度测量应按附录 C 描述的方法进行测量。

7.3 双层和三层镍镀层

双层和三层镍镀层的要求归纳在表 7 中。

7.4 结合强度

镀层与基体以及各组合镀层之间应结合良好，应能通过 GB/T 5270 中规定的锉刀试验或者热震试验。镀层不应从基体上有任何剥落，镀层之间不应有任何分离。

注：电镀方有责任确定电镀前表面处理方法使之满足本条款的要求。

7.5 铜加速醋酸盐（CASS）、腐蚀膏（CORR）和醋酸盐雾（ASS）试验

已镀工件应按表 8 给出的腐蚀试验方法，服役条件号对应的试验持续时间进行试验。用于某些目的的特殊试验应由需方规定。GB/T 6465 和 GB/T 10125 规定的几种腐蚀试验方法提供了一套控制镀层连续性和质量的手段，但是这些试验持续时间和试验结果与精饰工件使

用寿命之间的相关性很小。镀件经受恰当的腐蚀试验之后，应按 GB/T 6461 的规定进行检查和评级。腐蚀试验后最低评级应为 9 级。

表 8 腐蚀试验与服役条件号的对应关系

基体金属	服役条件号	腐蚀试验的持续时间/h		
		CASS 试验（GB/T 10125）	CORR 试验（GB/T 6465）	ASS 试验（GB/T 10125）
钢、锌和锌合金、铜和铜合金、铝合金	5	64	—	—
	4	24	2×16	144
	3	16	16	96
	2	8	8	48
	1	—	—	8

注："—"表示没有试验要求。

7.6 STEP 试验要求

当需方规定时，应按 ASTM B764—1994 规定的 STEP 方法测定多层镍镀层之间的电化学电位差。

在三层镍镀层中，高活性镍和光亮镍镀层之间 STEP 电位差在 15mV~35mV 之间，并且高活性层（呈阳性）总是比光亮镍层更活泼。

铬层中间的薄镍层（例如，为产生微孔或微裂纹而采用的）和光亮镍层的 STEP 电位差在 0mV~30mV 之间，光亮镍层（呈阳性）总是比铬层下的薄镍层更活泼。

注：尽管普遍认为，STEP 值域一直没有确定，但是一些应用的范围还是存在一些一致性，例如，半光亮和光亮镍层 STEP 电位差在 15mV~200mV 之间，半光亮镍层（呈阴性）总是比光亮镍更惰性。

7.7 延展性

按照附录 D 规定的方法，表 7 给出了多镍镀层中半光亮镍层以及铜底镀层规定的延伸率或延展性。

7.8 镀前消除应力处理

钢铁件有一个等于或高于 1000MPa（31HRC）的极限抗拉强度，并且在机械加工、磨削、矫直或冷加工时会产生拉应力。当需方有规定时，在清洗和金属镀前应进行消除应力处理。消除应力热处理的工序和条款应按需方规定或者需方根据 GB/T 19349 确定消除应力的工序和条款。

电镀前应清除钢铁件上的氧化层和带有的痕迹。对高强度钢，较适合用碱性非电解质溶液和碱性阳极型清洗剂清洗以及机械清洗，以免在清洗时产生氢脆的危害。

7.9 消除氢脆处理

钢铁零部件和表面硬化处理零部件的极限抗拉强度等于或高于 1000MPa（31HRC）时，这样的工件应根据 GB/T 19350 或需方规定，通过热处理方法进行消除氢脆处理。

消除氢脆处理的效果可以通过需方的规定或相关标准规定的方法确定，例如，ISO 10587 规定了螺纹试验检测残留的氢脆。

弹簧或其他需变形的工件电镀时在消除氢脆处理前不应使之变形。

注：本标准描述的镀层极少用于抗拉强度等于或高于 100MPa 的钢铁工件，也极少进行热处理。如果镀层应用于这类钢铁零部件层，对氢脆和镀后热处理都很敏感，需方应意识到热处理可能导致变色和含硫

镍层脆化。

8 抽样

应选用 GB/T 12609 规定的程序抽样，验收水平应由需方规定。

附 录 A
（资料性附录）
各种服役条件号相对应的服役环境举例

A.1 服役条件号 5

在极严酷的户外环境下服役，要求长期保护基体。

A.2 服役条件号 4

在非常严酷的户外环境下服役。

A.3 服役条件号 3

在室外海洋性气候或经常下雨潮湿的户外环境下服役。

A.4 服役条件号 2

在可能产生凝露的室内环境下服役。

A.5 服役条件号 1

在气氛温和干燥的室内环境下服役。

附 录 B
（规范性附录）
铬镀层中孔隙密度和裂纹密度的测量

B.1 概述

微裂纹可以通过显微镜直接测量而不需要预处理。但是，在有争议情况下，推荐一种铜镀层沉积方法（见 B.3）显示裂纹，显示微孔时则必须采用此法。

B.2 无须预处理的裂纹显微镜测量

在适当放大倍数光学显微镜下观测表面裂纹的光反射线。使用一个计数目镜或类似能显示裂纹数目的设备。在测量长度范围内进行测量，至少可以数出 40 条裂纹。

B.3 裂纹和孔隙的铜沉积法（硫酸铜试验）

B.3.1 原理

在低电流或低电压下从硫酸盐溶液中电镀铜，这种铜只沉积于不连续铬层所暴露的镍层上。这种方法可以用来快速直观测量不均匀的裂纹或孔，并可计数。后者需要使用显微镜。

B.3.2 过程

本试验最好在电镀工序完成后立即实施。若有延迟，样品试验前应进行全面脱脂处理，避免使用电解液处理。沉积铜时，本试验样品作阴极，在含有约 200g/L 五水硫酸铜（$CuSO_4 \cdot 5H_2O$）和 20g/L 硫酸（H_2SO_4）溶液中进行电镀，槽液温度保持在 20℃±5℃，平均电流密度为 30A/m^2，时间约为 1min。

试验样品和阳极在浸入槽液之前必须与电源连接。

如果本试验在镀铬后数天才进行，镀铜前，试验样品应浸入约 65℃、含有 10g/L~20g/L 的硝酸（HNO_3）溶液中浸泡、时间为 4min，这样做有助于显露出裂纹和孔隙。在测量长度范围内进行测量，至少能数出 40 条裂纹或 200 个孔隙。

附　录　C
（规范性附录）
厚度测量方法

C.1　概述

GB/T 6463 评述了金属和其他镍镀层的厚度测量方法。以下方法已经广泛使用。

C.2　破坏性测量

C.2.1　显微镜法

可以采用 GB/T 6462 规定的方法测量厚度，如果必要，可采用规定的硝酸/醋酸刻蚀液刻蚀铜+镍镀层，硝酸/醋酸刻蚀液由一份硝酸（密度 = 1.40g/mL）加入到 5 份醋酸中配制而成。

注：这种刻蚀液能区分双层和三层镀层不同层次的厚度，增强检测能力。

C.2.2　库仑法

如果组合镀层已知，可以采用 GB/T 4955 规定的库仑法在能被直径为 20mm 的球接触到的主要表面上任一点，测量铬镀层厚度、镍镀层总厚度、铜和铜合金镀层厚度。

C.2.3　扫描电镜法

ISO 9220 规定的扫描电镜法可以用于测量组合镀层中各层的厚度。

C.2.4　STEP 法

双层和三层镍镀层中各层厚度可以用 STEP 法测定。

注：如有争议，对于铬镀层和小于 10μm 的镍镀层应采用库仑法测量厚度。对于多层镍和大于 10μm 的底镀层，应采用显微镜法测量厚度。

C.3　非破坏性测量

C.3.1　磁性法（仅用于镍镀层）

按照 GB/T 13744 规定的方法测量。

注：本方法对镀层磁透能力较为敏感。

C.3.2　β 背散射法（仅用于无铜底镀层）

按照 GB/T 20018 规定的方法测量。

注：本方法用于测量镀层（也包括铜底镀层，如果使用的话）的总厚度。可以结合使用 GB/T 4955 规定的方法测量镍镀层和铬镀层厚度，或结合 GB/T 13744 规定的方法测量镍镀层厚度，从外层区分铜底镀层厚度。

C.3.3　X 射线法

按照 GB/T 16921 规定的方法测量。

附　录　D
（规范性附录）
延展性试验

D.1　范围

本附录规定了试样上镍镀层特定延伸率的测定方法，以及对镀层延伸率的评判。

注：本试验按照表 7 要求，用于验证镍镀层的类型，也可以用于评估铜镀层和其他镀层的延伸率。

D.2 原理

在沿一规定直径的圆轴上弯曲已镀镍层的试样，使之达到8%的最小延伸率，目视检测镀层裂纹的情况。

D.3 装置

圆轴，直径为11.5mm±0.1mm。

D.4 试验样片的准备

如下述方法，准备一个长150mm、宽100mm、厚1.0mm±0.1mm的已镀试样。

抛光一块与已镀工件类似基体的金属片，如果基体是锌合金可以用软黄铜片代替。采用的金属片要足够大，以保证切下测试的试样周边距边缘至少约有25mm宽。

在薄板的抛光面上电镀镍，厚度为25μm，所用的镀液和电镀工艺应与电镀件相同。

用切割机或平剪机从电镀试板上切割下试片。至少应将有镀层一面的试片长边边缘仔细锉圆或磨圆。

D.5 规程

将试片沿圆轴表面弯曲180°，至试片的两端互相平行，使电镀面承受张力，所施的压力稳定。在弯曲过程中，应保证试片和圆轴之间保持接触，目视检测弯曲试片凸面的裂纹。

D.6 结果的表述

试验后试样凸面完全没有裂纹，镀层应被视为符合最低8%延伸试验要求。

附 录 E
（规范性附录）
电沉积镍层含硫量的测定

E.1 燃烧-碘酸盐滴定法

需要时，应采用在感应炉的氧气流中燃烧镍试样来测定镍镀层硫含量。逸出的二氧化硫被碘酸钾/淀粉溶液吸收。然后用碘酸钾溶液滴定，此碘酸钾溶液是经已知含硫量的钢标样新标定过的，以抵消二氧化硫回收时随时间变化的影响。应进行抵消坩埚和加速剂影响的空白试验。

本方法适用于硫含量在0.005%~0.5%（质量分数）之间的镍镀层。

注：一些商业仪器采用红外和热导探测法测量燃烧产生的二氧化硫含量，通过连接计算机设备可以直接读出硫含量。

E.2 硫化物生成和碘酸盐滴定法

通过与含六氯铂酸作促进剂的盐酸溶液处理镍镀层。镍层中的硫转化成硫化氢，逸出的硫化氢与氨基硫酸锌反应，生成的硫化锌用碘酸钾溶液标定容积。以标定的碘酸钾容积为基础推算出硫含量。

第十一节 金属覆盖层 塑料上镍+铬电镀层

一、概论

在非导电基体上电镀始于1840年，其发展可分为两个时期。1960年以前时期的特点是因镀层附着力极低，而不得不将整个镀件包覆，即用厚度足够的电沉积将基体包住，以保证在一般使用中沉积层不致脱落。镀层纯粹靠机械方法（粗化）产生的机构与基体附着，工艺过程中大多进行手工操作。实际上，在非导体基体的电镀过程中，基体的化学成分基本上不起作用。自 1960 年以后，可获得很薄的电沉积层，其特点在于所得到镀层的附着力高，不必进行包覆，附着力不是靠机械方法，而是靠特别的化学调整剂获得。这种调整剂产生机械结合和化学结合。工艺过程可按需要全自动化，基体的化学成分在过程中起关键性作用。大约在 1960 年，树脂生产厂生产出了可电镀塑料，特别是 ABS 塑料，相继出现了塑料的化学调整剂，与此同时出现了自催化无电流镀铜，光亮酸性电镀铜也已开始进入市场。

塑料工件易成型，密度小，广泛用于工程领域，但塑料存在不耐磨、不耐温等缺陷，实际应用中需要进行表面处理，增加其功能性。对塑料进行电镀处理，是提高塑料表面性能的有效方法。但由于塑料不导电，在电镀前需进行金属化处理，这是电镀塑料件的关键技术。随着塑料材料发展，其表面处理技术也在不断完善。

GB/T 12600—2005《金属覆盖层　塑料上镍+铬电镀层》等同采用 ISO 4525：2003(E)《塑料上镍+铬电镀层》，替代 GB/T 12600—1990《金属覆盖层　塑料上铜+镍+铬电镀层》和 GB/T 12610—1990《塑料上电镀层　热循环试验》。该标准于 2005 年 6 月 23 日发布，2005 年 12 月 1 日实施。

二、标准主要特点与应用说明

该标准规定了塑料上有或无铜底镀层的镍+铬装饰电镀层技术要求，包含标识、基材要求、镀层性能（延展性、热循环实验、耐蚀性）等内容。

该标准将电镀塑料的使用条件分为五类，根据此分类的使用条件和要求的电镀塑料的使用寿命（主要以热循环试验来标示）与电镀层厚度的关系，提出了塑料上多层电镀层的厚度组合。

需电镀的塑料基体必须是可电镀塑料，这是因为至今不是所有的塑料都是可电镀的，而各类可电镀塑料的加工方法不同，其表面状态也不同，标准中未一一列举电镀所要求的可电镀塑料状态，实施时应按实际情况，提出具有针对性的对策。特别强调，对加工后状态会发生变化的塑料制件，必须在成型 24h 以后才能进行电镀，即待其稳定下来，才可进行电镀，这是各类塑料制件电镀的共同遵从要求。

考虑到电镀塑料使用中的热效应问题，该标准要求塑料上多层电镀层的铜底层的延展性要好，同时规定了双层或三层镍的各层的技术要求（延伸率、硫含量、厚度占总镍层厚度的百分数），界定了微裂纹铬裂纹数（镀层任一方向每厘米长度的裂纹数不少于 250 条）和微孔铬微孔数（每平方厘米镀层的微孔数不 10000 个），还规定了结合强度必须通过热循环试验，以及在相应使用条件的电镀塑料必须通过的试验时间。

塑料电镀实际上是经过各种方法的表面准备，先使塑料表面具有导电性，而后便可在此导电的塑料上电镀金属。由于塑料和电镀金属层的热膨胀系数不同，所以对塑料上电镀层质量的试验与检验也就是基于热作用，主要是通过一定的热循环来检验金属电镀层与基体塑料的结合强度，实质是利用金属与非金属的不同热膨胀系数，而创造温度变化的条件，在电镀金属层与塑料之间产生一定应力，以破坏电镀层与塑料间的结合。能经受规定时间、规定循环的破坏作用者为合格，否则为不合格。

该标准分范围、规范性引用文件、术语和定义、向电镀方提供的资料、使用条件号、标识、要求、抽样、实验方法六部分。

在标准应用中，应注意条款7“要求”，该部分包含了塑料基材选择、镀层外观、镀层性能（耐蚀性、延展性、热循环实验）等内容，需根据不同使用条件而定。在条款7.6“热循环试验”中，描述了用于评价塑料镀层的结合力和监测塑料电镀的预处理的有效性；在条款7.7“加速腐蚀试验”，要求在电镀完成至少24h后，进行CASS试验。

三、标准内容（GB/T 12600—2005）

金属覆盖层 塑料上镍+铬电镀层

1 范围

本标准规定了塑料上有或无铜底镀层的镍+铬装饰性电镀层要求。本标准允许使用铜或者延展性镍作为底镀层以满足热循环试验要求。

本标准不适用于工程塑料上的电镀层。

2 规范性引用文件

下列文件中的条款通过本标准的引用而成为本标准的条款。凡是注日期的引用文件，其随后所有的修改单（不包括勘误的内容）或修订版均不适用于本标准，然而，鼓励根据本标准达成协议的各方研究是否可使用这些文件的最新版本。凡是不注日期的引用文件，其最新版本适用于本标准。

GB/T 3138 金属镀覆和化学处理与有关过程术语（neq ISO 2079）

GB/T 4955 金属覆盖层 覆盖层厚度测量 阳极溶解库仑法（idt ISO 2177）

GB/T 6461 金属基体上金属和其他无机覆盖层 经腐蚀试验后的试样和试件的评级（ISO 10289，IDT）

GB/T 6462 金属和氧化物覆盖层 横断面厚度显微镜测量方法（eqv ISO 1463）

GB/T 10125 人造气氛腐蚀试验 盐雾试验（eqv ISO 9227）

GB/T 12334 金属和其他非有机覆盖层 关于厚度测量的定义和一般原则（idt ISO 2064）

GB/T 12609 电沉积金属覆盖层和有关精饰计数抽样检查程序（idt ISO 4519）

GB/T 13744 磁性和非磁性基体上镍电镀层厚度的测量（idt ISO 2361）

GB/T 15821 金属覆盖层 延展性测量方法

GB/T 16921 金属覆盖层 厚度测量 X射线光谱方法（eqv ISO 3497）

ISO 3543 金属与非金属覆盖层 镀层厚度测量 β射线背散射法

ISO 16348 金属和其他无机覆盖层 外观的定义和习惯用语

3 术语和定义

GB/T 3138，GB/T 12334和ISO 16348中所确立的术语和定义适用于本标准。

4 向电镀方提供的资料

4.1 必要资料

按本标准订购电镀产品时，需方应在合同或订购合约中书面提出下列资料或工程图：

a）标识（见第6章）；

b）外观要求，如：光亮、无光或缎面；或者，需方提供或认可一件表明精饰要求的样品，按照7.2要求供对比使用；

c）在草图上标出主要表面，或者提供合适标记的样品；

d）主要表面上对局部厚度有要求的部分（见7.4）；

e）主要表面上不可避免的夹具或挂具痕迹的位置（见7.2）；

f）为满足热循环试验要求，对铜或镍底镀层做出的选择（见7.3，7.6和7.8）；

g）腐蚀试验是连续还是循环进行（见7.7）；

h）腐蚀和热循环试验（见7.6和7.7）是在单个样品上独立地进行还是用同一样品连续地进行（见7.8），试验中，应模拟安装模式给样品镶边或不镶边（附录A）；

i）STEP试验的所有要求（见7.9）；

j）抽样方法和验收要求（见第8章）；

k）需电镀塑料种类的标识（见7.1）。

4.2　附加资料

适当时，需方可以提出下列资料：

a）因注塑加工导致的表面可接受的缺陷程度的限定（见7.1）。

b）非主要表面允许的缺陷程度（见7.2）。

5　使用条件号

需方提出的使用条件号，决定了与制品使用环境的严酷性要求相对应的保护等级，按如下等级划分：

5　极其严酷；

4　非常严酷；

3　严酷；

2　中等；

1　微弱。

附录B中给出了各种使用条件号对应的典型的使用环境。

6　标识

6.1　概述

标识是规定对应于每种使用条件（见表1）的镀层的类型和厚度的一种方法，构成如下：

a）术语“电镀层”，本标准号，其后附有连字号；

b）字母PL，表示塑料基体材料，其后附有斜杠（/）；

c）化学符号Cu，代表铜底镀层（当底镀层采用镍时，用化学符号Ni表示）；当需方规定不需要耐热循环要求时，铜或镍底镀层应取消；

d）给定铜（或镍）底层最小局部厚度值（见GB/T 12334），以μm计；

e）小写字母表示铜或镍底镀层类型（见6.2）；

f）化学符号Ni，表示镍镀层；

g）表示镍镀层最小局部厚度值的数字（见GB/T 12334），以μm计；

h）小写字母表示镍镀层类型（见6.3）；

i）化学符号Cr，表示铬镀层；

j）小写字母表示铬镀层类型和厚度（见6.5）。

表 1 塑料上电镀层

使用条件号	部分铜+镍+铬镀层标识	部分镍+铬镀层标识
5	PL/Cu15a Ni30d Cr mp(或 mc) PL/Cu15a Ni30d Cr r	PL/Ni20dp Ni20d Cr mp(或 mc) PL/Ni20dp Ni20d Cr r
4	PL/Cu15a Ni25d Cr mp(或 mc) PL/Cu15a Ni25d Cr r	PL/Ni20dp Ni20b Cr mp(或 mc) PL/Ni20dp Ni15d Cr r
3	PL/Cu15a Ni20d Cr mp(或 mc) PL/Cu15a Ni15b Cr r	PL/Ni20dp Ni10d Cr r
2	PL/Cu15a Ni10b Cr mp(或 mc)	
1	PL/Cu15a Ni7b Cr r	PL/Ni20dp Ni7d Cr r

6.2 铜或镍底镀层类型

铜底镀层类型应以下列符号标识：

a 表示从酸性溶液中电沉积延展性整平铜。

镍底镀层类型应以下列符号标识：

dp 表示从专门预镀溶液中电沉积延展性柱状镍。

注：耐热循环所要求的镍层应从 Watts 溶液或不含有有机添加剂或光亮剂的硫酸镍溶液，以及供方为电镀专门配制的溶液中获得。

6.3 镍的类型

铜或镍底镀层上采用的镍的类型应以下列符号标识：

b 全光亮型沉积镍；

s 非机械抛光的无光或半光亮镍；

d 表 2 给定要求的双层或多层镍。

6.4 双层或多层镍镀层

表 2 归纳了双层或多层镍镀层的要求。

表 2 双层或多层镍镀层要求

层次（镍镀层类型）	延伸率①（%）	硫含量②（%）（质量分数）	厚度③ 总镍层厚度的百分数（%）	
			双层	三层
下层(s)	>8	<0.005	≥60	50~70
中层(高硫层)	—	>0.15	—	≤10
上层(b)	—	>0.04 和<0.15	10~40	≥30

① 附录 C 中规定了延伸率（或延展率）测定的试验方法。

② 通过规定硫含量表示使用的电镀镍溶液的类型。在已电镀制品上还没有一种简单的方法可以测量镍层中的硫含量，但是，在经过特别制备的试验样品上是可以进行准确测量的（见附录 D）。

③ 按照 GB/T 6462，制备的工件经过抛光或浸蚀液处理，通过显微镜测量，通常可以确定镍层的类型和比例，或按 STEP 方法，确定镍层的类型和比例。

6.5 铬层类型和厚度

铬层的类型和厚度应在化学符号 Cr 后加上下列符号标识：

r 普通（即常规）铬，最小局部厚度为 0.3μm；

mc 微裂纹铬，当采用附录 E 规定的方法之一测定时，在任一方向上每厘米的长度内，存在的裂纹数量超过 250 条，它们在整个主要表面上形成的一个密集的网络，并且厚度为

0.3μm。采用某些工艺时，要求较厚的镀层（约0.8μm），以达到所需要的裂纹图样，在这种情况下，镀层标识中应包括最小局部厚度：Cr mc（0.8）；

mp　微孔铬，当按附录E规定的方法测量时，每平方厘米内至少有10000个微孔，并且铬层最小局部厚度为0.3μm。用肉眼或矫正视力目测应看不见这些微孔。

注1：微孔铬一般是在特殊的含有惰性非导体粒子的薄的镍层上沉积铬而形成的。这个特殊镍层应是b或d类镍层。

注2：mc或mp铬镀层在使用一个时期以后可能失去光泽，这种现象在某些应用中是不允许的。这时可以将表1规定的微孔铬或微裂纹铬的镀层厚度增加到0.5μm来减少这种倾向。

6.6　标识的举例

一个塑料基体（PL）上包括15μm（最小）光亮酸性铜（Cu15a）+10μm（最小）光亮镍（Ni10b）+0.3μm（最小）微孔或微裂纹铬［Cr mp（或mc）］的电镀层应如下标识：

电镀层 GB/T 12600-PL/Cu15a Ni10b Cr mp（或mc）

一个塑料基体（PL）上包括20μm（最小）延展性镍（Ni20dp）+20μm（最小）双层镍（Ni20d）+0.3μm（最小）微孔或微裂纹铬［Cr mp（或mc）］的电镀层应如下标识：

电镀层 GB/T 12600-PL/Ni20dp 15a Ni20d Cr mp

出于合同约定目的，对于一些特殊要求的产品，详细的产品规格不仅应包括标识，还要清楚写出其他重要资料（见第4章）。

7　要求

7.1　基体

塑料应是可电镀的，并且，当用正确方法电镀时，可以确认塑料上的金属镀层能满足本标准要求［见4.1k)］。

注塑的表面缺陷如冷料头、顶出迹印、飞边、注塑口痕、分模线、色斑和其他缺陷，可能对塑料制品上镀层的外观和性能产生不利影响。因此，电镀方不需对这些塑料加工导致的镀层缺陷负责，除非电镀方就是塑料成型加工者。或者，电镀技术要求应包含产生于注塑过程中表面缺陷可接受程度的适当限制条款。

7.2　外观

整个主要表面，不应有明显可见的电镀缺陷，如起泡、麻点、粗糙、开裂、漏镀、污物或变色。在非主要表面上产生的缺陷程度应由需方规定。对于在主要表面上产生的不可避免的夹具痕，其位置应由需方规定。外观和色泽与认可的样品对比应是一致的［见4.1b）和ISO 16348］。

7.3　铜或镍底镀层厚度

铜底镀层最小局部厚度应为15μm，镍底镀层最小局部厚度应为20μm［见4.1f）和表1］

7.4　局部厚度

标识中规定的镀层厚度应为最小局部厚度，镀层最小局部厚度应在主要表面上能以直径20mm的球接触到的任一点的位置上测量。

镀层厚度应按附录F中规定的测量方法之一进行测量。

7.5　延展性

当按照附录C规定的方法测定时，铜、dp镍和半光亮镍的延展率的最小值应为8%。在测试样品凸起表面处不应有裂纹。边缘处小的裂纹不应构成失效。

7.6　热循环试验

热循环试验用于评估塑料镀层的结合力和监测塑料电镀的预处理的有效性。在选择使用条件号和热循环要求时，应考虑操作中温度波动的幅度。附录 A 中表 A.1 给出了每个使用条件号所对应的温度限值。

根据附录 A 中 A.3 规定的热循环试验，经 3 次循环后，工件的镀层不应有肉眼或矫正视力观察到的缺陷，如开裂、鼓泡、剥落、麻点或变形。

注：使用热循环试验可以代替需要进行的附着强度试验。

7.7 加速腐蚀试验

塑料镀层应按照 GB/T 10125 的规定，在电镀完成至少 24h 后，进行 CASS 腐蚀试验。附录 G 中表 G.1 为指定的使用条件号所对应的试验周期。

注：表 G.1 规定的试验周期提供了一种控制镀层连续性和品质的方法，与精饰制品在实际使用中的性能或寿命没有必然的关系。

按照需方和供方的协议，附录 G 中表 G.1 规定的周期可以是连续的，也可以是间隔时间为 1h~16h 累计相当于 8h 或 16h 的试验周期。

对每个试验的制品，应按照 GB/T 6461 要求评定的保护评级，这个保护评级可以表示镍+铬镀层对铜或镍底镀层腐蚀和暴露的塑料基体的保护程度。或者，一个评级数仅表示工件腐蚀试验后的外观。按照本标准，腐蚀试验后外观评级不应低于 8h。

注：在一些镀层试验时镀层自身表面可能发生变质。

7.8 热循环和加速腐蚀试验

对要求使用条件号为 5、4 和 3 的电镀件，腐蚀试验可以和热循环试验联合进行。使用条件号为 5 和 4 的电镀件，要求达到 3 次循环；使用条件号为 3 的电镀件，要求达到 2 次循环。

按照附录 G 的要求，每次完成热循环-腐蚀联合试验后应检查电镀件的缺陷。

注：使用热循环和腐蚀联合试验方法可以代替 7.6 和 7.7 规定的单独试验。

7.9 STEP 试验要求

当需方规定时，应按 STEP 试验方法测定多层镍中各单层镍电极电位差。

在三层镍中，特别是高活性镍层与光亮镍层 STEP 电位差范围在 15mV~35mV 之间，高活性层（阳性）总是较光亮镍层活泼。

铬镀层（如，引入微孔或微裂纹）下紧邻的薄镍层和光亮镍层 STEP 电位差在 0mV~30mV 之间，光亮镍层（阳性）总是较紧邻铬镀层之前的薄镍层活泼。

注：尽管一般情况下还没有公认的 STEP 值，但存在一些公认的范围要求。例如，半光亮镍和光亮镍层 STEP 电位差范围在 100mV~200mV 之间，半光亮镍（阴性）总是较光亮镍层具有更高的惰性。

8 抽样

应按照 GB/T 12609 规定的程序选择抽样方法。应由需方规定验收要求［见 4.1j)］。

9 试验方法

除附录 E 和附录 F 规定的试验方法，所有试验方法应在电镀完成至少 24h 后进行。

附 录 A
（规范性附录）
热循环试验

A.1 仪器

仪器包括足够功率的循环空气加热箱和冷却箱，这些试验箱能准确地维持在设定的温度。

注：两个试验箱可以是分离的或集成一体的试验箱。

试验箱的温度控制和记录仪，校正和记录试验箱的温度可以达到设定温度±1℃的准确度。试验箱工作区内所有点的温度应保持在设定温度±3℃的范围内。试验中控制空气循环，以保证恒定的加热和冷却速率。

A.2　电镀后间隔的时间

电镀完成后进行热循环试验的间隔时间长短会影响试验结果，间隔时间度为24h±2h。

A.3　试验过程

根据需方规定，工件模拟生产方式镶边或不镶边后放进试验箱内。试验工件按要求的数量放置在试验箱内。记录试验箱内工件放置的位置，以及工件数量和尺寸。按照表A.1根据使用条件号选择规定的温度限值。

一个完整的热循环应包括工件在室温下放入试验箱，加热到试验箱高温限值，或直接将工件放入已达到高温限值的试验箱内，并按a)～d）的步骤操作。

a）在高温限值下暴露工件1h；

b）让工件返回到20℃±3℃，在此温度下保持1h（这个操作通常是将工件从试验箱取出来完成）；

c）在低温限值下暴露工件1h；

d）让工件返回到20℃±3℃，在此温度下保持30min。

表A.1　热循环温度限值

使用条件号	温度限值/℃	
	高　温	低　温
5	85	-40
4	80	-40
3	80	-30
2	75	-30
1	60	-30

附　录　B

（资料性附录）

对应于各种使用条件号的使用环境说明

B.1　使用条件号5

在极其严酷的户外使用环境下使用，装饰件要求长期保护（大于5年）。

B.2　使用条件号4

在非常严酷环境下的户外使用。

B.3　使用条件号3

偶尔或经常被雨水或露水湿润的户外环境下使用。

B.4　使用条件号2

可能发生凝露的室内使用。

B.5　使用条件号1

在温暖、干燥的室内使用。

附 录 C
（规范性附录）
延展性试验

C.1 试样的制备

制备一个长 150mm，宽 10mm 和厚 1mm 的电镀测试试样的方法如下。

抛光一个软铜片，长度和宽度都大于需制备试样的 50mm。在与工件电镀相同的槽液中，在同样的工艺条件下将其一面镀上 25μm 厚的镍（或铜）。

用切割机切割试样。至少在试样电镀的一面的长边，仔细的锉、磨使边缘呈圆角或倒角。

C.2 过程

在电镀面承受张力的状态下使试样弯曲，平稳地施加压力，沿着直径为 11.5mm 的芯轴使试样弯曲 180°，直至试样两端平行为止。在弯曲过程中，应确保试样与芯轴始终接触。

C.3 值的计算

如果没有裂纹穿过试样凸出表面，则镀层的延展率大于 8%，按式（C.1）计算：

$$E = 100T/(D+T) \tag{C.1}$$

式中 E——以百分比表示的延展率；

T——基体金属和镀层的总厚度；

D——芯轴的直径。

计算 E 时，T 和 D 应采用同一单位。

为了进行比较，所有的试验样品应保持大致相同的镀层和总厚度。

本方法与 GB/T 15821 叙述的方法一致。

附 录 D
（规范性附录）
镍镀层硫含量的测定

D.1 燃烧-碘酸盐滴定测量

需要时，镍镀层应通过在一感应炉的氧气流中燃烧试样来测量硫含量。用酸化的碘酸钾/淀粉溶液吸收燃烧时逸出的二氧化硫气体。然后，用碘酸钾溶液滴定，此碘酸钾溶液是经硫含量已知的钢标样新标定的，以补偿二氧化硫回收随时间的变化。应进行空白试验以补偿消除坩埚和促进剂等因素的影响。

采用本方法测定镍镀层硫含量，用 S 表示。范围在质量分数 0.005%~0.5%之间。

注：已有商业化仪器应用，它是利用红外和热导性测定方法测定燃烧的二氧化硫，然后使用计算机直接读出硫含量。

D.2 硫化物-碘酸盐滴定测量

另一种测定电镀镍中的硫含量的方法是用含六氯铂酸作为溶解促进剂盐酸处理，使镍层中的硫转化成硫化氢。硫化氢与氨基硫酸锌反应，生成硫化锌，用标准容积的碘酸钾溶液滴定生成的硫化锌，以碘酸钾作基准计算硫含量。

附 录 E
(规范性附录)
铬镀层裂纹和孔隙的测定

E.1 概述

微裂纹通常不需要预处理直接通过显微镜测定。但是，如发生争议，推荐使用铜沉积法（见 E.3）显示裂纹，要求显示微孔隙时必须使用铜沉积法。

E.2 无预处理裂纹显微镜测量

在合适放大倍数的光学显微镜下，通过反射光检查表面的裂纹。采用测微目镜或类似装置显示可计数裂纹的距离。在一个至少能计数出 40 条裂纹的长度内进行测定。

E.3 测定裂纹和孔隙的铜沉积法［硫酸铜（Dupernell）试验］

E.3.1 原理

在低电流密度或低电压条件下，要从硫酸盐溶液中电沉积铜，只能发生在由铬镀层的裂纹、孔隙和其他不连续处暴露出来的下层镍上，本方法是可以用作评估裂纹或孔隙均匀性的一种快速方法，或对裂纹或孔隙计数。对于后一种情况，还应使用一台显微镜。

E.3.2 操作过程

本试验宜在完成电镀处理后立即进行。如有延误，在试验前试样应彻底除油，避免采用任何电解处理。试样作为阴极，在其上沉积铜约 1min，槽液含有约 200g/L 五水硫酸铜（$CuSO_4 \cdot 5H_2O$）和 20g/L 硫酸（H_2SO_4，密度 1.84g/L）；槽液温度为 20℃±5℃，使用平均电流密度为 $30A/m^2$。

浸入槽液前，试样和阳极必须与电源连接。

若本试验在镀铬以后数日进行时，在镀铜以前，将试样浸入大约 65℃ 温度、每升含 10g~20g 硝酸（密度 1.4g/L）的溶液中，历时 4min，这样有助于露出裂纹和孔隙。在一个至少能计数出 40 条裂纹或 200 个孔隙的测量长度内进行测定。

附 录 F
(规范性附录)
厚度测量方法

F.1 破坏性测量

F.1.1 显微镜测量法

如需要，采用 GB/T 6462 规定的方法，对铜+镍镀层应用其中规定的硝酸/冰醋酸浸蚀剂进行浸蚀，浸蚀剂采用 1 体积硝酸（$\rho=1.42g/mL$）加入到 5 体积的冰醋酸的溶液。

注：采用这些浸蚀剂能区别双层和三层镍镀层不同层次的厚度，以便进行测量。

F.1.2 库仑法

按照 GB/T 4955 规定的方法，应在主要表面上以大于直径 20mm 的球接触到任一点位置测量铬层厚度、镍层总厚度和铜层的厚度。如果需方规定，主要表面的附加部位厚度应采用最小局部厚度要求。

F.2 非破坏性测量

F.2.1 磁性法（仅适用于镍镀层）

采用 GB/T 13744 规定的方法。

注：本方法的灵敏度随镀层渗透性而变化。

F.2.2 β射线背散射法（仅适用于无铜底层）

采用 ISO 3543 规定的方法。

注：如果有铜底层，本方法测得的总镀层厚度应包括铜底层在内。对于镍+铬镀层，若本方法与 GB/T 4955 规定的方法结合使用，此底层厚度能与上镀层厚度区分开来；对于镍镀层，若与 GB/T 13744 规定的方法结合使用，也能将底镀层厚度与镍镀层厚度区分开来。

F.2.3 X-光谱射线法

采用 GB/T 16921 规定的方法。

F.3 试验报告

试验报告应包含下列信息：

a）包括参照本标准和附录 B 规定的厚度试验方法；

b）规定的操作条件；

c）厚度测量结果摘要。

附 录 G
（规范性附录）
热循环和腐蚀联合试验

一个热和腐蚀联合试验循环过程包括从 a）~c）的步骤：

a）按照 GB/T 10125（CASS 试验）指定的操作过程，将镀覆的制件暴露 16h；

b）每次 CASS 试验周期后，制件只能用蒸馏水漂洗；

c）然后按照 A.3 指定的操作过程和 A.1 规定的温度限值，电镀件进行一次热循环。

注：要求的热循环数见 7.6；当要求热循环和腐蚀联合试验时，要求的热循环数见 7.8。

表 G.1 对应于每个使用条件号下腐蚀试验时间

使用条件号	CASS 试验时间/h	使用条件号	CASS 试验时间/h
5	48	2	8
4	32	1	①
3	16		

① 尽管使用条件号 1 没有规定试验时间，按照 GB/T 10125 规定，每次镀层的醋酸盐雾公认的试验时间不超过 8h。

第八章　电镀层质量检验

第一节　金属覆盖层　金和金合金电镀层的试验方法 第六部分：残留盐的测定

一、概论

金和金合金电镀过程中可能因清洗不彻底或其他原因而在镀层表面残留盐类。在镀件移动过程中，也会因操作不当或不规范给镀层表面留下残盐。所有这些盐类残留物可能影响金和金合金电镀层在使用或服役中的行为，尤其是电行为或电性能，所以有必要检测金及金合金电镀层表面残留盐状况。

GB/T 12305.6—1997《金属覆盖层　金和金合金电镀层的试验方法　第六部分：残留盐的测定》等同采用 ISO 4524-6：1988《金属覆盖层　金和金合金电镀层的试验方法　第六部分：残留盐的测定》。该标准于 1997 年 6 月 27 日发布，1998 年 1 月 1 日发布。

二、标准主要特点与应用说明

该标准规定了工程、装饰和防护用金和金合金电镀层免受残留盐污染的试验方法，适用于金属件电镀金和金合金层。

该标准包含范围、原理、试剂、仪器、试验方法及测试报告等部分。

因为一般盐都是强弱程度不同的导电物质，所以应测定此类电镀层表面上的残留盐。此类电镀层的使用性能越高，要求测定的精度也越高。该标准规定的方法实质是测定此类电镀层表面洗涤水的电导率或电导率变化，对所用水及相关器具本身的电导率要求很严，以不致带来测定的偶然误差，这是该标准所要求或规定的焦点。在标准应用中，应注意条款 3“试剂”和条款 4“仪器”，这些条款标明了测定残留盐的条件。

三、标准内容（GB/T 12305.6—1997）

金属覆盖层　金和金合金电镀层的试验方法 第六部分：残留盐的测定

1　范围

本标准规定了工程、装饰和防护用金和金合金电镀层免受残留盐污染的试验方法。

本标准适用于金属件；不适用于复合材料件，如既有塑料又有镀层金属的零件。

2　原理

将零件在已知电导率的水中煮沸至规定时间，测量由析出残留盐和其他导电杂质产生的电导率的增加值。

3 试剂

水：在 20℃±1℃时电导率不大于 100μS/m。

4 仪器

所有使用的玻璃仪器应由硼硅酸盐玻璃制作，必须达到 5.2 规定的清洁度的要求，并为本试验单独保存。

4.1 圆底烧瓶：容量为 250mL，并安装水回流冷凝管。

4.2 烧杯：尺寸要适于被测零件，标有 100mL 的刻度，配有减少水的过度蒸发损失的适当装置，如冷却水罩。

4.3 电导率仪

5 试验方法

5.1 试样

取一个或多个全由镀层金属覆盖的零件，其总表面积约为 30cm²，根据其尺寸大小（见 5.3）按 5.3.1 或 5.3.2 的规定进行试验。

务必避免试样被意外污染，在检查中要带干净的手套接触零件。

5.2 仪器清洁度的检查

测定前将 100mL 水（见第 3 章）加入试验容器（见 4.1 或 4.2）中，然后在规定的试验条件下（见 5.3.1 和 5.3.2）缓缓煮沸 10min。将水冷却到 20℃±1℃，用电导率仪（见 4.3）测量其电导率。

如果测量值超过 100μS/m，则另用 100mL 水再测定。若测量值再超过 100μS/m，则换用新容器再试验。

合格的玻璃仪器要为本试验单独保存。

5.3 测定

5.3.1 横截面宽度或直径小于 15mm 及长度不大于 40mm 的试样。

检查仪器清洁度后（见 5.2），将试样（见 5.1）放入圆底烧瓶中，加入 100mL 的水（见第 3 章），水的电导率应已在测量前迅速测定出。使水完全浸没试片。在烧瓶上安装回流冷凝管，缓缓煮沸 10min。待水冷却到 20℃±1℃，用电导率仪（见 4.3）测量其电导率。计算电导率的增值作为测量结果。

5.3.2 横截面宽度或直径大于 15mm 及长度超过 40mm 的试样。

按 5.3.1 所述方法进行试验。将试样（见 5.1）放入已加水至 100mL 刻度的烧杯（见 4.2）中。为防止测定过程中水的过分蒸发而损失，可采用冷却水罩，必要时，可加更多的水（见第 3 章）以补充蒸发掉的水。

6 测试报告

测试报告至少应包括下列内容：

a）对本标准的参照；

b）测试试样名称或编号；

c）测试试样的总表面积（cm²）；

d）所用仪器的名称或型号；

e）测试中观察到的异常现象；

f）任何不同于本方法的说明；

g）测试结果和表示方法；

h）测试日期；

i）操作者和测试实验室的名称。

第二节　金属覆盖层　银和银合金电镀层的试验方法　第三部分：残留盐的测定

一、概论

在电镀过程中，由于操作不规范或电镀后处理不当等，电镀银和银合金镀层表面会残留盐。盐类一般都是电解质，具有程度不同的导电性、腐蚀性，若不彻底除去，会对电镀层的使用性能产生负面效应，甚至会严重影响电性能。因此，电镀银和银合金后，必须测定镀层表面的残留盐状况。

GB/T 12307.3—1997《金属覆盖层　银和银合金电镀层的试验方法　第三部分：残留盐的测定》等同采用 ISO 4522-3：1988《金属覆盖层　银和银合金电镀层的试验方法　第三部分：残留盐的测定》。该标准于 1997 年 6 月 27 日发布，1998 年 1 月 1 日实施。

二、标准主要特点与应用说明

该标准规定了工程、装饰和防护用银及银合金电镀层免受残留盐的试验方法，适用于金属件电镀银及银合金层。

该标准包含范围、原理、试剂、仪器、试验方法及测试报告等部分。

该标准检测方法的实质是测定此类电镀层洗涤水的电导率变化，对所用水及相关器具本身的电导率均有严格要求。在标准应用中，应注意条款 3“试剂”和条款 4“仪器”，这些条款标明了测定残留盐的条件。

三、标准内容（GB/T 12307.3—1997）

金属覆盖层　银和银合金电镀层的试验方法　第三部分：残留盐的测定

1　范围

本标准规定了工程、装饰和防护用银和银合金电镀层免受残留盐污染的试验方法。

本标准适用于金属件；不适用于复合材料件，如既有塑料又有镀层金属的零件。

2　原理

将零件在已知电导率的水中煮沸至规定时间，测量由析出残留盐和其他导电杂质产生的电导率的增加值。

3　试剂

水：在 20℃±1℃时电导率不大于 100μS/m。

4 仪器

所有使用的玻璃仪器应由硼硅酸盐玻璃制作，必须达到5.2规定的清洁度的要求，并为本试验单独保存。

4.1 圆底烧瓶：容量为250mL，并安装水回流冷凝管。

4.2 烧杯：尺寸要适于被测零件，标有100mL的刻度，配有减少水的过度蒸发损失的适当装置，如冷却水罩。

4.3 电导率仪

5 试验方法

5.1 试样

取一个或多个全由镀层金属覆盖的零件，其总表面积约为30cm²，根据其尺寸大小（见5.3）按5.3.1或5.3.2的规定进行试验。

务必避免试样被意外污染，在检查中要带干净的手套接触零件。

5.2 仪器清洁度的检查

测定前将100mL水（见第3章）加入试验容器（见4.1或4.2）中，然后在规定的试验条件下（见5.3.1和5.3.2）缓缓煮沸10min。将水冷却到20℃±1℃，用电导率仪（见4.3）测量其电导率。

如果测量值超过100μS/m，则另用100mL水再测定。若测量值再超过100μS/m，则换用新容器再试验。

合格的玻璃仪器要为本试验单独保存。

5.3 测定

5.3.1 横截面宽度或直径小于15mm及长度不大于40mm的试样。

检查仪器清洁度后（见5.2），将试样（见5.1）放入圆底烧瓶中，加入100mL的水（见第3章），水的电导率应已在测量前迅速测定出。使水完全浸没试片。在烧瓶上安装回流冷凝管，缓缓煮沸10min。待水冷却到20℃±1℃，用电导率仪（见4.3）测量其电导率。计算电导率的增值作为测量结果。

5.3.2 横截面宽度或直径大于15mm及长度超过40mm的试样。

按5.3.1所述方法进行试验。将试样（见5.1）放入已加水至100mL刻度的烧杯（见4.2）中。为防止测定过程中水的过分蒸发而损失，可采用冷却水罩，必要时，可加更多的水（见第3章）以补充蒸发掉的水。

6 测试报告

测试报告至少应包括下列内容：

a）对本标准的参照；

b）测试试样名称或编号；

c）测试试样的总表面积（cm²）；

d）所用仪器的名称或型号；

e）测试中观察到的异常现象；

f）任何不同于本方法的说明；

g）测试结果和表示方法；

h）测试日期；

i）操作者和测试实验室的名称。

第三节　电沉积金属覆盖层和相关精饰　计数检验抽样程序

一、概论

试验或检验不仅要求采用的试验或检验方法的准确度和所用设备或仪器的精确度，而且应有能力合格的检验人员，以保证可以减少系统误差、偶然误差。对试验或检验对象的取样，要切实做到或保证所采取试样对所试验对象或产品具有代表性，否则，无论多么准确的方法、精确的仪器或设备、技术高超和经验丰富的检验人员，也无法取得合乎实际要求的结果。为此，人们非常重视试验或检验试样的抽取，并对抽样方法和程序制定了相关标准。

GB/T 12609—2005《电沉积金属覆盖层和相关精饰　计数检验抽样程序》等同采用 ISO 4519：1980《电沉积金属覆盖层和相关精饰　计数检验抽样程序》，代替 GB/T 12609—1990。该标准于 2005 年 10 月 12 日发布，2006 年 4 月 1 日实施。

二、标准主要特点与应用说明

该标准规定了电沉积金属覆盖层计数抽样检查方案及程序，主要用于最终产品、零件及库存的检查。该标准不仅用于连续批的检验，也可用于孤立批的检查，但对孤立批提供的保证要低于连续批提供的保证。该标准也适用于有关精饰的检查，但不适用于具有电沉积覆盖层和有关精饰的紧固件的抽样和试验。标准中所规定的抽样方案以 1.5% 和 4.0% 的接收质量限为基础。

为正确理解和实施标准中规定的抽样方案和抽样程序，该标准定义了检查批、孤立批、合格质量水平、极限质量、样本、抽样方案、致命缺陷、分层抽样、连续批、判定数组等具有特别针对性的名词术语。该标准对接收和拒绝做出了规定和要求；从样本的抽样和组成、分层比例随机抽样、抽样时间等方面对抽样方法提出了要求和规定；同样从程度不同的两种抽样方案——正常检查方案和加严检查方案，目查检查、尺寸检验和所有非破坏性试验的抽样，破坏性试验的抽样，替代抽样方案，转移规则等对连续批的抽样验收提出了要求和规定；从孤立批抽样方案的确定，孤立批抽样方案对产品质量的保证提出了对孤立批的抽样要求和规定。

该标准包含范围、规范性引用文件、术语和定义、产品提交、接收和拒绝、样本的选择（抽样）、抽样方案、可接收性的确定及资料性附录等部分。

该标准技术方法和参数选取根据 GB/T 2828.1《计数抽样检验程序　第 1 部分：按接收质量限（AQL）检索的逐批检验抽样计划》确定。在标准应用中，要注意条款 5“接收和拒绝”、条款 6“样本的选择”和条款 7“抽样方案”，这些条款着重规定了抽样步骤。若严格按该标准进行，便可抽出具有代表性的试样。

三、标准内容（GB/T 12609—2005）

电沉积金属覆盖层和相关精饰
计数检验抽样程序

1 范围

本标准规定了电沉积金属覆盖层的计数检验抽样方案和程序。经供需双方同意，也适用于相关精饰的检验。

本标准的抽样方案适用于（但不限于）最终产品、零件、工艺材料和库存精饰品的检验。本方案主要用于连续批，但也可用于孤立批。然而，本方案对孤立批提供的质量保证低于对连续批提供的保证。

本标准不适用于有电沉积金属覆盖层或经相关精饰的紧固件的抽样和检验。任何情况下，紧固件的检验程序在 GB/T 90.1 中做了规定。

本标准规定的抽样方案以 1.5% 和 4.0% 的接收质量限（AQL）为基础。如果产品规格中已有规定，其他的接收质量限也可使用。

也可根据检验的不同确定其抽样方案。

2 规范性引用文件

下列文件中的条款通过本标准的引用而成为本标准的条款。凡是注日期的引用文件，其随后所有的修改单（不包括勘误的内容）或修订版均不适用于本标准，然而，鼓励根据本标准达成协议的各方研究是否可使用这些文件的最新版本。凡是不注日期的引用文件，其最新版本适用于本标准。

GB/T 90.1 紧固件 验收检验（GB/T 90.1—2002，ISO 3269：2000，IDT）

GB/T 2828.1 计数抽样检验程序 第1部分：按接收质量限（AQL）检索的逐批检验抽样计划（GB/T 2828.1—2003，ISO 2859-1：1999，IDT）

GB/T 3358.1 统计学术语 第1部分：一般统计学术语（neq ISO 3534-1）

GB/T 3358.2 统计学术语 第2部分：统计质量控制术语（neq ISO 3534-2）

3 术语和定义

GB/T 3358.1、GB/T 3358.2 中确立的以及下列术语和定义适用于本标准。

注：下列某些定义与 GB/T 3358.1、GB/T 3358.2 不尽相同。但经过修改后，非统计人员更易理解，从而更易于在电镀领域使用。

3.1 检验 Inspection

通过测量、检查、试验或其他方法，将单位产品（见 3.4）与质量要求进行对比的过程。

3.2 特性 attrlbute

根据某一给定的要求，以存在或不存在（例如：有或没有）来判定的特征或性能。

3.3 计数检验 inspection by attrlbute（s）

根据某一个或多个给定的要求，将单位产品简单地分为合格品和不合格品，或将单位产品中的缺陷进行计数的检验。

3.4 单位产品 unit of product

按合格品和不合格品确定其分类，或计算缺陷数量的检验对象。它可以是单件产品、一对产品、一套产品，也可以是一定长度、一定面积、一定操作、一定体积的最终产品或最终产品的一个部件。单位产品与采购、销售、生产或装运的单位产品可以相同，也可以不同。

3.5 接收数 acceptance number

检验批中允许接收的样本的最大缺陷数或最大不合格品数。

3.6 拒收数 rejection number

检验批中被拒收的样本的最低缺陷数或最小不合格品数。

3.7 检验批 inspection lot

由同一供方在同一时间或大约同一时间内，按同一规范在基本一致的条件下生产的，并按同一质量要求提交作接收或拒收检验的同一类型的一组镀覆产品。

3.8 缺陷和不合格品的分类

3.8.1 缺陷的分类方法

缺陷就是单位产品不符合规定要求的任何差异。

根据缺陷的严重程度，对单位产品可能存在的缺陷进行分类。通常把缺陷分为下列一个或多个级别；然而，缺陷也可分为其他等级或在这些等级内再细分等级。

3.8.1.1 致命缺陷 critical defect

根据判断和经验，对使用、维护产品或与此有关的人员可能造成危害或不安全状况的有电沉积金属覆盖层或相关精饰的单位产品的某种缺陷；或可能损坏重要的最终产品的基本功能的覆盖层的某种缺陷。

3.8.1.2 严重缺陷 majoy defect

一种可能会造成精饰损坏或明显降低单位产品预期的使用效果的非致命缺陷。

3.8.1.3 轻微缺陷 minor defect

不会明显降低产品预期的使用效果的缺陷，或偏离标准但只轻微或不影响有电沉积金属覆盖层或相关精饰产品的有效使用或操作的缺陷。

注：致命缺陷的检测要求对批中的每个单位产品作非破坏性检验。本标准将不符合有电沉积覆盖层和相关精饰单位产品规定要求的所有缺陷视为严重缺陷，如需方已规定，本标准规定的每一百件产品的最多缺陷数或不合格品的最高百分数可以增加，以便轻微缺陷的抽样检验。

3.8.2 不合格品的分类方法

不合格品是包含一个或多个缺陷的单位产品。

不合格品通常分类如下：

3.8.2.1 致命不合格品 critical defective

包含一个或多个致命缺陷，可能包含严重缺陷和（或）轻微缺陷的一种不合格品。

3.8.2.2 严重不合格品 major defective

包含一个或多个严重缺陷，可能包含轻微缺陷但不包含致命缺陷的一种不合格品。

3.8.2.3 轻微不合格品 minor defective

包含一个或多个轻微缺陷，但不包含致命缺陷和严重缺陷的一种不合格品。

3.9 不合格的表示 expression of non-conformance

产品不合格的程度可用不合格品的百分率表示，也可用每百件的缺陷数表示。

3.10 不合格品的百分率 percent defective

不合格品数除以检验的产品数，乘以 100，即

$$不合格品百分率=\frac{不合格品数}{检验的产品数}\times 100$$

4 产品提交

4.1 批

检验批应是单位产品的一种集合，从此集合中随机抽取样本，检查样本以确定其与验收标准的符合性。批可以不同于其他用途的产品集合，如：生产批、装运批和储存批。

4.2 批的组成

产品应汇集成可识别的批、分批，或按规定的方式形成集合（见 6.3）。就实用性而言，每一批都应由基体成分相同的单位产品或单独试样组成，并且这些产品或试样具有同一型号、等级或类别的覆盖层（或精饰），尺寸和形状大致相同，在基本相同的条件下和基本相同的时间内加工而成（见 7.2.2）。

4.3 批量

批量是批的单位产品的数量。

4.4 批的提交

除非需方在合同或订单中有规定，否则批的组成、批量以及批的提交和识别方式都由供方指明。

5 接收和拒收

5.1 试验的职责

除非合同或订单中另有规定，否则供方应负责完成符合规定要求的试验，并且供方可以使用自己的或者其他适用于检验所要求的性能的试验设备。为确保电沉积金属覆盖层或相关精饰符合规定要求，当需方认为必要时，有权要求按相关文件作详细的检验。试验结果报告从需方接收产品之日起一年内备查。当合同或订单中有要求时，供方应提供试验细节和试验报告的副本。

5.2 批的接收

批的接收应由采用的抽样方案确定。

5.3 不合格品

需方有权拒收检验时发现的有缺陷的单位产品，不管它是否构成样本的一部分，也不管整个批被接收或拒收。经需方认可，拒收的产品可按规定的方式进行修复或校正后再提交检验。

按照负责的权威机构的意见，可以要求检验送检批中每个单位产品的致命缺陷。需方保留就致命缺陷对供方提交的每个单位产品进行检验的权利，当发现致命缺陷时可立即拒收该批；同样保留就致命缺陷对供方提交的每一批产品进行抽样的权利，如果从某批抽取的样本中发现一个或多个致命缺陷，则拒收该批。

5.4 再提交批

拒收批只有在所有产品重新检测或试验，且剔除所有不合格品或修正缺陷后，方可再次提交重新检验。需方应声明重新检验是否包括缺陷的所有类型和等级，或只检验引起最初拒收的特殊类型和等级。

6　样本的选择（抽样）

6.1　样本

样本应由提交检验的不考虑其质量的批中随意抽取的一个或多个单位产品组成。样本中单位产品的数量称为样本量。随机的样本既不有意将不合格品纳入，也不应有意将其排除。选取样本时，供方应标记已观察到的不合格品，以便检查完成后对其报废或返工。

6.2　代表性抽样

适当时，通过某一合理的标准确定的样本量应按比例从分批量或部分批量中选择。若采用代表性抽样，则应随意选取批的每一部分的单位产品（见附录 A.3）。

6.3　批量

供需双方应以相互方便又兼顾生产过程性质的原则协商确定批量。就检验费用而言，大批量有利，因为样本在批中只占较小比例，并且提高了鉴别力。然而，在妨碍生产流程的情况下，不应形成大批，较小批逐个取样，可维持生产流程。如有质量问题，不应将小批混合。批应由在基本相同条件下生产的单位产品组成。

6.4　抽样时间

样本可在组成检查批之后抽取，也可在批的形成过程中抽取。

7　抽样方案

7.1　抽样方案

抽样方案应给出每个检查批的单位产品的数量（样本量或样本量系列）和决定批的合格判断标准（接收数和拒收数）。除非需方另有规定，否则抽样方案应认为是正常检验程序，并应从检验开始时实施。

7.2　抽样方案的类型

表 1、表 2 和表 3 给出了正常检验的三种抽样方案。

7.2.1　目视检查、尺寸检验和所有非破坏性试验的抽样

对非滚镀的单位产品，目视检查、尺寸偏差检测、非破坏性厚度试验及其他非破性方法的抽样均应按表 1 实施；对滚镀的单位产品，其抽样应按表 2 的方案进行。除非能证明确有必要，否则单独制备的样品不能代替生产产品作非破坏性测试和试验。

7.2.2　所有破坏性试验的抽样

对每种破坏性试验，如氢脆、结合力、耐蚀性、可钎焊性等的抽样都应按表 3 进行。如果电镀件或涂覆产品由于诸如类型、形状、尺寸或价值而不能采用破坏性试验或不便于合同、订单、采用标准中规定的试验，或要求对小批做破坏性试验时，其试验取样应允许采用与其所代表的产品同时加工的单独试样，并符合订单或 4.2 中的规定。除非能证明确有必要，否则在厚度的测量中不应采用单独制备的试样代替生产产品。

7.2.3　替代的抽样方案

如果合同或订单中规定了替代的抽样方案，可用其替代表 1、表 2 和表 3 中的方案。除了这里详述的方案外，还有大量不同类型的抽样方案，并且在许多情况下，很多替代的抽样方案可用于电沉积金属覆盖层和相关精饰的特殊情况。特殊类型的替代抽样方案的选择并不容易，因为其选择实际上要基于下列各因素：

a）抽样方案的特性；

b）抽样方案实施的难易；

c）提供的保证；

d）要求检验的数量；

e）检验的费用。

除适当考虑以上因素外，也应考虑到某一类型产品所采用的抽样方案对于另一类型产品不一定是最好的。此外，供方以往的经历在选择替代的抽样方案方面起着重要作用。

7.2.4 转移规则

检验开始时，批的接收或拒收应符合表1、表2和表3相应的抽样方案。发现某些批不能验收而拒收时，应按5.4做出正确的补救处理后，作为连续批再取样和检验。在连续系列批中，如果5个连续批中有2批被拒收，抽样应按如下转换：

1）原用表1的转到表4；

2）原用表2的转到表5；

3）原用表3的转为样本量为20，接收数为1，拒绝数为2。

此时的检验称为加严检验。若加严检验强制性实施，结果5个连续批通过加严检验，则可以重新恢复正常检验程序（表1、表2和表3所示）。然而，若连续10批停留加严检验并未能达到符合恢复正常检验要求，则在改进产品质量以前，应停止本标准所规定的检验。

7.2.5 孤立批

表1~表5中的抽样方案用于一段时间内的连续批系列，并由转移规则提供保证。若这些表用于检验孤立批，则存在一定的接收风险（或需方风险），即需方可能接收较低质量的批。如果选择了一接收风险值，则存在一个与给定的接收质量限（AQL）相应的极限质量（LQ）。

表6列出了10%接收风险下，相应于本标准所用的两种接收质量限（AQL）的极限质量（LQ）。极限质量（LQ）往往大于接收质量限（AQL），对于小样本，极限质量（LQ）就更大一些，若某孤立批在10%接收风险下，所要求的极限质量（LQ）比表1或表2中所示的样本量相应的极限质量（LQ）值低，则可按选择的极限质量从表6中选择较大的样本量。表1或表2给出样本量相应的接收数和拒收数，此时不考虑这些表中的批量。

8 可接收性的确定

8.1 不合格品百分率检验

采用不合格品百分率检验时，为了确定批的可接收性，应该采用8.2中的一次抽样方案。

8.2 一次抽样方案

被检验的样品数应等于方案中给出的样本量。如果发现样本中的不合格品数等于或小于接收数，则认为该批可接收；如果不合格品数等于或大于拒收数，则应拒收该批。

8.3 孤立批

表1~表5给出的样本量、接收数和拒收数，对达到质量要求的孤立批提供的保证与对连续批提供的保证并不相同（见表6）。

表1~表5的抽样方案是以连续批的一系列试验为基础的。对于孤立批的检查，存在一定的概率（需方风险），即可能接收质量（极限质量）低于要求的接收质量限的批。对表1~表5中采用的两种接收质量限和各样本量，表6给出了需方风险为10%时的极限质量。

表 1 非滚镀件的抽样[①]（非破坏性试验）

批中单位产品的数量（批量）	试验单位产品的数量（样本量）	接收批的不合格的最大数(接收数)	拒收批的不合格品的最小数(拒收数)
91~280[②]	32	1	2
281~500	50	2	3
501~1200	80	3	4
1201~3200	125	5	6
3201~10000	200	7	8
10001 及以上	315	10	11

① 根据 GB/T 2828.1，水平Ⅱ，接收质量限 1.5%，一次抽样，正常检验。
② 批量低于 91 时，不应采用本表节录的规范。适用于较小批量的其他方案见 GB/T 2828.1。

表 2 滚镀件的抽样[①]（非破坏性试验）

批中单位产品的数量（批量）	试验单位产品的数量（样本量）	接收批的不合格品的最大数(接收数)	拒收批的不合格品的最小数(拒收数)
151~500[②]	13	1	2
501~1200	20	2	3
1201~10000	32	3	4
10001 及以上	50	5	6

① 根据 GB/T 2828.1，水平 S-4，接收质量限 4.0%，一次抽样，正常检验。
② 不适用于批量低于 151 的抽样。

表 3 破坏性试验（结合力、氢脆、耐蚀性等）的抽样[①]

批中单位产品的数量[②](批量)	≥151	接收批的不合格品的最大数(接收数)	0
试验单位产品的数量(样本量)	8[③]	拒收批的不合格品的最小数(拒收数)	1

① 根据 GB/T 2828.1，水平Ⅱ，接收质量限 1.5%，一次抽样，加严检验。
② 不适用于批量低于 151 的抽样。
③ 鉴于破坏性试验，样本量应尽量小，并符合接收质量限 1.5%，但这样会有 10%的概率（需方风险）接收有 25%的不合格品的批。

表 4 非滚镀件连续批的加严检验的抽样[①]（非破坏性试验）

批中单位产品的数量（批量）	试验单位产品的数量（样本量）	接收批的不合格品的最大数(接收数)	拒收批的不合格品的最小数(拒收数)
91~500[②]	32	1	2
501~1200	80	2	3
1201~3200	125	3	4
3201~10000	200	5	6
10001 及以上	315	8	9

① 根据 GB/T 2828.1，水平Ⅱ，接收质量限 1.5%，一次抽样，加严检验。
② 不适用于批量低于 91 的抽样。

表5 滚镀件连续批的加严检验的抽样（见7.2.4）[①]（非破坏性试验）

批中单位产品的数量（批量）	试验单位产品的数量（样本量）	接收批的不合格品的最大数(接收数)	拒收批的不合格品的最小数(拒收数)
151~1200[②]	20	1	2
1201~10000	32	2	3
10001及以上	50	3	4

① 根据GB/T 2828.1，水平S-4，接收质量限4.0%，一次抽样，加严检验。
② 不适用于批量低于151的抽样。

表6 孤立批的极限质量[①]

样本量	对于给定的接收质量限,需方风险为10%的极限质量	
	AQL=1.5%	AQL=4.0%
8[②]	25%	≈35%
13	—	27%
30	—	25%
32	12%	20%
50	10%	18%
80	8%	14%
125	7%	12%
200	6%	10%
315	5%	9%

注：本表的含义是，如果将质量为LQ值的批提交，那么可接收该批的概率为10%。
① 以GB/T 2828.1的*OC*曲线为基础。
② 样本量为8的抽样方案只适用于破坏性试验。

附 录 A
（资料性附录）
抽 样

A.1 随机抽样

A.1.1 抽样

如果批中的单位产品已经彻底混合、分类或整理而无质量偏差时，则从批中任何地方抽出的样本将符合随机性的要求。然而，混合产品经常不切实际，以分层堆放的产品为例，全部样本仅从整个产品的顶层抽取，则将造成明显的偏差。应避免抽样的其他偏差，如：抽取的产品来自于电镀架具的同一位置，或在使用多个电镀槽时选择出于同一个电镀槽的产品，或选择看起来似乎有缺陷或无缺陷的产品。

A.1.2 随机数的选择

随机数可从有关统计学书中的随机数表选取。由于工厂通常不具备这些书，本附录提供了一个随机数表，即表A.2。使用随机数表时，批中每一单位产品必须清楚地标上不同的数码。这可以通过将产品放置在架子或盘中来实现，架子上的各行各列都有明显的编号。如果产品上已有顺序号，则可利用这些顺序号。

A.1.3 举例

假设要从编号1到80的80个电镀产品的检验批中选择13个产品，从表A.2中选取随机数的方法之一是：将铅笔随便地点到表中的某一数字上，并从这点开始读数；抛一个硬币决定向哪一方向读数，正面向上读，反面向下读。设铅笔落在第 11 行第 10 列且硬币反面向上，因此由此列向下读，且只取每个 5 位数的前 2 位。随机数的选取按如下方法进行：去掉数字 85，因为它超过 80；再去掉第二个数字 06，因为它已经出现了一次。样本由 31、20、8、26、53、65、64、46、22、6、41、67 和 14 号产品组成。

A.2 等距抽样

A.2.1 抽样

当单位产品排列顺序与质量无关时（例如放在盘中的产品），可采用等距的方法抽取样本。按此方法，取作样品的产品之间保持固定间隔。于是，一个按序编号的批中每第 9、第 19 或第 29 号产品可取作样品。从批中抽取的第一个产品由随机数表确定，所有其他产品随第一个产品之后按固定间隔抽取。固定间隔的数值由批量除以样本量确定。

A.2.2 举例

假设一 8000 个产品的检查批，须作起泡、针孔、麻点、锈点及其他缺陷的目视检验。根据表 1，要抽取 200 个样品，固定间隔是 40。第一步是从表 A.2 或以其他适当的方法选取 1 到 40 之间的一个随机数。在选取第一个样品后，所需的其他样品从批中每隔 40 抽取一件，一直到总样品数达到 200 个为止。

A.3 分层抽样（分批抽样）

A.3.1 抽样

在特定的条件下，可能有必要将批分为分批，以得到批的特殊部分或分层信息。把批分为分层的分批，需要有相当丰富的关于产品特征的知识和判断。将每一分批看作孤立批进行抽样。然后，做出每一分批的产品质量的接收和拒收的统计学决定。

A.3.2 举例

假设要目视检验来自 5 种不同分批的 51400 个机械镀件所组成的检查批。所有产品都是在同一生产班组期间不同机器上加工出来的、尺寸和形状相同的同样材料的镀镉件。抽样检查是用于确定每批产品的接收或拒收。每一批的分批量或相关的样本量如表 A.1。

表 A.1 分批抽样的分批量和样本量

批数	分批量	样本量	批数	分批量	样本量
1	9000	200	4	17100	315
2	9500	200	5	9000	200
3	6800	200	总数	51400	1115

表 A.2 随机数表

行	列													
	1	2	3	4	5	6	7	8	9	10	11	12	13	14
1	10480	15011	01536	02011	81647	91646	69179	14194	62590	36207	20969	99570	91291	90700
2	22368	46573	25595	85393	30995	89198	27982	53402	93965	34095	52666	19174	39615	99505
3	24130	48360	22527	97265	76393	64809	15179	24830	49340	32081	30680	19655	63348	58629
4	42167	93093	06243	61680	07856	16376	39440	53557	71341	57004	00849	74917	97758	16379
5	37570	39975	81837	16656	06121	91782	60468	81305	49684	60672	14110	06927	01263	54613

（续）

行	列													
	1	2	3	4	5	6	7	8	9	10	11	12	13	14
6	77921	06907	11008	42751	27756	53498	18602	70659	90655	15053	21916	81825	44394	42880
7	99562	72905	56420	69994	98872	31016	71194	18738	44013	48840	63213	21069	10634	12952
8	96301	91977	05463	07972	18876	20922	94595	56869	69014	60045	18425	84903	42508	82307
9	89579	14342	63661	10281	17453	18103	57740	84378	25331	12566	58678	44947	05585	56941
10	85475	36857	53342	53988	53060	59533	38867	62300	08158	17983	16439	11458	18593	64952
11	28918	69578	88231	33276	70997	79936	56865	05859	90106	31595	01547	85590	91610	78188
12	63553	40961	48235	03427	49626	69445	18663	72695	62180	20847	12234	90511	33703	90322
13	09429	93969	52636	92737	88974	33488	36320	17617	30015	08272	84115	27156	30613	74952
14	10365	61129	87529	85689	48237	52267	67689	93394	01511	26358	85104	20285	29975	89868
15	07119	97336	71048	08178	77233	13916	47564	81056	97735	85977	29372	74461	28551	90707
16	51085	12765	51821	51259	77452	16308	60756	92144	49442	53900	70960	63990	75601	40719
17	02368	21382	52404	60268	89368	19885	55322	44819	01188	65255	64835	44919	05944	55157
18	01011	54092	33362	94904	31273	04146	18594	29852	71585	85030	51132	01915	92747	64951
19	52162	53916	46369	58586	23216	14513	83149	98736	23495	64350	94738	17752	35156	35749
20	07056	97628	33787	09998	42698	06691	76988	13602	51851	46104	88916	19509	25625	58104
21	48663	91245	85828	14346	09172	30168	90229	04734	69193	22178	30421	61666	99904	32812
22	54164	58492	22421	74103	47070	25306	76468	26384	58151	06646	21524	15227	96909	44592
23	32639	32363	05597	24200	13363	38005	94342	28728	35806	06912	17012	64161	18296	22851
24	29334	27001	87637	87308	58731	00256	45834	15398	46557	41135	10367	07684	36188	18510
25	02488	33062	28834	07351	19731	92420	60952	61280	50001	67658	32586	86679	50720	94953
26	81525	72295	04839	96423	24878	82651	66566	14778	76797	14780	13300	87074	79666	95725
27	29676	20591	68086	26432	46901	20849	89768	81536	86645	12659	92259	57102	80428	25280
28	00742	57392	39064	66432	84673	40027	32832	61362	98947	96067	64760	64584	96096	98253
29	05366	04213	25669	26422	44407	44048	37937	63904	45766	66134	75470	66520	34693	90449
30	91921	26418	64117	94305	26766	25940	39972	22209	71500	64568	91402	42416	07844	69618
31	00582	04711	87917	77341	42206	35126	74087	99547	81817	42607	43808	76655	62028	76630
32	00725	69884	62797	56170	86324	88072	76222	36086	84637	93161	76038	65855	77919	88006
33	69011	65795	95876	55293	18988	27354	26575	08625	40801	59920	29841	80150	12777	48501
34	25976	57948	29888	88604	67917	48708	18912	82271	65424	69774	33611	54262	85963	03547
35	09763	83473	73577	12908	30883	18317	28290	35797	05998	41688	34952	37888	38917	88050
36	91567	42595	27958	30134	04024	86385	29880	99730	55536	84855	29080	09250	79656	73211
37	17955	56349	90999	49127	20044	59931	06115	20542	18059	02008	73708	83517	36103	42791
38	46503	18584	18845	49618	02304	51038	20655	58727	28168	15475	56942	53389	20562	87338
39	92157	80634	94824	78171	84610	82834	09922	25417	44137	48413	25555	21246	35509	20468
40	14577	62765	35605	81263	39667	47358	56873	56307	61607	49518	89656	20103	77490	18062
41	98427	07523	33362	64270	01638	92477	66969	98420	04880	45585	46565	04102	46880	45709
42	34914	63976	88720	82765	34476	17032	87589	40836	32427	70002	70663	88863	77775	69348
43	70060	28277	39475	46473	23219	53416	94970	25832	69975	94884	19661	72828	00102	66794
44	53976	54914	06990	67245	68350	82948	11398	42878	80287	88267	47363	46634	06541	97809
45	76072	29515	40980	07391	58745	25774	22987	80059	39911	96189	41151	14222	60697	59583

（续）

行	列													
	1	2	3	4	5	6	7	8	9	10	11	12	13	14
46	90725	52210	83974	29992	65831	38857	50490	83765	55657	14361	31720	57375	56228	41546
47	64364	67412	33339	31926	14883	24413	59744	92351	97473	89286	35931	04110	23726	51900
48	08962	00358	31662	25388	61642	31072	81249	35648	56891	69352	48373	45578	78547	81788
49	95012	68379	93526	70765	10592	04542	76463	54328	02349	17247	28865	14777	62730	92277
50	15664	10493	20492	38391	91132	21999	59516	81652	27195	48223	46751	22923	32261	85653
51	16408	81899	04153	53381	79401	21438	83035	92350	36693	31238	59649	91754	72772	02338
52	18629	81953	05520	91962	04739	13092	97662	24822	94730	06496	35090	04822	86774	98289
53	73115	35101	47498	87637	99016	71060	88824	71013	18735	20286	23153	72924	35165	43040
54	57491	16703	23167	49323	45021	33132	12544	41035	80780	45393	44812	12515	98931	91202
55	30405	83946	23792	14422	15059	45799	22716	19792	09983	74353	68668	30429	70735	25499
56	16631	35006	85900	98275	32388	52390	16815	69298	82732	38480	73817	32523	41961	44437
57	96773	20206	42559	78985	05300	22164	24369	54224	35083	19687	11052	91491	60883	19746
58	38935	64202	14349	82674	66523	44133	00697	35552	35970	19124	63318	29686	03387	59846
59	31624	76384	17403	58363	44167	64486	64758	75366	76554	31601	12614	33072	60332	92325
60	78919	19474	23632	27889	47914	02584	37680	20801	72152	39339	34806	08930	85001	87820
61	03931	33309	57047	74211	63445	17361	62825	39908	05607	91284	68833	25570	38818	46920
62	74426	33278	43972	10119	89917	15665	52872	73823	73144	88662	88970	74492	51805	99378
63	09066	00903	20795	95452	92648	45454	09552	88815	16553	51125	79375	97596	16296	66092
64	42238	12426	87025	14267	20979	04508	64535	31355	86064	29472	47689	05974	52468	16834
65	16153	08002	26504	41744	81959	65642	74240	56302	00033	67107	77510	70625	28725	34191
66	21457	40742	29820	96783	29400	21840	15035	34537	33310	06116	95240	15957	16572	06004
67	21581	57802	02050	89728	17937	37621	47075	42080	97403	48626	68995	43805	33386	21597
68	55612	78095	83197	33732	05810	24813	86902	60397	16489	03264	88525	42786	05269	92532
69	44657	66999	99324	51281	84463	60563	79312	93454	68876	25471	93911	25650	12682	73572
70	91340	84979	46949	81973	37949	61023	43997	15263	80644	43942	89203	71795	99533	50501
71	91227	21199	31935	27022	84067	05462	35216	14486	29891	68807	41867	14951	91696	85065
72	50001	38140	66321	19924	72163	09538	12151	06878	91903	18749	34405	56087	82790	70925
73	65390	05224	72958	28609	81406	39147	25549	48542	42627	45233	57202	94617	23772	07896
74	27504	96131	83944	41575	10573	08619	64482	73923	36152	05184	94142	25299	84387	34925
75	37169	94851	39117	89632	00959	16487	65536	49071	39782	17095	02330	73401	00275	48280
76	11508	70225	51111	38351	19444	66499	71945	05422	13442	78675	84081	66938	93654	59894
77	37449	30362	06694	54690	04052	53115	62757	95348	78662	11163	81651	50245	34971	52924
78	46515	70331	85922	38329	57015	15765	97161	17869	45349	61796	66345	81073	49106	79860
79	30986	81223	42416	58353	21532	30502	32305	85482	05174	07901	54339	58861	74818	46942
80	68798	64995	46583	09785	44160	78128	83991	42865	92520	83531	80377	35909	81250	54238
81	82486	84846	99254	67632	43218	50076	21361	64816	51202	88124	41870	52689	51275	83556
82	21885	32906	92431	09060	64297	51674	64126	62570	26123	05155	59194	52799	28225	85762
83	60336	98782	07408	53458	13564	59089	26445	29789	85205	41001	12535	12133	14645	23541
84	43937	46891	24010	25560	86355	33941	25786	54990	71899	15475	95434	98227	21824	19585
85	97656	63175	89303	16275	07100	92063	21942	18611	47348	20203	18534	03862	78095	50136

（续）

行	列													
	1	2	3	4	5	6	7	8	9	10	11	12	13	14
86	03299	01221	05418	38982	55758	92237	26759	86367	21216	98442	08303	56613	91511	75928
87	79626	06486	03574	17668	07785	76020	79924	25651	83325	88428	85076	72811	22717	50585
88	85636	68335	47539	03129	65651	11977	02510	26113	99447	88645	34327	15152	55230	93448
89	18039	14367	61337	06177	12143	46609	32989	74014	64708	00533	35398	58408	13261	47908
90	08362	15656	60627	36478	65648	16764	53412	09013	07832	41574	17639	82163	60859	75567
91	79555	29068	04142	16268	15387	12856	66227	38358	22478	73373	88732	09443	82558	05250
92	92608	82674	27072	32534	17075	27698	98204	63863	11951	34648	88022	56148	34925	57031
93	23982	25835	40055	67006	12293	02753	14827	23235	35071	99704	37543	11601	35503	85171
94	09915	96306	05908	97901	28395	14186	00821	80703	70426	75647	76310	88717	37890	40129
95	59037	33300	26695	62247	69927	76123	50842	43834	86654	70959	79725	93872	28117	19233
96	42488	78077	69882	61657	34136	79180	97526	43092	04098	73531	80799	76536	71255	64239
97	46764	86273	63003	93017	31204	36692	40202	35275	57306	55543	53203	18098	47625	88684
98	03237	45430	55417	63282	90816	17349	88298	90183	36600	78406	06216	95787	42579	90730
99	86591	81482	52667	61582	14972	90053	89534	76036	49199	43716	97548	04379	46370	28672
100	38534	01715	94964	87288	65680	43772	39560	12918	86537	62738	19636	51132	25739	56947

第四节　磁性和非磁性基体上镍电镀层厚度的测量

一、概论

镀层厚度测量方法种类繁多，主要有磁性法、涡流法、阳极库仑法、横断面测定、轮廓仪法、X射线光谱法等。磁性法是应用最广泛的一种非破坏性覆盖层厚度测定方法，主要测定磁性基体上的各种非磁性覆盖层厚度，也可测定非磁性基体上的磁性覆盖层厚度。其原理是利用磁性测厚仪的磁体与基体之间电镀层的存在而引起的磁力或磁路的磁阻变化，这种变化与电镀层的厚度具有一定的函数关系。

GB/T 13744—1992《磁性和非磁性基体上镍电镀层厚度的测量》涵盖了磁性和非磁性基体上镍电镀层厚度测量的装置、影响测量精度的因素、仪器的校准、测量程序等内容，对仪器生产商和使用企业有一定指导意义。

GB/T 13744—1992等同采用ISO 2361：1982《磁性及非磁性基体镍镀层厚度测量方法——磁性法》。该标准于1992年11月4日发布，1993年8月1日实施。

二、标准主要特点与应用说明

该标准规定了使用磁性测厚仪无损测量磁性和非磁性基体上镍电镀层厚度方法，适用于磁性和非磁性基体上镍电镀层的检验。该标准将可测的镍电镀层分为A、B两类，A类为磁性基体镍镀层，B类为非磁性基体镍电镀层。按磁性原理设计的测厚仪可测A类镍电镀层的最大厚度为50μm，B类为25μm；按磁阻原理设计的测厚仪对两类镍电镀层的测量范围基本相同，最大测量厚度1mm。

该标准包含主题内容和适用范围、引用标准、术语和定义、原理、装置、影响测量精度的因素、仪器的校准、测量程序等部分。

该标准测定方法的精确度受镀层厚度、边缘效应、表面粗糙度、表面附着物、镀层磁性以及仪器操作（测头压力、测头方向）的影响。测 A 类镍镀层时，还要考虑基体金属的磁性、基体金属厚度、基体磁性、基体金属机械加工方向；测 B 类镍电镀层时，必须考虑基体背面的镍镀层。在标准应用中，要注意条款 7“仪器的校准”和条款 8“测量程序”，按这些条款实施，可保证测量的准确性。

三、标准内容（GB/T 13744—1992）

磁性和非磁性基体上镍电镀层厚度的测量

1　主题内容与适用范围

本标准规定了使用磁性测厚仪无损测量磁性和非磁性基体上镍电镀层厚度的方法。

本标准适用于磁性和非磁性基体上镍电镀层厚度的检验。

本标准不适用于自动催化（非电镀）镍镀层。

2　引用标准

GB 4955　金属覆层厚度测量阳极溶解库仑方法

GB 6462　金属和氧化物覆盖层横断面厚度显微镜测量方法

3　术语、定义

A 类镀层：磁性基体镍镀层。

B 类镀层：非磁性基体镍镀层。

4　原理

磁性测厚仪是通过测量永久磁铁（测头）与基体之间因存在镀层而引起的磁引力变化或通过测量镀层与基体间的磁阻变化而反映其厚度的。

5　装置

该装置是按第 4 章所述原理设计的专用仪器。

采用磁性原理设计的仪器对于两类镀层有着各自的测量范围：A 类镀层的最大厚度是 50μm；B 类镀层的最大测量厚度是 25μm。

采用磁阻原理设计的仪器对于两类镀层有着基本相同的测量范围；最大测量厚度为 1mm。

6　影响测量精度的因素

下列因素可能影响镀层的测量精度。

6.1　镀层厚度

测量精度与仪器的设计有关并随镀层厚度而异。对于薄的镀层，其精度与镀层厚度无关；对于厚的镀层，其精度为厚度的一个近似的固定比值。

6.2　基体金属的磁性（A 类镀层）

磁性法测量厚度受到基体金属磁性变化的影响。实际上，低碳钢的这种影响极小。

6.3　基体金属厚度（A 类镀层）

对每种仪器都有一个临界基体金属厚度，超过此厚度，测量将不受基体金属厚度增加的影响。由于此厚度取决于仪器测头和基体金属的性质，因此，其数值应由实验确定，除非另有规定。

6.4 边缘效应

本方法对被测件表面形状的突变较敏感，因此，在边缘或内部拐角附近进行测量是无效的，除非测量时仪器已经在该处校准过。根据仪器的不同，该效应可从突变点开始延伸大约 20mm。

6.5 曲率

测量结果受被测件曲率的影响，当曲率半径减小时，这种影响更为显著，并随仪器的种类和型号的不同而有较大的差异。

对于双磁极测头的仪器，当两个磁极的排列方向平行或垂直于圆柱的轴线时，会产生不同的读数。对于单磁极测头如有不规则磨损，也会产生类似的现象，因此，仪器只有经过校准，才能对弯曲的工件进行有效的测量。

6.6 表面粗糙度

在粗糙表面上同一参比面内进行的一系列测量，如测量值的变化超过了仪器固有的重复性，则测量次数至少增加五次。

6.7 基体金属机械加工的方向（A 类镀层）

使用双磁极测头或有不规则磨损的单磁极测头的仪器时，基体金属机械加工（如轧制）方向对测量结果有影响，读数随测头在被测件表面上的方向而变化。

6.8 剩磁（A 类镀层）

基体金属的剩磁会影响采用恒定磁场仪器的测量结果，而对使用交变磁场仪器的测量结果影响很小。

6.9 磁场

各种电气设备产生的强磁场会严重干扰使用恒定磁场仪器的工作。

6.10 附着物

仪器探头必须与被测件表面紧密接触，因附着物会妨碍测头与镀层的紧密接触，所以测头与被测件表面应进行清洁处理。

6.11 镀层的磁性

镀层的磁性变化对测量结果有影响，其成度取决于电镀的条件、镀层的成分和类型及应力状态等。相同成分的暗镍（无硫或基本无硫）经 400℃、30min 热处理可使透磁均匀，光亮镍在热处理后不一定能使磁性均匀，热处理也可能破坏工件。多层镍镀层的磁性还取决于每一层的相对厚度。

6.12 基体背面的镍镀层（B 类镀层）

基体背面的镍镀层对测量结果的影响取决于基体的厚度。

6.13 测头的压力

测头磁极对测量面应有足够的恒压，但不致使镀层发生变形。

6.14 测头的方向性

利用磁引力原理的仪器读数会受到磁铁相对地磁场方向的影响，因此测头测量时的方向应与校准时的方向一致。

7　仪器的校准

7.1　校准

每台仪器在使用前必须用适当的校正标准片按生产厂家的说明书校准。

使用中，应适当注意第 6 章的因素和第 8 章的程序。

7.2　校正标准片

7.2.1　校正标准片应是在基体上由电镀结合牢固的镍镀层制成。标准片的基体和镀层应与试样具有相同的磁性和表面粗糙度（见 6.2 和 6.6）。为了证实基体磁性是否相同，建议将无镀层的标准片和无镀层试样的基体金属的读数进行比较。同样，为了保证仪器校准的正确，需要用一种有代表性的试样作为校准标准，其厚度已由库仑法（见 GB 4955）或显微镜法（GB 6462）测定。

7.2.2　在有些情况下，应将测头旋转 90°来校正仪器（见 6.7 和 6.8）。

7.2.3　对于 A 类镀层，如果临界厚度不超过 6.3 条的规定，试样和校准标准片的基体金属厚度应相同。如果基体金属两面都有镀层，将产生另外的误差。如果不超过临界厚度，可用足够厚度的相同材料垫起校正标准片或试样的基体金属，使其读数与基体金属厚度无关。

7.2.4　如果被测镀层的曲率小到不能在平面上校准，则有镀层标准片的曲率与试样的曲率必须相同。

8　测量程序

测量时必须遵守下列注意事项。

8.1　操作仪器时，应适当注意第 6 章所列因素。

8.2　基体金属厚度（A 类镀层）

检查基体金属厚度是否超过临界厚度，如没超过，采用 7.2.3 款所述的方法测量，或保证仪器已用与试样厚度和磁性相同的标准片进行了校准。

8.3　边缘效应

不要在不连续处的附近如试样的边角、孔洞、内转角处进行测量，除非已在该处进行了校准。

8.4　曲率

不要在试样的弯曲表面进行测量，除非已在该曲面上进行了校准。

8.5　读数的次数

由于通常的仪器每次读数并不完全相同，必须在每一测量区的每一个位置取几个读数。镀层厚度的局部差异也要求在规定面上测量几次，表面粗糙更应如此。磁引力型仪器对振动很敏感，明显过高的读数应舍去。

8.6　机械加工的方向（A 类镀层）

如果机械加工的方向对读数有明显的影响，则在试样上测量时，测头的方向与校准时的方向应一致，否则，在同一测量区内，测头应旋转 90°测量一次，共四次。

8.7　剩磁

当采用具有恒磁场的双磁极测头的仪器时，如果基体金属有剩磁，则必须在相反的两个方向（180°）进行测量。为了得到正确的结果，试样要退磁。

8.8　表面清洁度

在测量前应从表面除去如灰尘、油脂和腐蚀物等附着物，但不要除掉任何镀层。当测量时，避免有难以清除的如焊渣、酸渍、铁鳞或氧化皮等可见缺陷的任何区城。

8.9 技巧

测量结果与操作者的技巧有关，例如，施于测头的压力，或施于磁铁的平衡力的大小和速率因人而异。但是，如果由同一个测量人员校准仪器，采用恒压测头进行测量，可使这种影响减至最小。

8.10 测头的位置

测头应垂直地放在试样表面的测量点上，这对磁引力型仪器很重要。但有些仪器的测头可以稍微倾斜，以便获得最小的读数。在光滑的表面上，如果读数随倾斜角度有明显变化，测头可能磨损考虑更换。

使用磁引力型仪器进行水平测量或倒向测量时，当测量系统的位置不是在重心处，则必须分别进行校准。

9 精度要求

仪器的校准和测量，应能使其测得的镀层厚度与实际厚度的误差在10%或1.5μm以内，取其中较大值，因此能够得到较好的精度。

第五节 电沉积铬层 电解腐蚀试验（EC试验）

一、概论

腐蚀是指材料（一般指金属）与其共处的环境之间的化学或电化学反应造成的材料及其性能破坏。由于腐蚀与材料及与该材料共处的环境有关，所以材料腐蚀发生于各种各样环境。这些环境不仅包含材料附近的气体气氛或具有实际成分的液体介质，还包含着温度及其变化和特殊的流动条件，这说明腐蚀是特定环境条件下的一种材料行为。实验室腐蚀试验容易比较材料和系统的使用性能，其中包括连续暴露或提高腐蚀严酷度，以使能够在短时间内获得具有参考价值的结果。

电解腐蚀试验是一种快速评价电沉积层户外使用耐蚀性的试验方法。

GB/T 6466—2008《电沉积铬层 电解腐蚀试验（EC试验）》涵盖了电解腐蚀试验的试验溶液、仪器、试验条件和方法，为企业和从事腐蚀防护工作者提供了技术指南。

GB/T 6466—2008等效采用ISO 4539：1980《电沉积铬层 电解腐蚀试验（EC试验）》，替代GB/T 6466—1986。该标准于2008年6月19日发布，2009年1月1日实施。

二、标准主要特点与应用说明

该标准规定了快速评价钢或锌合金铸件上的铜-镍-铬和镍-铬电沉积层户外耐蚀性的方法，对于1.1之外的其他沉积层体系和材料使用该实验方法时，应事先验证本方法与其户外使用的对应关系。该标准为评价标准，选取原则是，电解腐蚀试验的腐蚀速率为电解2min的腐蚀程度相当户外使用1年的状况。

该标准规定了评定电沉积铬层的电解腐蚀试验方法，该方法快速而准确，可评价钢或锌合金铸件上的铜-镍-铬电沉积层的户外耐蚀性。该标准对产品户外使用的期限和结果未做规定和解释。若其他材料或沉积体系要用该试验方法，则要事先验证该试验方法同其室外使用的相应关系。

在标准中提出的试验条件下，通过铬层的孔隙、裂纹等不连续处电沉积镍层（不浸蚀铬层），当试样表面达到电流密度的设定值时，由恒电位控制改为恒电流控制，以保证加速速度恒定。

电解腐蚀试验的主要技术原来是采用恒电位仪（恒电流仪）在特定电解条件、电解液和指示剂溶液中进行电解试件，从而得到腐蚀速率。该标准中对试验溶液（电解液、指示剂）提出了技术要求；对试验溶液、试验条件、试验方法、试验报告等做出了具体规定，并图示了电解腐蚀试验仪表，对记录数据用表、试验仪器进行了说明。

该标准包含范围、试剂、仪器、试验条件、方法、对钢基体试样的另一种试验方法、试验报告及附录等部分。

使用该标准进行试验时，应注意条款 1.3，该部分说明在标准中提供的试验条件下，镍层的电解是通过铬层不连续区（铬层不被浸蚀）进行的。

三、标准内容（GB/T 6466—2008）

电沉积铬层
电解腐蚀试验（EC 试验）

1　范围

1.1　本标准规定了快速而准确地评价钢或锌合金铸件上的铜-镍-铬和镍-铬电沉积层户外耐蚀性的方法。对产品在户外使用的期限和结果，本标准未作描述和解释。

1.2　对于 1.1 之外的其他沉积层体系或材料使用本试验方法时，应事先验证本方法与其户外使用的相应关系。

1.3　本标准提供的试验条件下，镍层的电解是通过铬层不连续区（铬层不被浸蚀）进行的。电解腐蚀试验的速率是电解 2min 的腐蚀程度相当于使用 1 年的程度。当露出的镍层面积增加迅速（如高密度的铬不连续区的试样表面）时，EC 试验的速率将超过其户外腐蚀相对应的试验速率，为保证相同的腐蚀速率，当试样表面达到预定电流密度时，应由恒电位控制改为恒电流控制。

2　试剂

采用分析纯试剂、蒸馏水或同等纯净的水配制。

2.1　电解液

2.1.1　电解液 A，用于当指示剂溶液鉴定电解后锌基体或钢基体试样的腐蚀点。

每升电解液组分：

硝酸钠（$NaNO_3$）	10.0g
氯化钠（NaCl）	1.3g
浓硝酸（HNO_3）（$\rho=1.42g/mL$）	5.0mL
蒸馏水	配至 1L

槽液寿命：900C/L。

2.1.2　电解液 B，用于试验钢基体试样，腐蚀点在电解液中鉴别（见第 6 章）。

每升电解液组分：

硝酸钠（$NaNO_3$）	10.0g
氯化钠（NaCl）	1.0g
浓硝酸（HNO_3）（$\rho=1.4g/mL$）	5.0mL
1,10 盐酸二氮杂菲	1.0g
蒸馏水	配至 1L

槽液寿命：200C/L 或直到溶液颜色掩盖腐蚀点产生的颜色为止。

2.2 指示剂溶液

2.2.1 溶液 C，用于鉴定电解后锌基体试样的腐蚀点。

每升溶液组分：

冰醋酸（CH_3COOH）	2mL
喹啉（C_9H_7N）	8mL
蒸馏水	配至 1L

溶液寿命：直到溶液浑浊无法识别腐蚀点产生的混浊液流为止。

2.2.2 溶液 D，用于鉴定电解后钢基体试样的腐蚀点。

每升溶液组分：

冰醋酸（CH_3COOH）	2mL
硫氰化钾（KCNS）	3g
过氧化氢（H_2O_2）（质量分数 30%）	3mL
蒸馏水	配至 1L

溶液寿命：直到溶液颜色掩盖腐蚀点产生的颜色为止。

3 仪器（见图 1 和附录 A）

3.1 恒电位仪，能在±0.002V 内调节阳极电位，具有能保证被试表面至少可获得 $3.3mA/cm^2$（即 $33A/m^2$）的电流容量。

3.2 电解池，其容量要能容纳足够的电解液，使试样（阳极）、阴极和参比电极浸入其中。如果用于显示钢试样的镀层的电解和腐蚀，其电解液包含适合钢基体的指示剂（见 2.1.2），电解池应附有均匀照明底部的装置，底面和侧面平整透明。

3.3 指示剂溶液槽，底面和侧面平整透明。试验钢基体试样时，有均匀照明底部的装置。试验锌基体试样时，有照明侧面和使底部变黑的装置。

3.4 难溶金属阴极，如镀铂的钽片，阴极面积要能承受适当的阳极电流密度。

3.5 饱和甘汞电极（SCE），作为参比电极，渗漏速率约 $8\times10^{-4}mm^3/s$（$3mm^3/h$）。

3.6 玻璃鲁金毛细管，毛细管尖端的内径约为 1mm，外径约为 2mm，上部玻璃管内径要能放入饱和甘汞电极（见 3.5）。

3.7 电计时器，能读出 0.1min（6s）的通电时间。

3.8 C 形夹，附有硬的与试样有良好电接触的尖螺钉。

3.9 屏蔽材料（涂料或胶带），用于屏蔽浸入电解液但不要求试验的表面（如试样的边和反面）。

4 试验条件

4.1 试样最高电流密度为 $3.3mA/cm^2$。

4.2 试样对于饱和甘汞电极的电位为+0.3V。

注：必要时，可稍低些，以便保持试样的电流密度（见 5.8 后的注）。

4.3 通电周期为通电 1min，断电约 2min。

注：对准确性要求不高的试验，可通电 2min，断电约 2min。

5 方法

5.1 选择一部分需试验的试样，如果有必要，可将所需试验的部分分割出来。

5.2 用绝缘漆或胶带覆盖反面、棱边和试样正面暴露在电解液-空气界面的部分。

5.3 测定受试的表面积，按 3.3mA/cm^2 计算最高电流值。

5.4 将受试面用沾有氧化镁软膏的棉纱轻擦，至表面完全浸润。

5.5 用清洁流动水充分地冲洗。

5.6 用 C 形夹把试样放在电解池中（见图 1），将电解液 A（见 2.1.1）注入电解池内，液面达到所要求的高度。调节甘汞电极的尖端距试面在 2mm 内，并作必要的连接，调节恒电位仪控制试样相对于饱和甘汞电极（SCE）的电位为+0.3V（见 4.2）。

5.7 开始电解并同时计时。记录电流密度（见表 1）。

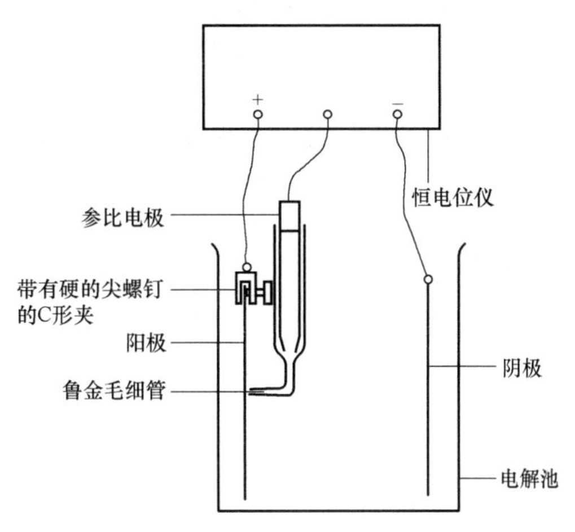

图 1 EC 试验仪器图

表 1 记录数据用表

镀层试样		日 期	
相对于饱和甘汞电极的阳极电位/V	电流/A	时间/s	备注

5.8 连续电解 60s±2s（见 4.3）。

注：电解开始时的电流密度，取决于镍通过铬层的孔隙及裂纹而显示出来的原始面积。铬层不连续区的相对密度，可以将试样与已知优质的试样的初始电流密度进行比较得出来。由于试样相对于饱和甘汞电极的阳极电位为+0.3V，铬表面也传导一个小的电流（0.001mA/cm^2），若不连续区的值偏低时，可能会出现明显不可预见的误差。假如试样的电流密度有可能超过 3.3mA/cm^2 时，则要降低电位，以便维持这个值。如果试样承受的阳极电流密度过高，会使铬氧化成 Cr^{+6}（出现特有的橙色），则试验无效，试样及电解液均应报废。

5.9 停止电解和计时。

5.10 取出试样，用清洁流动水冲洗。

5.11 将锌基体试样放入指示剂溶液 C（见 2.2.1），钢基体试样放入指示剂溶液 D（见 2.2.2）。

5.12 观察试样表面，若观察到钢基体试样表面出现一个或多个红色液流，锌基体试样表面出现一个或多个白色沉淀物液流，这表示镀层被穿透，基体金属已腐蚀。

注：若要对试样进行永久性的目测记录，则对试样进行加速腐蚀试验，如 CASS 试验，曝露 1h～4h 试样就可以重现基体金属的腐蚀点。

5.13 取出试样，用清洁流动水冲洗，再浸入电解液 A（见 2.1.1）。

5.14 重复 5.6～5.13 步骤，直至到达所需电解时间为止。

注：所需的电解时间，由模拟实际使用情况决定，电解 2min 大致相当于在美国密歇根州底特律市曝露

1a。腐蚀程度的测量可用如下方法中的一种：

a）铬层退掉后，用干涉显微镜测量镍层中腐蚀点的密度、半径和深度；

b）利用适当的指示剂溶液（见2.2.1或2.2.2）指示镀层完全被穿透至基体金属。

5.15 停止电解和计时，并记录总通电时间。

6 对钢基体试样的另一种试验方法

注：采用含有指示剂的电解液B（见2.1.2），可省去将试样从电解池移入指示剂溶液中。尽管电解液B要比电解液A昂贵，而且寿命更短，但还是常常选用，特别是对于小试样的试验。

6.1 重复5.1~5.9步骤。

6.2 短暂搅拌电解液，试样在电解液中放置2min。

6.3 观察试样表面，若出现红色液流，表明基体金属腐蚀。

6.4 重复5.8、5.9、6.2和6.3步骤，直至所需电解时间到达为止（见5.14后的注）。

6.5 停止电解和计时，并记录总通电时间。

7 试验报告

试验报告应包括下列内容：

7.1 试样的类型和符号。

7.2 本标准号GB/T 6466。

7.3 试验结果。

7.4 采用第5章方法还是采用第6章方法。

7.5 试验步骤中相同或不同的一些偏差。

7.6 试验日期。

附 录 A
（规范性附录）
仪器说明

A.1 恒电位仪

用于EC试验的恒电位仪，应能使外加电位保持在±2mV内，有“工作”和“备用”的电路，使在中断电解电流时，不会产生有电流冲击损坏仪器的危险。还应有一台多量程的毫安计，以便能控制试验时的最大电流极限。

A.2 参比电极

参比电极用半电池细丝尖型的饱和甘汞电极，推荐使用这种低渗型以减少Hg^{+}扩散到EC电解液中。

A.3 试验池

电解池的容积取决于试样的形状与大小，用非导体材料制作。电解过程（指示剂法）中，试验需进行观察，所以建议采用透明材料制作。

A.4 电解池的照明装置

适当的光线有利于在电解过程中或电解以后观察镀层的穿透情况（指示剂法）。把电解池装在均匀照明的半透明板上，是一种较满意的照明方法。采用荧光灯以使局部受热减至最低程度。

A.5 搅拌

用化学稳定和电绝缘的搅棒或桨叶为宜。

A.6　计时装置

虽然许多试验选用秒表和其他实验室计时器，但最好选用可以调节的电计时器，它应当与恒电位仪的主线路连接，利用一个共同开关来同时触发两个仪表。

A.7　显微镜

把一种干涉物镜装在一般的立式显微镜上，作为干涉显微镜，这种显微镜还应配有一个校准过的精细的聚焦旋钮和校准过的（双线）分度镜的目镜。光源是装有强度调节器的钨灯。

A.8　屏蔽胶带或涂料

用绝缘胶带或涂料隔离试验面，使导电的非试验面与试验面的电化学反应绝缘，建议用耐化学介质的胶带和在电镀中常用的屏蔽清漆。

A.9　线和夹子

所有的导线都应绝缘，并具有适当的尺寸，以适应通过阳极引出的电流。采用铜线（直径 1.6mm）可以满足恒电位仪的最大电流极限（15A）。夹子和触头应当是牢固的螺纹式，以保证低电阻的连接。

A.10　阴极

建议采用镀铂的钽或钛的薄板。阳极、阴极大小之比为 1∶1，具有各种各样网眼的阴极是适合的。

第六节　多层镍镀层　各层厚度和电化学电位　同步测定法

一、概论

多层镍镀层能提高镀件表面的耐蚀性。各镀层之间存在电位差，能起到电化学保护作用。当电位差足以造成光亮镍或顶层相对于在此之下的半光亮镍层发生优先的牺牲性的腐蚀时，可对基体起到作用。各层间的电位差（相对于参比电极，在一定电解液中和一定的电流密度条件下测定）和各层的厚度存在函数关系，利用仪器直接测量镀件而不是分离下来的箔试样的电位差，以溶解所耗的时间确定每层厚度。

JB/T 10534—2005《多层镍镀层　各层厚度和电化学电位　同步测定法》涵盖了试验方法、仪器、程序、影响测量精度的因素等，对多层镍仪器生产商及电镀企业都有一定指导意义。

JB/T 10534—2005 等同采用 ASTM B764—1994（2003 确认）《多层镍镀层各层厚度和电化学电位同步测量的标准试验方法（STEM）》。该标准于 2005 年 9 月 23 日发布，2006 年 2 月 1 日实施。

二、标准主要特点与应用说明

该标准规定了多层镍镀层中各层的厚度和各层之间的电化学电位差测量方法，其主要技术内容有电解液成分、恒电源、参比电极、毫伏计影响测量精度的因素等。

该标准包含范围、规范性引用文件、试验方法概要、意义和应用、仪器、程序、影响测量精度的因素、结果解释、精确度和偏差等部分。

利用电化学原理选取相应的仪器和试验参数。在标准应用中，要注意条款 7 “影响测量精度的因素”，这些因素直接影响到测量的精确度。检测时，还要注意相关设备的保养及校正。

三、标准内容（JB/T 10534—2005）

多层镍镀层 各层厚度和电化学电位 同步测定法

1 范围

本标准规定了多层镍镀层中各层的厚度和各层之间的电化学电位差同时测定的标准测量方法。

本标准不涉及其应用中有关的一切安全问题。本标准的用户应负责在采用本标准前先建立适当的安全和健康措施，并确定一些法规限制的适用性。

2 规范性引用文件

下列文件中的条款通过本标准的引用而成为本标准的条款。凡是注日期的引用文件，其随后所有的修改单（不包括勘误的内容）或修订版均不适用于本标准，然而鼓励根据本标准达成协议的各方研究是否可使用这些文件的最新版本。凡是不注日期的引用文件，其最新版本适用于本标准。

GB/T 4955 金属覆盖层覆盖层厚度测量阳极溶解库仑法（GB/T 4955—1997，idt ISO 2177：1985）

GB/T 6682—1992 分析实验室用水规格和试验方法

3 试验方法概要

3.1 本标准是对覆盖层厚度测量阳极溶解库仑法（GB/T 4955）的改进，也叫阳极溶解或电化学退镀法。

3.2 库仑测厚仪是基于镀层的恒电流阳极溶解（退镀），通过测定溶解时间以确定厚度。正如通常的方法一样，此法采用一小电解槽，电解槽中充装适当的电解液，以试样作电解槽的底，电解槽底附一橡胶或塑料密封圈，此密封圈的孔确定测量（阳极退镀）的面积。若采用金属电解槽，则橡胶密封圈使试样与电解槽电绝缘。用试样作阳极、电解槽或搅拌器管作阴极，将电解槽通以直流恒电流，一直到镍层溶解。不同的金属层开始溶解时，电极之间的电压发生突变。

3.3 每种金属或同种金属件都需要一定的电压（电化学电位）来维持退镀时的恒电流。当一镍层溶解完而下一镍层暴露时将会发生电压变化（假设电流恒定且两层镍层间存在电化学特征差别），出现电压变化所耗去的时间（从试验开始或上一电压变化开始时计时）就是镀层厚度的量度。

3.4 测量厚度的同时，还可以观察电压变化的幅度，即与另一层相比，溶解或退镀是更容易成更难。所需电压较低，则该金属较活泼，或者说与其邻接较稳定金属相比其腐蚀倾向较大。

3.5 在金属层特性相似、退镀电压变化小的情况下，测量退镀槽（阴极）和试样（阳极）之间的电压变化时可能会出现问题。当试样发生阳极溶解时，在退镀槽（阴极）表面发生阴极过程，由于阴极表面的变化，也会造成电压变化加大，从而妨碍阳极电压的变化。通过在电解槽中放置未极化的第三电极（参比电极）测定溶解中的阳极试样的电位可克服此困难。记录此电位，可较方便地检测各层之间的电化学活性差。

3.6 根据溶解所耗去的电量（电流密度×时间）、溶解的面积、镍的电化学当量、阳极效率和镍层的密度，可计算任一规定镍层的厚度。

4 意义和应用

4.1 多层镍镀层提高耐蚀性的能力与其各层间的电化学电位之差（相对于参比电极，在一定电解液中和一定的电流密度条件下测定）和各层的厚度存在函数关系。电位差必须足以造成光亮镍或顶层相对于在此之下的半光亮镍层发生优先的牺牲性的腐蚀。

4.2 本标准可直接测量镀件而不是分离下来的箔试样的电位差，溶解所耗的时间确定每层厚度，而各镍层之间的电位差是整个镍镀层耐蚀性的指标。

4.3 对此试验结果的解释和评价应经供需双方商定。

注：本标准可用于帮助预测镀于产品上的经受其他介质腐蚀的多层镍镀层的耐蚀性。应了解，由于许多因素影响零件实际使用中的耐蚀性，试验中不同多层镍镀层的性能不能作为这些镀层在使用中的耐蚀性的绝对指标。

5 仪器

5.1 电解液成分

氯化镍（$NiCl_2 \cdot 6H_2O$）：300g/L

氯化钠（NaCl）：50g/L

硼酸（H_3BO_3）：25g/L

pH 值：3.0

注：pH 值可用稀盐酸或氢氧化钠调整，且比电解液成分更关键。

净化水：用 GB/T 6682 规定的三级或更好的。

5.2 恒电流源

应有一套电流在 0mA～50mA 范围内可调，典型值为 25mA～35mA 的恒电流源。当采用退镀面积为 0.08cm^2 的密封圈、电流效率为 100%时，30mA 的电流对应于退镀速度为 7.8μm/min（采用 5.1 的溶液可达到此目的）。大多数商品化库仑测厚仪稍作改进都可用作电流源。

5.3 电解液搅拌器

所有商品库仑测厚仪都配有溶液搅拌器，可按要求单独购买这类设备，与其他电源配合使用。

5.4 记录仪

任何输入阻抗至少为 1.0MΩ、能以大约 0.5mm/s（3cm/min）速度运行的时间类记录仪都可采用。

5.5 退镀槽

其结构与商品退镀槽类似。通常是用 316 不锈钢、蒙乃尔合金或塑料制成的杯形槽，此槽通过圆形橡胶或塑料密封圈与试样或试件接触。贯通电解槽和密封圈的孔使电解液与试样接触，而且确定退镀面积。

注：退镀槽可用塑料做成，用圆柱形不锈钢或蒙乃尔合金薄板作阴极安装于槽的上半部。这样的电解槽的优点在于防止须状物生长和小孔产生堵塞，而且阴极容易拆下清洗和更换。

5.6　参比电极组

商品测定系统的一般结构见图1，此组件是一内含参比电极的T形框架。该框架组件上部有供联结搅拌泵的端口，另外还有一带螺纹的旋钮与参比电极连接。组件的下部有可调玻璃管或塑料管围绕参比电极，以便在插入退镀槽时，参比电极也能浸入电解液。参比电极的尖端延伸入玻璃尖端，并使电极尖端与玻璃搅拌器管底部之间的距离大约为5.0mm。

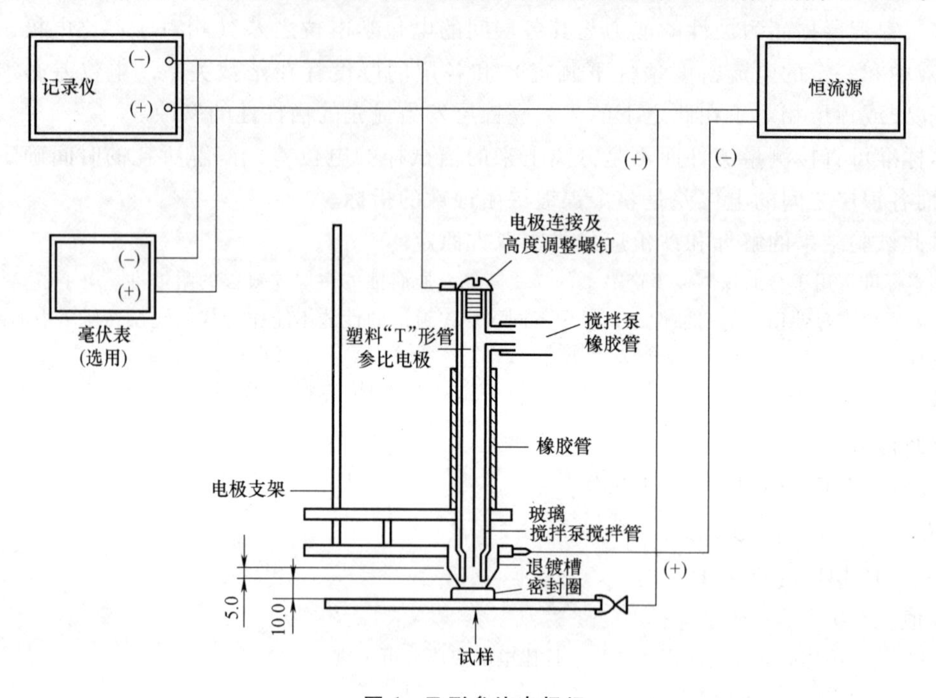

图1　T形参比电极组

5.7　参比电极

参比电极可用银丝或铂丝制作，其直径大约1.5mm。由于银在含氯化物电解液中使用时能形成银/氯化银电极，所以选用银丝更好。

注1：银电极在使用前要先调整以形成银/氯化银表面。将大约75mm的银丝放入1N盐酸溶液中，以34.7mA的阳极电流进行10s~15s的阳极处理，即可容易地达到此目的，这将在银丝上形成灰色膜，而且此膜总是存在。一旦灰色膜形成，除非膜被除去，否则不一定要再重复进行调整处理，但是若电极长时间未活化或长期处于干燥状态，则应再调整之。电极不用时应浸于盐酸调整液、电解液（见5.1）或蒸馏水中以避免其干燥。

注2：现已有商品化的不要求调整的陶瓷联通参比电极。

5.8　毫伏计（选配件）

当采用灵敏的或校正好的记录仪时，不一定要毫伏计。但在需要时，可采用各种灵敏的具有高输入阻抗的毫伏计。具有毫伏调节的标准pH计可满足要求。此毫伏计的量程应为0mV~2000mV，若采用具有低输出阻抗的毫伏计，则可用于驱动记录仪，并可用作缓冲放大器。大多数实验室pH计具有这样的输出端（见图2）。

注：毫伏计应具有高输入阻抗，低输出阻抗。典型的pH计的输入阻抗为1014Ω。数字计的输入阻抗至少为10^7Ω。

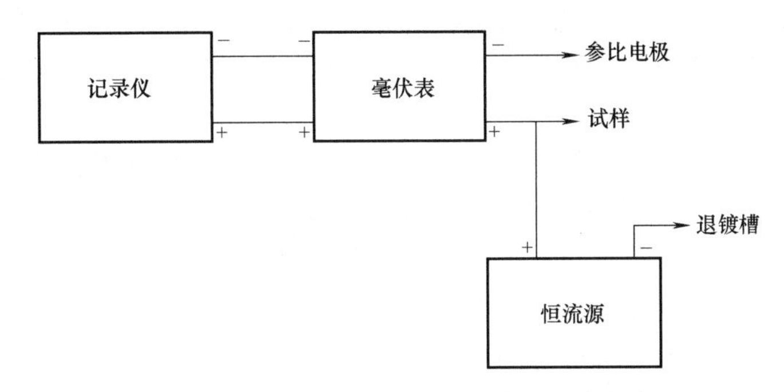

图2　高阻抗毫伏表作为缓冲放大器的电路

6　程序

6.1　按厂方的建议或图1装好设备。必要时，接好记录仪、毫伏计，使之预热。

6.2　若镍表面存在铬，则用浓盐酸除去，保证镍表面洁净、充分漂洗并干燥。

注：像许多商品化库仑测厚仪一样，利用退镀槽可除去铬。若按此操作，电解槽和密封圈要按6.3和6.4与试样联结，但不得插入参比电极组件，向电解槽中添加退镀铬用的普通退镀液（GB/T 4955所述测量方法），将电解槽、试件接通电源，外加电流到除去铬为止。试样表面出现密集的气泡说明铬已被完全除去。除去槽中的退镀液，不移动或破坏密封圈与试件表面的密封。用净化水洗涤电解槽三次。用电解液（见5.1）进行到6.5。

6.3　水平安装好试样，使已退铬的镍面恰好处于电解槽密封圈底下。

6.4　降下退镀槽组件，将电解槽密封圈与镍表面密封固定。大约需直径为10mm的平整的试验面积，但不作强行要求。判断标准是电解液不泄漏，若发生泄漏，则终止试验，并另在一新部位重新开始。

6.5　用电解液（见5.1）充装退镀槽到适当水平，保证溶液内未进入空气。

6.6　按要求将参比电极组件下降进入退镀槽。

注：包含有参比电极的电解液搅拌管的插入深度很重要，此深度要尽可能相同，参比电极的固定应使电极距试样端的距离可在1mm内重现，而且能在整个试验中保持不变。应记住，重要的是测定电位差，而不是绝对的电位值。

6.7　检查所有的电连接部位，保证连接牢固。接触点不应有腐蚀，所有接触点都要接触紧密。

6.8　启动记录仪（需要时，接通毫安计）。记录仪必须要校正，以确定镍层的厚度，利用已有的商品标准厚度片或法拉第定律可做到这点。后者需要有关电流、腐蚀面积、镍的电化学当量、镍的密度、电流效率以及记录仪的计时等参数。

示例：若恒电流源输出30mA，记录仪计时为30mm/min，退镀面积为0.08cm^2，退镀2.5μm镍需要19.2s，记录纸将移动9.6mm。可用如下的通用方程式计算：

$$T=\frac{LAI}{0.303v}$$

式中　T——镍厚度（μm）；

L——记录纸移动长度（mm）；

A——退镀面积（cm^2）；

I——电解槽电流（mA）；

v——记录纸走动速度（mm/min）；

0.303——常数，由镍的电化学当量和密度计算得出。

6.9 接通恒电流源和搅拌器，开始退镀反应，连续记录直到达到镍的下层表面。从图上的电压突变点可辨别测量终点。若基体金属为锌、铁或钢，则电压会降低；若基体金属为铜或黄铜，则电压会升高。

6.10 断开搅拌器、恒电流源、记录仪和毫安计而停止试验。拆去电极装置，倒出电解槽中的退镀液，用净化水洗涤电解槽三次后再进行下次试验。

6.11 此试验基于测定从一特定面积上除去一定量的镍的电流-时间关系，见图3，曲线代表从 0.08cm^2 的面积上溶解 25μm 的镍的电流-时间关系。可按需要由方程式计算退镀速度，或直接由图计算。知道试验所耗时间则可计算退镀的厚度。

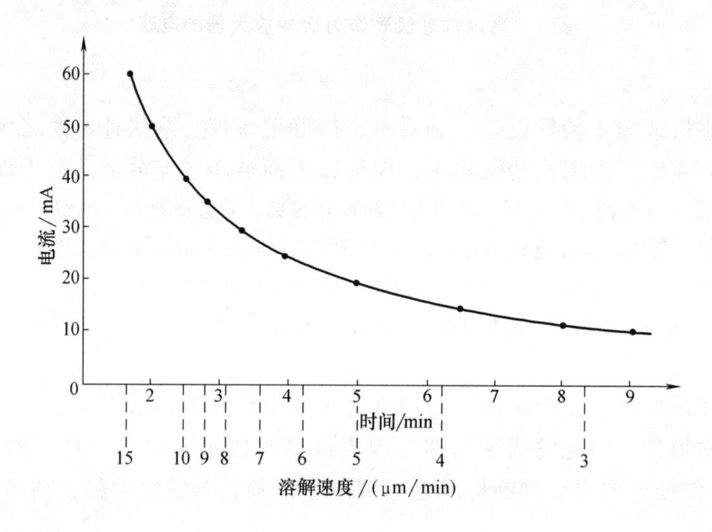

图3 溶解25μm的镍（电流效率为100%，以 0.08cm^2 面积溶解）**的电流-时间曲线**

$$I=\frac{ATP}{Et}$$

式中 I——电流，(A)；

A——退镀面积（cm^2）；

T——镍层厚度（cm）；

P——镍的密度，8.90g/cm^3；

E——$E=0.0003041$g/(A·s)；

t——退镀时间（s）。

注：已有商业设备能有效地改进和简化上述程序。

7 影响测量精度的因素

7.1 退镀槽中沉积过量金属

在退镀槽（阴极）内侧过量沉积镍或形成须状物，尤其是在密封圈孔附近形成时会造成错误结果，并产生“噪声”曲线。发现沉积时，要按厂方的说明或如下方法彻底除去。

7.1.1 若采用金属槽作阴极，则：

7.1.1.1 用圆的细锉铰（可以用钻床或铰床）。

7.1.1.2　在四份浓硫酸和一份浓硝酸的溶液中浸泡15s～20s。若是316不锈钢电解槽，则浸泡于浓硝酸直到溶去镍。

7.1.1.3　在净化水中漂洗然后干燥。

7.1.1.4　尽可能多次重复7.1.1.1到7.1.1.3的操作，以除去全部金属沉积，每10次试验之后应作一次清洗，或者按要求进行频率更高的清洗。

注：退镀槽先闪镀镍后再用可防止过度沉积或密封圈孔周围生长树枝状物，而且不要求如此经常的清洗。

7.1.2　若用金属搅拌管作阴极，则：

7.1.2.1　在密封圈下放置不锈钢或镍板，降下电解槽，然后用去离子水漂洗。

7.1.2.2　用2mol/L～2.5mol/L硫酸充装电解槽，将电流极性反向，退除搅拌器管上的镍，通大约55mA的清洗电流清洗大约45s可去除管上的镍。若镍未完全除去，则排干电解槽，重新用硫酸充装，然后重复进行清洗。

7.1.2.3　用水彻底清洗电解槽。

7.1.2.4　若搅拌器看起来仍有镀层，则用软橡皮擦去镀层，随即用水漂洗。

7.2　参比电极准备

若电极一天未使用或已干燥一段时间，则进行一次或两次调整才能进行适当的试验（见5.7注1）。

7.3　试样表面的清洁度

要保证试验面积内的水膜接触完整彻底、无外来物等。已于空气中暴露一段时间的镍表面可能会钝化，要轻轻打磨去除氧化膜后再进行试验（一般用橡皮轻轻擦去即可，否则，用稀硫酸清洗）。

7.4　阳极面积变化

只需施加适当的压力将密封圈与试样表面密封，不让溶液泄漏。压力过大会破坏密封圈，并改变关键的阳极退镀面积。若试验结果变化大，则用放大镜检查所得到的阳极退镀面积，以确定此面积尺寸是否有变化。阳极面积的细小变化会导致试验结果的较大改变。密封圈所确定的面积因密封圈的不同而迥异，当采用不同的密封圈时，须重新校正仪器。

7.5　电气噪声

为获得良好的、平滑的曲线，要除去外电压波动引起的电气噪声。若采用距电解槽尽可能短的导线的缓冲放大器来驱动记录仪，可得到有效的结果。将导线与试验槽屏蔽是有益的（见图2）。若曲线发现严重噪声（误差），则用同一面积至少作两条曲线以确定结果是否有用和稳定。也可能需要将滤波器接入恒电流源的电源线。

7.6　搅拌器管插入深度

若搅拌器管内有参比电极，则每次将管子插入电解槽同样深度（见6.6注）但不要深到屏蔽或干扰退镀面积的程度。

7.7　镍不完全溶解

即使观察到明显的终点，镍可能并未完全溶解，可能留下小块岛状镍，或出现退镀面积周围不规则或不均匀的现象。这可能是电解槽与镀层表面不垂直所致。每次试验后应用放大镜检查试验部位。

8 结果解释

8.1 本次试验所得到的数据将显示于记录图上，此图是以镍层厚度（退镀时间）为 *X* 轴以镍层的毫伏值（电位）为 *Y* 轴的标绘图。各层的厚度（或时间差）在曲线上逐级阶或分段测定，而电化学电位差则由 *Y* 轴上曲线幅度的变化来确定。

8.2 见图 4a，可以看出，曲线有一小的分段或级阶，这发生于镍层厚度大约 3μm 处，然后沿曲线在厚度大约 14μm 处出现较大的级阶，最后，在大约 36μm 处出现大的电位变化。曲线的第一部分代表厚度为 3μm 的闪镀镍，其后为 11μm 厚的光亮镍和 22μm 的半光亮镍。由于曲线上级阶的上升一般不是垂直的，而是倾斜的或滑移的，所以，最好在曲线的中部读取厚度值，见图 4b。

8.3 从半光亮镍层的毫伏读数减去光亮镍层的毫伏读数便可得到各镍层间的电化学电位差，见图 4a。光亮镍（730mV）与半光亮镍（875mV）所得到的差值为 145mV，即光亮镍比半光亮镍-145mV。

8.4 许多时候，特别是测定较厚镀层时，整个曲线上电位会发生一些漂移，为使这样的曲线的读数误差最小，半光亮镍的毫伏值应取在曲线中间光亮镍和半光亮镍之间的曲线后大约 2μm 处读数。计算电位差的光亮镍的读数应取自曲线突变前大约 2μm 处，见图 4b。若图表读数显示为定期的（每隔 15s～30s），则采用指示计（数字显示）会有帮助。

9 精确度和偏差

9.1 每一试验面积上在相隔 6mm～8mm 内至少要进行两次试验，并取平均结果。同一试件的同一面积上多次试验的结果的误差应在 10%以内。此法的精度和偏差尚未确定，现仍在研究中。

注：单个试样上不同电流密度区的试验结果可能有很大差别，这是由于在不同的电流密度中镍的电沉积具有不同的特性所致。

9.2 在一些情况下，所获得的曲线可显示光亮镍、半光亮镍或两者的标绘图的不规则度，例如：漂移（于直线的偏离）。厚的镀层的这种变化比正常的多层镀层更明显。曲线也可说明与正常变化相比或与级阶图的上升部分的延伸相比，此曲线的变化更大。为了使误差最小，在解释这种曲线时，光亮镍的毫伏读数在曲线上升之前 2μm 位置读取，即图 4b 的 *A* 点，在此点半光亮镍开始暴露于电解槽，半光亮镍的毫伏读数取自曲线上升后 2μm 处，即图 4b 中的 *B* 点（在此点的电位读数主要是暴露的半光亮镍所致）。多层镍中含有高电位的薄层（见 9.1 注）时，光亮镍的电位应取自曲线中因高电位层而产生的倾斜之前 2μm 处。

注：曲线中的级阶绝不会是垂直线，当光亮镍溶解时，在半光亮镍暴露和开始溶解之前，图中的电位只与光亮镍有关。在此点，测定的电位增加，而且，在半光亮镍彻底暴露之前继续增加，除非是镍溶解而在溶坑壁上形成光亮镍。从这点之后记录的电位主要取决于半光亮镍。

9.3 确定曲线上升部分的中点可能很难，而且要进行说明。首先确定电位读数点（见图 4b 中的点 *A* 和 *B*），然后在 *X* 轴上取这些电位点之间的中点或镍厚度的中点便可得到严格的近似值。(见图 4b)

注：还有另一方法确定曲线弯曲点——最大斜率点。若用肉眼看不清楚，则用一直尺会有帮助。见图 4b，用直线画出曲线中的级阶部分。而图中最大斜率区段应该为有限长，即图 4b 中线段 *C*—*D*，则线段的中点可以被确定。

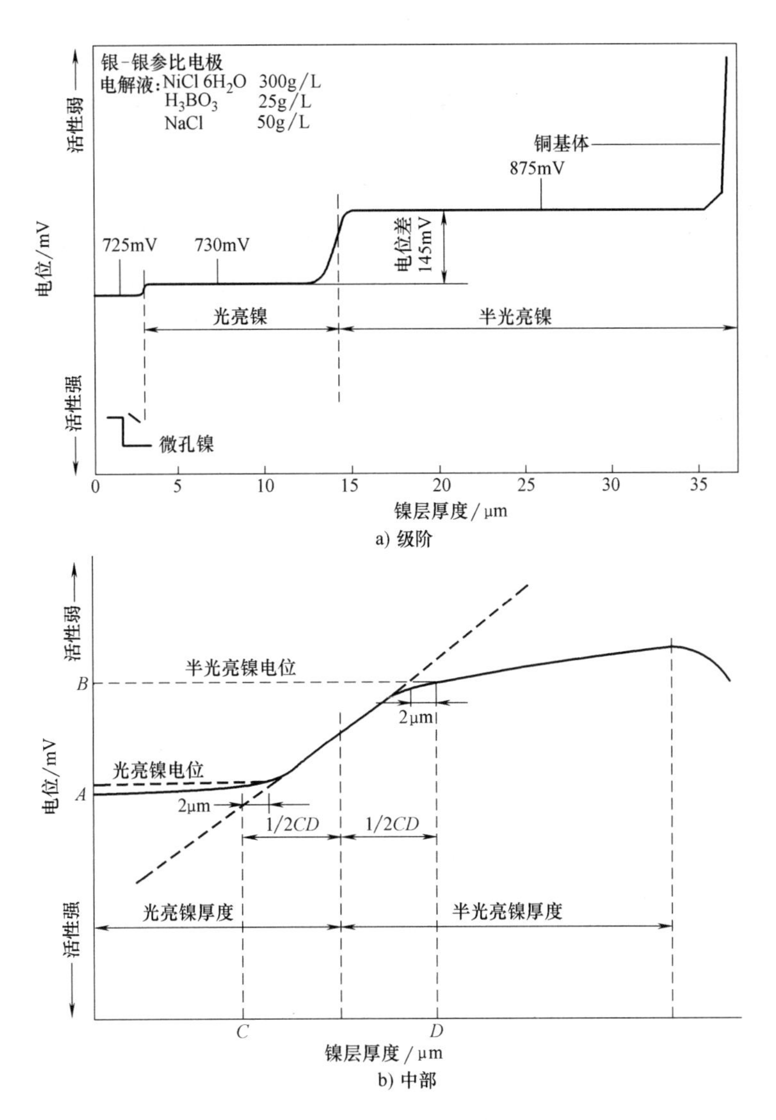

a) 级阶

b) 中部

图 4　镍层厚度曲线

第九章　电镀前准备与电镀溶液试验

第一节　金属和其他无机覆盖层　电镀镍、自催化镀镍、电镀铬及最后精饰　自动控制喷丸硬化前处理

一、概论

喷丸硬化处理是一种用圆形固体丸粒在较高的运动速度下，轰击加工面的处理方法。一般来说，对于承受弯曲应力或扭曲应力的零件，喷丸硬化处理将提高其疲劳强度和抗应力腐蚀能力。喷丸硬化处理还可以校正扭曲的薄壁零件形状。喷丸硬化处理在工件表面产生压应力，能抵消金属电镀过程中出现的表面拉应力，从而阻止电镀层疲劳强度下降和失效。

GB/T 20015—2005《金属和其他无机覆盖层　电镀镍、自催化镀镍、电镀铬及最后精饰　自动控制喷丸硬化前处理》修改采用 ISO 12686：1999《金属和其他无机覆盖层　电镀镍、自催化镀镍、电镀铬及最后精饰　自动控制喷丸硬化前处理》。该标准于 2005 年 10 月 12 日发布，2006 年 4 月 1 日实施。

二、标准主要特点与应用说明

该标准适用于用铸钢丸、钢丝丸、陶瓷丸或玻璃珠对电镀镍、自催化镍、电镀铬或最后精饰之前进行的自动喷丸硬化处理。其技术内容含有材料和设备选择、喷丸前预处理方法、喷丸方法以及喷丸后处理等。

本标准包含范围、规范性应用文件、术语和定义、材料与设备、订货资料、喷丸前的预处理、喷丸方法、喷丸后处理、检验证书、试验记录及附件九部分。

该标准要求，根据喷丸的型号、尺寸和硬度选取丸的材料、尺寸及喷丸设备参数。

在标准应用中，应重点注意条款 7“喷丸方法”，该部分详细说明了喷丸操作的步骤和关键技术点。

三、标准内容（GB/T 20015—2005）

金属和其他无机覆盖层　电镀镍、
自催化镀镍、电镀铬及最后精饰
自动控制喷丸硬化前处理

1　范围

本标准的规定适用于用铸钢丸、钢丝切丸、陶瓷丸或玻璃珠对电镀镍、自催化镍、电镀铬或最后精饰之前进行的自动喷丸硬化处理。喷丸硬化处理适用于在给定的张应力范围内，通过试验验证对喷丸硬化处理有效的材料。喷丸硬化处理不适用于易碎的材料。手工喷丸和抛丸不包括在本标准内。

2　规范性引用文件

下列文件中的条款通过在本标准的引用而构成本标准的条文，凡是注明日期的引用标准，其随后所有的修改（不包括勘误的内容）或修订版均不适用于本标准。然而，鼓励使用本标准的各方探讨使用下列标准最新版本的可能性。凡是不注日期的引用文件，其最新版本适用于本标准。

GB/T 6003.1—1997　金属丝编织网试验筛（eqv ISO 3310/1：1982）

GB/T 6005—1997　试验筛　金属丝编织网、穿孔板和电成型薄板筛孔的基本尺寸（eqv ISO 565：1983）

GB/T 10611—1989　工业用网　网孔　尺寸系列（eqv ISO 2194：1972）

ISO 3453：1984　无损检测　液体渗透检测　鉴定方法

ISO 6933：1986　铁道轧制材料　磁性粒子的验收试验

3　术语和定义

本标准采用下列术语和定义。

3.1　Almen 试片 Almen strip

用来测量喷丸强度的 UNS G 10700 碳钢试样片（见图 1）。

3.2　Almen 试片夹具　Almen strip holding

该夹具用于将 Almen 试片固定在一个合适的位置，使其用来测定和校正强度的部分表面处于正确的位置和角度方向（见图 2）。

3.3　弧高　are height

平板状的 Almen 试片在遭到以一定速度运动的喷丸粒子的撞击后，将发生弯曲变形，其弯曲弧度对应于喷丸强度。

注：通过用 Almen 量规测量的、精确到毫米的弧的高度即为弧高（见图 3）。

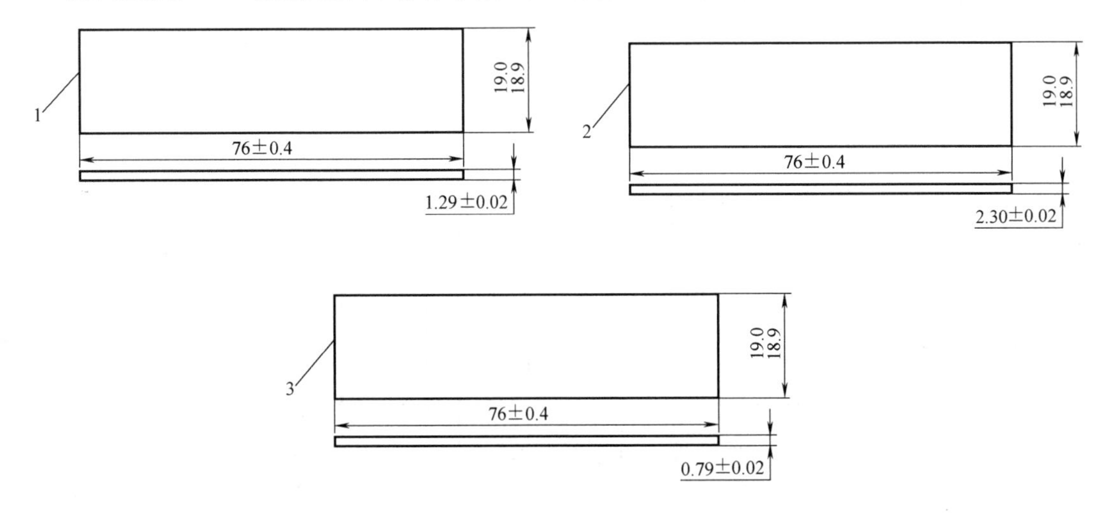

图 1　Almen 试片试样

1—试片 A　2—试片 C　3—试片 N

注：1. 材料验定：UNS G 10700 冷轧弹簧铜。

2. 第一直角边（在 76.2mm 边），精饰：发蓝回火（或磨亮），均匀淬火、回火到 44HRC～50HRC。

3. 试片 C 的平面度±0.038mm 弧高，试片 N 与试片 A 的平面度±0.025mm 弧高。

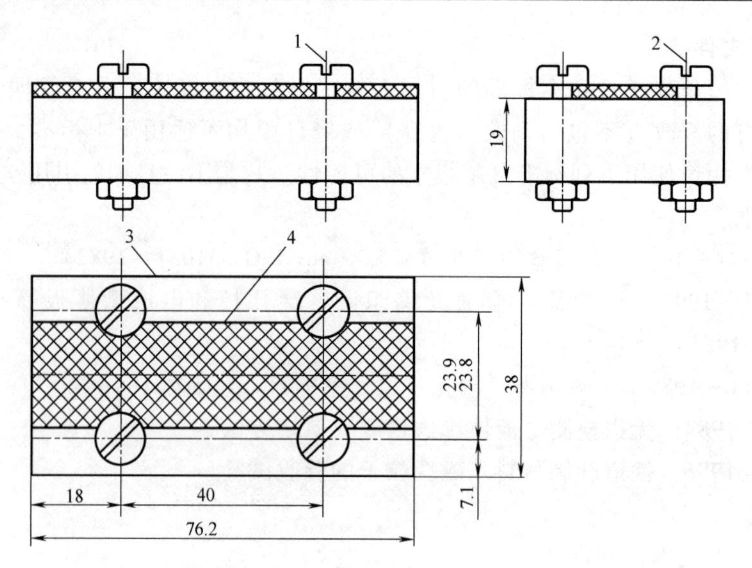

图 2　装配试片与夹具

1—四个带六角螺母的 M5 平头螺栓　2—四个直径 5.6mm 的通孔　3—夹具　4—试片（截面）

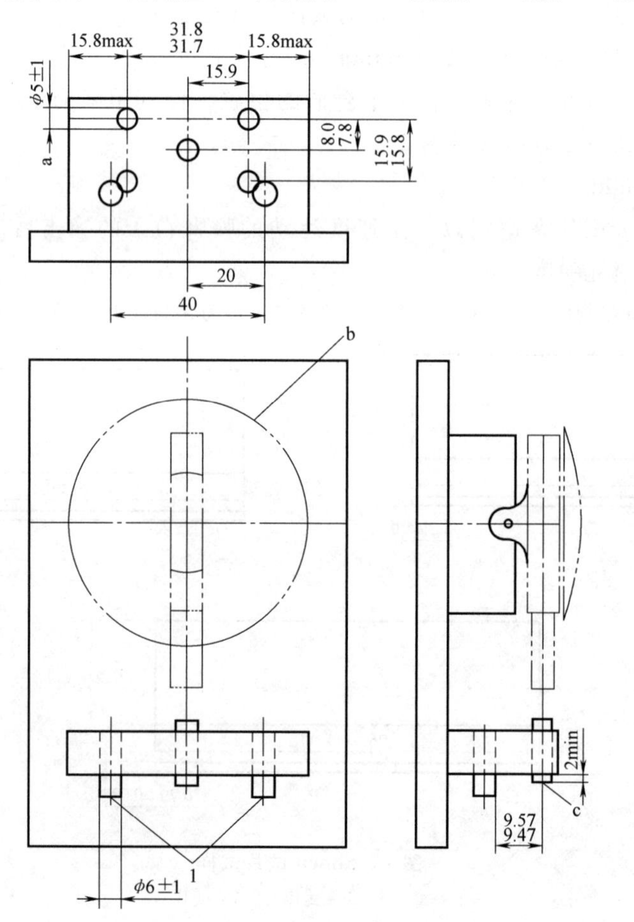

图 3　Almen 量规

1—导向柱　a—四个淬火钢珠　b—标度盘指示器，以 0.025mm 数值来标度（0.0254mm 也是允许的）；最大延伸力为 2.45×10^{-1}N　c—全部钢珠接触面必须在±0.05mm 范围内的一个平面上

3.4 自动装置 automatic equipment

喷丸硬化处理设备中的各部件、夹具、喷嘴和喷射参数一般通过手工或定位夹具来调整，并且由质检人员来核对。

注：喷丸时间自动调节，空气压力或旋转速度由人工设置。

3.5 残余压应力 residual compressive stresses

通过喷丸硬化的冷加工或弹性加工，在表面压缩层下产生的超过弹性极限的压力。

注：测量压应力的深度应从凹坑的顶点处计算。

3.6 覆盖率 coverage

喷丸轰击使原始表面产生微凹状态的程度，用百分率来表示。

注：当喷丸覆盖率达到98%时，对覆盖范围的估计将很困难，所以当只有2%或者更少的原始表面没有被喷射到时，可称喷丸覆盖率为100%。“100%覆盖率”只是一个理论极限值。因此，术语“完全覆盖”更适用。一般情况下，完全覆盖需要增加基础时间（也就是达到98%覆盖率的喷射时间）的15%~20%才能实现。对于200%~300%覆盖率，则需要通过增加2~3倍喷射时间来获得。

3.7 压应力的深度 depth of compressive stresses

应力剖面图经过零应力的位置。

3.8 喷丸硬化强度 shot-peening intensity

Almen 试片达到饱和状态时的弧高。

注：除非达到饱和状态，把弧度称为强度是不正确的。

3.9 液体指示系统 liquid tracer system

包含一种能在紫外线下发出荧光，并且能够以与喷射覆盖率成比例的速度移动的液体涂覆材料。

3.10 微型计算机控制设备 microprocessor-controlled equipment

一种带有喷嘴夹具和电脑控制、监视工艺过程、工艺参数以及评定记录的喷丸设备。

3.11 喷嘴夹具 nozzle-holding fixture

在喷丸操作过程中，在需要的部位、距离和角度下锁定喷嘴位置的夹具。

3.12 工艺中断参数 process-interrupt parameters

对于关键性的喷射操作参数，如喷丸流量、气压、工件的转动速度（s^{-1}）、振动的频率和循环时间，都应在工艺需要的范围内给予监控。

3.13 饱和度 saturation

达到理想的 Almen 弧高所需的最短持续喷射时间。理想的 Almen 弧高就是当时间增加一倍而 Almen 弧高增幅不超过10%的高度。

3.14 饱和曲线 saturation curve

以对 Almen 试片喷射的时间作为横坐标对应的 Almen 试片的弧高作为纵坐标，描绘所得的曲线（见图4）。

3.15 表面清除 surface obliteration

100%的被喷射表面已产生由喷丸引起的微凹现象。

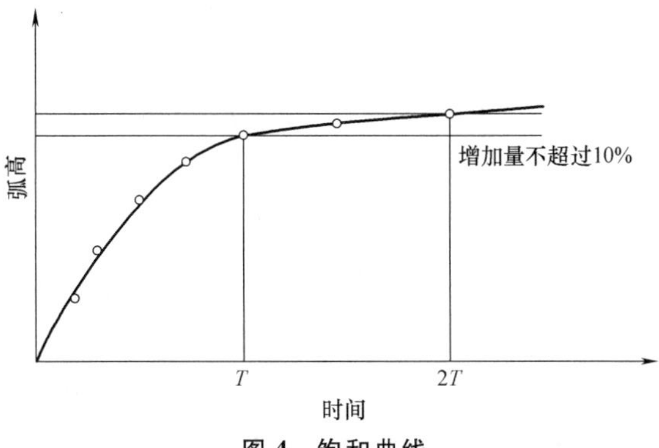

图4 饱和曲线

4 材料与设备

4.1 喷丸材料的成分

4.1.1 铸钢丸，具体要求见附录 B。

4.1.2 钢丝切丸，由冷精轧圆金属丝制成，具体要求见附录 C。

4.1.3 陶瓷喷丸，化学成分见表 1，具体要求见附录 D。

4.1.4 玻璃珠，不含铅及单质硅，保持干燥，表面无污染和覆盖物，玻璃珠额定成分为 72.5%的 SiO_2、9.75%的 CaO、13%的 Na_2O、3.3%的 MgO、0.75%的其他少量成分，特征密度为 2.5g/cm^3。

表 1 陶瓷喷丸的化学成分

化学成分(质量分数,%)					
ZrO_2	SiO_2	Al_2O_3	Fe_2O_3	游离铁	特征密度/(g/cm^3)
60~70	28~33	≤10	≤0.1	≤0.1	3.6~3.95

4.2 喷丸的形状和外观

4.2.1 铸钢丸

铸钢丸在预处理后应呈球状，无尖锐的边、角和碎片，可以接受的外形见图 5。外形不符合要求的（见图 6）数量不能超过表 2 中所列范围。

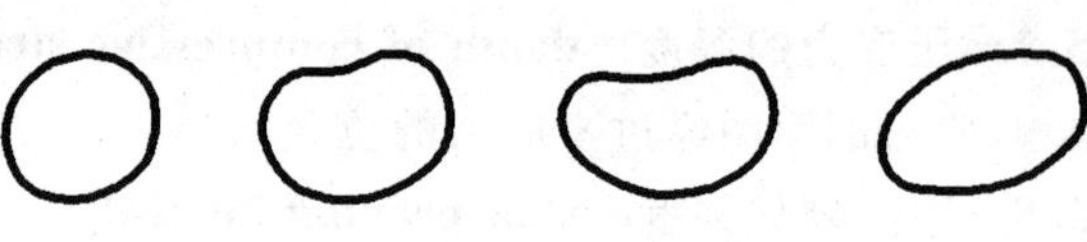

图 5 合格喷丸的外形

注：喷丸不一定是球体，但所有的角必须是圆的。

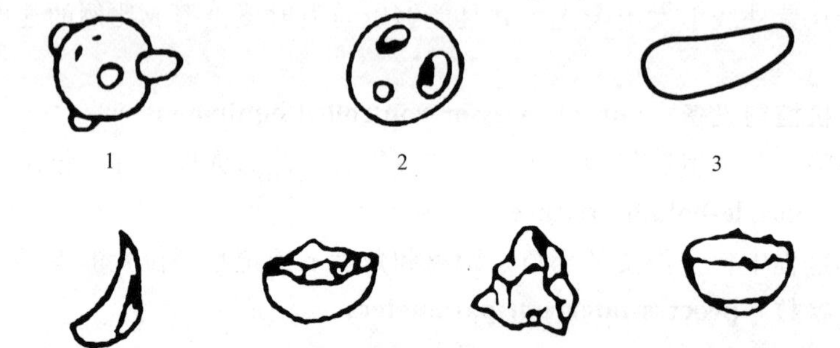

图 6 不合格喷丸的外形

1—带瘤丸、2—空心丸、3—长粒丸：见表 2；直径与长度的比大于 1∶2

4—破碎尖角丸，见表 4，表 6 和表 7

表 2 铸钢丸、钢丝切丸、陶瓷喷丸外形不合格允许的最大数量（见图 6）

铸钢丸牌号	钢丝切丸牌号	陶瓷喷丸牌号	每 1cm^2 外形不一致最大允许喷丸数量
930			5
780			5
660	CW62		12
550	CW54		12
460	CW47		15

（续）

铸钢丸牌号	钢丝切丸牌号	陶瓷丸牌号	每 1cm^2 外形不一致最大允许喷丸数量
390	CW41		80
	CW35		80
330	CW32	Z850	80
280	CW28		80
230	CW23	Z600	80
190	CW20		80
170		Z425	80
130			480
110		Z300	640
70		Z210	640

4.2.2　钢丝切丸

钢丝切丸硬度应等于或高于表 3 所列值。

表 3　钢丝切丸的硬度

喷丸牌号	最小硬度　HRC	喷丸牌号	最小硬度　HRC
CW62	36	CW35	44
CW54	39	CW32	45
CW47	41	CW28	46
CW41	42	CW23 及以下	48

4.2.3　陶瓷喷丸

陶瓷喷丸的最低硬度为 560HV30。

4.2.4　玻璃珠

玻璃珠硬度应达到莫氏硬度 5.5。

4.3　尺寸

喷丸的尺寸应与下列要求一致：

a）喷丸的型号应能在规定的范围内提供需要的强度；

b）如果喷射处理的表面有内圆角，则喷丸的尺寸不能超过内圆角半径的 1/2；

c）如果喷丸必须通过一个开口（例如狭缝）才能达到待喷丸处理的表面，则喷丸的尺寸不能超过开口直径的 1/4。

4.3.1　铸钢丸

装入喷丸机的铸钢丸应符合筛网技术要求，表 4 给出了可供选择的筛网标称尺寸。筛网应与 GB/T 6003.1、GB/T 6005、GB/T 10611 一致。

当一台喷丸机使用全新的铸钢喷丸时，应通过不少于 2 次对硬质钢材表面的轰击来除掉那些铸钢喷丸上的氧化层。如果在喷丸机上新添加的喷丸量小于 25%，可以不必专门进行去除氧化层处理；若新添加的喷丸量大于 25%，则必须进行去除氧化层处理。

表 4 铸钢丸分类尺寸（如图 6 所示）

喷丸牌号	分类尺寸/mm					每 $1cm^2$ 允许破损喷丸的最大数
	全部通过筛网孔径	筛中残留≤2%	筛中残留≤50%	筛中累积9%	筛中残留≤8%	
930	4.000	3.350	2.800	2.360	2.000	5
780	3.350	2.800	2.360	2.000	1.700	5
660	2.800	2.360	2.000	1.700	1.400	12
550	2.360	2.000	1.700	1.400	1.180	12
460	2.000	1.700	1.400	1.180	1.000	15
390	1.700	1.400	1.180	1.000	0.850	20
330	1.400	1.180	1.000	0.850	0.710	80
280	1.180	1.000	0.850	0.710	0.600	80
230	1.000	0.850	0.710	0.600	0.500	80
190	0.850	0.710	0.600	0.500	0.425	80
170	0.710	0.600	0.500	0.425	0.355	80
130	0.600	0.500	0.425	0.355	0.300	480
110	0.500	0.425	0.355	0.300	0.180	640
70	0.425	0.355	0.300	0.180	0.125	640

4.3.2 钢丝切丸

装载于喷丸机中的钢丝切丸的直径要符合表 5 所述的要求，这些钢丝切丸还应符合表 5 中长度和累积重量的要求。只能使用经过预处理的钢丝切丸，这点是强制性的。还有一种选择，钢丝切丸应具有与表 4 所述的铸钢喷丸相同的尺寸设计。

表 5 钢丝切丸尺寸、长度和重量

喷丸牌号	钢丝直径/mm	每 10 个的长度①/mm	每 50 个的重量②/g
CW62	1.587±0.051	15.75±1.02	1.09~1.33
CW54	1.372±0.051	13.72±1.02	0.72~0.88
CW47	1.194±0.051	11.94±1.02	0.48~0.59
CW41	1.041±0.051	10.41±1.02	0.31~0.39
CW35	0.889±0.025	8.89±1.02	0.20~0.24
CW32	0.813±0.025	8.13±1.02	0.14~0.18
CW28	0.711±0.025	7.11±1.02	0.10~0.12
CW23	0.584±0.025	5.84±1.02	0.05~0.07
CW20	0.508±0.025	5.08±1.02	0.04~0.05

① 将待测长度的钢丝切丸固定、磨平、抛光以产生中心纵断面，将随机挑选的 10 个钢丝切丸组合在一起，应在上述的误差范围内。

② 由供方进行选择，这些钢丝切丸可以被称重来取代如上①所述的固定和测量。当称重时，50 个随机选择的钢丝切丸的总重量应在此限定范围内。

4.3.3 陶瓷喷丸

用于喷丸机的陶瓷喷丸应符合表 6 所述的筛网条件。

表6　用于喷射的陶瓷喷丸的尺寸（如图6所示）

牌号		标称尺寸/mm		网目和筛孔尺寸/mm				球度>0.8的粒子的最小含量(%)	球度<0.5的粒子的最大数量	破碎或角化粒子的最大数量
陶瓷丸①	铸钢丸	最小值	最大值	0.5%残留最大值	5%残留最大值	10%通过最大值	3%通过最大值	(真球形的百分含量,%)	每 $1cm^2$ 面积中的数量	每 $1cm^2$ 面积中的数量
Z850	330	0.85	1.18	14(1.400)	16(1.100)	20(0.850)	25(0.710)	65	4	2
Z600	230	0.60	0.85	18(1.000)	20(0.850)	30(0.600)	40(0.425)	65	8	4
Z425	170	0.425	0.600	25(0.710)	30(0.600)	40(0.425)	50(0.300)	70	14	8
Z300	110	0.300	0.425	35(0.500)	40(0.425)	50(0.300)	60(0.250)	70	27	15
Z210	70	0.212	0.300	45(0.335)	50(0.300)	70(0.212)	80(0.180)	80	45	20
Z150	GP60	0.150	0.212	60(0.250)	70(0.212)	100(0.150)	120(0.125)	80	300	65

① 陶瓷喷丸的牌号为最小粒径×1000。

4.3.4　玻璃珠

玻璃珠应符合表7所述的筛网条件。

表7　用于喷射的玻璃珠的尺寸（如图6所示）　（单位：mm）

标称直径	通过100%喷丸(以重量计)的网孔尺寸	通过最大残留量为2%(以重量计)的网孔尺寸	通过最大残留量为8%(以重量计)的网孔尺寸	0%通过的网孔尺寸
0.85	1	0.85	0.6	0.5
0.71	0.85	0.71	0.5	0.425
0.6	0.71	0.6	0.425	0.355
0.5	0.6	0.5	0.355	0.3
0.425	0.5	0.425	0.3	0.25
0.355	0.425	0.355	0.25	0.212
0.3	0.355	0.3	0.212	0.18
0.25	0.3	0.25	0.18	0.15
0.212	0.25	0.212	0.15	0.125
0.18	0.212	0.18	0.125	0.106
0.15	0.18	0.15	0.106	0.09
0.125	0.15	0.125	0.09	0.075
0.106	0.125	0.106	0.075	0.063
0.09	0.106	0.09	0.063	0.053
0.075	0.09	0.075	0.053	0.045
0.063	0.075	0.063	0.045	0.036
0.053	—	—	—	—

4.4　Almen试片、试块和量规

Almen试片、试块和量规要符合如图1~图3所示的明细规定，参见附件E的附加内容。

4.5 设备

喷丸处理要在为特定需要设计的、能对产品高速喷射的机器中进行，该机器将确保产品在完全的、均匀的喷射流中移动，并且该机器能连续筛分喷丸来分离除去碎裂的和有缺陷的喷丸。

5 订货资料

当订购进行喷丸处理的喷丸时，用户需要列出如下条件：

a）本国家标准号，如 GB/T 20015—2005；

b）要使用的喷丸的型号、尺寸和硬度（见第 4 章）；

c）若与 7.1 中所列出的情况不同，需要决定喷丸尺寸的参数和频率以及需要的均匀度；

d）在每个部位使用的喷丸强度（见 7.2）；

e）若与 7.2.1 和 7.2.2 中列出的情况不同，应提供 Almen 测试样品的参数、频率和位置，以便证明和监测过程的强度；

f）要进行喷丸处理的部件的面积和在喷射过程中需要保护的部件的面积（见 6.5）；

g）喷丸操作前是否需要进行磁粉或渗透测试（见 6.2）；

h）喷丸区域所需的覆盖百分率、完全覆盖所需要的最低要求（见 3.6 和 7.3）；

i）测量覆盖率的方法（见 7.3）；

j）所使用的设备类型——自动操作或电脑监控的微信息处理器（见 4.3、G.10、G.11 和 G.12）；

k）后处理的详细情况，如腐蚀防护（见 8.5）；

l）如条款 9 所述的验证和测试纪录的要求。

6 喷丸前的预处理

6.1 前期操作

喷丸操作前，需确认部件进行喷丸处理的尺寸要求范围。除非有其他允许，所有的热处理、机加工要在喷丸处理前完成，所有的薄板件要加工成形，所有的毛边要除去，并且所有需要喷丸处理的锐边和棱角要预留足够的喷射半径，以确保完全覆盖，避免变形、破裂或倾翻。

6.2 缺陷和裂纹检测

当需要时，磁粉检测、染色渗透检测、超声波或其他的缺陷及裂纹探测过程均应在喷丸处理前完成。见 ISO 3453 和 ISO 6933。

6.3 腐蚀和损伤

若部件表面有明显的浸润性腐蚀和机械损伤时，不应进行喷丸处理。

6.4 清洁处理

喷丸操作前，应采用蒸汽脱脂、溶剂擦拭、热溶剂喷淋或认可的水基非燃性产品从待喷丸处理的表面上除去所有灰土、水垢和包覆物。

6.5 屏蔽保护

如图样上标明了不需要喷丸处理的表面，则应对该表面进行屏蔽保护，以避免受到喷丸处理的损伤。

合适的屏蔽材料是胶黏带、生胶片等。若使用胶黏带，其一面涂有胶黏剂，且当胶黏带从屏蔽表面除去时，它不应在屏蔽表面上导致任何明显的浸蚀或残留任何残余物。

7 喷丸方法

7.1 喷丸

7.1.1 概述

装载于喷丸机中的喷丸要符合用户指定的且满足如 4.1 所述的关于丸粒类型、尺寸和所需材料的条件要求。

除非其他指定，所有的喷丸应在喷丸处理机器中进行维护，以符合如表 8 所述的规定。

7.1.2 均匀度测定

进行铸钢或钢丝喷丸时，在每个班次运行的前后或者是在连续生产运转的每 8h 的定量工作后，至少应根据表 8 所述的数据进行一次关于喷丸尺寸和均匀度的测定。当一个特定的生产运转的过程条件与前一个生产运转的过程条件不同时，可以采用比每 8h 一次的更高的频率进行对喷丸尺寸及分布的核查和控制。陶瓷喷丸尺寸及分布应在生产运行前后，至少每 4h 核查一次。玻璃喷丸的尺寸分布和均匀性应每 2h 核查一次。

表 8 维护和允许的非一致性喷丸形状的最大数量（见图 6）

喷丸牌号	筛中残留≤2%的尺寸/mm	筛中残留≤80%的尺寸/mm	每 $1cm^2$ 允许非一致性形状的最大数量
930	3.353	2.38	5
780	2.819	1.999	5
660	2.38	1.679	12
550	1.999	1.41	12
460	1.679	1.191	15
390	1.41	1.00	80
330	1.191	0.841	80
280	1.00	0.711	80
230	0.841	0.589	80
190	0.711	0.5	80
170	0.589	0.419	80
130	0.5	0.351	480
110	0.419	0.297	640
70	0.351	0.178	640

7.2 喷丸强度

7.2.1 概述

喷丸强度将由用户根据喷丸操作产生的弧高来指定，它是在适当部位放置的 Almen 试片上测量的饱和状态下的喷丸强度。除非图样或合同中有其他的要求，喷丸强度要符合表 9 中关于有关厚度的详细规定。

7.2.2 饱和曲线

在最初的工艺过程中，针对每个强度有变化的部位要绘制一个饱和曲线。

7.2.3 强度测定

在每个生产运行过程（对于连续运转而言，至少每 8h 进行一次）前后，要及时地进行至少一次对所有必要的位置的强度测定。在喷丸种类、新购机器的重置或任何其他的机器设置的改变，或者任何可影响喷丸处理运转的操作后，也要求进行强度测定。

表9 喷丸强度与厚度和极限抗拉强度的比较

材 料	1380MPa 以下的钢材	1380MPa 以上的钢材	铝合金(不锈钢喷丸)
2.5mm≤厚度≤10mm	0.2A~0.3A	0.15A~0.25A	0.15A~0.25A
厚度>10mm	0.3A~0.4A	0.15A~0.25A	0.25A~0.35A

注：1. 镁合金对喷丸处理的反应与其他材料的反应不同，这是避免破裂和残损的喷射材料所必须注意的。对材料的喷丸处理必须在不导致破裂的条件下进行。

2. 检测值是用试片 A 测试得到的。

3. 试片 A 用于弧高值达 0.6mmA 以上的喷丸强度。对于更大的喷丸强度测试应采用试片 C。试片 N 用于测试小于 0.1mmA 的强度。

7.3 喷射覆盖率

7.3.1 概述

经过喷丸处理后，原始表面被完全清除，获得表面均匀、具有十分明显凹痕的外观。即使用小于 70、110 牌号这些最小尺寸的钢丸和所有尺寸的陶瓷丸、玻璃珠将原始表面彻底清除也很难达到 100%覆盖率。覆盖率范围将由用户来指定。

7.3.2 覆盖率测定

除非另有指定，在连续运行的每 8h 阶段，要进行至少一种对所有需要喷丸处理的区域的覆盖率的测定。根据用户的指定，覆盖率可以由以下的任何一种方法来测定：

a）采用 10 倍的放大镜进行目测检测；

注：对于大面积的情况不推荐使用这种方法。

b）采用与制造者（厂商）的建议一致的、被核准的冲击灵敏液态荧光跟踪系统进行的目测检测，例如工业蓝。在每 8h 一班的处理中应进行一次覆盖率的测定，由观察染料被去除率来判断覆盖率。

7.4 计算机监控装置

当用计算机监控装置来辅助喷丸处理时，监控系统的校准要与附录 F 的强度校准一致，如 7.2 所述，且要在初步操作前和校准后进行。

8 喷丸后处理

8.1 残余喷丸的清理

在喷丸处理完并移除喷射保护物后，应将物体表面所有喷丸粒子及喷丸碎片清理干净，清理时不得冲蚀、刮伤、剥蚀物体表面。

8.2 表面粗糙度的改善

通过抛光、研磨或珩磨来降低喷丸硬化处理后某些部位的表面粗糙度是允许的，只要处理时物体表面温度的升高不足以消除表面压应力，以及除去物体的部分和喷丸除去的部分总和不超过受压层厚度的10%。

8.3 有色金属

被喷丸处理过的有色金属及其合金，应该用一种有效的化学清洗剂除去铁污染物。清洗处理操作不应浸蚀表面或改变表面尺寸。清洗后的表面应用化学方法检测是否含残余铁，方法见附录 A。喷过钢铁材料的喷丸不能再用来处理有色金属及其合金。

8.4 热处理和机械处理的限制

在喷丸处理后，能降低压应力和提高有害残余应力的机械处理是不允许的。对喷丸后的物体进行加温操作，如烘烤油漆或保护涂层、电镀后除氢或其他热处理，所使用的温度限制见表10。

表10　热处理温度上限

材　料	最高温度/℃	材　料	最高温度/℃
钢铁零件	230	钛合金零件	315
铝合金零件	93	镍合金零件	538
镁合金零件	93	耐蚀钢零件	315

8.5　防腐

喷丸处理的零件在处理过程中必须防腐，直到最后保存和装箱结束。所有喷丸处理的零件应按买方要求进行防腐、包装和装箱，以保证在搬运和储存时有效防腐。

9　检验证书和试验记录

当买方要求或合同中有规定时，制造商或供方应向买方提供检验证书，证明每批次产品的生产、试验、检查与明细表完全一致，达到所有技术要求。当买方要求或合同中有规定时，制造商或供方应向买方提供试验报告。当买方要求或合同中有规定时，试片样品和试验记录将附在喷丸处理工件上，并与相应的批次一同受到检查。对每件样品应记录的内容如下：

a）批次号和其他生产控制数据；

b）零件号；

c）批次中的零件号；

d）喷丸时间；

e）使用的喷丸处理机器及配套设备；

f）规定的喷丸强度和实际的喷丸强度，当测试夹具需要一个以上的试片时，使用相同数量试片测出；

g）喷丸尺寸、类型、硬度、喷丸距离及时同长度、喷丸流的速率；

h）覆盖率；

i）喷丸周转率及气压。

附　录　A
（规范性附录）
除铁污染试验

A.1　目的

本试验的目的是检测残留在铝及铝合金、耐蚀和耐热合金表面的铁离子污染。

A.2　材料

A.2.1　盐酸溶液（体积分数为5%）。

A.2.2　铁氰化钾溶液（质量分数为10%）。

A.2.3　脱脂剂，例如：异丙醇。

A.2.4　滤纸。

A.3　试验步骤

用适当的溶剂（A.2.3）将待试验区域擦拭干净后，将一滴盐酸溶液（A.2.1）滴在该处，静置2min。随后将一张用铁氰化钾溶液（A.2.2）润湿的滤纸（A.2.4）覆盖在滴有盐酸的试验表面。用水冲洗该区域。

A.4 试验结果

如果滤纸上出现深蓝色的斑点，则表明有铁离子存在。在某些合金上，无铁离子存在时可观察到出现浅蓝色斑点，为便于比较，可以用已知有铁污染的样品作为对照试样。

附 录 B
（规范性附录）
铸钢丸

B.1 说明

铸钢丸是将熔化的钢水雾化并骤冷而获得不规则尺寸的丸粒，经过筛分，再经过热处理获得所需硬度，见标准SAEJ287。

B.2 分级

铸钢丸分级用大写字母CS后加适当的丸号来表示。

例：CS330表明是通过0.033lin普通筛网的铸钢丸。

B.3 化学成分

碳：0.85%～1.20%；镁：0.64%～1.20%；磷：≤0.050%；硫：≤0.050%；硅：<0.40%。

B.4 显微组织结构

铸钢丸的显微组织结构为均匀细小的回火马氏体，碳分布均匀。若出现网状碳化物、变形、表面脱碳、夹杂物、孔隙、淬火裂纹等则视为不合格。

B.5 密度

铸钢丸的密度大于7g/cm^3，并且空心丸粒不能超过10%。密度测量可采用排水法或通过抛磨样品进行空心丸的实测计算。

B.6 机械性能试验

几种现有的工业用喷丸试验装置均适用于日常工作验收程序。可以参考标准SAE J445a中的方法检验一批喷丸的均匀性，根据疲劳寿命的比较，鉴定不同类型的喷丸种类。

B.7 验收范围

验收范围包括样品的化学分析、硬度、显微组织结构和密度（如果采用排水法测量），每批次取样不少于100g。

将喷丸粒子镶嵌在树脂中，打磨至喷丸粒子的中心并抛光，仔细测量抛光表面的硬度及显微组织结构。任选10个点的硬度读数值。

空心丸粒可以从有代表性的丸粒中抽样计算，也可以在显微组织结构检测时丸粒抛光后、浸蚀前进行。

下列的排水法是测定密度的简便方法。

在100mL玻璃量杯中注入50mL水，放入100g铸钢喷丸，记下水平线位置，减去水的体积，得到喷丸体积，从而计算得出喷丸密度。

对于精确的密度测定，建议采用比重瓶方法测量。

附　录　C
（规范性附录）
钢丝切丸

C.1　说明

钢丝切丸是由碳钢丝或302、304不锈钢丝，B型回火弹簧钢丝等切成长度近似于直径的圆柱体，参见标准SAE J441。当有某些特殊应用需要时，可能会规定对钢丝切丸的切边进行倒圆处理。

C.2　分级与鉴别

所有钢丝切丸都需根据制作钢丝切丸的金属丝的型号来分级，CW表示剪切碳钢丝，SCW表示剪切不锈钢丝。在字母后面应标有与制作钢丝切丸的金属丝直径相等的数字。

C.3　化学成分

一般化学成分应与下面的技术规格相一致。

C.3.1　钢丝切丸

碳：0.45%~0.75%；

锰：0.60%~1.20%；

磷：≤0.045%；

硫：≤0.050%；

硅：0.10%~0.30%。

C.3.2　不锈钢丝切丸

碳：≤0.15%；

锰：≤2.00%；

磷：≤0.045%；

硫：≤0.030%；

硅：≤1.0%；

铬：17.00%~20.00%；

镍：8.00%~11.00%。

C.4　拉伸性能

制作喷丸的金属丝的抗拉强度应符合表C.1的要求。

C.5　尺寸级别

制作喷丸的金属丝直径见表C.1。超出所给出范围尺寸的喷丸也是有效的，可通过用户与喷丸制造商之间协商解决。

表C.1　剪切钢丝喷丸的抗拉强度

钢丝切丸牌号	钢丝平均直径		钢丝的抗拉强度		不锈钢丝的抗拉强度	
	mm	in	MPa	klbf/in²	MPa	klbf/in²
CW-62	1.6	0.062	1630~1880	237~272	1758~1965	255~285
CW-54	1.4	0.054	1680~1920	243~279	1793~1999	260~290
CW-47	1.2	0.047	1710~1970	248~286	1806~2013	262~292

（续）

钢丝切丸牌号	钢丝平均直径		钢丝的抗拉强度		不锈钢丝的抗拉强度	
	mm	in	MPa	klbf/in²	MPa	klbf/in²
CW-41	1	0.041	1760~2020	255~293	1855~2062	269~299
CW-35	0.9	0.035	1800~2080	261~301	1882~2089	273~303
CW-32	0.8	0.032	1830~2110	266~306	1910~2117	277~307
CW-28	0.7	0.028	1870~2140	271~311	1972~2179	286~316
CW-23	0.6	0.023	1920~2200	279~319	2013~2220	292~322
CW-20	0.5	0.02	1950~2230	283~323	2068~2275	300~330

注：in 为英寸；klbf 为千磅力。

C.6 完整性

喷丸粒子不应有切割裂纹和皱皮，不应有大的毛刺和疤痕。

附 录 D
（规范性附录）
陶瓷喷丸的特征

D.1 范围

本附录涉及氧化锆基材陶瓷喷丸的化学特性、微观结构、密度、形状和外观，适用于冲压成形零件的表面喷丸，见 SAE J1830。

D.2 化学成分

陶瓷喷丸的详细成分见表 1。

陶瓷喷丸样品中游离铁的含量不应超过 0.10%（质量分数）。

游离铁含量的测定是将 500g 陶瓷喷丸粉末撒在一个长×宽×高为 305mm×152mm×1.6mm（12in×6in×0.062in）的倾斜铝盘中进行的。铝盘由一个无磁性托架支撑，以使铝盘处于两端高度相差 152mm 的倾斜状态中（铝盘与水平面成 30°角），将四根 25mm×25mm×152mm（1in×1in×6in）的条形磁铁紧贴托盘底部反面，在托盘长度方向中心线附近与盘呈交叉放置，使磁铁的 S 极与 N 极相互交叠，每根磁铁的磁场强度不低于 10000 高斯（GS）。当陶瓷喷丸粉末沿着盘子下落时，可被磁化的微粒将聚集在盘中，将这些被磁铁吸附的微粒仔细地收集在一个预先称过重量的表面皿中。对 500g 样品重复进行上述操作，直到所有明显可被磁化的微粒都被收集在表面皿中。对表面皿进行称重，所得的增重部分即为磁化微粒的重量，也就是原始样品中游离铁的百分比含量。

D.3 微观结构

陶瓷喷丸是由氧化物经电熔融在非晶态硅相中形成一种内部紧密结构的晶态氧化锆。

D.4 密度

特征密度与化学分析有紧密关系，一般密度范围在 3.60g/cm³~3.95g/cm³（见表 1）。

测量条件必须是在 31℃的环境中用比重法测定。

D.5 形状

D.5.1 概述

圆球度与圆度应通过对至少有 200 个陶瓷丸的区域放大 20 倍的实际计算来测量。

D.5.2 圆球度

由在显微镜下观察假设为椭圆形的实际陶瓷丸的短轴与长轴之比来表示。

D.5.3 圆度

圆度与丸粒的棱角有关，陶瓷丸应具备圆且光滑的表面状态。被擦伤、破碎或有角的丸粒在喷射时，会给加工面造成锋利或粗糙的表面状态，导致金属磨损或达不到加工要求。圆度的测量可在 $1cm^2$ 区域中放大 20 倍进行，破碎或有角的喷丸最大允许值不得超过 3%，见表 6。

D.6 外观

陶瓷喷丸应有均匀一致的颜色，能自由滚动，无瑕疵和杂质。

D.7 质量保证

陶瓷喷丸检测每批次最多 1000kg。装货批次的抽样检测结果必须与明细表中的要求相一致。批号和明细表必须标注在每个储存容器单元上。在装货两年之内所有质量控制数据都应能从制造商处得到。

附 录 E
（规范性附录）
Almen 试片、夹具与量规

E.1 控制方法概述

相对被喷丸表面而言，喷丸设备操作的控制主要是喷丸流量参数的控制。这些特性参数测量的基本原理如下：如果一片平直的钢片固定在坚固的台座上并暴露于喷丸射流之下，当它从台座上卸下来后，会变成弯曲的钢片。弯曲部分在被喷丸面呈凸出状，常把标准样片弯曲范围的试验作为一种喷丸流量的测量方法。弯曲程度取决于喷丸流量特性参数。试片的特性以及暴露于喷丸流量下的实际情况如下所述。

喷丸流量的特性参数有速率、尺寸、形状，材料的密度和种类，以及喷丸的硬度。暴露于喷丸流量下的特性参数有作用时间的长短、碰撞的角度、丸流的速率。试片的特性参数取决于试片的力学性能和实际尺寸。

E.2 强度测量设备的试片和夹具

标准试片 A、试片 C 和试片 N 见图 1，试片夹具见图 2。试片 A、试片 C、试片 N 之间的关系见图 E.1。此曲线表示在相同的射流及暴露状态下，试片 A、试片 C、试片 N 的示值。

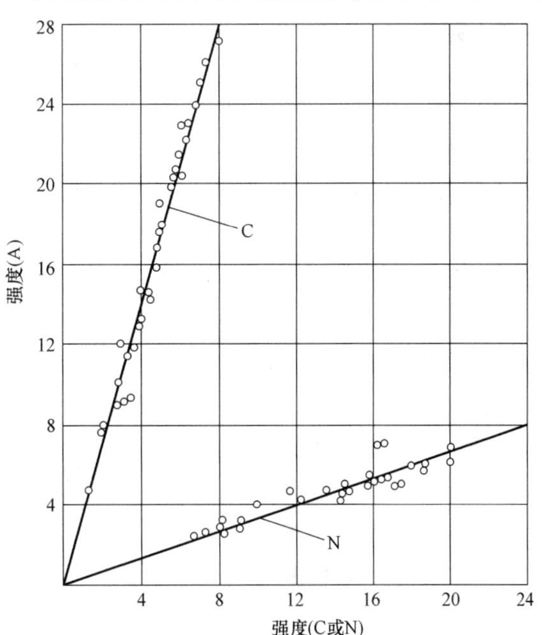

图 E.1 试片 A、试片 C 和试片 N 在 Almen 量规上测量数据对比

E.3 量规

E.3.1 概述

测量试片弯曲程度的量规如图 3 所示。

通过测量在标准弦以上既是横向弧高又是纵向弧高的高度值，得到试片的弯曲度。弧高通过测量构成特殊矩形四个角的球所在平面中心点到非喷射表面中心点的位移得到。为使用该量规，试片应以使指示器轴直接与非喷射表面紧密接触的方式固定。

E.3.2 强度测量的表示准则

强度测量标准的表示方法包括量规的数据读取和使用的试片。

例1：13A，表示量规在喷丸处理A型试片上的读数为13，这是一个与Almen量规表盘指示等级数相关联的无量纲数据。

例2：6~8C，表示用同样量规读出的C型试片的读数，这是一种针对量规读数误差要求的典型表示方法。

如上面两例所示，首先给出量规读数，然后写出试片的牌号。

附　录　F
（规范性附录）
校准系统要求

F.1 范围

本附录规定了用于控制测试设备精度校准系统的建立与维护要求，以及确保交付给购买方的设备与供应品与规定工艺技术条件相一致的测试标准。

F.2 重要性

本附录以及在操作中必须执行的文件及工艺规范不得在其他合同工艺要求中被弱化或降低。

F.3 定义

针对本附录的技术要求提供如下定义：

F.3.1 校准

为便于检测，通过对已知测试标准精度的测试设备和未知测试标准精度的测试设备的比较，调整和消除测试设备的误差。

F.3.2 测试设备

所有用来比照规定工艺要求进行测量、检验、试验、检查或其他方式测定依据的专用设备。

F.3.3 测量标准

用来校准测试设备或其他测量标准，并提供质量跟踪能力。

F.3.4 质量跟踪能力

通过连续的校准链将单个测量结果与一个或多个下列内容关联起来的能力：

a）国家或地区标准参考资料；

b）国家标准机构确定或接受的原始或自然的物理常数值；

c）校准的比率模式；

d）比较一致的标准。

F.4 技术条件

F.4.1 概述

供方应建立和维护一套满足合同要求的测试设备和测试标准校准系统。该系统应与供方的检验和质量控制系统相一致，并且在使用测试设备和测试标准时能提供足够的准确性。所有用于合同的测试设备与测试标准，无论是用于供方设备还是其他方面，都必须确保供货和服务与合同要求相一致。校准系统必须能迅速查明故障，并及时采取措施校正错误。供方应提供与买方要求相一致的客观的准确性证据。

F.4.2　质量保证

供方按照与本附录承诺的操作过程可能受到买方验证，验证应包含以下内容，但不局限于下列内容：

a）检查供方校准系统证明文件，判定与本附录技术要求的一致性；

b）检查校准系统与校准系统证明文件的一致性；

c）检查校正结果来判断供方校正过程的合理性。

当需要时，买方可以利用供方的测试设备和测试标准。在授权情况下，可利用供方人员操作该套系统。应向买方提供最近 12 个月的校准数据，以供买方用来判断供方提供的产品与服务是否与本附录一致。

E.4.3　校准系统的说明

供方应按本附录的要求提供和保存包含测试设备与测试标准的校准系统说明。任何与本附录的详细技术要求不一致的需求，即使有支持理由，也必须在喷丸设备运转之前征得买方同意。

F.4.4　测试标准的适应性

供方用来校准测试设备及测试标准的测试标准应具有跟踪能力，具有计划所需的精度、稳定性范围和要求的分辨率。除非在合同技术要求中另有规定，否则，测试标准的综合不确定性不能超过各个校正特性允许误差的 25%。只要校准的充分性不被降低，校准系统说明应包括由不确定性条件引起的误差条款，所有误差都应给予说明。

F.4.5　环境控制

测试设备与测试标准必须在控制的环境范围内校正使用，以确保连续测试所需的准确性，一般提供必要的条件有温度、湿度、震动、清洁度以及其他可控制的因素。在应用时，对与规定条件有偏差的环境中所做的校准结果应进行校准值补偿。

F.4.6　校准周期

测试设备与测试标准应进行周期性校准，以确保校准的准确性与可靠性。在本标准中，可靠性的定义为：在校准周期内，测试设备和标准仍保持在误差范围内的可能性。当先前的校准结果表明这种方式能满足确保可靠性的要求时，校准周期间隔可由供方适当缩短或延长。因此，供方需建立一个强制性再调用测试设备与标准的系统，以确保及时的再校准，以此来预防超过校准周期的设备继续运转。再调用系统中应包括在特定条件下，有限时间范围内，校正时间段的暂时延长措施，比如正在进行中的竣工试验。

F.4.7　校准程序

校准程序应适应于所有测量设备和测量标准的校准。校准程序应指明测量标准所需参数、范围、准确性及校准设备特征允许偏差的最小值（制造商及类型通用说明）。校准程序应提供指导，使校准人员能充分校准各项设备特性以及相关的设备参数。校准程序不一定必须由供应商重新编写提供，也可以从生产厂方提供的使用手册或出版的标准手册中获得，只要能满足本附录中的技术条件。

F.4.8 误差范围

在校准过程中，若发现测试设备和测试标准大大超出误差范围，校准系统的提供方应通知相应的用户在超出误差范围下特定的性能范围，并且提供相应的测试数据，以便能采取适当的措施。

F.4.9 校准系统的充分性

供方应建立并持有合格程序来评价校准系统的充分性，以确保与本附录的要求相一致。

F.4.10 校准来源

测试设备和测试标准应由供方或其他利用测试标准并且可跟踪的校准装置来校准。所有应用于校准系统的测试标准，必须备有证书、报告或者数据表格来表明条款的说明、标准来源、校准日期、校准赋予的数据、不确定因素、环境状况或其他产生校准结果的条件。对那些校准标准不需要的数据，在校准系统的条款中给出合适的校准注释就足够了。证书与报告表明校准结果中采用的测试标准都是可跟踪的。供方必须确保提供校准服务的来源都能满足本附录的要求。

F.4.11 记录

本附录的要求将得到记录的支持，记录表明建立的计划表和程序有助于保证测试设备与测试标准的准确性。记录包括单个校准记录和测试设备及测试标准各个项目的其他控制方式，校准周期，校准时间，校准来源的证明，所使用的校准程序，校准结果以及采取的校准方式。另外，任一项目的单个记录的准确性必须通过校准证明来给出，则必须注明证明或报告的号码。

F.4.12 指示状态

应给测试设备与测试标准贴上表明校准状态的标签。标签至少应标明已实行校准工作的特定日期（日、月、年——需略日期或等效的）和即将实行校准的日期。没有对全部范围进行校准的项目或有其他使用范围限制的项目，应该标明或者对它的界限进行鉴定。当对某一个项目不能直接使用校准标签时（例如量规座），可把校准标签附在仪器箱或采取其他能反映校准状态的措施。抗干扰封条应贴在操作员易控制的地方或者测试设备和测试标准上的某个的某个部位，当这个部位的封条遭到移动，将影响校准。供方的校准系统应提供这些封条的使用说明和当项目封条破坏时对该项目的处理方法。

F.4.13 分销商校准的控制

供应商有责任确保分销商的校准系统与本附录等级要求相一致，达到合同的要求。供应商在近12个月的检查结果可以用来确定分销商校准系统的一致性。

F.4.14 运输与存放

在不影响校准及设备状态的条件下，测量设备和测试标准可以以某种方式搬运、存放或运输。

附 录 G
（资料性附录）
非强制性资料

G.1 金属覆盖层标准

对金属物体进行电镀镍、铬、化学镀镍的处理参考国家标准 GB/T 9798、GB/T 12332、

GB/T 13913、GB/T 11379。当金属物体受到周期性的压力时，将成为引起抗疲劳负荷衰减的主要因素，在电镀之前对金属基体进行喷丸硬化处理有助于控制或限制抗疲劳负荷衰减。

G.2　控制裂纹扩展

喷丸处理在工件表面产生压应力，压应力能抵消金属电镀过程中所出现的表面拉应力，从而阻止在周期性负载下裂纹扩展引起的疲劳失效。

G.3　疲劳寿命的提高

钢材基体的硬度、强度以及镀覆层厚度和内应力都可影响其疲劳强度，可以通过增加基体的硬度、强度以及提供镀层最小需求尺寸的厚度来提高基体的疲劳寿命，消除或降低镀层内拉应力也是有效的。应用压应力状态，可以明显阻止电镀层疲劳强度的下降。

G.4　疲劳强度的保持

采用喷丸处理，结合正确的基体材料选择及控制镀层厚度和镀层内的拉应力，能够有效地降低甚至避免镀后金属材料疲劳强度的衰减下降。

G.5　喷丸强度衰减指示

Almen 试片可以迅速指示出较低的弧高强度的衰减，这类衰减是由喷丸速度的降低、气压的下降、喷丸粒子的过度破损或者其他操作方面的失误引起的，例如没有将不符合尺寸要求的喷丸分离出去。

G.6　效率与成本

用能满足所需效果的最小尺寸喷丸，将带来高效率和低成本。对非常薄的工件，过高的喷丸强度将引起心部材料的拉应力远大于在表面所产生的有益的压应力，此时应慎重选择喷丸强度。

表 9 给出了由截面厚度和钢材强度选择喷丸强度的推荐表。

G.7　试片型号

字母 A、C 或 N 表明强度数值是由所用型号的试片测定的。试片 A 用于弧高在 4（0.1mm）和 24（0.6mm）之间。如果需用大于 24（0.6mm）的更高喷丸强度，则应使用试片 C。试片 N 被用于小于 4（0.1mm）A 的情况下。

G.8　保护方案的选择

对几乎不可能实行保护或者需保护区域在喷丸保护屏蔽之外的这些区域，需提供足够尺寸余量的基体材料，随后在不超过表 10 中的温度的前提下，除去这些区域，以满足合同的要求。如需要保留压缩层的效果，那么对压缩层的剥离不能超过压缩层厚度的 10%。

G.9　饱和曲线

对单个试片进行喷丸试验，绘制弧度与时间的关系图，就得到饱和曲线。除零点外，至少选择四个点来描述曲线。四个点中用来指示饱和点的处理时间至少应达到饱和点时间的两倍。当对试片处理的时间加倍而弧度的增加不超过 10% 时，那么就达到了饱和（见图 4）。在每个位置的饱和曲线弧度必须在该位置所规定的弧度范围内。试片不能重复使用。试片尺寸（见图 1）应与夹具尺寸（见图 2）相一致。试片应固定在夹具或其他物体上，并且以某种方式置于喷丸射流之下，模拟产品喷丸处理实际工况。试片的饱和试验时间由饱和曲线确定，在进行试验后取下试片，用量规测量试片的弧度值以及形状和尺寸方面的数值（见图 3）。对弧度或挠度的测量应在规定的喷丸强度范围内，如果测量不是在规定的强度范围内，那么试验数据就需要校正，并且需要重新绘制饱和曲线。在使用量规进行测量时，试片的非喷丸处理面的中心应对着量规指示杆放置。已经做过喷丸试验的试片不能重复使用。

G.10 自动处理装置

自动处理装置应能使用空气压力或离心力抛射喷丸对产品进行处理，并且在喷丸时能对工件进行直线移动或旋转运动，或者同时具有直线、旋转运动功能。自动处理装置应能重复稳定地提供所需的喷丸强度。自动处理装置应包括一个在喷丸处理时能及时将破损或不合格的喷丸分离出来的分离器。自动处理装置应能自动控制喷丸过程。

G.11 电脑控制装置

可以使用装备有对尽可能近地沿着工件的几何中心线翻转及具有沿着表面（水平或垂直）移动喷嘴的速度进行可编程速度选择的机械方式的设备，电脑装置应具有在喷丸处理过程中当没有喷嘴移动时，随时关闭控制任何一个喷嘴的能力。电脑装置应能随时控制管理和记录不断变化的关键数据：比如各个喷嘴的空气压力、各个喷嘴的流量、各个砂轮的旋转速度、各个砂轮的流量、喷嘴往复运动的速率及次数，各部分的运行时间，全过程的运行时间。

电脑控制装置应能编制全过程中每一个中断数据的最大与最小范围。每隔一秒或更少时间内对全过程中的中断数据进行扫描，并对照大小范围给予评价。当发现任何超出预置范围的偏差时，设备应立即停止运行，并且能显示出故障部位。必须在排除故障后，才能恢复设备的运行。这个过程在哪个点中断，就从哪个中断点开始运行。如果需要，该设备应能记忆、评价过程中断细节的数据，能记录或拷贝任何过程故障细节，并且能以硬拷贝的方式提供这些数据。设备应能持续不断地从尺寸和形状两个方面筛选喷丸，以使处于工作状态的喷丸满足表 8 中的技术要求。

G.12 人工操作手动喷丸或抛丸

未经需方同意，不能使用手动喷丸或抛丸，因为与自动喷丸相比，手动喷丸或抛丸过程很难控制，并且结果是难以预测的。

第二节 铝及铝合金电镀前表面准备方法

一、概论

铝及铝合金属于较难电镀的金属，特别是各种功能性铝合金的发展，对其电镀质量提出更高要求。铝及铝合金电镀的技术关键是电镀前表面准备方法。这种表面准备需采用与易镀金属不同的特殊镀前处理，例如，表面粗化或表面粗化加上浸镀金属，阳极氧化后在阳极氧化膜孔隙中电沉积金属，直接电镀锌、热镀锌，其中以热镀锌最为经济实用，并早已得到广泛的工业应用。

JB/T 6986—1993《铝及铝合金电镀前表面准备方法》规定了铝及铝合金电镀前一般应进行的表面准备方法，包括清洗、表面调整处理、浸镀、预镀等，对规范铝及铝合金电镀前表面准备方法，特别是功能性铸铝表面处理有指导作用。

JB/T 6986—1993 参照采用 ASTM B253—1983《铝合金电镀准备标准方法》，于 1993 年 7 月 27 日发布，1994 年 7 月 1 日实施。

二、标准主要特点与应用说明

该标准适用于铝及铝合金（包括常用铝、变形铝合金）的表面准备，包括清洗、表面调整处理、浸镀、预镀等。

本标准分为主题与适用范围、引用标准、术语、电镀准备方法的选用、清洗和表面调整处理、浸镀和预镀、安全等部分。

该标准规定的一般工艺过程为清洗→表面调整→浸镀→预镀，而且，经过热处理的铝件，在清洗前还需采用机械磨光、抛光或酸、碱浸蚀，以除去热处理氧化皮。选用这些常用方法时，应注意铝材牌号、铝件制造方法及铝件是否经过热处理。除常用方法之外，还可视具体情况选用清洗→表面调整→阳极氧化或吹砂→清洗→表面调整→出光等。

清洗和表面调整是铝及铝合金电镀准备方法所共有的，这是为了给浸镀处理提供均匀的活化表面。清洗要慎用酸、碱，因为铝是两性金属，会受到酸、碱的损害，即使油污严重时，也只得用弱酸、弱碱。应适当选用标准中推荐的清洗剂。

经适当清洗之后，进行表面调整的目的在于用更薄且均匀的膜取代原有氧化膜而除去铝件表面原有氧化膜，以及除去影响浸锌层附着力的有害微量成分。许多铸件和锻件最有用的调整处理是两次浸锌。标准中作为典型提出了热处理件、轧制件、铝镁合金件、含硅铸铁合金件一般用的表面调整方法、调整液及调整要求。

浸锌和预镀，经过清洗和表面调整后的表面应进行浸镀或浸镀再加预镀。浸镀可采用浸镀锌或浸镀锡，但如上所述大多采用浸镀锌。将经适当调整的铝件浸于碱性锌酸盐镀液，其表面存在的氧化膜溶解，迅速暴露出基底铝，这时基底铝开始溶解，并立即被相应的锌所完全取代或覆盖。关键是此浸锌层要薄而均匀，要适于后续的电沉积，浸镀操作范围广，在后续电镀时具有较高的耐蚀性。该标准不针对某一浸锌工艺，而就浸锌的共性对浸锌、浸锌溶液及工艺参数控制提出了适当的要求和规定。

由于浸镀锌层很薄，任何后续电镀溶液都可能渗透此锌薄层而浸蚀基体金属，因此，一般要求浸锌后再进行预镀。该标准对预镀铜或镍提出了要求。不过，只要采用适合浸锌层的电镀方法，也可不预镀就直接在浸锌层上镀银、黄铜、锌、镍或铬。除了大量采用浸锌之外，在比较严酷的腐蚀环境下也要求采用浸锡加预镀青铜，该标准也对此提出了一般要求。

随着铝合金的发展，应以该标准为基础适当调整各种处理工艺成分，以满足产品要求。

三、标准内容（JB/T 6986—1993）

铝及铝合金电镀前表面准备方法

1　主题内容与适用范围

本标准规定了铝及铝合金电镀前一般应进行的表面准备方法，包括清洗、表面调整处理、浸镀、预镀等。

本标准适用于铝及铝合金（包括常用铸铝、变形铝合金）的表面准备。

本标准不适用于电铸用铝和铝合金模芯的表面准备。

2 引用标准

GB 1173 铸造铝合金技术条件

GB 3190 铝及铝合金加工产品的化学成分

GB 5270 金属基体上的金属覆盖层（电沉积层和化学沉积层）附着强度试验方法

3 术语

3.1 清洗 cleaning

清除工件表面油污或外来物的工艺过程。

3.2 表面调整处理 conditioning

把工件表面状态转变成适合于以后工序进行成功处理的工艺过程。

4 电镀准备方法的选用

4.1 常用镀前准备方法的选用

铝件电镀前表面准备工艺过程一般为清洗→表面调整→浸镀→预镀，经过热处理的铝件，清洗前还需采用机械磨光、抛光加工或酸、碱浸蚀以除去热处理氧化膜。

选用表面准备方法时，应注意区别下述情况：

a）铝件的材料牌号（对照 GB 1173 和 GB 3190）；

b）铝件的制造方法，例如铸造或压力加工方法制造等；

c）铝件是否经过热处理。

4.2 其他镀前准备方法的选用

根据不同情况，实际生产中也可采用清洗→表面调整→阳极氧化，或吹砂→清洗→表面调整→出光等镀前准备工艺。

除浸锌、浸锡外，也可浸镀镍、镍锌合金、铁等重金属，在选用这些工艺过程时，电镀后的铝件应按 GB 5270 规定的方法进行试验，电镀层必须符合结合强度良好的要求。

5 清洗和表面调整处理

5.1 清洗

清洗工艺由蒸汽除油，有机溶剂清洗，可溶性乳化剂清洗，铝材清洗剂清洗及相应的水漂洗工序组成。常用的热碳酸盐-磷酸盐水溶液清洗液［见附录 A（参考件）中 A.1］。油污严重的铝件开始清洗时可采用弱碱性或弱酸性溶液清洗。

5.2 表面调整处理

5.2.1 表面调整处理的目的

a）除去铝件表面原有的氧化膜；

b）除去铝件表面有害的微量成分。

5.2.2 常用的表面调整处理溶液

通常的表面调整处理是在中等温度的氢氧化钠溶液（见 A.2）中浸渍后充分的水漂洗，再浸入硝酸-氟化氢铵溶液（见 A.3）以除去表面挂灰，然后水漂洗干净。

为了防止氮氧化物和氟化物对环境的污染，也可选用硫酸-过氧化氢溶液（见 A.4）代替硝酸-氟化氢铵溶液（见 A.3）。

5.2.3 热处理铝件的表面调整处理

经过热处理的铝件，要求进行机械加工或磨光的，可用抛光、磨光的方式除去氧化膜，然后进行适当的表面调整处理，不能进行机械加工或磨光的铝件表面应选用酸浸蚀的方法除去氧化膜，常用的酸浸蚀溶液为热的硫酸-铬酸溶液（见 A.5），也可采用某些行之有效的专利浸蚀液。

5.2.4　轧制铝件的表面调整处理

采用工业纯铝如 L5（1200）、L6（8A06），防锈铝如 LF21（3A21）等轧制型材制备的铝件，用碳酸盐-磷酸盐液（见 A.1）清洗后，于室温在硝酸中浸渍（见 A.6）能得到满意的效果。

5.2.5　铝镁合金件的表面调整处理

铝镁合金零件如防锈铝 LF2（5A02），锻铝 LD2（6B02）、LD31（6063）等的表面调整处理可采用热硫酸浸蚀（见 A.7），本方法对于锻铝等变形铝镁合金和铸造的铝镁合金均较理想，浸蚀时间与合金类型有关，一般铸铝的浸蚀时间较短。

5.2.6　含硅铸铝合金件的表面调整处理

含硅量较高的铸铝合金，如 ZL101、ZL101A、ZL102、ZL108、ZL109 等在硝酸-氢氟酸（见 A.8）混合液中进行表面调整处理。该溶液也可用于表面不宜进行磨、抛光加工的热处理后的铸件除去热处理氧化膜。

6　浸镀和预镀

经过清洗和表面调整处理后的铝件表面应浸镀或浸镀并预镀。常采用浸锌、浸锌并预镀铜、浸锌并预镀镍、浸锡并预镀青铜方式进行。

某些牌号或经过某些方式热处理之后的铝件，为了得到理想的效果，往往要对上述工艺或槽液稍作修改。

6.1　浸锌

理想的浸锌层应该是薄而均匀一致，结晶细致且有一定的金属光泽，与基体结合牢固。浸锌层的质量受合金的类型、表面调整处理工艺和浸锌工艺的影响。

锌层的沉积量一般为 15μg/cm² ~ 50μg/cm²，相应的厚度值为 20nm ~ 70nm，理想的沉积量不宜超过 30μg/cm²，过多的沉积量易形成海绵状锌层，与基体的结合强度也差。

浸锌分一次浸锌和二次浸锌。

浸锌后的铝件，通常在电镀其他金属之前采用适当的工艺在浸锌层上预镀一层铜（见 6.2 条），也可以在浸锌层上直接电镀银、黄铜、锌或铬。选用的电镀工艺应适合在锌上电镀，并且工件应带电入镀槽。

6.1.1　浸锌溶液及工艺

表 1 列出了浸锌溶液及工艺参数。

表 1　浸锌溶液及工艺参数

组成及操作条件	溶液编号			
	Ⅰ	Ⅱ	Ⅲ	Ⅳ
	含量/(g/L)和参数值			
氢氧化钠(NaOH)	520	520	50	120
氧化锌(ZnO)	100	100	5.0	20
三氯化铁($FeCl_3 \cdot 6H_2O$)	—	1.0	2.0	2.0
酒石酸钾钠($KNaC_4H_4O_6 \cdot 4H_2O$)	—	10	50	50

(续)

组成及操作条件	溶液编号			
	Ⅰ	Ⅱ	Ⅲ	Ⅳ
	含量/(g/L)和参数值			
硝酸钠($NaNO_3$)	—	—	1.0	1.0
温度/℃	15~20	<27	20~25	20~25
时间/s	30~60	30~60	—	—

注：溶液Ⅰ——工艺条件控制不严时，锌沉积太快，易形成厚的、粗糙的、结晶状的、多孔的和附着不良的沉积层。
溶液Ⅱ——溶液Ⅰ的改进型，具有以下优点：①沉积层均匀一致；②工作范围宽且适用于二次浸锌；③除少数牌号的铝合金，如硬铝 LY12（2A12），超硬铝 LC4（7A04）外，对大多数轧制和铸铝合金的耐蚀性均有改善。
溶液Ⅲ和Ⅳ——适用于不易漂洗或带出液较多的场合（例如：形状复杂零件），溶液Ⅳ含锌量较高，更适用于大批量生产的情况。

浸锌溶液一般较浓，工件的带出液将使溶液成分发生变化，故应按化验结果经常补充组份，以保证浸锌层质量。

浸锌溶液的种类较多，而且不同类型的铝件，常常选用不同的浸锌溶液。无论选用何种浸锌溶液，以后的电镀层均应满足 GB 5270 规定的结合强度试验要求。

6.1.2 二次浸锌

第一次浸锌层粗糙多孔、附着不良，可采用二次浸锌。二次浸锌后能得到细致、均匀略具金属光泽的锌层。两次浸锌可在同一槽中进行，也可先在较浓的溶液中，后在较稀的溶液中进行。为了获得理想的锌层，有时甚至要进行多次浸锌。

第一层锌在硝酸溶液（与 A.6 相同）中退除。

第一次浸锌时间为 45s；第二次浸锌时间为 30s。

6.1.3 注意事项

浸锌时的挂具不能用铜或铜合金，以防止铜和铝或铝合金接触发生置换，应将挂具上的钢丝、铜或铜合金镀镍后再作浸锌使用。或者选用铝丝或非金属材料作为浸锌挂具。

6.2 浸锌并预镀铜

经清洗（见 5.1），表面调整处理（见 5.2），一次浸锌或二次浸锌后的铝件，可在氰化镀铜溶液中预镀铜，充分水洗后再转入其他电镀溶液中电镀。

镀铜电解液及工艺条件见附录 B（参考件）中表 B.1。

6.3 浸锌并预镀镍

经清洗（见 5.1），表面调整处理（见 5.2），一次浸锌或二次浸锌后的铝件，也可在接近中性的镍槽中预镀镍，然后作进一步的电镀。

预镀镍电解液及工艺参数见表 B.2。

6.4 浸锡并预镀青铜

在潮湿的腐蚀性环境中，浸锌层易发生横向腐蚀而使电镀层剥落。在此情况下可采用浸锡后预镀青铜。

6.4.1 浸锡

铝件按 5.1 和 5.2 的规定进行清洗和表面调整后，充分漂洗再在含有锡酸盐的某些专利浸锡溶液中进行浸镀或带电入槽闪镀锡然后预镀青铜。

6.4.2　预镀青铜

浸锡后不用水漂洗即可在适宜的氰化电解液中预镀青铜，然后充分水洗再转入其他电镀槽中电镀。

7　安全

7.1　本标准中要使用某些腐蚀性和剧毒性药品，应采取适当的安全措施。

7.2　氰化物和酸处理工序之间一定要有充分的水漂洗工序。

附　录　A
铝件清洗和表面调整处理溶液
（参考件）

A.1　碳酸盐-磷酸盐清洗溶液

碳酸钠（Na_2CO_3，无水）	25g/L
磷酸三钠（Na_3PO_4，无水）	25g/L
温度	70℃～80℃
时间	1min～3min
容器	钢质

A.2　碱浸渍溶液

氢氧化钠（NaOH）	50g/L
时间	30s～60s
温度	50℃～60℃
容器	钢质

A.3　除去挂灰的酸浸渍溶液

A.3.1　溶液

硝酸（密度 1.40g/mL，HNO_3）	750mL
氟化氢铵（NH_4HF_2）	120g/L
时间	30s
温度	20℃～25℃
容器	衬塑

A.3.2　注意事项

气体有毒，应配备抽风。

A.4　替代 A3 的溶液

A.4.1　溶液

硫酸（密度 1.84g/mL，H_2SO_4）	100mL
过氧化氢（质量分数 32%，H_2O_2）	50mL
水	稀释至 1L
时间	15s～60s
温度	室温
容器	不锈钢或衬塑

A.4.2 注意事项

配制溶液时应注意：

硫酸应缓慢加入到约占容器体积80%的水中，待冷却至室温后再加入过氧化氢并稀释至预定的体积。

A.5 去氧化膜浸蚀溶液

A.5.1 溶液

硫酸（密度1.84g/mL，H_2SO_4）	100mL
铬酐（CrO_3）	35g
水	稀释至1L
时间	2min～5min
温度	70℃～80℃
容器	衬铅

A.5.2 注意事项

配制溶液时应注意：

a）将铬酐溶入占容器体积约80%的水中，然后缓缓加入硫酸并迅速搅拌，冷却至室温后稀释至预定的体积；

b）气体有毒，应配备抽风。

A.6 硝酸浸渍溶液

A.6.1 溶液

硝酸（密度1.40g/mL，质量分数67%，HNO_3）	500mL
水	稀释至1L
温度	室温
容器	衬塑

A.6.2 注意事项

气体有毒，应配备抽风。

A.7 硫酸浸渍溶液

硫酸（密度1.84g/mL，H_2SO_4）	150mL
水	稀释至1L
温度	80℃
时间	2min～5min
容器	衬铅

A.8 混合酸浸渍溶液

A.8.1 溶液

硝酸（密度1.40g/mL，质量分数67%，HNO_3）	750mL
氢氟酸（密度1.16g/mL，质量分数48%，HF）	250mL
时间	3s～5s
温度	室温
容器	衬塑

A.8.2　注意事项

气体有毒，应配备抽风。

附　录　B
铝件预镀铜、镍槽液
（参考件）

B.1　预镀铜电解液及工艺参数见表 B.1。

B.2　预镀镍电解液及工艺参数见表 B.2。

表 B.1　预镀铜电解液及工艺参数

组成及操作条件	含量/(g/L)和参数值
氰化亚铜(CuCN)	40.0
氰化钠(NaCN)(总量)	50.0~55.0
游离氰化钠(最大值)	5.7
碳酸钠(Na_2CO_3)	30.0
酒石酸钾钠($KNaC_4H_4O_6 \cdot 4H_2O$)	60.0
温度/℃	40~45
时间/min	2
电流密度/(A/dm^2)	2.5
pH	10.2~10.5

注：1. 工件带电入槽。

2. 要求电镀 2min 后，再以 1.3A/dm^2，补充电镀 3min~5min。

表 B.2　预镀镍电解液及工艺参数

组成及操作条件	含量/(g/L)和参数值
硫酸镍($NiSO_4 \cdot 7H_2O$)	140
硫酸铵[$(NH_4)_2SO_4$]	35
氯化镍($NiCl_2 \cdot 6H_2O$)	30
柠檬酸钠($Na_3C_5H_5O_7 \cdot 2H_2O$)	140
葡萄糖酸钠($C_4H_{11}NaO_7$)	30
温度/℃	50~60
时间/min	3~5
电流密度/(A/dm^2)	2~3
pH(60℃时)	6.8~7.2
阳极	镍
搅拌方式	阴极移动或循环过滤

注：工件带电入槽。

第三节　电镀溶液试验方法　霍尔槽试验

一、概论

适当的电镀溶液具有必要的镀层金属离子（或配位离子）、导电盐、络合剂、润湿剂，以及各种添加剂。为了保持这些组分在所要求的最佳范围，除了添加剂之外，要分析电镀溶液的主成分，并根据分析结果进行补充，以达到规定的要求。要分析新配制的电镀溶液，在使用过程中也要定期分析，分析的频率根据该电镀溶液的稳定性和使用情况而定。另外，还应分析电镀溶液中有害杂质。除了成分分析外，为保证电镀溶液的使用性能或工艺性能，还须进行电镀溶液性能试验，例如光亮电镀范围、分散力、整平能力、深度能力、电流效率和测定极化曲线等。

使用霍尔槽试验可得到外观合格镀层的电流密度范围和其他工艺条件（温度、pH 等），研究主要成分和添加剂的影响。

为了满足广大电镀工作者需要，制定了 JB/T 7704.1—1995《电镀溶液试验方法　霍尔槽试验》。该标准于 1995 年 6 月 20 日批准，1996 年 1 月 1 日实施。

二、标准主要特点与应用说明

该标准为测定电镀溶液的阴极电流密度范围、分散能力和整平性等性能，研究电镀溶液组分及工艺条件的改变对镀层质量的影响，规定了电镀溶液的霍尔槽试验方法。

霍尔槽和其他小型电镀容器一样，用于开发、评价和检测电镀溶液。现用霍尔槽有多种，例如搅拌式、加热式和悬挂式，在电镀实验室得到广泛应用。

该标准规定了常用典型的霍尔槽的尺寸，阳极、阴极、电源及电表的要求和参数。为获得正确的实验结果，应选取具有代表性的电镀溶液作为被试溶液。霍尔槽槽体一般采用耐酸、碱的透明材料，以便于观察试验情况，霍尔槽的阴极与阳极之间不是平行的，而是保持一定的角度，这是霍尔槽的主要特点。其实质是利用霍尔槽中阴极各部位与阳极的间距不同，相应的电流各异而进行电镀溶液性能及电镀层质量影响因素的试验或测试。其容积可分为250mL、500mL、1000mL三种类型，常用的是250mL、1000mL的霍尔槽。

该标准对霍尔槽试验中阴极、阳极、电源、镀液、电流、试验时间、温度等提出了要求，也提出了试验结果表示方法，还对影响测量结果的因素、测量方法等做了相应介绍。

三、标准内容（JB/T 7704.1—1995）

电镀溶液试验方法　霍尔槽试验

1　主题内容与适用范围

本标准规定了电镀溶液的霍尔槽试验方法。

本标准适用于测定电镀溶液的阴极电流密度范围、分散能力及整平性等性能，亦适用于研究电镀溶液组分及工艺条件的改变对镀层质量的影响。

2　术语

霍尔槽：非导电材料的梯形镀槽，其中各电极排布能够观察宽广电流密度范围内的阴极或阳极效应。

3　方法原理

利用霍尔槽中阴极各部位与阳极的距离不同，相应的电流密度也不相同的原理测试电镀溶液的性能及影响镀层质量的因素。

4　试验装置、仪器及设备

4.1　试验装置

霍尔槽试验装置如图1所示。

4.2　试验仪器及设备

4.2.1　霍尔槽

霍尔槽是一个小型梯形电镀槽。其基本结构如图2所示。槽体材料一般选用耐酸、碱的

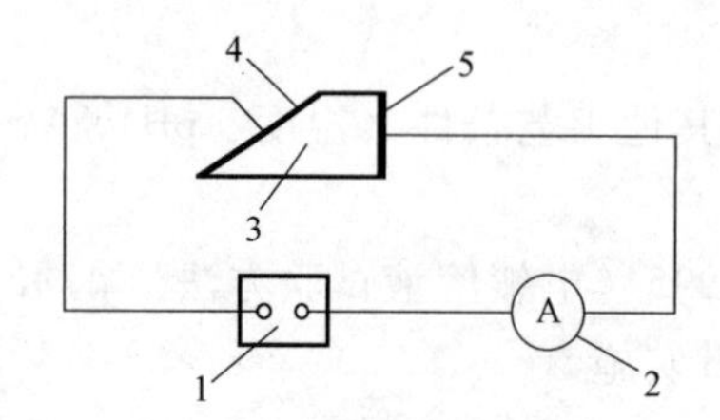

图1　霍尔槽试验装置

1—直流电源　2—电流表　3—霍尔槽
4—阴极　5—阳极

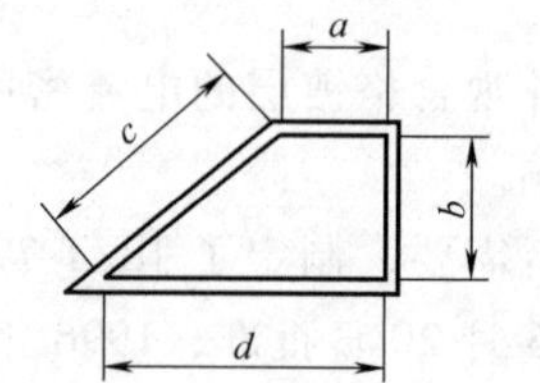

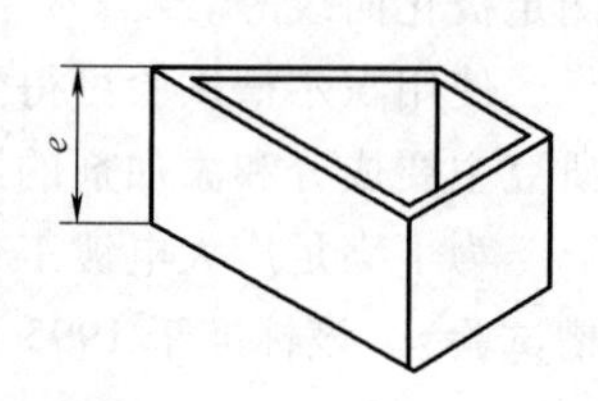

图2　霍尔槽的基本结构

绝缘材料制作。霍尔槽最主要的特征是阴、阳极之间不平行，保持一定的角度。根据盛装溶液的容积可分为250mL、500mL、1000mL三种霍尔槽，最常用的是250mL、1000mL两种，其槽体内部尺寸列于表1。

表1　霍尔槽的内部尺寸　（单位：mm）

霍尔槽的容积/mL	*a*	*b*	*c*	*d*	*e*
250	48	64	102	127	65
1000	120	85	127	212	85

在实际应用中，市售的一种霍尔槽，在*d*边安装加热管，*c*边阴极旁开有一排空气搅拌孔，其使用较广泛，还有一种改良型霍尔槽（见图3）。其形状尺寸与普通霍尔槽相同，只在槽两平行壁中的长壁钻6孔，短壁钻4孔，孔的位置与尺寸无严格要求。该槽的优点是置于能加温（或冷却）的另一较大的装有待测镀液的容器中，从而获得所需要的较稳定的镀液成分和液温。

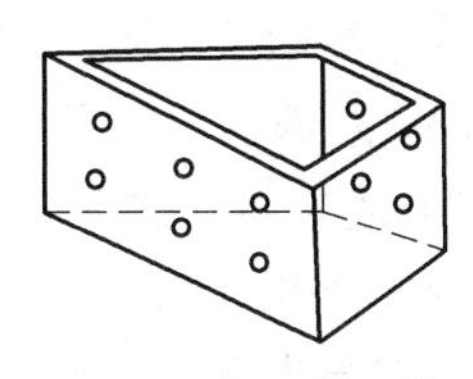

图3　改良型霍尔槽

4.2.2　阳极

阳极材料与生产中使用的相同，并符合电镀阳极的国家标准，具体尺寸见表2。阳极形状为平板状，在容易钝化阳极的镀液中，可采用瓦楞状或网状，其几何厚度不能超过5mm。

4.2.3　阴极

阴极材料应根据试验情况选取。一般多选用0.2mm～1mm厚的黄铜板或钢板，选用其他材料则应对试验过程基本无影响，试片可根据试验目的进行打磨、浸蚀或抛光，然后背面涂绝缘涂料，烘干。其具体尺寸见表2。

表2　霍尔槽阴、阳极尺寸　（单位：mm）

霍尔槽种类	阴 极 尺 寸	阳 极 尺 寸
250mL	100×70	64×70
1000mL	125×90	85×90

4.2.4　电源

电源应比较稳定，最好采用直流恒电流电源。

4.2.5　直流电流表

量程：0A～10A，0.5级或1级。

在实际测试中，可采用具有加热搅拌功能的成套霍尔槽试验装置。

5　试验条件的选择

5.1　镀液

为获取正确的试验结果，试验镀液应具有代表性。在重复试验时，每次试验所取镀液体积应相同。当使用不溶性阳极时，经1次～2次电镀试验后应更换新液。如用可溶性阳极则应在4次～5次试验后更换新液，在测试微量杂质或添加剂的影响时，每槽溶液试验次数还应酌情减少。

5.2　电流

电流应根据镀液的性质选择。若镀液允许的电流上限较大，则试验时的电流应取大一点，但通常选取 0.5A~3A 之间，某些镀种如镀铬溶液可提高至 5A~10A。试验微量杂质的影响时，可用 0.5A~1A。

5.3 试验时间

霍尔槽试验的时间应根据试验目的来确定，一般多选取 5min~10min。

5.4 试验温度

霍尔槽试验温度应根据镀液性质和试验目的来确定。

6 试验步骤

6.1 将待测溶液倒入霍尔槽中，贴 b 边槽壁插入洗净的阳极板。

6.2 按图 1 所示安装接线，并按工艺条件将镀液恒温。

6.3 将符合电镀前处理要求的阴极紧贴 c 边槽壁带电入槽，按镀液的工艺条件，控制电流和电镀时间，进行电镀。

6.4 断开电源，取出阴极试片洗净、烘干。根据试验目的进行结果处理。

7 结果表示

7.1 阴极各部位电流密度的计算

在霍尔槽中，阴极各部位到阳极的距离不同，相应各部位的电流密度也不一样。在离阳极远的一端（称为远端）电流密度最小，随着阴极与阳极之间距离的减小，电流密度逐步增大，直至离阳极近的一端（称为近端），电流密度最大。

阴极上各部位的电流密度，可用下列经验公式计算：

$$D_K = I(C_1 - C_2 \lg L) \tag{1}$$

式中 D_K——阴极上某部位相应的电流密度（A/dm^2）；

I——试验时的电流（A）；

C_1、C_2——与镀液性质有关的常数；

L——阴极上某部位距阴极近端的距离（cm）。

作为参考，对于 250mL 的霍尔槽，可取 $C_1 = 5.10$，$C_2 = 5.24$；1000mL 的霍尔槽，可取 $C_1 = 3.26$，$C_2 = 3.04$。由上式计算出电流密度的近似值。另外，由于靠近阴极两端计算的电流密度误差较大，一般建议取距两端一厘米以上处的数值。

实用中为了便于观测，可根据式（1）绘制“霍尔槽试验样板电流密度标尺”，直接量出霍尔槽试片上某部位的电流密度值。

7.2 阴极试片镀层外观表示方法

为了正确评定霍尔槽试验结果，一般选取阴极试样上镀层横向中线偏上 10mm 的一段部位（见图 4）作为试验结果来评定镀层质量，并用图 5 所示的符号分别表示镀层的外观。某些有代表性的试片，可涂以清漆，保存备查。

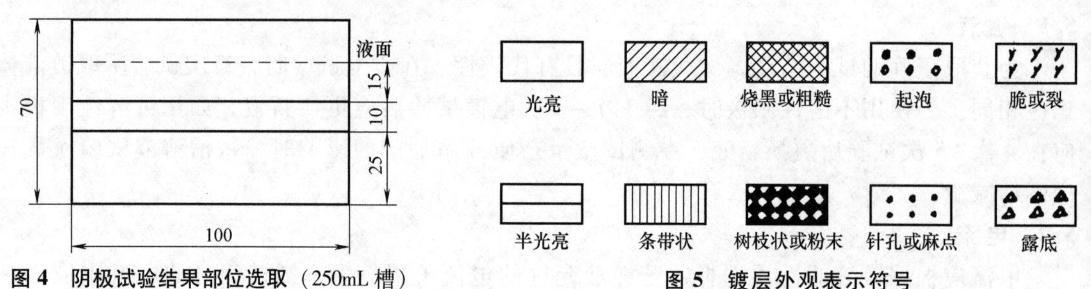

图 4 阴极试验结果部位选取（250mL 槽）

图 5 镀层外观表示符号

8　试验报告

试验报告一般应包括以下内容：

a）被测镀液的名称及型号；

b）本标准号；

c）试验仪器及设备；

d）试验条件；

e）试验结果及计算公式；

f）试验日期及试验人员。

第四节　电镀溶液试验方法　覆盖能力试验

一、概论

电镀溶液由镀层金属离子（或配位离子）、导电盐、络合剂、润湿剂及添加剂等组成。采用霍尔槽试验可得到外观合格镀层的电流密度范围和其他工艺条件（温度、pH 等），研究主要成分和添加剂的影响。为了准确判断镀液性能，还须进行电镀溶液覆盖能力试验、阴极电流效率试验、分散能力试验、整平性试验及极化曲线测定。

为了满足广大电镀工作者需要，制定了 JB/T 7704.2—1995《电镀溶液试验方法　覆盖能力试验》该标准于 1995 年 6 月 20 日批准，1996 年 1 月 1 日实施。

二、标准主要特点与应用说明

该标准规定了电镀溶液覆盖能力试验的直角阴极法、内孔法和平行阴极法三种典型的试验方法。如遇到特殊情况，例如内径相同而深度不同的凹穴阴极或一系列内径不同的内孔阴极等，可共同商定适合特殊需要的方法。其实质是测定某一电镀溶液在人为设计和制造的深度、内孔和外遮蔽部位的电镀层的覆盖情况，人为地模拟形状复杂制件电镀过程中的情况。在采用与标准中不同的试验方法时，应区别人为情况，例如阴极的设计、测试及设备、试验规程、试验结果及其表示。

该标准列出了不同试验方法的示意图、实验步骤及实验结果表示方法，并对影响测量结果的因素、测量方法等做了相应介绍。通过这些覆盖能力试验，被试溶液可在形状相对复杂的制件上获得厚度比较均匀的镀层，或在其所有部位都能镀上符合要求的镀层。

三、标准内容（JB/T 7704.2—1995）

电镀溶液试验方法　覆盖能力试验

1　主题内容与适用范围

本标准规定了电镀溶液覆盖能力的试验方法。

本标准适用于各类电镀溶液。

2　术语

覆盖能力：镀液在特定的电镀条件下，在阴极表面凹处或深孔处沉积金属的能力。

3 方法原理

根据电镀电流分布原理，人为地制造出具有深凹和外形遮蔽部位或内孔的阴极，并采取适当的悬挂方式在待测镀液中进行电镀。由测量的镀层覆盖的面积或镀入深度，评定镀液的覆盖能力。

不同的试验方法，所得到的结果不相同。若要比较不同镀液或工艺条件的覆盖能力，则必须采用相同的方法，在相同的条件下进行试验。

4 试验方法

4.1 直角阴极法

本方法适用于测定覆盖能力较差的电镀溶液。

4.1.1 试验仪器及设备

a）电源：直流电源，最好采用恒电流电源；

b）镀槽：选择适当尺寸和体积的矩形槽；

c）阳极：符合国家标准的适当面积的阳极材料；

d）阴极：用薄钢片或铜片，按图1所示制成直角阴极，并将其背面绝缘。

4.1.2 试验装置

测定镀液覆盖能力的装置如图2所示。

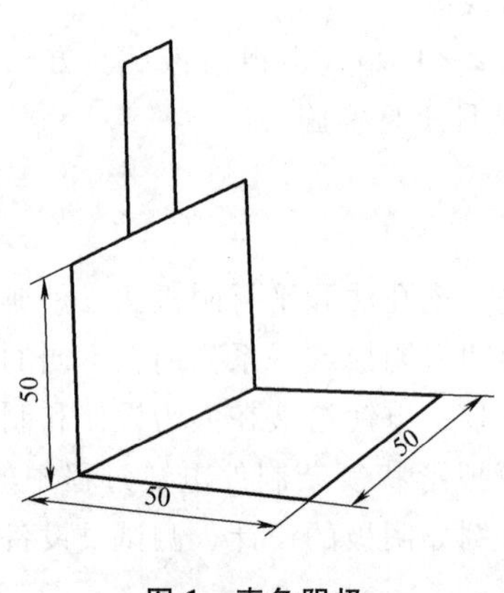

图1 直角阴极

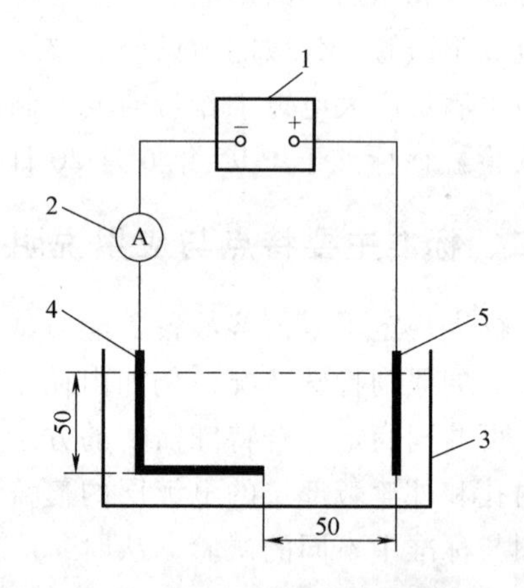

图2 直角阴极法试验装置

1—电源 2—电流表 3—镀槽 4—直角阴极 5—阳极

4.1.3 试验步骤

4.1.3.1 将待测镀液注入电镀槽，按镀液工艺条件恒温。

4.1.3.2 将阴、阳极经常规镀前处理后，按照图2所示安装接线。

4.1.3.3 根据镀液工艺条件，选择适当电流强度和电镀时间，进行电镀。镀后取出阴极清洗、干燥后进行测量。

4.1.4 试验结果

以直角阴极上镀层覆盖面积的百分数评定镀液的覆盖能力。百分数值越大，镀液的覆盖能力越好。

4.2 内孔法

本方法适用于覆盖能力较好的电镀溶液。

4.2.1　试验仪器及设备

a）电源：与 4.1.1a 相同；

b）镀槽：与 4.1.1b 相同；

c）阳极：与 4.1.1c 相同；

d）阴极：ϕ10mm（内径）×100mm 或 ϕ10mm（内径）×50mm 的低碳钢管或纯铜管。

4.2.2　试验装置

阴极有不同的悬挂方式，根据待测镀液的性质，阴极可以水平放置，使管的中心轴垂直于阳极（见图 3a），也可以垂直放置，使管的中心轴与阳极平行（见图 3b），还可以用 ϕ10mm×50mm 的阴极将其一端的内孔堵死（即形成盲孔），水平放置，使其另一端内孔的中心轴垂直于单阳极（见图 3c）。

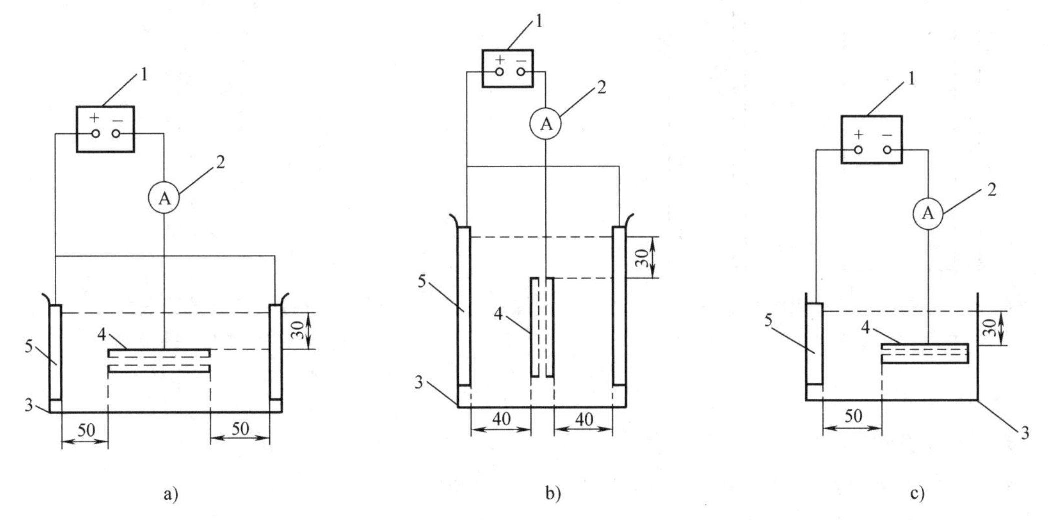

图 3　阴极不同悬挂方式的装置

1—电源　2—电流表　3—镀槽　4—阴极　5—阳极

4.2.3　试验步骤

4.2.3.1　将待测镀液注入电镀槽中，按镀液工艺条件恒温。

4.2.3.2　将阴、阳极经常规镀前处理后，按照 4.2.2 规定中的某一种适用方式放置阴极，并连接线路。

4.2.3.3　根据镀液工艺条件，选择适当电流强度和电镀时间，进行电镀。镀后取出阴极清洗、干燥后进行测量。

4.2.4　试验结果

将镀好的管状试样沿纵向剖开，测量阴极内孔壁上镀层长度（即镀入深度），即可评定镀液的覆盖能力。也可用镀入深度与阴极内孔径的比值评定镀液的覆盖能力，其比值越大，镀液覆盖能力越好。

4.3　平行阴极法

本方法仅适用于测定镀铬溶液的覆盖能力。

4.3.1　试验仪器及设备

a）电源：与 4.1.1a 相同；

b）镀槽：与4.1.1b相同；

c）阳极：50mm×40mm的铅锡阳极（含锡10%~30%）；

d）阴极：将两片40mm×20mm的薄铜片制成间隔为10mm的平行阴极板（见图4）。

4.3.2 试验装置

测定镀液覆盖能力的装置如图5所示。

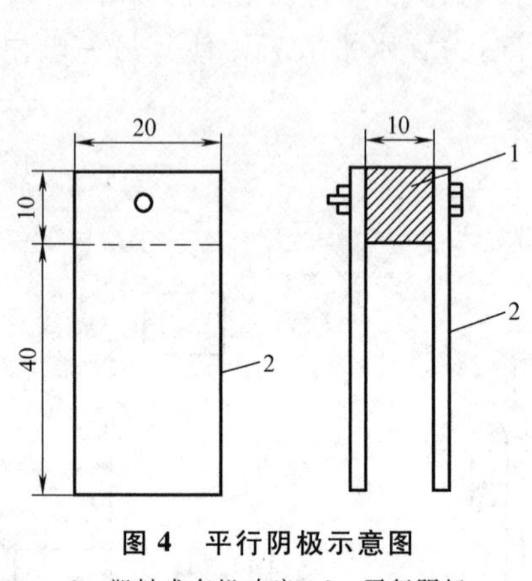

图4 平行阴极示意图

1—塑料或有机玻璃 2—平行阴极

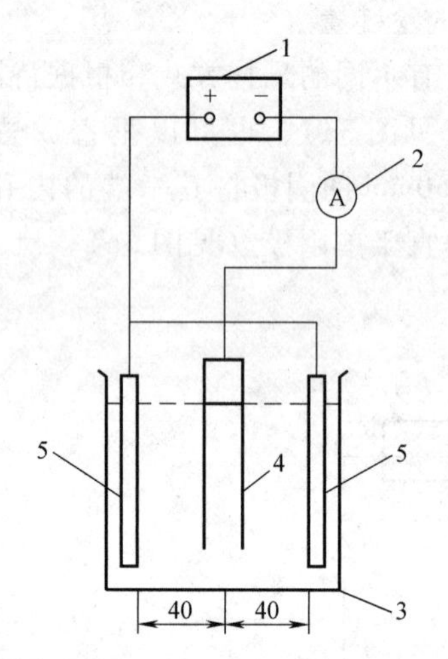

图5 平行阴极法试验装置

1—电源 2—电流表 3—镀槽

4—平行阴极 5—阳极

4.3.3 试验步骤

4.3.3.1 将待测镀液注入镀槽中，按镀液工艺条件恒温。

4.3.3.2 将阴阳极经常规电镀前处理后，按图5所示安装接线。

4.3.3.3 阴极带电入槽，在电镀工艺条件下，电镀10min取出阴极，清洗、干燥后进行测量。

4.3.4 试验结果

将镀后的平行阴极拆开，以阴极试样内侧面上镀层覆盖面积的百分数评定该镀液的覆盖能力。百分数值越大，镀液的覆盖能力越好。

4.4 除了本标准规定的上述测定方法外，也可以根据待测镀液的性质，协商选择能够评定镀液覆盖能力的其他恰当的试验方法，如制成相同内孔径，不同深度孔穴阴极的凹穴法，或者制成一系列不同内孔径阴极的内孔法等。

5 试验报告

试验报告一般应包括以下内容：

a）被测镀液的名称及型号；

b）本标准号及使用的试验方法；

c）试验仪器及设备；

d）试验条件；

e）试验结果；

f）试验日期及试验人员。

第五节　电镀溶液试验方法　阴极电流效率试验

一、概论

电镀溶液由镀层金属离子（或配位离子）、导电盐、络合剂、润湿剂及添加剂等组成。采用霍尔槽试验可得到外观合格镀层的电流密度范围和其他工艺条件（温度、pH 等），研究主要成分和添加剂的影响。为了准确判断镀液性能，还须进行电镀溶液覆盖能力试验、阴极电流效率试验、分散能力试验、整平性试验及极化曲线测定。

为了满足广大电镀工作者需要，制定了 JB/T 7704.3—1995《电镀溶液试验方法　阴极电流效率试验》。该标准于 1995 年 6 月 20 日批准，1996 年 1 月 1 日实施。

二、标准主要特点与应用说明

该标准适用于测定各种电镀溶液阴极电流效率。其原理为将待测溶液的镀槽与库仑计串联进行电镀后，精确称量电极上实际析出物质的质量，根据法拉第定律，利用库仑计算出通过电极的电量后，再计算出待测阴极溶液效率。

在电镀过程中，发生在电镀件或阴极上的反应不仅仅是沉积所需金属的反应，还发生其他反应，一般称之为副反应，例如导致电镀件渗氢的析出氢的反应。这些副反应也消耗供给电镀件或阴极的电流，以致所供给的电流不能百分之百地用于在电镀件或阴极上沉积出金属。按照法拉第定律，利用电化学反应测定电解池电镀的电量可得到该电镀溶液的电流效率——阴极电流效率和阳极电流效率。但是，电流密度（即单位电极上电流的大小）、电镀溶液的温度、电镀溶液本身的性能（例如，过强的腐蚀性等）都影响着测试结果，因此，该标准除规定了库仑计外，对这些因素也提出了一般限定。

该标准对试验装置、仪器与设备、试验步骤、结算结果及影响试验结果的因素一一做了介绍，并对影响测量结果的因素、测量方法等也做了相应介绍。

三、标准内容（JB/T 7704.3—1995）

电镀溶液试验方法　阴极电流效率试验

1　主题内容与适用范围

本标准规定了电镀溶液阴极电流效率的测定方法。

本标准适用于各类电镀溶液。

2　术语

2.1　阴极电流效率

根据法拉第定律，阴极上通过单位电量时，沉积出的镀层的实际质量与电化当量之比。通常以百分比表示。

2.2　库仑计

依据法拉第定律，借助产生的电化学作用来测定电量的电解池。

3 方法原理

将待测电镀溶液的镀槽与一铜库仑计串联进行电镀后，先精确称量由于电极反应在阴极上实际析出物质的质量，根据法拉第定律，利用重量库仑计计算出通过电极的电量后，再计算出镀槽中待测溶液阴极电流效率。本方法使用的重量库仑计为铜库仑计。

4 试验装置、仪器与设备

4.1 铜库仑计

4.1.1 试验装置

铜库仑计通常使用玻璃容器作镀槽，其中放入三个极板，即容器内两侧分别置入高纯铜板或电解铜板作为阳极，中间放入铜片作为阴极，如图 1 所示。

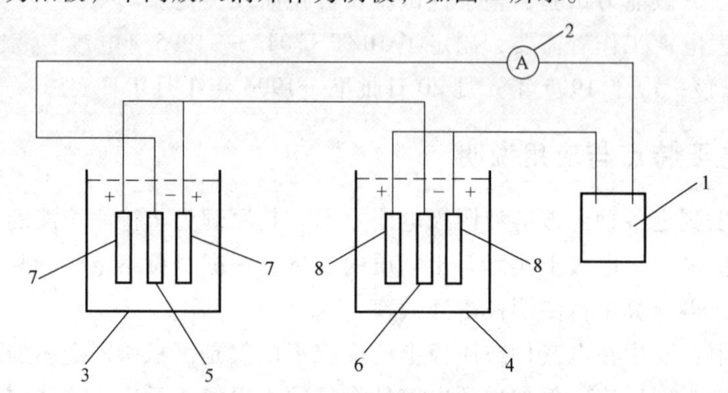

图 1 库仑计测定电流效率原理图

1—直流电源 2—电流表 3—待测镀液槽 4—铜库仑计 5—待测镀液阴极
6—铜库仑计阴极 7—待测镀液阳极 8—铜库仑计阳极

4.1.2 试验溶液

溶液均用化学纯试剂配制，溶液成分如下：

硫酸（H_2SO_4，ρ=1.84g/mL） 25mL/L；

硫酸铜（$CuSO_4 \cdot 5H_2O$） 125g/L；

乙醇（C_2H_5OH） 50mL/L。

4.1.3 试验条件

温度：18℃~25℃；

阴极电流密度：20A/m^2~200A/m^2（0.2A/dm^2~2A/dm^2）；

电镀时间：10min~30min。

4.2 直流电源：0A~10A。

4.3 电流表：量程 0A~10A，0.5 级~1 级。

4.4 分析天平：量程 0g~200g，感量 0.0001g。

4.5 阳极：根据所测镀种选用合乎国家标准的材料。

4.6 阴极：根据所测镀种选用。

5 试验步骤

5.1 将待测镀液和铜库仑计溶液分别注入各自镀槽中，并按其工艺条件和试验条件恒温。

5.2 将库仑计的铜阳极与待测镀液的阳极处理干净后分别放入两镀槽中，按图 1 所示安装接线（两镀槽串联）。

5.3　将库仑计的阴极与待测电镀溶液的阴极按电镀前处理要求处理干净、吹干、准确称重。

5.4　两阴极片同时分别带电置入各自槽中，按工艺条件进行电镀，至规定时间带电取出两阴极片，清洗、吹干、准确称重。

6　结果计算

阴极电流效率按下式计算：

$$\eta_k = \frac{m_1 \times 1.186}{m_0 k} \times 100\%$$

式中　η_k——阴极电流效率；

m_1——待测镀液阴极试样的实际增重（g）；

m_0——铜库仑计阴极试样的实际增重（g）；

k——待测镀液阴极上析出物质的电化当量［g/(A·h)］；

1.186——铜的电化当量［g/(A·h)］。

7　影响试验结果的因素

7.1　电流密度

铜库仑计阴极电流密度应控制在 $20A/m^2 \sim 200A/m^2$（$0.2A/dm^2 \sim 2A/dm^2$）范围内。电流密度过大，阴极上可能产生粗糙疏松的铜镀层，影响测量结果。待测镀液阴极电流密度应根据工艺要求或试验目的而定。

7.2　温度

实验时铜库仑计的温度应控制在 18℃～25℃，如果温度过低或过高，铜库仑计电流效率降低，测出的电量不准确，将影响测量结果。待测镀液温度应根据电镀工艺要求或试验目的而定。

7.3　电镀溶液

7.3.1　测量腐蚀性较强的电镀溶液时，电解液可能对某些阴极产生腐蚀，影响测量结果，如镀铬溶液。就不宜直接用铜板作阴极，而应以铜板上电镀 5μm～10μm 致密的普通镀镍层作为待测阴极。

7.3.2　某些电镀溶液容易与阴极铜片产生置换反应（如镀银溶液），影响测量结果，此时阴极试片必须带电入槽。

8　试验报告

试验报告一般应包括下列内容：

a）被测镀液的名称及型号；

b）本标准号；

c）试验仪器及设备；

d）试验条件；

e）试验结果；

f）试验日期及试验人员。

第六节　电镀溶液试验方法　分散能力试验

一、概论

电镀溶液由镀层金属离子（或配位离子）、导电盐、络合剂、润湿剂及添加剂等组成。

采用霍尔槽试验可得到外观合格镀层的电流密度范围和其他工艺条件（温度、pH 等），研究主要成分和添加剂的影响。为了准确判断镀液性能，还须进行电镀溶液覆盖能力试验、阴极电流效率试验、分散能力试验、整平性试验及极化曲线测定。

为了满足广大电镀工作者需要，制定了 JB/T 7704.4—1995《电镀溶液试验方法 分散能力试验》。该标准于 1995 年 6 月 20 日批准，1996 年 1 月 1 日实施。

二、标准主要特点与应用说明

该标准适用于各种电镀溶液分散能力检测。其原理是测定电镀件或阴极与阳极不同间距部位上的电镀层厚度情况。该标准规定了远近阴极法、弯曲阴极法、霍尔槽样板法三种分散能力试验方法，列举了远近阴极与阳极间距之比的 K 值、阴极、阳极和电接触等因素的影响。所有这些方法实质上是测定电镀件或阴极与阳极不同间距的部位上电镀层厚度的情况。若电镀件或阴极上的任何部位所获得的镀层厚度相同（不可能）或基本一样，则该电镀溶液的分散能力高。这同覆盖能力一样，是与电镀层的功能或保护作用密切相关的一种电镀溶液性能。覆盖能力和分散能力高的电镀溶液可在电镀件上或阴极上镀覆厚度均匀性好的电镀层，这是实际使用中必需的，实施者应很好地掌握标准中提出的原理、试验仪器、设备、试验规程。

该标准对影响测量结果的因素、测量方法等也做了相应介绍。

三、标准内容（JB/T 7704.4—1995）

电镀溶液试验方法 分散能力试验

1 主题内容与适用范围

本标准规定了电镀溶液分散能力的试验方法。

本标准适用于各类电镀溶液。

2 术语

2.1 分散能力

在特定条件下，镀液使电极（通常是阴极）上镀层分布比初次电流分布更为均匀的能力。

2.2 不溶性阳极（惰性阳极）

在电解的工艺条件下，在电解液中不产生阳极溶解反应的阳极。

2.3 哈林槽

非导电材料的矩形镀槽。其中主要电极和辅助电极合适排布以使能估计分散能力或电极极化程度及两电极间的电势。

2.4 海绵状镀层

与基体材料结合不牢固的疏松多孔的海绵状沉积物。

3 试验方法

3.1 远近阴极法

3.1.1 方法原理

远近阴极法测分散能力多在哈林槽中进行，如图 1 所示。将两块面积相同的阴极放在距阳极不同距离的位置（两距离成简单整数比）。电镀若干时间后取出阴极试片。称取远、近两个阴极上镀层的重量。按式（1）计算分散能力：

$$T=\frac{K-(m_1/m_2)}{K+(m_1/m_2)-2}\times100\% \qquad (1)$$

式中　T——分散能力；

K——远近阴极与阳极间距离之比；

m_1——近阴极增重（g）；

m_2——远阴极增重（g）。

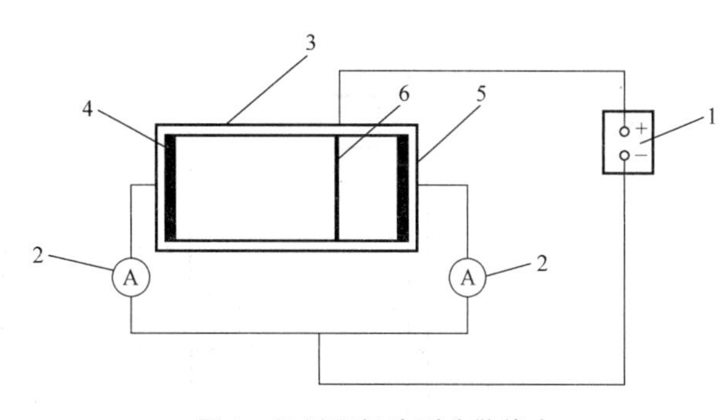

图 1　远近阴极法测分散能力

1—直流电源　2—电流表　3—哈林槽

4、5—远、近阴极　6—阳极

式（1）计算出的分散能力数值在-100%～+100%之间，数值越大，表明分散能力越好。

3.1.2　试验仪器及设备

a）直流电源：0A～10A；

b）电流表：量程 0A～10A，0.5 级～1 级；

c）哈林槽：内腔尺寸：150mm×50mm×70mm；

d）阳极：网状或多孔的可溶性或不溶性阳极；

e）阴极：背面绝缘的铁片或铜片；

f）分析天平：量程 0g～200g，感量 0.0001g。

3.1.3　试验步骤

3.1.3.1　将阴极试片按电镀前处理要求处理干净后，背面涂上绝缘涂料，如丙烯酸清漆，在 105℃～110℃烘干、冷却，标出“远”“近”字样，称重。

3.1.3.2　将阳极处理干净放入哈林槽中，倒入待测镀液，按镀液工艺条件恒温，并按图 1 安装接线。

3.1.3.3　将两阴极同时带电入槽，按照镀液的工艺条件进行电镀，一般电镀 30min，然后，取出冲洗干净，烘干，冷却至室温后称重，求出远近阴极增重，按式（1）计算分散能力。

3.2　弯曲阴极法

3.2.1　方法原理

弯曲阴极法测分散能力如图 2 所示。将阴极按六等分弯曲成图 2 所示的形状，进行电镜，然后测出 A、B、D、E 各平面中央部位的镀层厚度，根据 B、D、E 各面与 A 面镀层厚度之比，即 B/A、D/A、E/A，用式（2）计算分散能力：

$$T=\frac{(B/A)+(D/A)+(E/A)}{3}\times100\% \qquad (2)$$

此方法测定的分散能力数值在（0～100）%范围内，数值越大，镀液的分散能力越好。

3.2.2　试验仪器及设备

a）直流电源：0A～10A；

b）电流表：量程 0A～10A，1 级；

c）试验槽：内腔尺寸 160mm×120mm×160mm；

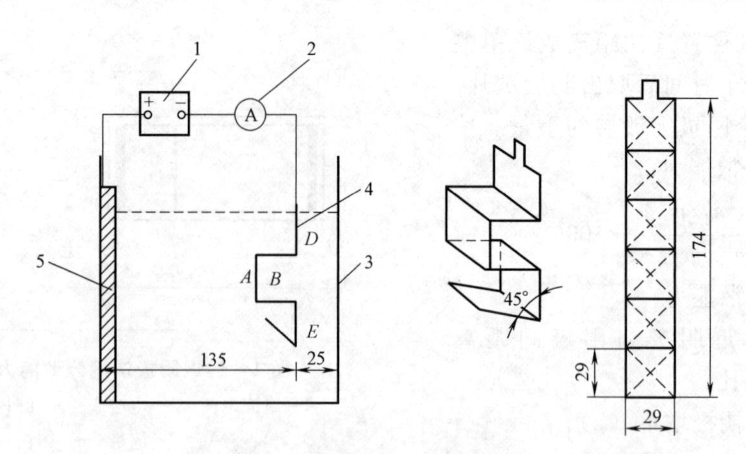

图2　弯曲阴极法测分散能力

1—直流电源　2—电流表　3—镀槽　4—阴极　5—阳极

d）阳极：符合国家标准的阳极材料，尺寸为150mm×50mm×5mm；

e）阴极：弯曲阴极各边长为29mm，厚度为0.2mm~0.5mm，背面不绝缘；

f）测厚仪：根据镀层种类选择合适的测厚仪（测量误差小于10%）。

3.2.3　试验步骤

3.2.3.1　量取2.5L待测镀液于试验槽中，按镀液工艺条件恒温，将弯曲阴极和阳极按电镀前处理要求处理干净，一并放入试验槽中。

3.2.3.2　接上电源，调至所需的电流密度进行电镀。一般电流密度在50A/m^2~100A/m^2（0.5A/dm^2~1A/dm^2）时，电镀20min；200A/m^2（2A/dm^2）时，电镀15min；300A/m^2~500A/m^2（3A/dm^2~5A/dm^2）时，电镀10min。其他电流密度和电镀时间按镀液性质而定。

3.2.3.3　取出弯曲阴极，洗净，烘干，冷却。分别测量A、B、D、E各面中央部位的镀层厚度，用式（2）计算分散能力。

3.3　霍尔槽样板法

3.3.1　方法原理

霍尔槽样板法测分散能力的装置，如图3所示。试验时电流强度一般在0.5A~3A范围内选择。某些镀液，如镀铬溶液可提高至5A~10A，试验时间根据溶液情况而定，一般采用10min~15min。试验完成后，将阴极试样按图4划分成8个部分，然后测出1~8号方格中心

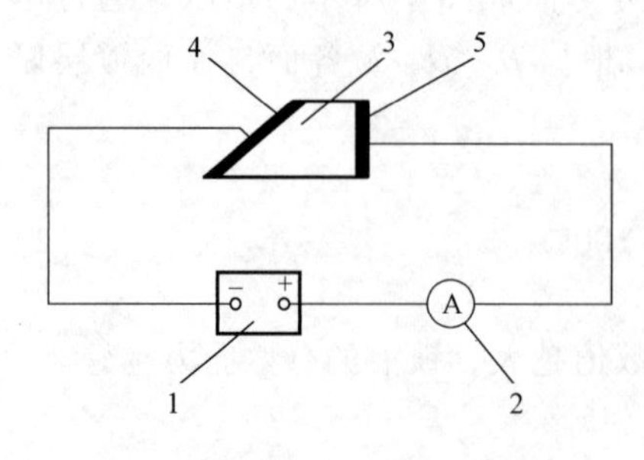

图3　霍尔槽样板法测分散能力

1—直流电源　2—电流表

3—霍尔槽　4—阴极　5—阳极

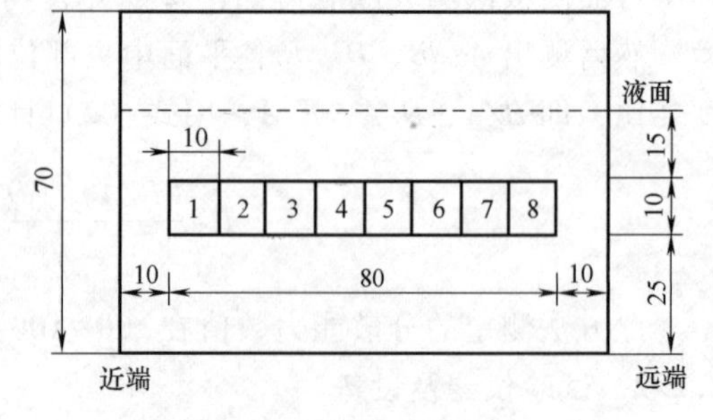

图4　霍尔槽阴极试样

部位镀层的厚度 δ_1、δ_2、…、δ_8，用式（3）计算分散能力：

$$T_i = \frac{\delta_i}{\delta_1} \times 100\% \tag{3}$$

式中　δ_i——2~8 号方格中某方格中心部位的镀层厚度（μm）；

δ_1——1 号方格中心部位的镀层厚度（μm）；

T_i——对应某方格的分散能力。

以方格号和该方格中心部位厚度绘制厚度分布曲线，可定性评价镀液的分散能力。也可用 2~8 格方格分散能力的算术平均值或仅用第 5 号方格为代表比较镀液的分散能力。

该方法测得的分散能力数值在（0~100）%之间，数值越大，表示分散能力越好。

3.3.2　试验仪器及设备

a）直流电源：0A~10A；

b）电流表：量程 0A~10A，0.5 级~1 级；

c）霍尔槽：采用 250mL 霍尔槽；

d）阳极：符合电镀阳极国家标准的规定，尺寸为 64mm×70mm，若使用易钝化的阳极，则应制成瓦楞状。其几何表面厚度不超过 5mm；

e）阴极：用 100mm×70mm，厚度 0.2mm~1mm 的抛光过的铁片或铜片；

f）测厚仪：根据不同镀种选择合适的测厚仪（测量误差小于 10%）。

3.3.3　试验步骤

3.3.3.1　将待测溶液倒入霍尔槽中，贴槽壁插入洗净的阳极板。

3.3.3.2　按图 3 所示安装接线，并按工艺条件将镀液恒温。

3.3.3.3　将符合电镀前处理要求的阴极紧贴槽壁带电入槽，按镀液的工艺条件，控制电流强度和电镀时间，进行电镀。

3.3.3.4　断开电源，取出阴极试片洗净，烘干，按图 4 绘制样板图，测出 1~8 号方格中心部位镀层的厚度，用式（3）计算分散能力。

4　影响试验结果的因素

4.1　*K* 值

在远、近阴极法中，*K* 值的选取直接影响分散能力的测定。*K* 值一般有三种选取：2、3、5。试验应根据镀液性质来选择 *K* 值。若 *K* 值为 5，则某些镀液在较高电流密度下试验时，近阴极表面底部会出现海绵状、树枝状或泥状镀层，造成较大的测量误差。因此，必须在工作电流密度范围内选择合适的 *K* 值。工作电流密度范围较广，分散能力较好的镀液，可选较大的 *K* 值，反之，则选择较小的 *K* 值。

4.2　阴极

无论采用哪种方法测分散能力，阴极必须按电镀前处理要求处理干净，避免由此造成厚度及重量测量误差。在远、近阴极法中，阴极背面还必须绝缘，若阴极背面绝缘不好，则电镀时未绝缘阴极背面部位有可能镀上镀层，直接影响试验结果。

另一方面，在选用阴极材料时应注意某些镀液对阴极的化学腐蚀，如镀铬溶液对铜片的腐蚀，必要时应在阴极上镀一层耐蚀中间镀层，如镍，并注意带电入槽。

4.3　阳极

阳极必须符合电镀阳极国家标准的规定。在远、近阴极法中，阳极往往采用钻孔或网状阳极，以便于溶液对流，并且增大阳极面积以减少阳极极化对试验结果的影响。

4.4 电接触

电接触必须良好，这样测定结果才有较好的重现性，否则将造成较大测量误差。

5 试验报告

试验报告一般应包括以下内容：

a）被测镀液的名称及型号；

b）本标准号及使用的试验方法；

c）试验仪器及设备；

d）试验条件；

e）试验结果及计算公式；

f）试验日期及试验人员。

第七节 电镀溶液试验方法 整平性试验

一、概论

电镀溶液由镀层金属离子（或配位离子）、导电盐、络合剂、润湿剂及添加剂等组成。采用霍尔槽试验可得到外观合格镀层的电流密度范围和其他工艺条件（温度、pH 等），研究主要成分和添加剂的影响。为了准确判断镀液性能，还须进行电镀溶液覆盖能力试验、阴极电流效率试验、分散能力试验、整平性试验及极化曲线测定。

为了满足广大电镀工作者需要，制定了 JB/T 7704.5—1995《电镀溶液试验方法 整平性试验》。该标准于 1995 年 6 月 20 日批准，1996 年 1 月 1 日实施。

二、标准主要特点与应用说明

该标准适用于各类电镀溶液整平性检测。其原理为制造出有微观粗糙平面的试样，在待测电镀溶液中进行电镀，测量试样表面电镀前后微观轮廓的变化，以评价镀液的整平性能。该标准对各类电镀溶液的整平性能检测，规定了假正弦波法和轮廓仪法（霍尔槽试验测定法）两种试验方法。

整平性好的电镀溶液可在相对粗糙的电镀件或阴极上镀覆平整度高的电镀层，即这种电镀溶液具有在电镀件或阴极的微观突起上减慢沉积速度或镀覆速度，在微观凹坑上加快沉积速度或镀覆速度，从而获得平整镀层的性能。不少电镀溶液以添加整平剂来改善或提高电镀溶液的这种性能，所以，电镀溶液整平性能试验方法的实质在于人为地在电镀件或阴极上造成这种微观不平度。例如，假正弦波法就是利用裸铜线缠绕铜棒人为地形成有规则的“波峰”“波谷”；轮廓仪法就是利用喷磨料处理在电镀件或阴极上形成一定的显微高低不平的轮廓。电镀后，测定这些“波峰”和“波谷”造成的显微高低不平的变化。若电镀后不存在“波峰”和“波谷”，或明显减少了“波峰”与“波谷”、显微高低不平之差，则表明该电镀溶液的整平性能好。

该标准对假正弦波法和轮廓仪两种方法的试验仪器及设备、镀液及工艺、阴极试样及阳极、试验步骤、结果计算及影响试验结果因素进行了相应陈述。相应操作规程的安排，可以该标准为指南，针对具体情况采取一些必要的措施。

三、标准内容（JB/T 7704.5—1995）

电镀溶液试验方法　整平性试验

1　主题内容与适用范围

本标准规定了电镀溶液整平性能的试验方法。

本标准适用于具有各类整平性能的电镀溶液。

2　引用标准

GB 6462　金属和氧化物覆盖层横断面厚度显微镜测量方法

3　术语

整平作用：镀液所具有的使镀层表面比底层表面更平滑的能力。

4　方法原理

人为地制造出有微观粗糙平面的试样，在待测镀液中进行电镀，测量试样表面电镀前后微观轮廓的变化，以评定镀液的整平性能。

5　试验方法

5.1　假正弦波法

5.1.1　概述

用裸铜线紧密缠绕铜棒制成表面有规则“波峰”“波谷”的阴极试样，在待测镀液中电镀，测量镀后阴极试样微观表面“峰”“谷”振幅（镀层厚度）的变化，评定镀液的整平能力。

5.1.2　试验仪器及设备

a）带摄影装置的金相显微镜；

b）金相镶嵌机；

c）金相抛光机；

d）试验室电镀设备。

5.1.3　镀液及工艺条件

待测镀液及间隔层镀液。选择的间隔层镀液应仅有几何整平性，其镀层与待测镀液镀层色泽对比度较大为佳。多选用氰化镀铜液和普通镀镍液。

电镀工艺条件由相应镀液规定。

5.1.4　阴极试样及阳极

5.1.4.1　阴极试样

取 ϕ5mm 的铜棒，在铜棒一端，从偏离圆心处垂直于圆截面锯开一条长约 20mm 的细缝，用 0.15mm 裸铜丝沿铜棒锯开段，一圈挨一圈地依次紧密缠绕铜棒成螺旋状，使其剖面呈现为有“波峰”“波谷”状有规则的假正弦波形，将其用作阴极试样。

5.1.4.2　阳极

选取与镀液相应的并符合国家标准的阳极板。

5.1.5　试验步骤

5.1.5.1　将待测镀液和间隔层镀液分别注入各自镀槽中，并在槽中置入相应阳极，按工艺条件要求将镀液在预选温度恒温。

5.1.5.2 阴极试样经常规镀前处理后，带电入间隔层镀槽中闪镀打底。

5.1.5.3 闪镀后试样经水洗、弱酸浸蚀后，置入待测镀槽中，按规定的电流密度电镀15min~20min；取出试样，水冲洗后迅速带电入间隔层电镀槽中，按其规定的电流密度电镀3min~5min，如此使待测镀液镀层与间隔层镀层相间循环电镀6次~7次，最后镀间隔层约30min作为加厚保护层。

5.1.5.4 将电镀层阴极试样沿锯缝剖开，锯下带轴心绕线部分，然后按GB 6462规定的方法制成金相试样，在300倍金相显微镜下观察，并与测微标尺在同倍数下一同摄影。冲洗出金相照片。

5.1.6 结果计算

5.1.6.1 用测微标尺照片，在试样金相照片上测量待测镀液镀出镀层的假正弦波振幅（α）和波峰外的累积厚度（δ），并作 α-δ 关系曲线，如图1所示。

5.1.6.2 在图中作 $\alpha=\delta$ 直线，与曲线相交于 L 点。

5.1.6.3 读出 L 点在 α 轴上的投影数值 α_1 代入式（1），求得整平能力值。

$$E=\frac{0.41\alpha_0-\alpha_1}{\alpha_1}\times 100\% \tag{1}$$

式中 E——整平能力；

α_0——待测镀液镀出的镀层厚度为零时的假正弦波振幅，即铜丝半径（μm）；

α_1——假正弦波振幅等于波峰上累积镀层厚度 δ 时的振幅（μm）。

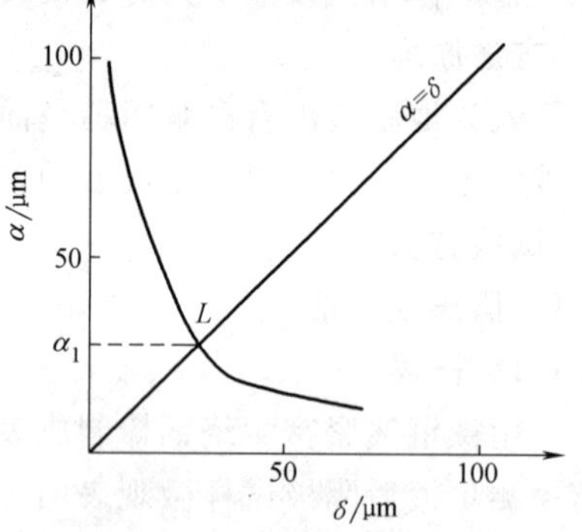

图1 假正弦波法振幅 α 与波峰镀层累积厚度 δ 关系曲线

5.1.7 影响试验结果的因素

5.1.7.1 试样的制备

如果制备的试样裸铜丝不圆或者缠绕不紧密，测量结果将有偏差。

5.1.7.2 电镀前处理

如果电镀前处理使试样表面产生磨损或腐蚀，或者在线匝间镶嵌进杂质，会使测量结果产生偏差。

5.1.7.3 金相制样

金相制样中，如果剖样、抛光和浸蚀不当，会造成测量结果产生偏差。

5.1.7.4 间隔层

选取的间隔层镀液必须仅有几何整平性，间隔层边界在显微镜中应清晰（最好整层呈一条明晰隔离细线），否则将因测量困难造成结果的偏差。

5.2 轮廓仪法（霍尔槽试验测定法）

5.2.1 概述

通过用喷砂等人工方法制备出一定粗糙度的标准试片，再将待测镀液放置霍尔槽中按相应工艺条件进行电镀，用轮廓仪对镀后试片进行测量，根据电镀前后试片表面粗糙度值的相对变化计算镀液整平能力。

5.2.2　试验仪器及设备

a）表面轮廓仪（粗糙度测定仪）；

b）霍尔槽试验装置；

c）试验室电镀装置。

5.2.3　镀液及工艺条件

5.2.3.1　镀液：待测电镀溶液。

5.2.3.2　工艺条件：按电镀溶液工艺条件进行。

5.2.4　阴极试样和阳极

5.2.4.1　阴极试样：将 70mm×100mm 的铜片或者铁片，进行喷砂处理或用砂轮、砂纸打磨，制成其表面粗糙度 *Ra* 为 2.7μm、1.0μm、0.5μm 的三种试片。背面涂绝缘涂料，烘干。

5.2.4.2　阳极：根据待测镀液要求选择符合国家标准的相应阳极材料制成霍尔槽阳极。

5.2.5　试验步骤

5.2.5.1　将待测镀液 250mL 注入霍尔槽中，置入阳极，按工艺条件要求将镀液在预选温度恒温。

5.2.5.2　将霍尔槽试片从距低电流密度端 0.5cm 处开始，到 9.5cm 处为止间隔 1cm 划出 10 根线，用轮廓仪分别在此线中部位测出其表面平均粗糙度值 *Ra*（μm）。

5.2.5.3　将霍尔槽试片背面涂上绝缘涂料，烘干，经弱酸洗、水洗后带电入槽，紧贴在霍尔槽内斜壁上。

5.2.5.4　按照镀液相应的工艺条件，选择一定的电流和电镀时间进行电镀。

5.2.5.5　将镀后霍尔槽试片经水洗烘干后，按在 5.2.5.2 中规定的相应测量部位，用轮廓仪测量其表面平均粗糙度值 *Ra*′（μm）。并根据式（2）计算整平性。

5.2.5.6　根据需要，可绘制出如图 2（例）的结果曲线，对镀液整平性能进行比较。

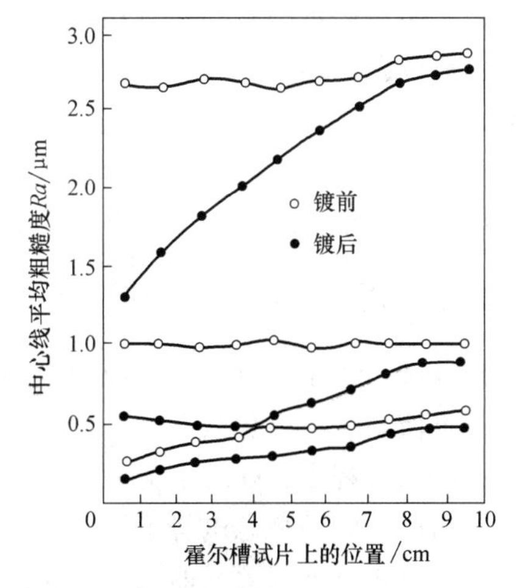

图 2　霍尔槽法测试整平性结果曲线（例）

5.2.6　结果计算

$$整平性=\frac{Ra-Ra'}{Ra}\times100\% \qquad (2)$$

式中　*Ra*——镀前霍尔槽试片的平均粗糙度（μm）；

Ra′——镀后霍尔槽试片的平均粗糙度（μm）。

有时，也可直接用工件或与工件表面粗糙度相同的试片考查其整平性。此时，将工件或试片按工艺条件在待测镀液中电镀一定时间后，测量其电镀前后表面平均表面粗糙度值 *Ra*（μm），按式（2）计算出待测镀液的整平能力。需要注意的是，此时各工件镀前的表面粗糙度和镀后镀层厚度都必须基本一致，其计算出的整平能力方可比较。

5.2.7　影响试验结果的因素

5.2.7.1　电镀工艺条件

在试验过程中，电镀工艺条件如电流、温度、pH 值等不稳定，将使待测镀液电流效率发生变化，镀出试片镀层厚度变化也较大，整平性结果的偏差也较大。

5.2.7.2 电镀前处理

经喷砂或打磨等方法制备出的满足 5.2.4.1 要求的试样，在进行去油、酸洗等电镀前处理时，如果不慎因腐蚀或磨损改变了试样的表面粗糙度时，将使整平性测量结果产生较大偏差。

6 试验报告

试验报告一般应包括下列内容：

a）被测镀液（包括添加剂）名称及型号；

b）本标准号及使用的试验方法；

c）试验仪器及设备；

d）试验条件；

e）试验结果及计算公式；

f）试验过程中异常现象；

g）试验日期及试验人员。

第八节 电镀溶液试验方法 极化曲线试验

一、概论

电镀溶液由镀层金属离子（或配位离子）、导电盐、络合剂、润湿剂及添加剂等组成。采用霍尔槽试验可得到外观合格镀层的电流密度范围和其他工艺条件（温度、pH 等），研究主要成分和添加剂的影响。为了准确判断镀液性能，还须进行电镀溶液覆盖能力试验、阴极电流效率试验、分散能力试验、整平性试验及极化曲线测定。

为了满足广大电镀工作者需要，制定了 JB/T 7704.6—1995《电镀溶液试验方法 极化曲线试验》。该标准于 1995 年 6 月 2 日批准，1996 年 1 月 1 日实施。

二、标准主要特点与应用说明

该标准适用于测量电镀溶液阴极和阳极极化曲线，并为各类电镀溶液极化曲线的测定规定了恒电流法、恒电势法和自动记录三种方法。

在电镀过程中，随着电流的通过，电极电位总会发生不同程度的变化，阳极电势总变得比其不通电流时的静态电势更正，阴极电势总是变得比不通电时的静态电势更负。电极电势与通过的电流密度的关系曲线叫极化曲线，所以，相应地有阳极极化曲线和阴极极化曲线。在恒电势下测定的极化曲线叫恒电势极化曲线，在恒电流下测定的极化曲线叫恒电流极化曲线。

通过施加极化电位来降低阴极电位，便可加速金属电沉积反应，从而阻止溶解反应。极化影响或决定所需金属或合金的电沉积，对电镀层质量有着非常重要的作用，测定极化曲线可以很好地了解电镀溶液的性能，从而更好地选择和控制电镀参数，镀覆更高质量的电镀层。

电极电势测量总是要求两个电极，所以测得的只能是相对电位，将通过电镀溶液电流依次控制于不同的恒定值，而测定相应电流密度下的相对电极电势，便得到恒电流极化曲线，对阴极测定的叫阴极极化曲线，对阳极测定的叫阳极极化曲线。类似地，将电极电势依次控制于不同的恒值，测定各恒电极电势值的相应的电流密度，便得到恒电势极化曲线，对阴极测定的叫阴极极化曲线，对阳极测定的叫阳极极化曲线。这些曲线分别反映阴极或阳极在电镀过程中的阳极或阴极极化行为，或阳极电势或阴极电势在电镀过程中随电流密度的变化所发生的变化。由此也就不难理解标准中提出的影响极化曲线测定的电镀溶液、电解池、电极面积和电极放置、参比电极，以及盐桥等因素，从而克服或消除其影响。

极化过程影响金属电沉积，对电镀质量有非常重要影响，测定极化曲线可以很好了解电镀溶液的性能，从而更好地选择和控制电镀参数，沉积更高质量的电镀层。该标准对影响测量结果的因素、测量方法等做了相应介绍。

三、标准内容（JB/T 7704.6—1995）

电镀溶液试验方法　极化曲线试验

1　主题内容与适用范围

本标准规定了测量电镀溶液极化曲线的方法。

本标准适用于测量电镀溶液阴极和阳极极化曲线。

2　术语

2.1　极化

电解过程中电极电势的变化，在此变化中阳极电势总比其静态电势（无电流时的电势）更正，阴极电势则比其静态电势更负。极化值等于静态电势与动态电势之差，通常用 mV 表示。

2.2　极化曲线

电极电势与通过电极的电流密度的关系曲线。

2.3　液界电势

相接触的两种不同电解质溶液，其界面的电势差。

3　概述

在测量镀液极化曲线时，若将电流密度依次控制于不同的恒值，同时测定相应电流密度值下的电极电势，则所测得的极化曲线为恒电流极化曲线。若将电极电势恒定，测定其恒值相应的电流密度，则测得的极化曲线为恒电势极化曲线。

通常恒电流法和恒电势法都可用于测量单调函数（即一个电流密度只对应一个电势或一个电势只对应一个电流密度）的极化曲线（例如图 1）。但某些电极过程中的电极极化达到一定程度后，电流密度会随着电极极化的增加，达到极大值，而不能采用恒电流法。因为在这种电极过程中，一个电流值可能对应几个电极电势值，此时，必须采用恒电势法才能测得真实的极化曲线（例如图 2）。

在实际测量时，可以采用稳态静电位法，即按一定的电流（或电势）时间间隔逐点测量读数。也可以采用稳态动电位法，即以慢速扫描方式自动连续改变电流密度或电极电势，自动记录相应的电极电势与电流密度的关系曲线。本标准主要规定了测量极化曲线的稳态法。

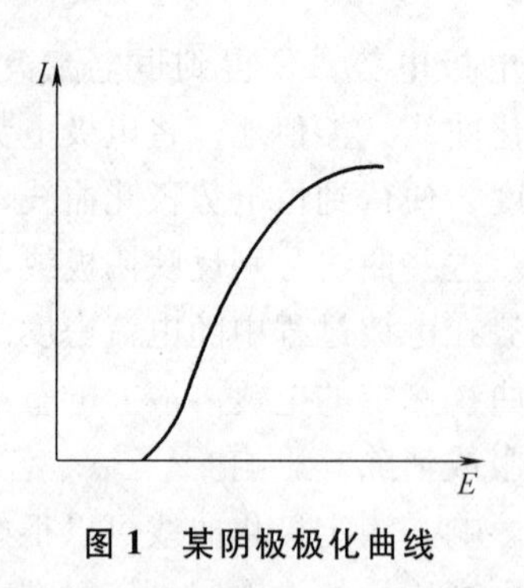

图1 某阴极极化曲线

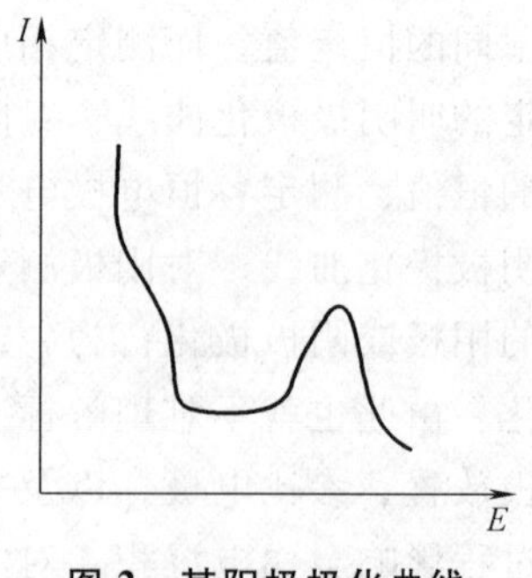

图2 某阳极极化曲线

4 影响测量结果的因素

4.1 镀液

镀液中的杂质（金属杂质或有机杂质）会吸附于电极表面并影响其电化学行为，使测量受到很大的干扰，因此镀液除了应用分析纯化学试剂和蒸馏水配制外，还应对镀液进行净化处理，例如预电解，以消除镀液中的各种杂质。镀液中溶解的氧对测量结果有严重影响，必要时应在测量前在镀液中通以纯净的氮气或氢气予以排除。

4.2 电解池

电解池的几何结构对电极上的电流分布及测量精度有不同程度的影响，因此在设计制作或选用时应考虑电解池的容积，各电极在电解池中的放置，加入或排出镀液和气体的方便等方面的合理性。

4.3 电极面积和电极的放置

电极面积的大小和电极面积与溶液体积之比以及电极间的距离，对测量精度有影响。电极面积的大小应根据测量目的、设备条件（如仪器的输出功率）、计算方便等因素综合考虑。电极面积与溶液体积之比应根据测量过程中溶液组成变化来考虑。电极之间的距离应根据溶液的导电性和仪器的功率确定。

电极在电解池中的安放位置和方向很重要，由于待测电极表面各处和辅助电极间溶液电力线的路径不同，电流分布不同，从而引起溶液欧姆电压降的不同，以致所控制的或测得的电势就不同。为了使电流和电势在电极表面上分布均匀，待测电极的工作面与辅助电极应对称平行放置。为了消除电解液引起的欧姆电压降，连接参比电极的盐桥一端的鲁金毛细管管口应尽量靠近待测电极工作面的中间位置。

4.4 参比电极

参比电极在规定的条件下应具有稳定的、重现的可逆电极电势，并应有温度系数小的特点。当它经过长时间使用或由于使用不当，电极电势可能会发生变化，甚至发生很大变化，使测量结果发生很大的误差，因此应定期校核参比电极。

4.5 盐桥

当被测镀液与参比电极溶液不同时，为消除溶液之间的相互污染，减小液界电势的影响，应用盐桥将它们连接起来。盐桥溶液浓度应饱和，溶液中阴阳离子的扩散速度相差越小越好。

5 测量方法

5.1 恒电流法

5.1.1 基本原理

恒电流电源输出的一定的电流通过待测电极、辅助电极和被测镀液时，电极发生极化，调节恒电流仪上的电位器，可以改变通过待测电极的电流值，得到一系列不同的电流密度值，同时通过电势测量仪测出相应电流密度下的电极电势，从而得到相应的极化曲线。

5.1.2 测量线路

恒电流法测量极化曲线的线路如图3所示。

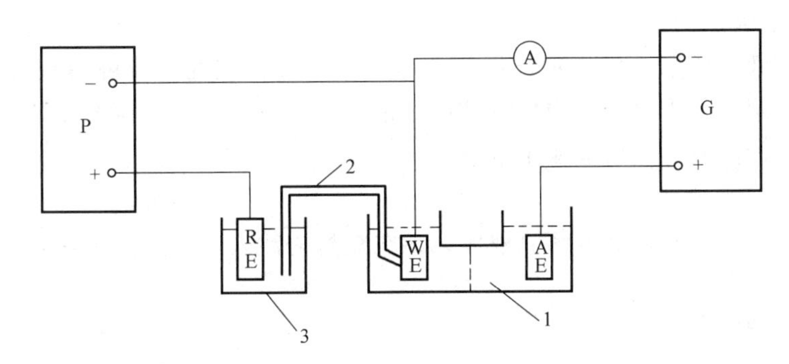

图3 恒电流法测量极化曲线线路示意图

G—恒电流仪 P—电势测量仪 A—直流电流表 WE—待测电极
AE—辅助电极 RE—参比电极 1—电解池 2—盐桥 3—中间容器

5.1.3 测量装置、仪器及设备

5.1.3.1 恒电流仪

用作极化电源的直流恒电流仪应具有稳定的较宽的电流范围，其精度应满足被测镀液体系的测量要求。使用时应按仪器说明书进行操作。

5.1.3.2 电势测量仪

电势测量仪应具有不小于$10^5\Omega$的输入电阻，使测量时通过测量回路电流足够小，并应具有足够的量程（-0.5V~2V）、精度（<1.0mV）和灵敏度（即测量速度和响应速度）。直流数字电压表可满足测量的需要。

5.1.3.3 电流测量仪

电流测量仪应能在10^{-5}A~1A范围内使测量电流的相对误差小于1%。测量时为使读数精确，可在电路中另接一直流毫安表或微安表。

5.1.3.4 电解池

电解池必须选用耐蚀、不变质、不污染镀液的材料进行加工，其结构应满足4.2的有关要求。电解池可有各种各样结构形式，图4所示例的仅是一个简单方便的“H”形电解池。

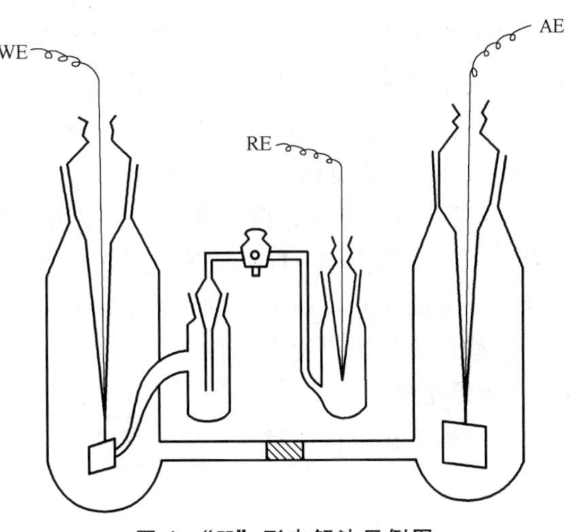

图4 “H”形电解池示例图

5.1.3.5 待测电极

根据待测镀液体系，选用相应的金属片、不锈钢片或铂金片作为待测电极。精确测量电极工作面表面积（通常取$1cm^2$），电极非工作面及导线必须采取有效的封包绝缘措施。

5.1.3.6 辅助电极

辅助电极只用于通过电流，实现待测电极的极化，可选用与实际电镀中所用的高纯度阳极材料，也可用铂片作为辅助电极。辅助电极的表面积应大于待测电极，电极的非工作部位必须采取有效的封包绝缘措施。

5.1.3.7 参比电极

根据待测镀液的体系，应合理选用参比电极，例如：酸性溶液可用硫酸或盐酸甘汞电极，碱性溶液可用氧化汞电极，中性溶液可用饱和甘汞电极，氯化物溶液可用饱和甘汞或氯化银电极，硫酸盐溶液可用硫酸亚汞电极等。

5.1.3.8 盐桥

盐桥用玻璃制成，并根据待测镀液体系，在盐桥内注入合适的饱和溶液，盐桥内不得留有空气泡。

5.1.3.9 中间容器

当待测镀液与参比电极溶液阴离子成分相近时，中间容器一般装待测溶液，当待测镀液与参比电极溶液阴离子成分相差较大时，中间容器应装与参比电极相同的溶液。

5.1.4 测量步骤

5.1.4.1 用分析纯化学试剂和蒸馏水配制待测镀液，注入电解池中。将适当的溶液注入中间容器。

5.1.4.2 将辅助电极、参比电极分别置于电解池和中间容器中，并用盐桥连接。

5.1.4.3 若有温度要求，可将电解池置于恒温水浴中控温。

5.1.4.4 必要时，可在镀液中通以纯净的氮气或氢气，将镀液中氧气全部排除。

5.1.4.5 将已制作的待测电极工作面（单面），依次用 280、320、400、600 号碳化硅水磨砂纸湿磨，然后再用金相砂纸湿磨抛光至镜面光亮，经水洗，干燥后，精确测量其表面积。

5.1.4.6 待测电极经脱脂，活化，蒸馏水冲洗，滤纸吸干后放置于电解池中，使其工作面与辅助电极相对。调节鲁金毛细管，使毛细管管口距待测电极表面中间部位大约为 2mm 或者 2 倍于毛细管口直径的位置。

5.1.4.7 参照图 3 连接线路（亦可根据所使用仪器说明书连接线路）。当测量阴极极化曲线时，待测电极作为阴极，应与电源输出的负极相接，测量阳极极化曲线时，待测电极作为阳极，应与电源输出的正极相接。线路经检查无误后，即可准备测量。

5.1.4.8 待测电极在溶液中静置一定时间（30min～60min）使之达到稳态时，测量开路（无电流通过）时的电极电势。

5.1.4.9 打开电源开关，调节电位器，按预定的电流间隔和时间间隔（根据不同的被测体系，电流一般在 0.5mA～1mA 之间选定，时间在 0.5min～10min 之间选定）由小到大逐步改变电流值，并测量相应的电极电势，记录不同电流密度下所对应的电极电势。具体仪器操作方法，应按仪器使用说明书进行。

5.1.5 测量结果

将一系列极化电流值换算成电流密度值，在坐标纸上，作电流密度与电极电势的关系曲线，即：

$$E=f(I)$$

注：在极化曲线测量中，常以参比电极的电势作为零，所测得的电势值就等于待测电极相对参比电极的电势，因此在坐标图上应用文字说明所用的参比电极，除此之外还应注明被测体系的成分、浓度、温度等有关条件。

5.2　恒电势法

5.2.1　基本原理

恒电势仪使流过电解池的电流变化时电压仍保持恒定，即将待测电极的电势恒定在所给的数值。调节恒电势仪上的电位器，可得到一系列不同的电极电势值，同时测出相应电极电势下的电流值。

5.2.2　测量线路

恒电势法测量极化曲线的线路如图5所示。

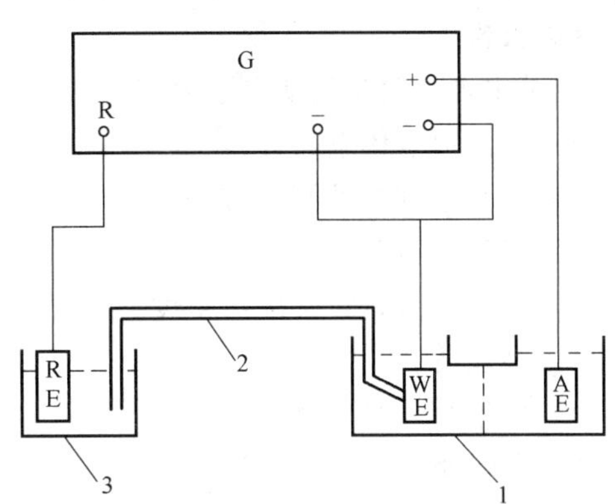

图5　恒电势法测量极化曲线线路图

G—恒电势仪　WE—待测电极

AE—辅助电极　RE—参比电极

1—电解池　2—盐桥　3—中间容器

5.2.3　测量装置、仪器及设备

5.2.3.1　恒电势仪

用作极化电源的恒电势仪，应具有稳定的较宽的电势范围和较宽的电流输出，其精度应满足被测镀液体系的测量要求。使用时应按仪器说明书进行操作。

5.2.3.2　电势测量仪

电势测量仪应符合5.1.3.2的规定。很多恒电势仪都已具备5.1.3.2所要求的电路。

5.2.3.3　电流测量仪

与5.1.3.3规定相同。

5.2.3.4　电解池

与5.1.3.4规定相同。

5.2.3.5　待测电极

与5.1.3.5规定相同。

5.2.3.6　辅助电极

与5.1.3.6规定相同。

5.2.3.7　参比电极

与5.1.3.7规定相同。

5.2.3.8　盐桥

与5.1.3.8规定相同。

5.2.3.9　中间容器

与5.1.3.9规定相同。

5.2.4　测量步骤

5.2.4.1　按5.1.4.1~5.1.4.6步骤进行。

5.2.4.2　参照图5连接线路并按5.1.4.7有关规定进行。

5.2.4.3　与5.1.4.8规定相同。

5.2.4.4　打开电源开关，调节电位器，按预定的电势间隔和时间间隔（根据不同的被测体系，电势在5mV~100mV之间选定，时间在0.5min~10min之间选定），由低到高逐步改变电势值，并记录不同电势下所对应的电流密度值，具体仪器操作方法，应按仪器使用说明书进行。

5.2.5 测量结果

测量结果同于5.1.5。

5.3 自动记录极化曲线法

在上述两个测量方法的基础上，利用一个足够慢的扫描速度，自动连续改变极化线路电流（或电势）的装置（如电镀参数测量仪），配用 $x—y$ 函数记录仪，将极化电流和电极电势直接输入函数记录仪内，直接记录极化曲线。测量时应按仪器使用说明书进行。

6 测试报告

测试报告一般应包括以下内容：

a）待测镀液体系名称；

b）本标准编号及测试方法；

c）测试仪器及设备；

d）测试条件，包括溶液浓度、温度、电极材料、电极面积、参比电极及电势值、扫描速度等；

e）测量结果及分析；

f）测试日期及测试人员。

第三篇　化学镀与电刷镀

第十章　化　学　镀

第一节　金属覆盖层　化学镀镍-磷合金镀层　规范和试验方法

一、概论

化学镀是利用异相表面受控自催化还原反应获得金属覆盖层的一种方法，又称化学沉积、自催化镀。化学镀不需要外加电流，依据氧化还原反应原理，利用强还原剂在含有金属离子的溶液中，将金属离子还原成金属而沉积在各种材料表面形成致密镀层。

化学镀既可用于金属基体，例如，不锈钢、高强度钢、低碳钢、铝、锌、铜、稀有金属和合金等，也可用于非金属基体，例如，塑料、陶瓷、玻璃、纤维、金属间化合物、天然产物、纤维质材料、硅等，以及非金属颗粒，如玻璃球、金刚石颗粒、磨料颗粒、塑料颗粒等。非金属不能直接化学镀，镀前需要对基体进行敏化活化处理。

化学镀常见镀层有镍、钴、钯、铂、铜、金、银和各种二元或多元合金。其中，化学镀镍-磷合金于19世纪50年代得到商业应用，现已成为成熟的工业技术。化学镀镍-磷合金以次磷酸盐、氨基硼烷、硼氢化物等作还原剂，钢铁和其他金属基体常采用次磷酸盐还原剂的高温酸性镀液，塑料和非金属基体采用温度较低的碱性镀液。其中次磷酸盐还原剂的酸性镀液应用广泛，其镀层适用于工程应用，耐蚀性、耐磨性和镀层均匀性都极好，可软焊、硬焊，广泛应用于航空航天、石油化工、汽车船舶、医用设施、电子通信、电磁防护等领域。

化学镀镍-磷合金镀层的结构、物理和化学性能取决化学镀层的组成、镀液的化学成分、基材预处理和镀后热处理。化学镀镍-磷合金镀层可改善耐蚀性和耐磨性。一般而言，当镀层中磷的质量分数增加到8%以上时，耐蚀性能将显著提高；而随着镀层中磷的质量分数减少至8%以下时，耐磨性会得到提高。通过适当的热处理，可大大提高镀层的显微硬度，从而提高镀层的耐磨性。

化学镀镍-磷合金镀层均匀，装饰性好，使用范围广。在防护性能方面，它能提高产品的耐蚀性和使用寿命；在功能性方面，它能提高工件的耐磨性、可焊性等特殊性能，因而成为全世界表面处理技术的一个新方向，其技术标准的制订也受到极大的关注。1987年，国际标准化组织首次发布了ISO 4527：1987《自催化镍-磷镀层　技术要求和试验方法》。经过十多年的发展，2003年对原标准进行了第一次修订，并发布ISO 4527：2003《金属覆盖层　自催化（非电解）镍-磷镀层　技术规范和试验方法》。为了与国际标准接轨，并提高我国化学镀镍-磷合金镀层相关产品的市场竞争力，促进国际贸易和技术交流，我国于1992年根据ISO 4527：1987制定了GB/T 13913—1992《自催化镍-磷镀层　技术要求和试验方法》。

GB/T 13913—2008《金属覆盖层 化学镀镍-磷合金镀层 规范和试验方法》等同采用 ISO 4527：2003，修改并代替 GB/T 13913—1992，于 2008 年 6 月 19 日发布，2009 年 1 月 1 日实施。

二、标准主要特点与应用说明

1. 标准的适用范围和主要内容

该标准规定了化学镀镍-磷合金镀层的要求及试验方法，不适用于化学镀镍-硼合金镀层、镍-磷复合镀层以及三元合金镀层。

该标准主要技术内容包括：需方应向生产方提供的资料，基体金属、镀层及热处理条件的标识，替代试样、镀层外观、表面粗糙度、厚度、硬度、结合力、孔隙率、耐蚀性、镀前消除内应力的热处理、镀覆后消除氢脆的热处理、提高硬度的热处理、改善结合力的热处理、耐磨性、可焊性、化学成分、金属零件的喷丸、底层和表层的要求及相关试验方法，取样方法。

2. 标准的主要特点

1）突出化学镀镍-磷合金镀层的性能要求及其检测方法。化学镀镍-磷合金镀层的各项性能指标直接决定了镀层在工况条件下服役的使用性能和使用寿命。因此，该标准重点列出了镀层相关的各项性能，并给出了性能检测所有可行的试验方法，如给出了 7 种适用的镀层厚度测量方法。该标准并没有对镀液和施镀工艺进行任何规定。

2）强调热处理对镀层性能的影响。化学镀镍-磷合金后对镀层进行热处理，可以增强结合强度和提高硬度。必须注意的是，220℃以上的热处理可以提高硬度，但是却降低了镀层的耐蚀性，而低于 220℃的热处理，既可以增强结合强度或减少氢脆，还可以大大提高硬度和耐磨性而不降低耐蚀性。260℃以上热处理，使高磷（质量分数≥10%）化学镀镍-磷合金镀层由非晶态向晶态转变，镀层也由非磁性变为磁性。由此可见，热处理对于化学镀镍-磷合金镀层的性能影响极大。因此，该标准分别将提高硬度的热处理和改善结合强度的热处理作为要求进行明确规定，附录还详细给出了各种基体上提高结合强度和增加硬度的热处理的温度和时间。

3）重视镍沉积过程导致的氢脆效应。镍沉积的同时伴随 H_2 析出，部分氢原子会渗入基体并扩散，从而导致工件氢脆。为降低氢脆危害，需要从三个方面进行处理：①抗拉强度大于等于 1000MPa 的工件和加工过程产生应力的工件，应在工件上架之前，进行相应的热处理以消除应力，以此降低氢脆敏感性；②清洗等前处理工艺尽量避免采用析氢工艺，如采用碱性化学除油、阳极电解除油和机械除锈除油等；③镀后立即进行降低氢脆的热处理。但是热处理不能完全消除氢脆，因此必要时可以按标准测量残余应力或扩散氢浓度来评估驱氢效果。

3. 标准的应用

对于具体工件而言，不同基材和使用工况，对镀层的性能要求各不相同，因此，该标准没有也无法统一规定镀层种类（低磷、中磷、高磷）及各项性能的具体指标，如厚度值、耐中性盐雾时间等。可以参照标准附录给出的应用实例，来确定所需镀层的磷含量及其厚度值，并且镀层所有性能指标及其具体采用哪种试验方法应由需方规定，或由供需双方协商确定。

该标准给出了测量镀层磷含量的化学分析法，包括电感耦合等离子体（ICP）法和分光光度法。化学分析法需要将镀层从基体剥离，属于破坏性试验。对于大多数化学镀镍-磷合金镀层，从工件上剥离镀层是十分困难的。因此，鼓励采用合适的现代分析仪器进行无损检测，如X射线荧光光谱仪。需要注意的是，化学镀镍-磷合金镀层的磷含量可能存在一定的梯度变化。在这种情况下，化学分析法的测量值为镀层磷含量平均值，而X射线能谱分析测量值为镀层表面的磷含量，二者存在一定差别。

在空气中对镀层进行提高硬度的热处理，由于热处理温度高（350℃～400℃），镀层会被氧化而变色，如发黄。如果要求保持镀层原有颜色，则热处理应在惰性气氛（氮气或氩气）、还原性气氛（氢气）或真空中进行。

三、标准内容（GB/T 13913—2008）

金属覆盖层 化学镀镍-磷合金镀层 规范和试验方法

1 范围

本标准规定了涉及化学镀镍-磷镀层从水溶液到金属底层的所有要求和试验方法。

本标准不适用于化学镀镍-硼合金镀层、镍-磷复合镀层以及三元合金镀层。

警告：本标准使用中可能涉及危险品、操作和设备。但本标准不会专门指出在其应用中会出现的相关安全问题。应由本标准的使用者来确定相应的安全和卫生措施，并制定使用前其受规章限制的可行性。

2 规范性引用文件

下列文件中的条款通过本标准的引用而成为本标准的条款。凡是注日期的引用文件，其随后所有的修改单（不包括勘误的内容）或修订版均不适用于本标准，然而，鼓励根据本标准达成协议的各方研究是否可使用这些文件的最新版本。凡是不注日期的引用文件，其最新版本适用于本标准。

GB/T 2828.1 计数抽样检验程序 第1部分：按接收质量限（AQL）检索的逐批检验抽样计划（GB/T 2828.1—2003，ISO 2859-1：1999，IDT）

GB/T 3138 金属镀覆和化学处理与有关过程术语（GB/T 3138 1995，neq ISO 2079：1981）

GB/T 4955 金属覆盖层 覆盖层厚度测量 阳极溶解库仑法（GB/T 4955—2005，ISO 2177：2003，IDT）

GB/T 4956 磁性基体上的非磁性覆盖层 覆盖层厚度测量 磁性法（GB/T 4956—2003，ISO 2178：1982，IDT）

GB/T 5270 金属基体上的金属覆盖层 电沉积和化学沉积层 附着强度试验方法评述（GB/T 5270—2005，ISO 2819：1980，IDT）

GB/T 6461 金属基体上金属和其他无机覆盖层 经腐蚀试验后的试样和试件的评级（GB/T 6461—2002，ISO 10289：1999，IDT）

GB/T 6462 金属和氧化物覆盖层 厚度测量 显微镜法（GB/T 6462—2005，ISO 1463：2003，IDT）

GB/T 6463 金属和其他无机覆盖层厚度测量方法评述（GB/T 6463—2005，ISO 3882：

2003，IDT）

GB/T 9790 金属覆盖层及其他有关覆盖层 维氏和努氏显微硬度试验（GB/T 9790—1988，eqv ISO 4516：1980）

GB/T 10125 人造气氛腐蚀试验 盐雾试验（GB/T 10125—1997，eqv ISO 9227：1990）

GB/T 10610 产品几何技术规范 表面结构 轮廓法评定表面结构的规则和方法（GB/T 10610—1998，eqv ISO 4288：1996）

GB/T 11379 金属覆盖层 工程用铬电镀层（GB/T 11379—2008，ISO 6158：2005，IDT）

GB/T 12332 金属覆盖层 工程用镍电镀层（GB/T 12332—2008，ISO 4526：2004，IDT）

CB/T 12334 金属和其他非有机覆盖层 关于厚度测量的定义和一般规则（GB/T 12334—2001，ISO 2064：1996，IDT）

GB/T 12609 电沉积金属覆盖层和有关精饰 计数检验抽样程序（GB/T 12609—2005，ISO 4519：1980，IDT）

GB/T 16921 金属覆盖层 覆盖层厚度测量 X 射线光谱法（GB/T 16921—2005，ISO 3497：2000，IDT）

GB/T 19349 金属和其他无机覆盖层 为减少氢脆危险的钢铁预处理（GB/T 19349 2003，ISO 9587：1999，IDT）

GB/T 19350 金属和其他无机覆盖层 为减少氢脆危险的镀覆后钢铁处理（GB/T 19350 2003，ISO 9588：1999，IDT）

GB/T 20015 金属和其他无机覆盖层 电镀镍、自催化镍、电镀铬及最后精饰 自动控制喷丸硬化前处理（GB/T 20015—2005，ISO 12686：1999，MOD）

GB/T 20018 金属和非金属覆盖层 覆盖层厚度测量 β 射线背散射法（GB/T 20018 2005，ISO 3543：2000，IDT）

ISO 2859-2 计数抽样检验程序 第 2 部分：按限制质量（LQ）检索的孤立批检验抽样安排

ISO 2859-3 计数抽样检验程序 第 3 部分：间隔批抽样程序

ISO 2859-4 计数抽样检验程序 第 4 部分：申报质量等级的评估程序

ISO 9220 金属覆盖层 覆盖层厚度测量 扫描电镜法

ISO 10587 金属和其他无机覆盖层 覆盖或未覆盖金属层的外螺纹零件和杆的残余应力测试 斜楔法

ISO 15721 金属和其他无机覆盖层 钢中氢可扩散性的电化学测量法 Barnacle 电极法

3 术语和定义

GB/T 3138、GB/T 12334、GB/T 19349、GB/T 19350 中确立的术语和定义适用于本标准。

4 需方应向生产方提供的资料

4.1 必要资料

当订购的工件需要按本标准要求镀覆时，需方应该作为合同以书面形式在工程图、需方订购单和详细的生产明细表中对所有重要项目提供如下信息：

a）镀层名称（见第5章）。

b）零件的拉伸强度和覆盖层沉积前后的任何热处理要求（见6.2、6.9、6.10、6.11、6.12及附录A）。

c）主要表面的详述，在图纸或试样上标出适当的标志。

d）基体金属的性质、状态和表面粗糙度，如果这些因素中的任何一项会影响到镀层的使用性或外观（见6.2）。

e）缺陷的位置、种类和尺寸，如：折痕、允许的缺陷（见6.2）。

f）表面粗糙度要求，如光亮、黯淡、光泽或其他表面粗糙度要求，并尽可能提供预期表面粗糙度的样品。切记，已经经过检验的样品表面粗糙度会随着时间推移而失效。因此需要定期替换样品。

g）底层的任何要求（见6.17）。

h）取样方法、验收标准或其他检验要求。如果它不同于GB/T 12609中已经给出的要求（见第7章）。

i）厚度、硬度、结合力、孔隙率、耐蚀性、耐磨性和可焊性测试的标准方法（见6.4、6.5、6.6、6.7、6.8、6.13、6.14及附录B）和特殊试验的条件（见6.1）。

j）产生压应力处理的任何特殊要求，如镀前的喷丸硬化（见6.16）。

k）预处理或限制预处理的特殊要求。

l）热处理或限制热处理的特殊要求。

m）对最大镀层厚度的特殊要求，尤其是对于产生磨损或加工过度的零件。无论是在零件镀前还是镀后测量其厚度，这些要求都必须严格遵守。

n）对在化学镀镍-磷镀层上的涂（镀）层的特殊要求。

4.2 补充资料

下列补充资料应由需方规定。

a）钢零件镀前应去磁（退磁），尽量减少磁性微粒或铁屑杂质进入镀层；

b）镀层的最终表面粗糙度（见6.3）；

c）对于镀层化学成分的任何特殊要求（见6.15）；

d）不合格产品修复的任何特殊要求；

e）其他任何特殊要求。

5 基体金属、镀层及热处理条件的标识

5.1 概述

基体金属、镀层及热处理条件应标注在工程图、订购单、合约或产品明细表中。标识应按如下顺序进行：基体金属、特殊合金（可选）、消除内应力的要求、底层的厚度和种类、化学镀镍-磷镀层中的磷含量和镀层厚度，涂覆在化学镀镍-磷镀层上的涂（镀）层种类和厚度以及后处理（包括热处理）。双斜线（//）将用于指明某一步骤或操作没有被列举或被省略。

标识包括以下内容：

a）术语“化学镀镍-磷镀层”；

b）国家标准号，即：GB/T 13913；

c）连字符；

d）基体金属的化学符号（见 5.2）；

e）斜线分隔符（/）；

f）化学镀镍-磷镀层的符号（见 5.4），以及用于化学镀镍-磷前后的镀层的符号（见 5.4），镀层顺序中的每一级都用分隔符按操作顺序分开。镀层的标识应包括镀层的厚度（μm）和热处理要求（见 5.3）。

5.2 基体金属的标识

基体金属应用其化学符号来标识，如果是合金则用其主要的组成来标识。

对于特殊合金，推荐用其标准名称来标识。比如：在<>符中填入其钢号或相应的国家标准。如 Fe<16Mn>是低合金高强钢的国家标准命名。

注：为了保证适当的表面预处理方法，并因此保证镀层和基体间的结合力，确定特殊合金以及它的冶金状态是极为重要的。

5.3 热处理要求的标识

热处理要求应按如下内容标注在方括弧内。

a）SR 表示消除应力的热处理；

HT 表示增加镀层硬度或镀层与基体金属间结合力的热处理；ER 表示消除氢脆的热处理。

b）在圆括弧中标注热处理时的最低温度（℃）。

c）标注热处理持续的时间（h）。

示例：在 210℃ 温度下进行 1h 消除应力的热处理，其标识为：[SR（210）1]

5.4 镀层种类和厚度的标识

化学镀镍-磷镀层应用符号 NiP 标识，并在紧跟其后的圆括弧中填入镀层磷含量的数值，然后再在其后标注出化学镀镍-磷镀层的最小局部厚度，单位为 μm。

底层应用所沉积金属的化学符号来标识，并在其后标注出该镀层的最小局部厚度，单位为 μm（见 6.17）。例如，符号 Ni 表示镍电镀层。

沉积在化学镀镍-磷镀层上的其他镀层，如铬。其标识方法为电镀层的化学符号加上镀层的最小局部厚度，单位为 μm（见 6.17）。

5.5 标识示例

a）在 16Mn 钢基体上化学镀磷含量为 10%（质量分数），厚 15μm 的镍-磷镀层，要求在 210℃ 温度下进行 22h 的消除应力的热处理，随后在其表面电镀 0.5μm 厚的铬。镀铬后，再在 210℃ 温度下进行 22h 的消除氢脆的热处理。具体标识如下：

化学镀镍-磷镀层 GB/T 13913-Fe<16Mn> [SR(210)22]/NiP(10)15/Cr0.5 [ER(210)22]

b）在铝合金基体上镀覆与 a）相同的镀层，没有热处理要求，具体标识如下：

化学镀镍-磷镀层 GB/T 13913-Al<2B12>//NiP（10）15/Cr0.5//

c）在铜合金基体上镀覆与 a）相同的镀层，没有热处理要求，具体标识如下：

化学镀镍-磷镀层 CB/T 13913-Cu<H68>//NiP（10）15/Cr0.5//

由于订单的原因，产品明细表中不仅包含标识的内容，还包含第 4 章中所列的其他重要要求的清楚说明。

6 要求

6.1 替代试样

当镀覆后的工件大小、形状或材料不适用于试验时，或者当镀覆工件由于数量太少或价格昂贵而不适于进行破坏性试验时，可通过替代试样来测量镀覆层的结合力、厚度、孔隙率、耐蚀性、硬度和其他性质。替代试样所选用材料的冶金状态和表面质量，应同已镀覆工件一致。并且还应采取和已镀覆工件相同的处理工艺。

替代用试样可用来确定镀覆后工件是否达到本标准的要求。而用于试验的试样数量、材料、形状和大小都应由需方指定。

6.2 外观

化学镀镍-磷镀层重要表面的外观按需方的指定应为光亮、半光亮或无光泽的。并且用肉眼检查时，表面没有点坑、起泡、剥落、球状生长物、裂缝和其他会危害最终精饰的缺陷（除非有其他要求）。合格的试样将用于对比试验。

由于基体金属表面缺陷（如：划痕、气孔、轧制痕迹、夹杂物）引起的镀覆缺陷和变异，以及在严格遵守规定的金属精加工操作后最后精饰仍然留有的瑕疵，都不属于导致废品的原因。需方应指定在已加工和未加工产品表面可容忍的缺陷限度。但被损坏的基体金属不可用于镀覆。

通过肉眼可见的起泡或裂缝，以及由热处理引起的缺陷，都应视作废品。

注：在镀覆前就已存在于基体金属上的缺陷，包括隐藏缺陷，在镀覆后会被重显。另外，镀后热处理会产生污点和有色的氧化物。但有色氧化物的产生不应视作导致废品的原因，除非是在指定的特殊气氛下进行热处理。对此无异议的需方可以考虑接受此类缺陷。

6.3 表面粗糙度

如果需方规定了最终表面粗糙度的要求，其测量方法应遵照 GB/T 10610 的规定进行。

注：化学镀镍-磷镀层的最终表面粗糙度不一定比镀覆前基底的表面粗糙度好。除非镀层的底层特别平滑和经过抛光。

6.4 厚度

在标识部分所指定的镀层厚度指其最小局部厚度。在需方没有特别指明的情况下，镀层的最小局部厚度应在工件重要表面（可以和直径 20mm 的球相切）的任何一点测量。

在不同使用条件下的防腐蚀镀层厚度的要求参见附录 C。厚度的测量方法从附录 B 中选择。

6.5 硬度

如果指定了硬度值，那么应按 GB/T 9790 中规定的方法测量。镀层硬度应在需方规定的硬度值的±10%以内。

6.6 结合力

化学镀镍-磷镀层可以附着在有镀覆层和未经镀覆的金属上。根据需方的规定，镀层应能通过 GB/T 5270 中规定的一种或几种结合力的测试。

6.7 孔隙率

如果有要求，化学镀镍-磷镀层的最大孔隙率应根据需方的规定和孔隙率的测试方法共同确定。

6.8 镀层的耐蚀性

如果有要求，镀层的耐蚀性及其测试方法应由需方根据同 GB/T 6461 一致的标准来规定。GB/T 10125、醋酸盐雾试验以及铜加速盐雾试验等方法可以被指定为评估镀层抗点腐蚀能力的测试方法。

注：在人工环境下的耐蚀性测试不涉及工件的使用寿命或工件性能。

6.9 镀覆前消除内应力的热处理

当需方特别指明时［见 4.1b)］。抗张强度大于或等于 1000MPa，以及含有因加工、摩擦、矫正或冷加工而产生拉应力的钢件，都需要在清洗和沉积金属之前进行消除内应力的热处理。消除内应力的热处理工序和种类应由需方专门指定。或者由需方按照 GB/T 19349 选择合适的工序和种类。消除内应力的热处理工序应在任何酸性或阴极电解之前进行。

注：钢铁上的氧化物或水垢要在镀覆前清除掉。对于高强度钢，为了避免产生氢脆，在清洗工序中应优先考虑选用非电解碱性和阳极碱性清洗法以及机械清洗法。

6.10 镀覆后消除氢脆的热处理

抗张强度大于等于 1000MPa 的钢件，同经过表面硬化处理的工件一样，需要在镀覆后依据 GB/T 19350 或需方规定的相关工序，进行消除氢脆的热处理［见 4.1b)］。

所有镀覆后清除氢脆的热处理应及时进行，最好是在表面精饰加工之后、打磨和其他机加工之前的 1h 内完成，最多不要超过 3h。

消除氢脆处理的有效性应通过需方指定的测试方法或相关标准中描述的测试方法来确定。如 ISO 10587 中描述了一种测试螺纹件残余应力氢脆的方法，而 ISO 15724 中则描述了钢铁中扩散氢浓度的一种测试方法。

注：依照 GB/T 19350 中规定的工序进行热处理并不能完全消除氢脆，只要可能，都应特别指出残余氢脆的测试试验。消除试验样品的氢脆，可以说明消除氢脆热处理工序的有效性。但这些都取决于所参加测试样品的数量。

6.11 提高硬度的热处理

采用热处理方法提高化学镀镍-磷镀层的硬度和耐磨性的规定见表 A.1（见 6.13）。

如果有需要，提高化学镀镍-磷镀层硬度和耐磨性的热处理应在镀后 1h 内完成，并且应在机加工之前进行。热处理的持续时间应为在零件达到特定热处理温度后至少 1h。

如果进行提高镀层硬度的热处理工序后，满足了 GB/T 19350 所规定的要求，那么就不需要再单独进行消除氢脆的热处理。

6.12 改善结合力的热处理

改善化学镀镍-磷镀层在某种金属基体上结合力的热处理工序应参照表 A.1 进行，除非需方特别指定了其他工序要求。

6.13 耐磨性

如果有要求，应由需方指定镀层耐磨性的要求，并指定用于检测镀层耐磨性是否达到要求的测试方法。

注：化学镀镍-磷镀层的耐磨性会受到热处理的影响（见 6.11 和附录 A）。

6.14 可焊性

如果有要求，应由需方指定镀层的可焊性，并指定用于检测镀层的可焊性是否达到要求的测试方法。

注：为使焊接过程中（特别是电子产品）受到腐蚀的可能性降低到最小程度，有时会用超过 10%（质量分数）磷的镀层进行焊接，而将磷含量较少的镀覆层（质量分数 1%~3%）用于焊接则更为常见。

6.15 化学成分

化学镀镍-磷镀层中的磷含量应在标识中指定（见5.4和表C.2）。当按照附录D提供的方法进行测定时，所测得的磷含量与所要求的磷含量不应超过±0.5%的误差。如果没有特别指明磷含量，那么磷含量将在1%～14%（质量分数）的范围内（除非有其他要求）[见4.2c)]。

6.16 金属零件的喷丸

如果需方要求在镀覆之前进行喷丸。那么喷丸工序应在任何酸性或碱性电解处理之前按照GB/T 20015的要求进行。该标准同时还规定了测量喷丸强度的方法。

注：镀覆前的喷丸硬化可以使高强钢镀覆化学镀镍-磷镀层后的疲劳强度和结合力的降低到最低程度。对于那些常用于重复性的复杂负重模式的工件推荐在镀覆前进行喷丸硬化处理。影响疲劳强度的其他因素还包括镀层厚度。在满足预期使用条件的前提下，镀层应尽可能地薄。有控制的喷丸硬化所产生的压应力不仅可以提高镀层的耐蚀性和应力腐蚀裂纹扩展的阻力，而且对于提高镀层的结合力也有益。

6.17 底层和表层

电镀镍底层应符合GB/T 12332中的相关规定［见4.1g)］。用于化学镀镍-磷镀层之上的铬镀层应符合GB/T 11379中的相关规定。

注：电镀2μm～5μm厚的镍底层可用于含锑、砷、铋、铜、铅或锡的基体金属（黄铜和青铜除外）。

电镀2μm～5μm厚的镍或铜底层可用于含微量镁和锌的基体金属。

可以在铜底层和化学镀镍-磷镀层之间闪镀镍层。

电镀1μm～2μm厚的镍底层可用于含微量铬、铝、钼、镍、锡、钛或钨的基体金属。

电镀底层的目的是为了减少沉积过程中那些会降低沉积效率的元素的污损危害。另外，电镀金属底层能阻止杂质从基体金属扩散到化学镀镍-磷镀层，并有助于提高结合力。

7 取样

取样方案应由需方按GB/T 2828.1、GB/T 12609、ISO 2859-2、ISO 2859-3、ISO 2859-4的规定选择抽样方式选取。或者由需方另定替代方案。需方应指明可接受的水平。

附 录 A
（规范性附录）
提高结合力和增加硬度的热处理

A.1 提高结合力的热处理

在需方没有特别指明的情况下，提高化学镀镍-磷合金镀层在各种合金材料上沉积时结合力的热处理操作应按表A.1中所列的时间和温度进行。

注：温度达到130℃以上的热处理可以减少可热处理的铝和其他各种合金的拉应力。当需方为了提高镀层结合力而特别要求镀覆后进行热处理时，建议应考虑热处理对底层材料机械性能的影响。必要时最好进行校验。

A.2 提高硬度和耐磨性的热处理

对化学镀镍-磷镀层进行热处理，可以产生弥散强化作用，从而提高镀层硬度和耐磨性。热处理所采用的温度和时间可依照表A.1选用。

表 A.1 推荐提高硬度和附着力的热处理方法

序号	种类	温度/℃	时间/h
1	不需要进行热处理,镀态		
2	为获得最大硬度而进行的热处理,按类型分类(参见表 C.2)		
	1	260	20
		285	16
		320	8
		400	1
	2	350~380	1
	3	360~390	1
	4	365~400	1
	5	375~400	1
3	提高在钢铁上镀层的附着力	180~200	2~4
4	提高在渗碳钢和时效硬化铝上镀层的附着力	120~130	1~6
5	提高在铍和未经时效硬化的铝上镀层的附着力	140~150	1~2
6	提高在钛以及钛合金上镀层的附着力	300~320	1~4
7	提高在镁及镁合金,铜及铜合金上镀层的附着力	180~200	2~2.5
8	提高在镍及镍合金上镀层的附着力	220~240	1~1.5
9	提高在钼及钼合金上镀层的附着力	190~210	2~2.5

一般而言，热处理后随着磷含量的减少，镀层的硬度得到提高（见图 A.1）。经过 1h 以

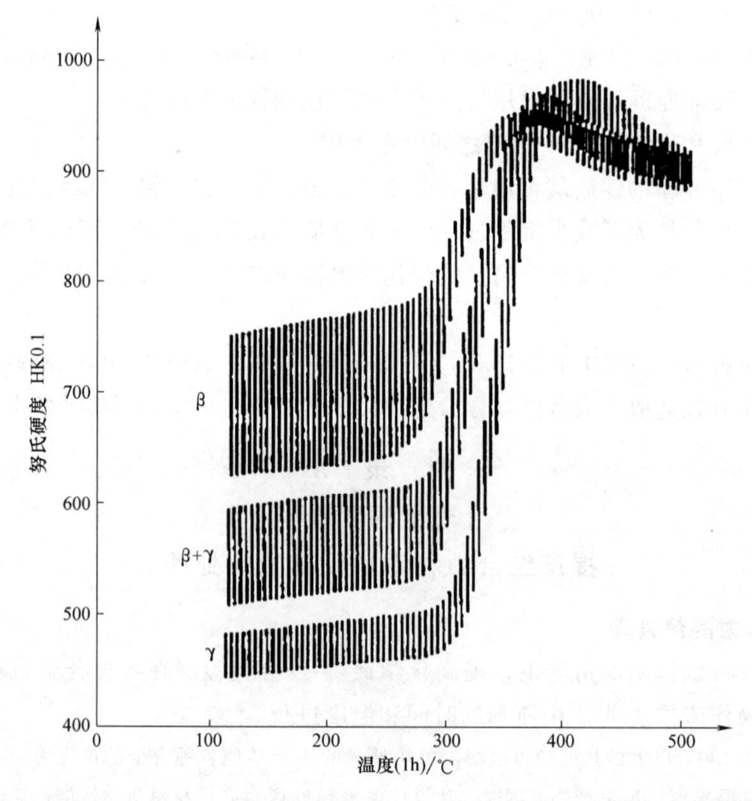

相	合金种类	磷含量(质量分数,%)
β	2,3	1~4
β+γ	4	5~9
γ	5	>10

图 A.1 不同种类的化学镀镍-磷镀层经过 1h 热处理后热处理温度和硬度的关系

上、温度在250℃～400℃之间的热处理，镀层硬度将大大提高。虽然220℃以上的热处理可以使镀层硬度超过850HK0.1，但同时会降低镀层的耐蚀性。而温度低于200℃的热处理在提高结合力或减少氢脆的同时，却不会削弱镀层的耐蚀性，而且还可以大大提高镀层的硬度和耐磨性。在特殊情况下，为防止工件表面产生有色的氧化物，热处理工序要在惰性气氛、还原性气氛或真空环境下进行。另外，温度超过260℃的热处理会使第5类镀层产生磁性。

对于不同种类的化学镀镍-磷镀层，进行1h热处理后的温度与镀层硬度的关系见图A.1。而硬度和退火时间的关系见图A.2。由图A.2中的数据不难看出，通过降低温度和延长退火时间可以得到同等的镀层硬度。

注：测试金属镀覆层硬度常采用努氏硬度试验。这是由于努氏硬度测试方法中的不确定因素较维氏硬度的要少。维氏硬度测试方法中，由于薄而脆的镀层容易破裂，因此测试结果会有较大的不确定性。但是如果操作得当，两种硬度试验所得到的数据几乎是完全一样的。不过，适当的操作方法还包括使用不同的负载得到相同的缺口深度。因此，为了建立有效的关联性，必须使用并行的测量方式。才能将不同的负载用于相同的镀层。到目前为止，关于化学镀镍-磷合金镀层并行的硬度测量方法的研究还很少。

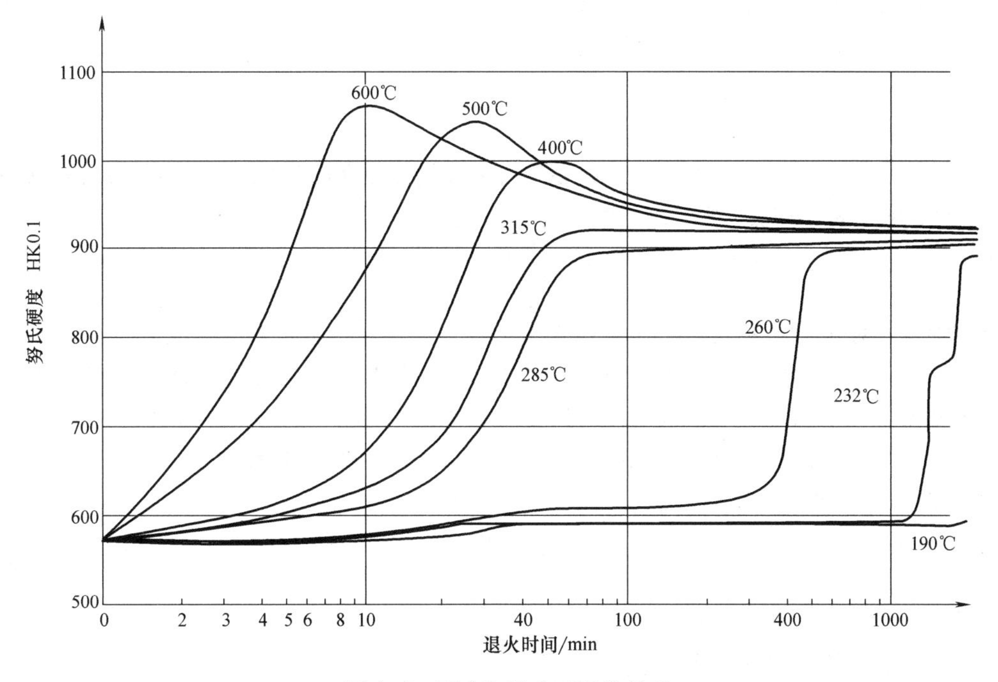

图A.2　硬度和退火时间的关系

注：通过调整退火时间和降低温度，可以得到等效沉积硬度。图中的曲线是基于平均值绘制的，因此结果与标准测试相比会有一定的偏差。

附　录　B
（资料性附录）
镀层厚度的测量

B.1　概述

GB/T 4955、GB/T 4956、GB/T 6462、GB/T 6463、GB/T 16921、GB/T 20018、ISO 9220标准综述了测量金属和其他无机镀覆层厚度的方法，包括没有在本附录中引用的测量方法。

B.2 破坏性测试方法

B.2.1 显微镜法

采用 GB/T 6462 中规定的方法。

B.2.2 库仑法

GB/T 4955 中规定的库仑法可以用于测量化学镀镍-磷镀层的总厚度，以及铜和镍底层的厚度。该方法可以在工件的重要表面（该表面可以与直径 20mm 的圆球相切）的任何一点进行测量。

B.2.3 扫描电镜法

ISO 9220 中规定的扫描电镜法可以用于测量化学镀镍-磷镀层及其底层的厚度。

注：为防止产生争议，库仑法应用于测量厚度小于 10μm 的化学镀镍-磷镀层。而扫描电镜法应用于厚度大于或等于 10μm 的化学镀镍-磷镀层及其底层的厚度测量。

B.3 非破坏性测试方法

B.3.1 β射线背散射法（不适用于铜基体）

采用 GB/T 20018 规定的方法。该方法适用于测量铝基金属的镀层厚度以及全部镀层的厚度。

B.3.2 X射线光谱测定法

采用 GB/T 16921 规定的方法。应根据厚度标准件对 X 射线测试设备进行校准。校准用标准件镀层中的磷含量应与被测镀层中磷含量相同。

注：由于镀层中磷含量存在局部差异，因此推荐应在相应的测量区域的一个扇区内使用积分法来确定磷的含量。

B.3.3 称量—镀覆—再称量法

选用一个已知表面积的工件（或选用与已镀覆工件基材相同的试样，试样表面积已知）。在镀覆前后分别称量工件或试样的质量，精确到 0.001g。要保证每次测量都是在室温下进行，并且工件或试样都是干燥的。再按式（B.1），根据增加的质量、镀层的密度和面积计算出镀层的厚度。

$$T=\frac{10W}{AD} \tag{B.1}$$

式中 T——镀层厚度（μm）；

W——增加的质量（mg）；

A——总面积（cm^2）；

D——密度（g/cm^3）。

镀层中的磷含量会影响镀层的密度。根据相关科技文献中提供的数值，图 B.1 中给出了化学镀镍-磷镀层的密度。

例如：一块面积 19.763cm^2 的低碳钢，镀前重 3198mg，镀后重 3583mg。镀层磷含量为 9%，密度为 8.01g/cm^3（由图 B.1 知）。其厚度按式（B.2）计算：

$$T=\frac{10(3583-3198)}{19.763\times8.01}\mu m=24.3\mu m \tag{B.2}$$

B.3.4 磁性法

采用 GB/T 4956—2003 中规定的方法测试磷（非磁性）含量大于 8%（质量分数）的化

学镀镍-磷镀层的厚度。

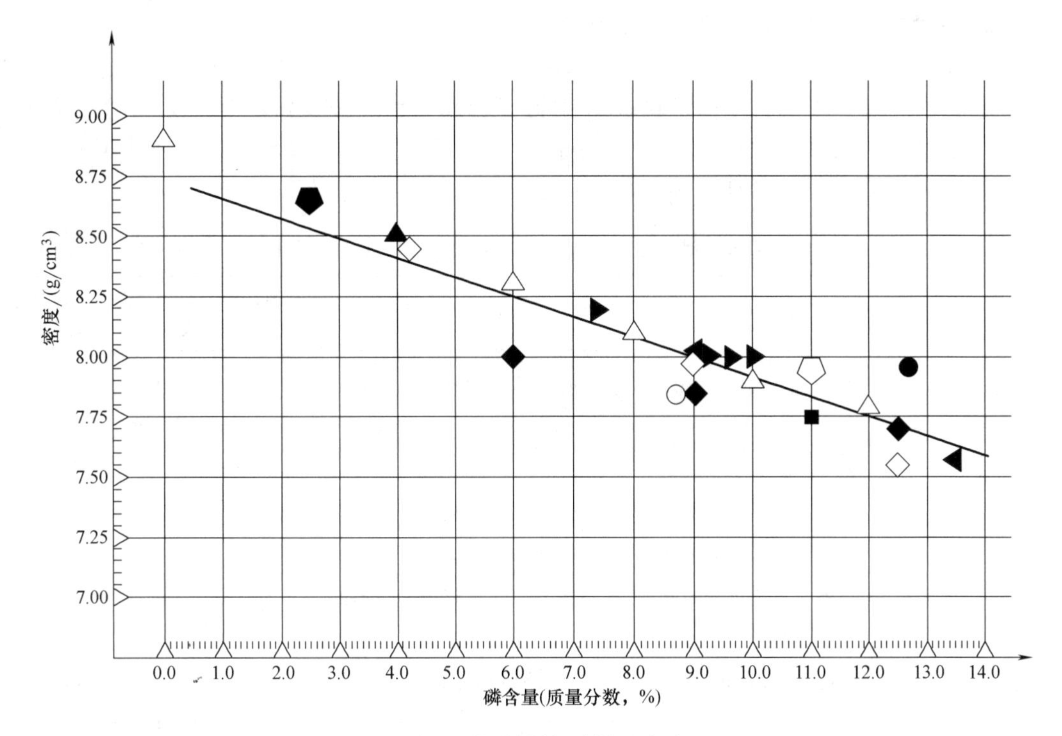

图 B.1 化学镀镍-磷镀层密度

△ 取自于 Riedel, Wolfgang, Electroless Nickel Plating, ASM International, Metals Park, OH, 1991 p. 92; DIN 50966, Electroplated coatings; autocatalytic nickel-phosphorus coatings on metal in technical applications.

◆ 取自于附录 A

■ 取自于 Vendor, Elnic (unpublished)

◇ 取自于 Rajam, K. S. et al, Metal Finishing, vol. 88, No. 11, 1990.

▶ 取自于 Fielding, Ogburm et al., NIST, Plating and Surface Finishing, vol. 68, No. 3, 1981.

○ 取自于 Kannigen, ASTM STP No. 265, Electroless Nickel Plating, 1959.

● 取自于 Smith, D, D., Thermal Conductivity of Electroless Nickel-Phosphorus Alloy Plating, National Science Foundation, Oak Ridge, TN, 1963.

◀ 取自于 Gorbanova, K. M. and Nikiforova, A. A., Physicochemical Principles of Nickel Plating. National Selence Foundation, Oak Ridge, TN, 1963.

⬠ 取自于 Vendor, Schering, unpublished analytical results, Schering AG, Berlin, 1982.

⬟ 取自于 Mallory, Glenn et al., Studies and Properties of Very Hard Electroless Nickel Deposits, En'95, Gardner Management, Cincinnati, OH, 1995.

附 录 C

（资料性附录）

关于化学镀镍-磷镀层厚度、成分和应用的导则

C.1 概述

化学镀镍-磷合金镀层的特性主要由镀层的成分和结构决定。而镀层的成分和结构又由镀液，沉积条件以及改变镀层结构的热处理工艺决定的。基体材料的性质，如表面粗糙度，

也会影响镀层的特性，包括它的耐磨性。

C.2 镍-磷镀层的耐磨性、厚度和应用条件

表 C.1 中列出了在不同使用条件下，镍-磷镀层具有足够的耐磨性的最小厚度。在粗糙或多孔的工件表面，为了将基体材料对镍-磷镀层特性的影响减少到最少，镍-磷镀层应更厚一些。为了以最小的镍-磷镀层厚度获得最佳的耐磨性，基体材料的表面应平整和无气孔。表面粗糙度 $Ra<0.2\mu m$ 的基体材料可用作样板。

表 C.1 满足耐磨性使用要求的最小镍-磷镀层厚度 （单位：μm）

使用条件序号	种类	铁基材料上的最小镀层厚度	铝基材料上的最小镀层厚度
5（极度恶劣）	在易受潮和易磨损的室外条件下使用，如：油田设备	125	—
4（非常恶劣）	在海洋性和其他恶劣的室外条件下使用，极易受到磨损，易暴露在酸性溶液中，高温高压	75	—
3（恶劣）	在非海洋性的室外条件下使用，由于雨水和露水易受潮，比较容易受磨损，高温时会暴露在碱性盐环境中	25	60
2（一般条件）	室内条件下使用，但表面会有凝结水珠；在工业使用条件下会暴露在干燥或油性环境中	13	25
1（温和）	在温暖干燥的室内环境中使用，低温焊接和轻微磨损	5	13
0（非常温和）	在高度专业化的电子和半导体设备、薄膜电阻、电容器、感应器和扩散焊中使用	0.1	0.1

除了厚度，镀层中的磷含量和其他因素也会影响化学镀镍-磷镀层的耐蚀性。一般而言，随着磷含量的增加，镀层在酸性环境下的耐蚀性会得到提高。镀层的耐蚀性取决于镀层中的磷含量以及镀层表面的钝化氧化膜。但是，那些和镍-磷合金共同沉积的杂质，会破坏钝化氧化膜，并且最终会减弱它的耐蚀性。

C.3 不同使用条件下，镀层的种类和磷含量

由于可以通过控制化学镀镍-磷沉积过程，来获得具有能够满足不同使用条件要求特性的镍-磷镀层。因此，工程人员就可以根据特殊要求来规定镀层的特性。表 C.2 列出了不同使用条件下镀层的种类和磷含量。

表 C.2 不同使用条件下推荐采用的镍-磷镀层的种类和磷含量

种类	磷含量（质量分数，%）	应用
1	对磷含量没有特殊要求	一般要求的镀层
2（低磷）	1~3	具有导电性、可焊性（如：集成电路、引线连接）
3（低磷）	2~4	较高的镀态硬度，以防止黏附和磨损
4（中磷）	5~9	一般耐磨和耐腐蚀要求
5（高磷）	>10	较高的镀态耐蚀性，非磁性，可扩散焊，具有较高的延展柔韧性，如：用于硬磁盘的磷含量为 12.5%的镀层

C.4　磨损或超差工件的修复

沉积大于或等于 125μm 的化学镀镍-磷镀层，可用于修复磨损的工件和挽救超差的工件。随着镀层厚度的增加，工件表面产生球状物、有色氧化物、蚀损斑的可能性以及表面粗糙度也会增加。因此需方和供应方应相互协商，来确定这些缺陷的可接受程度。磷含量大于或等于 10%的镀层对于低磷含量或中磷含量的镀层而言，由于其较低的内应力，较高的延展性和较高的耐腐蚀性，更适于修复磨损或超差的工件。增强镀层附着力的热处理工序参见附录 A。

当镀层厚度超过 125μm 时，有时会在化学镀镍之前采用电镀镍底层的办法。在化学镀镍之前经过电镀镍的工件要进行切削加工至合适的尺寸。

C.5　提高难焊接金属的可焊性

大于 2.5μm 的化学镀镍-磷镀层可用于提高诸如铝以及其他难焊接的合金的可焊性。焊接时通常需要使用适度的松香助焊剂。

C.6　不同使用条件下的附加要求

性质相同的化学镀镍-磷镀层不适于在容易产生对磨的条件下使用，除非镀层表面有润滑剂。

不推荐在有弯折或抵抗冲击力要求的条件下使用中磷含量和低磷含量的镀层。在焊接被镀覆工件时应采取特别保护措施。由于镀层中磷的扩散，在焊接区域的镀层容易变脆。由于镀层高温硬度较低，因此不适于在同时具有高温和耐磨性要求的条件下使用。

经过使用周期性反向电流技术处理的阳极清洗后，某些含有铬和钼的钢会被钝化。而对于抗张强度低于 1000MPa 的钢，在使用周期性反向电流清洁处理的工序时，可以用阴极清洁处理。

基体表面的氧化物会影响镀层在其上的结合力。因此，对于许多金属，包括不锈钢和铝都需要进行特殊的清洁和活化处理。由于基体表面的氧化薄膜会导致镀覆的失败，因此基体表面要求除去氧化薄膜，以及任何会阻碍镀层在基体表面连续沉积的微观杂质。

对于铸铁和铝合金，其表面的孔隙会残留镀液或引起镀覆不均匀，从而导致腐蚀问题。因此，为了使工件能够达到理想的使用寿命，有过多孔隙的铸铁和铸铝表面需要进行特殊处理。

在含铅的铜合金中，表面的铅会污染镀液。从而导致镀层无法附着和使镀层产生孔隙。因此，在化学镀镍-磷之前，需要进行特殊处理将基体表面的铅覆盖住或去除。

附　录　D
（规范性附录）
化学镀镍-磷镀层中磷含量的化学分析法

D.1　电感耦合等离子体（ICP）法

D.1.1　概述

通过由电感耦合等离子体产生的发射光谱或吸收光谱的分析方法。

D.1.2　试剂

在准备以下试验溶液时，应选用分析纯度的化学试剂以及蒸馏水或去离子水。

a）硝酸（HNO_3）溶液　40%（体积分数），由二份体积的硝酸（密度为 1.42g/mL）

和三份体积的水配制而成。

b）亚硝酸钠（$NaNO_2$）溶液 20g/L。

c）高锰酸钾（$KMnO_4$）溶液 7.6g/L。

D.1.3 步骤

仔细称取0.2g试样，并在玻璃烧杯中将其溶解于50mL的硝酸溶液中。在通风橱内逐渐加热至试样完全溶解，然后沸腾至除去棕色烟雾。用水将溶液稀释至100mL，加入25mL高锰酸钾溶液并加热至沸腾，沸腾5min后，再逐滴地加入亚硝酸钠溶液，直至沉淀的二氧化锰全部溶解。接着再沸腾5min，然后冷却至环境温度。最后将溶液倒入250mL的容量瓶中，并用蒸馏水或去离子水稀释至刻度。塞上瓶塞并充分混合。

D.1.4 空白试验

配制和D.1.3中相同的空白溶液（不含试验材料）进行空白试验。

D.1.5 光谱分析

依照ICP设备的使用说明进行试验。在使用氩气ICP技术时，如下的光谱线会产生轻微的干涉：

Ni	216.10nm	Cd	214.44nm	Fe	238.20nm
P	215.40nm	Co	238.34nm	Pb	283.30nm
P	213.62nm	Cr	284.32nm	Sn	198.84nm
Al	202.55nm	Cu	324.75nm	Zn	206.20nm

注：电感耦合等离子体法适用于测量磷含量小于0.5%的化学镀镍-磷镀层中的磷含量。

D.2 分子吸收光谱法

D.2.1 原理

本附录规定了测定镍-磷镀层中磷含量的分子吸收光谱法。将一部分试样溶于硝酸中，用高锰酸钾氧化并以亚硝酸钠溶解二氧化锰沉淀。与钼酸铵和钒酸铵溶液作用后，用波长大约420nm的光谱测量溶液的吸收率。

D.2.2 试制

D.2.2.1 概述

在分析过程中，只能用分析纯级试剂和蒸馏水或相当纯度的水。

D.2.2.2 溶解和氧化用试剂

a）硝酸溶液 40%（体积分数），由二份体积的硝酸（密度大约1.42g/mL）和三份体积的水配制而成。

b）亚硝酸钠溶液 20g/L。

c）高锰酸钾溶液 7.6g/L。

D.2.2.3 钼酸盐-钒酸盐溶液

将20g钼酸铵和1g钒酸铵分别溶解于热水中。混合上述两种溶液，加入200mL硝酸（密度大约1.42g/mL），再用水稀释至1L，充分混合。

D.2.2.4 磷标准溶液（每升含磷100mg）

称量0.4392g磷酸二氢钾（KH_2）PO_4溶解于水，再将此溶液移入1000mL容量瓶中，加水稀释至刻度，充分混合。

1mL此标准溶液含磷0.1mg。

D.2.3　设备

D.2.3.1　普通实验室设备

D.2.3.2　分光光度计或光电吸收计

该设备装有滤光镜，可在波长约为420nm时提供最大透射率。并装配有光程为10mm的光学吸收池。

D.2.4　步骤

D.2.4.1　试验溶液的制备

a）称量0.19g~0.21g试样，精确至0.1mg，移入盛有50mL硝酸溶液［D.2.2.2a)］的烧杯中溶解。

b）慢慢加热，直至试样完全溶解。然后沸腾至除去棕色烟雾。

c）稀释溶液至大约100mL，加热至沸腾，再加入25mL高锰酸钾溶液［D.2.2.2c)］。

d）加热溶液沸腾5min。

e）逐滴加入亚硝酸钠溶液［D.2.2.2b)］，直至二氧化锰沉淀溶解。

f）加热溶液沸腾5min，然后冷却至室温。

g）将溶液移入250mL容量瓶中，用水稀释至刻度，充分混合。

D.2.4.2　空白试验

使用与测定试验相同的所有试剂用量，相同方法，并与测定试验同时进行没有试样的空白试验。

D.2.4.3　校准表的制备

取一组100mL容量瓶，注入表D.1中所示容量的磷标准溶液（D.2.2.4）。

表D.1　磷标准溶液的制备

磷标准溶液的容量/mL	磷的对应质量/mg	磷标准溶液的容量/mL	磷的对应质量/mg
0	0	6	0.6
2	0.2	8	0.8
4	0.4	10	1.0

每瓶磷标准溶液按如下方法处理：

a）加25mL钼酸盐-钒酸盐溶液（D.2.2.3），加水至刻度充分混合。使溶液静置5min。将溶液注满一个光学吸收池。

b）使用最大吸收波长大约为420nm的光谱计或装配了适当滤光镜的光电吸收计进行光谱测量。在所有情况下都要对照水的吸收率调整仪器校零，从其他校准溶液中减去校准对比溶液的吸收率。

c）绘制曲线图。例如以校准溶液含磷量的质量（mg）为横坐标，对应吸收率为纵坐标。

D.2.5　测定

a）移取10mL试验溶液至100mL容量瓶中，加50mL水、25mL钼酸盐-钒酸盐溶液，加水至刻度，充分混合，使溶液静置5min，再用此溶液注满一个光学吸收池。

b）按D.2.4.3b）中的叙述进行光谱测量。

D.2.6 测定结果

采用校准表，确定相当于光谱测量法所得的磷含量。

磷含量，以质量分数表示，用以下公式计算：

$$磷含量 = \frac{2.5(m_3 - m_4)}{m}$$

式中 m_3——试样溶液含磷的质量（mg）；

m_4——空白试样溶液含磷的质量（mg）；

m——试样的质量（g）。

第二节 金属及其他无机覆盖层 电磁屏蔽用化学镀铜上化学镀镍

一、概论

电磁辐射可能造成计算机、医疗、电信、爆破、航空、航天以及国防等电子设备的干扰和故障。因此，电子设备需要一种方法来保护元部件、电路等不受电磁辐射的危害。防止或者减少电磁波干扰，通常的办法是用金属网或金属壳将产生电磁波的区域与需防止侵入的区域隔开。

利用导电的封闭外壳、仪器罩或机壳可以防止电磁辐射的吸收或扩散，具有十分有效的电磁屏蔽作用。因为高导电性材料在电磁波的作用下将产生较大的感应电流。这些电流按照楞次定律将削弱电磁波的透入。

塑料具有成本低及密度小的优势，广泛地用于计算机和各种机箱机柜。虽然塑料不导电，但是在塑料上镀覆一层金属镀层，也可以获得金属外壳一样的电磁屏蔽功能。

铜具有良好的导电性，化学镀镍层具有较好的耐磨性和耐蚀性，因此在塑料计算机外壳表面化学镀一层铜，再在化学镀铜层上覆盖一层薄的化学镀镍层，不仅可以提高塑料外壳的耐用性和耐蚀性，而且还可以有效保护计算机免受电磁干扰。化学镀铜上化学镀镍最早用于计算机的塑料外壳，现在已应用于其他基材。该方法具有成本低、屏蔽性好、制备简单的优点，预计其应用将会越来越广泛。

为促进化学镀铜上化学镀镍在电磁屏蔽领域的应用，为需方、供应商或生产单位提供技术依据，迫切需要制定相关标准。GB/T 34648—2017《金属及其他无机覆盖层 电磁屏蔽用化学镀铜上化学镀镍》修改采用 ISO 17334：2008《金属及其他无机覆盖层 电磁屏蔽用化学镀铜上化学镀镍》。该标准于 2017 年 9 月 29 日发布，2018 年 4 月 1 日实施。

二、标准主要特点与应用说明

该标准规定了提供抗电磁干扰（EMI）或静电放电（ESD）保护的化学镀铜上化学镀镍的要求，适用于塑料或金属材料部件，不适用于容易引起氢脆的高强度钢基体。

化学镀层对电磁波的衰减程度通过屏蔽效能表示，该标准给出了屏蔽效能的测量方法和计算公式。根据屏蔽效能的大小，将镀层分为两类：1 类屏蔽效能≥80dB，屏蔽能力高，适用于对电磁辐射要求严苛的设备；2 类屏蔽效能为 50~80dB，屏蔽能力中等。每个类别的化学镀铜层和化学镀镍层的厚度组合是不同的，在生产中应严格按照标准给出的要求控制厚度，否则产品的电磁屏蔽性能难以保证。

根据化学镀镍-磷层的磷含量高低将镀层分为三级，镀层等级能够反映化学镀镍-磷层的电接触阻抗和耐蚀性。磷含量越低，化学镀镍层的接触电阻越小，其屏蔽效能越高，但耐蚀性不如高磷镀层。因此，应综合考虑屏蔽效能和耐蚀性来选择化学镀镍的磷含量级别。

基体材料的状态对镀层性能有重要影响，尤其影响镀层结合力。金属基体材料表面的清洗和准备方法可参考 GB/T 34626.1—2017《金属及其他无机覆盖层　金属表面的清洗和准备 第1部分：钢铁及其合金》和 GB/T 34626.2—2017《金属及其他无机覆盖层　金属表面的清洗和准备　第2部分：有色金属及其合金》。非金属基体的表面清洗和准备比金属基体复杂，除必要的清洗脱脂外，还应进行粗化、敏化、活化处理，使化学镀能正常进行并保证镀层具有良好的结合力。

三、标准内容（GB/T 34648—2017）

金属及其他无机覆盖层　电磁屏蔽用化学镀铜上化学镀镍

1　范围

本标准适用对塑料或金属材料部件提供抗电磁干扰（EMI）或静电放电（ESD）保护的化学镀铜上覆盖化学镀镍的要求。

本标准不适用于容易引起氢脆的高强度钢。

2　规范性引用文件

下列文件对于本文件的应用是必不可少的。凡是注日期的引用文件，仅注日期的版本适用于本文件。凡是不注日期的引用文件，其最新版本（包括所有的修改单）适用于本文件。

GB/T 3138　金属及其他无机覆盖层　表面处理　术语（GB/T 3138—2015，ISO 2080：2008，IDT）

GB/T 4955　金属覆盖层　覆盖层厚度测量　阳极溶解库仑法（GB/T 4955—2005，ISO 2177：2003，IDT）

GB/T 5270　金属基体上金属覆盖层　电沉积层和化学沉积层　附着强度试验方法评述（GB/T 5270—2005，ISO 2819：1980，IDT）

GB/T 6463　金属和其他无机覆盖层　厚度测量方法评述（GB/T 6463—2005，ISO 3882：2003，IDT）

GB/T 12334　金属和其他无机覆盖层　关于厚度测量的定义和一般规则（GB/T 12334—2001，ISO 2064：1996，IDT）

GB/T 12600　金属覆盖层　塑料上镍+铬电镀层（GB/T 12600—2005，ISO 4525：2003，IDT）

GB/T 12609　电沉积金属覆盖层和有关精饰　计数检验抽样程序（GB/T 12609—2005，ISO 4519：1980，IDT）

GB/T 13913　金属覆盖层　化学镀镍-磷合金镀层　规范和试验方法（GB/T 13913—2008，ISO 4527：2003，IDT）

GB/T 16921　金属覆盖层　覆盖层厚度测量　X 射线光谱法（GB/T 16921—2005，ISO 3497：2000，IDT）

GB/T 18663.3 电子设备机械结构 公制系列和英制系列的试验 第3部分：机柜、机架和插箱的电磁屏蔽性能试验（GB/T 18663.3—2007，IEC 61587-3：2006，IDT）

GB/T 20018 金属和非金属覆盖层 覆盖层厚度测量 β射线背散射法（GB/T 20018—2005，ISO 3543：2000，IDT）

GB/T 20631.2 电气用压敏胶粘带 第2部分：试验方法（GB/T 20631.2—2006，IEC 60454-2：1994，IDT）

GB/T 34627 金属和其他无机覆盖层 有关外观的定义及习惯用法（GB/T 34627—2017，ISO 16348：2003，IDT）

ISO 2859（全部） 计数检验的抽样程序

ASTM D4935 测量平面材料电磁屏蔽效能的试验方法[1)]

3 术语和定义

GB/T 3138、GB/T 12334 和 GB/T 34627 界定的以及下列术语和定义适用于本文件。

3.1 屏蔽效能 shielding effectiveness

没有屏蔽体时从辐射干扰源传输到空间某一点的场强（P_1）和加入屏蔽体后从辐射干扰源传输到空间同一点的场强（P_2）之比，以下式计算。

$$\alpha = 10\lg(P_1/P_2)$$

式中 α——屏蔽效能；

P_1——没有屏蔽体时接收的场强；

P_2——有屏蔽体时接收的场强（见 ASTM D4935 或 IEC 61587-3）。

注：屏蔽效能通常用分贝（dB）表示。

4 需方应提供的基本资料

当订购的工件需要按本标准要求镀覆时，需方应该作为合同以书面形式在工程图、需方订购单和详细的生产明细表中对所有重要项目提供如下信息：

a）指定的国家标准号、类型和等级（见第5章）；

b）金属基板的规格和冶金条件及聚合物衬底表面状态，鉴别不同衬底的装配件，聚合物基板应是电镀级；

c）外观要求（见6.2），另外，提供要求全部镀覆或部分镀覆的样本；

d）在图纸或试样上对主要表面、非主要表面及非镀表面标出适当的标记（见第6章）；

e）厚度测试及最小厚度的要求，使用的结合力试验及特殊试验方法（见6.5、6.6和6.10）；

f）最低要求的电气连续性，热循环电阻，屏蔽效能测试的具体方法和最低屏蔽效能要求（见6.7、6.8和6.9）；

g）抽样方法、接受标准或其他检验要求（见第7章）；

h）特殊要求，例如：提高聚合物材料表面结合力的机械粗化，试样或样品的孔隙率测试，以及用于特殊试验的样品或试样。

5 标识

5.1 概述

标注是指定适合不同服役条件覆盖层的方法，包括以下内容：

---

1) 相关的 ASTM 标准已经撤销。但是，美国的 ASTM 网站仍然有副本可供购买。

a）术语“化学镀层”；

b）国家标准号（GB/T 13913）和连字符；

c）基板的符号或基材（如果是合金则是主要金属）的化学符号及斜线（/）分隔符；

PL 镀过的塑料基板；

Fe 铁或钢；

Zn 锌合金；

Al 铝或铝合金；

Mg 镁或镁合金；

d）化学镀铜的化学符号（Cu）；

e）化学镀铜层的最小局部厚度，单位：μm；

f）化学镀镍-磷合金镀层的化学符号（NiP）并在括号中标出镀层中磷含量的质量分数；

g）化学镀镍层的最小局部厚度，单位：μm。

见 5.4 的示例。

5.2 镀层类型

化学镀铜和化学镀镍组合镀层最低厚度的屏蔽效能及其屏蔽能力见表 1。

表 1 化学镀铜上覆盖化学镀镍-磷合金层的类型、厚度和屏蔽功能

类型	最小局部厚度/μm		屏蔽效能/dB	屏蔽能力
	化学镀铜	化学镀镍		
1	1.0~2.5	0.25~1.5	>80	非常高，用于严酷的环境
2	≤1.0	1.0	50~80	中等

5.3 镀层等级

镀层等级规定化学镀镍-磷合金镀层的磷含量如下：

a）1 级——化学镀镍-磷合金镀层的磷含量为 1.0%±0.5%（质量分数）；

b）2 级——化学镀镍-磷合金镀层的磷含量为 4%±1%（质量分数）；

c）3 级——化学镀镍-磷合金镀层的磷含量为 8.5%±2%（质量分数）。

注 1：镀层等级提供化学镀镍-磷合金镀层的电接触阻抗和耐蚀性的质量信息。例如：低磷镀层（1 级），具有较低的电接触阻抗；高磷镀层（3 级）的电接触阻抗较高，但比低磷镀层有更好的耐蚀性。

注 2：化学镀铜通常在以甲醛作为还原剂的强碱性溶液（pH 值 12 以上）中进行。该溶液包含铜盐、配位剂或专有螯合添加剂以控制溶液的稳定、沉积率和镀层外观。用甲醛化学还原获得的化学镀铜层铜含量超过 99%（质量分数）。

5.4 示例

示例 1：在塑料基板上沉积磷含量为 8%±1%（质量分数）（3 级）的化学镀镍层采用下列标注：

化学镀镍层 GB/T 13913—PL/Cu1/NiP（8）0.25

示例 2：在铝上沉积磷含量为 4%（质量分数）（2 级）的化学镀镍层采用下列标注：

化学镀镍层 GB/T 13913—Al/NiP（4）1.0

由于订单的原因，产品明细表中不仅包含标注的内容，还包含第 4 章中所列的其他重要要求的清楚说明。

6 要求

6.1 基材

塑料和金属表面应符合本标准规定的结合力和电导率要求。零部件的表面在处理之前应检查以确定其是否适合镀覆；不适宜的零部件应予拒绝。基材表面清洁、调整和活化可以使用常规方法。

金属零件表面不应有不利于最后精饰的积垢、氧化物和任何污染物。聚合物表面的缺陷将对最后精饰产生不利影响。所有零件表面不应受到例如脱模剂、机油、油脂的污染，若受到污染将不利于最后精饰。除非买方指定，不应对聚合物表面进行提高结合力的机械粗化处理［见 4h)］。

表面预处理后，所有零件应立即不间断地进行化学镀铜和化学镀镍处理直至适当的厚度(见表 1)。零件应放在挂具上防止夹带汽油和防止皮肤与零件的重要部位接触。

商业加工中存在符合本标准的电镀级聚合物：聚碳酸酯、改性聚苯醚、乙缩醛、聚砜、丙烯腈-丁二烯-苯乙烯（ABS)、聚乙基苯、聚苯乙烯、尼龙、聚酯和苯乙烯马来酸酐。

6.2 外观

除非另有要求，化学镀铜上的化学镀镍-磷镀层应光滑、半光亮、结合力好［见 4c)］，不存在影响耐蚀性、电导率及电磁屏蔽效能的缺陷。外观的定义和习惯用法见 GB/T 34627。

合格的产品样品将被用于对生产件的最终外观比较控制［见 4c)］。

零件外观有气泡则为废品。

不容许无镀层非配合表面有明显的肉眼可见水泡、空洞或裂缝。对无镀层非配合表面，肉眼可见基板的孔洞和缺陷最大尺寸应小于 $100mm^2$，每 $10000mm^2$ 表面最大孔洞或缺陷面积应小于 $200mm^2$。孔洞、裂缝、漏镀或露铜应视为废品。

6.3 储存

镀后的零件用暖风干燥。干燥温度不应超过基板的热变形温度。润湿剂有利于脱水，但不能影响随后涂覆的有机涂料。

6.4 镀层组成

应指定化学镀镍-磷合金镀层中的磷含量，明确等级范围（见 5.3)。按 GB/T 13913 中所描述的方法测量化学镀镍-磷合金镀层的磷含量。化学镀铜层至少含 99%质量分数的铜。

6.5 局部镀层厚度

局部镀层厚度在标注中已经做了规定（见第 5 章和表 1)，应在成品所有重要表面测量。化学镀铜加化学镀镍的厚度可提供 6.7 指定的典型电导率需求。

在非重要表面沉积的镀层厚度和重要表面沉积的镀层厚度应完整地覆盖，除非零件图另有规定。厚度测量方法采用附录 A 中的方法之一。

6.6 结合力

6.6.1 概述

需方应在 GB/T 5270 中选定一个或多个的结合力质量测量方法，或选择下述方法。

6.6.2 胶带法

用直尺和已经被磨成尖角的淬火钢制成的划线针在测试表面划一个 2mm×2mm 的正方形。施加适当的力以便在表面镀层和基底之间只留下一单道划痕。将透明胶带有黏性的一面贴在待测镀层的表面。注意在贴透明胶带的过程中，不应在胶带和镀层之间留下气泡。所选择胶带的黏度应在 2.9N/cm 和 3.1N/cm 之间。10s 后，沿试样表面垂直的方向快速揭开胶带（见 GB/T 20631.2）。检查试样和胶带，看镀层是否有脱落。合格的镀层不应被胶带粘脱。这个测试仅仅用于粗略检测结合力的缺陷。

6.7 电气连续性和完整性

在需方没有特殊指定的情况下，零部件或试样的镀层体系中所有重要表面之间的直流电阻不应超过 0.1Ω［参考 4h)］。

6.8 热循环

热循环测试可用于评估结合力，以及监测电镀用塑料板准备工艺的效率。此测试的执行应和 GB/T 12600 的要求保持一致。用于特殊测试的试样或用于热循环测试的试样应在室温下保持稳定至少 30min，并且在放大 10 倍的倍率下检查是否存在裂痕、脱层，或任何会造成失效的缺陷。在热循环测试之后，另一组测试试样会被用于 GB/T 5270 中提到的交叉平行结合力的测试，并使用目测检测是否有镀层脱落。

6.9 屏蔽效能

根据 ASTM D4935 中的测试方法，零部件和试样会进行 20 次温度-湿度循环测试。在使用 GB/T 18663.3 中的测试方法来检测屏蔽效能时，这些被测试的零部件和试样的屏蔽效能应符合表 1 的要求。

6.10 特殊试样

对于特殊需求，如特殊的测试样本，按照程序说明如下。

a）如果镀覆后的工件因为大小或形状的原因不适合进行测试，或因为数目太少或价格太贵而不适合进行具有破坏性的测试时，特殊试样可以被用于测量结合力、厚度以及其他镀层特性。如果特殊试样被用于替代镀覆工件进行测试，那么该试样应符合本标准的要求。这些要求包括：特殊试样应具有同镀覆工件相同的特性、表面条件、材料和冶金条件；并且特殊试样应使用同镀覆工件相同的镀覆材料和工艺。

b）用于替代工件进行镀层厚度测试的特殊试样应从镀覆工艺开始时就进入整个工艺过程，并且经过所有可能影响镀层厚度的工艺步骤。

c）如果需要使用特殊试样，那么它们的编号、形状和大小应在工程图、合同或订单中特别指明。因为测试方法可能只会破坏非重要的镀层表面，所以在测量镀层某一特性时如果要使用具有破坏性或非破坏性的测试方法，那么需方应指明需要使用哪种测试方法，此方法是否具有破坏性［见 4e)］。

d）如果特殊试样是被用于镀层厚度的测试，而且特殊试样和工件不具有相同的大小和形状，那么特殊试样不需要有和工件相同的厚度分布。因此在根据特殊试样进行镀层厚度测试来判断镀覆工件的质量之前，需要建立特殊试样镀层和工件镀层的关系。与工件所需镀层厚度相应的特殊试样镀层厚度将是镀层质量的判断标准［见 4e)］。

7 取样

取样方案应由需方按 GB/T 12609 或 ISO 2859 中的规定选取。需方还应指明可接受的等级［见 4g)］。

附 录 A
(规范性附录)
厚度测量方法

A.1 概述

GB/T 6463 指定了考察金属镀层厚度的测量方法。然而，涡流测厚仪并不适合这种测量，并不得使用。

A.2 库仑法

按照 GB/T 4955 库仑法规定测量化学镀铜、化学镀镍的局部厚度。本方法适合测量的镀层厚度范围为 0.25μm~100μm。

A.3 β射线背散射法

按照 GB/T 20018 指定的方法。本方法适合测量的镀层厚度范围为 0.1μm~100μm。

A.4 X 射线光谱测定法

采用 GB/T 16921 规定的方法。应根据厚度标准件对 X 射线测试设备进行校准。校准用标准件镀层中的磷含量应与被测镀层中磷含量相同。本方法适合测量的镀层厚度范围为 0.25μm~65μm。

第三节 化学镀镍废液处理处置方法

一、概述

目前，化学镀镍工艺大多采用以次磷酸钠为还原剂的镀液，化学镀镍过程中溶液生成的亚磷酸钠是导致化学镀镍溶液老化失效的重要原因。当化学镀镍溶液中的亚磷酸钠达到一定质量浓度时，将与镍离子反应生成亚磷酸镍，导致镀层表面光亮度下降并生成麻点，还会引起化学镀镍溶液分解。为了防止亚磷酸镍的生成，需要经常向化学镀镍溶液中添加络合剂。但过量的络合剂，会降低镀层沉积速度，并可能影响镀层的质量，因此，不得不经常更新化学镀镍溶液。

化学镀镍废液中存在大量的镍离子、亚磷酸钠、次磷酸钠、缓冲剂及络合剂等多种化学物质。目前已证实，重金属镍（密度为 8.9g/cm^3）具有致癌和致敏作用，在土壤中富集影响农作物生长，在水中影响渔业生产，经过一系列的环境迁移转化进入食物链，对人类健康产生了严重的威胁。磷也是众所周知的导致水体富营养化的因素，如果废液中的磷不经处理就任意排放，势必会对环境造成严重的污染，加剧水体富营养化污染。如果化学镀镍废液不经处理任意排放，不仅会给环境造成严重污染，同时也造成资源的浪费。

随着化学镀镍技术应用范围和生产规模的不断扩大，化学镀镍废液处理技术也越来越被重视。为有效处理化学镀镍废液，提高废液处理技术水平，减少污染物对生态环境的破坏，促进化学镀镍向绿色制造方向发展，迫切需要制定相关技术标准。HG/T 5207—2017《化学镀镍废液处理处置方法》于 2017 年 11 月 7 日发布，2018 年 4 月 1 日实施。

二、标准主要特点与应用说明

1. 标准适用范围

该标准规定了化学镀镍废液处理处置的术语和定义、处理处置方法、环境保护与安全。该标准适用于化学镀镍废液的处理处置，也适用于化学镀镍生产中因存放、被污染等原因失效或者废弃使用的镀镍液的处理处置，不适用于非次磷酸盐作还原剂的化学镀镍废液。

虽然该标准只规定了化学镀镍废液处理，但实际生产中，化学镀镍后的清洗废水也同样需要经过严格的处理才能排放。因此，化学镀镍后的清洗废水可以参照使用该标准。

2. 严格执行镍、磷排放标准

我国很多地方政府已经执行最严格的排放限制。根据 GB 21900—2008《电镀污染物排放标准》的规定，总镍的排放限制为0.1mg/L，总磷的排放限制为0.5mg/L。无论是化学镀镍废液处置，还是镀后清洗废水处理，在选择处理方式时，要优先满足镍、磷排放要求。

3. 兼顾环境保护和经济效益选择合适的处理方法

目前，化学镀镍废液处理主要方式是将废液经过回收镍、磷后进一步处理达标排放。业内应用较多，较为先进和成熟的技术方法有离子交换氧化法、离子交换焚烧处理法和化学氧化-沉淀法。具体采用何种方式，应结合当地环保政策，兼顾环境效益、资源效益和经济效益，统筹考虑。

4. 化学镀镍废液处理的理想方式——再生

化学镀镍废液最理想的处理方式为再生后循环使用。目前，再生方法要么技术不成熟，要么处理成本昂贵，在实际生产中应用极少。因此，化学镀镍废液再生是化学镀镍未来发展的难点和热点。

三、标准内容（HG/T 5207—2017）

化学镀镍废液处理处置方法

1　范围

本标准规定了化学镀镍废液处理处置的术语和定义、处理处置方法，环境保护与安全。

本标准适用于化学镀镍废液的处理处置。化学镀镍生产中因存放、被污染等原因失效或者废弃使用的镀镍液的处理处置参考适用。

2　规范性引用文件

下列文件对于本文件的应用是必不可少的。凡是注日期的引用文件，仅注日期的版本适用于本文件。凡是不注日期的引用文件，其最新版本（包括所有的修改单）适用于本文件。

GB 8978　污水综合排放标准

GB/T 11893　水质　总磷的测定　钼酸铵分光光度法

GB 11912　水质　镍的测定　火焰原子吸收分光光度法

GB/T 15555.10　固体废物　镍的测定　丁二酮肟分光光度法

GB 16297 大气污染物综合排放标准

GB 18597 危险废物贮存污染控制标准

HG/T 4551.4 废弃化学品中镍的测定 第4部分：电感耦合等离子体发射光谱法

HJ 2025 危险废物收集、贮存、运输技术规范

JB/T 6326.1 镍铬及镍铬铁合金化学分析方法 第1部分：镍的测定

3 术语和定义

下列术语和定义适用于本文件。

3.1 化学镀镍废液 spend electroless nickel-plating baths

也称化学镀镍老化液。是指在化学镀镍生产工艺过程中失去原有性能，不能够达到镀镍工艺要求的镀槽液。

3.2 保安过滤 cartridge filtration

废液从微滤滤芯的外侧进入滤芯内部，微量悬浮物或细小杂质颗粒物被截留在滤芯外部的过程。

4 处理处置方法

4.1 离子交换-芬顿+紫外催化湿式氧化联合法

4.1.1 离子交换工段

4.1.1.1 原理

离子交换法借助固体离子交换剂中的离子与稀溶液中的离子进行交换，以达到提取废液中镍离子的目的。吸附、反冲洗再生后得到硫酸镍溶液。

4.1.1.2 工艺流程

化学镀镍废液从废液槽进入pH调节槽，调节废液pH，进行一次过滤与保安过滤后，进入离子交换工序。收集滤渣，交由有资质单位处理。离子交换工序通过吸附、脱附过程用酸（稀硫酸）进行反冲洗再生得到硫酸镍溶液。工艺流程见图1。

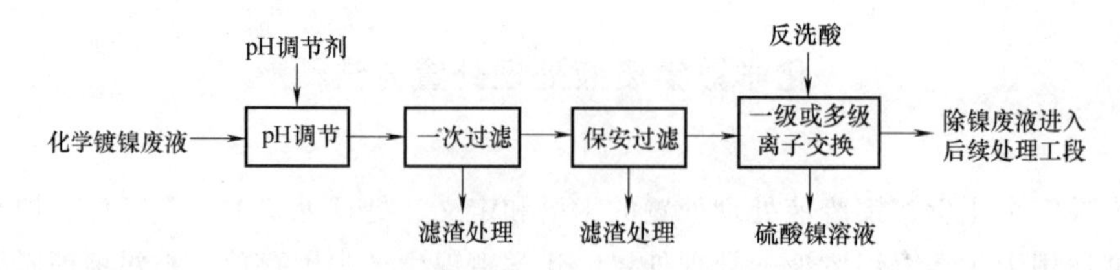

图1 离子交换工段工艺流程图

4.1.1.3 工艺控制条件

离子交换工段工艺控制条件如下：

a）pH控制4~6；

b）反洗酸浓度约10%。

4.1.2 芬顿+紫外催化湿式氧化工段

4.1.2.1 原理

用芬顿（Fenton）氧化法氧化次磷酸根、亚磷酸根等，并利用铁盐除去大部分磷；利用紫外催化湿式氧化法（UVCWOP）氧化其他难降解有机物。

4.1.2.2 工艺流程

除镍后废液进入氧化工段，调节废液 pH 后进入芬顿氧化设备，加入氧化剂、铁盐。过滤后，废液进入紫外催化湿式氧化设备继续氧化。出氧化设备，调节上清液 pH。过滤后，清液进入污水处理系统处理达标排放，滤渣交由有资质单位处理。工艺流程见图 2。

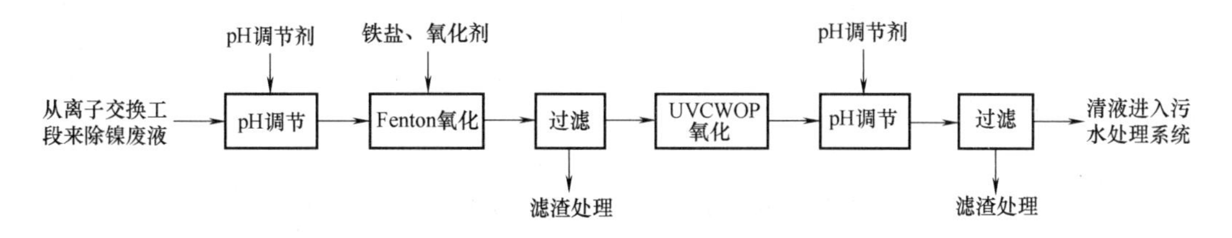

图 2 芬顿+紫外催化湿式氧化工段工艺流程图

4.1.2.3 工艺控制条件

芬顿+紫外催化湿式氧化工段工艺控制条件如下：

a）温度控制为常温~80℃；

b）芬顿反应时间约 3h；

c）紫外催化湿式氧化反应时间约 3h；

d）进入氧化工段 pH 调节为 3.5~5；

e）废液经处理后上清液 pH 调节为 6~7。

4.1.3 主要设备

储罐储槽、成套过滤设备、保安过滤器、成套离子交换设备、芬顿反应罐、紫外催化湿式氧化核心反应器、搅拌设备、pH 在线控制设备、环保处理设备等。

4.1.4 处理结果

4.1.4.1 出离子交换工段废液镍（Ni）离子含量应不大于 5mg/L。

4.1.4.2 化学镀镍废液经过上述工艺处理后镍（Ni）离子含量应不大于 1mg/L，总磷不大于 0.4mg/L。

4.1.4.3 废液中镍离子、总磷含量的检测方法参见附录 A。

4.2 离子交换-机械式蒸汽再压缩分离+焚烧处理法

4.2.1 离子交换工段

同 4.1.1。

4.2.2 机械式蒸汽再压缩分离+焚烧处理工段

4.2.2.1 原理

利用高效机械式蒸汽再压缩技术（MVR）对离子交换工段来的废液进行蒸发浓缩，浓缩废液进行蒸发结晶后焚烧及稳定化处理。

4.2.2.2 工艺流程

从离子交换工段来的废液加入过量氧化剂（宜选过氧化氢等）并搅拌充分，加入沉淀剂（宜选硫化钠等）沉淀微量镍离子与其他重金属离子。过滤后，滤渣回收，废液进行 pH 调节后进入 MVR 蒸发设备对废液进行浓缩。冷凝液进入污水处理系统，浓缩液进行蒸发结晶。结晶后浓缩残液拌料（宜选锯末）进入焚烧炉焚烧，焚烧尾气进入尾气处理系统，达标排放；结晶体与焚烧残渣交由有资质单位处理。工艺流程见图3。

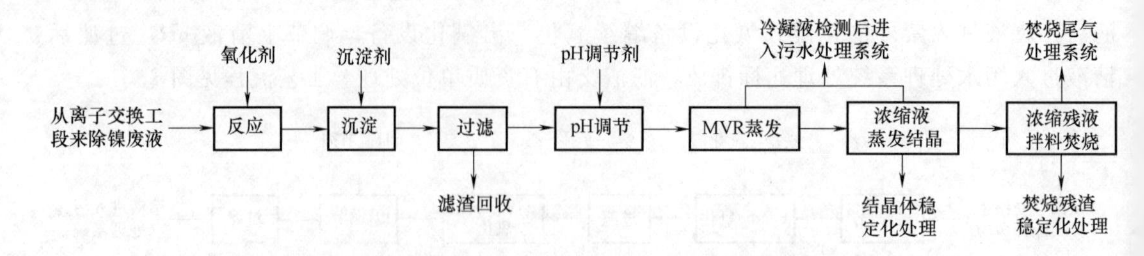

图3 机械式蒸汽再压缩分离+焚烧处理工段工艺流程图

4.2.2.3 工艺控制条件

机械式蒸汽再压缩分离+焚烧处理工段工艺控制条件如下：

a）氧化剂过量系数为1.05~1.1；

b）pH控制为6~9。

4.2.3 主要设备

储罐储槽、废液暂存池、搅拌器、沉淀池、过滤设备、MVR系统（MVR热交换器、蒸汽压缩机、强制循环系统、电控系统等）、蒸发结晶系统、焚烧炉及尾气处理系统等。

4.2.4 处理结果

4.2.4.1 冷凝液进入污水处理系统前COD≤50mg/L，重金属离子浓度达到环保要求。

4.2.4.2 冷凝液中镍离子含量的检测方法参见附录A。

4.3 化学氧化-沉淀法

4.3.1 原理

对化学镀镍废液进行氧化破络合（以次氯酸钠为例），加碱形成氢氧化镍沉淀，加钙盐沉淀废液中磷。反应方程式如下：

$$[Ni^{2+}+mL^{n-}]+O_2+4H^+\longrightarrow Ni^{2+}+mL^{[(n-(4/m)]^-}+2H_2O$$

$$Ni^{2+}+2OH^-\longrightarrow Ni(OH)_2\downarrow$$

$$HPO_2^{2-}+ClO^-+H^+\longrightarrow H_2PO_3^-+Cl^-$$

$$H_2PO_3^-+ClO^-+H^+\longrightarrow H_3PO_4+Cl^-$$

$$Ca^{2+}+HPO_3^{2-}\longrightarrow CaHPO_3\downarrow$$

$$3Ca^{2+}+2PO_4^{3-}\longrightarrow Ca_3(PO_4)_2\downarrow$$

注：$[Ni^{2+}+mL^{n-}]$ 表示镍离子络合物。

4.3.2 工艺流程

化学镀镍废液加入氧化破络合剂（宜选次氯酸钠、过氧化氢等）进行破络合处理后加碱（宜选氢氧化钠）一次沉淀，沉淀为氢氧化镍污泥；一次沉淀后液相通过加沉淀剂（宜选硫化钠等）二次沉淀除镍。两次沉淀含镍污泥回收利用。滤液加入除磷沉淀剂（宜选钙盐、铝盐等），过滤后滤渣交由有资质单位处理，废液进入污水处理系统处理达标排放。工艺流程见图4。

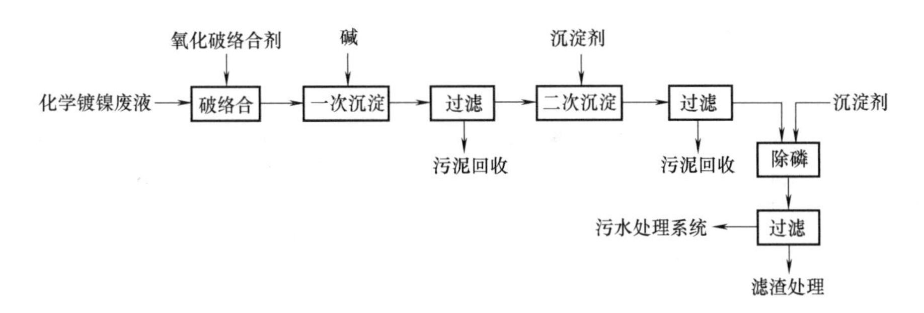

图4 化学氧化-沉淀法工艺流程图

4.3.3 工艺控制条件

化学氧化-沉淀法工艺控制条件如下：

a）氧化破络合温度为常温~60℃；

b）氧化破络合调节 pH≤3；

c）氧化破络合时间为 1.5h~3.0h；

d）一次沉淀调节 pH≥11；

e）除磷反应时间为 2.0h~2.5h；

f）除磷反应调节 pH6~7。

4.3.4 主要设备

废液池、破络槽、沉淀槽、过滤设备、搅拌设备、防腐蚀泵等。

4.3.5 处理结果

4.3.5.1 二次沉淀处理后废液中镍（Ni）离子含量应不大于 1mg/L。

4.3.5.2 废液中镍离子含量的检测方法参见附录 A。

5 环境保护与安全

5.1 化学镀镍废液在处理处置过程中产生的废气，经处理后应符合 GB 16297 废气排放要求。

5.2 化学镀镍废液在处理处置过程中产生的废水，经处理后应符合 GB 8978 废水排放要求。

5.3 化学镀镍废液处理处置过程中产生的废渣，应按 GB 18597 和 HJ 2025 的要求进行收集、贮存、运输，并交由有资质单位进行处理。

5.4 化学镀镍废液处理设备设施应具有安全防护措施。

附 录 A
（资料性附录）
检测方法

化学镀镍废液处理处置方法中镍、总磷含量测定方法见表 A.1。

表 A.1 镍、总磷含量测定方法

序号	标准编号	测定方法的标准名称
1	GB 11912	水质 镍的测定 火焰原子吸收分光光度法
2	JB/T 6326.1	镍铬及镍铬铁合金化学分析方法 第1部分：镍的测定

（续）

序号	标准编号	测定方法的标准名称
3	GB/T 15555.10	固体废物　镍的测定　丁二酮肟分光光度法
4	HG/T 4551.4	废弃化学品中镍的测定　第4部分:电感耦合等离子体发射光谱法
5	GB/T 11893	水质　总磷的测定　钼酸铵分光光度法

第十一章　电　刷　镀

第一节　刷镀　通用技术规范

一、概论

1. 刷镀技术发展

刷镀又称电刷镀，该技术于1899年问世，当时的技术只是作为电镀残次品的补救措施，尚未形成一种独立的专门技术。大约四十年后，法国巴黎出现了用镀笔进行刷镀的技术。1937年，巴黎机械工程师Charles DALLOZ和化学工程师Georges ICXI发明了电刷镀，取得专利，并成立了达立克（Dalic）公司。欧洲从1947年开始大量应用这一技术，北美的应用始于1954年。随后的十年里，一些电刷镀的专用工具和专用镀液在法国、美国和英国相继取得了专利，如美国于1956年出现了“Selectron Process”，法国于1965年出现了“Dalic Process”。接着，英国、瑞士、苏联、日本先后发展了这一技术。

2. 刷镀技术的应用

大部分单金属和合金都可刷镀，虽然这些金属和合金也可以进行槽镀，但刷镀可以节省劳动强度大的槽镀前掩蔽和槽镀后除去掩蔽物的工作。刷镀的最主要优点是其装置携带方便，设备工具可带到生产现场，在电极可接触的任何导电基体上进行镀覆。常用于刷镀的基体材料有铸铁、钢、铜、高温镍基合金、铝和锌等，而且，镀层与基体的结合力强。有些金属，例如钛、钨、钽上也可进行刷镀层，但结合力较差。刷镀比槽镀所用的电流密度高，从而沉积速度也较快，可达到0.010mm/min。刷镀还较易控制镀层厚度，在维修处理中不需要镀后机械加工。

刷镀已广泛用于装饰、防护、电子元件和机械产品修复以及一些特殊场合，其主要用途有：

1）修复槽镀产品的缺陷。

2）修复加工超差件及零件表面磨损部位，恢复其尺寸精度和几何形状。

3）修复零件表面的划伤、沟槽、凹坑、蚀斑。

4）强化新品表面，使其具有较高的力学性能和较好的物化性能。

5）制备零件表面的防护层，如要求表面耐腐蚀、耐高温、耐氧化。

6）完成槽镀难以完成的作业。例如：工件难以拆装或拆装运输费用昂贵的大型设备现场修复；只需局部镀的大件或镀盲孔，零件浸入镀槽会引其他部位的损坏或污染镀液。

7）可用于电镀层的退镀处理，可进行多种金属和合金镀层的退镀。

8）对铝及其合金进行保护性阳极氧化处理，可电刻蚀永久性标识件，还可对表面进行电抛光处理。

3. 刷镀质量控制

进行刷镀时，其电源电压比槽镀的更高，不能完全沿用槽镀的设备。除电源之外，还需特殊的刷镀工具（刷或阴极），阳极套、刷镀溶液配制也应适应高电流密度。需控制的过程参数主要有阳极与阴极的相对运动速度、镀液的流动状况、镀液的配方，以及镀层厚度的控制等，这是保证刷镀质量的关键因素。

4. 刷镀技术机械行业标准

我国对电刷镀技术研究较早。在20世纪50年代中期，一些较大的电镀厂，也曾采用类似电刷镀的方法来修补电镀次品，并把这种方法称之为抹镀。其后，陆续出现了采用槽镀溶液进行电刷镀铜和铬技术。1964年，无槽电镀技术在“全国新工艺新技术展览会”上进行了现场演示。当时使用的刷镀溶液都是借用槽镀溶液，也没有专门的设备和镀具，仅在槽镀现场利用导线连接包裹破布之类的阳极进行抹镀。20世纪70年代，我国开始研究专用刷镀电源和电刷，并完成了多种刷镀液的研制。自此开始，电刷镀走上了专业化发展道路，并广泛应用于国民经济的多个部门和行业。

为积极推广电刷镀的应用，并提高电刷镀产品质量，相关单位在20世纪90年代中期组织制定了刷镀技术的机械行业标准，即JB/T 7507—1994《刷镀 通用技术规范》。该标准于1994年10月25日发布，1995年10月1日实施。

二、标准主要特点与应用说明

1. 标准适用范围和主要内容

该标准适用于在钢、铸铁、铁合金、铝及铝合金、铜及铜合金、镍及镍铬合金等工件上刷镀各种金属和合金镀层，主要内容包括刷镀设备和工装、刷镀溶液、刷镀前表面准备、刷镀工艺、刷镀层厚度控制和刷镀层结合力试验。

该标准为基础通用标准，对刷镀层质量（外观、厚度、结合强度等）未做具体要求。

2. 标准主要特点

1）标准具有很强的实用性。虽然该标准发布至今已接近30年，电刷镀技术也在不断发展，但是标准仍具有较高的使用价值。该标准给出的技术内容，充分反映了电刷运动速度和刷镀电流等关键工艺参数对镀层质量影响的基本规律，时至今日，仍然行之有效，对当今科研和生产仍具有较强的指导性。其次，该标准的技术条款具有通用性：不仅在机械行业广泛使用，而且也可用于其他行业应用的电刷镀技术；不仅可以指导磨损零件的修复再制造，而且也可以指导新产品的表面强化加工。

2）标准具有较强的可操作性。标准突出电刷镀与槽镀的不同点，对刷镀电源和电刷做了具体要求。结合实际应用案例，针对不同基体材质，给出了详细的刷镀工艺流程。同时，附录不仅列出了电解除油、电解除锈、电解除膜、阴极活化的目的、设备、工艺条件以及适用范围，还具体给出了溶液的配方。因此，该标准的技术内容明确、具体，一般技术人员也很容易理解标准并将标准应用于生产实践。

3. 标准的应用

该标准的主要内容源于生产和应用实践，具有较强的实用性，对于指导和规范电刷镀技术应用有着一定的现实意义。但随着生产技术的发展进步，一些最新技术并没有在标准中得以体现。使用该标准时，广大科研工作者和企业技术人员应积极探讨将新技术融入标准的可能性，并在实践中加以运用和验证，为日后标准的修改提供宝贵资料。

三、标准内容（JB/T 7507—1994）

刷镀　通用技术规范

1　主题内容与适用范围

本标准规定了对刷镀设备、材料、工艺和刷镀层等的技术要求。

本标准适用于在钢、铸铁、铁合金、铝及铝合金、铜及铜合金、镍及镍铬合金等工件上刷镀各种金属和合金镀层。

2　引用标准

GB 5270　金属基体上的金属覆盖层（电沉积层和化学沉积层）附着强度试验方法

3　术语

3.1　刷镀

将阳极包上一层能吸存镀液的绝缘材料作为镀刷，在镀刷饱吸镀液与工件（阴极）保持接触并做相对运动的条件下完成的电镀过程，叫作刷镀。

3.2　耗电系数

表示某种镀液在 $1dm^2$ 的面积上刷镀 1μm 厚的镀层所消耗的电量（A·h）值。

4　设备和工装

4.1　刷镀整流器：输出电压 18V~36V，具有正负极换向装置，具有过载保护装置，装有安时计。

4.2　通用机床或转台。

4.3　镀液循环装置。

4.4　镀刷：主要由阳极、包套等部件组成。

4.4.1　阳极

4.4.1.1　要根据被镀工件的形状设计象形阳极。

4.4.1.2　阳极材料分不溶性和可溶性两类：不溶性阳极材料一般用高纯度致密石墨（纯度为 99.99%），也可用铂-铱合金（含 90%铂和 10%铱），刷镀硬铬用铅锑合金；可溶性阳极材料应与刷镀层材料相同，其纯度不低于电镀阳极材料。

4.4.1.3　阳极与工件应具有最佳的接触面积。在手工操作时，此接触面积与被镀工件总面积之比一般为 1∶5~1∶2（特大面积例外），机械操作时接触面积可根据阴阳极相对运动速度而定。

4.4.2　包套

通常用脱脂棉外套涤棉布制作，最好选用腈纶毛绒或聚丙烯纤维制作。包套厚度均匀，一般为 4mm~15mm。

5　刷镀溶液

溶液应稳定，不产生混浊和沉淀物。

新配制镀液必须经过严格的性能测定，测定的结果应符合使用说明书要求。

镀液运输和存放时不能互相混合，以避免互相污染。有些对光敏感的镀液必须用有色容器盛装，以避免光致分解。镀液存放的保证期应不少于 6 个月。

6 刷镀前表面准备

刷镀前工件必须经过表面清理、除油、除锈、除膜及活化等表面准备。

6.1 表面清理

表面清理是指除去工件表面毛刺、疲劳层等。

清理后的基体表面粗糙度 *Ra*，应在 3.2μm~0.025μm 的范围内。

6.2 除油

待镀工件表面及其临近部位应除去油污，对于铸铁件还应除去松孔内的油脂。

6.3 除锈

工件的待镀部位应除去锈蚀。

6.4 电解除油

工件必须进行电解除油，电解除油的规范应符合附录 A（补充件）要求，采用的电解除油液一定要达到表 A.1 电解除油液功能的要求。

除油时间以油除净为度，一般为 0.5min~1min，阴阳极相对运动速度为 9m/min~18m/min。

6.5 电解除锈［见附录 B（补充件）表 B.1］

根据不同基体及表面状况选用盐酸型或硫酸型电解除锈液处理。

6.6 电解除膜［见附录 B（补充件）表 B.2］。

6.7 阴极活化［见附录 C（补充件）］。

7 刷镀工艺

刷镀通用工艺流程见表 1。

表 1 刷镀通用工艺流程

<table>
<tr><td rowspan="2">工　　序</td><td colspan="6">工 件 材 质</td></tr>
<tr><td>低碳钢
普通低碳合金钢</td><td>中碳钢
高碳钢
淬火钢</td><td>铸铁
铸钢</td><td>不锈钢
镍、铬层</td><td>超高强度钢</td><td>铜及铜合金</td></tr>
<tr><td>电解除油</td><td colspan="4">阴极除油</td><td>阳极除油</td><td>阴极除油</td></tr>
<tr><td>水洗</td><td colspan="6">自来水冲洗，去除残留的除油物</td></tr>
<tr><td>电解除锈</td><td colspan="3">盐酸型电解除锈液</td><td colspan="2">硫酸型电解除锈液</td><td>硫酸型除锈液，阳极腐蚀</td></tr>
<tr><td></td><td colspan="6">自来水冲洗，去除残留的除锈物</td></tr>
<tr><td></td><td colspan="6">电解除膜液</td></tr>
<tr><td>水洗</td><td colspan="6">自来水冲洗、去除残留的除膜物</td></tr>
<tr><td>活化</td><td colspan="3">普通活化液　阴极活化</td><td colspan="2">铬活化液</td><td></td></tr>
<tr><td>水洗</td><td colspan="6">用自来水冲洗，去除残留的活化液</td></tr>
<tr><td>刷底层</td><td colspan="2">特殊</td><td>中性镍
碱　镍
快速镍
碱　铜</td><td>特殊镍</td><td>低氢脆性镉</td><td></td></tr>
<tr><td>水洗</td><td colspan="6">自来水冲洗，去除残留的刷镀液</td></tr>
<tr><td>刷工作层</td><td colspan="6">选择所需要的金属层</td></tr>
<tr><td>水洗</td><td colspan="6">自来水冲洗，去除残留的刷镀液</td></tr>
<tr><td>干燥</td><td colspan="6">用压缩空气或电风机吹干，并涂防锈油</td></tr>
</table>

在活化与刷镀金属的全部过程中，刷镀面应始终保持湿润。

在高强度钢上刷镀时，应先采用有机溶剂除油后用机械除锈。

在铝和铝合金上刷镀时，应先采用阳极处理，直至表面呈现均匀的灰色到黑色为止，不得过度。水洗后用阴极处理到表面呈现均匀光亮色泽为止。

8　刷镀层的厚度控制

刷镀层的质量除了与刷镀工艺有关外，还与镀层厚度密切相关。每种金属镀层都具有各自的安全厚度（见刷镀溶液生产厂家说明书），一般不要超过其安全厚度，否则会导致结合不良，甚至表面粗糙。如果工件的实际镀层要求超过安全厚度，则应刷镀夹心层。为了获得良好的镀层质量，必须符合以下要求。

8.1　厚度计算

根据工件的被镀面积和镀层的厚度值，采用以下公式计算耗电量：

$$Q = C\delta S$$

式中　C——耗电系数 [Ah/(dm^2 · μm)]；

　　δ——要求的镀层厚度（μm）；

　　S——被镀面积（dm^2）。

按计算所需耗电量由安时计来控制镀层厚度。

注：每种刷镀液都具有各自标定的耗电系数，见刷镀溶液生产厂家说明书。

8.2　组合镀层厚度

8.2.1　底层

底层厚度通常在1μm~3μm范围内。

8.2.2　夹心镀层

根据待镀层使用要求，应选用碱铜镀液、低应力镍镀液、碱镍镀液、快速镍镀液等刷镀夹心镀层，厚度一般不超过50μm。

8.2.3　工作镀层

应根据工件要求，选择相应镀层，并保证厚度满足使用要求。

9　附着强度试验

按GB 5270的1.5、1.9、1.11、1.12条进行。

附　录　A
电解除油
(补充件)

电解除油的目的、设备及工艺见表A.1。

表A.1　电解除油

目的	主要清除金属表面的油污及杂质		
设备	刷镀整流器：工件接阴极，通电处理 转台：要求阳极与工件做相对运动		
电解除油液	主要成分	浓度/(g/L)	pH
	磷酸钠(工业级)	50	11~12
	氢氧化钠(工业级)	15~20	

（续）

电解除油液	碳酸钠（工业级）	20	11~12
	氯化钠（工业级）	2~3	
阳极	石墨（纯度为99.99%），铂-铱合金（含90%铂和10%铱）亦可用不锈钢		
工作条件	阴极电流密度/(A/dm^2)	电压/V	温度/℃
	20~50	4~20	室温~70

注：表A.1适合于常用金属材料的电解除油。

附 录 B

电解除锈和电解除膜

（补充件）

电解除锈和电解除膜的目的、设备及工艺等见表B.1和表B.2。

表B.1 电解除锈

目的	盐酸型电解除锈液具有较强的除去金属表面锈蚀和氧化物的能力，使被镀表面露出新鲜的金属，便于放电还原后的金属原子与基体金属表面良好结合				
设备	刷镀整流器：工件接阳极，通电处理 转台：要求工件与阴极做相对运动				
电解除锈液		主要成分	浓度/(g/L)	pH	
	盐酸型溶液	盐酸（工业级）	30~40	0.5~0.6	
		氯化钠（工业级）	120~140		
	硫酸型溶液	硫酸（工业级）	80~90	0.2~0.5	
		硫酸钠（工业级）	100~110		
阴极	石墨（纯度为99.99%），铂-铱合金（含90%铂和10%铱），也可用不锈钢				
工作条件	溶液选型	电流密度/(A/dm^2)	电压/V	温度/℃	极性
	盐酸型	10~40	10~15	室温~60	工件接阳极
	硫酸型	10~50	8~15	室温~60	工件接阳极
适用范围	盐酸型	碳钢、淬火钢、铝合金、不锈钢、镍铬钢等			
	硫酸型	铸铁、钢、各种合金钢等			

表B.2 电解除膜

目的	去除金属表面经电解除锈后残留在金属表面的炭黑		
设备	刷镀电源，工件接阳极，通电处理 转台：要求阳极和工件做相对运动		
电解除膜液	主要成分	浓度/(g/L)	pH
	柠檬酸钠（工业级）	80~90	4~5
	柠檬酸（工业级）	90~100	
阴极	石墨（纯度为99.99%），铂-铱合金（含90%铂和10%铱），不锈钢		
工作条件	电流密度/(A/dm^2)	电压/V	温度/℃
	20~40	10~20	室温~60

所有经电解除锈后表面残留有炭黑杂物的工件，必须用电解除膜液进行除炭黑处理。不含碳的金属材料，如铜、铝、不锈钢等，不必进行电解除膜。

用电解除膜液去除炭黑时，金属表面必须呈现灰白色后，方可进行刷镀。这是确保镀层附着强度良好的关键。

经电解除膜后，应立即用水冲洗干净，紧接着刷镀底层或工作层，此步骤衔接越迅速越好。

工序之间金属表面一定要保持湿润，以免刚显露的金属与空气接触生成氧化膜。

附　录　C
阴极活化
（补充件）

阴极活化的目的、设备及工艺见表 C.1。

表 C.1　阴极活化

<table>
<tr><td>目的</td><td colspan="5">按照阴极还原的原理，消除阳极过程中因阳极极化所产生的钝化作用，使基体金属表面的金属原子被活化</td></tr>
<tr><td>设备</td><td colspan="5">刷镀整流器：工件接阴极，通电处理
转台：要求工件与阴极做相对运动</td></tr>
<tr><td rowspan="2">活化溶液</td><td>普通活化液</td><td colspan="4">硫酸　H_2SO_4（工业级）80g/L～100g/L
硫酸铵　$(NH_4)_2SO_4$（工业级）80g/L～100g/L</td></tr>
<tr><td>镍铬活化液</td><td colspan="4">硫酸　H_2SO_4（化学纯）80g/L～100g/L
磷酸　H_3PO_4（化学纯）30g/L～40g/L
氟硅酸　H_2SiF_6（化学纯）5g/L～10g/L
硫酸铵　$(NH_4)_2SO_4$（化学纯）80g/L～100g/L</td></tr>
<tr><td>阴极</td><td colspan="5">石墨（纯度 99.99%），铂-铱合金（90%铂+10%铱），不锈钢</td></tr>
<tr><td rowspan="3">工作条件</td><td>溶液选型</td><td>电流密度/（A/dm²）</td><td>电压/V</td><td>温度/℃</td><td>工件极性</td></tr>
<tr><td>普通活化液</td><td>10～20</td><td>4～10</td><td>室温</td><td>阴极</td></tr>
<tr><td>镍铬活化液</td><td>20～40</td><td>6～12</td><td>室温</td><td>阴极</td></tr>
<tr><td rowspan="2">适用范围</td><td colspan="5">普通活化液：铸铁、钢、普通合金钢</td></tr>
<tr><td colspan="5">镍铬活化液：镍铬合金钢、镍铬镀层</td></tr>
</table>

第二节　再制造　电刷镀技术规范

一、概论

1. 电刷镀原理

电刷镀，简称刷镀，也称选择镀、局部镀或无槽镀，与槽镀不同的是其镀件不浸于镀槽的溶液中，而是将浸透镀液的刷作为阳极，在经准备的镀件上刷动进行镀覆，故名刷镀。其原理是：采用一专用的直流电源设备，电源的正极接镀笔作为刷镀时的阳极；电源的负极接工件作为刷镀时的阴极。刷镀时，使浸满镀液的镀笔以一定的相对运动速度在工件表面上移动，并保持适当的压力。在镀笔与工件接触的部位，镀液中的金属离子在电场作用下扩散到工件表面，并在工件表面获得电子被还原成金属原子，这些金属原子沉积结晶就形成了镀层。

2. 电刷镀技术特点

电刷镀技术源于电镀技术，是特种电镀之一。与槽镀相比，电刷镀中镀笔和工件做相对运动，因而被镀表面不是整体同时发生金属离子还原结晶，而是被镀表面各点在镀笔与其接触时发生瞬间放电结晶。因此，电刷镀技术在工艺方面有其独特之处，其特点可归纳如下：

1）设备简单，操作简便。不用将镀件进入镀液中，不需要镀槽，也不需要从主机上拆装部件和整体复杂屏蔽，特别适合大件、单件的生产和现场修复。

2）刷镀层与基体结合牢固。在正常操作条件下，常用电刷镀的结合强度均大于70MPa。有些用槽镀方法难于获得良好结合的基体材料，如铝及其合金、铸铁、不锈钢及难熔金属等，利用电刷镀方法均可以得到良好结合的镀层。

3）刷镀层致密、孔隙率低。在相同镀层厚度下，电刷镀层比一般槽镀层的孔隙率低75%，比热喷涂金属涂层的孔隙率低95%。因此，电刷镀层的耐盐雾腐蚀性能均高于同等厚度的槽镀层。

4）可以实现高效快速沉积。由于电刷镀采用高浓度主盐的溶液，包裹绝缘包套的阳极直接与镀面贴合，极间距离约几毫米，且有相对运动，高浓度的刷镀液直接泵送或自然回流阴极与阳极之间，所以降低了阴极浓差极化，提高了允许使用的上限电流密度，增大了电化学极化，改善了金属洗出的结晶过程。因此，电刷镀不仅沉积速度快（比槽镀快5倍~10倍），而且还保证了镀层品质。

3. 电刷镀在再制造中的应用

电刷镀技术具有不同于槽镀的突出特点，使其广泛应用于恢复加工超差件及零件表面磨损部位尺寸，修复零件表面因划伤、磨损、沟槽、凹坑、斑蚀等造成的损伤，不但可以恢复零件的尺寸和几何形状，还可以提高零件表面的使用性能和装饰性能。此外，电刷镀设备多为可移动式，体积小、重量轻，便于现场使用；电刷镀操作时不需要镀槽和挂具，占用场地小，且一套设备可以完成多种镀层的刷镀；镀笔（阳极）材料主要采用高纯细石墨，是不溶性阳极，石墨的形状可根据需要制成各种样式，对各种不同几何形状及结构复杂的零部件均可使用；设备的用电量、用水量远少于槽镀，操作环境优于电镀。因此，电刷镀是实用性较强的表面技术，已成为磨损、腐蚀等失效零件修复，尤其是大件再制造的重要手段，广泛用于航空、舰船、铁路运输等军用及民用机械产品的再制造工程，取得了显著的经济效益和社会效益。

4. 电刷镀再制造技术国家标准

根据我国电刷镀实际应用情况，制定用于再制造的电刷镀技术标准，不仅可以为电刷镀再制造生产、科研及行业管理提供技术支撑，还可提升再制造产品质量，有利于促进我国电刷镀再制造技术的发展。GB/T 37674—2019《再制造　电刷镀技术规范》于2019年6月4日发布，2020年1月1日实施。

二、标准主要特点与应用说明

1. 标准主要内容和特点

该标准规定了应用电刷镀技术进行零部件再制造的技术规范，对电刷镀总体要求，刷镀工艺，刷镀层质量检验，包装、贮存与运输，场地、劳动安全与环保等提出了指导性和原则性要求。该标准为通用基础标准，不涉及电刷镀的具体工艺条件和刷镀层质量指标要求。

2. 标准应用

1）再制造电刷镀方案制定。对零件进行刷镀修复（再制造）首先需要制定刷镀方案。该标准的总体要求中给出了选择刷镀方案时应考虑的因素，即零部件的相关资料，主要包括零部件制造图样、材质、热处理及表面处理、设计寿命、工况条件、使用技术要求、服役情况等。根据以上资料，确定应采用的镀层种类（底层、过渡层、工作层及其组合）、各镀层对应的镀液及厚度要求。

2）电刷镀工艺选择。电刷镀工艺直接决定再制造产品质量的好坏，主要包括表面准备、刷镀镀层及刷镀后处理。

表面准备包括非镀表面的遮蔽保护和待镀表面的清理、除油、除锈、除膜及活化。待镀表面准备的好坏决定了刷镀层与基体的结合力。

对于一般工件，可以直接刷镀单一镀层，通常称为工作层，即工件直接承受工作负荷的镀层，但有时也可以刷镀底镀层或夹心镀层。底镀层又称过渡层，通常为 $1\mu m \sim 5\mu m$，用来提高工作层和基体的结合强度，同时防止有腐蚀性的镀液对基体金属的腐蚀。当工件需要恢复的尺寸超过工作层的安全厚度时，则应在底镀层上刷镀夹心镀层，以改变镀层的应力分布，防止工作层开裂或剥落。

镀后处理主要包括清洗、烘干。有时根据需要，还可以进行必要的打磨、抛光和涂防锈油。

常用电刷镀工艺流程及刷镀前表面准备的溶液配方和工艺条件可参照 JB/T 7507—1994《刷镀　通用技术规范》。常用电刷镀电源技术参数、常用电刷镀溶液的工艺参数、性能和用途可参见 TB/T 1756—2004《铁路常用金属电刷镀通用技术条件》。

三、标准内容（GB/T 37674—2019）

再制造　电刷镀技术规范

1　范围

本标准规定了应用电刷镀技术进行零部件再制造的技术规范，包括总体要求、刷镀工艺要求、刷镀层质量检验、包装、贮存与运输、场地、劳动安全与环保等内容。

本标准适用于基于电刷镀技术的再制造生产、科研及管理等，其他相关工作也可参考使用。

2　规范性引用文件

下列文件对于本文件的应用是必不可少的。凡是注日期的引用文件，仅注日期的版本适用于本文件。凡是不注日期的引用文件，其最新版本（包括所有的修改单）适用于本文件。

GB/T 4340.1 金属材料 维氏硬度试验 第1部分：试验方法

GB/T 5270 金属基体上的金属覆盖层 电沉积和化学沉积层 附着强度试验方法评述

GB/T 5616 无损检测 应用导则

GB/T 28001 职业健康安全管理体系 要求

GB/T 35978 再制造 机械产品检验技术导则

3 术语和定义

下列术语和定义适用于本文件。

3.1 再制造 remanufacturing

对再制造毛坯进行专业化修复或升级改造，使其质量特性不低于原型新品水平的过程。

[GB/T 28619—2012，定义2.2]

3.2 电刷镀 brush electroplating

用与阳极连接并能提供所属电镀液的垫或刷，在待镀阴极上移动而进行的电镀。

[GB/T 3138—2015，定义3.37]

4 总体要求

4.1 资料要求

电刷镀再制造前应尽可能对零部件相关资料进行收集，主要包括：

a）零部件制造图样、材质、热处理及表面处理、设计寿命等相关信息；

b）零部件的工作温度、压力、工作介质等工况条件及使用技术要求；

c）零部件服役时间、维修记录、非正常工况等记录；

d）其他相关文件资料。

4.2 刷镀液要求

4.2.1 刷镀液选择应满足零部件使用工况要求。

4.2.2 刷镀液可循环利用，应避免在回收过程中被污染。

4.2.3 一般刷镀液可常温下使用，特殊刷镀液为提高离子沉积速率应加热至30℃~50℃范围内，一般刷镀液的性能和用途参照TB/T 1756执行。

注：一般刷镀液是指常用的特殊镍、快速镍、光亮/半光亮镍、高速铜、高堆积碱铜、酸铜、镍钴刷镀液、纳米复合刷镀液等；特殊刷镀液是指高温镍、轴镍、低应力镍、镍磷刷镀液等。

4.3 刷镀电源要求

电源应具有过载保护装置和极性转换装置，并提供无级调节的电压和电流。

4.4 电刷镀方案确定

确定电刷镀方案时应按照4.1和力学性能、显微组织、硬度等性能检测结果，相关性能检测标准参见附录A。

5 刷镀工艺要求

5.1 刷镀笔准备

5.1.1 刷镀笔应清洗干净，采用脱脂棉、包套或涤纶棉套等材料进行包裹，连接通电手柄。

5.1.2 刷镀笔应在相应的刷镀液中充分浸透，时间一般为1min~2min。

5.2 工件准备

5.2.1 电刷镀工件表面应无锈斑、油脂、油垢等污染物。

5.2.2 与刷镀笔接触但不需要电刷镀的工件表面应进行遮蔽处理。

注：电刷镀表面上的键、槽、孔等部位可用填充物（石墨或者不含油脂的木材等）填塞。

5.3 电净及活化处理

5.3.1 需采用电净液对工件表面进行净化处理，表面应无干斑，水膜均匀。

5.3.2 应根据工件材质选择合适的活化液和工艺进行活化处理。

5.3.3 不同材质工件的电净及活化处理工艺参数和工件表面特征参照 TB/T 1756 执行。

5.4 刷镀

5.4.1 根据工件的损伤形式及基体材质选用合适刷镀液及其相应电刷镀工艺规范，一般按照过渡层、工作层的顺序进行刷镀。

5.4.2 刷镀前刷镀笔应在工件表面进行无电擦拭，确保刷镀液润湿工件表面。

5.4.3 过渡层刷镀时，通常采用特殊镍刷镀液，电压宜选用 12V~15V，工件与刷镀笔相对运动速度宜控制在 12m/min~15m/min 范围内，过渡层厚度宜为 0.002mm~0.005mm。

5.4.4 工作层刷镀时，镀层厚度宜控制在 0.03mm~0.1mm。刷镀应选择适宜的工艺参数，避免镀层表面出现粗糙、气泡、干斑、镀层剥离等缺陷。

5.4.5 工作层与过渡层的刷镀间隔时间应不超过 15s。

5.4.6 刷镀完成后，去除遮蔽物，宜进行清洗及防锈处理。

6 刷镀层质量检验

应按 GB/T 35978 对刷镀层进行质量检验，主要包括以下项目：

a）镀层表面状态：目视检查，必要时采用 10 倍~100 倍显微镜检验；镀层应平整、光滑，无结瘤；

b）尺寸检验：根据工艺文件进行尺寸公差测量，符合加工图样要求；

c）无损检测：按 GB/T 5616 进行；镀层应致密，无裂纹、气孔等缺陷；

d）附着强度：按 GB/T 5270 进行；

e）硬度：按 GB/T 4340.1 进行。

7 包装、贮存与运输

7.1 零部件的包装可参照 GB/T 28618 的规定。

7.2 零部件的贮存要求在零部件再制造技术文件中予以确定。

7.3 零部件运输工具的选择应以保证在运输过程中零部件不受到损伤并能够安全到达目的地为原则，必要时可在技术文件中予以明确。

8 场地、劳动安全与环保要求

8.1 场地应根据不同工艺要求设有必要的通风、降噪、除尘、防渗、防腐等设施。

8.2 应对操作人员进行必要的技术培训与劳动防护，防止产生伤害，按 GB/T 28001 职业健康安全的要求。

8.3 应优先选用环保的电刷镀工艺、设备、材料和方法，并符合国家相关政策规定。

8.4 对废弃刷镀液进行分类收集，进行无害化环保处理。

附 录 A

（资料性附录）

相关性能检测标准

表 A.1 给出了相关的性能检测标准。

表 A.1 相关性能检测标准

检验项目	相关标准
力学性能	GB/T 228.1、GB/T 229
显微组织	GB/T 13298
硬度	GB/T 4340.1
摩擦磨损性能	GB/T 12444
耐腐蚀性能	GB/T 10125
无损检测	GB/T 5616

第三节 铁路常用金属电刷镀通用技术条件

一、概论

铁路行业是最早开展电刷镀技术系统研究和应用开发的行业之一。1979 年，原铁道部等单位与外国专家进行技术交流，随后又组织十余个科研单位开展技术讲座。1980 年，相关单位完成了电刷镀电源、电刷（笔）及刷镀液的研制。至此，电刷镀技术开始规模化用于铁路机车柴油机零部件的维修保养，并取得了可观的经济效益。

随着电刷镀技术基础理论研究的不断深入及其在铁路机车上的应用日趋成熟，1986 年，我国制定了首部电刷镀技术的铁路行业标准，即 TB/T 1756—1986《常用金属电刷镀通用技术条件》。该标准的发布和实施，极大地促进了电刷镀技术在铁路行业的推广和应用。随着技术的不断发展进步，2004 年对原标准进行了修订，在原标准名称前冠以“铁路”二字，表明了标准的行业属性。TB/T 1756—2004《铁路常用金属电刷镀通用技术条件》于 2004 年 4 月 22 日发布，2004 年 11 月 1 日实施。

二、标准主要特点与应用说明

该标准对电刷镀操作人员、刷镀工件、刷镀溶液、刷镀层外观以及刷镀电源、阳极等提出了技术要求，对刷镀前准备、刷过渡层、刷工作层及镀后整理进行了规定，并给出了刷镀溶液和刷镀层质量检验的试验方法。

该标准为基础通用标准，适用于铁路行业碳钢、合金钢、铸铁、铸钢、不锈钢、铜及铜合金、铝及铝合金、铬及铬合金等常用金属材料的电刷镀作业，其他行业也可参照使用。

与同类标准相比，该标准最为突出的特点是，列出了不同基体材质的电净处理、活化处理的具体工艺参数和处理后工件的表面特征，给出了常见电刷镀溶液的工艺参数、性能和用途，并提供了常用电刷镀电源的主要技术指标。虽然这些电刷镀溶液的配方因商业因素而未公开，但这些技术内容为使用者如何选择电刷镀方案、制定电刷镀工艺流程及选购合适的电源和阳极提供了明确的指导。

电刷镀主要依靠人工作业完成，因此，操作人员技术水平高低直接决定刷镀层的质量。鉴于此，该标准首次明确要求电刷镀操作人员必须“持证上岗”；同时，为了追踪产品质量，工作完成后还应填写《电刷镀记录卡片》。这两项措施的实施，对于提升电刷镀技术的应用水平和提高电刷镀产品质量发挥了积极作用。

三、标准内容（TB/T 1756—2004）

铁路常用金属电刷镀通用技术条件

1 范围

本标准规定了铁路行业常用金属电刷镀工艺以及电刷镀溶液、电刷镀镀层结合强度的检验方法，其他行业可参照使用。

本标准适用于碳钢、合金钢、铸铁、铸钢、不锈钢、铜及铜合金、铝及铝合金、铬及铬合金等常用金属材料的电刷镀作业。

2 规范性引用文件

下列文件中的条款通过本标准的引用而成为本标准的条款。凡是注日期的引用文件，其随后所有的修改单（不包括勘误的内容）或修订版均不适用于本标准，然而，鼓励根据本标准达成协议的各方研究是否可使用这些文件的最新版本。凡是未注日期的引用文件，其最新版本适用于本标准。

GB/T 228　金属材料　室温拉伸试验法

3 要求

3.1 操作人员

电刷镀操作人员应具有相应的操作资格证书。

3.2 工件

3.2.1 电刷镀后工件的尺寸和精度应满足设计图样要求或检修要求。

3.2.2 需电刷镀的工件表面：

a）不应有裂纹或严重疏松；

b）有密集型小坑或毛刺的，应予以消除；

c）锐角要倒钝；

d）有狭深缺陷的，应将其拓宽（拓宽后的宽度应大于深度的 2 倍），并尽可能使宽度和深度部分为圆滑过渡；

e）表面粗糙度的最大值为 $Ra6.3\mu m$。

3.2.3 在电刷镀过程中，工件表面应保持湿润和洁净，不可产生干斑或被重新污染等。

3.3 镀层

工件表面上的镀层应平整、光滑、色泽一致，无气孔、结瘤、局部镀层组织粗大和发毛现象（擦伤、拉伤、棱角、边缘部位除外），无烧伤之处。

3.4 电刷镀溶液

3.4.1 电刷镀溶液（以下简称溶液）应符合相关技术文件的规定。

3.4.2 溶液可回收循环使用，但回收过程中不应被油或其他物质所污染。

3.4.3 环境温度低于 10℃时，工作前应将溶液加热至 30℃～50℃。

3.4.4 电刷镀过程中，溶液应供应充足。

3.5 阳极

3.5.1 所选阳极工作面的直径应大于（待刷镀的工件表面为外圆面时）或小于（待刷镀的

工件表面为内圆面时）工件直径的10%～20%。

3.5.2 阳极工作面与工件需电刷镀表面的面积之比应小于或等于1∶2。

3.6 电源

3.6.1 电源是电刷镀的主要设备，主电路供给无级调节的直流电压和电流，控制电路中应具有快速过电流保护装置、镀层厚度监控装置即安培小时计等。

3.6.2 工作环境温度0℃～40℃（不结露）。

3.6.3 工作过程中，散热器温升不应超过70℃。

3.6.4 电源工作制式：

a）间断式，在额定电流下可连续工作2h；

b）连续式，在额定电流的50%以下可连续工作。

3.6.5 快速过电流保护装置应在电路电流超过额定电流的10%时动作，对大、中、小型电源而言，切断主电路时间应分别不大于0.03s、0.02s和0.01s，同时不切断控制电路，并且保留安培小时计的读数。

注：在电刷镀作业中，小型电源指额定电流小于或等于10A的电源；中型电源指额定电流大于10A，且小于或等于60A的电源；大型电源指额定电流大于60A，且小于或等于500A的电源。

3.6.6 安培小时计应符合以下要求：

a）对小型电源，电路电流大于0.5A开始计数；大于1A，计数误差小于或等于±10%。

b）对中型电源，电路电流大于1A开始计数；大于2A，计数误差应小于或等于±10%。

c）对大型电源，电流大于2A开始计数；大于10A，计数误差应小于或等于±10%。

3.6.7 根据不同要求，宜参照附录A合理选择电源。

3.7 其他

工件如有焊修、切割等多道修复工序，应将电刷镀作业安排在最后一道工序。

4 镀前准备

4.1 阳极

4.1.1 按电刷镀工件的表面形状，选用形状相仿的阳极。

4.1.2 将选好的阳极用脱脂棉、包套或绒毛包套包扎好，配上导电手柄，待用。

4.1.3 将需要使用的各种溶液分别倒入专用容器内，将待用各阳极分别浸入其中，并使之浸透。

4.2 工件

4.2.1 用金属水基清洗剂、有机溶液（如丙酮或三氯乙烯）或汽油将需要电刷镀的工件表面及其相邻的表面、回收溶液的通道、油孔、键、槽等部位清洗干净，尤其是待电刷镀表面，不应有锈斑、油脂、油垢等。

4.2.2 工件上不需要电刷镀而又与阳极接触的表面，应用涤纶胶纸或其他绝缘材料遮蔽。

4.2.3 对疏松组织基体内部吸附的油，应用加热或烘烤的办法（以工件不产生变形或开裂为限）使之渗出。

4.3 电化学处理

4.3.1 电净处理：采用电净液去除表面油膜。电净处理后用水冲洗，彻底清除残留的电净液。不同材质的工件电净处理工艺参数及工件表面特征如表1所示。

4.3.2 活化处理：根据电刷镀工件的材质，按表2所示活化处理的工艺参数，选择适用的活化液和活化次数进行活化处理。每次活化处理后，用清水冲洗干净。

表2中，$1^{\#}$活化液、$2^{\#}$活化液用以去除金属表面氧化膜，$3^{\#}$活化液是第二次活化用的活化液，用以去除钢铁材料表面经第1次活化后产生的碳及碳化物。

钢铁材料表面经$3^{\#}$活化液活化后，若表面呈不均匀银灰色，并有发亮的无规则白色斑点，应用油石蘸水打磨斑点处，并用$1^{\#}$活化液正极性进行活化处理，然后进入下工序。

表1　电净处理工艺参数及工件表面特征

序号	工件材质	极性	电压/V	时间(参考值)/s	工件表面特征
1	碳钢	正极性	12~18	5~60	水膜应均匀摊开，不应呈条状或珠状
2	合金钢	正极性	10~15	10~30	
3	铸铁和铸钢	正极性	12~18	30~90	
4	不锈钢	正极性	10~15	10~60	
5	铜、铜合金	正极性	8~12	5~15	
6	铝、铝合金	正极性	10~15	5~15	
7	高强度钢($R_m \geqslant 1000$MPa)	反极性	10~15	10~30(尽量短)	
8	铬、铬合金	正极性	12~15	5~15	

表2　活化处理工艺参数及工件表面特征

序号	工件材质	活化次数		溶液	极性	电压/V	时间(参考值)/s	工件表面特征
1	低碳钢 $w(C)<0.25\%$	一次		$2^{\#}$活化液	反极性	6~12	5~30	均匀的银灰色，无花斑
2	合金钢，中、高碳钢 $w(C)\geqslant 0.25\%$	两次	第一次	$2^{\#}$活化液	反极性	6~12	5~30	均匀的黑灰色
			第二次	$3^{\#}$活化液	反极性	15~18	30~90	均匀的银灰色，无花斑
3	铸铁	两次	第一次	$2^{\#}$活化液	反极性	6~12	5~30	黑灰色
			第二次	$3^{\#}$活化液	反极性	15~18	30~90	银灰色，无花斑
4	铸钢	两次	第一次	$1^{\#}$活化液	反极性	8~14	10~60	黑灰色
			第二次	$3^{\#}$活化液	反极性	15~18	30~90	银灰色，无花斑
5	不锈钢	两次	第一次	$2^{\#}$活化液	反极性	6~12	10~60	先淡绿色，后淡灰色
			第二次	$1^{\#}$活化液	正极性	9~12	10~20	淡灰色
6	铜及铜合金	不活化处理						
7	铝及铝合金	一次		$2^{\#}$活化液	反极性	10~15	10~30	深灰色
8	铬及铬合金①	三次	第一次	$2^{\#}$活化液	反极性	10~12	20~40	活化液变成淡黄色，基体呈亚光银灰色
			第二次	$1^{\#}$活化液	反极性	10~12	30~50	银灰色
			第三次	$1^{\#}$活化液	正极性	10~12	10~20	银灰色
		两次	第一次	1 L$1^{\#}$活化液中加40mL~50mL浓硫酸	反极性	10~12	10~30	银灰色
			第二次		正极性	10~12	10~20	银灰色
		两次	第一次	$5^{\#}$活化液	反极性	12~15	10~30	银灰色
			第二次	$5^{\#}$活化液	正极性	10~12	10~20	银灰色

① 三种方法中可任选一种。

4.4 其他

4.4.1 镀前15min左右开启电源，以预热电源。

4.4.2 根据溶液耗电系数，计算刷镀过渡层和工作层所需要的电量 Q。

$$Q = C\delta SK'$$

式中 Q——电刷镀时需要的电量（A·h）；

C——溶液的耗电系数［A·h/(dm^2·μm)］；

δ——镀层厚度（μm）；

S——工件上需要电刷镀的面积（dm^2）；

K'——损耗因数，取1.1~1.2。

5 镀过渡层

5.1 用填塞物（其材质为石墨或不含油脂的木材等）填塞电刷镀表面上的键、槽、孔等部位。

5.2 镀过渡层一般采用特殊镍溶液，正极性，电压12V~15V，工件与阳极最佳相对运动速度为12m/min~15m/min。

5.3 过渡层厚度为0.002mm~0.005mm。

5.4 镀前需用蘸有过渡层溶液的阳极在工件表面上无电擦拭3s~5s。

5.5 根据工件材质，镀过渡层亦可采用酸性钴、碱性铜等溶液，其工艺参数应做相应变动（参见附录B）。

6 镀工作层

6.1 根据工件的使用要求，选择合适的溶液及其相关工艺参数（参见附录C和附录B）。如铸铁件，选用快速镍溶液，其工艺参数为正极性，电压12V~15V，工件与阳极最佳相对运动速度为12m/min~15m/min。

6.2 电刷镀前，用蘸有溶液的镀笔在工件表面无电擦拭3s~5s。

6.3 操作过程中需用安培小时计控制镀层厚度。

6.4 根据镀层的不同厚度要求，宜遵守以下原则：

a）当镀层厚度小于或等于0.15mm时，允许一次完成电刷镀作业。

b）当镀层厚度大于0.15mm，但不超过0.5mm时，按以下方法操作：

1）当镀层达到0.15mm或感觉到镀层开始粗糙时，用干净的不含油的磨石（如绿碳化硅油石）蘸取镀液打磨镀层至光滑，用1#活化液活化，并施镀过渡层（如用特殊镍），继续电刷镀，且每当镀层厚度增加0.1mm~0.15mm或感觉到镀层出现粗糙时，重复上述操作，直至达到所需厚度时止。

2）采用镀厚能力大的溶液一次完成电刷镀作业。

c）当镀层厚度超过0.5mm时，采用镀厚能力大的溶液，边刷镀边打磨，直至获得所需厚度的镀层。

6.5 电刷镀过程中发生下列情况之一时，应立即停止操作：

a）工件表面变得粗糙或冒气泡；

b）在操作过程中工件表面产生干斑。

此时，应用磨石（如绿碳化硅油石）蘸上所使用的溶液打磨，再用1#活化液活化，方可继续刷镀。

6.6　电刷镀过程中发现镀层剥离时，应将不良镀层去除，然后修补。

7　镀后整理

7.1　去掉镀层表面的浮层。

7.2　取出工件上键、槽、孔中的填塞物，撕去遮蔽物，并擦去各部分的残留溶液，涂上防锈液。

7.3　疏松组织基体的工件电刷镀后，不可急剧加热，以防止疏松组织中吸附的溶液急剧汽化，影响镀层质量。

7.4　工作完毕，切断电源，将阳极和导电手柄分离，并分别用水冲洗干净。

7.5　填写电刷镀记录卡片（见表3），备查。

表3　电刷镀记录卡片

<table>
<tr><td colspan="2">日期</td><td></td><td colspan="3">委托单位及联系人</td><td></td></tr>
<tr><td rowspan="6">零件</td><td>名称</td><td></td><td rowspan="6">电刷镀参数</td><td colspan="2">刷镀面积</td><td></td></tr>
<tr><td>材质</td><td></td><td colspan="2">镀后尺寸</td><td></td></tr>
<tr><td>工况</td><td></td><td rowspan="2">过渡层</td><td>溶液</td><td></td></tr>
<tr><td>价值</td><td></td><td>安培小时数</td><td></td></tr>
<tr><td>修复要求</td><td></td><td rowspan="2">工作层</td><td>溶液</td><td></td></tr>
<tr><td>镀前尺寸</td><td></td><td>安培小时数</td><td></td></tr>
<tr><td colspan="2">材料消耗费用</td><td></td><td colspan="3">工时</td><td></td></tr>
<tr><td colspan="2">操作者</td><td></td><td colspan="3">检验</td><td></td></tr>
<tr><td colspan="7">备注</td></tr>
</table>

8　检验规则

8.1　溶液

一批（即同一生产批号）溶液按附录D进行一次检验。

8.2　镀层

8.2.1　对批量刷镀的工件，按附录E进行首件检验。

8.2.2　对镀件外观按照3.3进行检查。

8.2.3　对未达到3.3要求的工件，应对其按照附录E的规定进行结合强度检验；对达到3.3要求的工件，一批（用同一批溶液电刷镀的工件）中任意选取一件或按照附录E的方法制作试样，检验镀层与基体的结合强度。检验方法及判定规则见附录E。

附　录　A

（资料性附录）

部分电刷镀电源主要技术指标

<table>
<tr><td>电源型号</td><td>TD-60</td><td>TD-150</td><td>TD-300</td><td>TD-500</td><td>逆变 TDN-60</td><td>逆变 TDN-75</td><td>逆变 TDN-100</td><td>逆变 TDN-120</td></tr>
<tr><td>输入</td><td>单相交流 220(1±10%)V,50Hz</td><td>单相交流 220(1±10%)V,50Hz</td><td>三相交流 380(1±10%)V,50Hz</td><td>三相交流 380(1±10%)V,50Hz</td><td colspan="4">单相交流 220(1±10%)V,50Hz</td></tr>
</table>

（续）

电源型号	TD-60	TD-150	TD-300	TD-500	逆变 TDN-60	逆变 TDN-75	逆变 TDN-100	逆变 TDN-120
输出	直流 0V ~ 20V，0A ~ 6A，0A ~ 60A 无级调节	直流 0V ~ 20V，0A ~ 75A，0A ~ 150A 无级调节	直流 0V ~ 20V，0A ~ 300A 无级调节	恒流 0V ~ 16V，0A ~ 500A，恒压 0V ~ 20V，0A ~ 500A 无级调节	直流 0V ~ 20V，0A ~ 60A，无级调节	直流 0V ~ 20V，0A ~ 75A，无级调节	直流 0V ~ 20V，0A ~ 100A，无级调节	直流 0V ~ 20V，0A ~ 120A，无级调节
镀层厚度监控装置	分辨率 0.001A·h，电流为 1A 开始计数；电流为 2A 时计数误差≤±10%	分辨率 0.01A·h，电流为 2A 开始计数；电流为 10A 时计数误差≤±10%	分辨率 0.01A·h，电流为 10A 开始计数；电流为 20A 时计数误差≤±10%	分辨率 0.01A·h，电流为 40A 开始计数；电流为 100A 时计数误差≤±10%	分辨率 0.01A·h，电流为 1A 开始计数；电流为 2A 时计数误差≤±10%	分辨率 0.01A·h，电流为 2A 开始计数；电流为 3A 时计数误差≤±10%	分辨率 0.01A·h，电流为 2A 开始计数；电流为 5A 时计数误差≤±10%	分辨率 0.01A·h，电流为 2A 开始计数；电流为 10A 时计数误差≤±10%
快速过电流保护装置	超过额定电流的 10% 时动作，切断主电路的时间≤0.02s，不切断控制电路	超过额定电流的 10% 时动作，切断主电路的时间≤0.035s，不切断控制电路	超过额定电流的 10% 时动作，切断主电路的时间≤0.035s，不切断控制电路	恒流精度±10%，恒压时超过额定电流 10% 时动作，切断主电路的时间≤0.035s，不切断控制电路	超过额定电流的 10%时动作，由 PWM 实现无触点切断，切断时间 1ms，不切断控制电路			
工件最大直径/mm	≤120	≤250	>250	>500	≤120	≤150	≤180	≤200

附　录　B
（资料性附录）
主要电刷镀溶液的工艺参数

电刷镀镀液	金属含量/(g/L)	金属密度/(g/cm³)	电刷镀笔上的电压/V				工件与阳极的相对速度/(m/min)	耗电系数/[A·h/(dm²·μm)]
			TDB-1	TDB-2	TDB-3	TDB-4		
特殊镍	70	8.8	10~15	12~18	15~20	10~15	6~20	0.245
快速镍	50	8.8	8~15	12~18	15~20	8~15	6~35	0.1132
低应力镍	75	8.8	6~12	8~15	15~20	6~12	6~20	0.21
镍钨合金	95	9	6~12	8~15	12~20	6~12	6~20	0.21
流镀镍	100~110	8.8	电流密度 100A/dm² ~150A/dm²				27~38	0.1
高承载镍	50	8.8	6~12	10~15	12~16	6~12	10~25	0.1
快平厚镍	50	8.8	8~12	10~15	12~18	8~12	10~30	0.1
可溶阳极快速镍	60	8.8	5~8	6~12	10~15	5~8	10~30	0.1
镜面镍	55	8.8	10~14	10~14	10~14	10~14	15~35	0.53

（续）

电刷镀镀液	金属含量/ /(g/L)	金属密度 /(g/cm^3)	电刷镀笔上的电压/V				工件与阳极的相对速度 /(m/min)	耗电系数 /[A·h/(dm^2·μm)]
			TDB-1	TDB-2	TDB-3	TDB-4		
快速铜	85	8.9	4~12	8~15	12~18	4~12	10~40	0.095
碱性铜	40	8.9	6~12	8~15	12~18	6~12	6~20	0.18
酸性钴	73	8.9	10~12	12~15	12~18	10~12	3~8	0.245
酸性锡	130	7.3	6~10	8~12	10~15	6~10	20~40	0.07
酸性锌	136	7.2	6~12	8~15	12~18	6~12	10~30	0.0755
碱性铟	70	7.3	10~12	12~15	15~18	10~12	10~20	0.071

附　录　C
（资料性附录）
常用电刷镀溶液的性能和用途

溶液名称	代　　号	主 要 性 能	主 要 用 途
电净液	TGY-1	无色透明，pH＝12～13，手摸有滑感，-10℃时不结冰，经-40℃冰冻试验，回升到室温后性能不变	具有较强的去油作用和轻度去铁锈能力，用于各种金属材质电解去油
1#活化液	THY-1	无色透明，pH＝0.8～1，经-40℃冰冻试验，回升到室温后性能不变	适用于去除不锈钢、铬镍合金、铸铁、铸钢、高碳钢等材料表面氧化膜
2#活化液	THY-2	无色透明，pH＝0.6～0.8	适用于去除铝及低镁的铝合金、钢、铁、不锈钢等材料表面氧化膜
3#活化液	THY-3	淡蓝色，pH＝4.5～5.5，经-40℃冰冻试验，回升到室温后性能不变	适用于去除用1#、2#活化液活化后的碳钢和铸铁表面残留的石墨（或碳化物）或不锈钢表面的污物
4#活化液	THY-4	无色透明，pH<1	适用于钝态的铬、镍或铁素体钢的活化
5#活化液	THY-5	无色透明，pH<1	适用于铬表面的活化
6#活化液	THY-6	无色透明，pH<0.5	适用于铜及铜合金表面的活化
7#活化液	THY-7	淡红色，pH<1	适用于铝及铝合金表面的活化
特殊镍	TDY101	深绿色，pH＝0.9～1，有较强的醋酸味，在-5℃左右可能有结晶物析出，加热后，结晶物重新溶解，性能不变，使用时加热到50℃	适用于在铸铁、合金钢，镍、铬及钢、铝等材料表面刷镀过渡层和耐磨层
快速镍	TDY102	蓝绿色，pH＝7.5～8.0，略有氨气味	在铁、铝、铜和不锈钢上都有较好的结合力，用来恢复尺寸和作耐磨层
低应力镍	TDY103	深绿色，pH＝3～3.5，有醋酸味。在5℃左右可能有结晶物析出，加热后结晶物溶解，溶解性能不变，使用时加热到50℃	镀层组织致密，孔隙少，镀层内具有压应力，可用作防护层和组合镀层的“夹心层”
镍钨合金	TDY104	深绿色，pH＝1.8～2，有轻度醋酸味，在-5℃左右可能有结晶物析出，加热后结晶物溶解，溶液性能不变，使用时加热到50℃	镀层较致密，耐磨性很好，具有一定的耐热性，可用作耐磨层
镍钴合金	TDY105	绿褐色，pH＝2，有醋酸味	镀层耐磨性好，致密，具有良好的导磁性
流镀镍	TDY108	蓝绿色，pH＝7.5～8.0，略有氨气味	溶液中离子浓度高，主要用于流镀工艺；镀层具有多孔倾向和良好的耐磨性，在铁、铝、铜和不锈钢上都有较好的结合力，主要用来恢复尺寸及镀耐磨层

（续）

溶液名称	代　　号	主 要 性 能	主 要 用 途
高承载镍	TDY109	深绿色，pH＝7.5～8.0	镀层平整致密，结合力好，对基体的疲劳损失较小，适用于承受较高负荷零件的修复
快平厚镍	TDY110	绿色，pH＝7.5～8.0	镀层平整致密，结合力好，一次镀厚能力优
可溶阳极快速镍	TDY112	淡绿色，pH＝2～2.5	以纯镍板作阳极材料，沉积速度快，一次镀厚能力优，可获得毫米级厚度的镀层
镜面镍	TDY123	蓝褐色，pH＝3～3.5	镀层致密光亮，可达镜面状，能显著提高表面的光泽，降低表面粗糙度，耐磨性、耐蚀性好
酸性钴	TDY201	红褐色，pH＝2，有醋酸味	镀层致密，在铝、钢、铁等金属上具有良好的结合强度，作过渡层，具有良好的抗黏附磨损的性能和导磁性能
快速铜	TDY401	深蓝色，pH＝1.2～1.4，溶液的冰点在-16℃左右，恢复到室温后，性能不变	适用于镀厚及恢复尺寸。不能直接在钢铁零件上电刷镀，需加过渡层
碱性铜	TDY403	紫色，pH＝9～10，溶液在-21℃左右结冰，回升至室温下性能不变	镀层致密，在钢、铸铁、铝、铜等金属上有很好的结合强度，主要作过渡层、防渗碳、防氮化层。改善钎焊性和抗黏附磨损的镀层
厚沉积铜	TDY404	蓝紫色，pH＝7～8	镀层厚度增厚时，不产生裂纹，用于恢复尺寸和修补擦伤
酸性锡	TDY511	无色透明，pH＝1.2～1.3	沉积速度快，耐磨性好，用于恢复尺寸和防腐蚀镀层
酸性锌	TDY521	无色透明，pH＝1.9～2.1	沉积速度快，耐蚀性好，用于恢复尺寸和防腐蚀镀层
碱性铟	TDY531	淡黄色，pH＝9～10，要求密封存放	沉积速度快，致密，结合力好，用于防海水腐蚀，抗黏附磨损、密封、润滑等

附　录　D
（规范性附录）
溶液的检验方法

本方法仅适用于对购进溶液进行检验之用（不包括溶液的固体制剂）。

D.1　外观检验

D.1.1　溶液应均匀透明，不应有胶状沉淀物。

D.1.2　如溶液中有晶体析出，属正常现象，使用前只需将溶液加热至晶体全部溶解即可。

D.1.3　少数溶液（如电净液、3#活化液或碱性铟等）中有少量絮状漂浮（沉淀）物，属正常现象，可过滤后使用。

D.2　性能复验

D.2.1　用酸度计测试溶液的 pH 值，其值应在厂方提供的数据范围之内。

D.2.2　测定溶液中金属离子的浓度（宜用测定溶液密度法替代），其值应在生产厂家提供的数据范围内。

D.2.3　工件的使用工况对镀层有特殊性能要求时，应对溶液的相应性能进行试验。

D.3 见证件试验

在外观检查和性能复验的基础上，对溶液进行试板弯曲、偏车、冲击等试验，试验方法见附录 E。

附 录 E

（规范性附录）

电刷镀金属镀层结合强度检验方法及其判定

E.1 见证件试验

在本试验中所采用的试样应与所代表的零件具有相同的材料、表面粗糙度和热处理工艺，且在相同的电刷镀工艺规范下获得同一类型相同厚度的镀层（本试验中以 0.10mm 为例）。

E.1.1 拉伸试验

E.1.1.1 本方法适用于检测各种基体金属和镀层的结合强度。

E.1.1.2 按 GB/T 228 的规定，加工静拉伸试棒 1 根，在试棒长度 1/2 处截成 2 段，截断面的表面粗糙度最大值为 $Ra3.2\mu m$。

E.1.1.3 在试棒的 2 个截断面上刷镀 0.10mm 厚的镀层。

E.1.1.4 将两镀层面用高强度胶（其强度应不小于镀层要求的结合强度）粘接，并使之固化成一体。

E.1.1.5 将固化成一体的试棒按 GB/T 228 进行拉伸试验，通过拉断位置或拉断力定性或定量得出镀层与基体的结合强度，即若在粘接胶处拉断或拉断力大于要求的结合强度时，则该批镀件镀层与基体的结合强度为合格；而拉断力小于要求的结合强度时，则为不合格。

E.1.2 试板弯曲试验

E.1.2.1 在 25mm×75mm×1.5mm 的试板上，用涤纶胶带分割出 25mm×50mm 的面积。

E.1.2.2 在分割出的面积上刷镀 0.10mm 厚的镀层。

E.1.2.3 将试板上带有镀层的部位反复多次对折，直至试板折断为止。

E.1.2.4 用 5×放大镜观察断口，镀层与基体不产生剥离者为合格。

E.1.3 偏车试验

E.1.3.1 本试验方法适用于轴、孔类零件。

E.1.3.2 在轴、孔表面或与其具有相同直径的试样表面刷镀 0.10mm 厚的镀层。

E.1.3.3 对镀层进行偏车加工，偏心量不小于镀层厚的 2 倍，每次吃刀量不大于 0.02mm。偏车加工至一部分镀层被完全切除，露出基体金属时为止。

E.1.3.4 偏车后镀层与基体金属之间不产生剥离的为合格。

E.1.4 偏磨试验

E.1.4.1 本试验方法适用于轴、孔、平面类零件。

E.1.4.2 在轴、孔类零件的表面或与其具有相同直径的试样表面刷镀 0.10mm 厚的镀层。

E.1.4.3 对轴、孔表面的镀层进行偏磨加工，偏心量不小于镀层厚度的 2 倍，每次磨削量为 0.005mm~0.01mm。

E.1.4.4 对于平面类试样，使零件上镀层所在表面两端的高度差不小于镀层厚度的 2 倍，对该镀层面进行偏磨加工，至一部分镀层全部磨去，露出基体金属为止。

B.1.4.5 偏磨后镀层与基体不产生剥离者为合格。

E.1.5 加热—急冷试验

E.1.5.1 本试验方法适用于在温度变化较大的工况下工作的镀层。

E.1.5.2 试样尺寸如图 E.1 所示。

E.1.5.3 在圆台体及球的表面刷镀 0.10mm 厚的镀层。

B.1.5.4 将试样加热至规定温度（如表 E.1 所示），保温 15min，取出后立即浸入温度为室温的冷水中冷却至室温。

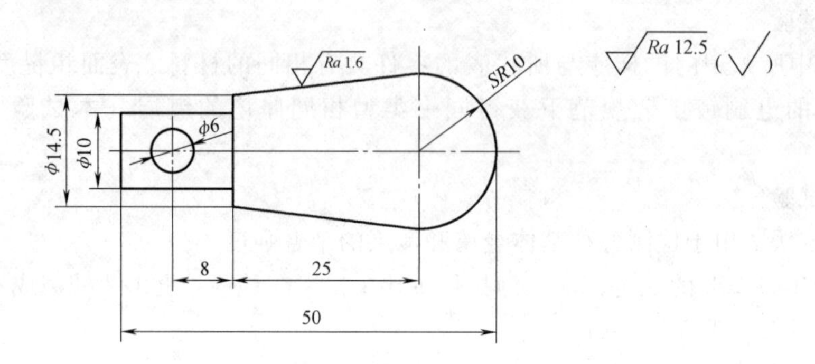

图 E.1 加热—急冷试样

注：对氧化敏感的镀层和基体金属应在惰性气氛或适当的液体中加热。

表 E.1 加热—急冷试验温度 （单位:℃）

基 体	镀层金属				
	镍、铬、镍+铬、铜	锡	铅、锡/铅	锌	金、银
钢	400	150	150	150	250
锌合金	150	150	150	150	150
铜及铜合金	250	150	150	150	250
铝及铝合金	330	150	150	150	220

E.1.5.5 用 5×放大镜检查镀层有无起皮、裂纹，如有，则为不合格；如无，则重复加热—急冷，次数不少于 10 次。

E.1.5.6 仍无起皮、裂纹的，则为合格。

E.1.6 冲击试验

E.1.6.1 在厚度为 0.5mm～1.0mm 的试板上刷镀 0.10mm 厚的镀层。

E.1.6.2 以冲击力将 ϕ20mm～ϕ30mm 的钢球压入试板上与镀层所在面相对的另一面，使试板受力变形后的凸出量为镀层厚度的 2 倍～3 倍。

E.1.6.3 观察凸出部位及边缘镀层，不起皮、不剥离者为合格。

E.1.6.4 该试验方法不适用于软的和延展性较好的镀层。

E.1.7 挤压试验

E.1.7.1 本试验方法适用于空心或小型零件。

E.1.7.2 在试件的表面刷镀 0.10mn 厚的镀层。

E.1.7.3 将试件用台钳夹紧、挤扁。

E. 1. 7. 4　挤扁处的镀层不起皮、不剥离者为合格；否则，为不合格。

E. 1. 8　凿削试验

E. 1. 8. 1　在试样表面电刷镀 0. 10mm 厚的镀层。

E. 1. 8. 2　用锋利的钢凿（或小刀）轻凿镀层与基体的结合处。

E. 1. 8. 3　镀层不产生剥离者为合格。

E. 1. 8. 4　该方法不适用于厚度小于或等于 0. 05mm 的镀层及软金属镀层。

E. 1. 9　锉削试验

E. 1. 9. 1　在试样表面电刷镀 0. 10mm 厚的镀层。

E. 1. 9. 2　从试样上锯下一小块带镀层的试样。

E. 1. 9. 3　用粗扁锉在锯切处，与镀层表面呈约 45°的夹角，从基体锉向镀层。

E. 1. 9. 4　镀层不产生剥离者为合格。

E. 1. 9. 5　本方法不适用于厚度小于或等于 0. 05mm 的镀层和软金属镀层。

E. 1. 10　推压试验

E. 1. 10. 1　在试样表面电刷镀 0. 10mn 厚的镀层。

E. 1. 10. 2　在与镀层相对的另一面钻一个 ϕ7. 5mm 的盲孔，孔底到镀层与基体结合面处的距离约为 1. 5mm。

E. 1. 10. 3　将试样放在 ϕ25mm 的圆环上，用 ϕ6mm 的淬火钢冲头，以平稳的压力推压此盲孔底部，直到盲孔被推穿。

E. 1. 10. 4　被推出界面处的镀层不产生剥离者为合格。

E. 2　实件试验

E. 2. 1　划痕试验

E. 2. 1. 1　在工件镀层表面上允许的部位，用锋利的钢凿或其他工具凿破或划破镀层，平行凿或划五六道划痕，划痕间距为 2mm～3mm，然后在与其垂直方向再凿或划五六道划痕（与前划痕相交），间距仍为 2mm～3mm。

E. 2. 1. 2　用 5×放大镜检查交叉点处的镀层，无起皮、剥离者为合格。

E. 2. 1. 3　本方法不适用于厚度大于 0. 20mm 的镀层及软镀层。

E. 2. 2　锉削试验

带有边缘、棱角的工件可参照 E. 1. 9 对边缘处的镀层结合强度进行检验。

E. 2. 3　粘贴试验

E. 2. 3. 1　该试验方法仅适用于软金属镀层。

E. 2. 3. 2　将宽 25mm 的高强度胶带（其强度应大于镀层要求的结合强度）贴于被检验的镀层表面，并压紧，以保证胶带与镀层全部密贴粘牢，在胶带端部留取长 30mm 左右的自由端。

E. 2. 3. 3　在自由端处将胶带用力朝上（与表面成直角）猛撕。

E. 2. 3. 4　检查胶带表面，无镀层黏附者为合格。

E. 2. 4　碾压试验

E. 2. 4. 1　在工件表面任意选取约 5cm^2 的镀层区域或对镀层质量有疑义的全部镀层区域。

E. 2. 4. 2　用如图 E. 2 所示钢棒在待检镀层区域内施加足够的压力，碾压镀层（运动轨迹为螺旋线）。

E.2.4.3 在碾压区域中镀层无局部隆起、剥离者为合格。

E.2.5 缠绕试验

E.2.5.1 本方法适用于丝材零件和弹簧件。

E.2.5.2 在金属丝上刷镀 0.10mm 厚的镀层。

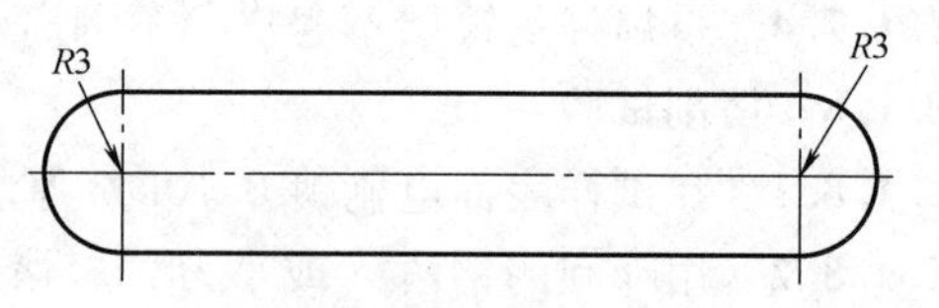

图 E.2 碾压试验用钢棒

E.2.5.3 对直径小于或等于 1mm 的金属丝，将其均匀地缠绕在 3 倍于金属丝直径的轴上；对直径大于 1mm 的金属丝，则均匀地缠绕在直径相同的金属轴上。均密贴地绕 10 圈~15 圈。检查线圈表面的镀层，不起皮、剥离者为合格；否则，为不合格。

E.2.5.4 将用直径不大于 1mm 的金属丝制成的弹簧完全拉长，而用直径大于 1mm 的金属丝制成的弹簧拉长到弹簧长度的 2 倍。拉长的金属丝表面镀层不起皮、不剥离者为合格；否则，为不合格。

E.3 检验方法的选择

各种金属镀层结合强度的检验方法见表 E.2。根据实际情况任选一种检验方法。

表 E.2 各种金属镀层结合强度的检验方法

序号	镀层种类	试验方法										
		弯曲	划痕	碾压	凿	锉	磨和锯	加热一急冷	冲击	粘贴	推压	挤压
1	镉		√	√						√		
2	铬				√		√	√	√		√	√
3	铜	√	√	√	√	√		√	√	√		
4	铅、铅/锡合金			√				√		√		
5	镍	√	√	√	√	√	√	√	√		√	
6	镍、铬	√	√	√		√	√	√	√		√	√
7	银		√	√	√			√		√		
8	锡、锡/铅合金	√	√	√				√		√		√
9	锌			√				√		√		
10	金		√	√				√		√		

第四篇　转　化　膜

第十二章　化学转化膜

第一节　金属及其他无机覆盖层　金属的磷化膜

一、概论

1. 金属磷化

金属磷化是指金属（黑色金属、铝、锌、镉及其合金）表面清洗干净后，在特定的工艺条件下，通过浸渍、喷淋、刷涂、喷-浸结合等工艺，让基体与含有磷酸及磷酸盐的化学腐蚀液进行接触，通过化学或电化学反应，在金属表面生成一种稳定、难溶于水、有一定表面粗糙度的磷酸盐膜。化学腐蚀液称为磷化液，生成的磷酸盐膜称为磷化膜。

2. 磷化膜的用途

磷化膜在工业中有着广泛的应用，其用途主要有：

1）磷化膜具有微孔，对油类、涂层有良好的吸附能力，所以被广泛用作涂装底层。

2）磷化膜具有润滑性能，故在冷变形加工工艺中用来减少摩擦、加工裂纹和表面拉伤等现象。

3）中、厚膜磷化具有良好的防锈能力，适用于兵器产品、标准件及其他使用油封包装的金属件的保护。

4）磷化膜对熔融金属附着力极差，可用来防止零件黏附低熔点的熔融金属，也可用于局部渗氮零件防止黏附锡，以及用来避免压铸零件与模具的黏结。

5）磷化膜有较高的电绝缘性能，大约 1μm 厚的磷化膜可耐 27V～36V 的电压，一般变压器、电机的转子与定子及其他电磁装置的硅钢片均用磷化处理。

6）磷化还可在管道、气瓶和形状复杂的钢铁制件的内表面，以及难以用电化学方法获得保护层的部件表面上得到保护膜层。

3. 磷化的种类

磷化按处理温度分为高温磷化（80℃以上）、中温磷化（60℃～80℃）、低温磷化（35℃～60℃）、常温磷化（15℃～35℃）；按磷化液主要成分分为锌系磷化、锰系磷化、铁系磷化、锌-钙系磷化、锌-锰系磷化等。

4. 影响磷化膜质量的因素

磷化膜为均匀、细致、从浅灰到深灰色的结晶体。若结晶致密，磷化膜厚度越厚，其膜重也就越大。一般来说，磷化处理之后，希望获得结晶的晶粒尺寸尽可能小、晶粒间紧密的磷化膜，因为这对工件涂装后的耐蚀性和附着力都会产生有利的影响。

影响磷化膜质量（膜量和结晶结构）的因素有：工件的材质及表面性质、磷化前表面清洗方法（除油和除锈）、表面调整、磷化液成分、磷化工艺（温度/时间/酸度）、水洗、磷化残渣等。

5. 磷化的发展趋势

磷化处理产生含酸、碱、磷的废水，酸雾，以及含磷酸盐的废渣。随着科技的发展，国内外均已有成熟的三废处理方法。然而，处理废水成本和环保政策是使用者要综合考虑的重要因素。

随着对环境保护的日益重视，磷化技术的应用受到一定制约，但磷化技术一时难以完全被取消或取代。以氧化锆为主要成分的薄膜前处理工艺，作为涂装底层的性能与磷化膜相当，但对于对膜层有特殊性能要求，如金属防锈、减摩润滑、冷塑性加工、电绝缘等特殊用途，磷化仍不可被替代。磷化技术自身也在不断改进和更新，朝着无镍、低温、减渣、多金属共线处理方向发展，追求低成本（低耗材、低能耗、低毒、无污染）和高质量（磷化膜均匀致密、膜薄且耐蚀性及装饰性好）。

6. 磷化膜标准

国际标准化组织于1990年首次发布了ISO 9717：1990《金属的磷酸盐转化膜　确定其技术要求的方法》，并分别于2010、2017年进行了修订，目前为第3版：ISO 9717：2017《金属及其他无机覆盖层　金属的磷化膜》。

我国早在1989年就制定并发布了GB/T 11376—1989《金属的磷酸盐转化膜》，其发布比ISO标准还早1年。由此可见，我国磷化技术的标准化几乎与国际同步，为推动磷化技术在国内的广泛应用发挥了重要作用。该标准分别于1997、2020年进行了修订，目前为第3版：GB/T 11376—2020《金属及其他无机覆盖层　金属的磷化膜》。GB/T 11376—2020修改采用ISO 9717：2017，于2020年6月2日发布，2021年4月1日实施。

二、标准主要特点与应用说明

1. 标准的主要内容和适用范围

该标准规定了磷化膜的类型及标识方法、磷化膜的质量要求和试验方法，适用于黑色金属、铝、锌、镉及其合金。该标准为基础通用标准，既可用作磷化膜的应用指南，也可作为磷化膜产品的基础标准。

2. 标准应用说明

1）磷化过程会导致氢脆，应采取相应措施降低这种不利作用。基体因加工产生的内应力，磷化过程不能予以松弛、缓解或消除，可能会加剧磷化导致的氢脆。通常在磷化处理前对基材进行热处理以消除应力，降低氢脆敏感性。热处理超过120℃会破坏磷化膜，所以不推荐磷化处理后进行热处理。磷化过程会使零件渗氢而导致氢脆，在循环载荷的作用下可能发生灾难性后果，所以供需双方应协商确定将氢脆风险降低至最小的技术措施。

2）厚度或膜重（单位面积膜质量）是磷化膜质量的重要指标，厚度不同其磷化膜性能也有所不同。对于较厚的磷化膜，可以采用破坏性检测法——化学溶解法，或无损检测法——磁感应法和X射线法测量膜层厚度，但实际上用单位面积的质量来表示磷化膜厚度更方便。磷化膜的膜重按GB/T 9792—2003《金属材料上的转化膜　单位面积膜质量的测定　重量法》的规定进行测量。

3）不同类型的磷化膜具有不同的特性，其用途也不尽相同，如锌系磷化适用于冷加工成形，锰系磷化适用于减摩润滑，而铁系磷化常用于防护。因此，有时需要判断磷化膜的类型。磷化膜类型的鉴定可采用化学方法溶解磷化膜，然后通过仪器分析溶液的方法测量元素，也可用扫描电子显微镜附带的能谱仪（EDS）直接检测。

4）适当的后处理可以提高磷化膜的使用性能，因此磷化通常进行附加后处理。后处理有涂漆（T1）、封闭（T2）、染色（T3）、涂油（T4）、涂蜡（T5）、涂肥皂（T6）等。这些方法可以单独使用，也可以组合起来使用，如封闭后涂漆（T1+T2）。

三、标准内容（GB/T 11376—2020）

金属及其他无机覆盖层　金属的磷化膜

1　范围

本标准规定了确定磷化膜要求的方法。

本标准适用于黑色金属、铝、锌、镉及其合金（见附录 A）。

2　规范性引用文件

下列文件对于本文件的应用是必不可少的。凡是注日期的引用文件，仅注日期的版本适用于本文件。凡是不注日期的引用文件，其最新版本（包括所有的修改单）适用于本文件。

GB/T 3138　金属及其他无机覆盖层　表面处理　术语（GB/T 3138—2015，ISO 2080：2008，IDT）

GB/T 4955　金属覆盖层　覆盖层厚度测量　阳极溶解库仑法（GB/T 4955—2005，ISO 2177：2003，IDT）

GB/T 4956　磁性基体上非磁性覆盖层　覆盖层厚度测量　磁性法（GB/T 4956—2003，ISO 2178：1982，IDT）

GB/T 9792　金属材料上的转化膜　单位面积膜质量的测定　重量法（GB/T 9792—2003，ISO 3892：2000，MOD）

GB/T 10125　人造气氛腐蚀试验　盐雾试验（GB/T 10125—2012. ISO 9227：2006，IDT）

GB/T 12609　电沉积金属覆盖层和相关精饰　计数检验抽样程序（GB/T 12609—2005，ISO 4519：1980，IDT）

GB/T 16921　金属覆盖层　覆盖层厚度测量　X 射线光谱法（GB/T 16921—2005，ISO 3497：2000，IDT）

ISO 27830　金属及其他无机覆盖层　规范化指南（Metallic and other inorganic coatings—Requirements for the designation of metallic and inorganic coatings）

3　术语和定义

GB/T 3138　界定的术语和定义适用于本文件。

ISO 和 IEC 维护的用于标准化的术语数据库地址如下：

——IEC 电子开放平台：http：//www. electropedia. org/；

——ISO 在线浏览平台：http：//www. iso. org/obp。

4 需方应向供方提供的信息

需方应提供下列信息：

a）按本标准规定对磷化膜的描述（见5.2）。

b）对于抗拉强度不小于1000MPa的钢铁制件，或者局部存在表面硬化、冷成形或焊缝的工件，消除氢脆是非常重要的，磷化应在消除氢脆后进行；供需双方协商使氢脆风险最小的技术措施，任何热处理都不能保证完全消除氢脆，供方应说明所采用的热处理工艺。

c）选用的抽样程序、所要求的合格质量水平或其他任何不同于GB/T 12609的要求和试验。

d）表面处理或磷化。

e）表面外观。

f）耐蚀性。

g）影响磷化膜成膜性和/或外观的基体金属的性质、外观和状态。

h）适用时，根据用户要求使氢脆风险最小的技术措施。

5 磷化膜的类型及标记

5.1 磷化膜的类型

磷化膜的类型见表1。

表1 磷化膜的类型

检出的元素	磷化膜的类型及符号	检出的元素	磷化膜的类型及符号
Fe(Ⅱ)	Feph	Zn(无Ca)	Znph
Mn	Mnph	Zn和Ca	ZnCaph

还有加入铁和/或镍和/或锰形成的改进锌系磷化膜，改进金属通常以复盐的形式存在，如$Zn_2Me(PO_4)_2 \cdot 4H_2O$，其中Me代表铁（Ⅱ）、镍或锰。锌是改进锌系磷化膜的主要金属元素，为避免产生混乱没有分开标记这类膜。注意：基体材料中的金属会参与成膜。

磷化膜的类型及特性参见附录A，磷化膜的鉴定方法参见附录B。

5.2 磷化膜的标记

磷化膜的标记由下列信息组成：

a）本标准编号“GB/T 11376”和“磷化膜”。

b）连字符“-”。

c）基体材料的标记，用基体材料的化学符号（或主要合金元素的化学符号）。

d）斜线“/”。

e）磷化膜的类型符号。

f）斜线“/”。

g）表示磷化膜用途的符号：

1）e——电绝缘；

2）g——减少摩擦（促进滑动）；

3）r——提高附着力和/或增强耐蚀性；

4）z——促进冷成型。

h）斜线“/”。

i）表示单位面积上磷化膜层的质量，单位：g/m²，误差：±30%。

若磷化膜进行了后处理，标记中应加入下列信息：

j）斜线“/”。

k）表示磷化膜后处理的符号（见表2）。

如有必要，按以下原则进行附加信息的标记：

斜线“/”用于分隔标记中的数据字段。双分隔符或多条斜线表示此过程中的一个步骤不需要或已被删除（见ISO 27830）。

6 磷化膜

6.1 外观

锌系磷化膜、锌钙系磷化膜和锰系磷化膜应均匀覆盖在金属表面，无白色残渣、无腐蚀产物或指纹。

注：基体材料表面的差异或磷化过程中与挂具接触的挂点周围，外观轻微的变化是常见的，这不能成为拒收的理由。

6.2 磷化膜的单位面积质量

磷化膜的单位面积质量按GB/T 9792中的规定进行测量。

6.3 后处理

恰当的后处理能提高磷化膜的耐蚀性，磷化膜后处理的符号见表2。

表2 磷化膜后处理的符号

符号	磷化膜后处理类型	符号	磷化膜后处理类型
T1	涂清漆或有机涂料、无机或非成膜有机密封剂	T4	涂油、脂或其他润滑剂
T2	涂无机或有机封闭剂	T5	涂蜡
T3	涂染色剂	T6	涂肥皂

按需方规定的腐蚀试验检测经后处理的工件的耐蚀性。若未指定试验方法，应按GB/T 10125所述的中性盐雾试验（NSS）和附录C进行试验。合同双方通过协商确定盐雾试验周期。应达到需方规定的首次出现腐蚀产物的最短试验周期。

用在黑色金属上的锌系磷化膜Znph，功能为增强耐蚀性，单位面积质量为3g/m²±0.9g/m²，先后经封闭剂（T2）和涂料（T1）后处理，其标记如下：

磷化膜 GB/T 11376-Fe/Znph/r/3/T2/T1

6.4 磷化膜的厚度

磷化膜的厚度可采用如下方法测量：

——溶解法，按GB/T 4955中的规定测量；

——磁感应法，按GB/T 4956中的规定测量；

——X射线法，按GB/T 16921中的规定测量。

7 热处理

热处理温度超过120℃时会破坏磷化膜，不推荐磷化后进行热处理。

附 录 A
(资料性附录)
一般信息

A.1 概述

利用主要成分如表 A.1 所列的溶液进行处理可获得磷化膜，通常用于处理黑色金属、铝、锌和镉。下列因素会影响磷化膜的单位面积质量和表观密度。

a) 工件的材质及表面性质;

b) 机械和化学预处理方式;

c) 所采用的磷化工艺。

磷化膜或多或少都有孔隙，但是采用适当的后处理能予以封闭。

表 A.1 磷化膜的类型及特性

磷化液的主要成分	磷化膜的类型	磷化膜的符号	磷化膜的外观	磷化膜的单位面积质量/(g/m^2)			
				铁材料	铝	锌	镉
$Zn(H_2PO_4)_2$	锌系磷化膜	Znph	浅灰至深灰色	1~30	0.3~10	1~20	
$Zn(H_2PO_4)_2$ $Ca(H_2PO_4)_2$	锌钙系磷化膜	ZnCaph	浅灰至深灰色	1~30	—	1~10	—
$Mn(H_2PO_4)_2$	锰系磷化膜	Mnph	深灰至黑色	1~30	—	—	—
$Me(I)H_2PO_4$①	被处理金属的磷化膜(如果是铁材料还有铁的氧化物)	Feph	膜层质量 $0.1g/m^2$ ~ $1g/m^2$ 的:非晶态彩虹色膜,例如浅黄至浅蓝灰色;膜层质量超过 $1g/m^2$ 的:呈灰色	0.2~1.5	<0.5	0.2~2	—

① Me (I) 表示碱金属阳离子或 NH_4^+。

A.2 预处理和磷化

采用合适的预处理方法除去工件表面上的垢、油、脂和腐蚀产物。

磷化处理一般是将工件浸入磷化槽中或以多种方式将磷化液喷淋或涂刷在工件上完成的，如有必要，可以采用循环磷化液。处理带材时，可用卷轴输送通过磷化槽。

A.3 磷化膜的应用

A.3.1 促进冷成形

锌系磷化膜是促进冷成形用途的首选。针对不同冷成形用途所建议的磷化膜单位面积质量见表 A.2。

采用恰当的润滑剂可提高变形速率。

表 A.2 促进冷成形的锌系磷化膜单位面积质量

用 途	磷化膜的单位面积质量/(g/m^2)	用 途	磷化膜的单位面积质量/(g/m^2)
钢丝拉拔	5~15	冷锻和冷挤压	5~20
焊接钢管的拉拔	3~10	无壁厚变化的深挤压	2~5
精密钢管的拉拔	2~10	有壁厚变化的深挤压	5~15

A.3.2 促进滑动

锰系磷化膜通常是促进滑动用途的首选。针对不同促进滑动用途所建议的磷化膜单位面积质量见表 A.3。

注意以下几点：

a）锰系磷化膜通常是促进滑动用途的首选，但其他类型的磷化膜，特别是在磷化膜的单位面积质量要求较低时，锌系磷化膜也可用于促进滑动。根据工件在最终使用环境下的受力情况，选择磷化膜的类型。

b）工件尺寸配合公差的要求。

c）应用中一般与适当的润滑剂联合使用。

表 A.3　促进滑动的锰系磷化膜单位面积质量

用　　途	磷化膜的单位面积质量/(g/m^2)	要　　点
具有小配合间隙的零件，如冰箱压缩机活塞	2~5	磷化膜主要含磷酸锰盐
具有大间隙的零件，如变速箱齿轮	5~20	磷化膜主要含磷酸锰铁盐（槽中含铁）

A.3.3　磷化膜在防腐蚀方面的应用

磷化膜在防腐蚀方面的应用见表 A.4。

表 A.4　磷化膜在防腐蚀方面的应用

基体金属	磷　化　膜		后　处　理	典型应用和实例
	磷化膜的类型	磷化膜单位面积质量/(g/m^2)		
黑色金属	Znph Mnph Feph	>5，优选>10	磷化膜干燥后按要求涂防锈油或蜡	转运和/或储存中防护
	ZnCaph	>5		在干燥（无凝露）环境中防护；在有遮盖条件的户外临时防护
黑色金属 锌 铝 镉	Znph ZnCaph	1~10	色漆、清漆和有关涂料	汽车车身，冰箱和洗衣机外壳
锌	Znph	1.5~4.5		涂有机涂料后，有变形加工特别是弯曲的汽车车身、板材和带材
黑色金属	Feph Znph	0.2~1.5 1.5~4.5	无	在干燥（无凝露）环境中临时防护；机器零件在厂房内短期存放（<24h）

附　录　B
（资料性附录）
磷化膜的鉴定

B.1　概述

本附录叙述了鉴定磷化膜类型的方法，这些方法适用于含磷、铁、锰、锌和钙的膜，不适用于含铁或锌的基体金属的检测。

B.2　方法 1

B.2.1　原理

用氢氧化钠溶液处理除去试件的磷化膜；用适当的仪器和技术，例如原子吸收光谱仪分析溶液中含有的元素。

B.2.2　试剂

在分析过程中应采用分析纯试剂和去离子水（或相当纯度的水）。

氢氧化钠溶液，50g/L。

B.2.3 仪器

采用一般实验室以及任何适宜的仪器。适当配备能测定磷、锰、锌和钙等的设备，例如测定金属用的原子吸收光谱仪。

B.2.4 试片

试片的磷化膜的总面积约 $100cm^2$。

B.2.5 规程

将 B.2.4 规定尺寸的试片浸入 100mL 氢氧化钠溶液（B.2.2）中，保持温度 80℃～90℃，直到膜层褪去或至少出现明显腐蚀。必要时，可用橡皮擦去膜层，用适当的分析仪器（B.2.3），测定溶液中的磷、锰、锌和钙等元素。

B.3 方法 2

本方法替代方法 1（见 B.2），用装有能量散射光谱附件的扫描电子显微镜（EDS）直接检测膜中金属元素。

B.4 结果分析

根据检出的元素，利用表 B.1 确定磷化膜的类型。

表 B.1 磷化膜类型的鉴定

检出的元素	磷化膜的类型	检出的元素	磷化膜的类型
磷	磷酸盐	锌(无钙)	Znph
锰	Mnph	锌和钙	ZnCaph

如果是钢铁基体材料，磷化膜中又不含锰或锌，则说明此膜几乎可以确定是由铁（Ⅱ）的磷酸盐所组成（Feph）。

注：可通过以下方法推测磷化膜是否存在：

a）用细钢丝棉摩擦处理过的表面，呈现金属光泽的表示没有磷化膜，否则就表示有磷化膜；

b）用钝刀子刮一下表面，可见白色刮痕的表示有磷化膜，否则就表示没有磷化膜；

c）用尖刀刮一个小的区域，有磷化膜的表面会产生浅灰色粉末。

方法 b）和 c）不一定能给出非常明确的指示。

附 录 C
（规范性附录）
磷化膜耐中性盐雾性的测定

C.1 耐蚀性的测定

按照 GB/T 10125 中的规定进行中性盐雾试验（NSS）。必要时，合同双方亦可协商采用其他测试方法。试验时，应采用工件进行。

若试验不能用工件进行，可以用特定的试板代替。如果试验中采用试板代替工件，则试板与工件应有相同的性质、表面状态、材料和冶金状态，试板与工件同时进行磷化和/或后处理。试板或工件也可用于涂层体系的试验。

盐雾试验提供了评价磷化膜的连续性和质量的方法。

试板尺寸约 150mm×100mm（见图 C.1）。在其中一短边的两角，距离试板两边各 6mm 处为圆心分别钻一个直径为 5mm 的小孔，以确保测试过程中试板垂直悬挂。所有切割的边和角要轻轻地磨圆磨平。

C.2　未经后处理或无有机涂层的磷化膜耐中性盐雾性的测定

中性盐雾试验提供了评价磷化膜的连续性和质量的方法。用户或需方应明确规定试验周期。

C.3　经防腐蚀介质后处理的磷化膜耐中性盐雾性的测定

C.3.1　原理

用适当的防腐蚀介质（例如：防锈油），在给定条件下处理磷化试样，再用处理后的磷化试样进行中性盐雾试验（见 GB/T 10125），该试验既可用于评估由磷化膜和防锈油、脂或蜡组成的涂层体系，也可用于不同磷化膜涂同一种防腐蚀介质后进行对比试验。

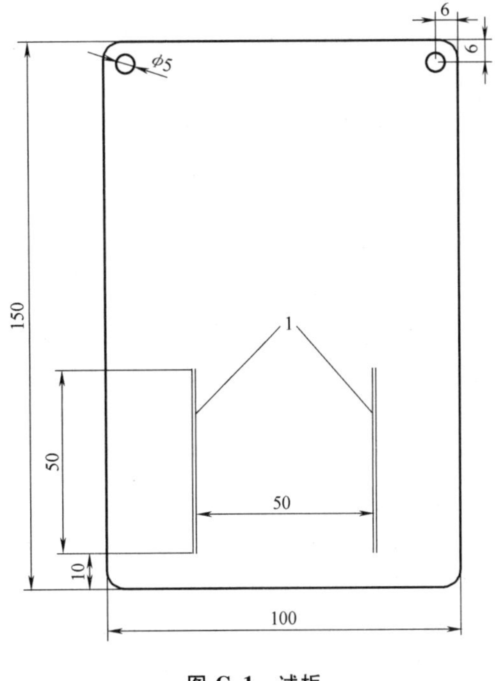

图 C.1　试板

1—划痕

C.3.2　后处理

C.3.2.1　评价涂层体系试验的后处理

按产品操作规程将磷化工件或试样小心浸入防腐蚀介质中，保证在磷化表面形成无气泡，连续的液态膜、半固态膜或蜡膜。

盐雾试验前，经处理后的试样应在23℃±5℃、相对湿度不超过65%、尽量无灰尘、不通风的条件下，至少悬挂24h，以除去多余的防腐蚀介质，并使溶剂挥发掉。

C.3.2.2　对比试验的后处理

将经过干燥处理（100℃~120℃烘干，然后自然冷却到室温）的磷化试样，挂在塑料挂钩或涂敷塑料的钢铁挂钩上，垂直浸入后处理槽中。工艺条件为25℃±2℃，浸泡1min。在浸泡过程中，轻轻地在槽中摆动试样。然后在30s内将试样缓慢地从槽中吊起，以避免产生不连续膜或气泡。

盐雾试验前，处理后的试样应在23℃±5℃、相对湿度不超过65%、尽量无灰尘、不通风的条件下，至少悬挂24h。

C.3.3　盐雾试验

用经后处理的工件或试样（见 C.3.2）进行中性盐雾试验（见 GB/T 10125）。

试验用于测定涂层体系首次出现腐蚀产物的试验周期。

按预定的时间间隔取出试样并目测腐蚀产物。在检查工件或试样前，是否去除后处理膜层应经相关方协商决定。

对于具体的磷化膜，首次出现腐蚀产物的盐雾时间不同，这取决于后处理介质（防锈油、脂、蜡）的种类、成分和磷化膜的单位面积质量。

第二节　金属表面氧化锆转化处理技术条件

一、概论

1. 磷化替代技术——氧化锆转化处理

传统的磷化工艺能耗高，重金属离子含量高，废水废渣排放多。随着人们对环境保护的日益关注，以及政府出台越来越严的政策法规，其应用也受到了极大的限制。为适应环境保护新要求和节能减排新政策，以新型氧化锆转化处理为代表的“无磷成膜”技术逐渐代替传统磷化技术。

氧化锆转化处理的主要材料为氟锆酸 H_2ZrF_6（HZF）和锆盐的溶液。在处理过程中，氟锆酸或锆盐与金属基材直接反应，生成致密的氧化锆纳米膜层覆盖在钢铁基材表面。由于氧化锆转化膜具有类似陶瓷表面的氧化物，且膜层为纳米级薄膜，所以氧化锆转化处理又称“陶化”，或薄膜技术。

2. 氧化锆转化膜

单独使用锆酸盐作为成膜主剂，所得膜层往往为疏松多孔的网状结构，难以获得理想的耐蚀性。近几年发展起来的氧化锆-硅烷复合转化技术则为解决这一问题提供了方向。钢铁在氧化锆-硅烷复合转化液中，基材表面金属溶解，局部 pH 值迅速上升，纳米氧化锆颗粒沉积在金属表面，同时转化液中的有机硅烷也在表面强碱性环境中快速缩聚，形成有机三维结构，这种三维结构与纳米氧化锆相互补充交联形成致密的膜层。该膜层结构致密，物理阻隔性强，提高了钢铁的耐蚀性，并且增强了有机涂层的附着力。

3. 氧化锆转化处理技术的特点

与传统磷化相比，氧化锆转化处理具有以下特点：

1）在膜性能上，氧化锆转化膜具有密度小的特点。其膜厚 50nm 左右，膜重只有 $20mg/m^2$ ~ $200mg/m^2$，比磷化膜低约 200 倍。

2）在反应速度上，新型氧化锆转化成膜速度很快，一般形成完整的膜只需 30s 左右。

3）在工艺流程上，新型氧化锆转化取代传统的表调、磷化和钝化工艺，缩短了工艺流程，减少了投资和过程控制成本。

4）在适用材料上，新型氧化锆转化适用于多种金属（Fe、Zn、Al、Mg），冷轧板、热镀锌板、电镀锌板、铝板均可混线处理。

5）在工艺稳定性上，新型氧化锆转化的槽液稳定且容易控制，生产中只需控制好温度和 pH 值，不像磷化每日都要定期检测总酸、游离酸，以及锌、镍、锰的含量等许多参数，节省了大量的工艺管理成本。

6）在沉渣上，处理镀锌板和铝板时没有沉渣形成，仅在处理冷轧板时才产生少量沉渣。产生的废渣采用传统的磷化除渣系统可以很容易清除，不会堵塞喷嘴，对涂层性能和电泳涂层外观不会产生负面影响。

4. 氧化锆转化处理的应用现状

由于氧化锆转化处理具有环保、节能、工艺简单、适用材料广等特点，其在家电、汽车零部件等行业得到了大量的推广应用，主要用于涂装前处理。

但是，氧化锆转化处理在整车涂装方面应用相对较少，其原因为：一是氧化锆转化膜与电泳材料的配套性、兼容性还需提升；二是氧化锆转化膜的耐蚀性不如传统磷化膜，目前不能完全满足使用冷轧板的车型对防腐的较高要求。为推进氧化锆转化处理在汽车涂装前处理中的应用，亟待解决工艺稳定性不佳、膜层耐蚀性偏低、成膜速率可控性不高、自愈合能力欠缺等问题。

5. 氧化锆转化处理的技术标准

为促进氧化锆转化处理技术的发展，提高产品质量，根据国内市场应用实际情况，我国制定了机械行业标准 JB/T 12854—2016《金属表面氧化锆转化处理技术条件》。该标准的发布实施，填补了国内氧化锆转化处理技术领域的标准空白，将有力促进我国绿色表面工程技术的应用和推广，有利于国民经济可持续发展。该标准于 2016 年 4 月 5 日批准发布，2016 年 9 月 1 日起实施。

二、标准主要特点与应用说明

1. 标准的主要内容和适用范围

该标准规定了氧化锆转化处理的术语和定义、技术要求和试验方法，为基础通用标准，反映了氧化锆转化技术的实际应用水平。

该标准适用于家电、钢铁、汽车及机械等行业中的冷轧钢、热镀锌钢材、电镀锌钢材、铝及铝合金等材料表面的涂装前氧化锆转化处理，不适用于不锈钢材料的表面处理。

2. 标准的特点

1）突出工艺上与磷化的差异。相对于磷化工艺，氧化锆转化处理前无须表调，处理过程中无须加热，处理后无须钝化，过程更简单。若基体材料经氧化锆转化处理后要涂漆、浸漆或涂覆类似的有机涂层，对氧化锆转化膜的清洁度要求很高，对工序间存放要求也较高。经氧化锆转化处理后的基体材料，不管是直接涂装还是需要工序间的短暂放置或人工中转后再涂装，须保证转化膜表面不带有任何前一工序的残液，不受污染。氧化锆转化处理的基体材料，根据后续涂装需要，可选择干燥后涂装，或不干燥直接涂装，标准中给出了具体要求，对于干燥的方法标准也提供了选择指南。

2）强调基材对性能的影响。氧化锆转化处理适用于不同基材，但不同基材上氧化锆转化膜的外观和膜重各不相同。该标准详细列出了冷轧钢板、电镀锌板、热镀锌板及铝合金板上膜层外观、膜重及涂装后的耐蚀性的具体要求。

3. 标准应用说明

氧化锆转化膜的耐蚀性是极为重要的指标。为了全面考察膜层耐蚀性，既规定了氧化锆转化膜本身的耐蚀性要求（浸泡试验），也规定了涂覆不同类型涂层后的耐蚀性要求（中性盐雾试验）。随着科学研究的不断深入，可以考虑更多元的评价方式，如硫酸铜点滴试验、耐盐水或耐酸碱浸泡试验、电化学测试等。

在科学有序推动碳中和、碳达峰的时代大背景下，氧化锆转化技术相对传统磷化前处理技术具有显著的优点，是绿色涂装前处理发展的方向和趋势。但随着汽车行业、家电行业涂装工艺技术的不断转型升级、涂装材料迭代更新，氧化锆转化技术在工艺稳定性、耐蚀性方面仍有待提高，技术、经济指标有待在实践中验证和完善。相关数据的积累，可为该标准的修订提供重要资料。

三、标准内容（JB/T 12854—2016）

金属表面氧化锆转化处理技术条件

1 范围

本标准规定了氧化锆转化处理的术语和定义、技术要求、检验方法。

本标准适用于家电工业、钢铁工业、汽车工业及机械工业中的冷轧钢、热镀锌钢材、电镀锌钢材、铝及铝合金等材料表面的涂装前氧化锆转化处理。

本标准不适用于不锈钢材料的表面处理。

2 规范性引用文件

下列文件对于本文件的应用是必不可少的。凡是注日期的引用文件，仅注日期的版本适用于本文件。凡是不注日期的引用文件，其最新版本（包括所有的修改单）适用于本文件。

GB/T 1727 漆膜一般制备法

GB/T 6682 分析实验室用水规格和试验方法

GB/T 8264 涂装技术术语

GB 8978—2002 污水综合排放标准

GB/T 10125 人造气氛腐蚀试验 盐雾试验

3 术语和定义

GB/T 8264 界定的以及下列术语和定义适用于本文件。

3.1 氧化锆转化处理 zirconia conversion treatment

采用以氟锆酸盐为主要成分的溶液对金属材料进行处理，在金属表面形成氧化锆转化膜的过程。

3.2 氧化锆转化膜 zirconia coating

经氟锆酸盐氧化锆转化处理后于金属表面形成的氧化锆薄膜。

4 技术要求

4.1 基体表面一般要求

基体材料的表面质量应符合需方规定的技术要求。无特别规定时，基体材料的机械加工、成形、焊接、打孔和修整应在处理前完成。

4.2 基体表面的预处理

4.2.1 去除锈蚀

严重锈蚀的钢铁基体材料，应进行酸洗处理。不宜酸洗的基体材料，可以通过打磨、喷丸、抛光等机械方法进行处理，处理后的基体材料，其表面应露出金属本色，不应有目视可见的黏附颗粒、麻点、锈及过腐蚀现象。

4.2.2 去除油污

铁及铁合金基体材料表面的油污和其他污染物应采用恰当的方法脱脂清洗（见 4.3.1），清洗后的基体材料，不应有油脂、乳浊液等污物。

除油污程度可通过滴水成膜，目视观察，基体材料表面水膜应完整，连成一片。如水膜不完整，应重新清洗。

4.2.3 铝及铝合金预处理

铝及铝合金，如果其表面有污染物和腐蚀物，应在氧化锆转化处理前用硝酸等酸性溶液除灰出光。可以用水滴成膜试验确定除灰处理后的表面有无目视可见的污点。

4.3 氧化锆转化处理工艺

4.3.1 处理程序

氧化锆转化处理的工艺一般按以下工序进行：热水洗、预脱脂、脱脂、水洗一、水洗二、氧化锆转化处理、水洗三、水洗四、干燥。

氧化锆转化处理的主要施工方法为浸渍法、喷淋法或浸喷组合的方法。脱脂处理后的基体材料，经过水洗工艺，彻底除去表面残留的脱脂剂，进行氧化锆转化处理。

注：氧化锆转化处理前无须表调，处理过程中无须加热，处理后无须钝化。

4.3.2 工艺要求

4.3.2.1 若基体材料经氧化锆转化处理后要涂漆、浸漆或涂覆类似的有机涂层，则其首先要用去离子水清洗（见4.3.1，水洗三），然后用清洁的流动水清洗，最好使用去离子水清洗（见4.3.1，水洗四），以保证转化膜表面清洁，不带有任何前一工序的残液。

4.3.2.2 经氧化锆转化处理后的基体材料，如果需要工序间中短期放置或中转后再涂漆、浸漆或涂覆类似的有机涂层，应在水洗后使用水性封闭剂封闭后，再放置在干燥库房内或其他干燥体内，以提高氧化锆转化膜的耐蚀性，避免影响后续涂层的附着力。

4.3.2.3 经氧化锆转化处理的热轧钢、铸铁、铸钢件，应在水洗后使用水性封闭剂封闭，然后再做后处理，以提高氧化锆转化膜的耐蚀性。

4.3.2.4 要提高氧化锆转化膜的耐蚀性，除了上述的处理外，尚可用防锈油、脂和蜡处理其表面，这些处理可以达到中期的防腐蚀效果，但表面不得再做涂料涂装。

4.3.2.5 某些容易积液的基材，可使用干净的压缩空气吹干后放置在干燥库房内或其他干燥体内。

4.3.2.6 为了防止表面转化膜被污染或返锈，干燥后应尽快地涂装。氧化锆复合膜与后续涂装间隔一般不超过8h，对特殊的加工工序及特殊的基材可适当延长间隔时间，但此期间内的基材应放置于干燥的环境中。

4.3.2.7 氧化锆转化处理的基体材料，根据后续涂装需要，可选择干燥后涂装，或不干燥直接涂装，具体要求见表1。

表1 不同涂装类型对氧化锆转化处理干燥方式的要求

后续涂装类型	静电喷粉	喷漆	电泳涂装
干燥要求	烘干表面	烘干表面	无须烘干,直接涂装

处理后的基体材料应在间接加热的烘箱或烘道中干燥，或用其他不会被燃油、烟雾或不完全燃烧的气体污染金属表面的方法干燥。

4.3.2.8 经氧化锆转化处理后的基体材料，如果需要工序间的短暂放置后再涂漆、浸漆或涂覆类似的有机涂层，要求放置在干燥、清洁的环境下（如干燥库房内或其他干燥体内），以保证转化膜表面不受灰尘等的污染。

4.3.2.9 如果经氧化锆转化处理的基体材料在工序中需要人工中转后再涂漆、浸漆或涂覆类似的有机涂层，应佩戴干净的棉手套或纱布手套，以保证转化膜表面不受手印、汗渍等的污染。

4.4 氧化锆转化膜的要求

4.4.1 外观

4.4.1.1 氧化锆转化膜的颜色一般为金属本色、浅黄色、金黄色、浅蓝色到蓝紫色。同种基材在不同的处理工艺条件下，转化膜的颜色会有所变化。不同基体材料如冷轧钢、镀锌钢、铝及铝合金等所形成的氧化锆转化膜的颜色有所不同，见表2。

表 2 不同基体材料氧化锆转化膜的颜色

基体材料	冷轧钢板	电镀锌板	热镀锌板	铝合金板
转化膜颜色	无色、淡黄色、金黄色、浅蓝色、紫色	无色、淡蓝色	无色、淡蓝色	无色、淡黄色

4.4.1.2 氧化锆转化膜外观应均匀、无污点、无缺膜区、无残渣。

4.4.1.3 同一基体材料上不同部位的转化膜以及不同基体材料的转化膜之间，颜色色调差异属于常见现象。某些原因引起的氧化锆转化膜外观轻微的变化，如基体材料表面的差异或转化过程中与挂具接触的周围部分外观轻微的变化属于常见现象。

4.4.2 膜重

氧化锆转化膜的膜重以单位面积的质量来表示。

不同基体材料如冷轧钢、镀锌钢、铝及铝合金等，形成的氧化锆转化膜的膜重见表 3。

表 3 不同基体材料氧化锆转化膜的膜重

基体材料	冷轧钢板	电镀锌板	热镀锌板	铝合金板
膜重/(mg/m^2)	20~100	40~180	40~160	10~50

4.4.3 氧化锆转化膜的耐蚀性

未经后处理的铁基体氧化锆转化膜浸渍在二级去离子水（见 GB/T 6682）中，首次出现锈蚀产物所需要的最短时间不应少于 1.5h。

4.5 涂覆涂层后涂层的耐蚀性的要求

经氧化锆转化处理的工件分别用喷油漆、电泳或静电喷塑不同的涂装方式涂装，组成不同的耐蚀涂层体系。涂层的耐蚀性应达到表 4 的要求。

表 4 不同材质工件的涂层耐蚀性要求

试样材质	涂装方式	试样处理	盐雾试验时间/h	腐蚀情况
冷轧钢	静电喷塑	表面划痕	240	单边腐蚀宽度<1mm
	油漆	—	240	表面无腐蚀
	电泳	表面划痕	500	单边腐蚀宽度<1mm
镀锌钢	静电喷塑	表面划痕	500	单边腐蚀宽度<1mm
	油漆	—	240	表面无腐蚀
	电泳	表面划痕	500	单边腐蚀宽度<1mm
铝合金	静电喷塑	表面划痕	1500	单边腐蚀宽度<1mm
	油漆	表面划痕	500	单边腐蚀宽度<1mm
	电泳	表面划痕	1500	单边腐蚀宽度<1mm
铸铁	静电喷塑	—	240	表面无腐蚀
	油漆	—	240	表面无腐蚀
	电泳	—	240	表面无腐蚀

5 检验方法

5.1 膜重测定

5.1.1 试样

制备成的试样［50mm×120mm×(0.45~0.55) mm，按 GB/T 1727—1992 的规定制备］，样板的形状应便于计算表面总面积。

5.1.2 试验方法

氧化锆转化膜的膜重可以用 X-荧光法或称重法进行测定，使用单位可根据自身的条件选择适合自己的试验方法。

5.1.3 氧化锆转化膜膜重测定——X-荧光法

5.1.3.1 仪器

测试仪器如下：

——烘干设备：电吹风，1000W~1500W；

——分析天平：精度为 0.1mg；

——X 荧光光谱仪。

5.1.3.2 测定方法

测定方法如下：

a）选取 10 块冷轧钢板试样，充分脱脂清洗后立即吹干，用分析天平分别称重并编号，此时得到的板材重量记为 W_1；

b）每块板材称重后，立即氧化锆转化处理，改变其处理时间，处理后立即用电吹风热风吹干，制得不同膜重的试样，用分析天平分别称重，此时得到的板材重量记为 W_2，得出膜重 $W_3=W_2-W_1$；

c）用 X 荧光光谱仪分别测试每块处理后板材上的锆含量，得出的数值与 W_3 对应，做出标准曲线，得出锆含量与膜重的关系；

d）用 X 荧光光谱仪测试待测工件表面的锆含量，根据相应材料的标准曲线，即可得出氧化锆转化膜的膜重。

5.1.4 氧化锆转化膜膜重测定——称重法

5.1.4.1 仪器

分析天平：精度为 0.1mg。

5.1.4.2 退膜液

退膜液（见表 5）应由分析纯试剂和去离子水制备。

表 5 退膜液组成及工作条件

基体材料类型	退膜液组成成分		工作条件	
	材料名称	含量(质量分数,%)	温度/℃	时间/min
铁	三氧化铬	7.5	75	30
铝	硝酸	40	25	30

5.1.4.3 测定方法

用去离子水清洗试样，在 100℃下烘干 15min，然后干燥冷却至 25℃以下，用分析天平称量准确至 0.1mg，再浸入表 5 规定的退膜溶液中，取出后立即用去离子水冲洗，100℃下干燥 15min，再称重。重复本步骤，直至得到稳定的重量为止，可确认为转化膜已被完全褪除。

5.1.4.4 计算方法

根据失重按公式（1）计算膜重。

$$W=[(P_1-P_2)/S]\times10^4 \tag{1}$$

式中 W——膜重（mg/m^2）；

P_1——退膜前的试样重量（mg）；

P_2——退膜后的试样重量（mg）；

S——试样转化膜的总表面积（cm^2）。

平行测定三次，取算术平均值。

5.2 耐蚀性

5.2.1 氧化锆转化膜耐蚀性的测定

按 GB/T 6682 分析实验室用水规格和试验方法制备三级去离子水（要求电导率小于 10μS/cm）进行有关耐蚀性试验，氧化锆转化处理的样件，浸渍在三级去离子水中，目测观察基体表面是否出现锈蚀产物，记录首次出现锈蚀产物所需的时间。

5.2.2 涂层耐蚀性的测定

5.2.2.1 按 GB/T 1727 漆膜的一般制备法制备试样。

5.2.2.2 氧化锆转化处理后的试样应在 23℃±2℃的恒温下放置 16h 以上。

5.2.2.3 氧化锆转化处理后的试样按 GB/T 10125 的要求进行中性盐雾试验（NSS 试验）。在规定的盐雾试验时间后取出试样，用自来水冲净试样表面上所沉积的盐分，吹干或吸干表面后刮去腐蚀产物，目视检查试样表面。

附　录　A
（资料性附录）
氧化锆转化处理废水排放控制

经过氧化锆转化处理后的废水主要污染因子有：pH 值、SS、COD、氟锆盐、表面活性剂等。氟锆盐可用 $FeSO_4$、石灰水等沉淀、过滤，pH 值保持在 8.5 左右，加入破乳剂可以使表面活性剂破乳，再加入混凝剂，可形成大颗粒等沉降，再加以过滤。

可采用三槽处理法：第一槽废水均化加石灰水及破乳剂中和沉淀，第二槽加硫酸亚铁、高分子絮凝剂等絮凝沉淀；澄清后进第三槽调节 pH 值，达到 GB 8978—2002 的规定后排放。其工艺流程为：

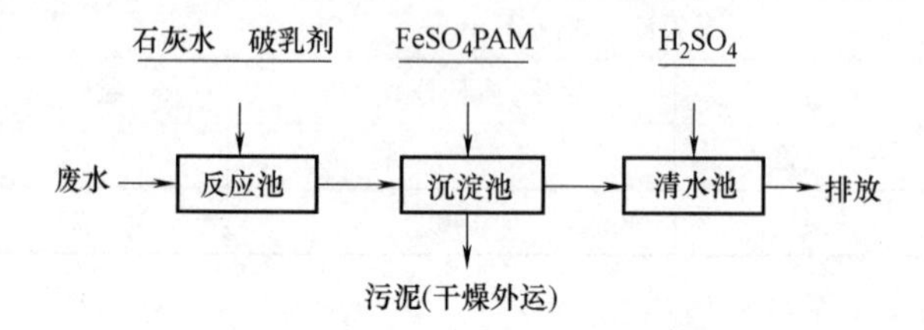

氧化锆转化处理工艺过程中产生的废水，应达到 GB 8978—2002 规定的污染物指标要求才能排放。

第三节　化学转化膜　钢铁黑色氧化膜　规范和试验方法

一、概论

1. 钢铁黑色氧化

黑色氧化，又称黑色精饰或发黑，是“将金属浸泡在热的氧化性盐或盐溶液、混合酸或碱溶液中以对其进行精饰”（见 GB/T 3138—2015 定义 3.24）。钢铁工件通过氧化处理，使其表面生成保护性的氧化膜，膜层的颜色取决于工件的合金成分、表面状态和氧化工艺，一般呈黑色或蓝黑色，铸钢和硅含量较高的特种钢，氧化膜呈褐色或黑褐色。经抛光的表面氧化后，色泽光亮美观，具有极高的装饰性。氧化膜厚度一般为 0.6μm~1.5μm，因此，钢铁黑色氧化处理不影响工件精度。黑色氧化膜的耐蚀性较差，氧化后需进行后处理以提高其耐蚀性和润滑性。

2. 钢铁黑色氧化膜的特性及用途

钢铁黑色氧化膜主要特性及用途如下：

1）具有较好的装饰性，常用于零件的精饰。

2）黑色膜能吸收光，适用于对光敏感的器材，如照相机零件，可以减少光的反射。

3）膜薄，不影响精度，适用于各种精密零件的表面处理，或不允许电镀或涂装的零件。

4）耐磨性好，用来减小滑动面或支承面间的摩擦。

5）具有一定的耐蚀性，尤其是经过后处理，可用于零件的一般防护。

钢铁黑色氧化在工业中广泛应用于五金工具、磨具刀具、精密仪器、仪表、武器、日用品、机械等领域。

3. 钢铁黑色氧化方法

钢铁黑色氧化处理方法主要有：高温碱性氧化法和常温酸性氧化法。

1）高温碱性氧化法。高温碱性发黑是钢铁最典型的发黑方法，工艺相对成熟，发黑质量稳定，膜的外观、附着力和耐蚀性为目前各方法中最为理想的。它是将金属零件放在浓的碱和氧化剂的溶液中，在一定的温度下加热、氧化，使金属表面生成一层均匀致密而且与基体金属牢固结合的四氧化三铁薄膜。由于操作条件等因素的影响，这层薄膜的颜色有蓝黑色、黑色，所以该方法俗称发蓝。该方法的突出特点是不会产生氢脆现象。

2）常温酸性氧化法，又称常温发黑。它是 20 世纪 80 年代中期发展起来的处理工艺。该技术的最大特点是钢铁发黑时不需要加热，在 5℃~40℃的宽温范围内均可使用。发黑速度快，一般仅需几分钟，大大降低了能耗，提高了效率。根据溶液中是否含 SeO_2，可分为两类工艺：一类是有毒工艺，溶液是由 SeO_2 和 $CuSO_4$ 组成的酸性体系；另一类是无毒工艺，不含 SeO_2，溶液为 $CuSO_4$ 和氧化剂（如氯酸钾等）组成的体系。

4. 钢铁黑色氧化膜标准

我国早在 20 世纪 90 年代中期，就发布了 GB/T 15519—1995《钢铁化学氧化膜》，该国家标准比首版 ISO 11408：1999《化学转化膜　钢铁黑色氧化膜　规范和试验方法》早了 4 年。为使我国标准与国际接轨，促进相关行业国际贸易和技术交流，我国于 2002 年对 GB/T

15519—1995进行修订时，修改采用了ISO 11408：1999。GB/T 15519—2002《化学转化膜 钢铁黑色氧化膜 规范和试验方法》于2002年4月16日发布，2002年12月1日实施。

二、标准主要特点与应用说明

1. 主要内容及适用范围

该标准规定了铸铁、锻钢、碳钢、低合金钢和不锈钢上的黑色氧化膜的外观、耐蚀性等的要求，主要内容包括：需方应向供方提供的信息、基材、钢的热处理、外观和表面质量、耐草酸试验和不锈钢耐中性盐雾试验的要求，以及抽样等。

该标准适用于钢铁高温碱性化学氧化膜、常温酸性氧化膜的质量检验和验收，其他方法得到的氧化膜也可参照使用。

2. 标准的主要特点

该标准突出特点是以草酸试验作为膜层质量评价的重要依据。

由于氧化膜薄而多孔，因此这种膜的耐蚀性极为有限。除不锈钢上的黑色氧化膜具有一定的耐蚀性外，其他钢铁基体上的黑色氧化膜采用中性盐雾试验来考察其耐蚀性已没有实质意义。因此，该标准将草酸试验作为所有钢铁黑色氧化膜质量评价的重要依据。将试验结果与标准图片对比，将氧化膜分为劣质膜和优质膜（标准中图2为介于优劣之间的膜，作为评判界限，并非一种类型）。只有达到优质膜标准才被视为合格。草酸试验是一个定性试验，其本质是评价黑色氧化膜的孔隙率，而不是考察耐蚀性。标准中附录B还给出了另一种氧化膜孔隙率或连续性的试验方法——硫酸铜（浸渍或点滴）试验。这两种方法可以选择使用，也可以同时进行对比试验，但必要时应以草酸试验为准。

3. 标准的应用说明

外观和表面质量、耐蚀性是钢铁黑色氧化膜质量最为重要的性能，该标准给出了外观和耐蚀性要求及试验方法。但对于黑色氧化膜的使用，往往还要考察其他方面性能，如附着力、耐磨性、孔隙率，以及高温碱性氧化膜是否存在残留碱。标准中附录B给出了中性表面反应、孔隙率和连续性试验方法，附着力和耐磨性试验方法则可由需方确定，或供需双方根据零件使用工况条件商定。

不锈钢基材上的黑色氧化膜也可参考使用GB/T 29036—2012《不锈钢表面氧化着色 技术规范和试验方法》。

三、标准内容（GB/T 15519—2002）

化学转化膜 钢铁黑色氧化膜 规范和试验方法

1 范围

本标准规定了铁和钢（包括铸铁、锻铁、碳钢、低合金钢和不锈钢）上的黑色氧化膜的要求。黑色氧化膜可用来减小滑动面或支承面间的摩擦，或用于装饰，或减少光反射。这种膜无论是否经过附加防腐处理，都可用于需要黑色表面的地方；即使经过附加防腐处理，在轻度腐蚀条件下，也仅能获得很有限的腐蚀防护性能。

本标准对黑色氧化前基材的状态、加工和表面粗糙度没有规定要求。

2　规范性引用文件

下列文件中的条款通过本标准的引用而成为本标准的条款。凡是注日期的引用文件，其随后所有的修改单（不包括勘误的内容）或修订版均不适用于本标准，然而，鼓励根据本标准达成协议的各方研究是否可使用这些文件的最新版本。凡是不注日期的引用文件，其最新版本适用于本标准。

GB/T 10125　人造气氛腐蚀试验　盐雾试验（eqv ISO 9227）

GB/T 12334　金属和其他非有机覆盖层　关于厚度测量的定义和一般规则（idt ISO 2064）

GB/T 12609　电沉积金属覆盖层和有关精饰　计数抽样检查程序（eqv ISO 4519）

ISO 9587　金属和其他无机覆盖层　钢铁降低氢脆危险的预处理

ISO 9588　金属和其他无机覆盖层　钢铁降低氢脆危险的后涂覆处理

3　术语和定义

GB/T 12334 确立的以及下列术语和定义适用于本标准。

3.1　主要表面　significant surface

工件上某些已涂覆或待涂覆覆盖层的表面，在该表面上覆盖层对其使用性能和（或）外观是至关重要的；表面上的覆盖层必须符合所有规定要求。

4　需方应向供方提供的信息

4.1　必要信息

需方要求按本标准对工件覆盖黑色氧化膜时，应向供方提供以下信息：

a）本标准的编号；

b）指明待覆膜工件的主要表面，例如通过图样或通过提供有适当标记的样品来标明；

c）基材的性质和表面状态（见第 5 章）；

d）要采用的抽样方法（见第 8 章）；

e）膜的外观，例如通过提供有适当标记的样品来提出（见 7.1）。

4.2　附加信息

需方可适当地提供以下附加信息：

a）是否需要检验中性表面反应（见 B.1）；

b）是否需要检验黑色氧化膜的孔隙率和连续性（粗的缺陷）（见 B.2）；

c）附加防腐处理（如：油膜、蜡膜或漆膜）和经过这种处理后湿热试验的任何要求；

d）黑色氧化前和（或）后热处理的任何要求（见第 6 章）；

e）耐草酸试验的任何要求（见 7.2）；

f）耐磨性及其检测的任何要求；

g）摩擦系数及其检测的任何要求；

h）耐中性盐雾试验的任何要求（见 7.3）；

i）较厚黑色氧化膜附着力的任何要求。

5　基材

膜层的表面粗糙度取决于基材原始表面粗糙度，因而它不应是黑色氧化膜拒收的原因。

6　钢的热处理

6.1　概述

可能需要对某些钢种进行热处理以减小因氢脆或碱脆而产生裂缝的危险性。

注：抗拉强度 $R_m \geqslant 1000$MPa 的高强度钢可能发生碱脆，导致黑色氧化过程中在内部或外部应力作用下的自发开裂。

6.2 黑色氧化前的热处理

黑色氧化前的热处理应根据 ISO 9587 进行。热处理应在任何使用水溶液进行的预处理或清洗处理开始前进行。

6.3 黑色氧化后的热处理

黑色氧化后的热处理应根据 ISO 9588 进行。表面已硬化的工件应在 190℃~220℃条件下热处理不少于 2h。

7 要求

7.1 外观和表面质量

膜层应无红色氧化斑点，而且整个膜层不应呈现红棕色；在采用任何附加防腐处理前，用干净的 Whatman 40 滤纸（或相同质量的其他滤纸）擦过的部分，应没有红棕色或绿色污迹产生。

注：局部强化、焊接，粘接、铆接或经过其他类型机械处理的部分允许有不均匀颜色和发雾。

7.2 耐草酸试验

7.2.1 在采用任何附加防腐处理前，根据 7.2.2 进行试验时，工件上的黑色氧化膜应符合图 3 所示。

7.2.2 将 50g 草酸溶于 1L 蒸馏水或去离子水中，室温下在覆盖黑色氧化膜表面的一个平整部位上滴 3 滴（约 0.2mL）这种溶液，30s 后 8 min 内应发生反应。8min 后对表面进行清洗、干燥，并将其与图 1~图 3 进行比较。

7.3 奥氏体不锈钢耐中性盐雾试验

按照 GB/T 10125 进行中性盐雾试验（NSS 试验），未经过任何附加防腐处理的主要表面，应经受 96h 试验而无明显腐蚀痕迹（锈斑）。

8 抽样

应按 GB/T 12609 所规定的样本量从检查批中随机抽取样品。应检查该样本中各样品是否符合本标准，并应根据 GB/T 12609 中抽样方案的规则对该批做出符合各项要求或不符合各项要求的判断。

图 1 劣质膜

图 2 介于优劣之间的膜

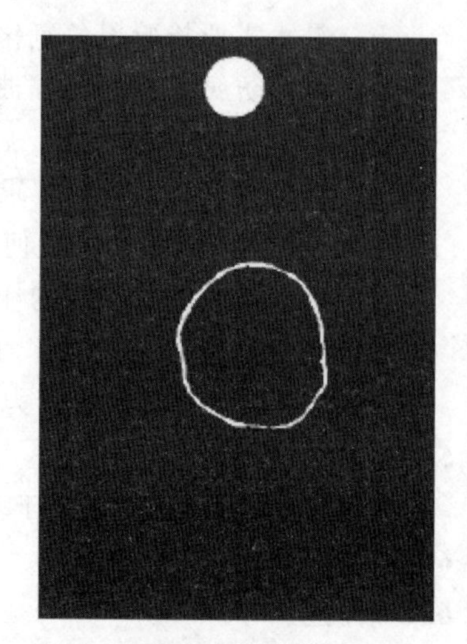

图 3 优质膜

附 录 A
(资料性附录)
铁和钢的处理工艺

表 A.1 铁和钢的典型处理工艺

铁和钢的种类	工艺及相应化学试剂	操作温度/℃	浸泡时间/min
碳钢、低合金钢、铸铁、锻铁	碱性氧化:氢氧化钠、硝酸钠、水	处理槽①沸点在130~150	15~60
480℃以下回火的马氏体不锈钢	碱性铬酸盐:氢氧化钠、硝酸钠、重铬酸钠	115~125	30~45
480℃或以上回火的马氏体不锈钢	熔盐氧化:重铬酸钠和(或)重铬酸钾	熔盐浴 400~455	30
不锈钢②(铁素体或奥氏体)	碱性氧化		
铸铁、碳钢、硅钢、低合金钢	酸性氧化:亚硒酸、铜盐	室温	1~5

① 如果要用多槽处理,则后面的槽与前面槽相比,它由高浓度的同样的化学试剂组成。

② 镍含量不高于8%。

表 A.2 不锈钢的不同种类

不锈钢种类	镍含量(%)	可淬硬性
铁素体	—	不可淬硬
马氏体	≤2.5	可淬硬
铁素体-奥氏体	4.5~7	不可淬硬
奥氏体	7~26	不可淬硬

附 录 B
(资料性附录)
中性表面反应、孔隙率和连续性试验方法

B.1 中性表面反应

试验应在最后的漂洗和烘干后,但在涂油前进行。应按如下方法使用酚酞试验溶液或酚酞试纸:

a) 酚酞试验溶液的制备 将2g酚酞溶于100mL无水乙醇中,并将溶液保存于玻璃滴瓶中。试验时,在待测表面(接头处,凹陷处)上滴1滴~2滴试验溶液。

b) 用蒸馏水湿润酚酞试纸。然后将试纸放在待测表面上。

如果酚酞液滴或指示试纸(合乎规律地)变为玫瑰色,则认为有残留碱存在。

B.2 黑色氧化膜的孔隙率和连续性

应通过下述浸渍或点滴进行本试验。确保每次试验都使用实验室试剂级硫酸铜制备的质量分数为3%的新鲜试验溶液。

a）浸渍 在15℃~20℃条件下，将试样浸入（玻璃或塑料容器中的）试验溶液；30s后取出试样，用冷水冲洗，用滤纸吸干。

b）点滴 将3滴试验溶液滴在待测表面上，30s后，用滤纸擦去液滴。

在标准矫正视力下检查表面，红点或红斑表明膜层存在细孔或膜层被损伤。

第四节 不锈钢表面氧化着色 技术规范和试验方法

一、概论

1. 不锈钢表面氧化着色机理

不锈钢表面通过化学或电化学的方法在特定溶液中形成氧化膜，不同厚度的氧化膜因其可见光干涉行为可以获得不同的色彩。随着着色进程，膜层厚度持续增长，最初薄氧化膜显示蓝色、棕色，进而膜为中等厚度显示金黄色、红色，后期膜为厚膜显示绿色。通过这种氧化着色处理，不锈钢可以获得各种色彩。

2. 不锈钢表面氧化着色膜特点

着色不锈钢色彩鲜艳，外观高贵典雅，色彩丰富，灰度等级多，且不会产生脱落、褪色；膜层耐磨损，耐腐蚀，耐高温，抗风化，同时能弯曲，可拉伸，加工性良好。因此，彩色不锈钢板不仅保持了原色不锈钢的物理、化学和力学性能，而且比原色不锈钢具有更强的耐蚀性，是一种新型高品位性能优异的材料。

3. 不锈钢表面着色的方法

不锈钢表面着色方法分为化学法和电化学法。

化学法通常是指将不锈钢浸泡于含特定化学物质的水溶液中进行的着色方法，以INCO工艺为代表。表面着色质量还取决于不锈钢的牌号、工件的表面状态和着色液工艺条件的稳定性。色彩的重现性可以通过着色电位来控制。

电化学法是通过外加电流使不锈钢表面发生氧化反应形成氧化膜，其优点是颜色的可控性和重现性很好，受不锈钢表面状况的影响小，而且处理温度低。因此，其工业应用逐渐受到关注。

4. 不锈钢表面氧化着色的应用

彩色不锈钢广泛应用于建筑装潢、厨房用具、家用电器、仪器仪表、汽车工业、化工设备、标牌印刷、艺术品及宇航军工等领域。

不锈钢着色技术自1972年工业化以来，在欧美发达国家得到广泛应用，并建立了现代化生产线。虽然我国起步较晚，但是经过多年研究，已取得快速发展，并实现了彩色不锈钢国产化生产。

5. 不锈钢表面氧化着色技术标准

为促进不锈钢着色技术应用，提高相关产品质量，我国发布了机械行业标准JB/T 10915—2008《不锈钢表面着色》。随着技术的进步以及应用市场日益广阔，在行业标准基础上，我国于2012年制定了国家标准GB/T 29036—2012《不锈钢表面氧化着色 技术规范和试验方法》，行业标准同时废止。GB/T 29036—2012于2012年12月31日发布，2013年10月1日实施。

二、标准主要特点与应用说明

1. 标准的主要内容与适用范围

该标准规定了不锈钢表面氧化着色膜的性能要求、试验方法及检验规则，适用于通过化学或电化学法对不锈钢的板材、型材和工件的氧化着色，高温氧化法不锈钢着色也可参照使用。该标准不适用于采用其他方式进行的不锈钢着色，如离子沉积法、气相沉积法、有机物涂覆等。

2. 标准的关键技术

1）保证色彩的重复性，尤其是批量生产中色彩的一致性是不锈钢着色的关键。影响色彩的因素很多，如各种不锈钢的电化学性能不一致，着色液浓度变化，着色温度、时间等的改变。色彩控制方式主要有时间控制法和电位控制法。时间控制法是固定一定的温度，将不锈钢浸渍一定时间，就能得到一定的颜色。由于生产中着色液组成很难保持一致，温度也较难控制，因此，在工业生产中难以得到重复的颜色。电位控制法通过测量着色过程中不锈钢的电位-时间曲线，某一电位和起始电位之间的电位差与一定的颜色对应，这个关系几乎不随着色液的温度和组成的变化而变化，因此，电位控制法比时间控制法更适合于工业生产。

2）不同类型不锈钢表面着色性能差异。奥氏体不锈钢适合进行化学着色，着色后能得到满意的彩色外观和较好的耐蚀性；由于铁素体不锈钢在着色溶液中有腐蚀倾向，得到的色彩不如奥氏体不锈钢鲜艳；低铬高碳马氏体不锈钢的耐蚀性较差，则只能得到灰暗的色彩，或者得到黑色的表面。

3）不锈钢着色处理后，虽然获得鲜艳的彩色膜，但这种氧化膜疏松多孔，孔隙率为20%~30%，膜层极薄，柔软不耐磨，应进行固膜处理。通过电解固膜，可以大大提高着色膜的耐蚀性和耐磨性。但是固膜处理后表面仍有较多孔隙，容易被污染物沾染，还需进行封闭处理。

3. 标准的应用说明

着色膜具有艳丽的外观和良好的物理性能和加工性能。提供外观样件，可直观地展现外观要求，并通过对比进行质量检验。着色膜的其他性能主要包括耐蚀性、耐紫外光性能、耐热性、耐磨性和耐开裂性，这些性能的具体指标要求和试验方法在标准中都有明确规定。

三、标准内容（GB/T 29036—2012）

不锈钢表面氧化着色 技术规范和试验方法

1 范围

本标准规定了不锈钢表面氧化着色的技术要求、试验方法及检验规则。

本标准适用于通过化学或电化学法对不锈钢的板材、型材和工件的氧化着色，高温氧化法不锈钢着色也可参照使用。

本标准不适用于采用其他方式进行的不锈钢着色，如离子沉积法、气相沉积法、有机物涂覆等。

2 规范性引用文件

下列文件对于本文件的应用是必不可少的。凡是注日期的引用文件，仅注日期的版本适用于本文件。凡是不注日期的引用文件，其最新版本（包括所有的修改单）适用于本文件。

GB/T 3138 金属镀覆和化学处理与有关过程术语

GB/T 4156 金属材料 薄板和薄带 埃里克森杯突试验

GB/T 10125 人造气氛腐蚀试验 盐雾试验

GB/T 12334 金属和其他非有机覆盖层 关于厚度测量的定义和一般规则

GB/T 12609 电沉积金属覆盖层和有关精饰 计数检验抽样程序

GB/T 12967.2 铝及铝合金阳极氧化膜检测方法 第2部分：用轮式磨损试验仪测定阳极氧化膜的耐磨性和耐磨系数

GB/T 12967.4 铝及铝合金阳极氧化 着色阳极氧化膜耐紫外光性能的测定

GB/T 20878 不锈钢和耐热钢 牌号及化学成分

ISO 16348 金属和其他无机覆盖层 外观的定义和习惯用语（Metallic and other inorganic coatings—Definitions and conventions concerning appearance）

3 术语和定义

GB/T 3138、GB/T 12334 和 ISO 16348 界定的以及下列术语和定义适用于本文件。

3.1 化学着色 chemical coloring

将不锈钢浸泡于含特定化学物质的水溶液中，使不锈钢表面发生氧化反应形成氧化膜的着色方法。

3.2 电化学着色 electrochemical coloring

将不锈钢浸泡于含特定化学物质的水溶液中，通过外加电流使不锈钢表面发生氧化反应形成氧化膜的着色方法。

3.3 电解固化 electrolysis curing

通过电解的方法使着色处理后的不锈钢氧化膜结构致密、孔隙减少，以提高着色膜的耐蚀性和耐磨性。

3.4 封闭 seal

通过采用水蒸气、水玻璃或重铬酸钾等对着色膜的少量孔隙进行填充处理，其目的是提高着色膜的抗污能力和耐蚀性。

4 需方提供给供方的信息

应在合同或订购合约中，或在工程图样上书面提供以下信息：

a）本标准号，即 GB/T 29036；

b）不锈钢基材的合金牌号；

c）外观要求。提供按要求处理的样品或需方依据 ISO 16348 认可的样品；

d）工件上可接受的电触点位置；

e）如需要，可在文件中标明尺寸公差要求（见注）；

f）电化学试验及其他特殊试验的所有要求；

g）必要时，在着色之前可提出基体所需的最后表面特征。

注：通常，电化学着色可去掉工件的部分表层厚度。在电流密度大的地方，如拐角和边缘处将会去掉

更多。使用屏蔽或辅助阴极可减小这一趋势。

5 基体状态

不锈钢基体材料宜使用耐蚀性良好的奥氏体不锈钢系列（见 GB/T 20878）板材、型材及相应的工件等。

不锈钢表面加工状态直接影响不锈钢工件表面着色质量。不锈钢基体经过机械处理，不应出现形变、损伤等缺陷，表面形貌应均匀一致。

注：当不锈钢经过冷加工变形后（例如弯曲、拉拔、深冲、冷轧），表面晶粒的完整性受到破坏，形成的着色膜色泽易紊乱、不均匀。冷加工后，耐蚀性也下降，形成的着色膜失去原有的光泽，这些都可以通过退火处理恢复原来的显微组织，得到良好的彩色膜。

6 着色

6.1 着色前处理

着色前应进行表面前处理去除不锈钢工件表面油脂、氧化层等；应根据着色要求对着色表面进行电化学表面整平和抛光处理。抛光要求表面粗糙度一致，避免造成色差，最好达到镜面光亮，以便获得鲜艳均匀的色彩。抛光后的工件应尽快进行着色处理。

6.2 着色处理

将不锈钢工件浸泡于工作槽液中，通过控制氧化电位获得不同厚度的氧化膜。不同厚度膜的可见光干涉行为可以获得不同的色彩。氧化膜的厚度与色泽的关系见表 1。

表 1 氧化膜厚度与色泽的关系

膜厚/nm	色 泽
≈50	褐色
≈60	黑紫色
≈80	蓝色
≈120	黄色
≈180	红色
≈220	绿色

6.3 着色后处理

为提高着色膜的耐蚀性和耐磨性，着色产品应通过电解固化进行固膜和孔隙封闭处理。

注：着色后表面由于沾污或操作不当引起色泽不均匀等次品，可以退除着色膜后重新着色（典型退除工艺参见附录 A）。

7 要求

7.1 外观

用正常或矫正后的视力目视检查时，着色膜层应连续，可为多种颜色，色泽应均匀一致。除焊缝处外，不允许局部无氧化膜。

着色膜允许出现轻微水迹以及由于不同的热处理、焊接及加工方式造成的颜色局部不均匀。

7.2 耐蚀性

按 GB/T 10125 的规定进行试验。不锈钢着色试样经 800h 中性盐雾试验，不应出现锈蚀、膜层脱落等任何腐蚀现象。

7.3 耐紫外光性能

按 GB/T 12967.4 的规定进行试验。不锈钢着色试样经 360h 紫外线辐射试验，着色膜层颜色不应发生肉眼可见的褪色或变色。

7.4　耐热性

将不锈钢着色试样置于合适的恒温箱或马弗炉中，300℃温度下烘烤 1h，着色膜层不应出现脱落和肉眼可见的色泽变化。

7.5　耐磨性

按 GB/T 12967.2 规定的耐磨试验方法试验。不锈钢着色试样在 500g 负荷下，经受软橡皮轮往复摩擦≥15000 次，不应露出不锈钢基体。

7.6　耐开裂性

按 GB/T 4156 的规定进行试验。不锈钢着色试样规格为（长×宽×厚）100mm×50mm×1mm，经杯突试验，杯突高度≥6mm，着色膜层不应有肉眼可见的开裂。

8　抽样

试样的形状、规格应根据检验所需的要求或按照有关检验标准的规定执行。取样方法应按 GB/T 12609 的规定选择，或由供需双方商定方案。

一般情况下，用于检验的试样只能从产品中抽取。当产品不适合试验时，可专门制备替代试样。替代试样的基体材料、表面状态、着色工艺条件应与产品的实际生产相同。

9　试验报告

试验报告应包含以下信息：

a）本标准的编号；

b）所使用的试验方法（见第 7 章）；

c）每个试片试验的位置；

d）使用的样品数量；

e）操作人员姓名和实验室名称；

f）试验进行的日期；

g）任何可能影响结果或准确度的环境条件；

h）与指定试验方法有偏差之处。

附　录　A
（资料性附录）
不锈钢着色膜典型退除工艺

不锈钢着色膜可按表 A.1 所列工艺退除。

表 A.1　不锈钢着色膜典型退除工艺

磷酸 H_3PO_4（质量分数，%）	10~20
光亮剂	少量
阴极材料	铅板
阴极电流密度/（A/dm^2）	2~3
温度/℃	室温
电压/V	12
时间/min	5~15

注：退除着色膜时，应避免基体发生腐蚀。

第五节 化学转化膜 铝及铝合金上漂洗和不漂洗铬酸盐转化膜

一、概论

1. 铝及铝合金表面铬酸盐转化

铬酸盐转化，又称铬酸盐钝化，属于化学转化（化学氧化），是铝及铝合金最常见的表面处理方法。它是铝及铝合金基体被含六价铬的溶液作用而在其表面形成一层很薄的不溶性铬酸盐膜的过程，形成的膜叫铬酸盐转化膜。

铬酸盐转化膜厚度为0.5μm~4μm，由$Cr(OH)_3$和在干燥过程中发生部分脱水反应生成的Cr_2O_3组成，另外还存在小部分的Al_2O_3，外面为多孔层，里面为密集层。因此，铬酸盐转化膜具有较好的耐蚀性，且与油漆的附着力好。

2. 铬酸盐转化膜的自修复

铬酸盐转化膜含有三价铬和可溶性六价铬，其耐蚀性好。一般认为六价铬转化膜具有自修复性，可提高膜的耐蚀性。六价铬会扩散并迁移至划伤区域，在划伤区域重新发生反应生成转化膜，自修复行为包括六价铬的存储、释放和迁移三个阶段，即六价铬释放至腐蚀环境中、六价铬穿过液相转移至没有覆盖转化膜或者划伤区域和可溶性铬发生还原反应生成不可溶的铬的氢氧化物。

3. 铝及铝合金铬酸盐转化膜的特性及用途

铝及铝合金铬酸盐转化膜的主要特性及用途如下：

1）具有较好的耐蚀性，经铬酸盐处理的大部分铝合金耐中性盐雾腐蚀试验可达336h，部分铝合金甚至可达1000h以上，因此可单独作为铝合金零部件的防护层。

2）与漆膜的附着力强，用于涂装底层。

3）接触电阻小，导电性好，用于要求导电的电子零件的防护。

4）能获得不同的颜色，可以提高工件的外观装饰性。

4. 铝及铝合金铬酸盐转化膜的应用

铬酸盐转化是铝合金耐蚀性最佳的化学转化法，且对铝合金的疲劳性能影响小，操作简单，处理时间短，生产设备要求低，生产率高，成本低，特别适合复杂零件的表面处理。因此，铬酸盐转化在电子电气、航空、机械制造及日用五金等行业得到广泛应用。

但是，六价铬具有毒性，是致癌物，危害人体健康和环境，已在世界范围内被限制或禁止使用。目前，已有较多的商品三价铬转化液用于铝合金表面处理，其性能接近或达到铬酸盐转化水平。完全无铬的转化液也开始工业化应用，但主要用于涂装前处理。尽管如此，在航空工业、核能工业、船舶工业和军工产品中，铬酸盐转化膜仍无法完全被取代。

5. 铬酸盐转化技术标准

铬酸盐转化膜工业应用较早，技术成熟，早在1993年就制定了国际标准ISO 10546：1993《化学转化膜 铝及铝合金上漂洗和不漂洗铬酸盐转化膜》。该标准对于合理应用铬酸盐转化处理发挥了积极作用，但鉴于六价铬的危害，以及工业发达国家相继出台政策禁止六价铬的使用，国家标准化组织于2016年废止了该标准。

我国于1998年等效采用ISO 10546：1993，制定了国家标准GB/T 17460—1998《化学转化膜 铝及铝合金上漂洗和不漂洗铬酸盐转化膜》。随着人们对环境保护的重视，铬酸盐转化被限制或禁止使用，但考虑到铬酸盐转化膜在军工等领域仍在继续使用，2006年我国将国家标准GB/T 17460—1998调整（降级）为机械行业标准。JB/T 10581—2006《化学转化膜 铝及铝合金上漂洗和不漂洗铬酸盐转化膜》于2006年7月27日发布，2006年10月11日实施。

二、标准主要特点与应用说明

1. 标准主要内容及适用范围

该标准主要内容有铬酸盐转化膜的特性、成膜方法、技术要求、抽样和试样，以及膜层分类和鉴定。其中，技术要求主要包括附着力、耐蚀性和单位面积膜质量（膜重）。

该标准适用于挤压铝合金和铸造铝合金的铬酸盐转化处理，铝及铝合金三价铬转化处理可参照使用。

2. 铬酸盐膜和铬酸盐-磷酸盐膜

铝及铝合金铬酸盐转化处理可分为铬酸盐法和铬酸盐-磷酸盐法，其区别在于处理溶液中是否含有磷酸盐。铬酸盐处理液主要由铬酸盐、氟化物及铁氰化钾组成，其膜层颜色由浅至深为无色、彩虹色、黄色、棕红色。铬酸盐-磷酸盐处理液主要由铬酸盐、磷酸盐和氟化物组成，膜层颜色为无色或绿色，这是源于膜层三价铬颜色。铬酸盐-磷酸盐膜层中六价铬的含量相对较少，其耐蚀性也不如铬酸盐膜。因此，实际应用中，铬酸盐膜占绝大多数，而铬酸盐-磷酸盐膜占比很少。根据处理溶液成分的不同，该标准将铬酸盐转化膜分为铬酸盐膜和铬酸盐-磷酸盐膜两大类。每类根据单位面积膜质量又细分三小类。该标准还列出了两类膜的特性及其鉴别方法。

3. 漂洗和不漂洗

正常情况下，铬酸盐转化处理后，都要经过漂洗再干燥。但如果后续要涂漆或粘接橡胶等，转化处理后可以不漂洗，直接烘干，然后进行后续工序。其好处是，不产生含六价铬的废水，解决了废水污染环境的问题。该标准给出了漂洗要求，以防止六价铬在漂洗过程中溶解。

4. 铬酸盐转化膜的老化

刚生成的铬酸盐转化膜主要由铬酸盐与水合氧化物或氢氧化物组成，膜柔软、易划伤，自然干燥后逐渐脱水变硬。因此，铬酸盐转化膜在自然条件下放置一定时间后可获得最佳性能，这一过程称为膜的“老化”。该标准给出了最短老化时间为24h，并规定所有性能测试必须在老化24h后进行。但应该注意到，只有新鲜膜（成膜3h内）才可能被硝酸完全退除，因此采用硝酸作为退膜液测量单位面积膜质量时，应在转化处理后3h内进行。

三、标准内容（JB/T 10581—2006）

化学转化膜 铝及铝合金上漂洗和不漂洗铬酸盐转化膜

1 范围

本标准规定了有关铝及铝合金上漂洗和不漂洗铬酸盐转化膜的特性、成膜方法、技术要求、抽样试样、分类和膜层鉴定。

本标准适用于挤压铝制品、铸铝件和铝卷材（带材、线材）等的表面化学转化处理。

2　引用标准

下列标准所包含的条文，通过在本标准中引用而构成为本标准的条文。本标准出版时，所示版本均为有效。所有标准都会被修订，使用本标准的各方应探讨使用下列标准最新版本的可能性。

GB/T 2423.3—1993　电工电子产品基本环境试验规程　试验 Ca：恒定湿热试验方法（eqv IEC 68-2-3：1969）

GB/T 3138—1995　金属镀覆和化学处理与有关过程术语（neq ISO 2079：81，neq ISO 2080：81）

GB/T 9286—1988　色漆和清漆　漆膜的划格试验（eqv ISO 2409：1972）

GB/T 9792—1988　金属材料上的转化膜　单位面积上膜层质量的测定　重量法（eqv ISO 3892：1980）

GB/T 10125—1997　人造气氛腐蚀试验　盐雾试验（eqv ISO 9227：1990）

GB/T 12609—1990　电沉积金属覆盖层和有关精饰计数抽样检查程序（eqv ISO 4519：1980）

3　定义

本标准除采用 GB/T 3138 的术语和定义外，还采用以下定义。

3.1　铬酸盐转化处理　chromating

将工件放在含六价铬的溶液中处理，使表面形成一层很薄的钝态含铬保护膜的过程。

3.2　铬酸盐转化膜　chromate conversion coating

经铬酸盐转化处理的工件生成的钝态含铬保护膜，简称为铬酸盐膜。本标准中，若无特别指明，铬酸盐膜应是不含磷酸盐的铬酸盐膜和铬酸盐-磷酸盐膜的总称。

3.3　漂洗铬酸盐膜　rinsed chromate coating

干燥前先在水中漂洗的铬酸盐膜。该类型膜层一般应用于挤压铝制品、铸铝和卷材（带材、线材）。

3.4　不漂洗铬酸盐膜　non-rinsed chromate coating

铬酸盐转化处理后，不经水漂洗，直接干燥的铬酸盐膜。这种特殊类型膜层通常应用于需要随后立即涂漆或附着其他涂层的铝薄板卷材，有时被称为卷材膜。

4　铬酸盐膜的特性

铬酸盐膜对基体材料具有防蚀作用，也可作为其他覆层的底层。

绿色铬酸盐磷酸盐膜存放较长时间，通常在室温下经 1~2 个月之后，可获得最佳耐蚀性。

铬酸盐转化膜的接触电阻值较阳极氧化膜低且随单位面积膜层质量的增加而增大。

无色、淡黄或淡绿彩虹色铬酸盐层，膜层厚度较小，接触电阻值较低，且随单位面积膜层质量的增加，接触电阻值增加很小。

深棕、深黄或深绿色膜，膜层厚度较大，接触电阻值较大，且随单位面积膜层质量的增加，接触电阻值增加也较明显。

5 铬酸盐膜成膜方法

5.1 表面准备

5.1.1 基体材料

基体材料上应尽量没有可见的缺陷，如起泡、空洞、槽痕、非金属夹杂、小坑、多孔性等，否则会有损于铬酸盐膜外观和使用性能。

5.1.2 表面要求和预处理

待处理工件表面应清洁，基本无氧化物，结疤和诸如金属切屑、磨尘、油、脂、润滑剂、手汗和不利于最后精饰的任何其他污物。因此，工件在铬酸盐转化处理前必须清洗，必要时还应酸蚀。表面应先除尽未反应可溶性盐类，才可进行不漂洗铬酸盐转化处理。

5.2 铬酸盐转化处理工序

铬酸盐转化处理所需工序取决于待处理工件的表面状态，所采用的铝合金种类，以及工件的外观要求。附录 B（提示的附录）图 B.1 所示为推荐的各种处理工序的选择方案。

5.3 铬酸盐转化处理说明

非铝金属材料不得与铝和铝合金材料在同一铬酸盐转化处理溶液中处理，以免原电池腐蚀。

铬酸盐转化处理通常采用浸渍（搅拌或不搅拌）、喷淋、滚动或涂抹等技术实现。采用的这些技术应符合所采用的铬酸盐转化处理工艺的操作规程。铬酸盐转化处理溶液通常是酸性的，含有六价铬和/或三价铬的盐以及可以对膜层外观和硬度产生各种影响的其他一些组分。因此，转化膜类型和颜色决定于铬酸盐转化处理溶液的组成，但它们也受溶液 pH 值、温度、处理时间、溶液搅拌以及被处理合金的特性和表面状况的影响。

漂洗铬酸盐转化膜最后必须有一道水洗。如果漂洗铬酸盐转化膜作为附加覆盖层的底层，则表面应在电导率低于 100μS/cm 的纯水中漂洗。如果在铬酸盐转化处理工序后是用热水做最后的漂洗，则漂洗的时间必须尽可能短，以防止六价铬溶解。干燥温度（在工件表面测量），对于铬酸盐膜（不含磷酸盐）不应超过 65℃，而对铬酸盐-磷酸盐膜不应超过 85℃，以免过度脱水。

不漂洗铬酸盐膜的干燥应根据生产厂家的规程执行。

如果铬酸盐转化膜是作为漆膜底层，涂漆前的干燥应分两步进行：不超过 65℃ 的预干燥和在 100℃ ~110℃ 的第二次干燥，以便获得最佳的附着性。

注：在 100℃ ~110℃ 温度下热处理会影响不涂漆区的耐蚀性。

6 膜层的技术要求

6.1 说明

铬酸盐转化膜随着逐渐脱水时效而变硬。因此，处理后 24h 内不要触及或触摸要小心，任何测试（包括腐蚀试验）都应在 24h 之后进行。

6.2 附着性

膜层应附着、不起粉。目前尚无有实效的测量铝上铬酸盐转化膜的附着性方法。但是，可以通过测量涂覆于铬酸盐膜上的第二层有机膜的附着性来估计该铬酸盐膜的附着性。按照规定，铬酸盐转化膜应通过 GB/T 9286 规定的有机膜层附着性试验。

6.3 耐蚀性

如果进行 GB/T 10125 中规定的中性盐雾试验，三片单独的试样（见第 7 章）经表 1 所列时间暴露后，肉眼可见的孤立的点或坑总数不应超过 8 个，每个点或坑的直径不应大于 1mm，每单个试样表面上的孤立的点或坑数不应超过 5 个，点或坑的直径应不大于 1mm。距试样边缘 10mm 以内的点不计。还可采用 GB/T 2423.3 中规定的试验方法。

表 1　相对耐蚀性　（单位：h）

类别①	暴露时间②		
	不能热处理的锻铝合金	能热处理的合金及公称硅含量≤1%的铸造铝合金	公称硅含量>1%的铸造铝合金
1	500	336	48
2	250	168	24
3	168	120	12

① 类别号按传统习惯确定，不反映耐蚀性的等级。规定的暴露时间仅针对无附加膜的铬酸盐膜表面。该试验未给出另覆有有机膜的表面性能资料。

② 暴露时间反映出不同合金上的各种类型膜的相对耐蚀性，但中性盐雾试验中表现出的耐蚀性和使用中的耐蚀性之间没有直接的关系。

6.4　单位面积膜层质量

转化膜表面单位面积膜层质量应符合表 2 中所列值，采用 GB/T 9792 中规定的方法测定。

膜层质量较大并不一定都好，这尤其表现于用作底层时的情况。

7　抽样和试样

除非另有规定，否则应采用 GB/T 12609 的抽样方法抽样。

试样应与其代表的工件具有相同的合金成分和表面状态，其尺寸应为 100mm×150mm。

8　分类

精饰膜分为 6 个类别，其最重要特性见表 2。

表 2　铬酸盐膜的分类

类别	外观	单位面积膜层质量/(g/m²)	腐蚀防护
1	棕色	1.3~3	耐蚀性最好，一般用作最后的精饰
2	黄色	0.2~1.3	中等耐蚀性，用作涂料底层和与橡胶黏合
3	无色	0.05~0.2	用作装饰，微弱的耐蚀性，绝缘性能差
4	绿色	2~5	中等耐蚀性，用作涂料底层和与橡胶黏合
5	淡绿色	0.2~2	
6	无色	0.05~0.2	

注：类别号按传统习惯确定，和耐腐蚀程度没有关系。膜层质量应按 GB/T 9792 中的规定进行测量。

采用铬酸盐转化处理（不含磷酸盐），可以得到多种类型，不同用途的膜层（1~3 类），例如从膜层厚度上大致分为三个区域的膜层：耐蚀性能最好的棕色厚膜，适于作有机膜底层的黄色中等厚度膜或导电性能最好的无色薄膜。黄色膜颜色从金黄色到彩虹淡黄色。

采用铬酸盐-磷酸盐转化处理，得到的膜层（4~6 类）颜色从绿色到彩虹淡绿色。

作业者很难保证所得到的铬酸盐转化膜的颜色与期望的一致，可采用染色法解决此问题。但是只有膜层质量大于 0.4g/m² 的铬酸盐膜才可染色。染色对膜层耐蚀性能影响不大，膜层的颜色及其均匀性，因合金种类，工件表面状况而异。表面上的彩虹色以及区域间颜色深浅存在差别是正常的。

9　膜层鉴定

转化膜中铬的存在和膜的类别可通过目察以及附录 A（提示的附录）中所述的试验鉴定。

9.1 铬酸盐膜（不含磷酸盐 1~3 类）

采用 A.2 和 A.3 中所述试验方法鉴定，如测定出膜层中含有铬，不含磷酸盐，则可鉴定该膜层为铬酸盐膜（不含磷酸盐）。

9.2 铬酸盐-磷酸盐膜（4~6 类）

采用 A.2 和 A.3 中所述试验方法鉴定，如测定出膜层中含磷酸盐和铬，不含锌，可鉴定该膜层为铬酸盐-磷酸盐膜。本试验中测定膜层中是否含锌，是为了将铬酸盐-磷酸盐膜与阳极氧化膜或锌系磷酸盐膜区别开来。

附 录 A
(提示的附录)
膜层组成的定性试验

A.1 试剂

试验过程中只允许使用分析纯试剂和蒸馏水或去离子水。

A.1.1 5%（质量分数）氢氧化钠（NaOH）溶液。

A.1.2 20%（质量分数）氢氧化钠（NaOH）溶液。

A.1.3 30%（质量分数）过氧化氢（H_2O_2）溶液。

A.1.4 10%（质量分数）醋酸（CH_3COOH）溶液。

A.1.5 10%（质量分数）硝酸铅［$Pb(NO_3)_2$］溶液。

A.1.6 65%（质量分数）浓硝酸（HNO_2）溶液（$\rho_{20} \approx 1.4g/cm^3$）。

A.1.7 38%（质量分数）硝酸（HNO_3）溶液，可由浓硝酸（A.1.6）与水按 1∶1 体积混合制得。

A.1.8 钼酸铵试剂

88.5g 钼酸铵［$(NH_4)_6Mo_7O_{24} \cdot 4H_2O$］，加含 25%（质量分数）$NH_3$ 的氨水溶液 34mL 和 240g 硝酸铵（A.1.9）。混合溶于水，摇匀，稀释至 1L。

A.1.9 硝酸铵（NH_4NO_3）。

A.1.10 25%（质量分数）盐酸（HCl）溶液。

A.1.11 5%（质量分数）亚铁氰化钾［$K_4Fe(CN)_6$］溶液。

A.1.12 25%（质量分数）硫酸（H_2SO_4）溶液。

A.1.13 0.5%（质量分数）酚酞（$C_{20}H_{14}O_4$）溶液，溶剂为乙醇。

A.2 铬的测定

加 5mL 过氧化氢溶液（A.1.3）于 50mL 氢氧化钠溶液（A.1.1）中，处理表面积约为 300cm^2 的试样。将 50℃~60℃的该溶液浇遍试样，不断重复直至膜层完全褪去，将得到的溶液倒出，煮沸，直至过氧化氢全部分解（大约 5min~6min），冷却，用硝酸铅溶液（A.1.5）沉淀。

如有黄色沉淀，则表示存在六价铬。采用这种方法可测出的总铬的最小量约为每平方米表面 5mg。

A.3 磷酸盐的测定

为了测定铬酸盐膜层中是否存在磷酸盐，所取待测试样的表面积约为 100cm^2。用 100mL 氢氧化钠溶液（A.1.1）在 80℃~90℃下处理该试样，直至膜层完全溶解，或者至少要至表面已明显腐蚀。将得到的溶液过滤，取 25mL 滤液用硝酸溶液（A. 1. 7）酸化，然后加入 10mL 钼酸铵试剂（A. 1. 8）和 5g 硝酸铵（A. 1. 9）。将溶液静置至少 15min。

如有黄色沉淀，则表示存在磷酸盐。采用这种方法可测出的磷酸盐的最小量约为每平方米表面 40mg 五氧化二磷。

A. 4　锌的测定

为了测定膜层中是否含锌，所取待测试样的表面积约为 $100cm^2$。用 50mL 硝酸溶液（A. 1. 6）在室温下处理该试样，直至膜层完全溶解，或至少要至表面已明显腐蚀。将得到的溶液用玻璃棉过滤，取 25mL 滤液用氢氧化钠溶液（A. 1. 2）中和直至酚酞指示剂（A. 1. 13）变红。然后将溶液加入大约 10 滴硫酸溶液（A. 1. 12），使其呈弱酸性。

在加入 5mL 亚铁氰化钾溶液（A. 1. 11）后，如有绿白色沉淀，则表示存在有锌。采用这种方法可测出锌的最小量约为每平方米表面 20mg。

附　录　B
（提示的附录）
处理工序的选择方案

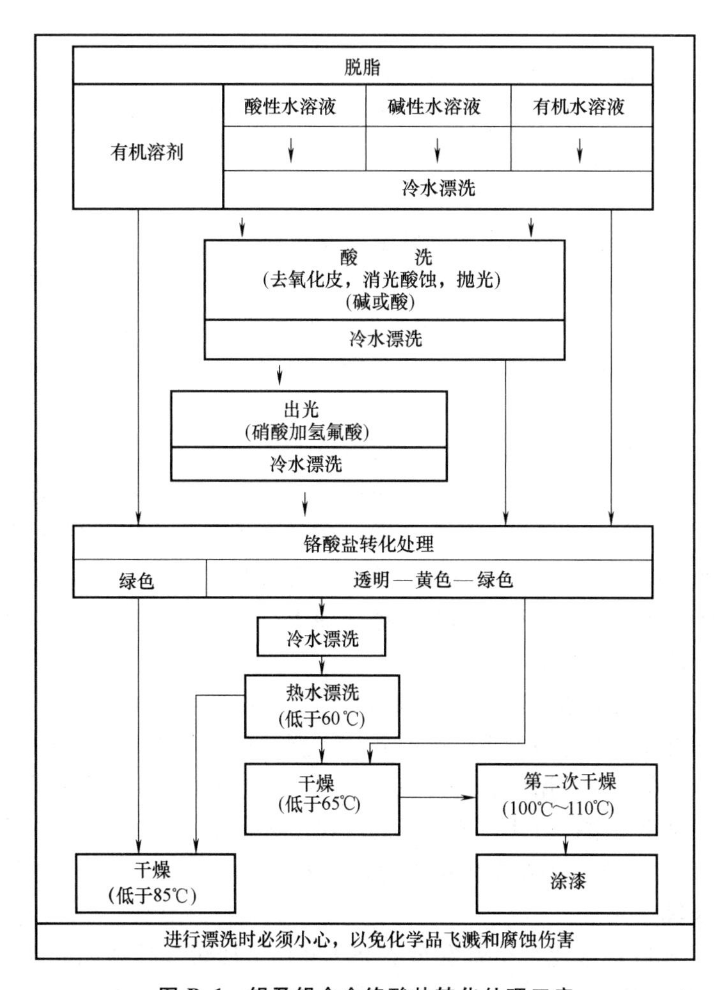

图 B. 1　铝及铝合金铬酸盐转化处理工序

第六节 锌、镉、铝-锌合金和锌-铝合金的铬酸盐转化膜 试验方法

一、概论

1. 锌、镉在工程中的应用

锌和镉是周期表中锌类元素中两个重要元素，属ⅡB族元素，其化学性质相似，都比较活泼。锌和镉金属都有特殊的性能，因而得到各种工程应用。另外，这两种金属都容易电沉积成均匀的镀层，且常作为阳极性镀层，同时以牺牲和屏障两种作用有效地保护其所镀覆的基体。锌也特别容易以热浸镀的方式在钢铁表面形成保护层。

2. 铝-锌合金和锌-铝合金

铝（质量分数为55%)-锌合金和锌-铝（质量分数为5%）合金常用于钢铁产品的热浸镀，合金自身的工程应用并不多见。

铝-锌合金镀层板的镀层组织为AlZn合金，镀层成分（质量分数）为Al55%，Zn43.4%，Si1.6%，其表面光滑，具有优良的耐大气腐蚀的能力，比同样的热镀锌高2~6倍。铝锌合金镀层还具有优良的耐高温腐蚀性，其热反射率高于75%，是普通镀锌的2倍，涂装性和加工性优良，正在逐步取代镀锌层而在世界各地广泛使用。

锌-铝合金镀层成分（质量分数）大致为Al 5%，Zn 95%，还有微量的稀土元素，主要优点是镀层的塑性和附着性很好，而且变形前后的耐蚀性不变，耐大气腐蚀性能是常规热镀锌的2倍~3倍。

3. 锌、镉、铝-锌合金、锌-铝合金的铬酸盐转化处理

由于锌、镉、铝-锌合金、锌-铝合金的化学性质都比较活泼，其裸态或镀态（电镀或热浸镀）在工程应用的环境条件下，因潮湿、二氧化碳等的作用，极易变暗并出现白色腐蚀产物，不仅严重影响其美观，也削弱其使用性能。因此应当进行必要的表面处理，以提高其耐蚀性。

如同铝及铝合金一样，铬酸盐转化处理也是锌、镉、铝-锌合金、锌-铝合金最常用的、应用最广泛的表面处理方法。铬酸盐转化膜可以大大提高材料的耐蚀性，这是因为膜层牢固地黏附在基体表面，一方面使基体与大气隔绝，减缓了大气中有害气体对基体表面的腐蚀，起着良好的物理保护作用；另一方面一旦转化膜局部破坏，膜中的六价铬能使基体再钝化，可以自动修复膜层，同时铬酸根作为腐蚀原电池的阳极阻化剂阻碍了阳极反应的进行，从而大大减缓了基体（镀层）的腐蚀。

铬酸盐转化处理不仅工艺简单，成本低廉，而且膜层外观装饰性好，耐蚀性优良，其应用十分普遍。但铬酸盐含六价铬，毒性强，致癌，严重危害人体健康，污染环境，其应用受到严格限制。因此，在实际应用中，应尽可能采用三价铬转化和无铬转化技术。目前，基于膜层性能尤其是耐蚀性无法被取代，或是因为环保工艺使用成本过高，锌、镉及其镀层、热浸镀锌-铝合金、铝-锌合金等仍在采用铬酸盐转化处理。

4. 标准制定及其意义

早在1980年，国际标准化组织就发布了ISO 3613：1980《锌和镉的铬酸盐转化膜 试验方法》。2000年进行第一次修订时，适用基体增加了铝-锌合金和锌-铝合金，并修改了标

准名称；2010年，标准再次进行了修订，目前为第4版：ISO 3613：2021《锌、镉、铝-锌合金和锌-铝合金的铬酸盐转化膜　试验方法》。

我国于1988年参照采用ISO 3613：1980制定了GB/T 9791—1988《锌和镉上铬酸盐转化膜　试验方法》。2003年修订时，修改采用ISO 3613：2000。GB/T 9791—2003《锌、镉、铝-锌合金和锌-铝合金的铬酸盐转化膜　试验方法》于2003年10月29日发布，2004年5月1日实施。

二、标准主要特点与应用说明

1. 标准主要内容和适用范围

该标准主要规定了无色铬酸盐转化膜存在的鉴定方法、铬酸盐转化膜中六价铬存在的鉴定方法、铬酸盐转化膜中六价铬含量的测量方法、铬酸盐转化膜中总铬含量的测量方法，以及铬酸盐转化膜的单位面积膜质量的测量方法、附着力试验方法、耐蚀性试验方法。

该标准适用于锌、镉金属及电镀锌、电镀镉，热浸镀锌、热浸镀铝-锌合金、热浸镀锌-铝合金层的铬酸盐转化膜，不适用于经油膜、聚合物膜、蜡膜等附加处理过的铬酸盐转化膜。

2. 标准应用说明

1）为保证试验的准确性，各项试验应在规定的时间范围进行。成膜24h后才能进行任何试验，以便转化膜有足够时间老化；铬酸盐转化膜的存在的鉴定、六价铬存在的鉴定应在3d内完成；而六价铬、总铬含量的测量应在成膜30d内进行。

2）由于无法用肉眼观察确定是否形成了无色铬酸盐转化膜，因此该标准提供了无色铬酸盐转化膜是否存在的鉴定方法。通过此方法，可以避免铬酸盐处理工件和未处理工件的混淆。

3）六价铬的存在是铬酸盐转化膜性能的基础，其含量的高低反映性能的优劣，因此该标准规定了铬酸盐转化膜是否含六价铬的鉴定方法，以及六价铬和总铬含量的分光光度测量法。

4）铬酸盐转化膜的附着力尚无定量测量方法，该标准给出了定性考察转化膜附着力的擦拭法，也可采用GB/T 9286测量转化膜上漆膜的附着力来评判其自身的附着力。

5）GB/T 9791—2003、GB/T 9800—1988都是有关铬酸盐转化膜的标准，前者侧重于有无转化膜的鉴定、六价铬的鉴定及其含量测量的试验方法，后者侧重于成膜方法、膜层分级及性能要求。因此，应将GB/T 9791—2003和GB/T 9800—1988结合使用。

三、标准内容（GB/T 9791—2003）

锌、镉、铝-锌合金和锌-铝合金的铬酸盐转化膜　试验方法

1　范围

本标准规定了下列项目的测试方法：

——无色铬酸盐转化膜[1)] 的存在；

1）极薄、无色的（实际上不可见的）铬酸盐转化膜俗称“钝化”膜，而较厚的有色铬酸盐转化膜常称为“铬酸盐转化”膜。钝化这个术语不确切，因此不推荐。

——锌、镉、铝（质量分数为55%）-锌合金和锌-铝（质量分数为5%）合金的无色和有色铬酸盐转化膜中六价铬的存在和含量；

——锌和镉上单位面积的总铬含量；

——无色和有色膜的单位面积质量；

——铬酸盐转化膜的满意附着力；

——铬酸盐膜的质量。

这些方法适用于：

——用化学或电化学方法产生的，含不同比例的三价铬与六价铬的无色和有色铬酸盐转化膜；

——只适用于无任何附加覆盖层（例如：油膜、水基或溶剂型聚合物膜或蜡膜）的铬酸盐转化膜。

2 规范性引用文件

下列文件中的条款通过本标准的引用而成为本标准的条款。凡是注日期的引用文件，其随后所有的修改单（不包括勘误的内容）或修订版均不适用于本标准，然而，鼓励根据本标准达成协议的各方研究是否可使用这些文件的最新版本。凡是不注日期的引用文件，其最新版本适用于本标准。

GB/T 2423.4—1993 电工电子产品基本环境试验规程 试验Db：交变湿热试验方法（eqv IEC 68-2-30：1980）

GB/T 9792—2003 金属材料上的转化膜 单位面积上膜层质量的测定 重量法（ISO 3892：2000，MOD）

GB/T 9800—1988 电镀锌和镉层的铬酸盐转化膜（eqv ISO 4520：1981）

GB/T 10125—1997 人造气氛腐蚀试验 盐雾试验（eqv ISO 9227：1990）

3 试剂

除非另有规定，在试验过程中，只采用分析纯试剂、蒸馏水或纯度相当的水。

3.1 试验溶液A（见5.2）

溶解1mg二苯碳酰二肼于60mL冰醋酸和40mL蒸馏水的混合物中并盛入烧杯；加15mL浓盐酸（ρ=1.18g/cm^3），搅拌，缓慢加入30mL次氯酸钠溶液（10%～15%的有效氯）；在不断搅拌下，缓慢加入5mL过氧化氢（30%）。此溶液倒入置于通风柜中的广口烧杯里放置24h，逸去过量氯后才可使用。

注：此溶液不因老化而变质，能在塞紧的瓶中保存几个月。

3.2 试验溶液B（见5.3）

溶解50g三水合醋酸铅［$(CH_3COO)_2Pb \cdot 3H_2O$］于1L蒸馏水或去离子水中，保证制备状态溶液的pH值为5.5～6.8。若pH值超过此范围，则废弃之，重新配溶液。

对于在溶液配制过程初期形成的白色沉淀，在保证溶液的pH值不低于5.5的前提下，可以加少量醋酸溶解。如果白色沉淀在加入醋酸后仍不溶解，则将已配好的溶液废弃之。

3.3 试验溶液C（见5.5）

将0.4g二苯碳酰二肼溶于20mL丙酮与20mL乙醇（96%）的混合物中，溶解之后，加20mL 75%正磷酸溶液和20mL蒸馏水。在使用前8h内制备此溶液。

3.4　试验溶液 D（见 5.6 和 5.7）

溶解 0.50g 二苯碳酰二肼于 50mL 丙酮，在搅拌下慢慢用 50mL 水稀释（快速混合会产生二苯碳酰二肼沉淀）。

将溶液冷藏于暗色玻璃瓶中，使溶液最稳定。

3.5　硫酸溶液（1+3 稀释）

慢慢加 1 体积浓硫酸（ρ=1.84g/cm^3）于 3 体积水中。

3.6　过硫酸铵［$(NH_4)_2S_2O_8$］

3.7　氢氧化钠（NaOH）**溶液**（240g/L）

3.8　硝酸银（$AgNO_3$）**溶液**（17g/L）

3.9　重铬酸钾（$K_2Cr_2O_7$）**标准溶液**

将 2mL 标准容量重铬酸钾溶液（4.9g/L）稀释到 1000mL。

3.10　磷酸盐缓冲剂

溶解 55g 一水合磷酸二氢钠（$NaH_2PO_4 \cdot H_2O$）于 100mL 水中。

4　仪器

4.1　光电比色计（色度计）

配有平均透光率为 520nm 的滤色片，此比色计应与光程长为 10mm 的吸收池一道使用。

4.2　分光光度计

波长设定于 540nm，应与光程长为 10mm 的吸收池一道使用。

5　试验方法

5.1　总则

在进行以下试验之前，试验表面应无污染、指印和其他外来的色斑。若表面涂有油膜，则应于试验前在室温（不超过 35℃）下用适当的溶剂除去。为了试验，试样不允许在超过 35℃温度下进行强制干燥；不允许在碱性溶液中处理，否则铬酸盐转化膜会被碱破坏。

用于以下试验的方法在 5.2~5.7 中给出：

a）检定锌、镉和铝-锌合金的无色铬酸盐转化膜的存在；

b）检定无色和有色铬酸盐膜中六价铬的存在；

c）六价铬含量的测定；

d）总铬含量的测定。

试验应在以下时间范围内进行：

——所有试验（5.2~5.10）都应在铬酸盐转化膜成膜后最少 24h 之后进行；

——5.2~5.5[1] 规定的试验，在铬酸盐转化膜成膜 3d 内进行；

——5.6、5.7 规定的试验在铬酸盐转化膜成膜 30d 内进行。

在 5.8、5.9 和 5.10 中则分别给出用于以下试验的方法：

a）测定铬酸盐转化膜的单位面积质量；

b）用擦拭法测试附着力：

c）铬酸盐膜的质量评价。

1）允许供需双方间就此项做出特殊安排。

5.2 锌上无色铬酸盐膜存在的试验

滴一滴试验溶液 A（3.1）于经铬酸盐转化膜处理的锌试样表面，液滴中出现红色或紫红色就应判定存在铬酸盐转化膜。

5.3 锌和镉上无色铬酸盐膜存在的试验

滴一滴试验溶液 B（3.2）于要试验的表面。

若为锌基体，观察液滴 3min；在滴下试验溶液至少 1min 之后出现深色或黑色斑点应判为存在无色铬酸盐转化膜。

3min 之后形成的黑斑能说明存在附加覆盖膜，例如蜡膜或油膜。

若为镉基体，观察液滴 1min；在滴下试验溶液至少 5s 之后形成深色或黑色斑点应判为存在无色铬酸盐转化膜。

1min 之后形成的黑斑能说明存在附加覆盖膜，例如蜡膜或油膜。

采用相同的方法试验一件未经铬酸盐转化膜处理的试样表面，以进行比较。未经处理的锌和镉表面，或虽进行了铬酸盐转化膜处理但膜不连续的表面，会与醋酸铅溶液起作用，而在滴下试液后 2s~5s 内几乎立即在未经处理的或裸锌和裸镉表面形成黑斑。

注 1：由于方法灵敏，此试验被视为加工人员的质量控制工具，铬酸盐膜受损的工件不应用此法试验。

注 2：暴露于 60℃以上温度的铬酸盐转化膜会明显降低加速试验方法（5.10）中的耐蚀性，锌上膜不到 60s 就出现黑斑，镉上膜不到 5s 就出现黑斑。

注 3：锌基体上无色铬酸盐转化膜在 1min~3min 之间或镉基体上无色铬酸盐转化膜在 5s~60s 之间形成黑斑，其反应时间上的差别无关紧要。许多因素如基体表面织构（表面粗糙度）、工艺条件引起的铬酸盐转化膜厚度的变化、试验的环境温度的变化、醋酸铅溶液 pH 值的准确控制等都对反应时间有影响，因此，排除任何超出本试验目的的以时间为基础的评定；同样地，本试验不能用于比较不同类型铬酸盐处理液生成的铬酸盐转化膜的耐蚀性。

5.4 铝-锌（质量分数为 55% Al）和锌-铝（质量分数为 5% Al）合金上无色铬酸盐转化膜存在的试验

将试样暴露于 GB/T 2423.4 规定的加速湿热试验中达 24h。

在表面的主要部分形成深灰色到黑色的斑点应判为不存在铬酸盐转化膜。

注：若存在铬酸盐转化膜，则此试验对表面外观无任何显著影响。

5.5 无色和有色铬酸盐膜中六价铬存在的试验

滴 1 滴~5 滴试液 C（3.3）于试样表面，若存在六价铬，则在几分钟内会出现红色到紫红色。不要考虑时间更长时出现的颜色，例如，液滴干燥形成的颜色。为了进行比较，采用同样方法试验一件未处理的试样表面。

注：此处理对表面外观无任何显著影响。

5.6 有色铬酸盐膜六价铬含量的测定

5.6.1 标定曲线的绘制

5.6.1.1 分别在 5 个 250mL 容量瓶中准确移取 0mL（即空白溶液），10mL，20mL，30mL 和 40mL 标准重铬酸钾溶液（3.9）；在每一瓶中加 100mL 水和 3mL 硫酸溶液（3.5）。向一个瓶中加 3mL 试液 D（3.4），充分混合；添加试液 D 后 2min，准时添加 25mL 磷酸盐缓冲剂（3.10），稀释到刻度并混合。用另外四瓶重复此程序。

5.6.1.2 从每一溶液中各移一份分别置于各自一个吸收池中，于比色计（4.1）或分光光度计（4.2）上测量吸收率。因为颜色不稳定，所以要在添加试液 D（3.4）后的 25min 内读完每一读数。从每一读数中减去空白溶液（见 5.6.1.1），画出这些差值对铬含量（每 250mL 溶液中的含量，以 μg 计）的关系曲线。

5.6.2　空白试验

按 5.6.3 进行空白试验，并记录结果。

注：空白试验试样，采用 0mL 标准重铬酸钾溶液+添加试剂并按 5.6.1.1 进行试验。

5.6.3　测定

5.6.3.1　从试样上切割大约 50mm×100mm 的试片，放入盛有沸腾的 50mL 蒸馏水的适当容器中，使试样全浸；在水继续沸腾的条件下，准确保持浸入时间为 5min；取出试样，在容器上方淋洗。将容器及其内容物冷到室温，加 3mL 硫酸溶液（3.5），并混合。移容器内容物于 250mL 容量瓶；用 10mL~15mL 蒸馏水将容器冲洗两次并将冲洗液倒入容量瓶，加 5mL 试验溶液 D（3.4），并混合；添加试液 D 后 2min，准时加入 25mL 磷酸盐缓冲剂（3.10），稀释到刻度并混合。

5.6.3.2　移一部分溶液于吸收池，于比色计（4.1）或分光光度计（4.2）上测量吸收率，因为颜色不稳定，所以要在添加试液 D（3.4）后的 25min 内读完读数；从仪表读数减去空白试验读数（见 5.6.2），使用标定曲线（见 5.6.1）将结果换算为以每 250mL 含多少 μg 计。

5.6.3.3　若取得的读数属于标定曲线的低于 10μg 的区段，则采用更大试件（5.6.3.1 所列尺寸的 1.5 倍~2 倍）重新测定。

5.6.4　结果表示

测定试样上膜的总表面积，用 cm^2 表示；用按 5.6.3 测得的六价铬含量除以此总表面积。六价铬含量应以 $μg/cm^2$ 表示。

5.7　有色铬酸盐膜总铬含量的测定

5.7.1　标定曲线的绘制

绘制标定曲线按 5.6.1 进行。

5.7.2　空白试验

按 5.6.2 进行空白试验。

5.7.3　测定

5.7.3.1　从试样上切割大约 50mm×100mm 的试片。加热 25mL 硫酸溶液（3.5）到 40℃~50℃，倾于盛有试样的适当容器；不断搅动使试样所有表面都浸入酸中 10s~15s。取出试样，在容器上方淋洗；将酸液和淋洗液混合并稀释到大约 175mL，添加大约 0.1g 过硫酸铵（3.6）和 3mL 硝酸银溶液（3.8）；然后加入防爆沸粒子，沸腾 30min。冷却并用约 20mL NaOH 溶液（3.7）调 pH 值到 1.5~1.8，为测量 pH 值，滴一滴该溶液于 pH 试纸，不要浸试纸于溶液。移入 250mL 容量瓶，用 10mL~15mL 水洗容器两次入容量瓶，加 3mL 试液 D（3.4）并混合；添加试液 D 后 2min，准时加入 25mL 磷酸盐缓冲剂（3.10），稀释到刻度并混合。

5.7.3.2　移一部分溶液于吸收池，在比色计（4.1）或分光光度计（4.2）上测量吸收率。由于颜色不稳定，所以要在添加试液 D 后的 25min 内读完读数；从仪表读数减去空白试验读数（见 5.7.2），使用标定曲线（见 5.7.1）将结果换算为以每 250mL 含铬量，以 μg 计。

5.7.4　结果表示

测定试样上膜的总表面积单位以 cm^2 表示；用按 5.7.3 测得的总铬含量除以此总表面

积。总铬含量应以 μg/cm² 表示。

5.8 用重量法测定无色和有色铬酸盐膜单位面积的质量

应按 GB/T 9792 测定单位面积质量。单位面积质量应表示为 mg/cm²。

5.9 用擦拭法测试附着力

用白纸（如 40 号 Whatman 滤纸）或无粒软橡皮擦，轻擦表面 10 次，以试验铬酸盐膜的附着力。摩擦后，如果在白纸上没有比肉眼可见更大的非常轻微的沾染物和不存在因转化膜脱落而露出基体金属表面的痕迹，则应判定转化膜具有满意的附着力。

注：此试验不可定量。

5.10 锌和镉表面铬酸盐膜的质量评价试验

按 GB/T 10125 进行中性盐雾试验，以评价锌和镉表面铬酸盐膜的质量或耐蚀性。

经铬酸盐转化膜处理过的锌和镉层上开始出现白色腐蚀产物的时间不应少于 GB/T 9800—1988 表 2 所列的值。

注：此法的必要性主要在于质量验收和鉴定程序。耐此试验暴露的性能与耐其他介质或使用环境的腐蚀性之间很少有直接关系。

第七节 电镀锌和电镀镉层的铬酸盐转化膜

一、概论

1. 电镀锌和镉

锌资源丰富，价格低廉，且锌的电极电位较铁为负，对钢铁基体来说是阳极性镀层，能起到电化学保护作用。因此，电镀锌常用来提高钢铁的耐蚀性及延长使用寿命。电镀锌约占电镀总量的 60%以上，足见其应用之广泛。

镉的化学性质与锌相似，但镉的标准电极电位（-0.40V）比铁（-0.44V）稍正，在一般条件下或在含硫化物的潮湿大气中，电镀镉层属于阴极性镀层，起不到电化学保护作用；而在海洋和高温大气环境中，电镀镉层属于阳极性镀层，其保护性能比锌更好。另外，电镀镉要比电镀锌产生氢脆的倾向性小。基于以上原因，即使镉的价格昂贵，且镉的污染危害极大，但是电镀镉仍在航空、航海、无线电、电子仪器及军工产品上得以应用。

2. 电镀锌层、电镀镉层的铬酸盐转化处理

为提高镀层耐蚀性，通常采用铬酸盐溶液浸泡电镀锌层和电镀镉层，使其表面形成一层致密的铬酸盐转化膜。我国电镀行业通常将这一工艺称为“镀锌钝化”和“镀镉钝化”。铬酸盐转化膜极薄，通常不足 1μm，但经过铬酸盐转化处理后，镀层的耐蚀性比未经处理的提高 6~8 倍。同时，经铬酸盐转化处理，镀层外观也变得丰富多彩，其颜色随膜层厚度增大也由浅变深，如白色、蓝白色、彩虹色、金黄色、草绿、橄榄绿或军绿、棕褐色，直至黑色等。由此可见，铬酸盐转化膜不仅增强了镀层的耐蚀性，而且提高了其装饰效果。因此，除特殊用途外，铬酸盐转化处理是电镀锌层、电镀镉层必不可少的后处理工艺。

3. 标准制定及其意义

早在 20 世纪七八十年代，铬酸盐转化处理被欧美等工业发达国家广泛应用于电镀锌层和电镀镉层的后处理。为提高镀层上转化膜的质量，促进国际贸易和技术交流，国际标准化组织于 1981 年首次发布了 ISO 4520：1981《电镀锌和电镀镉层的铬酸盐转化膜》。该标准发布实施已 40 余年，但仍多次通过 ISO/TC107/SC8（金属及其他无机覆盖层标准化技术委员会转化膜分技术委员会）复审，并确认有效。因此，时至今日，该标准仍具有重要的使用价值。

我国根据国内实际应用情况，兼顾国际市场规则，于 1988 年以等效采用 ISO 4520：1981 的方式，制定了 GB/T 9800—1988《电镀锌和电镀镉层的铬酸盐转化膜》。该标准于 1988 年 9 月 5 日批准，1989 年 9 月 1 日实施。

二、标准主要特点与应用说明

1. 标准的主要内容及适用范围

该标准主要内容包括适用范围、引用标准、成膜方法、铬酸盐转化膜分级以及膜层的附着力、单位面积膜质量、耐蚀性的要求和试验方法。该标准适用于电镀锌层和电镀镉层上用于防腐蚀的铬酸盐转化膜，不适用于仅仅提供特殊颜色或用于改善油漆结合力的铬酸盐转化膜。锌、镉及其合金以及热浸镀锌层的铬酸盐转化膜也可参照使用该标准。

2. 标准的特点

1）将铬酸盐转化膜分为二级四类。根据膜层的防护性，将铬酸盐转化膜分为二级，即 1 级、2 级。1 级防护性较差，适合轻微腐蚀条件下使用；2 级防护性较好，适合在大气及有机气体氛围条件下使用。每级膜层按颜色、膜重有分为两类，1 级包括 A、B 两类，2 级包括 C、D 两类。本质上，分类仍然是根据膜层的防护性能进行的再次分级。A、B、C、D 四类，膜重依次增加，其耐蚀性要求也越来越高，耐中性盐雾试验时间分别为 6h、24h、72h、96h。

2）强调铬酸盐转化膜特性取决于铬酸盐转化溶液。该标准并没有规定铬酸盐转化处理的工艺条件，而是着重阐述了影响膜层性能的因素。膜层性能取决于铬酸盐转化液的配方组成。因此，根据膜层要求，选择适合的转化剂极为重要。其次，膜层性能受溶液 pH 值、温度、处理时间及电镀层质量的影响。这些因素需要在生产过程中加以管控和调整。

3）重视老化对膜层的影响。刚生成的铬酸盐转化膜比较软，易划伤，随着在空气中脱水而硬化，且变得难以溶解。因此，除单位面积膜质量（膜重）应在出槽后 3h 内进行退膜测量外，其他所有试验和检验应在膜层老化 24h 后才可以进行。

3. 标准应用说明

1）GB/T 9791—2003《锌、镉、铝-锌合金和锌-铝合金的铬酸盐转化膜 试验方法》也适用于电镀锌、电镀镉的铬酸盐转化膜。该标准提供了电镀锌、电镀镉层有无铬酸盐转化膜的鉴定，膜中六价铬的鉴定，六价铬、总铬含量的测量方法，以及膜层附着力的试验方法。因此，GB/T 9800—1988 结合 GB/T 9791—2003 一起使用，可以为生产和科研提供更全面的指导。

2）由于该标准发布较早，标准 5.4 中耐蚀性试验方法所引用的中性盐雾试验标准 GB 6458 已被废止，被 GB/T 10125 代替。使用该标准时，耐蚀性的中性盐雾试验应按照 GB/T 10125 最新版本进行。

三、标准内容（GB/T 9800—1988）

电镀锌和电镀镉层的铬酸盐转化膜

1 主题内容与适用范围

本标准规定了在电镀锌层和电镀镉层上用于防腐蚀的铬酸盐转化膜的具体要求。

本标准不适用于仅仅提供特殊颜色或为改善油漆附着强度的表面精饰。

2 引用标准

GB 6458 金属覆盖层 中性盐雾试验（NSS 试验）

GB 9791 锌和镉上铬酸盐转化膜试验方法

GB 9792 金属材料上的转化膜 单位面积上膜层质量的测定 重量法

3 成膜方法

电镀锌或电镀镉后，通常用铬酸盐溶液浸渍处理，形成铬酸盐转化膜。

铬酸盐溶液呈酸性，含有六价铬盐和能改善膜层外观、硬度及耐蚀性的其他盐类。

铬酸盐转化膜的颜色、类型及性能由溶液的成分而定，但也受 pH 值、温度、处理时间及镀层质量的影响。电镀锌或电镀镉层在适当的溶液中形成厚的耐蚀性较高的彩虹色或深色调的铬酸盐转化膜及薄的耐蚀性较低的光亮、清晰的铬酸盐转化膜，电镀锌层也可通过在碱性溶液、磷酸或铬酸溶液中漂退彩色膜的方法获得光亮、清晰的膜层。

电镀工作者很难保证提供色调准确的铬酸盐转化膜，如果需要准确的色调，可将漂白的铬酸盐膜染色，但耐蚀性只与漂白的转化膜类似。

彩虹和深色铬酸盐转化膜进行最后漂洗时，为防止六价铬的溶解，其热水温度不宜高于60℃，且漂洗时间应尽可能短。

为防止膜层脱水而开裂，干燥温度不应超过 60℃。

如果需要除氢处理，应在铬酸盐转化膜形成之前进行。

4 分级

4.1 铬酸盐转化膜可按防护性分为两级（每级包括两种类型）。其主要特性见表 1。

表 1 铬酸盐转化膜分级特性

分级	类型代号	类型	典型外观	单位面积上的膜层质量/(g/m^2)	防护性
1	A	光亮	光亮、清晰、有时带淡蓝色色调	≤0.5	具有有限防护性，如在搬运、使用过程中抗污染及轻微腐蚀条件下抗高湿度
	B	漂白	清晰、微带彩虹色	≤1.0	
2	C	彩虹	彩虹色	0.5~1.5	具有良好的防护性，如在大气，包括某些有机气氛条件下的防护性
	D	深色	草绿、橄榄绿、棕褐、黑色①等	>1.5	

① 黑色铬酸盐转化膜由于成膜工艺不同，因而防护性能也有差异，单位面积上膜的质量也可以不同。

4.2 铬酸盐转化膜特性的表示方法：铬酸盐转化膜特性可以只用分级或者用分级和类型代号来表示，举例如下：

Fe/Zn 25c 2D；Fe/Cd 8c 2

上例中：Fe——基体金属（钢或铁）；

Zn、Cd——电镀层（镀锌、镀镉）；

25、8——电镀锌层、电镀镉层的厚度（μm）；

c——铬酸盐转化膜；

2——铬酸盐转化膜的分级；

D——铬酸盐转化膜的类型代号。

5　要求

5.1　一般要求：转化膜刚刚形成时较易划伤，随着逐渐脱水而老化变硬，所以成膜后24h内搬运时必须小心，且任何性能试验均应在24h以后进行。

5.2　C型及D型铬酸盐转化膜的附着强度，按GB 9791的规定进行检验，并达到对附着强度的要求。

5.3　单位面积上膜层质量的测定，按GB 9792中所规定的方法测定。

5.4　耐蚀性：按GB 6458的规定进行检验时，在各级铬酸盐转化膜上出现白色腐蚀产物的时间不能低于表2所列数值。

表2　铬酸盐转化膜耐蚀性要求

类型代号	分　级	出现白色腐蚀产物的最短时间/h
A	1,1A	6
B	1B	24
C	2,2C	72
D	2D	96

5.5　A型和B型铬酸盐转化膜的存在，各类型铬酸盐转化膜中六价铬的存在及其含量，单位面积的总铬含量等项目的检验，按GB 9791中所规定的方法进行检验。

第八节　金属及其他无机覆盖层　铝及铝合金无铬化学转化膜

一、概论

1. 铝及铝合金铬酸盐转化替代技术——无铬化学转化

铬酸盐化学转化是应用最广、耐蚀性最好的铝及铝合金表面处理技术。但由于处理液中铬离子（六价铬）属于致癌物质，危害作业人员的身体健康，而且废液中的铬离子容易污染环境，所以寻找铬酸盐化学转化的替代技术成为趋势。

三价铬毒性只有六价铬的1%，且性能接近铬酸盐转化膜，被视为铬酸盐转化的重要的替代技术之一。但无论是三价铬转化液，还是三价铬转化处理的工件，长期放置于空气中，都无法避免三价铬被氧化为六价铬。另外，三价铬自身也存在毒性，所以三价铬化学转化不能彻底消除铬离子的危害。因此，无铬化学转化成为铬酸盐转化最佳替代技术。

顾名思义，无铬化学转化是指转化液中既不含六价铬也不含三价铬的处理方法，但通常不包括铝及铝合金的磷酸盐转化（磷化）。

2. 无铬化学转化的发展与应用

对于铝及铝合金无铬化学转化技术的研究，国外始于20世纪70年代，国内相对较晚，始于20世纪90年代。目前，铝合金无铬化学转化有：锆盐体系、钛盐体系、稀土金属盐体系、高锰酸盐体系、钼酸盐体系、硅酸盐体系、钴盐体系、锂盐体系、硅烷处理等。为提高膜层的性能，引入以上两种或两种以上成分的复合转化体系，如钛-锆体系、钛-钴体系、钛-锆-硅烷体系等。这些复合体系也是目前工业化应用最广泛的无铬化学转化技术。

3. 标准制定及其意义

随着无铬化学转化技术工业应用的发展，迫切需要制定技术标准，以规定无铬化学转化膜的要求及验证膜层是否符合要求的试验方法。为此，我国于2020年首次制定了无铬化学转化膜的国家标准，即GB/T 39495—2020《金属及其他无机覆盖层　铝及铝合金无铬化学转化膜》。目前，国际标准化组织还没有制定无铬化学转化国际标准，所以该标准的发布实施，不仅有利于我国铝及铝合金表面处理向绿色制造发展，还可为我国铝及铝合金相关产品走向国际提供技术支撑。GB/T 39495—2020于2020年11月19日发布，2021年10月1日实施。

二、标准主要特点与应用说明

1. 标准主要内容和适用范围

该标准主要内容包括无铬化学转化膜的分类、表面预处理、成膜方式、技术要求、抽样检验等，重点规定了膜层的外观、单位面积膜质量、附着力、接触电阻、耐蚀性的要求及其试验方法。该标准适用于铝及铝合金的无铬化学转化膜，铝及铝合金的三价铬转化膜、磷酸盐膜也可参照使用。

该标准为基础通用标准，所以标准没有给出具体技术指标。这些指标应根据工件材质、使用要求，由需方提出，或由供需双发协商确定。另外，也可参见相关产品标准。

2. 无铬化学转化膜的类型

根据用途的不同，标准将无铬化学转化膜分为3类，分别用数字1、2、3标识。1类膜耐蚀性最好，单独用于防腐层；2类膜耐蚀性中等，主要用于涂装底层；3类膜用于需要导电的电子产品的处理，因膜薄，其耐蚀性最差。根据工件服役条件，应合理选择膜层类型。

3. 接触电阻及其测量方法

航空航天、电子、精密仪表对铝合金零部件表面的导电性有着特别要求，因此，接触电阻是其产品的重要特性参数之一。为此，标准首次将接触电阻作为转化膜的性能列出，并给出了测量方法。该方法采用航天工业标准QJ 1827《低阻值金属镀覆层和化学转化膜层接触电阻测试方法》。为了方便使用，标准附录A提供了QJ 1827的主要内容。

4. 其他参考标准

关于铝及铝合金化学转化的标准很多，包括国际标准、区域标准、先进行业标准以及军事标准，其中具有重要参考意义的有：ASTM B 921—2008《铝及铝合金无六价铬转化膜规范》、MIL-DTL-5541F《铝及铝合金化学转化膜》、MIL-DTL-81706B《铝及铝合金化学转化材料》。

三、标准内容（GB/T 39495—2020）

金属及其他无机覆盖层　铝及铝合金无铬化学转化膜

1　范围

本标准规定了铝及铝合金水洗和免洗无铬化学转化膜的分类、要求和试验方法以及抽样检验程序。

本标准适用于挤压铝及铝合金零部件、型材、卷材、板材以及铸造铝合金部件的无铬化学转化膜。无铬化学转化膜可单独作为防腐层，也可作为有机涂层（如涂料、橡胶、胶黏剂）的底层。

2　规范性引用文件

下列文件对于本文件的应用是必不可少的。凡是注日期的引用文件，仅注日期的版本适用于本文件。凡是不注日期的引用文件，其最新版本（包括所有的修改单）适用于本文件。

GB/T 3138　金属及其他无机覆盖层　表面处理　术语

GB/T 6461　金属基体上金属和其他无机覆盖层　经腐蚀试验后的试样和试件的评级

GB/T 9286　色漆和清漆　漆膜的划格试验

GB/T 10125　人造气氛腐蚀试验　盐雾试验

GB/T 12609　电沉积金属覆盖层和相关精饰　计数检验抽样程序

GB/T 20017　金属和其他无机覆盖层　单位面积质量的测定　重量法和化学分析法评述

QJ 1827　低阻值金属镀覆层和化学转换膜层接触电阻测试方法

3　术语和定义

GB/T 3138 界定的以及下列术语和定义适用于本文件。

3.1　转化膜　conversion coating

由化学或电化学过程形成的含有基体金属化合物的表面覆盖层。

3.2　化学转化膜　chemical conversion coating

基体金属与转化液发生化学反应，形成的含基体金属化合物的表面覆盖层。

3.3　无铬化学转化膜　chromium-free chemical conversion coating

由不含铬（六价、三价）的转化液形成的化学转化膜。

3.4　水洗无铬化学转化膜　rinsed chromium-free chemical conversion coating

转化处理后，须经过水洗之后再进行干燥的无铬化学转化膜。

注：这类转化膜一般应用于挤压铝成品及铸铝零件。

3.5　免洗无铬化学转化膜　non-rinsed chromium-free chemical conversion coating

转化处理后，不需要水洗，直接进行干燥的无铬化学转化膜。

注 1：这种特殊的转化膜一般被用于随后立即涂装或者涂覆胶黏剂的薄铝板。

注 2：免洗转化膜正被研究用于更多的焊接部件和铸件。

4　需方应向供方提供的信息

4.1　必要信息

需方应在订单、合同或工程图样上向供方提供以下书面信息：

a）工件的主要表面，例如，在图样上以尺寸范围标注或提供有适当标记的样品；

b）铝及铝合金的性质、状态、精饰和表面粗糙度（可能影响转化膜的性能和/或外观时）；

c）任何不可避免的缺陷的位置，如挂具痕迹；

d）所要求的表面颜色，例如无色、淡黄色或其他类型，最好提供双方确认的样品；

e）如果不同于本标准的规定，则应规定抽样方法、验收标准和其他检验要求；

f）单位面积质量的要求，应在图样上标注测量位置；

g）附着力的要求及其试验方法；

h）接触电阻的要求；

i）耐蚀性要求。

4.2 附加信息

必要时，需方可在合同、订单或工程图样上以书面形式提供以下附加信息：

a）转化膜的元素成分和杂质的具体组成；

b）需要使用的特殊清洗工艺；

c）基体的特殊要求；

d）可焊性要求及其试验方法；

e）耐磨性要求及其试验方法；

f）其他要求。

5 分类

5.1 概述

根据用途及对性能的要求，对无铬转化膜进行分类。

5.2 类型

表1给出了无铬化学转化膜类型。

表1 无铬化学转化膜的类型

类　　型	用途及耐蚀性
1	单独作为防腐层，为产品提供最大化的防腐蚀性能
2	中等程度的防腐蚀性能，作为涂料的基底，也用于结合橡胶
3	具有装饰性、较低的耐蚀性、低接触电阻

6 表面预处理

虽然本标准没有规定转化处理前基体的状态、精饰或表面粗糙度，但是无铬转化膜的外观和性能取决于基体的状态。需方有必要规定基体的精饰和表面粗糙度，使转化膜性能符合产品要求。

铝及铝合金表面需要制备转化膜的部分应清洗、除锈、除垢，并除去金属屑、研磨粉、油污、油脂、润滑油、手印或者其他对转化膜制备有影响的污染物。

表面预处理应使用无铬清洗剂清洗。

铝及铝合金表面不需要制备转化膜的部分应进行保护处理。

7　无铬化学转化处理

7.1　转化液

转化液不含铬（包括六价铬和三价铬），通常是酸性的，可能含有其他不同的盐。这些盐对转化膜的外观和性能都有不同程度的影响。

转化膜的性能是由转化液的组成、pH 值、温度、转化时间以及铝合金的性质和表面状态决定的。

转化液不应浑浊或产生不溶物，并按要求进行维护，及时更换老化槽液。

7.2　处理方式

通常采用浸泡法，也有可采用喷淋、刷涂、辊涂或敷涂。采用这些处理方式时要严格按照工艺操作规范进行。

7.3　水洗

如果转化膜作为其他覆盖层的底层，则应使用电导率低于 100μS/cm 的去离子水清洗。必要时，可使用热水清洗。

如果转化处理后直接烘干作为涂装底层而不影响涂装性能时，则可免水洗。

全部或部分转化膜作为耐蚀涂层或装饰层的转化膜，则转化处理后应充分水洗，除去表面残留的任何污染物。

7.4　干燥

水洗和免洗转化膜应进行干燥。干燥温度可能影响转化膜的耐蚀性能。因此，转化膜的干燥要符合后续工艺要求。

8　要求和试验方法

8.1　替代试样

当转化膜工件不适合进行试验，或因转化膜工件数量较少或价值昂贵而不可提交进行破坏性试验时，可用替代试样来测量附着力、单位面积质量、耐蚀性和其他性能。

替代试样应与其代表的工件具有相同的合金成分和表面状态，并且与工件一同进行转化处理。

需方应明确规定替代试样的使用方法以及所用替代试样的数量、材质、形状和大小。

8.2　外观

主要表面上的转化膜应均匀一致，不准许有粗糙、粉化、流痕、起泡、夹杂、凹陷、暗斑、针孔及擦、刮、划伤等缺陷及任何到达基体的损伤。

肉眼或矫正视力下，无铬化学转化膜通常为无色。具体外观和颜色要求可由供需双方通过标样确定。

由基体的表面状态引起的缺陷或正常操作下仍存在的缺陷不应拒收。需方应规定基体缺陷的接收限。

8.3　单位面积质量

转化膜的单位面积质量应按 GB/T 20017 进行测量。

8.4　附着力

转化膜应附着在基体表面且无粉状物。

目前，无有效的方法来直接测量铝及铝合金无铬转化膜的附着力。

当转化膜用于涂料底层时，其实用方法是，测量涂覆于转化膜上的另一层有机膜的附着力来评价转化膜的附着力。无特别规定时，应按 GB/T 9286 测量转化膜上漆膜附着力。

8.5 接触电阻

如果对接触电阻有要求，应根据 QJ 1827 测量转化膜的接触电阻。为了方便本标准的使用，QJ 1827 的测量方法见附录 A。如有要求，供需双方应商定最大电阻值和试验频次。

8.6 耐蚀性

耐蚀性应根据 GB/T 10125 进行中性盐雾试验（NSS 试验）。按 GB/T 6461 对试样进行评级。

9 抽样和检验

除非另有规定，否则应按 GB/T 12609 规定的样本量从检验批中随机抽取样本。检查样本中的工件以确认其是否符合本标准的要求。应根据 GB/T 12609 的抽样检验程序，判断检验批符合或不符合每项要求。

转化处理后 24h 内不要触摸试样表面，任何测试都应在 24h 之后进行。

附 录 A
（资料性附录）
接触电阻的测量方法

A.1 概述

经过无铬转化后的铝材料用于航天器、电子电器和某些仪器的表面防护时，其接触电阻是很重要的特性参数，因此有必要测量无铬化学转化膜的接触电阻。

影响接触电阻值的因素除膜层的单位面积质量及膜的结构外，还与膜表面和电极表面的清洁状态、平整程度、接触电极上所加压力大小有关。

接触电阻的测量方法一般有电桥法和伏安法两种，前者测量精度高但测量过程麻烦，适于实验室应用，后者测量方便，测量结果能满足要求。

A.2 测量方法（QJ 1827）

A.2.1 原理

基于欧姆定律 $R=U/I$，即在恒定电流下，在两个一定面积的电极间施以恒定的压力载荷，用微伏表测量电极间的电压降，根据欧姆定律计算接触电阻。原理图见图 A.1。

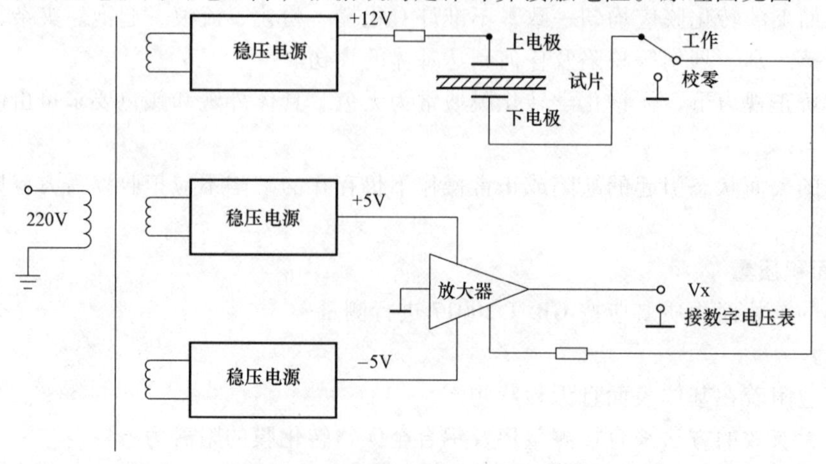

图 A.1 接触电阻测量原理示意图

A.2.2　测量仪器

仪器型号：FCE-1 接触电阻测试仪；

仪器分辨率：±0.001Ω；

电极：端头为 $5cm^2$ 的镀金电极。

A.2.3　试样

试样应与工件材料相同，并同时处理。

试样表面应平整，无毛刺、划痕等缺陷，表面粗糙度应小于 0.8μm。

尺寸为 250mm×76mm×1mm 铝板，划分为 10 个方格（见图 A.2）。

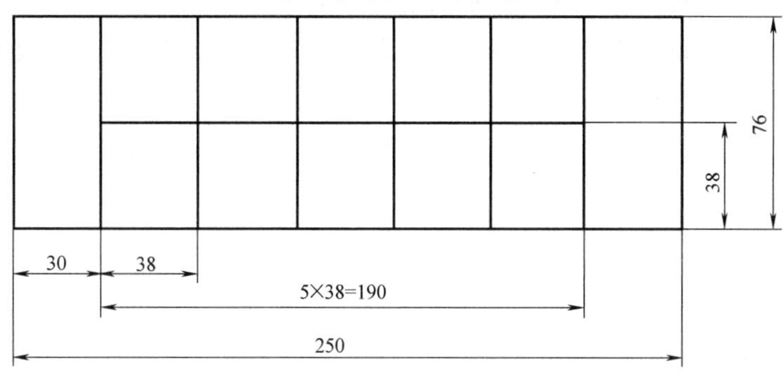

图 A.2　试样方格划分

A.2.4　测量

A.2.4.1　接通测量仪的电源。

A.2.4.2　将按钮拨向校零挡，调节调零旋钮，使数字显示器读数为零。

A.2.4.3　将按钮拨向工作挡。

A.2.4.4　用浸有无水乙醇的脱脂棉球擦拭电极接触面。移动电极使上下电极接触，然后加压至压力表读数为 165×10^4Pa。两级间的接触电阻值应为零。如不为零时，表明电极端面有污物，应重新清理电极，并重新测量其电阻值。

A.2.4.5　卸载后，将已擦拭洁净的试片平放于下电极上，放下上电极，加压至压力表读数为 165×10^4Pa。依次测量出每个方格的电阻值。测试时，试片的边缘不能与仪器的任何部位接触。

A.2.5　结果计算

试片的接触电阻值为 10 个方格的接触电阻值的算术平均值，其计算公式为：

$$R_J=\frac{R_1+R_2+R_3+\cdots+R_{10}}{10}$$

式中　R_J——试片的接触电阻值（Ω）；

R_1，R_2，…，R_{10}——10 个方格所测得的接触电阻值（Ω）。

第九节　金属材料上的转化膜　单位面积膜质量的测定　重量法

一、概论

化学转化膜是基体金属与转化溶液中的阴离子经过化学或电化学过程形成的膜。与其他覆盖层一样，厚度是转化膜质量的一项重要指标。转化膜厚度太薄，其耐蚀性等性能将达不到预期的技术要求；转化膜厚度太厚不仅会延长生产周期，浪费材料，而且也并非膜越厚其性能越好。因此，在转化处理过程中或评价转化膜质量（验收）时，对化学转化膜厚度进行测量，是十分必要的。

但是，相对其他镀层而言，化学转化膜一般很薄，通常不足有1μm，最大厚度也不超过5μm，采用厚度数值，难以区分化学转化膜的差别（优劣）。另外，采用常规镀层厚度的测量方法测量转化膜厚度，要么难以测量，要么测量误差大。基于以上原因，化学转化膜通常不以膜的厚度表示，而是以单位面积膜质量（以下简称“膜重”）来表示。

重量法是转化膜的膜重测量的通用方法，通过测量一定面积上的转化膜退膜前后质量差来计算单位面积膜质量。

不同基体材料上的不同化学转化膜，其膜重测定方法各异，所以有必要制定相关标准，以统一规范测量方法。国际标准化组织于20世纪80年代制定了ISO 3892：1980《金属材料上的转化膜　单位面积上膜层质量的测定　重量法》。目前为第2版，即ISO 3892：2000。根据国际标准，我国1988年发布了GB/T 9792—1988，并于2003年进行了修订。GB/T 9792—2003《金属材料上的转化膜　单位面积膜质量的测定　重量法）修改采用ISO 3892：2000，于2003年10月29日发布，2004年5月1日实施。

二、标准主要特点与应用说明

1. 标准主要内容

该标准规定了以金属材料上的化学转化膜退膜前后的质量差来计算单位面积膜质量的方法，适用于钢铁、锌及锌合金、镉金属、铝及铝合金上的磷酸盐转化膜（磷化膜），以及铝及铝合金、锌及锌合金和镉金属上的铬酸盐转化膜，三价铬转化膜、无铬转化膜可参照使用。

2. 退膜是重量法的关键环节

重量法最重要的技术环节不是称重，而是如何将膜退去（溶解）。分析时溶解的不是工件的整体材料，而是基体材料上的薄膜层，是一个确定面积上的膜层。同一种化学转化膜，其退膜液组成及工作条件，因基体材料类型不同而各异。不同处理的转化膜，退膜液的组成不同，退膜条件和使用设备也不同。退膜决不能溶解膜层底下的基体金属，否则会出现偏高的结果，也不能不完全溶解薄膜，否则会出现偏低的结果。标准针对不同基体材料和转化膜种类，提供了退膜溶液配方、退膜操作条件。

3. 根据老化情况选择退膜方法

化学转化膜具有老化效应，即在自然条件下放置一定时间，膜会逐渐变化而趋于稳定。新鲜膜和老化膜的溶解性不一样。例如，铬酸盐新鲜膜（成膜后3h内的膜），在1+1硝酸溶液中能完全溶解，但同样的溶液很难溶解老化膜。因此，铬酸盐转化膜成膜24h后，则只能采用高温熔融盐退膜。标准分别规定了新鲜膜和老化膜的膜重测量方法，但使用者应准确把握新鲜膜和老化膜的界限。

三、标准内容（GB/T 9792—2003）

金属材料上的转化膜 单位面积膜质量的测定 重量法

警告：若不采取适当防护，本标准所列材料、操作和设备可能有害。本标准无意涉及与其应用相关的一切安全问题。本标准用户的责任是在使用本标准之前制定相应的健康和安全措施，并确定相应管理权限的适用范围。

1 范围

本标准规定了测定金属材料上单位面积转化膜质量的方法。

本方法适用于：

——钢铁上的磷酸盐膜；

——锌和镉上的磷酸盐膜；

——铝及铝合金上的磷酸盐膜；

——锌和镉上的铬酸盐膜；

——铝及铝合金上的铬酸盐膜。

本方法仅适用于没有任何附加覆盖层（例如油膜、水基或溶剂型聚合物膜或蜡膜）的转化膜。

本方法未指明测量区的裸斑存在与否或转化膜厚度低于规定最低厚度的部位。此外，每个测量面所得到的一些单个数值是该测量面范围内的转化膜的平均厚度，不可能对这种单个的测量值作进一步的数学分析，例如为统计检验目的的分析。

2 仪器

2.1 器皿

由玻璃或其他不被试液腐蚀的适当材料制成，试件在此器皿中退除转化膜。

2.2 分析天平

感量为 0.1mg，用于称量转化膜溶解前和溶解后的试件。

2.3 电解设备

用于电解溶解锌和镉上的铬酸盐膜。

3 试件

试件的最大质量应为 200g，总表面积应大到足以使退膜前后的质量损失能以满足要求的感量称量出来，而且应符合相关材料或产品规范的要求。为使测量结果有满意的准确度，试件总表面积应符合表 1 规定。

表 1 试件总表面积

预计的单位面积转化膜层质量(m_A)/(g/m^2)	试件的最低总表面积(A)/cm^2
$m_A<1$	400
$1 \leqslant m_A \leqslant 10$	200
$10<m_A \leqslant 25$	100
$25<m_A \leqslant 50$	50
$m_A>50$	25

注：为使综合测定的不确定度不超过 5%（见 5.2），表面积测量的不确定度不应超过 1%。

4 试液和程序

4.1 总则

除非另有说明，配制试液采用分析级试剂，配制用水采用蒸馏水或纯度相当的去离子水。

取样程序应符合产品标准的规定。

4.2 钢铁上的磷酸盐膜

4.2.1 磷酸锰膜

4.2.1.1 试液

三氧化铬 50g/L

4.2.1.2 程序

干燥试件（面积为 A），用分析天平（2.2）称量，精确到 0.1mg，（质量为 m_1）。浸试件于试液（4.2.1.1）中，在 75℃±5℃下保持 15min。取出试件立刻在洁净的流动水中漂洗，然后用蒸馏水漂洗；迅速干燥，再称量。重复 4.2.1.2 程序，直至达到恒定的质量（相差<0.1mg）为止（质量为 m_2）。

每一试件都采用新配制的试液。

4.2.2 磷酸锌膜

4.2.2.1 试液

氢氧化钠	100g/L
二水合乙二胺四乙酸四钠盐（EDTA 四钠盐）	90g/L
三乙醇胺	4g/L

4.2.2.2 程序

干燥试件（面积为 A），用分析天平（2.2）称量，精确到 0.1mg（质量为 m_1）。浸试件于试液（4.2.2.1）中，在 75℃±5℃下保持 5min。取出试件立刻在洁净流动水中漂洗，然后用蒸馏水漂洗；迅速干燥，再称量（质量为 m_2）。

每一试件都采用新配制的试液。

4.2.3 磷酸铁膜

4.2.3.1 试液

三氧化铬 50g/L

4.2.3.2 程序

干燥试件（面积为 A），用分析天平（2.2）称量，精确到 0.1mg（质量为 m_1）。浸试件于试液（4.2.3.1）中，在 75℃±5℃下保持 15min。取出试件立刻在洁净流动水中漂洗，然后用蒸馏水漂洗；干燥，再称量。重复 4.2.3.2 程序，直至达到恒定的质量（相差<0.1mg）为止（质量为 m_2）。

每一试件都采用新配制的试液。

4.3 锌和镉上的磷酸盐膜

4.3.1 试液

重铬酸铵 20g/L（用质量分数为 25%～30%的氨水配制），在配制过程中，温度不得超过 25℃。

4.3.2　程序

干燥试件（面积为 A），用分析天平（2.2）称量，精确到0.1mg（质量为 m_1）。浸试件于试液（4.3.1）中，在室温下保持3min～5min（在通风橱中完成此操作）。取出试件立刻在洁净流动水中漂洗，然后用蒸馏水漂洗；迅速干燥，再称量（质量为 m_2）。

每一试件都采用新配制的试液。

4.4　铝及铝合金上的晶态磷酸盐膜

4.4.1　试液

硝酸（质量分数为65%～70%）。

4.4.2　程序

干燥试件（面积为 A），用分析天平（2.2）称量，精确到0.1mg（质量为 m_1）。浸试件于试液（4.4.1）中，在75℃±5℃下保持5min，或浸入同样试液在室温下保持15min（在通风橱中完成此操作）。取出试件立刻在洁净流动水中漂洗，然后用蒸馏水漂洗；迅速干燥，再称量（质量为 m_2）。

每一试件都采用新配制的试液。

4.5　锌和镉上的铬酸盐膜

4.5.1　试液

氰化钠（或钾）	50g/L
氢氧化钠	5g/L

4.5.2　程序

干燥试件（面积为 A），铬酸盐处理后自然老化至少24h，但不超过14d，用分析天平（2.2）称量，精确到0.1mg（质量为 m_1）。浸试件于试液（4.5.1）中，在室温下以试件作阴极在电解条件下溶解膜层约1min。

阳极应为不溶性材料，例如石墨。

试件浸入试液或取出，均于带电状态下进行。采用的阴极电流密度为15A/dm^2。当膜层已溶解（约经1min之后），从试液中取出试件立刻在洁净的流动水中漂洗，然后用蒸馏水漂洗；迅速干燥，再称量（质量为 m_2）。

每一试件都采用新配制的试液。

4.6　铝及铝合金上的铬酸盐膜和非晶态磷酸盐膜

4.6.1　新鲜膜

4.6.1.1　总则

新鲜膜是指在25℃～40℃之间干燥3h～5h的膜。

4.6.1.2　试液

以1体积质量分数为65%～70%的硝酸加1体积水配制。

4.6.1.3　程序

风干试件（面积为 A），用分析天平（2.2）称量，精确到0.1mg（质量为 m_1）。浸试件于试液（4.6.1.2）中，在室温下保持1min。取出试件立刻在洁净的流动水中漂洗，然后用蒸馏水漂洗；迅速干燥，再称量（质量为 m_2）。

每一试件都采用新配制的试液。

4.6.2 老化膜

注意：药剂可能飞溅，采用此法要戴防护眼镜和穿防护衣。熔化试剂时要远离槽子，直到顶部的破碎物已熔化为止。要避免药剂与有机物的任何接触，防止混合物发生爆炸。

4.6.2.1 试剂

用98份质量的固体硝酸钠与2份质量的固体氢氧化钠混合配制。

4.6.2.2 程序

置试剂（4.6.2.1）于耐蚀材料（例如Ni）制成的容器中，从容器底部和侧面缓慢加热到混合物完全熔化。

干燥试件（面积为A），用分析天平（2.2）称量，精确到0.1mg（质量为m_1）。浸试件于熔化试液中，在不低于370℃的温度下保持2min~5min。370℃的温度适用于一些膜，但是，一般都要提高到500℃的温度，以保证在所有情况下都完全退除膜层。采用较高退膜温度时，最好是用未作转化膜处理的试件作空白测定，以确定试液对基体铝或铝合金腐蚀导致的质量损失，并从经转化膜处理的试件测得的质量损失中减去此数值。

在洁净的流动水中漂洗试件，小心飞溅危险。

浸试件于稀硝酸溶液（4.6.1.2）中，在室温下保持15s~30s。取出试件立刻在洁净的流动水中漂洗，然后用蒸馏水漂洗；干燥，再称量（质量为m_2）。

5 结果表示

5.1 计算

单位面积质量为m_A，以g/m²表示，应由下式计算：

$$m_A = 10 \times (m_1 - m_2) / A$$

式中 m_1——有转化膜的试件的质量（mg）；

m_2——溶解退膜之后的试件的质量（mg）；

A——试件覆膜表面的面积（cm²）。

若进行两次或三次重复测定，应取平均值。

5.2 测定的不确定度

本方法测定的不确定度取决于总表面积测量和试件称量的准确度，即取决于在充足的总表面积上进行测量的可能性，而该总表面积相对于其上的膜层质量而言是足够大的。在最佳条件下，本方法测定的不确定度为5%。

第十三章　阳极氧化膜

第一节　铝及铝合金阳极氧化膜与有机聚合物膜 第1部分：阳极氧化膜

一、概论

1. 铝及铝合金阳极氧化

铝是使用量最大、应用面最广的轻金属材料，依据合金元素与加工方法的不同形成了庞大的材料体系，是仅次于钢铁的第二大金属材料。然而，铝在空气中自然形成的氧化膜防护能力不足，需要进行表面处理，来提高其耐蚀性并获得高装饰性外观。化学氧化（化学转化）与阳极氧化是铝及铝合金常用的表面处理方法。其中，阳极氧化膜具有良好的力学性能，与基体的结合强度高，耐蚀性强，应用十分广泛。

铝及铝合金的阳极氧化处理是将铝或铝合金工件作为阳极，置于电解质溶液中，施加一定的电流，使其表面形成一层氧化铝薄膜。经过阳极氧化处理，铝表面能生成几微米至几百微米的氧化膜层。比起铝合金的天然氧化膜，其耐蚀性、耐磨性和装饰性都有明显的改善和提高。

2. 阳极氧化膜的类型和结构

采用不同的电解液和工艺条件，能得到不同性质的阳极氧化膜。阳极氧化膜有两大类：壁垒型阳极氧化膜和多孔型阳极氧化膜。

铝在硼酸-硼酸钠混合溶液中或酒石酸盐、柠檬酸盐等中性水溶液中生成壁垒型氧化膜。此类氧化膜为一层紧靠基体表面的致密无孔的薄阳极氧化层，其厚度不超过0.1μm，主要作为电子部件的电容器使用。

铝在硫酸、铬酸、磷酸、草酸等酸性溶液中阳极氧化时生成多孔型氧化膜。此类氧化膜由外层和内层组成，所以也叫双层氧化膜。外层称为多孔层，较厚、疏松多孔、电阻低；内层称为阻挡层，较薄（相对于膜厚几乎可以忽略不计）、致密、电阻高。多孔的外层是在具有介电性质的致密的内层上成长起来的。总体而言，多孔型阳极氧化膜是六角柱体的列阵，每一个柱体都有一个充满溶液的星形小孔，形似蜂窝状结构，孔壁的厚度为孔隙直径的两倍。

3. 阳极氧化膜的性能及应用

阳极氧化膜具有较高的硬度和耐磨性、极强的附着能力、较强的吸附能力、良好的耐蚀性，以及高电绝缘性和热绝缘性。由于这些特异的性能，使之在各领域都获得了广泛的应用。其主要用途有：

1）用于抗腐蚀。由于阳极氧化所得的膜层经过封孔处理，在大气中有足够的耐蚀性和耐候性，所以可以利用铝表面上的氧化膜作为防护层。

2）用于防护装饰。对于大多数要求进行表面精饰的铝及其合金制品，经过化学或电化学抛光后，再用硫酸溶液进行阳极氧化可以得到透明度较高的氧化膜。这种氧化膜可以吸附多种有机染料和无机染料，从而具有各种鲜艳的色彩。这层彩色膜既是防腐蚀层，又是装饰层。在一些特殊工艺条件下，还可以获得外观与瓷质相似的防护装饰性的氧化膜。

3）作为硬质耐磨层。通过对铝及铝合金进行硬质阳极氧化，可以在其表面获得厚而硬的 Al_2O_3 膜层。这种膜层不仅具有较高的硬度和厚度，而且还有低的表面粗糙度。多孔的厚氧化膜能够储备润滑油，因此可以有效地应用于摩擦状态工作的铝制品。例如，汽车及拖拉机的发动机气缸、活塞等经过阳极氧化后，可大大提高其耐磨性。

4）作为电的绝缘层。铝及铝合金制品经过阳极氧化后所得到的氧化膜具有较大的电阻，因此它对提高某些制品的电绝缘性有一定的作用，可以用阳极氧化制备电容的介电层，也可以用氧化铝为其表面制备绝缘层。

5）作为喷漆的底层。由于阳极氧化膜的多孔性及良好的吸附能力，它可以作为喷漆和其他有机膜的底层，使漆膜和有机膜与制品牢固地结合在一起，从而增加其耐蚀性。

6）作电镀、搪瓷的底层。铝及铝合金制品在进行电镀前，必须事先对其施加底层，而后才能进行电镀。在基质表面上施加底层的方法很多，除了电镀锌、浸锌、化学镀镍之外，阳极氧化处理也是重要方法之一。

7）用于其他特殊功能。利用阳极氧化膜的多孔型，在微孔中沉积功能微粒，可以得到各种功能性材料，如超高硬质膜、干润滑膜、记忆元件。

4. 阳极氧化膜标准

阳极氧化技术研究始于 19 世纪末，随着铝及铝合金工程应用的发展，20 世纪八九十年代，阳极氧化规律和膜结构的理论体系逐渐完善，为阳极氧化生产应用提供了坚实的技术支持。理论体系的建立和生产实践经验的积累，也为阳极氧化膜标准的制定奠定了基础。国际标准化组织于 1983 年发布了 ISO 7599：1983《铝及铝合金阳极氧化 铝的阳极氧化膜一般规范》，并分别于 2010 年、2018 年进行了两次修订，现行版本为 ISO 7599：2018《铝及铝合金阳极氧化 铝上装饰性和防护性阳极氧化膜的规定方法》。我国于 1987 年首次制定了国家标准 GB/T 8013—1987《铝及铝合金阳极氧化 阳极氧化膜的总规范》，其等效采用 ISO 7599：1983。2007 年修订标准时，加入铝及铝合金有机聚合物膜，并分 3 部分发布，即第 1 部分：阳极氧化膜，第 2 部分：阳极氧化复合膜，第 3 部分：有机聚合物涂膜。现行版本为 GB/T 8013. 1—2018《铝及铝合金阳极氧化膜与有机聚合物膜 第 1 部分：阳极氧化膜》，于 2018 年 5 月 14 日发布，2019 年 2 月 1 日实施。

二、标准主要特点与应用说明

1. 标准的主要内容和适用范围

该标准规定了铝及铝合金阳极氧化膜的术语和定义、分类、性能要求、试验方法和检验规则等。该标准适用多孔型阳极氧化膜，不适用于壁垒型无孔阳极氧化膜、铬酸溶液中阳极氧化生成的膜和用作有机涂层或金属镀层底层的阳极氧化膜。

该标准属于铝及铝合金阳极氧化膜的总规范，只是系统性、概述性地提出规定，不像某一具体氧化膜标准给出性能指标，因此可作为指南使用。

2. 阳极氧化膜的分类

该标准将阳极氧化膜分为普通阳极氧化（代号为 AA）和硬质阳极氧化（代号为 HA40），并根据用途及其对应的氧化膜厚度将普通阳极氧化分为 AA3、AA5、AA10、AA15、AA20、AA25、AA30 共 7 等级。这对于合理选择阳极氧化膜厚度具有十分重要的指导意义。

3. 阳极氧化膜的性能

该标准规定了铝及铝合金阳极氧化膜所涉及的各项性能及其试验方法，这些性能包括外观、色差、膜厚、表面密度、封孔质量、硬度、耐磨性、抗变形破裂性、耐环境腐蚀、耐化学品性、耐温湿性和耐候性。但还有一些性能对于阳极氧化膜性能也是极为重要的，如绝缘性、表面反射特性、耐晒度、膜的连续性等，虽然该标准对它们未做规定，但这些性能都有各自试验方法标准。因此，应根据使用需要，规定这些性能要求并参照具体试验标准进行检测。

4. 阳极氧化膜的检验规则

该标准规定了阳极氧化膜的各项性能的不同检验方法的取样规则和结果判定规则，可作为批量生产产品的交付验收的依据。其中，厚度是最关键的性能，因此，作为特例，标准还规定了不同数量的产品批在进行厚度测量时，应随机抽取的样品数量及不合格数上限。

应特别注意的是，由于阳极氧化膜封孔的老化效应，为准确测量膜层性能，一般情况下应在封孔处理结束 24h 后进行试验，建筑型材应在封孔处理 120h 后进行试验。

三、标准内容（GB/T 8013.1—2018）

铝及铝合金阳极氧化膜与有机聚合物膜 第 1 部分：阳极氧化膜

1 范围

GB/T 8013 的本部分规定了铝及铝合金阳极氧化膜的术语和定义、分类、性能要求、试验方法、检验规则等。

本部分适用于机械、市政、交通、电气、包装、建筑及装饰等领域用铝材阳极氧化膜。

本部分不适用于壁垒型无孔阳极氧化膜、铬酸溶液中阳极氧化生成的膜和用作有机涂层或金属镀层底层的阳极氧化膜。

2 规范性引用文件

下列文件对于本文件的应用是必不可少的。凡是注日期的引用文件，仅注日期的版本适用于本文件。凡是不注日期的引用文件，其最新版本（包括所有的修改单）适用于本文件。

GB/T 250 纺织品 色牢度试验 评定变色用灰色样卡

GB/T 1865—2009 色漆和清漆 人工气候老化和人工辐射曝露 滤过的氙弧辐射

GB/T 2423.51 环境试验 第 2 部分：试验方法 试验 Ke：流动混合气体腐蚀试验

GB/T 6461 金属基体上金属和其他无机覆盖层 经腐蚀试验后的试样和试件的评级

GB/T 6682 分析实验室用水规格和试验方法

GB/T 8005.3 铝及铝合金术语 第 3 部分：表面处理

GB/T 8014.1 铝及铝合金阳极氧化 氧化膜厚度的测量方法 第 1 部分：测量原则

GB/T 8014.2 铝及铝合金阳极氧化 氧化膜厚度的测量方法 第 2 部分：质量损失法

GB/T 8170 数值修约规则与极限数值的表示和判定

GB/T 8753.1 铝及铝合金阳极氧化 氧化膜封孔质量的评定方法 第1部分：酸浸蚀失重法

GB/T 8753.3 铝及铝合金阳极氧化 氧化膜封孔质量的评定方法 第3部分：导纳法

GB/T 8753.4 铝及铝合金阳极氧化 氧化膜封孔质量的评定方法 第4部分：酸处理后的染色斑点法

GB/T 9789 金属和其他无机覆盖层 通常凝露条件下的二氧化硫腐蚀试验

GB/T 9790 金属覆盖层及其他有关覆盖层 维氏和努氏显微硬度试验

GB/T 9790 金属覆盖层及其他有关覆盖层 维氏和努氏显微硬度试验

GB/T 10125 人造气氛腐蚀试验 盐雾试验

GB/T 11112 有色金属大气腐蚀试验方法

GB/T 12967.1 铝及铝合金阳极氧化膜检测方法 第1部分：用喷磨试验仪测定阳极氧化膜的平均耐磨性

GB/T 12967.2 铝及铝合金阳极氧化膜检测方法 第2部分：用轮式磨损试验仪测定阳极氧化膜的耐磨性和耐磨系数

GB/T 12967.3 铝及铝合金阳极氧化膜检测方法 第3部分：铜加速乙酸盐雾试验（CASS试验）

GB/T 12967.4 铝及铝合金阳极氧化膜检测方法 第4部分：着色阳极氧化膜耐紫外光性能的测定

GB/T 12967.5 铝及铝合金阳极氧化膜检测方法 第5部分：用变形法评定阳极氧化膜的抗破裂性

GB/T 12967.6 铝及铝合金阳极氧化膜检测方法 第6部分：目视观察法检验着色阳极氧化膜色差和外观质量

GB/T 12967.7 铝及铝合金阳极氧化膜检测方法 第7部分：用落砂试验仪测定阳极氧化膜的耐磨性

GB/T 18911—2002 地面用薄膜光伏组件 设计鉴定和定型

GB/T 20854 金属和合金的腐蚀 循环暴露在盐雾、“干”和“湿”条件下的加速试验

3 术语和定义

GB/T 8005.3界定的以及下列术语和定义适用于本文件。

3.1 染色阳极氧化膜 dyed anodic coating

在孔结构中吸附染料或颜料而着色的阳极氧化膜。

3.2 光亮阳极氧化 bright anodizing

以高镜面反射率为主要特征的阳极氧化。

3.3 防护性阳极氧化 protective anodizing

以耐腐蚀和抗磨损为主要特征，而外观属次要或不重要特征的阳极氧化。

3.4 装饰性阳极氧化膜 decorative anodic coating

以外观均匀、美观为主要特征的阳极氧化膜。

4 分类

4.1 阳极氧化膜的膜层代号、表面处理方式及典型应用见表1。

表1 阳极氧化膜的膜层代号、表面处理方式及典型应用

膜层代号[①]	表面处理方式[①]	典型应用	备注
AA3	阳极氧化	饰品、反光板	膜层代号中:“AA”代表普通阳极氧化类别;“HA”代表硬质阳极氧化类别;“AA”或“HA”后的数字标示阳极氧化膜最小平均膜厚限定值
AA5	阳极氧化;阳极氧化+电解着色[②];阳极氧化+染色[②]	饰品、装饰材料、家电、照明用具、家具、登高器具、茶叶罐、雨伞骨架、铭牌、玩具	
AA10、AA15、AA20、AA25、AA30	阳极氧化;阳极氧化+电解着色[②];阳极氧化+染色[②]	轨道交通屏蔽门、汽车天窗导轨、汽车行李架、汽车踏板、建筑及装饰材料、电梯、太阳能边框、家电、照明用具、电机外壳、仪器仪表、3D打印机、智能自动化组件、家具、饰品、雨伞骨架、文具、箱包、电子产品支架、运动娱乐用品	
HA40	硬质阳极氧化	纺织机械、医疗器械、阀门、滑动件、齿轮、活塞	

① 膜厚和表面处理方式对膜层性能影响很大。

② 着色膜层耐候性优于染色膜层，染色膜层颜色种类较着色膜层丰富。

4.2 阳极氧化膜的预处理代号、类型见表2。

表2 阳极氧化膜的预处理代号及预处理类型

预处理代号	预处理类型	说明
E0	脱脂和去氧化物	阳极氧化前,仅对表面进行脱脂和去氧化物,刻痕和划痕等机械痕迹仍然可见。处理前难以看见的腐蚀表面,经处理后可见
E1	磨光	研磨可以得到相对均匀但亚光的表面。该处理可去除大部分表面缺陷,处理效果由研磨料的粗糙度决定,表面有研磨痕
E2	刷光	机械刷光可以得到均匀、光亮的表面,有刷痕。仅能去除部分表面缺陷
E3	抛光	机械抛光可以得到光泽表面,但仅能去除部分表面缺陷
E4	磨光和刷光	磨光和刷光可以得到均匀、光亮的表面,机械表面缺陷得以去除。该处理可以去除腐蚀,但E0或E6处理可能会导致腐蚀目视可见
E5	磨光和抛光	磨光和抛光可以得到光滑、有光泽的表面,机械表面缺陷得以去除。该处理可以去除腐蚀,但E0或E6处理可能会导致腐蚀目视可见
E6	化学蚀刻	脱脂后,在特殊碱性蚀刻溶液中进行处理,可以得到光滑或亚光的表面。机械表面缺陷有所缓和,但无法完全去除。该处理过后,可能导致金属表面腐蚀目视可见。蚀刻前的机械预处理可以去除腐蚀,但正确处理并存贮材料防止腐蚀是更好的选择
E7	化学或电化学抛光	脱脂后,将表面置于蒸汽脱脂机或非蚀刻清洗机中,采用特殊化学或电化学增亮过程进行处理,得到非常光亮的表面。该处理仅能去除少量表面缺陷,腐蚀可能目视可见
E8	磨光、抛光和化学或电化学抛光	在研磨和抛光后,进行化学或电化学增亮。该处理可以得到光滑、光亮的表面,表面机械缺陷和初期腐蚀一般可以去除

5 性能要求

5.1 外观

外观应均匀一致，不准许有腐蚀、麻面、夹杂等缺陷，其他要求按供需双方商定的样板确定。

5.2 色差

应按供需双方商定的色板确定色差。

5.3 膜厚

阳极氧化膜的平均膜厚和局部膜厚要求应符合表3的规定。

表3 阳极氧化膜的平均膜厚和局部膜厚

膜层代号	平均膜厚①/μm	局部膜厚②/μm
AA3	≥3	—
AA5	≥5	≥4
AA10	≥10	≥8
AA15	≥15	≥12
AA20	≥20	≥16
AA25	≥25	≥20
AA30	≥30	≥25
HA40	≥40	≥35

① 对于表面性能有特殊要求的阳极氧化膜，可以选用更高的平均膜厚。

② 对于某些耐蚀性极其重要的应用场合，供需双方可以商定氧化膜的最小局部膜厚，而不限定最小平均膜厚值。

5.4 表面密度

5.4.1 铜含量不大于6%的铝及铝合金，阳极氧化膜表面密度为：2.3g/cm^3~3g/cm^3。

5.4.2 铜非指定合金元素的铝及铝合金，封孔的阳极氧化膜表面密度约为2.6g/cm^3，未封孔的阳极氧化膜表面密度约为2.4g/cm^3。

5.4.3 需方对表面密度有特殊要求时，应在订货单（或合同）中注明。

5.5 封孔质量

5.5.1 酸浸蚀失重法测得的质量损失值应不大于30mg/dm^2。

5.5.2 需方对封孔质量有其他特殊要求时，应参照表4在订货单（或合同）中注明试验方法和性能要求。

表4 封孔质量的性能要求及典型应用

试验方法	性能要求	典型应用
酸浸蚀失重法	≤30mg/dm^2	汽车行李架、汽车天窗导轨、汽车装饰件、建筑及装饰材料、太阳能边框、仪器仪表、家具、运动娱乐产品
	≤20mg/dm^2	手机外壳
导纳法	≤20μS	未着色阳极氧化膜
染斑法①	0级或1级	阳极氧化膜

（续）

试验方法	性能要求	典型应用
封孔笔法[①]	膜层无残留痕迹	汽车行李架、汽车天窗导轨、汽车装饰件、建筑及装饰材料、太阳能边框、电气设备、家具

① 一般用于过程控制。

5.6　硬度

需方对硬度有要求时，应在订货单（或合同）中注明性能要求。

5.7　耐磨性

5.7.1　落砂试验结果应符合表5的规定。

5.7.2　需方对耐磨性试验方法有其他特殊要求时，应参照表5在订货单（或合同）中注明（选定喷磨法时，还应注明性能要求），其性能要求应符合表5的规定。

表5　耐磨性的性能要求及典型应用

试验方法	性能要求	典型应用
喷磨法	磨耗系数不小于3.5s/μm	汽车行李架、汽车天窗导轨、电气设备、建筑及装饰材料
	平均相对耐磨性不小于30%	硬质阳极氧化产品
落砂法	磨耗系数不小于300g/μm	汽车行李架、汽车天窗导轨、电气设备、建筑及装饰材料
轮磨法	平均相对耐磨性不小于30%	硬质阳极氧化产品
泰氏耐磨法（TABER）	平均相对耐磨性不小于30%	硬质阳极氧化产品
振动研磨法（ROSLER）	测试面磨损露底面积不大于$1mm^2$的点不超过4个，露底面积不大于$2mm^2$，棱角区域允许出现宽度不大于0.5mm的线性磨损	手机外壳
砂纸磨法（CLARKE）	砂纸表面未见试样磨损的颗粒	电气设备、建筑及装饰材料

5.8　抗变形破裂性

需方对膜层代号为AA3及AA5的膜层要求抗变形破裂性时，应在订货单（或合同）中注明性能要求。

5.9　耐环境腐蚀性

5.9.1　经16h的CASS试验后，膜层保护等级应不小于9级。需方对耐盐雾腐蚀性有其他特殊要求时，应参照表6在订货单（或合同）中注明项目和级别，其试验时间和性能要求应符合表6的规定。

5.9.2　需方对耐二氧化硫潮湿气氛腐蚀性有要求时，应参照表6在订货单（或合同）中注明项目和级别。其试验时间和性能要求应符合表6的规定。

5.9.3　需方对耐盐溶液腐蚀性有要求时，应在订货单（或合同）中注明，其性能要求应符合表6的规定。

表6 耐环境腐蚀性的性能要求及典型应用

项目		级别①	试验时间/h	性能要求	典型应用
耐盐雾腐蚀性	CASS	Ⅰ	16	保护等级≥9级	沙漠等腐蚀程度低的环境使用的产品
		Ⅱ	24		食品加工厂等腐蚀程度中等的环境使用的产品
		Ⅲ	48		工业园、化工厂等腐蚀程度高的环境使用的产品
		Ⅳ	72		沿海地区、矿山腐蚀程度很高的环境使用的产品
		Ⅴ	336		工业污染严重的地区腐蚀程度恶劣的环境使用的硬质阳极氧化产品
	AASS	Ⅰ	120	保护等级≥9级	沙漠等腐蚀程度低的环境使用的产品
		Ⅱ	240		食品加工厂等腐蚀程度中等的环境使用的产品
		Ⅲ	480		工业园、化工厂等腐蚀程度高的环境使用的产品
		Ⅳ	1000		沿海地区、矿山腐蚀程度很高的环境使用的产品
		Ⅴ	2000		工业污染严重地区腐蚀程度恶劣的环境使用的产品
	NSS	Ⅰ	480	保护等级≥9级	沙漠等腐蚀程度低的环境使用的产品
		Ⅱ	1000		食品加工厂等腐蚀程度中等的环境使用的产品
		Ⅲ	2000		工业园、化工厂等腐蚀程度高的环境使用的产品
		Ⅳ	4000		沿海地区、矿山腐蚀程度很高的环境使用的产品
		Ⅴ	6000		工业污染严重的地区腐蚀程度恶劣的环境使用的产品
耐二氧化硫潮湿气氛腐蚀性		Ⅰ	384	保护等级≥9级,无明显腐蚀、白斑	建筑及装饰材料
		Ⅱ	576		工业污染严重的地区腐蚀程度恶劣的环境使用的产品
		Ⅲ	768		工业污染恶劣的地区腐蚀程度恶劣的环境使用的产品
耐盐溶液腐蚀性		—	—	保护等级≥9级	轨道交通内装饰材料、汽车内装饰材料、船舶内装饰材料

① 不同试验项目间的级别无对应关系。

5.9.4 需方对耐盐干湿循环腐蚀性、耐流动混合气体腐蚀性有要求时，由供需双方商定性能要求，并在订货单（或合同）中注明。

5.10 耐化学品性

需方对耐化学品性有要求时，应参照表7在订货单（或合同）中注明项目（选定耐人工汗性时，还应注明试验方法），其性能要求应符合表7的规定。

表7 耐化学品性的性能要求及典型应用

项目		性能要求	典型应用
耐碱性(电位仪法)		试验开始至结束的时间不小于45s	家具、室内隔断、汽车内装饰材料、太阳能边框
耐人工汗性	擦拭法	无明显的颜色和光泽变化,允许纱布有轻微变色	电气设备、手机外壳、扶手、医疗器械
	覆盖法	无明显腐蚀痕迹	
耐酒精性		无明显颜色和光泽变化,允许纱布有轻微变色	电气设备、医疗器械
耐清洁剂性		无明显变色和流纹	家具、汽车内装饰材料

5.11　耐温湿性

需方对耐温湿性有要求时，应参照表 8 在订货单（或合同）中注明试验方法，其性能要求应符合表 8 的规定。

表 8　耐温湿性的性能要求及典型应用

试验方法	性能要求	典型应用
热裂试验	无裂纹	太阳能边框、建筑及装饰材料
热老化试验	不低于 120℃	电气设备
低温试验	无明显颜色和光泽变化	电气设备
高低温试验		太阳能边框
恒温恒湿试验		电气设备、太阳能边框
温湿循环试验		电气设备、太阳能边框

5.12　耐候性

5.12.1　自然耐候性

需方对自然耐候性有要求时，应在订货单（或合同）中注明试验条件和性能要求。

5.12.2　加速耐候性

需方对氙灯加速耐候性、耐紫外光性有要求时，应在订货单（或合同）中注明性能要求。

6　试验方法

6.1　外观

按 GB/T 12967.6 的规定进行。

6.2　色差

按 GB/T 12967.6 的规定进行。

6.3　膜厚

按 GB/T 8014.1 的规定进行。平均膜厚和局部膜厚的测量说明见附录 A。

6.4　表面密度

按 GB/T 8014.2 中质量损失法的规定进行。

6.5　封孔质量

6.5.1　无硝酸预浸的磷酸铬酸钠试验方法按附录 B 的规定进行，其他按 GB/T 8753.1 的酸浸蚀失重法的规定进行。仲裁时采用 GB/T 8753.1。

6.5.2　导纳试验按 GB/T 8753.3 的规定进行。

6.5.3　染斑试验按 GB/T 8753.4 的规定进行。

6.5.4　封孔笔试验使用黑色钢笔在试样上画圈，在 5s~10s 内用蘸水的软布擦拭试样，目视检查。

6.6　硬度

按 GB/T 9790 的规定进行。

6.7　耐磨性

6.7.1　喷磨法

按 GB/T 12967.1 的规定进行。

6.7.2 落砂法

按 GB/T 12967.7 的规定进行。

6.7.3 轮磨法

按 GB/T 12967.2 的规定进行。

6.7.4 泰氏耐磨法

按 GB/T 12967.1 或供需双方商定的方法进行。

6.7.5 振动研磨法

按 GB/T 12967.1 或供需双方商定的方法进行。

6.7.6 砂纸磨法

按 GB/T 12967.1 或供需双方商定的方法进行。

6.8 抗变形破裂性

按 GB/T 12967.5 的规定进行。

6.9 耐环境腐蚀性

6.9.1 耐盐雾腐蚀性

NSS 试验和 AASS 试验按 GB/T 10125 的规定进行，CASS 试验按 GB/T 12967.3 的规定进行。腐蚀结果的评级按 GB/T 6461 的规定进行。

6.9.2 耐二氧化硫潮湿气氛腐蚀性

按 GB/T 9789 的规定进行。腐蚀结果的评级按 GB/T 6461 的规定进行。

6.9.3 耐盐溶液腐蚀性

在 23℃±3℃下，将试样浸泡在盐溶液中，盐溶液组分见表 9，试验时间 500h。腐蚀结果的评级应按 GB/T 6461 的规定进行。所用化学试剂应为分析纯。

表 9 盐溶液组分

成　分	质量浓度/(g/L)
氯化钠	25
乙酸	15
过氧化氢(30%)	3.7

6.9.4 耐盐干湿循环腐蚀性

按 GB/T 20854 的规定进行。

6.9.5 耐流动混合气体腐蚀性

按 GB/T 2423.51 的规定进行。

6.10 耐化学品性

6.10.1 耐碱性

按附录 C 的规定进行。

6.10.2 耐人工汗性

6.10.2.1 人工汗试验溶液

人工汗试验溶液组分见表 10，所用化学试剂应为分析纯，在配制好的人工汗试验溶液中加入氢氧化钠，调整溶液的 pH 值至 4.7。

表 10　人工汗试验溶液组分

成　　分	质量浓度/(g/L)
氯化钠	20
氯化铵	17.5
尿素	5
乙酸	2.5
乳酸	15

6.10.2.2　擦拭法

在室温环境下，用至少六层医用纱布包裹 500g 的擦头，吸饱人工汗试验溶液（6.10.2.1）后在试样表面上沿同一直线路径，以每秒钟 1 次往返的速率，来回擦拭 1000 次（擦拭一个来回计为 1 次），擦拭行程约为 100mm，试验过程中应保持纱布湿润，试验结束后，目视检查试验后的膜层表面。

6.10.2.3　覆盖法

用饱含人工汗试验溶液（6.10.2.1）的无纺布覆盖试样，放入温度 55℃±1℃，相对湿度 93%±2%的恒温恒湿箱中 48h，从恒温恒湿箱中取出试样，在常温下放置 2h，后用自来水冲洗、吹干试样，观察膜层表面。

6.10.3　耐酒精性

在室温环境下，用至少六层医用纱布包裹 500g 的擦头，吸饱乙醇（质量分数 95%）后在试样表面上沿同一直线路径，以每秒钟 1 次往返的速率，来回擦拭 100 次（擦拭一个来回计为 1 次），擦拭行程约为 100mm，试验过程中应保持纱布湿润，试验结束后，目视检查试验后的膜层表面。

6.10.4　耐清洁剂性

在室温下，将试样浸入浓度为 5%的中性清洁剂溶液 24h 后，取出并用自来水冲洗、吹干试样，观察膜层表面。

6.11　耐温湿性

6.11.1　热裂试验

将试样置于 46℃±2℃的恒温箱中，保温 30min，取出试样，目视检查表面有无裂纹。如无裂纹，依次提高温度 6℃并重复试验，直至提高到 82℃，或供需双方商定的更高温度。

6.11.2　热老化试验

将试样置于 120℃±3℃的恒温箱中，保温 30min，取出试样，将试样和原试样比较，用符合 GB/T 250 规定的评定变色用灰色样卡比较试样的变色情况，若变色程度未达到 4 级，则依次提高温度 20℃，直至 200℃。以变色程度达到 4 级或超过 4 级挡的前一挡的温度表示试样的耐热性。

6.11.3　低温试验

将试样置于-40℃±3℃的恒温箱中，保温 240h，取出试样后于室温静置 2h，观察膜层表面。

6.11.4　高低温循环试验

按 GB/T 18911—2002 中 10.11 的规定进行。

6.11.5　恒温恒湿试验

6.11.5.1　高湿法

将试样置于50℃±3℃，相对湿度95%±5%的恒温恒湿箱中，保温72h，取出试样后于室温静置2h，观察膜层表面。

6.11.5.2　中湿法

将试样置于85℃±3℃，相对湿度85%±5%的恒温恒湿箱中，保温1000h，取出试样后于室温静置2h，观察膜层表面。

6.11.5.3　低湿法

将试样置于80℃±3℃，相对湿度50%±5%的恒温恒湿箱中，保温240h，取出试样后于室温静置2h，观察膜层表面。

6.11.6　温湿度循环试验

按GB/T 18911—2002中10.12的规定进行。

6.12　耐候性

6.12.1　自然耐候性

按GB/T 11112的规定进行。

注：许多国家选用佛罗里达大气腐蚀试验站进行自然耐候试验。中国大气腐蚀试验站中，大气条件与佛罗里达比较接近的是海南省琼海大气腐蚀试验站，但海南省琼海大气腐蚀试验站的试验结果与佛罗里达的试验结果会存在差异。

6.12.2　加速耐候性

6.12.2.1　氙灯加速耐候性

按GB/T 1865—2009中方法1循环A的规定进行。

6.12.2.2　耐紫外光性

按GB/T 12967.4的规定进行。建筑型材的试验时间为300h。

7　检验规则

7.1　相同牌号、相同加工方式和状态、相同表面处理批次的产品构成一个检验批。

7.2　检验项目的取样规定及结果判定见表11，从产品有效面上切取试验用试样。

表11　检验项目的取样规定和结果判定

检验项目	要求的章条号	试验方法的章条号	取样规定	结果判定
外观	5.1	6.1	逐件检查	任一件外观不合格，判该件不合格
色差	5.2	6.2	逐件检查	任一件色差不合格，判该件不合格
膜厚	5.3	6.3	膜厚检查数量按表12的规定，距阳极接触点5mm内以及边角附近不应选作测定膜厚的部位	膜厚的不合格品数量超出表12规定的不合格品数上限时，应另取双倍数量的产品进行重复试验。重复试验的不合格品数量不超过表12规定的不合格品数上限的双倍数量时，判该批合格，否则判该批不合格。经供需双方商定允许供方逐件检验，合格者交货
表面密度	5.4	6.4	每批产品抽取2件，从每件产品上取1个有效表面积大于1dm²的试样	任一试样表面密度不合格，判该批不合格

（续）

检验项目		要求的章条号	试验方法的章条号	取样规定	结果判定
封孔质量	酸浸蚀失重法	5.5	6.5.1	每批产品抽取2件，从每件产品上取1个有效表面积不小于 $1dm^2$ 的试样，有效表面积小于 $1dm^2$ 的产品，直接试验	任一试样封孔质量不合格，判该批不合格
	导纳法	5.5	6.5.2	每批产品抽取2件，从每件产品上取1个试样	
	染斑法	5.5	6.5.3	每批产品抽取2件，现场检验	
	封孔笔法	5.5	6.5.4	每批产品抽取2件，现场检验	
硬度		5.6	6.6	每批产品抽取2件，从每件产品上取1个有效表面积大于 $0.5dm^2$ 的试样	任一试样硬度不合格，判该批不合格
耐磨性	喷磨法	5.7	6.7.1	每批产品抽取2件/检验项目，从每件产品上取1个试样①，试样有效面尺寸应不小于30mm×30mm	任一试样耐磨性不合格，判该批不合格
	落砂法	5.7	6.7.2		
	轮磨法	5.7	6.7.3	每批产品抽取2件，从每件产品上取1个试样①，试样有效面尺寸应不小于70mm×70mm	
	泰氏耐磨法	5.7	6.7.4	每批产品抽取2件，从每件产品上取1个试样①，试样尺寸应为 ϕ100mm的圆盘试样，中心开 ϕ8mm孔	
	振动研磨法	5.7	6.7.5	每批产品抽取2件，手机外壳直接作为试样	
	砂纸磨法	5.7	6.7.6	每批产品任取2件，现场检验	

（续）

<table>
<tr><th colspan="3">检 验 项 目</th><th>要求的章条号</th><th>试验方法的章条号</th><th>取样规定</th><th>结果判定</th></tr>
<tr><td colspan="3">抗变形破裂性</td><td>5.8</td><td>6.8</td><td>每批产品抽取2件，从每件产品上取1个试样①，试样尺寸应为250mm×20mm×5mm（长度×宽度×最大厚度）</td><td>任一试样抗变形破裂性不合格，判该批不合格</td></tr>
<tr><td rowspan="7">耐环境腐蚀性</td><td rowspan="3">耐盐雾腐蚀性</td><td>CASS</td><td>5.9</td><td>6.9.1</td><td rowspan="5">每批产品抽取2件/检验项目，从每件产品上取1个试验，试样长度不小于150mm，长度小于150mm的产品，直接作为试样</td><td rowspan="7">任一试样耐环境腐蚀性不合格，判该批不合格</td></tr>
<tr><td>AASS</td><td>5.9</td><td>6.9.1</td></tr>
<tr><td>NSS</td><td>5.9</td><td>6.9.1</td></tr>
<tr><td colspan="2">耐二氧化硫潮湿气氛腐蚀性</td><td>5.9</td><td>6.9.2</td></tr>
<tr><td colspan="2">耐盐干湿循环腐蚀性</td><td>5.9</td><td>6.9.4</td></tr>
<tr><td colspan="2">耐盐溶液腐蚀性</td><td>5.9</td><td>6.9.3</td><td>每批产品抽取2件，从每件产品上取1个试样，试样长度不小于150mm，长度小于150mm的产品，直接作为试样</td></tr>
<tr><td colspan="2">耐流动混合气体腐蚀性</td><td>5.9</td><td>6.9.5</td><td>每批产品抽取2件，从每件产品上取1个试样，试样长度不小于150mm，长度小于150mm的产品，直接作为试样</td></tr>
<tr><td rowspan="4">耐化学品性</td><td colspan="2">耐碱性</td><td>5.10</td><td>6.10.1</td><td>每批产品抽取2件/检验项目，从每件产品上取1个试样①，试样有效面积不小于$1dm^2$</td><td rowspan="4">任一试样耐化学品性不合格，判该批不合格</td></tr>
<tr><td colspan="2">耐人工汗</td><td>5.10</td><td>6.10.2</td><td rowspan="3">每批产品抽取2件/检验项目，从每件产品上取1个长度不小于150mm的试样</td></tr>
<tr><td colspan="2">耐乙醇性</td><td>5.10</td><td>6.10.3</td></tr>
<tr><td colspan="2">耐清洁剂性</td><td>5.10</td><td>6.10.4</td></tr>
<tr><td rowspan="6">耐温湿性</td><td colspan="2">抗热裂性</td><td>5.11</td><td>6.11.1</td><td rowspan="6">每批产品抽取2件/检验项目，从每件产品上取1个试样，试样长度不小于150mm，长度小于150mm的产品，直接作为试样</td><td rowspan="6">任一试样耐温湿性不合格，判该批不合格</td></tr>
<tr><td colspan="2">耐热老化性</td><td>5.11</td><td>6.11.2</td></tr>
<tr><td colspan="2">耐低温性</td><td>5.11</td><td>6.11.3</td></tr>
<tr><td colspan="2">耐高低温性</td><td>5.11</td><td>6.11.4</td></tr>
<tr><td colspan="2">耐恒温恒湿性</td><td>5.11</td><td>6.11.5</td></tr>
<tr><td colspan="2">耐温湿度循环性</td><td>5.11</td><td>6.11.6</td></tr>
</table>

（续）

检验项目			要求的章条号	试验方法的章条号	取样规定	结果判定
耐候性	自然耐候性		5.12	6.12.1	每批产品抽取3件，从每件产品上取1个试样。若需方同意，供方可制作膜厚级别、膜层颜色及表面处理方式和工艺均与该批型材相同的3块试板代替型材试样。试样（或试板）膜层有效面尺寸（长×宽）宜为250mm×150mm	任一试样耐候性不合格，判该批不合格
	加速耐候性	氙灯加速耐候性	5.12	6.12.2.1	每批产品抽取3件/检验项目，从每件产品上取1个试样，试样长度不小于150mm，长度小于150mm的产品，直接作为试样	
		耐紫外光性	5.12	6.12.2.2		

① 应在产品表面平直处切取试样，若该批产品取不出适宜面积平直试样，允许采用相同牌号、相同加工方式、状态和相同表面处理的有效面（长×宽）至少为150mm×70mm的平板样品。

表12 膜厚取样数量及不合格品数上限数量 （单位：件）

批量范围	随机取样数	不合格品数上限
1～10	全部	0
11～200	10	1
201～300	15	1
301～500	20	2
501～800	30	3
800以上	40	4

7.3 一般情况下应在封孔处理结束24h后进行试验，建筑型材应在封孔处理120h后进行试验。

附 录 A
（规范性附录）
平均膜厚和局部膜厚的测量说明

A.1 除非另有说明，应在试样的有效面上，至少选择5个合适测量点（每点约1cm^2）测定氧化膜的厚度，每个测量点测3个~5个读数。将平均值记为该点局部膜厚测量结果，各个测量点的局部膜厚测量结果平均值记为试样平均膜厚测定值。图A.1所示的是一个典型试样上合适测量点的实例。对于小的工件（如零件）和复杂表面的零件，可以减少测量点的数量。

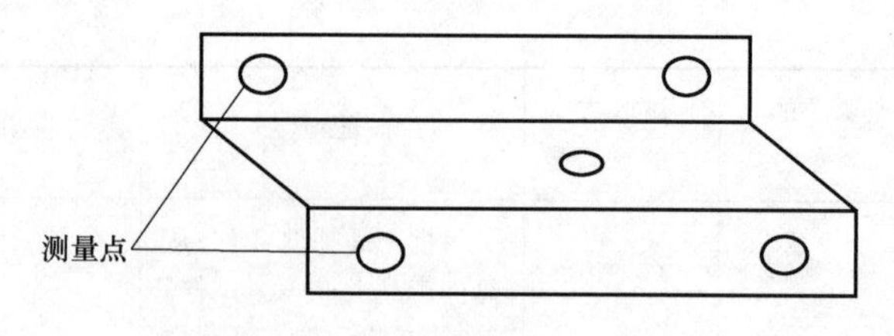

图 A.1 合适测量点的示意图

A.2 AA20 级别试样膜厚测量结果判定示例：

示例 1：

局部膜厚测量值（μm）：20，22，23，21，20；判试样符合要求。

示例 2：

局部膜厚测量值（μm）：20，23，22，22，18；判试样符合要求。

示例 3：

局部膜厚测量值（μm）：18，21，19，21，20；因平均膜厚为 19.8μm，小于 20μm，判试样不符合要求。

示例 4：

局部膜厚测量值（μm）：20，24，22，22，15；有一个局部膜厚小于 16μm，判试样不符合要求。

附 录 B
（规范性附录）
无硝酸预浸的磷酸钼酸钠法测定阳极氧化膜封孔质量

B.1 方法概述

试样经过磷酸钼酸钠溶液浸蚀，测定试样的质量损失来评定氧化膜封孔质量。

B.2 试剂

B.2.1 除非另有说明，本部分所用试剂均为分析纯，所用水为 GB/T 6682 规定的三级及以上蒸馏水或去离子水。

B.2.2 磷酸（$\rho_{20}=1.7g/mL$，H_3PO_4 的质量分数不小于 85.0%）。

B.2.3 钼酸钠（$Na_2MoO_4 \cdot 2H_2O$）。

B.2.4 磷酸钼酸钠溶液：将 1g 钼酸钠和 35mL 磷酸溶解于 500mL 水中，移入 1000mL 容量瓶，以水稀释至刻度，混匀。

B.3 仪器

B.3.1 分析天平，感量为 0.1mg。

B.3.2 恒温水浴槽，温度波动度不大于±1℃。

B.3.3 游标卡尺，分辨率不大于 0.05mm。

B.4 试样

B.4.1 热封孔材料，可在封孔后任意时间取样；中温封孔及冷封孔材料，应设置 24h 以上方可取样。

B.4.2 从待检材料中切取试样，其阳极氧化面积约 $1dm^2$（最小 $0.5dm^2$），通常试样质量不超过 200g。

B.4.3 对中空挤压件，试样应从试件内外表面均覆盖有阳极氧化膜的型材端部切取。如需去除试样内表面的阳极氧化膜，在外表面上进行测试时，可使用机械研磨或化学溶解的方法去除内表面的阳极氧化膜。

B.4.4 切取试样后应去除试样切割边缘的毛刺。

B.5 试验步骤

B.5.1 试样阳极氧化膜面积的测量

用游标卡尺测量试样的尺寸，计算试样阳极氧化膜面积 A（保留 2 位小数）。

B.5.2 脱脂

在室温下，将试样在适当的有机溶剂（如丙酮或乙醇）中搅拌 30s 或擦洗脱脂。使用氯化溶剂脱脂时，如全氯乙烯，预干燥应在良好的通风橱内进行，以防吸入溶剂蒸汽。

B.5.3 干燥

首先，试样在室温空干（预干燥）5min，再直立放入预热 60℃ ±3℃ 的干燥箱内，干燥 15min，然后在密封的干燥器内，将试样置于硅胶上方冷却 30min。

B.5.4 称重

立即称量试样质量（m_1），精确至 0.1mg。

B.5.5 浸蚀

B.5.5.1 将试样直立完全浸入预先加热的磷酸铝酸钠溶液中，浸泡时间 15min，试验温度 38℃ ±1℃。

B.5.5.2 从试验溶液中取出试样，先用自来水，然后用去离子水或蒸馏水清洗。按 B.5.3 进行干燥处理后立即称量试样质量（m_2），精确至 0.1mg。

B.5.5.3 操作过程中，切勿用手直接接触试样，干燥温度不应高于 63℃。

B.5.5.4 试验溶液可重复使用，但每升试验溶液溶解材料超过 4.5g 或者处理 10dm^2 氧化膜后不应继续使用。溶液不得被其他材料污染。

B.5.5.5 试验中应使用水浴和连续搅拌以保证溶液温度均匀。

B.6 结果计算

单位面积的失重按式（B.1）计算，按照 GB/T 8170 的规定进行修约：

$$\delta_A = \frac{m_1 - m_2}{A} \tag{B.1}$$

式中 δ_A——试样单位面积的失重（mg/dm^2）；

m_1——试样酸浸前的质量（mg）；

m_2——试样酸浸后的质量（mg）；

A——试样阳极氧化膜的面积（dm^2）。

B.7 试验报告

试验报告应包含下列内容：

a）受检产品的种类和识别标志；

b）使用的试验方法；

c）试样阳极氧化膜的面积；.

d）试验溶液是否搅拌；

e）试验结果；

f）与本部分所规定的内容的任何差异（包括商定的和非商定的）；

g）试验日期；

h）测试人员。

附 录 C
（资料性附录）
耐碱性的测定——电位仪法

C.1 方法概述

电位仪法示意图如图 C.1 所示。通过测量电解池与铝合金基材之间串联电阻两端的电位变化，判断铝合金表面膜层的耐腐蚀性。电解池中加入一定浓度的腐蚀介质，腐蚀介质接触膜层后，开始腐蚀，电解池与基体间串联 1Ω 的标准电阻两端电位达到 1mV 时认为腐蚀击穿，用腐蚀击穿的时间评价膜层的耐碱腐蚀性能。

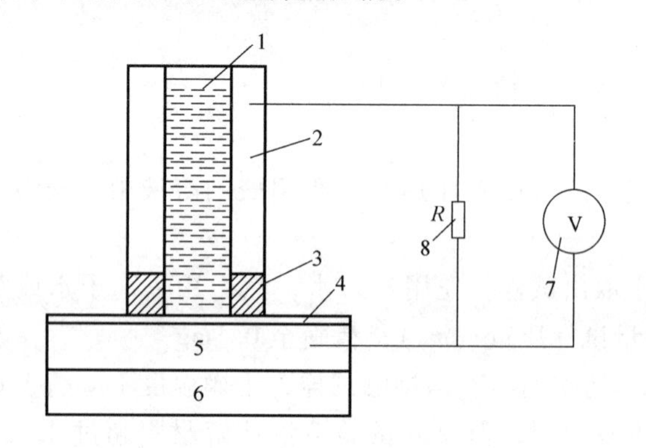

图 C.1 电位仪法示意图

1—腐蚀介质（如 NaOH 溶液） 2—金属电解池 3—绝缘密封垫 4—膜层 5—铝合金基体
6—恒温试验台 7—电位测量仪 8—标准电阻

C.2 试剂

C.2.1 氢氧化钠（NaOH，分析纯）。

C.2.2 试验溶液：称取 50g±2g 的氢氧化钠（C.2.1），用符合 GB/T 6682 规定的三级水溶解，移入 1000mL 容量瓶，用符合 GB/T 6682 规定的三级水稀释至刻度，混匀。须在通风橱内操作。

C.3 仪器

C.3.1 试验仪器使用电位仪，其结构如图 C.1 所示。

C.3.2 试验溶液与试样的接触面直径为 5mm。

C.4 试样

试样尺寸：测试面宽度为 75mm，长度为 150mm。

C.5 测定

C.5.1 每个试样上测定三个位置，两个位置之间距离不少于 20mm。

C.5.2 试样准备：用棉球蘸取无水乙醇擦拭试样膜层表面，之后用纯净水冲洗，然后用吹风机吹干，或将试样放入预热至60℃的干燥箱内，干燥15min，置于干燥器内冷却20min。

C.5.3　试样加载及加热：将干燥试样放置恒温试验台上，在试样表面放置绝缘垫和金属电解池，压紧密封后开始加热，同时通过导线连接铝合金基体与金属电解池，试验温度要求35℃±1℃。

C.5.4　试验开始：温度达到设定值后稳定15min，在金属电解池中注入3mL NaOH溶液，同时开始记录时间与电位。

C.5.5　试验停止：当电位达到1mV时，停止试验，并记录试验时间；同时排出电解池中的废液。

C.5.6　试样处理：取下试样，迅速用蒸馏水或去离子水冲洗干净，吹干水分，干燥后备用。

C.5.7　试验装置清洗：用蒸馏水或去离子水将电解池冲洗干净，并用滤纸拭干。

C.5.8　重复C.5.2~C.5.7步骤进行其他位置的测定。

C.6　结果表示

取五个位置测定结果的平均值作为该试样耐碱腐蚀击穿时间（min），按GB/T 8170规定修约到个位。

C.7　精密度

同一试样在重复性条件下获得的5个测定结果相对平均偏差不大于5%。如相对偏差大于5%，应在试验报告中注明，并列出各个试验结果。

C.8　试验报告

试验报告应至少包括下列内容：

a）本标准编号；

b）试样标识；

c）材料名称、牌号；

d）试验结果；

e）测试人员、测试日期。

第二节　铝及铝合金硬质阳极氧化膜规范

一、概论

1. 铝合金硬质阳极氧化

铝及铝合金硬质阳极氧化是以阳极氧化膜的硬度和耐磨性作为首要使用性能的阳极氧化技术。硬质阳极氧化与普通阳极氧化的成膜原理没有本质差别，只是对工艺条件进行了调整，使获得的氧化膜显微硬度更高。由于氧化膜的硬度与铝合金牌号、阳极氧化工艺等因素有关，因而，并没有具体的硬度值来区分硬质阳极氧化膜和普通阳极氧化膜，二者没有明确的分界。

2. 硬质阳极氧化膜的特性

与普通阳极氧化膜相比，硬质阳极氧化除明显提高铝及铝合金表面硬度和耐磨性外，同时还提高了耐蚀性、电绝缘性和耐热性等，其主要特性如下：

1）硬度高。硬质阳极氧化膜的硬度非常高，铝合金上可达 400HV ~ 600HV，在纯铝上可达 1500 HV。

2）耐磨性强。硬质阳极氧化膜具有很高的硬度，膜层多孔，能吸附和贮存润滑油，因此耐磨性优越。

3）绝缘性好。硬质阳极氧化膜具有很高的电绝缘性。膜厚 35μm ~ 55μm 时，绝缘阻值可达 1000kΩ，击穿电压值最小为 450V。

4）耐热。硬质阳极氧化膜的熔点高达 2050℃，热导率很低，是良好的绝热体。热疲劳强度高，能在短时间内承受 1500℃ ~ 2000℃ 的高温热冲击。膜层越厚，耐热冲击的时间越长。

5）耐腐蚀。硬质阳极氧化膜的耐蚀性比普通阳极氧化膜高。但是，并不是膜层越厚耐蚀性越好，因为膜层太厚容易产生裂纹。

3. 硬质阳极氧化膜的应用

铝合金硬质阳极氧化的工业应用始于 20 世纪 40 年代末期，由于生成的硬质阳极氧化膜具有硬度高、耐磨性强、绝缘性好、耐热，并与基体金属结合牢固等优点，在国防工业和机械零件的制造工业方面应用极其广泛，主要用于制造对耐磨、耐热、绝缘等性能要求高的铝及铝合金零件，如各种罐筒的内壁、活塞座、活塞、气缸、轴承、飞机货仓的地板、辊棒和导轨、水力设备的叶轮等。另外，硬质阳极氧化可生产厚膜（150μm），所以还可用于磨损铝及铝合金零部件的修复或超差零部件的尺寸修补。

4. 硬质阳极氧化膜标准

由于硬质阳极氧化膜在工业应用广泛，尤其在军工领域的应用较多，因此，国际上很早就颁布了一系列标准或规范。国际标准化组织于 1994 年首次发布了 ISO 10074：1994《铝及铝合金硬质阳极氧化膜规范》，并分别于 2010、2017、2021 年修订，目前为第 4 版，即 ISO 10074：2021《铝及铝合金阳极氧化　铝及铝合金硬质阳极氧化膜规范》。

我国于 2005 年等同采用 ISO 10074：1994，制定了 GB/T 19822—2005《铝及铝合金硬质阳极氧化膜规范》。该标准于 2005 年 6 月 23 日发布，2005 年 12 月 1 日实施。

二、标准主要特点与应用说明

1. 标准的主要内容和适用范围

该标准主要规定了铝及铝合金硬质阳极氧化膜的外观、厚度、表面密度、耐磨性、显微硬度和耐蚀性要求及其测验防范。该标准适用于铸造铝合金和挤压铝及铝合金的硬质阳极氧化膜，用于氧化膜性能评价和产品质量检验。

2. 硬质阳极氧化膜性能与铝合金材质密切相关

铝合金硬质阳极氧化膜与铝合金材料本身有很大的关系，不同铝合金系列和不同铝合金加工状态，即使采用相同的工艺，膜的性能也可能会有很大差别。根据膜的性质和成膜特点，该标准将铝及铝合金材料分为五类，并规定了各类材料硬质阳极氧化膜的表面密度、耐磨性和硬度要求。硬质阳极氧化可以用于铸造或锻造的铝及铝合金，但对于含有质量分数为 5%以上的铜和/或 8%以上的硅的压铸铝合金需要特殊的阳极氧化工艺。为了获得最好的显微硬度、耐磨性或低表面粗糙度的特性，应选用低的合金含量。

3. 根据使用目的选择合适的氧化膜膜厚

硬质阳极氧化膜厚度通常在25μm~150μm范围内。低厚度膜（≤25μm）多用于尺寸配合件，例如花键、螺纹；一般厚度的膜（50μm~80μm）用于耐磨或绝缘的需要；高厚度膜（≥150μm）用于修复的目的，但厚膜的外层趋向于变软。非常硬的膜层降低疲劳强度，这种现象可以通过减小膜层厚度或封闭以减至最小。

4. 氧化前工件的质量要求

硬质阳极氧化通常会导致每一表面上尺寸增加膜层厚度的50%。对尺寸有较高要求时，工件阳极氧化前的尺寸应估计到这一增加量，并事先预留尺寸。

尖锐轮廓需加工成曲率半径不低于预定厚度10倍的圆角，以避免烧蚀或剥落。

在硬质阳极氧化过程中，零件要承受很高的电流和电压，零件与夹具要保持良好紧密的接触。

5. 其他重要参考标准

硬质阳极氧化膜具有极高的工程应用价值，国际上相继发布了ISO标准、区域标准、工业发达国家标准、先进组织标准和军事标准，在实际生产应用中，可参考使用。这些标准主要有：

ISO 10074：2021《铝及铝合金阳极氧化 铝及铝合金硬质阳极氧化膜规范》、日本标准JIS H 8603《工程用铝及铝合金硬质阳极氧化》、美军规范MIL-A-8625F《铝及铝合金硬质阳极氧化膜》、美国宇航规范ASN2469D《铝及铝合金硬质阳极氧化处理》。

三、标准内容（GB/T 19822—2005）

铝及铝合金硬质阳极氧化膜规范

1　范围

本标准规定了铝及铝合金硬质阳极氧化膜的技术条件，包括测试方法。

需方向供方提供的信息在附录A中给出。

2　规范性引用文件

下列文件中的条款通过本标准的引用而成为本标准的条款。凡是注日期的引用文件，其随后所有的修改单（不包括勘误的内容）或修订版均不适用于本标准，然而，鼓励根据本标准达成协议的各方研究是否可使用这些文件的最新版本。凡是不注日期的引用文件，其最新版本适用于本标准。

GB/T 4957　非磁性基体金属上非导电覆盖层　覆盖层厚度测量（ISO 2360，IDT）

GB/T 6462　金属和氧化物覆盖层　横断面厚度显微镜测量方法（eqv ISO 1463）

GB/T 8015.1—1987　铝及铝合金阳极氧化膜厚度的试验方法　重量法（idt ISO 2106：1982）

GB/T 8754　铝及铝合金阳极氧化　应用击穿电位测定法检验绝缘性（idt ISO 2376）

GB/T 9790　金属覆盖层及其他有关覆盖层　维氏和努氏显微硬度试验（neq ISO 4516）

GB/T 10125　人造大气腐蚀试验　盐雾试验（eqv ISO 9227）

GB/T 11109—1989　铝及铝合金阳极氧化　术语（eqv ISO 7583）

GB/T 12967.1—1991　铝及铝合金阳极氧化　用喷磨试验仪测定阳极氧化膜的平均耐磨性（idt ISO 8252：1987）

GB/T 12967.2　铝及铝合金阳极氧化　用轮式磨损试验仪测定阳极氧化膜的耐磨性和磨损系数（idt ISO 8251）

ISO 2859-0：1995　特性检查抽样程序　第0部分：ISO 2859特性抽样系统的介绍

ISO 2859-1：1989　特性检查抽样程序　第1部分：按批检验合格质量水平（AQL）编制的抽样程序

3　术语和定义

GB/T 11109—1989确立的以及下列术语和定义适用于本标准。

3.1　批

相同公称成分并在一起进行热处理。

3.2　批验收试验

按本规范的要求检验一批产品性能所进行的试验。

3.3　有效表面

膜层覆盖的或要覆盖的工件部分，即工作面和外观重要的部分。

4　材料分类

硬质阳极氧化膜的性质和特点受到合金成分及加工方法两方面的很大影响，因此，对于本标准，将材料分为五类合金并归类如下：

第1类：除第2类以外的全部锻造合金；

第2类（a）：2000系列合金；

第2类（b）：含2%或2%以上镁的5000系列合金及7000系列合金；

第3类（a）：低于2%铜和/或低于8%硅的铸造合金；

第3类（b）：其他铸造合金。

5　外观

重要表面须全部阳极氧化，目测外观基本均匀，不存在剥落、砂眼、起粉的区域。目测验收须逐批进行。

允许合适位置和尺寸的夹具痕。

裂纹及微裂纹通常不作为报废的理由。

6　厚度

厚度测量在有效表面（但不在记号周围5mm以内，也不在轮廓邻近周边）上进行。

测量应采用GB/T 4957所描述的无损涡流法或GB/T 6462中破坏性的显微镜测量法，有争议时，应采用显微镜测量法（GB/T 6462）进行测量。

厚度或是相关的最终尺寸应在对批检测试验后给出。

通常的膜层厚度在40μm～60μm之间（见附录A）。

7　表面密度

当按照GB/T 8015.1测量具有公称厚度为50μm±5μm的未封闭阳极氧化膜时，其表面密度（单位面积上的膜层质量）的最小值由表1给出。

表 1　最小表面密度

材料类别	允许的最小表面密度/(mg/dm²)
第 1 类	1100
第 2 类	950
第 3 类(a)	950
第 3 类(b)	按协议定

注：如果膜层厚度不是 50μm，则按比例换算。

8　耐磨粒磨损性能

8.1　总则

未封闭的阳极氧化膜（见注）须测定其耐磨粒磨损性能，因为与其他性能具有很好的相关性，耐磨粒磨损性能试验依照附录 G.1，按 GB/T 12967.2 描述的轮式磨损试验法进行。

注：对于封闭过的阳极氧化膜可以测定耐磨性，但热水封闭或着色可降低耐磨性 50%以上。

当磨轮不适用时（特别是一些弧形表面），则依照附录 G.2 按 GB/T 12967.1 描述的喷磨法进行试验，该试验对总膜层厚度给出一个平均值。

TABER 法（见附录 B）只有在指定条件下使用。

8.2　轮式磨损试验法

通过测定膜层厚度的损失即膜层质量损失来测定耐磨粒磨损性能。当依照附录 G.1 按 GB/T 12967.2 描述的轮式磨损试验法测定时，最终数值将是用一个 19.6N 的载荷和 240 目规格的碳化硅砂纸作最少 3 次试验的平均值。

合格值在表 2 给出。

在相同的实验条件下，每天都应对标准试样进行测试。当测定膜层厚度损失时，每一厚度值应为测试范围内十点读数的平均值。

硬质阳极氧化处理和耐磨性试验之间的时间间隔应不少于 24h，在这段时间内，试样应存放于试验环境中。

表 2　轮式磨损试验的合格值

合金类别	往复行程数 DS/次	平均相对耐磨粒磨损性能的合格值 相对于标准试样(见附录 C)
第 1 类	800~100	≥80%
第 2 类(a)	400~100	≥30%
第 2 类(b)	800~100	≥55%
第 3 类(a)	400~100	≥55%或按协议定
第 3 类(b)	400~100	≥20%或按协议定

注：1. 由于表面条件或阳极氧化膜的结构，膜层并不总是适合进行耐磨粒磨损性能试验。第 3 类合金极少要求做试验，耐磨性合格值由供方和需方之间商定，并可能需要专门的标准片。

2. 平均相对比耐磨粒磨损性能（%）由以下公式给出：

$$\text{相对平均比耐磨性能}=\frac{\text{试验的平均磨损速率}}{\text{标准片的平均磨损速率}}\times 100$$

这里磨损速率是指单位往复行程次数的厚度（或质量）损失。

8.3 喷磨磨损试验法

耐磨粒磨损性能通过用去的碳化硅质量或穿透膜层所需要的时间来测定，当依照附录G.2按GB/T 12967.1描述的方法测定时，最终的数值将最少是3次试验的平均值。

合格值在表3给出。

硬质阳极氧化处理和耐磨性试验之间的时间间隔应不少于24h，在这段时间内，试样应存放于试验环境中。

8.4 TABER试验法

当按附录B进行测定时，TABER试验合格值在表4中给出。

表3 喷磨法耐磨试验的合格值

合金类别	平均相对耐磨粒磨损性能合格值 相对于标准试样(见附录C)
第1类	≥80%
第2类(a)	≥30%
第2类(b)	≥55%
第3类(a)	≥55%或按协议定(见注)
第3类(b)	≥20%或按协议定(见注)

注：1. 由于表面条件或阳极氧化膜的结构，膜层并不总是适合进行耐磨粒磨损性试验。第3类合金极少要求做试验。耐磨性合格值由供方和需方之间商定，并可能需要专门的标准片。

2. 平均相对耐磨粒磨损性能（%）由以下公式给出：

$$平均相对耐磨粒磨损性能=\frac{试验的平均磨损速率}{标准片的平均磨损速率}\times 100$$

这里，磨损速率是除去1μm厚膜层必须持续的时间（s）或用去磨料的质量（g）。

表4 TABER耐磨粒磨损性试验的合格值

合金类别	合格值(最大质量损失)/mg
第1类	15
第2类(a)	35
第2类(b)	25
第3类	(见注)

注：由于表面条件或阳极氧化膜的结构，膜层并不总是适合进行耐磨粒磨损性能试验。第3类合金极少要求做试验，耐磨性能合格值由供方和需方之间商定，并可能需要专门的标准片。

9 维氏显微硬度

当按GB/T 9790在25μm~50μm的膜层上进行维氏显微硬度测定时，最小值在表5给出。

表5 维氏显微硬度合格值

合金类别	显微硬度 HV 0.05
第1类	400
第2类(a)	250
第2类(b)	300
第3类(a)	250
第3类(b)	按协议定

注：50μm以上的膜层厚度可能降低显微硬度值，尤其是在外层。

10　耐蚀性

本试验只用于封闭过的氧化膜。

如需要（见附录 A）做腐蚀试验，将阳极氧化膜按 GB/T 10125（NSS 试验）试验 336h。

一般具有 50μm 厚的阳极氧化膜在中性盐雾中暴露 336h 后，除了夹具痕 1.5mm 以内或角落外不会出现任何腐蚀点。

附　录　A
（规范性附录）
需方应向供方提供的信息

需方应于适当的时候向供方提供下列信息：

a）本标准号；

b）标明材料牌号和热处理代号；

c）重要表面的区域；

d）所需阳极氧化膜的厚度；

e）接触点（夹具痕）的合适位置和尺寸；

f）任何所需要的特殊前处理或后处理（尤指封闭）（见附录 J）；

g）最后的尺寸公差；

h）任何所需要的特性，例如耐蚀性、电绝缘性、表面擦伤的允许度、处理前后的批硬度或粗糙度；

i）任何击穿电压测量的要求（见附录 E）；

j）抽样程序（如果需要）（见附录 D）；

k）任何对合格证和认可手续的要求（见附录 F）；

l）任何特殊包装和交付的要求（见附录 H）。

附　录　B
（规范性附录）
TABER 耐磨粒磨损性能试验法

B.1　磨轮的准备

每次试验后清洁磨轮，用 S11 纸磨 50 周。

每磨 4 周，用金刚石研磨机重修表面，应格外小心，尽可能少除去一些表面材料。

处理后限一年内使用。

B.2　试样的准备

硬质阳极氧化后至耐磨性试验之间须至少存放 24h。在此期间内，试样存放于试验环境中。

B.3　程序

将试样置于轮台上，其转速设置为 60r/min±2r/min 或 70r/min±2r/min。

装好两个 CS17 磨轮，每个负荷为 1000g。

在试样的 0.8mm～1.5mm 内安置吸尘口。

开始吸尘。

设置周期旋钮为 1000 周。

开始试验。

当设备停止，将试样从轮台上取下置于干燥器内。

试样称量，精确到0.1mg（质量为m_0）。

再次将试样置于轮台上。

装好CS17磨轮，安置好吸尘口。

开始吸尘。

设置周期旋钮为10000周。

记下温度和湿度。

开始试验。

当设备停止，将试样从轮台上取下置于干燥器内。

记下试验结束时的最终温度和湿度。

试样称量，精确到0.1mg（质量为m_1）。

B.4 结果的表示

质量损失Δm（mg）由式（B.1）给出：

$$\Delta m=(m_0-m_1) \quad (B.1)$$

式中 m_0——试样磨1000周后的质量（mg）；

m_1——试样继续磨10000周后的质量（mg）。

B.5 试验报告

试验报告应包括如下内容：

a）本标准的参考资料；

b）试样的标识（包括合金）以及认可的参比试样的标识；

c）质量损失的计算值；

d）试验前后纪录的温度和湿度；

e）任何与试样处理有关的观察结果、试样或试验区域的状态。

附 录 C
（规范性附录）
标准试样的制备

C.1 标准试样制备

通过磨光或抛光的铝片作为耐磨粒磨损性能试验的标准阳极氧化试样。

铝牌号：Al 99.5/1050A；

厚度：至少2mm；

倒圆：至少2mm。

C.2 工艺条件

前处理：脱脂（轻微碱腐蚀或酸浸蚀）；

阳极氧化：溶液成分；

游离硫酸：180g/L±2g/L；

铝浓度：1g/L~5g/L；

其余：去离子水。

C.3　阳极氧化条件

温度：0℃±0.5℃；

电流密度：3.5A/dm^2±0.35A/dm^2；

强搅拌：用压缩空气；

阳极氧化时间：40min；

阳极氧化膜厚度：50μm±5μm。

C.4　膜层不封闭，在空气中干燥

标准试样垂直悬挂于水平安置在氧化槽的极杠上进行阳极氧化，保持整个阳极表面处于强力搅拌，使用波动不超过5%的平稳直流电。同槽阳极氧化的标准试样数不多于20个，每个标准试样的槽液不少于10L。

做测试试验时，一天至少要测试标准试样一次。

附　录　D
（规范性附录）
抽样程序

当需方希望确认一批或多批阳极氧化工件是否符合质量规定时，应根据ISO 2859-1给出的抽样程序，按ISO 2859-0的规定进行抽样。

这样，当同一生产线上进行阳极氧化的一套完整程序用于氧化生产3批以至更多批次的工件时，抽样程序将作为合格质量水平（AQL）的基础，这个质量水平代表需方准备接受的误差的平均百分率。

附　录　E
（规范性附录）
击穿电压

如需方需要（见附录A），阳极氧化膜的击穿电压按GB/T 8754描述的方法进行测定。击穿电压最小合格值由需方和供方商定。

附　录　F
（资料性附录）
鉴定和验收程序

当需要鉴定时，需方应在生产开始前准备好验收所需的样件或试片。根据商定的鉴定步骤进行鉴定，按照鉴定需要测试各项目。除非需方认可，不允许修改鉴定步骤。

附　录　G
（资料性附录）
耐磨粒磨损性能试验

G.1　轮式耐磨性能试验法

采用GB/T 12967.2描述的试验方法进行耐磨粒磨损性能试验，显示出硬度与表面密度之间很好的相关性，说明这是一种较好的试验方法。但是，较高的耐磨性能需要较大的负

荷。膜层表面粗糙度的增加会引起测量的困难，对于有 2μm~3μm 突起的膜层，需以 100 个往复行程的预磨以除去 3μm 膜层，保证起点的重现性。

第 2（a）类合金比第 1 类合金耐磨性能低，所以可给定较少的试验往复行程数，大约每 400 次往复行程除去 5μm 膜层（见 GB/T 12967.2）。

较高的硬质阳极氧化膜的耐磨性能需要使用较大的负荷和较粗的碳化硅砂纸（240 目）。对于某些用途，采用协议参比试样的比较耐磨性能试验可能更好（见 GB/T 12967.2—1991 第 7 章第 3 款）。

G.2 喷磨耐磨性能试验

喷磨耐磨性能试验法特别适应于那些形状复杂，不规则的工件。GB/T 12967.1 描述的这种方法允许使用两种不同的喷嘴装置。GB/T 12967.1—1991 中图 2 描述的喷嘴使用高的空气速度和低的空气流量（见表 G.1）。这将导致很快的磨损速率，有可能在通常的测量时间内穿透膜层。

GB/T 12967.1—1991 图 3 中描述的喷嘴装置使用低的空气速度和高的空气流量（见表 G.1）。这样需要很长的试验时间（近 10min），而通常测量的是穿透膜层用去的磨料量。

表 G.1 喷磨耐磨性能试验中使用的喷嘴的比较

喷 嘴	GB/T 12967.1—1991 图 2	GB/T 12967.1—1991 图 3
空气压力/kPa	15	15
空气流量/(L/min)	15±1	67±2
磨料网目规格/μm	106	150
磨料流量/(g/min)	25±1	25±1

附 录 H
（资料性附录）
阳极氧化工件的包装和储运

H.1 包装

阳极氧化工件的包装须保证其在装运中得到保护并在储存中不致由于保管不善、放置于露天或其他通常有害的环境中而受到损害。

H.2 储运

阳极氧化工件按照工业上通常的惯例来准备，要能满意地搬运并安全运到交货地点。包装要按照适合运输的原则和规章来进行。

附 录 J
（资料性附录）
工艺控制

所使用的设备与工艺须能得到满足本标准要求的阳极氧化膜。除非另有约定，工艺条件须由供方确定。

J.1 （非强制性的）

屏蔽保护的目的是为了使工件的某些指定区域不被处理，特别是那些含有不是铝，而是钢、铜或有机材料制作的工件。

不同的适用技术包括：

——蜡；

——油漆或涂料；

——机械保护；

——传统的阳极化的使用（例如铬酸阳极化）。

J.2 上夹具

夹具以铝合金或钛合金制作，这样易于紧固工件以确保良好的电接触和机械接触。

工件和夹具间的接合一般通过夹紧或螺栓来实现。

J.3 脱脂

表面需要清洗除去油、脂、氧化物、水锈及其他污物。不同的脱脂方法包括：

——溶剂浸渍脱脂；

——蒸汽脱脂；

——碱或酸脱脂。

J.4 浸蚀或腐蚀（非强制性的）

浸蚀或腐蚀除去表面的氧化皮，但会引起表面粗糙，故在硬质阳极氧化前很少使用。如有必要，应使用适当的酸溶液。

J.5 喷丸硬化（非强制性的）

硬质阳极氧化将导致铝合金抗疲劳性降低。阳极氧化前喷丸硬化可以减少抗疲劳性的损失。

J.6 硬质阳极氧化

硬质阳极化通常在下列条件下进行：

——电解质：槽液通常由硫酸和去离子水（有或没有一种或几种添加剂）组成；

——搅拌：强而均匀的搅拌对于工件表面的散热是重要的；

——温度：通常在-10℃～+5℃范围内；对于某些特殊的工艺，上限温度可达到+20℃；

——电流：使用的电流可以是直流、交流、直流叠加交流或脉冲电流。

J.7 封闭（非强制性的）

当硬度、耐磨性和耐蚀性之间必须综合考虑时，通常以沸水（有或没有添加剂）进行封闭。封闭一般会降低阳极氧化膜的耐磨性和显微硬度，并可导致裂纹。

J.8 机械精饰（非强制性的）

工件可使用研磨或抛光以达到精确尺寸或改善其表面粗糙度。

J.9 浸渗（非强制性的）

二硫化钼、四氟聚乙烯或其他适当的材料可以用在硬质阳极氧化膜上以改善其摩擦特性。

J.10 溶液控制

阳极氧化溶液：阳极氧化溶液的成分根据化学分析控制，当溶液使用时，至少每周调整一次溶液成分，使其保持在规定范围内。

封闭溶液：对于封闭溶液，pH 值、电导率或添加剂浓度须控制在适当值，至少每周测试一次，将其保持在规定范围内。

第三节 铝及铝合金阳极氧化 氧化膜厚度的测量方法 第1部分：测量原则

一、概论

阳极氧化膜的厚度是铝合金阳极氧化产品的一项重要性能指标，它不仅对产品的耐蚀性有重要影响，而且对产品的硬度、耐磨性、绝缘性等其他性能都有直接的影响。另外，氧化膜厚度还是决定生产成本的主要因素。因此，在订购合同或产品标准中对厚度做出规定是非常必要的。

在实际生产应用中，总是期望产品表面的阳极氧化膜尽可能保持厚度一致，然而因工件基体材质、表面状态、工件形状、氧化工艺等因素的影响，产品的多个表面上得到完全一致的膜层厚度是不可能的，即使在同一表面上也难以达到完全相同的膜厚。因此，在工业生产和产品标准中，通常采用“平均厚度”“最小局部厚度”和“最大局部厚度”来对阳极氧化膜的厚度进行描述和控制。

为统一测量方法，规范测量过程，提高测量准确度，制定阳极氧化膜厚度测量的标准具有十分重要的意义。因此，我国根据国内阳极氧化科研和生产应用实际情况，并结合 ISO 相关标准，制定了阳极氧化膜厚度的测量方法标准，经过多年的修订和完善，于 2005 年发布了 GB/T 8014《铝及铝合金阳极氧化 氧化膜厚度的测量方法》，标准分为 3 个部分，即第 1 部分：测量原则，第 2 部分：质量损失法，第 3 部分：分光束显微法。本部分为 GB/T8014. 1—2005《铝及铝合金阳极氧化 氧化膜厚度的测量方法 第 1 部分：测量原则》，于 2005 年 7 月 4 日发布，2005 年 12 月 1 日实施。

二、标准的主要内容和应用说明

该标准规定了铝及铝合金阳极氧化膜厚度测量的一般原则，给出了四种阳极氧化膜厚度的测量方法。该标准适用于铝及铝合金上普通阳极氧化膜、硬质阳极氧化膜和微弧氧化膜的厚度测量。

适合铝及铝合金阳极氧化膜厚度测量的方法有：质量损失法、分光束显微法、横断面显微镜法、涡流法。其中，质量损失法、横断面厚度显微测量法为破坏性测量，分光束显微法、涡流法为无损测量。每种方法都有各自的适用性，应根据阳极氧化膜的性质、厚度值及测量精度要求等来具体选择最合适的方法。

为了测量结果尽量准确并在争议时具有唯一性，标准规定了横断面显微镜法作为仲裁方法。但在实际应用中，考虑测量精度因素，当阳极氧化膜厚度≥5μm 时，采用横断面显微镜法作为仲裁方法；当氧化膜厚度<5μm 时，则采用质量损失法作为仲裁方法。

三、标准内容（GB/T 8014. 1—2005）

铝及铝合金阳极氧化 氧化膜厚度的测量方法 第 1 部分：测量原则

1 范围

本部分规定了铝及铝合金阳极氧化膜厚度测量的一般原则。

本部分适用于铸造或变形铝及铝合金生成的所有阳极氧化膜。

2　规范性引用文件

下列文件中的条款通过本部分的引用而成为本部分的条款。凡是注日期的引用文件，其随后所有的修改单（不包括勘误的内容）或修改版均不适用于本部分，但鼓励根据本部分达成协议的各方研究是否可使用这些文件的最新版本，凡是不注日期的引用文件，其最新版本适用于本部分。

GB/T 4957—1985　非磁性金属基体上非导电覆盖层厚度测量　涡流法（ISO 2360—1982，NEQ）。

GB/T 6462—1986　金属和氧化物覆盖层　横断面厚度显微镜测量方法（ISO 1463—1982，NEQ）。

3　术语、定义

下列术语、定义适用于本部分。

3.1　有效表面　significant surface

覆有氧化膜或待覆氧化膜的物件表面。其氧化膜对物件的适用性和（或）外观起重要作用，须满足所有规定要求。

3.2　测量面积　measuring area

在有效表面上作单一测量的面积。

对于下列具体测量方法，“测量面积”分别定义如下：

a）质量损失法，指氧化膜被除去的面积；

b）阳极溶解法，指由密封环围绕封闭的电解池面积；

c）显微镜法，指规定放大倍数下的视野；

d）无损检验法，指探头或影响读数的面积。

3.3　考察面积　reference area

规定做若干次单一测量的面积。

3.4　局部厚度　local thickness

在考察面积内做若干次单一测量所得厚度的平均值。

3.5　最小局部厚度　minimum thickness

在某一物件的有效表面上测量的局部厚度的最小值。

3.6　最大局部厚度　maximum thickness

在某一物件的有效表面上测量的局部厚度的最大值。

3.7　平均厚度　average thickness

质量损失法（见 4.3.1）测量的厚度，或在某物件的有效表面上均匀测量规定次数局部厚度的平均值（见 4.3.2）。

注：在大批量生产阳极氧化零部件的情形，产品规范可能要求测量整个一槽的氧化膜平均厚度值。此时须确定标准偏差，以估算该批产品膜厚不合格的比例。

4　厚度测量原则

4.1　测量方法的类别、方法概述、执行标准和适用范围

铝及铝合金阳极氧化膜厚度测量方法的类别、方法概述、执行标准和适用范围见表 1。

表 1

类别	方法概述	执行标准	适用范围
质量损失法	一种有损检测方法 通过称量试样在氧化膜溶解后的质量损失来计算试样的氧化膜平均厚度	GB/T 8014.2—2005	适用于铜含量不大于6%的铸造或变形铝合金生成的所有阳极氧化膜
分光束显微镜法	一种无损检测方法 用分光束显微镜在考察面积内至少取10点对膜厚进行单一测量,取平均值作为氧化膜局部厚度	GB/T 8014.3—2005	适用于10μm以上的氧化膜,不适用于深色氧化膜或基体粗糙的氧化膜
横断面厚度显微测量法	一种有损检测方法 用金相显微镜在试样显微截面(长约20mm)上至少取5点对膜厚进行单一测量,取平均值作为氧化膜局部厚度	GB/T 6462—1986	适用作氧化膜厚度测量的仲裁法
涡流测厚法	一种无损检测方法 用涡流测厚仪在考察面积内的若干不同位置对膜厚进行单一测量,取平均值作为氧化膜局部厚度	GB/T 4957—1985	适用于大多数阳极氧化膜的厚度测量,尤其适用于工厂在线检测

4.2 局部厚度的测量原则

4.2.1 测定有效表面面积小于 $100mm^2$ 的物件的局部厚度

此时的考察面积即为物件的整个有效表面面积，即局部厚度应在物件的整个有效表面面积内测定，其单一测量的次数由有关方面商定。

在特殊条件下，也可以选择较小的考察面积测定局部厚度，但考察面积的大小、数量和位置由有关方面商定。

4.2.2 测定有效表面面积不小于 $100mm^2$ 的物件的局部厚度

局部厚度可在约 $100mm^2$ 的考察面积（应尽可能采用边长为10mm的方形考察面积）内测定。可在此考察面积上进行5次单一测量。单一测量的具体次数取决于测量方法，应由有关方面商定。

4.3 平均厚度的测量原则

4.3.1 质量损失法

4.3.1.1 用质量损失法测定氧化膜平均厚度时，需要足够大的测量面积以保证试样的质量损失具有足够精度。

4.3.1.2 当物件有效表面面积小于所需最小测量面积时，应选择若干个小物件，提供单一测量所需的测量面积。

4.3.1.3 当物件有效表面面积稍大于所需最小测量面积时，应视单一测量的膜厚值为该物件的氧化膜平均厚度值。为保证测量精度，应至少测量两个物件。

4.3.1.4 当物件有效表面面积远大于所需最小测量面积时，应在有效表面内若干不同位置进行单一测量，并将所测结果分别填入试验报告。

4.3.2 其他方法

当物件的有效表面面积与供测量局部厚度的考察面积相比相差不大时，氧化膜局部厚度即视为氧化膜平均厚度。

当物件的有效表面面积远大于测量局部厚度的考察面积时，平均厚度应取有效表面上分别测量3点~5点局部厚度的平均值。

附 录 A
(资料性附录)
本部分章条编号与ISO 2064：1996章条编号对照

表A.1 本部分章条编号与ISO 2064：1996章条编号对照

本部分章条编号	对应的国际标准章条编号
1	1
2	2
3	3
3.1~3.7	3.1~3.7
4	—
4.1	4.3
4.2	4
4.2.1	4.1
4.2.2	4.2
4.3	5
4.3.1	5.1
4.3.2	5.2

第四节 铝及铝合金阳极氧化 氧化膜厚度的测量方法 第2部分：质量损失法

一、概论

质量损失法是通过测量一定面积的阳极氧化膜退膜后的质量差，然后由氧化膜的密度估算氧化膜厚度的方法。

将已知面积的试样置于退膜液中完全退除氧化膜，即可测量出氧化膜单位面积膜质量，即膜的表面密度。如果已知氧化膜的密度，则可计算出氧化膜的平均厚度。由此可见，质量损失法测量的主要影响因素有：面积测量、退膜称重和密度值。

对于规则形状的工件或试样，面积测量是简单、直观的；但对于形状复杂的工件，要准确测量面积并不容易。因此，要尽量选取规则表面作为测量面，对于非测量面的氧化膜，可以事先采用机械或化学方法去掉，或采用防镀涂料保护。

退膜必须彻底，否则导致结果偏小；但也不能对基体产生腐蚀，否则造成结果偏大。所采用的脱膜液一般为强氧化性溶液，它能溶解Al_2O_3，但对金属铝有很好的钝化作用，因此不会腐蚀基体。

氧化膜的密度与合金成分、阳极氧化工艺和封孔工艺等有关。正常条件下，氧化膜的密度为1.3g/cm^3~3g/cm^3；对于不含铜的铝及铝合金，在20℃的硫酸中，在直流电下生成的氧化膜，封孔后的密度约为2.6g/cm^3；未封闭的氧化膜密度约为2.4g/cm^3。实际测量时，并不知道氧化膜的准确密度，只能采用近似值，因此试验结果只能得出一个近似的平均厚度。

质量损失法作为阳极氧化测量方法之一，在科研和生产中有一定应用基础。为规范测量方法，国际标准化组织发布了ISO 2106：1982《铝及铝合金阳极氧化　阳极氧化膜单位面积上质量（表面密度）的测量　重量法》。我国于1987年等同采用ISO 2106：1982，制定了GB/T 8015.1—1987《铝及铝合金阳极氧化膜厚度的试验方法　重量法》。2005年修订时，进行了重新整合，标准号改为GB/T 8014.2—2005。GB/T 8014.2—2005《铝及铝合金阳极氧化　氧化膜厚度的测量方法　第2部分：质量损失法》于2005年7月4日发布，2005年12月1日实施。

二、标准的主要内容和应用说明

该标准规定了质量损失法的原理、试剂、仪器设备、试样、测量步骤和计算方法，适用于铜含量不大于6%（质量分数）的绝大多数铝及铝合金的氧化膜。当氧化膜厚度≤10μm时，所估算的氧化膜平均厚度比较精确。当氧化膜厚度<5μm时，可采用质量损失法作为仲裁方法。

质量损失法是一种有损测量方法，并且所得结果为氧化膜的平均厚度。

该标准给出的溶液含有六价铬，其毒性强，使用是应注意防护。为保证氧化膜退除完全，应反复浸泡和称重，直到再没有质量损失为止。应当注意，随着溶液使用时间的延长，其溶解能力将会降低，当观察到氧化膜难以溶解时应废弃，重新配制新液。一般说来，1L溶液大约可以溶解12g氧化膜。

三、标准内容（GB/T 8014.2—2005）

铝及铝合金阳极氧化　氧化膜厚度的测量方法
第2部分：质量损失法

1　范围

本部分规定了用质量损失法测定铝及铝合金阳极氧化膜单位面积质量（表面密度），并估算氧化膜平均厚度的方法。

本部分适用于铜含量不大于6%的铸造或变形铝及铝合金生成的所有阳极氧化膜。

2　规范性引用文件

下列文件中的条款通过本部分的引用而成为本部分的条款。凡是注日期的引用文件，其随后所有的修改单（不包括勘误的内容）或修改版均不适用于本部分，但鼓励根据本部分达成协议的各方研究是否可使用这些文件的最新版本，凡是不注日期的引用文件，其最新版本适用于本部分。

GB/T 8014.3—2005　铝及铝合金阳极氧化　氧化膜厚度的测量方法　第3部分：分光束显微镜法。

3　方法原理

将已知面积和质量的试样放入对基体金属无明显浸蚀作用的、规定浓度的磷酸与三氧化铬的混合溶液中（此溶液只能溶解氧化膜）。待氧化膜溶解后，称量试样质量，计算出试样的质量损失及其单位面积上的氧化膜质量。在已知氧化膜的生成条件及其密度的情况下，可通过测定氧化膜单位面积质量（表面密度）估算氧化膜的平均厚度。

注：如果已知膜的精确厚度（例如 GB/T 8014.3 测定的厚度）和单位面积上的氧化膜质量，便可计算出氧化膜的近似密度。

4　试剂

4.1　磷酸（ρ=1.7g/mL）。

4.2　结晶三氧化铬。

4.3　磷酸—铬酸溶液：取 20g 结晶三氧化铬（4.2）和 35mL 磷酸（4.1），在容量瓶中用蒸馏水（或去离子水）稀释至 1000mL。

注：六价铬溶液有毒，应仔细操作。

5　仪器及设备

5.1　试验室天平：感量为 0.1mg。

5.2　加热设备。

6　试样

6.1　试样待检的氧化膜表面积为 $800mm^2 \sim 10000mm^2$，试样质量不超过 100g。如表面较脏或被油脂及其他物质污染，须用合适的有机溶剂（如汽油、乙醇、三氯乙烯）将脏物清洗掉。

6.2　有时仅需测量试样某一表面的氧化膜质量。此时，另一面上的氧化膜可用机械或化学方法去除，或用保护剂涂覆，以阻止试验溶液对它的浸蚀。

7　测试步骤

7.1　计算试样的氧化膜面积，称量试样的质量（精确至 0.1mg）。

7.2　将试样置于 100℃ 的磷酸—铬酸溶液（4.3）中浸泡 10min 后取出，用蒸馏水洗净、干燥、再称量质量。

7.3　依此方法重复浸泡和称量，直至再没有质量损失为止。

注：新配制的试剂，一般在 10min 内能使氧化膜全部溶解。随着时间的延长，试剂溶解能力降低。在溶解能力明显降低之前，1L 磷酸-铬酸溶液大约可以溶解 12g 氧化膜。

8　计算

8.1　表面密度的计算

表面密度（单位面积上的氧化膜质量）可按式（1）计算：

$$\rho_A = \frac{m_1 - m_2}{A} \tag{1}$$

式中　ρ_A——表面密度（单位面积上氧化膜的质量）（g/mm^2）；

m_1——氧化膜溶解前的试样质量（g）；

m_2——氧化膜溶解后的试样质量（g）；

A——试样待检的氧化膜表面积（mm^2）。

8.2 氧化膜平均厚度的估算

氧化膜平均厚度可按式（2）估算：

$$d = \frac{\rho_A}{\rho} \times 10^6 \tag{2}$$

式中 d——氧化膜平均厚度（μm）；

ρ_A——表面密度（单位面积上氧化膜的质量）（g/mm^2）；

ρ——氧化膜密度（g/cm^3）。

注 1：氧化膜的密度取决于合金成分、阳极氧化工艺和封孔工艺，在正常工艺条件下，氧化膜密度为 $2.3g/cm^3 \sim 3g/cm^3$。

注 2：纯铝及不含铜的铝合金在 20℃ 的硫酸溶液中，直流氧化生成的薄氧化膜，封孔后的氧化膜密度约为 $2.6g/cm^3$，未封孔的氧化膜密度约为 $2.4g/cm^3$。

注 3：由于密度为近似值，因此本方法只能得出一个近似的厚度值。

注 4：本方法用于膜厚等于或小于 10μm 的薄氧化膜时，厚度估算结果较为精确。

9 试验报告

试验报告应包括下列内容：

a）本部分编号；

b）使用的测试方法；

c）测试结果和结果表示方法；

d）测试过程中的任何异常情况；

e）本部分未涉及的或被认为可选择的所有操作；

f）试验日期。

附 录 A
（资料性附录）
本部分章条编号与 ISO 2106：1982 章条编号对照

表 A.1 本部分章条编号与 ISO 2106：1982 章条编号对照

本部分章条编号	对应的国际标准章条编号
1	1、2
2	3
3	4
4	5
5	6
6	7.1
7	7.2
8.1	8
8.2	9
9	10

第五节　铝及铝合金阳极氧化　氧化膜厚度的测量方法
第3部分：分光束显微法

一、概论

阳极氧化膜透明，可见光可以穿透。分光束显微法就是利用氧化膜的这一特性来测量氧化膜厚度的。其原理是：在分光束显微镜中，将两束平行光以45°入射角投射到阳极氧化膜表面，其中一光束被氧化膜表面反射，另一束光穿透氧化膜而被氧化膜/铝基体界面反射，由视区得到的两条平行亮线的距离及氧化膜的折射率来计算氧化膜的厚度。

两条平行亮线的距离不仅正比于氧化膜的真实厚度，也正比于显微镜的放大倍数，同时也与氧化膜的折射率及仪器的几何形状有关。

分光束显微法是阳极氧化膜专用的厚度测量方法，因此，有必要制定标准加以规范。国际标准化组织发布了ISO 2128：1976《铝及铝合金阳极氧化　氧化膜厚度测定　分光束显微镜无损测定法》。我国于1987年等同采用ISO 2128：1976，制定了GB/T 8015.2—1987《铝及铝合金阳极氧化膜厚度的试验方法　分光束显微法》。2005年修订时，进行了重新整合，标准号改为GB/T 8014.3—2005。GB/T 8014.3—2005《铝及铝合金阳极氧化　氧化膜厚度的测量方法　第3部分：分光束显微法》于2005年7月4日发布，2005年12月1日实施。

二、标准的主要内容和应用说明

该标准主要规定了分光束显微法的原理、仪器、测量步骤和计算，仅限于透明阳极氧化膜的厚度测量，是一种无损的测量方法。该标准适用于10μm以上的氧化膜，但表面平整时，也可测量5μm以上的氧化膜；不适用于深色氧化膜和表面粗糙的氧化膜。

该标准中的单一测量值为局部厚度。应在考察面内，至少取10点对膜厚进行单一测量，然后计算所得单一测量值的算术平均值，即为氧化膜的平均厚度。

测量时，应计算每个单一测量值相对于算术平均值的偏差，其允许偏差为±10%。超过允许偏差的测量值就判定为异常值，其个数不得超过总测量点数的30%。异常值在计算平均值时必须舍去，同时针对每一个异常值，都应另测两次，再将该两个测量结果（无论是否出现异常值）代入平均值的计算。

为了得到准确的测量值，仪器应采用已知阳极氧化膜厚度的标样进行校准。通常采用横断面显微镜法测量标样的厚度值。

三、标准内容（GB/T 8014.3—2005）

铝及铝合金阳极氧化　氧化膜厚度的测量方法
第3部分：分光束显微法

1　范围

本部分规定了用分光束显微镜测定铝及铝合金阳极氧化膜厚度的无损测定方法。

本部分适用于膜厚大于10μm的一般工业用氧化膜，或膜厚不小于5μm的表面平滑的氧化膜。

本部分不适用于深色氧化膜或表面粗糙的氧化膜。

2 方法原理

在分光束显微镜中，一束狭长平行光线（L）倾斜地入射全氧化膜表面，通常入射角取45°（如图1所示）。光束的一部分 R_1 在氧化膜的外表面反射出来，另一部分光束 R_2 穿过氧化膜并在金属与氧化膜的界面上反射出来。R_2 经历了两次折射。这样，在视区可得到两条平行亮线，两平行线间距离正比于氧化膜的厚度及仪器的放大倍数。两条平行线的间距也与氧化膜的折射率及仪器的几何形状有关。

当入射角及测量仪器的物镜光轴与试样表面夹角均为45°时，氧化膜厚度可以按公式（1）计算：

$$e=e'\sqrt{2n^2-1}=2.04e' \tag{1}$$

式中 e——氧化膜真实的厚度单一测量值（μm）；

e'——仪器测得的厚度（μm）；

n——氧化膜的折射率（一般为1.59~1.62）。

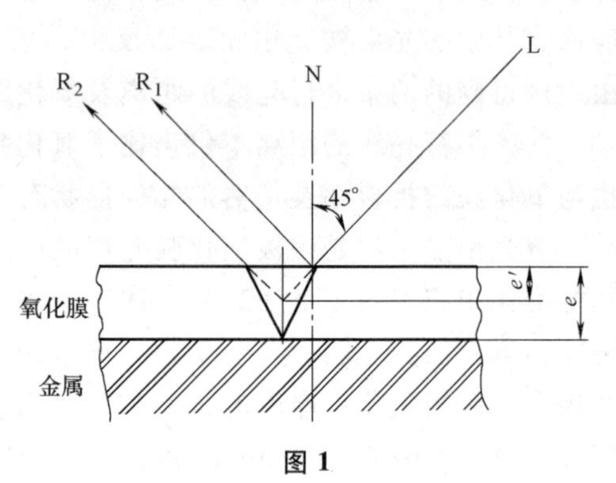

图1

3 术语和定义

GB/T 8014.1确立的以及下列术语、定义适用于本部分。

阳极氧化膜的局部厚度 local thickness of anodic oxide coating

在考察面积内，至少取10点对膜厚进行单一测量，测得结果的算术平均值称为阳极氧化膜的局部厚度。

4 仪器

专用分光束显微镜，通常用于测量透明膜厚及表面粗糙度。该仪器用阳极氧化膜的标样进行校准，该标样的膜厚事先已用横截面显微法加以确定。

5 测量

5.1 按仪器生产厂家提供的说明书进行测量。

5.2 测量不同点的膜厚时，转动螺旋测微鼓，使十字格架从一条线移动至另一条线。有些仪器还可调节放大倍数，使鼓轮上的读数与真实的厚度单一测量值相对应。

5.3 在考察面积内，至少取10点对膜厚进行单一测量。

6 计算

6.1 计算所得单一测量值的算术平均值。

6.2 每个单一测量值相对于算术平均值的允许偏差为±10%。

6.3 异常值个数不得超过总测量点数的30%，并且异常值在计算平均值时必须舍去，同时应另测两次，并将该两个测量结果（无论是否出现异常值）代入平均值（$\bar{e}$）的计算。

6.4 按公式（2）计算平均偏差：

$$\delta=\frac{\sum_{i=1}^{n}\left|e-\bar{e}\right|}{n} \tag{2}$$

式中　δ——平均偏差（μm）；

e——氧化膜真实的厚度单一测量值（μm）；

$\bar{e}$——所得氧化膜真实的厚度单一测量值的算术平均值（μm）。

7　试验报告

试验报告应包括下列内容：

a）本部分编号；

b）使用的测试方法；

c）测试结果和结果表示方法；

d）测试过程中的任何异常情况；

e）本部分未涉及的或被认为可选择的所有操作；

f）试验日期；

g）测试人员。

附　录　A
（资料性附录）
本部分章条编号与 ISO 2128：1976 章条编号对照

表 A.1　本部分章条编号与 ISO 2128：1976 章条编号对照

本部分章条编号	对应的国际标准章条编号
1	1、2
2	3
3	4
4	5
5	6
6	7.1
7	7.2
—	8
—	9
—	10

第六节　铝及铝合金阳极氧化　氧化膜封孔质量的评定方法　第1部分：酸浸蚀失重法

一、概论

铝合金阳极氧化膜具有双层结构，外部为厚而疏松的多孔层，内部为薄而致密的阻挡层。阳极氧化膜表面的微孔可能吸附污染物，且其他腐蚀介质也容易直接进入孔洞，这些都会导致铝基体被腐蚀。为提高耐蚀性、耐候性及耐污染性能，须对阳极氧化膜封孔处理。最初的封孔处理工艺是通过氧化膜自身的水化作用，生成的一水合氧化铝（勃姆石）体积增大，封堵孔隙。后续出现的金属盐封孔工艺，其基本原理为封闭液中离子在氧化膜孔内发生化学反应生成沉淀堵塞孔洞。

氧化膜的封孔质量直接关系产品的使用性能，所以封孔质量评价是氧化膜质量检测的必检项之一。我国铝合金阳极氧化膜封孔质量的评定主要有3种方法：酸浸蚀失重法、导纳法和酸处理后的斑点染色法。其中酸浸蚀失重法是应用最为广泛的方法，也是氧化膜封孔质量的仲裁方法。

酸浸蚀失重法在国内外被广泛使用，其标准化也得到世界广泛关注。国际标准化组织早在1981年就发布了ISO 2932：1981《铝及铝合金的阳极氧化 通过测量浸入酸溶液后的质量损失来评估封孔质量》（已于1991年撤销）。随后于1983年发布了ISO 3210：1983《铝及铝合金阳极氧化 通过测量浸入磷酸铬酸溶液后的质量损失来评估阳极氧化膜的封孔质量》，后经两次修订，目前为第3版，即ISO 3210：2017。我国于1994年等同采用ISO 3210：1983和ISO 2932：1981，制定了GB/T 14952《铝及铝合金阳极氧化 氧化膜封孔质量的评定》，并分别以“第1部分：磷-铬酸法”和“第2部分：酸浸法”发布。2005年修订时，对阳极氧化膜的封孔质量评定方法进行整合，GB/T 14952.1和GB/T 14952.2分别被GB/T 8753.1和GB/T 8753.2取代。2017年再次修订时，将GB/T 8753.1和GB/T 8753.2合并，制定了GB/T 8753.1—2017《铝及铝合金阳极氧化 氧化膜封孔质量的评定方法 第1部分：酸浸蚀失重法》，并于2017年5月31日发布，2017年12月1日实施。

二、标准的主要内容和应用说明

该标准规定了通过测量浸入酸溶液后的质量损失来评估铝及铝合金阳极氧化膜封孔质量的方法。该标准主要适用于暴露在大气中以装饰和防护为目的并偏重抗污染的阳极氧化膜，既适用于热封孔的阳极氧化膜，又适用于冷封孔（常温封孔）的阳极氧化膜。该标准不适用于不进行封孔处理的硬质阳极氧化膜，在重铬酸盐溶液中封孔处理过的阳极氧化膜，在铬酸溶液中生成的阳极氧化膜，以及经过疏水处理的阳极氧化膜。

酸浸蚀失重法分为硝酸预浸和无硝酸预浸两种方式。硝酸预浸会增加封孔不良试样的质量损失，适合在腐蚀环境较严酷的条件下使用的阳极氧化膜，如室外用途。对于封孔质量优良的氧化膜，二者试验结果基本一致。

标准给出了3种浸蚀液：磷酸-铬酸溶液、磷酸溶液、磷酸-钼酸钠溶液。其中，磷酸-铬酸溶液试验法是最经典和最稳定的试验方法，但磷酸-铬酸溶液中含六价铬，危害人体健康，污染环境；因此磷酸溶液、磷酸-钼酸钠溶液是新型环保的浸蚀液，然而，磷酸溶液、磷酸-钼酸钠溶液均对基体（未阳极氧化表面）有轻微腐蚀，控制不佳时易造成结果偏大。在遇到争议时，以硝酸预浸的磷酸-铬酸试验作为仲裁试验。

应注意，浸蚀前后两次试验的干燥方法对试验结果会产生影响，操作时必须保证前后两次干燥温度和时间完全一致。浸蚀温度影响腐蚀效果，操作时应使用水浴保温，并以连续搅拌来保证温度均匀，且使溶液流动保证腐蚀效果。浸蚀溶液处理一定数量的氧化膜后会失效，试验前要确保证溶液腐蚀性符合要求。一般每升磷酸-铬酸溶液浸泡的总面积不得超过$10dm^2$。

国际上，酸浸蚀失重法均以质量损失不超过$30mg/dm^2$为封孔质量合格的判据。

三、标准内容（GB/T 8753.1—2017）

铝及铝合金阳极氧化　氧化膜封孔质量的评定方法
第1部分：酸浸蚀失重法

1　范围

GB/T 8753 的本部分规定了铝及铝合金阳极氧化膜在酸性溶液中浸蚀后，按质量损失评定其封孔质量的方法。

本部分适用于在大气中暴露，以装饰和保护为目的，具备抗污染能力，可抵御环境腐蚀的阳极氧化膜封孔质量的评定。其中无硝酸预浸的酸浸蚀法适用于户内用途阳极氧化膜封孔质量的评定，硝酸预浸的酸浸蚀适用于户外用途阳极氧化膜封孔质量的评定。当测试结果出现争议时，硝酸预浸的磷铬酸法可作为仲裁试验。

本部分不适用于下列工艺处理的阳极氧化膜：

a）通常不进行封孔处理的硬质阳极氧化膜；

b）在重铬酸盐溶液中封孔处理过的阳极氧化膜；

c）在铬酸溶液中生成的阳极氧化膜；

d）经疏水处理的阳极氧化膜。

2　规范性引用文件

下列文件对于本文件的应用是必不可少的。凡是注日期的引用文件，仅注日期的版本适用于本文件。凡是不注日期的引用文件，其最新版本（包括所有的修改单）适用于本文件。

GB/T 6682　分析实验室用水规格和试验方法

GB/T 8170　数值修约规则与极限数值的表示和判定

GB 8978　污水综合排放标准

3　方法概述

3.1　磷铬酸法：试样经过（或未经过）硝酸预浸、放入磷铬酸溶液中浸蚀，测定试样的质量损失来评定氧化膜封孔质量。磷铬酸溶液溶解阳极氧化膜，通过钝化防止未阳极氧化表面的浸蚀，硝酸预浸会增加封孔不良试样的质量损失。磷铬酸法是经典、稳定的试验方法。

3.2　磷酸法：试样经过（或未经过）硝酸预浸、放入磷酸溶液中浸蚀，测定试样的质量损失来评定氧化膜封孔质量。磷酸溶液溶解阳极氧化膜，同时也浸蚀未阳极氧化表面，同等情况下试样的质量损失高于磷铬酸法。磷酸法是新型、环保的试验方法。

3.3　磷酸钼酸钠法：试样经过硝酸预浸、放入磷酸钼酸钠溶液中浸蚀，测定试样的质量损失来评定氧化膜封孔质量。磷酸钼酸钠溶液溶解阳极氧化膜，通过钝化防止未阳极氧化表面的浸蚀，同等情况下试样的质量损失接近硝酸预浸的磷铬酸法。磷酸钼酸钠法是新型、环保的试验方法。

4　试剂

4.1　除非另有说明，本部分所用试剂均为符合国家标准或行业标准的分析纯试剂，所用水为 GB/T 6682 规定的三级及以上蒸馏水或去离子水。

4.2　硝酸［ρ_{20}=1.40g/mL，HNO_3 含量（质量分数）：65.0%~68.0%］。

4.3　磷酸［ρ_{20}=1.7g/mL，H_3PO_4 含量（质量分数）：不少于 85.0%］。

4.4 三氧化铬（CrO_3）。

4.5 钼酸钠（$Na_2MoO_4 \cdot 2H_2O$）。

4.6 预浸溶液：硝酸溶液（470±15）g/L，建议由硝酸溶液（4.2）和水以（1+1）的体积混匀配制而成。

4.7 磷铬酸溶液：将20g三氧化铬（4.4）和35mL磷酸（4.3）溶解于500mL水中，移入1000mL容量瓶，以水稀释至刻度，混匀。

4.8 磷酸溶液：将35mL磷酸（4.3）溶解于500mL水中，移入1000mL容量瓶，以水稀释至刻度，混匀。

4.9 磷酸钼酸钠溶液：将1g钼酸钠（4.5）和35mL磷酸（4.3）溶解于500mL水中，移入1000mL容量瓶，以水稀释至刻度，混匀。

5 仪器

5.1 分析天平，感量为0.1mg。

5.2 恒温水浴槽，温度波动度不大于±1℃。

5.3 游标卡尺，分辨力不大于0.05mm。

6 试样

6.1 热封孔材料，可在封孔后任意时间取样；中温封孔及冷封孔材料，应放置24h以上方可取样。

6.2 从待检材料中切取试样，其阳极氧化面积约1dm^2（最小0.5dm^2），通常试样质量不超过200g。

6.3 对中空挤压件，试样应从试件内外表面均覆盖有阳极氧化膜的型材端部切取。如需去除试样内表面的阳极氧化膜，在外表面上进行测试时，可使用机械研磨或化学溶解的方法去除内表面的阳极氧化膜。

6.4 切取试样后应去除试样切割边缘的毛刺。

7 试验步骤

7.1 试样阳极氧化面积的测量

用游标卡尺（5.3）测量试样的尺寸，计算试样阳极氧化面积A（保留2位小数）。

7.2 脱脂

在室温下，将试样在适当的有机溶剂（如丙酮或乙醇）中搅拌30s或擦洗脱脂。使用氯化溶剂脱脂时，如全氯乙烯，预干燥应在良好的通风橱内进行，以防吸入溶剂蒸气。

7.3 干燥

首先，试样在室温空干（预干燥）5min，再直立放入预热（60±3）℃的干燥箱内，干燥15min，然后在密封的干燥器内，将试样置于硅胶上方冷却30min。

7.4 称重

立即称量试样质量（m_1），精确至0.1mg。

7.5 无硝酸预浸的磷铬酸法

7.5.1 将试样直立完全浸入预先加热的磷铬酸溶液（4.7）中，浸泡时间15min，试验温度（38±1）℃。

7.5.2 从试验溶液中取出试样，先用自来水，然后用去离子水或蒸馏水清洗。按7.3进行干燥处理后立即称量试样质量（m_2），精确至0.1mg。

7.5.3 结果计算：单位面积的失重按式（1）计算，按照 GB/T 8170 的规定进行修约：

$$\delta_A = \frac{m_1 - m_2}{A} \tag{1}$$

式中 δ_A——试样单位面积的失重（mg/dm^2）；

m_1——试样酸浸前的质量（mg）；

m_2——试样酸浸后的质量（mg）；

A——试样阳极氧化面积（dm^2）。

7.5.4 六价铬有毒性，操作时应注意皮肤保护。

7.5.5 六价铬污染环境，试验后含六价铬溶液应统一收集，经处理后按 GB 8978 的规定排放。

7.5.6 磷铬酸溶液不浸蚀试样未阳极氧化表面。

7.6 硝酸预浸的磷铬酸法

7.6.1 将试样直立完全浸入温度为（19±1）℃的预浸溶液（4.6）中，保持 10min。后将试样从预浸溶液取出，先用自来水再用去离子水或蒸馏水彻底洗净。

7.6.2 将试样直立完全浸入预先加热的磷铬酸溶液（4.7）中，浸泡时间 15min，试验温度（38±1）℃。

7.6.3 从试验溶液中取出试样，先用自来水，然后用去离子水或蒸馏水清洗。按 7.3 进行干燥处理后立即称量试样质量（m_2），精确至 0.1mg。

7.6.4 结果计算：按照 7.5.3 规定计算。

7.7 无硝酸预浸的磷酸法

7.7.1 将试样直立完全浸入预先加热的磷酸溶液（4.8）中，浸泡时间 13min，试验温度（38±1）℃。

7.7.2 从试验溶液中取出试样，先用自来水，然后用去离子水或蒸馏水清洗。按 7.3 进行干燥处理后立即称量试样质量（m_2），精确至 0.1mg。

7.7.3 结果计算：按照 7.5.3 规定计算。

7.7.4 磷酸溶液会浸蚀试样未阳极氧化表面。当未阳极氧化表面试验过程中质量损失不超过 $10mg/dm^2$，并且未阳极氧化表面不超过试样总面积的 20%时，可不考虑未阳极氧化面积。如不满足上述条件，应屏蔽试样未阳极氧化表面，屏蔽材料在操作过程中质量损失不应超过 $1.0mg/dm^2$。未阳极氧化表面的质量损失可使用和试样相同的合金试样来确定。

7.8 硝酸预浸的磷酸法

7.8.1 将试样直立完全浸入温度为（19±1）℃的预浸溶液（4.6）中，保持 10min。后将试样从预浸溶液取出，先用自来水再用去离子水或蒸馏水彻底洗净。

7.8.2 将试样直立完全浸入预先加热的磷酸溶液（4.8）中，浸泡时间 13min，试验温度（38±1）℃。

7.8.3 从试验溶液中取出试样，先用自来水，然后用去离子水或蒸馏水清洗。按 7.3 进行干燥处理后立即称量试样质量（m_2），精确至 0.1mg。

7.8.4 结果计算：按照 7.5.3 规定计算。

7.9 硝酸预浸的磷酸钼酸钠法

7.9.1 将试样直立完全浸入温度为（19±1）℃的预浸溶液（4.6）中，保持 10min。后将试样从预浸溶液取出，先用自来水再用去离子水或蒸馏水彻底洗净。

7.9.2　将试样直立完全浸入预先加热的磷酸钼酸钠溶液（4.9）中，浸泡时间 15min，试验温度（38±1）℃。

7.9.3　从试验溶液中取出试样，先用自来水，然后用去离子水或蒸馏水清洗。按 7.3 进行干燥处理后立即称量试样质量（m_2），精确至 0.1mg。

7.9.4　结果计算：按照 7.5.3 规定计算。

7.9.5　磷酸钼酸钠溶液轻微侵蚀试样未阳极氧化表面，使溶液显色变蓝，溶液静置一段时间后颜色消失，为正常现象。可不考虑未阳极氧化表面。

7.10　注意事项

7.10.1　操作过程中，切勿用手直接接触试样，干燥温度不应高于 63℃。

7.10.2　试验溶液可重复使用，但每升试验溶液溶解材料超过 4.5g 或者处理 $10dm^2$ 氧化膜后不应继续使用。溶液不得被其他材料污染。

7.10.3　试验中应使用水浴和连续搅拌以保证溶液温度均匀。

8　试验报告

试验报告应包含下列内容：

a）本部分编号；

b）受检产品的种类和识别标志；

c）使用的试验方法；

d）试样阳极氧化面积；

e）试验溶液是否搅拌；

f）试验结果；

g）与本部分所规定的内容的任何差异（包括商定的和非商定的）；

h）试验日期；

i）测试人员。

第七节　铝及铝合金阳极氧化　氧化膜封孔质量的评定方法　第 3 部分：导纳法

一、概论

铝及铝合金阳极氧化膜不导电，可以等效为若干电阻和电容串联或并联组成的交流电路。电路的特性可用导纳来表示，其值决定于以下因素：铝合金材质、封闭工艺、阳极氧化膜的厚度和密度、着色方法、封闭和测试之间的间隔时间以及存放条件。当其他因素不变时，氧化膜封孔质量好，其导纳值低；反之，其导纳值就越大。因此，可测定阳极氧化膜的导纳值来判断封孔质量。

导纳法是一种无损测量方法，其操作简单，可用于质量控制，也可作为供需双方产品验收时阳极氧化膜封孔质量的测量方法。因此，该方法相关标准的制定受到极大的关注。国际标准化组织于 1983 年发布了 ISO 2931：1983《铝及铝合金阳极氧化　通过测量导纳或阻抗来评估阳极氧化膜的封孔质量》，目前为第 3 版 ISO 2931：2017《铝及铝合金阳极氧化　通过测量导纳来评估阳极氧化膜的封孔质量》。我国于1989年等同采用ISO 2931：1983，制定了GB/T 11110—1989《铝及铝合金阳极氧化　阳极氧化膜的封孔质量的测定方法　导纳法》，2005年修订时，以GB/T 8753.3发布。GB/T 8753.3—2005《铝及铝合金阳极氧化　氧化膜封孔质量的评定方法　第3部分：导纳法》于2005年7月4日发布，2005年12月1日实施。

二、标准的主要内容和应用说明

该标准主要规定了测量阳极氧化膜导纳值的原理、试剂、仪器、试验、测量步骤和计算表示方法，依据该标准可对氧化膜的封孔质量进行评定。该标准既适用于热封孔的阳极氧化膜，又适用于冷封孔（常温封孔）的阳极氧化膜，但不适用于厚度小于3μm的阳极氧化膜。

阳极氧化膜的测量值还与测量时电解池面积、测量温度和氧化膜厚度有关。为了使导纳值具有可比性，应统一上述变量。因此，该标准规定以电解池面积133mm^2、测量温度25℃、氧化膜厚度20μm作为基准条件，所有测量应通过修正，并给出了导纳值的修正方法。国际上以导纳修正值（20μm）小于20μS作为封孔质量合格值。

导纳法是一种快速无损检测法，但是其结果的影响因素较多，其应用有一定的局限。

三、标准内容（GB/T 8753.3—2005）

铝及铝合金阳极氧化　氧化膜封孔质量的评定方法
第3部分：导纳法

1　范围

本部分规定了导纳法测定铝及铝合金阳极氧化膜封孔质量的方法。

本部分适用于在水溶液中封孔的，膜厚大于3mm的铝及铝合金阳极氧化膜封孔质量的快速无损测定。

本部分规定的方法既适用于热封孔的阳极氧化膜，也适用于冷封孔的阳极氧化膜。

本部分可作为产品质量控制方法，也可作为供需双方商定的验收方法。

2　方法原理

用导纳法测定铝及铝合金阳极氧化膜经封孔后的表面导纳值，可知氧化膜的电绝缘性（即阻抗），从而判断氧化膜封孔质量。

铝及铝合金的阳极氧化膜可以等效为由若干电阻和电容在交流电路中经串联和并联组成的电路。导纳值决定于以下变量：铝合金材质、封孔工艺、阳极氧化膜的厚度和密度、着色方法、封孔与测试之间的间隔时间和存放条件。

3　术语

下列术语适用于本部分。

导纳　admittance

导纳为阻抗的倒数，按式（1）计算：

$$Y=\frac{1}{\sqrt{\left(\frac{1}{2\pi fC}\right)^{2}+R^{2}}} \tag{1}$$

式中 Y——导纳（μS）；

R——电阻（Ω）；

f——交流电频率（Hz）；

C——电容（F）。

4 试剂

4.1 无水乙醇（C_2H_5OH）或丙酮（CH_3COCH_3）。

4.2 氧化镁（MgO）。

4.3 电解液：硫酸钾溶液（35g/L）或氯化钠溶液（35g/L）。

5 仪器

5.1 导纳仪：量程 3μS~300μS，精度±5%，工作频率为 1000Hz±10Hz。

5.2 电解池：由内径 13mm、厚度 5mm 的自粘橡胶圈构成。电解池内表面积为 133mm^2。

6 试样

6.1 试样尺寸形状不限，但检测部位面积应大于电解池内表面积，检测部位的膜厚应大于 3μm。

6.2 试样的测试部位用无水乙醇或丙酮进行脱脂预处理。如试样在封孔后表面已涂覆石蜡、硅油或清漆，则先用无水乙醇或丙酮脱脂，然后用氧化镁或浮石粉和水擦洗，直至无水渍。

7 测试步骤

7.1 测试条件

7.1.1 水蒸气或热水封孔的试样，应在封孔并冷却至室温后 1h~4h 内测试，不得超过 48h。冷封孔的试样应在封孔后 24h 以上测试。

7.1.2 测试温度范围为 10℃~35℃。

7.2 测试步骤

7.2.1 将导纳仪的一个电极接到试样上，并与基体保持良好的电接触。

7.2.2 将电解池粘到试样的测试部位（如试样的几何形状改变了电解池的面积，则电解池面积必须重新测定）。

7.2.3 将电解液（4.3）注入电解池（如测试部位不能水平放置，可将浸透电解液的脱脂棉放入电解池中）。每次测量应使用新的橡胶圈和新的电解液。

7.2.4 在电解液中插入导纳仪的另一个电极，对于指针显示仪表，应选择测量范围，使其导纳值大于刻度的 1/3。

7.2.5 插入电极 2min 后读数。如 2min 后导纳值还继续增加，再过 3min 后取最后读数。

7.2.6 测定测试部位的氧化膜厚度。

8 结果表示

需要对不同条件下的测量数据进行比较时，应进行如下计算：

a）计算电解池面积为 133mm^2 时的导纳修正值：

$$Y_1 = Y_m \times \frac{133}{A} \tag{2}$$

式中 Y_1——电解池面积为 133mm^2 时的导纳修正值（μS）；

Y_m——导纳实际测量值（μS）；

A——电解池实际测量面积（mm^2）。

b）计算电解池面积为 $133mm^2$，测试温度为 25℃时的导纳修正值：

$$Y_2 = Y_1 f_t \tag{3}$$

式中　Y_2——电解池面积为 $133mm^2$、测试温度为 25℃时的导纳修正值（μS）；

Y_1——电解池面积为 $133mm^2$ 时的导纳修正值（μS）；

f_t——实际测试温度下的温度系数，温度系数和温度的关系见表 1。

表 1　温度系数和温度的关系

温度/℃	10	12.5	15	17.5	20	22.5	25	27.5	30	32.5	35
温度系数	1.30	1.25	1.20	1.15	1.10	1.05	1.00	0.95	0.90	0.85	0.80

c）计算电解池面积为 $133mm^2$、测试温度为 25℃、氧化膜厚度为 20μm 时的导纳修正值：

$$Y_3 = Y_2 \times \frac{e}{20} \tag{4}$$

式中　Y_3——电解池面积为 $133mm^2$、测试温度为 25℃、氧化膜厚度为 20μm 时的导纳修正值（μS）；

Y_2——电解池面积为 $133mm^2$、测量温度为 25°C 时的导纳修正值（μS）；

e——氧化膜实际测量厚度（μm）。

9　试验报告

试验报告包括以下内容：

a）本部分编号；

b）仪器型号，生产厂名；

c）生产批号；

d）电解池面积；

e）测试温度（电解液温度）；

f）被测试部位氧化膜厚度；

g）氧化膜测量导纳值；

h）氧化膜导纳值修正值；

i）试验日期；

j）测试人员。

附　录　A
（资料性附录）
本部分章条编号与 ISO 2931：1983 章条编号对照

表 A.1　本部分章条编号与 ISO 2931：1983 章条编号对照

本部分章条编号	对应的国际标准章条编号
1	1、2
—	3
3	4
2	5

（续）

本部分章条编号	对应的国际标准章条编号
5.1	6.1
5.2	6.2.1
—	6.2.2
4.1、4.2	—
4.3	6.3
6.1	7
6.2、7	8
8	9
9	—

第八节 铝及铝合金阳极氧化 氧化膜封孔质量的评定方法 第4部分：酸处理后的染色斑点法

一、概论

铝及铝合金阳极氧化膜的多孔性使其具有较强的吸附能力，经封孔处理后，吸附能力大大降低。一般情况下，封孔质量越好，氧化膜的吸附能力越低。因此，可以通过氧化膜对染料吸附的多少来评定封孔质量。

酸处理后的染色斑点法是先将干净的阳极氧化膜表面进行酸处理，然后用染料着色，观察染色后颜色的深浅，并将其与标准染色等级比较，以确定氧化膜的抗染色的等级。染色后颜色越浅，吸附能力损失程度越高，其抗染色能力就越好，则表示封孔质量越好。

酸处理后的染色斑点法是阳极氧化膜封孔质量的评定方法之一，由于该方法快速、简单，所以常用于生产工艺控制的检验。目前，国际标准化组织发布了ISO 2143：2017《铝及铝合金阳极氧化 封孔后氧化膜吸附能力损失评价 酸处理后的染色斑点测试》。我国于1988年等同采用ISO 2143：1981，制定了GB/T 8753—1988《铝及铝合金阳极氧化 阳极氧化膜封闭后吸附能力的损失评定 酸处理后的染色斑点法》。2005年修订时，进行了重新整合，并修改采用了ISO 2143：1981。GB/T 8753.4—2005《铝及铝合金阳极氧化 氧化膜封孔质量的评定方法 第4部分：酸处理后的染色斑点法》于2005年7月4日发布，2005年12月1日实施。

二、标准的主要内容和应用说明

该标准主要规定了用酸处理后的抗染色吸附能力来评判阳极氧化膜封孔质量的原理、溶液、试样、测量步骤和结果表示。该标准适用于在大气暴露和腐蚀环境下使用的氧化膜，特别适用于检验对耐污染性有要求的氧化膜；不适用于铜含量大于2%（质量分数）和硅含量大于4%（质量分数）的铝合金基体上的阳极氧化膜，重铬酸钾封孔的氧化膜，涂油、打蜡、上漆的氧化膜，深色氧化膜以及厚度小于3μm的阳极氧化膜。

在染色前，用酸溶液浸泡氧化膜，使封孔不好的孔隙得以显露和扩大，以此模拟氧化膜暴露于 CO_2、SO_2 在潮湿气候下形成的酸性大气腐蚀环境。酸浸蚀后，应彻底洗净表面并干燥，否则会影响氧化膜对染料的吸附性能。

氧化膜抗染色能力与封孔质量有关外，还与其他因素有关。因此，抗染色吸附能力降低时，并不一定就是氧化膜的封孔质量变差。例如，当封孔槽液中含镍、钴或其他添加剂时，封孔后氧化膜的抗染色吸附能力反而降低，此时该方法就不适用了。

该标准给出了染色等级，即染色吸附能力损失程度，共分为 0~5 级，0 级封孔质量最好，5 级封孔质量最差。一般规定，0 级、1 级、2 级评定为封孔质量合格。

染色斑点法快速、简单，但是结果重性较差，不能对结果进行定量评价，因此多用于生产控制。

如果对酸处理后的染色斑点法的结果有疑问时，可采用硝酸预浸的酸浸蚀失重法作为仲裁方法进行评定。

三、标准内容（GB/T 8753.4—2005）

铝及铝合金阳极氧化　氧化膜封孔质量的评定方法
第 4 部分：酸处理后的染色斑点法

1　范围

本部分规定了用酸处理后的抗染色吸附能力来评定阳极氧化膜封孔质量的方法。

本部分适用于在大气曝晒或腐蚀环境下使用的、具有抗污染能力的阳极氧化膜的生产控制检验。

本部分不适用于下列铝合金生成的阳极氧化膜：

a）含铜量>2%、含硅量>4%的阳极氧化膜；

b）重铬酸钾封孔的氧化膜；

c）涂油、打蜡、上漆处理过的氧化膜；

d）深色氧化膜；

e）厚度小于 3μm 的氧化膜。

当封孔溶液中含有镍、钴或其他有机添加剂时，本方法不够有效。

2　方法原理

本方法首先在试样的脱脂表面上进行酸处理，然后用染色剂着色，观察其染色情况，根据其氧化膜染色吸附能力的损失程度，评定阳极氧化膜的抗染色吸附能力。

阳极氧化膜的抗染色吸附能力是评定封孔质量的方法之一。一般情况下，抗染色吸附能力强表示封孔质量优良，但有时抗染色吸附能力稍有降低，并不意味氧化膜封孔质量变差，因为抗染色吸附能力有时还和其他因素有关。

3　溶液

试验溶液应使用分析纯试剂和蒸馏水（或去离子水）来配制。3.1 和 3.2 所列的酸溶液都能等效地适用于任意一种染色斑点试验。但是 3.4 所规定的溶液更加安全。用抗氢氟酸材料制成的容器贮存酸溶液，操作时一定要小心。

3.1　酸溶液 A：移取 25mL 硫酸（$\rho_{20}=1.84g/mL$），称取 10g 氟化钾于 1000mL 容量瓶中，

慢慢加水稀释至刻度。

3.2 酸溶液 B：移取 25mL 氟硅酸（H_2SiF_6）（$\rho_{20}=1.29g/mL$）于 1000mL 容量瓶中，慢慢加水稀释至刻度。

3.3 染色溶液 A：移取 5g 铝蓝 2LW 溶液（国际颜色编号为 69 的蓝色染色剂）于 1000mL 容量瓶中，用稀硫酸或稀氢氧化钠溶液将溶液 pH 值调整为 5.0±0.5（温度约为 23℃）。

3.4 染色溶液 B：移取 10g 山诺德尔红 B3LW 溶液（国际颜色编号为 331 的酸性红）或铝红 GLW 溶液于 1000mL 容量瓶中，用稀硫酸或稀氢氧化钠溶液将溶液 pH 值调整为 5.0±0.5（温度约为 23℃）。

4 试样

试样一般要从产品上直接切取。如果采用特殊制备的试样，即使它的生产工艺与产品相同，也会产生一些错误的结果。

5 试验步骤

5.1 用蘸有丙酮或乙醇的棉花球将试样表面擦净，使试样表面保持洁净、干燥并水平放置。

5.2 用一滴酸溶液 A 或酸溶液 B（3.1 或 3.2）滴在试样的表面上，并精确保持 1min（试验溶液温度约 23℃）。

5.3 除去酸滴，将试件表面洗净、干燥。

5.4 用一滴染色溶液 A 或染色溶液 B（3.3 或 3.4）滴在已用酸处理过的斑点上，并使溶液在试样上精确保持 1min。

5.5 洗净染色液滴，用浸泡了悬浮溶液的干净布将试件的试验表面彻底擦净（时间约为 20s）。然后仔细冲洗并干燥。

注：悬浮溶液由水和软质研磨剂配成，其中软质研磨剂为氧化镁等。

6 结果表示

将试件试验后的表面与表 1 进行对比，评定染色吸附能力的损失程度或填写染色等级。

表 1 染色斑点试验结果评定表

铝蓝 2LW	山诺德尔红 B3LW	染色等级	染色吸附能力的损失程度
		5	无损失
		4	极轻度损失
		3	轻度损失
		2	中度损失
		1	高度损失
		0	全部损失

7 试验报告

试验报告应包括下列内容：

a）本部分编号；

b）试样的形状；

c）试样的阳极氧化技术条件；

d）试验时所用的酸处理方法；

e）试验时所用的染色溶液；

f）根据染色斑点试验结果评定表，填写染色吸附能力的损失程度或染色等级；

g）其他有关试验或表面斑点状况，如染色不均等；

h）测试人员。

第九节 铝及铝合金阳极氧化 着色阳极氧化膜耐晒度的人造光加速试验

一、概论

阳极氧化膜表面多孔，可以通过吸附染料获得几乎所有颜色（染色），或通过二次电解在孔中沉积金属元素形成特定色系的颜色（电解着色），也可以在特殊电解液中直接氧化获得某种颜色（自然发色）。着色氧化膜赋予铝及铝合金工件华丽外观，深受用户喜欢。但是，在阳光照射下，一些铝及铝合金工件会出现变色或褪色现象，大大降低了产品的使用价值或使用寿命。因此，有必要对着色阳极氧化膜的耐晒性能进行评价，以便于控制着色阳极氧化膜的产品质量。

自然暴露在阳光下进行试验可以真实反映着色阳极氧化膜的耐晒性能，但这类试验因自然条件的变化而受到诸多不确定因素的影响，而且试验周期很长，不适用产品的质量控制和产品验收检查。因此，常采用特殊光源来代替阳光照射进行试验，并在较短时间内评定阳极氧化膜的耐晒性能，即人工加速试验。着色阳极氧化膜耐晒度的人造光加速试验为生产质量控制提供了方便。

国际标准化组织于 1976 年发布了 ISO 2135：1976《铝及铝合金阳极氧化 着色阳极氧化膜耐晒度的人造光加速试验》，经过三次修订，现行版本为 ISO 2135：2017。我国于 1986 年等效采用 ISO 2135：1984，制定了 GB/T 6808—1986《铝及铝合金阳极氧化 着色阳极氧化膜耐晒度的人造光加速试验》。该标准于 1986 年 8 月 28 日发布，1987 年 6 月 1 日实施。

二、标准特点与应用说明

该标准提供了着色阳极氧化膜的耐晒度评价的一种人工试验方法，适用于染色阳极氧化膜、电解着色阳极氧化膜和自然发色阳极氧化膜，不适用于通过室外暴露已知其耐晒度小于 6 级的着色阳极氧化膜。

利用人造光源（氙弧灯或碳弧灯）按一定的规范照射着色阳极氧化膜，然后观察氧化膜变色，直至颜色变化相当于灰卡 3 级时停止试验，记录曝光的周期数，即可评定耐晒度等级。耐晒度级数最低 6 级，最高 10 级，级数越高，试样耐晒度越好。通过耐晒度等级可以快速、直接地判定着色阳极氧化膜的耐晒性能的优劣。

在自然光下通过肉眼检查颜色或对比色卡，会人为产生误差，所以必要时，可以用色差仪代替目视检查。

三、标准内容（GB/T 6808—1986）

铝及铝合金阳极氧化
着色阳极氧化膜耐晒度的人造光加速试验

1 原理

将受检试样暴露于人造光下，用 GB/T 250—1984《评定变色用灰色样卡》的灰卡定期对比检查试样的颜色变化评定试样的耐晒度。

2 试验设备及材料

2.1 试验设备

凡符合本标准所规定试验条件的日晒气候试验机、退色计等，均可采用。

2.2 试验材料

2.2.1 灰卡

按 GB/T 250—1984《评定变色用灰色样卡》的规定。

2.2.2 标样

按 GB/T 730—1965《日晒牢度蓝色标准》的规定。

2.2.3 遮盖板

用 0.5~1.0mm 厚的铝板或不透光材料制成。

2.3 试验设备的校准

用 GB/T 730—1965 的 6 级色布标样校准试验机和光源，当 6 级标样颜色变化相当于灰卡 3 级（即颜色损失约为 25%）时所需时间定为该设备的曝光周期。

3 试样

3.1 试样表面

要求试样暴露表面必须平整，不允许存在凹凸不平。

3.2 试样尺寸

根据使用的试验机要求而定，本标准对试样尺寸不做具体规定。但在同次试验中标样和试样的尺寸大小要相同。

3.3 试样氧化着色

可按需要选择任意一种方法制取着色阳极氧化膜。

注：当处理工件适用于做照射试验时，可直接用来做耐晒试验。

4 试验条件

4.1 要求辐射强度较稳定的光源，一般可采用氙弧灯或碳弧灯（开路或闭路）。

4.2 试样（包括标样）应相对于光源等距离放置，且围绕光源缓慢地匀速转动，以保证每个试样上光的分布一致。

4.3 在整个试验过程中温度稳定。黑板温度不能超过 50℃。

4.4 在整个试验过程中，环境条件（如相对湿度等）应该保持稳定。

4.5　应遵守试验机说明书上的所有规定。

5　曝光时间

试验机按第2章规定校准后，将受检试样装入试验机内曝光，经过几个曝光周期直到其颜色变化相当于灰卡3级（即颜色损失约为25%），记录产生此颜色变化所经历的曝光周期数。

同一试验机，在按本标准第4章规定的各项试验条件不变的情况下进行试验时，其曝光周期通常不会变化。但试验时间过长，试验条件可能会发生变化而影响曝光周期，故需要及时重新测定曝光周期。

6　试验方法

6.1　试样放置

将有标记的干净受检试样（包括标样）的暴露表面用遮盖板遮盖一部分，然后放入试样夹具内夹紧，装入试验机内。

6.2　试验方法

试验过程按第5章规定，取出到达试验终点的试样（即试样的曝光表面与遮盖部分的色差相当于灰卡3级）并应放在暗处静置一段时间，待颜色稳定后检查评定耐晒度级数。

7　结果评定

7.1　检查

用色差仪或在自然光下目视检查。

注：目视检查时，应在白天，用北窗光。试样水平放置，垂直观察。

7.2　评级

按受检试样的颜色变化相当于灰卡3级所经历的曝光周期数评级，见表1。

表1　试样耐晒度级数与曝光周期数的关系

曝光周期数	试样耐晒度级数
1	6
2	7
4	8
8	9
16	10

如果经历了16个曝光周期以后，试样颜色变化还未达到灰卡3级，则其耐晒度级数以“大于10”表示。

注1：国际7级标样不适用于本试验，因其退色率与曝光时间不成比例。

注2：为避免不同厂家生产的6级标样性能不同，应该尽量采用同一厂家生产的标样。

注3：6级标样的曝光周期通常是：氙弧灯约为300h，碳弧灯约为150h。

8　试验报告

应包括以下几项内容：

a）试验机名称、型号、试验条件；

b）试样材质，氧化着色工艺；

c）整个试验过程中样品接受辐射照度的累积值及总的照射时间；

d）试样制备到曝光之前，曝光后到评级之间的时间；

e）试验采用本标准；

f）试验中的任何不正常情况；

g）试验结果；

h）试验时间、地点、操作者、记录者等；

i）其他。

第十节 铝及铝合金阳极氧化 薄阳极氧化膜连续性检验方法 硫酸铜法

一、概论

铝及铝合金阳极氧化膜中可能存在隐形的通达基体的孔隙或缺陷，尤其是薄阳极氧化膜更容易出现这类问题。这些孔隙或缺陷破坏了阳极氧化膜的连续性，以致氧化膜对腐蚀介质的隔离或屏障作用缺失，使氧化膜的防护性能降低。尤其是阳极氧化膜对铝合金基体呈阴极性时，贯通基体的孔隙或缺陷，不仅不能保护基体，甚至促进或加速基体破坏。因此，薄阳极氧化膜应识别这种瑕疵或缺陷。

当硫酸铜溶液滴在阳极氧化膜上，铜只在裸露基体位置发生反应，生成黑色或红色沉淀，而被氧化膜的覆盖部位不发生沉淀发应。因此，试验后观察表面黑点或红点的数量和大小，就可以判断氧化膜的不连续（基体裸露）程度。

早在20世纪70年代，硫酸铜点滴试验在科研和生产中得到广泛应用，以评价薄氧化膜的质量。基于此，国际标准化组织于1976年发布了ISO 2085：1976《铝及铝合金阳极氧化 薄阳极氧化膜连续性检验 硫酸铜法》，经两次修订，目前版本为ISO 2085：2018。我国于1988年等效采用了ISO 2085：1976，制定了国家标准GB/T 8752—1988。2006年修订时，参考了欧洲标准EN 12373.16—2001，并修改采用ISO 2085：1976。GB/T 8752—2006《铝及铝合金阳极氧化 薄阳极氧化膜连续性检验方法 硫酸铜法》于2006年9月26日发布，2007年2月1日实施。

二、标准特点与应用说明

该标准主要规定了用硫酸铜点滴法检测薄阳极氧化膜的连续性的原理、试剂、试验步骤和结果表述形式。该标准仅适用于厚度小于5μm的阳极氧化膜。如果对氧化膜表面的可见瑕疵或缺陷有疑问，可以使用该标准判断瑕疵或缺陷是否局部裸露出铝合金基体。

试验时，为防止硫酸铜溶液在氧化膜表面扩散，应用蜡笔圈出试验部分，并保证试验区域面积约为$100mm^2$。该标准规定了试验所用溶液的成分以及试验温度、保持时间，试验时应严格控制。

试验后，用肉眼或借助放大镜检查试验部位，计算表面黑点或红点的数量。如有需要，可以估算黑点或红点的平均直径。

三、标准内容（GB/T 8752—2006）

铝及铝合金阳极氧化　薄阳极氧化膜连续性检验方法 硫酸铜法

1　范围

本标准规定了用硫酸铜溶液检验铝及铝合金薄阳极氧化膜连续性的方法。

本标准适用于铝及铝合金薄阳极氧化膜（厚度小于 5μm）连续性的快速检验。当对阳极氧化膜表面的可见瑕疵存有疑问时，可用本方法来判断该瑕疵是否为局部裸露出基体金属的缺陷。

2　方法原理

当硫酸铜溶液滴在裸露出基体金属或者氧化膜覆盖不良的铝及铝合金薄阳极氧化膜表面时，铜在铝表面发生化学沉积，同时用肉眼或借助低倍放大镜进行观察，可见裸露基体金属的部位有气体析出。试验后可以在氧化膜的不连续处观察到黑点或红点，从而判断铝及铝合金薄阳极氧化膜的连续性。

3　试剂

3.1　硫酸铜（$CuSO_4 \cdot 5H_2O$）：分析纯。

3.2　盐酸（ρ=1.18g/mL）：分析纯。

3.3　硫酸铜-盐酸溶液：取 20g 结晶硫酸铜（3.1）和 20mL 盐酸（3.2），在容量瓶中用蒸馏水（或去离子水）稀释至 1000mL。

4　试验步骤

4.1　硫酸铜液滴的试验面积约为 $100mm^2$，检验的部位可以任意选择，但应避免在阳极氧化时的电接触的位置上选取。

4.2　用有机溶剂清洗试样表面所有油脂。在试样上选取某一平面，用石蜡或快干漆圈出试验部位，大小约为 $100mm^2$，试验部位不许沾有石蜡或快干漆。

4.3　在选定的试验部位内，滴四滴硫酸铜溶液，并在试验部位停留 5min，然后快速擦去溶液。

4.4　检查试样表面，计数黑点和红点的数目。

4.5　试验温度为 20℃±5℃。

注：对于定量测定，应该测定黑点和红点的平均直径。

5　试验结果

检验表面情况，并记录 $100mm^2$ 面积上的黑点或红点数量。定量测定时，记录黑点或红点的平均直径。

6　试验报告

试验报告包括以下内容：

a）本标准号；

b）受检产品的类型和编号；

c）试验结果（见第 5 章）；

d）试验中发现的现象；

e）试验日期；

f）试验人员。

附 录 A

（资料性附录）

本标准章条编号与 ISO 2085：1976 章条编号对照

表 A.1 本标准章条编号与 ISO 2085：1976 章条编号对照

本标准章条编号	对应的国际标准章条编号
1	1、2
2	3
3	4
4.1~4.5	5
5	6
6	—

第十一节 铝及铝合金阳极氧化膜及有机聚合物膜 绝缘性的测定

一、概论

铝及铝合金阳极氧化膜及有机聚合物膜具有优良的绝缘性，常用作电容器的介电层，也用于需要良好绝缘性的仪器仪表零部件，还可以用于锂离子电池铝合金壳体的绝缘。因此，在科研和生产中，需要对以绝缘性为使用目的的氧化膜或有机聚合物膜进行绝缘性评价或检验。

绝缘性是指膜层耐电压冲击能力的统称，常用击穿电压表示。电流通过膜层瞬间被击穿的电压，即为击穿电压。由于击穿电压与膜层厚度有直接关系，采用单位厚度（微米）的击穿电压（即击穿强度），更能直观体现膜层的绝缘特性。绝缘性也用耐受电压（在规定时间内不击穿的最大电压）表示。击穿电压和耐受电压的大小除了与膜层厚度有关外，还取决于表面状态、基体合金成分、封闭效果、工件干燥和老化程度。

为统一试验条件，规范试验操作，制定阳极氧化膜绝缘性的测试方法标准极为重要。国际标准化组织于 1972 年制定了 ISO 2376：1972《铝及铝合金阳极氧化 用击穿电位来测量检验绝缘性》，经过两次修订，目前现行版本为 ISO 2376：2019。我国于 1988 年等效采用 ISO 2376：1972，首次制定了 GB/T 8754—1988《铝及铝合金阳极氧化 用击穿电位来测量检验绝缘性》。2006 年修订时，参考了欧洲标准 EN 12373-17：2001《铝及铝合金阳极氧化 击穿电位测量》。为了满足不同类型铝合金表面膜层的绝缘性评价，2022 年对标准进行了第二次修订，并将标准名称改为《铝及铝合金阳极氧化膜及有机聚合物膜 绝缘性的测定》。GB/T 8754—2022 于 2022 年 3 月 9 日发布，2022 年 10 月 1 日实施。

二、标准特点与应用说明

该标准规定了测量铝及铝合金阳极氧化膜及有机聚合物膜的绝缘性的原理、仪器、试验步骤，以及试验结果表示，适用于经过封孔处理的、干燥的阳极氧化膜及有机聚合物膜。用于未封孔的阳极氧化膜时，应在结果中特别注明封孔状态。该标准不仅可用于平面或接近平面形状产品或试样的绝缘性测量，而且可用于圆线的绝缘性测量。

该标准给出了单电极系统和双电极系统测量方式。单电极系统是一个电极与基体相连，另一个电极与被测表面接触；双电极系统是两个电极均与被测表面接触，只是电极之间保持一定距离。应该注意，采用单电极法时，膜的击穿电压为测量值；而采用双电极法时，膜的击穿电压为测量值的1/2。

为保证测量结果的准确性，测量平面形状试样时应注意以下几点：

1）在电极上施加的压力必须确定，且应恒定在0.5N～1N。

2）双电极测量时，两个电极间距应保持在10mm～50mm之间，且重复测量时尽量保持间距恒定。

3）电极接触点距离边缘至少5mm。

测量圆线的绝缘性需要将相同的两条圆线按规定扭转数绞合，然后测量两线间的击穿电压和耐受电压。

三、标准内容（GB/T 8754—2022）

铝及铝合金阳极氧化膜及有机聚合物膜　绝缘性的测定

1　范围

本文件规定了阳极氧化膜及有机聚合物膜的绝缘性测定的方法概述，试验条件、仪器设备，试样、测试步骤、结果计算及试验报告等内容。

本文件适用于以绝缘性能为目的的铝及铝合金阳极氧化膜及有机聚合物膜的击穿电压、击穿强度及耐受电压的测定。

2　规范性引用文件

下列文件中的内容通过文中的规范性引用而构成本文件必不可少的条款。其中，注日期的引用文件，仅该日期对应的版本适用于本文件；不注日期的引用文件，其最新版本（包括所有的修改单）适用于本文件。

GB/T 4957　非磁性基体金属上非导电覆盖层　覆盖层厚度测量　涡流法

GB/T 8005.3　铝及铝合金术语　第3部分：表面处理

GB/T 8170　数值修约规则与极限数值的表示和判定

3　术语和定义

GB/T 8005.3界定的以及下列术语和定义适用于本文件。

3.1　耐受电压　withstand voltage

膜层在规定时间内不击穿的最大电压。

3.2　击穿电压　breakdown voltage

当以恒定的电压递增速率施加电压时，导致膜层失去介电性能成为导体的最小电压。

3.3 击穿强度 breakdown strength

将击穿电压除以试样上膜层的厚度获得的值。

3.4 绝缘性 electrical insulation

绝缘膜层耐电压冲击能力的统称，用击穿电压、击穿强度和耐受电压表示。

4 方法概述

恒定速率增加的交流电压施加膜层上，或施加膜层和基体间，直至电压突然下降，测定膜层击穿电压。或以恒定速率增加的交流电压施加膜层上，或施加膜层和基体间，直至达到规定试验电压，若能保持该电压恒定至规定时间，则评定试验电压为耐受电压。

注：击穿电压和耐受电压与膜层的介电特性和绝缘性能有关，击穿电压和耐受压电压取决于膜层的厚度及其他因素，比如基材的成分、表面状态、氧化膜封闭状态、氧化膜陈化程度、干燥程度和试验环境的湿度等。

5 试验条件

试验环境温度为 23℃±2℃，相对湿度不高于 65%。

6 仪器设备

6.1 高压设备

高压设备由变压器、断路器、高压试验调压器、限流电阻、电压表等组成，电源的频率为 50Hz 或 60Hz。其电路示意图如图 1 所示。高压设备要求如下：

——变压器：能够产生试验所需的电压，输出波形尽可能接近正弦波。

——断路器：达到规定电流时可自动断开电路，以保证试样膜层击穿时能切断电源。

——高压试验调压器：使试验电压能从任何一点不间断地逐渐增加，并提供不失真的波形。保证膜层未被击穿期间的试验电压峰值与均方根（r.m.s.）值之比在$\sqrt{2}$（100%±5%）（即 1.34~1.48）范围内。

——限流电阻：限流电阻串联在变压器和测试电极探针之间，用于测定阳极氧化膜绝缘性的限流电阻应为 0.5MΩ，用于测定有机聚合物膜绝缘性的限流电阻按预估绝缘电压（单位为伏特）乘以 0.2Ω~0.5Ω 计算。

——电压表：测定铝及铝合金阳极氧化膜绝缘性的电压表分辨力为 10V，测定有机聚合物膜绝缘性的电压表高压测量误差应不超过±4%，结果以均方根（r.m.s.）值表示，单位为伏特。

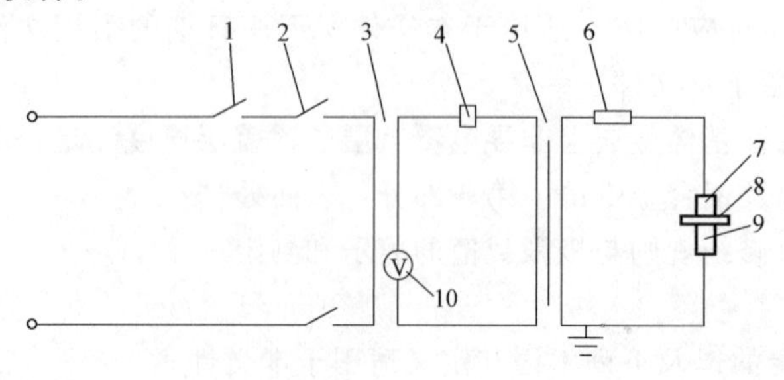

图 1 高压设备电路示意图

1—安全开关 2—电源开关 3—变压器 4—断路器 5—高压试验调压器 6—限流电阻 7—上电极 8—试样 9—下电极 10—电压表

6.2　电极

6.2.1　测定阳极氧化膜及阳极氧化复合膜绝缘性的电极

测试平面试样的电极分为单电极（如图 2 所示）和双电极（如图 3 所示），单电极中的球形接触面与待测面相接触，接触器与基体金属固定连接，接触器可为表面光滑明亮的金属板，或能够穿透膜层的接触探针或夹子。双电极中由两个球形接触面同时与测试面接触，电极间相距 25mm。电极由一定质量的接触棒组成，接触棒由黄铜或不锈钢等导电材料制成，为操作方便可部分绝缘，可根据需要移动、固定。接触面为球面（直径为 3mm~8mm，推荐 6mm），接触面保持光滑、无污染。电极的质量应保证接触面置于试样表面时施加在膜层上的总力为 0.5N~1.0N（电极质量为 50g~100g）。

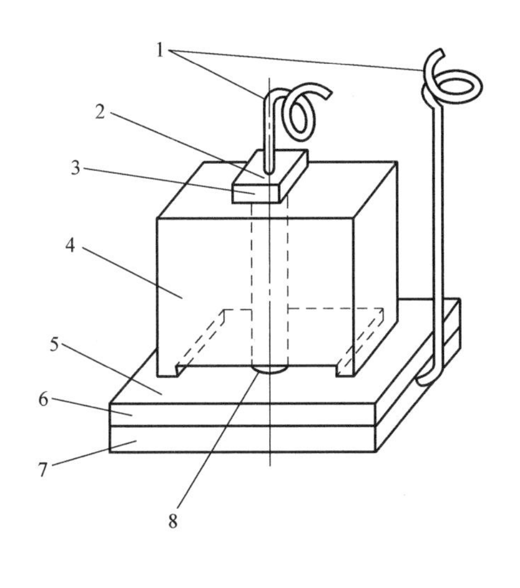

图 2　单电极示意图

1—导线　2—接触棒　3—固定片　4—合成树脂块　5—试样　6—膜层　7—基材　8—球形接触面

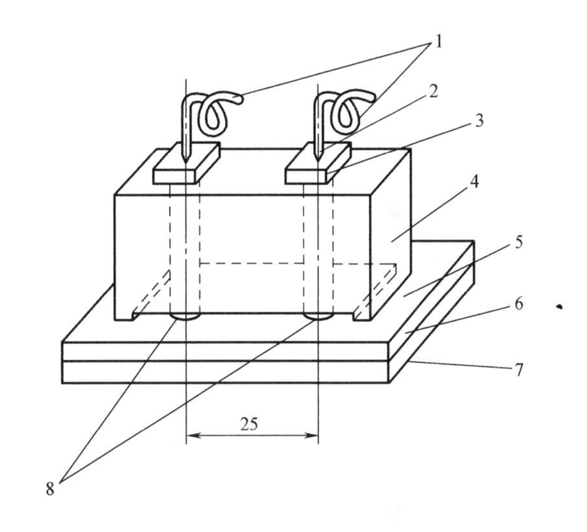

图 3　双电极示意图

1—导线　2—接触棒　3—固定片　4—合成树脂块　5—试样　6—膜层　7—基材　8—球形接触面

6.2.2　测定有机聚合物膜绝缘性的电极

电极由两个直径为 25mm±0.5mm 的圆柱体铜制接触棒组成，为操作方便可部分绝缘，可根据需要移动、固定。接触面粗糙度 *Ra* 最大允许值为 1.60μm。上下电极应对称同心，电极间距离可调。

6.3　扭曲机

用于铰合两根圆线试样。有一对钳口，钳口间距按试验要求设计，其中一个钳口固定，另一个可自由旋转。在进行绞合操作时应固定好钳口，以防产生侧向偏移。

6.4　涡流测厚仪

用于测量膜层厚度，分辨力为 0.1μm。

7　试样

7.1　阳极氧化膜试样的尺寸宜为 100mm×100mm，有机聚合物膜试样的尺寸宜为 120mm×100mm。

7.2　试样不应取自产品边缘、机加工边缘、孔边缘或有角度突变等部位。

7.3 试验前应将试样保存在试验环境中超过1h，并记录试验环境的温度和相对湿度。

7.4 试样应清洁，无污垢、污渍和其他异物。如有污渍，应使用水或适当的有机溶剂（如乙醇）润湿后，使用干净的软布或类似材料去除。不应使用会腐蚀试验区域或在试验区域产生保护膜的有机溶剂。

7.5 试样应保持干燥。试样上的阳极氧化膜如果未经封孔处理，其表面状态应在试验报告中说明。

7.6 无法截取符合要求的试样时，可使用标准试板代替。

8 测试步骤

8.1 平面或近平面试样

8.1.1 设定试验参数

依据膜层类型选择合适的限流电阻，电压表、电极系统，按下列规定设定参数：

——测定阳极氧化膜绝缘性时，在金属球上施加0.5N~1.0N（推荐1.0N）的力，电压上升速度为25V/s，断路器设置电流为5mA，当使用双电极系统时，两个电极放在平滑或经过加工的试样上的间距应在10mm~50mm之间。

——测定阳极氧化复合膜和有机聚合物膜绝缘性时，先估计试样的耐电压值，确定升压速度。对于不同击穿电压的试样，按表1中规定选取升压速度。断路器设置电流由供需双方协商。如有飞弧产生，电极应浸没在盛有变压器油的绝缘容器中，变压器油的击穿强度应不低于25kV/2.5mm。

表1 不同击穿电压下的升压速度

试样击穿电压/kV	升压速度/(kV/s)
<1.0	0.1
1.0~5.0	0.5
>5.0~20	1.0
>20	2.0

8.1.2 测试击穿电压

8.1.2.1 将电压表归零。

8.1.2.2 在试样上标记试验位置。按照GB/T 4957测量试验位置的膜厚，测量三次取平均值。

8.1.2.3 将电极垂直放置在试样试验位置上，如图2或图3所示，当使用单电极测量时，用接触器连接基材，电极固定在膜层上。电极距离试样边缘或凸起的距离宜不小于5mm。

8.1.2.4 通过操作电压调压器，匀速增加电压，直到电压突然下降（表示膜被击穿），记录此时的电压值（V_b）。

8.1.2.5 将电压表归零，使设备接地，清洁电极接触面。

8.1.2.6 更改试验位置，并重复8.1.2.2~8.1.2.5的步骤至少4次。

8.1.3 测试耐受电压

8.1.3.1 将电压表归零。

8.1.3.2 在试样上标记试验位置。按照GB/T 4957测量试验位置的膜厚，测量三次取平均值。

8.1.3.3　将电极垂直放置在试样试验位置上，如图2或图3所示。当使用单电极测量时，用接触器连接基体，电极固定在膜层上。电极距离试样边缘或凸起的距离宜不小于5mm。

8.1.3.4　试验电压和时间由供需双方商定（或根据标准要求）。操作电压调压器，匀速增加电压至试验电压，如果在规定的时间内电压没有突然下降，记录此时的电压值（V_w）。如果在规定的时间内电压突然下降，则代表膜层被击穿，记录击穿时间 t。

8.1.3.5　将电压表归零，使设备接地，清洗电极接触面。

8.1.3.6　更改试验位置，并重复8.1.3.2~8.1.3.5的步骤至少4次。若5次试验在规定时间内电压均未突然下降，则 V_w 为耐受电压。

8.2　圆线试样

8.2.1　测试击穿电压

8.2.1.1　将电压表归零。

8.2.1.2　使用扭曲机用同等的张力将两条合适长度的试样绞合在一起，扭转数应符合表2的规定。试样长度应确保绞合后在两钳口之间的长度（宜为400mm）满足试验要求。

表2　试样扭转数

试样直径(d)/mm	每50mm扭转数
0.2~0.3	5
>0.3~0.5	4
>0.5~0.75	3
>0.75~1.25	2
>1.25~3.25	1
>3.25~6.5	0.5

8.2.1.3　从扭曲机上拆下绞线，两端分开约50mm，去除两试样的同一端膜层，并使其与变压器的两电极分别连接。通过操作电压调压器，以不超过25V/s的速率均匀增加电压，直到电压突然下降（表示膜被击穿），记录此时的电压值（V_b）。

8.2.1.4　将电压归零，使设备接地，清洁电极的接触面。

8.2.1.5　更改测量位置，并重复8.2.1.2~8.2.1.4的步骤至少4次。

8.2.2　测试耐受电压

8.2.2.1　将电压表归零。

8.2.2.2　使用扭曲机用同等的张力将两条合适长度的试样绞合在一起，扭转数应符合表2的规定。试样长度应确保绞合后在两钳口之间的长度（宜为400mm）满足试验要求。

8.2.2.3　试验电压和时间由供需双方商定（或根据标准要求）。操作电压调压器，匀速增加电压至试验电压，如果在规定的时间内电压没有突然下降，记录此时的电压值（V_w）。如果在规定的时间内电压突然下降，则代表膜层被击穿，记录击穿时间 t。

8.2.2.4　测试完成后，将电压置零，使设备接地，清洁电极的接触面。

8.2.2.5　重复8.2.2.2~8.2.2.4的步骤至少4次。

9　结果计算与结果表示

9.1　最小击穿电压（V_{bmin}）

取5次试验的击穿电压（V_b）最小值作为试样的最小击穿电压（V_{bmin}），数值以千伏

(kV) 表示。

9.2 平均击穿电压（$\overline{V_b}$）

取 5 次试验的击穿电压（V_b）平均值作为试样的平均击穿电压（$\overline{V_b}$），数值以千伏（kV）表示，按 GB/T 8170 的规则修约至小数点后一位。

9.3 击穿强度（E）

按公式（1）计算试样的击穿强度（E），数值以千伏每微米（kV/μm）表示，按 GB/T 8170 的规则修约至小数点后一位。

$$E = \frac{V_b}{d} \tag{1}$$

式中 V_b——试样的击穿电压（kV）；

d——试样试验位置的膜厚（μm）。

9.4 最小击穿强度（E_{min}）

取 5 次试验的击穿强度（E）最小值作为试样的最小击穿强度（E_{min}），数值以千伏每微米(kV/μm)表示。

9.5 平均击穿强度（$\overline{E}$）

取 5 次试验的击穿强度（E）平均值作为试样的平均击穿强度（$\overline{E}$），数值以千伏每微米(kV/μm)表示，按 GB/T 8170 的规则修约至小数点后一位。

9.6 耐受电压（V_w）

若 5 次试验在规定时间内电压均未突然下降，则指定电压为试样的耐受电压（V_w）。

10 试验报告

试验报告应至少包括以下内容：

a）试样材料或产品的说明；

b）试样尺寸、状态以及表面膜层已知特征及表面处理的说明；

c）膜层厚度；

d）电极类型；

e）试验时环境的温度和相对湿度；

f）试验结果；

g）观察到的异常现象：

h）本文件编号；

i）试验日期；

j）试验人员。

第十二节 铝及铝合金阳极氧化膜及有机聚合物膜检测方法 第1部分：耐磨性的测定

一、概论

因表面摩擦导致材料磨损，不仅会影响工件使用性能，而且可能最终导致工件失效报废。阳极氧化膜具有较好的耐磨性，常用来降低工件使用过程产生的磨损，以延长使用寿命。因此，耐磨性是阳极氧化膜的一个重要的、关键的质量指标。对于工程应用的硬质阳极氧化膜和微弧氧化膜来说，耐磨性更直接决定了产品质量的优劣。

铝合金阳极氧化膜的耐磨性反映了膜层对摩擦作用的抵抗能力，它取决于铝合金成分、氧化膜厚度、阳极氧化工艺和封孔条件等因素。为了对生产进行控制、验证产品质量，科学测量阳极氧化膜的耐磨性非常重要。

随着科学技术的发展，越来越多的摩擦磨损试验逐渐被用来测量氧化膜的耐磨性，以满足不同类型阳极氧化膜的测量要求。为提高阳极氧化膜耐磨性测量水平，保证测量结果的科学性和可比性，制定相关测量标准具有十分重要的意义。1991 年，我国分别制定了 GB/T 12967.1《铝及铝合金阳极氧化　用喷磨试验仪测量阳极氧化膜的平均耐磨性》和 GB/T 12967.2《铝及铝合金阳极氧化　用轮式磨损试验仪测定阳极氧化膜的耐磨性和磨损系数》。2010 年，又发布了 GB/T 12967.7《铝及铝合金阳极氧化膜检测方法　第 7 部分：用落砂试验仪测定阳极氧化膜的耐磨性》。这三项耐磨性测试的试验方法标准的发布，为阳极氧化膜的工程应用奠定了坚实的基础。近年来，一些新的检测方法相继被引入，极大地丰富了阳极氧化膜的耐磨性测量技术。为方便使用，2020 年合并了原有 3 个标准，并加入新的测量方法，将所有耐磨性测量方法集中于一个标准，即 GB/T 12967.1—2020《铝及铝合金阳极氧化膜及有机聚合物膜检测方法　第 1 部分：耐磨性的测定》。该标准于 2020 年 6 月 2 日发布，2021 年 4 月 1 日实施。

二、标准特点与应用说明

该标准规定了喷磨法、落砂法、纸带轮磨法、橡胶轮磨法、橡皮磨擦法和摩擦系数测定法，适用于以耐磨性作为使用目的的阳极氧化膜，也适用于防护和装饰阳极氧化膜。

1. 喷磨法

在严格受控条件下，将干燥的碳化硅颗粒喷射在试样的检验区上，直至其裸露出金属基体。用磨耗时间和耗砂质量评价阳极氧化膜的耐磨性。

该方法适用于膜厚不小于 5μm 的阳极氧化膜，尤其适用于检验区域直径为 2μm 较小试样和表面凹凸不平的试样。由于规定要求与标准试样或参比试样的结果进行对比，所以本方法是一种相对的检验方法。

2. 落砂法

使用干燥的碳化硅或标准砂磨料，在规定的高度自由下落冲刷试样表面，直至磨穿膜层，用所用磨料的质量或体积来评定膜层的耐磨性。保证导管竖直向下与落砂集中下落是保证结果准确性的前提。

该方法适用于较小的试样和表面凹凸不平的试样。

3. 纸带轮磨法

使用绕有碳化硅纸带的研磨轮往复研磨试样，每完成一次双行程，研磨轮转动一个小角度，使未使用过的纸带与试验区域接触。根据膜厚或质量的减少量评价试样的耐磨性或耐磨系数，所得结果可与标准试样或参比试样的试验结果相比较，也可逐层磨损，建立膜厚损失量和双行程次数之间的关系。

该方法适用于厚度不小于 5μm 的阳极氧化膜，可测定膜层的整体耐磨性和沿膜层厚度的耐磨性变化，不适用于表面凹凸不平的试样。

4. 橡胶轮磨法

在橡胶砂轮上加规定质量的砝码，用橡胶砂轮摩擦试样表面，试验经过规定转数后，用膜层质量损失或是否漏出基体来评定膜层的耐磨性。

该方法适用于测定阳极氧化膜的整体耐磨性，不适用于表面凹凸不平的试样。

5. 橡皮磨擦法

用橡皮擦沿试验区域进行规定载荷、行程和往复次数的擦拭后，以基材裸露情况来评定膜层的耐磨性。试样表面裸露基材的长度不超过2mm时为合格，否则为不合格。

该方法适用于厚度小于5μm的阳极氧化膜，功能膜和纹理膜可参照使用。

6. 摩擦系数测定法

在试样表面水平拉动一定载荷的滑块，使用测力计测量水平方向的摩擦力。通过摩擦力与载荷之比求出摩擦系数。结果以静摩擦系数和动摩擦系数表示。

该方法采用摩擦系数测试仪，简单方便，适用于对防滑性能有要求的阳极氧化膜，如铝地板和铝箔等产品上的阳极氧化膜。

三、标准内容（GB/T 12967.1—2020）

铝及铝合金阳极氧化膜及有机聚合物膜检测方法 第1部分：耐磨性的测定

1 范围

GB/T 12967的本部分规定了喷磨法、落砂法、纸带轮磨法、橡胶轮磨法、橡皮磨擦法和摩擦系数测定法。

喷磨法适用于膜厚不小于5μm的阳极氧化膜和有机聚合物膜的耐磨性测定，适用于较小试样和表面凹凸不平的试样。

落砂法适用于阳极氧化膜及有机聚合物膜的耐磨性测定，适用于较小的试样和表面凹凸不平的试样。

纸带轮磨法适用于厚度不小于5μm的阳极氧化膜及有机聚合物膜的耐磨性测定，可测定膜层的整体耐磨性和沿膜层厚度的耐磨性变化，不适用于表面凹凸不平的试样。

橡胶轮磨法适用于阳极氧化膜及有机聚合物膜的耐磨性测定，可用于测定膜层的整体耐磨性，不适用于表面凹凸不平的试样。

橡皮磨擦法适用于厚度小于5μm的阳极氧化膜及阳极氧化复合膜的耐磨性测定，功能膜和纹理膜可参照使用。

摩擦系数测定法适用于对防滑性能有要求的铝地板和铝箔等产品。

2 规范性引用文件

下列文件对于本文件的应用是必不可少的。凡是注日期的引用文件，仅注日期的版本适用于本文件。凡是不注日期的引用文件，其最新版本（包括所有的修改单）适用于本文件。

GB/T 2481.1—1998 固结磨具用磨料 粒度组成的检测和标记 第1部分：粗磨粒F4~F220

GB/T 4100—2015 陶瓷砖

GB/T 4957　非磁性金属体上非导电覆盖层　覆盖层厚度测量　涡流方法

GB/T 8005.3　铝及铝合金术语　第3部分：表面处理

GB/T 8170　数值修约规则与极限数值的表示和判定

GB/T 9258.1—2000　涂附磨具用磨料　粒度分析　第1部分：粒度组成

GB/T 17671　水泥胶砂强度检验方法（ISO方法）

YS/T 1186　铝表面阳极氧化膜与有机聚合物膜耐磨性能测试用落砂试验仪

3　术语和定义

GB/T 8005.3界定的以及下列术语和定义适用于本文件。

3.1　参比试样　reference specimen

按供需双方认可的条件制备的试样。

4　喷磨法

4.1　方法概述

在规定的条件下，将干燥的碳化硅颗粒喷射在试样的检验区上，直至其裸露出金属基体。用磨耗时间和耗砂质量评价膜层的耐磨性。

4.2　仪器设备

4.2.1　喷磨试验仪

喷磨试验仪的要求参见附录A。

4.2.2　涡流测厚仪

分辨力为0.1μm。

4.2.3　天平

感量为0.1g。

4.2.4　欧姆表

应准确显示5000Ω的刻度，接触探头尖端应具有光滑的球形表面。

4.2.5　游标卡尺

分辨力优于0.02mm。

4.3　试验材料

磨料为碳化硅，粒度符合GB/T 2481.1—1998中F100的规定。使用筛孔公称尺寸为300μm的筛子粗筛，取筛下料在105℃下干燥不低于2h，干燥后应储存在干净的密封容器中，磨料重复使用次数不超过50次，每次使用之前均应粗筛和干燥。

4.4　试验环境

环境温度应为室温，相对湿度应不大于65%。

4.5　试样

4.5.1　标准试样

普通阳极氧化膜标准试样的制备见附录B，硬质阳极氧化膜标准试样的制备见附录C。

4.5.2　参比试样

参比试样为按供需双方认可的条件制备的试样。

4.5.3　试验用试样

4.5.3.1　试样应取自产品的有效表面，取样位置不应靠近变形位置和产品边缘。如果无法对产品本身进行测试，应使用相同材料、相同工艺的试片代替试样进行测试。

4.5.3.2 试样尺寸应适合喷磨试验仪的试样支架尺寸，宜为 100mm×100mm。

4.5.3.3 切割试样时不应损坏其检验表面。

4.5.3.4 冷封孔的阳极氧化膜试样，应放置 24h 后试验。其余类型试样，放置时间由供需双方商定。

4.6 试验步骤

4.6.1 试验参数设定

4.6.1.1 试验时在供料漏斗中加入磨料。若耐磨性是按磨料用量来测量，则应称量供料漏斗中磨料的质量。

4.6.1.2 将试验气体的流速或压强调整至选定值，试验条件参见表 1，也可根据膜层的特点由供需双方商定试验条件。

表 1 喷磨试验参考试验条件

项 目	试验条件		
	普通阳极氧化膜	硬质阳极氧化膜	有机聚合物膜
角度/(°)	55±1		
磨料流量/(g/min)	25±1		
气流压力/kPa	7.5±0.5	15±0.5	
喷嘴下端距试样距离/mm	10±1		

4.6.2 目视法

4.6.2.1 将标准试样或参比试样用水或适当的有机溶剂清洁，试验面应无污垢、污渍和其他异物。

4.6.2.2 确定标准试样或参比试样的试验面。按 GB/T 4957 规定的方法，用涡流测厚仪测量试验位置的平均膜厚。将标准试样或参比试样固定在试样支架上，其试验面与喷嘴相对，试样支架为一个倾斜式平台。

4.6.2.3 磨料下落和试验计时应同时进行，在整个检验周期内，应保证磨料喷射顺畅无堵塞。对于不同种类的膜层，使用的磨料流量或气流压力参见表 1，也可由供需双方商定。

4.6.2.4 试验仪显示磨痕短轴长度为 2.0mm 时停止试验，使用游标卡尺或其他满足精度的测量仪器测量短轴长度，满足 2.0mm±0.2mm 时记录试验时间 t 或试验所用磨料质量。

4.6.2.5 按 4.6.2.1~4.6.2.4 对试样进行测试。

4.6.3 电阻法

4.6.3.1 试验前应使用水或适当的有机溶剂清洁试样，试验面无污垢、污渍和其他异物。

4.6.3.2 确定标准试样或参比试样的试验面。按 GB/T 4957 规定的方法，用涡流测厚仪测量试验位置的平均膜厚。将标准试样固定在试样支架上，其试验面与喷嘴相对，试样支架为一个倾斜式平台。

4.6.3.3 磨料下落和试验计时应同时进行，在整个检验周期内，应保证磨料喷射顺畅无堵塞。对于不同种类的膜层，使用的磨料流量或气流压力参见表 1，也可由供需双方商定。

4.6.3.4 试验面刚出现黑点时，停止试验，记录试验时间 t_1，清洁试样表面。用欧姆表测量基底金属与被测表面之间的电阻，每个试验区域进行三次测量。

4.6.3.5 当任一试验值低于 5000Ω 时，在试验面上另选其他位置以试验时间 $t_1-10\%t_1$，按

4.6.3.2~4.6.3.4 重复试验，直到试验值高于 5000Ω 停止试验，记录试验时间为 t_i（i 为试验次数），以 t_{i-1} 所示时间为磨耗时间。

4.6.3.6　当试验值均高于 5000Ω 时，在试验面上另选其他位置以试验时间 $t_1+10\%t_1$，按 4.6.3.2~4.6.3.4 重复试验，直到任一试验值低于 5000Ω 停止试验，记录试验时间为 t_i（i 为试验次数），以 t_{i-1} 所示时间为磨耗时间。

4.6.3.7　也可称量漏斗中剩余磨料的质量，计算试验所用的磨料质量。

4.6.3.8　按 4.6.3.1~4.6.3.7 对试样进行测试。

4.7　结果计算

4.7.1　磨耗时间 S_t

采用目视法时取三次试验时间平均值作为试样的磨耗时间 S_t，采用电阻法时取三次试验时间最小值作为试样的磨耗时间 S_t，单位为秒（s），数值按 GB/T 8170 的规则修约至个位。

4.7.2　耗砂质量 S_m

采用目视法时取三次试验所用的磨料质量的平均值作为试样的耗砂质量 S_m，采用电阻法时取三次试验所用的磨料质量最小值作为试样的耗砂质量 S_m，单位为克（g），数值按 GB/T 8170 的规则修约至个位。

4.7.3　单位磨耗时间 R_{Wt}

按式（1）计算试样的单位磨耗时间 R_{Wt}，单位为秒每微米（s/μm），数值按 GB/T 8170 的规则修约至两位有效数字。

$$R_{Wt}=\frac{S_t}{d_t} \tag{1}$$

式中　S_t——试样的磨耗时间（s）；

d_t——试样的试验位置平均膜厚（μm）。

4.7.4　单位耗砂质量 R_M

按式（2）计算试样的单位耗砂质量 R_M，单位为克每微米（g/μm），数值按 GB/T 8170 的规则修约至个位。

$$R_M=\frac{S_m}{d_t} \tag{2}$$

式中　S_m——试样的耗砂质量（g）；

d_t——试样的试验位置平均膜厚（μm）。

4.7.5　平均磨耗性 R、相对磨耗性 R_{rel}

4.7.5.1　按式（3）计算平均磨耗性 R，为无量纲量，数值按 GB/T 8170 的规则修约至两位有效数字。

$$R=\frac{KS}{d_t} \tag{3}$$

式中　S——试样的磨耗时间（s）或耗砂质量（g）；

d_t——试样的试验位置平均膜厚（μm）。

K——按式（4）计算喷磨系数 K（μm/s 或 μm/g），数值按 GB/T 8170 的规则修约至两位有效数字。

$$K=\frac{d_a}{S_a}\times 10 \tag{4}$$

式中 d_a——标准试样的试验位置平均膜厚（μm）；

S_a——标准试样的磨耗时间（s）或耗砂质量（g）。

4.7.5.2 按式（5）计算单位膜厚的相对磨耗性 R_{rel}，为无量纲量，数值按 GB/T 8170 的规则修约至个位。

$$R_{rel}=\frac{S}{d_t}\times\frac{d_r}{S_r}\times 100 \tag{5}$$

式中 S——试样的磨耗时间（s）或耗砂质量（g）；

d_t——试样的试验位置平均膜厚（μm）；

S_r——参比试样的磨耗时间（s）或耗砂质量（g）；

d_r——参比试样的试验位置平均膜厚（μm）。

5 落砂法

5.1 方法概述

使用干燥的碳化硅或标准砂磨料，在规定的高度自由下落冲刷试样表面，直至磨穿膜层，用所用磨料的质量或体积来评定膜层的耐磨性能。

5.2 仪器设备

5.2.1 落砂试验仪

落砂试验仪的性能及安装要求应符合 YS/T 1186。

5.2.2 欧姆表

应准确显示 5000Ω 的刻度，接触探头尖端应具有光滑的球形表面。

5.3 试验材料

5.3.1 阳极氧化膜及阳极氧化复合膜试样所用的试验材料为黑色碳化硅磨料，粒度应符合 GB/T 2481.1—1998 中 F80 的规定。

5.3.2 有机聚合物膜试样所用的试验材料为符合 GB/T 17671 规定的标准砂磨料。

5.3.3 磨料使用前在 105℃ 下干燥不低于 2h。干燥后的磨料应储存在干净的密封容器中，磨料重复使用次数不超过 50 次。

5.4 试验环境

环境温度应为室温，相对湿度应不大于 65%。

5.5 试验用试样

5.5.1 试样尺寸宜为 100mm×100mm。试验前采用涡流法测定每个试样的对应试验点的膜层厚度，并记录。

5.5.2 试样应取自产品的有效表面，取样位置不应靠近变形位置和产品边缘。

5.5.3 如果无法对产品本身进行测试，应使用相同材料、相同工艺、相同加工条件的试片代替试样进行测试。

5.5.4 冷封孔的阳极氧化膜试样，应放置 24h 后试验。其余类型试样，放置时间应由供需双方商定。

5.6 试验步骤

5.6.1 试验参数设定

试样平面与落砂束流的夹角应为45°±1°。碳化硅的流量应为320g/min±10g/min，标准砂的流量应为16s~18s内流出2L。

5.6.2 目视法

5.6.2.1 试样用水或适当的有机溶剂清洁，试验面应无污垢、污渍和其他异物。

5.6.2.2 将磨料放入漏斗中，打开落砂开关，使磨料落下约1min，确认磨料流量在规定范围内。如不在规定范围，应调整控制杆（A型落砂仪）或开关（B型落砂仪）以调整流量。

5.6.2.3 将试样固定在试样支架上，其试验面与导管相对，试验面距离导管下边缘约30mm。

5.6.2.4 打开落砂开关开始试验。

5.6.2.5 对于阳极氧化膜，目视观察磨痕短轴长度为2.0mm时停止试验，使用游标卡尺或其他满足精度的测量仪器测量短轴长度，满足2.0mm±0.2mm时记录试验时间t，也可计算试验所用磨料质量或体积。

5.6.2.6 对于有机聚合物膜，目视观察磨痕短轴长度为4.0mm时停止试验，使用游标卡尺或其他满足精度的测量仪器测量短轴长度，满足4.0mm±0.4mm时记录试验时间t，也可计算试验所用的磨料质量或体积。

5.6.3 电阻法

5.6.3.1 按5.6.2.1~5.6.2.4的步骤进行试验。

5.6.3.2 试验面刚出现黑点时，停止试验，记录试验时间t_1，清洁试样表面。用欧姆表测量基底金属与被测表面之间的电阻，每个试验区域进行三次测量。

5.6.3.3 当任一试验值低于5000Ω时，在试验面上另选其他位置以试验时间$t_1-10\%t_1$，按5.6.3.1~5.6.3.2重复试验，直到试验值高于5000Ω停止试验，记录试验时间为t_i（i为试验次数），以t_{i-1}所示时间为磨耗时间。

5.6.3.4 当试验值均高于5000Ω时，在试验面上另选其他位置以试验时间$t_1+10\%t_1$，按5.6.3.1~5.6.3.2重复试验，直到任一试验值低于5000Ω停止试验，记录试验时间为t_i（i为试验次数），以t_{i-1}所示时间为磨耗时间。

5.7 结果计算

5.7.1 磨耗时间 S_t

目视法时取三次试验时间平均值作为试样的磨耗时间S_t，电阻法时取三次试验时间最小值作为试样的磨耗时间S_t（s），数值按GB/T 8170的规则修约至个位。

5.7.2 耗砂体积 S_v

目视法时取三次试验磨料消耗体积平均值作为试样的耗砂体积S_v，电阻法时取三次试验磨料消耗体积最小值作为试样的耗砂体积S_v，单位为升（L），数值按GB/T 8170的规则修约至个位。

5.7.3 耗砂质量 S_m

目视法时取三次试验磨料消耗质量平均值作为试样的耗砂质量S_m，电阻法时取三次试验磨料消耗质量最小值作为试样的耗砂质量S_m（g），数值按GB/T 8170的规则修约至个位。

5.7.4 单位磨耗时间 R_{Wt}

按式（6）计算试样的单位磨耗时间R_{Wt}（s/μm），数值按GB/T 8170的规则修约至两位有效数字。

$$R_{\mathrm{Wt}}=\frac{S_{\mathrm{t}}}{d_{\mathrm{t}}} \tag{6}$$

式中 S_{t}——试样的磨耗时间（s）；

d_{t}——试样的试验位置平均膜厚（μm）。

5.7.5 单位耗砂体积 R_{Wv}

按式（7）计算试样的单位耗砂体积 R_{Wv}（L/μm），数值按 GB/T 8170 的规则修约至小数点后一位。

$$R_{\mathrm{Wv}}=\frac{S_{\mathrm{v}}}{d_{\mathrm{t}}} \tag{7}$$

式中 S_{v}——试样的耗砂体积（L）；

d_{t}——试样的试验位置平均膜厚（μm）。

5.7.6 单位耗砂质量 R_{Wm}

按式（8）计算试样的单位耗砂质量 R_{Wm}（g/μm），数值按 GB/T 8170 的规则修约至小数点后一位。

$$R_{\mathrm{Wm}}=\frac{S_{\mathrm{m}}}{d_{\mathrm{t}}} \tag{8}$$

式中 S_{m}——试样的耗砂质量（g）；

d_{t}——试样的试验位置平均膜厚（μm）。

6 纸带轮磨法

6.1 方法概述

使用绕有碳化硅纸带的研磨轮往复研磨试样，每完成一次双行程，研磨轮转动一个小角度，使未使用过的纸带与试验区域接触。根据膜厚或质量的减少量评价试样的耐磨性或耐磨系数，所得结果可与标准试样或参比试样的试验结果相比较，也可逐层磨损，建立膜厚损失量和双行程次数之间的关系。

6.2 仪器设备

6.2.1 纸带轮磨试验仪

纸带轮磨试验仪的要求参见附录 D。

6.2.2 涡流测厚仪

分辨力为 0.1μm。

6.2.3 分析天平

感量为 0.1mg。

6.3 试验材料

对于普通阳极氧化膜，碳化硅纸带的粒度符合 GB/T 9258.1—2000 中 P320 的规定；对于硬质阳极氧化膜和有机聚合物膜，碳化硅纸带的粒度符合 GB/T 9258.1—2000 中 P240 的规定。碳化硅纸带宽为 12.0mm±0.1mm，长度应刚好绕在研磨轮上，不应有接头，碳化硅纸带可以粘上或用机械法固定。

6.4 试验环境

环境温度为室温，相对湿度应不大于 65%。

6.5　试样

6.5.1　标准试样

普通阳极氧化膜标准试样的制备见附录 B，硬质阳极氧化膜标准试样的制备见附录 C。

6.5.2　参比试样

参比试样为按供需双方认可的条件制备的试样。

6.5.3　试验用试样

6.5.3.1　试样应取自产品的有效表面，取样位置不应靠近变形位置和产品边缘。如果无法对产品本身进行测试，应使用相同材料、相同工艺、相同加工条件的试片代替试样进行测试。

6.5.3.2　试样宜为 50mm×50mm，最小尺寸为 50mm×30mm，试样厚度宜为 2mm～5mm，较薄的试样可固定在平板金属的表面进行试验。

6.5.3.3　冷封孔的阳极氧化膜试样，应放置 24h 后试验。其余类型试样，放置时间由供需双方协商决定。

6.6　试验步骤

6.6.1　耐磨性测试

6.6.1.1　试样用水或适当的有机溶剂清洁，试验面应无污垢、污渍和其他异物。

6.6.1.2　用涡流测厚仪测量试验区域至少三个位置的膜层厚度，并计算平均膜厚 d_{1t}。需要用质量变化表示耐磨性时，用天平称取试样的质量 m_{1t}。

6.6.1.3　将试样固定在仪器上。

6.6.1.4　在砂轮外缘贴上新的研磨纸带。试样为阳极氧化膜时载荷为 3.9N±0.1N，试样为硬质阳极氧化膜和有机聚合物膜时载荷为 19.6N±0.5N。

6.6.1.5　根据试样种类和膜厚，使仪器运行 400ds（双行程）或供需双方商定的次数。

6.6.1.6　从仪器中取出试样，擦拭去除碎屑，计算平均膜厚 d_{2t} 或称量质量 m_{2t}。

6.6.1.7　不应在距离试样两端 3mm 的区域测量膜厚。

6.6.1.8　为避免膜层增重，应尽早称量试样质量。

6.6.1.9　依据 6.6.1.1～6.6.1.6 的要求，重新选择试验区域再进行 2 次试验。

6.6.2　耐磨系数测试

6.6.2.1　标准试样按 6.6.1 的要求进行试验，计算磨损前标准试样平均膜厚 d_{1s} 或称量磨损前标准试样质量 m_{1s}，计算磨损前标准试样 d_{2s} 或称量磨损后标准试样质量 m_{2s}。

6.6.2.2　试样按 6.6.1 的要求进行试验。

6.6.3　相对耐磨系数测试

6.6.3.1　参比试样按 6.6.1 的要求进行试验，计算磨损前参比试样平均膜厚 d_{1r} 或称量磨损前试参比样质量 m_{1r}，计算磨损前参比试样 d_{2r} 或称量磨损后参比试样质量 m_{2r}。

6.6.3.2　试样按 6.6.1 的要求进行试验。

6.7　结果计算

6.7.1　厚度磨耗性 R_W

按式（9）计算厚度磨耗性 R_W（ds/μm，ds 表示双行程），数值按 GB/T 8170 的规则修约至个位。

$$R_{W}=\frac{N}{d_{1t}-d_{2t}} \quad (9)$$

式中　N——试样的双行程次数（ds）；

d_{1t}——磨损前试样平均膜厚（μm）；

d_{2t}——磨损后试样平均膜厚（μm）。

6.7.2　质量磨耗性 R_{MW}

按式（10）计算质量磨耗性 R_{MW}，单位为双行程每毫克（ds/mg），数值按 GB/T 8170 的规则修约至个位。

$$R_{MW}=\frac{N}{m_{1t}-m_{2t}} \quad (10)$$

式中　N——试样的双行程次数（ds）；

m_{1t}——磨损前试样质量（mg）；

m_{2t}——磨损后试样质量（mg）。

6.7.3　厚度耐磨系数 I_W

按式（11）计算厚度耐磨系数 I_W，无量纲，数值按 GB/T 8170 的规则修约至个位。

$$I_{W}=\frac{d_{1t}-d_{2t}}{d_{1s}-d_{2s}} \quad (11)$$

式中　d_{1t}——磨损前试样平均膜厚（μm）；

d_{2t}——磨损后试样平均膜厚（μm）；

d_{1s}——磨损前标准试样平均膜厚（μm）；

d_{2s}——磨损后标准试样平均膜厚（μm）。

6.7.4　质量耐磨系数 I_{MW}

按式（12）计算质量耐磨系数 I_{MW}，无量纲，数值按 GB/T 8170 的规则修约至个位。

$$I_{MW}=\frac{m_{1t}-m_{2t}}{m_{1s}-m_{2s}} \quad (12)$$

式中　m_{1t}——磨损前试样质量（mg）；

m_{2t}——磨损后试样质量（mg）；

m_{1s}——磨损前标准试样质量（mg）；

m_{2s}——磨损后标准试样质量（mg）。

6.7.5　相对厚度耐磨系数 R_{CW}

用式（13）计算相对厚度耐磨系数 R_{CW} 无量纲量，数值按 GB/T 8170 的规则修约至小数点后 2 位。

$$R_{CW}=\frac{d_{1r}-d_{2r}}{d_{1t}-d_{2t}}\times 100 \quad (13)$$

式中　d_{1r}——磨损前参比试样的平均膜厚（μm）；

d_{2r}——磨损后参比试样的平均膜厚（μm）；

d_{1t}——磨损前试样的平均膜厚（μm）；

d_{2t}——磨损后试样的平均膜厚（μm）。

6.7.6 相对质量耐磨系数 $R_{CW,m}$

用式（14）计算相对质量耐磨系数 $R_{CW,m}$，无量纲量，数值按 GB/T 8170 的规则修约至小数点后 2 位。

$$R_{CW,m}=\frac{m_{1r}-m_{2r}}{m_{1t}-m_{2t}}\times 100 \tag{14}$$

式中 m_{1r}——磨损前参比试样的质量（mg）；

m_{2r}——磨损后参比试样的质量（mg）；

m_{1t}——磨损前试样的质量（mg）；

m_{2t}——磨损后试样的质量（mg）。

7 橡胶轮磨法

7.1 方法概述

在橡胶砂轮上加规定质量的砝码，用橡胶砂轮磨擦试样表面，试验经过规定转数后，用膜层质量损失或是否漏出基体来评定膜层的耐磨性能。

7.2 仪器设备

7.2.1 橡胶轮磨耗仪

橡胶轮磨耗仪要求参见附录 E。

7.2.2 分析天平

感量为 0.1mg。

7.3 试验材料

型号为 CS17 的橡胶磨轮，型号为 S11 的预磨砂纸。

7.4 试验环境

环境温度为 23℃±2℃，相对湿度为 50%±5%。

7.5 试验用试样

试样的形状和尺寸应能使试板正确固定在仪器上，试样中心开有固定孔，固定孔尺寸为 ϕ6.35mm~ϕ10mm，试样为直径 100mm±5mm 的圆盘。除非另外规定，试样表面处理后在试验环境下至少存放 24h。

7.6 试验步骤

7.6.1 试验前应清洁磨轮，用预磨砂纸磨 50 周。

7.6.2 将试样置于转台上，设置转速为 60r/min±2r/min 或 70r/min±2r/min。

7.6.3 装好负荷为 1000g 的橡胶磨轮，在试验区域附近安置吸尘口，开始吸尘。对于硬质阳极氧化膜试样设置预磨周期 1000 转，对于普通阳极氧化膜及有机聚合物膜试样设置预磨周期 50 转，对于有机聚合物膜试样预磨周期由供需双方商定。预磨完成后，将试样取下称量试样质量 m_{1t}。

7.6.4 再次将试样置于转台上，安置好吸尘口，开始吸尘。按照产品要求设置试验转数，进行试验。完成后取下试样，擦拭去除碎屑，称量试样质量 m_{2t}。

7.7 结果计算

按式（15）计算质量损失 Δm（mg），按 GB/T 8170 的规则修约至三位有效数字。

$$\Delta m=(m_{1t}-m_{2t}) \tag{15}$$

式中 m_{1t}——试样预磨后的质量（mg）；

m_{2t}——试样磨规定转数后的质量（mg）。

7.8 结果判定

判定试样质量损失是否处于合格范围，观察试样是否露出基体。

8 橡皮磨擦法

8.1 方法概述

用橡皮擦沿试验区域进行规定载荷、行程和往复次数的擦拭后，以基材裸露情况来评定膜层的耐磨性能。

8.2 仪器设备

橡皮擦磨试验机结构示意图见图1。

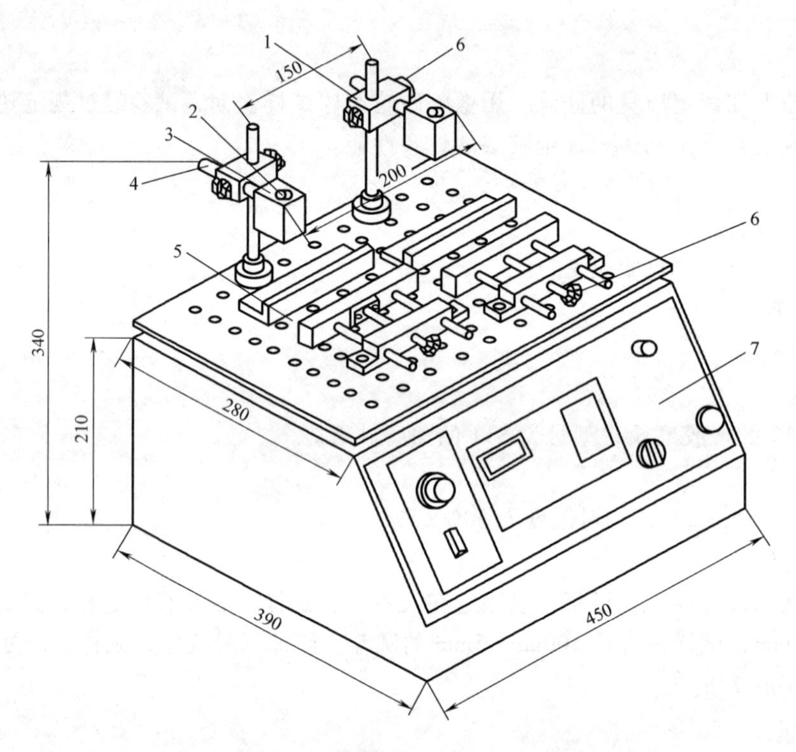

图1 橡皮擦磨试验机结构示意图

1—套筒 2—橡皮擦 3—铜套 4—测试杆 5—试样夹持位 6—塑胶螺母 7—控制面板

8.3 试验环境

环境温度为室温，相对湿度小于85%。

8.4 试验用试样

试样应适合橡皮摩擦试验机的试样台尺寸，宜为50mm×50mm。

8.5 试验步骤

8.5.1 将橡皮擦放置在铜套内（伸出铜套的橡皮长度不宜超过1.6mm）并将铜套锁紧在测试杆上。

8.5.2 将调速器开关调到最低，开机使机器空转，确认机器正常。

8.5.3 将试样固定在试验平台上，调节测试杆位置使橡皮擦与试样测试部位垂直，加上相应载荷测试砝码。

8.5.4　按产品标准或供需双方商定的试验速度和摩擦次数进行试验。

8.5.5　观察表面磨损情况或测量试样表面裸露基材的长度。

8.6　结果判定

试样表面裸露基材的长度不超过2mm时为合格，否则为不合格。

9　摩擦系数测定法

9.1　方法概述

在试样表面水平拉动一定载荷的滑块，使用测力计测量水平方向的摩擦力。通过摩擦力与载荷之比求出摩擦系数。

9.2　铝箔摩擦系数测量

9.2.1　仪器设备

摩擦系数测量仪结构示意图见图2，试验原理见图3。滑块质量为200g，滑块尺寸为63mm×63mm。

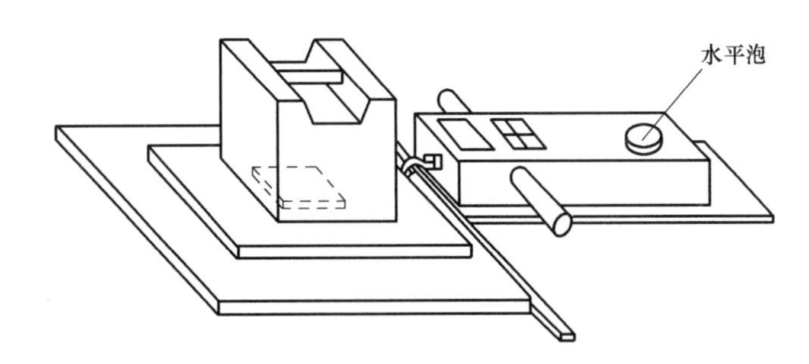

图2　摩擦系数测量仪结构示意图

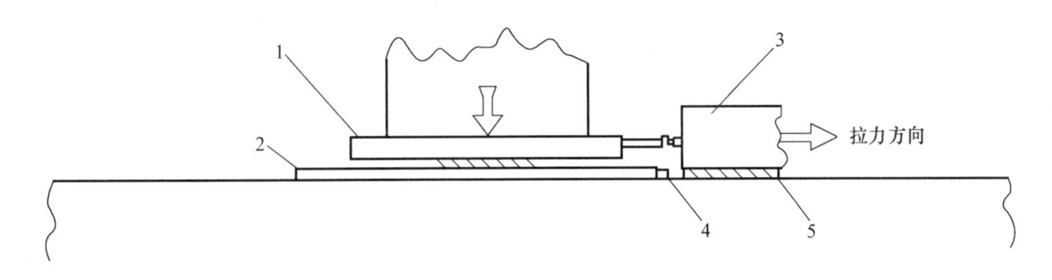

图3　摩擦系数测量仪试验原理图

1—滑块　2—下试样　3—测力计　4—防滑装置　5—垫片

9.2.2　试验用试样

试样包括尺寸大于80mm×200mm的下试样和尺寸为70mm×70mm上试样。试样表面应平整清洁、无毛刺。用上试样包住滑块。

9.2.3　试验步骤

9.2.3.1　将下试样试验面向上，平整地固定在水平试验台上，下试样纵向与试验台的长度方向应平行。

9.2.3.2　包住滑块的上试样纵向与滑块纵向保持一致。

9.2.3.3　将包住滑块的上试样平稳地放在下试样中央，将滑块连接到拉力计上，使两试样的纵向与滑动方向平行。

9.2.3.4 两试样接触后保持15s，平行试样表面缓慢拉动拉力计，读取两试样开始相对滑动时拉力计读数，为静摩擦力 F_j。

9.2.3.5 两试样以100mm/min±10mm/min的速度相对移动100mm距离内力的平均值为动摩擦力 F_d。

9.2.3.6 重复以上步骤进行另两组试样的测试，以三组试样的算术平均值表示，取三位有效数字。

9.2.4 结果计算

9.2.4.1 静摩擦系数 U_j

按式（16）计算静摩擦系数 U_j，无量纲值，按GB/T 8170的规则修约至三位有效数字。

$$U_j = \frac{\overline{F_j}}{mg} \tag{16}$$

式中 $\overline{F_j}$——三次测量的静摩擦力平均值（N）；

m——滑块质量（kg）；

g——重力加速度，为9.8N/kg。

9.2.4.2 动摩擦系数 U_d

按式（17）计算动摩擦系数 U_d，无量纲值，按GB/T 8170的规则修约至三位有效数字。

$$U_d = \frac{\overline{F_d}}{mg} \tag{17}$$

式中 $\overline{F_d}$——三次测量的动摩擦力平均值（N）；

m——滑块质量（kg）；

g——重力加速度，为9.8N/kg。

9.3 铝地板摩擦系数测量

按GB/T 4100—2015附录M进行试验。

10 试验报告

试验报告至少应包括以下内容：

a）本部分编号；

b）试验方法（喷磨法、落砂法、纸带轮磨法、橡胶轮磨法、橡皮磨擦法和摩擦系数测定法）；

c）试样和（如适用）标准试样和/或参比试样的编号；

d）使用的仪器；

e）试验点数量及其位置；

f）喷磨法试验用试验区域平面与导管轴之间的角度、磨料种类及其粒度、气体压力；

g）落砂法试验用磨料种类及其粒度；

h）纸带轮磨法试验用砂轮与试验表面之间的力、砂带种类；

i）橡胶轮磨法试验用橡胶轮种类、载荷、预磨转数；

j）橡皮磨擦法试验用橡皮擦种类、橡皮伸出长度、载荷；

k）摩擦系数测定法试验用滑块质量；

l）关于试验现象和检测面特性的说明；

m）与试验程序的偏差；

n）观察到的任何异常特征；

o）试验结果；

p）试验日期。

附　录　A
（资料性附录）
喷磨试验仪的要求

A.1　A型喷磨试验仪

A.1.1　A型喷磨试验仪的基本结构示意图见图A.1。

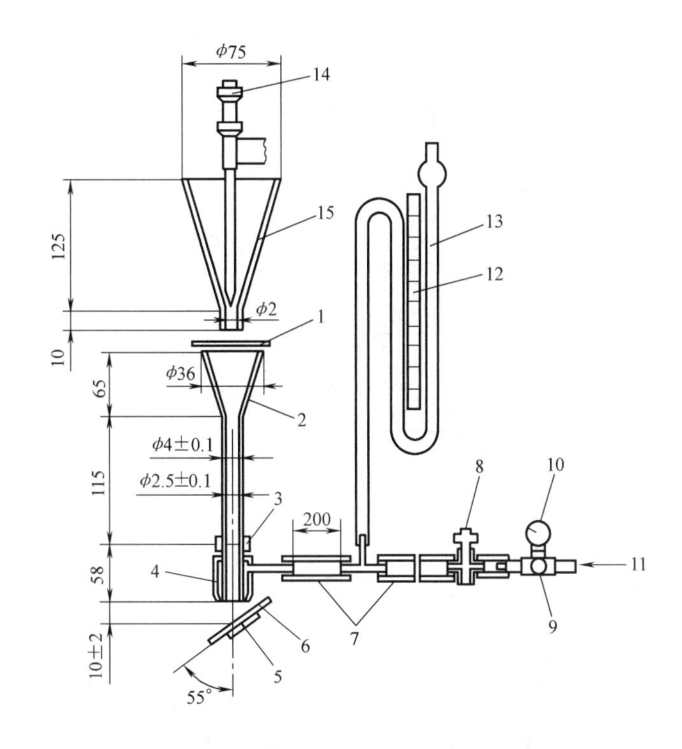

图A.1　A型喷磨试验仪的基本结构示意图

1—阀门　2—漏斗　3—接头　4—喷嘴　5—支撑架　6—试样　7—导管　8—截止阀　9—控制阀　10—压力表　11—空气或惰性气体供应　12—刻度　13—流量计　14—磨料流量调节　15—供料漏斗

A.1.2　喷嘴的结构示意图见图A.2。喷嘴一般由黄铜或不锈钢制成，设计上要求喷嘴的耐磨性很强。

A.1.3　喷磨装置由玻璃、黄铜、不锈钢或其他的硬质材料制成。它主要由两个管子组成，管子之间为同轴固定。外管与净化干燥的压缩空气或惰性气体发生器相通，所供气体由控制阀严格控制其流速。干燥磨料通过内管在出口端与空气混合后，直接喷射在阳极氧化膜试样的表面上。

A.1.4 计时器可根据需要进行选择。

A.1.5 供料漏斗用于储存磨料，并能以（20g/min~30g/min）±1g/min 的速度供料。

A.1.6 有些喷磨试验仪的结构虽然设计合理，但是在实际应用中，运用这些设计却难以生产出一批能产生相同试验结果且不受某些因素影响而产生误差的喷磨试验仪。

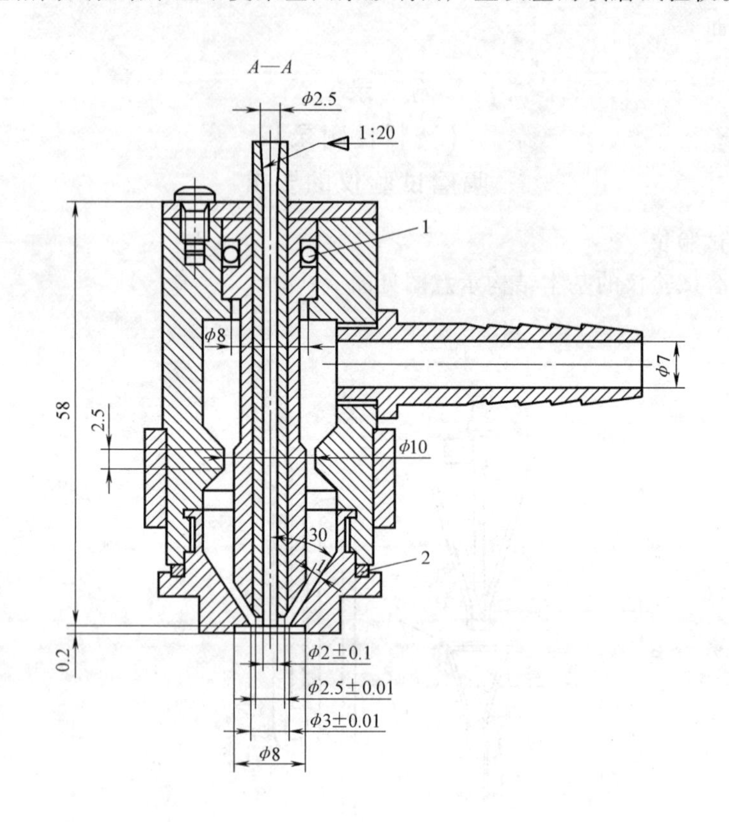

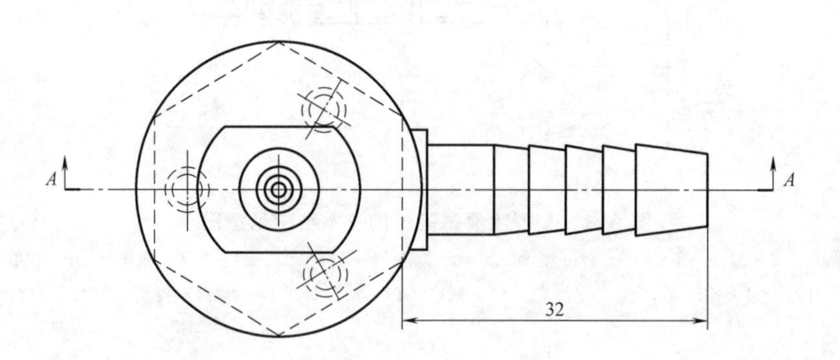

图 A.2 喷嘴的结构示意图

1—O 型环，通常由弹性材料制成 2—外壳

A.2 B 型喷磨试验仪

A.2.1 B 型喷磨试验仪的基本结构示意图见图 A.3。外管直径约为 8.5mm。

A.2.2 为保证试验终点的准确判断，建议使用摄像头和图像显示器观察磨痕尺寸。

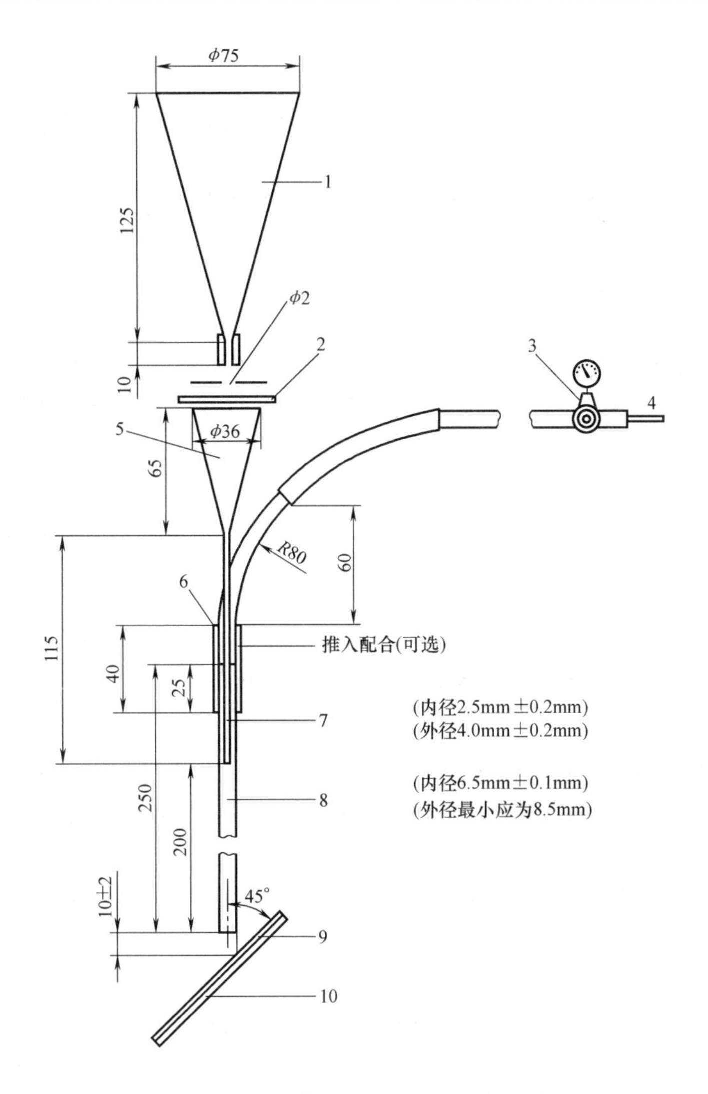

图 A.3　B 型喷磨试验仪的基本结构示意图

1—供料漏斗　2—挡板　3—压力计　4—供气口　5—漏斗

6—金属套管　7—内管　8—外管　9—试样　10—试样架

附　录　B

(规范性附录)

普通阳极氧化膜标准试样的制备

B.1　方法概述

将指定牌号和状态的铝板制成固定尺寸的试样，于规定的条件下，在硫酸水溶液中对试样进行阳极氧化，使试样表面生成厚度为 20μm±2μm 的阳极氧化膜。

B.2　试样

选用 H14 状态的 1050A 抛光铝板或冷轧铝板，尺寸为 140mm×70mm，厚度为 1.0mm~1.6mm。

B.3 制备过程

B.3.1 预处理

预处理只进行脱脂处理（允许采用轻微的碱浸蚀、电化学抛光或化学抛光）。

B.3.2 阳极氧化

B.3.2.1 用硫酸水溶液进行阳极氧化，溶液中游离硫酸浓度应为180g/L±2g/L，铝离子浓度应为5g/L~10g/L。

B.3.2.2 阳极氧化应在20℃±1℃的温度下进行，电流密度应为1.5A/dm^2±0.1A/dm^2，采用压缩空气进行搅拌，氧化时间为45min。

B.3.2.3 试样在槽液中进行氧化时，应呈轴水平、竖直放置。阳极表面保持强烈搅拌，电流应稳定，波动不超过5%。每次氧化的试样不应超过20块，每个试样所需槽液的体积不小于10L。

B.3.3 封孔

在1g/L的醋酸铵的去离子水中（pH5.5~6.5），于沸腾情况下封孔60min。

附 录 C
（规范性附录）
硬质阳极氧化膜标准试样的制备

C.1 方法概述

将指定牌号和状态的铝板制成固定尺寸的试样，于规定的条件下，在硫酸水溶液中对试样进行硬质阳极氧化，使试样表面生成厚度为50μm±5μm的阳极氧化膜。

C.2 试样

用H14状态的1050A抛光铝板或冷轧铝板，尺寸为100mm×80mm，厚度为2mm~5mm。

C.3 制备过程

C.3.1 预处理

预处理只进行脱脂处理（允许采用轻微的碱浸蚀、电化学抛光或化学抛光）。

C.3.2 硬质阳极氧化

C.3.2.1 用硫酸水溶液进行阳极氧化，溶液中游离硫酸浓度应为180g/L±2g/L，铝离子浓度应为1g/L~5g/L之间。

C.3.2.2 阳极氧化应在0℃±1℃的温度下进行，电流密度应为3.50A/dm^2±0.35A/dm^2，采用压缩空气进行搅拌，氧化时间为40min。

C.3.2.3 试样在槽液中进行氧化时，应呈轴水平、竖直放置。阳极表面保持强烈搅拌，电流应稳定，波动不超过5%。每次氧化的试样不应超过20块，每个试样所需槽液的体积不小于10L。

C.3.3 后处理

冷空气风干，不需要封孔。

附 录 D
（资料性附录）
纸带轮磨试验仪的要求

D.1 纸带轮磨试验仪的基本结构见图D.1。

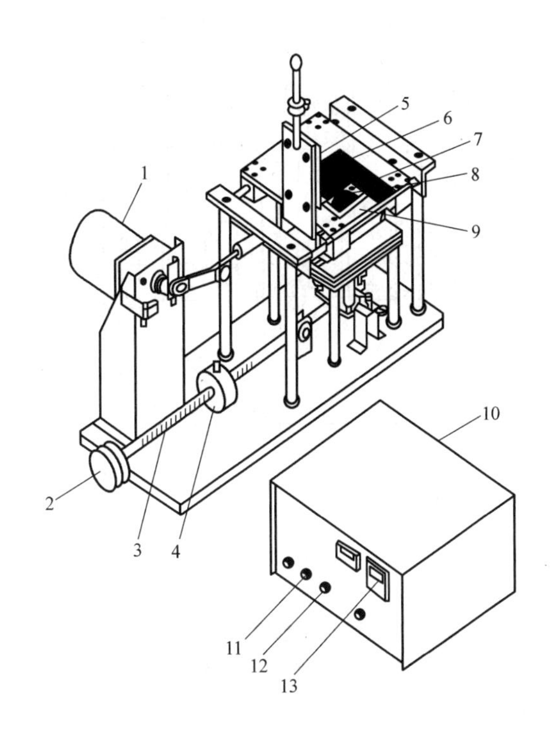

图 D.1　纸带轮磨试验仪的基本结构示意图

1—试样往复马达　2—载荷　3—加载标尺　4—加载调节
5—试样压块　6—试样夹具　7—试样　8—磨轮　9—试验台
10—试样往复控制单元　11—启动按钮　12—停止按钮　13—双行程计数器

D.2　试验仪的夹具应能紧固试样，防止试样在试验过程中移动。同时夹具和压板应使试样保持水平。

D.3　研磨轮的直径为 50mm±1mm，外缘宽度为 12.0mm±0.1mm，一个 ds（双行程）后，研磨轮转动 0.9°，400ds 后，研磨轮转动一周。

D.4　传动装置应使双行程的相对速度在 40ds/min±2ds/min 的范围内，磨痕的长度在 30.0mm±0.5mm 的范围内。

D.5　加载装置应使研磨轮和试样之间的力可调，且试验时接触力应在加载装置的量程范围内。

D.6　计数器能准确记录双行程的次数，当达到预定的双行程次数后能自动停机。

附　录　E
（资料性附录）
橡胶轮磨试验仪的要求

E.1　橡胶轮磨试验仪

E.1.1　基本结构示意图见图 E.1。

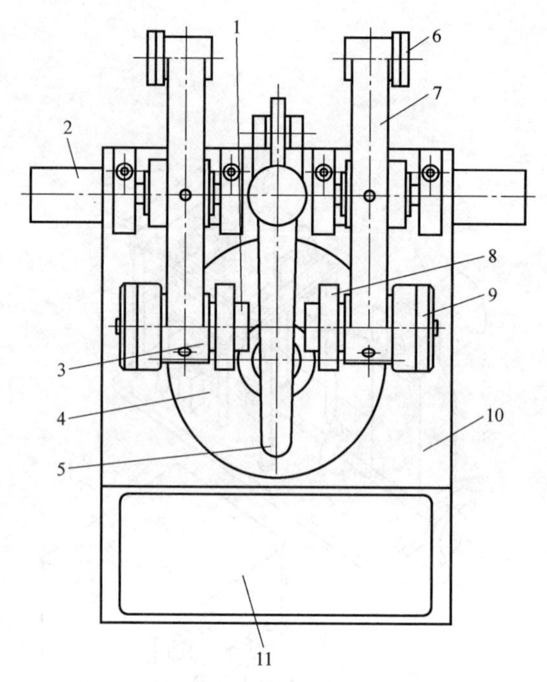

图 E.1 橡胶轮磨试验仪基本结构示意图

1—砂轮螺母 2—吸尘器接口 3—磨头 4—转台 5—吸尘嘴 6—平衡砝码 7—加压臂 8—橡胶砂轮 9—荷重砝码 10—底座 11—控制面板

E.1.2 试验仪带计数器，记录转台的循环（运转）次数。

E.1.3 试验仪带吸尘装置，有两个吸尘嘴。一个吸尘嘴位于两个砂轮之间，另一个则位于沿直径方向与第一个吸尘嘴呈相反的位置。两个吸尘嘴轴线之间的距离为 75mm±2mm，吸尘嘴与试板之间的距离为 1mm~2mm。吸尘嘴定位后，吸尘装置中的气压应比大气压低 1.5kPa~1.6kPa。

E.1.4 砝码，能使每个橡胶砂轮上的负载逐渐增加，最大为 1kg。

E.1.5 整新介质，以磨擦圆片的形式存在，用于整新橡胶砂轮。

E.2 试板安装要求

E.2.1 试板安装示意图见图 E.2。

E.2.2 工作转盘直径大于或等于 110mm，转速为 60r/min±2r/min 或 70r/min±2r/min。

E.2.3 压紧装置的紧固件为 M6.5，压板直径为 30mm~50mm。

E.2.4 橡胶砂轮厚为 12.7mm±0.1mm，橡胶砂轮外径为 51.6mm±0.1mm。

E.2.5 橡胶砂轮在购买之日起 1 年内使用。

E.2.6 橡胶砂轮外径磨损至 44.4mm 时应更换。

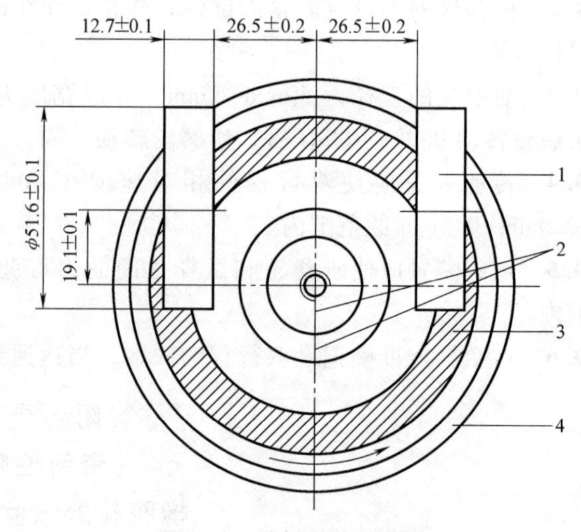

图 E.2 试板安装示意图

1—橡胶砂轮 2—压紧装置（压紧片和压紧螺母） 3—试板 4—工作转盘

E.2.7　两橡胶砂轮对称安装，内表面距离为53.0mm±0.5mm。
E.2.8　橡胶砂轮在试板接触位与工作转盘中心的垂直距离为19.1mm±0.1mm。

第十三节　铝及铝合金阳极氧化膜及有机聚合物膜检测方法　第3部分：盐雾试验

一、概论

阳极氧化膜、有机聚合物膜及阳极氧化复合膜赋予铝及铝合金更好的耐蚀性，以延长其使用寿命。因此，耐蚀性是铝及合金阳极氧化膜及有机聚合物膜产品的一项重要的性能指标。

为了缩短试验周期，通常采用人工模拟条件下的加速腐蚀试验，即人造气氛腐蚀试验来检验耐蚀性。其主要试验方法有：中性盐雾腐蚀试验（NSS试验）、乙酸盐雾腐蚀试验（AASS试验）和铜加速乙酸盐雾腐蚀试验（CASS试验）。近年来，阳极氧化膜及有机聚合物膜在铝合金制品上的应用越来越广泛，其使用环境各不相同，现有方法不能满足不同类型膜层耐盐雾腐蚀性能的评价要求。因此，在以上3种盐雾试验的基础上，一些新的盐雾试验逐渐被应用。目前，被广泛认可的盐雾试验方法还有循环电解液喷雾/干燥试验（Prohesion试验）、循环酸性海水盐雾试验（SWAAT试验）和循环加速盐雾试验（CTT试验）。

为使铝及铝合金阳极氧化膜的盐雾试验方法规范化，1991年我国等同采用ISO 3770：1976《金属覆盖层　铜加速乙酸盐雾试验（CASS试验）》，首次制定了GB/T 12967.3—1991《铝及铝合金阳极氧化　氧化膜的铜加速乙酸盐雾试验（CASS试验）》。2008年修订时，参考了日本标准JIS H 8681-2：1999，并修改采用ISO 9227：2006《人造气氛腐蚀试验　盐雾试验》。为满足不同膜层产品的测试与评价需求，2022年再次对GB/T 12967.3进行了修订。GB/T 12967.3—2022《铝及铝合金阳极氧化膜及有机聚合物膜检测方法　第3部分：盐雾试验》于2022年3月9日发布，2022年10月1日正式实施。

二、标准主要特点与应用说明

该标准适用于铝及铝合金阳极氧化膜、阳极氧化复合膜、有机聚合物膜耐盐雾腐蚀性能的测定，也可作为快速评价铝及铝合金阳极氧化膜及有机聚合物膜的不连续性、孔隙及破损等缺陷的试验方法，还可用于工艺质量的比较。

该标准给出了铝及铝合金阳极氧化膜及有机聚合物膜盐雾试验的6种方法，并规定了试验条件、试剂、仪器设备、试样、测试步骤、结果表示及试验报告等内容。

（1）中性盐雾试验（NSS试验）　在设定的试验参数下，使5%（质量分数，下同）氯化钠中性溶液均匀持续雾化沉降于试样表面的腐蚀试验。

（2）乙酸盐雾试验（AASS试验）　在设定的试验参数下，使5%氯化钠酸性溶液均匀持续雾化沉降于试样表面的腐蚀试验。

（3）铜加速乙酸盐雾试验（CASS试验）　在设定的试验参数下，使含氯化铜的5%氯化钠酸性溶液均匀持续雾化沉降于试样表面的腐蚀试验。

（4）循环电解液喷雾/干燥试验（Prohesion试验）　在设定的试验参数下，使试样反复经历氯化钠、硫酸铵混合溶液雾化沉降腐蚀后干燥的循环试验。

（5）循环酸性海水盐雾试验（SWAAT 试验） 在设定的试验参数下，使试样反复经历酸性氯化钠溶液雾化沉降腐蚀及湿热环境侵蚀的循环试验。

（6）循环加速盐雾试验（CCT 试验）：

1）CCT-AASS 试验：在设定的试验参数下，使试样反复经历 5%氯化钠酸性溶液雾化沉降腐蚀后干燥，再被湿热环境侵蚀的循环试验。

2）CCT-CASS 试验：在设定的试验参数下，使试样反复经历含氯化铜 5%氯化钠酸性溶液雾化沉降腐蚀后干燥，再被湿热环境侵蚀的循环试验。

应注意，该标准规定的盐雾试验方法是人工模拟环境下的加速腐蚀试验，其结果不代表铝及铝合金阳极氧化膜及有机聚合物膜在实际环境中的腐蚀行为，所以其试验结果不能作为工件服役条件下的腐蚀性能或使用寿命的直接判据。

三、标准内容（GB/T 12967.3—2022）

铝及铝合金阳极氧化膜及有机聚合物膜检测方法 第 3 部分：盐雾试验

1 范围

本文件给出了铝及铝合金阳极氧化膜及有机聚合物膜盐雾试验的方法概述，并规定了试验条件、试剂、仪器设备、试样、测试步骤、结果表示及试验报告等内容。

本文件适用于铝及铝合金阳极氧化膜、阳极氧化复合膜、有机聚合物膜耐盐雾腐蚀性能的测定。

2 规范性引用文件

下列文件中的内容通过文中的规范性引用而构成本文件必不可少的条款。其中，注日期的引用文件，仅该日期对应的版本适用于本文件；不注日期的引用文件，其最新版本（包括所有的修改单）适用于本文件。

GB/T 1766 色漆和清漆 涂层老化的评级方法

GB/T 6461 金属基体上金属和其他无机覆盖层 经腐蚀试验后的试样和试件的评级

GB/T 8005.3 铝及铝合金术语 第 3 部分：表面处理

GB/T 9754 色漆和清漆 不含金属颜料的色漆漆膜的 20°、60°和 85°镜面光泽的测定

GB/T 10125 人造气氛腐蚀试验 盐雾试验

GB/T 10587 盐雾试验箱技术条件

GB/T 11186.3 涂膜颜色的测量方法 第三部分：色差计算

GB/T 12967.6 铝及铝合金阳极氧化膜及有机聚合物膜检测方法 第 6 部分：色差和外观质量

3 术语和定义

GB/T 8005.3 界定的以及下列术语和定义适用于本文件。

3.1 剥落 peeling

膜层因失去附着力而大面积脱落的现象。

[来源：GB/T 5206—2015，2.187，有修改]

3.2　斑点　mottling

膜层表面出现形状不规则，颜色和/或光泽不一致，导致外观不均匀的随机分布区域。

[来源：GB/T 5206—2015，2.160，有修改]

3.3　开裂　cracking

膜层破裂的现象。

[来源：GB/T 5206—2015，2.65，有修改]

3.4　起泡　blister

因膜层体系中的一层或多层膜层发生的局部剥离，而在膜层上出现的凸起形变。

[来源：GB/T 5206—2015，2.29，有修改]

3.5　参比试样　reference specimen

具有已知性能，用于检验试验箱试验结果的重复性和再现性的试样。

4　方法概述

通过压缩空气、经喷雾装置使以氯化钠为主成分的各种试液雾化后自然沉降到试样表面，经过持续单一喷雾过程或在一定温度、湿度条件下的循环喷雾过程后，试样表面发生腐蚀。本方法根据下列试验后的试样腐蚀情况，评价产品在不同腐蚀环境下的耐盐雾腐蚀性能。

——中性盐雾试验（以下简称“NSS 试验”）：在设定的试验参数下，使5%氯化钠中性溶液均匀持续雾化沉降于试样表面的腐蚀试验。此方法适用于各类阳极氧化膜及有机聚合物膜耐盐雾腐蚀性能测试。

——冰乙酸盐雾试验（以下简称“AASS 试验”）：在设定的试验参数下，使5%氯化钠酸性溶液均匀持续雾化沉降于试样表面的腐蚀试验。此方法主要用于有机聚合物膜下腐蚀程度的评价。

——铜加速冰乙酸盐雾试验（以下简称“CASS 试验”）：在设定的试验参数下，使含氯化铜的5%氯化钠酸性溶液均匀持续雾化沉降于试样表面的腐蚀试验。此方法主要用于阳极氧化膜、阳极氧化复合膜点蚀程度的评价。

——循环电解液喷雾/干燥试验（以下简称“Prohesion 试验”）：在设定的试验参数下，使试样反复经历氯化钠、硫酸铵混合溶液雾化沉降腐蚀后干燥的循环试验。此方法适用于阳极氧化膜及有机聚合物膜的耐腐蚀性能测试。

——循环酸性海水盐雾试验（以下简称“SWAAT 试验”）：在设定的试验参数下，使试样反复经历酸性氯化钠溶液雾化沉降腐蚀及湿热环境侵蚀的循环试验。此方法主要用于汽车用阳极氧化膜及有机聚合物膜的耐盐雾腐蚀性能的评价。

——循环加速盐雾试验（以下简称“CCT 试验”）：

- 在设定的试验参数下，使试样反复经历5%氯化钠酸性溶液雾化沉降腐蚀后干燥，再被湿热环境侵蚀的循环试验（以下简称“CCT-AASS 试验”）。此方法适用于阳极氧化膜及有机聚合物膜的耐腐蚀性能测试。
- 在设定的试验参数下，使试样反复经历含氯化铜的5%氯化钠酸性溶液雾化沉降腐蚀后干燥，再被湿热环境侵蚀的循环试验（以下简称“CCT-CASS 试验”）。此方法适用于阳极氧化膜及有机聚合物膜的耐腐蚀性能测试。

5 试验条件

试验环境温度为室温，Prohesion 试验环境相对湿度不高于 75%。

6 试剂

除非另有说明，仅应使用确认为分析纯的试剂。

6.1 氯化钠溶液

使用氯化钠和蒸馏水或去离子水（温度 25℃±2℃时电导率不高于 20μS/cm）配制浓度为 50g/L±5g/L 的氯化钠溶液。在 25℃时，所配制的溶液密度为 1.029g/cm³~1.036g/cm³。氯化钠中的铜、镍、铅等重金属总含量应低于 0.005%（质量分数）。氯化钠中碘化钠含量不应超过 0.1%（质量分数），或以干盐计算的总杂质不应超过 0.5%（质量分数）。

注 1：避免使用含有防结块剂的氯化钠。

注 2：在配制溶液时，将氯化钠溶液加热到超过试验箱温度或用沸腾水配制氯化钠溶液，以降低溶液中的二氧化碳含量，避免 pH 值的变化。

6.2 NSS 试液

用盐酸、氢氧化钠或碳酸氢钠调整氯化钠溶液（6.1）pH 值，以保证盐雾箱内收集的喷雾溶液的 pH 值在 25℃±2℃时为 6.5~7.2。

6.3 AASS 试液

用冰乙酸、氢氧化钠或碳酸氢钠调整氯化钠溶液（6.1）pH 值，以保证盐雾箱内收集的喷雾溶液的 pH 值在 25℃士 2℃时为 3.1~3.3。如配制的溶液 pH 值为 3.0~3.1，则收集液的 pH 值一般在指定的范围内。

6.4 CASS 试液

在氯化钠溶液（6.1）中加入氯化铜（$CuCl_2 \cdot 2H_2O$），其浓度为 0.26g/L±0.02g/L（即 0.205g/L±0.015g/L 无水氯化铜）。用冰乙酸、氢氧化钠或碳酸氢钠调整试液 pH 值，以保证盐雾箱内收集的喷雾溶液的 pH 值在 25℃±2℃时为 3.1~3.3。如配制的溶液 pH 值为 3.0~3.1，则收集液的 pH 值一般在指定的范围内。

6.5 Prohesion 试液

使用氯化钠、硫酸铵和蒸馏水或去离子水（温度 25℃±2℃时电导率不高于 20μS/cm）配制 0.05%（质量分数）氯化钠和 0.35%（质量分数）硫酸铵的混合溶液。

6.6 SWAAT 试液

用冰乙酸、氢氧化钠或碳酸氢钠调整氯化钠溶液（6.1）pH 值，以保证盐雾箱内收集的喷雾溶液的 pH 值在 25℃±2℃时为 2.8~3.0。

7 仪器设备

7.1 盐雾试验箱，应符合附录 A 的要求。

7.2 酸度计，应配备适用于弱缓冲氯化钠溶液（溶于去离子水）的电极。

8 试样

8.1 试样长度宜为 150mm、宽度宜为 75mm。无法截取符合要求的试样时，可使用标准试板代替。

8.2 试样应清洁，无污垢、污渍和其他异物。如有污渍，应使用水或适当的有机溶剂（如乙醇）润湿后，使用干净的软布或类似材料去除。不应使用会腐蚀试验区域或在试验区域产生保护膜的有机溶剂。

8.3 如果试样是从产品（产品应充分陈化或固化）上切取的，不应损坏切割区附近的膜层。宜采取适当的覆盖层如油漆、石蜡或胶带等对切割区进行保护。

8.4 非SWAAT试验用的有机聚合物膜试样应划线，试验前在试样表面划露出底材的划痕，划痕宽度为1mm，划痕不贯穿试样边缘。如无特殊约定，宜按下列方式划线：

——在试样表面沿对角线的方向划两条交叉线，线段各端点与相应对角成等距离；

——在试样表面沿水平和垂直两个方向，分别划两条垂直不相交的直线（一条垂直于挤压方向或轧制方向，另一条平行于挤压方向或轧制方向），每条划痕长度不小于30mm，所有的划痕间距、划痕距试样每一条边的距离应至少为20mm。

8.5 阳极氧化膜及阳极氧化复合膜试样不需要划线。

8.6 对于SWAAT试验试样，试验前宜用耐腐蚀的套子封闭试样所有的通道连接口。

9 测试步骤

9.1 将试液加入盐雾试验箱的溶液箱中。

9.2 将试样放置在试样架上，试样不应放在盐雾直接喷射的位置。SWAAT试验的试样应支撑或悬挂在与垂直方向呈6°~45°的位置上，试样测试面宜与盐雾在试验箱中主要水平流动方向平行。其他试验用试样，在盐雾箱中被试表面与垂直方向呈15°~25°，并尽可能呈20°。对于不规则的试样，也宜尽可能满足上述要求。

9.3 试样可以放置在箱内不同水平面上，但不应接触箱体，也不应相互接触。试样之间的距离不应影响盐雾自由沉降在被测试表面上，试样或试样架上的液滴不应滴落在其他试样上。总试验周期超过96h的试验，允许试样移动位置，宜尽量使试样位置在试验箱内不同位置均匀分配。

9.4 按表1设定NSS试验、AASS试验和CASS试验的试验参数，按表2设定Prohesion试验、SWAAT试验和CCT试验参数，盐雾试验的饱和塔中水温参数见表3。

表1 NSS试验、AASS试验和CASS试验参数

试验参数	试验参数要求		
	NSS试验	AASS试验	CASS试验
试验箱温度/℃	35±2	35±2	50±2
$80cm^2$的水平面积的盐雾平均沉降率/(mL/h)	1.5±0.5		
氯化钠溶液的浓度(收集溶液)/(g/L)	50±5		
pH值(收集溶液)	6.5~7.2	3.1~3.3	3.1~3.3

注：温度的正负波动是设定值达到平衡条件时的正常波动，不能认为设定值有正负变动量。

表2 Prohesion试验、SWAAT试验和CCT试验参数

试验参数	试验参数要求			
	Prohesion试验	SWAAT试验	CCT试验	
			CCT-AASS试验	CCT-CASS试验
喷雾试验温度/℃	室温	49±2	35±2	50±2
试液pH值	4.8~5.0	—		
$80cm^2$的水平面积的盐雾平均沉降率/(mL/h)	1.5±0.5			

（续）

<table>
<tr><th rowspan="3">试 验 参 数</th><th colspan="4">试验参数要求</th></tr>
<tr><th rowspan="2">Prohesion 试验</th><th rowspan="2">SWAAT 试验</th><th colspan="2">CCT 试验</th></tr>
<tr><th>CCT-AASS 试验</th><th>CCT-CASS 试验</th></tr>
<tr><td>喷雾气体</td><td colspan="4">干净、干燥压缩空气，压力为 69kPa～172kPa</td></tr>
<tr><td>盐雾收集溶液的 pH 值</td><td>5.0～5.4</td><td>—</td><td>3.1～3.3</td><td>3.1～3.3</td></tr>
<tr><td>干燥试验</td><td>箱内温度
35℃±1.5℃</td><td>—</td><td colspan="2">箱内温度 60℃±2℃，
相对湿度低于 30%</td></tr>
<tr><td>湿热试验</td><td>—</td><td>相对湿度高于 98%</td><td colspan="2">箱内温度 50℃±2℃，
相对湿度高于 90%</td></tr>
<tr><td>循环设置</td><td>1h 喷雾试验+
1h 干燥试验</td><td>0.5h 喷雾试验+
1.5h 湿热试验</td><td colspan="2">4h 喷雾试验+2h 干燥试验+
2h 湿热试验</td></tr>
</table>

表 3 盐雾试验的饱和塔中水温参数

喷雾压力/kPa	盐雾试验的饱和塔中水温参数/℃		
	NSS 试验	AASS 试验	CASS 试验
70	45	45	61
84	46	46	63
98	48	48	64
112	49	49	66
126	50	50	67
140	52	52	69
160	53	53	70
170	54	54	71

9.5 开始试验。试验过程中监测收集液 pH 值及收集液的浓度。

9.6 对试样腐蚀情况进行检查，检查时不应破坏试样的测试表面，开箱检查的时间与次数宜尽可能少。中途或定期检查时不应清洗试样，否则会干扰试样的腐蚀行为。达到规定试验时间或试验循环次数时，试验停止。

9.7 取出试样，如果污垢或盐类沉积物过多，导致试样表面腐蚀程度难以评判，需要清洗试样，清洗液不应对膜层产生破坏。可拍照记录试样外观。可利用化学分析方法确认腐蚀产物成分。

——对于阳极氧化膜及阳极氧化复合膜试样，为减少腐蚀产物的脱落，试样在清洗前应放在室内自然干燥 0.5h～1h，用自来水冲洗以除去试样表面残留的盐雾溶液，但在此过程中不应施加压力，以免洗掉腐蚀产物影响评级，在距离试样约 300mm 处用气压不超过 200kPa 的空气吹干。

——对于有划痕的有机聚合物膜试样，用自来水冲洗试样表面。可用软海绵去除划痕处的污垢和盐残留物，但不应去除待评估的腐蚀产物。可将刀片置于膜层与基体的界面处，去除划痕处周围的松散、剥层区域，或用胶带去除。如经相关方同意，可将试样在室温下干燥 24h 后处理。

——对于无划痕的有机聚合物膜试样，应用自来水冲洗无划痕的试样表面，腐蚀产物和腐蚀现象不应受清洗影响。对于腐蚀程度严重的试样可以参考 GB/T 16545 中规定的化学法和机械法去除表面腐蚀产物，以便观察腐蚀程度，但需要评估化学试剂对膜层的影响。

10　结果表示

10.1　阳极氧化膜和阳极氧化复合膜盐雾试验结果用外观、保护等级、光泽保持率、变色程度、达到规定腐蚀程度的时长等表示。

10.2　有机聚合物膜盐雾试验结果用外观、光泽保持率、变色程度、划线两侧腐蚀程度和达到规定腐蚀程度的时长表示。

10.3　试验结果可表示的项目、测定方法和表示方法应符合附录 B 的规定。

11　试验报告

11.1　试验报告至少应包括以下内容：

a）试样材料或产品的说明；

b）试样尺寸、状态以及表面膜层已知特征及表面处理的说明；

c）试验条件；

d）试验方法［NSS、AASS、CASS、Prohesion、SWAAT、CCT（CCT-AASS 或 CCT-CASS）］；

e）仪器设备的型号；

f）试验结果；

g）观察到的异常现象；

h）本文件编号；

i）试验日期；

j）试验人员。

11.2　试验报告还可包括以下内容：

a）试样的准备，包括试验前的清洁和保护措施；

b）试样放置的描述；

c）参比试样的种类；

d）试液的类型；

e）试验温度；

f）盐雾沉降率；

g）试液和收集液的 pH 值；

h）收集液的密度；

i）试样移动的情况；

j）检查的时间间隔；

k）试验周期以及中间检查结果；

l）试验后试样的清洗方法，如有必要，应说明由清洗引起的失重；

m）参比试样的腐蚀率（质量损失，单位为 g/m^2）。

附 录 A
(规范性)
盐雾试验箱

A.1 一般要求

A.1.1 盐雾试验箱技术条件应符合 GB/T 10587 的要求。

A.1.2 盐雾试验箱一般由喷雾器、收集器、饱和塔、湿热装置、温度控制器和干燥装置等组成。盐雾试验箱示意图见图 A.1。试验箱的容积宜不小于 $0.4m^3$。

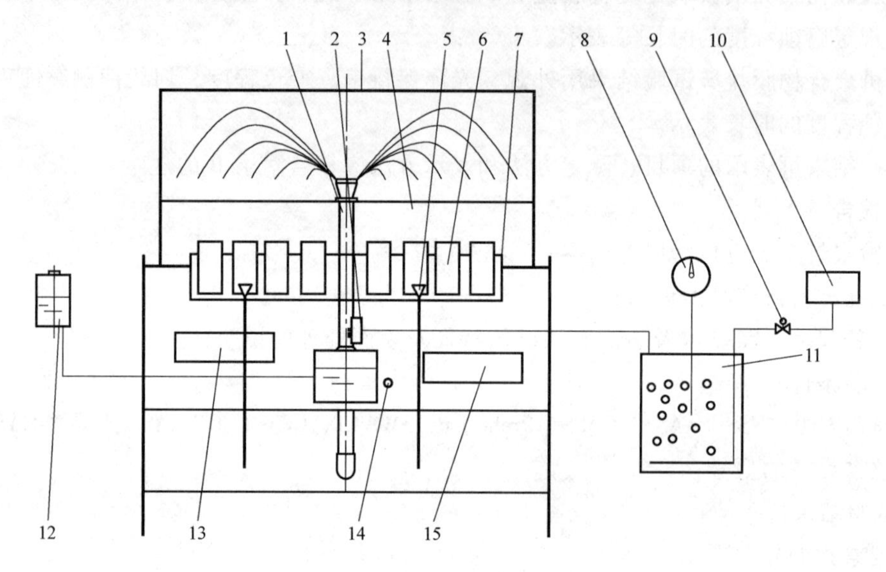

图 A.1 盐雾试验箱示意图

1—盐雾分散塔 2—喷雾器 3—试验箱盖 4—试验箱体 5—收集器 6—试样 7—试样架 8—压力表 9—电磁阀 10—压缩空气供给器 11—饱和塔 12—溶液箱 13—干燥装置 14—温度控制器 15—湿热装置

A.1.3 依据 GB/T 10125 评判盐雾试验箱性能是否满足试验要求，评判盐雾试验箱性能的合适时间间隔宜为 3 个月，如果盐雾试验箱曾被用于其他不同溶液的试验，应将试验箱清洗干净，并依据 GB/T 10125 进行评判后方可再次使用。

A.1.4 压缩空气通过过滤器去除油质和固体颗粒后供应到喷雾器。喷雾压力可根据使用的箱体和喷雾器的类型在试验要求范围内调整。为防止雾滴中水分蒸发，空气进入装有蒸馏水或去离子水的饱和塔湿化后再进入喷雾器。调节喷雾压力、饱和塔水温及使用适合的喷嘴，使箱内盐雾沉降率和收集液的浓度符合试验要求。

A.1.5 箱内至少放两个收集器，一个靠近喷嘴，一个远离喷嘴。收集器应用惰性材料如玻璃等制成漏斗形状，直径为 100mm，收集面积约为 $80cm^2$，漏斗管插入带有刻度的容器中，收集器收集箱内自然沉降的盐雾，而不是收集从试样或其他部位滴下的液体。

A.1.6 饱和塔的温度根据试验箱温度和压缩空气压力调整，确保进入试验箱的压缩空气温度高于试验箱温度。

A.1.7 温度控制器由测温传感器和温度控制仪组成，测温传感器位置距箱内壁不小于 100mm。

A.2　湿热装置

当盐雾试验中需要控制湿度时，盐雾试验箱应配备湿热装置，湿热装置主要由去离子水和蒸汽发生器组成，用于供给“湿热”阶段规定的湿度和温度的空气。盐雾试验箱湿热装置示意图见图A.2。

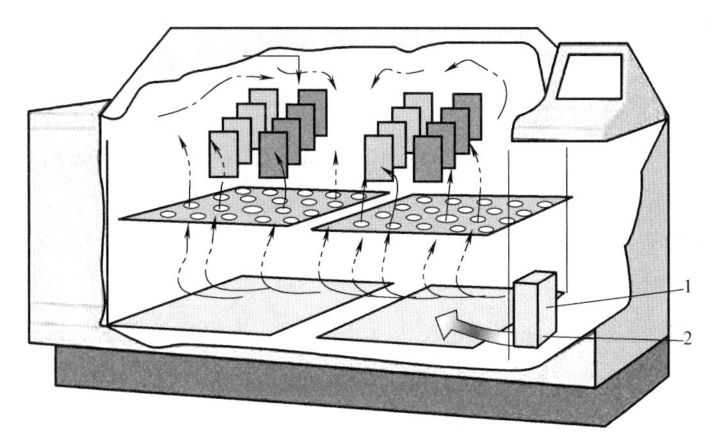

图A.2　盐雾试验箱湿热装置示意图

1—蒸汽发生器　2—去离子水入口

A.3　干燥装置

当盐雾试验中需要干燥空气时，盐雾试验箱应配备干燥装置，干燥装置主要由空气分散器、空气加热器和鼓风机组成，用于供给“干燥”阶段规定温度的干热空气。盐雾试验箱干燥装置示意图见图A.3。

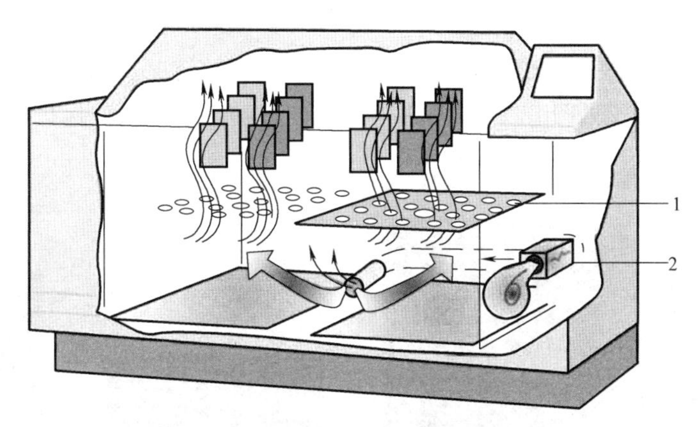

图A.3　盐雾试验箱干燥装置示意图

1—空气分散器　2—空气加热器和鼓风机

附　录　B
（规范性）
试验结果可表示的项目、测定方法、表示方法

B.1　外观

B.1.1　目视观察铝及铝合金阳极氧化膜及有机聚合物膜试样的表面状况，以评价外观。试

验中可在试样架上观察试样，也可移至规定的观察条件下观察。观察时不应清洗试样，否则会影响试验结果。试验结束后的外观评价应在自然光源（指晴天日出后3h到日落前3h的漫射日光）或人造光源（G65标准光源，照度应在600lx以上，背景颜色要求无光泽的黑色或灰色，不应选用彩色背景）下。

B.1.2 在试验结果中标注或明示以下内容。

——阳极氧化膜：

- 试样色泽是否均匀；
- 出现的缺陷（如膜层点蚀、变色、失光）与呈现形态，未出现缺陷时，应明示“未见缺陷”。

——阳极氧化复合膜：

- 试样色泽是否均匀；
- 出现的缺陷（如点蚀、气泡）与呈现形态，未出现缺陷时，应明示“未见缺陷”。

——有机聚合物膜：

- 试样色泽是否均匀；
- 出现的缺陷（如开裂、起泡、剥落、斑点）与呈现形态，未出现缺陷时，应明示“未见缺陷”；
- 按GB/T 1766评定开裂等级、起泡等级、剥落等级、斑点等级。

——纹理膜：

- 试样表面纹理是否清晰、完整或均匀；
- 出现的缺陷与呈现形态，未出现缺陷时，应明示“未见缺陷”。

B.2 保护等级

B.2.1 观察试验后的阳极氧化膜、阳极氧化复合膜的腐蚀情况。

B.2.2 根据腐蚀缺陷（见图B.1~图B.4）面积比率确定相对应的保护等级（见表B.1）。保护等级低于8级时按GB/T 6461评定。

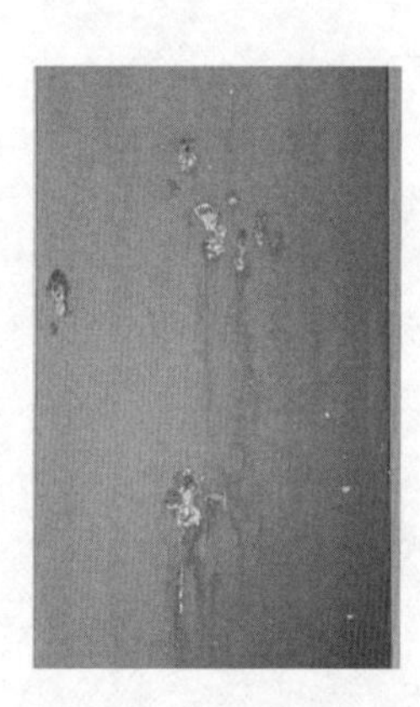

图B.1 腐蚀缺陷典型示例——未清洗磨砂阳极氧化膜表面的点蚀

图B.2 腐蚀缺陷典型示例——未清洗的阳极氧化复合膜表面的点蚀

图B.3 腐蚀缺陷典型示例——未清洗的阳极氧化复合膜表面的气泡

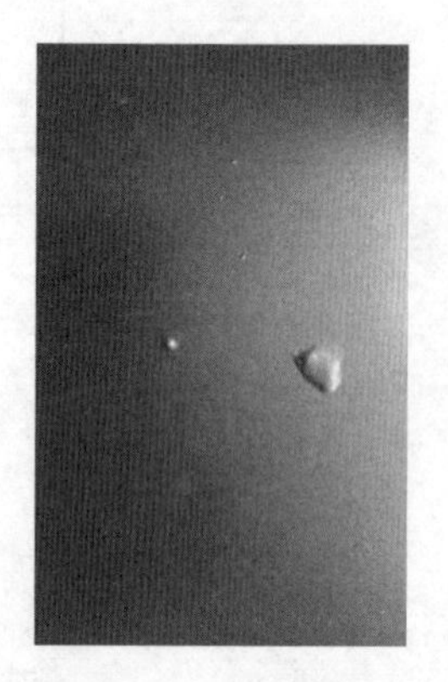

图B.4 腐蚀缺陷典型示例——有机聚合物膜表面非划线区的气泡

表 B.1　不同缺陷面积比率相对应的保护等级

试验后缺陷面积比率(%)	保护等级/级	试验后缺陷面积比率(%)	保护等级/级
无	10	>0.05~0.07	9.3
≤0.02	9.8	>0.07~0.10	9
>0.02~0.05	9.5	>0.10~0.25	8

B.3　光泽保持率

B.3.1　按 GB/T 9754 规定的方法，采用光泽计测定试验前、后的试样（见图 B.5）表面 60°光泽值。

B.3.2　光泽保持率为膜层试验后的光泽值相对于其试验前的光泽值的百分比。

B.4　变色程度

按 GB/T 12967.6 的规定，采用色差仪测量试验前、后膜层色差，以总色差（ΔE_{ab}^{*}）（按 GB/T 11186.3 计算）表示变色程度；或目视试验前、后膜层的颜色（见图 B.6），以试验前、后试样的颜色变化或颜色是否在参比试样限定的范围内表示变色程度。

图 B.5　盐雾试验后的试样典型示例——未清洗的磨砂黑色阳极氧化膜表面的失光

图 B.6　盐雾试验后的试样典型示例——未清洗的磨砂黑色阳极氧化膜表面的变色

B.5　划线两侧腐蚀程度

B.5.1　估测划痕处每个缺陷（腐蚀类别见表 B.2）的腐蚀长度（L）(B 类缺陷测量平均腐蚀长度）和腐蚀宽度（W）(B 类缺陷测量平均腐蚀宽度），计算每个腐蚀缺陷的腐蚀面积（S）($S=LW$)。也可清晰拍照试验后样板（肉眼能从照片上分辨出划痕处的腐蚀区域与未腐蚀区域），用合适的图像处理软件计算每个腐蚀缺陷面积（S）。

表 B.2　划线区常见的腐蚀类别

腐蚀类别	腐蚀缺陷描述
A	单根丝状腐蚀如图 B.7 所示，腐蚀宽度较小
B	多根丝状腐蚀，形成网状，从划痕处向外扩散，如图 B.8 所示
C	从划痕处长出单个或多个泡状腐蚀，如图 B.9 所示，腐蚀长度和腐蚀宽度相当
D	其他形式的腐蚀

图 B.7　单根丝状腐蚀图例

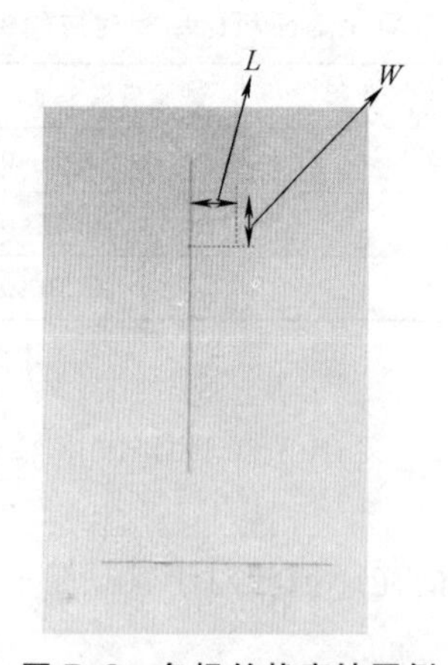

图 B.8　多根丝状腐蚀图例

L—腐蚀长度　W—腐蚀宽度

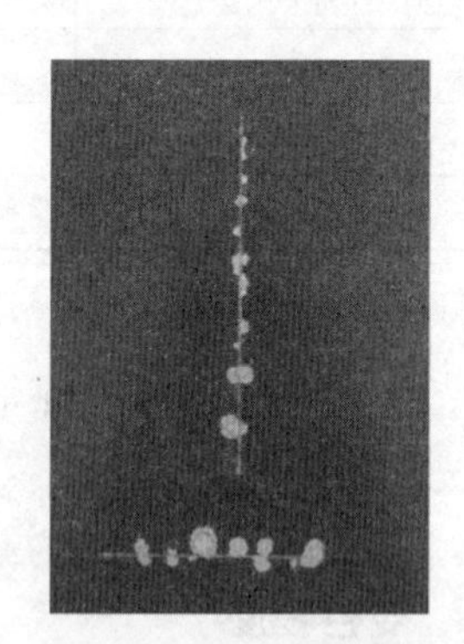

图 B.9　泡状腐蚀图例

B.5.2　计算所有腐蚀缺陷面积总和，记为缺陷面积。

B.5.3　测量划线两侧单边渗透最大宽度，记为渗透宽度。

B.5.4　划线两侧腐蚀程度以缺陷面积和（或）渗透宽度表示。

B.6　达到规定腐蚀程度的时长

B.6.1　能预估试验时长时，在1/4预估试验时长、1/2预估试验时长、3/4预估试验时长、总预估试验时长时，分别观察试样腐蚀程度，在达到预估试验时长试样未达到规定腐蚀程度时，继续试验，并按照相同时长间隔继续观察。不能预估试验时长时，在试验时长24h、48h、72h先观察试样腐蚀程度，根据试样腐蚀程度确定后续观察间隔，宜尽可能准确记录试样达到规定腐蚀程度的时长。

B.6.2　达到规定腐蚀程度的时长以记录的试验时长 h 表示。当发现腐蚀程度严重于规定腐蚀程度时，以上一次记录试验时长记为规定腐蚀程度试验时长；当发现腐蚀程度相当于规定腐蚀程度时，以本次记录试验时长记为规定腐蚀程度试验时长；当发现腐蚀程度轻于规定腐蚀程度时，继续试验。

B.7　显微腐蚀形貌

B.7.1　将试样腐蚀位置沿垂直试样表面方向截取，镶嵌后用金相显微镜观察截面腐蚀坑形貌；或用激光共聚焦显微镜直接测量试样表面腐蚀坑深度；或用扫描电镜法观察试样表面或截面腐蚀形貌；或用其他有效方法观察腐蚀形貌。观察后保存试样试验后的显微形貌图像，也可借助图像处理软件进行后续的图像分析。

B.7.2　显微腐蚀形貌以保存的显微形貌图像或图像分析结果表示。

B.8　性能保持率

B.8.1　按照相应性能测试方法测量试样试验前、后性能（如力学性能、绝缘性能、附着性、耐候性等）。

B.8.2　性能保持率宜以试验后试样的性能相对于试验前试样的性能的百分比表示。

B.9　腐蚀等级

进行试验直至出现腐蚀，按产品标准依据试验时长确定相应腐蚀等级。

B.10　其他

其他试验结果的项目、测定方法、表示方法可由供需双方商定。

第十四节　铝及铝合金阳极氧化膜及有机聚合物膜检测方法 第4部分：耐光热性能的测定

一、概论

铝及铝合金阳极氧化膜或有机聚合物膜在服役或使用中，易受到太阳光辐射、热辐射和水浸蚀的破坏作用，导致膜层老化而变色、失光、粉化、腐蚀、开裂等。因此，对于室外使用的着色阳极氧化膜或有机聚合物膜产品，如建筑铝型材，特别需要考察和检验氧化膜的耐候性和耐热性能。

为测定光、热、水等因素对铝及铝合金表面膜层性能的影响，可进行自然暴露试验。将试样暴露于自然日光下或窗玻璃透射日光下，经过规定的暴露时间后，检测膜层外观和相关性能的变化。

自然暴露试验不但试验条件不可控，而且周期长。因此，采用专用的模拟太阳光照射的试验设备进行试验。在一定条件下，以一定的光照射膜层，并将试样与控制试样对比，从而评定膜层的耐光热性能。

1991 年，我国等同采用 ISO 6581：1980《铝及铝合金阳极氧化　着色阳极氧化膜耐紫外光性能的测定》，制定了 GB/T 12967. 4—1991《铝及铝合金阳极氧化　着色阳极氧化膜耐紫外光性能的测定》。2014 年修改采用 ISO 6581：2010，发布了 GB/T 12967. 4—2014《铝及铝合金阳极氧化膜检测方法　第 4 部分：着色阳极氧化膜耐紫外光性能的测定》。近年来，各种纹理阳极氧化膜及有机聚合物膜在铝合金制品上的应用越来越广泛，现有方法已不能满足不同类型膜层耐候、耐热性能的评价要求，所以有必要对 GB/T 12967. 4—2014 进行补充修订。GB/T 12967. 4—2022《铝及铝合金阳极氧化膜及有机聚合物膜检测方法　第 4 部分：耐光热性能的测定》于 2022 年 3 月 9 日发布，2022 年 10 月 1 日正式实施。

二、标准的主要特点与应用说明

该标准给出了铝及铝合金阳极氧化膜及有机聚合物膜耐光和耐热性能的试验方法，内容包括方法概述、仪器设备、试样、测试步骤、结果表示和试验报告。

该标准适用于阳极氧化膜、阳极氧化复合膜及有机聚合物膜的耐候性和耐热性的评价，也可用于相关工艺的比较。

对于耐候性，可以采用自然暴露试验，也可采用加速耐候试验，如汞灯紫外耐候试验、荧光紫外耐候试验和加速氙灯耐候试验。应根据工件具体使用环境选择合适的加速耐候性试验方法。试验采用中压汞弧灯作为紫外光源，它所产生的紫外光的强度和稳定性取决于功率、弧长、与被照物的距离等。随着灯泡使用时间延长，光的强度会逐步减弱，所以要及时调节强度使光照强度保持不变或稳定。

耐热性试验包括抗热裂性试验和耐热老化实验。抗热裂性试验适用于太阳能边框、建筑及装饰性产品表面的阳极氧化膜，耐热老化试验适用于电器设备表面的阳极氧化膜。

为获得可靠的、可对比的试验结果，应从试验装置、试验方法和试验步骤等方面来保证试验条件的稳定。试验过程的开箱过程，可能导致试验结果的偏差，应尽量减少试验过程中的开箱次数。

三、标准内容（GB/T 12967.4—2022）

铝及铝合金阳极氧化膜及有机聚合物膜检测方法 第4部分：耐光热性能的测定

1 范围

本文件给出了铝及铝合金阳极氧化膜及有机聚合物膜耐光热性能测定的方法概述，并规定了仪器设备、试样、测试步骤、结果表示和试验报告等内容。

本文件适用于铝及铝合金阳极氧化膜、阳极氧化复合膜、有机聚合物膜耐候性和耐热性能的测定。

2 规范性引用文件

下列文件中的内容通过文中的规范性引用而构成本文件必不可少的条款。其中，注日期的引用文件，仅该日期对应的版本适用于本文件；不注日期的引用文件，其最新版本（包括所有的修改单）适用于本文件。

GB/T 250 纺织品 色牢度试验 评定变色用灰色样卡

GB/T 1766 色漆和清漆 涂层老化的评级方法

GB/T 4957 非磁性基体金属上非导电覆盖层 覆盖层厚度测量 涡流法

GB/T 6461 金属基体上金属和其他无机覆盖层 经腐蚀试验后的试样和试件的评级

GB/T 8005.3 铝及铝合金术语 第3部分：表面处理

GB/T 9276 涂层自然气候曝露试验方法

GB/T 9754 色漆和清漆 不含金属颜料的色漆漆膜的20°、60°和85°镜面光泽的测定

GB/T 9761 色漆和清漆 色漆的目视比色

GB/T 11186.3 涂膜颜色的测量方法 第三部分：色差计算

GB/T 12967.6 铝及铝合金阳极氧化膜及有机聚合物膜检测方法 第6部分：色差和外观质量

GB/T 16422.1 塑料 实验室光源暴露试验方法 第1部分：总则

GB/T 16422.2 塑料 实验室光源暴露试验方法 第2部分：氙弧灯

GB/T 16422.3 塑料 实验室光源暴露试验方法 第3部分：荧光紫外灯

3 术语和定义

GB/T 8005.3界定的术语和定义适用于本文件。

控制试样 control sample

供需双方商定的，用于限定或控制产品性能的试样。

4 方法概述

产品受到太阳辐射、热辐射和水侵蚀等影响时，会出现变色、失光、粉化、腐蚀、开裂等老化现象。为测定光、热和水等对产品膜层性能的影响，按下列方法进行自然暴露试验，或在受控的实验室环境条件下进行加速耐候性试验和耐热性试验。根据试验后的试样老化情况，评价产品在不同环境下的耐光热性能。

——自然暴露试验：试样暴露在自然日光下或窗玻璃透射日光下，或非涅耳镜聚能器增

强日光下，经过规定的暴露时间间隔后，检测试样的外观或其他相关性能的变化。

——加速耐候性试验：试样暴露在模拟户外气候的实验室条件下（与户外环境条件相比，该暴露条件可能是循环的和加强的），经过规定的暴露时间间隔后，检测试样的外观、腐蚀性能或其他相关性能的变化。

- 汞灯紫外耐候性试验：试样暴露在实验室汞灯紫外光源条件下，经过规定的暴露时间间隔后，检测试样的外观或其他相关性能的变化。此方法适用于不具有热敏感性的着色阳极氧化膜。
- 荧光紫外耐候性试验：试样暴露在实验室荧光紫外光源条件下，经过规定的暴露时间间隔后，检测试样的外观或其他相关性能的变化。
- 氙灯加速耐候性试验：试样暴露在实验室氙灯光源条件下，经过规定的暴露时间间隔后，检测试样的外观、腐蚀性能或其他相关性能的变化。

——耐热性试验：试样暴露在实验室热源条件下，经过规定的时间间隔后，检测试样的外观，或其他相关性能的变化。

- 抗热裂性试验：试样暴露在实验室热源条件下，经过规定的时间间隔后，检测试样的外观或其他相关性能的变化。
- 耐热老化性试验：试样暴露在实验室热源条件下，经过规定的时间间隔后，检测试样的外观或其他相关性能的变化。

5 仪器设备

自然暴露试验、加速耐候性试验及耐热性试验装置应符合附录 A 的要求。

6 试样

6.1 试样的尺寸应符合表 1 的规定，或由供需双方商定。

表 1 试样的尺寸要求

项目		试样的尺寸要求
自然暴露试验		任一边长应不小于 100mm，有效面尺寸（$L\times W$）宜为 250mm×150mm，面积应不小于 0.03m^2
加速耐候性试验	汞灯紫外耐候性试验	有效面尺寸（$L\times W$）宜不小于 150mm×70mm
	荧光紫外耐候性试验	有效面尺寸（$L\times W$）宜为 75mm×50mm 或 100mm×75mm 或 150mm×75mm 或 150mm×100mm
	氙灯加速耐候性试验	应采用符合试验箱试样架尺寸的平板试样，或按供需双方商定的尺寸
耐热性试验	抗热裂性试验	有效面尺寸（$L\times W$）宜不小于 150mm×70mm
	耐热老化性试验	

注：L—长度；W—宽度。

6.2 按表 2 规定进行试样的状态调节。

表 2 试样的状态调节要求

膜层类型		状态调节要求		
		温度/℃	相对湿度（%）	时间/h
阳极氧化膜		23±2	—	≥120
阳极氧化复合膜			—	≥24
有机聚合物膜	自干型		50±5	≥168
	其他		—	≥24

6.3 试样应清洁，无污垢，污渍和其他异物。如有污渍，应采用水或适当的有机溶剂（如乙醇）润湿后，使用干净的软布或类似材料去除。不应使用会腐蚀试验区域或在试验区域产生保护膜的有机溶剂。

6.4 试样数量应满足暴露周期及暴露后性能测试的需要。每种试样应至少多制备一块作为保留试样，用于评估对比，存放在避光，干燥的环境中。

6.5 所有试样应做永久性标记，标记应避开试验区域。

6.6 无法截取符合表1要求的试样时，可使用标准试板代替。

7 测试步骤

7.1 将试样放置在试样架上，使其测试表面对着光源/热源，同时要保证试样之间温度差异最小；当加速耐候性试样未完全填满时，为保证试验的一致性，在试样架的空位处应采用惰性、不易变形且不反光的材料制成的平板进行填充。采用平板紫外试验箱时，试样不宜放置于设备最左端和最右端的试样架上。

7.2 为便于颜色变化的检查，可采用不透紫外光的材料（如铝箔等）对试样的部分表面进行遮盖。

7.3 必要时，选用供需双方商定的已知性能的试样作为控制试样。

7.4 对试验结果有相互影响的不同试样，不应同时放在同一试验箱中进行试验。

7.5 按GB/T 9276的规定设定自然暴露试验参数，按表3设定汞灯紫外耐候性、荧光紫外耐候性试验参数，按表4设定氙灯加速耐候性试验参数，按表5设定耐热性试验参数。

表3 汞灯紫外耐候性试验和荧光紫外耐候性试验参数

试验项目	循环序号	灯管	辐照度/[W/(m^2·nm)]	波长/nm	暴露循环	典型应用
汞灯紫外耐候性试验①	Ⅰ	中压汞灯	16.0±0.2	365	连续试验,试验箱内温度不高于100℃	适用于阳极氧化膜产品
荧光紫外耐候性试验(UVA)	Ⅱ	UVA-340	0.89±0.02	340	在黑板温度50℃±3℃下冷凝4h;在黑板温度70℃±3℃下紫外光照8h	适用于汽车外饰或其他户外用途膜层产品
	Ⅲ	UVA-340	0.83±0.02	340	在黑板温度60℃±3℃下紫外光照4h;在黑板温度50℃±3℃下冷凝4h	适用于普通用途膜层产品
	Ⅳ	UVA-340	0.83±0.02	340	在黑板温度50℃±3℃下紫外光照5h;喷淋1h(不控制温度)	适用于普通用途膜层产品
荧光紫外耐候性试验(UVB)	Ⅴ	UVB-313	0.71±0.02	310	在黑板温度50℃±3℃下冷凝4h;在黑板温度70℃±3℃下紫外光照8h	适用于汽车外饰或其他户外用途膜层产品
	Ⅵ	UVB-313	0.71±0.02	310	在黑板温度60℃±3℃下紫外光照4h;在黑板温度50℃±3℃下冷凝4h	适用于普通用途膜层产品
	Ⅶ	UVB-313	0.71±0.02	310	在黑板温度50℃±3℃下紫外光照5h;喷淋1h(不控制温度)	
	Ⅷ	UVB-313	0.75±0.02	310	在黑板温度50℃±2℃下紫外光照4h;在黑板温度40℃±2℃下冷凝4h	

① 与其他耐候性试验相比，该试验较严格，大多数着色阳极氧化膜在暴露时间小于100h时会有明显的颜色变化，宜采用具有已知抗紫外线性能的彩色阳极氧化膜的标准试板，并选用适当的方式部分遮盖。

表4　氙灯加速耐候性试验参数

循环序号	循环步骤	时间/min	操作	滤光器	辐照度/[W/(m^2·nm)]	波长/nm	黑板温度/℃	箱内温度/℃	相对湿度(%)	典型应用
Ⅸ	—	102	光照	日光过滤器	0.51±0.02	340	63±2	38±3	40~60	建筑铝型材等普通户外用途膜层产品
	—	18	光照和喷淋				—	—	—	
Ⅹ	1	240	黑暗和喷淋	—	—	—	—	40±2	95±10	适用于汽车外饰及其他户外用途的膜层产品
	2	30	光照	—	0.40±0.02	340	50±2.5	42±2	50±10	
	3	270	光照	—	0.80±0.02	340	70±2.5	50±2	50±10	
	4	30	光照	—	0.40±0.02	340	50±2.5	42±2	50±10	
	5	150	黑暗和喷淋	—	—	—	—	40±2	95±10	
	6	30	黑暗和喷淋	—	—	—	—	40±2	95±10	
	7	20	光照	—	0.40±0.02	340	50±2.5	42±2	50±10	
	8	120	光照	—	0.80±0.02	340	70±2.5	50±2	50±10	
	9	10	黑暗	—	—	—	—	40±2	50±10	
	10	再重复第6步到第9步3次								
Ⅺ	1	228	光照	窗玻璃滤光器	1.20±0.02	420	89±3	62±2	50±5	适用于汽车内饰用途的膜层产品
	2	60	黑暗		—	—	38±3	38±3	95±5	
Ⅻ	—	—	持续光照	窗玻璃滤光器	1.10±0.02	420	63±2	38±3	50±10	适用于普通户内用途膜层产品

表5　耐热性试验参数

试验项目	初始温度/℃	保温时间/min	要　求	典型应用
抗热裂性试验	46±2	30	若表面无裂纹，依次提高温度6℃并保温30min后目视观察，重复试验，直至提高到82℃，或按供需双方商定的温度	适用于太阳能边框、建筑及装饰材料表面阳极氧化膜产品
耐热老化性试验	120±3	30	与保留试样比较，用符合GB/T 250规定的评定变色用灰色样卡比较样品的变色情况，若变色程度未达4级，则依次提高温度20℃并保温30min，直至200℃	适用于电器设备表面阳极氧化膜产品

7.6　试验过程中，为了减少光照和温度的不均匀性对试验结果的影响，应定期轮换试样位置，需方如有特殊要求，由供需双方商定。对于含有冷凝步骤的试验，宜每周检查试样表面是否有凝露，以保证冷凝效果。

注：对试验设备的额外操作，如试验过程中打开试验箱检查试样等，可能会导致试验结果出现偏差。

7.7　达到规定试验时间或试样变化达到供需双方约定的变化程度（如光泽保持率低于50%等）时，停止试验并记录试验时长，取出试样。可拍照记录试样外观。

8　结果表示

8.1　阳极氧化膜自然暴露试验、加速耐候试验结果用外观、变色程度、光泽保持率、试验时长等表示；抗热裂性试验结果用外观、温度等表示；耐热老化性试验结果用外观、变色程度、温度等表示。

8.2 阳极氧化复合膜及有机聚合物膜自然暴露试验、加速耐候性试验结果用外观、变色程度、光泽保持率、粉化程度、膜厚保持率、试验时长等表示。

8.3 试验结果可表示的项目、测定方法、表示方法应符合附录B的规定。

9 试验报告

9.1 试验报告至少应包括以下内容：

a）试样材料或产品的说明；

b）试样尺寸、状态、以及表面膜层已知特征及表面处理的说明；

c）试验方法［自然暴露试验、加速耐候性试验（汞灯紫外耐候性试验、荧光紫外耐候性试验、氙灯加速耐候性试验）、耐热性试验（抗热裂性试验、耐热老化性试验）］；

d）试验设备的型号；

e）试验温度；

f）试验时间/循环周期；

g）试验结果；

h）观察到的异常现象；

i）本文件编号；

j）试验日期；

k）试验人员。

9.2 试验报告还可包括以下内容：

a）试样的准备，包括试验前的清洁和保护措施；

b）试样的未遮盖部分与遮盖部分相比的颜色、光泽、膜厚及外观的变化（如有需要可与留样对比）并记录试样前后光泽值、色差值和粉化程度；

c）试样放置的描述；

d）控制试样的描述；

e）黑板温度及每日记录值；

f）检查的时间间隔。

附 录 A
（规范性）
耐光热性试验装置

A.1 一般要求

A.1.1 自然暴露试验的试样架见GB/T 9276或GB/T 3681。

A.1.2 加速耐候性试验装置主要由惰性材料制成的试验箱、光源和试样架组成。试验箱的设计可不同，试验箱的辐照度和温度均应可控。对于需控制湿度的暴露试验，试验箱中应配置符合GB/T 16422.1要求的湿度控制装置，对于需润湿的暴露试验，试验箱中应配置喷淋装置，或配置可在试样表面形成凝露的装置，或者配置可将试样浸入水中的装置。喷淋用水应符合GB/T 16422.1的要求。

A.1.3 耐热性测试装置主要由耐热材料制成的试验箱、加热热源，恒温系统和试样架组成。

A.2　试验箱

A.2.1　加速耐候性试验箱

加速耐候性试验箱的设计应确保试样在受控的环境条件下进行试验室光源暴露试验，试验箱应能满足测试样品表面辐照度、温度、湿度和（或）润湿（包括喷淋和冷凝）的要求。应能保持试样受检面辐照能量相当。

A.2.2　耐热性试验箱

耐热性试验箱为具有温控系统的烘箱或高温炉，能满足试验温度的要求，温度精度±2℃，使全部试样保持在规定的温度范围内。

A.3　光源

A.3.1　中压汞弧灯

A.3.1.1　应采用装有石英罩的中压汞弧灯。

A.3.1.2　在距离光源中心190mm处，中压汞弧灯的波长和辐照度应符合表A.1的规定。

注：使用功率为500W、有效弧长为120mm的中压汞弧灯时，其距离试样的距离约为190mm。

A.3.1.3　宜使用不产生臭氧的紫外灯，在使用过程中，紫外灯的辐照度会有所下降，应具有调节装置补偿。辐照度控制点通常选用365nm。

表A.1　中压汞弧灯紫外190mm处的光谱分布

波长/nm	辐照度/[W/(m^2·nm)]	波长/nm	辐照度/[W/(m^2·nm)]
254	1.50~5.00	313	12.00~13.50
265	4.00~8.00	365	15.00~17.00
297	4.00~6.00	405	8.00~10.00
303	8.00~10.00	436	13.00~16.00

A.3.2　荧光紫外灯

荧光紫外灯应符合GB/T 16422.3的规定。UVA-340型荧光紫外灯的相对紫外光谱辐照度符合表A.2的规定，UVB-313型荧光紫外灯的相对紫外光谱辐照度符合表A.3的规定。

表A.2　UVA-340型荧光紫外灯的相对紫外光谱辐照度①

光谱带宽(λ)/nm	1A型		
	最小限值(%)	相对紫外光谱辐照度②(%)	最大限值(%)
λ<290	—	—	0.01
290≤λ≤320	5.9	5.4	9.3
320<λ≤360	60.9	38.2	65.5
360<λ≤400	26.5	56.4	32.8

① 本表给出了在给定带宽内的辐照度占290nm~400nm总辐照度的百分比。要检测一个典型的UVA-340型荧光紫外灯是否符合本表要求，应测量250nm~400nm的光谱辐照度。通常，以2nm为间隔来测量，然后将每一带宽内的总辐照度加和，再除以290nm~400nm间的总辐照度。

② CIE 85：1989中表4给出了全球太阳光辐照度的数据，该数据是在相对空气质量为1.0，标准温度和压力下臭氧柱压为0.34cm、可析出水蒸气压力为1.42cm、在500nm处气溶胶衰减的光谱学深度为0.1的水平表面上测得的，这些数据仅供参考。

表 A.3　UVB-313 型荧光紫外灯的相对紫外光谱辐照度①

光谱带宽(λ)/nm	最小限值(%)	相对紫外光谱辐照度②(%)	最大限值(%)
λ<290	1.3	—	5.4
290≤λ≤320	47.8	5.4	65.9
320<λ≤360	26.9	38.2	43.9
360<λ≤400	1.7	56.4	7.2

① 本表给出了在给定带宽内的辐照度占 250nm~400nm 总辐照度的百分比。要检测一个典型的 UVB-313 型荧光紫外灯是否符合本表要求，应测量 250nm~400nm 的光谱辐照度，然后将每一带宽内的总辐照度加和，再除以 250nm~400nm 间的总辐照度。

② CIE 85：1989 中表 4 给出了全球太阳光辐照度的数据，该数据是在相对空气质量为 1.0，标准温度和压力下臭氧柱压为 0.34cm，可析出水蒸气压力为 1.42cm，在 500nm 处气溶胶衰减的光谱学深度为 0.1 的水平表面上测得的，这些数据仅供参考。

A.3.3　氙灯

氙灯应符合 GB/T 16422.2 的规定。氙灯光源应由一个或多个有石英封套的氙弧灯组成，其光谱范围包括波长大于 270nm 的紫外光、可见光及红外光。为了模拟日光，应使用滤光器来滤除短波长的紫外辐射，见表 A.4。采用可降低波长 310nm 以下辐照度的滤光器模拟透过窗玻璃的日光，见表 A.5。

表 A.4　配置日光滤光器的氙弧灯的相对光谱辐照度①

光谱带宽(λ)/nm	最小限值(%)	日光相对辐照度②(%)	最大限值(%)
λ<290	—	—	0.15
290<λ≤320	2.6	5.4	7.9
320<λ≤360	28.2	38.2	39.8
360<λ≤400	54.2	56.4	67.5

① 本表给出了在给定带宽内的辐照度占 290nm~400nm 总辐照度的百分比。要检测一个特定滤光器或滤光器组是否符合本表要求，应测量 250nm~400nm 的光谱辐照度，然后将每一带宽内的总辐照度加和，再除以 290nm~400nm 间的总辐照度。

② CIE 85：1989 中表 4 给出了全球太阳光辐照度的数据，该数据是在相对空气质量为 1.0，标准温度和压力下臭氧柱压为 0.34cm，可析出水蒸气压力为 1.42cm，在 500nm 处气溶胶衰减的光谱学深度为 0.1 的水平表面上测得的，这些数据仅供参考。这些数据是配置日光滤光器氙灯的目标值。

表 A.5　配置窗玻璃滤光器的氙弧灯的相对光谱辐照度①

光谱带宽(λ)/nm	最小限值(%)	透过窗玻璃的日光相对辐照度②(%)	最大限值(%)
λ<300	—	—	0.29
300≤λ≤320	0.1	≤1	2.8
320<λ≤360	23.8	33.1	35.5
360<λ≤400	62.4	66.0	76.2

① 本表给出了在给定带宽内的辐照度占 290nm~400nm 总辐照度的百分比。要检测一个特定滤光器或滤光器组是否符合本表要求，应测量 250nm~400nm 的光谱辐照度，然后将每一带宽内的总辐照度加和，再除以 290nm~400nm 间的总辐照度。

② CIE 85：1989 中表 4 的光谱经窗玻璃作用后的值，可由 CIE 85：1989 表 4 中的数据乘以 3mm 厚窗玻璃的光谱透过率得到。这些数据是配置窗玻璃日光滤光器的氙灯的目标值。

附 录 B
（规范性）
试验结果可表示的项目、测定方法、表示方法

B.1 外观

B.1.1 采用目视观察或以参比样品为基准对比观察铝及铝合金阳极氧化膜和（或）有机聚合物膜的表面状况，以评价外观。外观评价应在自然光源（指晴天日出3h后到日落前3h的漫射日光）或人造光源（D65标准光源，照度应大于600lx，背景颜色要求无光泽的黑色或灰色，不应选用彩色背景）下进行。

B.1.2 在试验结果中标注或明示以下内容。

——耐候性试验：

- 出现的缺陷（如起泡、剥落、长霉、斑点、沾污、开裂、腐蚀）与呈现形态，未出现缺陷时，应明示“未见缺陷”；
- 起泡等级、剥落等级、长霉等级、斑点等级、沾污等级、开裂等级、保护等级（按GB/T 1766、GB/T 6461评定）。

——耐热性试验后的阳极氧化膜：

- 抗热裂性试验（在规定时间和温度下进行）后的试样表面是否开裂。

B.2 试验时长

将规定的耐候性试验时间记为试验时长，或将耐候性试验用试样达到供需双方约定变化程度需要的试验时间记为试验时长。

B.3 试验温度

B.3.1 按GB/T 250的规定目视检查阳极氧化膜试样耐热老化性试验后的变色达到4级或超过4级挡的前一挡的试验温度记为试验结果。

B.3.2 当耐热裂性试验后的试样表面出现开裂时，将前一挡温度记为试验结果；或在规定的温度下进行耐热裂试验，试样表面未发生开裂时，将该温度记为试验结果。

B.4 变色程度

B.4.1 按GB/T 12967.6的规定，采用色差仪测量试验前、后膜层色差，以总色差（ΔE_{ab}^{*}）（按GB/T 11186.3计算）表示变色程度；或按GB/T 9761的规定目视试验前、后膜层的颜色，以试验前、后试样的颜色变化或颜色是否在控制试样限定的范围内表示变色程度。

B.4.2 采用色差仪按GB/T 11186.3的规定测量试样试验前后色差值，试验结果以色差表示。

B.5 光泽保持率

B.5.1 应按GB/T 9754规定的方法，采用60°入射角测定试验前、后的试样表面光泽值。60°光泽值不大于10时可采用85°入射角测量光泽；60°光泽值大于70时可采用20°入射角测量光泽。

B.5.2 以膜层试验后的光泽值相对于其试验前的光泽值的百分比表示光泽保持率。

B.6 粉化程度

按GB/T 1766的规定，对试样的粉化程度进行评定，以粉化等级表示粉化程度。

B.7 膜厚保持率

按 GB/T 4957 的规定测量有机聚合膜试样加速耐候性试验前后的膜厚，以膜层试验后的膜厚相对于其试验前的膜厚的百分比表示膜厚保持率。

B.8 性能保持率

B.8.1 按照相应性能测试方法测量试样试验前、后性能（如力学性能、绝缘性能、附着性、耐蚀性等）。

B.8.2 性能保持率宜以试验后试样的性能相对于试验前试样的性能的百分比表示。

B.9 其他

其他试验结果的项目、测定方法、表示方法可由供需双方商定。

第十五节 铝及铝合金阳极氧化膜及有机聚合物膜检测方法 第5部分：抗破裂性的测定

一、概论

随着阳极氧化铝型材在建筑、汽车、装饰等应用领域的不断扩大，各种外部苛刻环境以及弯曲、扭拧等变形手段也大量出现在阳极氧化膜材料的工程应用中。大幅度的变形容易使氧化膜发生破裂，从而失去对基体的防护及其他功能，所以需要考察铝及铝合金阳极氧化膜的抗变形能力。

国际标准化组织早在 1977 年就制定了 ISO 3211：1977《铝及铝合金阳极氧化 氧化膜抗变形破裂的评定》，提供了薄氧化膜的抗变形破裂的试验方法。随着应用的不断深入和实践经验的积累，国际标准化组织分别于 2010、2018 年对 ISO 3211 进行了修订，目前为第 3 版 ISO 3211：2018。我国于 1991 年制定了 GB/T 12967.5—1991《铝及铝合金阳极氧化 用变形法评定阳极氧化膜的抗破裂性》，并于 2013 年修订。为满足不同产品膜层对抗破裂性的测试和评价需求，2022 年，我国再次修订了 GB/T 12967.5。GB/T 12967.5—2022《铝及铝合金阳极氧化膜及有机聚合物膜检测方法 第 5 部分：抗破裂性的测定》于 2022 年 3 月 9 日发布，2022 年 10 月 1 日正式实施。

二、标准的主要特点及应用说明

该标准适用于铝及铝合金阳极氧化膜及有机聚合物膜抗破裂性的测定，可作为快速评价铝及铝合金阳极氧化膜及有机聚合物膜受到机械变形影响时，表面膜层抵抗破裂的能力，也可用于相关工艺质量的比较。

该标准给出了铝及铝合金阳极氧化膜及有机聚合物膜破裂性的 7 种测试方法：

（1）弯曲变形率测试试验 将试样沿刻有变形指数的螺线弯曲，按变形指数从小到大的方向进行观察，标记样品出现第一个横向膜层裂纹位置，并由此换算出试样的曲率半径，进而计算试样的弯曲变形率。此方法适用于铝及铝合金阳极氧化膜（厚度一般不超过 5μm）的弯曲变形率的测定。

（2）冲击试验 将规定质量的重锤置于适当的高度自由落下，冲击试样的膜层表面或背面，检查变形位置及周边的膜层变化情况。此方法适用于有机聚合物膜耐冲击性的测定，不适用于阳极氧化膜或经阳极氧化预处理的有机聚合物膜耐冲击性的测定。

（3）杯突试验　使用规定规格的冲模固定试样，将冲头沿固定路径移动至规定深度，使试样发生变形，检查试样凸起部位及周边的膜层变化情况。此方法适用于有机聚合物膜抗杯突性能的测定。

（4）弯曲试验　使试样在规定的曲率半径下弯曲，目视观察弯曲部位的膜层变化情况，或用黏胶带检查膜层表面有无黏落现象。此方法适用于有机聚合物膜层抗弯曲性的测定。

（5）柔韧性试验　将试样弯曲 180°至贴合，重复向内裹卷弯曲 180°至贴合，以持续提高膜层弯曲半径，直至膜层首次不产生开裂或脱落，根据弯曲次数评价膜层柔韧性。此方法适用于评价有机聚物膜层的柔韧性。

（6）碎石冲击试验　在规定的条件下，使碎石冲击试样表面，移除碎屑后根据选定评估区域的凹坑数量及凹坑尺寸进行凹坑等级评定。此方法适用于评价有机聚合物膜层的耐碎石冲击性。

（7）尖锐工具加工试验　采用锯切、铣或钻等方式加工试样，观察试样加工处膜层的剥落、分离情况。此方法适用于阳极氧化膜、阳极氧化复合膜及有机聚合物膜层耐尖锐工具加工性的测定。

考察氧化膜抗破裂性时，如裂纹难以观察，可将试样浸泡在硫酸铜溶液中，溶液与破裂处的铝发生置换反应，生产红色或黑色沉淀，使得裂纹容易观察。另外，也可借助手电筒等辅助光源变换角度进行观察。

三、标准的内容（GB/T 12967.5—2022）

铝及铝合金阳极氧化膜及有机聚合物膜检测方法
第 5 部分：抗破裂性的测定

1　范围

本文件给出了铝及铝合金阳极氧化膜及有机聚合物膜抗破裂性测定的方法概述，并规定了试剂、材料、仪器设备、试样、测试步骤、结果表示和试验报告等内容。

本文件适用于铝及铝合金阳极氧化膜、阳极氧化复合膜、有机聚合物膜抗破裂性的测定。

2　规范性引用文件

下列文件中的内容通过文中的规范性引用而构成本文件必不可少的条款，其中，注日期的引用文件，仅该日期对应的版本适用于本文件；不注日期的引用文件，其最新版本（包括所有的修改单）适用于本文件。

GB/T 8005.3　铝及铝合金术语　第 3 部分：表面处理

GB/T 8170　数值修约规则与极限数值的表示和判定

3　术语和定义

GB/T 8005.3 界定的术语和定义适用于本文件。

4　方法概述

在受控的试验室环境、规定的仪器设备、固定的试验步骤条件下进行下列试验，考察试样处于不同的变形和受力状态下的膜层破裂情况，评价产品在不同试验条件下的抗破裂性。

——弯曲变形率测试试验：将试样沿刻有变形指数的螺线弯曲，按变形指数从小到大的方向进行观察，标记样品出现第一个横向膜层裂纹位置，并由此换算出试样的曲率半径，进而计算试样的弯曲变形率。方法适用于铝及铝合金阳极氧化膜（厚度一般不超过5μm）的弯曲变形率的测定。

——冲击试验：将规定质量的重锤置于适当的高度自由落下，冲击试样的膜层表面或背面，检查变形位置及周边的膜层变化情况。方法适用于有机聚合物膜耐冲击性的测定，不适用于阳极氧化膜或经阳极氧化预处理的有机聚合物膜耐冲击性的测定。

——杯突试验：使用规定规格的冲模固定试样，将冲头沿固定路径移动至规定深度，使试样发生变形，检查试样凸起部位及周边的膜层变化情况。方法适用于有机聚合物膜抗杯突性能的测定。

——弯曲试验：使试样在规定的曲率半径下弯曲，目视观察弯曲部位的膜层变化情况，或用黏胶带检查膜层表面有无黏落现象。方法适用于有机聚合物膜层抗弯曲性的测定。

——柔韧性试验：将试样弯曲180°至贴合，重复向内裹卷弯曲180°至贴合，以持续提高膜层弯曲半径，直至膜层首次不产生开裂或脱落，根据弯曲次数评价膜层柔韧性。方法适用于评价有机聚合物膜层的柔韧性。

——碎石冲击试验：在规定的条件下，使碎石冲击试样表面，移除碎屑后根据选定评估区域的凹坑数量及凹坑尺寸进行凹坑等级评定。方法适用于评价有机聚合物膜层的耐碎石冲击性。

——尖锐工具加工试验：采用锯切、铣或钻等方式加工试样，观察试样加工处膜层的剥落、分离情况。方法适用于阳极氧化膜、阳极氧化复合膜及有机聚合物膜层耐尖锐工具加工性的测定。

5 试剂、材料

除非另有说明，仅应使用确认为化学纯的试剂。

5.1 硫酸铜溶液：称取20g硫酸铜（$CuSO_4 \cdot 5H_2O$，$w \geqslant 99\%$）置于1000mL容量瓶中，加入20mL盐酸（$\rho = 1.18g/mL$），用水稀释至刻度，混匀。硫酸铜溶液可重复使用，但当反应速度明显下降时，应重新配制。

5.2 碎石：应为外表圆滑的公路碎石，不应为压碎的石灰石或岩石，单个碎石外部轮廓长度应为9.5mm~16.0mm，初次使用前应冲洗干净。

6 仪器设备

6.1 弯曲变形率测试试验设备示意图见图1、图2。

螺线状金属基板安装在基座上，其边部刻有1~18的变形指数（E），曲率半径（R）通过公式（1）进行计算，以厘米（cm）表示。

$$R = 21 - E \tag{1}$$

6.2 冲击试验设备示意图见图3。

6.3 杯突试验设备示意图见图4。

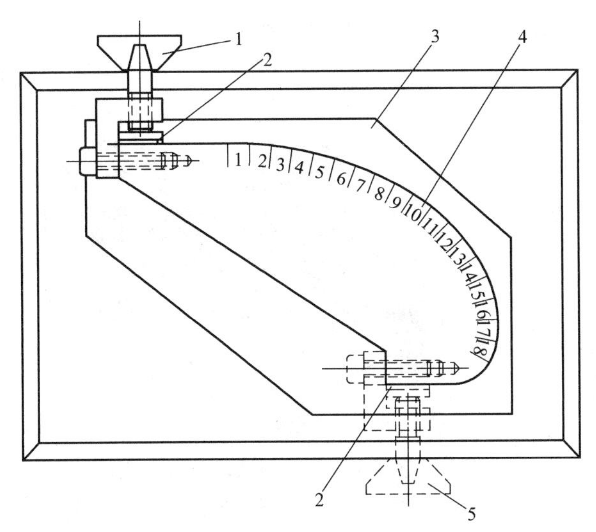

图 1　弯曲变形率测试试验设备示意图——正视图

1—夹紧上螺钉　2—橡胶垫　3—金属基板

4—变形指数　5—夹紧下螺钉

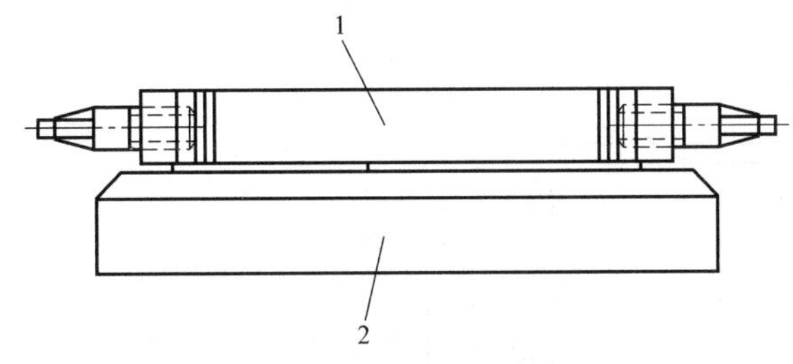

图 2　弯曲变形率测试试验设备示意图——侧视图

1—螺旋板　2—木基座

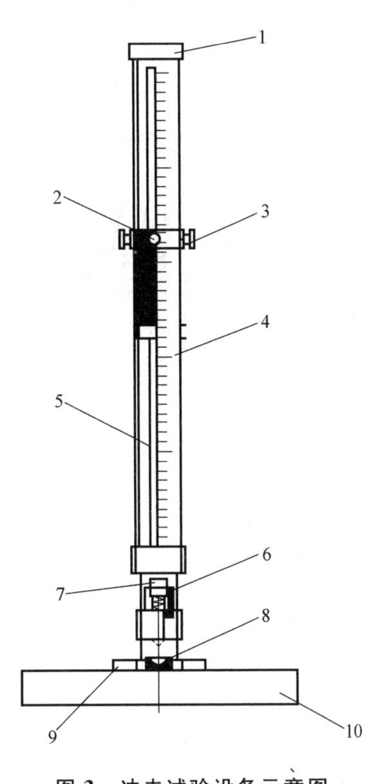

图 3　冲击试验设备示意图

1—导管盖　2—重锤　3—重锤控制器

4—刻度　5—导管　6—冲头导槽　7—冲头

8—冲模　9—支架　10—底座

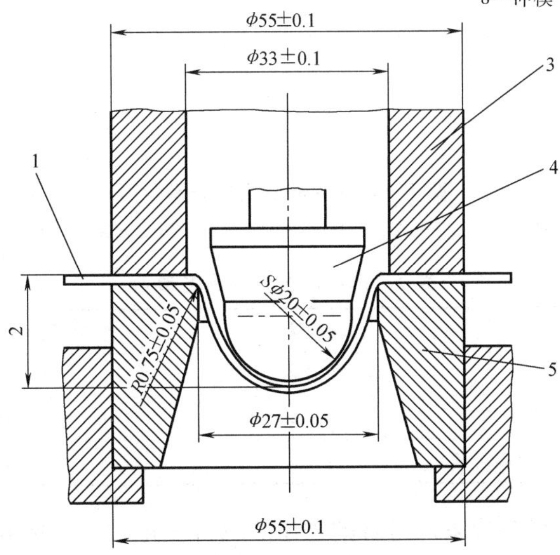

图 4　杯突试验设备示意图

1—标准试板　2—压陷深度　3—固定环　4—冲头及球　5—冲模

6.4 Ⅰ型弯曲试验设备示意图见图5，Ⅱ型弯曲试验设备示意图见图6。

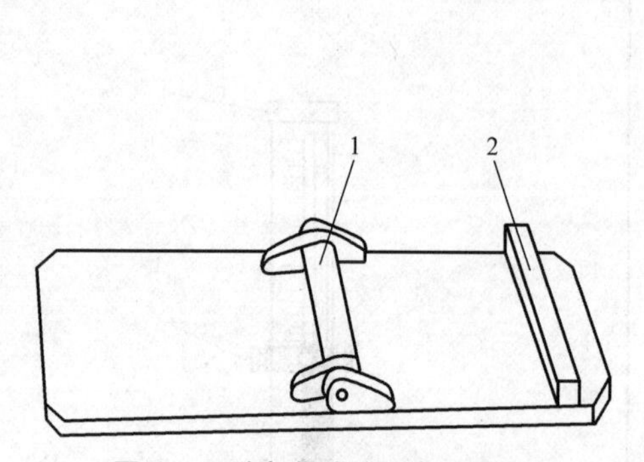

图5 Ⅰ型弯曲试验设备示意图

1—轴 2—相对于轴高的挡条

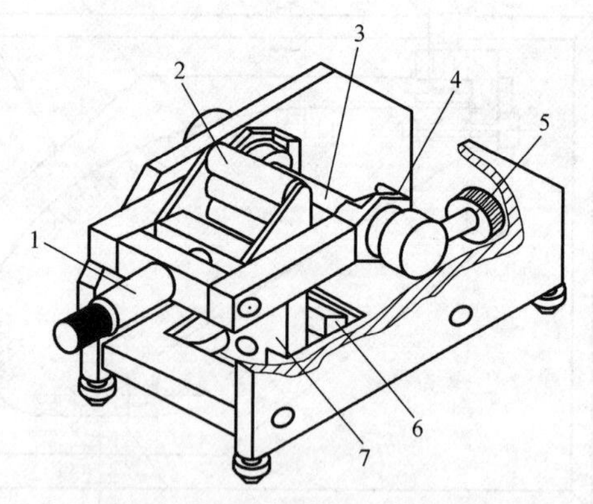

图6 Ⅱ型弯曲试验设备示意图

1—螺旋手柄 2—弯曲部件 3—轴棒 4—轴棒支承件 5—调节螺栓 6—夹紧鄂 7—推力轴承

6.5 碎石冲击试验设备示意图见图7，设备参数应符合表1的规定。

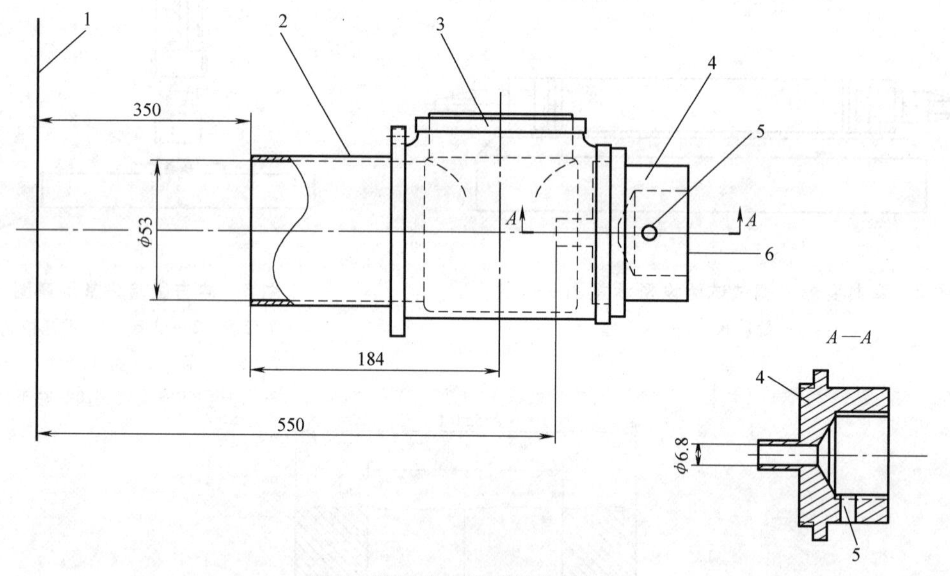

图7 碎石冲击试验设备示意图

1—试样 2—喷射圆筒 3—碎石入口 4—喷嘴 5—压力表接口 6—压缩空气入口

表1 碎石冲击试验设备参数 （单位：mm）

项　目	设备参数
喷射圆筒内径	53.0±0.8
喷嘴内径	6.8±0.1
碎石入口中心到圆筒端面距离	184.0±2.0

6.6 尖锐工具加工试验设备应采用适合的加工工具，如电锯、钻床或铣床等。

6.7 千分尺，分辨力不低于0.01mm。

6.8 直尺，分辨力为1mm。

7　试样

7.1　试样的尺寸应符合表 2 的规定，或由供需双方商定。

表 2　试样的尺寸要求

项　　目	试样的尺寸要求
弯曲变形率测试试验	250mm×20mm（L×W），厚度不应超过 5mm
冲击、杯突、弯曲试验	150mm×75mm×1mm（L×W×H）
柔韧性试验	200mm×25mm（L×W）
碎石冲击试验	300mm×100mm（L×W）
尖锐工具加工试验	试样长度不宜小于 500mm

注：L—长度；W—宽度；H—厚度。

7.2　按表 3 规定进行试样的状态调节。

表 3　试样的状态调节要求

<table>
<tr><th colspan="2" rowspan="2">膜 层 类 型</th><th colspan="3">状态调节要求</th></tr>
<tr><th>温度/℃</th><th>相对湿度（%）</th><th>时间/h</th></tr>
<tr><td colspan="2">阳极氧化膜</td><td rowspan="4">23±2</td><td>—</td><td>≥120</td></tr>
<tr><td colspan="2">阳极氧化复合膜</td><td>—</td><td>≥24</td></tr>
<tr><td rowspan="2">有机聚合物膜</td><td>自干型</td><td>50±5</td><td>≥168</td></tr>
<tr><td>其他</td><td>—</td><td>≥24</td></tr>
</table>

7.3　无法截取符合表 2 要求的试样时，可使用标准试板代替。

7.4　试样应清洁，无污垢、污渍和其他异物。如有污渍，应采用水或适当的有机溶剂（如乙醇）润湿后，使用干净的软布或类似材料去除。不应使用会腐蚀试验区域或在试验区域产生保护膜的有机溶剂。

8　测试步骤

8.1　弯曲变形率测试试验

8.1.1　用游标卡尺测量试样厚度（d）。

8.1.2　用夹紧上螺钉将试样的一端固定，并将试样有效面向外。

8.1.3　将试样沿着螺线方向逐渐弯曲，并保持试样和螺旋板外侧面一直完全接触，之后用夹紧下螺钉将试样的另一端固定。

8.1.4　进行裂纹观察，可借助手电筒等辅助光源变换角度进行观察。

8.1.5　如果裂纹难以观察，可将试样取下并放入硫酸铜溶液中浸泡约 5min，清洗、干燥后，再重新安放在设备上，标记第一条裂纹出现的位置。

8.1.6　记录开始出现裂纹的位置所对应的最小变形指数值。

8.2　冲击试验

8.2.1　将冲击试验设备放在稳固的平台上，导管应垂直于水平面。通过重锤控制器调节冲击试验设备的重锤到某一高度。将试样平放在底座上（正冲时测试面朝上，反冲时测试面朝下），试样受冲击点边缘与试样边缘的距离不少于 10mm，相邻冲击点边缘的距离不应少于 10mm。

8.2.2 重锤（1000g±5g）自由落于冲头（冲头直径为16.0mm±0.3mm）上，在试样上冲出深度为2.5mm±0.3mm的凹坑。

8.2.3 目视观察试样凹坑及周边的膜层变化情况。

8.2.4 当需采用黏胶带进一步检查时，应立即将黏着力大于10N/25mm的黏胶带覆盖在试验后的膜层表面上，压紧以排去黏胶带下的空气，然后以垂直于膜层表面的角度快速拉起黏胶带，目视检查膜层表面有无黏落现象。

8.3 杯突试验

8.3.1 将试样固定在固定环和伸缩冲模之间，不施加额外压力，测试面面向冲模，并使冲头半球形的顶端刚好与非测试面接触（冲头处于零位）。调整试样，使冲头与试样的接触点距离试样边缘至少35mm。

8.3.2 使冲头的半球形顶端以0.1mm/s~0.3mm/s的恒速推向试样，直至试样压陷深度（冲头从零位开始移动的距离）达到5mm。

8.3.3 目视观察试样凸起部位及周边的膜层变化情况。

8.3.4 当需采用黏胶带进一步检查时，应立即将黏着力大于10N/25mm的黏胶带覆盖在试验后的膜层表面上，压紧以排去黏胶带下的空气，然后以垂直于膜层表面的角度快速拉起黏胶带，目视检查膜层表面有无黏落现象。

8.4 弯曲试验

8.4.1 用Ⅰ型弯曲试验设备：

——将设备完全打开，装上规定曲率半径的轴棒，将试样测试面面朝座板插入设备，并固定一端；

——在1s~2s内以平稳的速度合上设备，使试样绕轴弯曲180°；

——目视观察试样弯曲部位及周边的膜层变化情况；

——当需采用黏胶带进一步检查时，应立即将黏着力大于10N/25mm的黏胶带覆盖在试验后的膜层表面上，压紧以排去黏胶带下的空气，然后以垂直于膜层表面的角度快速拉起黏胶带，目视检查膜层表面有无黏落现象。

8.4.2 用Ⅱ型弯曲试验设备：

——将设备放稳，使其在测试过程中不发生位移，操作者可自由操作螺旋手柄。在弯曲部件和轴棒（规定曲率半径）之间以及止推轴承和夹紧鄂之间，从上面插入试样，使测试面背朝轴棒；拉动调节螺栓以移动止推轴承，使试样处于垂直位置，并与轴接触；通过旋转调节螺栓用夹紧鄂将试样固定；转动螺旋手柄使弯曲部件与膜层接触；在1s~2s内以恒定的速度抬起螺旋手柄使其转过180°，使试样同时弯曲180°。

——转动螺旋手柄至初始位置，取出试样；然后用合适的操作部件（螺旋手柄、调节螺栓）松开弯曲部件和夹紧鄂。

——目视观察试样弯曲部位及周边的膜层变化情况。

——当需采用黏胶带进一步检查时，应立即将黏着力大于10N/25mm的黏胶带覆盖在试验后的膜层表面上，压紧以排去黏胶带下的空气，然后以垂直于膜层表面的角度快速拉起黏胶带，目视检查膜层表面有无黏落现象。

8.5 柔韧性试验

8.5.1 试样留出13mm~20mm的夹持段，将试样的测试面朝外弯曲超过90°，再用带有光滑钳口套的台钳夹紧使试样自身紧贴成 180°，见图 8。

8.5.2 采用 5 倍~10 倍的放大镜观察膜层，如有开裂或脱落，将试样继续裹卷弯曲 180°至贴合，如图 8 所示。

8.5.3 重复 8.5.2 直至膜层首次不产生开裂或脱落为止。记录试样的弯曲次数（n）。

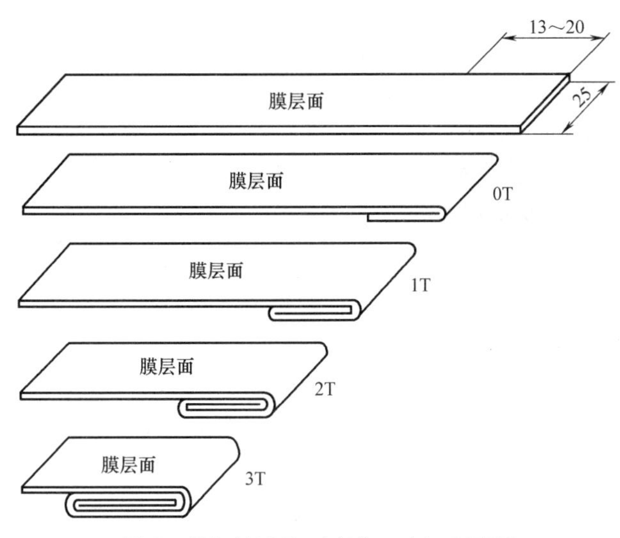

图 8　柔韧性试验（弯曲 4 次）示意图

8.6 碎石冲击试验

8.6.1 按表 4 给出的试验条件调整设备。

8.6.2 试样在温度为 25℃±5℃的试验箱中保温 1h 后取出，用碎石对试样表面进行冲击，冲击后采用胶带移除试样冲击面上的碎屑后，检查冲击面。用直尺测量凹坑外接圆直径，并统计对应的凹坑数量，进行凹坑等级评定。

8.6.3 另取一块试样在温度为-35℃±3℃的试验箱中保温 1h 后取出，在 1min 内，用碎石对试样表面进行冲击，冲击后采用胶带移除试样冲击面上的碎屑后，检查冲击面。用直尺测量凹坑外接圆直径，并统计对应的凹坑数量，进行凹坑等级评定。

表 4　碎石冲击试验条件

项　　目	试 验 条 件
喷射角度/(°)	90±1
喷射压力/kPa	480±20
喷射时间/s	7~10
碎石喷射量/mL	473±3
喷嘴到测试面的距离/mm	550.0±3.0
喷射圆筒到测试面的距离/mm	350.0±3.0

8.7 尖锐工具加工试验

采用电锯、钻床或铣床等尖锐工具对试样（或标准试板）进行加工，然后用 4 倍放大镜观察加工边缘附近的膜层现象，判断膜层是否开裂、剥落。

9 结果表示

9.1 弯曲变形率

按公式（2）计算试样的弯曲变形率（A），结果保留小数点后两位有效数字，数值修约按 GB/T 8170 的规定进行。

$$A=\frac{100d}{2R+d}\times 100\% \tag{2}$$

式中 d——试样厚度（mm）；

R——曲率半径（mm）。

9.2 耐冲击性、抗杯突性、抗弯曲性

试验结果用膜层是否开裂或脱落表示。

9.3 柔韧性

计算裹卷次数 $m=n-1$，试验结果用 mT（见图 8）表示。

9.4 耐碎石冲击性

9.4.1 耐碎石冲击性用凹坑数量等级后随凹坑尺寸等级的形式表示，凹坑数量等级用于表示凹坑数量区间，用 1 位或 2 位阿拉伯数字表示，如表 5 所示。凹坑尺寸等级用于表示凹坑外接圆直径区间，用 1 位大写英文字母表示，如表 6 所示。

表 5 凹坑数量等级

凹坑数量等级	凹坑数量	凹坑数量等级	凹坑数量
10	0	4	50~74
9	1	3	75~99
8	2~4	2	100~149
7	5~9	1	150~250
6	10~24	0	>250
5	25~49	—	—

表 6 凹坑尺寸等级 （单位：mm）

凹坑尺寸等级	凹坑外接圆直径	凹坑尺寸等级	凹坑外接圆直径
A	<1	C	>3~6
B	1~3	D	>6

9.4.2 试验结果包括常温凹坑等级和低温凹坑等级，结果表示示例如下。

选择试样破坏严重、尺寸为 100mm×100mm 的中心部位作为评估区域，统计评估区域内按表 5 确定凹坑数量，按表 6 确定凹坑尺寸等级，试验结果按凹坑数量等级数字从小到大依次排列的顺序表示。

示例：冲击面凹坑由 20 个尺寸小于 1mm 的凹坑、40 个尺寸为 1mm~3mm 的凹坑和 3 个尺寸大于 3mm~6mm 的凹坑组成，表示为：5B-6A-8C。

9.5 耐尖锐工具加工性

试验结果用膜层是否开裂或脱落表示。

10 试验报告

试验报告至少应包括以下内容：

a）试样材料或产品的说明；

b）试样尺寸、状态以及表面膜层已知特征及表面处理的说明；

c）试验方法（弯曲变形率测试试验、冲击试验、杯突试验、弯曲试验、柔韧性试验、碎石冲击试验、尖锐工具加工试验）；

d）仪器设备的型号；

e）试验结果；

f）观察到的异常现象；

g）本文件编号；

h）试验日期；

i）试验人员。

第十六节　铝及铝合金阳极氧化膜及有机聚合物膜检测方法　第6部分：色差和外观质量

一、概述

铝及铝合金表面膜层不仅可以提高工件的防护性，而且还能赋予工件高装饰性，因此，其外观对于产品质量尤为重要。一般来说，外观质量包括颜色、色差、光泽（光反射性能）以及表面瑕疵或缺陷等。

虽然色差和光泽度可以通过仪器测量，但外观质量通常采用目视观察法。人眼对颜色微妙差别的识别能力非常高，能够快速识别颜色深浅，光泽高低。肉眼还可以以整体视觉效果来评判产品外观，这是仪器无法取代的。另一方面，表面缺陷也只能通过肉眼检查，如氧化膜表面的麻点、裂纹、起泡、起皮、脱落、烧焦和露底等。因此，目视检查外观质量具有直观、快速、简便的特点，无法完全被仪器所替代。

目视观察法受外界因素的影响很大，如环境光线、试样表面状态、观察条件等，同时也受人为因素的影响，如视力等。为减少外界因素的干扰，降低主观因素，有必要制定目视检查着色阳极氧化膜外观质量的标准。1994 年，我国等效采用 ISO/TR 8158：1984，制定了 GB/T 14952—1994《铝及铝合金阳极氧化　着色阳极氧化膜的色差和外观检验方法　目视观察法》。2008 年修订时，将其作为 GB/T 12967 的第 6 部分发布，即 GB/T 12967.6—2008《铝及铝合金阳极氧化膜检测方法　第 6 部分：目视观察法检验着色阳极氧化膜色差和外观质量》。为适应不同类型膜层的色差和外观质量的评价需求，2022 年对 GB/T 12967.6—2008 进行了修订。GB/T 12967.6—2022《铝及铝合金阳极氧化膜及有机聚合物膜检测方法　第 6 部分：色差和外观质量》于 2022 年 3 月 9 日发布，2022 年 10 月 1 日正式实施。

二、标准主要特点与应用说明

该标准规定了铝及铝合金着色阳极氧化膜及有机聚合物膜的色差和外观质量的检测方法，主要内容包括方法概述、试验条件、仪器设备、试样和样品、测试步骤、结果表示及试验报告等。该标准适用于着色阳极氧化膜及有机聚合物膜生产线上产品色差和外观质量的检查，也适用于产品验收时的外观检查。

在规定的条件下，目视观察或用仪器测量铝及铝合金阳极氧化膜及有机聚合物膜产品的颜色与参比样品的差异程度；目视观察或以参比样品为基准对比观察铝及铝合金阳极氧化膜及有机聚合物膜的表面状况，以评价产品的外观质量。仪器测量色差方法不适用于纹理膜。

对于外观质量检查，参比样品是十分必要的。参比样品的基材材料、热处理状态、加工及着色制作工艺以及最终外观效果，均需双方认可。为防止参比样品变色，应将其保存在干燥的暗处。

该标准对光源、观察距离、视点位置和肉眼视力等观察条件进行了规定。为提高检查的重复性，应严格执行标准要求。对于装饰性阳极氧化膜及有机聚合物膜产品，其观察距离为0.5m；对于室内使用的阳极氧化膜及有机聚合物膜产品，其观察距离为2m；对于室外使用的阳极氧化膜及有机聚合物膜产品，其观察距离为5m。观察距离越大，对色差和外观细节的要求就越低。因此，要根据产品大小和使用目的来确定合适的观察距离。对于颜色要求极高的装饰件，必要时应采用比色箱进行观察，以减少环境光线的干扰。

根据检验的目的，将检验分为生产检验、交货检验和仲裁检验。其中，仲裁检验对检验人员要求高，必须得到仲裁部门认可，方可执行目视检查。对于批量生产产品的交货检验，供需双方应商定不同批量下随机抽样的数量和不合格数上限。

三、标准内容（GB/T 12967.6—2022）

铝及铝合金阳极氧化膜及有机聚合物膜检测方法
第6部分：色差和外观质量

1 范围

本文件给出了铝及铝合金阳极氧化膜及有机聚合物膜的色差和外观质量测定的方法概述，并规定了试验条件、仪器设备、试样和样品、测试步骤、结果表示和试验报告等内容。

本文件适用于铝及铝合金阳极氧化膜、阳极氧化复合膜、有机聚合物膜色差和外观质量的测定。

2 规范性引用文件

下列文件中的内容通过文中的规范性引用而构成本文件必不可少的条款。其中，注日期的引用文件，仅该日期对应的版本适用于本文件；不注日期的引用文件，其最新版本（包括所有的修改单）适用于本文件。

GB/T 8005.3 铝及铝合金术语 第3部分：表面处理

JJG 2029 色度计量器具检定系统表

3 术语和定义

GB/T 8005.3 界定的以及下列术语和定义适用于本文件。

3.1 参比样品 reference sample

供需双方商定的，用于限定产品外观或颜色的样品。

3.2 有效表面 significant surface

覆盖阳极氧化膜和（或）有机聚合物膜，在技术图样上有标记，且对物件的适用性能和（或）外观起重要作用，满足产品规定性能要求的物件表面。

4　方法概述

在规定的条件下，目视观察或用仪器测量铝及铝合金阳极氧化膜及有机聚合物膜产品的颜色与参比样品的差异程度；目视观察或以参比样品为基准对比观察铝及铝合金阳极氧化膜及有机聚合物膜的表面状况，以评价产品的外观质量。仪器测量色差方法不适用于纹理膜。

5　试验条件

5.1　光源

5.1.1　自然光源：选晴天日出后 3h 到日落前 3h 的漫射日光。

5.1.2　人造光源：选人造 D65 标准光源或供需双方商定的光源，人工照明时的照度应大于 600lx。背景应选用无光泽的黑色或灰色，不应选用彩色背景。

5.1.3　照明的散射光源应位于观察者的上方，在比色箱中检查时光源应从试样的正上方垂直入射。

5.2　观察距离

根据产品的最终使用目的，观察距离应符合下列要求。需方有特殊要求时，由供需双方商定。

——对于装饰性的阳极氧化膜及有机聚合物膜产品观察距离为 0.5m。

——对于室内用阳极氧化膜及有机聚合物膜产品观察距离为 2m。

——对于室外用阳极氧化膜及有机聚合物膜产品观察距离为 5m。

5.3　视点位置

视线垂直于试样（或参比样品）表面，或与试样（或参比样品）表面法线成 45°。

5.4　观察人员

正常视力或矫正视力应不低于 5.1，且无色盲和弱视等影响颜色分辨能力的眼科疾病。

6　仪器设备

6.1　比色箱

比色箱见附录 A。

6.2　色差仪

6.2.1　积分球分光光度仪（d/8°或者 8°/d 结构）。

6.2.2　单角度分光光度仪（0°/45°或者 45°/0°）。

6.2.3　多角度分光光度仪。

6.2.4　为保持测量精度，应定期按 JJG 2029 检定。

7　试样和样品

7.1　参比样品

7.1.1　参比样品有效表面的面积宜不小于 $100cm^2$。

7.1.2　用于色差检测的参比样品在有效表面上的颜色应均匀、稳定，无明显表面缺陷。参比样品应保存在干燥且不被光线照射的位置。也可用指定色号的标准色板或直接用试样作为参比样品。

7.1.3　用于外观评定的参比样品应能表明需方可接受的表面缺陷程度。

7.2　试样

7.2.1　试样应清洁，无污垢、污渍和其他异物。如有污渍，应采用水或适当的有机溶剂（如乙醇）润湿后，使用干净的软布或类似材料去除。不应使用会腐蚀试验区域或在试验区域产生保护膜的有机溶剂。

7.2.2 试样有效表面的面积宜不小于 $100cm^2$。

7.2.3 试样无法提供进行色差测量的平面时，可使用标准试板代替试样。

8 测试步骤

8.1 色差

8.1.1 目视法

8.1.1.1 试样和参比样品的放置

将试样和参比样品沿加工方向（如轧制方向、挤压方向）并排放置在基底上，有效表面朝上。

注：为了能够得到散射光，防止周围的直射太阳光反射的影响，便于观察样品颜色和色差，在样品下面放置灰色无光纸或起相同作用的其他物质作为基底。

8.1.1.2 测试

8.1.1.2.1 在自然光源（5.1.1）下，观察人员（5.4）按规定的观察距离（5.2）在规定的视点位置（5.3），沿试样的加工方向观察颜色，并与参比样品进行色差比对。

8.1.1.2.2 使用比色箱时，采用规定的光源（5.1.3），观察人员（5.4）以0.5m的观察距离、45°视角观察试样颜色，并与参比样品进行色差比对。测试过程中，尽量避免外界光线照射到试样和参比样品上，比色箱内不应放置影响光线的其他物品。

8.1.2 仪器法

8.1.2.1 试验仪器选择

供需双方根据膜层类型选定适宜的色差仪：单色膜层宜选择积分球分光光度仪（6.2.1）或单角度分光光度仪（6.2.2），金属感膜层宜选择多角度分光光度仪（6.2.3），高镜面反射率的膜层宜选择积分球分光光度仪（6.2.1）。

8.1.2.2 仪器校准

开启色差仪，按说明书使用色差仪校准板对色差仪器进行校准。

8.1.2.3 参数设置

标准照明体为D65；模拟室内近距离评估时采用CIE 1931标准观察者（10°），模拟室外远距离评估时采用CIE 1964标准观察者（2°）；使用积分球分光光度仪时，高镜面反射率的膜层选择“包含镜面反射”参数，其他膜层选择“排除镜面反射”参数；总色差计算选用DE 1976。

8.1.2.4 试样和参比样品的放置

按8.1.1.1的规定放置试样和参比样品。

8.1.2.5 测试

测量试样和参比样品的色度值，读取总色差（ΔE_{ab}^*），至少测试3个位置，取平均值。

8.2 外观

8.2.1 按8.1.1.1的规定放置试样。

8.2.2 在自然光源（5.1.1）下，观察人员（5.4）按规定的观察距离（5.2）在规定的视点位置（5.3），沿试样的加工方向观察外观。

8.2.3 使用比色箱时，采用规定的光源（5.1.3），观察人员（5.4）以0.5m的观察距离、45°视角观察试样外观。

8.2.4　需要与参比样品进行比对时，参比样品随同试样进行测试。

9　结果表示

9.1　色差

9.1.1　目视法

试验结果中注明试样颜色是否在参比样品限定的范围内。

9.1.2　仪器法

试验结果以试样与参比样品的总色差（ΔE_{ab}^{*}）表示。

9.2　外观

在试验结果中标注或明示以下内容。

——阳极氧化膜：

- 试样色泽是否均匀。
- 出现的缺陷（如膜层腐蚀、麻面、夹杂、电灼伤、膜层脱落等）与呈现形态。未出现缺陷时，应明示“未见缺陷”。

——阳极氧化复合膜：

- 试样色泽是否均匀。
- 出现的缺陷（如皱纹、裂纹、气泡、流痕、麻面、夹杂、发黏和漆膜脱落等）与呈现形态。未出现缺陷时，应明示“未见缺陷”。

——有机聚合物膜：

- 试样色泽是否均匀。
- 出现的缺陷（如皱纹、流痕、鼓泡、裂纹、气泡、夹杂、凹陷、暗斑、针孔、划伤等缺陷及任何到达基体的损伤）与呈现形态。未出现缺陷时，应明示“未见缺陷或损伤”。

——纹理膜：

- 纹理图案与供需双方确定的样板是否一致，纹理是否清晰完整。
- 出现的缺陷（如漏印、折痕、暗影、露底等）与呈现形态。未出现缺陷时，应明示“未见缺陷”。

10　试验报告

试验报告至少应包括以下内容：

a）试样材料或产品的说明；

b）试样尺寸、状态以及表面膜层已知特征及表面处理的说明；

c）试验条件；

d）试验方法（目视法、仪器法）；

e）试验设备的型号；

f）参比样品及说明；

g）试验结果；

h）观察到的异常现象；

i）本文件编号；

j）试验日期；

k）试验人员。

附 录 A
（资料性）
比色箱的结构

A.1 比色箱的结构示意图见图 A.1。

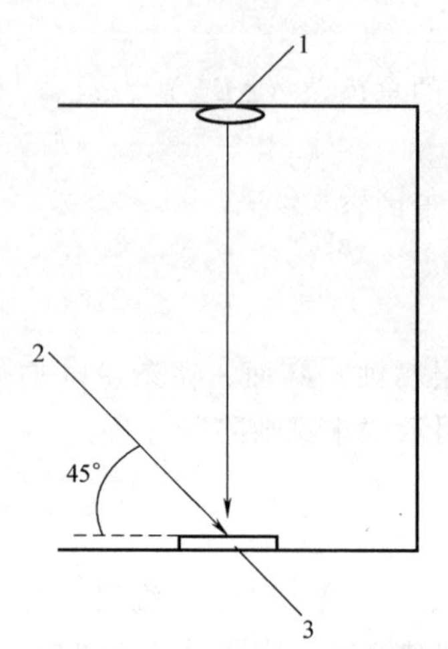

图 A.1 比色箱的结构示意图

1—光源 2—观察视线 3—试样

A.2 光源为 D65 标准光源。

A.3 光源背景颜色为吸光型中灰色（neutral grey）。

第十七节 铝及铝合金阳极氧化 阳极氧化膜镜面反射率和镜面光泽度的测定 20°、45°、60°、85°角度方向

一、概论

产品外表面的光反射性能会影响产品的外观质量，当两种产品外表面的光反射性能差别很大时，纵使二者颜色完全一样，也会明显看到不同的视觉效果。因此，对于装饰性产品外观质量的检查，也应考虑其光反射性能的检查。

光的反射性能通常可用镜面反射率和镜面光泽度来评价。然而，镜面反射率和镜面光泽度无法通过目视检查，只能采用各种光学仪器测量。

镜面反射率和镜面光泽度一样，并不是恒定不变的物理量，它随测量的角度和控制入射光及反射光的光阑尺寸而变化。因此，一般情况下，采用光泽计以不同几何角度来测量阳极氧化膜的镜面反射率和镜面光泽度。

早在 20 世纪 80 年代，阳极氧化膜表面镜面反射率和镜面光泽度的测量方法已被广泛应用于科研和生产。同时，国际标准化组织也于 1986 年发布了 ISO 7668：1986《铝及铝合金阳极氧化 镜面反射率和镜面光泽度在 20°、45°、60°或 85°时的测量》，后经三次修订，现行版本为 ISO 7668：2021。我国于 2006 年等同采用 ISO 7668：1986，制定了 GB/T 20503—

2006《铝及铝合金阳极氧化　阳极氧化膜镜面反射率和镜面光泽度的测定　20°、45°、60°、85°角度方向》。该标准于2006年9月26日发布，2007年2月1日实施。

二、标准主要特点与应用说明

该标准规定了使用几何角度为20°、45°、60°、85°时，测量铝及铝合金阳极氧化膜平整表面的镜面反射率和镜面光泽度的方法，以及采用窄接收角的45°测量镜面反射率的方法。该标准适用于透明的阳极氧化膜，也适用于着色阳极氧化膜，但仅适用于相似颜色间的对比。

试验采用以20°、45°、60°、85°的几何角度测定镜面光泽度。其中，60°法适用于所有光泽范围的膜层；20°法对高光泽膜层可提高鉴别能力，适用于光泽度高于70单位的膜层；85°法对低光泽膜层可提高鉴别能力，适用于光泽度低于10单位的膜层。在各种角度测量镜面反射特性时，全面了解阳极氧化膜表面的反射特性，对特定条件下最相关的一种或几种方法给予认真考虑是必要的。

由于不同几何角度测出的镜面光泽度是不同的，所以结果应注明采用哪种几何角度测量的镜面光泽度。

三、标准内容（GB/T 20503—2006）

铝及铝合金阳极氧化　阳极氧化膜镜面反射率和镜面光泽度的测定　20°、45°、60°、85°角度方向

0　引言

镜面反射率和镜面光泽度一样，并不是不变的物理特性，它随测量的角度和控制入射光及镜面反射光的光阑尺寸而变化，因此测量与使用的仪器有关。

大部分表面的镜面反射率随测量角度而增大，因此使用具有不同角度的反射仪器，就像ISO 2813中涂漆表面的实例。然而铝阳极氧化膜的镜面反射特性并非总是以正常方式变化的，因为它具有二次反射特性，部分反射光来自膜的表面，而另一部分来自膜下的金属界面。

在各种角度下测定镜面反射特性，全面了解阳极氧化表面的镜面反射特性，并对特定条件下最有关的一种或几种方法给予认真考虑是必要的。例如方法E中窄角度测量，适用于镜面光洁度的光亮阳极氧化膜。

1　范围

本标准规定了使用几何角度为20°（方法A）、45°（方法B）、60°（方法C）及85°（方法D）时，测量铝及铝合金阳极氧化膜平面样品镜面反射率和镜面光泽度的方法，以及采用窄接收角的45°测量镜面反射率的方法（方法E）。

本标准主要适用于透明的阳极氧化膜表面，也能够用于着色的阳极氧化膜，但仅适用于相似颜色间的比较。

2　定义

2.1　镜面反射率　specular reflectance

在规定的光源和接收器张角条件下，镜面反射方向的反射光光通量与入射光光通量之比。其数值通常以百分数表示。

2.2 镜面光泽度 specular gloss

在规定光源和接收器张角条件下，样品在镜面反射方向的反射光光通量与玻璃标样在该镜面反射方向的反射光光通量之比，规定使用折射率为 1.567 的玻璃标样。

为了调整好镜面光泽的标度，折射率为 1.567 的抛光黑色玻璃在几何角度为 20°、45°、60°及 85°下，应设定其镜面光泽值为 100（光泽单位）。

注：阳极氧化膜的光反射现象与抛光黑色玻璃完全不同。将黑色玻璃作为标样只是人为设定，以便于对各种不同品质的阳极氧化膜进行比较。

3 原理

利用适宜的仪器，在规定的几何角度（20°、45°、60°或 85）测量阳极氧化膜的镜面反射率和镜面光泽度。

4 仪器

4.1 部件

本仪器由下列主要部件组成。

——多色光源和透镜组成的箱体：从透镜透射出平行的或几乎无会聚的光束，投射到试样面上；

——试样固定装置：测量时可校正表面位置；

——接收器箱：其中包括透镜、接收光阑和接收反射光束的光电池；

——灵敏度控制器：可以调节光电池的电流，以便在仪器刻度盘上或数字显示器上能读取所期望的数值。

注：镜面反射通常无须选定光谱特性，对于一般不着色的阳极氧化膜表面，光源和探测器的光谱特性不需要严格控制。

对于相同颜色的表面之间可用此法做近似对比。但欲精确测量，则光源、光电池及相匹配的滤光镜，要求符合 CIE 规定的标准照明体 C 或 D65。以提供相应的光谱灵敏度。

4.2 几何条件

入射角 ε_1 表示入射光束的轴线与试样表面的垂线之间的夹角，它具有下列公差：

方法 A：20°±0.5°；

方法 B：45°±0.2°；

方法 C：60°±0.2°；

方法 D：85°±0.1°；

方法 E：45°±0.1°。

接收器的轴线应尽可能与入射光轴线的成像相吻合，接收器角 ε_2 表示接收器轴线与试样表面的垂线之间的夹角，此夹角对于所有方法均要求 $|\varepsilon_1-\varepsilon_2| \leqslant 0.1°$。

将一个抛光黑色平面玻璃或其他表面抛光平面镜放置在试样板的位置上，光源将在接收器光阑中心成像。试样板的表面照明区域宽度应不小于 10mm。

接收器像场光阑的张角尺寸，从接收器透镜处测量。光源及接收器尺寸和公差在表 1 和表 2 中给出。图 1、图 2 和图 3 给出测量示意图。表 1 给出方法 A、方法 B、方法 C 和方法 D 的张角及按焦距为 50mm 的透镜计算的成像尺寸。表 2 给出方法 E 的张角和光阑尺寸。角度是人为规定的。光阑尺寸（d）由相应的光阑张角 δ 确定，即光阑尺寸 $d=2f\tan(\delta/2)$。其中 f 是接收器透镜的焦距。

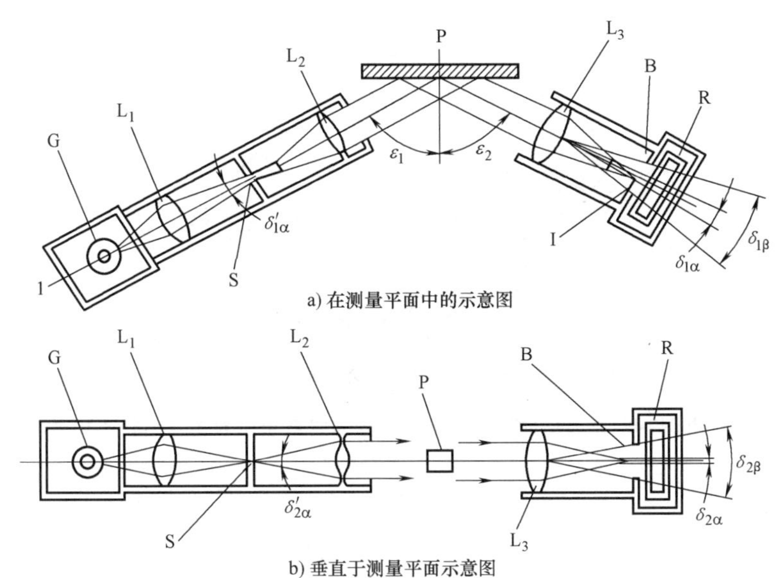

a) 在测量平面中的示意图

b) 垂直于测量平面示意图

图 1　平行光型仪器光阑和光源成像过程示意图

[用于方法 A（20°）、方法 B（45°）、方法 C（60°）和方法 D（85°）]

（尺寸列于表 1 中）

1—光轴　G—白炽灯　L_1—聚光透镜　L_2—准直透镜　L_3—接收器透镜　S—有效光源（针孔）　P—试样表面　B—接收器　I—光源影像　R—光电池　$\delta_1=20°\pm0.5°$（方法 A）、$45°\pm0.2°$（方法 B）、$60°\pm0.2°$（方法 C）、$85°\pm0.1°$（方法 D）　$|\delta_1-\delta_2|\leqslant0.1°$（方法 A、方法 B、方法 C 和方法 D）　$\delta_{1\alpha}$—光源影像张角　$\delta_{1\beta}$—接收器光阑张角　$\delta_{2\alpha}$—光源成像张角　$\delta_{2\beta}$—接收器光阑张角（L_2 和 L_3 焦距相同时，$\delta'_{1\alpha}=\delta_{1\alpha}$、$\delta'_{2\alpha}=\delta_{2\alpha}$）

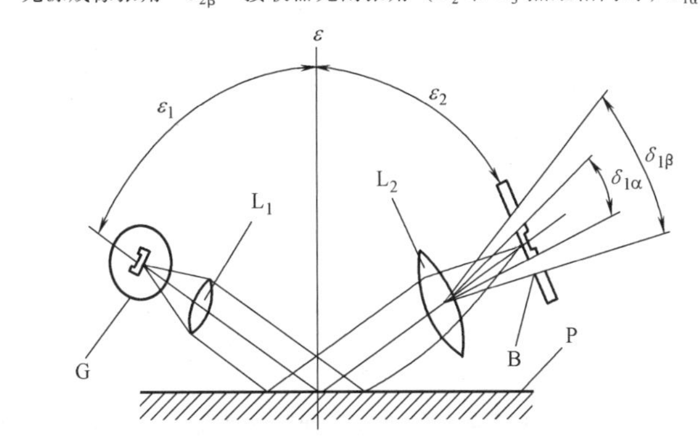

a) 在测量平面中的示意图

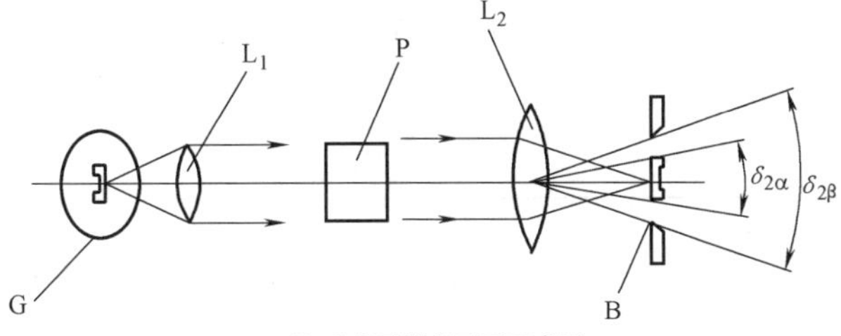

b) 垂直于测量平面示意图

图 2　用于方法 A（20°）、方法 B（45°）、方法 C（60°）和方法 D（85°）时装置的一般尺寸

（尺寸列于表 1 中）

G—白炽灯　L_1、L_2—透镜　P—试样表面　B—接收器光阑　$\delta_{1\alpha}$、$\delta_{2\alpha}$—光源影像张角

$\delta_1=20°\pm0.5°$（方法 A）、$45°\pm0.2°$（方法 B）、$60°\pm0.2°$（方法 C）、$85°\pm0.1°$（方法 D）

$|\delta_1-\delta_2|\leqslant0.1°$（方法 A、方法 B、方法 C 和方法 D）　$\delta_{1\beta}$、$\delta_{2\beta}$—接收器光阑张角

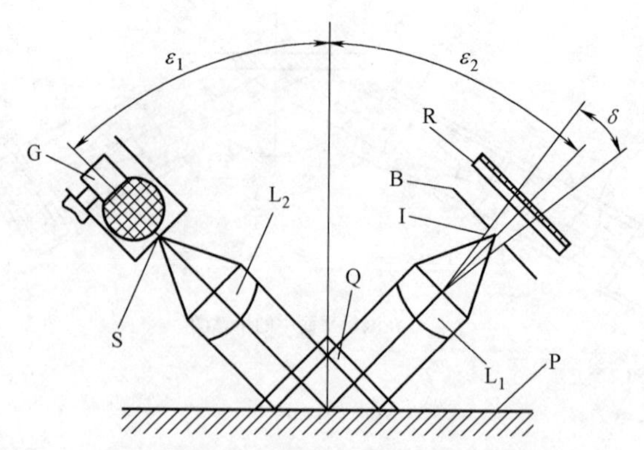

图 3 45°镜面反射测量仪小张角度光路系统示意图（方法 E）

（尺寸见表 2）

G—磨砂玻璃灯泡 L_1、L_2—透镜 B—接收器光阑 P—试样表面 Q—玻璃棱镜 S—光源光阑

I—光源影像 δ—接收光阑张角 R—光电池 $\varepsilon_1=\varepsilon_2=45°\pm0.1°$

表 1 方法 A、方法 B、方法 C、方法 D 光源影像和接收光阑的张角和尺寸

方法	仪器特性	平面测量		垂直于平面测量	
		张角 δ_1/(°)	尺寸①/mm	张角 δ_2/(°)	尺寸①/mm
A、B、C、D	光源影像尺寸 公差	0.75($\delta_{1\alpha}$) ±0.25	0.65 ±0.22	2.5($\delta_{2\alpha}$②) ±0.5	2.18② ±0.44
A	20°接收光阑公差	1.80($\delta_{1\beta}$) ±0.05	1.57 ±0.04	3.6($\delta_{2\beta}$) ±0.1	3.14 ±0.09
B	45°接收光阑公差	4.4($\delta_{1\beta}$) ±0.1	3.84 ±0.09	11.7($\delta_{2\beta}$) ±0.2	10.25 ±0.17
C	60°接收光阑公差	4.4($\delta_{1\beta}$) ±0.1	3.84 ±0.09	11.7($\delta_{2\beta}$) ±0.2	10.25 ±0.17
D	85°接收光阑公差	4.0($\delta_{1\beta}$) ±0.3	3.49 ±0.26	6.0($\delta_{2\beta}$) ±0.3	5.24 ±0.26

① 此处是对于焦距为 50mm 情况下计算的。采用其他焦距 f 时，其尺寸应乘以 $f/50$。

② 推荐使用平面测量栏的张角和尺寸，即（0.75°±0.25°）及相应的尺寸（0.65mm±0.22mm）。

表 2 方法 E 中 45°仪器装置的光源影像和接收器光阑的张角和尺寸①

仪器特性	张角 δ_1/(°)	尺寸②/mm
光源影像尺寸 公差	3.44 ±0.23	1.5 ±0.1
45°接收器光阑公差	3.44 ±0.23	1.5 ±0.1

① 光源和接收器光阑均为圆形。

② 此处是对于焦距为 25.4mm 计算的。采用其他焦距 f 时，其光阑的直径 d 为：$d=2f\tan(\delta/2)$

4.3 晕映

在 5.2 中规定像场的张角内，光线应不会发生晕映。

4.4 接收器测量仪

接收器测量仪显示数值应与通过接收器光阑的光通量成正比，并且在总刻度读数 1%范围内。通常不要求光谱准确（见 4.1 注）。

5　标样

5.1　基准标样

5.1.1　黑色玻璃

一级基准标样应是精抛光的黑色玻璃（折射率1.567），或在边缘和背面磨砂并涂黑漆的透明玻璃。用光干涉法测量时，上表面（光滑面）平直度在每厘米两个干涉条纹之内。有关折射率对镜面反射率和镜面光泽度的影响见附录A。

玻璃表面应保持清洁，无划伤或任何损坏。

5.1.2　玻璃棱镜（仅用于方法E）

玻璃棱镜是另外一种基准标样，宜使用在45°反射测量仪上（仅适用于方法E）。这是一个直角玻璃棱镜，各面经过光学加工，尺寸为25mm×25mm×35.3mm。它应用的原理是凡大于临界角的角，在棱镜内部会产生全反射。当然，光线射入棱镜时也会有一些损失。表3给出由Fresnel方程（见附录A.1）计算的绝对镜面反射率。玻璃应非常清洁，无油脂，无划伤，玻璃的斜面应准确定位于校正平面上。

表3　玻璃棱镜的镜面反射率

折射率(n)	45°角镜面反射率(%)
1.500	92.16
1.523	91.59
1.567	90.48
1.600	89.63

5.2　工作标样

5.2.1　概述

工作标样由外观均匀的高平整度的阳极氧化铝表面制成。工作标样表面在给定的照明方向及照明区域条件下，预先对照一级基准标样（5.1）进行校准，给定的照明方向和区域应在工作标样上标明。工作标样应该定时地对照一级基础标样进行校检。工作标样表面质量要求均一和稳定，并且应经过技术上能胜任的单位进行校准。对于每种几何角度至少要有不同镜面反射率或镜面光泽度的两个工作标样。

5.2.2　零点检查

应使用黑色盒子或黑绒来检查显示的零点。

6　仪器的准备和校准

6.1　仪器的准备

每次操作开始及操作期间应经常定时的校准仪器，以保证仪器的响应基本恒定。仪器应具有灵敏度控制器，以调整光电池电流，使仪器刻度或数字显示器达到要求灵敏度。

6.2　仪器的校准

使用一个一级基准标样，或两个较高级工作标样，应将仪器读数调节至刻度中较高的某一选定值或校正值。如果使用一块黑色玻璃标样，对于镜面反射率测量，仪器应显示出表4中给出的相关镜面反射率。

对于镜面光泽度测量，仪器应显示出表5中给出相应的镜面光泽度。如果对于方法E，采用玻璃棱镜，则按表3所示调节至规定校正值。

然后，取一块在所用的测量角度下已知镜面反射率或镜面光泽度的工作标样，其在相同控制条件下测得的镜面反射率或镜面光泽度数值对应在仪器刻度值低的半部。

对于镜面反射率测量，如果工作标样的读数在其指定值的1%之内，则符合4.4的比值要求。对于镜面光泽度测量，如果工作标样在方法A、方法B和方法C中的读数在指定值的一个光泽单位之内，则符合4.4的比值要求。对于方法D（60°）工作标样的镜面光泽度值低于10个光泽单位时，则要求读数在指定值的一个光泽单位之内。但工作标样在60°的镜面光泽率高于10个光泽单位时，读数可以在指定值的两个单位之内。

如果情况不是如此，仪器应由制造厂进行调节。或者按照制造厂的说明书，重复校准，直至工作标样能以要求的精度进行测量为止。

注：假定这些标样表面未因损伤而造成变质或畸变，则错误的测量结果大多源于标样表面不平整、有污垢或没有将标样表面固定在正确的测量平面上。

7 镜面反射率和镜面光泽度的测量步骤

7.1 概述

测量试样的镜面反射率和镜面光泽度。要将样品牢固地固定在仪器上，应使入射光和反射光构成的平面平行于样品的轧制方向或加工方向。在特殊情况下，如果需要评价试样表面各向异性，可在垂直于轧制方向或加工方向截取平面进行测量。

7.2 镜面反射率的测量

对于镜面反射率低的试样表面，将一级黑色玻璃标样调至10倍于表3中相应的镜面反射率读数，并用1/10乘以每个读数。

对于镜面反射率高的试样表面，可使用下列任一步骤：

a）黑色玻璃标样，将仪器调节至表4相应的镜面反射率；

b）使用玻璃棱镜标样（仅使用于方法E），并调节仪器，使之显示表3给出的、或由表3导出的相应数值。

注：在实际测量中，镜面反射率的测量值范围很宽（90%～<0.1%），只有对精抛光的表面或采用85°时（方法D），才能直接读取镜面反射率测量值。

7.3 镜面光泽度的测量

使用黑色玻璃标样，将仪器调节至表5中的相应数值。

对于镜面光泽度高的，其数值超过100光泽单位的表面，可任意选择表5中的1/2、1/5或1/10的镜面光泽度值，调节黑色玻璃标样的测量值，并用相应的系数（2、5或10）乘以每个读数。

8 试验结果

8.1 镜面反射率

如果仪器调节至黑色玻璃相应的镜面反射率，则直接读数就是试样的镜面反射率。如果调节至黑色玻璃镜面反射率的10倍相应数值，测量出的读数应当乘以1/10。

8.2 镜面光泽度

如果仪器调节至抛光黑色玻璃相应的镜面光泽度数值，则直接读数就是试样的镜面光泽度。如果调节至黑色玻璃的1/2、1/5或1/10，读数应乘以相应的系数2、5或10。

9 试验报告

试验报告至少包括以下内容：

a）本标准号；

b）试验使用产品的类型及标记；

c）采用的基准标样；

d）镜面反射率或镜面光泽度测量所用的方法；

e）试验结果；

f）协议规定的误差范围及其他要求；

g）试验日期。

表4　抛光黑色玻璃镜面反射率值

折射率(n)	入射角			
	20°	45°	60°	85°
1.400	2.800	3.658	7.200	59.832
1.410	2.917	3.791	7.376	60.012
1.420	3.035	3.925	7.552	60.183
1.430	3.155	4.060	7.728	60.345
1.440	3.276	4.196	7.901	60.499
1.450	3.398	4.332	8.074	60.646
1.460	3.522	4.469	8.245	60.786
1.470	3.646	4.607	8.416	60.919
1.480	3.772	4.746	8.584	61.045
1.490	3.899	4.884	8.752	61.166
1.500	4.027	5.024	8.919	61.280
1.510	4.156	5.164	9.084	61.389
1.520	4.285	5.305	9.248	61.492
1.530	4.416	5.446	9.411	61.591
1.540	4.548	5.587	9.573	61.684
1.550	4.681	5.729	9.734	61.773
1.560	4.814	5.871	9.894	61.858
1.567①	4.908①	5.971①	10.006①	61.914①
1.570	4.948	6.014	10.053	61.938
1.580	5.083	6.157	10.211	62.015
1.581	5.102	6.177	10.233	62.025
1.590	5.219	6.299	10.368	62.087
1.600	5.355	6.443	10.524	62.156
1.610	5.493	6.587	10.679	62.221
1.617	5.592	6.691	10.800	62.266

（续）

折射率(n)	入射角			
	20°	45°	60°	85°
1.620	5.630	6.731	10.833	62.283
1.630	5.769	6.876	10.986	62.342
1.640	5.908	7.020	11.138	62.397
1.648	6.015	7.132	11.255	62.438
1.650	6.048	7.165	11.289	62.449
1.660	6.188	7.310	11.440	62.499
1.670	6.329	7.455	11.590	62.543
1.680	6.470	7.601	11.738	62.589
1.690	6.611	7.746	11.886	62.631
1.700	6.754	7.892	12.034	62.697
1.710	6.896	8.038	12.180	62.706
1.720	7.039	8.183	12.325	62.740
1.730	7.183	8.329	12.470	62.772
1.740	7.327	8.475	12.614	62.802
1.750	7.471	8.621	12.758	62.830
1.760	7.615	8.767	12.901	62.856
1.770	7.760	8.914	13.043	62.879
1.780	7.905	9.060	13.184	62.901
1.790	8.051	9.206	13.324	62.921
1.800	8.197	9.352	13.346	62.940

① 表示基准标样。

表 5 抛光黑色玻璃的镜面光泽度值

折射率(n)	入射角			
	20°	45°	60°	85°
1.400	57.0	61.3	71.9	96.6
1.410	59.4	63.5	73.7	96.9
1.420	61.8	65.7	75.5	97.2
1.430	64.3	68.0	77.2	97.5
1.440	66.7	70.3	79.0	97.8
1.450	69.2	72.6	80.7	98.0
1.460	71.8	74.9	82.4	98.2
1.470	74.3	77.2	84.1	98.4
1.480	76.9	79.5	85.8	98.6
1.490	79.4	81.8	87.5	98.8

（续）

折射率(*n*)	入射角			
	20°	45°	60°	85°
1.500	82.0	84.1	89.1	99.0
1.510	84.7	86.5	90.8	99.2
1.520	87.3	88.8	92.4	99.3
1.530	90.0	91.2	94.1	99.5
1.540	92.7	93.6	95.7	99.6
1.550	95.4	95.9	97.3	99.8
1.560	98.1	98.3	98.9	99.9
1.567①	100.0①	100.0①	100.0①	100.0①
1.570	100.8	100.7	100.5	100.0
1.580	103.6	103.1	102.1	100.2
1.590	106.3	105.5	108.6	100.3
1.600	109.1	107.9	105.2	100.4
1.610	111.9	110.3	106.7	100.5
1.620	114.3	112.7	108.4	100.6
1.630	117.5	115.2	109.8	100.7
1.640	120.4	117.6	111.3	100.8
1.650	123.2	120.0	112.8	100.9
1.660	126.1	122.4	114.3	100.9
1.670	129.0	124.9	115.8	101.0
1.680	131.8	127.3	117.3	101.1
1.690	134.7	129.7	118.8	101.2
1.700	137.6	132.2	120.3	101.2
1.710	140.5	34.6	121.7	101.3
1.720	143.4	137.1	123.2	101.3
1.730	146.4	139.5	124.6	101.4
1.740	149.3	141.9	126.1	101.4
1.750	152.2	144.4	127.5	101.5
1.760	155.2	146.8	128.9	101.5
1.770	158.1	149.3	130.4	101.6
1.780	161.1	151.7	131.8	101.6
1.790	164.0	154.2	133.2	101.6
1.800	167.0	156.6	134.6	101.7

① 表示基准标样。

附 录 A
（资料性附录）
黑色玻璃的镜面反射率和镜面光泽度

A.1 镜面反射率

Fresnel 公式给出黑色玻璃的镜面反射率值（以百分数表示）。

镜面反射率值(%)=$1/2\{\sin^2(I-r)/\sin^2(I+r)+\tan^2(I-r)/\tan^2(I+r)\}\times100$

式中 $n\sin r=\sin I$；

n——使用钠光的 D 谱线为光源，测量黑色玻璃的折射率；

I——入射角。

表 4 给出了不同的测量角度时，各种不同折射率的玻璃镜面反射率的计算值。

折射率为 1.567 的玻璃是比较理想的玻璃基准样品，但经常也采用折射率为 1.523 的玻璃。

A.2 镜面光泽度

黑色玻璃的镜面光泽度也取决于折射率（n），其值为 $n=1.567$ 的黑色玻璃的镜面光泽度值为 100。如果没有此折射率的玻璃，可采用已知折射率的玻璃，并且照下列公式求出镜面光泽度值。

$$镜面光泽度=100-K(1.567-n)$$

式中 n——已知玻璃的折射率；

K——系数，不同方法中数值不同：对于方法 A(20°)，$K=270$；对于方法 B(45°)，$K=260$；对于方法 C(60°)，$K=160$；对于方法 D(85°)，$K=14$。

例如：$n=1.523$ 时黑色玻璃的镜面光泽度值，在 20°时为 88.1；在 45°时为 89.4；在 60°时为 93.0；在 85°时为 99.4。

表 5 给出采用各种测量角度时，不同折射率黑色玻璃的镜面光泽度计算值。

第十八节 铝及铝合金阳极氧化 阳极氧化膜影像清晰度的测定 条标法

一、概论

铝及铝合金经机械精抛后，再进行化学抛光或电解抛光，然后经过适当阳极氧化，可获得高光亮阳极氧化膜。这种氧化膜表面亮度接近或达到镜子的亮度，表面光泽度高，纹路细腻，用于高装饰性产品，如化妆品容器、卫浴配件、车窗装饰条等，或用于需要镜面反射的部件，如灯罩等。

“镜面”阳极氧化膜，可以清楚反射物体影像。“镜面”效果越好，其反射的影像清晰度越高。因此，通过测量影像清晰度，可以评价或比较阳极氧化膜的这种高光特性。

阳极氧化膜表面影像清晰度是由影像分辨度、影像畸变度和浑度值三项光反射特性来确定的，而这三项特性可通过目视评定试样表面上的条标黑白线影像获得。

条标法是一种简单快捷的测量阳极氧化膜的影像清晰度的方法，在世界范围内被广泛使用。基于此，国际标准化组织于1992年就制定了ISO 10215：1992《铝及铝合金阳极氧化 影像清晰度的目视测定　条标法》，后经两次修订，现为第3版ISO 10215：2018。我国于2006年等同采用ISO 10215：1992，制定了GB/T 20504—2006《铝及铝合金阳极氧化　阳极氧化膜影像清晰度的测定　条标法》。该标准于2006年9月26日发布，2007年2月1日实施。

二、标准主要特点与应用说明

该标准规定了用条标片和明度片目视测定阳极氧化膜的影像清晰度的方法，主要内容包括术语和定义、方法原理、仪器装置、试样、测量步骤和结果表示。该标准适用于能反映条标影像的阳极氧化膜。

用于测量的试样表面应平整，尺寸一般应大于90mm×65mm。测量时，将适当的条标片（1级~6级或6级~12级）置于观测箱内，再将箱放置于试样上。照亮条标片，观察从试样反射的条标黑白线。通过确定横、竖方向分辨清楚黑白线影像的最高级别即可得到横、竖方向的影像分辨度级别。再观察其黑线在宽度上的畸变程度，即可确定试样横、竖方向的影像畸变度级别。最后，将明度片置于观测箱内，用1级条标黑线进行比较，可找到能分别出这级黑线的影像明度片，则该片的明度值即为试样的浑度值。最后将所得数据代入标准给出的计算公式计就可计算出试样的影像清晰度。

三、标准内容（GB/T 20504—2006）

铝及铝合金阳极氧化　阳极氧化膜影像清晰度的测定　条标法

1　范围

本标准规定了用条标片和明度标片目视测定阳极氧化膜表面影像清晰度的方法。

本标准仅适用于能反映条标影像的平滑表面。

2　规范性引用文件

本标准引用下列国际标准中的有关条款。本标准所引用该文件的版本是有效的。IEC或ISO各成员国均对现今版本认可有效。一切标准都会被修订。因此依据本标准达成协议的各方应尽可能采用该引用文件的最新版本。

ISO/TR 8125：1984　铝及铝合金阳极氧化　着色阳极氧化膜的颜色和色差测定

3　定义

3.1　影像清晰度　image clarity（C_v）

阳极氧化膜具有反射清晰影像的能力。本方法中，影像清晰度（C_v）用数值表示。它是将测量出的影像分辨度、影像畸变度和浑度值列入公式（1）求得（见第8章）。

3.2　影像分辨度　image clearness，image sharpness（C）

目视分辨阳极氧化膜表面上反射条标的影像细节的程度，以条标片上的等级数表示。

注1：影像分辨度很大程度上取决于该表面的微观平整度。微观平整度越好，影像分辨度越高。换言之，表面越接近于镜面，影像分辨度越高。

3.3　影像畸变度　image distortion（I）

由于表面凹凸起伏引起影像发生畸变的程度，以条标片上的等级数表示。

注 2：影像畸变度取决于表面的宏观平直度。当一部分光束由于表面不平直致使偏离主光束方向反射时，影像则发生畸变。即使镜面抛光的表面，若有稍许不平直，也会导致影像畸变。

3.4　浑度值　haze value（H_n）

表面膜层不透明性。以明度值（V）表示。

注 3：浑度值表示膜层不透明性。透明性差会造成正常反射光的吸收和散射，从而降低影像清晰度。仅用目视法简单地评价某物体反射影像的变形或光源影像的畸变是不够的，因为观测者有时很难分辨影像清晰度与光泽度之间的差别。

4　原理

通过目视评定试样表面上的条标黑白线影像获取下列三项特性数据：影像分辨度、影像畸变度和浑度值，从这些数据计算出阳极氧化膜表面影像清晰度。

5　仪器装置

5.1　条标片

由两块半透明的双层塑料片或玻璃片构成。每块上面由横、竖两种排布方式、不同宽度的黑白线（见图 1）构成各级条标。一块是 1 级~6 级条标，另一块是 6 级~11 级。其中黑线的透明度定为零。

图 1　条标片

同级条标中黑线和白线（即相邻黑线间的空白）的宽度相等，且完全平行。1 级最宽，11 级最窄。1 级~11 级黑白线宽见表 1。

1 级~7 级的线宽以等差数列递减。7 级、9 级、11 级线宽为等比数列。8 级为 7 级、9 级的中间值，10 级为 9 级、11 级的中间值。7 级以上各级用来评定影像清晰度较高的表面。

注 4：条标黑线用表面镀铝法很容易镀在玻璃上，或用照相工艺印在底片上。制好的玻璃片或底片还应再覆上一层半透明的塑料膜或玻璃片，以使光产生散射。

表 1　条标各级黑白线的线宽

级别/级	1	2	3	4	5	6	7	8	9	10	11
线宽/mm	2.0	1.75	1.5	1.25	1.0	0.75	0.5	0.375	0.25	0.188	0.125

5.2　观测箱

观测箱（见图 2、图 3）装配有能放置条标片的窗口（1 级~6 级或 6 级~11 级）。箱的另一边为观察窗口。试片窗口在箱底部。

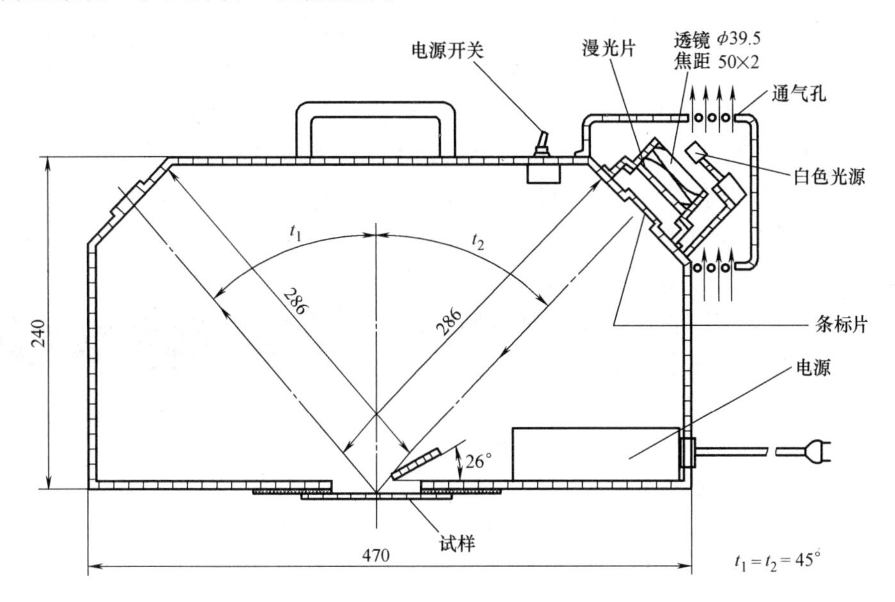

图 2 观测箱结构示意图

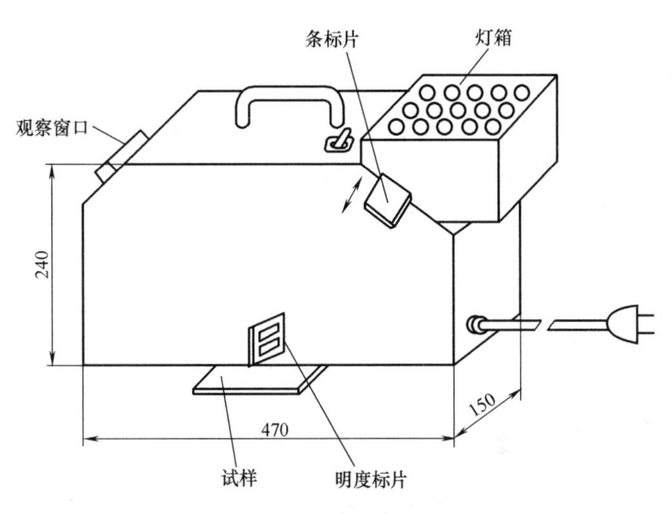

图 3 观测箱全貌示意图

5.3 明度标片

一组不同明度值（V）的中性色标片。共计 18 片。其明度范围：1.0~9.5，间隔为0.5。

6 试样

试样表面应平整，尺寸一般应大于 90mm×65mm。

7 测量步骤

7.1 概述

影像分辨度（C）和影像畸变度（I）用条标片（5.1）取得。浑度值（H_n）用明度标片（5.3）测得。影像清晰度（C_v）则从这些数据计算得到。

7.2 影像分辨度（C）的测量

将适当的条标片（1级~6级或6级~11级）置于观测箱（5.2）内，再将箱体放置于试样上。照亮箱上的条标片，观察从试样反射出的条标黑白线（见图2）。确定出横、竖方向均能分辨清楚黑白线影像的最高级别。例如，对于分辨度很高的试样（类似平面镜），能清楚分辨出11级条标的黑白边界，则试片的分辨度级别就是11级。如果无法清楚地分辨，则依次观察较低级别线界，如果能识别9级线的影像，但10级不能，则评定试样的影像分辨度为9级。

7.3 影像畸变度（I）的测定

确定影像分辨度以后，再观察其黑线在宽度上的畸变程度。其方法类似7.2，确定试片横、竖向的影像畸变度的级别。当黑线畸变严重，变窄处宽度仅约为正常宽度的一半时（见图4），则规定试样的影像畸变度降一级。例如将图4中的级别规定为4级。

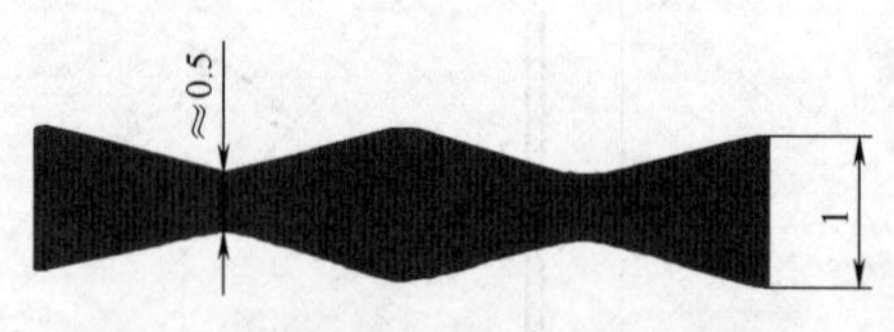

图4 条标5级黑线影像畸变例图

7.4 浑度值（H_n）的测定

将明度标片置于观测箱内，用1级条标黑线进行比较，可找到能分辨出这级黑线影像的明度标片。则该片的明度值（V）规定为试样的浑度值。

8 试验结果

根据公式（1），计算影像清晰度（C_v）。

$$C_v = 1/2[C_L | C_P + (I_L + I_P)/H_n] \tag{1}$$

式中 C_v——影像清晰度，以计算数字表示；

C_L、C_P——横、竖向影像分辨度，以等级数表示；

I_L、I_P——横、竖向影像畸变度，以等级数表示；

H_n——浑度值，以明度值（V）表示。

9 试验报告

试验报告中至少应包括下列内容：

a）试验用产品的型号，应用和标记；

b）本标准所引用的文件；

c）使用材料的技术规定；

d）采用表面处理的类型；

e）影像清晰度 C_v 值。如需要，还可以列出影像分辨度（C_L、C_P）、影像畸变度（I_L、I_P）和浑度值（H_n）。

第十九节 铝及铝合金阳极氧化 阳极氧化膜表面反射特性的测定 积分球法

一、概论

大自然中的任何物体，在光线的照射下，都会产生不同程度的镜面反射和漫反射。如果其中产生镜面反射光量更多，就说明表面更加接近理想平面，光泽度就高。如果产生的漫反射更多，说明表面不够光滑平整，光泽度就低。阳极氧化膜的光反射性能可以用镜面反射和漫反射来评价。

利用积分球仪，在接近试样表面法线的不同入射角，使光照射在试验表面上，就可以直接测量试样的总反射和漫反射。总反射包含镜面反射和漫反射，所以镜面反射可以通过总反射减去漫反射来计算。

积分球法操作简单，结果可靠，20 世纪 80 年代就被欧美等发达国家用于科研和生产。与此同时，其标准化也受到高度重视。1986 年，国际标准化组织制定了 ISO 6719：1986《铝及铝合金阳极氧化　用积分球仪测量铝表面的反射特性》。我国于 2006 年等同采用 ISO 6719：1986，制定了 GB/T 20505—2006《铝及铝合金阳极氧化　阳极氧化膜表面反射特性的测定　积分球法》。该标准于 2006 年 9 月 26 日发布，2007 年 2 月 1 日实施。

二、标准主要特点与应用说明

该标准规定了利用积分球仪测量铝及铝合金表面的总反射和漫反射的方法，还可用于测量镜面发射（主光泽度）、镜面反射值和漫反射值，不适用于测量照明灯反光器。

积分球分为偏转式和固定式两种类型。偏转式积分球仪中的球体可以绕着通过样品固定台的垂直轴转动，球体转动范围为 9°±1°。而Ⅰ型固定式积分球仪的试样台是固定的，积分球内壁上还有一个与入射口同样大小的孔，用于接收镜面反射光，这个接收口还配有可拆换帽盖。黑色帽盖能够吸收镜面反射光，用于测量漫反射，白色帽盖用于测量总反射。Ⅱ型固定式积分球仪的球体是固定的，但试样可以倾斜。当测量漫反射时，试样放置在与入射光垂直的位置上；当测量总反射时，则使入射光线与试样表面法线的夹角为 9°±1°。

应注意，机械加工使得铝及铝合金表面光反射呈各向异性，所以测量时有必要考虑加工方向的影响。标准规定，应在延加工方向和垂直加工方向分别测量，并计算方向性。

三、标准内容（GB/T 20505—2006）

铝及铝合金阳极氧化　阳极氧化膜表面反射特性的测定　积分球法

1　范围

本标准规定了利用积分球仪测量铝及铝合金表面的总反射和漫反射特性的方法。

本方法也适用于镜面反射（主光泽度），镜面反射值和漫反射值的测量。

2　规范性引用文件

下列文件中的条款通过本标准的引用而成为本标准的条款。凡是注日期的引用文件，其随后所有的修改单（不包括勘误的内容）或修改版均不适用于本文件，但鼓励根据本标准达成协议的各方研究是否可使用这些文件的最新版本。凡是不注日期的引用文件，其最新版本适用于本标准。

ISO 7724/2　油漆和清漆　色度计　第 2 部分：颜色测量

3　原理

利用积分球仪，在接近试样表面法线的不同入射角，使光照射在试样表面上，测量试样表面的总反射和漫反射。

4　仪器

4.1　概述

测量金属表面反射的仪器由下列装置组成：

——适当的光源；

——积分球装置；

——光电池；

——信号放大器；

——记录器、显示器或计算机装置。

入射光束照在试样表面，并反射到积分球内，球内部为白色，光线在球中自动集聚。光电池测量的平均光通量就是反射光的强度。图1～图4表示测量反射的仪器光路系统。为了便于观察，光源和滤光镜构成的光谱，以及测光器的光谱灵敏度应符合CIE或规定的标准照明体C或（D65）的光谱和光谱发光效率$V(\lambda)$。

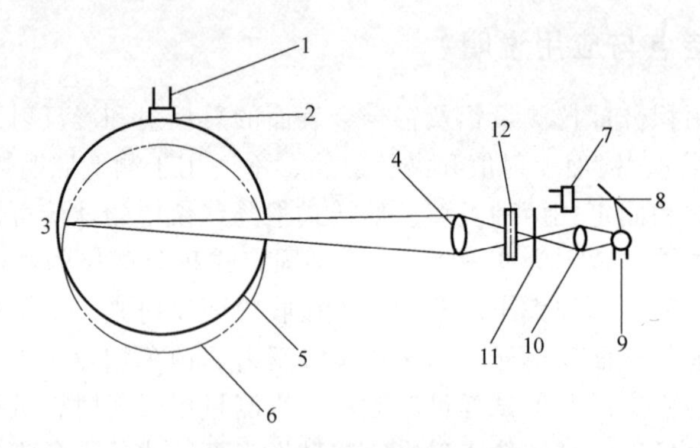

图1　偏转式积分球仪光路图

1—接至放大器和记录仪　2—光电池　3—试样　4—透镜　5—入射角为0°时（为了测漫反射）
6—入射角为±1°时（为了测总反射）　7—参比光电池　8—平面镜　9—光源　10—透镜　11—光阑　12—滤光片

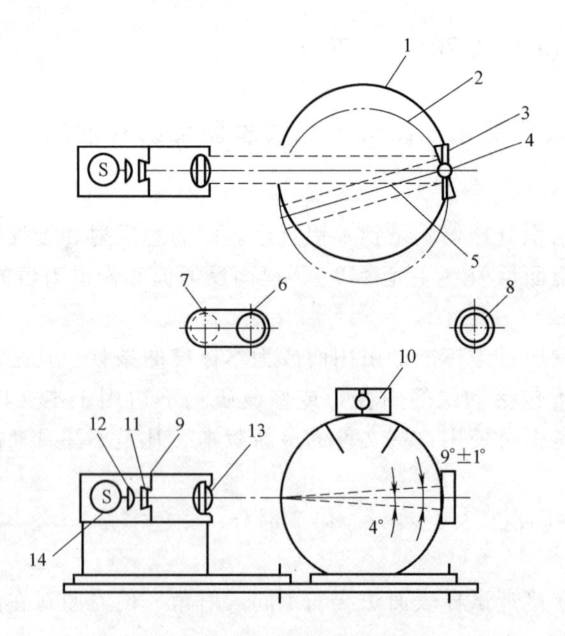

图2　偏转式积分球仪结构示意图1

1—球在中心轴位置　2—球在偏角位置（镜面反射）　3—试样　4—球旋动轴　5—球偏角位置时镜面反射光束
6—入口处在中心轴位置的入射光束　7—入口处在偏角轴位置的入射光束　8—出口处的光束　9—光阑　10—接收器
11—滤光片　12—凸透镜　13—投射镜　14—光源

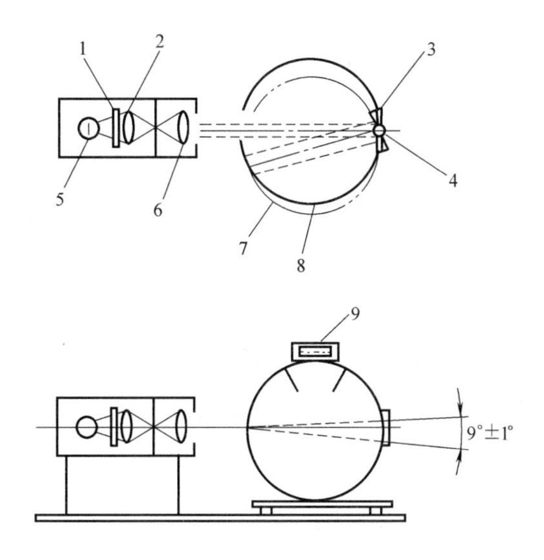

图 3　偏转式积分球仪结构示意图 2

1—滤光片　2—透镜　3—试样　4—球转动轴　5—光源　6—透镜　7—球在偏角位置　8—球在中心轴位置　9—接收器

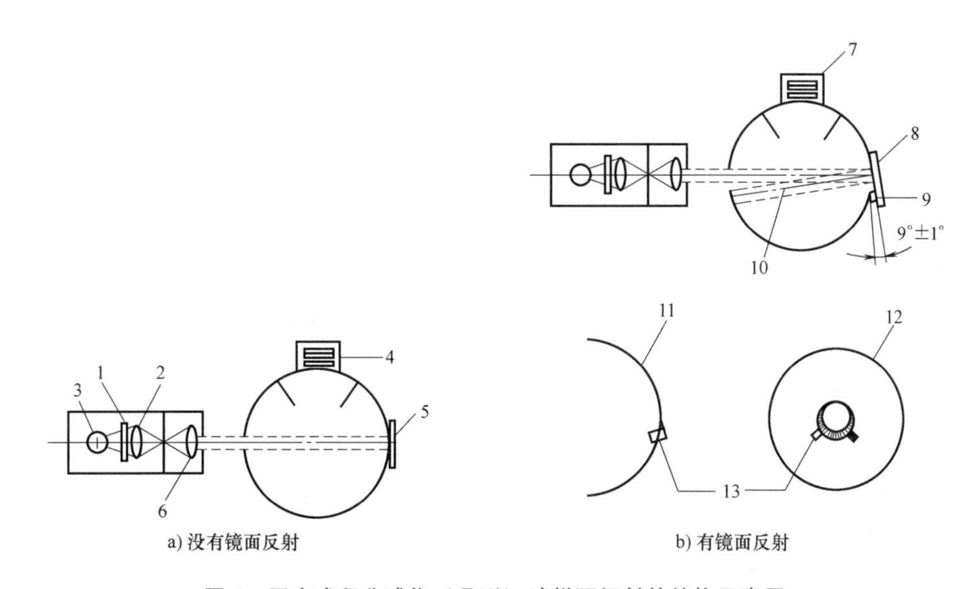

图 4　固定式积分球仪（Ⅱ型）试样可倾斜的结构示意图

1—滤光片　2—透镜　3—光源　4、7—接收器　5、8—试样　6—透镜　9、13—楔形块

10—镜面反射光束　11—光线出口（俯视图）　12—光线出口（正视图）

4.2　仪器装置

4.2.1　积分球

积分球内部涂成白色，以集聚反射光。测量可含镜面反射，也可不含镜面反射。

球直径可以任选，只要各窗口的总面积不超过整个球内表面积的 5%。

对于全部可见光谱，球的内表面应具有漫反射和很强的反射白色能力。光线入射窗口和仪器试样台窗口应设置在同圆心的圆周上，其间的弧度应大于 170°。试样台口对入射口中心所张的弧度约为 8°±1°。光线应沿着入射口与试样口的中心连线照射，测光器应设置在与入射口夹角为 90°±0.5°处。

4.3 含镜面反射（ρ）和不含镜面反射（ρ_d）的测定

4.3.1 偏转式积分球仪

偏转式积分球仪中的球体可绕着通过样品固定台的垂直轴转动（见图 1~图 2），球体转动的范围在 9°±1°，它用于测量总反射（ρ），其中含镜面反射。还用于测量漫反射（ρ_d），其中不含镜面反射。

4.3.2 固定式积分球仪（Ⅰ型）

在Ⅰ型固定式积分球仪中，试样台是固定的。入射光沿着与法线夹角内为 9°±1°的方向照射在试样的表面上。积分球内壁上还开有一个与入射口同样大小的孔，用以接收镜面反射光。这个接收口还配备有可拆换帽盖，黑色帽盖能够吸收镜面反射光，用以测量漫反射（ρ_d），另一个与球体内壁涂料相同的白色帽盖用于测量总反射（ρ）。

4.3.3 固定式积分球仪（Ⅱ型）

在Ⅱ型固定式积分球仪中，球体是固定的，仅试样可倾斜。如图 4 所示，有一个楔形块，用来调节试样表面的斜度。楔形块应涂上与球内壁相同的白色，设计中还应避免外界光线干扰。当测量漫反射（ρ_d）时，试样放置在与入射光垂直的位置上。当测量总反射（ρ）时，将楔形块垫入，使入射光线与试样表面法线的夹角为 9°±1°。

4.4 照射光束

入射光束应基本上平行，光束与轴线之间的发散角必须小于 3°，光束在两个出口处（即试样台和接收器处）不能有晕映现象发生。

入射光束的截面应呈圆形，并与试样台口同心。入射口的口径应稍大于入射光束的束径。这个圆的余量应为 1.3°±0.1°。球体处在不含镜面反射的位置时，当用一个优级平面镜反射，其反射光束与入射口的中心是同心的。而入射口作为镜面反射光的出口，其圆余量应为 0.6°±0.2°。作为出口的口径应该与这个圆相同，最多只能比其大 0.1°。

注：在出、入口均无阻挡的情况下，在积分球的外部，距离其相当于球体直径的位置处，可以很容易地测量出这个照射光束的大小。但是在有镜面反射时，不会确保对中。

4.5 遮光外罩

应有遮光外罩，以防止外界自然光线从入射口进入积分球。

5 积分球仪的校准和使用

5.1 通则

积分球仪要按照生产厂的产品说明书进行校准和使用。

5.2 基准标样

5.2.1 白色原始标样应按照 ISO 7724/2 规定的制备方法，用硫酸钡粉压制而成。

5.2.2 积分球仪的零点可采用一块表面为黑色的标样，或者是不反光的标样，通过测量其总反射和漫反射值进行调零。黑色平绒表面总反射读数应该在 0.2%到 0.5%之间。

5.2.3 工作标样应使用优级平面镜，对照原始标样校正总反射和漫反射值。平面镜总反射值应大于 90%，漫反射值应在 0.2%~1.5%之间。

6 测量

在试样的每一个方向分别测量三次总反射和漫反射值。方向是试样的加工方向与仪器的测量平面（光束的平面）之间的夹角分别为 0°和 90°。计算 3 次测量数据的算术平均值。

7　反射率计算

7.1　镜面反射

镜面反射率（R_d）按公式（1）、公式（2）计算。

$$R_d = \rho_r / \rho \quad (1)$$

$$\rho_r = \rho - \rho_d \quad (2)$$

式中　ρ_r——平均镜面反射（主光泽度）；

ρ——平均总反射值；

ρ_d——平均漫反射值。

7.2　漫反射

漫反射率（D）按公式（3）计算。

$$D = \rho_d / \rho \quad (3)$$

式中　D——漫反射率；

ρ_d——平均漫反射值；

ρ——平均总反射值。

8　方向性计算

8.1　分别记录与试样加工方向夹角为0°，90°时的测量结果（见第6章），其中0°是指与试样加工方向相同（w）。90°是指与试样加工方向垂直（a）。按照7.1计算出镜面反射率 $R_{d\cdot w}$ 和 $R_{d\cdot a}$。对于主要是漫反射特性的表面，用漫反射率（D）表示7.2。

8.2　方向性（D_i）按公式（4）计算。

$$D_i = [(R_{d\cdot w} - R_{d\cdot a}) / R_{d\cdot w}] \times 100\% \quad (4)$$

9　试验报告

试验报告应包括以下内容：

a）本标准号；

b）制备试样的方法；

c）使用仪器的制造厂名、型号；

d）平均镜面反射（主光泽度），平均总反射值和平均漫反射值；

e）镜面反射或漫反射；

f）方向性。

第二十节　铝及铝合金阳极氧化　阳极氧化膜表面反射特性的测定　遮光角度仪或角度仪法

一、概论

光洁度高的金属表面，对光具有高反射性质。其反射特性通常可用全反射率、镜面反射率、镜面光泽度、漫反射率以及影像清晰度等进行评价。

积分球法虽然可以测量镜面反射和漫反射，但不能同时测量影像清晰度。利用遮光角度仪或角度仪，在不同观测方向上测量，通过简单计算可以得到反射性能的各项参数，如镜面反射率、漫反射率、影像清晰度、窄角浑度、宽角浑度以及方向性。

国际标准化组织于1983年发布了ISO 7759：1983《铝及铝合金阳极氧化　用角度仪或

遮光角度仪测量铝表面的反射特性》，并于 2010 年进行了修订。我国于 2006 年等同采用 ISO 7759：1983，并参考欧洲标准 EN 12373-13：2001，制定了 GB/T 20506—2006《铝及铝合金阳极氧化 阳极氧化膜表面反射特性的测定 遮光角度仪或角度仪法》。该标准于 2006 年 9 月 26 日发布，2007 年 2 月 1 日实施。

二、标准主要特点与应用说明

该标准规定了利用遮光角度仪或角度仪测量阳极氧化膜表面反射特性的方法。标准适用于高光泽阳极氧化膜，也适用于具有高光泽的其他金属，但不适用于表面漫反射的金属，也不适用于测定表面颜色。

遮光角度仪或角度仪所用光源一般都是 CIE 规定的标准照明体 C 或 D65，其入射角方向为 30°，而观测方向分别为-30°、-30°±0.3°、-30°±2°、-30°±5°、-45°。

仪器在使用前应采用标准样品进行校准，测量时应使测量面与试样的纵向平行，夹紧试样保证在观测过程中足够平直。为了找准试样的纵向，可转动试样夹，使得到的镜面反射率或影像清晰度达到最佳值为止。纵向观测后，将试样旋转 90°，进行横向观测。

三、标准内容（GB/T 20506—2006）

铝及铝合金阳极氧化 阳极氧化膜表面反射特性的测定 遮光角度仪或角度仪法

1 范围

本标准规定了测量具有高光泽阳极氧化铝表面反射特性的方法。

本标准规定的方法也适用于其他具有高光泽的金属表面。

本标准不适用于表面处理成漫反射的金属表面，也不能用于测定表面颜色。

2 原理

2.1 光束从窄光源以 30°入射角射向阳极氧化铝表面，按 2.2~2.7 测量反射光特性。

2.2 在与表面法线成 30°处，通过观测视场角（在反射角平面上最大宽度为 0.50°）测量镜面反射率（R_s）。

2.3 利用接受器对 29.7°和 30.3°处狭缝接受的反射光进行积分，测定 $R_{30\pm0.3}$，计算反射影像清晰度（R_i）。

2.4 在 28°或 32°处（或二处）测量 $R_{30\pm2}$，计算窄角浑度（H_n）。

2.5 在 25°或 35°处（或二处）测量 $R_{30\pm5}$，计算宽角浑度（H_w）。

2.6 在 45°处测量 R_{45}，计算漫反射率（R_d）。

2.7 用入射光束分别垂直和平行于试样表面织构方向（轧制、挤压或加工方向）测量的两个窄角浑度（$H_{n(T)}$ 和 $H_{n(L)}$）之比来评定表面反射方向性（D_n）。

3 仪器

3.1 角度仪或遮光角度仪

3.1.1 装置参见图 1 和图 2，可调节至表 1 中所规定光束及相应角度上进行测量。

3.1.2 角度仪可在选定的几种角度上照射试样，同时可在相应的方向上测量其反射（或辐射）光。

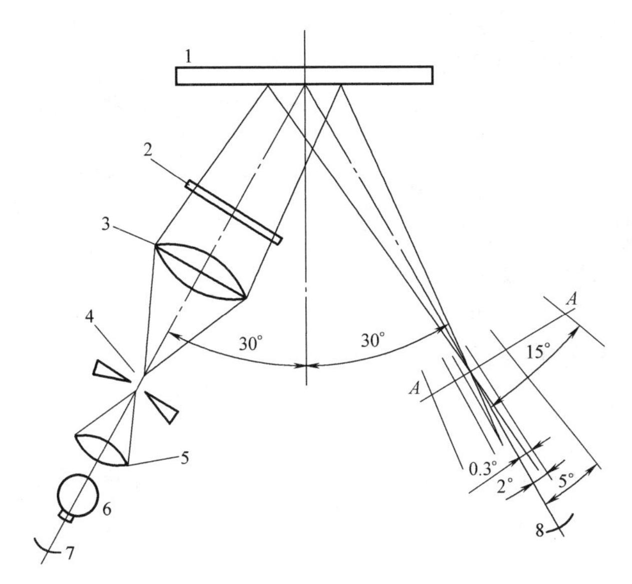

图 1　典型遮光角度仪光路图（一般几何尺寸，角度尺寸没按比例）

1—试样　2—中性密度滤光片　3—光源物镜　4—光源狭缝　5—聚光透镜　6—灯

7—光源支座中心线调节器（为了得到光源最佳值）　8—观测窗系列中心线调节器（为了得到光源最佳值）

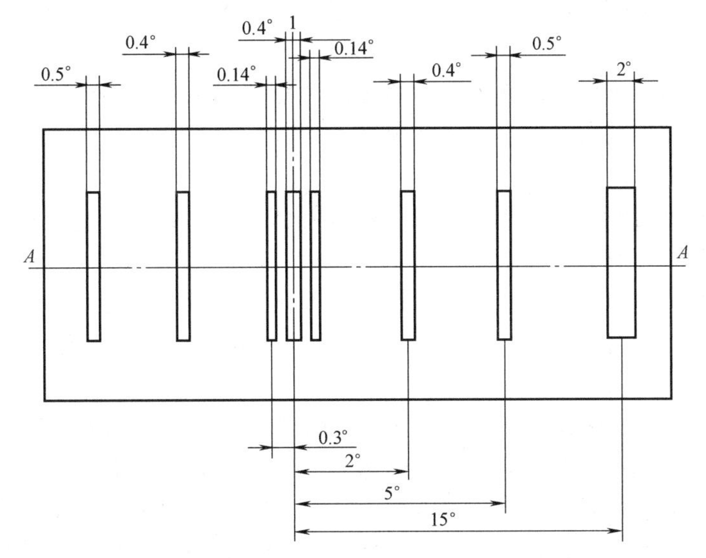

图 2　典型遮光角度仪光路图（各观测窗的排布，角度尺寸没按比例）

1—定向反射光束中心

3.1.3　遮光角度仪具有固定的入射角（此仪器为 30°）和几个固定的观测角度（此处分别为 30°、30°±0.3°、30°±2°、30°±5°和 45°）以便测定试样各种反射光。

3.2　可转动式夹具的装置参见图 3，测量过程中用来定位及压平试样。

3.3　标样

3.3.1　应备有以下三种标样。

3.3.1.1　铝镜标样 a：铝蒸镀玻璃上用一氧化硅保护层覆盖，按镜面反射率和反射影像清晰度予以标定，镜面反射率应为（85±10)%。

3.3.1.2 铝镜标样 b：铬蒸镀玻璃上用一氧化硅保护层覆盖，按镜面反射率和反射影像清晰度予以标定，镜面反射率应为（62±10)%。

3.3.1.3 白色漫反射片：在仪器上所有观测角范围内的反射光强度基本恒定。

3.3.2 标样务必保持清洁，无划伤，不能与污染物接触。按制造厂说明上的方法进行清洗，并定期与备用的基准标样校准。

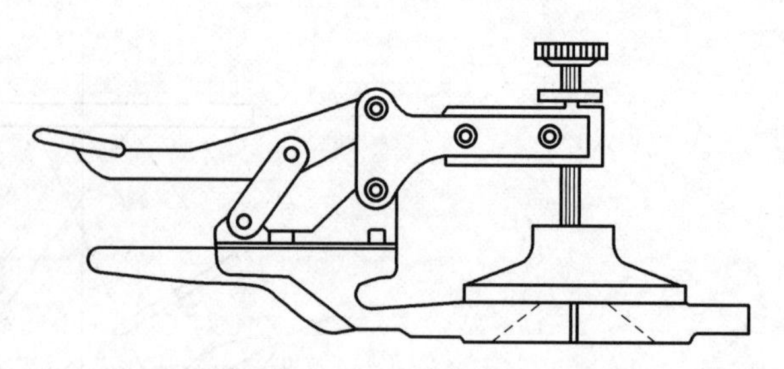

图 3 可转动式夹具（建议用于压平试样和观测时定位）

4 仪器的准备和校验

4.1 一般条件

仪器（3.1）应放置在清洁、干燥并无风的环境中。建议要具备标准实验室的条件。仪器的输入电压应精确调节至±0.01%，或单独供电。如果仪器不处于待用状态，则应预热至少 30min 后方可使用。

4.2 几何条件

入射光的方向为 30°。观测方向分别为-30°、-30°±0.3°、-30°±2°、-30°±5°和-45°。光狭缝的镜面反射影像在观测面上的角度尺寸，以及各观测窗在观测面上的角度尺寸应按表 1 所示。

4.3 光学条件

测定中所采用可见光源和滤光片产品的光谱，及测光器的光谱响应，都应与 CIE 规定的标准光源 C（或 D65）及观测器功能严格相符。

4.4 校准

调节仪器使得通过镜面反射率、影像清晰度和浑度观察窗对白色漫射标样（3.3.1.3）反射光强度测量读数（任定的）相同。

调节仪器读取铝镜标样（3.3.1.1、3.3.1.2）的镜面反射率和影像清晰度数值。如果读数不在仪器制造厂限定范围内，则应按制造厂使用说明书重新调整焦距或重新校准。

5 测量

校准后，对每一个试样进行测量，每次插入的试样，其测定面应与试样的纵向平行。要夹紧试样保证观测过程中足够平直。为了找准纵向，可转动试样夹具（3.2），使得到的镜面反射率或影像清晰度达到最佳值（两者中取其较灵敏的）。纵向观测后，将试样旋转 90°，进行横向观测。每一个试样在每一个方向上测量三个部位。应定时地，并在测量终了时用标样进行校准，以确保仪器总处于准确状态。

6 结果计算

对于每一试样分别在纵向和横向进行测定，通过每一观测窗孔各读取三个读数，计算出算术平均值，并用式（1）~式（6）计算结果。

镜面反射率（R_s）：

$$R_s = R_{30} \tag{1}$$

反射影像清晰度（R_i）：

$$R_i = [1-(R_{30\pm0.3}/R_s)]\times100 \tag{2}$$

窄角浑度（H_n）：

$$H_n = (R_{30\pm2}/R_s) \times 100 \tag{3}$$

宽角浑度（H_w）：

$$H_w = (R_{30\pm5}/R_s) \times 100 \tag{4}$$

漫反射率（R_d）：

$$R_d = (R_{45}/R_s) \times 100 \tag{5}$$

方向性（D_n）：

$$D_n = H_{n(T)}/H_{n(L)} \times 100 \tag{6}$$

式中　T——横向；

　　　L——纵向。

7　试验报告

试验报告应包括下述内容：

a）镜面反射率（R_s），注明纵、横向，并求出算术平均值；

b）反射影像清晰度（R_i），注明纵、横向，并求出算术平均值；

c）窄角浑度（H_n），注明纵、横向，并求出算术平均值；

d）宽角浑度（H_w），注明纵、横向，并求出算术平均值；

e）漫反射率（R_d），注明纵、横向，并求出算术平均值；

f）方向性（D_n）；

g）所用的仪器型号，制造厂名、生产序号，所用的基准标样，它们的标定反射率数值；

h）任何样品凡在标度盘上的单一测量值比其平均值大于3.0时，应予以注明。

表1　观测窗平面上测得的光源影像和各观测窗的角度尺寸（见图1和图2）

[单位：(°)]

参　　数	光源狭缝影像	镜面反射观测窗	影像清晰度观测窗	浑度观测窗		漫反射观测窗
观测中心角度(沿试样表面垂直方向测量值)	30.0±0.4	30.0±0.4	30.30±0.04 和 29.70±0.04	28.0±0.4 和 32.0±0.4	25.0±0.4 和 35.0±0.4	45.0±0.4
宽度(在反射角平面)	0.44±0.01	0.40±0.01	0.14±0.01	0.4±0.1	0.5±0.1	2.0±0.2
长度(沿反射角平面)	5.0±1.0	3.0±1.0	3.0±1.0	3.0±1.0	3.0±1.0	3.0±1.0

附　录　A
（资料性附录）
本标准章条编号与 ISO 7759：1983 章条编号对照

表 A.1　本标准章条编号与 ISO 7759：1983 章条编号对照

本标准章条编号	对应的国际标准章条编号
1	1
2	2
3	3
4	4
5	5
6	6
7	7

第五篇　防　　锈

第十四章　术语、通用技术

第一节　防锈术语

一、概论

金属锈蚀无处不在，金属防锈技术涉及国民经济及日常生活的各方面。

金属防锈技术术语的规范化，有利于防锈技术的研究和交流，也有利于防锈材料的生产和应用，以及防锈工艺的制定和实施，对于促进防锈技术进步具有重要意义。

GB/T 11372—1989《防锈术语》于1989年6月29日批准，1990年1月1日实施。该标准立足本行业，兼顾其他行业的用语，采用中英文对照，有利于交流。

二、标准主要特点与应用说明

1. 关于适用范围

该标准适用于金属制品在加工过程、贮存和运输中的防锈，不包括非专用的术语。

2. 关于防锈油油斑

防锈油的油斑分干性油斑和湿性油斑。干性油斑通常是在干燥的大气中因日光紫外线或高温等引起油膜氧化所致。钢铁制品施涂防锈油后，在存放期间，因表面水基切削液、水基清洗剂或水基防锈剂等水性物质的残留，或因防锈油品种本身等原因产生电化学腐蚀，致使油膜逐渐变暗甚至呈青褐色。擦除油膜后，金属表面呈现不同的颜色，如彩色、发暗甚至成灰黑色。这与金属材质和腐蚀程度等有关，差别较大。通常将这种现象称为防锈油的湿性油斑腐蚀。该标准2.13油斑腐蚀，对油斑腐蚀中的湿性油斑腐蚀的描述：潮湿大气中常呈光滑彩虹状腐蚀，这是湿性油斑腐蚀的一种现象。

3. 关于防锈材料术语

在润滑油馏分油中加入防锈添加剂可以得到具有一定润滑性能的防锈油，通常称为防锈润滑油。防锈性和润滑性因基础油及添加剂种类而异，有以润滑性为主的，也有以防锈性为主的。该标准3.18防锈润滑油（rust preventive lubricating oil）与SH/T 0692的第3.5条润滑油型防锈油（lubricating type rust preventive oil），虽然中文和英文书写均有差别，但两者指的是同一类油。

随着防锈技术的进步，出现了一些新的防锈技术术语或名词。例如：挥发性防锈油，这是一种以挥发性溶剂为基础介质，添加适量防锈添加剂等配制而成，施涂于金属表面，待溶剂挥发后形成以防锈添加剂为主的均匀透明防锈保护膜，防止金属锈蚀。这种防锈油不同于含挥发性缓蚀剂的气相防锈油，从体系组成看，这属于溶剂稀释型防锈油（solvent cut back rust preventive oil）。拦截式防锈材料，这是一种将较活泼的金属微粉（如铜粉）掺入塑料中制成防护包装塑料薄膜，金属制品采用这种材料密封包装，包装膜既吸收包装空间内对金属制品有害成分，又拦截外部有害成分的穿透，以牺牲自身的方式保护被包装的金属制品。

4. 关于防锈试验方法术语

在制定金属制品防锈包装工艺时，需对相关材料做适应性试验，包括接触和非接触，也包括防锈材料与包装体系内的其他包装材料间的相容性。该标准中的5.20气相防锈材料与有色金属的适应性试验和5.21气相防锈材料与包装材料的适应性试验中，“适应性”翻译为compatibility。而GB/T 16265—2008《包装材料试验方法　相容性》用“相容性”表示，英文为Test method of packaging materials—Compatibility。两者试验目的和英文均相同。

三、标准内容（GB/T 11372—1989）

防 锈 术 语

1　主题内容和适用范围

本标准规定了金属制品防锈专业在科研、生产中常见的专用术语和定义。

本标准适用于金属制品在加工过程、贮存运输中的防锈。本标准不包括非专用的术语。

2　一般术语

2.1　锈　rust

钢铁在大气中因腐蚀而产生的以铁的氢氧化物和氧化物为主的腐蚀产物。

2.2　暂时性防锈（简称防锈）

temporary rust prevention

防止金属制品在贮运过程中锈蚀的技术或措施。

2.3　暂时性防锈材料

temporary rust preventives

为防止金属制品在贮运过程中锈蚀而使用的对金属起防锈作用的材料。在制品投入使用时，此种材料是需要去除的。

2.4　工序间防锈

rust prevention during manufacture

金属制品在制造过程，包括加工、运送、检查、保管、装配等过程的防锈。

2.5　中间库防锈

rust prevention in interstore

金属制品在加工过程中，在制品贮存时的防锈。

2.6　油封防锈

slushing

涂防锈油脂对金属制品防锈。

2.7　封存包装（防锈包装）

preservation and packaging, rust prevention packaging

应用和使用适当保护方法，防止包装品锈蚀损坏，包括使用适当的防锈材料，包覆、裸包材料，衬垫材料，内容器，完整统一的标记等，只是不包括运输用的外部容器。

2.8 防锈材料的适用期 service life of rust preventive

防锈材料在一定储存条件下，保持其有效防锈能力的期限。

2.9 防锈期 rust-proof life

在一定贮运条件下，防锈包装或防锈材料对金属制品有效防锈的保证期。

2.10 封存期 preservation life

在一定贮运条件下，防锈包装件的有效防锈的保证期。

2.11 人工海水 synthetic seawater

在试验室配制的，与海水具有相似作用的盐水，用于模拟天然海水腐蚀的试验。

2.12 人工汗液 synthetic perspiration

在试验室配制的，与人汗成分近似的液体。用于模拟人汗腐蚀的试验。

2.13 油斑腐蚀 oil stain corrosion

金属表面的油层，受光、热和潮湿的作用劣变而对金属表面产生的腐蚀。通风或日光照射条件下，在金属表面常呈光滑花纹状腐蚀，称为干性油斑腐蚀。潮湿大气中常呈光滑彩虹状腐蚀，称为湿性油斑腐蚀。

2.14 防锈剂的载体 vehicle of rust preventer

用作防锈剂的附着体的基材，如防锈原纸、塑料薄膜、矿油等。

2.15 缓蚀性 rust inhibition

防锈材料的防锈性能。

2.16 亲水表面 hydrophilic surface

易被水润湿的表面，在防锈技术中系指金属用水系材料加工、清洗、防锈的金属表面。

2.17 憎水表面 hydrophobic surface

不被水润湿的表面，在防锈技术中系指金属用油系材料加工、清洗，防锈的表面，或被油脂污染的金属表面。

2.18 防锈油脂中的机械杂质 mechanical impurities in rust preventive oils

防锈油脂或添加剂中的固体微粒和不溶于溶剂中的物质。此物质会使机械润滑部位受阻或损伤。

2.19 气相防锈性 volatile inhibition

物质不直接涂覆于金属表面，而其挥发性气体对金属表面能起防锈作用的性能。

2.20 气相防锈材料的诱导期 induction period of volatile rust preventive materials

在气相防锈材料防锈的密闭空间内，气相缓蚀剂开始挥发至起防锈作用所需的时间。

2.21 启封 unpackaging

开启封存包装，使金属制品投入使用，包括拆去包装器材，去除防锈材料等。

3 防锈用材料

3.1 防锈用缓蚀剂（防锈剂、缓蚀剂） rust inhibitor，corrosion inhibitor

在基体材料中添加少量即能减缓或抑制金属腐蚀的添加剂。

3.2 防锈材料中的添加剂 additives in rust preventives

在防锈材料中少量添加以获得所需要的性能或技术指标的物质。

3.3　油溶性缓蚀剂　oil soluble rust inhibitor

能溶于油的防锈缓蚀剂。

3.4　水溶性缓蚀剂　water soluble rust inhibitor

能溶于水的防锈缓蚀剂。

3.5　气相缓蚀剂（气相防锈剂、挥发性缓蚀剂）　**vapour phase inhibitor**（VPI），**volatile corrosion inhibitor**（VCI）

在常温下具有挥发性，且挥发出的气体能抑制或减缓金属大气腐蚀的物质。

3.6　防锈材料　rust preventives

用于防锈的材料，常常是使用某种载体加有防锈作用的缓蚀剂制成，有时直接使用缓蚀剂。

3.7　防锈水　aqueous rust preventive

具有防锈作用的水液。

3.8　防锈油　rust preventive oil

用于金属制品防锈或封存的油品。

3.9　防锈脂　petrolatum type rust preventive

以矿物脂为基体的防锈油料。

3.10　热涂型防锈脂　petrolatum type rust preventive, hot dipping

以矿物脂为基体的防锈油料，需加热使用。

3.11　溶剂稀释型防锈油　solvent cut back rust preventive oil

用溶剂稀释以便于涂覆的防锈油料。

3.12　乳化型防锈油　rust preventive emulsion

用于防锈的水乳化液。

3.13　置换型防锈油　displacing type rust preventive oil

防止因手汗而使金属锈蚀的油料。

3.14　脱水防锈油　dewatering rust preventive oil

能置换脱除金属表面的水的防锈油。

3.15　硬膜防锈油　hard film rust preventive oil

涂覆在金属表面后形成硬膜的防锈油料。

3.16　软膜防锈油　soft film rust preventive oil

涂覆在金属表面后形成软膜的防锈油料。

3.17　油膜防锈油　oil film rust preventive oil

涂覆在金属表面后形成油膜的防锈油料。

3.18　防锈润滑油　rust preventive lubricating oil

具有防锈性的润滑油。

3.19　防锈润滑脂　rust preventive grease

具有防锈性的润滑脂。

3.20　防锈切削液　rust preventive cutting fluid

具有防锈性的切削液体。

3.21 防锈切削乳化液 rust preventive cutting emulsion

具有防锈性的乳化切削液。

3.22 防锈切削水 aquecus rust preventive cutting fluid

具有防锈性的切削水溶液。

3.23 防锈切削油 rust preventive cutting oil

具有防锈性的切削油。

3.24 防锈极压乳化液 rust preventive EP cutting emulsion

具有防锈性的极压乳化液。

注：EP 是 extreme pressure 的缩写。

3.25 防锈极压切削油 rust preventive EP cutting oil

具有防锈性的极压切削油。

3.26 可剥性塑料 strippable plastic coating

在金属制品表面涂覆形成的塑料膜，具有防锈及防机械损伤的性能，启封时简易，剥下即可。

3.27 热熔型可剥性塑料 strippable plastic coating，hot dipping

需热融，热浸涂覆的可剥性塑料。

3.28 溶剂型可剥性塑料 strippable plastic coating，solvent cut back

含溶剂的可剥性塑料，冷涂后待溶剂挥发即成膜。

3.29 气相防锈材料 volatile rust preventive material

具有气相防锈性能的防锈材料。

3.30 气相防锈粉剂 volatile rust preventive powder

粉状的气相防锈材料，常常即是气相缓蚀剂本身。

3.31 气相防锈片剂 volatile rust preventive pills

以气相缓蚀剂为主的配料压制成片状的一种气相防锈材料。

3.32 气相防锈水剂 aqueous volatile rust preventives

具有气相防锈性的水溶液。

3.33 气相防锈油 volatile rust preventive oil

具有气相防锈性的防锈油。

3.34 气相防锈纸 volatile rust preventive paper

含浸或涂覆气相缓蚀剂的纸。

3.35 气相防锈透明膜 volatile rust preventive film，transparent

含有气相缓蚀剂的塑料薄膜，透明，并可热焊封。

3.36 气相防锈压敏胶带 volatile rust preventive adhesive tape pressed type

具有气相防锈性的压敏胶带。

3.37 气相防锈干燥剂 desiccant，VPI treated

吸附了气相防锈剂的干燥剂。

3.38 防锈包装用包装材料 packaging materials used in preservation packaging

金属制品防锈包装用的各种材料，包括黏胶剂、袋子、容器、封套、屏蔽材料、裸包材料、衬垫材料、干燥剂、湿度指示剂等。

3.39 防锈包装用屏蔽材料 barrier material used in preservation packaging

防锈包装中用于裸包、屏蔽的材料。

3.40 防锈原纸 non-corrosion kraft used in rust prevention

无腐蚀的牛皮纸，用于包装或用以制作防锈纸。

3.41 中性蜡纸 neutral waxed paper

无腐蚀性的，一面涂有蜡以防水的纸。

3.42 苯甲酸钠纸 sodium benzoate paper

含浸或涂有苯甲酸钠的防锈纸。

3.43 防锈包装用复合薄膜 laminated film used in preservation packaging

数种屏蔽材料叠合的纸膜。如聚乙烯薄膜纸，铝塑薄膜等。

3.44 防锈包装用缓冲材料 cushioning material in preservation packaging

防锈包装时用于衬垫以防振动的材料。

3.45 防锈包装用干燥剂 desiccant used in preservation packaging

防锈包装中用以吸潮的物质。

3.46 防锈包装用胶粘剂 adhesive used in preservation packaging

防锈包装中用于胶粘封口或粘贴标记的物质。

3.47 变色硅胶 silica geltreated with cobalt chloride

干燥时与吸湿后显示不同颜色的硅胶。

3.48 湿度指示剂 humidity indicator

安放在包装空间内指示临界湿度的物质。

3.49 湿度指示卡 humidity indicating card

安放在包装空间内指示临界湿度的卡片。

4 防锈处理

4.1 清洗 cleaning

除去金属制品表面污物，包括油脂、机械杂质、锈、氧化皮等的过程。是防锈处理的第一道工序。

4.2 涂抹 smearing of rust preventive oil

用手工涂敷防锈油脂。

4.3 浸涂防锈 applying preventives by dipping

制品在防锈油或防锈液中浸入后取出。

4.4 浸泡防锈 immersion in liquid preventives

制品浸泡在防锈油或防锈水中以防锈。

4.5 热涂防锈 rust prevention by applying hot prevention material

在加热熔融的防锈脂中进行浸涂。

4.6 冷涂防锈 rust prevention by applying cold prevention material

将制品在室温下直接浸涂防锈油或防锈液。

4.7 喷涂防锈 rust prevention by applying liquid material

将具有流动性的防锈材料，喷涂到金属制品需防锈的面上。

4.8 喷淋防锈 protection by spraying aqueous preventives

将防锈水喷淋到金属制品上以防锈，一般用于大量工件中间库防锈。

4.9 内包装 interior package

直接或间接接触产品的内层包装，在流通过程中主要起保护产品、方便使用、促进销售的作用。

4.10 外包装 exterior package

产品的外部包装，在流通过程中主要起保护产品、方便运输的作用。

4.11 单元包装 unit package

将若干个产品包装在一起，作为一个销售单元的包装。

4.12 茧式包装 cocoon package

在整台产品周围作网喷塑料似茧以封存防锈。

4.13 泡状包装 blister package

用透明膜做成与物品相似的坚固泡状膜，边缘做成法兰，封入物品后，将法兰固紧在底板上。

4.14 贴体包装 skin package

包装的透明膜紧贴在物品周围，通过抽真空，将膜似皮肤一样紧贴在制品表面，形成保护层。

4.15 防水包装 water proof (water resistant) **barrier packaging**

使用防水材料制作的袋子、封套或容器包装制品，然后封口。金属制品需要时使用防锈材料防锈。

4.16 防湿包装 water-vapor proof barrier packaging

使用防湿材料制作的袋子、封套或容器包装制品，然后封口。包装内一般使用计算数量的干燥剂，以保持包装内有低的相对湿度。

4.17 环境封存 preserved in controlled atmosphere

除去包装空间内致锈的因素，以保证金属制品不锈蚀。

4.18 干燥空气封存 preserved in dry atmosphere

用降低包装空间内相对湿度的方法，以保护金属制品。

4.19 充氮封存 preserved in nitrogen

用干燥纯净的氮气充于包装空间内，以保护金属制品。

4.20 收缩包装 shrink packaging

物品用透明膜包裹，通过加热使膜收缩而紧贴于物品上的包装。

5 试验方法

5.1 防锈性能试验 test for rust preventing ability

评价防锈材料防锈性能的试验。

5.2 人汗防止性试验 synthetic perspiration prevention test

考察置换型防锈油涂覆金属制品上后，能抑制因裸手持取制品而致锈蚀的能力的试验。

5.3 人汗置换性试验 synthetic perspiration displacement test

考察置换型防锈油置换金属制品上手汗因而防止手汗锈蚀的性能的试验。

5.4　人汗洗净性试验　synthetic perspiration cleaning test

考察置换型防锈油对金属制品上所粘手汗的清洗能力的试验。

5.5　防锈材料的湿热试验　humidity cabinet test for rust preventives

在试验室用加速方法评价防锈材料在湿热条件下防锈性能的试验。

5.6　防锈材料的盐雾试验　salt spray test for rust preventives

在试验室用喷盐水的方法模拟海洋环境评价防锈材料防锈性能的试验。

5.7　防锈材料的老化试验　accelerated weathering test for rust preventives

在试验室用人工光源及淋水模拟日晒雨淋，强化气候老化作用，以评价防锈材料防锈及耐候性能的试验。

5.8　防锈材料的百叶箱试验　shed storage exposure test for rust preventives

防锈试样或防锈包装试样在百叶箱中较长时间放置，以评价其耐锈蚀破坏性能的试验。

5.9　防锈材料的现场暴露试验　field exposure test for rust preventives

防锈试样置于使用现场，以评价防锈材料在使用条件下耐锈蚀破坏性能的试验。

5.10　防锈材料的室外暴露试验　outdoor exposure test for rust preventives

防锈试样置于一定条件的大气暴露站暴露，以评价防锈材料的耐锈蚀破坏性能的试验。一般只用于防锈性很强的材料。

5.11　加速凝露试验　accelerated condensation test

使防锈试样与环境温度保持较大温差，试样表面凝露加强而使腐蚀加速进行的湿热试验。

5.12　防锈材料的间浸式试验　alternate immersion test for rust preventives

将试样在腐蚀溶液中浸渍，经规定的时间后，取出晾干，反复进行到规定的周期，考察试样腐蚀、生锈、变化等情况的试验。

5.13　防锈材料的盐水浸渍试验　salt water immersion test for rust preventives

防锈试样浸泡在氯化钠溶液中，考察防锈膜层抗盐水腐蚀能力的试验。

5.14　静力水滴试验　static water drop test

检测防锈油品抗静力水滴腐蚀性的试验，常用于油溶性缓蚀剂的筛选。

5.15　水置换性试验　water displacement test

考察防锈油料置换金属表面上附着水分，以防止锈蚀的试验。

5.16　防锈脂的低温附着性试验　low temperature adhesion test for petrolatum type rust preventive

考察防锈脂在低温时在金属表面附着性能的试验。

5.17　防锈脂的流失性试验　flow point test for petrolatum type rust preventive

考察防锈脂在立面上涂覆时，在高温下是否流失的试验。

5.18　防锈材料的腐蚀性试验　corrosiveness test for rust preventive

考察防锈材料对金属材料侵蚀性的试验。

5.19　气相防锈能力试验　vapor inhibitability test

考察气相防锈材料的气相防锈效果的试验。

5.20　气相防锈材料与有色金属的适应性试验　test of compatibility with non-ferrus metals

考察气相防锈材料对有色金属适应性的试验。

5.21 气相防锈材料与包装材料的适应性试验 test of compatibility with barrier materials

考察气相防锈材料与包装材料（一般指塑料膜）的适应性的试验。

5.22 防锈材料的筛选试验 sieve test for rust preventives

从大量的防锈材料中粗选较好的材料所使用的简单的试验。

5.23 热焊封试验 heat-sealing test

对于可热焊封的包装材料，热焊封后检验在一定负荷下焊缝是否分离的试验。

5.24 防锈材料的贮存稳定性试验 storage stability test for rust preventive

防锈材料在规定的条件下贮存后，考察其质量性能变化的试验。

5.25 防锈油脂的氧化安定性试验 antioxidation test for petrolatum type preventives

防锈油脂试样在规定氧气压力和温度的氧弹中氧化，在规定的时间间隔，评定其氧化后稳定性的试验。

5.26 防锈油脂的叠片腐蚀试验 sandwich test for rust preventive oils

考察涂有防锈油脂的试片重叠面的防护性能的试验。

5.27 防锈试验中的锈蚀评级 the rust grade evalution in rust prevention test

对于防锈试验中试验样品锈蚀情况的评价分级。

5.28 漏泄试验 leakage test for preservation package

考察防锈包装件密封性的试验。

5.29 防锈包装件的循环暴露试验 cyclic exposure test

考察防锈包装件经过热、冷、水淋等周期循环暴露试验后，其中的制品是否受保护，不锈蚀的试验。

第二节 防锈包装

一、概论

金属制品的防锈包装是一种以防止金属制品锈蚀为目的的包装。金属制品加工完毕或经组装后应做表面清洗和防锈防护处理，防止金属制品在贮存和运输中锈蚀。防锈包装涉及清洗、防锈、干燥、包装等工艺材料及相应的应用工艺，一种适合于制品的防锈包装不仅可有效地防止金属制品锈蚀，而且有利于美化制品的外观。

GB/T 4879《防锈包装》于 1985 年首次发布，1999 年第一次修订，2016 年第二次修订。GB/T 4879—2016《防锈包装》于 2016 年 2 月 24 日发布，2016 年 5 月 24 日实施。

二、标准主要特点与应用说明

1. 关于适用范围

该标准适用于金属制品防锈包装的设计、生产和检验。

2. 关于防锈包装等级

金属制品的防锈包装应根据金属制品的特点、贮存和流通环境、对防锈年限的要求等确定相应的包装等级。该标准将防锈包装等级分为 3 级：1 级防锈包装防锈期 2 年，用于环境温度 30℃以上，相对湿度大于 90%，易锈蚀、贵重、精密的可能生锈的产品；2 级防锈包装防锈期1年，用于环境温度为20℃～30℃，相对湿度为70%～90%，较易锈蚀、较贵重和较精密的可能生锈的产品；3级防锈包装防锈期0.5年，用于环境温度20℃以下，相对湿度小于70%，不易锈蚀的产品。当遇到几种因素相冲突时，应按最严酷的条件设计防锈包装。在对包装有特殊要求时，按相应的要求设计防锈包装。

防锈包装等级两次修订均做了调整：

GB/T 4879—1985分为四级：A级：2年～5年，B级：2年～3年，C级：1年～2年，D级：0.5年～1年。

GB/T 4879—1999分为三级：1级：3年～5年，2级：2年～3年，3级：2年内。

GB/T 4879—2016分为三级：1级：2年，2级：1年，3级：半年。

3. 关于防锈包装的一般要求

在确定防锈包装等级后，要严格按照等级设计要求和防锈处理工艺进行防锈处理。为避免手印腐蚀，不得裸手接触制品；若工件处于高温状态而影响防锈材料性能，则应待工件降至室温后再做防锈处理；当涂防锈油脂影响制品性能时，可采用气相防锈材料处理；保持防锈包装处理过程的连续性和操作环境的洁净。

4. 关于材料要求

防锈包装所涉及防锈材料必须满足相应产品标准规定并经检验合格，此外，还应做包装材料间相容性试验、包装材料与被包装材料间的接触和非接触腐蚀试验，确保包装体系整体相容。必要时，可安放湿度显示装置或湿度显示卡，及时了解包装空间的湿度变化。

5. 关于防锈包装方法

根据防锈包装等级、金属制品特性、环境条件和贮运期限确定包装方法。清洗、干燥、防锈、包装是金属制品防锈包装的四个步骤。金属制品经加工等操作后表面会残留各种油污，关系到防锈包装的成败，必须彻底除净。根据油污特点，可用溶剂清洗或用水剂清洗。对于水剂清洗，经清洗和漂洗净后，必须除去残留在工件表面的水膜，即进行干燥处理。用脱水防锈油脱除金属表面的水膜是一种既方便又有利于防锈的处理方法。脱除水膜后的金属制品，再根据防锈要求做相应的防锈处理。最后按防锈包装设计要求对经防锈处理的金属制品进行防锈包装。

6. 关于试验方法

暴露试验是对防锈包装件更接近实际应用的一种试验，可以对防锈包装体系做较全面的检验，检验包装材料的完整性和老化情况，以及对金属制品的防锈效果。试验按GJB 145A—1993中周期暴露试验A的规定进行。

三、标准内容（GB/T 4879—2016）

防锈包装

1　范围

本标准规定了防锈包装等级、一般要求、材料要求、防锈包装方法和试验方法。

本标准适用于防锈包装的设计、生产和检验。

2　规范性引用文件

下列文件对于本文件的应用是必不可少的。凡是注日期的引用文件，仅注日期的版本适用于本文件。凡是不注日期的引用文件，其最新版本（包括所有的修改单）适用于本文件。

GB/T 5048 防潮包装

GB/T 12339 防护用内包装材料

GB/T 14188 气相防锈包装材料选用通则

GB/T 16265 包装材料试验方法 相容性

GB/T 16266 包装材料试验方法 接触腐蚀

GB/T 16267 包装材料试验方法 气相缓蚀能力

GJB 145A—1993 防护包装规范

GJB 2494 湿度指示卡规范

BB/T 0049 包装用矿物干燥剂

3 防锈包装等级

3.1 应根据产品的性质、流通环境条件、防锈期限等因素进行综合考虑来确定防锈包装等级。

3.2 防锈包装等级一般分为1级、2级、3级，见表1。对防锈包装有特殊要求时，可按特殊要求进行。

表1 防锈包装等级

等级	条件		
	防锈期限	温度、湿度	产品性质
1级包装	2年	温度大于30℃，相对湿度大于90%	易锈蚀的产品，以及贵重、精密的可能生锈的产品
2级包装	1年	温度在20℃~30℃之间，相对湿度在70%~90%之间	较易锈蚀的产品、以及较贵重、较精密可能生锈的产品
3级包装	0.5年	温度小于20℃，相对湿度小于70%	不易锈蚀的产品

注：1. 当防锈包装等级的确定因素不能同时满足本表的要求时，应按照三个条件的最严酷条件确定防锈包装等级。亦可按照产品性质、防锈期限、温湿度条件的顺序综合考虑，确定防锈包装等级。

2. 对于特殊要求的防锈包装，主要是防潮要求更高的包装，宜采用更加严格的防潮措施。

4 一般要求

4.1 确定防锈包装等级。并按等级要求包装，在防锈期限内保障产品不产生锈蚀。

4.2 防锈包装操作过程应连续，如果中断应采取暂时性的防锈处理。

4.3 防锈包装过程中应避免手汗等污染物污染产品。

4.4 需要进行防锈处理的产品，如处于热状态时，为了避免防锈剂受热流失或分解，应冷却到接近室温后再进行处理。

4.5 涂覆防锈剂的产品，如果需要包敷内包装材料时，应使用中性、干燥清洁的包装材料。

4.6 采用防锈剂防锈的产品，在启封使用时，一般应除去防锈剂。产品在涂覆或除去防锈剂会影响产品性能时，应不使用防锈剂。

4.7 防锈包装作业应在清洁、干燥、温差变化小的环境中进行。

5 材料要求

5.1 产品使用的防锈材料，其质量应符合有关标准的规定。

5.2 干燥剂一般使用矿物干燥剂。矿物干燥剂应符合 BB/T 0049 的规定。

5.3 气相防锈包装材料应符合 GB/T 14188 的有关规定。

5.4 防护用内包装材料应符合 GB/T 12339 的有关规定。

5.5 防锈包装材料除应进行有关试验外，相容性试验应按 GB/T 16265 的规定，接触腐蚀试验应按 GB/T 16266 的规定，气相缓蚀能力试验应按 GB/T 16267 的规定。

5.6　必要时应采用湿度指示卡、湿度指示剂或湿度指示装置，并应尽量远离干燥剂。湿度指示卡应符合 GJB 2494 的有关规定。

6　防锈包装方法

6.1　产品应根据下列条件，确定防锈包装的方法：

a）产品的特征与表面加工的程度；

b）运输与贮存的期限；

c）运输与贮存的环境条件；

d）产品在流通过程中所承受的载荷程度；

e）防锈包装等级。

6.2　防锈包装分为清洁、干燥、防锈和包装四个步骤：

a）清洁。应除去产品表面的尘埃、油脂残留物、汗渍及其他异物。可选用 A.1 的一种或多种方法进行清洗。

b）干燥。产品的金属表面在清洗后，应立即进行干燥。可选用 A.2 的一种或多种方法进行干燥。

c）防锈。产品的金属表面在进行清洗、干燥后，根据需要进行防锈处理，可选用 A.3 的一种或多种方法相结合进行防锈。

d）包装。产品的金属表面在进行清洗、干燥、防锈处理后，进行包装。包装可选用 A.4 的一种或多种方法相结合进行，亦可与 GB/T 5048 的有关防潮包装方法相结合进行防锈包装。

7　试验方法

7.1　防锈包装按 GJB 145A—1993 中的周期暴露试验 A 的规定进行。1 级包装可选择 3 个周期暴露试验，2 级包装可选择 2 个周期暴露试验，3 级包装可选择 1 个周期暴露试验。

7.2　经周期暴露试验后，启封检查内装产品和所选材料有无锈蚀、老化、破裂或其他异常情况。

附　录　A
（资料性附录）
常用防锈包装方法

A.1　清洗

常用清洗方法见表 A.1。

表 A.1　清洗方法

代号	名　　称	方　　法
Q1	溶剂清洗法	在室温下，将产品全浸或半浸在规定的溶剂中，用刷洗、擦洗等方式进行清洗。大件产品可采用喷洗。洗涤时应注意防止产品表面凝露
Q2	清除汗迹法	在室温下，将产品在置换型防锈油中进行浸洗、摆洗或刷洗，高精密小件产品可在适当装置中用温甲醇清洗
Q3	蒸汽脱脂清洗法	用卤代烃清洗剂，在蒸汽清洗机或其他装置中对产品进行蒸汽脱脂。此法适用于除去油脂状的污染物

（续）

代号	名　称	方　法
Q4	碱液清洗法	将产品在碱液中浸洗、煮洗或喷洗
Q5	乳剂清洗法	将产品在乳剂清洗液中浸洗或喷淋清洗
Q6	表面活性剂清洗法	制品在离子表面活性剂或非离子表面活性剂的水溶液中浸洗、泡刷洗或压力喷洗
Q7	电解清洗法	将产品浸渍在电解液中进行电解清洗
Q8	超声波清洗法	将产品浸渍在各种清洗溶液中，使用超声波进行清洗

A.2 干燥

常用干燥方法见表 A.2。

表 A.2 干燥方法

代号	名　称	方　法
G1	压缩空气吹干法	用经过干燥的清洁压缩空气吹干
G2	烘干法	在烘箱或烘房内进行干燥
G3	红外线干燥法	用红外灯或远红外线装置直接进行干燥
G4	擦干法	用清洁、干燥的布擦干，注意不允许有纤维物残留在产品上
G5	滴干、晾干法	用溶剂清洗的产品，可用本方法干燥
G6	脱水法	用水基清洗剂清洗的产品，清洗完毕后，应立即采用脱水油进行干燥

A.3 防锈

常用防锈方法见表 A.3。

表 A.3 防锈方法

代号	名　称	方　法
F1	防锈油浸涂法	将产品完全浸渍在防锈油中，涂覆防锈油膜
F2	防锈油脂刷涂法	在产品表面刷涂防锈油脂
F3	防锈油脂充填法	在产品内腔充填防锈油脂，充填时应注意使内腔表面全部涂覆，且应留有空隙，并不应泄漏
F4	气相缓蚀剂法	按产品的要求，采用粉剂、片剂或丸剂状气相缓蚀剂，散布或装入干净的布袋或盒中。或将含有气相缓蚀剂的油等非水溶液喷洒于包装空间
F5	气相防锈纸法	对形状比较简单而容易包扎的产品，可用气相防锈纸包封，包封时要求接触或接近金属表面
F6	气相防锈塑料薄膜法	产品要求包装外观透明时采用气相防锈塑料薄膜袋热压焊封
F7	防锈液处理法	可以采用浸涂或喷涂，然后进行干燥

A.4 包装

常用包装方法见表 A.4。

表 A.4 包装方法

代号	名　称	方　法	适用防锈等级
B1	一般包装	制品经清洗、干燥后，直接采用防潮、防水包装材料进行包装	3 级包装

（续）

代号	名　称	方　法	适用防锈等级
B2	防锈油脂包装		
B2-1	涂覆防锈油脂	按 F1 或 F2 的方法直接涂覆膜或防锈油脂。不采用内包装	3 级包装
B2-2	防锈纸包装	按 F1 或 F2 的方法涂防锈油脂后，采用耐油性、无腐蚀内包装材料包封	3 级包装
B2-3	塑料薄膜包装	按 F1 或 F2 的方法涂覆防锈油脂后，装入塑料薄膜制作的袋中，根据需要用黏胶带密封或热压焊封	1 级包装 2 级包装
B2-4	铝塑薄膜包装	按 F1 或 F2 的方法涂覆防锈油脂后，装入铝塑薄膜制作的袋中，热压焊封	1 级包装 2 级包装
B2-5	防锈油脂充填包装	对密闭内腔的防锈，可按 F3 的方法进行防锈后，密封包装	1 级包装
B3	气相防锈材料包装		
B3-1	气相缓蚀剂包装	按照 F4 的方法进行防锈后，再密封包装	1 级包装 2 级包装 3 级包装
B3-2	气相防锈纸包装	按照 F5 的方法进行防锈后，再密封包装	
B3-3	气相防锈塑料薄膜包装	按照 F6 的方法进行防锈时即完成包装	
B3-4	气相防锈油包装	制品内腔密封系统刷涂、喷涂或注入气相防锈油	3 级包装
B4	密封容器包装		
B4-1	金属刚性容器密封包装	按 F1 成 F2 的方法涂防锈油脂后，用耐油脂包装材料包扎和充填缓冲材料，装入金属刚性容器密封，需要时可做减压处理	1 级包装 2 级包装
B4-2	非金属刚性容器密封包装	将防锈后的制品装入采用防潮包装材料制作的非金属刚性容器，用热压焊封或其他方法密封	
B4-3	刚性容器中防锈油浸泡的包装	制品装入刚性容器（金属或非金属）中，用防锈油完全浸渍，然后进行密封	
B4-4	干燥剂包装	制品进行防锈后，与干燥剂一并放入铝塑复合材料等密封包装容器中。必要时可抽取密封容器内部分空气	
B5	可剥性塑料包装		
B5-1	涂覆热浸型可剥性塑料包装	制品长期封存或防止机械碰伤，采用涂覆热浸可剥性塑料包装。需要时，在制品外按其形状包扎无腐蚀的纤维织物（布）或铝箔后，再涂覆热浸型可剥性塑料	1 级包装 2 级包装
B5-2	涂覆溶剂型可剥性塑料包装	制品的孔穴处充填无腐蚀性材料后，在室退下一次涂覆或多次涂覆溶剂型可剥性塑料。多次涂覆时，每次涂覆后应待溶剂完全挥发后，再涂覆	
B6	贴体包装	制品进行防锈后，使用硝基纤维、醋酸纤维、乙基丁基纤维或其他塑料膜片做透明包装，真空成形	2 级包装
B7	充气包装	制品装入密封性良好的金属容器、非金属容器或透湿度小、气密性好、无腐蚀性的包装材料制作的袋中，充干燥空气、氮气或其他惰性气体密封包装。制品可密封内腔，经清洗、干燥后，直接充气密封	1 级包装 2 级包装

第三节 气相防锈包装材料选用通则

一、概论

气相缓蚀剂是在常温下有一定的蒸气压，能挥发并吸附在金属表面形成致密而稳定的保护膜抑制或减缓金属腐蚀的物质。气相缓蚀剂英文为 volatile corrosion inhibitor 或 vapor phase corrosion inhibitor，通常用 VCI 或 VpCI 表示。气相缓蚀剂对金属有良好的接触防锈性和非接触（挥发后吸附在金属表面）防锈性，具有无孔不入和自修复特点。

气相防锈包装材料是以 VCI 为主要缓蚀剂所构成的一类防锈包装材料的总称，如气相防锈纸、气相防锈塑料薄膜、气相防锈油、气相防锈缓冲垫、气相防锈片剂和气相防锈粉剂等。气相防锈包装材料可容防锈和包装于一体，不仅使用方便，启封容易，防锈期长，生产率高，而且有利于美化产品防锈包装和资源再生，所以在机械制造和冶金行业等得到广泛应用。

气相防锈包装材料因载体材质不同、纸张或塑料膜厚度不同、覆膜或加强与否、多层或单层吹塑，以及缓蚀剂对金属材料的适应性等不同而异。因此，根据防锈对象及防锈需要，选择合适的气相防锈包装材料并正确使用尤为重要。

GB/T 14188《气相防锈包装材料选用通则》于 1993 年首次发布，1996 年第一次修订，2008 年第二次修订。GB/T 14188—2008《气相防锈包装材料选用通则》于 2008 年 4 月 1 日发布，2008 年 10 月 1 日实施。

二、标准主要特点与应用说明

1. 关于适用范围

该标准适用于金属材料和金属制品采用气相防锈材料包装时对气相防锈包装材料的选用。

2. 关于气相防锈包装材料类型

将气相缓蚀剂加入各种包装材料载体中，即可制得相应的气相防锈包装材料，气相防锈纸、气相防锈塑料薄膜和气相防锈剂是三类主要的气相防锈包装材料。此外，还有气相防锈缓冲材料、气相防锈油、气相防锈液、气相防锈布等。

3. 关于气相防锈包装材料的选用要求

气相防锈包装材料种类较多，应根据金属制品的特点和对防锈包装的等级要求选取相应的气相防锈包装材料，验证质量指标。平时存放于相对干燥阴凉、洁净的库房内，即用即取，取用后即时密封，以免气相缓蚀剂外逸损失或受污染。

气相缓蚀剂对金属的防护有选择性，对有色金属或组合件应做适应性试验，对于包装体系的相关材料也应做相容性试验。气相缓蚀剂通常是含有氮的碱性易挥发化合物，在未做特殊使用说明时，不用于光学器件，以及高爆炸性及与之相连的制品的防锈防护，也不能用于食品包装。

4. 关于气相防锈包装材料的使用要求

气相缓蚀剂对金属表面的汗液、污物和水分没有置换功能。因此，在实施气相防锈包装前，应洗净金属制品表面和油污，并做好气相缓蚀剂诱导期内的防锈保护。包装空间内气相防锈材料的用量应满足防锈等级要求，作用距离通常不大于 300mm。对于某些特殊防锈包装，可增放 VCI 粉剂或片剂。对于防锈油或防锈液，可采用喷射、雾化或适当加热等方式增加气相缓蚀剂的作用距离，缩短诱导期，提高防锈效果。

对于包装空间内的层叠制品，或安置隔板的包装，用气相防锈材料作衬隔离。

采用气相防锈实施对金属制品的防锈包装时，包装体必须密封，不能有破损和泄漏。

三、标准内容（GB/T 14188—2008）

气相防锈包装材料选用通则

1　范围

本标准规定了气相防锈包装材料的选择和使用要求。

本标准适用于金属材料及其制品（以下简称制品）进行气相防锈包装时，对气相防锈包装材料的选用。

2　规范性引用文件

下列文件中的条款通过本标准的引用而成为本标准的条款。凡是注日期的引用文件，其随后所有的修改单（不包括勘误的内容）或修订版均不适用于本标准，然而，鼓励根据本标准达成协议的各方研究是否可使用这些文件的最新版本。凡是不注日期的引用文件，其最新版本适用于本标准。

GB/T 16267　包装材料试验方法　气相缓蚀能力

JB/T 5520　干燥箱技术条件

3　主要类型

3.1　气相防锈纸

在防锈原纸中加入气相缓蚀剂（volatile corrosion inhibitor，VCI）而构成。

3.2　气相防锈塑料薄膜

用聚烯烃类树脂作基材，加入 VCI 并经熔融、挤吹而成的塑料薄膜。

3.3　气相防锈剂

以 VCI 添加辅料制成不同剂型并以固态形式使用的气相防锈材料。

4　选用要求

4.1　选择依据

应根据制品的防锈包装要求，从附录 A 中选用适合的气相防锈包装材料。

4.2　材料质量

选用的气相防锈包装材料质量，应符合相应的产品标准要求。使用单位可根据需要确定并验证其入厂指标。

4.3　贮存和环境条件

4.3.1　贮存

密封包装好的气相防锈包装材料及其包装制品，应贮存在阴凉干燥的库房中。使用时打开。在连续使用过程中，亦应保存在密闭、自密封容器中。如无自密封包装容器，含有 VCI 的一面在空气中暴露的时间不应大于 8h。如果这种包装受到破坏或经日晒、风吹、雨淋、酸、碱、盐类物质的污染，应按 GB/T 16267 重新检验气相缓蚀能力，合格后方可使用。

4.3.2　环境条件

4.3.2.1　温度

气相防锈包装材料及其包装的制品，贮存环境温度应低于 65℃。

4.3.2.2 相对湿度

气相防锈包装材料及其包装的制品，贮存环境相对湿度应低于85%。

4.3.2.3 光照

气相防锈包装材料及其包装的制品，应避免阳光照射。不可避免时，应用遮光材料将其遮蔽。

4.3.2.4 气流

气相防锈包装材料及其包装的制品，在有强气流的场合，不仅要很好地密封，而且应外加屏蔽。

4.3.2.5 酸及其蒸汽

采用气相防锈包装的制品，包装前不得使用含有盐酸的金属清洗剂及任何含硫的化合物的溶剂清洗。

气相防锈包装材料及其包装的制品，不能贮存在含盐酸、氯化氢、硫化氢、二氧化硫或其他酸蒸汽的工业烟气中。

4.4 使用限制

4.4.1 基本要求

除非另有说明和验证数据，气相防锈包装材料，不能用于保护光学装置和高爆炸性物质，以及与其相连的发射器的产品上。

涂有防腐剂或润滑剂保护的精密活动部件的组合件，如用气相防锈包装材料包装贮运后，影响制品性能及技术要求者不能使用。

气相防锈包装材料不能用于包装食品。

4.4.2 用于有色金属材料

4.4.2.1 气相防锈包装材料在同铝及其合金以外的有色金属直接接触前，应按附录B进行适应性试验，合格后方可使用。

4.4.2.2 含有锌、锌板、镉、镉板、锌基合金、镁基合金、铅基合金及其他含有大于30%的锌或大于9%的铅的合金（包括焊料）及其制件，当这些材料或它们经过其他方法处理或屏蔽后，采用气相防锈包装材料包装前，应按附录B进行适应性试验，合格后方可使用。

4.4.3 用于非金属材料

气相防锈包装材料包装含有塑料、橡胶、油料、涂料等非金属材料的零部件、组合件，使用前应按附录B进行适应性试验，合格后方可使用。

4.4.4 同一包装中使用不同气相防锈包装材料

在同一包装中使用不同气相防锈包装材料时，应按附录B进行适应性试验，合格后方可使用。

4.4.5 与润滑剂的联合使用

当气相防锈包装材料用于含有润滑剂的组合件时，应按附录B进行适应性试验，合格后方可使用。用气相防锈包装材料包装组合件之前，应除去组合件上多余的油脂，如果是分散均匀并结合到基体的黏结剂或固体润滑剂则不用除去。

5　使用要求

5.1　用量

气相防锈包装材料的用量取决于密封程度、环境条件和制品材质等因素。一般情况下，气相防锈纸或气相防锈塑料薄膜的使用面积不小于被包装制品的表面积。采用粉状、结晶状气相防锈材料或其他多孔载体吸附的气相防锈材料，在密封包装体积内，VCI 有效含量不少于 $35g/m^3$。

5.2　清洁与干燥

制品使用气相防锈包装材料包装前，应清洁干燥。

在防锈包装过程中，不应赤手接触制品，当不能采用机械化或半机械化程序完成包装时，其清洗工序最好采用含 5%～10%除指纹型防锈油或脱水防锈剂的溶剂汽油或煤油清洗。

5.3　使用方法

5.3.1　使用气相防锈纸、气相防锈塑料薄膜及其所制作的袋、带、封套等，一般情况应将零件包裹。含有 VCI 的一面应面向金属。当直接使用气相防锈纸或气相防锈塑料薄膜作包装袋时，袋中空气应尽可能地少，并将开口处密封。

5.3.2　使用气相防锈剂时，可用挂袋方式使缓蚀剂蒸气到达金属表面。也可采用喷射、雾化方式把气相防锈粉直接喷入密封容器内，然后立刻将容器密封。

5.3.3　在制品与气相防锈包装材料之间不应有其他材料。允许采用溶剂稀释型、除指纹型防锈油或脱水防锈油清洗干燥后残留的微量油膜和有保护作用的钝化膜。

5.3.4　被防锈的制品表面应该在气相防锈包装材料的 300mm 距离之内。

5.3.5　所有的气相防锈包装都应密封。

5.3.6　气相防锈包装材料对使用要求另有说明时，可按其说明使用。

5.3.7　气相防锈包装材料用于层层堆置的金属制品时，应放置于每层之间。用于带有隔离板的纸箱时，除在纸箱内壁衬气相防锈包装材料外，每层隔离板上下表面均需衬气相防锈包装材料。

5.3.8　为了防止制品或密封包装破损，采用衬垫和缓冲材料衬垫在突出锐角及边缘，衬垫的地方要紧密围绕制品。若使用气相防锈缓冲材料对接触的制品有影响时，应用铝箔或其他屏蔽材料将制品和气相防锈缓冲材料隔开。

5.3.9　密封部件如气缸、齿轮箱等，应在其内施加气相防锈材料，如气相防锈油，并立即密封。对于具有较小的通孔的构件，孔深度大于 150mm 时，应将气相防锈材料嵌入孔内，需要保护的部位距离气相防锈材料不超过 300mm。保护密封部件和盲孔构件内部，气相防锈材料的最低用量应符合 5.1 要求。必要时在构件上用标签或其他形式注明“在气相防锈材料除去前不得使用”。

5.3.10　当制品涂有工作用油时，需要在气相防锈包装材料和外包装材料之间添加防油阻隔材料，以防止外包装被油浸透。也可以直接采用具有气相防锈和阻隔双重性能的气相防锈包装材料。

5.3.11　采用气相防锈包装材料的包装内，一般不需要放干燥剂。但在不能满足以上使用条件或有特殊要求时，可适当放入干燥剂，以防止在气相防锈包装材料诱导期内金属的锈蚀。

5.3.12　对于一般产品，拆除气相防锈包装材料即可。对于精密活动部件，表面有粉状或晶体沉积物而又不需继续存放时，可用乙醇类溶剂去除。

附 录 A

(资料性附录)

常用气相防锈包装材料

表 A.1 常用气相防锈包装材料

分类	名 称	结 构	特性用途
纸类	气相防锈纸	防锈原纸内含浸 VCI	适用于汽车配件、工具量具、机械、武器装备、电子电器产品等轻型制品的防锈包装
	复膜气相防锈纸	复合塑料防锈原纸内含浸 VCI	适用于汽车配件、工具量具、机械、武器装备、电子、电器产品等轻型制品的防锈、防潮包装
	增强型气相防锈纸	防锈原纸内含浸 VCI,并通过塑料复合织物增强层	强度优、防水性好,适于冶金制品、重型机械、汽车配件、武器装备等重、大型制品防锈包装
	气相防锈瓦楞纸板	防锈瓦楞纸板内含浸 VCI	有缓冲和防锈双重功能,适用作防锈包装箱、垫板或隔板
	气相防锈板纸	防锈原纸(板纸)内含浸 VCI	较厚、挺度大,可做钢卷内芯防锈纸、包装箱、垫板或隔板
膜类	气相防锈塑料薄膜	聚烯烃塑料膜内含 VCI	可自作密封包装层,用于机床、汽配、仪器仪表、电器等防锈包装
	抗静电气相防锈塑料薄膜	含有 VCI 和抗静电剂的聚烯烃塑料膜	电子元器件、线路板、电控设备等封存包装
	增强型气相防锈塑料薄膜	气相防锈塑料膜复合织物增强层	冶金制品、重型机械、武器装备等重大型制品防锈包装
	气相防锈拉伸薄膜	拉伸塑料薄膜内含有 VCI	用于自动化和贴体防锈包装
	气相防锈热收缩膜	热收缩塑料薄膜内含有 VCI	用于通过加热制成茧式包装
	增强型铝塑复合气相防锈塑料薄膜	含有 VCI 的塑料膜与镀铝膜、织物增强层多层复合膜	强度高,阻隔性好,适用于大型、精密机电产品、武器装备采用气相防锈和真空干燥的综合包装
剂类	气相防锈粉	VCI 与辅料混合的粉末	装入小袋,悬挂于密闭包装空间防锈或局部增强防锈
	气相防锈片(丸)	VCI 与辅料经加工成形的小片或小丸	装入小袋,置于密闭包装内防锈或局部增强防锈
	可喷型气相防锈粉	VCI 与辅料混合的极细粉末	直接喷撒于管道或容器内腔防锈
缓冲类	气相防锈泡沫	片状聚氨酯泡沫内含浸 VCI	衬垫、缓冲及尖锐部位防锈保护
	气相防锈珍珠棉	珍珠棉(PE 发泡料)内含 VCI	有缓冲、减振、包裹功能,宜用于电子元器件、仪器仪表的防锈包装
	气相防绣气泡垫	塑料气泡垫内含有 VCI	衬垫、缓冲及尖锐部位防锈保护
布类	气相防护布	布、膜复合层中加入 VCI 和多种功能添加剂	兼具多种特殊性能的遮盖、屏蔽、长期封存防锈
液类	水基气相防锈液	水中溶入 VCI 等缓蚀剂及助剂	机械加工工序间短期防锈、清洗防锈处理液、管道或内腔防锈液、试压液
	气相防锈油	矿物油中溶入 VCI 及接触型缓蚀剂	有防锈与润滑;气相防锈与接触防锈多功能,用于减速箱等封闭系统防锈

（续）

分类	名　称	结　构	特性用途
其他	气相防锈棒	棒状基材中加入VCI,棒端有活连接	各种火炮、战车身管内腔及管状零件内腔防锈
	气相防锈发散体	盒形基体中加入VCI,底面可粘贴	粘于任何部位之表面,增加局部气相防锈能力

附　录　B
（规范性附录）
适应性试验方法

B.1　试验目的

通过模拟制品的实际防锈包装要求，在指定环境条件下进行气相防锈包装材料与制品表面接触和非接触加速腐蚀试验，以检测气相防锈包装材料与制品的适应性。

B.2　包装试验体

一个有代表性的包装单元，密封性能好。

B.3　试验件

包装试验体内的试验件应是真实的制品，其形状、大小，决定于试验仪器的大小。若不能选取真实的制品，可用同种材料，同样表面处理工艺制备的试片代替。

B.4　试验仪器、材料

a）干燥箱；

b）干燥器：内有可吊挂包装试验体的结构；

c）甘油水溶液：24℃时，其质量分数为35%；

d）根据实际防锈包装要求，选取所需的气相防锈包装材料；

e）黏胶带：保证包装密封。

B.5　试验过程

a）按照实际防锈包装要求，组装包装试验体，并用黏胶带做好密封；

b）干燥器内加入甘油水溶液，使其深度达10mm，在60℃下形成90%相对湿度空间；

c）把包装试验体吊挂于干燥器内，试验体下端离液面高度应为10mm；

d）在干燥器磨口处涂抹少量真空密封油膏，盖上盖子，并用医用胶布在三处固定盖子；

e）把试验容器放入已加热到60℃±2℃的烘箱内，并保温72h至试验期满。

B.6　试验结果评定

取出包装试验体，拆开包装，观察试验件（若其表面涂有防锈油或其他暂时性涂层，应把它们清除后再观察）和其他防锈包装材料的变化：

a）金属试验件表面应无明显变色和锈蚀；

b）气相防锈包装材料应无明显剥离；

c）塑料、橡胶等非金属材料应没有分层、脆化、变形、变色或龟裂现象；

d）表面虽有轻微的沉积物，但可用乙醇去除。

符合上面各项规定的，认为是适应的。

第四节 润滑剂和有关产品（L类）的分类 第5部分：M组（金属加工）

一、概论

金属加工润滑剂，分油剂和水剂（包括液态、固态和半固态）产品。金属加工包括金属切削加工（含磨削加工）和金属塑性成形加工。金属在加工过程中，金属与刀具或模具间因摩擦或变形而产生大量的热，影响加工工艺和加工质量，影响刀具和模具的使用寿命，金属加工润滑剂可在金属工件与刀具或模具间起润滑作用，减小摩擦，带走热量，同时实现对工件、刀具和机床的防锈防护。

金属加工润滑剂在 GB/T 7631. 1—2008《润滑剂、工业用油和和有关产品（L 类）的分类 第 1 部分：总分组》中属第五部分。

GB/T 7631. 5—1989《润滑剂和有关产品（L 类）的分类 第 5 部分：M 组（金属加工)》于 1989 年 3 月 28 日批准，1989 年 3 月 31 日发布，1990 年 4 月 1 日实施。

二、标准主要特点与应用说明

1. 关于适用范围

该标准适用于金属切削加工和塑性成形加工用工艺润滑剂。

2. 关于符号说明

该标准对金属加工润滑剂产品采用字母和数字组合表示各种不同性能和用途的产品。例如：L-MHA32 表示该产品在《润滑剂和有关产品（L 类）的分类 第 5 部分：M 组（金属加工)》中，HA 表示具有耐蚀性的加工液，32 表示 40℃的运动黏度为 $32\times10^{-6}m^2/s$。

3. 关于产品分类

金属加工润滑剂按其用途和主要作用分为以润滑为主的油基金属加工润滑剂 L-MH 组和以冷却为主的水基金属加工润滑剂 L-MA 组。

金属加工工艺润滑中，有的要求有良好的减摩性能，有的要求较好的极压润滑性能，也有的要求有良好的防锈蚀性能。该标准按加工工况对润滑剂的性能要求，将 L-MH 组分为 8 种：L-MHA、L-MHB、L-MHC、L-MHD、L-MHE、L-MHF、L-MHG、L-MHH，将 L-MA 组分为 9 种：L-MAA、L-MAB、L-MAC、L-MAD、L-MAE、L-MAF、L-MAG、L-MAH、L-MAI，共 17 种。

该标准中的这种划分是框架式划分，不涉及具体组成和指标。金属加工润滑剂通常由基础介质和各种功能添加剂组成，在一定条件下是可以转换或提升的，如在油基金属加工润滑剂 L-MHA 中加入适当的乳化剂和防锈剂等，可获得水基金属加工润滑剂 L-MAA，再加入极压（EP）添加剂，可提升为 L-MAC。

三、标准内容（GB/T 7631. 5—1989）

润滑剂和有关产品（L 类）的分类 第 5 部分：M 组（金属加工）

本标准等效采用国际标准 ISO 6743/7：1986《润滑剂、工业用油和有关产品（L 类）的

分类　第 7 部分：M 组（金属加工）》。

1　主题内容与适用范围

本标准规定了 L 类（润滑剂和有关产品）中 M 组（金属加工）产品的详细分类，它是 GB/T 7631 的一部分。

本标准应与 GB/T 7631.1 标准联系起来理解。

为了阐明正文和避免误解，增加以下附录：附录 A 按使用范围的 M 组产品品种分类表，附录 B 按性质和特性的 M 组产品品种分类表。

2　引用标准

GB/T 3141　工业润滑油黏度分类

GB/T 7631.1　润滑剂和有关产品（L 类）的分类　第 1 部分：总分组

3　所用符号的说明

3.1　M 组产品的详细分类是根据本组产品所要求的主要应用场合来确定。

3.2　每个品种是由三个英文字母组成的一个符号来表示。每个品种的第一个英文字母 M 表示该产品所属的组别，后面的字母单独存在时无任何含义。每个产品可以附有按 GB/T 3141 标准确定的黏度等级。

3.3　在本分类中，各产品采用统一方法命名。每个产品的完整代号为 L-MHA32，英文字母后面的数字表示按 GB/T 3141 标准确定的黏度等级。

4　定义

4.1　液体：按任何比例的一种液态矿物质、液态动物油、液态植物油或液态的合成物质。金属加工液中可含抗微生物剂。

4.2　浓缩物：一种合适的乳化剂和添加剂（例如防锈、抗微生物和其他添加剂）与精制矿物油混合而成的水剂乳化液，或与合适的化学产品混合形成的水溶液，最后需稀释后使用。对于特殊场合应用时，可以不稀释直接使用。

4.3　有化学活性的润滑剂：是一种对铜及其合金有腐蚀性的液体；反之无化学活性的润滑剂对铜及其合金无腐蚀。

4.4　含有填充剂：加有固态形式的添加剂，例如固体润滑剂（石墨、二硫化钼）、金属盐、金属皂、金属氧化物等，当承受高压（尤其在锻造和热加工下）时以提高润滑性。

5　金属加工润滑剂的分类

类别字母符号	总应用	特殊用途	更具体应用	产品类型和(或)最终使用要求	符号	应用实例	备注
M	金属加工	用于切削、研磨或放电等金属除去工艺；用于冲压、深拉、压延、强力旋压、拉拔、冷锻和热锻、挤压、模压、冷轧等金属成形工艺	首先要求润滑性的加工工艺	具有耐蚀性的液体	MHA	见附录表 A.1	使用这些未经稀释液体具有抗氧性，在特殊成形加工可加入填充剂
				具有减摩性的 MHA 型液体	MHB		

（续）

类别字母符号	总应用	特殊用途	更具体应用	产品类型和（或）最终使用要求	符号	应用实例	备注
M	金属加工	用于切削、研磨或放电等金属除去工艺；用于冲压、深拉、压延、强力旋压、拉拔、冷锻和热锻、挤压、模压、冷轧等金属成形工艺	首先要求润滑性的加工工艺	具有极压性（EP）无化学活性的MHA型液体	MHC	见附录表A.1	
				具有极压性（EP）有化学活性的MHA型液体	MHD		
				具有极压性（EP）无化学活性的MHB型液体	MHE		
				具有极压性（EP）有化学活性的MHB型液体	MHF		
				用于单独使用或用MHA液体稀释的脂、膏和蜡	MHG		对于特殊用途可以加入填充剂
				皂、粉末、固体润滑剂等或其他混合物	MHH		使用此类产品不需要稀释
		用于切削、研磨等金属除去工艺；用于冲压深拉、压延、旋压、线材拉拔、冷锻和热锻、挤压、模压等金属成形工艺	首先要求冷却性的加工工艺	与水混合的浓缩物，具有防锈性乳化液	MAA		
				具有减摩性的MAA型浓缩物	MAB		
				具有极压性（EP）的MAA型浓缩物	MAC		
				具有极压性（EP）的MAB型浓缩物	MAD		
				与水混合的浓缩物，具有防锈性半透明乳化液（微乳化液）	MAE		使用时，这类乳化液会变成不透明
				具有减摩性和（或）极压性（EP）的MAE型浓缩物	MAF		
				与水混合的浓缩物，具有防锈性透明溶液	MAG		对于特殊用途可以加填充剂
				具有减摩性和（或）极压性（EP）的MHG型浓缩物	MAH		
				润滑脂和膏与水的混合物	MAI		

附　录　A
按使用范围的M组产品品种分类表
（参考件）

表A.1中列出按金属加工液主要组别提出一般的、不很详细的应用示例。专业用户可参考此表得到通常应用的主要产品总体情况。本表可以为按使用范围的规范基础。

表 A.1　按使用范围的 M 组产品品种分类表

品种	切削	研磨	电火花加工	变薄拉伸旋压	挤压	拔丝	锻造模压	轧制
L-MHA	○		○					○
L-MHB	○			○	○	○	○	○
L-MHC	○	○		○		●	●	
L-MHD	○			○				
L-MHE	○	○		○	○			
L-MHF	○	○		○				
L-MHG				○		○		
L-MHH						○		
L-MAA	○			○				●
L-MAB	○			○		○	●	○
L-MAC	○			●		●		
L-MAD	○			○	○			
L-MAE	○	●						
L-MAF	○	●						
L-MAG	●	○		●			○	○
L-MAH	○	○					○	
L-MAI				○		○		

注：○为主要使用，●为可能使用。

附　录　B
按性质和特性的 M 组产品品种分类表
（参考件）

为了对金属加工液的实际使用提供帮助，表 B.1 和表 B.2 列出纯油和水溶液分类的概要说明，并对上述两种产品性质和特性进行比较。

表 B.1　按性质和特性的 M 组产品品种分类表第 1 部分：纯油

	符号	产品类型和主要性质					
		精制矿物油①	其他	减摩性	EP②（cna）③	EP②（ca）④	备注
纯油	L-MHA	○					
	L-MHB	○		○			
	L-MHC	○			○		
	L-MHD	○				○	
	L-MHE	○		○	○		
	L-MHF	○		○		○	
	L-MHG		○				润滑脂
	L-MHH		○				皂

① 或合成液。
② EP 表示极压性。
③ cna 表示无化学活性。
④ ca 表示有化学活性。

表 B.2 按性质和特性的 M 组产品品种分类表第 2 部分：水溶液

	符号	产品类别和主要性质						
		乳化液	微乳化液	溶液	其他	减摩性	EP①	备注
水溶液	L-MAA	○						
	L-MAB	○				○		
	L-MAC	○						
	L-MAD	○				○		
	L-MAE		○					
	L-MAF		○			○	○	
	L-MAG			○				
	L-MAH			○		○	○	
	L-MAI							润滑脂膏

① EP 表示极压性。

第五节 润滑剂和有关产品（L 类）的分类 第 6 部分：R 组（暂时保护防腐蚀）

一、概论

暂时保护防腐蚀产品也叫暂时性防锈材料，是指为防止金属制品在贮运过程中锈蚀而使用的对金属起防锈作用的材料。在制品投入使用时，这种材料易被去除。因此，暂时性并非指这类防锈材料的防锈期短，而是指金属制品（裸露面或涂层）或某些部位不允许使用永久性保护层，如导轨、活塞、枪炮等，需要有一种防护材料和防护方法，使之在贮存和运输时不发生锈蚀，需使用时快速去除即可投入使用。防锈期可从几个月到十余年甚至数十年不等。

暂时保护防腐蚀在 GB/T 7631.1—2008《润滑剂、工业用油和有关产品（L 类）的分类 第 1 部分：总分组》中属第 6 部分。

GB/T 7631.6—1989《润滑剂和有关产品（L 类）的分类 第 6 部分：R 组（暂时保护防腐蚀）》于 1989 年 3 月 2 日批准，1989 年 3 月 30 日发布，1990 年 4 月 1 日实施。

二、标准主要特点与应用说明

1. 关于适用范围

该标准适用于裸露金属和有涂层金属表面防腐蚀的暂时性保护防腐蚀产品，不包括气相防锈产品和非石油产品，也不包括具有防腐蚀性能但不以防腐蚀为目的的产品。

2. 关于符号说明

该标准对暂时保护防腐蚀产品采用字母和数字组合表示各种不同性能和用途的产品。例如：L-RD15 表示该产品在《润滑剂和有关产品（L 类）分类 第 6 部分：R 组（暂时保护防腐蚀）》中，D 表示用于较苛刻条件的未稀释的防锈油，15 表示在 40℃ 时的运动黏度为

$15\times10^{-6}m^2/s$。

3. 关于产品分类

该标准将被保护对象按裸露金属表面和有涂层的金属表面分为两大类。对裸露金属的保护又分缓和工作条件和苛刻工作条件两种。

按不同的使用场合及工作条件，将暂时保护防腐蚀产品分为18种。这是一种框架式划分，不涉及具体组成和指标。划归同一种的暂时保护防腐蚀产品可具有不同组成、指标和性能，如溶剂稀释型防腐蚀产品RF可以是不同牌号的石油溶剂，成膜剂可以是蜡也可是树脂，缓蚀剂可以是不同结构或不同类型的缓蚀剂。在18种防腐蚀产品中，RB、RBB、RH、RP、RM是可用水稀释的产品，RF、RFF、RH、RM是蜡膜型产品，RF、RFF、RG是硬膜型防腐蚀产品。

三、标准内容（GB/T 7631.6—1989）

润滑剂和有关产品（L类）的分类　第6部分：R组（暂时保护防腐蚀）

本标准等效采用国际标准ISO 6743—8：1987《润滑剂、工业润滑油和有关产品（L类）的分类　第8部分：R组（暂时保护防腐蚀）》产品的分类标准制定的。

1　主题内容与适用范围

本标准规定了L类（润滑剂和有关产品）中R组（暂时保护防腐蚀）产品的详细分类，它是GB/T 7631的一部分。它需要和GB/T 7631.1标准联系起来理解。

本分类适用于暂时保护防腐蚀的产品。它只包括主要作用是暂时保护防腐蚀的产品，“暂时”不是指这类产品的防锈期而是指其经过一定时间后能被去除。

本分类不包括用于其他目的但也具有暂时保护防腐蚀的产品；也不包括气相防腐剂及性能不同于石油产品的其他化学产品。

本分类适用于裸露金属和有涂层金属的防护（涂漆的金属表面、车身等）。腐蚀被认为是所有金属表面的破坏，不仅是黑色金属。

2　引用标准

GB/T 3141　工业用润滑油黏度分类

GB/T 7631.1　润滑剂和有关产品（L类）的分类第1部分：总分组

3　所用符号的说明

3.1　R组的详细分类是根据产品品种所要求的暂时保护防腐蚀的主要应用场合确定的，与工作条件（见附录A）及防护膜的性质密切相关。

3.2　每个品种由一组大写英文字母所组成的代号表示，代号的第一个英文字母R表示该产品所属的组别，而后面任何字母单独存在时无任何含义。

3.3　每个产品的名称可以附有按GB 3141确定的黏度等级。

3.4　在本分类标准中，各产品系用统一的方法命名。例如，一个特定的产品完整的代号为L-RE或L-RD15，其中15表示黏度等级。

4 暂时保护防腐蚀产品的分类

组别符号	总应用	特殊应用	具体应用	膜的特性和状态	产品符号 L-	典型应用	备注
R	暂时保护防腐蚀	主要用于裸露金属的防护	缓和工作条件（见附录A）	具有薄防护膜的水置换性液体	RA	工序间机加工和磨削的零件	用合适的溶剂或水基清洗剂去除（也可不去除）
				具有薄油膜的水稀释型液体	RB		
				具有水置换性的RB产品	RBB		
				未稀释液体	RC		
				具有水置换性的RC产品	RCC		
			较苛刻工作条件（见附录A）	未稀释液体	RD	薄钢板、钢板 金属零件 钢管、钢棒、钢丝	用合适的溶剂和/或水基清洗剂去除
				具有水置换性的RD产品	RDD		
				具有油或脂状膜的溶剂稀释型液体	RE	铸件、内加工或完全拆卸的机械零件 螺母、螺栓、螺杆 薄钢板	
				具有水置换性的RE产品	REE		
				具有蜡至干膜的溶剂稀释型液体	RF	完全拆卸的机械零件 薄铝板	用合适的溶剂和/或水基清洗剂去除
				具有水置换性的RF产品	RFF		
				具有沥青膜的溶剂稀释型液体	RG	重负荷机械管轴	用合适的溶剂和机械力去除
				具有蜡至脂状膜的水稀释型液体	RH	管线和机械零件	用合适的溶剂或水基清洗剂去除
				具有可剥性膜的溶剂或水稀释型液体	RP	薄铝板 薄不锈钢板	剥离或用合适的溶剂或水基溶液去除
				融化使用的塑性化合物	RT	机加工和磨削的零件 小型脆性工具	撕除
				热或冷涂的软或厚的石油脂	RK	轴承 机械零件	用合适的溶剂或简单的擦掉去除
		主要用于有涂层金属的防护	所有条件	未稀释液体	RL	镀层薄钢板（镀锡板除外） 薄镀锌板 发动机和武器的装配件	剥离或用合适的溶剂或水基溶液去除
				具有蜡至干膜的溶剂和/或水稀释型液体	RM	上漆表面 车身 镀层薄钢板	

附　录　A
具体用途中所用术语的说明
（补充件）

A.1　缓和工作条件

A.1.1　贮存期少于4个月，零件不能暴露于反复凝露的湿度条件下（仓库或房间温度易发生变化），也不能暴露于特殊的腐蚀条件下（酸或碱蒸气、烟雾等）。

A.1.2　在密闭干燥条件下零件的短期运输（例如密封包装、密封容器或密闭式车辆）。

A.2　较苛刻工作条件

除缓和工作条件（A.1）外的所有情况。

第六节　机械产品防锈前处理　清净技术条件

一、概论

金属机械制品经机械加工后，表面会残留各种油污，在进入工序间防锈、中间库防锈或成品封存防锈前，必须除净这些油污，用与之相适应的暂时性防锈材料进行防锈处理。

金属机械产品种类繁多，油污也因加工方式不同而异，用于清洗的材料有溶剂和水剂清洗剂，清洗设备和清洗方式也有多种选择。因此，应针对具体的机械产品及油污性质，综合环保和成本等因素，制定切实有效的清洗工艺，以有利于除净金属制品表面油污，保证防锈质量。

JB/T 6977—1993《机械产品防锈前处理　清净技术条件》于1993年7月27日批准，1994年7月1日实施。该标准规定了清洗材料和清洗设备的选择、各种清洗方式和各种清净度检验方法，用于指导制定金属机械制品防锈前清洗工艺。

二、标准主要特点与应用说明

1. 关于适用范围

该标准适用于钢铁机械产品防锈处理前表面清洗，也适用于钢铁制品表面处理前的清洗。

2. 关于清净技术要求

金属制品经加工后表面残留各种油污，在进行防锈处理前必须将其清洗除去，否则会影响防锈效果。清洗剂的选择应根据金属制品材质、结构、精度及油污的性质选择相应的清洗剂。

清洗剂有溶剂和水剂、酸性和碱性清洗剂等。对于一些难清洗的污垢，可采用几种清洗剂联合处理。

清洗设备有喷淋清洗设备、蒸汽清洗设备、超声波清洗设备、电解清洗设备等，通常还配备加热系统。根据清洗清净度要求，可将几种清洗设备配合使用，如超声波设备与喷淋设备配合清洗。

3. 关于清洗方法的选择

常用的清洗方法有擦拭、浸渍、喷淋、蒸气清洗和电解清洗等。根据具体情况，确定这些清洗方法或单独使用或配合使用。

采用溶剂清洗时，视清净度要求，通常需一道或多道溶剂漂洗，在其中加入适量置换型防锈油或清洗用添加剂可提高清洗效果，并可实现短期防锈。溶剂蒸汽清洗通常一道即可。经溶剂清洗后的制品可自然干燥也可热风吹干。

经水基清洗后，须漂洗净清洗残液。然后，视防锈工艺要求，采用脱水防锈油脱除水膜，可实现短期防锈，或施涂封存防锈油做防锈处理。对于不能涂油的制品，可用水基防锈剂处理或与气相防锈材料配合进行防锈处理。这样既可避免在漂洗后烘干时出现浮锈，又节能省时。

酸洗后的金属制品需做漂洗、中和、漂洗处理，再进入防锈工序。

4. 关于清净度的检验

经清洗后的制品表面的清净度可用目测法、擦拭法、重量（称量）法、接触角法、挂水法、荧光法、电镀法等检查。根据制品的特点及清洗剂的种类可采用一种合适的评定方法，也可将它们组合使用。

该标准中重量法和荧光法引用 JB/T 4322《水基金属清洗剂　试验方法》，该标准已于 2000 年 1 月 1 日作废，由 JB/T 4323.2—1999《水基金属清洗剂　试验方法》代替。2019 年，该标准再次修订为 JB/T 4323—2019《水基金属清洗剂》，于 2019 年 5 月 2 日发布，2020 年 1 月 1 日实施。

三、标准内容（JB/T 6977—1993）

机械产品防锈前处理　清净技术条件

1　主题内容与适用范围

本标准规定了防锈前处理的清净技术要求、清洗方法及清净度的检验方法。

本标准适用于钢铁机械产品工序间防锈、中间库防锈及成品封存防锈前处理的清净，也适用于钢铁金属制品表面处理前的清净。

2　引用标准

GB/T 4879　防锈包装

JB/T 4322　水基金属清洗剂及试验方法

3　清净技术要求

3.1　清洗剂的选择

3.1.1　在选择清洗剂时，可选用附录 A（参考件）中规定的清洗剂或其他清洗剂。

3.1.2　根据清净件材质，污物的种类及污染程度或要达到的清净度，或者被清净件表面清洗困难时，可采用一种或多种清洗剂，分阶段除去污物。

3.2　清洗设备

3.2.1　清洗设备及辅助容器应当用适应清洗剂的材质制造，必要时要有加热装置、搅拌装置、过滤装置、超声波装置、输送装置及通风抽气等装置。

3.2.2　擦拭用具为刷、毛刷等，擦拭材料为不掉毛的织布以及与此相当的多孔材料等。

3.2.3 喷淋装置由泵、压力计、喷嘴等组成。

3.2.4 蒸气脱脂由加热器、冷却管、水分分离器、温度计等组成。

3.2.5 电解脱脂用直流电源，由电流计、电压计以及铁、碳、钛、白金等不溶性电极组成。

3.3 操作注意事项

3.3.1 操作时必须采用安全防护措施。

3.3.2 工艺条件可根据被清洗工件的批量、形状、大小、材质以及脏污程度予以调整。

3.3.3 清洗后易生锈的表面，必须及时干燥，并做适当防锈处理。

3.3.4 不得裸手触摸清洗过的工件。

4 清洗方法

本标准的清洗方法有擦拭清洗法、浸渍清洗法、喷淋清洗法、蒸气清洗法和电解清洗法，这些方法一般单独使用或组合使用。

4.1 擦拭清洗法

4.1.1 用含清洗剂的擦拭工具在需清净件的表面擦拭除去污物，然后干燥。必要时，在干燥前用清洁工具再次擦拭。

4.1.2 用酸擦拭除锈时，擦拭后立即用碱中和、水洗，然后干燥，但如采用磷酸擦拭，则可省略中和以后的工序。

4.1.3 残留碱与酸检验按 GB 4879 中 4.1.4 条规定进行。

4.2 浸渍清洗法

4.2.1 在常温或加热下将被清净件全浸于清净剂中，并不断提动，以除去污物。

4.2.2 使用溶剂类清洗剂时，清洗后要自然干燥或热风吹干。

4.2.3 使用表面活性剂或乳剂类清洗剂时，清洗后要进行水洗和干燥，但用防锈性的乳剂清洗剂清洗后可自然干燥。

4.2.4 使用酸或碱清洗时，清洗后要进行水洗或按防锈工艺要求进行必要的中和、水洗和干燥。

4.2.5 必要时，按第 4.1.3 条规定检验残留酸或碱。

4.3 喷淋清洗法

4.3.1 将常温或加热的清洗剂喷淋于被清净件上以除去污物。

4.3.2 使用酸或碱时，清净后要进行水洗或按防锈工艺要求进行必要的中和、水洗和干燥。

4.3.3 必要时，按第 4.1.3 条规定检验残留酸或碱。

4.4 蒸气清洗法

4.4.1 将清洗剂放入脱脂装置中，按清洗剂的种类加热至适宜的温度。

4.4.2 在清净室蒸气出口处的冷却管中通入冷却水冷凝溶剂蒸气，以进行回收或循环使用。

4.4.3 将被清净件放在溶剂蒸气中，经一定时间清洗，以除去污物。

4.4.4 被清净件清洗后要自然干燥或热风吹干。

4.5 电解清洗法

4.5.1 将清洗剂放入电解槽中（常温或加热），然后将被清净件浸入清洗剂中，成为一电极通电除去附着于其上的污物。

4.5.2 通电法有如下方式：

a）阳极电解法：被清净件作为阳极；

b）阴极电解法：被清净件作为阴极；

c）周期换向电解法：被清净件在适当时间间隔下作阴极阳极交换。

4.5.3 被清净件除去污物后，要进行水洗或热水洗，必要时进行干燥。

5 清净度检验方法

本标准的清净度检验方法有目测法、擦拭法、挂水法、喷雾法、压力喷雾法、接触角法、硫酸铜法、电镀法、重量法和荧光法等。这些方法一般单独使用，也可组合使用。

5.1 目测法

按 GB 4879 中 4.1.1 条规定。

5.2 擦拭法

按 GB 4879 中 4.1.2 条规定。

5.3 挂水法

把被清净的表面浸入水中提起（使用的清洗剂为碱时，在浸入水中前，也可先用 3%~5%稀盐酸浸蚀 3s~5s，浸蚀后，用水充分洗净）。放置 10s，观察清净面上的水膜。若水膜完整、连续即为合格。否则为不合格。

5.4 喷雾法

在经清净并干燥后的表面上，用常用手动喷雾器喷雾蒸馏水。喷雾时，使清净面与垂直面倾斜 5°~10°，喷嘴与被喷雾表面距离 15cm~30cm。在水滴不致流下的状态下喷雾。喷雾后，放置 30s~60s，若水膜完整、连续即为合格，否则为不合格。

5.5 压力喷雾法

在经清净并干燥后的表面上，用常用手动喷雾器以 60kPa（450mmHg）的压缩空气喷蒸馏水或喷加染料的蒸馏水。喷雾时，使清净面与垂直面倾斜 5°~10°，喷嘴与被喷雾表面距离 60cm，喷 30s~40s。喷雾后，放置 30s~60s，若水膜完整、连续即为合格，否则为不合格。

5.6 接触角法

将清净面置于接触角测定器的支持台上，开启滴液点的下孔，启动微量滴定管的活塞滴下水滴。水滴滴下后即刻启用各种微动装置，使水滴像处于测定器的视野内，在量角器上读出水滴滴下后约 1min 的接触角，被清净面上每一面测定 4 个~5 个点，取其平均值作为接触角。油污染面的接触角大，清净面的接触角接近于 0°。脱脂后经过的时间长短，对于接触角的影响很大，脱脂后测定的时间及接触角的大小的判定由上、下工序间商定。

5.7 硫酸铜法

将清净面浸在酸性硫酸铜水溶液［硫酸铜（化学纯）50g/L，硫酸（化学纯）20g/L］中停留 1min 后提起，即用水洗，并观察其清净面。若铜膜均匀即为合格；若有漏镀、出现花斑或起泡等，即为不合格。

5.8 电解法

将硫酸镍（化学纯）240g/L、氯化铵（化学纯）45g/L、硼酸（化学纯）30g/L 及适量添加剂配成的镀液，在 pH 值 4.0~5.6，温度 50℃，阳极为镍板，阴极为已清洗的试件，阳极电流密度为 $4A/dm^2$ 和搅拌条件下，电镀 20min，镀后要立即水洗或热水洗和干燥。

5.8.1 外观检验

若镀层光滑、完整即为合格；若有漏镀、出现花斑、发雾、有条纹、针孔即为不合格。

5.8.2　热震试验

将试片置于200℃的炉中加热10min取出，立即浸入室温的水中淬火，观察镀层表面状况，若无任何剥离起泡现象即为合格，反之为不合格。

5.9　重量法

按JB/T 4322中第4章规定。

5.10　荧光法

按JB/T 4322中第5章规定。

附　录　A
清洗剂的选择
（参考件）

A.1　常用清洗剂见表A.1。

表A.1　常用清洗剂

分类	代号	清　洗　剂	品　　级	适用范围
A溶剂	A-1	航空洗涤汽油(GB 1789)		主要用于浸渍清洗、喷淋清洗和蒸气清洗等，其中A-1～A-8主要用于擦拭清洗
	A-2	航空洗涤汽油(GB 1789)加少量置换型防锈油		
	A-3	溶剂油	120号、190号	
	A-4	灯用煤油(GB 253)		
	A-5	轻柴油(GB 252)		
	A-6	甲醇	化学纯	
	A-7	乙醇	化学纯	
	A-8	异丙醇(GB 7814)	化学纯	
	A-9	三氯乙烯	工业级或化学纯	
	A-10	四氯乙烯	工业级或化学纯	
	A-11	二氯甲烷	工业级或化学纯	
	A-12	三氯三氟乙烷	工业级或化学纯	
	A-13	甲基氯仿	工业级或化学纯	
	A-14	四氯化碳	工业级或化学纯	
B酸	B-1	硫酸	工业级	主要用于浸渍清洗和喷淋清洗，其中B-2、B-3也可用于擦拭清洗
	B-2	盐酸	工业级	
	B-3	磷酸	工业级	
C碱	C-1	氢氧化钠	工业级	主要用于浸渍清洗、喷淋清洗和电解清洗等
	C-2	碳酸钠	工业级	
	C-3	碳酸氢钠	工业级	
	C-4	硅酸钠	工业级	
	C-5	偏硅酸钠	工业级	
	C-6	水玻璃	工业级	

（续）

分类	代号	清 洗 剂	品 级	适 用 范 围
C 碱	C-7	磷酸钠	工业级	主要用于浸渍清洗、喷淋清洗和电解清洗等
	C-8	三聚磷酸钠	工业级	
	C-9	六偏磷酸钠	工业级	
	C-10	焦磷酸钠	工业级	
D 表面活性剂	D-1	阴离子表面活性剂	工业级	主要用于浸渍清洗、喷淋清洗和电解清洗等
	D-2	非离子表面活性剂	工业级	
	D-3	两性表面活性剂	工业级	
E 乳状清洗剂	E-1	用表面活性剂将石油系溶剂和水乳化		主要用于浸渍清洗和喷淋清洗

第十五章 防锈材料

第一节 防锈油

一、概论

防锈油是一种能防止金属锈蚀的油品。防锈油使用方便，防锈成本低，效果好，是一种最常用的金属暂时性防锈材料，广泛用于金属制品中长期防锈，对于防止金属制品锈蚀，特别是防止黑色金属制品在生产和贮运过程中的锈蚀，保证产品质量起了重要作用。

先进工业国家的防锈油研究始于20世纪20年代，二战期间防锈油得到较快发展。20世纪50年代，先进工业国家的防锈油已标准化和系列化。

我国的防锈油研究与应用始于20世纪50年代，当时基本上是采用热涂厚油封防锈工艺。20世纪60年代后，相继研制开发了各类防锈油，如水置换型防锈油、润滑油型防锈油、溶剂稀释型防锈油、防锈脂、气相防锈油等。后经“七五”和“八五”国家防锈技术攻关，逐步完善。20世纪90年代后，随着人们审美观的提高，要求防锈油浅色、快干、油膜薄、功能化或多功能等，相继研究开发了超薄层防锈油、挥发性防锈油及各类特殊用途的防锈油脂，满足了市场对防锈油的特殊需求。

目前，防锈油仍然是金属制品中、长期防锈的主要暂时性防锈材料。

我国早期的防锈油标准是各类防锈油独立的，如《溶剂稀释型防锈油》《置换型防锈油》《水置换型防锈油》《脂型防锈油》《石油脂型防锈油》《气相防锈油》。2000年，由中国石油化工集团公司负责制定了SH/T 0692—2000《防锈油》，代替原来独立的各防锈油标准。该标准等效采用JIS K 2246：1994《防锈油》制定，命名按GB/T 7631.6进行，试验方法采用我国国家标准或行业标准，对一般润滑油型防锈油增加了叠片防锈试验。SH/T 0692—2000《防锈油》于2000年6月30日发布，2000年12月1日实施。

二、标准主要特点与应用说明

1. 关于适用范围

该标准适用于以石油溶剂、润滑油等为基础原料，加入多种添加剂制成用于以钢铁为主的金属材料及其制品防锈保护的防锈油。

2. 关于产品分类

防锈油是一类在基础油中加入防锈添加剂等配制而成用于防止金属材料及其制品锈蚀的油品。防锈油因基础油或添加剂不同，其理化性能和使用方法也有很大的差别。例如：以溶剂汽油为基础介质加入防锈添加剂和成膜剂等组成的溶剂型防锈油，待溶剂挥发后形成致密的防锈保护膜，因成膜剂不同可以是软膜也可以是硬膜；在润滑油馏分油中加入防锈添加剂等，可配制具有润滑功能的防锈润滑油；在防锈油配方中引入气相防锈添加剂可使防锈油同时具有液相和气相防锈性能。该标准按防锈油基础介质和功能不同将防锈油分为五大类：除指纹型防锈油、溶剂稀释型防锈油、脂型防锈油、润滑油型防锈油、气相防锈油，细分为15种，用字母或字母与数字组合表示，如L-RC表示除指纹型防锈油，L-RD-1表示中黏度润滑油型防锈油。因GB/T 7631.6《润滑剂和有关产品（L类）的分类　第6部分：R组（暂时保护防腐蚀）》中不包括气相防锈油，SH/T 0692—2000规定气相防锈油代号为L-RQ。

3. 关于防锈油的技术条件

防锈油因组成不同，性能差别较大。标准按五大类防锈油规定相应的技术条件，并按各类防锈油的特点突出相应的指标要求。对除指纹型防锈油，突出了其置换性和人汗防蚀性，湿热试验168h，无盐雾试验要求；对溶剂型防锈油，突出了其干燥性指标，并对油膜50μm以上的防锈油有168h~336h盐雾试验要求；对脂型防锈油，有滴点和锥入度指标要求。对润滑油型防锈油，突出了其倾点、黏度指数和氧化安定性指标；对气相防锈油除，具有一定的液相接触防锈性外，突出了其气相防锈能力，包括暴露和加热后的气相防锈能力。

湿热试验、盐雾试验、腐蚀试验是检验在试验条件下防锈油对金属的保护能力。在这些试验中，有良好性能的防锈油通常对金属有较好的防锈性，但实验室的模拟加速试验难以将大气应用环境中的日照、大气中的成分、季节变化等因素融入其中。因此，检验防锈油脂对金属的防锈防护性能时，须结合其他方法，特别是应用试验进行综合评判。

三、标准内容（SH/T 0692—2000）

防　锈　油

1　范围

本标准规定了以石油溶剂、润滑油基础油等为基础原料，加入多种添加剂调制而成的防锈油的技术条件。

本标准所属产品适用于以钢铁为主的金属材料及其制品的暂时防腐保护。

2　引用标准

下列标准包括的条文，通过引用而构成本标准的一部分，除非在标准中另有明确规定，下述引用标准都应是现行有效标准。

GB/T 261　石油产品闪点测定法（闭口杯法）

GB/T 265　石油产品运动黏度测定法和动力黏度计算法

GB/T 269　润滑脂和石油脂锥入度测定法

GB/T 711　优质碳素结构钢热轧厚钢板和宽钢带

GB/T 1995　石油产品黏度指数计算法

GB/T 2361　防锈油脂湿热试验法

GB/T 3535　石油倾点测定法

GB/T 3536　石油产品闪点和燃点测定法（克利夫兰开口杯法）

GB/T 4756　石油液体手工取样法

GB/T 5096　石油产品铜片腐蚀试验法

GB/T 5231　加工铜化学成分和产品形状

GB/T 6538　发动机油表观黏度测定法（冷启动模拟机法）

GB/T 7304 石油产品和润滑剂酸值测定法（电位滴定法）
GB/T 7631.6 润滑剂和有关产品（L类）的分类 第6部分：R组（暂时保护防腐蚀）
GB/T 8026 石油蜡和石油脂滴熔点测定法
GB/T 12579 润滑油泡沫特性测定法
SH/T 0025 防锈油盐水浸渍试验法
SH/T 0035 防锈油脂蒸发量测定法
SH/T 0036 防锈油水置换性试验法
SH/T 0060 防锈脂吸氧测定法（氧弹法）
SH/T 0063 防锈油干燥性试验法
SH/T 0080 防锈油脂腐蚀性试验法
SH/T 0081 防锈油脂盐雾试验法
SH/T 0082 防锈油脂流下点试验法
SH/T 0083 防锈油耐候试验法
SH/T 0105 溶剂稀释型防锈油油膜厚度测定法
SH/T 0106 防锈油人汗防蚀性试验法
SH/T 0107 防锈油人汗洗净性试验法
SH 0164 石油产品包装、贮运及交货验收规则
SH/T 0211 防锈油脂低温附着性试验法
SH/T 0212 防锈油脂除膜性试验法
SH/T 0214 防锈油脂分离安定性试验法
SH/T 0215 防锈油脂沉淀值和磨损性测定法
SH/T 0216 防锈油喷雾性试验法
SH/T 0218 防锈油脂试验试片制备法
SH/T 0584 防锈油脂包装贮存试验法（百叶箱法）
SH/T 0660 气相防锈油试验方法

3 定义

本标准采用下列定义。

3.1 防锈油 rust preventive oil

含有腐蚀抑制剂，主要用于暂时防止金属大气腐蚀的油品。

3.2 除指纹型防锈油 fingerprint removing type rust preventive oil

能除去金属表面附着的指纹的防锈油。

3.3 溶剂稀释型防锈油 solvent cutback rust preventive oil

将不挥发性材料溶解或分散到石油溶剂中的防锈油。涂敷后，溶剂挥发形成防护膜。

3.4 脂型防锈油 grease type rust preventive oil

以石油脂为基础材料常温下呈半固体状的防锈油。

3.5 润滑油型防锈油 lubricating type rust preventive oil

以石油润滑油馏分为基础材料的防锈油。

3.6 气相防锈油 vapor phase type rust preventive oil

含有在常温下能汽化的缓蚀剂的防锈油。

3.7 黏度变化 viscosity change

试样在规定条件下加热除去挥发性物质后运动黏度变化，用加热前后试样的黏度变化率表示。

3.8 沉淀值 precipitation number

把试样与规定溶剂混合，在规定条件下离心分离，此时生成沉淀物的数值（mL）即为沉淀值。

3.9 烃溶解性 hydrocarbon solubility

试样与规定用溶剂混合，在规定条件下离心分离后，静置 24h，观察试样溶液有无相变化或分离现象。

3.10 泡沫性 foaming characteristics

在规定时间，把一定流速的空气吹入保持一定温度的试样中，然后静置 10min，观察其泡沫量，用 mL 表示。

3.11 氧化安定性 oxidation stability

把催化剂加入试样中，在规定温度下用搅拌棒搅拌试样一定时间，使其氧化，测定试样氧化后的运动黏度和总酸值的变化，评定试样的抗氧化性。

3.12 吸氧量 oxygen absorption content

将催化剂放入试样中，然后一并放入氧弹内，充入规定压力的氧气，在规定温度下加热氧弹，根据 100h 后氧气压力的减少，确定试样的抗氧化性能。

3.13 膜厚 film thickness

将试样用规定的方法涂敷在试片上，垂直保持 24h，检测附着膜质量，计算油膜厚度，用 μm 表示。

3.14 干燥性 drying characteristics

将试样用规定的方法涂在试片上，垂直保持一定时间后，油膜的干燥状态视为试样的干燥性。

3.15 流下点 flow down point

试样油膜在设定温度下垂直保持 1h，油膜流落到基准线的温度即为流下点。

3.16 低温附着性 low-temperature adhesion property

试样膜在低温金属表面上的附着性能。

3.17 除膜性 film removability

试样膜被石油溶剂去除的性能。

3.18 磨损性 wearability

表示试样混入机械杂质使金属制品擦伤的性能。

3.19 挥发性物质量 volatile matter content

试样在规定条件下加热时产生的挥发性物质的量。

3.20 分离安定性 separating stability

试样在规定的温度条件下有无相变或分离。

3.21 喷雾性 sprayability

在一定条件下喷雾时，试样雾滴的均匀性。

3.22　腐蚀性　corrosivity

试样对金属的腐蚀性、变色性。

3.23　水置换性　water displacement property

试样对附着在金属表面上的水的置换性和防锈性。

3.24　酸中和性　acid neutralization property

试样对酸性物质的中和防锈性能。

3.25　除指纹性　fingerprints removing property

试样对附着在金属表面的指纹的去除性和防止指纹引起的锈蚀性。

3.26　人汗防蚀性　fingerprints anti-corrosive property

防止附着在试样膜上的指纹引起的锈蚀的能力。

3.27　透明性　transparency

涂覆在金属面上的试样膜在规定条件下放置后，从膜上读金属面上印记的性能。

3.28　包装贮存性　shed storage property

将在规定条件下涂有试样的试片包装，放在装有水槽的百叶箱中，评定其防锈能力。

3.29　气相防锈性　vapor phase anti-rust property

试样中的气相防锈剂在密闭条件下对裸露金属的防锈性。

3.30　暴露后气相防锈性　vapor phase anti-rust property after exposure

试样在规定条件下经室内暴露后，其气相防锈剂在密闭条件下对金属表面的防锈性。

3.31　加热后气相防锈性　vapor phase anti-rust property after heating

试样在规定条件下加热暴露后，其气相防锈剂在密闭条件下对金属表面的防锈性。

4　产品分类

4.1　分类

本标准将防锈油分为除指纹型防锈油、溶剂稀释型防锈油、脂型防锈油、润滑油型防锈油和气相防锈油五种类型，根据膜的性质、油品的黏度等细分为 15 个牌号，如表 1 所示。

表 1　防锈油分类

<table>
<tr><th colspan="3">种　类</th><th>代号 L-</th><th>膜的性质</th><th>主要用途</th></tr>
<tr><td colspan="3">除指纹型防锈油</td><td>RC</td><td>低黏度油膜</td><td>除去一般机械部件上附着的指纹，达到防锈目的</td></tr>
<tr><td rowspan="5">溶剂稀释型防锈油</td><td colspan="2">Ⅰ</td><td>RG</td><td>硬质膜</td><td>室内外防锈</td></tr>
<tr><td colspan="2">Ⅱ</td><td>RE</td><td>软质膜</td><td>以室内防锈为主</td></tr>
<tr><td rowspan="2">Ⅲ</td><td>1 号</td><td>REE-1</td><td>软质膜</td><td rowspan="2">以室内防锈为主(水置换型)</td></tr>
<tr><td>2 号</td><td>REE-2</td><td>中高黏度油膜</td></tr>
<tr><td colspan="2">Ⅳ</td><td>RF</td><td>透明，硬质膜</td><td>室内外防锈</td></tr>
<tr><td colspan="3">脂型防锈油</td><td>RK</td><td>软质膜</td><td>类似转动轴承类的高精度机加工表面的防锈，涂敷温度 80℃ 以下</td></tr>
<tr><td rowspan="3">润滑油型防锈油</td><td rowspan="3">Ⅰ</td><td>1 号</td><td>RD-1</td><td>中黏度油膜</td><td rowspan="3">金属材料及其制品的防锈</td></tr>
<tr><td>2 号</td><td>RD-2</td><td>低黏度油膜</td></tr>
<tr><td>3 号</td><td>RD-3</td><td>低黏度油膜</td></tr>
</table>

（续）

种类			代号 L-	膜的性质	主要用途
润滑油型防锈油	Ⅱ	1号	RD-4-1	低黏度油膜	内燃机防锈。以保管为主，适用于中负荷，暂时运转的场合
		2号	RD-4-2	中黏度油膜	
		3号	RD-4-3	高黏度油膜	
气相防锈油		1号	RQ-1	低黏度油膜	密闭空间防锈
		2号	RQ-2	中黏度油膜	

4.2 代号

产品代号按 GB/T 7631.6 的规定。对 GB/T 7631.6 不包括的气相防锈油产品代号暂定为 L-RQ。

5 技术条件

各类产品技术条件应符合表 2~表 6 的规定。

表 2 L-RC 除指纹型防锈油技术要求

项目		质量指标	试验方法
闪点/℃	不低于	38	GB/T 261
运动黏度(40℃)/(mm^2/s)	不大于	12	GB/T 265
分离安定性		无相变，不分离	SH/T 0214
除指纹性		合格	SH/T 0107
人汗防蚀性		合格	SH/T 0106
除膜性(湿热后)		能除膜	SH/T 0212
腐蚀性(质量变化)/(mg/cm^2)		钢 ±0.1 铝 ±0.1 黄铜 ±1.0 锌 ±3.0 铅 ±45.0	SH/T 0080①
湿热(A级)/h	不小于	168	GB/T 2361

① 试验片种类可与用户协商

表 3 溶剂稀释型防锈油技术要求

项目			质量指标					试验方法
			L-RG	L-RE	L-REE-1	L-REE-2	L-RF	
闪点/℃		不低于	38	38	38	70	38	GB/T 261
干燥性			不黏着状态	柔软状态	柔软状态	柔软或油状态	指触干燥(4h) 不黏着(24h)	SH/T 0063
流下点/℃		不低于	80	—			80	SH/T 0082
低温附着性			合格					SH/T 0211
水置换性			—		合格		—	SH/T 0036
喷雾性			膜连续					SH/T 0216
分离安定性			无相变，不分离					SH/T 0214
除膜性	耐候性后		除膜(30次)	—				SH/T 0212①
	包装贮存后		—	除膜(15次)	除膜(6次)		除膜(15次)	

（续）

项　　目		质量指标					试验方法
		L-RG	L-RE	L-REE-1	L-REE-2	L-RF	
透明性		—				能看到印记	附录 B
腐蚀性(质量变化)/(mg/cm²)		钢　±0.2　　黄铜　±1.0　　锌　±7.5 铝　±0.2　　镁　±0.5　　镉　±5.0 铬　不失去光泽					SH/T 0080②
膜厚/μm　不大于		100	50	25	15	50	SH/T 0105
防锈性	湿热(A 级)/h　不小于	—	720①	720①	480	720①	GB/T 2361
	盐雾(A 级)/h　不小于	336	168	—		336	SH/T 0081
	耐候(A 级)/h　不小于	600	—				SH/T 0083
	包装贮存(A 级)/d　不小于	—	360	180	90	360	SH/T 0584①

① 为保证项目,定期测定。
② 试验片种类可与用户协商。

表 4　L-RK 脂型防锈油技术要求

项　　目		质量指标	试验方法
锥入度(25℃)/(1/10mm)		200~325	GB/T 269
滴熔点/℃　不低于		55	GB/T 8026
闪点/℃　不低于		175	GB/T 3536
分离安定性		无相变,不分离	SH/T 0214
蒸发量(质量分数,%)　不大于		1.0	SH/T 0035
吸氧量/kPa(100h,99℃)　不大于		150	SH/T 0060
沉淀值/mL　不大于		0.05	SH/T 0215
磨损性		无伤痕	SH/T 0215
流下点/℃　不低于		40	SH/T 0082
除膜性		除膜(15 次)	SH/T 0212
低温附着性		合格	SH/T 0211
腐蚀性(质量变化)/(mg/cm²)		钢±0.2　黄铜±0.2　锌±0.2 铅±1.0　铝　±0.2　镁±0.5 镉±0.2 除铅外,无明显锈蚀、污物及变色	SH/T 0080①
防锈性	湿热(A 级)/h　不小于	720	GB/T 2361②
	盐雾(A 级)/h　不小于	120	SH/T 0081
	包装贮存(A 级)/d　不小于	360	SH/T 0584②

① 试验片种类可与用户协商;
② 为保证项目,定期测定。

表 5　润滑油型防锈油技术要求

项　　目	质量指标						试验方法
	L-RD-1	L-RD-2	L-RD-3	L-RD-4-1	L-RD-4-2	L-RD-4-3	
闪点/℃　不低于	180	150	130	170	190	200	GB/T 3536
倾点/℃　不高于	-10	-20	-30	-25	-10	-5	GB/T 3535

（续）

项目		质量指标						试验方法
		L-RD-1	L-RD-2	L-RD-3	L-RD-4-1	L-RD-4-2	L-RD-4-3	
运动黏度/(mm^2/s)	40℃	100±25	18±2	13±2	—	—	—	GB/T 265
	100℃	—	—	—	—	9.3~12.5	16.3~21.9	
低温动力黏度(-18℃)/mPa·s　不大于		—			2500	—		GB/T 6538
黏度指数　不小于		—			75	70		GB/T 1995
氧化安定性(165.5℃,24h)	黏度比　不大于	—			3.0	2.0		附录 C
	总酸值增加/(mgKOH/g)　不大于	—			3.0	3.0		
挥发性物质量分数(%)　不大于		—			2			SH/T 0660
泡沫性,泡沫量/mL	24℃　不大于	—			300			GB/T 12579
	93.5℃　不大于	—			25			
	后 24℃　不大于	—			300			
酸中和性		—			合格			SH/T 0660
叠片试验,周期		协议			—			附录 A
铜片腐蚀(100℃,3h)/级　不大于		2			—			GB/T 5096
除膜性,湿热后		能除膜						SH/T 0212
防锈性	湿热(A级)/h　不小于	240	192		480			GB/T 2361
	盐雾(A级)/h　不小于	48	—		—			SH/T 0081
	盐水浸渍(A级)/h　不小于	—			20			SH/T 0025

表 6　气相防锈油技术要求

项目		质量指标		试验方法
		L-RQ-1	L-RQ-2	
闪点/℃　不低于		115	120	GB/T 3536
倾点/℃　不高于		-25.0	-12.5	GB/T 3535
运动黏度/(mm^2/s)	100℃	—	8.5~13.0	GB/T 265
	40℃	不小于 10	95~125	
挥发性物质量(质量分数,%)　不大于		15	5	SH/T 0660
黏度变化(%)		-5~20		附录 D
沉淀值/mL　不大于		0.05		SH/T 0215
烃溶解性		无相变,不分离		SH/T 0660
酸中和性		合格		SH/T 0660
水置换性		合格		SH/T 0036
腐蚀性(质量变化)/(mg/cm^2)		铜　±1.0 钢　±0.1 铝　±0.1		SH/T 0080

（续）

项　　目			质量指标		试验方法
			L-RQ-1	L-RQ-2	
防锈性	湿热(A级)/h	不小于	200		GB/T 2361
	气相防锈性		无锈蚀		SH/T 0660
	暴露后气相防锈性		无锈蚀		
	加温后气相防锈性		无锈蚀		

6　标志、包装、运输、贮存

标志、包装、运输、贮存及交货验收按 SH 0164 进行。

7　取样

取样按 GB/T 4756 进行，取 2L 作为检验和留样用。

附　录　A
（标准的附录）
防锈油——长期叠片腐蚀试验

A.1　范围

本方法用于评定防锈油产品对碳素结构钢或其他材质（用户提出）重叠或卷置时的防腐性能。

A.2　方法概要

把已知表面粗糙度的试验片涂上试验样品，夹在两个不锈钢片之间，经过一定温度和湿度的循环作用，观察试片变化，评定试样的防腐性。

A.3　设备

A.3.1　试验片：符合 SH/T 0218 的 A 或 B 试片。

注：可以选择用户所需要的其他材质。

A.3.2　浸渍槽。

A.3.3　不锈钢吊钩。

A.3.4　不锈钢“盖”板。

A.3.5　不起毛的、有吸收能力的纸。

A.3.6　气候箱。

A.3.7　压板：重 2kg，用以保持试片上各点压力一致。

A.4　试剂和材料

石油醚：化学纯。

A.5　试验步骤

A.5.1　按 SH/T 0218 准备试验片。

注：可按用户和生产厂协商的特殊条件。

A.5.2　将试验片浸入放有试样的浸渍槽（A.3.2）中，提起后，在无灰尘、室温条件下，沥干 72h。

A.5.3　将上述试片用两片不锈钢“盖”板夹紧，把压板（A.3.7）放上。

A.5.4　将上述组合体放入运转的气候箱中，气候箱每 7 天作为一个试验周期，每个周期：

——前 5 天，每天：8h，湿度 99%、温度 40℃，后 16h，湿度 75%、温度 20℃；

——后 2 天，每天：湿度 65%、温度 20℃。

A. 5. 5 每个周期结束后，拆开组合体，检查接触面的状况，给出 4 个接触面的评定结果：

a）无变化。

b）有容易去除的印迹或污物。

c）有一些不能去除的印迹或污物。

d）有大量的不能去除的印迹或污点。

A. 6 结果的表示

记录试片未发生变化的周期数。

当试片的变化大于评定结果 A. 5. 5b）情况时，终止试验，记录最后的评定结果。

记录产品的气味。

A. 7 试验报告

a）试验片的种类。

b）按 A. 6 说明试验结果。

c）试验片的润湿情况。

d）通过协商或其他原因，与规定的试验条件不符的情况。

附 录 B
（标准的附录）
透明性试验方法

B. 1 适用范围

本方法适用于测定溶剂稀释型 L-RF 防锈油的透明性。

B. 2 方法概要

将预先刻有印记的试片，经涂膜、干燥后，看能否观察到涂膜下的印记。

B. 3 仪器与材料

B. 3. 1 试片：按 SH/T 0218《防锈油脂试验试片制备法》A 法准备 2 片 A 试片或 B 试片。

B. 3. 2 刻印工具：能够打上 5mm 印记数字或文字的冲头。

B. 4 试验步骤

B. 4. 1 用刻印工具在试片的面上，打上 2 个明显的印记。

B. 4. 2 按 SH/T 0218 中 B 法对试片进行涂膜。

B. 4. 3 其中一片经 24h 干燥后，另一片经 SH/T 0584《防锈油脂包装贮存试验法（百叶箱法）》后，用肉眼从涂膜外观察能否看到印记。

B. 5 试验结果

记录是否能看到印记。

附 录 C
（标准的附录）
内燃机油氧化安定性测定法

C. 1 适用范围

本方法用于评定内燃机用封存防锈油氧化安定性。

C.2　方法概要

将催化剂浸入试样中，在 165.5℃条件下，用搅拌棒搅拌试样 24h，使其氧化后，测定氧化油的运动黏度和总酸值，与未氧化油比较，求出黏度比及总酸值的增量。

试验以装入同一试样的 2 个试验容器为一组进行。

C.3　试验仪器及试验材料

C.3.1　内燃机油氧化安定性试验器由以下 a)~e）构成。图 C.1 所示为组装图之一。

a）恒温槽：恒温槽具有搅拌器、电热器及温度调节器，可将温度保持在 165.5℃ ± 0.5℃，试验容器底部距恒温槽顶部 120mm，在浴液中可将试验容器浸泡 90mm 以上（参见图 C.1）。

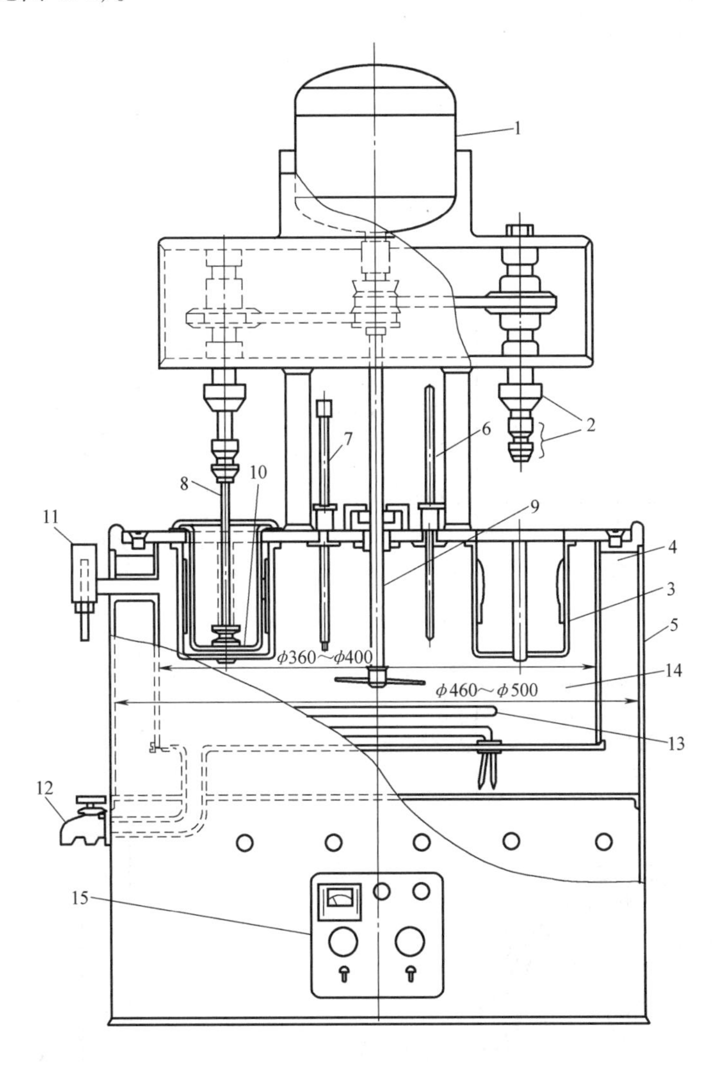

图 C.1　氧化安定性试验器

1—电动机　2—转子　3—试验容器固定装量　4—保温材料　5—保温壁　6—温度计　7—温度调节器　8—试样搅棒　9—搅拌器　10—试验容器　11—溢水管　12—排放栓　13—电热器　14—浴槽　15—操作盘

b）温度计：测温范围 150℃~200℃，分度值为 0.5℃，长度 250mm，全浸。

c）试验容器及试验容器盖

1）试验容器：尺寸及构造如图 C. 2 所示，由硼硅酸耐热玻璃制成。

参考：GB/T 11143 的 4. 1. 3 规定用烧杯与此相当。

2）试验容器盖：由酚醛树脂制成，形状、尺寸如图 C. 3 所示，备有搅拌棒插入孔。

注：变形或破损的盖，可使内部空气置换比例发生变化，因此有时造成试验结果的偏离，应引起注意。

d）试样搅拌棒：由硼硅酸耐热玻璃或不锈钢制成，形状、尺寸如图 C. 4 所示。

e）转子：由图 C. 1 所示形状从下方将试样搅拌棒插入，卡盘将其保持在离试样容器底部 10mm 的位置，以 1300r/min±15r/mim 旋转（防止其震动）。

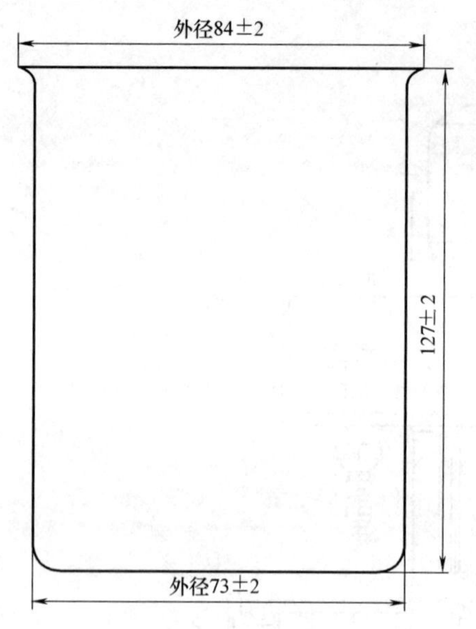

图 C. 2 试验容器

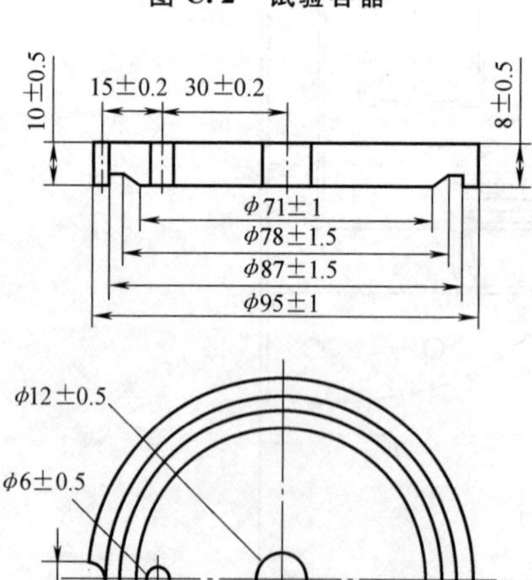

图 C. 3 试验容器盖

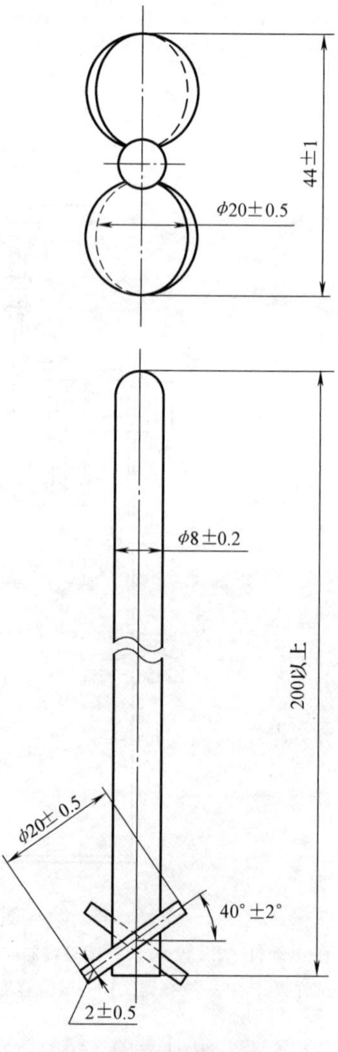

图 C. 4 试样搅拌棒

C. 3. 2 催化剂及其他试验材料

C. 3. 2. 1 催化剂

a）钢：符合 GB/T 711 中的 10 号，厚度 0. 5mm，宽 26mm，长 121. 4mm。

b）铜：符合 GB/T 5231 中的 T2，厚度 0. 5mm，宽 26mm，长 60. 4mm。

注：如图 C. 5 所示，在钢及铜催化剂两端开固定孔（ϕ1. 0mm）。

参考：可用参考图 C. 1 所示形状的钢及铜催化剂。铜催化剂两端的折线弯曲成爪，钢催化剂两端有插入爪的沟孔。两个催化剂组合时，铜催化剂爪插入钢催化剂沟孔，按折线将爪使劲弯下固定。

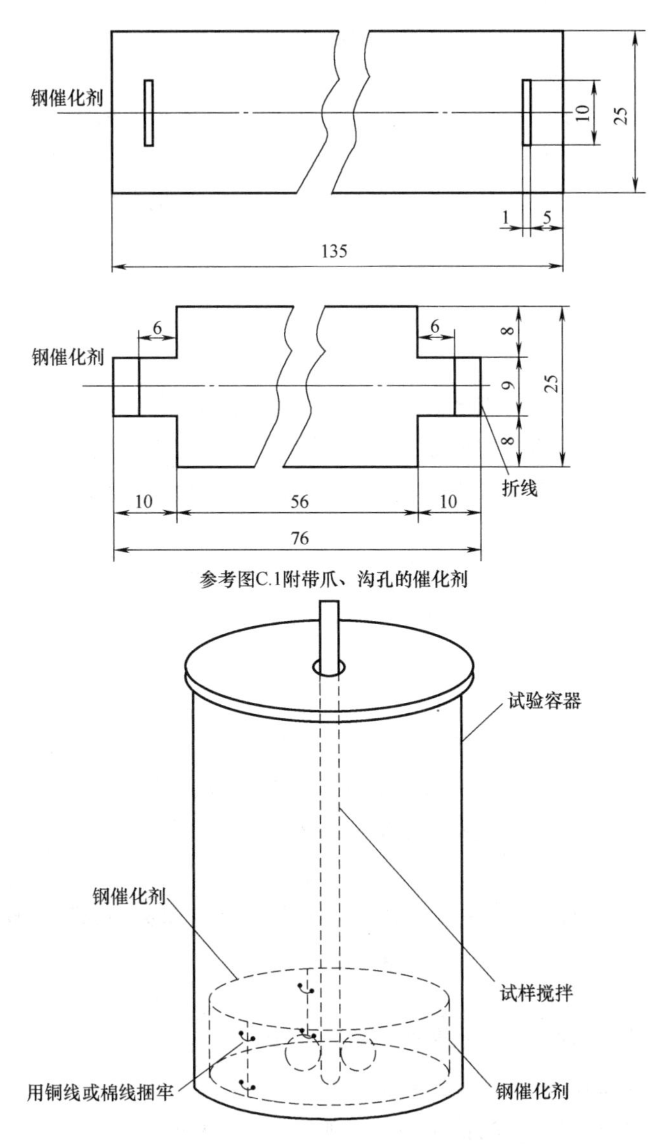

图 C. 5 试样容器及催化剂的安装

C. 3. 2. 2 研磨材料：400 号氧化铝研磨布或纸。

C. 3. 2. 3 脱脂棉。

C.3.3 试剂

C.3.3.1 庚烷：化学纯。

C.3.3.2 石油醚：化学纯。

C.4 取样

按 GB/T 4756 规定。

C.5 试验准备

C.5.1 将试验容器、试样搅拌棒在铬酸洗液或同等的洗净剂中浸泡 2h 以上，用自来水充分冲净，再用蒸馏水洗数次后将其干燥。

注 1：试样搅拌棒是不锈钢的情况下，用合适的溶剂洗净后干燥。

注 2：铬酸洗液废弃时，应做废液无害化处理。

C.5.2 用脱脂棉沾合适的溶剂（庚烷、石油醚等）很好地擦拭两个催化剂后，用研磨布或研磨纸磨出新面，再用脱脂棉将磨粉全部擦干净，按图 C.5 所示组装。研磨后的催化剂应尽可能快地用于试验。另外，研磨过的催化剂要用清洁干燥的脱脂棉或手套拿取，不要直接用手接触。

C.5.3 将恒温槽的温度控制在 165.5℃±0.5℃。

注：根据温度读取范围，尽可能将温度计插深。

C.6 试验步骤

C.6.1 如图 C.5 所示，在放入催化剂的 2 个试验容器中，各自在常温下放入 250mL 试样，将它们固定在恒温槽上的试验容器固定装置上。然后，让试样搅拌棒穿过试验容器盖，将容器盖好。将试样搅拌棒安装在转子上，使叶片下端距容器底部 10mm。这时不要用手直接触摸试样搅拌棒浸泡的部分。

C.6.2 使试样搅拌棒以 1300r/min±15r/min，按一定方向旋转搅拌试样。试样搅拌棒开始旋转的时间即是试验开始时间，并将此时间记下。

C.6.3 经 24h 后，将试验容器从恒温槽取出，用干净的镊子取下催化剂，将试验容器内的试样（以下称氧化油）冷却至室温。

C.6.4 氧化试验前的试样（以下称未氧化油）、变为室温的氧化油迅速地进行以下试验。

a）按 GB/T 265 测定未氧化油及氧化油 40℃时的运动黏度。

b）按 GB/T 7304 的规定测定未氧化油及氧化油的总酸值。

C.7 计算方法

C.7.1 黏度比：从氧化前后的试样运动黏度，由下式算出运动黏度比，保留小数点后 2 位。

$$R=\nu_2/\nu_1$$

式中 R——运动黏度比；

ν_1——40℃下的未氧化油运动黏度（mm^2/s）；

ν_2——40℃下的氧化油的运动黏度（mm^2/s）。

两个试验结果之差不超过平均值 14%时，此平均值为黏度比。

两个试验结果之差超过平均值的 14%时，重新试验。

C.7.2 总酸值的增加：算出氧化前后试样的总酸值的差，保留 3 位有效数字。但不足 1mg KOH/g 时，保留小数点后 2 位。两个试验结果之差不超过表 C.1 允许差时，其平均值为总酸值的增加。两个试验结果之差超过表 C.1 的允许差时，重新试验。

表 C.1　允许差　（单位：mg KOH/g）

总酸值增加	允许差
0.05～1.0	0.3
1.0 以上～5.0	1
5.0 以上～20	4

附　录　D
（标准的附录）
黏度变化计算法

把按 SH/T 0660 方法测定挥发性物质前后的试样，按 GB/T 265 测定 40℃运动黏度。黏度变化按下式计算，用两个试验结果的平均值表示，精确到小数点后一位。

$$\nu=[(\nu_1-\nu_2)/\nu_1]\times100$$

式中　ν——黏度变化（%）；

ν_1——新油的运动黏度（mm^2/s）；

ν_2——挥发性物质蒸发后的运动黏度（mm^2/s）。

附　录　E
（提示的附录）

本标准的防锈油产品代号与等效标准 JIS K 2246：1994 产品代号的对应关系如表 E.1 所示。

表 E.1　本标准产品代号与 JIS K 2246：1994 的对应关系

本标准产品代号	JIS K 2246：1994 中代号
L-RC	NP-0
L-RG	NP-1
L-RE	NP-2
L-REE-1	NP-3-1
L-REE-2	NP-3-2
L-RF	NP-19
L-RK	NP-6
L-RD-1	NP-7
L-RD-2	NP-8
L-RD-3	NP-9
L-RD-4-1	NP-10-1
L-RD-4-2	NP-10-2
L-RD-4-3	NP-10-3
L-RQ-1	NP-20-1
L-RQ-2	NP-20-2

第二节 气相防锈纸 技术条件

一、概论

气相防锈纸是以防锈原纸为基材，浸或涂覆气相缓蚀剂（VCI），并经一系列加工而成的特种防锈包装材料，简称防锈纸。

防锈纸通常分为接触型防锈纸和气相防锈纸两类。接触型防锈纸是采用接触型缓蚀剂，没有或有轻微的气相防锈能力，如苯甲酸钠防锈纸，这类纸一面涂蜡，一面仅涂苯甲酸钠。气相防锈纸因采用气相缓蚀剂，同时具有气相防锈和接触防锈能力。气相防锈纸适用于钢、铜、铝等多种金属制品防护包装，是20世纪六七十年代才发展起来的防锈技术。纸/塑复合材料技术的发展为气相防锈纸应用于钢板包装运输提供了更好的选择，它兼具包装和防护双重功能，使用方便，启封容易，防锈期长。在气相防锈包装材料中，气相防锈纸的用途最为广泛，在特定条件下也可用工序间防锈。

JB/T 4051.1《气相防锈纸 技术条件》中的有关指标项目检验方法按 JB/T 4051.2《气相防锈纸 试验方法》进行。QB/T 1319《气相防锈纸》，除了有关技术要求外还包括相应的评价试验方法。

JB/T 4051.1—1999《气相防锈纸 技术条件》于1999年6月28日批准，2000年1月1日实施，代替 JB/T 4051.1—1985。

二、标准主要特点与应用说明

1. 关于适用范围

该标准适用于作为金属材料及其制品防锈包装用的气相防锈纸。

2. 关于气相防锈纸分类

气相防锈纸按用途可分为钢用和多金属用（多金属用是指钢、铜、铝及其镀层用），按形状可分为卷筒和平板，按结构可分为未复合和复合。

3. 关于气相防锈纸试验

气相防锈纸对基材防锈原纸有严格要求，要符合 GB/T 22814—2008《防锈原纸》要求。GB/T 22814—2008 对氯离子和硫酸根离子含量有严格的限定，因为这两种离子含量超标，会降低防锈纸的防锈性能，甚至可能会造成加速腐蚀。

配制气相防锈液一定要用去离子水配制，搅拌和涂布应均匀，控制好涂布量。对纸张进行干燥时温度不宜过高，以免气相缓蚀剂流失。防锈纸的水分也要控制在合理的范围。纸边未涂布面的宽度应不超过10mm，纸幅应平整、清洁，不应有孔洞、折皱、破损等现象。

气相防锈纸的技术指标试验包括：气相防锈甄别试验、动态接触湿热试验、气相缓蚀能力试验和耐破度试验，按 JB/T 4051.2—1999《气相防锈纸 试验方法》进行。

三、标准内容（JB/T 4051.1—1999）

气相防锈纸 技术条件

1 范围

本标准适用于金属材料及其制品作防锈包装用的气相防锈纸。

2 引用标准

下列标准所包含的条文，通过在本标准中引用而构成为本标准的条文。本标准出版时，所示版本均为有效。所有标准都会被修订，使用本标准的各方应探讨使用下列标准最新版本的可能性。

GB/T 450—1989 纸和纸板试样的采取

JB/T 4051.2—1999 气相防锈纸 试验方法

SH/T 0217—1992 防锈油脂试片锈蚀度试验法

3 分类、品种

3.1 气相防锈纸分钢材用和通用两大类。

3.2 气相防锈纸分复合纸与未复合纸两种（以下简称复合纸与未复合纸）。

生产厂可根据用户需要，生产有关规格、性能的气相防锈纸。

4 技术条件

4.1 气相防锈纸的技术条件必须符合表1的规定。

表1

指标名称	规定	
	通用气相防锈纸	钢用气相防锈纸
气相防锈甄别试验	对钢、黄铜(7周期)	对钢(7周期)
动态接触湿热试验	对钢、黄铜(7周期)对铝(3周期)	对钢(7周期)
气相缓蚀能力试验	对钢合格	对钢合格

4.2 对黄铜、铝以外的有色金属、镀层或其他表面处理件的制品则需参照4.1规定项目进行试验，技术指标可由使用单位与生产厂协商制定。

4.3 气相防锈纸纸面缓蚀剂必须涂布均匀，无漏涂和掉粉现象。

4.4 纸面应平整、清洁，不许有孔洞、破损。

4.5 复合纸复合面应均匀、连续，无脱膜、脱蜡现象。

4.6 未复合气相防锈纸原纸定量及耐折度需符合表2的要求。

表2

原纸定量/(g/m^2)	耐折度/kPa
20	39.23
30	58.84
40	78.46
50	98.07
60	117.68
70	137.30
120	235.37

5 试验方法

气相防锈甄别试验、动态接触湿热试验、气相缓蚀能力试验、试验用试片的制备、耐折度试验按JB/T 4051.2的规定进行。

6 试验结果评定

6.1 金属试片经防锈试验后，在规定的时间内进行检查，符合下列规定者为合格。

6.2 钢试片在有效试验面积内，空白试验已锈，防锈试片三片均无锈为合格，若其中一片锈蚀。试验重做，重复试验结果仍有一片锈蚀则为不合格。

6.3 黄铜试片在有效试验面积内，防锈试片应无发黑、发绿和严重变色。允许轻微的变色、变暗，用甲醇能擦去的变色可不按腐蚀处理。

6.4 铝试片经防锈试验后无严重变黑或腐蚀堆积物产生，允许轻微变色、变暗。

6.5 湿热试验试片有效试验面积计算按 SH/T 0217 的规定。

6.6 计算气相甄别试验和气相缓蚀能力试验试片有效面积时，距试片边缘 2mm 以内的部分除外。

7 检验规则

7.1 每次进货数量不得多于半年的使用量。

7.2 生产厂应保证所交货的纸张符合本标准的规定。每批产品附有质量合格证书。

7.3 用户有权按本标准规定的检验方法检查其质量是否符合本标准的技术条件规定。如果检查结果与本标准规定不符，则需在到货三个月之内向生产厂提出书面意见，然后双方从加倍的纸中重新采取试样，对第一次不符合规定的项目进行复检，复检结果中即使一件纸不符合本标准规定，则整批纸列为不合格品，由生产厂负责处理。

7.4 纸张试样的采取按 GB/T 450 的规定进行。因保管和运输不符合规定使产品发生质变或质量下降以致不符合本标准的规定，应由有关方面负责。

8 标志、包装、运输和贮存

8.1 卷筒纸应卷在干燥、硬实的纸芯上，断头不超过三个。每卷用塑料袋套装密封，再用不低于 $80g/m^2$ 的牛皮纸卷绕三层，外用干净麻袋或聚丙烯编织带包扎。

8.2 平板纸用塑料袋包装后放入瓦楞纸箱，每箱重量不大于 50kg 或按协议进行。

8.3 卷筒纸每卷为一件，平板纸每箱为一件，每件应将产品名称、种类、尺寸、净重、生产日期或出厂批号做明显标志，缓蚀剂的涂药面应有标志，或做相应的说明，每件纸必须附有产品使用说明书。

8.4 运输时应使用带蓬而洁净的运输工具，搬运时不许将纸从高处扔下。

8.5 气相防锈纸应密封妥善保管，以防风、雨、雪、酸、碱和其他化学物质的影响。还应远离热源，避免地面湿气的影响和阳光直接曝晒。在符合上述规定的保管条件下，从出厂之日起 1 年内防锈性能仍应达到本标准要求。

8.6 气相防锈纸应随取随用。如一次用不完的纸，应重新密封保存。

第三节 包装材料 气相防锈塑料薄膜

一、概论

气相防锈塑料膜是以聚烯烃类树脂为基料，加入气相缓蚀剂（简称 VCI），通过一定的工艺方法制成的。

气相防锈膜是薄膜技术与气相防锈技术相结合的创新型防锈包装材料，具有透明直观、阻隔性好、成型方式多样、防锈期长、使用方便、可回收利用、适用多种金属等特点。根据实际使用和加工要求，可制成单层、双层、三层或更多层组成的膜。每层赋予相应的功能，如抗静电、抗紫外线、隔离特种腐蚀介质等。通过复膜技术（编织布、铝箔、铝塑复合）可提高气相防锈膜的阻隔性和物理强度。气相防锈膜产品种类形式多种多样，具有塑料薄膜的性能，近年应用领域迅速拓宽，产量逐年增长。

我国最早的气相防锈塑料薄膜行业标准是 JB/T 6067—1992《气相防锈塑料薄膜技术条件》。GB/T 19532《包装材料　气相防锈塑料薄膜》于 2004 年首次发布，2018 年进行了修订，删除了 2004 版中气相防锈甄别试验。GB/T 19532—2018《包装材料　气相防锈塑料薄膜》于 2018 年 3 月 15 日发布，2018 年 10 月 1 日实施。

二、标准主要特点与应用说明

1. 关于适用范围

该标准规定了气相防锈塑料薄膜的分类、技术要求、试验方法、检验规则、标识、包装、运输和贮存，适用于气相防锈塑料薄膜（VCIF）生产、检验及使用。

2. 关于气相防锈膜的分类

气相防锈薄膜按防锈对象分黑色金属用和多金属用两类，按产品形式分为卷状和片状。黑色金属用气相防锈薄膜适用于钢、铸铁，多金属用气相防锈薄膜适用于钢、铜、黄铜和铝。

3. 关于气相防锈膜的质量指标

该标准规定了气相防锈膜防锈性能和物理性能的技术指标及检验方法。防锈性能包括气相缓蚀能力（VIA）、消耗后的 VIA、耐接触腐蚀、耐交变湿热和长期防护性。多金属用气相防锈薄膜需做与铜的相容性试验。物理性能包括透明度、焊缝强度、焊缝和材料的耐水性、冲击强度、低温柔软性、耐油性、耐粘连性、标识耐水性和贮存稳定性。这些性能指标包含了使用时的基本要求。

4. 关于气相缓蚀能力试验

气相缓蚀能力试验试片制备按 SH/T 0218 进行。试片打磨、清洗按标准附录 A 试验中的要求进行。制备好的试片应置于干燥器冷却至室温，8h 内使用。试验环境温度严格控制在 20℃～30℃，相对湿度不大于 80%。

制备消耗后的 VIA 试验试样，应辨识气相防锈膜样品药面，药面朝向内封袋，先放入恒温箱，再升温至 40℃，恒温保温 8h，取出试样冷至室温放入干燥器中备用。

所有气相防锈试验均要做空白对比，空白试验锈蚀，说明试验有效。

三、标准内容（GB/T 19532—2018）

包装材料　气相防锈塑料薄膜

1　范围

本标准规定了气相防锈塑料薄膜的分类、技术要求、试验方法、检验规则、标识、包装、运输和贮存。

本标准适用于气相防锈塑料薄膜（以下简称 VCIF）的生产、检测及使用。

2 规范性引用文件

下列文件对于本文件的应用是必不可少的。凡是注日期的引用文件，仅注日期的版本适用于本文件。凡是不注日期的引用文件，其最新版本（包括所有的修改单）适用于本文件。

GB/T 191 包装储运图示标志

GB/T 678 化学试剂 乙醇（无水乙醇）

GB/T 687 化学试剂 丙三醇

GB/T 699 优质碳素结构钢

GB/T 2423.4 电子电工产品环境试验 第2部分：试验方法 试验Db：交变湿热(12h+12h循环)

GB/T 2828.1 计数抽样检验程序 第1部分：按接收质量限（AQL）检索的逐批检验抽样计划

GB/T 4456 包装用聚乙烯吹塑薄膜

GB/T 6672 塑料薄膜和薄片厚度测定 机械测量法

GB/T 6673 塑料薄膜和薄片长度和宽度的测定

GB/T 8809 塑料薄膜抗摆锤冲击试验方法

GB/T 12339—2008 防护用内包装材料

GB/T 16265 包装材料试验方法 相容性

GB/T 16266 包装材料试验方法 接触腐蚀

GB/T 16578.2 塑料 薄膜和薄片 耐撕裂性能的测定 第2部分：埃莱门多夫（Elmendorf）法

GJB 2748A—2011 军用气相防锈塑料薄膜规范

QB/T 1319 气相防锈纸

SH/T 0692—2000 防锈油

3 分类

VCIF按用途分为黑色金属用和多金属用两类，按产品形式分为卷状和片状。

注：黑色金属用适用于钢、铸铁，多金属用适用于钢、铜、黄铜和铝。

4 技术要求

4.1 外观

表面应平滑、清洁，不应有穿孔、气泡、撕裂、划伤等缺陷。

4.2 尺寸偏差

4.2.1 厚度

厚度一般为0.05mm~0.15mm。厚度极限偏差应符合GB/T 4456的要求。

4.2.2 长度与宽度

4.2.2.1 卷状VCIF

折径或宽度偏差应符合GB/T 4456的要求。

每卷段数应不大于4段，每段长度应不小于20m。段头处应加标识。

应牢固、紧实，不松散地缠绕在卷芯上。卷芯长度应比卷材宽度大10mm，并应由硬质材料构成。储运和使用过程中卷芯不应弯曲、变形。

4.2.2.2 片状 VCIF

长度和宽度由供需双方协商确定，其偏差应符合 GB/T 4456 的要求。

应整齐堆放，防止皱褶。

4.3 防锈性能

应符合表 1 要求。

表 1　VCIF 的防锈性能要求

项　目	要　求	
	黑色金属用	多金属用①
气相缓蚀能力(VIA)	锈点数不大于 5 并且锈点直径不大于 0.3mm	
消耗后的 VIA	锈点数不大于 5 并且锈点直径不大于 0.3mm	
接触腐蚀	钢无腐蚀	钢、铝无腐蚀
与铜的相容性	—	无点蚀、侵蚀、深度变色②或腐蚀③
交变湿热试验	钢 9 周期无锈蚀	钢 9 周期无锈蚀，黄铜 7 周期无锈点或发黑、发绿变色
长期防护性	钢无锈蚀	

① 对钢、铜、黄铜和铝以外的金属和镀层金属，可参照本表规定项目进行试验。

② 深度变色是指洋红色覆盖在黄铜色上的多彩色，或有红和绿显示的多彩色（孔雀绿），但不带灰色。

③ 腐蚀是指黑色、深灰色或仅带有孔雀绿的棕色。

4.4 物理性能

应符合表 2 要求。

表 2　VCIF 的物理性能要求

项　目	要　求
透明度	交接状态及(65±2)℃老化 12d 后文字应清晰易读
焊缝强度	交接状态及在(70±2)℃下老化 12d 后焊缝分离长度不大于 25%
焊缝和材料的耐水性	耐水不渗漏
冲击强度	≥0.5J
撕裂强度	≥490mN
低温柔软性	无分层、龟裂或撕裂
耐油性	无渗漏、膨胀、分层、脆化
耐粘连性	无肉眼可见的剥落或破裂
标识耐水性	标识应清晰易读
贮存稳定性	VIA：锈点数不大于 5，且锈点直径不大于 0.3mm
	焊缝强度：焊缝分离长度不大于 25%

4.5 标识

有要求时，每个单元包装应有产品名称、分类及代号等标识。

5 试验方法

5.1 取样及预处理

5.1.1 取样方法

卷状产品取样应在去掉最外两层后截取；片状产品取样应在包装产品的顶部下数第四张以下截取。试样应密封包装。

5.1.2 预处理

除非另有规定，试验前试样应保持密封包装状态置于 20℃～30℃，相对湿度不大于 80%的环境中至少 4h。

5.2 外观

在自然光线下目视检查。

5.3 厚度

按 GB/T 6672 的规定进行试验。

5.4 长度与宽度

按 GB/T 6673 的规定进行试验。

5.5 气相缓蚀能力（VIA）

按附录 A 的规定进行试验。

5.6 消耗后的 VIA

按附录 A 的规定进行试验。

5.7 接触腐蚀

按 GB/T 16266 的规定进行试验，黑色金属用类型采用钢试片，多金属用类型采用钢和铝试片。

5.8 与铜的相容性

按 GB/T 16265 的规定进行试验，试片为 T3 纯铜。

5.9 交变湿热试验

按 GB/T 2423.4 的规定进行试验，试验循环采用方法 2，严酷程度为高温 40℃。试片规格为 50mm×50mm，材质为 10 号钢和 H62 黄铜，按 QB/T 1319 要求进行打磨、清洗后，装入长 80mm、宽 70mm，一个宽度方向开口的 VCIF 袋内，将开口处热封；在 20℃～30℃，相对湿度不大于 80%的试验室环境中放置 24h 后吊挂于试验箱中。

5.10 长期防护性

按 GJB 2748A—2011 中 4.5.3 的规定进行试验。

5.11 透明度

按 GJB 2748A—2011 中 4.5.11 的规定进行试验。

5.12 焊缝强度

按 GJB 2748A—2011 中 4.5.5 的规定进行试验。

5.13 焊缝和材料的耐水性

按 GB/T 12339—2008 附录 B 规定进行试验。

5.14 冲击强度

按 GB/T 8809 的规定进行试验，采用 B 型冲头。

5.15 撕裂强度

控 GB/T 16578.2 的规定进行试验。

5.16 低温柔软性

按 GB/T 12339—2008 中 5.12 的 I 类 A 种材料的试验方法进行试验。

5.17　耐油性

将规格为50mm×50mm、厚度为3mm~5mm的45号钢试片用240号砂纸打磨后，依次用无水乙醇清洗三遍，吹干，在SH/T 0692—2000表5规定的“L-RD-2”润滑油型防锈油中浸渍1min，取出后沥干1h，然后将试片分别装入由VCIF制成的，内部尺寸为75mm×125mm的小袋中；用手将多余气体从袋中排出，封合袋子，用白色滤纸包装并用夹子夹紧。将包装好的袋子吊挂于（65±1）℃干燥箱中，72h后取出，目视检查白色滤纸上有无渗油。

5.18　耐粘连性

按GB/T 12339—2008中5.16的Ⅰ类C种材料的试验方法进行试验。

5.19　标识耐水性

按GJB 2748A—2011中4.5.9的规定进行试验。

5.20　贮存稳定性

按GJB 2748A—2011中4.5.14的规定进行试验。

6　检验规则

6.1　组批

由同一工艺、同一组分、同一生产周期制造的同一类产品为一批，批量单位为最小独立单元包装。

6.2　检验分类

检验分出厂检验和型式检验。

6.3　检验时机

6.3.1　每批产品出厂前应进行出厂检验。

6.3.2　有下列情况之一时，应进行型式检验：

——新产品投产鉴定；

——原材料、工艺、配方发生重大变化；

——停产半年后，重新恢复生产；

——出厂检验结果与上次型式检验结果有较大差异。

6.4　检验项目

6.4.1　出厂检验项目见表3。

表3　出厂检验项目

序号	出厂检验项目	要求章条号	试验方法章条号
1	外观	4.1	5.2
2	厚度	4.2.1	5.3
3	长度(片状)与宽度(卷状和片状)	4.2.2	5.4
4	气相缓蚀能力(VIA)	4.3	5.5

6.4.2　型式检验项目为第4章全部项目。

6.5　抽样方案

6.5.1　出厂检验按GB/T 2828.1规定的二次正常抽样方案进行，检验水平S-3，接收质量限（AQL）为4.0。

6.5.2　型式检验从一批（见6.1）产品中抽取有代表性的足够用于试验的样品进行检验。

6.6 判定规则

6.6.1 对于出厂检验，所有抽取的样本均应检验。接收质量限（AQL）以不合格品百分数表示。如果第一样本中发现的不合格品数小于或等于第一接收数，则判定该批合格；如果第一样本发现的不合格品数大于或等于第一拒收数，则判定该批不合格。如果第一样本中发现的不合格品数介于第一接收数和第一拒收数之间，应检验第二样本并累计两个样本中发现的不合格品数。如果不合格品累计数小于或等于第二接收数，则判定该批合格，否则不合格。

6.6.2 对于型式检验，检验结果如有 1 项不合格应加倍取样，对不合格项目重新检验；若复检仍不合格，则判为型式检验不合格。

7 标志、包装、运输和贮存

7.1 标志

包装应注明产品名称、生产厂名称和厂址、执行标准、质量合格证明、规格型号、制造日期及生产批号或编号等。外包装标志应符合 GB/T 191 规定，使用“怕雨”“怕晒”等标志。

7.2 包装

应用厚度不低于 80μm 的聚烯烃薄膜或性能相当的其他阻隔材料包装并密封后，再进行外包装。

7.3 运输和贮存

7.3.1 运输

应使用清洁、有篷的运输工具。应防雨、雪和阳光直射。搬运时应轻装轻卸，避免包装破损。

7.3.2 贮存

应不破坏原有的防护包装层，保持密封状态。贮存在阴凉、干燥的库房内，距热源应不少于 1m，距地面应不少于 0.1m。应随取随用，一次用不完应重新密封保存。

附 录 A
（规范性附录）
气相缓蚀能力（VIA）试验方法

A.1 试验装置和材料

电热恒温鼓风干燥箱（以下简称干燥箱）：可调温至（40±1）℃。

砂纸：氧化铝或金刚砂型，240 号、400 号、600 号及 800 号。

干燥剂：细孔硅胶。

乳胶管：医用，内径 6mm。

玻璃管：外径 8mm。

铝管：外径 16mm，壁厚 1.0mm~1.5mm，长 114mm，无缝管。

橡胶管：内径 16mm，外径 20mm~22mm。

玻璃广口瓶：容量 1000mL，瓶口内径与 13 号橡胶塞相匹配。

A.2 试剂

无水乙醇，应符合 GB/T 678 规定。

丙三醇，应符合 GB/T 687 规定。

A.3　试片

符合 GB/T 699 要求、直径 16mm、高 13mm 的 10 号钢柱；一端面中央钻有底部平坦、直径 10mm、深 10mm 的孔，另一端为试验面。首次使用前先用磨床加工至表面粗糙度（Ra）0.8μm。使用时，用砂纸打磨至表面粗糙度（Ra）0.4μm~0.6μm。打磨纹路应平行一致，不应有凹坑、划伤和锈蚀。试验面距孔底不小于 2mm。用三只洁净的搪瓷杯分别盛 150mL 以上的无水乙醇，然后用电镀镊子夹取脱脂纱布将打磨后的试片在无水乙醇中依次清洗三遍，最后用电吹风热风吹干。处理好的试片不应用手直接接触或受到污染；暂不用于试验时，应置于盛有干燥剂的玻璃干燥器内保存；若 8h 以内未使用，则应在使用前重新处理。

A.4　试样

试样的抽取及预处理按 5.1 规定。应防止试样表面被污染。

A.5　试验室温湿度条件

试片处理、试验装置组装、试验程序到试验结果评定全过程应在 20℃~30℃，相对湿度不大于 80%的环境中进行。

A.6　试验体组装

在 13 号橡胶塞端面适当部位分别打直径 15mm 和 8mm 的通孔，在 9 号橡胶塞中心打直径 15mm 的通孔。

将铝管插入 13 号和 9 号橡胶塞，其露出 9 号橡胶塞端面不超过 2mm。

将处理好的试片放在干净的滤纸上，将凹形面压入另一个 9 号橡胶塞内，试验面露出橡胶塞部分不超过 3mm（见图 A.1）。再将此橡胶塞套入铝管，并使铝管与凹形试片接触。嵌入凹形试片的 9 号橡胶塞与 13 号橡胶塞之间露出的铝管外面套上同样长度的橡胶管；在 13 号橡胶塞的 8mm 通孔中插入玻璃管，玻璃管露出 13 号橡胶塞大端面的长度约 30mm，再套上长 30mm 的乳胶管，并用弹簧夹夹紧乳胶管口；玻璃管另一端应低于试片下端面（见图 A.2）。

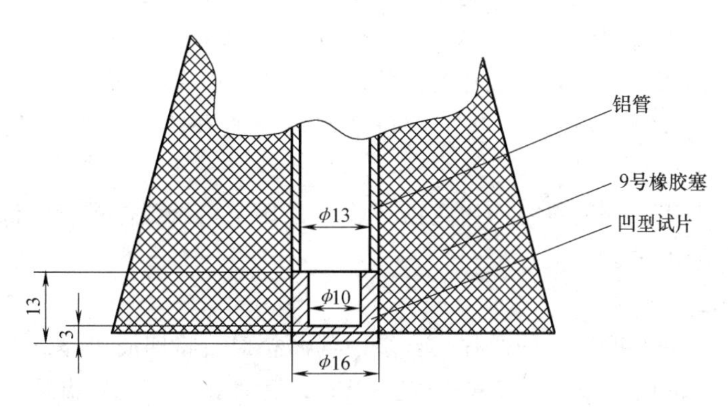

图 A.1　试片组装图

切取两条规格为 150mm×50mm 的试样，用图钉对称钉在装有试片的 9 号橡胶塞两侧，含缓蚀剂面朝向试片。

试样的下端折转并夹上回形针，使之保持垂直状态，并避免浸入广口瓶底的丙三醇水溶液内。

试验体装入广口瓶后组成的试验装置见图 A.2。

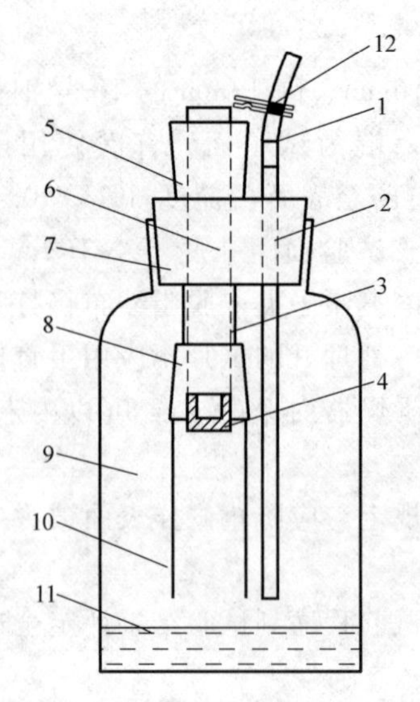

图 A.2 VIA 试验体组装示意图

1—乳胶管 2—玻璃管 3—橡胶管 4—试片 5、8—9 号橡胶塞 6—铝管 7—13 号橡胶塞
9—玻璃广口瓶 10—试样 11—丙三醇水溶液 12—止水夹

A.7 空白试验体

试验体中不放试样或其他包装材料。

A.8 试验程序

A.8.1 气相缓蚀能力（VIA）试验

将试验体安装在广口瓶上，再将广口瓶置于已预热至（40±1）℃的干燥箱中；3h 后取出，冷却 10min 后，松开弹簧夹，用医用注射器通过医用乳胶管向广口瓶内加入 50mL、20℃时密度为 1.078g/mL 的丙三醇水溶液，夹紧乳胶管，将广口瓶放回（40±1）℃的干燥箱中；2h 后取出，迅速向铝管内注满（19±1）℃的水，再放回（40±1）℃的干燥箱中；3h 后取出，倒掉铝管中的水，立即观察试片表面状态。试片表面有凝露时，立即用镊子夹取浸有无水乙醇的脱脂纱布轻轻地擦洗并吹干后目视观察，如有锈点，则测量最大锈点的直径（最大尺寸）。

平行试验进行四组，同时进行一组空白试验（采用空白试验体进行的试验）。

A.8.2 消耗后的 VIA 试验

A.8.2.1 试样处理

将试样裁成 200mm×400mm 的两片，含缓蚀剂面相对后将四周边焊封；夹持长边一侧并吊挂置于（40±1）℃的电热鼓风干燥箱中保持 8h，之后取出冷却至室温后用自封袋包装。

A.8.2.2 加速消耗后的 VIA 试验

试验程序按 A.8.1 执行。

A.9 结果评定

结果评定时，距试片边缘 2mm 以内区域不做考查。

若空白试片无锈蚀，应重新进行试验。

若空白试片已锈蚀，去除 4 个平行试片中锈蚀最重的，对余下的 3 个试片进行结果评定：若有 1 片不符合表 1 要求，应重新进行试验；若有 2 片及 2 片以上，或重复试验结果中仍有1片不符合表1要求，则判定该项目不合格。

第四节　缓蚀剂　气相缓蚀剂

一、概论

气相缓蚀剂是在常温下有一定的蒸汽压，能挥发并吸附在金属表面形成致密而稳定的保护膜，抑制或减缓金属腐蚀的物质。气相缓蚀剂通过附加于各种载体可制成易于应用的产品，如防锈纸、防锈膜、气相防锈油、气相防锈剂（水剂、粉剂）等。一般所说的气相缓蚀剂是以粉末、颗粒、丸状的形态应用的防锈产品，如气相防锈粉剂、气相防锈片剂、气相防锈干燥剂。

气相缓蚀剂常温下挥发出气体，因挥发的气体无孔不入，对一些具有细长弯曲小孔或盲孔的零部件，可弥补防锈油接触保护的不足，起到防锈保护作用。在密闭的防锈包装空间，气相缓蚀剂挥发，吸附在金属表面形成有效的防锈保护膜。这种保护作用需经一定的时间即诱导期，使用时应做好诱导期的金属防锈保护。对于密闭性好的气相防锈环境，防锈剂量足够时，防锈期可达10年以上。

近年来，气相缓蚀剂技术应用领域不断拓宽，除传统的机械装备在贮运中采用气相防锈包装外，在电子工业和电信工业、文物保护、海上风电设备保护、海上采油平台设备保护等领域都得到较好的应用。

我国最早气相防锈剂行业标准是JB/T 6071—1992《气相防锈剂技术条件》。GB/T 35491—2017《缓蚀剂　气相缓蚀剂》于2017年12月29日发布，2018年7月1日实施。

二、标准主要特点与应用说明

1. 关于适用范围

该标准规定了气相缓蚀剂的分类、要求、试验方法、检验规则、标志、包装、运输和贮存，适用于气相缓蚀剂产品。

2. 关于气相缓蚀剂分类

气相缓蚀剂按产品状态分为粉状和液状，按被保护金属材料可分为钢用、多金属系统用、铜用、铜及其合金用、其他有色金属用5种。

3. 关于气相缓蚀剂的试验指标

该标准中气相缓蚀剂的试验包括气相缓蚀能力（VIA）试验、加速消耗后的气相缓蚀能力VIA试验、相容性试验、接触腐蚀试验。根据气相缓蚀防锈剂被保护金属材料，将气相缓蚀能力（VIA）试验分为A、B两种方法，分别在附录A、附录B中给出详细说明。

4. 关于气相缓蚀剂试验方法

试验环境温度严格控制应在20℃~30℃，湿度不大于80%。

试片制备按SH/T 0218进行。制备好的试片应置于干燥器中冷却至室温，8h内使用。每次制作4组试件进行平行试验，其中1组为空白试验。

气相缓蚀能力试验A、气相缓蚀能力试验B针对不同的金属，应注意空白对比试验的参照。

试验结果评定按标准中要求进行详细说明，并附上文字说明和图片含空白图片。

三、标准内容（GB/T 35491—2017）

缓蚀剂 气相缓蚀剂

1 范围

本标准规定了气相缓蚀剂的分类、要求、试验方法、检验规则、标志、包装、运输和贮存。

本标准适用于气相缓蚀剂产品。

2 规范性引用文件

下列文件对于本文件的应用是必不可少的。凡是注日期的引用文件，仅注日期的版本适用于本文件。凡是不注日期的引用文件，其最新版本（包括所有的修改单）适用于本文件。

GB/T 191 包装储运图示标志

GB/T 678—2002 化学试剂 乙醇（无水乙醇）

GB/T 687—2011 化学试剂 丙三醇

GB/T 699 优质碳素结构钢

GB/T 1220 不锈钢棒

GB/T 3190 变形铝及铝合金化学成分

GB/T 4437.1 铝及铝合金热挤压管 第1部分：无缝圆管

GB/T 5231 加工铜及铜合金牌号和化学成分

GB/T 6682—2008 分析实验室用水规格和试验方法

GB/T 11372 防锈术语

GB/T 11414 实验室玻璃仪器 瓶

GB/T 15723 实验室玻璃仪器 干燥器

GB/T 28851 生化培养箱技术条件

GB/T 30435 电热干燥箱及电热鼓风干燥箱

3 术语和定义

GB/T 11372 界定的以及下列术语和定义适用于本文件。

3.1 气相缓蚀剂 volatile corrosion inhibitor；VCI

在常温下具有挥发性，且挥发出的气体能抑制或减缓金属大气腐蚀的物质。

3.2 气相缓蚀能力 vapor inhibiting ability

气相缓蚀剂在气相状态下，防止金属腐蚀的能力。

3.3 加速消耗后的气相缓蚀能力 vapor inhibiting ability after exhaustion

气相缓蚀剂在规定试验条件下加速消耗后所保持的缓蚀能力。

3.4 相容性 compatibility

气相缓蚀剂对被保护金属材料无腐蚀、无不良影响的性质。

3.5 接触腐蚀性 contact corrosivity

气相缓蚀剂与金属直接接触时的腐蚀性。

3.6　空白试验　blank test

试验装置中只有腐蚀性气氛而无气相缓蚀剂的试验。

4　分类

4.1　按产品状态

分为粉末状和液状。

4.2　按被保护金属材料

分为钢用、多金属系统用、铜用、铜及其合金用、其他有色金属用共5种。

5　要求

5.1　根据气相缓蚀剂用在不同材料上的缓蚀能力，把其缓蚀能力分为两种：

a）气相缓蚀能力（A）；

b）气相缓蚀能力（B）。

5.2　钢用、多金属系统用气相缓蚀剂要求，应符合表1。

表1　钢用、多金属系统用气相缓蚀剂要求

分类	气相缓蚀能力(A)	加速消耗后的气相缓蚀能力	相容性		接触腐蚀性
	钢	钢	铜	铝	
钢用	0级	0级或1级	—	—	无腐蚀
多金属系统用①	0级或1级	0级或1级	相容	相容	无腐蚀

注：0级、0级或1级指锈蚀程度，见A.5.1。

① 系统中若有其他种类金属材料共存，按照相容性进行检验。

5.3　铜用、铜及其合金用、其他有色金属用气相缓蚀剂要求，应符合表2。

表2　铜用、铜及其合金用、其他有色金属用气相缓蚀剂要求

分类	气相缓蚀能力(B)			接触腐蚀性
	铜	铜合金	其他有色金属	
铜用	A级或B级	—	—	无腐蚀
铜及其合金用	A级或B级	A级或B级	—	无腐蚀
其他有色金属用	—	—	A级或B级	无腐蚀

注：A级或B级指锈蚀程度，见表B.1。

6　试验方法

6.1　一般规定

6.1.1　试验用水按GB/T 6682—2008中规定的三级水。

6.1.2　试验室温度20℃～30℃，相对湿度<80%。

6.2　气相缓蚀能力（A）

试验方法按附录A进行。

6.3　气相缓蚀能力（B）

试验方法按附录B进行。

6.4　加速消耗后的气相缓蚀能力

6.4.1　粉末状

取 1.00g 粉末状气相缓蚀剂放入 ϕ120mm 的表面皿中，在（38±2）℃电热鼓风干燥箱中放置 120h 后取出，盖住表面皿自然冷却至室温，再按 6.2 规定进行试验和评定。

6.4.2 液状

取 5g 液状气相缓蚀剂放入内径 ϕ(40±2) mm 的敞口称量瓶中，在（23±2）℃恒温实验室条件下放置 120h 后取出，再按 6.2 规定进行试验和评定。

6.5 相容性

试验方法按附录 C 进行。

6.6 接触腐蚀性

试验方法按附录 D 进行。

7 检验规则

7.1 检验分类

产品检验分出厂检验和型式检验。

7.2 出厂检验

出厂检验项目为气相缓蚀剂的气相缓蚀能力和接触腐蚀性。

7.3 型式检验

7.3.1 按表 1 或表 2 产品要求的全部项目进行检验。

7.3.2 有下列情况之一时，应进行型式检验：

a）新产品或者产品转厂生产的试制定型鉴定时；

b）正式生产后，如原料、配比、工艺有较大改变时；

c）正常生产时，每年进行一次；

d）产品停产半年后，恢复生产时；

e）国家质量监督机构提出进行型式检验要求时。

7.4 抽样规则

7.4.1 出厂检验或型式检验时采取随机取样，按 1 个外包装为 1 个取样单元，外包装可以为箱、袋或桶，按单元等量取样。

7.4.2 10 个单元及以下取 2 个，11 个~50 个单元取 4 个，50 个~100 个单元取 6 个，100 个单元以上取 8 个。

7.4.3 对选取的样品进行混合使其均匀后分成两份，每份不少于 500g（或 mL）。一份检验，一份备查。样品要用清洁的塑料瓶密封包装，加贴标签且按要求标注有关信息。

7.4.4 样品保留期一般为 3 个月，最长不超过 12 个月。

7.5 判定规则

检验时若发现一项以上（包括一项）技术指标不合格时，应增加 1 倍数量抽样对不合格项进行复检。如复检仍不合格则判定该批产品为不合格品。

8 标志、包装、运输和贮存

8.1 标志

产品外包装应标注：厂名、厂址、产品名称、型号、净含量、生产日期、标准代号，“防潮”“防雨”标志，并且符合 GB/T 191 规定。

8.2 包装

粉状产品采用防潮密封包装；液态产品使用铁桶、塑料桶密封包装。

8.3 运输

产品在运输装卸中应防止日晒、雨淋，防止撞击、挤压。搬运时禁止将产品包装箱从高处抛摔。

8.4 贮存

产品应放置在清洁、通风、避免地面湿气影响，防止阳光直接照射的库房内，并且远离火源及热源。产品保质期为12个月。

附　录　A
（规范性附录）
气相缓蚀能力（A）试验方法

A.1 试验仪器和试剂

A.1.1 培养箱：符合GB/T 28851要求。

A.1.2 广口瓶：容积1000mL，瓶口内径ϕ60mm，符合GB/T 11414要求。

A.1.3 橡胶塞：13号橡胶塞，大面直径ϕ68mm、小面直径ϕ59mm、高40mm；9号橡胶塞，大面直径ϕ46mm、小面直径ϕ36mm、高34mm。

A.1.4 铝管：符合GB/T 4437.1要求，外径ϕ16mm、壁厚1.5mm、长114mm。

A.1.5 称量瓶：内径ϕ（40±2）mm、高10mm～20mm的玻璃制品。

A.1.6 玻璃表面皿：直径ϕ120mm。

A.1.7 砂纸：400号氧化铝砂纸。

A.1.8 无水乙醇：符合GB/T 678—2002要求，化学纯。

A.1.9 丙三醇，符合GB/T 687—2011要求，化学纯。

A.1.10 隔热胶管，外径ϕ20mm，壁厚2.5mm，硅胶材质。

A.2 试片及处理

A.2.1 符合GB/T 699规定的10钢柱，直径为ϕ16mm，高为13mm。在试片一端的中央底部钻有直径为ϕ10mm，深为10mm的孔，孔底部平坦。试片另一端为试验面，并用400号砂纸进行打磨处理，去除凹坑、划伤、锈蚀。

A.2.2 用三遍无水乙醇将试片清洗干净，热风吹干，冷却至室温后，置于干燥器内备用。

A.2.3 每次试验应准备4个试片进行平行试验，其中一个为空白试验用。

A.3 试验装置

试验装置应按下列步骤组装：

a）取用一个13号橡胶塞和两个9号橡胶塞，在每个橡胶塞端面中心各打一个ϕ15mm的通孔。

b）将按照A.2处理好的试片压入一个9号橡胶塞大面的通孔中，试片表面应与橡胶塞大面平行，试片露出高度不应超高3mm。

c）按图A.1所示，在13号橡胶塞中心插入铝管，在大面端铝管上插入未带试片的9号橡胶塞；在小端面铝管上套上一个隔热胶管后，再插入装有试片的9号橡胶塞内。铝管应与试片接触。两个9号橡胶塞的小面均面对13号橡胶塞。

A.4 试验步骤

A.4.1 在广口瓶底部注入10mL质量分数为35%的丙三醇水溶液，使广口瓶内在20℃下形成90%的相对湿度。

A.4.2　称取气相缓蚀剂，置于称量瓶内，其中，粉状气相缓蚀剂均匀平铺，将称量瓶放入广口瓶中底部中央。粉状称取(0.10±0.005)g，液状称取（0.10±0.005)g。

A.4.3　按A.3对试验装置进行组装，按A.4.2加入规定量气相缓蚀剂，如图A.1所示。

A.4.4　将组装好的广口瓶置于（20±1)℃的培养箱中，放置20h后取出，迅速向广口瓶上的铝管内注满0℃~2℃的水，然后立即放回培养箱中，3h后取出试验装置。

A.4.5　倒掉铝管中的水，立即取出试片，检查试验表面的锈蚀情况。如试验表面有可见凝露，应马上用镊子夹取浸有无水乙醇的脱脂棉，轻轻擦洗后吹干检查。

A.4.6　每次进行4个平行试验，其中1个为空白试验。

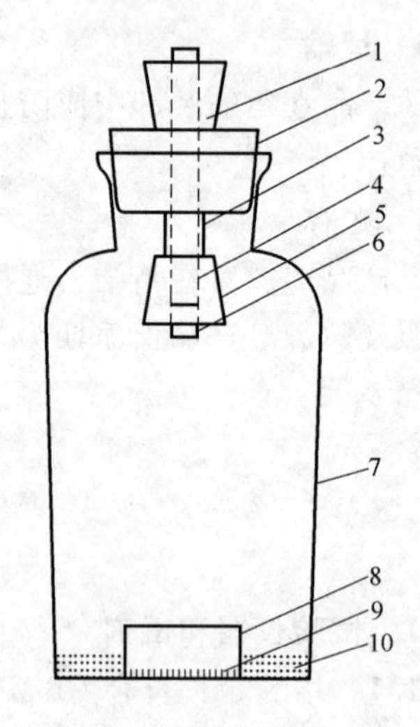

图A.1　气相缓蚀能力（A）试验装置图

1、5—9号橡胶塞　2—13号橡胶塞
3—隔热胶管　4—铝管　6—试片
7—广口瓶　8—称量瓶
9—气相缓蚀剂　10—丙三醇水溶液

A.5　评定

A.5.1　气相缓蚀能力分级（A）

气相缓蚀剂的气相缓蚀能力（A）应按锈蚀程度分为4级，见图A.2：

a）0级　无锈蚀，防锈效果良好；

b）1级　轻微锈蚀，防锈效果一般；

c）2级　中等程度锈蚀，防锈效果微弱；

d）3级　严重锈蚀，无防锈效果。

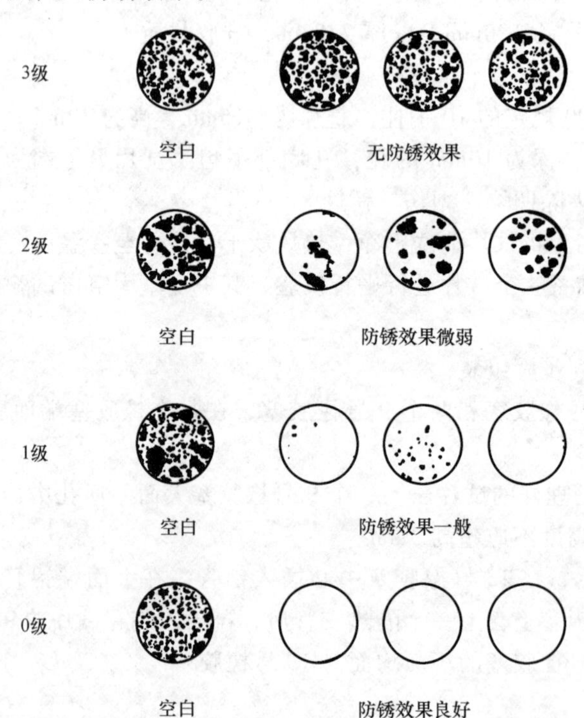

图A.2　气相缓蚀能力（A）分级图示

A.5.2　结果评定

应符合下列规定：

a）空白试片缓蚀能力为3级时试验有效，否则应重新进行试验；

b）结果评定时距边缘2mm以内区域不做腐蚀评价；

c）结果评定：3片结果相同，按A.5.1评定等级；若有1片与其他2片结果不同或3片均不相同，试验重新进行。重新试验结果按2片相同结果按A.5.1评定等级。

附　录　B
（规范性附录）
气相缓蚀能力（B）试验方法

B.1　试验仪器和试剂

B.1.1　恒温干燥箱：符合GB/T 30435要求，2台。

B.1.2　培养箱：符合GB/T 28851要求。

B.1.3　吹风机：冷热两用。

B.1.4　广口瓶：容积1000mL，瓶口内径ϕ60mm，符合GB/T 11414要求。

B.1.5　橡胶塞：13号橡胶塞，大面直径ϕ68mm、小面直径ϕ59mm、高40mm。

B.1.6　挂钩：不锈钢，直径1mm。

B.1.7　称量瓶：内径ϕ40mm±2mm、高10mm～20mm的玻璃制品。

B.1.8　砂纸：240号氧化铝砂纸。

B.1.9　无水乙醇：符合GB/T 678—2002要求，化学纯。

B.1.10　丙三醇：符合GB/T 687—2011要求，化学纯。

B.2　试片及处理

B.2.1　试片

B.2.1.1　铜试片，符合GB/T 5231中T3要求，40mm×60mm×(2mm～4mm)；

B.2.1.2　黄铜试片，符合GB/T 5231中H62要求，40mm×60mm×(2mm～4mm)；

B.2.1.3　其他有色金属试片，40mm×60mm×3mm。

B.2.2　试片处理

在试片短边中心钻1个孔，直径2mm～3mm。用240号砂纸打磨后，用三遍无水乙醇清洗后，热风吹干，冷却至室温，然后置于干燥器内备用。经打磨清洗好的试片存放时间超过8h，需重新打磨清洗干燥。打磨后的试片不得有凹坑、划伤、锈蚀。

B.2.3　试片数量

3个试片。每次进行3个平行试验。

B.3　试验装置的组装

称取气相缓蚀剂，置于称量瓶内，其中，粉状气相缓蚀剂均匀平铺，将称量瓶放入广口瓶中底部中央。粉状称取（0.10±0.005）g，液状称取（0.10±0.005）g。

将试片垂吊在橡胶塞中央的不锈钢挂钩下，放入广口瓶中，橡胶塞底部到试片上部距离约为50mm。

B.4　试验步骤

B.4.1　将广口瓶放入（30±2）℃的培养箱中保持18h，然后在室温下保持1h后，在广口瓶底部称量瓶周围加入 20mL 的水，在广口瓶中设置潮湿环境。其状态用图 B.1 表示。

B.4.2 将广口瓶放入温度为（5±2）℃的培养箱中，保持 2h，然后放入（50±2）℃的恒温干燥箱中保持 3h。试验结束后，取出广口瓶冷却至室温。

B.4.3 从广口瓶中取出试片，检查试片表面的变色及腐蚀状态。

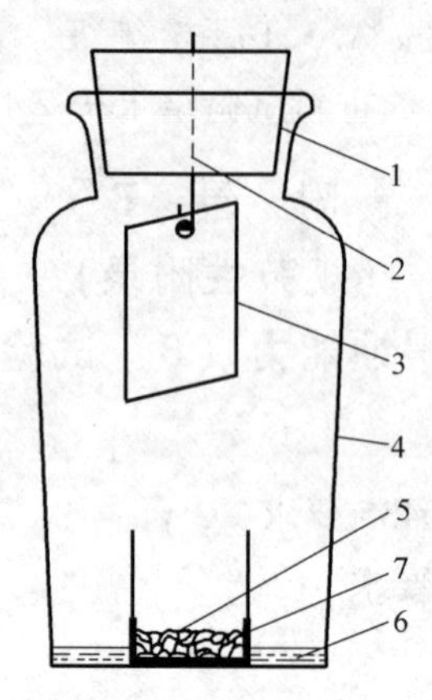

图 B.1 气相缓蚀能力（B）试验用试验装置

1—胶塞 2—挂钩 3—试片 4—广口瓶 5—气相缓蚀剂 6—丙三醇水溶液 7—称量瓶

B.5 评定

试片腐蚀评定见表 B.1。

表 B.1 试片腐蚀评定

等级	目视评定试片表面状态
A	完全无变化
B	极轻微变色
C	少许变色
D	明显变色
E	严重变色及腐蚀

3 个试片中有 2 个以上评定面为 C 级以下的变色及腐蚀，则判定为腐蚀。如 3 个试片中有 1 个评定面为 C 级以下，则重新试验，3 个试片中仍有 1 个以上评定面为 C 级以下的变色及腐蚀，则判定为腐蚀。

附 录 C
（规范性附录）
相容性试验方法

C.1 试验仪器和试剂

C.1.1 恒温干燥箱：符合 GB/T 30435 要求。

C.1.2 培养箱：符合 GB/T 28851 要求。

C.1.3 吊钩：S 型，材质为不锈钢或玻璃，直径 1mm。

C.1.4 吹风机：冷热两用。

C.1.5 砂纸：240号氧化铝砂纸。

C.1.6 广口瓶：容积1000mL，瓶口内径ϕ60mm，符合GB/T 11414要求。

C.1.7 称量瓶：内径ϕ40mm±2mm、高10mm~20mm的玻璃制品。

C.1.8 无水乙醇：符合GB/T 678—2002要求，化学纯。

C.1.9 丙三醇（甘油）：符合GB/T 687—2011要求，化学纯。

C.1.10 橡胶塞：13号橡胶塞，大面直径ϕ68mm、小面直径ϕ59mm、高40mm。

C.2 试片及处理

C.2.1 应根据气相缓蚀剂应用时实际接触到的金属种类确定试验试片。试片尺寸为40mm×60mm×(2mm~4mm)。在短边一端的中心钻一个直径为2mm~3mm的孔。

C.2.2 没有特别指定时，金属试片宜选用符合GB/T 5231规定的T3纯铜板、GB/T 3190规定的2A12铝板。用240号砂纸对铜、铝试片进行打磨处理，去除凹坑、划伤、锈蚀。

C.2.3 用三遍无水乙醇将试片清洗干净，热风吹干，冷却至室温后，置于干燥器内备用。

C.2.4 每次试验准备4个试片进行平行试验，其中一个作为空白试片。

C.3 试验步骤

C.3.1 向广口瓶中注入10mL丙三醇水溶液。铜试片：添加质量分数为55%的丙三醇水溶液，使相对湿度调节为75%~80%；铝试片：添加质量分数为5%的丙三醇水溶液，使相对湿度调节至100%。

C.3.2 称取气相缓蚀剂，置于称量瓶内，其中，粉状气相缓蚀剂均匀平铺，将称量瓶放入广口瓶中底部中央。粉状称取（0.10±0.005）g，液状称取（0.10±0.005）g。

C.3.3 将按C.2处理好的金属试片悬挂于广口瓶内，试片下端与气相缓蚀剂距离应大于6mm，如图C.1所示。

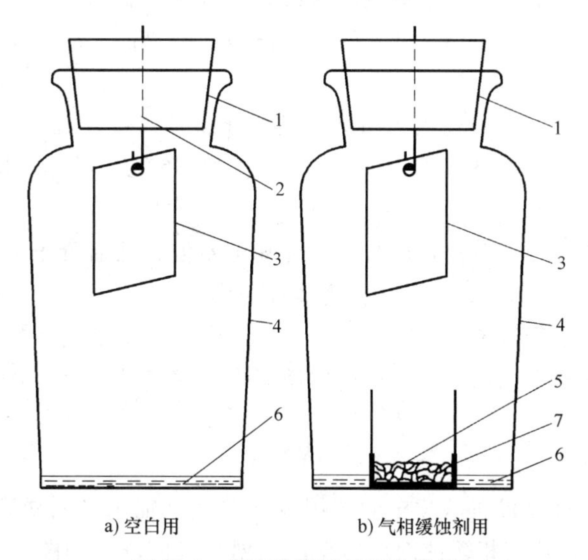

图C.1 相容性试验用试验装置

1—胶塞 2—挂钩 3—试片 4—广口瓶 5—气相缓蚀剂 6—丙三醇水溶液 7—称量瓶

C.3.4 将按图C.1放置好的广口瓶放入恒温箱中，保持120h后，从干燥箱中取出，冷却至室温，打开广口瓶检查试片。铜试片：(50±2)℃，恒温干燥箱；铝试片：(30±2)℃，培养箱。

C.3.5 每次进行4个平行试验，其中1个为空白试片。

C.4 评定

将3个平行试片与空白试片进行变色程度的比较。试片无变色，或变色不重于空白试片，应视为相容。如有1个试片变色重于空白试片，应重复试验。若2个以上试片变色重于空白试片或重复试验仍有1个试片变色重于空白试片应视为不相容。

附 录 D
(规范性附录)
接触腐蚀性试验方法

D.1 试验仪器和试剂

D.1.1 恒温干燥箱：符合GB/T 30435要求，2台。

D.1.2 干燥器：符合GB/T 15723要求，器身内径为ϕ240mm。

D.1.3 吹风机：冷热两用。

D.1.4 玻璃载片：尺寸为75mm×25mm×(3mm~5mm)。

D.1.5 矩形不锈钢块：满足GB/T 1220标准要求，75mm×25mm×25mm。

D.1.6 砂纸：240号氧化铝砂纸。

D.1.7 无水乙醇：符合GB/T 678—2002要求，化学纯。

D.1.8 丙三醇（甘油）：符合GB/T 687—2011要求，化学纯。

D.2 试片及处理

D.2.1 应根据气相缓蚀剂分类要求或应用时实际接触到的金属种类确定试验试片，试片规格为100mm×50mm×(4mm~6mm)。试片的一面作为试验表面，用240号砂纸打磨后，不得有凹坑、划伤、锈蚀。

D.2.2 没有特别指定时，根据气相缓蚀剂分类要求，金属试片宜选用符合GB/T 699规定的10钢、GB/T 5231规定的T3纯铜板、GB/T 5231的H62黄铜板、GB/T 3190规定的2A12铝板。

D.2.3 用三遍无水乙醇清洗后，热风吹干，冷却至室温，然后置于干燥器内备用。经打磨清洗好的试片存放时间超过8h，需重新打磨清洗干燥。

D.2.4 每次进行3个平行试验。

D.2.5 玻璃载片和矩形不锈钢块，使用前应用无水乙醇清洗两遍，热风次干后放入干燥器中备用。

D.3 试验装置的组装

D.3.1 将玻璃载片垂直放置在试片中间，用玻璃刀或其他工具划线定位，移去玻璃载片，把（0.25±0.005)g粉末状气相缓蚀剂均匀平铺在划线范围内，如图D.1所示。将玻璃载片重新放置其上，用矩形不锈钢块压在玻璃载片上。

D.3.2 检验液状气相缓蚀剂时，用玻璃棒将（0.25g~0.50g)±0.005g液体均匀涂刷在划线范围内，控制涂刷量，防止逸出试片，如图D.1所示。将玻璃载片放置其上，用矩形不锈钢块压在玻璃载片上。

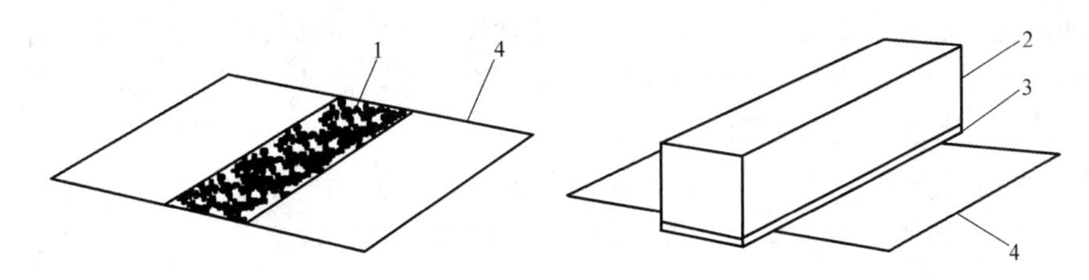

图 D.1 接触腐蚀试验示意图

1—气相缓蚀剂 2—矩形不锈钢块 3—玻璃载片 4—试片

D.4 试验步骤

D.4.1 一种试片对应一个干燥器。取出干燥器的托盘，将 D.3 组合好的三组相同气相缓蚀剂的试片放在托盘上，放入温度为（65±2）℃的恒温干燥箱中，预热 30min。

D.4.2 在干燥器底部注入 500mL 质量分数为 69%的丙三醇水溶液，迅速将摆放试片的托盘放入干燥器中，在磨口处涂抹少量凡士林或真空密封油膏，盖好盖子，并用胶带在三处固定盖子。干燥器内相对湿度为 62%~68%。

D.4.3 将干燥器放入温度为（50±2）℃的恒温干燥箱内。钢试片放置时间为 20h，其他种类试片放置时间为 72h。

D.4.4 试验结束后，立即将气相缓蚀剂从试片上除去，并用乙醇清洗干燥，检查试片表面的锈蚀痕迹，记录被试片覆盖表面和未覆盖表面产生锈蚀情况。

D.5 评定

3 个试片的划线范围内部与外部的外观均无差异，则判定为无腐蚀。如果 3 个平行试验中有 2 个以上试片腐蚀时，可判定为腐蚀。当只有 1 个试片腐蚀时，重复试验。重复后，再次发现 3 个中有 1 个及以上腐蚀时，可判定发生了腐蚀。

第五节 合成切削液

一、概论

金属加工液涉及机械加工学、摩擦与润滑科学、材料力学、流体力学、应用数学、热力学等多个学科，合理选用金属加工液，可以减少摩擦，降低磨损，延长模具、刀具或砂轮的使用寿命，降低工件表面粗糙度，提高加工精度，从而达到降低生产成本，提高经济效益的目的。

金属加工液品种众多，涉及面较广，性能要求各不相同，给其分类标准化工作带来一定难度。我国的 GB/T 7631.5《润滑剂和有关产品（L 类）的分类 第 5 部分：M 组（金属加工）》是等效采用 ISO 6743/7 制定的。它仍是一个金属加工液的分类构架标准，按油基、水基将金属加工液分为 MH 和 MA 两大类，其中 MH 为油基型，MA 为水基型；同时根据每类金属加工液的化学组成和具体应用场合又将 MH 划分为 8 类，将 MA 划分为 9 类。关于金属加工液的详细分类可查阅 GB/T 7631.5。

合成切削液由各种水溶性添加剂和水构成，不含矿物油。其浓缩物可以是液态、膏状和固态粉剂等，使用时用一定比例的水稀释后，形成透明或半透明的稀释液，具有使用寿命长、冷却和清洗性能优良的特点，有较好的防锈性能。合成切削液适用于钢铁、铜、铝及其合金的磨削和切削等加工，也适合高速切削。由于合成切削液透明，具有良好的可视性，特别适合数控机床、加工中心等使用。

GB/T 6144《合成切削液》于 1985 首次发布，2010 年第一次修订。GB/T 6144—2010《合成切削液》于 2010 年 9 月 2 日发布，2010 年 12 月 1 日实施。

二、标准主要特点与应用说明

1. 关于适用范围

该标准适用于金属车削、铣削等多种切削加工工艺的润滑、冷却、防锈的合成切削液。

2. 关于合成切削液分类

该标准将合成切削液分为两类：

1）L-MAG 类，与水混合的浓缩物具有防锈性的透明液体，也可含有填充剂。

2）L-MAH 类，具有减摩性和（或）极压性的 MAG 型浓缩物。

3. 关于合成切削液的选用要求

该标准规定的合成切削液应无刺激性气味，不损害人体皮肤，能保证使用者安全。合成切削液的生产厂应保证产品自生产之日起保存期在一年以上，在保存期内性能指标应达到标准的各项要求。

4. 关于使用要求

该标准规定了合成切削液出厂时的使用浓度（除特殊工艺或有特殊材料要求之外）一般不大于 5%（体积分数）。

5. 关于合成切削液试验要求

该标准规定的合成切削液技术指标及试验方法为：外观、贮存安定性、透明度评定、pH 值测定、消泡性试验、表面张力测定、腐蚀性试验、单片和叠片防锈性试验、NO_2^- 浓度检测、对机床油漆的适应性试验。

三、标准内容（GB/T 6144—2010）

合成切削液

1　范围

本标准规定了由多种水溶性添加剂和水配制而成的合成切削液的产品分类及代号、要求、试验方法检验规则、标志、包装、运输和贮存及安全。

本标准规定的产品其浓缩液可以是液态、膏状和固体粉剂等形态。使用时，用一定比例的水稀释后，形成透明或半透明的稀释液，适用于金属车削、铣削等多种切削加工工艺的润滑、冷却、防锈等。

2　规范性引用文件

下列文件中的条款通过本标准的引用而成为本标准的条款。凡是注日期的引用文件，其随后所有的修改单（不包括勘误的内容）或修订版均不适用于本标准，然而，鼓励根据本标准达成协议的各方研究是否可使用这些文件的最新版本。凡是不注日期的引用文件，其最新版本适用于本标准。

GB 190　危险货物包装标志

GB/T 718　铸造用生铁

GB/T 3142　润滑剂承载能力测定法（四球法）

GB/T 3190　变形铝及铝合金化学成分

GB/T 4756　石油液体手工取样法（GB/T 4756—1998，eqv ISO 3170：1988）

GB/T 5231　加工铜及铜合金化学成分和产品形状

GB/T 7631.5　润滑剂和有关产品（L类）的分类　第5部分：M组（金属加工）（GB/T 7631.5—1989，eqv ISO 6743/7：1987）

GB 12268　危险货物品名表

GB 13690—1992　常用危险化学品的分类及标志

GB/T 16483　化学品安全技术说明书　内容和项目顺序

SH 0164　石油产品包装、贮运及交货验收规则

SH/T 0218　防锈油脂试验试片制备法

SH/T 0229　固体和半固体石油产品取样法

3　产品分类

本产品分类按GB/T 7631.5的规定进行，并根据合成切削液的浓缩物组成分为两类：

L-MAG类，与水混合的浓缩物具有防锈性的透明液体，也可含有填充剂；

L-MAH类，具有减摩性和（或）极压性的MAG型浓缩物。

4　要求

4.1　一般要求

本标准规定的合成切削液应无刺激性气味及不损害人体皮肤，保证使用者安全。

合成切削液的生产厂应保证产品自生产之日起保存期在一年以上，在保存期内性能指标应达到本标准的各项要求。

合成切削液出厂时的使用浓度（除特殊工艺或有特殊材料要求之外）一般不大于5%。

4.2　技术要求

合成切削液的技术要求见表1。

表1　合成切削液的技术要求

项目			质量指标		试验方法
			L-MAG	L-MAH	
浓缩物	外观		液态：无分层、无沉淀、呈均匀液体 膏状：无异相物析出，呈均匀膏状 固体粉剂：无坚硬结块物，易溶于水的均匀粉剂		目测[①]
	贮存安定性		无分层、相变及胶状等，试验后能恢复原状		见5.1
稀释液	透明度		透明或半透明		见5.2
	pH值		8.0~10.0		见5.3
	消泡性/(mL/10min)	不大于	2		见5.4
	表面张力/(mN/m)	不大于	40		见5.5

（续）

	项目		质量指标		试验方法
			L-MAG	L-MAH	
稀释液	腐蚀试验[②]（55℃±2℃）/h 一级灰铸铁，A 级 纯铜，B 级 2A12 铝，B 级	 不小于 不小于 不小于	 24 8 8	 24 4 4	见 5.6
稀释液	防锈性试验（35℃±2℃） 单片，24h 叠片，4h		 合格 合格	 合格 合格	见 5.7
稀释液	最大无卡咬负荷 P_B 值/N	不小于	200	540	GB/T 3142
稀释液	对机床油漆的适应性[③]		允许轻微失光和变色，但不允许油漆起泡，开裂和脱落		附录 A
稀释液	NO_2^- 浓度检测[④]		报告		见 5.8

注：试液制备，用蒸馏水配制。

① 在 15℃～35℃温度下，用 100mL 量筒量取 100mL 被测液态浓缩物，静置 24h 后观察。

② 产品只用于黑色金属加工时，不受纯铜和 2A12 铝试验结果限制。

③ 可根据用户需要，进行针对性试验。

④ 当测定值大于 0.1g/L 时视为含有亚硝酸钠。含有亚硝酸钠的产品需测定经口摄取半数致死量 LD_{50}、经皮肤接触 24h 半数致死量 LD_{50} 和蒸汽吸入半数致死量 LD_{50}，按照 GB 13690—1992 中 3.6 判定产品是否属于有毒品。

5 试验方法

5.1 贮存安定性

将 50mL 浓缩物置于 100mL 具塞量筒中，放入 70℃±3℃ 恒温干燥箱中 5h，取出冷至室温（15℃～35℃），放置 3h，然后再置于-12℃±3℃ 的低温环境中 24h，取出静置回到室温 1h 后，应符合表 1 要求。

5.2 透明度评定

将被测液倒入 250mL 烧杯中，液层高度为 75mm±3mm。把一个明亮的 5W、220V 灯泡对准烧杯的底部，从烧杯的上部透过切削液观看灯泡，如能清晰地辨出灯丝，即认为该切削液是透明的；如模糊可见灯丝，判定为半透明；如看不见灯丝，则认为切削液是不透明的。

5.3 pH 值测定

用精密试纸一条，浸入被测试液中，0.5s 后取出，与标准色板比较，即得 pH 值。必要时，也可用 pH 值计测量 pH 值，报告中标明用 pH 试纸或 pH 值计。

5.4 消泡性试验

将被测试液倒入 100mL 具塞量筒中，使液面在 70mL 处，盖好塞，上下摇动 1min，上下摇动的距离约为 1/3m，摇动频率约为 100 次/min～120 次/min。然后，在室温下静置 10min，观察液面残留泡沫体积应小于或等于 2mL，为合格。

5.5 表面张力测定

5.5.1 仪器：界面张力仪（圆环法）

5.5.2 试验准备：按仪器操作说明进行仪器准备。铂金环预先用石油醚或丙酮漂洗，并在煤气灯的氧化焰中加热烘干。

5.5.3　试验步骤：先把调整到25℃±1℃的试液倒入玻璃杯中。将玻璃杯放在试验位置，调节玻璃杯托盘或铂金环，使铂金环深入到液体中5mm~7mm处。再次调节玻璃杯托盘或铂金环，使铂金环逐渐离开试液，试验过程中表面张力不断增大，膜破裂瞬间的表面张力最大值就是表面张力的测试值 M。

5.5.4　试验结果

试液的实际张力值 V 应由测试值 M 乘以一个校正因子 F，即 $V=M\times F$。校正因子 F 取决于测试值 P、试液密度、铂金丝的半径和铂金环的半径，具体计算如式（1）。

$$F = 0.7250 + \sqrt{\frac{0.03678M}{r_\gamma^2(\rho_0 - \rho_1)} + 0.04534 - \frac{1.679r_W}{r_\gamma}} \tag{1}$$

式中　F——校正因子；

M——膜破裂时读数（mN/m）；

ρ_0——试样在25℃时的密度（g/mL）；

ρ_1——空气在25℃时的密度（g/mL）；

r_W——铂丝的半径（mm）；

r_γ——铂丝环的平均半径（mm）。

5.6　腐蚀性试验

5.6.1　主要仪器：恒温水浴锅或恒温干燥箱，150mL~200mL的烧杯，玻璃盖皿。

5.6.2　试片材质

采用的一级灰铸铁，应符合GB/T 718的规定，纯铜应符合GB/T 5213的规定，2A12铝应符合GB/T 3190的规定；亦可用生产或使用双方商定的其他金属或镀层。

5.6.3　试片尺寸：（25×50×3）mm或（50×50×3）mm。

5.6.4　试片制备：按SH/T 0218进行。

5.6.5　试验步骤：将制备的试片，全浸于被测试液中（不同材料的试片，不应浸于同一杯中），加盖玻璃罩，移置到已恒温到55℃±2℃的恒温器内，连续试验到规定时间，然后，取出试片进行检查：

铸铁片：无锈，光泽如新　A级
　　无锈但轻微失光　B级
　　轻锈和轻微失光　C级
　　重锈或严重失光　D级

纯铜：无锈，光泽如新　A级
　　轻度变色　B级
　　中度变色　C级
　　重度变色　D级

铝合金：无锈，光泽如新　A级
　　轻微变暗　B级
　　中度变暗　C级
　　严重变暗　D级

铸铁，A级为合格；纯铜、铝合金，A，B级为合格。

5.7 单片、叠片防锈性试验

5.7.1 仪器：ϕ250mm~ϕ300mm 的玻璃干燥器一个，底部注入蒸馏水，其液面为底部高度的1/3~1/2。

5.7.2 试片材质为一级灰铸铁，金相组织应符合 GB/T 718 的规定。

5.7.3 试片尺寸：ϕ35mm×20mm 圆柱形。

5.7.4 试片制备：按 SH/T 0218 进行。

5.7.5 单片防锈性试验

用滴液管吸取试液，按梅花格式滴入五滴，于试片磨光面上，每滴直径约为 4mm~5mm。然后将试片置于干燥器隔板上（注意不要堵孔），合上干燥器盖，置于已恒温到35℃±2℃的恒温箱内，连续试验到规定时间取出试片，进行观察。

铸铁片：五滴全无锈 A 级

四滴无锈 B 级

三滴无锈 C 级

四~五滴全锈 D 级

A 级判为合格。

特殊情况下，可将试片用无水乙醇洗净后观察，并以洗净后检查结果为准。

仲裁试验时作 2 片平行试验，并以 2 片均为 A 级判为试验合格。

5.7.6 叠片防锈性试验

将准备好的试片平放在干燥器隔板上（不要堵孔），试片的磨光面向上，用滴液管吸取试液，涂布在试片上，然后，再用另一块试片的磨光面重叠其上（注意使试片上、下片对齐，以防两试片滑开，造成试验误差）。合上干燥器盖，置于已恒温到 35℃±2℃的恒温箱内，连续试验到规定时间，打开试片，用脱脂棉蘸取无水乙醇擦除试液，立即观察，距试片边缘 1mm 以内两叠面，无锈蚀或无明显叠印为合格。

5.8 NO_2^- 浓度检测

取亚硝酸盐测试条一条，将试纸的测量端浸入被测试液（15℃~30℃）中，1s 后取出；甩去测试条上的多余液体，15s 后与标准色板比较，得到 NO_2^- 的测试值。

注：亚硝酸盐测试条（nitrite test strips）和标准色板来自于德国默克公司。

6 检验规则

6.1 检验分类与检验项目

本产品检验分为出厂检验与型式检验。

6.1.1 出厂检验

出厂批次检验项目包括：外观、透明度、pH 值、消泡性、防锈性试验、亚硝酸离子浓度检测。

在原材料和工艺条件没有发生可能影响产品质量的变化时，出厂周期检验项目包括：贮存安定性、腐蚀试验、最大无卡咬负荷每三个月测试一次。表面张力、对机床油漆的适应性试验每半年测试一次。

6.1.2 型式检验

型式检验项目包括表 1 规定的所有检验项目。

在下列情况下进行型式检验：

a）新产品投产或产品定型鉴定时；

b）在原材料、工艺等发生较大变化，可能影响产品质量时；

c）出厂检验结果与上次型式检验结果有较大差异时。

6.2 组批

在原材料、工艺不变的条件下，产品每生产一罐或釜为一组（批）。

6.3 取样

液态浓缩物，按 GB/T 4756 石油液体手工取样法，取样量不少于 500mL。

膏状和固体粉剂浓缩物，取样按 SH/T 0229 进行，取 1kg 作为检验和留样用。

6.4 判定规则

出厂检验结果应全部合格，方可出厂。

6.5 复验规则

如出厂检验结果中有不符合表 1 质量指标的规定时，按 GB/T 4756 的规定自同批产品中重新抽取双倍量样品，对不合格项目进行复验。复检结果如仍不符合要求，则判定该批产品为不合格。

7 标志、包装、运输和贮存

本产品标志、包装、运输和贮存及交货验收按照 SH 0164 进行。

按照表 1 呼应注④判定为有毒品的产品，其标志、包装按照 GB 12268、GB 13690 和 GB 190 进行。

8 安全

如果产品组分中含有亚硝酸钠，则生产商或供应商应提供符合 GB/T 16483 规定的“化学品安全技术说明书”（material safety data sheet）。此类产品的运输、储存、使用和事故处理等环节涉及安全方面的数据和信息应包含在产品的“化学品安全技术说明书”中。

属于有毒品的产品，其涉及的安全问题应符合相关法律法规和标准的规定。

附 录 A
（规范性附录）
对机床油漆的适应性试验

A.1 主题内容与试验范围

本试验用于测定水溶性切削液对机床油漆的适应性。

A.2 试验设备及材料

A.2.1 试片制备

A.2.1.1 试片采用 HT200 或 HT150 涂漆铸铁板，其表面平整，无凸起、毛刺、无明显的凹陷和密集的针孔。

A.2.1.2 试片尺寸可采用 70mm×150mm×6mm。

A.2.1.3 试片数量：每一试验项目应用三块试片进行平行试验。另备一块供检查时做对比用的标准试片。

A.2.2 切削液准备

将试验浓缩液按试验浓度用蒸馏水或指定用水稀释配制。

A.3 试验步骤

将试片一半浸入试验切削液中，在室温放置。试验期间，每7d取出检查一次，目测检查时如已有明显起泡、脱落、开裂、皱纹等损坏，停止试验；检查合格，继续试验；连续进行21d后试验期满进行评定。

A.4 试验结果评定

评定时，先用洁净棉纱揩干试片。然后观察漆层表面是否有起泡、脱落、开裂、皱纹等损坏，如有则为不合格。允许有轻微之失光、变色。评定时，三块平行试片中以两块情况接近者为准。

第六节 半合成切削液

一、概论

金属加工液涉及机械加工学、摩擦与润滑科学、材料力学、流体力学、应用数学、热力学等多个学科，合理选用金属加工液，可以减少摩擦，降低磨损，延长模具、刀具或砂轮的使用寿命，降低工件表面粗糙度，提高加工精度，从而达到降低生产成本，提高经济效益的目的。

金属加工液品种众多，涉及面较广，性能要求各不相同，给其分类标准化工作带来一定难度。我国的GB/T 7631.5《润滑剂和有关产品（L类）的分类 第5部分：M组（金属加工）》是等效采用ISO 6743/7制定的。它仍是一个金属加工液的分类构架标准，按油基、水基将金属加工液分为MH和MA两大类，其中MH为油基型，MA为水基型；同时根据每类金属加工液的化学组成和具体应用场合又将MH划分为8类，将MA划分为9类。关于金属加工液的详细分类可查阅GB/T 7631.5。

半合成切削液是介于乳化油、合成切削液之间的产品，它兼有乳化液的润滑性，又兼有合成液的清洗性。半合成切削液原液中允许含有一定比例的水分，其水稀释液成半透明状，并略带荧光。半合成切削液的碱储备量和pH值可以相对提高，使得半合成切削液的连续使用周期明显长于乳化油。

JB/T 7453《微乳化切削液》于1994首次发布，2013年第一次修订。JB/T 7453—2013《半合成切削液》于2013年12月31日发布，2014年7月1日实施。

二、标准主要特点与应用说明

1. 关于适用范围

该标准适用于金属切削和磨削加工的半合成切削液。

2. 关于半合成切削液分类

该标准将半合成切削液分为两类：

1）MAE（防锈型），工序间防锈期不低于3天，适用于防锈性要求高的切（磨）削加工。

2）MAF（多效型），具有防锈性、减摩性和极压性，适用于多种金属（含难加工材料）、多工序（车、钻、镗、铰、攻螺纹等）重切削或强力磨削加工。

3. 关于半合成切削液试验要求

该标准规定半合成切削液技术指标及试验方法：外观、贮运安定性、相态、pH 值测定、消泡性试验、表面张力测定、腐蚀性试验、防锈性试验、稀释安定性试验、食盐允许量、硬水适应性、极压性、减磨性试验、对机床油漆的适应性试验。半合成切削液不应使用含氯的添加剂和亚硝酸盐。

三、标准内容（JB/T 7453—2013）

半合成切削液

1　范围

本标准规定了半合成切削液产品的分类、要求、试验方法、检验规则、包装、标志及运输。

本标准适用于半合成切削液。

2　规范性引用文件

下列文件对于本文件的应用是必不可少的。凡是注日期的引用文件，仅注日期的版本适用于本文件。凡是不注日期的引用文件，其最新版本（包括所有的修改单）适用于本文件。

GB/T 3142—1982　润滑剂承载能力测定法（四球法）

GB/T 4756—1998　石油液体手工取样法

GB/T 6144—2010　合成切削液

GB/T 7631.5—1989　润滑剂和有关产品（L 类）的分类　第五部分：M 组（金属加工）

3　分类

半合成切削液由 5%～50% 的油类物质、水和有关添加剂组成。根据 GB/T 7631.5—1989，将半合成切削液按用途分为两大类，见表 1。

表 1　半合成切削液分类

类　型	用　途
MAE(防锈型)	工序间防锈期不低于 3 天。适用于防锈性要求高的切(磨)削加工
MAF(多效型)	具有防锈性、减摩性和极压性。适用于多种金属(含难加工材料)多工序(车、钻、镗、铰、攻螺纹等)重切削或强力磨削加工

4　要求

4.1　产品要求

4.1.1　半合成切削液应具有优良的润滑、冷却、防锈、清洗性能，使用周期长、使用安全。

4.1.2　半合成切削液的生产厂应保证产品自生产之日起保存期在一年以上，在保存期内性能指标应达到本标准的各项要求。

4.2　技术要求

半合成切削液的技术要求见表 2。

表 2　半合成切削液技术要求

<table>
<tr><th rowspan="2">序号</th><th rowspan="2" colspan="3">项　目</th><th colspan="2">技 术 要 求</th><th rowspan="2">试验方法</th></tr>
<tr><th>MAE</th><th>MAF</th></tr>
<tr><td>1</td><td rowspan="2">浓缩物</td><td colspan="2">外观</td><td colspan="2">均匀透明液体</td><td>见 5.1</td></tr>
<tr><td>2</td><td colspan="2">储运安定性</td><td colspan="2">无变色、无分层，呈均匀液体</td><td>见 5.2</td></tr>
<tr><td>3</td><td rowspan="15">稀释液</td><td colspan="2">相态</td><td colspan="2">均匀透明或半透明</td><td>见 5.3</td></tr>
<tr><td>4</td><td colspan="2">pH 值</td><td colspan="2">8.0~10.0</td><td>见 5.4</td></tr>
<tr><td>5</td><td colspan="2">消泡性/(mL/10min)</td><td colspan="2">≤2</td><td>见 5.5</td></tr>
<tr><td>6</td><td colspan="2">表面张力/(mN/m)</td><td colspan="2">≤40</td><td>见 5.6</td></tr>
<tr><td rowspan="3">7</td><td rowspan="3">腐蚀试验</td><td>HT300 灰铸铁</td><td colspan="2">24h 试验后，检验合格</td><td rowspan="3">见 5.7</td></tr>
<tr><td>T2 纯铜</td><td colspan="2">8h 试验后，检验合格</td></tr>
<tr><td>2A12 铝</td><td colspan="2">8h 试验后，检验合格</td></tr>
<tr><td rowspan="2">8</td><td rowspan="2">防锈试验</td><td>HT300 灰铸铁单片</td><td colspan="2">24h 试验后，检验合格</td><td rowspan="2">见 5.8</td></tr>
<tr><td>HT300 灰铸铁叠片</td><td colspan="2">8h 试验后，检验合格</td></tr>
<tr><td rowspan="2">9</td><td rowspan="2">稀释液安定性</td><td>油</td><td colspan="2">无</td><td rowspan="2">见 5.9</td></tr>
<tr><td>皂</td><td colspan="2">无</td></tr>
<tr><td>10</td><td colspan="2">食盐允许量</td><td colspan="2">无相分离</td><td>见 5.10</td></tr>
<tr><td>11</td><td colspan="2">硬水适应性</td><td colspan="2">未见絮状物或析出物</td><td>见 5.11</td></tr>
<tr><td>12</td><td colspan="2">极压性 P_D 值/N</td><td>—</td><td>≤1100</td><td>见 5.12</td></tr>
<tr><td>13</td><td colspan="2">减摩性 u 值</td><td>—</td><td>≤0.13</td><td>见 5.13</td></tr>
<tr><td>14</td><td colspan="2">对机床油漆的适应性</td><td colspan="2">允许轻微失光和变色，但不允许起泡、发黏、开裂、脱落等不良影响</td><td>见 5.14</td></tr>
</table>

注：1. 半合成切削液不应使用含氯的添加剂和亚硝酸盐。
　　2. 稀释液试样用蒸馏水按 5%浓度配制。

5　试验方法

5.1　外观

在 15℃~35℃室温下，将 100mL 浓缩物置于 100mL 具塞量筒中静置 24h 后，外观应符合表 2 的要求。

5.2　储运安定性

按附录 A 进行。

5.3　相态

应符合 GB/T 6144—2010 中 5.2 的规定。

5.4　pH 值

应符合 GB/T 6144—2010 中 5.3 的规定。

5.5　消泡性试验

应符合 GB/T 6144—2010 中 5.4 的规定。

5.6　表面张力

应符合 GB/T 6144—2010 中 5.5 的规定。

5.7　腐蚀试验

应符合 GB/T 6144—2010 中 5.6 的规定。

5.8　防锈试验

应符合 GB/T 6144—2010 中 5.7 的规定。

5.9　稀释液安定性

取 100mL 置于具塞量筒中，盖紧后充分摇匀 1min，然后用移液管吸取 50mL 置于滴定管（容量为 50mL）中，于室温（15℃~35℃）下静置 24h 后观察液面是否有皂（白色脂状物）或油析出。

5.10　食盐允许量

在装有 100mL 稀释液的具塞量筒中，加入用移液管吸取的氯化钠饱和溶液 0.5mL，充分摇匀 1min，于 15℃~35℃ 下静置 4h 后，观察是否有相分离现象。

5.11　硬水适应性

取 100mL 稀释液置于烧杯中，室温（15℃~35℃）下取上层清液 25mL 倒入试管，再加入 Ca 离子浓度为 700×10^{-6} 的人工硬水 25mL，摇匀后进行外观检查。

检查未见絮状物或析出物，判为合格。

注：Ca 离子浓度为 700×10^{-6} 的人工硬水配制：称取 1.0486g 的二水氯化钙 $CaCl_2 \cdot 2H_2O$（或 0.7916g 的无水氯化钙 $CaCl_2$ 或 1.5626g 的六水氯化钙 $CaCl_2 \cdot 6H_2O$），用蒸馏水溶解后转移到 1L 容量瓶中，并以蒸馏水稀释至刻度，摇匀备用。人工硬水放置时间不应超过 48h。

5.12　极压性

应符合 GB/T 3142—1982 中 6.6 的规定。

5.13　减摩性

应符合 GB/T 3142—1982 的规定。

5.14　对机床油漆的适应性

应符合 GB/T 6144—2010 中附录 A 的规定。

6　检验规则

6.1　出厂检验

按表 2 中序号 1、3、4、5、7、8 项目进行出厂检验，每批次的产品均按 6.1.1 取样。

6.1.1　取样

按照 GB/T 4756—1998 进行，每批次取样量不少于 500mL。

6.1.2　批次

在生产工艺、原材料不变的条件下，每一生产罐为一批次。

6.1.3　判定规则

出厂检验结果全部项目合格方可出厂。

6.1.4　复检规则

出厂检验有一项以上不合格项时，在同批次产品中重新抽取双倍量样品复检，若仍有一项以上不合格项，则判定该批产品不合格。

6.2　型式检验

型式检验包括表 2 中全部检验项目。

在下列情况下，进行型式检验：

a）新产品定型投产或鉴定时；

b）正式生产后，配方、工艺有较大改变，可能影响性能时；

c）正常生产时，定期或积累一定量后，应周期性进行一次检验；

d）产品长期停产后，恢复生产时；

e）出厂检验结果与上次型式检验有较大差异时。

7 随行文件

7.1 产品合格证。

7.2 使用说明书：包括产品名称、使用范围、主要性能指标、使用方法、注意事项等。

8 包装、标志及运输

8.1 包装

产品应装入容器中运输及贮存。装入容器时要考虑产品的膨胀性，应留出必要的空间。

8.2 标志

产品标志包括商标、产品名称、产品型号、出厂编号、生产单位等。

8.3 运输

产品运输应避免日晒、雨淋、霜冻等恶劣外界气候的影响。

附 录 A
（规范性附录）
储运安定性试验方法

本方法以加速试验考核半合成切削液浓缩物在贮存、运输过程中耐高、低温和耐振动的性能。

A.1 主要仪器及材料

冰箱或冷柜：1个。

恒温干燥箱或恒温水浴箱：1个。

普通离心沉淀器及配件：1套。

150mL~200mL 无色磨口玻璃样品瓶：多个。

A.2 试验步骤

A.2.1 高温试验

将100mL待测半合成切削液浓缩物，置于已备样品瓶中，加盖后放入50℃±2℃的恒温箱（或恒温水浴箱）中4h，然后静置于室温（15℃~35℃）下1h后，观察样品。

A.2.2 低温试验

将A.2.1高温试验合格的样品放置于冰箱的速冻室内-18℃±3℃，2h后取出，置于室温下静止1h后，观察样品。

A.2.3 离心沉淀试验

将上述高、低温试验后的合格样品，取出10mL放入离心试管中，插入离心机试管套内（注意样品应对称放置，以免重心偏移）。以高速挡4000r/min的离心速度，离心试验30min后，取出样品进行评定。

A.2.4 结果评定

通过 A.2.1、A.2.2、A.2.3 各次试验后的样品，在室温（15℃~35℃）下，观察样品，应为：无变色、无分层，呈均匀液体。

第七节 金属清洗剂

一、概论

金属清洗剂广泛应用于机械、汽车制造等现代工业领域。机械制造过程用清洗剂主要为水基金属清洗剂，性能要求很高，如：

1）极强的去油污能力。

2）对被清洗金属工件具有优良的防锈能力，能达到工序间防锈要求。

3）低泡或无泡，避免在高压喷洗条件下无法使用。

4）安全无毒，少含或不含磷酸盐和亚硝酸盐。

5）硬水适应性和高温稳定性好。

6）尽可能地降低清洗温度，降低能耗，劳动条件好。

金属工件经加工后表面存在污物与加工残留物（如各种酸、碱、盐、灰尘、磨料、抛光膏、切削液、手汗以及各种油脂等）。这些污物与加工残留物有水溶性的，也有非水溶性的，若不清洗干净，不但影响加工工序的顺利进行，而且会引起并加速金属表面腐蚀，影响产品的加工质量和使用寿命。在喷漆、电镀和涂搪上釉等表面加工前，都需要使用清洗剂清洗，清洗质量直接影响到产品的性能和质量。清洗剂的选用还与能源、安全及环保等息息相关。

清洗剂的需求量正日益增大，已成了现代工业生产中不可缺少的精细化工产品。同时，适合不同用途的清洗剂不断问世，但目前国内研究和生产比较普遍的还是由表面活性剂和助剂复配的水基金属清洗剂。

国内现行的金属清洗剂行业标准有 GJB 5974《飞机外表面水基清洗剂规范》、QB/T 2117《通用水基金属清洗剂》、JB/T 4323《水基金属清洗剂》和 HB 5226《金属材料和零件用水基清洗剂技术条件》等。GB/T 35759—2017《金属清洗剂》于 2017 年 12 月 29 日发布，2018 年 7 月 1 日实施。

二、标准主要特点与应用说明

1. 关于标准的主要特点

该标准区别于现有行业标准，主要增加了溶剂型清洗剂及其技术指标和试验方法。

2. 关于适用范围

该标准适用于清洗常用金属材料及其金属零部件的通用型清洗剂。这种产品主要由表面活性剂和多种添加剂或溶剂等组成。该标准不适用于特殊用途（如飞机清洗）的金属清洗剂。

3. 关于金属清洗剂分类

该标准按使用时溶剂种类，分为水基型金属清洗剂和溶剂型金属清洗剂。其中，水基型金属清洗剂又分为非防锈型和防锈型。水基非防锈型金属清洗剂产品不具有特定的防锈性能。水基防锈型金属清洗剂根据对金属的适用性分为五类：Ⅰ类，适用于钢（碳素钢、不锈钢等）；Ⅱ类，适用于铸铁；Ⅲ类，适用于铜及铜合金；Ⅳ类，适用于铝及铝合金；综合类，上述四类常用金属中的两类或两类以上组合。

4. 关于金属清洗剂的选用要求

水基型金属清洗剂应符合本标准中表1的规定，溶剂型金属清洗剂应符合本标准中表2的规定。

5. 关于金属清洗剂试验要求

该标准规定了金属清洗剂的技术指标和试验方法。

水基型金属清洗剂技术指标及试验方法为：外观（液体、浆状、粉末或粒状、3%水溶液）、水分及挥发物、pH值、净洗力、泡沫性能、腐蚀性、防锈性、漂洗性、高温稳定性、低温稳定性以及总五氧化二磷含量。

溶剂型金属清洗剂的技术指标及试验方法为：外观、气味、不挥发物含量、酸度、腐蚀性、水分、表面张力及挥发性。

上述指标的试验方法中，除非另有说明，在分析中仅使用确认为分析纯的试剂和GB/T 6682规定的三级水。水分及挥发物按GB/T 13173进行测定，pH值按照GB/T 6368进行测定，总五氧化二磷含量按GB/T 13173进行测定。其他项目按本标准试验方法进行。

三、标准内容（GB/T 35759—2017）

金属清洗剂

1　范围

本标准规定了金属清洗剂的产品分类、要求、试验方法、检验规则和标志、包装、运输、贮存。

本标准适用于清洗常用金属材料和其金属零部件的通用型清洗剂。这种产品主要由表面活性剂和多种添加剂或溶剂等组成。

本标准不适用于特殊用途（如飞机清洗）的金属清洗剂。

2　规范性引用文件

下列文件对于本文件的应用是必不可少的。凡是注日期的引用文件，仅注日期的版本适用于本文件。凡是不注日期的引用文件，其最新版本（包括所有的修改单）适用于本文件。

GB/T 6368　表面活性剂　水溶液pH值的测定　电位法

GB/T 6682　分析实验室用水规格和试验方法

GB/T 13173　表面活性剂　洗涤剂试验方法

QB/T 1323　洗涤剂　表面张力的测定　圆环拉起液膜法

QB/T 1324　洗涤剂用表面活性剂含水量的测定　卡尔·费休双溶液法

QB/T 2951　洗涤用品检验规则

3　产品分类

按使用时溶剂媒介的种类，分为水基型金属清洗剂和溶剂型金属清洗剂。其中，水基型金属清洗剂又分为非防锈型和防锈型，水基（非防锈）型金属清洗剂产品不具有特定的防锈性能，水基（防锈）型金属清洗剂产品根据对金属的适用性分为如下五类：

Ⅰ类：适用于钢（碳素钢、不锈钢等）；

Ⅱ类：适用于铸铁；

Ⅲ类：适用于铜及铜合金；

Ⅳ类：适用于铝及铝合金；

综合类：上述四类常用金属中的两类或两类以上组合，例如“综合类（Ⅰ&Ⅱ类）”或“综合类（Ⅰ&Ⅱ&Ⅲ&Ⅳ类）”分别表示为Ⅰ类和Ⅱ类或Ⅰ～Ⅳ类的组合。

4 要求

水基型金属清洗剂应符合表1的规定，溶剂型金属清洗剂应符合表2的规定。

表1 水基型金属清洗剂指标要求

项目			指标					
			非防锈型	防锈型				
				Ⅰ类	Ⅱ类	Ⅲ类	Ⅳ类	综合类
外观	液体产品		均匀,不分层,无沉淀					
	浆状产品		膏体均匀,无结块,无明显离析现象					
	粉状(或粒状)产品		均匀,无结块					
	3%(质量分数)水溶液		无分层、沉淀和异物					
水分及挥发物	液体产品(%) ≤		80					
	浆状产品(%) ≤		50					
	粉状(或粒状)产品(%) ≤		30					
pH[3%(质量分数)水溶液,25℃]			≥7.0		7.0~11.5			
净洗力[3%(质量分数)水溶液,60℃](%) ≥			80					
泡沫性能(50±2)℃/mm ≤			即时高度:80,5min高度:20(适用于压力喷洗型产品)					
腐蚀性[(80±2)℃,2h]	45钢	外观/级	0	0	—	—	—	腐蚀性及防锈性按样品明示类别选择对应的金属试片进行测试,限值应符合各单独类别要求
		腐蚀量/mg ≤	2	2	—	—	—	
	Z30铸铁	外观/级 ≤	1	—	1	—	—	
		腐蚀量/mg ≤	2	—	2	—	—	
	H62黄铜	外观/级 ≤	1	—	—	1	—	
		腐蚀量/mg ≤	3	—	—	3	—	
	2A12硬铝	外观/级	0	—	—	—	0	
		腐蚀量/mg ≤	2	—	—	—	2	
防锈性[(35±2)℃,RH(90±2)%,24h]/级	45钢		不要求	0	—	—	—	
	Z30铸铁 ≤			—	1	—	—	
	H62黄铜 ≤			—	—	1	—	
	2A12硬铝			—	—	—	0	
漂洗性能(不锈钢片)			无可见清洗剂残留物					
高温稳定性[(60+2)℃,6h]	液体产品		均匀,不分层					
	浆状产品		膏体均匀,不离析					

（续）

项目			指标					
			非防锈型	防锈型				
				Ⅰ类	Ⅱ类	Ⅲ类	Ⅳ类	综合类
低温稳定性[(-5±2)℃,24h]	液体产品		均匀,不分层,无结晶或沉淀析出					
	浆状产品		膏体均匀,无结晶析出,无明显离析					
总五氧化二磷含量(%)		≤	1.1(适用于无磷型产品)					

注：腐蚀性测试时，若腐蚀量出现负值（由系统误差引起的负值，其结果不超过 0.3mg 除外），判定该项不符合。

表 2　溶剂型金属清洗剂指标要求

项目				指标
外观				均匀,不分层,无沉淀的液体
气味				略带溶剂气体
不挥发物含量(100g 试样中)(%)			≤	0.5
酸度(以 HCl 计/100g)(%)			≤	1.0
腐蚀性	45 钢	腐蚀量/mg	≤	1
		外观/级		0
	Z30 铸铁	腐蚀量/mg	≤	1
		外观/级		0
	2A12 硬铝	腐蚀量/mg	≤	1
		外观/级		0
	H62 黄铜	腐蚀量/mg	≤	1
		外观/级		0
水分(%)			≤	0.3
表面张力/(mN/m)			≤	30
挥发性($t_{样品}/t_{乙醚}$)			≤	3

5　试验方法

除非另有说明，在分析中仅使用确认为分析纯的试剂和 GB/T 6682 规定的三级水。

5.1　金属试片

5.1.1　试片的材质和规格

试片尺寸如图 1。试验需用到的材质及规格包括：

a）45 钢，50mm×25mm×(3~6)mm；

b）Z30 一级铸铁，50mm×25mm×(3~6)mm；

c）H62 黄铜，50mm×25mm×(3~6)mm；

d）2A12-BC2 硬铝，50mm×25mm×(3~6)mm；

e）1Cr18Ni9Ti 不锈钢，50mm×25mm×(3~6)mm。

5.1.2　试片的打磨和清洗

将 240#砂布铺在平板上，将试片打磨光亮，打磨方向平行于试片的长边。打磨好的试片先用脱脂纱布或脱脂棉擦净，吊挂在 S 形钩上，浸入无水乙醇中，再用镊子夹脱脂纱布或脱脂棉擦洗。然后把试片移至丙酮或30℃~60℃石油醚中漂洗，用热风吹干，把干净试片连S形钩吊挂在试片架上备用。

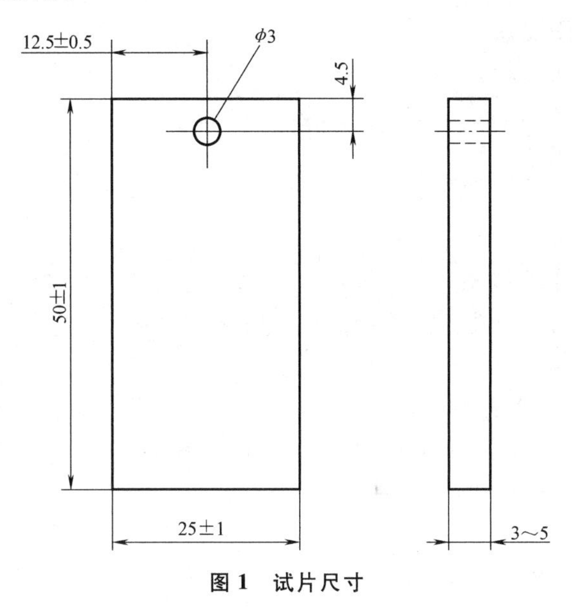

图1　试片尺寸

5.2　试液的制备

5.2.1　水基型金属清洗剂：用于腐蚀性、防锈性、漂洗性和pH试验的试液用蒸馏水或去离子水（新煮沸冷却后）配制成3%溶液。

溶剂型金属清洗剂：腐蚀性应使用原液测试。

5.2.2　水基型金属清洗剂：用于净洗力、泡沫和外观试验（3%水溶液）的试液用250mg/kg硬水［含无水氯化钙0.165g/L，硫酸镁（$MgSO_4 \cdot 7H_2O$）0.247g/L］，浓度按3%配制。

溶剂型金属清洗剂：外观应为原样测试。

5.3　外观

5.3.1　原样

取样品在非阳光直射条件下目测，按技术要求评定。

5.3.2　3%水溶液

取溶液（5.2.2）于100mL无色具塞广口玻璃瓶中，室温下静置1h后，目测检查，按技术要求评定。

5.4　气味

鼻嗅辨别。

5.5　水分及挥发物

按GB/T 13173进行测定。

5.6　pH值

按照GB/T 6368的规定，以样品的3%水溶液于25℃进行测定。

5.7　净洗力

5.7.1　原理

用清洗剂溶液浸泡、摆洗涂覆人工油污的金属试片，由洗去的油污量计算净洗力。

5.7.2 试剂和材料

试剂及材料包括：

a）石油磺酸钡（工业级）；

b）羊毛脂镁皂（工业级）；

c）羊毛脂（工业级）；

d）工业凡士林（工业级）；

e）20号机械油；

f）30号机械油；

g）钙基润滑脂（工业级）；

h）氧化铝，层析用，中性，粒径45μm~180μm。

5.7.3 仪器和设备

常用实验室仪器和以下各项：

a）烧杯，500mL，或搪瓷药物缸 ϕ90mm×90mm，带盖；

b）金属试片，不锈钢试片［5.1.1e)］；

c）试片架；

d）S形挂钩，用不锈钢丝弯制；

e）摆洗机，摆动频率（40±2）次/min，摆动距离（50±2）mm；

f）恒温烘箱，能控温于（40±2）℃；

g）水浴，能控温于（60±2）℃；

h）分析天平，感量0.1mg。

5.7.4 试验程序

5.7.4.1 人工油污的配制

人工油污的成分按质量比配方如下：

石油磺酸钡，8%；

羊毛脂镁皂，3.5%；

羊毛脂，2%；

工业凡士林，30%；

20号机械油，34.5%；

30号机械油，12%；

钙基润滑脂，2%；

氧化铝，8%。

按配方规定，将工业凡士林、20号机油及30号机油混合物，加热到120℃左右熔解均匀，倒入羊毛脂镁皂、石油磺酸钡、钙基脂和羊毛脂，搅拌溶解。控制温度不超过130℃。待全部溶解后，停止加热，加入氧化铝粉末，搅拌均匀冷却至室温，贮存于5℃~10℃冰箱或干燥器中备用。冰箱冷藏储存，保质期为12个月。

5.7.4.2 人工油污的涂覆

将按5.1.2规定准备好的不锈钢试片，连试片架置于（40±2）℃烘箱中干燥30min后，移入干燥器中，冷却后称量，称准至±0.2mg。将称量后的试片，平放在干净的滤纸上，用小刮刀摄取人工油污，均匀地涂覆在试片一面上的规定部位，其余表面不涂覆（如图2所示)，并将试片两侧和底边多余的油污用滤纸擦去。油污涂覆量应控制在 0.08g~0.19g 之间。

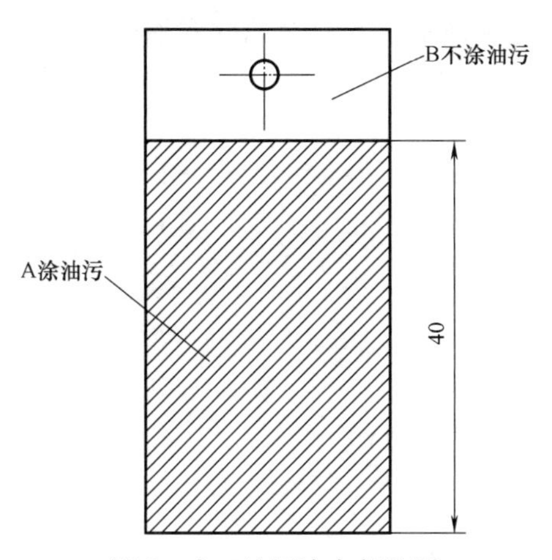

图 2 人工油污涂布部位图

然后将涂好油污的试片用 S 形钩挂在试片架上，放入温度控制在 (40±2)℃的恒温干燥箱中，干燥 30min 后取出，用滤纸擦去底边的油污，于干燥器中冷却、称量。

5.7.4.3 摆洗

在 500mL 烧杯或搪瓷药物缸中，倒入 400mL 清洗剂溶液 (5.2.2)，然后将烧杯放置于 (60±2)℃水浴锅孔中，使清洗剂溶液温度保持在 (60±2)℃。将涂油污的试片夹持在摆洗机的摆架上，使试片表面垂直于摆动方向。在清洗剂溶液中浸泡 3min，然后立即开动摆洗机摆洗 3min。摆洗结束后，连同挂钩取出试片，在 (60±2)℃，400mL 蒸馏水中摆洗 30s，挂于试片架上，放入 (40±2)℃的恒温干燥箱中，干燥 2h 取出，于干燥器中冷却至室温，称量，计算净洗力。

5.7.5 结果表示

5.7.5.1 净洗力计算

净洗力 (w_2) 以洗去油污的质量分数表示，按式 (1) 计算。

$$w_2 = \frac{m_1 - m_2}{m_1 - m_0} \times 100 \tag{1}$$

式中 w_2——净洗力 (%)；

m_0——试片质量 (g)；

m_1——涂抹油污试片清洗前的质量 (g)；

m_2——涂抹油污试片清洗后的质量 (g)。

5.7.5.2 结果评定

在三个试片的平行试验所得净洗力计算值中，应至少有两片的数值相差不超过 3%，否则应重新试验，取平均值作为测定结果。

5.8 泡沫性能试验

按照 GB/T 13173 的规定，用试液 (5.2.2) 进行测定。

5.9 腐蚀性

5.9.1 原理

将金属试片浸入规定温度的金属清洗剂溶液（5.2.1）中，经规定的时间后，以金属试片的外观变化和腐蚀量来评定金属清洗剂对金属的腐蚀性。

5.9.2 试剂

试剂包括：

a）丙酮，分析纯；

b）无水乙醇，分析纯。

5.9.3 仪器

常用实验室仪器和以下各项：

a）分析天平，感量 0.1mg；

b）恒温水浴锅，能控制于（80±2）℃；

c）恒温干燥箱；

d）搪瓷药物缸，ϕ90mm×90mm，带盖；

e）缸口横梁，用 ϕ2mm 不锈钢条弯成 S 形；

f）S 形挂钩，用细的不锈钢丝弯成 S 形；

g）温度计，0℃～100℃，分度 1℃；

h）秒表；

i）试片架。

5.9.4 试验程序

水基型金属清洗剂：已按 5.1.2 规定准备好的试片（连试片架）置于（40±2）℃烘箱中干燥 30min，冷却，称量。将盛有 400mL 试液（5.2.1）的药物缸，放入恒温水浴锅里，使试液恒温在（80±2）℃。然后把称量好的试片吊挂于横放在药物缸口的横梁上，并让试片完全浸没在试液中（下不触底上不露面）。在每个药物缸中，只放 2 片相同材质的试片，经 2h 后，取出试片。用新煮沸并冷却后的蒸馏水漂洗（摆洗 10 次），在丙酮或无水乙醇中脱水和热风吹干，检查外观。

检查外观后试片（连试片架）置于（40±2）℃烘箱中干燥 30min，取出于干燥器中冷却，称量测定腐蚀量。

试片腐蚀量（w_3）以毫克数表示，按式（2）计算。

$$w_3 = (m_1 - m_2) \times 1000 \tag{2}$$

式中 w_3——试片腐蚀量（mg）；

m_1——试片腐蚀试验前的质量（g）；

m_2——试片腐蚀试验后的质量（g）。

溶剂型金属清洗剂：测试方法同水基型清洗剂，密封条件下于测试温度（30±2）℃测试 2h，取出试片晾干后直接检查外观。试片腐蚀量测定采用同水基型金属清洗剂相同的步骤。

5.9.5 试验结果评定

5.9.5.1 金属试片的腐蚀量和外观变化评判

按相应技术要求进行判定，其中外观变化按 5.9.5.2 进行评级。

5.9.5.2 金属腐蚀外观的评级标准

腐蚀试验后的试片表面，按下列标准评定等级：

a）钢和铸铁：

0 级 表面无锈，无明显变化；

1 级 表面无锈，轻微变色或失光；

2 级 表面轻锈或不均匀变色；

3 级 表面大面积锈蚀。

b）铜和铝：

0 级 表面无明显变化；

1 级 表面轻微均匀变色或失光；

2 级 表面不均匀变色、失光，局部有斑点；

3 级 表面严重变色或腐蚀。

5.10 防锈性

5.10.1 原理

将表面覆盖有金属清洗剂干膜的金属试片在一定的相对湿度和温度条件下放置一定时间，由试片外观变化，评定清洗剂对金属的防锈性。

5.10.2 仪器

常用实验室仪器和以下各项：

a）恒温水浴锅，能控温在（80±2）℃；

b）恒温干燥箱；

c）搪瓷药物缸，ϕ90mm×90mm，带盖；

d）比重计；

e）湿热器，能控制相对湿度在（90±2）%（35℃），可利用玻璃干燥器，底部盛放密度为1.083g/mL~1.084g/mL（25℃）、35.6%的甘油-水溶液或饱和酒石酸钠水溶液，花板上放置一试片架。

5.10.3 试验程序

将盛有400mL试液（5.2.1）的药物缸，放入恒温水浴锅里，使试液恒温在（80±2）℃，将按5.1.2准备好的试片用S钩挂住放入试液中浸没30s取出。用滤纸吸去试片下端及孔眼的液体，垂直悬挂于试片架上，将试片连同架子放在（35±2）℃烘箱中，干燥15min。然后，将试片连同架子移入已预先放在（35±2）℃烘箱中保持恒温，相对湿度（90±2）%的湿热器里，放置24h，烘箱温度始终保持（35±2）℃。

试验期满后，对45钢片，Z30铸铁片取出立即检查外观；对H62黄铜片2A12铝片先用蒸馏水漂洗，再用脱脂纱布或脱脂棉擦干后检查外观。

5.10.4 结果评定

按5.9.5.2规定的评级标准和技术要求进行评定。

5.11 漂洗性能

5.11.1 原理

将不锈钢金属试片全浸于金属清洗剂试液（5.2.1）中、取出干燥，使表面覆盖清洗剂干膜，然后在水中漂洗，并再干燥后，检查试片表面有无残留物。

5.11.2 仪器和材料

常用实验室仪器和以下各项。

a）烘箱，能控温于（40±2）℃；

b）恒温水浴，能控温于（60±2）℃；

c）烧杯，500mL；

d）金属试片，1Cr18Ni9Ti［5.1.1e)］；

e）S形挂钩，用不锈钢丝弯制。

5.11.3 试验程序

将盛有400mL试液（5.2.1）的烧杯，放入恒温水浴里。使试液恒温在（60±2）℃。将按5.1.2规定准备好的试片，挂在S形挂钩上并全浸在试液中5min取出，立即用滤纸吸去试片下端及孔眼的液体，垂直悬挂于试片架上，放入（40±2）℃烘箱中干燥30min。取出试片在400mL温度为（60±2）℃的蒸馏水中来回摆动10次（往返为一次），摆洗时间不得超过10s。然后用热风吹干，检查试片外观。同时用两片试片作平行试验。

5.11.4 结果评定

目视试片表面有无清洗剂残留物，按技术要求评定。

5.12 高、低温稳定性

5.12.1 原理

将清洗剂（液体或浆状）样品，经高温、低温处理后，观察是否有分层和沉淀等现象。

5.12.2 仪器

常用实验室仪器和以下各项：

a）冰箱，能控温于（-5±2）℃；

b）恒温箱，能控温于（60±2）℃；

c）无色具塞广口玻璃瓶，100mL。

5.12.3 试验程序

5.12.3.1 高温稳定性

取试样约50mL于100mL无色具塞广口玻璃瓶中，加塞后置于（60±2）℃恒温箱，6h后取出，立即观察外观。

5.12.3.2 低温稳定性

取试样约50mL于100mL无色具塞广口玻璃瓶中，加塞后置于（-5±2）℃冰箱，24h后取出，待恢复至室温后观察外观。

5.12.4 结果评定

按技术要求进行评定。

5.13 总五氧化二磷含量

按GB/T 13173进行测定。

5.14 不挥发物

5.14.1 仪器

常用实验室仪器和以下各项：

a）平底烧瓶，250mL；

b）恒温水浴，能控温于（80±2）℃；

c）恒温干燥箱；

d）分析天平，感量 0.1mg；

e）干燥器，内放变色硅胶或其他干燥剂。

5.14.2　试验程序

称取 100g（精确至 0.01g）试样于平底烧瓶中，先用索氏抽提器抽取清洗剂至干后，于烘箱中（105±2）℃ 下干燥至恒重。

5.14.3　结果计算

100g 试样中不挥发物质量分数（w_1）按式（3）计算。

$$w_1 = \frac{m_0 - m_1}{m_0} \times 10000 \qquad (3)$$

式中　w_1——100g 试样中不挥发物的质量分数（%）；

m_1——试样烘干后失重（g）；

m_0——试样的质量（g）。

不挥发物含量测定时两个平行试验数值之差应不大于 0.1%，取其平均值为测定结果，以大于 0.1%的结果不超过 5%为标准。

5.15　酸度

按附录 A 进行测定。

5.16　水分

按 QB/T 1324 进行测定。

5.17　表面张力

按 QB/T 1323 进行测定，测试时，原液，温度 20℃，结果保留至个位。

5.18　挥发性

室温下，于洁净的玻璃片中部滴加 1mL 试样，同时进行乙醚对比试验，滴加完成后立即启动秒表，分别记录乙醚与试样完全挥发的时间（$t_{乙醚}$与 $t_{样品}$），以乙醚挥发时间（$t_{乙醚}$）为参比，计算出试样的挥发性（$t_{样品}/t_{乙醚}$），结果保留至个位。

6　检验规则

按 QB/T 2951 规定执行。

型式检验项目：水基型金属清洗剂型式检验项目包括表 1 规定的全部项目，溶剂型金属清洗剂型式检验项目包括表 2 规定的全部项目。

出厂检验项目：水基型金属清洗剂出厂检验项目包括表 1 规定的全部项目，溶剂型金属清洗剂出厂检验项目包括表 2 规定的全部项目。

7　标志、包装、运输、贮存

7.1　包装上应有如下标记：产品名称或商标，类型和适用材质（水基型综合类要明确具体由哪几类组合构成），执行的标准编号和名称，重量，生产厂名称（含市、县），生产批号和日期等。

7.2　金属清洗剂产品要因物理形态而异，应用适宜材质的包装，包装要牢固，不渗不漏，不引起产品变质，适合于运输和贮存。

7.3　装运时要禁止抛掷，保证不使产品及包装受损。

7.4　产品应贮存在通风干燥且不受阳光直射、雨淋的场所。

附 录 A
（规范性附录）
酸度的测定

A.1 方法提要

用水萃取试样中所含的酸，以溴甲酚绿乙醇溶液为指示剂，用氢氧化钠标准滴定溶液滴定。

A.2 仪器

微量滴定管：最小刻度 0.02mL；

分析天平：感量 0.1mg；

分液漏斗：250mL。

A.3 试剂

氢氧化钠标准滴定溶液：$c(\mathrm{NaOH}) = 0.01\mathrm{mol/L}$；

溴甲酚绿乙醇溶液：1g/L；

水：对溴甲酚绿乙醇溶液显中性。

A.4 测试步骤

称取 100g 试验样品（精确至 0.01g），将样品转移至分液漏斗中，并加入 100mL 水，轻轻摇动 5min（摇动时注意放气），静止分层，从分液漏斗中分离出有机相，水相转移至 250mL 锥形瓶中，加 1 滴～2 滴溴甲酚绿指示液，以氢氧化钠标准滴定溶液滴定至蓝色为终点。

A.5 结果计算

100g 试样中酸度（以 HCl 计）的质量分数（w_4）按式（A.1）计算：

$$w_4 = \frac{(V/1000)cM}{m} \times 10000 \tag{A.1}$$

式中 w_4——100g 试样中酸度（以 HCl 计）的质量分数（%）；

V——试样消耗氢氧化钠标准滴定溶液体积（mL）；

c——氢氧化钠标准滴定溶液浓度（mol/L）；

M——氯化氢的摩尔质量（g/mol），$M = 36.46\mathrm{g/mol}$；

m——试样的质量（g）。

取两次平行测定结果的算术平均值为测试结果，两次平行结果的绝对差值应不大于 0.1%，以大于 0.1%的结果不超过 5%为标准。

第八节 701 防锈剂（油溶性石油磺酸钡）

一、概论

石油磺酸钡（701 防锈剂，代号 T701）是用发烟硫酸精制石油润滑油馏分油制备白油时的副产品，经净化和成盐制得，可用（$(\mathrm{RSO_3})_2\mathrm{Ba}$）表示。常温下，石油磺酸钡呈浅棕色至棕褐色半固态，不溶于水，溶于汽油、煤油、苯、矿物油型润滑油等有机介质中。

石油磺酸钡属吸附型油溶性缓蚀剂，具有优良的抗湿热、耐盐雾和耐盐水浸渍性能，对人汗和水膜均有很好的置换能力，对黑色金属防锈效果好，已广泛用于配制防锈油脂。

石油磺酸钡因石油产地、加工方法、精制程度不同，色泽和性能存在差异。

早期的 701 防锈剂多为固态。为满足市场需求，现多为黏稠液态，方便使用。

随着润滑油加工技术的进步，以加氢工艺代替了原发烟硫酸处理工艺，701 防锈剂的生产也从石油型转向合成型重烷基苯磺酸钡（合成磺酸钡）。

SH/T 0391—1995《701 防锈剂（油溶性石油磺酸钡）》于 1995 年 6 月 15 日批准，1995 年 10 月 1 日实施，1998 年确认。

二、标准主要特点与应用说明

1. 关于适用范围

该标准适用于在防锈油脂中作防锈添加剂的烷基苯磺酸钡。

2. 关于技术要求

油溶性石油磺酸钡是防锈油的主防锈添加剂，由磺酸盐极性基团和非极性烷基碳链组成，烷基碳链的大小影响其防锈性能，侧链烷基含碳 24 左右的磺酸钡有较好的油溶性和防锈性，即其钡盐相对分子质量为 1100 左右。该标准规定了石油磺酸钡相对分子质量不小于 1000。

石油磺酸钡的生产可采用直接中和成盐法，也可采用复分解法。在生产时，体系中有硫酸根离子或氯离子，需在精制中除去，否则会影响防锈性。因此，该标准规定石油磺酸钡中不能有硫酸根离子或氯离子。

该标准将石油磺酸钡分为 2 个牌号：1 号有效含量 55%以上，2 号有效含量 45%以上。

3. 关于石油磺酸钡含量的测定

用 Na_2CO_3 将烷基磺酸钡转化为烷基磺酸钠，经 SiO_2 色谱柱分离得到烷基磺酸钠，通过高温灼烧转化处理得到硫酸钠，经称量和换算得到产品中烷基磺酸钡含量和平均相对分子质量、烷基磺酸的平均相对分子质量。对于含少量烷基磺酸钠的样品，分析结果钡含量会偏大。

这种分析方法占时较长，不利于生产控制，可结合红外光谱和等离子光谱进行分析。

三、标准内容［SH/T 0391—1995（1998）］

701 防锈剂（油溶性石油磺酸钡）

1 主题内容与适用范围

本标准规定了以润滑油馏分进行磺化、醇水萃取后再钡化等工艺而制得的油溶性石油磺酸钡的技术条件，产品代号为 T701。

本标准所属产品适用于在防锈油脂中作防锈剂。

2 引用标准

GB/T 260 石油产品水分测定法

GB/T 443 L-AN 全损耗系统用油

GB/T 511 石油产品和添加剂机械杂质测定法（重量法）

GB/T 2361 防锈油脂湿热试验法

SH 0004 橡胶工业用溶剂油

SH 0164 石油产品包装、贮运及交货验收规则

SH/T 0217 防锈油脂试验试片锈蚀度试验法

SH/T 0218 防锈油脂试验试片制备法

SH/T 0225 添加剂和含添加剂润滑油中钡含量测定法

SH/T 0229 固体和半固体石油产品取样法

SH/T 0533 防锈油脂防锈试验试片锈蚀评定方法

3 技术内容

3.1 701防锈剂按含量多少分为1号和2号两个牌号，本标准所属产品按质量分为一等品和合格品。

3.2 技术要求见下表。

项目		质量指标				试验方法
		1号		2号		
		一等品	合格品	一等品	合格品	
外观		棕褐色、半透明、半固体				目测
磺酸钡含量(%)	不小于	55	52	45		附录A
平均相对分子质量	不小于	1000				附录A
挥发物含量(%)	不大于	5				附录B
氯根含量(%)		无				附录C
硫酸根含量(%)		无				附录C
水分①(%)	不大于	0.15	0.30	0.15	0.30	GB/T 260
机械杂质(%)	不大于	0.10	0.20	0.10	0.20	GB/T 511
pH值		7~8				广泛试纸
钡含量②(%)	不小于	7.5	7.0	6.0		SH/T 0225
油溶性		合格				附录E
防锈性能						GB/T 2361
湿热试验(49℃±1℃,湿度95%以上)③/级	不大于	72h	24h	72h	24h	
10钢片		A				
H62黄铜片		1				
海水浸渍(25℃±1℃,24h)/级	不大于					附录D
10钢片		A				
H62黄铜片		1				

① 以出厂检验数据为准。

② 作为保证项目,每季抽查一次。

③ 湿热、海水浸渍试验在测定时以符合GB/T 443的L-AN46全损耗系统用油为基础油,加入3%(质量分数)701防锈剂(磺酸钡含量按100%计算)配成涂油。

4 标志、包装、运输与贮存

标志、包装、运输、贮存及交货验收按SH 0164进行。

5 取样

取样按 SH/T 0229 进行，取 2kg 做检验及留样用。

附 录 A
油溶性石油磺酸钡分析方法
（补充件）

A.1 主题内容与适用范围

本方法适用于中质润滑油馏分直接中和及复分解法所制备的油溶性石油磺酸钡。

A.2 方法概要

用无水碳酸钠将磺酸钡试样分解所得磺酸钠和矿油混合物，经蒸干后用三氯甲烷溶解，在硅胶吸附柱中进行吸附和分离，先分出矿油再用乙醇洗出钠盐。然后分别蒸干，恒重得到矿油和纯磺酸钠，将纯磺酸钠烧灰分得硫酸钠，由此换算而得是磺酸钠或钡的平均分子量和磺酸钡等含量。

A.3 仪器与材料

A.3.1 仪器

A.3.1.1 磨口具塞量筒：100mL。

A.3.1.2 电炉或电热板。

A.3.1.3 自耦调压变压器。

A.3.1.4 水浴锅或红外线加热器。

A.3.1.5 高温炉：能加热并恒定至 775℃±25℃。

A.3.1.6 烧杯：100mL。

A.3.1.7 酸式滴定管：50mL。

A.3.1.8 玻璃漏斗：内径 50mm。

A.3.1.9 锥形烧瓶：150mL。

A.3.1.10 移液管：20mL。

A.3.1.11 瓷坩埚：50mL。

A.3.1.12 三号筛至四号筛：筛孔内径 250μm±9.9μm～355μm±13μm。

A.3.1.13 超级恒温器。

A.3.1.14 打诊锤：小元头。

A.3.2 材料

粗孔硅胶：青岛海洋化工厂生产（粒度 2mm～5mm，吸水值 98%以上）。

A.4 试剂

A.4.1 乙醚：分析纯。

A.4.2 异丙醇：分析纯。

A.4.3 无水碳酸钠：分析纯。

A.4.4 95%乙醇：分析纯。

A.4.5 三氯甲烷：分析纯。

A.4.6 硫酸（98%）：分析纯。

A.4.7 盐酸：分析纯。

A.5 准备工作

A.5.1 将150mL锥形烧瓶在110℃±1℃烘箱中烘干不少于1h。在干燥器中冷却30min，然后在分析天平上精确至0.0001g。

A.5.2 将25%（体积分数）盐酸溶液注入瓷坩埚中，煮沸几分钟，用蒸馏水洗涤，烘干后再放入高温炉中，在775℃±25℃温度下煅烧至少1h，取出在空气中冷却3min，再移入干燥器中冷却30min，然后进行称重，精确至0.0001g。

重复进行煅烧，冷却及称量，直至连续称量的差数不大于0.0004g为止。

A.5.3 将粗孔硅胶经手工磨后过三号筛~四号筛（其粒度在250μm ± 9.9μm~355μm ± 13μm）放入150℃烘箱中烘干2h，在干燥器中冷却约40min备用。

A.6 试验步骤

A.6.1 在分析天平上用减量法称取样品5g±0.1g（准确至0.2mg），其值为A，置于100mL带磨口塞的量筒中，加入50%（体积分数）异丙醇水溶液40mL猛烈摇动（必要时可在超级恒温器内加热至50℃），使样品均匀分散，然后加1.5g无水碳酸钠，继续猛烈摇动（必要时加热至50℃），至磺酸钡完全被分解。再加入15mL乙醚，8g无水碳酸钠，摇匀后置于50℃~55℃超级恒温器内保温分层约4h，冷却至室温。在操作过程中应避免溶液溅出量筒。

A.6.2 准确读出量筒上层醇溶液的毫升数（准确至0.5mL），其值为B。用移液管吸取20mL上层溶液，置于150mL锥形瓶中，移至100℃水浴上或红外线加热器，使溶剂挥发干，或者进行溶剂回收，然后移至110℃±1℃烘箱中烘干30min，得残留物备用。

A.6.3 在50mL滴定管的下部（活塞上部）塞一小块脱脂棉球（以防硅胶漏出）。在50mL滴定管的上部放一个内径50mm玻璃漏斗，以便装硅胶。

A.6.4 称取经处理烘干、密封冷却后的15g硅胶放于100mL烧杯中加入50mL三氯甲烷，用玻璃棒搅拌，赶走气泡再装入带有玻璃漏斗的滴定管中，用三氯甲烷将烧杯中残留的硅胶也一并装入带有玻璃漏斗的滴定管中，并保持滴定管内充满三氯甲烷，用打诊锤轻轻敲打滴定管的上下部位，使硅胶均匀严密分布在滴定管内。放掉多余的三氯甲烷，使液面保持在硅胶柱面1cm为止。此时吸附柱建成。

A.6.5 将A.6.2所得的残留物用20mL三氯甲烷溶解，注入吸附柱中，打开活塞，使液体流速控制在每秒1滴，将液体放入已知恒重的150mL锥形瓶中，必要时可在吸附柱上部加压力。用20mL三氯甲烷洗涤锥形瓶中的残留物，当吸附柱中液面降至硅胶面上1cm，将洗涤液再注入吸附柱中。如此用三氯甲烷洗涤锥形瓶，前后共计四次（每次20mL三氯甲烷）重复此过程至最后一次吸附柱中液面降至硅胶柱面1cm时，关闭活塞。

用三氯甲烷将吸附柱下部尖嘴上可能粘有的矿油洗入装有三氯甲烷洗出液的锥形瓶中，将锥形瓶移至蒸气浴或红外线加热器上蒸干或回收三氯甲烷。再移至110℃±1℃烘箱中干燥90min，在干燥器中冷却30min，然后称重，得矿油质量为C。

A.6.6 继续在吸附柱中加入20mL 95%乙醇，打开活塞，使液体流入另一已知质量的150mL锥形瓶中，（锥形瓶恒重与A.5.1相同）控制流速为每秒2滴~3滴，当液面降至硅胶面上1cm时，再加入20mL 95%乙醇。如此重复共计洗涤四次（每次20mL 95%乙醇），至最后一次液面降至硅胶面 1cm 时，关闭活塞，用 95%乙醇将吸附柱下部尖嘴上可能粘有的磺酸钠洗入装乙醇洗出液的锥形瓶中，将瓶移至蒸气浴上蒸干或回收然后在 110℃±1℃的烘箱中干燥 90min，在干燥器中冷却 30min，然后称重，得磺酸钠质量为 D。

A.6.7 准确称取已恒重的磺酸钠（0.6g~1.1g 精确至 0.1mg）其质量为 E，置于恒重的坩埚中，将坩埚放在电炉上慢慢加热，用调压器控制温度，勿使着火。至磺酸钠完全变成残炭时，移入 775℃±25℃的高温炉中灼烧 30min，取出冷却至室温。加 4 滴~5 滴浓硫酸在电炉上慢慢加热蒸发，勿使溶液溅出，当浓烟消失后冷却，再同上重复加酸处理，直至灰分中的浓烟完全消失为止，然后再移入 775℃±25℃的高温炉中灼烧 1h，取出在室温冷却 3min，移入干燥器中冷却 30min，恒重（两次称量误差不大于 0.0004g 为止），得硫酸钠灰分重为 F。

A.7　计算

A.7.1 磺酸平均相对分子质量：

$$P=\frac{71E}{F}-22 \tag{A.1}$$

磺酸钠平均相对分子质量：

$$S=\frac{71E}{F} \tag{A.2}$$

磺酸钡平均相对分子质量：

$$T=2P+135=2S+91 \tag{A.3}$$

A.7.2 磺酸钡百分含量：

$$V=\frac{BD}{20A}\times\left(1+\frac{91F}{142E}\right)\times 100 \tag{A.4}$$

若已知磺酸平均相对分子质量，则：

$$V=\frac{BD}{20A}\times\frac{2P+135}{2P+44}\times 100 \tag{A.5}$$

式中　A——称取样品值（g）；

B——上层醇溶液值（g）；

D——已恒重的磺酸钠质量（g）；

E——称取的磺酸钠质量（g）；

F——硫酸钠灰分质量（g）；

P——磺酸平均相对分子质量；

S——磺酸钠平均相对分子质量；

T——磺酸钡平均相对分子质量；

V——磺酸钡百分含量。

A.8　精密度

A.8.1 重复性：同一操作者重复测定的两个结果之差，不应大于下列数值。

测定项目	重复性（质量分数,%）
磺酸钡	0.63

A.8.2 再现性：不同实验室各自测定的两个结果之差，不能大于下列数值。

测定项目 再现性（质量分数,%）
磺酸钡 0.92

附 录 B
挥发物含量测定法
（补充件）

B.1 主题内容与适用范围

本方法适用于油溶性石油磺酸钡挥发物含量测定。

B.2 方法概要

本方法规定在一定的温度和时间下，测定油溶性石油磺酸钡的溶剂挥发含量。

B.3 仪器

B.3.1 烘箱。

B.3.2 干燥器。

B.3.3 天平：感量 0.1mg；

B.3.4 坩埚：50mL。

B.4 试剂

盐酸：分析纯。

B.5 准备工作

将盐酸溶液［25%（体积分数）］注入瓷坩埚内煮沸几分钟，用蒸馏水洗涤，烘干后在105℃±1℃的烘箱中干燥不小于1h，在干燥器中冷却30min，然后在分析天平上精确至0.0001g，重复进行干燥（第二次干燥时间只需30min），冷却及称量，直至连续称量差数不大于0.0004g为止。

B.6 试验步骤

将已恒重的坩埚称入约5g试样，精确至0.0001g。在105℃±1℃烘箱中烘3h，然后放在干燥器中冷却30min，进行称量，精确至0.0001g。

B.7 计算

挥发物含量 X（质量分数,%）按下式计算：

$$X = \frac{m_1 - m_2}{m_1} \times 100 \quad (B.1)$$

式中 m_1——试样在挥发前的质量（g）；

m_2——试样在挥发后的质量（g）。

B.8 精密度

平行测定间的差数，不应超过算术平均值的±5%。

附 录 C
氯根、硫酸根试验法
（补充件）

C.1 仪器、试剂

C.1.1 电炉。

C.1.2 量筒：100mL。

C.1.3 分液漏斗：100mL。

C.1.4 试管：10mL。

C.1.5 锥形烧瓶：150mL。

C.1.6 中性汽油。

C.1.7 50%乙醇。

C.1.8 硝酸：65%~68%，分析纯。配成（1+2）水溶液。

C.1.9 盐酸：36%~38%，分析纯。配成（1+1）水溶液。

C.1.10 硝酸银：1g/L。

C.1.11 氯化钡：50g/L。

C.2 试验步骤

称取 5.0g 试样，加 30mL 中性汽油，加 30mL 50%乙醇预热至 50℃，充分摇动，保温，待分层后倒入分液漏斗中，将下层水溶液分别放入三支试管中（水溶液如浑浊可过滤保温），取第一支试管加入硝酸及硝酸银各 1 滴~2 滴，第二支试管加入盐酸及氯化钡各 1 滴~2 滴，摇匀后与第三支试管空白对照，试管如产生白色浑浊则表示存在有氯根及硫酸根。

附 录 D
磺酸钡海水浸渍试验方法
（补充件）

D.1 主题内容与适用范围

本方法适用于测定油溶性石油磺酸钡。

D.2 方法概要

本方法是在人造海水浸渍情况下，试验磺酸钡调配为试油对金属的保护性能。

D.3 仪器与材料

D.3.1 仪器

D.3.1.1 干燥器。

D.3.1.2 吹风机：冷热两用。

D.3.1.3 搪瓷杯。

D.3.1.4 不锈钢镊子。

D.3.1.5 S 型玻璃吊钩；或不锈钢吊钩。

D.3.1.6 烧杯：500mL。

D.3.1.7 玻璃棒：ϕ6mm~ϕ9mm，长 150mm。

D.3.1.8 温度计：0℃~50℃，0℃~360℃各一支。

D.3.1.9 pH 值测定仪（或酸度计）；测量精度为 0.1。

D.3.2 材料

D.3.2.1 钢片：10 钢，规格为 50mm×50mm×3mm~5mm

D.3.2.2 黄铜片：H62，规格为 50mm×50mm×3mm~5mm

D.3.2.3 符合 GB/T 443 的 L-AN46 全损耗系统用油。

D.4 试剂

D.4.1 氯化镁（$6H_2O$）：分析纯。

D.4.2 氯化钙（无水）：化学纯。

D.4.3 氯化钠：分析纯。

D.4.4 硫酸钠（无水）：分析纯。

D.4.5 碳酸钠（无水）：分析纯。

D.4.6 石油醚（60℃~90℃）或橡胶工业用溶剂油，符合 SH 0004。

D.5 准备工作

D.5.1 配制人造海水

氯化镁：11g/L　　1.077%

氯化钙：1.2g/L　　0.118%

硫酸钠：4.0g/L　　0.391%

氯化钠：25.0g/L　　2.448%

蒸馏水：95.966%

D.5.2 人造海水溶液 pH 值的调整

将配制成的人造海水溶液，用 pH 值测定仪测定其 pH 值，并用 50g/L 碳酸钠溶液调整人造海水溶液 pH 值在 8.0~8.2 范围内。

D.5.3 涂油调配

D.5.3.1 用符合 GB/T 443 的 L-AN46 全损耗系统用油为基础油、加入 3%701 防锈剂（磺酸钡含量按 100%计算）配成涂油。

D.5.3.2 将已加入石油磺酸钡的基础油放在电炉上加热，慢慢溶解，温度不超过 125℃，直至石油磺酸钡完全溶解为止。

D.5.4 试片的制备

每种油样需做三块试片，试片的制备和清洗，涂油按 SH/T 0217 和 SH/T 0218B 法进行。

D.6 试验步骤

D.6.1 将涂好油膜并经沥干 2h 后的试片按金属分类，徐徐浸入人造海水中，悬挂在置于烧杯的玻璃棒上，试片悬挂时各片不得靠近容器壁，试片间的间距应不小于 15mm，并应使试片全部浸没海水中（不同类金属片不允许放在同一海水容器中）。

D.6.2 人造海水溶液须保持在 25℃±1℃进行。

D.7 试验结果

试片经浸渍 24h 后，用石油醚或溶剂油擦洗去表面油膜，仔细观察锈蚀和变色情况，然后按 SH/T 0533 进行评级。

试片的评级，在三片中的两片锈蚀结果相差超过两级，不能定级。相差在两级以内（包括两级），并有两片同级时，按两片级别定级；三片各不相同者，但三片分别是 0 级、1 级和 2 级时则定为 1 级，如果三片分别是 0 级，1 级和 3 级以上时则不能定级。如有变色或色变暗情况，需在评定结果中报告。

附　录　E
磺酸钡的油溶性试验方法
（补充件）

E.1　主题内容与适用范围

本方法适用于油溶性石油磺酸钡的油溶性测定。

E.2　方法概要

本方法规定在一定的温度和时间下，测定油溶性石油磺酸钡被油溶解的性能。

E.3　仪器与材料

E.3.1　仪器

E.3.1.1　烧杯：400mL。

E.3.1.2　电炉。

E.3.1.3　石棉板。

E.3.1.4　接触温度计和水银温度计各一支（温度为0℃～300℃）。

E.3.1.5　电动搅拌器（25W），配备有十字玻璃搅拌浆板。

E.3.1.6　电子继电器，或变压器。

E.3.2　材料

“L-AN46 全损耗系统用油”，符合 GB/T 443。

E.4　准备工作

E.4.1　装好控制温度的电子继电器，并调节恒温在125℃±3℃。

E.4.2　在烧杯中称取200g“L-AN46 全损耗系统用油”放置在放有石棉板的电炉上。

E.4.3　仔细调节好电动搅拌器，使搅拌速度控制在80r/min～90r/min。

E.4.4　称重10g石油磺酸钡，并分切成8片～10片。

E.5　试验步骤

E.5.1　装好仪器，调节好温度和搅拌速度，开始边加温边搅拌直至规定温度。

E.5.2　在温度达到125℃±3℃时，即加入片状的10g石油磺酸钡，加完后开始记录时间，规定加热溶解时间到达30min后停止，将烧杯油样在室温内冷却，试样油温在50℃以下倒入100mL的比色管至刻度液面处，比色管在反射光线中，观察油样应透明清晰，无沉淀物和石油磺酸钡全溶为合格。

第九节　705防锈剂

一、概论

二壬基萘磺酸钡（705防锈剂，代号T705）是以迭合汽油为原料，切取125℃～150℃馏分得壬烯，在浓硫酸催化作用下与萘反应生成二壬基萘，再经发烟硫酸或三氧化硫磺化、氢氧化钡皂化和精制而成。常温下，二壬基萘磺酸钡为棕色透明黏稠流体，油溶性好，对黑色金属防锈性良好，对铜、铝、锌及其合金等也有较好的适应性，常用于润滑油脂和防锈油脂中作防锈添加剂。

二壬基萘磺酸钡按钡的过量与否分中性二壬基萘磺酸钡和碱性二壬基萘磺酸钡，防锈油脂中常用的是偏碱性的二壬基萘磺酸钡。在防锈油脂中加入有适度碱值的二壬基萘磺酸钡，赋予防锈油脂碱性，可中和体系中的酸性物质，有利于防锈。

SH/T 0554—1993《705 防锈剂》于 1993 年 6 月 11 日批准，1994 年 5 月 1 日实施。

二、标准主要特点与应用说明

1. 关于适用范围

该标准适用于在防锈油脂和润滑油脂中作防锈添加剂的二壬基萘磺酸钡。

2. 关于技术要求

二壬基萘磺酸钡是防锈油脂中常用的防锈添加剂。在合成时，调整氢氧化钡的加料比例，可得到中性二壬基萘磺酸钡和碱性二壬基萘磺酸钡。用于防锈油脂的二壬基萘磺酸钡通常是偏碱性的。由于碱值太高会影响其在油中的溶解性和稳定性，该标准规定碱值为 35mgKOH/g~55mgKOH/g。该标准规定合格品含钡量不小于 10.5%，一级品含钡量不小于 11.5%，它是产品中二壬基萘磺酸钡和过碱值钡的总量。

三、标准内容（SH/T 0554—1993）

705 防锈剂

1 主题内容与适用范围

本标准规定了壬烯和萘经烃化、磺化、钡化等工艺制得的碱性二壬基萘磺酸钡的技术要求。产品代号为 T705。

本标准所属产品适用于作润滑油和润滑脂及其他有关产品的防锈添加剂，特别适用于黑色金属的防锈。

2 引用标准

GB/T 260 石油产品水分测定法

GB/T 265 石油产品运动黏度测定法和动力黏度计算法

GB/T 511 石油产品和添加剂机械杂质测定法（重量法）

GB/T 2361 防锈油脂湿热试验法

GB/T 2540 石油产品密度测定法（比重瓶法）

GB/T 3536 石油产品闪点和燃点测定法（克利夫兰开口杯法）

GB/T 4756 石油和液体石油产品取样法（手工法）

CB/T 7304 石油产品和润滑剂中和值测定方法（电位滴定法）

GB/T 11143 加抑制剂矿物油在水存在下防锈性能试验法

SH 0004 橡胶工业用溶剂油

SH 0164 石油产品包装、贮运及交货验收规则

SH/T 0225 添加剂和含添加剂润滑油中钡含量测定法

3　技术要求

项　　目		质量指标		试验方法
		一级品	合格品	
外观		棕色至褐色透明黏稠液体	棕色至褐色黏稠液体	目测①
密度(20℃)/(kg/m³)	不小于	1000		GB/T 2540
闪点(开口)/℃	不低于	165		GB/T 3536
黏度(100℃)/(mm²/s)	不大于	100	140	GB/T 265
水分(%)	不大于	0.10		GB/T 260
机械杂质(%)	不大于	0.10	0.15	GB/T 511
钡含量(%)	不小于	11.5	10.5	SH/T 0225
总碱值/(mgKOH/g)		35~55		GB/T 7304
潮湿箱/级	不低于			GB/T 2361②
96h		A	—	
72h		—	A	
液相锈蚀		无锈		GB/T 11143B 法③
油溶性		合格		目测④

注：工艺控制稀释油加入量不大于 40%。

① 在直径 30mm~40mm，高度 120mm~130mm 的玻璃试管中，将试样注入至试管的 2/3 高度，在室温下从试管侧面观察。

② 150 号中性油中加入 5% T705 配成溶液后评定。

③ 150 号中性油中加入 0.05% T705 配成溶液后评定。

④ 在烧杯中加入一定量橡胶工业用溶剂油，加 5% T705 试样使之完全溶解，放置 24h 无白色沉淀和悬浮物为合格。

4　包装、标志、运输、贮存

本产品包装、标志、运输、贮存及交货验收按 SH 0164 进行。

5　取样

取样按 GB/T 4756 进行，取 1kg 做检验和留样用。

第十节　746 防锈剂

一、概论

十二烯基丁二酸（746 防锈剂，代号 T746）属羧酸类缓蚀剂，是叠合汽油或丙烯四聚体与顺丁烯二酸酐经双烯加成反应的产物，再经水解精制得。常温下，746 防锈剂呈浅棕色或棕红色透明黏稠流体，不溶于水，溶于醇类和矿物油中。

746 防锈剂在矿物油中的溶解度很大。由于在分子的同一端含有两个羧基，能强烈地吸附在金属表面，形成有效的防锈保护层，所以起防锈作用的有效用量很低，在防锈油脂中的用量通常少于 2%。

746 防锈剂具有遇水不乳化的特性，所以常用于配制脱水防锈油和置换型防锈油。

746 防锈剂对黑色金属、纯铜和铝均有较好的防锈性，由于其酸值高，所以用量不宜过高。在防锈油中通常将十二烯基丁二酸与烷基磺酸钡、二壬基萘磺酸钡、N-油酰肌氨酸-十八胺盐等配合使用。

746 防锈剂与金属离子成皂可得羧酸皂防锈剂，如钠皂溶于水有乳化性和防锈性，铝皂用于矿物润滑油或溶剂油中有较好的稠化和成膜性。

SH/T 0043—1991《746 防锈剂》于 1991 年 7 月 11 日批准，1992 年 7 月 1 日实施，1998 年确认。

二、标准主要特点与应用说明

1. 关于适用范围

该标准适用于在防锈油脂和工业润滑油中作防锈添加剂的十二烯基丁二酸。

2. 关于技术要求

十二烯基丁二酸是叠合汽油或丙烯四聚体与顺丁烯二酸酐经合成和精制得到的防锈添加剂，溶于石油溶剂和石油润滑馏分油中。由于其分子的一端有两个羧基，有较强的极性，易在金属表面吸附。在防锈油中常与 T701 和 T705 等常用防锈添加剂配合使用，有利于提高防锈油的渗透性能和在金属表面的吸附能力，如用于配制置换型防锈油和脱水防锈油等。

十二烯基丁二酸的酸值为 395mgKOH/g。该标准规定合格品酸值大于 235mgKOH/g，即含量约 60%；一级品酸值大于 300mgKOH/g，即含量约 76%。

三、标准内容［SH/T 0043—1991（1998）］

746 防锈剂

1 主题内容与适用范围

本标准规定了以叠合汽油或四聚丙烯与顺丁烯二酸酐反应，经蒸馏和水解等工艺而制得的 746 防锈剂的技术条件，产品代号为 T746。

本标准所属产品适用于作汽轮机油、液压油和齿轮油等工业润滑油的防锈添加剂。

2 引用标准

GB/T 265 石油产品运动黏度测定法和动力黏度计算法

GB/T 1884 石油和液体石油产品密度测定法（密度计法）

GB/T 1885 石油计量表

GB/T 3536 石油产品闪点和燃点测定法（克利夫兰开口杯法）

GB/T 4756 石油液体手工取样法

GB/T 5096 石油产品铜片腐蚀试验法

CB/T 7304 石油产品和润滑剂中和值测定法（电位滴定法）

GB/T 11143 加抑制剂矿物油在水存在下防锈性能试验法

SH 0164 石油产品包装、贮运及交货验收规则

SH/T 0243 溶剂汽油碘值测定法

SH/T 0298 含防锈剂润滑油水溶性酸测定法（pH 值法）

3 技术内容

3.1 本标准所属产品按质量分为一级品和合格品。

3.2 技术要求

项目	质量指标		试验方法
质量等级	一级品	合格品	
外观	透明黏稠液体		目测
密度/(kg/m³)	报告		GB/T 1884 GB/T 1885
运动黏度(100℃)/(mm²/s)	报告		GB/T 265
闪点(开口)/℃ 不低于	100	90	GB/T 3536
酸值/(mgKOH/g)	300~395	235~395	GB/T 7304
pH 值 不小于	4.3	4.2	SH/T 0298
碘值/(gI/100g)	50~90		SH/T 0243
铜片腐蚀(100℃,3h)/级 不大于	1		GB/T 5096①
液相锈蚀试验			GB/T 11143①
蒸馏水	无锈	无锈	
合成海水	无锈	—	
坚膜韧性	无锈	—	

① 用 32 号未加防锈剂的汽轮机油添加 0.03%T746。

4 标志、包装、运输与贮存

标志、包装、运输、贮存及交货验收按 SH 0164 进行。

5 取样

取样按 GB/T 4756 进行，取 2L 做检验和留样用。

第十六章　防锈材料试验方法

第一节　防锈油脂试验用试片制备法

一、概论

金属试片常用于检验防锈油脂的防锈性能，如用于防锈油脂湿热试验、盐雾试验、腐蚀试验等。金属试片的材质、规格（如大小和厚度等）、表面处理和涂油方法等均会影响试验结果。

SH/T 0218—1992《防锈油脂试验试片制备法》于 1992 年首次发布（代替 ZB E41 010—1989），1993 年修订为 SH/T 0218—1993《防锈油脂试验用试片制备法》。SH/T 0218—1993 于 1993 年 8 月 19 日批准，1994 年 5 月 1 日实施，2004 年确认。

该标准规定了金属试片材料牌号、规格、打磨、清洗处理和施涂防锈油脂方法，有利于提高防锈油脂防锈性能评价试验结果的重现性，从而客观地反映防锈油脂的防锈性能。

二、标准主要特点与应用说明

1. 关于适用范围

该标准适用于防锈油脂质量检验用试片的制备。

2. 关于试片的制备方法

防锈油脂试片制备法分 A 法和 B 法，A 法又有 A 试片和 B 试片之分，见表 16.1-1。SH/T 0218—1992 规定试片厚度为 1.0mm～3.0mm，SH/T 0218—1993 改成 3.0mm～5.0mm。进行防锈油脂的相关试验时，应按相关试验方法的要求，选择相应的试片及其制备方法。

表 16.1-1　防锈油脂试片制备法

序号	比较内容	试片制备 A 法	试片制备 B 法
1	钢片/规格	10 钢（A 片两孔在长边，B 片两孔在短边） A 片：60mm×80mm×（3.0～5.0）mm B 片：80mm×60mm×（3.0～5.0）mm	10 钢、45 钢 50mm×50mm×（3.0～5.0）mm
2	铸铁/规格	—	Z30 一级灰铸铁 50mm×50mm×（3.0～5.0）mm
3	有色金属/规格	—	H62 黄铜、Zn-3 和 Zn-4 锌、2A12、Cd3 镉、ZM5 镁、Pb-2 或 Pb-3 铅、T3 铜，规格：50mm×25mm×（3.0～5.0）mm（黄铜增加 50mm×50mm×（3.0～5.0）mm 规格）
4	打磨砂纸	240 号砂布（砂纸）	钢铁用 180 号砂布（砂纸） 有色金属用 240 号砂布 铅用刮刀

（续）

序号	比较内容	试片制备 A 法	试片制备 B 法
5	试片准备	清洗—打磨—清洗、热风吹干—入干燥器—24h 内取用，涂油	打磨—清理—入干燥器—24h 内取用——用前清洗、热风吹干—冷至室温—涂油
6	涂油方法	手工浸涂，自然沥干 24h—试验	用提升器浸涂，自然沥干 16h ~24h——试验
7	脂膜厚度/μm	38±5	40±5

三、标准内容［SH/T 0218—1993（2004）］

防锈油脂试验用试片制备法

1　主题内容与适用范围

本标准规定了制备防锈油脂试验用试片的方法。

本标准适用于防锈油和防锈脂。

2　引用标准

GB/T 469　铅锭

GB/T 470　锌锭

GB/T 711　优质碳素结构钢热轧厚钢板和宽钢带

GB/T 718　铸造用生铁

GB/T 3190　铝及铝合金加工产品的化学成分

GB/T 5231　加工铜及铜合金化学成分和产品形状

GB/T 13377　原油和液体或固体石油产品密度或相对密度测定法（毛细管塞比重瓶和带刻度双毛细管比重瓶法）

YS 72　镉锭

第一篇　A　法

3　方法概要

用规定的金属试片经打磨和清洗后，制备符合各种防锈油脂试验用的试片，并规定了将试样涂在试片上的方法。

4　仪器与材料

4.1　仪器

4.1.1　恒温水浴：能在 23℃ ±3℃ 恒温。

4.1.2　恒温油浴：恒温范围 50℃ ~110℃，波动范围±1℃。

4.1.3　分析天平：感量为 1mg。

4.1.4　吹风机：冷热两用。

4.1.5　干燥器。

4.1.6　烧杯：500mL。

4.1.7　搪瓷杯。

4.1.8　镊子。

4.1.9　游标卡尺：分度值为 0.02mm。

4.1.10　温度计：0℃~150℃，分度值为 1℃。

4.2　材料

4.2.1　金属试片

a）材质：10 钢，符合 GB/T 711 的规格要求。

b）规格：A 试片（3.0~5.0）mm×60mm×80mm。

　　　　B 试片（3.0~5.0）mm×80mm×60mm。

注：1.0mm~3.0mm 厚的试片仍可使用，用完为止。

c）吊孔：在图 1 所示的地方钻两个直径为 3mm 的小孔。

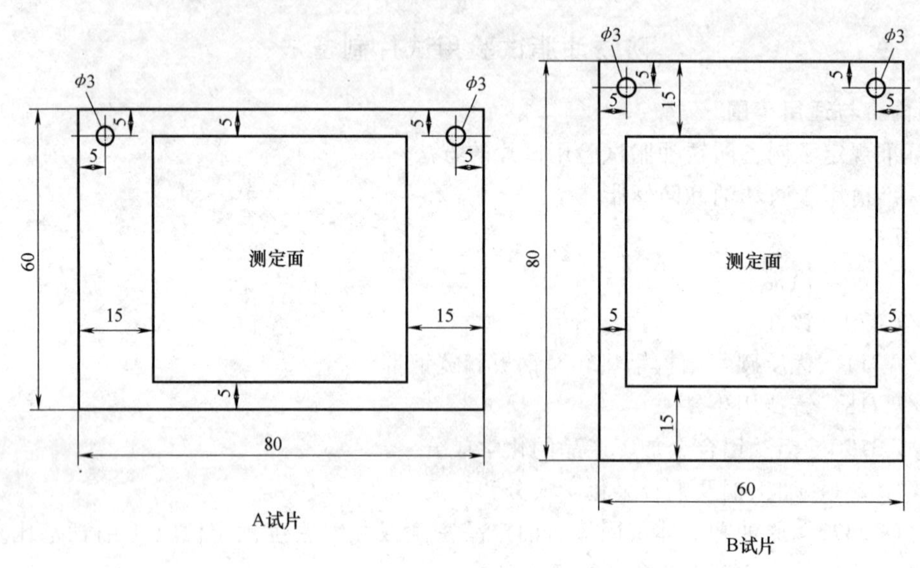

图 1　试片

4.2.2　脱脂棉或医用纱布。

4.2.3　砂布（或砂纸）：粒度为 240 号。

4.2.4　吊钩：用不锈钢丝制作。

4.2.5　涤纶胶黏带：即绝缘胶带，宽 15mm。

5　试剂

5.1　无水乙醇：化学纯。

5.2　石油醚：60℃~90℃，分析纯。

6　试片的制备

6.1　试片的预清净

将试片浸入石油醚中，用镊子夹住脱脂棉或医用纱布轻轻擦拭试片，擦洗干净，用热风干燥。

6.2　试片的打磨

6.2.1　在干燥情况下，将试片的两面用砂纸或砂布打磨至表面粗糙度 *Ra* 为 0.2μm~0.4μm。A 试片沿长边平行方向打磨，B 试片沿短边平行方向打磨。

6.2.2　边及吊孔也同时打磨。试片的边缘须磨圆至无毛刺，吊孔用撕成细条的砂纸穿梭研磨。

6.3　试片的清洗

取四个清洁的搪瓷杯，分别盛装石油醚、无水乙醇、60℃±2℃的无水乙醇。将打磨好的试片用吊钩钩好，依次按上述顺序浸入搪瓷杯的溶剂中，用镊子夹住脱脂棉擦拭，直至洗净试片上的磨屑或其他污染物。

注意：加热无水乙醇时，应注意安全。

6.4　试片的干燥

清洗好的试片用热风干燥，冷至室温。

6.5　试片的保存

不能马上做试验时，试片应放入干燥器内保存。但是，保存24h以上的试片，应重新打磨。

7　试片的涂样

7.1　防锈油类试样涂覆

7.1.1　将摇匀的约500mL防锈油试样倒入烧杯中，充分搅拌，除去试样表面气泡并调整其温度在23℃±3℃。

7.1.2　用吊钩将按第6章准备好的试片缓慢地、垂直地浸入7.1.1试样中，1min后将试片以约100mm/min的提升速度垂直地上提。试片上不得有气泡。

7.2　防锈脂类试样涂覆

7.2.1　防锈脂类试样涂覆温度的选择

7.2.1.1　用游标卡尺测量按第6章准备好的每片金属试片（B片）的长、宽、厚及两孔直径（准确到0.02mm），放入干燥器中，然后按式（1）计算试片上涂膜部分的总面积。

7.2.1.2　将以上金属试片用不锈钢丝钩钩牢在分析天平上称重，并记下质量m_1。

7.2.1.3　在距试片下边缘15mm部分，用涤纶胶黏带将其表面覆盖。

7.2.1.4　将试样加热至选择好的温度，倒入500mL试样于烧杯中。

7.2.1.5　将上述准备好的试片缓慢地、垂直地浸入试样中，待试片与试样温度相同时，以约100mm/min的提升速度垂直地上提。试片上不得有气泡。

7.2.1.6　待涂膜试片达到室温后，将刀片插入已被涂膜覆盖的涤纶胶黏带与试片的接缝中，剥下该胶黏带（也可用手直接扯下此胶黏带）。

7.2.1.7　用7.2.1.2中的不锈钢丝钩钩牢涂膜试片，在分析天平上进行第二次称重，记下质量m_2。

7.2.1.8　按GB/T 13377测定试样在23℃±3℃时的密度。

7.2.1.9　计算每片金属试片涂膜部分的总面积A（cm^2）及油膜厚度H（μm），分别按式（1）和式（2）计算：

$$\begin{aligned}A &= 2(a-1.5)b+2(a-1.5)c+2bc+2\pi dc-\pi d^2\\ &= 2(a-1.5)(b+c)+2(b+\pi d)c-\pi d^2\end{aligned} \tag{1}$$

式中　a——试片的长(cm)；

b——试片的宽(cm)；

c——试片的厚(cm)；

d——吊孔的直径(cm)；

1.5——涤纶胶黏带的宽(cm)。

$$H = \frac{m_2 - m_1}{\rho A} \times 10^4 \tag{2}$$

式中　m_1——试片涂膜前质量（g）；

m_2——试片涂膜后质量（g）；

ρ——试样的密度（g/cm^3），如无特殊规定，防锈脂的密度可按 $0.9g/cm^3$ 计算；

A——试片上涂膜部分的总面积（cm^2），按式（1）计算。

7.2.1.10　调整涂覆温度，当测定结果为 38μm±5μm 时，则此涂膜温度即为试样选定的防锈脂类试样的涂覆温度。

7.2.2　防锈脂类试样的涂覆方法

将试样加热到由 7.2.1 选择好的温度，倒入 500mL 干燥烧杯中，用吊钩将按第 6 章准备好的试片按 7.2.1.5 涂覆试样。

8　涂样试片的干燥方法

涂膜后的试片垂直地挂在架上，并使试片上边和下边呈水平状态。在相对湿度 70%以下、温度 23℃±3℃没有阳光直射和通风小的干净场所自然干燥 24h。

第二篇　B　法

9　方法概要

按试验要求，选择金属试片的大小和尺寸，经打磨、清洗后，把试样涂在金属试片上。

10　仪器与材料

10.1　仪器

10.1.1　干燥器。

10.1.2　吹风机：冷热两用。

10.1.3　提升器：提升速度约为 100mm/min，见图 2。

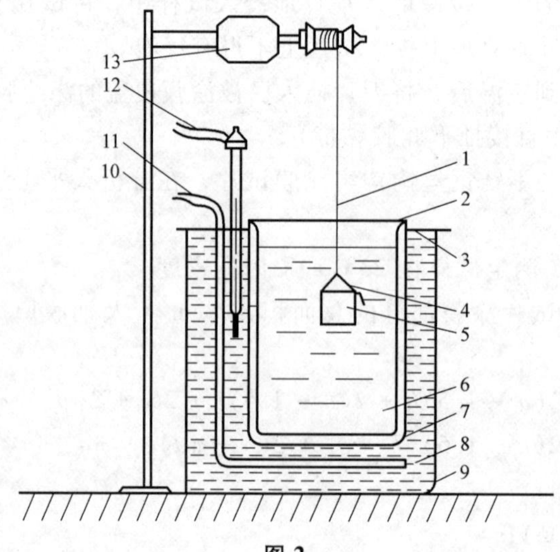

图 2

1—尼龙绳　2—涂脂杯　3—油浴盖　4—试片吊钩　5—试片　6—试样　7—玻璃杯　8—气缸油
9—恒温油浴　10—支持架　11—加热管　12—电接点温度计　13—同步马达（3W，1/60）

10.1.4　镊子。

10.1.5　吊钩：用不锈钢丝制作。

10.1.6　搪瓷杯。

10.1.7　刮刀。

10.2　材料

10.2.1　医用纱布及脱脂棉。

10.2.2　砂布（或砂纸）：粒度分别为 150 号、180 号和 240 号。

10.2.3　金属试片：根据试样的产品规格要求，按下表选用或增补其他金属材料。

（单位：mm）

材料名称	符合标准	试片尺寸
10 钢	GB/T 711 中热轧退火状态	50×50×3～5
45 钢	GB/T 711 中高温回火状态	50×50×3～5
Z30 一级铸铁	GB/T 718	50×50×3～5
黄铜 H62	GB/T 5231	50×50×3～5
		50×25×3～5
锌 Zn-3 或 Zn-4	GB/T 470	50×25×3～5
铝 2A12	GB/T 3190	50×25×3～5
镉 Cd3	YS 72	50×25×3～5
镁 ZM5		50×25×3～5
铅 Pb-2 或 Pb-3	GB/T 469	50×25×3～5
铜 T3	GB/T 5231	50×25×3～5

盐雾试验、湿热试验、半暴露试验、置换性防锈油人汗洗净性能试验、人汗防止性能试验、人汗置换性能试验用 50mm×50mm×3～5mm 的试片；腐蚀性试验用 50mm×25mm×3～5mm 的试片。

试片的尺寸及小孔位置见图 3 和图 4。

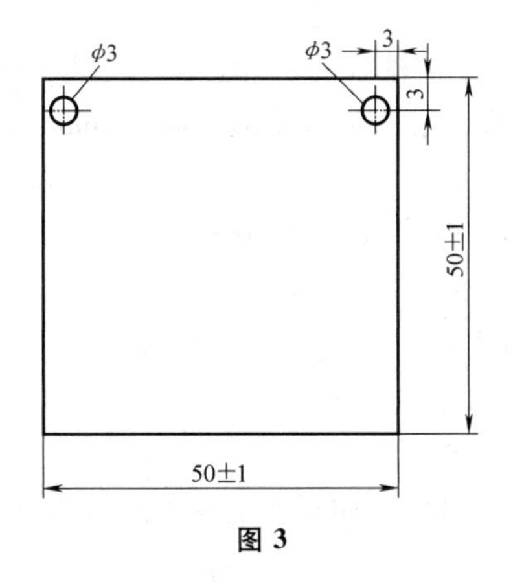

图 3

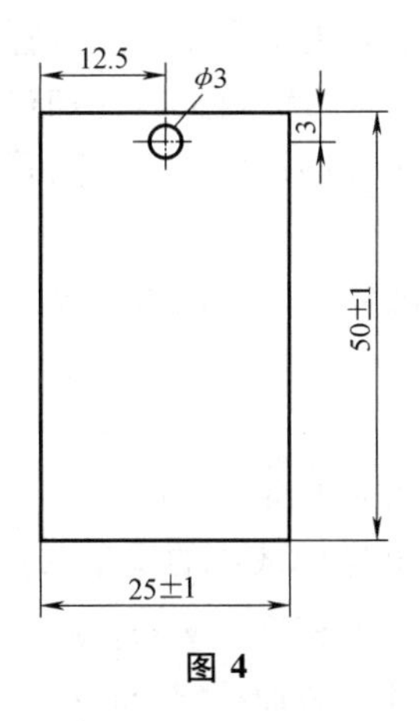

图 4

11　试剂

11.1　石油醚：60℃～90℃，分析纯。

11.2 无水乙醇：化学纯。

12 试片的制备

12.1 试片的打磨

12.1.1 试片的棱角、四个边及小孔用150号砂布打磨。

12.1.2 试片的试验面用180号砂布打磨，试片的纹路与两孔中心连线平行。腐蚀试验试片的纹路平行于长边。试验所用的试片表面不得有凹坑、划伤和锈迹。钢片和铸铁片也可先用磨床磨光，试验前再经180号砂布打磨；有色金属试片用240号砂布打磨，最后表面粗糙度*Ra*都要达到0.2μm~0.4μm；铅片用刮刀尖刮亮，取得平整的新鲜表面。

12.1.3 试片打磨后不得与手接触。

12.1.4 磨好的试片清除砂粒后，用滤纸包好，立即存放于干燥器中。但存放、清洗和涂试样的总时间不得超过24h，否则要重新打磨。

12.2 试片的清洗

取四个清洁的搪瓷杯，分别盛装150mL以上的石油醚、石油醚、无水乙醇、50℃~60℃的无水乙醇，清洗试片时，用镊子夹取脱脂棉，依次按上述顺序进行擦洗，然后用热风吹干，待冷至室温后，再涂试样。

12.3 试片的涂样

12.3.1 涂试样前试片的检查

涂试样前必须对清洗好的试片进行认真检查，试验面上不得有凹坑、划伤和锈迹。

12.3.2 涂防锈油类试样

12.3.2.1 涂试样前应将防锈油类试样摇动均匀，倒入试样杯中，待气泡消失后涂试样。

12.3.2.2 涂防锈油类试样时，试样的温度为25℃±5℃。

12.3.2.3 用吊钩将试片钩起，然后缓慢地将试片全部浸入试样中，1min后将试片缓慢地提起，试片上不得有气泡。如发现有气泡，则应重复以上过程。浸好试样的试片，挂入沥干箱中，在25℃±5℃下，沥干2h。

涂溶剂稀释型防锈油和置换型防锈油试样时，要沥干16h~24h，然后进行试验。

12.3.3 涂防锈脂类试样

12.3.3.1 涂防锈脂类试样温度的选择

12.3.3.1.1 首先将防锈脂类试样加热熔化，把清洗好的试片称重后（精确至0.001g），浸入试样中，直至试片的温度与试样温度相同后，用提升器提出，沥干5min后称重（精确至0.001g）。

12.3.3.1.2 涂试样的试片油膜厚度H（mm）按式（3）计算：

$$H = \frac{m_2 - m_1}{\rho A} \times 10 \tag{3}$$

式中 m_1——试片的质量（g）；

m_2——涂试样后试片的质量（g）；

ρ——试样的密度（g/cm^3），如无特殊规定，防锈脂的密度可按0.9g/cm^3计算；

A——试片的总面积（cm^2）。

12.3.3.1.3 改变防锈脂类试样的温度，重复试验，直至试片上的油膜厚度达到0.04mm±0.005mm，记下温度。以后在此选择好的温度下将试片涂上试样，即能得到所要求的油膜厚度。

12.3.3.2　将试片浸入有防锈脂类试样的杯中，此时，试样要预先加热到选择好的涂试样温度，待试片与试样的温度相同时，用提升器提出试片，挂入沥干箱冷却至室温，然后进行试验。

第二节　防锈油脂防锈试验试片锈蚀评定方法

一、概论

涂有防锈油脂的试片经湿热、盐雾或半暴露等防锈试验后，可能有些没有发生锈蚀，有些出现不同程度的锈蚀，有色金属因腐蚀表面色泽可能发生变化。对试验后的试片进行科学分级评判，可客观地反映受试防锈油脂的防锈性能。

SH/T 0533—1993《防锈油脂防锈试验试片锈蚀评定方法》（代替 SY 2751—1992）于 1993 年 1 月 8 日批准，1993 年 1 月 8 日实施，2004 年确认。

该标准将试验后的试片分为两类：一类是表面无锈或有锈点的试片，另一类是表面变色的试片。对于有锈点的试片，采用划格的透明塑料评级板对试片表面的锈蚀程度进行量化处理，分六级，并对试片的评判面做了规定。对于表面颜色发生变化的有色金属，根据失色程度将锈蚀程度分为四级。

防锈油脂防锈试片评判有另一标准，即 SH/T 0217—1998《防锈油脂试验试片锈蚀度评定法》。这个标准仅规定用于钢和铸铁的评定，所用试片按 SH/T 0218 中 A 法制备，将试验后试片表面的锈蚀度分为五级。

二、标准主要特点与应用说明

1. 关于适用范围

该标准适用于评定防锈油脂防锈试验后的试片锈蚀等级。

2. 关于评级方法

金属试片经试验后，可能发生锈蚀或无任何锈蚀，采用一种统一的评判锈蚀程度的方法，有利于对防锈油脂或防锈添加剂防锈性能做出客观的评价。

金属试片的边缘因棱或角致使防锈油膜相对较薄或可能破损，易发生锈蚀。该标准规定对于 50mm×50mm×(3.0~5.0)mm 的试片，取试片中部 40mm×40mm 的面积作为评判面，试片边缘 5mm 范围不作为锈蚀度评判面。用 50mm×50mm×2.0mm 的透明塑料板，在中部 40mm×40mm 内划出 4mm×4mm 的 100 个方格，作为锈蚀量化评判板，叠合在试片上面，计算锈蚀面所占格数，将此作为试片的锈蚀度。

对于有色金属试片经试验后表面色泽变化，用肉眼观察，按变色程度将其分为四级。

3. 关于评级步骤

在统计锈蚀面积时，对于完全落在评判板方格内的锈点或锈蚀面积容易统计。对于落在分格线上或交叉点上的小锈点，该标准规定，当锈点大于 1mm 时，锈点到达的方格均计入锈蚀面积；当锈点小于 1mm 时，记作 1 个方格有锈蚀。锈蚀所占的格数即锈蚀度，以百分数表示。

4. 关于锈蚀级别的确定

经防锈试验的试片，因各种原因，试片两个面的锈蚀度是有差别的。该标准规定，经大气半暴露试验后的试片，取两面锈蚀度的算术平均值作为锈蚀度；盐雾试验取试片暴露面的锈蚀度；湿热试验取试片锈蚀严重面的锈蚀度。按锈蚀度将试片的锈蚀分为六级：0级，无锈；1级，锈蚀度1%~3%；2级，锈蚀度4%~10%；3级，锈蚀度11%~25%；4级，锈蚀度26%~50%；5级，锈蚀度51%~100%。

三、标准内容［SH/T 0533—1993（2004）］

防锈油脂防锈试验试片锈蚀评定方法

1 主题内容与适用范围

本标准规定了防锈油脂防锈试验试片的锈蚀评定方法。

本标准适用于防锈油脂盐雾试验、湿热试验及大气半暴露试验后的金属试片的锈蚀评定。

2 方法概要

将锈蚀评定板与防锈油脂盐雾试验，湿热试验，以及大气半暴露试验后需评定的试片重叠起来，使正方框正好在试片的正中，对作为有效面积方框中的方格进行观察，总计在有效面积内有锈的格子数目，称为锈蚀度，以百分数表示。

3 仪器

锈蚀评定板：用50mm×50mm×2mm的无色透明平板制成。正中有40mm×40mm正方框，框内刻有4mm×4mm的正方形格子100个，格子刻线宽度不大于0.1mm。

4 试验步骤

把锈蚀评定板与被测的试片重叠起来，使正方框正好在试片的正中。在光线充足的条件下用肉眼观察，以正中40mm×40mm的100个方格作为有效面积，总计在有效面积内有锈格子数目，称为锈蚀度，以百分数表示。

在锈蚀评定板的分割线上或交叉点上的锈点，其大小等于或大于1mm时，如果伸到格子内的都作为有锈格子。小于1mm时，则以一个格子有锈计算。

5 结果的判断

5.1 大气半暴露试片评定两面，以两面锈蚀度的算术平均值作为锈蚀度。

5.2 盐雾试验试片评定暴露的一面。

5.3 湿热试验以锈蚀重的一面作为评定面。

5.4 在每一评定面上，按下表评定锈蚀度与级别。

锈蚀分级表

评级注	0	1	2	3	4	5
锈点数	无	1~3	4点或4点以上			
锈点大小		不大于1mm	不规定			
锈点占格数	无	1~3	4~10	11~25	26~50	51~100
锈蚀度(%)	0	1~3	4~10	11~25	26~50	51~100

除非另有规定，每一块试片评定面上，距边5mm的四周以及两孔出现锈蚀，评定时不予考虑。

注：锈蚀度虽为1%~3%，但其中有1点等于或大于1mm，评级定为2级。

5.5　有色金属的变色范围按下列级别定级：

0 级——无变化（与新打磨试片表面比较，光泽无变化）；

1 级——轻微变化（与新打磨试片表面比较，有均匀轻微变色）；

2 级——中变化（与新打磨试片表面比较，有明显变色）；

3 级——重变化（与新打磨试片表面比较，严重变色有明显腐蚀）。

第三节　置换型防锈油人汗置换性能试验方法

一、概论

金属制品经清洗去除油污处理后，有的还需经检查和安装等工序，难免残留操作者的手印汗液而引起锈蚀。除指纹型防锈油利用其化学作用、强烈表面渗透和吸附功能，将汗液从金属制品表面驱离，包溶在防锈添加剂胶束中，防止金属制品锈蚀，即人汗置换性。

防锈油中的烷基磺酸钡、烯基丁二酸等添加剂均有很强的极性和表面吸附能力，所以防锈油通常都有一定的人汗和水膜置换性能，以除指纹型防锈油的置换性能尤为突出。

SH/T 0311—1992《置换型防锈油人汗置换性能试验方法》（代替 SY 2754—1982）于 1992 年 5 月 20 日批准，1992 年 5 月 20 日实施，2004 年确认。

二、标准主要特点与应用说明

1. 关于适用范围

该标准适用于置换型防锈油（指纹除去型防锈油）的人汗置换防锈性能试验。

2. 关于人汗置换试验

人汗中含有盐、乳酸和水等，对金属有腐蚀性。因各种原因在金属制品表面留下的手印，极易造成金属制品手印腐蚀，具有强烈渗透和表面竞争吸附能力的防锈油可驱离手印汗液，防止金属锈蚀。

该标准规定在金属试片上印人工汗液后，滴加防锈油，再经规定条件试验后，检查金属试片的锈蚀情况，评判防锈油的人汗置换能力。

3. 关于试验步骤及判断

在平放的钢试片上印人工汗液后吹干，在汗印上滴加 1 滴~2 滴防锈油，使油样完全盖住汗印。经规定条件的试验后，检查试片汗印处的锈蚀情况，并使用 L-AN15 全损耗系统用油做空白试验。空白样和试样各做三块试片，经试验后三块空白样试片均应锈蚀，三块试样无锈则人汗置换性合格，否则，试验重作。

三、标准内容［SH/T 0311—1992（2004）］

置换型防锈油人汗置换性能试验方法

1　主题内容与适用范围

本标准规定了置换型防锈油对人汗的置换性能的试验方法。

本标准适用于置换型防锈油。

2 引用标准

GB/T 443 L-AN 全损耗系统用油

SH/T 0004 橡胶工业用溶剂油

SH/T 0218 防锈油脂试验用试片制备法

SH/T 0312 置换型防锈油人汗洗净性能试验方法

3 方法概要

在金属试片上印人工汗后，立即在印汗处滴上置换型防锈油，放入湿润槽中，经规定时间后，观察印汗处锈蚀情况，以评定置换型防锈油对人汗的置换性能。

4 仪器与材料

4.1 仪器

4.1.1 湿润槽：直径 300mm 的干燥器，底部盛装 2000mL 的蒸馏水。

4.1.2 印汗橡胶塞：按 SH/T 0312 中 4.1.4 规定。

4.1.3 人工汗打印盒：按 SH/T 0312 中 4.1.5 规定。

4.1.4 吹风机：冷热两用。

4.1.5 秒表。

4.1.6 玻璃板：60mm×110mm。

4.1.7 移液管：2mL。

4.1.8 滴管。

4.2 材料

4.2.1 溶剂油：符合 SH/T 0004 要求。

4.2.2 L-AN15 全损耗系统用油：符合 GB/T 443 中 L-AN15 要求。

4.2.3 钢片：符合 SH/T 0218 中钢片的材质和规格要求。

5 试剂

5.1 氯化钠：化学纯。

5.2 尿素：化学纯。

5.3 乳酸：化学纯，85%。

5.4 甲醇：化学纯。

6 准备工作

6.1 将试验用六块钢片，按 SH/T 0218 规定进行打磨与清洗，置于干燥器中备用。

6.2 人工汗液的配制

称取氯化钠 7g±0.1g、尿素 1g±0.1g 和乳酸 4g±0.1g，用 1∶1 的甲醇蒸馏水溶液溶解并稀释至 1000mL。

7 试验步骤

7.1 取三块按 6.1 条规定准备好的试片，平放在玻璃板上，然后按 SH/T 0312 的规定印汗，印汗后，立即用热风吹干印汗面。用滴管吸取试样少许，自试片印汗处上方 10mm～15mm 高处滴下 1 滴～2 滴（0.10mL～0.15mL）至印汗处中心，使试样完全覆盖印汗处。

7.2 再取三块试片，用 L-AN15 全损耗系统用油代替试样，重复上述操作，作为对比用试片。

7.3 将上述六块试片平放在沥干箱中经放置 16h，然后再将试片移入湿润槽中，在 25℃±

5℃下静置 24h。

8　结果的判断

试验结束后，用溶剂油洗去油膜，仔细检查试片印汗处锈蚀情况。滴 L-AN15 全损耗系统用油的三块对比试片印汗处应有锈蚀，否则试验应重做。合格的试样在其余三块试片的印汗处应无锈蚀。

第四节　防锈油水置换性试验法

一、概论

金属制品经水基清洗和漂洗净后，表面有一层漂洗水液膜，可以采用烘干、热风吹干、溶剂脱水等方法除去金属表面的漂洗残液。利用防锈油的渗透、吸附功能，脱除金属表面的清洗残液，既节能省时，又可实现水/油转换和短期防锈。

防锈油水置换性试验法就是用于检验防锈油的脱水、排水性能。防锈油中的烷基磺酸钡、二壬基萘磺酸钡、烯酸丁二酸等添加剂均有很强的极性和表面竞争吸附能力，所以防锈油通常都有一定的水膜置换功能，以脱水防锈油的水膜置换性能尤为突出。

SH/T 0036—1990《防锈油水置换性试验法》于 1991 年 3 月 27 日批准，1992 年 4 月 1 日实施，2000 年确认。

二、标准主要特点与应用说明

1. 关于适用范围

该标准适用于检验防锈油的水膜置换性能。

2. 关于引用标准

SH E33 004《橡胶工业用溶剂油》已废止，现行标准是 SH/T 0004—1990《橡胶工业用溶剂油》（2007 年确认）。ZB E41 010《防锈油脂试验试片制备法》已废止，现行标准是 SH/T 0218—1993《防锈油脂试验用试片制备法》（2004 年确认）。

3. 关于水膜置换性能试验

防锈油中的防锈添加剂大多是油溶性表面活性剂，极性较强，易在金属表面吸附。吸附能力强弱取决于防锈油的组成。有水膜的金属试片接触具有强渗透吸附性的防锈油时，就会因防锈油的渗透和吸附将水膜驱离金属表面，在金属表面形成由防锈油组成的防护膜，防止金属锈蚀。

4. 关于试验步骤

将浸蒸馏水的试片平放在防锈油试样中 5s，取出沥去多余的油，按规定的方法进行试验后，擦除油膜，检查试片锈蚀情况。每个试样做三块试片，三块试片表面均无锈、无污斑为合格。

该标准中用的是蒸馏水，现场实际清洗工艺中通常采用自来水。因此，在对防锈油做水膜置换性试验时，除按标准方法试验外，可同时用现场的生产用水进行相应的工艺试验，检验所选防锈油的工艺适应性。

三、标准内容［SH/T 0036—1990（2000）］

防锈油水置换性试验法

1　主题内容与适用范围

本标准规定了防锈油水置换性能的试验方法。

本标准适用于防锈油。

2　引用标准

SH E33 004　橡胶工业用溶剂油

ZB E41 010　防锈油脂试验试片制备法

3　方法概要

将浸润过蒸馏水的试片，浸入试样中 15s 后，放入恒温湿热槽内，在 23℃±3℃下放置 1h，以观察试片上有无锈蚀、污斑。

4　仪器与材料

4.1　仪器

a）培养皿：直径 120mm；

b）磨口锥形瓶：150mL；

c）恒温湿热槽：能控制温度 23℃±3℃（或用盛有少量蒸馏水的干燥器）；

d）秒表：分度为 0.2s。

4.2　材料

4.2.1　金属试片：符合 ZB E41 010 A 法中钢片的材质和尺寸规格要求，但两个孔都打在试片 60mm 的边上。

4.2.2　砂布（或砂纸）：粒度为 100 号的刚玉砂布（或砂纸）。

4.2.3　橡胶工业用溶剂油：符合 SH E33 004 的要求。

5　试剂

无水乙醇：分析纯。

6　准备工作

6.1　试样的制备

在 23℃±3℃时量取 50mL 试样于磨口锥形瓶中，再加入 5mL 蒸馏水，盖上盖子，以上下倒置为一次，约倒置十次，使其混合均匀。在 55℃±2℃下放置不少于 12h。取出后静止冷却至 23℃±3℃，摇匀后倒入培养皿中备用。

6.2　试片的制备

6.2.1　试片的打磨

6.2.1.1　试片的棱角、四边、两孔和试验面要用 100 号砂布打磨。试验面纹路与两孔中心连线平行。试验所用的试片表面不得有凹坑、划伤和锈迹。试片打磨后不得直接与手接触。

6.2.1.2　磨好的试片用脱脂棉擦去砂粒等附着物后，用滤纸包好，立即放入干燥器中。但存放、清洗和涂试样的总时间不得超过 24h，否则要重新打磨。

6.2.2 试片的清洗

用镊子夹住脱脂棉，将试片在无水乙醇和沸腾的无水乙醇中按顺序进行擦洗。在沸腾无水乙醇中擦洗后立即用热风吹干，然后放在清洁的干燥器内冷却至23℃±3℃。

7 试验步骤

7.1 将6.2条制备的三片试片浸入蒸馏水中，使其充分浸润（否则应重新处理）后，立即将其提起并保持垂直，用定性滤纸吸取底部余水。迅速地将其水平浸入盛有试样的培养皿中，从试片提起到浸入试样的时间不得超过5s。

7.2 试片在试样中静止15s后，立即提起，在23℃±3℃下挂置15min，以沥去多余油滴。

7.3 将试片水平放置于恒温湿热槽内，在23℃±3℃下放置1h，取出试片并用橡胶工业用溶剂油洗去油膜进行检查。

8 结果判断

以试片在恒温湿热槽中的上表面为判断面。如三片试片均无锈蚀、污斑，则判断为合格。

第五节 防锈油脂湿热试验法

一、概论

涂覆防锈油脂的金属制品在与大气接触时，会因环境温度和湿度的不同及其变化而影响其对金属制品的防锈防护性能。防锈油脂的湿热试验就是在高温高湿条件下检验防锈油脂对金属的防锈防护性能的加速试验方法。

进行防锈油脂的湿热试验时，可按产品规格要求，经所需时间试验后评价试片锈蚀级别，也可用于测试防锈材料抗湿热防锈试验出现锈蚀的时间，从而比较防锈油脂的防锈性。

防锈油脂湿热试验从高温高湿方面考核防锈油脂对金属的防锈防护性能，通常试验时间较长，未涉及日光紫外线、大气环境等的影响。因此，评价防锈油脂对金属的防锈防护性能时，须结合其他方法进行综合评判。

GB/T 2361—1992《防锈油脂湿热试验法》于1992年1月30日批准，1992年12月1日实施。

二、标准主要特点与应用说明

1. 关于适用范围

该标准适用于检验防锈油脂在高温高湿条件下对金属的防锈防护性能。

2. 关于引用标准

防锈油脂经湿热试验后，表面无锈或有不同程度的锈蚀，需对其进行评价，以确定防锈油脂的抗湿热防锈性能。标准所引用的ZB E41 009《防锈油脂试验试片锈蚀度试验法》，已废止，现行标准是SH/T 0217—1998《防锈油脂试验试片锈蚀度评定法》，该标准适用于钢试片和铸铁试片的锈蚀度评级。对于有色金属的湿热试验试片评级，可参考SH/T 0533—1993《防锈油脂防锈试验试片锈蚀评定方法》（2004年确认）。标准所引用的ZB E41 010

《防锈油脂试验试片制备法》已废止，现行标准是 SH/T 0218—1993《防锈油脂试验试片制备法》(2004 年确认)。

3. 关于湿热试验方法

金属在大气条件下的腐蚀是电化学腐蚀，高温高湿环境会加速腐蚀。温度太高防锈油脂可能会流失。该标准规定试验温度为 49℃±1℃。相对湿度大，吸附在油膜上的水量也多，会影响防锈油脂对金属的防锈防护性能。该标准规定试验箱体底部盛蒸馏水，空气以每小时 3 倍箱体容积量通入水体，使箱内相对湿度大于 95%。该标准还规定试片架每 3min 旋转一圈，即动态湿热试验，有利于箱内试验环境均匀。涂油试片按规定的方法和要求进行试验，评定试片锈蚀程度。也可根据需要，对实物工件进行湿热试验。

4. 关于试验步骤和结果评判

启动湿热箱，达到标准规定的技术要求后，将制作好的标准试片挂入箱内，开始试验。每连续运行 24h 作为一个周期，开箱检查一次试片的锈蚀情况。

检查试片时，可能会发现试片表面发白现象。这是由于试验的高温高湿环境使防锈油膜发生了乳化，乳化程度与防锈油脂的组成有关。乳化较重的防锈油膜会因凝露水冲刷而逐渐流失，影响防锈性。因此，防锈油脂的湿热试验也综合了防锈油脂的抗乳化性能。

按产品要求经规定时间试验后，对试片进行清洗处理和锈蚀评判。也可记录出现锈蚀的时间，用以比较防锈油脂的防锈性。

三、标准内容（GB/T 2361—1992）

防锈油脂湿热试验法

1 主题内容与适用范围

本标准规定了用湿热试验箱评定防锈油脂对金属防锈性能的方法。

本标准适用于防锈油脂。

2 引用标准

SH/T 0004 橡胶工业用溶剂油

ZB E41 009 防锈油脂试验试片锈蚀度试验法

ZB E41 010 防锈油脂试验试片制备法

3 方法概要

涂覆试样的试片，置于温度 49℃±1℃、相对湿度 95%以上的湿热试验箱内，经按产品规格要求的试验时间后，评定试片的锈蚀度。

4 仪器与材料

4.1 仪器

4.1.1 湿热试验箱：由试片旋转架、空气供给装置、加热调节装置、空气过滤器及流量计等构成，须用耐腐蚀材料制作。该箱应符合下列技术要求：

a) 试片架转速：$\frac{1}{3}$r/min。

b) 试片悬挂处温度：49℃±1℃。

c) 箱内相对湿度：95%以上。

d）空气通入量：每小时约3倍于箱内容积。

e）箱体底部水层：200mm深的蒸馏水，其pH值为5.5~7.5。

f）试片旋转架上挂片槽间距不小于35mm。

g）箱内水滴不能落在试片上。试片上淌下的油脂也不能落在箱底水面，应有一个接受盘。

h）湿热箱应设置在清洁、无二氧化硫、硫化氢、氯气、氨气等腐蚀性气体影响的地方，环境温度保持在15℃~35℃。

4.1.2 冷热两用吹风机。

4.2 材料

4.2.1 试片：符合ZB E41 010中A法规定的钢片（也可按产品标准要求，选用其他规格和材质的试片）。

4.2.2 吊钩：如图1所示，用直径1mm的不锈钢丝或镍铜合金丝制作，全长90~100mm。

4.2.3 不锈钢片：用1Cr18Ni9Ti材料，按与钢片同样规格制作。

4.2.4 橡胶工业用溶剂油：符合SH 0004要求。

5 准备工作

5.1 试片的制备：按ZB E41 010中A法将三块试片打磨、清洗干净。

5.2 试片涂覆试样

5.2.1 防锈油：将摇动均匀的500mL试样倒入烧杯中，除去试样表面气泡，并调整其温度在23℃±3℃，用吊钩把制备好的试片垂直浸入试样中1min，接着以约100mm/min的速度，提起挂在架子上。

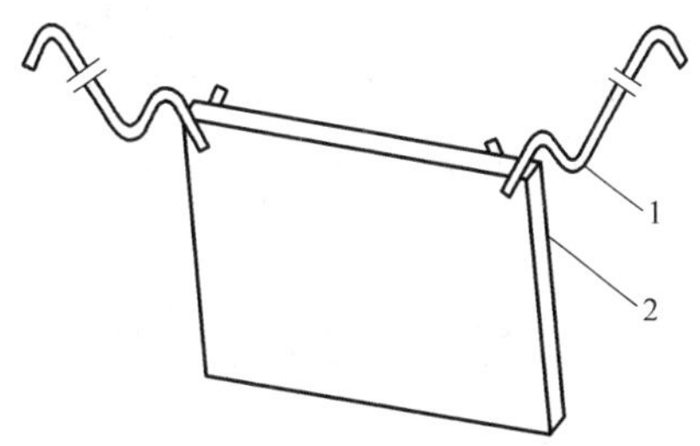

图1 吊钩示意图

1—吊钩 2—试片

5.2.2 防锈脂：将试样加热使其熔融，取500mL试样置入烧杯中，用吊钩把制备好的试片垂直浸入熔融的试样中，待试片与试样温度相同后，调整温度使膜厚为38μm±5μm，接着以约100mm/min的速度提起，挂在架子上。

注：试样不同，涂覆温度也不一样，首先应改变试样温度，按ZB E41 010测定膜厚，直至求得膜厚为38μm±5μm的涂覆温度。

5.2.3 涂覆试样的试片在相对湿度70%以下，温度23℃±3℃，无阳光直射和通风小的干净场所沥干24h。

6 试验步骤

6.1 启动湿热试验箱，达到试验条件后，用吊钩将涂覆试样的试片悬挂在试片架上，在没有挂试片的钩槽上都要悬挂不锈钢片。然后按产品规格要求的试验时间连续运转。

6.2 每24h打开湿热试验箱检查一次，按规定取出试片，并应同时补挂入等量的不锈钢片。

6.3 取出的试片，先用水冲洗、用热风吹干，再用橡胶工业用溶剂油洗净涂覆油膜，最后用热风吹干。

7 结果判断

用试片朝试片架旋转方向的一面作为评定面，按ZB E41 009判断三块试片的锈蚀度。

8 报告

取三块试片锈蚀度的算术平均值，修约到整数按ZB E41 009以锈蚀等级表示。

第六节 防锈油脂盐雾试验法

一、概论

防锈油脂盐雾试验用于评价防锈油脂抵抗盐雾对金属侵蚀的性能。

防锈油脂是在基础载体中加入各种防锈添加剂和辅助添加剂配制而成的，施涂于金属表面后，在金属表面形成吸附屏蔽层，防止金属制品锈蚀，通常厚油膜有利于抗盐雾侵蚀。由于氯离子半径小，易穿透油膜，所以由具有强吸附力的防锈添加剂形成的完整致密的防锈油膜更有利于抵抗盐雾的侵蚀，有好的抗盐雾试验性能。

盐雾试验可在一定程度上反应防锈油膜抵抗盐雾侵蚀的能力，这与沿海环境的实际条件是不同的。在沿海环境条件下，除盐雾凝露、浓缩、结晶外，还有日光、风沙、大气中的有害成分、温度和湿度的变化等因素，可能比盐雾箱的试验更苛刻。因此，盐雾试验与湿热试验类似，只是评价防锈油脂防锈性能的诸多方法之一。

SH/T 0081—1991《防锈油脂盐雾试验法》［代替 SY 2757—76S（1988 年确认）］于 1991 年 11 月 20 日批准，1992 年 12 月 1 日实施，2000 年确认。

二、标准主要特点与应用说明

1. 关于适用范围

该标准适用于防锈油脂的抗中性盐雾性能评价。

2. 关于抗盐雾试验方法

防锈油的盐雾试验是将中性盐水雾化后降落在试片上，以检验防锈油对盐雾的抵抗能力。盐水浓度、盐雾沉降量、试片放置方式等均影响试验结果。

（1）盐水浓度　在一定范围内，盐水浓度提高，腐蚀速度加快，但当浓度大于 8%（质量分数）时，腐蚀速度减慢，这可能与氧的溶解度下降有关。该标准规定采用 5%（质量分数）NaCl 中性水溶液。

（2）盐雾沉降量　盐雾沉降量大，降落到试片上的盐雾也多，腐蚀也更快。金属的电化学腐蚀须有氧参与，因此盐雾试验还与试片放置有关。试片水平或接近水平放置，单位面积上的沉降量虽大，但凝结在试片表面的盐水流淌慢，近似于在盐水中浸渍状态，氧因腐蚀消耗而降低，腐蚀反而会减慢；当试片放置角度适当，降落在试片上的盐水及时流淌，含氧的盐水随时更新，腐蚀则会加快。该标准规定，盐雾沉降量 $1.0\mathrm{mL/(h \cdot 80cm^2)} \sim 2.0\mathrm{mL/(h \cdot 80cm^2)}$，试片放置与垂直线成 15°~30°。

（3）连续与间歇　连续试验不仅总沉降量大，并且试片表面的盐水随时更新，腐蚀速度较间歇快。除特殊规定外，防锈油脂盐雾试验为连续试验。

3. 关于试验步骤

启动盐雾箱，达到标准规定的技术要求后，将制作好的标准试片放入箱内，开始试验，每 24h 开箱检查一次试片的锈蚀情况。按产品要求经规定时间试验后，对试片进行清洗处理和锈蚀评判。也可记录出现锈蚀的时间，用以比较防锈油脂抗盐雾能力。

防锈油脂的盐雾试验较湿热试验苛刻，试验所需的时间较短。在盐雾箱内不同位置的盐雾沉降量存在差别，气流流动也不尽相同。因此，对多个油样做盐雾试验时，尽量安排平行试验。

三、标准内容［SH/T 0081—1991（2000）］

防锈油脂盐雾试验法

1　主题内容与适用范围

本标准规定了用盐雾试验箱评定防锈油脂对金属的防锈性能的方法。

本标准适用于防锈油脂。

2　引用标准

SH/T 0004　橡胶工业用溶剂油

SH/T 0217　防锈油脂试验试片锈蚀度评定法

SH/T 0218　防锈油脂试验用试片制备法

SH/T 0533　防锈油脂防锈试验试片锈蚀评定方法

3　方法概要

涂覆试样的试片，置于规定试验条件的盐雾试验箱内，经按产品规格要求的试验时间后，评定试片的锈蚀度。

4　仪器与材料

4.1　仪器

4.1.1　盐雾试验箱：由箱体、盐水贮罐、空气供给装置、喷雾嘴、试片支持架、加热调节装置等组成，须用耐腐蚀材料制作，该箱应满足下列试验条件：

a）盐雾箱内温度：35℃±1℃；

b）空气饱和器温度：47℃±1℃；

c）盐水溶液浓度：5%±0.1%（质量分数）；

d）喷嘴空气压力：98kPa±10kPa；

e）盐雾沉降液的液量：1.0mL/(h·80cm^2)~2.0mL/(h·80cm^2)；

f）盐雾沉降液的 pH 值 35℃±1℃：6.5~7.2；

g）盐雾沉降液的密度：20℃为 1.026g/cm^3~1.041g/cm^3。

注：盐雾不得直接喷射至试片表面上，已经喷过的盐水不得再次用于喷雾。

4.1.2　密度计：分度值 0.001g/cm^3。

4.1.3　冷热两用吹风机。

4.2　材料

4.2.1　试片：符号 SH/T 0218 A 法中 B 试片的材质和规格要求如图 1 所示。

注：也可按产品规格要求，选用其他规格和材质的试片。

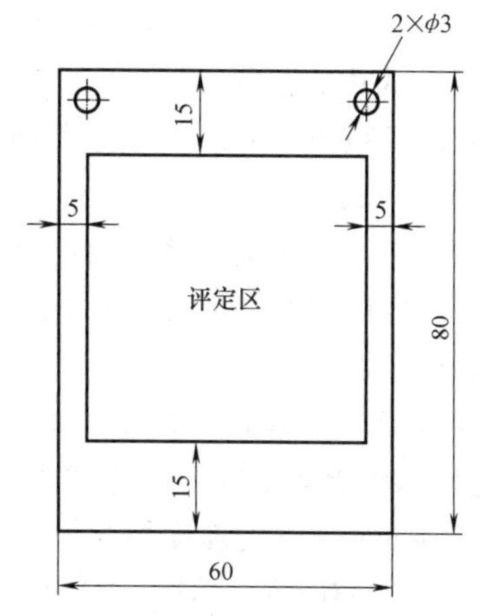

图 1　试片图

4.2.2　玻璃漏斗：直径 100mm。

4.2.3　锥形烧瓶：100mL。

4.2.4　橡胶工业用溶剂油：符合 SH/T 0004 要求。

4.2.5 精密 pH 试纸：6.5~7.5。

5 试剂

5.1 氯化钠：化学纯。

5.2 盐酸：化学纯。

5.3 无水碳酸钠：化学纯。

6 准备工作

6.1 盐水溶液的配制

称取氯化钠与蒸馏水配制浓度为5%±0.1%（质量分数）盐水溶液。用盐酸或无水碳酸钠水溶液调整其 pH 值为 6.5~7.2。再用密度计测定盐水溶液 35℃时密度在 1.029g/cm^3~1.030g/cm^{3}范围内方可使用。

6.2 盐雾沉降液量的测定

盐雾沉降液量为每小时在 80cm^2 面积上，盐雾沉降液的毫升数。每次试验至少测定一次盐雾沉降液量，并且同时测定箱内三个以上不同位置（在中心向四周喷雾的盐雾试验箱允许只测定两个不同位置）。

盐雾沉降液量的测定方法：预先将玻璃漏斗和锥形烧瓶洗净、烘干。玻璃漏斗置于锥形烧瓶中，一起称量精确至 0.1g，记下质量 m_1。再放置于盐雾试验箱内，然后按试验条件开动盐雾试验箱连续喷雾 8h。试验终了，取出玻璃漏斗和锥形烧瓶，用纱布或滤纸擦干外表的盐水溶液，然后再称量精确至 0.1g，记下质量 m_2。

盐雾沉降液量 V［mL/(h · 80cm^2)］按下式计算：

$$V=\frac{m_2-m_1}{8\rho\dfrac{\pi r^2}{80}}=\frac{10(m_2-m_1)}{\rho\pi r^2}$$

式中 m_2——喷雾后的玻璃漏斗及锥形烧瓶质量（g）；

m_1——喷雾前的玻璃漏斗及锥形烧瓶质量（g）；

8——喷雾时间（h）；

ρ——盐水溶液的密度（g/cm^3）；

r——漏斗半径（cm）。

6.3 试片的制备

6.3.1 按 SH/T 0218 将三块试片打磨、清洗干净。

6.3.2 试片涂膜

6.3.2.1 防锈油：将摇动均匀的 500mL 试样倒入烧杯中，除去试样表面气泡，并调整其温度在 23℃±3℃，用吊钩把干净的试片垂直地浸入试样 1min，接着以约 100mm/min 的速度提起挂在架子上。

6.3.2.2 防锈脂：将试样加热使其熔融，取 500mL 置于烧杯中，用吊钩把干净的试片垂直地浸入熔融的试样中，待试片与试样温度相同后，调整温度使膜厚为 38μm±5μm，接着以约 100mm/min 的速度提起挂在架子上。

注：试样不同，涂覆温度也不一样，首先应改变试样温度，按 SH/T 0218 测定膜厚，直至求得膜厚为 38μm±5μm 涂覆温度。

6.3.3 涂覆试样的试片挂在相对湿度 70%以上，温度 23℃±3℃，无阳光直射和通风小的干净地方沥干 24h。

7　试验步骤

7.1　启动盐雾试验箱，待达到试验条件后暂停喷雾。

7.2　将试片放进箱内试片支持架上，评定面朝上，与垂直线成 15°角，并与雾流方向相交，然后按产品规格要求的试验时间进行连续喷雾运转。

7.3　每 24h 暂停喷雾，打开盐雾试验箱检查一次，取出已到期或已锈蚀的试片。平时注意检查和调整温度、盐水浓度、盐水 pH 值到规定的要求。

7.4　取出的试片，先用水冲洗，用热风吹干，再用橡胶工业用溶剂油洗净涂覆油膜，最后用热风吹干。

8　结果判断

按 SH/T 0217 判断三块试片评定面的锈蚀度，或按 SH/T 0533 判断试片的锈蚀度。

9　报告

取三块试片锈蚀度的算术平均值，修约到整数，按 SH/T 0217 以锈蚀等级表示，或按 SH/T 0533 以锈蚀等级表示。

第七节　防锈油脂腐蚀性试验法

一、概论

防锈油脂是由基础介质、防锈添加剂和辅助添加剂等组成的混合物。其中，有些添加剂对金属材料的缓蚀防护有选择性，体系中的某些成分可能对有些金属有腐蚀性。将防锈油脂用于组合件防锈时，在对某些金属防锈的同时，可能另一些金属发生了腐蚀现象。因此，对于用于多金属或多金属组合件防锈的防锈油脂，在使用前应对相关金属做腐蚀性试验。防锈油脂的腐蚀试验就是检验防锈油脂体系对常用的金属材料的适应性。

SH/T 0080—1991《防锈油脂腐蚀性试验法》（代替 SY/T 2752—1982）于 1991 年 11 月 26 日批准，1992 年 12 月 1 日实施，2000 年确认。

二、标准主要特点与应用说明

1. 关于适用范围

本标准适用于检验防锈油脂对金属材料的腐蚀性。

2. 关于腐蚀试验方法

金属的腐蚀速度与温度有关，试验温度高腐蚀速度快。根据防锈油组成的特点，标准规定：防锈油试验温度为 55℃±2℃，试验时间为 7d；防锈脂试验温度为 80℃±2℃，试验时间为 14d。为避免试验时试片的相互影响，试片按一定的顺序装入试片架，相互不接触。铅易腐蚀，腐蚀产物可能会影响其他金属试片，应单独进行试验。试验结果以试片单位面积质量变化和表面变色程度表示。

该标准规定试片组装好后，将试片直放做全浸试验。在工件部分浸入防锈油部分外露的半浸式应用中，有时会出现界面腐蚀印，或试片外露部分与浸没部分色泽不同，这与防锈油脂中的挥发性物质有关，也与环境条件有关。试验时也可结合半浸式试验进行综合分析。

3. 关于试验步骤

将经处理和组装好的试片垂直放入试验容器中，按规定条件加注试油，开始试验。对于溶剂型防锈油，须安装回流冷凝管，并在水浴中进行试验。

试验毕，对试片进行清洗和干燥处理，肉眼观察试片表面色泽变化等现象，称量并计算单位面积质量变化。

计算试验后试片单位面积质量变化时，应扣除试片架接触部分和孔处的面积。

三、标准内容［SH/T 0080—1991（2000）］

防锈油脂腐蚀性试验法

1 主题内容与适用范围

本标准规定了防锈油脂对金属腐蚀性的试验方法。

本标准适用于防锈油脂。

2 引用标准

GB/T 711 优质碳素结构钢热轧厚钢板和宽钢带

GB/T 1470 铅及铅锑合金板

GB/T 2055 镉阳极板

GB/T 2058 锌阳极板

GB/T 3190 变形铝及铝合金化学成分

GB/T 5153 加工镁及镁合金牌号和化学成分

GB/T 5231 加工铜 化学成分和产品形状

GB/T 5232 加工黄铜 化学成分和产品形状

CB/T 9797 金属覆盖层 镍+铬和铜+镍+铬电沉积层

SH/T 0004 橡胶工业用溶剂油

SH/T 0218 防锈油脂试验用试片制备法

3 方法概要

将产品规格要求的多种金属试片组合后浸入试样中，防锈油在55℃±2℃保持7d，防锈脂在80℃±2℃保持14d，根据试片的质量变化和颜色变化，评定试样对金属的腐蚀性。

4 仪器与材料

4.1 仪器

4.1.1 恒温装置：能保持试样温度在55℃±2℃和80℃±2℃的电热恒温水浴锅或电热恒温干燥箱。

4.1.2 分析天平：感量0.1mg。

4.1.3 游标卡尺：分度值为0.05mm。

4.1.4 广口密闭玻璃容器：直径75mm~90mm，容量300mL以上。

4.1.5 回流冷凝装置。

4.1.6 试片组合件：如图1所示，由下列零件组成，用聚四氟乙烯树脂材料制作。

4.1.6.1 圆柱头螺钉：M6mm×1.0mm×60mm。

4.1.6.2 垫圈：ϕ12mm×ϕ6.5mm×4.5mm。

4.1.6.3　螺母：M6mm×1.0mm。

4.1.7　干燥器。

4.1.8　冷热两用吹风机。

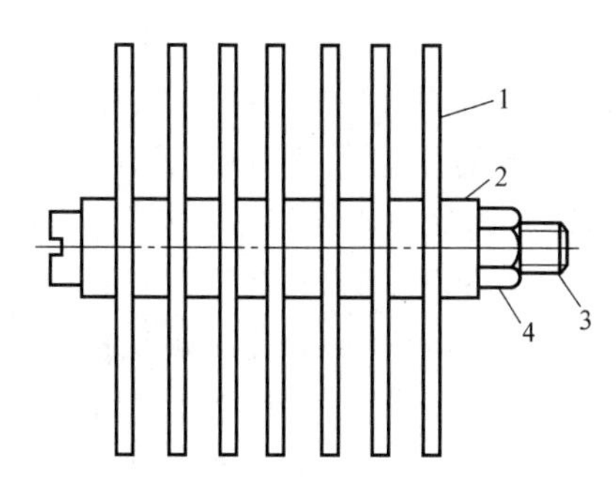

图1　试片组合图例（溶剂稀释型防锈油）

1—试片（由右向左依次为铬、镉、镁、铝、锌、黄铜、钢）　2—垫圈　3—圆柱头螺钉　4—螺母

4.2　材料

4.2.1　试片：部分试片的材质规格如表1所示。每次试验试片种类按产品规格要求选取。

表1　试片材质规格

材料名称	符合标准	规　　格
钢片	GB/T 711 中的 10 号	25mm×50mm×(1.0~2.0)mm 中心有一个 ϕ6.5mm 的孔
铜片	GB/T 5231 中的 T2	
黄铜片	GB/T 5232 中的 H62	
锌片	GB/T 2058 中的 Zn-4	
铝片	GB/T 3190 中的 LY12	
铅片	GB/T 1470 中的 Pb3	
镁片	GB/T 5153 中的 5 号	
镉片	GB/T 2055 中的 Cd-3	
铬片	GB/T 9797 中的 Cu/Ni10bCr	

4.2.2　金相砂纸：400号刚玉金相砂纸。

4.2.3　耐水砂纸：500号刚玉耐水砂纸。

4.2.4　滤纸；定性滤纸。

4.2.5　医用纱布或脱脂棉。

4.2.6　橡胶工业用溶剂油：符合 SH/T 0004 规定。

5　试剂

无水乙醇：化学纯。

6　准备工作

6.1　试片处理

6.1.1　钢、铜及黄铜片用400号金相砂纸按 SH/T 0218 将试片打磨清洗处理后，放进干燥器冷却。

6.1.2　锌、铝、铅、镁和镉片在水流下用500号耐水砂纸沿试片长边将试片打磨光亮，立即依次浸入无水乙醇、橡胶工业用溶剂油、沸腾无水乙醇清洗干净，放进干燥器冷却。

6.1.3　铬片用橡胶工业用溶剂油洗净后再用无水乙醇清洗干净，放进干燥器。

6.2 试片在干燥器中冷却30min后在分析天平上称量，精确至0.1mg，记录质量m_1。

6.3 称量后的试片用干净的滤纸拿取，按钢、铜、黄铜、锌、铝、铅、镁、镉、铬顺序如图1所示，用试片组合件将试片组合为三组。

7 试验步骤

7.1 将组合试片分别放进三个广口密闭玻璃容器中（试片为垂直状）。

7.1.1 防锈油：向广口密闭玻璃容器中注入300mL试样，盖好盖子后放进55℃±2℃的恒温装置中，放置7d。溶剂稀释型防锈油应在水浴中进行，广口瓶要装上回流冷凝装置。

7.1.2 防锈脂：预先将试样加热至80℃±2℃再注入广口密闭玻璃容器中，盖好盖子后放进80℃±2℃恒温装置中，放置14d。组合试片必须完全被试样浸没。

7.2 达到规定的试验时间后，取出并分开试片组合件，用蘸有橡胶工业用溶剂油的纱布擦去试片表面和孔内的试样及松浮的腐蚀产物，再在橡胶工业用溶剂油及沸腾无水乙醇中清洗干净，放进干燥器冷却30min后称量，精确至0.1mg，记录质量m_2。

7.3 用肉眼观察并记录试片表面颜色变化、有没有痕迹、污物和其他异常情况。

7.4 用游标卡尺测量并计算试片减去与组合件接触部分的表面积A。

8 计算

试片腐蚀质量变化C（mg/cm^2）按下式计算：

$$C = \frac{m_2 - m_1}{A}$$

式中 m_1——试片试验前质量（mg）；

m_2——试片试验后质量（mg）；

A——试片减去与组合件接触部分的表面积（cm^2）。

9 报告

9.1 质量变化：取三块试片质量变化的算术平均值，取至小数点后两位。

9.2 颜色变化（与新打磨试片比较），按下列等级表示：

0级——光亮如初；

1级——均匀轻微变色；

2级——明显变色；

3级——严重变色或有明显腐蚀。

9.3 三块试片取颜色变化相同的两块定级，如各不相同则需要重做。

第八节 防锈材料百叶箱试验方法

一、概论

防锈材料的湿热试验、盐雾试验、腐蚀试验等均从某方面反映了防锈材料的特定性能。由于防锈材料在实际使用中，受太阳光线的照射、地域气候的影响、工业气氛中有害物质的侵蚀等，需要一种更接近应用环境条件的评价考核方法。防锈材料的百叶箱试验就是对封存防锈材料和防锈包装进行更接近实际应用的性能评价试验。

防锈材料百叶箱试验规定，将防锈材料按封存包装要求对金属材料进行处理后，放入置于室外空旷位置的百叶箱中，经不同的时间间隔，取样观察并记录防锈材料和试件的变化情况，同时记录试验的地理位置、时间和气候条件等。虽然这种试验复杂且费时，但它可为防锈材料提供更接近实际应用的防锈材料老化情况等信息，这通常是封存防锈材料从实验室走向应用的桥梁。

GB/T 5619—1985《防锈材料百叶箱试验方法》于1985年11月25日批准，1986年8月1日实施。

二、标准主要特点与应用说明

1. 关于适用范围

该标准适用于检验和评价防锈材料对金属试样或模拟包装件的防锈防护性能。

2. 关于百叶箱

防锈百叶箱的结构和安放是保证被试物件不被日光直接照射，不受雨水冲淋，不受风沙直接吹打，也不遭蒸熏和水淹。

防锈百叶箱外表采用白色涂料，以使箱内温度能更好地反映外部实际温度。防锈百叶箱试验因被试物件不同，有的可能试验期较长，试验期间应注意维护，确保百叶箱不能破损。

各地的气候条件差别很大，百叶箱的安放地点应结合具体需要选择。

3. 关于引用标准

该标准中引用的一些标准大部分已修订，具体情况为：GB 1922—80《溶剂油》现行标准为GB 1922—2006《油漆及清洗用溶剂油》，GB 678—78 现行标准为GB/T 678—2002《化学试剂　乙醇（无水乙醇）》，GB 711—65 现行标准为GB/T 711—2017《优质碳素结构钢热轧钢板和钢带》，GB 718—65 现行标准为GB/T 718—2005《铸造用生铁》，YB 146—71 现行标准为GB/T 5231—2022《加工铜及铜合金牌号和化学成分》，YB 604—66 现行标准为GB/T 3190—2020《变形铝及铝合金化学成分》。

4. 关于试样制备

防锈百叶箱是检验防锈材料或防锈包装在大气半暴露状态下对金属的防锈防护性能，所以金属材料可以是标准试片，也可以是实物（包括单金属和组合件）。对于标准试片，按防锈油脂试片制备方法进行。防锈材料的包封方法，按相关防锈工艺进行，或按模拟包装方法进行。

防锈油脂防锈试验试片制备可按SH/T 0218《防锈油脂试验用试片制备法》进行。

5. 关于试验程序

将制备好的试样按要求放入百叶箱中开始试验，当有多个试样时，确保相互间不影响。按试验规定的时间要求取样检查，记录试验时间、地点、现象（包括金属材料和包装材料等）与结果等。

防锈百叶箱试验占时长，通常需一年甚至数年，自然气候条件不可能完全重复。因此，对于几种防锈材料或防锈包装方法的比较，尽量做平行试验。

三、标准内容（GB/T 5619—1985）

防锈材料百叶箱试验方法

本标准规定了在不直接受日晒、雨淋、大气尘埃沉降的通风条件下，防锈包装件或模拟包装件进行长期贮存暴露的试验方法。

本方法适用于评价防锈材料对金属试样或模拟包装件的防护性能。

1　设备、仪器及材料

1.1　百叶箱

1.1.1　百叶箱包括箱体、纱窗、试样架等部分组成，其结构如图 1 所示，并按下列规定制作。

a）木结构：选用优质的红、白松木或杉木制作。

b）砖木结构：砖木结构制作的百叶箱，其百叶窗门的材质应按 1.1.1a 项规定选用。百叶窗门的大小应保证箱内试验区空气自由循环，不允许产生微气候区。

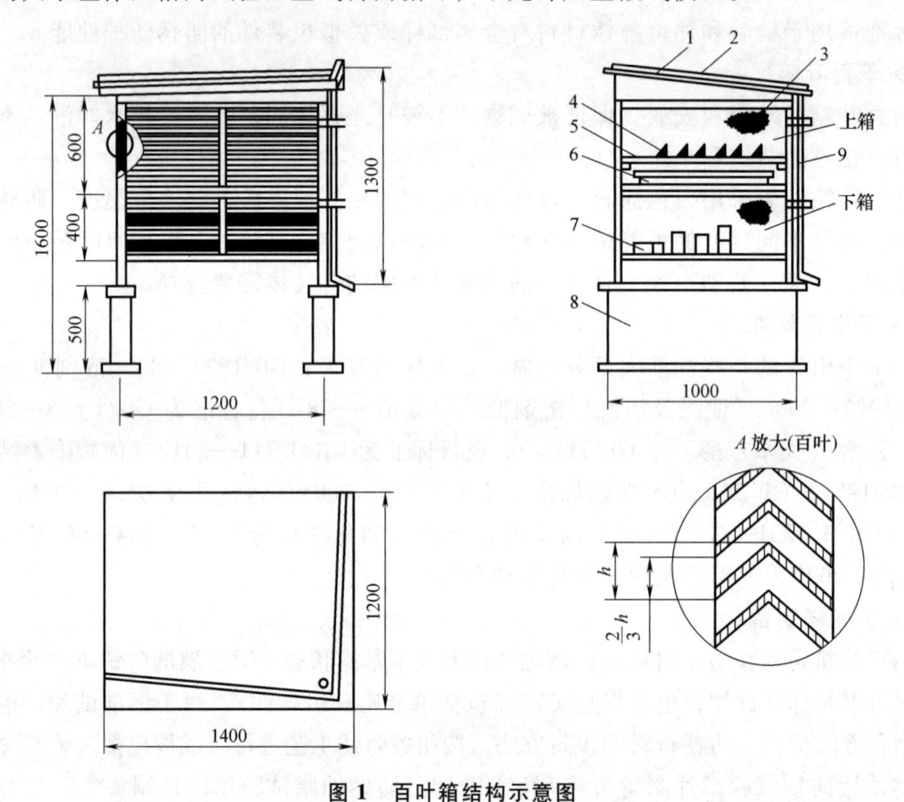

图 1　百叶箱结构示意图

1—檐　2—防水层　3—网帘　4—试片架及试片　5—支撑架

6—废液盘　7—模拟包装件　8—水泥台座　9—排水管

1.1.2　百叶箱顶应防雨、雪渗透，并适当地倾斜，设有檐和排水沟槽。

1.1.3　百叶箱体四周的百叶应制成“∧”形，其夹角约为 90°。百叶的间距为百叶所构成三角形高的三分之二（如图 1 中 *A* 剖面尺寸），内壁应衬孔径 1mm~1.5mm 的网帘。

1.1.4　百叶箱内部尺寸应根据搁置试样的数量选择，一般应不小于图 1 中规定的尺寸。试样架应考虑承载试样的负荷，并要求保持试样间距不小于 10mm，试样架的行距不小于 100mm。箱底部距地面应不少于 500mm。

1.1.5　百叶箱的内外壁及百叶窗门均应漆成白色。

1.1.6　百叶箱设计时应考虑有安装气象测量仪的位置。

1.2　测量仪器

1.2.1　最高-最低温度计。

1.2.2　自动温湿度记录仪或干湿球温度计。

1.2.3　锈蚀评定板用0.5mm~1mm厚的无色透明薄板（如有机玻璃板等）制成，在50mm×50mm方框中部，以0.1mm的线条在40mm×40mm框内刻画4mm×4mm方格100个。

1.3　材料

1.3.1　试片按表1规定的材料选用，其尺寸为50mm×50mm×(3~5)mm。其他材料及尺寸按当事者协商确定。

1.3.2　溶剂汽油或石油醚符合GB 1922—80《溶剂油》中NY-120或NY-90牌号质量标准。

1.3.3　无水乙醇符合GB 678—78《无水乙醇》中的质量指标。

1.3.4　脱脂棉、脱脂纱布（医用）。

表1

材料名称	代　　号	符合标准
钢板	10钢	GB 711—65热轧退火状态
钢板	45钢	GB 711—65高温回火状态
铸铁(一级)	Z30	GB 718—65
黄铜板	H62	YB 146—71
铝板	LY12(2A12)	YB 604—66
镀锌钝化片	—	按有关专业标准规定
镀镉钝化片	—	按有关专业标准规定

2　百叶箱的放置

百叶箱应搁置在场地上（或屋顶平台上），距箱四周5m处应无遮挡阳光的高大建筑物、树木或其他遮挡物，并应满足试样的试验面朝南。

二个或二个以上的百叶箱，各箱之间应保持足够的距离，一般不得小于箱体高度的二倍。

3　试样的制备

3.1　试样选用1.3.1款规定的金属试片，沿两孔中心连线平行方向打磨。钢、铸铁片用180号砂纸或砂布打磨（可预先用平面磨床加工）；铜、铝片用240号砂纸或砂布打磨，其表面粗糙度Ra为0.4μm~0.8μm，试片的边、角及孔应打磨平整。

3.2　打磨好的试片除去表面砂粒，用二道溶剂汽油（或石油醚）二道无水乙醇逐道用脱脂棉擦洗，然后用脱脂纱布边擦边用热风吹干。

试片清洗干燥后用滤纸包好放入干燥器中备用，试片备用时间不允许超过24h。

3.3　试片数量根据贮存暴露时间和检查次数而定，每次检查需三块试片。

3.4　防锈材料包封试片按下列要求进行。

a）防锈油脂的涂封方法按SY/T 2755《防锈油脂防锈试验试片制备方法》进行。

b）其他防锈材料的包封方法按各专业防锈包装技术条件标准和工艺指导性文件规定

进行。

3.5　模拟包装件应选用代表性的产品零部件或表1规定的试片按专业标准制备试样。

3.6　试样如需钻孔，其孔径不大于 ϕ3mm，并应在有效试验面积区域之外。

4　试样的标记

4.1　试片的标记或编号，应打印在试片的右下角有效试验面积区域之外。

4.2　不宜打印标记的试样，用不产生腐蚀气氛的耐腐蚀的材料制作标记牌，用适当的方式放置在不与试样接触的位置上。

4.3　标记或编号应力求简明易认和耐久。

5　试验程序

5.1　试样的暴露

试样按下列方式放置。

a）各试样之间或与试样会产生接触腐蚀的任何材料之间不发生接触。

b）腐蚀产物和含腐蚀产物的液滴，不会从一个试样表面落到另一个试样表面。

c）同批试样应按取出检查先后顺序放置在试样架上，并应固定，防止脱落。

d）试样的试验面朝南放置，除另行规定外，试验面应倾斜45°。

5.2　试验周期

总的试验周期取决于试样的类型和试验的目的。一般以1、2、6、9、12、18、24等月进行贮存暴露。

5.3　试验记录

5.3.1　试验自暴露之日起，按以下内容进行记录：

a）试样的编号或标记；

b）暴露的地点及日期；

c）试验前试样表面外观的描述；

d）每次检查的日期及数量；

e）评价每一个试样的表面外观变化（包括防护层、锈蚀情况等）的详细描述。尽可能在试验前、试验中间和试验后拍摄试样照片。

5.3.2　腐蚀因素的记录按附录A（补充件）表A.1和表A.2中规定的内容进行。

6　试验结果的评价

6.1　试验结束后应按3.2条清洗方法清洗干燥，然后进行评定。

6.2　试片锈蚀的评定按表2规定进行。

6.3　零部件的锈蚀级别按表2规定的锈点数、锈点大小和腐蚀外观变化定级。

6.4　试样的锈蚀定级按下列情况判别。

a）三个试样同级时，按同一级别定级。

b）三个试样中二个试样同级，另一个试样不超过二级时，按同级试样定级。

c）三个试样级别各不相同，但级别相邻时，按中间级别定级。

d）三个试样中二个试样的级别相差超过二级时，不能定级，或在报告中注明由当事者协商定级。

6.5 防锈材料的变化（包括色泽、乳化、老化、皲裂等）应在报告中注明。

表2　试片锈蚀的评级

评级①		0级	1级	2级	3级	4级	5级
黑色金属	锈点数	0	1~3	4点或4点以上			
	锈点大小毫米不大于	—	1	不规定			
	锈点占格数	0	1~3	4~10	11~25	26~50	51~100
	锈蚀度②(%)	0	1~3	4~10	11~25	26~50	51~100
有色金属	外观(与新打磨试片表面比较)	无变化	均匀轻微变色	明显变色	严重变色，有明显腐蚀		
腐蚀重量变化 P③/(mg/cm²)		$P=\frac{G_1-G_2}{F}\times1000$④			F—试片的总面积(cm²) G_1—试片试验前重量(g) G_2—试片试验后重量(g)		

① 除非另有规定，每一块试片评定面上，距边5mm的四周以及孔出现的锈蚀，评定时不予考虑，但在报告中应注明。试片表面发暗、失去光泽等异常情况也应在报告中注明。

② 锈蚀度为1%~3%，但其中有1锈点大于或等于1mm，评级定为2级。

③ 锈蚀重量变化按GB/T 4879《防锈包装》附录B中表B.2的规定或协议规定进行。

④ G_1、G_2 称准至0.001g，F 应精确到0.01cm²。

7　试验报告

试验报告应包括下列内容：

a）试验地点及试样放置情况；

b）试验日期及检查日期；

c）试样制备的数据（包括试样材质、前处理、防锈材料及封存包装方式等）；

d）试验结果与评价；

e）试验期间的有关气象资料。

附　录　A
百叶箱贮存暴露试验腐蚀因素记录表
（补充件）

A.1 腐蚀因素记录结果月报统计表。

表A.1

暴露地点																
年	月	百叶箱内温湿度						当地气象资料								
		温度/℃			相对湿度(%)											
日		最高	最低	平均	最高	最低	平均	晴天	多云	阴天	雨天	雾	露	霜	雪	风
																风向	风力(级)
1																
2																

（续）

暴露地点																
年 月	百叶箱内温湿度						当地气象资料									
	温度/℃			相对湿度(%)												
日	最高	最低	平均	最高	最低	平均	晴天	多云	阴天	雨天	雾	露	霜	雪	风	
															风向	风力(级)
3																
4																
5																
6																
7																
8																
9																
31																
平均																

注：1. 暴露地点应尽可能填写详细。

2. 百叶箱内温湿度记录每天必须进行。

A.2 腐蚀因素记录结果年报统计表。

表 A.2

暴露地点																
年	百叶箱内温湿度						当地气象资料									
	温度/℃			相对湿度(%)												
月	月平均	月最高	月最低	月平均	月最大	月最小	晴天数	多云数	阴天数	雨天数	雾天数	露天数	霜天数	雪天数	风	
															一月主要风向	月平均风力(级)
一																
二																
三																
四																
五																
六																
七																
十一																
十二																
年平均(或合计)																
年中最大																
年中最小																

第九节　包装材料试验方法　相容性

一、概论

机械产品包装主要有防潮包装、防锈包装、收缩包装、防震包装等形式，涉及的非金属包装材料有塑料、纸、橡胶、木材、干燥剂等。金属制品材质有钢、铜、铝等金属及其合金。此外，还涉及金属表面防护处理，如涂防锈油、磷化、钝化、各种涂（镀）层等。气相防锈包装材料融防锈与包装于一体，使用方便，启封容易，防锈期长，生产率高，使用越来越广。其中，气相防锈材料主要通过气相缓蚀剂挥发起保护作用，无孔不入，迅速充满整个包装空间。因为气相防锈材料本身是由一种或多种化学品制成，会与包装内非金属材料、金属材料及涂层、镀层表面接触，所以选材时必须考虑材料之间的相容性。

GB/T 16265《包装材料试验方法　相容性》于 1996 首次发布，2008 年进行修订。GB/T 16265—2008《包装材料试验方法　相容性》于 2008 年 4 月 1 日发布，2008 年 10 月 1 日实施。

二、标准主要特点与应用说明

1. 关于适用范围

该标准规定了包装材料相容性的试验方法。

该标准适用于下列材料之间的相容性试验：中性包装材料与被包装的金属、塑料或其他固体材料；气相防锈包装材料与被包装的金属；气相防锈包装材料与可热封的包装材料；液体、半液体可剥性塑料、涂料与被保护的金属或其他固体材料。

2. 关于相容性试验条件

包装材料相容性试验条件分为 4 种，不同包装材料采用不同的试验条件。

3. 关于相容性试验

试片制备按 SH/T 0218《防锈油脂试验用试片制备法》进行。镀层或涂层及其他非金属材料无须加工打磨，可直接用模拟件或按试验规定尺寸切取试片，经清洗后备用。制备好的试片置于干燥器中，8h 内取用。

试样应随意选取，并有足够数量代表被评价的材料。

三、标准内容（GB/T 16265—2008）

包装材料试验方法　相容性

1　范围

本标准规定了包装材料相容性的试验方法。

本标准适用于下列材料之间的相容性试验：

a） 中性包装材料与被包装的金属、塑料或其他固体材料；

b）气相防锈包装材料与被包装的金属；

c）气相防锈包装材料与可热封的包装材料；

d）液态、半液态可剥性塑料、涂料与被保护的金属或其他固体材料。

2 规范性引用文件

下列文件中的条款通过本标准的引用而成为本标准的条款。凡是注日期的引用文件，其随后所有的修改单（不包括勘误的内容）或修订版均不适用于本标准。然而，鼓励根据本标准达成协议的各方研究是否可使用这些文件的最新版本。凡是不注日期的引用文件，其最新版本适用于本标准。

GB/T 678 化学试剂 乙醇（无水乙醇）（GB/T 678—2000，neq ISO 6353-2：1983）

GB/T 687 化学试剂 丙三醇（甘油）（GB/T 687—1994，neq ISO 6353-3：1987）

GB/T 2040 铜及铜合金板材

GB/T 3880（所有部分） 一般工业用铝及铝合金板、带材

GB/T 5048 防潮包装

GB/T 10586 湿热试验箱技术条件

JB/T 5520 干燥箱技术条件

3 术语和定义

下列术语和定义适用于本标准。

3.1 腐蚀 corrosion

金属或材料与所处的环境发生反应而导致的材料变质。这种变质通常是由氧化、酸或碱、电化学等作用引起的。在试验中只要试片表面出现可见的变化，如产生锈斑、蚀点或形成疏松的或粒状的产物，就认为是产生腐蚀。

3.2 变质 disease

材料腐蚀或使用性能降低。

3.3 变色 stain

仅在试验表面产生颜色变化而没有产生锈斑、蚀点或表面变质。这种变色本试验不认为是腐蚀。

3.4 试验表面 test surface

经过专门加工，供试验后检查腐蚀状况的材料表面。

3.5 中性包装材料

pH 值近中性（6.5~8.0），对金属无腐蚀的包装材料。

4 试验仪器与材料

4.1 湿热试验箱

应符合 GB/T 10586 规定的要求。

4.2 干燥箱

应符合 JB/T 5520 规定的要求。

4.3 吊钩

S 型，材质为不锈钢或玻璃。

4.4 试片架

材质为不锈钢。

4.5　吹风机

冷热两用。

4.6　标本瓶

口内径为 ϕ60mm，净高（除盖）为 180mm。

4.7　氧化铝砂纸

240 号砂纸。

4.8　无水乙醇

应符合 GB/T 678 的要求。

4.9　丙三醇（甘油）

应符合 GB/T 687 的要求。

4.10　硅胶

细孔型，应符合 GB/T 5048 的要求。

5　试片及试样的准备

5.1　试片

根据实际包装件内容物选定。当没有特别指定时，金属试片一般选用符合 GB/T 2040 标准的 T3 纯铜板、GB/T 3880 标准的纯铝板、钢上镀锌钝化、钢上镀镉钝化试片。试验前对铜、铝试片用 240 号砂纸交替垂直方向打磨。打磨后试片上磨纹应平行一致，表面不得有凹坑、划伤、锈蚀，试片及孔边缘不应有毛刺。

有镀层或涂层及其他非金属材料不需加工打磨处理，可直接用模拟件或按试验程序尺寸切取试片。

准备好的试片，除不能接触乙醇的材料外，用镊子夹持试片和脱脂棉（纱布），在三只盛有无水乙醇的容器中顺序清洗三次，然后用热风吹干，冷却至室温后进行试验。不能连续投入试验时，应置于盛有细孔硅胶的干燥器内，但应 8h 内使用，否则应重新打磨清洗。

5.2　试样

除非另有规定，试验的包装材料试样应随意选取，并有足够的数量充分代表被评价的材料。

6　试验程序

6.1　中性包装材料与被包装的金属、塑料或其他固体材料的相容性

6.1.1　将尺寸为 100mm×50mm×(3～5)mm 的金属或硬塑料试片用 150mm×150mm 中性包装材料试样包扎时，应使试验表面纵向中心线附近为双层，两边为单层，然后将试片长度方向的两端折叠到试验表面这一面，用尼龙绳沿试片纵向把折叠层捆紧，悬挂到试验用的暴露环境中。

6.1.2　除合同或订单另有规定，上述被包扎好的试片应垂直悬挂在 39℃±2℃，相对湿度不低于 95%的湿热试验箱中，试验 72h，然后取出，拆开包扎，检查并记录试片和包装材料试样的变质情况。

6.1.3　怀疑铜试片上有腐蚀时，在疑问处滴上一滴制备好的叠氮化钠的碘溶液，溶液的制备方法是把 1.3g 的碘和 4g 碘化钾溶于 100mL 蒸馏水中，然后再往溶液中加入 3g 叠氮化钠。滴液中立刻产生许多小气泡冒到液面上，说明试样上存在硫化物，证明试样已被腐蚀。若用 5 倍放大镜观察是慢慢产生的不连续的气泡不能证明有硫化物存在。

6.2 气相防锈包装材料与被包装的金属材料的相容性

除合同或订单另有规定，试验应按下述方法平行三次，并与空白（无气相防锈材料）进行对比试验。

6.2.1 柔性气相防锈包装材料

裁取尺寸为200mm×60mm的试样，将非涂药面贴紧标本瓶上部内壁，试验体组装后如图1。在标本瓶底部注入25mL质量分数为45%的甘油水溶液。在65℃±2℃的干燥箱中放置2h，形成内部相对湿度为85%±3%的密封空间。将按5.1预处理好的尺寸为75mm×13mm×1.5mm试片悬挂在65℃±2℃的干燥箱中放置2h的标本瓶内，其中气相防锈包装材料试样与被包装的试片距离不超过30mm，试片下端距甘油水溶液液面约20mm。将标样瓶盖盖好后再用胶黏带固定，组装好的标本瓶放入60℃±2℃的恒温箱内，连续加热120h。除非另有规定，120h后将标样瓶从干燥箱中取出，冷却至室温，打开标本瓶检查试片。

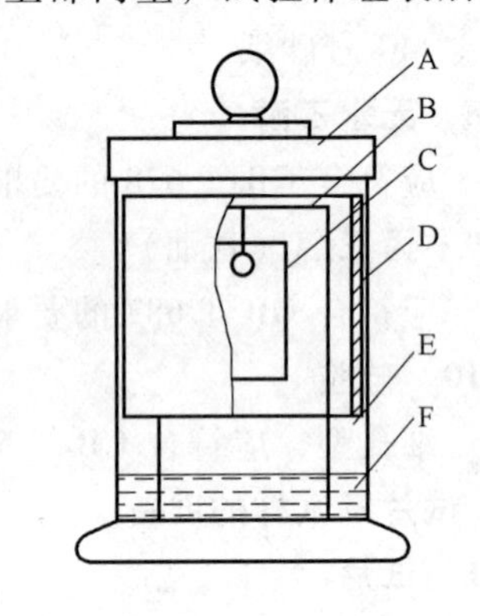

图1 试验程序示意图

A—标本瓶盖 B—试片架

C—试片 D—气相防锈纸

E—标本瓶 F—甘油水溶液

6.2.2 气相防锈剂

向标本瓶中注入25mL质量分数为44%的甘油水溶液，在65℃±2℃下形成一个相对湿度为85%±3%的密封空间。称取试样0.10g±0.005g，均匀平铺于一直径为30mm±2mm的表面皿上，再放置于标本瓶内。将5.1处理好的尺寸为75mm×13mm×1.5mm金属试片悬挂于标本瓶内，试片下端与缓蚀剂距离约6mm。放入65℃±2℃的干燥箱内，连续加热120h。除非另有规定，120h后将标本瓶从干燥箱中取出，冷却至室温，打开标样瓶检查试片。

6.3 检查气相防锈包装材料与热封的包装材料的相容性

6.3.1 柔性气相防锈包装材料

除合同或订单另有规定，试验应按下述方法平行三次，并用中性牛皮纸作为空白进行对比试验。

将可热封的包装材料剪成254mm×130mm，并对折成口袋。将两边热焊，制成一个长127mm的口袋。将一块尺寸为100mm×50mm×(4~6)mm的钢试片用气相防锈包装材料包好，涂有气相缓蚀剂的一面对着钢试片。包扎时试片纵向中心线附近应叠双层，两边为单层。把包好试片的试样装进口袋内，用手压出袋内空气，并把口袋开口处热焊密封。

将准备好的试样组合件置于温度为65℃±2℃的干燥箱内放置168h。待袋子冷却到室温后，剪开焊封的一边，取出包扎的试片。检查可热封包装材料变质情况。

6.3.2 气相防锈剂

除非另有规定，试验应按下述方法平行三次，并用一个不含气相缓蚀剂的空白试样进行对比。

气相防锈剂与热封的包装材料的相容性试验中，将尺寸为100mm×50mm×(4~6)mm的钢试片直接放入6.3.1中的热封袋中，再将0.25g±0.005g的气相缓蚀剂均匀分散在试片一表面上，其他试验程序同6.3.1。

6.4　液态、半液态可剥性塑料或涂层与保护的金属或塑料等固体材料的相容性

6.4.1　试验方法

把液态或半液态可剥性塑料或涂料样品倒入一个干净的可密封的玻璃容器内，样品在玻璃容器的高度为试片长度的二分之一。将尺寸为100mm×50mm×(3~5)mm的金属或硬塑料试片等固体材料竖直放入液态或半液态样品中，使试片试验表面的一半露在液面上，把玻璃容器盖好并密封放在室温下放置1年或在38℃±2℃的环境中放置30d。

6.4.2　试验后检查试片和试样的变质情况

检查金属是否腐蚀，塑料是否软化、龟裂、起泡、变形等。液态或半液态可剥性塑料的颜色是否变深、有无硬块、胶凝、沉淀、分离或影响使用的缺陷。必要时可按样品规定的性能检查。

7　结果判定

本标准试验结果，主要是三个平行样与空白试样对比。只要试片和试样均无变质，或变质不比空白重，均为相容。如有一片比空白重，需重复试验。若两片以上均比空白重或重复试验仍有一片比空白重，均为不相容。

8　试验报告

试验报告包括以下内容：

a）本标准编号；

b）试验程序；

c）试验用试件和试样的详细说明，包括种类、尺寸、数量、状态等；

d）试验参数；

e）试验结果评定；

f）试验过程中与本标准的差异；

g）试验日期、试验者签字、试验单位盖章。

第十节　包装材料试验方法　接触腐蚀

一、概论

机械产品在贮存运输过程中通常采用各种形式的防锈包装。防锈包装涉及多种防锈材料，如防锈油、气相防锈剂、气相干燥剂、气相防锈纸、气相防锈膜等材料。气相防锈包装材料可融防锈与包装于一体，不仅使用方便，启封容易，防锈期长，生产率高，而且有利于美化产品包装。

在实施防锈包装时，各种防锈包装材料可能会与金属制品接触，它们的相互作用将对金属制品表面产生影响。因为对金属的适应性存在差别，这种影响有所不同，如气相防锈材料通常含有胺类化合物，呈碱性，对钢铁有防锈性能，但对铜和铝等有色金属可能有腐蚀性。通过包装材料与包装对象的接触腐蚀试验，可以综合分析防锈包装方案的合理性。

GB/T 16266《包装材料试验方法　接触腐蚀》于1996首次发布，2008年和2019年进行了两次修订。GB/T 16266—2019《包装材料试验方法　接触腐蚀》于2019年10月18日发布，2020年5月1日实施。

二、标准主要特点与应用说明

1. 关于适用范围

该标准规定了包装材料对与其接触的金属表面的接触腐蚀性试验方法，包括试验环境条件、试剂和试验材料、仪器设备、样品、试验步骤和试验报告。

该标准适用于包装材料对钢和铝的接触腐蚀性试验，对其他金属材料表面的接触腐蚀试验可参照使用。

2. 关于接触腐蚀试验条件

试验应在20℃~30℃和相对湿度不大于80%的环境中进行。

用于试验的样品表面应平整，不同部位裁取有代表性的试样，每个尺寸为75mm×50mm，厚度不超过10mm。

用于试验的气相防锈材料应有代表性，不得污染，应密封保存。

干燥器中盛有300mL质量分数为69%的甘油水溶液，用凡士林密封。

3. 关于接触腐蚀试验

试片制备按SH/T 0218《防锈油脂试验用试片制备法》进行。玻璃载片、不锈钢块尺寸一致，参照试片进行清洗。

试验样品制备按规定要求取样，柔性片材按卷曲的方向不同部位取样，所取试样表面平整，无孔洞、皱折、油污、变质等。硬质或块状材料应平整。粒状材料要先研磨，过筛，样品能覆盖50mm×25mm的面积，覆盖面积内不应露出金属试片；不适合研磨的材料，保证所取样品应能覆盖50mm×25mm的面积。

制备试片和试样取样不能赤手操作，避免皮肤接触被测试件表面。暂时不投入试验的试片或试样应放入盛有干燥剂的干燥器中。试验件组装应严格按试验要求进行。钢试片试验时间为20h，铝试片试验时间为72h。

试验结果按级评定，若三组平行试验的级差超过一级，则应重新进行试验。

三、标准内容（GB/T 16266—2019）

包装材料试验方法　接触腐蚀

1　范围

本标准规定了包装材料对与其接触的金属表面的接触腐蚀性试验方法，包括试验环境条件、试剂和试验材料、仪器设备、样品、试验步骤和试验报告。

本标准适用于包装材料对钢和铝的接触腐蚀性试验，对其他金属材料表面的接触腐蚀性试验可参照使用。

2　规范性引用文件

下列文件对于本文件的应用是必不可少的。凡是注日期的引用文件，仅注日期的版本适用于本文件。凡是不注日期的引用文件，其最新版本（包括所有的修改单）适用于本文件。

GB/T 678　化学试剂　乙醇（无水乙醇）

GB/T 687　化学试剂　丙三醇

GB/T 699　优质碳素结构钢

GB/T 3880.1　一般工业用铝及铝合金板、带材　第1部分：一般要求

GB/T 6682　分析实验室用水规格和试验方法

GB/T 15723　实验室玻璃仪器　干燥器

GB/T 30435　电热干燥箱及电热鼓风干燥箱

SH 0004　橡胶工业用溶剂油

3　试验环境条件

试验应在20℃～30℃和相对湿度不大于80%的环境中进行。

4　试剂和试验材料

4.1　无水乙醇

应符合GB/T 678的规定，为分析纯及以上规格。

4.2　溶剂油

应符合SH 0004的要求。

4.3　丙三醇（甘油）

应符合GB/T 687的规定，为分析纯。

4.4　砂纸

240号氧化铝或碳化硅砂纸。

4.5　金属试片

4.5.1　碳钢试片

应符合GB/T 699的要求，钢号为10，尺寸为100mm×50mm×(3mm～6mm)。

4.5.2　铝合金试片

应符合GB/T 3880.1的要求，牌号为2024，尺寸为100mm×50mm×(3mm～6mm)。

4.6　实验室用水

应符合GB/T 6682的要求。

4.7　玻璃载片

无色、透明、无覆膜，尺寸为75mm×25mm×(3mm～6mm)。

4.8　不锈钢块

尺寸为75mm×25mm×25mm。

5　仪器设备

5.1　电热鼓风干燥箱

应符合GB/T 30435的要求。

5.2　干燥器

应符合GB/T 15723的要求，器身内径为240mm。

5.3　电吹风

冷热两用。

6　样品

6.1　柔性片材

从样品不同部位裁取有代表性的试样，每个试样尺寸为75mm×50mm。

注：柔性片材是指柔软的片状材料，例如纸张、薄膜。

6.2 硬质或块状材料

从样品的平整表面裁取有代表性的试样，每个试样尺寸为75mm×50mm，厚度不超过10mm。

如果样品小于试样尺寸，则应使用多个样品。

注：硬质材料是指不易变形的材料，例如纸板、木材；块状材料是指立体结构的非片状材料，例如泡沫块、橡胶块。

6.3 颗粒状材料

选取足够数量有代表性的样品，研磨至能通过40目标准筛，但不能通过80目标准筛的颗粒。每份样品应能覆盖50mm×25mm的面积，覆盖面积内不应露出金属试片。

不适合研磨的材料，每份样品应能覆盖50mm×25mm的面积。

注：颗粒状材料是指粉状、粒状材料，例如粒状干燥剂、气相防锈粉。

6.4 袋装材料

选取有代表性的样品作为试样，每个试样尺寸不小于50mm×50mm，如小于该尺寸，则应使用多个试样。

注：袋装材料是指以袋包装方式使用的材料，包括内容物和包装袋，例如袋装干燥剂、袋装气相防锈剂。

7 试验步骤

7.1 金属试片的打磨和清洗

用砂纸打磨金属试片所有表面，去除凹坑、划伤、锈蚀。然后用240号砂纸打磨试片的一个100mm×50mm表面作为试验面。用医用纱布分别在三个盛有无水乙醇的容器中依次擦洗打磨好的试片；擦洗后用电吹风吹干，立即使用。

对于附着油脂的试片，应使用溶剂油清洗后再进行打磨、清洗处理。

试片处理过程中不应裸手接触。

7.2 玻璃载片及不锈钢块的清洗

玻璃载片和不锈钢块在使用前应用无水乙醇清洗两遍，电吹风吹干后备用。清洗过程及清洗后均不应裸手接触玻璃载片和不锈钢块。

7.3 试验件的组装

7.3.1 柔性片材

将试样接触金属的一面向下覆盖在金属试片中部，在试样中部压上一片玻璃载片，然后将不锈钢块压在玻璃载片上。玻璃载片和不锈钢块的方向应与金属试片的长方向垂直，如图1所示。

7.3.2 硬质、块状或整袋装材料

将试样接触金属的一面向下覆盖在金属试片中部，在试样上方放置玻璃载片，然后将不锈钢块压在玻璃载片上，如图1所示。大样品应偏离中心放置，确保试片表面至少有50mm×50mm的覆盖表面。

7.3.3 颗粒状材料

将试样均匀地铺置于试片中心部位相距25mm的平行线之间。小心地用玻璃载片覆盖，然后将不锈钢块压在玻璃载片上，如图2所示。

7.4 试验

将组装好的试验件放置在干燥器托盘上，在65℃±2℃电热鼓风干燥箱中预热30min，然

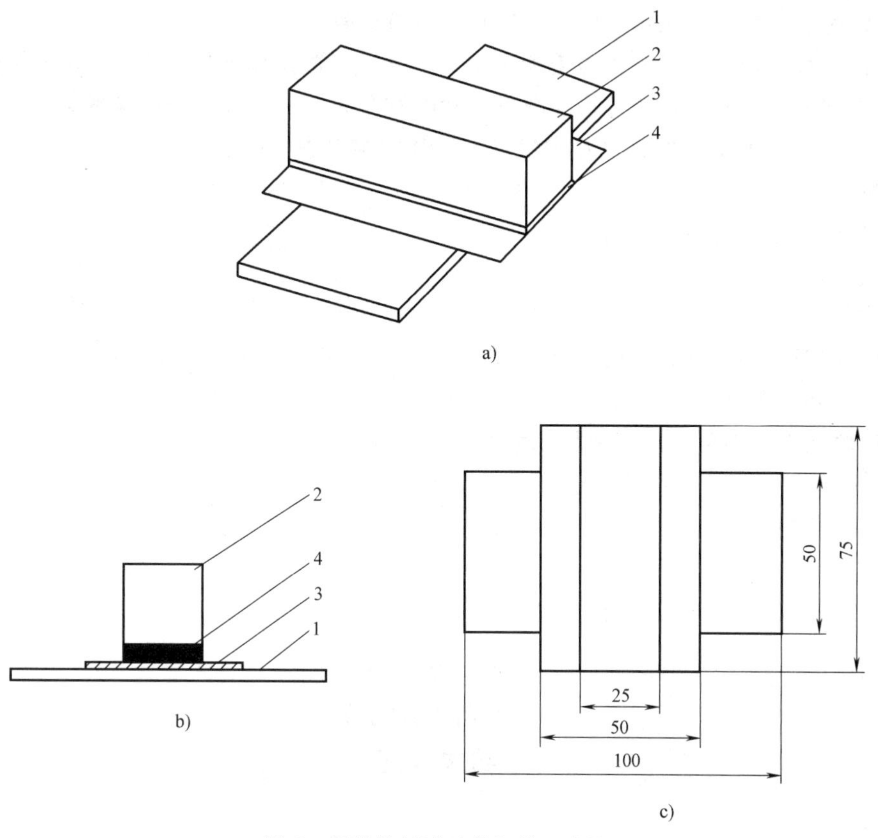

图 1　柔性片材试验件组装示意图

1—金属试片　2—不锈钢块　3—试样　4—玻璃载片

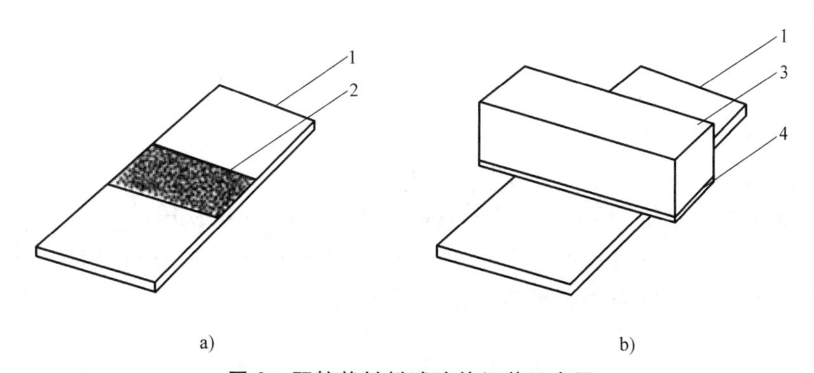

图 2　颗粒状材料试验件组装示意图

1—金属试片　2—试样　3—不锈钢块　4—玻璃载片

后取出试验件和干燥器托盘并立即放入在 49℃±2℃下预热的，底部盛有 300mL 质量分数为 69%的甘油水溶液的干燥器中。在磨口处均匀涂抹少量真空密封油膏或医用凡士林，盖好盖子，并用胶带固定，然后放入 49℃±2℃的电热鼓风干燥箱内。碳钢试片（4.5.1）放置时间为 20h；铝合金试片（4.5.2）放置时间为 72h。

进行三组平行试验。

7.5　结果检查

试验结束后，将试样从试片表面移开，立即检查试片试验面的腐蚀情况。如不易或不能判断腐蚀情况，则应使用无水乙醇清洗试片后进行检查。

记录试验面，包括玻璃载片压盖和未压盖部分、未覆盖部分是否产生锈斑、蚀点、形成疏松的或粒状的产物及变色，并描述数量、状态和分布情况以及其他试验现象。

需要时可参照附录A对钢试片和铝合金试片的结果进行评定。

8 试验报告

试验报告应至少包括以下内容：

a）试验目的；

b）本标准编号；

c）试验用试片和样品的详细说明，包括种类、尺寸、数量、状态等；

d）试验环境条件；

e）试验条件：温度、时间和甘油水溶液浓度等；

f）试验结果，需要时包括评定；

g）试验日期；

h）试验者签字；

i）任何偏离本标准以及可能影响结果的情况。

附 录 A

（资料性附录）

结果评定

A.1 范围

适用于进行三组平行试验的结果评定。

A.2 试片评级

试验后试样覆盖的试片表面腐蚀程度按下列规定进行评级：

0级：无腐蚀。光亮如初。

1级：无腐蚀。失去光泽或轻微变色。

2级：轻微腐蚀。直径小于1mm的锈点数不多于3个。

3级：轻度腐蚀。直径小于1mm的锈点数多于3个但不多于10个。

4级：中度腐蚀。锈点直径大于1mm或锈点数量多于10个，且腐蚀面积不超过50%。

5级：重度腐蚀。腐蚀面积超过50%。

A.3 试验结果评定

平行试验结果评定如下：

a）三块试片级差不超过一级时，以两块相同等级定级；

b）三块试片级差超过一级时，应重新进行试验。

第十一节 包装材料试验方法 气相缓蚀能力

一、概论

气相防锈包装材料是以气相缓蚀剂为主要防锈材料所构成的一类防锈包装材料的总称，

如气相防锈纸、气相防锈塑料薄膜、气相防锈油、气相防锈剂（粉剂、片剂、水剂）、气相防锈缓冲材料等。

气相防锈包装材料用于金属制品的防锈包装，在包装空间，挥发的气相缓蚀剂吸附在金属表面实现防锈。因为气相防锈材料的种类及气相缓蚀剂不同，对金属的防锈保护效果也不一样。气相缓蚀能力试验是气相防锈材料最重要的一项防锈性能指标，体现气相防锈材料对金属制品的气相防锈保护能力。

GB/T 16267《包装材料试验方法　气相缓蚀能力》于1996首次发布，2008年进行了修订。GB/T 16267—2008《包装材料试验方法　气相缓蚀能力》于2008年4月1日发布，2008年10月1日实施。该标准采用钢试件进行试验。

二、标准主要特点与应用说明

1. 关于适用范围

该标准规定了气相防锈材料气相缓蚀能力的试验方法。

该标准适用于测定气相防锈纸、气相防锈塑料薄膜、气相防锈剂的气相缓蚀能力，其他气相防锈材料的气相缓蚀能力试验可参考该标准。

2. 关于气相缓蚀能力试验条件

用于试验的气相防锈材料应有代表性，不得污染，应密封保存。

试验从试片制备、试验装置的组装、试验和试验结果评定的整个过程，应在20℃～30℃和相对湿度80%以下的环境中进行。

不同气相防锈材料取样和试验条件均有不同。该标准中气相防锈纸取样量、试验条件和JB/T 4051.2—1999《气相防锈纸试验方法》一致，气相防锈塑料膜取样量及试验条件与GB/T　19532—2018《包装材料　气相防锈塑料薄膜》中气相缓蚀能力试验不同，检测时可依据不同产品气相防锈性能和用户要求选择不同的检验标准。气相防锈粉剂应研磨均匀、色泽一致，粉剂不得有结块、片剂无破损。

试验瓶内盛有质量分数为35%的丙三醇蒸馏水溶液。

3. 关于气相缓蚀能力试验

试片制备按SH/T 0218《防锈油脂试验试片制备法》进行。制备好的试片不能赤手操作，避免皮肤接触被测试件表面。暂时不投入试验的试片应放入盛有干燥剂的干燥器中，并在8h内使用，否则使用前应重新打磨清洗。每组试验需4片，其中一片用以空白试验，同时须注意不同气相防锈包装材料的试验取样量。试验装置所涉及的广口瓶、橡胶塞、玻璃皿、图钉、别针等均应进行仔细清洗，烘干。试验装置在组装前应在试验室环境温度条件下放置足够时间，使其温度与环境温度一致。试片组装时，试验面放在干净滤纸上，凹面朝向压入橡胶塞中。

取冰水混合物调试温度，配制0℃～2℃的水。注满温度为0℃～2℃水的铝管应迅速放入20℃±1℃的培养箱中，3h后取出，检测试验结果。试验中应观察到试片表面凝露水的出现，否则试验重做。

气相缓蚀能力试验需准备四组试验装置，其中三组用于气相防锈材料试验，一组用于不加气相防锈材料的空白试验。试样暴露时间根据情况供需双方商定。

试验结果评级，空白试验中试片锈蚀为3级试验有效，依据标准给出文字和级别的评定。

三、标准内容（GB/T 16267—2008）

包装材料试验方法　气相缓蚀能力

1　范围

本标准规定了气相防锈材料气相缓蚀能力的试验方法。

本标准适用于测定气相防锈纸、气相防锈塑料薄膜、气相防锈剂的气相缓蚀能力，其他气相防锈材料的气相缓蚀能力试验可参考本标准。

2　规范性引用文件

下列文件中的条款通过本标准的引用而成为本标准的条款。凡是注日期的引用文件，其随后所有的修改单（不包括勘误的内容）或修订版均不适用于本标准。然而，鼓励根据本标准达成协议的各方研究是否可使用这些文件的最新版本。凡是不注日期的引用文件，其最新版本适用于本标准。

GB/T 678　化学试剂　乙醇（无水乙醇）（GB/T 678—2000，neg ISO 6353-2：1983）

GB/T 687　化学试剂　丙三醇（GB/T 687—1994，neq ISO 6353-3：1987）

GB/T 699　优质碳素结构钢

GB/T 4437.1　铝及铝合金热挤压管　第一部分：无缝圆管

GB/T 11372　防锈术语

JB/T 5520　干燥箱技术条件

YY 0027　电热恒温培养箱

3　术语和定义

GB/T 11372 确立的以及下列术语和定义适用于本标准。

3.1　试验表面　test surface

经过专门加工，供试验后要检查锈蚀情况的材料表面。

3.2　空白试验　blank test

试验装置中仅装有试片而无气相防锈材料，或放置不含气相缓蚀剂的中性材料。

4　试验仪器与材料

4.1　试验仪器与装置

4.1.1　干燥箱

应符合 JB/T 5520 的要求。

4.1.2　培养箱

应符合 YY 0027 的要求，或可满足本试验要求的其他装置。

4.1.3　广口瓶

容积 1000mL，瓶口内径为 ϕ65mm，高为 200mm，底部内径为 ϕ100mm。

4.1.4　橡胶塞

13 号橡胶塞，其尺寸大面直径为 ϕ68mm，小面直径为 ϕ59mm，高为 40mm。

9 号橡胶塞，其尺寸大面直径为 ϕ46mm，小面直径为 ϕ36mm，高为 34mm。

4.1.5 铝管

应符合 GB/T 4437.1 的要求，外径为 ϕ16mm，壁厚为 1.5mm，长为 114mm。

4.1.6 玻璃容器

内径为 ϕ40mm±2mm、高为 10mm~20mm 的玻璃制品。

4.1.7 表面皿

直径为 ϕ120mm。

4.2 试验材料

4.2.1 砂纸

400 号的氧化铝砂纸。

4.2.2 无水乙醇

应符合 GB/T 678 的要求。

4.2.3 丙三醇

应符合 GB/T 687 的要求。

4.2.4 试片

符合 GB/T 699，直径为 16mm，高为 13mm 的 10 钢柱，一端面的中央钻有底部平坦、直径为 10mm、深为 10mm 的孔，另一面为试验表面。使用前最终用 400 号砂纸打磨试验表面，使其无凹坑、划伤、锈蚀。用镊子挟取脱脂棉或脱脂纱布在无水乙醇中依次清洗三遍。再用热风吹干后使用。处理好的试片不能用赤手接触，暂时不投入试验的应放入盛有干燥剂的干燥器中保存，并在 8h 以内使用，否则使用前应重新打磨清洗。每组试验需 4 片试片，其中一片为空白试验用。

4.2.5 试样

用于试验的气相防锈材料试样应有代表性，开始试验前试样应密封保存。试验前及试验过程中应防止试样受到污染。

5 试验室温湿度条件

从试片处理、试验装置的组装、试验程序到结果评定的整个过程中，应在 20℃~30℃ 和相对湿度 80%以下的环境下进行。

6 试验前的准备

6.1 试验装置使用之前的处理

试验装置组装前，广口瓶、橡胶塞、图钉、曲别针、玻璃器皿均应进行仔细清洗，并用蒸馏水清洗两遍后烘干或热风吹干。试验装置在组装前应在试验室环境温度条件下放置足够时间，使其温度与环境温度一致。

6.2 试验装置的组装

将一个 13 号橡胶塞和两个 9 号橡胶塞在端面中心部位打一直径 15mm 的通孔。

将按 4.2.4 处理好的试片压入一 9 号橡胶塞大面的通孔中，使试验表面与 9 号橡胶塞大面平行，试片露出 9 号橡胶塞大面的部分不超过 3mm，如图 1 所示。

将铝管穿过 13 号橡胶塞中心，并在两端露出的铝管上分别插入 9 号橡胶塞，两个 9 号橡胶塞的小面对着 13 号橡胶塞。在 13 号橡胶塞小面与装有试片的 9 号橡胶塞之间预先套上一隔热胶管。装有试片的 9 号橡胶塞内的铝管应与试片凹面接触。13 号橡胶塞的大面与无试片的9号橡胶塞小面接触，如图2所示。

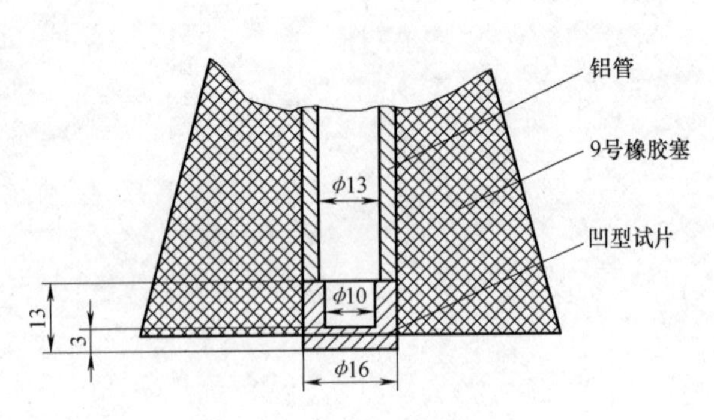

图1　试片组装局部放大图

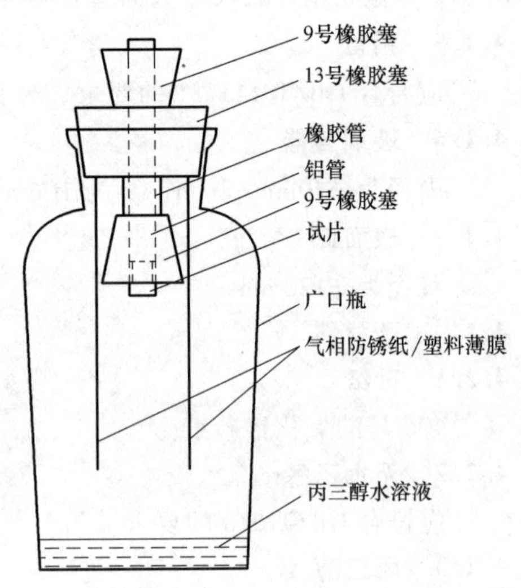

图2　气相防锈纸、气相防锈塑料薄膜的气相缓蚀能力试验装置组装示意图

7　试验程序

7.1　气相缓蚀能力试验

7.1.1　气相防锈纸、气相防锈塑料薄膜的试验

分别用图钉将两条150mm×25mm的气相防锈纸或四条150mm×50mm的气相防锈塑料薄膜对称平行地钉在13号橡胶塞底部，含有气相缓蚀剂的一面应朝向试片，用一枚曲别针别在试样下端使之自然下垂。

将组装后的橡胶塞装在1000mL广口瓶中，瓶底部预先注有10mL、质量分数为35%的丙三醇蒸馏水溶液，使广口瓶内在20℃温度下形成90%的相对湿度，如图2所示。将组装好的广口瓶置于20℃±1℃的培养箱中，20h后取出，迅速向广口瓶上的铝管内注满温度为0℃~2℃的水，然后立即放回20℃±1℃的培养箱中。3h后取出试验体，倒掉铝管中的水，立即检查试验表面锈蚀情况。如试验表面有可见凝露，应马上用镊子夹取浸有无水乙醇的脱脂棉，轻轻擦洗后检查。

平行试验四组，其中一组为空白试验。

7.1.2　气相防锈剂的试验

在广口瓶底部注入10mL、质量分数为35%的丙三醇蒸馏水溶液，使广口瓶内在20℃下形成90%的相对湿度。在玻璃容器中均匀散布0.05g粉状的气相防锈剂，然后置于广口瓶底部。按6.2所述方法对试验装置进行组装后放入广口瓶中，如图3所示。将组装好的广口瓶置于20℃±1℃的培养箱中，20h后取出，迅速向广口瓶上的铝管内注满温度为0℃~2℃的水，然后立即放回20℃±1℃的培养箱中。3h后取出试验体，倒掉铝管中的水，立即检查试验表面锈蚀情况。如试验表面有可见凝露，

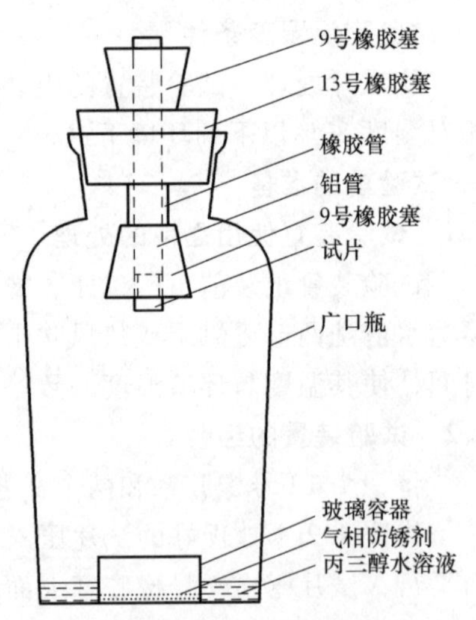

图3　气相防锈剂的气相缓蚀能力试验装置组装示意图

应马上用镊子夹取浸有无水乙醇的脱脂棉，轻轻擦洗后检查。

平行试验四组，其中一组为空白试验。

7.2　加速消耗后的气相缓蚀能力试验

7.2.1　气相防锈纸、气相防锈塑料薄膜的试验

将气相防锈纸裁成一张 200mm×300mm 的试样，在干净、光滑的玻璃板上铺一张定性滤纸，将裁好的气相防锈纸平铺在滤纸上，并使涂有气相缓蚀剂的一面朝上，在试样的四角压上重物，使其在消耗时不发生卷曲。

将气相防锈塑料薄膜中含有气相缓蚀剂的一面向内，尽量排出空气后热封成 200mm×400mm 的密封袋三个，并吊挂。

试样放在 60℃±2℃ 的干燥箱内，经 120h、72h、48h、24h 后取出，自然冷却至室温，再按 7.1.1 规定进行裁样和试验。

7.2.2　气相防锈剂的试验

将 0.5g 粉状气相防锈剂放入 ϕ120mm 的表面皿中，在 60℃±2℃ 的干燥箱中放置 120h 后取出，自然冷却至室温，再按 7.1.2 规定进行试验。

8　缓蚀能力分级和结果评定

8.1　缓蚀能力分级

气相防锈材料的气相缓蚀能力按锈蚀程度分为 4 级：

——0 级：无锈蚀；

——1 级：轻微锈蚀或锈蚀面积在 20%以下；

——2 级：锈蚀面积在 20%~80%；

——3 级：锈蚀面积在 80%以上。

8.2　结果评定

空白试验中试片 3 级锈蚀为试验有效，否则应重新进行试验。

结果评定时距边缘 2mm 以内区域不作考虑。

如果 3 个试片中只有 1 片为 2 级或 3 级，则需重新进行试验，此外按 2 片相同等级进行评定。

9　试验报告

试验报告应包括以下内容：

a）本标准编号；

b）试样的详细说明，包括种类、尺寸、数量、状态等；

c）试验室环境条件；

d）试验参数；

e）试验结果评定；

f）试验过程中与本标准的差异；

g）试验日期、试验者签字、试验单位盖章。

第十二节　气相防锈油试验方法

一、概论

气相防锈油就是含有气相缓蚀剂的防锈油，是以适当倾点和黏度的石油基润滑油为基础油，加入油溶性防锈添加剂、气相缓蚀剂和助剂等组成。它既具有接触防锈性，又具有气相防锈性。气相防锈油与柴油、矿油型液压油及矿油型润滑油有良好的相容性，所以在齿轮箱、压缩机、油箱等复杂内腔相对密封条件下得到广泛应用，而且作为试车油使用时无须换油。

在 SH/T 0692《防锈油》分类中，气相防锈油编号为 L-RQ，是五大类防锈油之一，并按黏度大小分为 L-RQ-1 和 L-RQ-2。

机械行业标准中曾有 JB/T 4050.1《气相防锈油　技术条件》和 JB/T 4050.2《气相防锈油　试验方法》。SH/T 0660—1998《气相防锈油试验方法》于 1998 年 6 月 23 日批准，1998 年 12 月 1 日实施，2004 年确认。

二、标准主要特点与应用说明

1. 关于适用范围

该标准适用于密封系统内腔金属表面封存防锈用的气相防锈油的检验。

2. 关于气相防锈油指标的选用要求

根据气相防锈油组成特点，气相防锈油技术指标包括理化指标和防锈性能指标，主要有闪点、倾点、运动黏度、黏度变化、挥发性物质、沉淀值、烃溶解性、酸中和性、水置换性、腐蚀性、防锈性等。该标准对气相防锈性做了特别规定，将气相防锈油在规定条件下进行暴露和加温试验，测试气相防锈油中气相缓蚀剂部分消耗后的气相防锈性能。

3. 关于气相防锈性试验方法

试片制备按 SH/T 0218《防锈油脂试验试片制备法》进行，经清洗的试片放入干燥器中保存，应在 8h 内取用。进行气相防锈性试验时，将冰水混合物调试成 2.0℃±0.5℃冷水，注满铝管后应迅速放入 20℃试验箱中，3h 后取出，观测试验结果。试验中应观察到试片表面凝露水的出现。此步是试验成败的关键，环境温度最好控制在 20℃左右，同时进行不加试样的空白试验。若空白试验不发生锈蚀，则试验重做。试验是三个试件同时试验。如果三个试件中两个以上（含两个）锈蚀，则判为锈蚀；如果一个试件锈蚀，则应重做试验，当重做试验后又有一个以上（含一个）试件出现锈蚀，则判为锈蚀。

暴露后气相防锈性试验：取试样放入培养皿中，不盖盖子，在 23℃保持 7d，取样做气相防锈性试验。

加温后气相防锈性试验：在试验瓶放入试样，用塞子塞紧，在 65℃±1℃下保持 7d，然后冷却至室温，取样做气相防锈性能试验。

三、标准内容［SH/T 0660—1998（2004）］

气相防锈油试验方法

1　范围

本标准规定了气相防锈油的烃溶解性、挥发性物质含量、酸中和性、气相防锈性、暴露后气相防锈性和加温后气相防锈性等试验方法。

本标准适用于气相防锈油。

2　引用标准

下列标准包括的条文，通过引用而构成本标准的一部分，除非在标准中另有明确规定，下述引用标准都应是现行有效标准。

GB/T 262 石油产品苯胺点测定法

GB/T 621 氢溴酸

GB/T 699 优质碳素结构钢技术条件

GB/T 1884 原油和液体石油产品密度实验室测定法（密度计法）

GB/T 1885 石油计量表

GB/T 6536 石油产品蒸馏测定法

SH 0004 橡胶工业用溶剂油

SH/T 0215 防锈油脂沉淀值和磨损性测定法

SH/T 0218 防锈油脂试验用试片制备法

SH/T 0317 石油产品试验用瓷制器皿验收技术条件

JIS G3108 磨棒钢用一般钢材

第一篇 烃溶解性试验法

3 方法概要

把按 SH/T 0215 已测定沉淀值以后的试样溶液于 23℃ ±3℃ 静置 24h，观察有无相变和分离。

注：相变就是混浊和胶结等。

4 仪器

离心试管：符合 SH/T 0215 中 3.1 的要求。

5 材料

沉淀用溶剂：规格见表 1。

注：可用石油醚与适量苯调配而成。

表 1 沉淀用溶剂规格

项目		质量指标	试验方法
密度(15℃)/(g/cm^3)		0.692~0.702	GB/T 1884 和 GB/T 1885
苯胺点/℃		58~60	GB/T 262
馏程：			GB/T 6536
初馏点/℃	不低于	50	
50%馏出温度/℃		70~80	
终馏点/℃	不高于	130	

6 试验步骤

6.1 在室温下向两支清洁且干燥的离心试管中加入试样 10mL，用沉淀用溶剂稀释到 100mL，然后按 SH/T 0215 测定沉淀值。

6.2 把上述测定沉淀值以后的试样溶液在 23℃ ±3℃ 下静置 24h。

6.3 目测离心管中的试样溶液有无相变和分离现象。

7 结果判断

两支离心管中试样溶液都没有相变和分离现象时，即可判定为“无相变、不分离”；如果两支离心管中有一支相变或分离，则重做试验。如果重做试验的两支离心管中仍有一支以上（含一支）出现相变或分离时，即可判定为“有相变、分离”。

第二篇 挥发性物质含量测定法

8 方法概要

将一定量的试样放在沸腾的水浴上加热，根据加热前后试样的质量变化，计算其挥发性物质含量。

9 仪器

9.1 加热装置[1)]：口径为50mm的电热恒温水浴锅，在其温度计插口处接上冷凝器使蒸气冷却回流。

9.2 容器[2)]：外径为70mm的玻璃蒸发皿（见图1或图2）或使用符合SH/T 0317的灰分用蒸发皿。

9.3 干燥器：放入硅胶干燥剂。

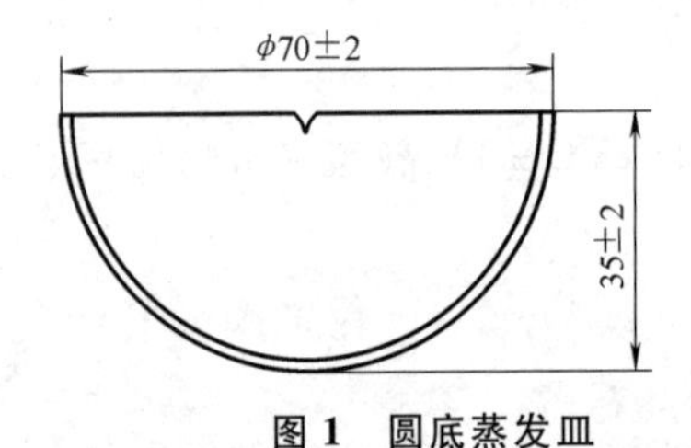

图1 圆底蒸发皿

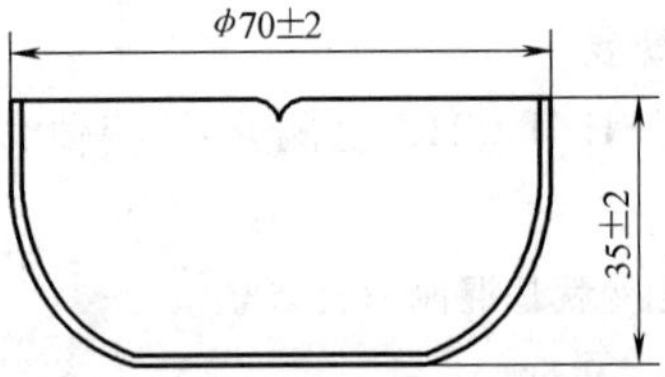

φ70±2

35±2

图2 平底蒸发皿

10 试验步骤

10.1 将容器洗净、烘干，并在干燥器中冷却到室温。

10.2 取上述两个容器，分别称取约5g试样，精确至0.001g。把它们置于沸腾的水浴上，加热2h；在试验过程中，调整浴液面距容器底部20mm~40mm。

10.3 从水浴上取下装有试样的容器，用洁净的干布擦去容器外面的水分，放入干燥器中冷却30min。

10.4 从干燥器中取出容器称重，精确至0.001g。

11 计算

试样的挥发性物质含量 x（质量分数,%）按式（1）计算：

$$x = \frac{m_1 - m_2}{m_1} \times 100 \tag{1}$$

式中 m_1——加热前试样的质量（g）；

m_2——加热后试样的质量（g）。

12 报告

取两个测定结果的平均值作为试样的挥发性物质含量测定结果，并修约到0.1%（质量

采用说明：

1）JIS K2246：1994未注明有冷却回流系统。

2）JIS K2246：1994只规定用外径70mm的蒸发皿。

分数）。

第三篇 酸中和性试验法

13 方法概要

把沾有氢溴酸溶液的试片浸入试样中 1min，提起后在 23℃±3℃条件下放置 4h，评定试样的酸中和性能。

14 仪器

14.1 试片吊钩：用直径 1mm 的不锈钢丝制作。

14.2 试片架：能使试片垂直悬挂的适当吊架。

14.3 烧杯：500mL。

14.4 吹风机：冷热两用。

14.5 干燥器：放入硅胶干燥剂。

15 试剂与材料

15.1 试剂

15.1.1 氢溴酸：分析纯，氢溴酸（HBr）含量不少于 40.0%（质量分数）。

15.1.2 无水乙醇：化学纯。

15.1.3 石油醚：60℃～90℃，分析纯。

15.1.4 溶剂油：符合 SH 0004 要求。

15.2 材料

15.2.1 金属试片：符合 SH/T 0218A 法中 B 试片规定。

15.2.2 研磨材料：粒度为 100 号的刚玉砂布或砂纸。

16 准备工作

16.1 试片的制备

试片的制备按 SH/T 0218 第一篇第 6 章“试片的制备”进行，但研磨材料选用 100 号刚玉砂布或砂纸，磨出新的研磨面，对表面粗糙度无具体规定。

16.2 0.1%±0.01%（质量分数）的氢溴酸溶液的配制

按 GB/T 621 确定试验用氢溴酸的实际浓度，然后称取适量的氢溴酸，用蒸馏水配成浓度为 0.1%±0.01%（质量分数）的氢溴酸溶液，充分摇匀，密闭保存，备用。

注：氢溴酸有毒，使用时应在通风橱内进行。

17 试验步骤

17.1 将 500mL 试样倒入烧杯中，使其温度保持在 23℃±3℃。

17.2 将准备好的三片试片用吊钩吊起，浸入浓度为 0.1%±0.01%（质量分数）的 500mL 氢溴酸溶液中 1s。观察试片浸酸情况，如试片不沾酸时，则此试片不能用于试验。

17.3 把经 17.2 处理的试片立即垂直地浸入按 17.1 准备好的试样中，轻轻地来回摆动 2 次～3 次。

17.4 在 1min 之内，反复浸入提起试片 12 次，然后将试片挂在试片吊架上。在 23℃±3℃条件下放置 4h。

17.5 用溶剂油、石油醚、无水乙醇依次洗净附着在试片上的试样和酸溶液，最后用热风吹干。

17.6 用肉眼观察试片中部 50mm×50mm 的评定面内是否有锈蚀、斑点、污迹和变色等。

18 结果判断及报告

18.1 三片试片的评定面内都没有出现锈蚀、斑点、污迹时，即报告为“合格”。

18.2 三片试片中有一片的评定面内出现锈蚀、斑点、污迹时，则应重做试验。若再次试验结果仍有一片以上（含一片）的评定面内出现锈蚀、斑点、污迹时，则报告为“不合格”。

第四篇 气相防锈性试验法

19 方法概要

在装有试件的密闭容器中，放入试样和丙三醇溶液，在 20℃条件下保持 20h，然后冷却试件，使表面结霜。3h 以后，观察试件上有无锈蚀发生。

20 仪器

20.1 具塞广口瓶：1000mL。

20.2 玻璃容器：内径 45mm，高 20mm 以下的玻璃制品。

20.3 放大镜：放大倍率约 5 倍。

20.4 橡胶塞：11 号及 23 号，中央开一个直径约为 15mm 的孔。

20.5 恒温空气浴：能容纳四组以上试验体，能保持在 20℃±2℃。

21 试剂与材料

21.1 试剂

21.1.1 无水乙醇：化学纯。

21.1.2 丙酮：分析纯。

21.1.3 丙三醇：分析纯，用蒸馏水配制成 35%（质量分数）的丙三醇溶液。

21.2 材料

21.2.1 铝管：铝或铝合金无缝铝管，外径 16mm，内径 13mm，长度 114mm。

21.2.2 橡胶管。

21.2.3 试件：符合 JIS G3108 规定的 SGD3 或 GB/T 699 优质碳素结构钢［化学成分（质量分数）：碳 0.15%～0.20%，锰 0.30%～0.60%，硫 0.045%以下，磷 0.045%以下］，直径 16mm，长度 13mm，其一端开有直径和深度分别为 9.5mm 的孔。

21.2.4 金相砂纸：粒度为 320 号或 W40（37μm～40μm）。

21.2.5 溶剂：符合 SH 0004 规定的溶剂油。

22 试件的准备

22.1 研磨：用金相砂纸研磨三个试件的无孔端，把金相砂纸放在玻璃板上，前后研磨十次，接着再转 90°，研磨十次（注意：试件的边缘部位也需打磨至无锈蚀为止）。

22.2 清洗：将研磨的试件依次浸入溶剂油、无水乙醇[1] 和丙酮中，每次都用纱布擦去研磨面上的污物，直到擦洗用的纱布上没有污物为止。

22.3 保存：不立即做试验时，试件应放在干燥容器内保存。但是，保存 8h 以上的试件必须重新研磨。

采用说明：

1）JIS K2246：1994 采用甲醇清洗试件，本标准采用无水乙醇清洗。

23 试验步骤

23.1 把试件有孔的一端插入中央部位开有直径约为15mm孔的11号橡胶塞中，插入深度为9.5mm±0.5mm（见图3）。

23.2 把铝管通过23号橡胶塞的中央，两端露出的长度一样，橡胶塞下部的铝管一端插入11号橡胶塞中，直至碰到安装在11号橡胶塞上的试件为止（见图3）。安装试件时，不要沾上指纹等污物。

23.3 在试件一侧的11号和23号橡胶塞之间的铝管上套上橡胶管。另外，把另一个11号橡胶塞套在反方向突出的铝管上。

23.4 在具塞广口瓶的底部放入25mL试样，为把相对湿度调整到90%，在玻璃容器中放入10mL浓度为35%（质量分数）的丙三醇溶液，用装有试件的23号橡胶塞作塞子，构成试验体（见图4）。

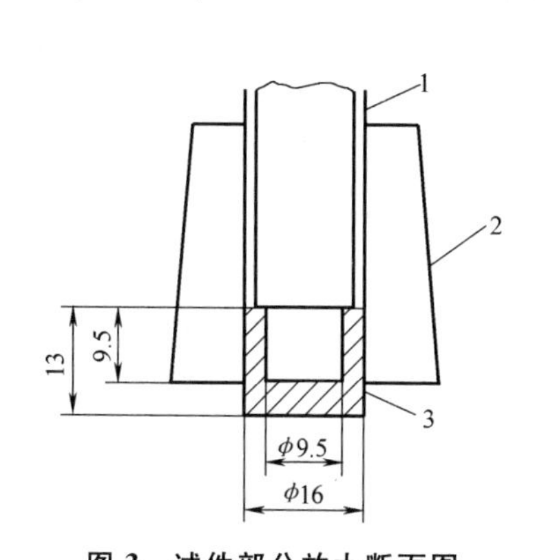

图3 试件部分放大断面图

1—铝管 2—11号橡胶塞 3—钢试件

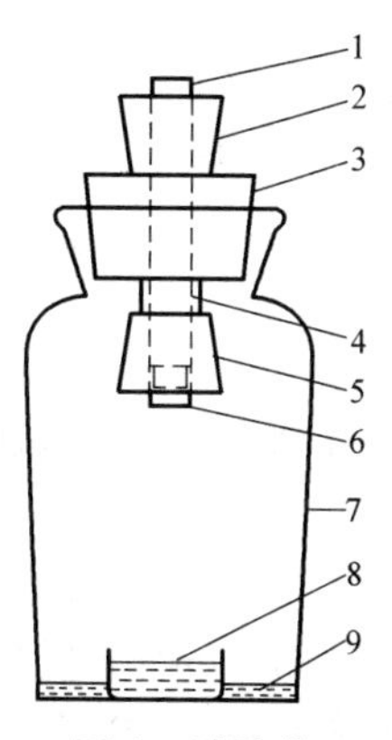

图4 试验体

1—铝管 2、5—11号橡胶塞 3—23号橡胶塞 4—隔热用橡胶管 6—钢试件 7—广口瓶 8—丙三醇溶液 9—气相防锈油

23.5 试验体放入保持在20℃±2℃的恒温空气浴中，20h以后用2.0℃±0.5℃的冷水注满铝管。

23.6 3h后取出试件，放出铝管中的水。

23.7 用放大镜观察试件研磨部分，观察有无锈蚀发生。

23.8 同时进行不加试样的空白试验，空白试验不发生锈蚀时，应检查试验条件，并重做试验。

24 结果判断

本试验是用三个试件同时进行试验。如果三个试件中两个以上（含两个）生锈时，则判为生锈；如果三个试件中有一个试件生锈时，则应重做试验。当重做试验后又有一个以上（含一个）试件出现锈蚀时则判为生锈。

第五篇 暴露后气相防锈性试验法

25 方法概要

把在23℃条件下保持7d的试样按第四篇进行气相防锈性试验，考察试样暴露后的气相防锈性能。

26 仪器

26.1 培养皿：直径120mm。

26.2 其他仪器按第四篇第 20 条规定。

27 试剂与材料

27.1 试剂

按第四篇第 21.1 条规定。

27.2 材料

按第四篇第 21.2 条规定。

28 试件的准备

按第四篇第 22 条规定。

29 试验步骤

29.1 把约 120mL 试样放入培养皿中，不盖盖子，在 23℃±3℃下暴露 7d。

29.2 把经暴露后的试样按第四篇第 23 条规定进行气相防锈性试验。

30 结果判断

按第四篇第 24 条规定。

第六篇 加温后气相防锈性试验法

31 方法概要

把在 65℃条件下保持 7d 的试样按第四篇进行气相防锈性试验，考察试样在加温后的气相防锈性能。

32 仪器

32.1 试样瓶：外径约 40mm，高约 140mm。

32.2 其他仪器按第四篇第 20 条规定。

33 试剂与材料

33.1 试剂

按第四篇第 21.1 条规定。

33.2 材料

按第四篇第 21.2 条规定。

34 试件的准备

按第四篇第 22 条规定。

35 试验步骤

35.1 在试样瓶中放入约 120mL 试样，用塞子塞紧，在 65℃±1℃下保持 7d，然后冷却至室温。

35.2 将此试样按第四篇第 23 条规定进行气相防锈性试验。

36 结果判断

按第四篇第 24 条规定。

第十三节 气相防锈纸 试验方法

一、概论

气相防锈纸是以防锈原纸为基材，浸或涂覆气相缓蚀剂（VCI），并经一系列加工而成的特种防锈包装材料，简称防锈纸，它兼具包装和防护双重功能。通常防锈纸分为接触型防锈纸和气相防锈纸两类。

JB/T 4051.2—1999《气相防锈纸　试验方法》（代替 JB/T 4051.2—1985）于 1999 年 6 月 28 日批准，2000 年 1 月 1 日实施。

二、标准主要特点与应用说明

1. 关于适用范围

该标准适用于作为金属材料及其制品进行防锈包装用的气相防锈纸的检验。

2. 关于气相防锈纸技术指标试验方法

气相防锈纸防锈性能指标试验方法包括气相防锈甄别试验、动态接触湿热试验、气相缓蚀能力试验。

气相防锈纸机械强度指标耐破度是指气相防锈纸张在单位面积上垂直于试样表面能承受的最大均匀压强，单位为 kPa，依据 GB/T 454《纸耐破度的测定》进行试验。

3. 关于气相防锈纸试验要求

试片制备按 SH/T 0218《防锈油脂试验试片制备法》进行。试片打磨、清洗按试验中的要求实施，制备过程严禁裸手接触试片。制备好的试片应立即置于干燥器冷却至室温，24h 内取用，否则应重新打磨与清洗。

试样取样应去掉最外两层，采取 $2m^2$ 试样，其中留一半备用，将试样密封包装。测试取样，随取随用，如一次用不完，应密封常温保存。取样应取中间层，并分清涂药面，试验过程中不得污染涂药面。

4. 关于气相防锈纸的防锈试验

气相缓蚀能力试验：甘油水溶液用化学纯的丙三醇配制，25℃密度为 $1077kg/m^3$。试验时取 10mL 已配制的甘油水溶液，试验装置置于温度为 20℃±2℃环境中 20h，加 2℃±0.5℃的冰水，再在 20℃±2℃继续保持 3h。三组平行试验，一组为不放置气相防纸的空白样，试验过程中观察试片表面是否有凝露。若空白试验时试片未锈，则试验重做。

气相防锈甄别试验和动态接触湿热试验：按标准要求进行试验，以 24h 为一个周期，连续加热 8h，停止加热 16h。因试验周期长，应确保试验仪器正常，严格控制试验温度波动；因温度变化，试验体内随着气相缓蚀剂的挥发，压力增大，试验中应查看橡胶塞是否塞紧。

试验评级：钢试片无锈为合格，出现锈点为不合格；黄铜试片应无发黑、发绿和严重变色，轻微变色、变暗可不按腐蚀处理。

三、标准内容（JB/T 4051.2—1999）

气相防锈纸　试验方法

1　范围

本试验方法用于金属材料及其制品作防锈包装用的气相防锈纸。

2　引用标准

下列标准所包含的条文，通过在本标准中引用而构成为本标准的条文。本标准出版时，所示版本均为有效。所有标准都会被修订，使用本标准的各方应探讨使用下列标准最新版本的可能性。

GB/T 457—1989 纸耐折度的测定法

GB/T 2361—1992 防锈油脂湿热试验法

SH 0004—1990 橡胶工业用溶剂油

3 试验用试片的制备

3.1 应用仪器和器皿

3.1.1 试片金属材料：钢 45 钢或 10 钢；黄铜 H62；铝 LY12（2A12）；

3.1.2 玻璃干燥器；

3.1.3 电吹风器；

3.1.4 电镀镊子；

3.1.5 医用纱布、脱脂棉；

3.1.6 氧化铝砂纸（布）：150 号、180 号、240 号；

3.1.7 搪瓷杯。

3.2 应用试剂和溶液

3.2.1 橡胶工业用溶剂油：符合 SH 0004 的要求；

3.2.2 无水乙醇（化学纯）；

3.2.3 硅胶。

3.3 试片的制备

3.3.1 钢试片的试验面先用磨床加工至表面粗糙度 *Ra* 为 1.00μm，使用前再用 180~240 号的水磨砂纸打磨至表面粗糙度 *Ra* 为 0.32μm~0.63μm，试片打磨纹路应平行一致，试片表面不得有凹坑、划伤、锈蚀，试片孔应用钻头、什锦锉、砂纸处理至无锈蚀（见图 1）。

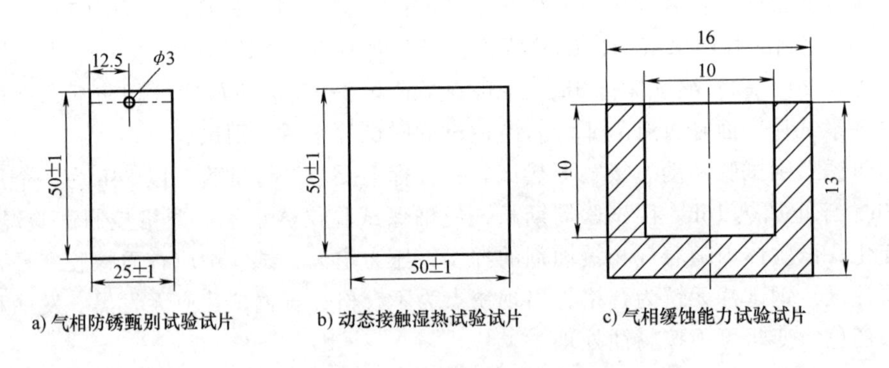

a) 气相防锈甄别试验试片　b) 动态接触湿热试验试片　c) 气相缓蚀能力试验试片

图 1 试片图

3.3.2 试片的棱角及边孔用 150 号砂纸打磨。

3.3.3 打磨好的试片应立即清洗干净。

3.3.4 试片清洗用四只清洁的搪瓷杯，分别盛 150mL 以上的汽油、汽油、乙醇、50℃~60℃乙醇。用镊子夹取脱脂棉按顺序进行清洗，然后用热风吹干或用医用纱布擦干，置于干燥器内冷至室温备用。但必须在 24h 内使用，否则应重新打磨与清洗。

3.3.5 在试片制备过程中，严禁裸手与试验面接触。

4 气相防锈甄别试验方法

4.1 应用仪器和器皿

4.1.1 电热恒温箱；

4.1.2 玻璃试管：内径 ϕ31mm±1mm，长 210mm±5mm；

4.1.3 橡胶塞 7~9 号，附带有不锈钢挂钩；

4.1.4 试管架；

4.1.5 试片：50mm×25mm×(3~5)mm 三块。

4.2 应用试剂和溶液

4.2.1 蒸馏水；

4.2.2 橡胶工业用溶剂油：符合 SH 0004 的要求；

4.2.3 无水乙醇（化学纯）。

4.3 试验条件

4.3.1 温度：(50±2)℃；

4.3.2 相对湿度：RH95%以上。

4.4 试验操作

4.4.1 将 120mm×150mm 干的气相防锈纸卷成 ϕ30mm×150mm 的圆筒，装入洗净烘干的试管中贴附管壁，盖上橡胶塞，置于（50±2）℃的烘箱中恒温 2h 取出，将按本标准第 3 章中规定处理好的试片，迅速挂在橡胶塞吊钩上，盖好橡胶塞，试片恰好置于试管中央部位，记下试管编号，再置于（50±2）℃烘箱中恒温 2h，同时做空白对照试验。

4.4.2 取出试管，迅速注入蒸馏水 15mL，放入试管架上，再放进（50±2）℃的烘箱中开始试验，并记下开始试验时间。

4.4.3 本试验每天加热 8h，停止加热 16h，记 24h 为一周期。

4.4.4 本试验所用之试管，橡胶塞应顺序用自来水、热肥皂水或碱水、自来水、蒸馏水清洗干净，烘干后使用（见图 2）。

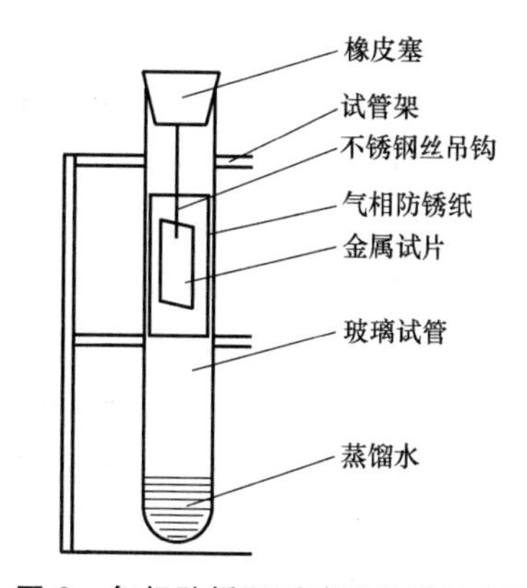

图 2 气相防锈甄别试验装置示意图

5 动态接触湿热试验方法

5.1 应用仪器和器皿

5.1.1 湿热试验箱：应符合 GB/T 2361 的要求；

5.1.2 聚乙烯薄膜；

5.1.3 尼龙丝或塑料丝；

5.1.4 不锈钢或玻璃 S 型吊钩；

5.1.5 试片：50mm×50mm×(3~5)mm 三块。

5.2 应用试剂和溶液

5.2.1 蒸馏水；

5.2.2 橡胶工业用溶剂油：符合 SH 0004 的要求；

5.2.3 无水乙醇（化学纯）。

5.3 试验条件

5.3.1 温度：(49±1)℃；

5.3.2 相对湿度：RH 95%以上；

5.3.3 空气流量：箱内体积 3 倍/h；

5.3.4 试片架旋转：$\frac{1}{3}$r/min。

5.4 试验操作

5.4.1 将按本标准第3章中准备好的试片，用预先裁好的160mm×160mm的气相防锈纸包装好，如果是未复合的气相防锈纸按同样方法再包一层厚（0.05±0.01）mm的聚乙烯薄膜做外包装，然后用尼龙丝按十字形缠紧，记下试片编号，用吊钩将试片挂在湿热箱内旋转架上，开动试验设备，记下试验开始时间。

5.4.2 湿热试验每天工作8h，然后停止运转16h，计24h为一周期。

6 气相缓蚀能力试验方法

6.1 应用仪器和器皿

6.1.1 1L广口瓶；

6.1.2 铝管 ϕ16mm×1.5mm×110mm；

6.1.3 橡胶塞9号、13号；

6.1.4 橡胶管；

6.1.5 回形针；

6.1.6 凹形试片 ϕ16mm×13mm、内孔 ϕ10mm×10mm。

6.2 应用试剂和溶液

6.2.1 甘油水溶液：用化学纯的甘油配成25℃密度1.077的甘油水溶液；

6.2.2 橡胶工业用溶剂油：符合SH 0004的要求；

6.2.3 无水乙醇（化学纯）；

6.2.4 蒸馏水。

6.3 试验操作

6.3.1 将按本标准第3章中规定处理好的试片的试验面垫在干净滤纸上，将试片凹形面压入9号橡胶塞内，试验面露出部分不超过3mm，压装后的试片试验面用浸有无水乙醇脱脂棉或纱布擦洗两遍热风吹干。

6.3.2 将预先裁好的25mm×150mm的气相防锈纸两张用图钉对称地固定在9号橡胶塞两侧，纸的涂药面应相对，纸条底部用回形针固定，使其垂直。

6.3.3 将上述装置盖在预先注有10mL已配好的甘油水溶液的广口瓶上。置于（20±2）℃的温度下20h后，迅速向铝管内注满温度为（2.0±0.5）℃的冰水，再在（20±2）℃下保持3h后倒出冰水，用浸有无水乙醇的脱脂棉擦洗试样，吹干后立即检查，无锈为合格。

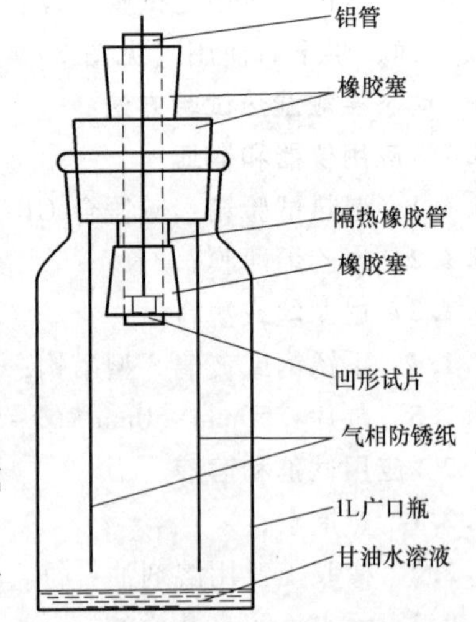

图3 气相缓蚀能力试验装置示意图

6.3.4 平行试验三组，同时在同样条件下进行一组空白对比试验，空白试验不放气相防锈纸。如空白试验试片未锈，试验则需要重新进行。

6.3.5 本试验装置（见图3）的清洗方法按4.4.4的规定进行。

7 耐折度试验

按GB/T 457的规定进行。

第十四节　水基材料防锈试验方法　铸铁屑试验

一、概论

水基防锈剂是一种常用的暂时性防锈材料。该防锈剂以水为介质，使用安全、方便、易清洗，已成为金属制品加工过程中不可缺少的暂时性防锈材料之一。

水基防锈剂的防锈性受前处理工艺、水质、使用环境（如地域、气候、季节、湿度、大气中的成分）等条件的影响较大，同一种水基防锈剂会因使用条件不同防锈性相差甚远。因此，目前水基防锈剂主要用于金属制品加工中的工序间防锈，尚无水基防锈剂的国家标准和行业标准。

ZB A29 001《水基材料防锈试验方法　铸铁粉末法》于1990年首次发布。1999年第一次修订，2016年第二次修订。JB/T 9189—2016《水基材料防锈试验方法　铸铁屑试验》于2016年8月1日发布，2016年10月1日实施。

该标准是用灰铸铁屑及滤纸检验水基材料防锈性能的试验方法，适用于水基防锈材料、水基金属切削液、水基防锈润滑液、水基防锈金属清洗剂对黑色金属的防锈性能试验。

二、标准主要特点与应用说明

1. 关于标准的主要特点

该标准等效采用德国标准 DIN 51360，所采用铸铁屑材质为 HT250，同德国标准 DIN 51360 中的材质 GG25 相对应，可自行加工使用铸铁屑。但英国标准 IP 287 附件对铸铁屑的加工方式做了比较明确的规定。

2. 关于适用范围

该标准适用于水基防锈材料、水基金属切削液、水基防锈润滑液及水基防锈金属清洗剂对黑色金属的防锈性能试验。

3. 关于水基材料防锈试验方法

将新制备的铸铁屑均匀分散放在一张圆形滤纸上一起放入培养皿中。将待测样品置于烧杯中，用水稀释至工作液状态并搅拌均匀，测试液均匀滴在铸铁屑表面，使铸铁屑表面润湿，室温下放置2h，然后除去铁屑。与标准图对比，目测滤纸上锈点面积大小。

该标准的评价方法就是用铸铁屑锈蚀后留在滤纸上的锈点，来判断试样的防锈性能。

4. 关于试验条件要求

在室内环境温度18℃~28℃下放置120min，培养皿不应放置在潮湿地区或被阳光直射的区域。

试验使用干燥的灰铸铁屑，其成分应符合 GB/T 9439—2010《灰铸铁件》规定的 HT250 灰铸铁材料，经切削、过筛后制成大小为 $3mm^2$~$6mm^2$ 铁屑。铁屑必须储存在装有干燥剂的干燥器中，干燥剂可用变色硅胶或五氧化二磷。

三、标准内容（JB/T 9189—2016）

水基材料防锈试验方法　铸铁屑试验

1　范围

本标准规定了试验用灰铸铁屑及滤纸，测试水基防锈材料、水基金属切削液、水基防锈润滑液及水基金属清洗剂材料的防锈性能试验方法。

本标准适用于水基防锈材料、水基金属切削液、水基防锈润滑液、水基金属清洗剂对黑色金属的防锈性能试验。

2　规范性引用文件

下列文件对于本文件的应用是必不可少的。凡是注日期的引用文件，仅注日期的版本适用于本文件。凡是不注日期的引用文件，其最新版本（包括所有的修改单）适用于本文件。

GB/T 1914　化学分析滤纸

GB/T 6003.1　试验筛　技术要求和检验　第1部分：金属丝编织网试验筛

GB/T 6003.2　试验筛　技术要求和检验　第2部分：金属穿孔板试验筛

GB/T 6682　分析实验室用水规格和试验方法

GB/T 9439—2010　灰铸铁件

GB/T 11372　防锈术语

GB/T 12808　实验室玻璃仪器　单标线吸量管

GB/T 15724　实验室玻璃仪器　烧杯

3　术语和定义

GB/T 1914、GB/T 9439—2010、GB/T 11372 界定的术语和定义适用于本文件。

4　方法概要

将新制备的铸铁屑均匀分散在一张圆形滤纸上一起放入培养皿中。将待测样品置于烧杯中用水稀释至工作液状态并搅拌均匀，测试液均匀滴在铸铁屑表面上，使铸铁屑表面润湿，室温下放置2h，然后除去铁屑。与标准图对比，目测比较滤纸上锈点数量和面积大小。

试验评价方法就是用铁屑锈蚀后留在滤纸上的锈点，来判断水基防锈材料、水基金属切削液、水基防锈润滑液、水基金属清洗剂材料的防锈性能。

5　试验仪器

烧杯2000mL（见GB/T 15724）；

注射器50mL，带金属针尖和金属或玻璃活塞；

搅拌器（转速为750r/min，搅拌叶材质为不锈钢，120mm长，19mm宽，1.5mm厚）；

快速定性滤纸（见GB/T 1914），裁剪成直径40mm的圆形滤纸；

勺子（牛角勺或不锈钢勺）；

金属穿孔板试验筛，孔径4mm（见GB/T 6003.1）；

金属丝编织网试验筛，孔径2mm（见GB/T 6003.2）；

培养皿，直径40mm；

滴管2mL（见GB/T 12808）；

电子天平（0.01g）。

6　试验材料和试剂

干燥的灰铸铁屑：GB/T 9439—2010 规定的（HT250）灰铸铁金属材质，切削后大小为 $3mm^2$ ~ $6mm^2$ 铁屑（见本标准 7.2），必须储存在有干燥剂的干燥器中，干燥剂可用变色硅胶或五氧化二磷。

试验用水配制：

试验用水的硬度要求为 $c(CaCl_2 \cdot 6H_2O, MgSO_4 \cdot 7H_2O) = 3.58mmol/L$。

按以下 A、B 溶液及去离子水用量配制即可获得 3.58mmol/L 的试验用水 1L；

溶液 A：17mL（将 39g 六水氯化钙试剂溶解于 1000mL 纯水中得溶液 A）；

溶液 B：3mL（将 44g 七水硫酸镁试剂溶解于 1000mL 纯水中得溶液 B）；

二级去离子水：980mL（见 GB/T 6682）。

丙酮：化学纯。

7　制样

7.1　待测防锈液试样的配制

原材料（水基防锈材料、水基金属切削液、水基防锈润滑液、水基金属清洗剂材料）一般为浓缩液，实际工作中需要水稀释。用水稀释时，按第 6 章新制备的试验用水的硬度是恒定的，若实验中用到的水与第 6 章制得的水硬度不同，则实验结果也有可能不同。

按照每升工作液使用比例，用移液管将每升一定比例重量的待测水基防锈材料、水基金属切削液、水基防锈润滑液或水基金属清洗剂材料移至 2000mL 烧杯，再用按第 6 章新制备的试验用水稀释至 1000mL，稀释过程中用搅拌棒在距烧杯底部约 20mm 处连续搅拌，稀释完成后再继续搅拌 5min。

7.2　灰铸铁屑（试验铁屑）

试验前目视检查铁屑确保没有被腐蚀。铁屑要先用 4mm 孔径的不锈钢试验筛网（见 GB/T 6003.2）筛分，然后用 2mm 孔径的不锈钢铁丝网（见 GB/T 6003.1）再筛分一次。过程中勿用手触摸铁屑。2g 铁屑约有（30±5）粒，铁屑若过大或过小，则需要用试验筛重新筛分。

8　试验步骤

8.1　对于每组试验，取两张滤纸分别铺放在两个培养皿内，用天平称取铸铁屑（2±0.1）g，用勺子（见第 5 章）均匀舀放在每个培养皿内滤纸上。

8.2　用 2mL 滴管移取 2mL 新制备待测防锈液（见 7.1）将铁屑均匀润湿，然后盖上培养皿盖子。

8.3　将培养皿在室内 18℃ ~28℃ 下放置 120min（不超过 130min），培养皿不应放置在潮湿地区或被阳光直射的区域。

8.4　试验后移走铁屑，将滤纸放在水流下冲洗（水速不宜过快），然后在丙酮中漂洗约 5s，最后将滤纸在室内 18℃ ~28℃ 下放置干燥，进行评价。

9　试验结果的评定

9.1　目测滤纸锈点

滤纸清洗和干燥后（见 8.4），目视检查滤纸上的锈点数目和面积。

9.2　根据图 1 锈点面积判定防锈性能

若两张滤纸中锈点面积相差超过一级，则需重复试验。

注：滤纸的表面积约为 $1256mm^2$，为了在计算滤纸上锈点数量时更为准确，建议使用一张有毫米格的透明纸张。

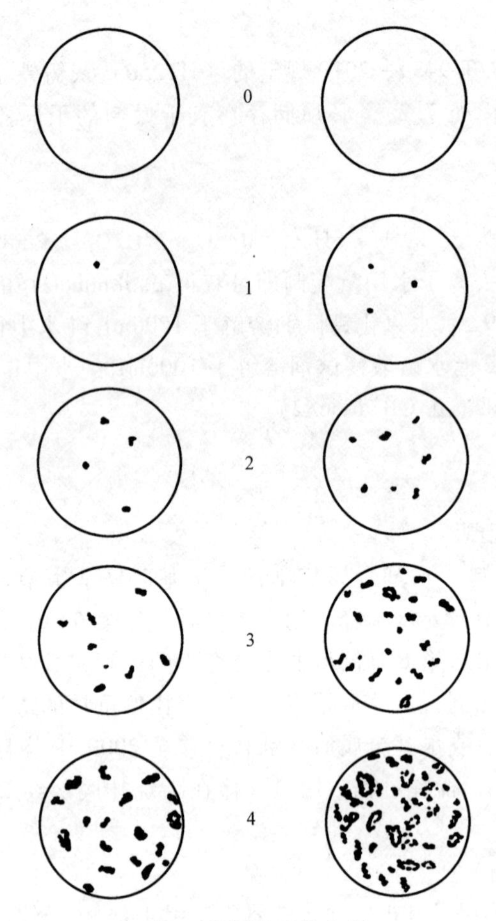

图 1 滤纸防锈性分级

9.3 结果解释

根据两张滤纸上锈点面积大小按表 1 可以评估试验结果。

如：当用同一水基防锈材料、水基金属切削液、水基防锈润滑液、水基金属清洗剂材料试验时，一张滤纸中显示为 0 级，而另一张显示为 1 级，那么试验结果可以写为：防锈性能为 0~1 级。

表 1 滤纸防锈性分级

防锈性分级/级	描 述	观 察 结 果
0	不锈	没有锈点
1	微锈	最多三个锈点，且锈点最大直径不超过 1mm
2	轻锈	比 1 级严重，但锈点面积不超过滤纸的 1%
3	中度锈蚀	锈点面积大于滤纸面积的 1%，但小于 5%
4	重度锈蚀	超过 5%的滤纸面积上有锈点

10　准确性评价

10.1　重复性评价

在可重复的条件下，同一实验员在两组试验中的四个数据相差不超过一个级别，则两组试验结果都是有效的。

10.2　再现性评价

在可比条件下两组试验的数据：

若这两组试验中的四个数据相差不超过两个级别，则这两组试验结果都是有效的。

若这两组试验中的四个数据相差超过了两个级别，则试验结果无效，需要重新试验。

第十五节　防锈油防锈性能试验　多电极电化学法

一、概论

金属在大气条件下的锈蚀是电化学腐蚀。在金属表面涂防锈油后，形成吸附屏蔽层，可减缓或阻止电化学过程的进行。防锈油膜对金属材料的防护能力大小，即防锈油防护效果的优劣与其在金属表面形成的膜有关，若膜致密厚实，则极化电阻大，抑制腐蚀电化学过程的能力就强。因此，防锈油膜对金属材料的保护性能可从其对电化学过程抑制能力的大小体现，即在一定的条件下，电化学测试参数可反映防锈油在金属表面所成油膜的特点。

与防锈油的湿热试验、盐雾试验和腐蚀试验等测试方法类似，防锈油的多电极电化学测试法，也难以同时将油膜的老化、环境、地域等因素融入其中，然而，它可从电化学角度获得防锈油膜对金属材料防护特性的信息，用于比较防锈油在测试条件下的差别。

GB/T 26105—2010《防锈油防锈性能试验　多电极电化学法》（代替 JB/T 10528—2005）于 2011 年 1 月 10 日批准，2011 年 10 月 1 日实施。

二、标准主要特点与应用说明

1. 关于适用范围

该标准适用于铁基材料用防锈油的多电极电化学性能测试比较。

2. 关于测试方法

防锈油在金属表面形成的油膜能增加金属电化学腐蚀的极化电阻，极化电阻的大小取决于防锈油组成体系，所以从防锈油的电化学测试数据可获得其成膜特点信息。由于金属表面的不均匀性，防锈油中防锈添加剂在金属表面的吸附也有差别，通过简单的测试电化学参数难以较好地获取防锈油间差别的信息。该标准采用由 64 根金属丝组成的丝束电极探头，利用统计方法突出防护弱势电极，在一定程度上弥补了单电极的不足，有利于较客观地反映在同等条件下防锈油对金属防护性能和差别。

该标准中将测试方法分为沥干法和直测法。沥干法是采用涂油探头电极和辅助电极浸在 5%（质量分数）NaCl 溶液中进行测试的。电极表面涂防锈油后经 24h 自然沥干成膜，不管是溶剂型还是润滑油型，油膜已处于相对稳定状态，测试结果应能较好地反应受试防锈油的防护特性。直测法是将探头电极和辅助电极浸在受试油中进行测试的。对于大多数防锈油而言，成膜后在非浸泡的大气条件下对金属实现防锈防护。对于润滑油型防锈油，油膜的厚度因基础油及添加剂不同而异，在添加剂相近时，厚油膜有利于抵抗大气侵蚀，基础油黏度的适度变化对测试结果的影响不易在全浸式的测试中体现。对于溶剂型防锈油，在沥干期间大部分溶剂已挥发，形成以防锈添加剂和成膜剂为主的防护膜，膜的防护性能与膜中添加剂的吸附及膜的厚度有关。对于油中添加剂加入量少、吸附弱，但成膜剂多且成膜性好的溶剂稀释型防锈油，可能使用效果较好，但在浸泡测试时，其极化电阻可能不及强吸附型、低成膜剂含量或不含成膜剂的溶剂型防锈油。因此，在用多电极电化学法的直测法时，应结合防锈油试样特点等实际情况综合分析。

3. 关于测试和参数表达

（1）沥干法（N+4 参数） 将制备好的涂油测试探头和辅助电极浸入 5%（质量分数）NaCl 水溶液中，测定体系的电阻值。将测试获得的电阻数据划分为 N 个区，进行统计处理后，得到 4 个评价防锈油优劣的参数：

T——超声时间，在同等条件下，总超声时间长者防锈性优；

n——腐蚀介质作用下膜下金属发生腐蚀的等效电极数，在 T 相同时，n 小者防锈性优；

$\overline{\lg R}$——192 个电极电阻对数的平均值，大者防锈性优；

σ——192 个电极电阻对数的均方差，小者防锈性优。

（2）直测法（M+3 参数） 将经打磨和清洗的测试探头和辅助电极浸入试油中，测定体系的电阻值。将测试获得的电阻数据划分为 M 个区，经统计处理后，得到 3 个评价防锈油防锈性优劣的参数：

m——192 个相对易腐蚀电极的等效电极数，小者防锈性优；

$\overline{R}$——192 个电极的平均电阻值，大者防锈性优；

σ——192 个电极电阻相对平均电阻 R 的相对均方差，小者防锈性优。

三、标准内容（GB/T 26105—2010）

防锈油防锈性能试验 多电极电化学法

1 范围

本标准规定了评价防锈油防锈性能试验的多电极电化学测试方法、设备和步骤。

本标准适用于铁基材料上防锈油防锈性能的比较试验。

2 规范性引用文件

下列文件中的条款通过本标准的引用而成为本标准的条款。凡是注日期的引用文件，其随后所有的修改单（不包括勘误的内容）或修订版均不适用于本标准，然而，鼓励根据本标准达成协议的各方研究是否可使用这些文件的最新版本。凡是不注日期的引用文件，其最新版本适用于本标准。

GB/T 678 化学试剂 乙醇（无水乙醇）

GB/T 1266 化学试剂 氯化钠

GB/T 11372 防锈术语

GB/T 15894 化学试剂 石油醚

3 术语和定义

GB/T 11372 所确立的以及下列术语和定义适用于本标准。

3.1　防锈性能　rust preventing ability

防锈油有效保护膜下金属或防止金属发生腐蚀的能力。

3.2　多电极电化学法　electrochemical measurement with wire beam electrode

通过测定多个电极在油中或涂油电极在腐蚀介质中的电化学参数，并利用统计参数来评价防锈油的防锈性能方法。前者称为多电极电化学直测法，后者称为多电极电化学沥干法。

4　原理

常温下涂覆防锈油膜下金属的腐蚀是一个电化学过程。该过程遇到的阻力主要来自极化电阻，其次是液膜或腐蚀介质电阻。该过程遇到的阻力越大，金属的腐蚀速度就越小。在极化电阻大于液膜和腐蚀介质电阻条件下，测得的电阻越大，防锈油的防锈性能就越好。由于防锈油的电化学不均匀性，各电极电阻一般是不同的。低阻区域是防锈油防护的薄弱环节，最先引起膜下金属腐蚀，直接控制着油膜的防锈性能优劣。多电极电化学法通过统计低阻区域电极电阻分布来评价防锈油膜的防锈性能。

5　材料和试剂

5.1　测试探头电极材料

直径 ϕ=0.9mm 铁丝（ASTM A853）。

5.2　辅助电极材料

直径 ϕ=18mm 45 钢。

5.3　试剂

石油醚（GB/T 15894），沸程 60℃～90℃；氯化钠（GB/T 1266）；无水乙醇（GB/T 678）。

6　试验设备

6.1　测试探头

测试探头由 64 根铁丝（ϕ0.9mm±0.1mm，表面用 5#砂纸去表面保护膜、清洗干燥）均匀排列（间距为 2.5mm），封于环氧树脂中制成（直径 ϕ32.0mm±0.1mm、高 H45mm），如图 1 所示。每根铁丝都是一个独立的电极，与多电极电化学测试仪连接，组成多电极系统的测试探头。

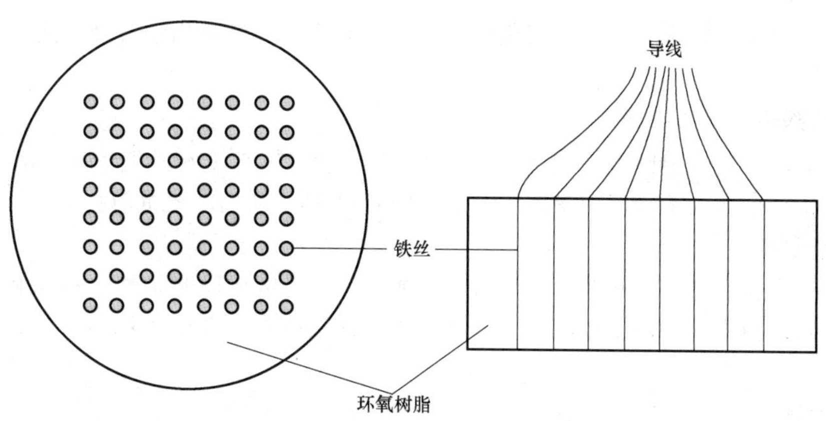

图 1　测试探头的正面图和侧面图

6.2　辅助电极

辅助电极为直径 ϕ=18mm、长 L=10mm 的 45 钢圆片，用环氧树脂封装而成。

6.3　多电极电化学测试仪

多电极电化学测试仪是按照油膜直流电阻和电位测试原理设计的专用仪器，见附录A。

6.4　测试槽

测试槽为直径 $\phi=50mm$、高 $H=50mm$ 的一次性聚乙烯塑料杯。

6.5　电源

电源为交流电，220V，50Hz。

6.6　超声加速渗透装置

超声加速渗透装置所用超声波强度为 $0.250W/cm^2 \pm 0.025W/cm^2$，频率为30kHz±3kHz。

7　制样、测试环境

防锈油油膜的制备和防锈性能测试应在20℃~25℃、相对湿度不大于70%室内环境下进行。

8　多电极电化学沥干法

8.1　测试线路示意图

如图2所示，干燥、清洁的测试探头涂油沥干后和辅助电极一起放入5% NaCl溶液中测试，测试探头和辅助电极工作面水平平行相向，间距为8mm±5mm。64个电极经导线分别接入多电极电化学测试仪一端，辅助电极接入多电极电化学测试仪另一端，参考电压源与涂油测试探头、5% NaCl溶液、辅助电极构成一腐蚀电流回路，测试所得电阻为极化电阻和溶液电阻之和。多电极电化学测试仪对64个电极自动巡回检测，可得64个电极的电阻分布。

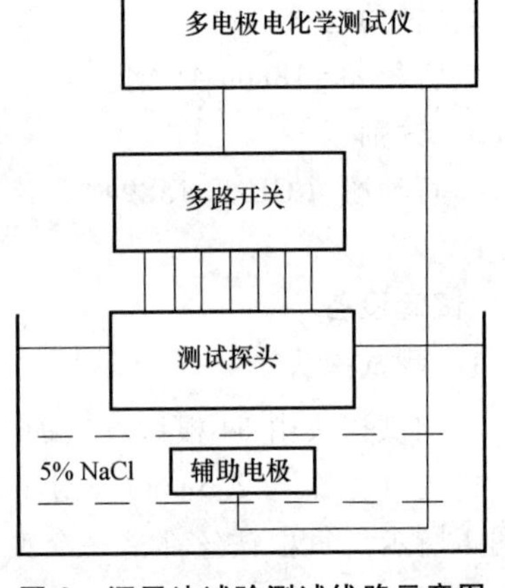

图2　沥干法试验测试线路示意图

8.2　测试步骤

8.2.1　测试仪的校准

使用前检查测试仪是否处于正常工作状态。校准按仪器说明书进行。

8.2.2　溶液配制

用去离子水或蒸馏水将分析纯氯化钠配制成pH=7的5%氯化钠溶液。溶液pH值用氢氧化钠或盐酸调节。

8.2.3　测试探头和辅助电极准备

将3对测试探头和辅助电极依次用石油醚脱脂，经 $1^{\#}\sim5^{\#}$ 金相砂纸依次打磨抛光，无水乙醇清洗、干燥后放入干燥器中备用。存放时间超过1h，使用时要重新打磨、清洗、干燥。

8.2.4　油膜制备

将探头工作面在待测防锈油中浸泡1min提起，用滤纸或脱脂棉擦去探头侧面防锈油，将探头放于制样柜中，并使工作面处于垂直方位，使油膜自然沥干24h，后浸入5% NaCl溶液中测试。

8.2.5　试验测试

对制膜后的测试探头和清洁辅助电极逐次浸泡于测试箱中新的5% NaCl溶液内（图2），3min后启动测试仪对探头的64个电极自动巡回检测。共可得192个电阻数据作为评价样本。

8.2.6　超声加速试验

对于防锈性能较强、电化学测试不能立即响应的防锈油，为了加快腐蚀介质对油膜的渗透过程，缩短测试的响应弛豫时间，在室温 20℃～25℃、5% NaCl 溶液中对油膜体系进行超声加速。每超声 5min 后再测试，直至防锈油膜有电化学响应。

8.3　防锈性能的 N+4 参数评价方法

8.3.1　T——超声时间

超声时间是指当防锈油膜有电化学响应所用的总超声时间。超声时间是评价防锈油防锈性能的重要参数。防锈油防锈性能优劣按超声时间比较，超声时间长者防锈性能强。相同超声时间下，按以下 3 参数判别。

8.3.2　n——腐蚀介质作用下膜下金属发生腐蚀的等效电极数

8.3.2.1　电极电阻划分为 N 个区间

将电极阻值 $R<1\times10^8\Omega$ 范围划分为（$N-1$）个区间，加上 $R\geqslant1\times10^8\Omega$ 其 N 个区间。N 的大小根据评价分辨率要求选择，$N\geqslant6$。

8.3.2.2　n——金属发生腐蚀的等效电极数

$$n = \sum_{i=1}^{N} \alpha_i n_i \tag{1}$$

式中　n_i——192 个电极阻值分布在第 i 个区间的电极数；

α_i——第 i 个区间的腐蚀权重因子，由试验优化选取。

本标准依大量试验给出 $N=21$ 及 α_i 值供参考。

在 T 相同条件下，比较防锈油之 n，小者防锈性能为优。

示例 1：测试仪软件将电极阻值 R 范围划分为 21 个区间，$N=21$：

$1\times10^3\Omega\leqslant R<3\times10^3\Omega$，$3\times10^3\Omega\leqslant R<5\times10^3\Omega$，$5\times10^3\Omega\leqslant R<7\times10^3\Omega$，$7\times10^3\Omega\leqslant R<10\times10^3\Omega$，$1\times10^4\Omega\leqslant R<3\times10^4\Omega$，$3\times10^4\Omega\leqslant R<5\times10^4\Omega$，$5\times10^4\Omega\leqslant R<7\times10^4\Omega$，$7\times10^4\Omega\leqslant R<10\times10^4\Omega$，$1\times10^5\Omega\leqslant R<3\times10^5\Omega$，$3\times10^5\Omega\leqslant R<5\times10^5\Omega$，$5\times10^5\Omega\leqslant R<7\times10^5\Omega$，$7\times10^5\Omega\leqslant R<10\times10^5\Omega$，$1\times10^6\Omega\leqslant R<3\times10^6\Omega$，$3\times10^6\Omega\leqslant R<5\times10^6\Omega$，$5\times10^6\Omega\leqslant R<7\times10^6\Omega$，$7\times10^6\Omega\leqslant R<10\times10^6\Omega$，$1\times10^7\Omega\leqslant R<3\times10^7\Omega$，$3\times10^7\Omega\leqslant R<5\times10^7\Omega$，$5\times10^7\Omega\leqslant R<7\times10^7\Omega$，$7\times10^7\Omega\leqslant R<10\times10^7\Omega$，$1\times10^8\Omega\leqslant R$。

示例 2：与将电极阻值 R 范围划分为 21 个区间相对应，式中

$$n = \sum_{i=1}^{21} \alpha_i n_i$$

α_i 依次选取为 1.00，0.95，0.90，0.84，0.79，0.74，0.69，0.63，0.58，0.53，0.48，0.42，0.37，0.32，0.27，0.21，0.16，0.11，0.06，0.01，0（近似）。

在所测三个探头测试数据 n 中，若 $\dfrac{\Delta n_{max}}{64}>25\%$，需重测。

8.3.3　$\overline{\lg R}$——192 个电极电阻对数平均值

$$\overline{\lg R} = \frac{\sum_{i=1}^{192} \lg R_i}{192} \tag{2}$$

式中　R_i——第 i 个电极的电极电阻。

$\overline{\lg R}$ 反映防锈油的平均防锈能力。

在 T、n 相同条件下，比较 $\overline{\lg R}$，大者为优。

8.3.4　σ——192 个电极电阻对数值的均方差

$$\sigma=\frac{\sqrt{\sum_{i=1}^{192}(\lg R_i-\overline{\lg R})^2}}{191} \tag{3}$$

σ 反映油膜 192 个电极小区防锈能力的离散度或不均匀性。在以上参数相同条件下，比较 σ，σ 小者为优。

9　多电极电化学直测法

9.1　测试线路示意图

如图 3 所示，干燥、清洁的测试探头和辅助电极工作面水平平行相向，完全浸入到防锈油中，间距为 8mm±2mm。测试探头 64 个电极经导线分别接入多电极电化学测试仪一端，辅助电极接入多电极电化学测试仪另一端，参考电压源与测试探头、防锈油、辅助电极构成一腐蚀电流回路，测试所得电阻为电极吸附膜极化电阻和油液电阻之和。多电极电化学测试仪对 64 个电极自动巡回检测，可得 64 个电极的电阻分布。

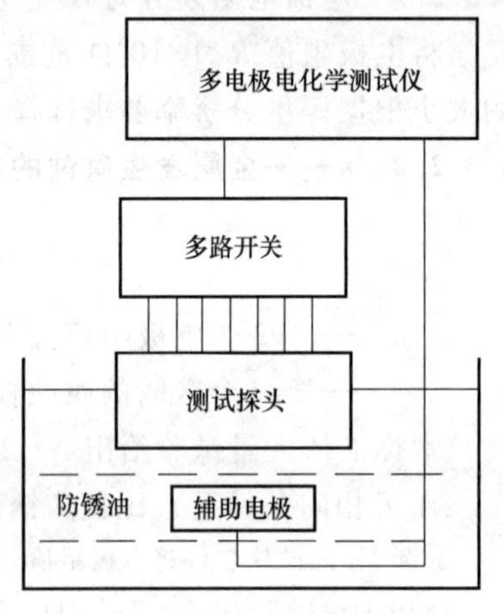

图 3　直测法测试线路示意图

9.2　测试步骤

9.2.1　测试仪校准

按照第 7 章和 8.2.1 的要求进行。

9.2.2　测试探头和辅助电极准备

按 8.2.3 的要求进行。

9.2.3　试验测试

待测防锈油样摇匀，倒入测试槽中，应无气泡（若有，用热风消除）。将一对干燥、清洁的测试探头和辅助电极完全浸入到防锈油中。10min 后启动测试仪对探头的 64 个电极自动巡回检测。依此对另两对测试探头和辅助电极在新油样中进行测试，共可得 192 个电极电阻数据作为评价样本。

若大部分比较防锈油的电极电阻超出测试仪量程，可用 6#溶剂油稀释，稀释度 ρ=(75~80)%，以保证极化电阻大于液膜电阻的测试条件。

9.3　防锈性能的 M+3 参数评价方法

9.3.1　m——192 个电极的相对易腐蚀等效电极数

9.3.1.1　电极电阻划分为 M 个区间

防锈油的直测电极电阻 $R\geqslant1\times10^8\Omega$。测试仪 R 量程一般为 $1\times10^{12}\Omega$。将电极阻值 $1\times10^8\Omega\leqslant R<1\times10^{12}\Omega$ 范围划分为（M-1）个区间，加上 $R\geqslant1\times10^{12}\Omega$ 共 M 个区间。M 的大小依评价分辨率要求选择，$M\geqslant6$。

9.3.1.2　m——相对易腐蚀等效电极数

$$m=\sum_{i=1}^{M}\alpha_i m_i \tag{4}$$

式中　m_i——192 个电极阻值分布在第 i 个区间的电极数；

α_i——第 i 个区间的相对易腐蚀权重因子，由试验优化选取。

本标准依大量试验给出 $M=17$ 及 α_i 值供参考。

比较防锈油之 m，小者防锈性能为优。

示例 1：测试仪软件将电极阻值 R 范围划分为 17 个区间，$M=17$：

$1\times10^8\Omega\leqslant R<3\times10^8\Omega$，$3\times10^8\Omega\leqslant R<5\times10^8\Omega$，$5\times10^8\Omega\leqslant R<7\times10^8\Omega$，$7\times10^8\Omega\leqslant R<10\times10^8\Omega$，$1\times10^9\Omega\leqslant R<3\times10^9\Omega$，$3\times10^9\Omega\leqslant R<5\times10^9\Omega$，$5\times10^9\Omega\leqslant R<7\times10^9\Omega$，$7\times10^9\Omega\leqslant R<10\times10^9\Omega$，$1\times10^{10}\Omega\leqslant R<3\times10^{10}\Omega$，$3\times10^{10}\Omega\leqslant R<5\times10^{10}\Omega$，$5\times10^{10}\Omega\leqslant R<7\times10^{10}\Omega$，$7\times10^{10}\Omega\leqslant R<10\times10^{10}\Omega$，$1\times10^{11}\Omega\leqslant R<3\times10^{11}\Omega$，$3\times10^{11}\Omega\leqslant R<5\times10^{11}\Omega$，$5\times10^{11}\Omega\leqslant R<7\times10^{11}\Omega$，$7\times10^{11}\Omega\leqslant R<10\times10^{11}\Omega$，$1\times10^{12}\Omega\leqslant R$。

示例 2：与将电极阻值 R 范围划分为 17 个区间相对应，式中：

$$m = \sum_{i=1}^{17} \alpha_i m_i$$

α_i 依次选取为 1.00，0.95，0.90，0.85，0.78，0.71，0.64，0.57，0.50，0.43，0.36，0.29，0.22，0.15，0.08，0.01，0。

在所测三个探头测试数据 m 中，若 $\dfrac{\Delta m_{\max}}{64}>15\%$，需重测。

9.3.2　$\overline{R}$——192 个电极电阻平均值

$$\overline{R} = \sum_{i=1}^{192} R_i/192 \tag{5}$$

式中　R_i——第 i 个电极的电极电阻。

$\overline{R}$ 反映防锈油的平均防锈能力。在 m 相同条件下，比较 $\overline{R}$，大者防锈性能为优。

9.3.3　δ——192 个电极电阻相对 $\overline{R}$ 的相对均方差

$$\delta = \frac{\sqrt{\sum_{i=1}^{192} (R_i - \overline{R})^2}}{191\overline{R}} \tag{6}$$

δ 反映油膜 192 个电极小区防锈能力的离散度或不均匀性。在以上参数相同条件下，比较 δ，δ 小者为优。

10　试验报告

试验报告应包括下列内容：

a）标准编号及试验方法；

b）受试油样的名称、规格、生产日期、包装；

c）试验操作仪器编号、检测日期；

d）记录 R_i、n_i（或 m_i）值，计算 n（或 m）、$\overline{\lg R}$（或 $\overline{R}$）和 σ（或 δ）；

e）试验结果；

f）操作人员签名。

附　录　A

（规范性附录）

多电极电化学测试仪

A.1　多电极电化学测试仪是按照油膜直流电阻和电位测试原理设计的专用仪器。

A.2 测试仪包括测试探头和微电流转换接口、显示、数据处理、控制等部分（见图 A.1）。

A.3 测试仪工作原理如下：设定的参考电压施加于 64 点阵与辅助电极构成回路（见图 A.1），通过取样电阻实施电流/电压变换。经可编程放大器放大，A/D 转换，MCU 处理后存贮并显示测试结果。

作为仪器的控制核心，MCU 承担整个仪器自动测试控制，包括仪器自检、自动量程转换、测试箱的机械操作、数据的输入/输出，此外，MCU 还负责测试数据的处理。其核心为评价防锈油防锈性能优劣的 N+4 和 M+3 参数评价体系。

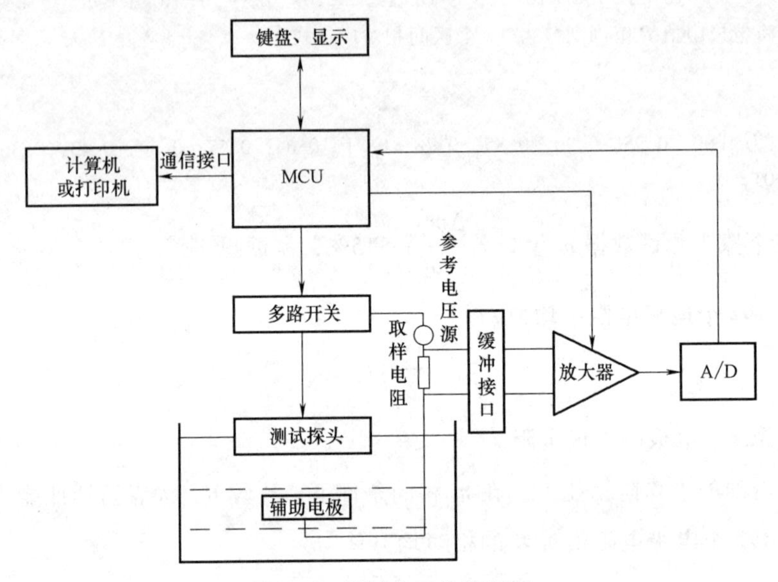

图 A.1 测试仪工作原理图

A.4 多电极电化学测试仪测试电极电阻 R 的精度要求

测量误差≤5%　　($R<1\times10^{8}\ \Omega$)；

测量误差≤10%　　($1\times10^{8}\Omega\leqslant R<1\times10^{10}\Omega$)；

测量误差≤20%　　($1\times10^{10}\Omega\leqslant R<1\times10^{11}\Omega$)；

测量误差≤40%　　($1\times10^{11}\Omega\leqslant R\leqslant1\times10^{12}\Omega$)。

第十六节　水基防锈液防锈性能试验　多电极电化学法

一、概论

金属在大气条件下的锈蚀是电化学腐蚀。水基防锈材料（如水基金属加工液、水基防锈剂等）可减缓金属材料的腐蚀速度，实现对金属的防锈防护。有效防锈时间与多种因素有关，如水基防锈材料本身的防锈特性、稀释比例、水质、温度、地理环境、季节等。在同等条件下，水基防锈材料中的缓蚀添加剂在金属表面吸附成膜特性对防锈性的影响是主要的。添加剂在金属表面的吸附性强，形成钝化膜或致密的吸附膜，对电化学过程的阻力就大，对金属的防锈防护效果就好。因此，在一定条件下，可用电化学测试方法比较水基防锈材料对金属的防锈防护性能。

同水基防锈剂的静态湿热试验、叠片试验和腐蚀试验等试验方法类似，水基防锈液的电化学测试，也难以同时将防锈膜老化、环境、地域等因素融入其中，然而，它可从电化学角度获取水基防锈剂对金属材料防锈防护特性的信息，用于比较水基防锈液在试验条件下的差别。

GB/T 26109—2010《水基防锈液防锈性能试验　多电极电化学法》（代替 JB/T 10527—2005）于 2011 年 1 月 10 日批准，2011 年 10 月 1 日实施。

二、标准主要特点与应用说明

1. 关于适用范围

该标准适用于铁基金属材料用水基防锈剂防锈性能比较。

2. 关于测试方法

金属表面是不均匀的，防锈添加剂在金属表面的吸附也有差别。该标准采用由 64 根金属丝组成的丝束电极探头，利用统计方法突出防护弱势电极，在一定程度上弥补了单电极的不足，可更客观地反映在同等条件下水基防锈材料对金属的防锈防护性能和差别。

该标准规定将测试探头与辅助电极浸入受试防锈液中进行测试，通过测试防锈添加剂在金属表面吸附产生的极化电阻，比较水基防锈剂对金属的防护性能。

水基防锈剂对金属材料的防锈，可采用浸泡式防锈，也可采用施涂水基防锈剂后沥干、烘干或吹干形成防锈保护膜，防止金属制品在大气中锈蚀。对于后者，水基防锈剂对金属的防锈性能，取决于水基防锈剂失去稀释剂后由防锈添加剂和成膜剂等为主形成的保护膜的特性，如膜的致密性、膜的疏水特性、膜的抗老化特性等。在水基防锈剂工作液介质中，吸附较弱的缓蚀剂可能对增加极化电阻不明显，但由于其中可能有树脂等成膜剂参与，稀释剂挥发后形成的防锈膜因其弱极性而显示一定的疏水性，更有利于抗大气侵蚀，表现出更好的防锈性能。因此，在用多电极电化学法的直测法测试水基防锈剂防锈性能时，对于非浸泡式防锈的水基防锈液应根据实际情况综合分析。

该标准规定测试是在母液中或在 60%~65%（质量分数）的高浓度防锈液中进行的。从水基防锈剂的作用机理分析，缓蚀剂（防锈添加剂）在介质中对金属表面达到吸附平衡态所需的有效剂量远较母液中低，水基防锈剂或浸泡防锈或浸渍后沥干防锈，通常用水稀释后使用。因此，同时测试按产品要求稀释后的工作液的电化学行为，有利于更全面了解水基防锈液的防锈特性。

3. 关于测试和参数表达

将测试获得的电阻数据划分为 N 个区，进行统计处理后，得到 3 个评判水基防锈剂防锈性能优劣的参数：

n——192 个电极的等效腐蚀电极数，小者防锈性优；

$\overline{\lg R}$——192 个电极的电阻对数平均值，n 相同时，$\overline{\lg R}$ 大者防锈性优；

σ——192 个电极电阻对数值的均方差，小者防锈性优。

三、标准内容（GB/T 26109—2010）

水基防锈液防锈性能试验　多电极电化学法

1　范围

本标准规定了评价水基防锈液防锈性能试验的多电极电化学测试方法、设备和程序。

本标准适用于铁基材料上水基有机防锈液防锈性能的比较试验。

2 规范性引用文件

下列文件中的条款通过本标准的引用而成为本标准的条款。凡是注日期的引用文件，其随后所有的修改（不包括勘误的内容）或修订版均不适用于本标准；然而，鼓励根据本标准达成协议的各方研究是否可使用这些文件的最新版本。凡是不注日期的引用文件，其最新版本适用于本标准。

GB/T 678 化学试剂 乙醇（无水乙醇）

GB/T 11372 防锈术语

GB/T 15894 化学试剂 石油醚

3 术语和定义

GB/T 11372 所确立的以及下列术语和定义适用于本标准。

3.1 水基有机防锈液 aqueous organic protective fluids

主要使用有机缓蚀剂并可溶于水的防锈液，包括乳化型防锈液、防锈水和清洗剂等。

3.2 防锈性能 rust preventing ability

防锈液有效保护膜下金属或防止金属发生腐蚀的能力。

3.3 多电极电化学法 electrochemical measurement with wire beam electrode

通过测定多个电极在水基防锈液中的电化学参数，并进行统计参数来评价其防锈性能的方法。

4 原理

常温下涂覆水基有机防锈液膜下金属的腐蚀是一个电化学过程。该过程遇到的阻力主要来自极化电阻，其次是液膜电阻。该过程遇到的阻力越大，金属的腐蚀速度就越小。在极化电阻大于液膜电阻的条件下，测得的电阻越大，水基防锈液的防锈性能越好。由于防锈液的电化学不均匀性，各电极电阻一般是不同的。低阻区域是防锈液防护的薄弱环节，其膜下金属最先腐蚀，直接控制着液膜防锈性能的优劣。多电极电化学法通过统计低阻区域电极电阻来评价防锈液膜的防锈性能。

5 材料和试剂

5.1 测试探头电极材料

直径 ϕ=0.9mm 型号 ASTM A853 铁丝。

5.2 辅助电极材料

直径 ϕ=18mm 45 钢。

5.3 试剂

石油醚沸程 60℃~90℃，应符合 GB/T 15894 要求；无水乙醇应符合 GB/T 678 要求。

6 试验设备

6.1 测试探头

测试探头由 64 根铁丝（ϕ0.9mm±0.1mm，表面用 5#金相砂纸去表面保护膜，清洗干燥）均匀排列（间距为 2.5mm），封于环氧树脂中制成（直径 ϕ=32.0mm±0.1mm、高 H=45mm），组成多电极系统的测试探头，如图 1 所示。每根铁丝都是一个独立的电极，与多电极电化学测试仪连接。

6.2 辅助电极

辅助电极为直径 ϕ=18mm、长 L=10mm 的 45 钢圆片，用环氧树脂封装而成。

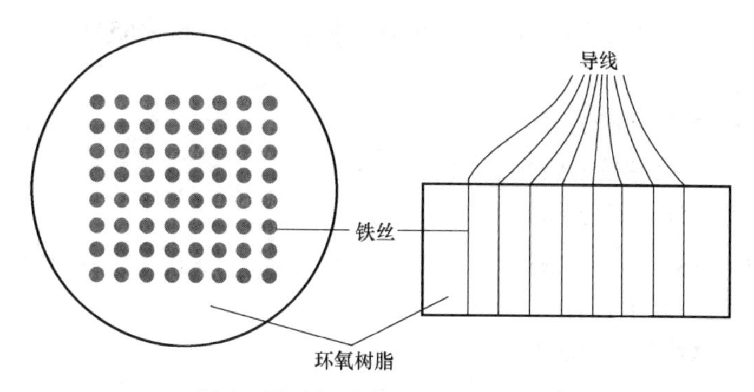

图 1 测试探头的正面图和侧面图

6.3 多电极电化学测试仪

多电极电化学测试仪是按照液膜直流电阻和电位测试原理设计的专用仪器（见附录 A）。

6.4 测试槽

测试槽为直径 $\phi=50\text{mm}$、高 $H=50\text{mm}$ 的一次性聚乙烯塑料杯。

6.5 电源

电源为交流电，220V，50Hz。

6.6 测试线路示意图

如图 2 所示，干燥、清洁的测试探头和辅助电极工作表面完全浸入到水基防锈液中，水平平行相向，间距为 8mm±2mm。64 个电极经导线分别接入多电极电化学测试仪一端，辅助电极接入多电极电化学测试仪另一端，参考电压源与测试探头、水基防锈液、辅助电极构成一腐蚀电流回路，测试所得电阻为极化电阻和溶液电阻之和。多电极电化学测试仪对 64 个电极巡回检测，可得 64 个电极的电阻分布。

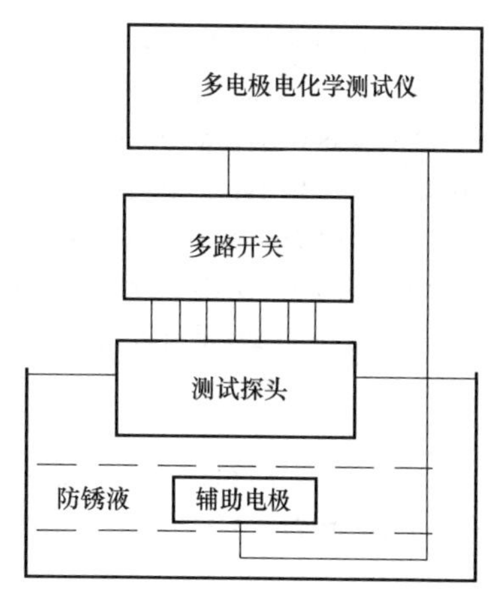

图 2 试验测试线路示意图

7 测试环境

水基防锈液防锈性能测试应在 20℃～25℃、相对湿度<70%室内环境下进行。

8 测试程序

8.1 测试仪的校准

使用前检查测试仪是否处于正常工作状态。校准按仪器说明书进行。

8.2 测试探头和辅助电极准备

将三对测试探头和辅助电极依次用石油醚脱脂，经 $1^{\#}$～$5^{\#}$金相砂纸依次打磨抛光，无水乙醇清洗、干燥后放入干燥器中备用。若测试探头和辅助电极存放时间超过 1h，使用时应重新打磨抛光、清洗、干燥。

8.3 试验测试

将待测水基防锈浓缩液摇匀，倒入测试槽中，应无气泡（若有，用热风消除）。将一对干燥、清洁的测试探头和辅助电极完全浸入水基液中，其工作面水平平行相向放置，间距为 8mm±2mm。10min 后启动多电极电化学测试仪对探头的 64 个电极巡回检测。依此另两对测试探头和辅助电极对同样新液样进行测试，共可得 192 个电极电阻数据作为评价样本。

若水基防锈浓缩液较浓，可用蒸馏水稀释，稀释度 $\rho=(60\sim65)\%$，以保证极化电阻大于液膜电阻的测试条件。

9　防锈性能的 $N+3$ 参数评价方法

9.1　n——192 个电极的等效腐蚀电极数

9.1.1　电极电阻划分为 N 个区间

将电极阻值 $R<1\times10^8\Omega$ 范围划分为（$N-1$）个区间，加上 $R\geqslant1\times10^8\Omega$ 共 N 个区间。N 的大小根据评价分辨率要求选择，$N\geqslant6$。

9.1.2　n——相对等效腐蚀电极数

$$n=\sum_{i=1}^{N}\alpha_i n_i \tag{1}$$

式中　n_i——192 个电极阻值分布在第 i 个区间的电极数；

α_i——第 i 个区间的腐蚀权重因子，由试验优化选取。

本标准依大量试验给出 $N=21$ 及 α_i 值供参考。

比较水基防锈液之 n，小者防锈性能为优。

示例 1：测试仪软件将电极阻值 R 范围划分为 21 个区间，$N=21$：

$1\times10^3\Omega\leqslant R<3\times10^3\Omega$，$3\times10^3\Omega\leqslant R<5\times10^3\Omega$，$5\times10^3\Omega\leqslant R<7\times10^3\Omega$，$7\times10^3\Omega\leqslant R<10\times10^3\Omega$，$1\times10^4\Omega\leqslant R<3\times10^4\Omega$，$3\times10^4\Omega\leqslant R<5\times10^4\Omega$，$5\times10^4\Omega\leqslant R<7\times10^4\Omega$，$7\times10^4\Omega\leqslant R<10\times10^4\Omega$，$1\times10^5\Omega\leqslant R<3\times10^5\Omega$，$3\times10^5\Omega\leqslant R<5\times10^5\Omega$，$5\times10^5\Omega\leqslant R<7\times10^5\Omega$，$7\times10^5\Omega\leqslant R<10\times10^5\Omega$，$1\times10^6\Omega\leqslant R<3\times10^6\Omega$，$3\times10^6\Omega\leqslant R<5\times10^6\Omega$，$5\times10^6\Omega\leqslant R<7\times10^6\Omega$，$7\times10^6\Omega\leqslant R<10\times10^6\Omega$，$1\times10^7\Omega\leqslant R<3\times10^7\Omega$，$3\times10^7\Omega\leqslant R<5\times10^7\Omega$，$5\times10^7\Omega\leqslant R<7\times10^7\Omega$，$7\times10^7\Omega\leqslant R<10\times10^7\Omega$，$1\times10^8\Omega\leqslant R$。

示例 2：与将电极阻值 R 范围划分为 21 个区间相对应，式中

$$n=\sum_{i=1}^{21}\alpha_i n_i$$

α_i 依次选取为 1.00，0.95，0.90，0.84，0.79，0.74，0.69，0.63，0.58，0.53，0.48，0.42，0.37，0.32，0.27，0.21，0.16，0.11，0.06，0.01，0（近似）。

在所测三个探头测试数据 n 中，若 $\dfrac{\Delta n_{\max}}{64}>15\%$，需重测。

9.2　$\overline{\lg R}$——192 个电极电阻对数平均值

$$\overline{\lg R}=\frac{\sum_{i=1}^{192}\lg R_i}{192} \tag{2}$$

$\overline{\lg R}$ 反映水基防锈液的平均防锈能力。在 n 相同条件下，比较 $\overline{\lg R}$，大者防锈能力为优。

9.3　σ——192 个电极电阻对数值的均方差

$$\sigma=\frac{\sqrt{\sum_{i=1}^{192}(\lg R_i-\overline{\lg R})^2}}{192} \tag{3}$$

σ 反映液膜 192 个电极小区防锈能力的离散度或不均匀性。在以上参数相同条件下，比较 σ，σ 小者为优。

10　试验报告

除在规范中另有规定，试验报告应包括下列内容：

a）受测试液样的名称、规格、生产日期、包装；

b）试验操作仪器编号、检测日期；

c）记录 n_i、R_i 值，计算 n、$\overline{\lg R}$ 和 σ；

d）防锈性能比较试验结果；

e）操作人员签名。

附　录　A
（规范性附录）
多电极电化学测试仪

A.1　多电极电化学测试仪是按照液膜直流电阻和电位测试原理设计的专用仪器。

A.2　测试仪包括测试探头和微电流检测、控制、数据处理、显示等部分（见图 A.1）。

A.3　设定的参考电压分别施加于 64 个电极，通过测试液与辅助电极构成回路（见图 A.1）。微电流经取样电阻实现电流/电压变换后，再由可编程放大器放大，A/D 转换，MCU 处理后存贮并显示测试结果。

作为仪器的控制核心，MCU 承担整个仪器自动测试控制，包括仪器自检、自动量程转换、数据的输入/输出，此外，MCU 还负责测试数据的处理。其核心为评价防锈液防锈性能优劣的 $N+3$ 参数评价体系。

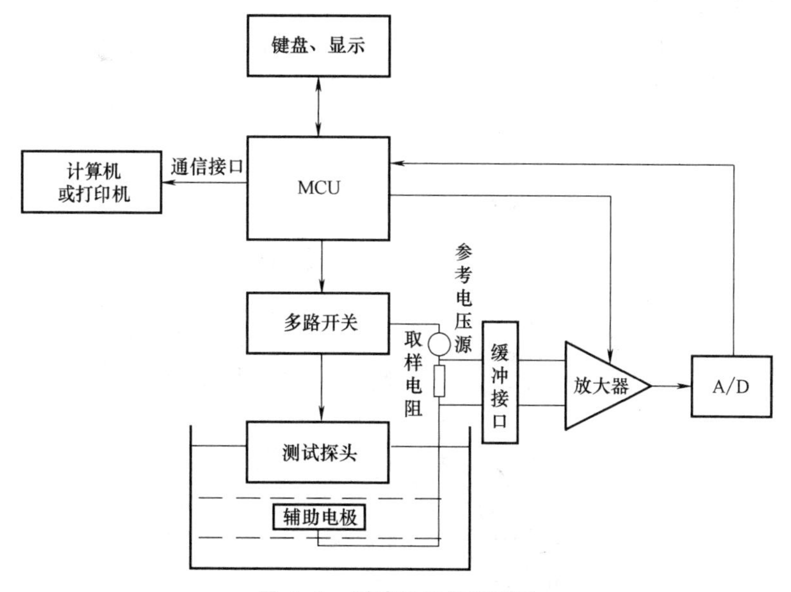

图 A.1　测试仪工作原理图

A.4　多电极电化学测试仪测试电极电阻 R 的精度要求

测量误差≤5%　　（$R<1\times10^{8}\Omega$）；

测量误差≤10%　　（$1\times10^{8}\Omega\leqslant R<1\times10^{10}\Omega$）；

测量误差≤20%　　（$1\times10^{10}\Omega\leqslant R<1\times10^{11}\Omega$）；

测量误差≤40%　　（$1\times10^{11}\Omega\leqslant R\leqslant1\times10^{12}\Omega$）。

附　录

附录 A　表面覆盖层标准体系及标准化机构介绍

一、标准体系与标准化机构

1. 标准及标准化定义

标准是指通过标准化活动，按照规定的程序经协商一致制定，为各种活动或其结果提供规则、指南或特性，供共同使用和重复使用的文件。为了在既定范围内获得最佳秩序，促进共同效益，对现实问题或潜在问题确立共同使用和重复使用的条款以及编制、发布和应用文件的活动，称为标准化。

2. 标准的层次和种类

为了直观地反映标准化活动概况，以专业和技术为对象，引入“标准化三维空间”这一概念来说明标准化的活动领域和丰富内容。

标准化三维空间，是指以 *X* 轴代表标准化的专业领域、*Y* 轴代表标准化的内容、*Z* 轴代表标准的级别而绘制的图形。图 A-1 所示为标准化三维空间图。

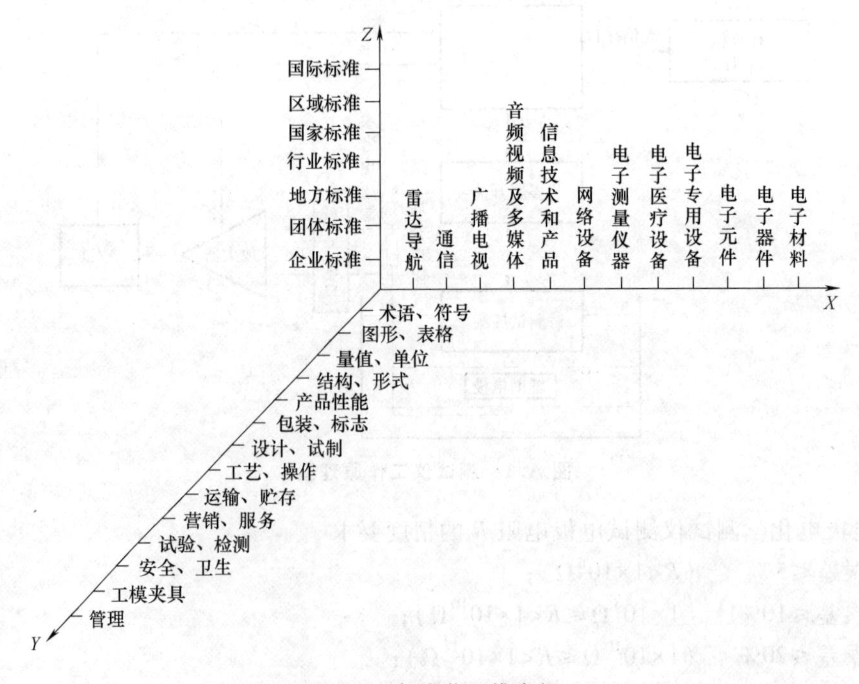

图 A-1　标准化三维空间

按标准化活动的范围划分标准的层次类别，主要有国际标准、区域标准、国家标准、行业标准、地方标准、团体标准和企业标准。

（1）国际标准　由国际性标准化组织制定并在世界范围内统一和适用的标准，目前是指由国际标准化组织（ISO）、国际电工委员会（IEC）、国际电信联盟（ITU）所制定的标准，以及被国际标准化组织确认并公布的其他国际组织所制定的标准。国际标准是世界各国进行交流与贸易的基本准则和基本要求。

（2）区域标准　由一个地理区域的国家代表组成的区域标准组织制定并在本区域内统一和适用的标准，如欧洲标准化委员会（CEN）、亚洲标准咨询委员会（ASAC）、泛美技术标准委员会（COPANT）所制定的标准。区域标准是该区域国家集团间进行交流与贸易的基本准则和基本要求。

（3）国家标准　由国家的官方标准机构或国家政府授权的有关机构批准、发布并在该国范围内统一和适用的标准，如中国国家标准（GB）、日本工业标准（JIS）、德国标准（DIN）、英国标准（BS）、美国标准（ANSI）等。

（4）行业标准　由一个国家内某个行业的标准机构制定并在本行业内统一和适用的标准，如我国机械行业标准（JB）、电子行业标准（SJ）等。

（5）地方标准　由一个国家内的某行政区域标准机构制定并在本行政区内统一和适用的标准。

（6）团体标准　由一个国家内某一团体制定的标准，如中国机械工程学会（CMES）、美国试验与材料协会（ASTM）、德国电气工程师协会（VDE）、挪威电气设备检验与认证委员会（NEMKO）、日本电气学会电气标准调查会（JEC）等制定的标准。

（7）企业标准　由一个企业（包括企业集团、公司）的标准机构制定并在本企业内统一和适用的标准。

3. 标准的类别

标准可按不同的目的和用途从不同的角度进行分类。目前，标准分类方法主要为按对象分类和按内容分类两种。

（1）按标准化的对象分类　标准可分为产品标准、过程标准和服务标准三大类。

1）产品标准　指规定一个产品或一类产品应满足的要求以确保其适用性的标准。产品标准除了包括适用性的要求外，还可直接或通过引用间接地包括诸如术语、抽样、测试、包装和标签等方面的要求，有时还可包括工艺要求。它是产品生产、检验、验收、使用、维修和贸易洽谈的技术依据。

2）过程标准　指规定过程应满足的要求以保证其实用性的标准。过程标准的标准化对象通常会涉及诸如设计、制造/操作、安装、使用/管理、申请、评定/检验等。

3）服务标准　指规定服务应满足的要求以确保其适用性的标准。服务标准可以在诸如酒店管理、运输、汽车维护、远程通信、保险、银行、贸易等领域内编制。

（2）按标准化内容（功能）分类　标准可分为术语标准、符号标准、分类标准、试验标准、规范标准、规程标准、指南标准、其他标准（原则、要求和规则等）8大类。

二、全国金属与非金属覆盖层标准化技术委员会与表面覆盖层标准体系

1. 表面覆盖层标准化组织

1985年7月，在原国家标准局和原机械工业部的主持下，全国金属与非金属覆盖层标准化技术委员会（SAC/TC 57）正式成立。目前，全国金属与非金属覆盖层标准化技术委员会由国家标准化管理委员会和中国机械工业联合会共同领导，现为第七届委员会，秘书处设在武汉材料保护研究所有限公司，并与国际标准化组织下辖的Technical Committees of Metallic and Other Inorganic Coatings（ISO/TC 107）对口开展工作。

Technical Committees of Metallic and Other Inorganic Coatings（ISO/TC 107）成立于1962年，下设5个分技术委员会，分别为电镀与精饰分技术委员会（ISO/TC 107/SC 3）、热浸镀分技术委员会（ISO/TC 107/SC 4）、腐蚀试验分技术委员会（ISO/TC 107/SC 7）、化学转化膜分技术委员会（ISO/TC 107/SC 8）和物理气相沉积分技术委员会（ISO/TC 107/SC9）。截至2021年底，ISO/TC 107共有正式成员国（P）20个，非正式成员国（O）26个，我国为正式成员国。ISO/TC 107全体会议一般每年召开一次，讨论与覆盖层领域标准化相关的组织建设、新项目建议等议题。除全体会议之外，每年还不定期召开工作委员会会议等。ISO/TC 107的各种会议由成员国轮流承办。

根据国家标准化管理委员会的建制规定，金属与非金属覆盖层技术标准范围包括电镀及化学转化膜、热喷涂、热浸锌及锌基涂层、气相沉积、涂装、防锈、搪瓷及瓷釉、摩擦学等。全国金属与非金属覆盖层标准化技术委员会（SAC/TC 57）下设7个分技术委员会，分别为电镀与精饰分技术委员会（SAC/TC 57/SC 1）、热喷涂分技术委员会（SAC/TC 57/SC 2）、搪瓷与瓷釉分技术委员会（SAC/TC 57/SC 3）、气相沉积分技术委员会（SAC/TC 57/SC 4）、腐蚀试验分技术委员会（SAC/TC 57/SC 6）、热浸镀分技术委员会（SAC/TC 57/SC 8）和表面表征与检测分技术委员会（SAC/TC 57/SC 9）。

2. 表面覆盖层标准体系现状及标准制（修）订情况

构建标准体系是运用系统论指导标准化工作的一种方法，是开展标准化工作的基础和前提，也是制订标准化发展规划、编制标准计划、制（修）订标准的依据。标准体系表在一定范围内包含现有、应有和预计制订标准的蓝图，是一种标准体系模型，通常包括标准体系结构图、标准明细表、标准统计表和编制说明。

表面覆盖层技术具有跨学科、复合性、多技术交叉融合的特点，表现为技术的多样性、功能的广泛性、潜在的创新性、环境的保护性、显著的实用性和突出的增效性，因而受到各行各业的重视，并已渗透到高新技术各个领域。无论是与人们生活息息相关的民用产品，还是工业应用的零部件；无论是信息技术、生物工程，还是航空航天、海洋工程、新材料等领域，都离不开表面覆盖层技术的应用。

根据金属与非金属覆盖层包含的专业种类和覆盖层重要功能，将覆盖层标准细分10个类别，分别为：基础通用标准、电镀与精饰标准、热喷涂标准、热浸镀标准、搪瓷与瓷釉标准、气相沉积标准、涂装标准、防锈标准、腐蚀试验标准和摩擦磨损标准。根据每个类别特点，按标准内容可再细分为各个小类。表面覆盖层标准体系结构层次如图A-2所示。

截至2022年11月30日，全国金属与非金属覆盖层标准化技术委员会归口管理的现行有效国家标准（GB）129项、机械工业行业标准（JB）68项。这些标准涵盖了表面覆盖层

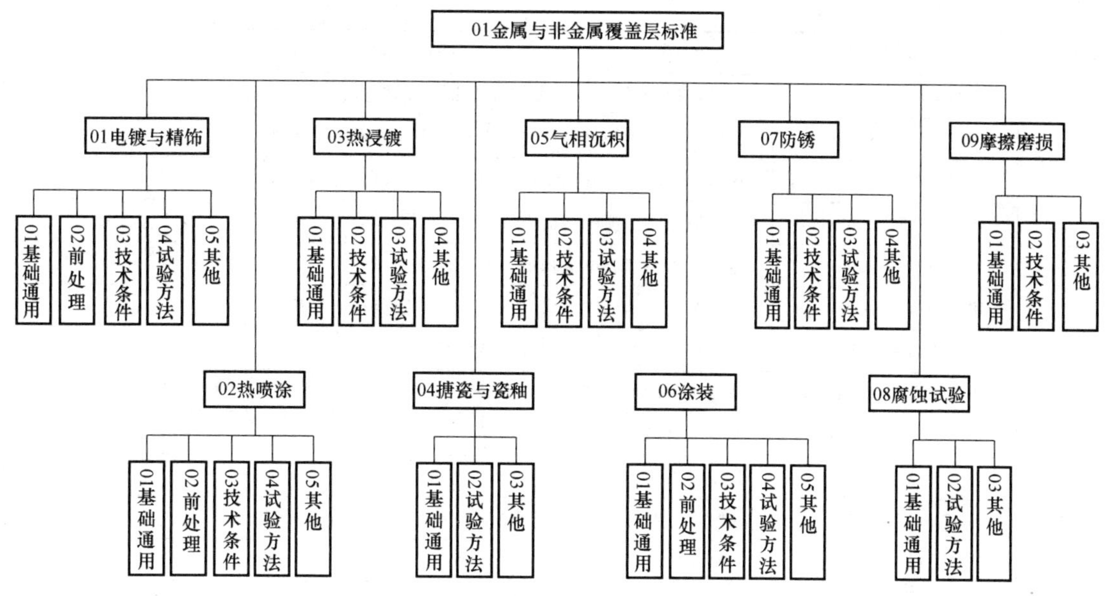

图 A-2 表面覆盖层标准体系结构层次

的各个基础技术方面，初步形成了我国表面覆盖层技术标准体系。

附录 B 表面覆盖层相关标准目录

表 B-1 全国金属与非金属覆盖层标准化技术委员会（SAC/TC 57）归口管理的现行有效国家标准

序号	标准编号	标准名称
1	GB/T 3138—2015	金属及其他无机覆盖层 表面处理 术语
2	GB/T 4955—2005	金属覆盖层 覆盖层厚度测量 阳极溶解库仑法
3	GB/T 4956—2003	磁性基体上非磁性覆盖层 覆盖层厚度测量 磁性法
4	GB/T 4957—2003	非磁性基体金属上非导电覆盖层 覆盖层厚度测量 涡流法
5	GB/T 5270—2005	金属基体上的金属覆盖层 电沉积和化学沉积层 附着强度试验方法评述
6	GB/T 5619—1985	防锈材料百叶箱试验方法
7	GB/T 6461—2002	金属基体上金属和其他无机覆盖层 经腐蚀试验后的试样和试件的评级
8	GB/T 6462—2005	金属和氧化物覆盖层 厚度测量 显微镜法
9	GB/T 6463—2005	金属和其他无机覆盖层厚度测量方法评述
10	GB/T 6465—2008	金属和其他无机覆盖层 腐蚀膏腐蚀试验（CORR 试验）
11	GB/T 6466—2008	电沉积铬层 电解腐蚀试验（EC 试验）
12	GB/T 6807—2001	钢铁工件涂装前磷化处理技术条件
13	GB/T 6808—1986	铝及铝合金阳极氧化着色阳极氧化膜耐晒度的人造光加速试验
14	GB/T 7410—1987	搪瓷名词术语
15	GB/T 8642—2002	热喷涂 抗拉结合强度的测定
16	GB/T 9789—2008	金属和其他无机覆盖层 通常凝露条件下的二氧化硫腐蚀试验

（续）

序号	标准编号	标准名称
17	GB/T 9791—2003	锌、镉、铝-锌合金和锌-铝合金的铬酸盐转化膜　试验方法
18	GB/T 9792—2003	金属材料上的转化膜　单位面积膜质量的测定　重量法
19	GB/T 9793—2012	热喷涂　金属和其他无机覆盖层　锌、铝及其合金
20	GB/T 9797—2005	金属覆盖层　镍+铬和铜+镍+铬电镀层(即将被 GB/T 9797—2022 代替)
21	GB/T 9798—2005	金属覆盖层　镍电沉积层(即将被 GB/T 9797—2022 代替)
22	GB/T 9799—2011	金属及其他无机覆盖层　钢铁上经过处理的锌电镀层
23	GB/T 9800—1988	电镀锌和电镀镉层的铬酸盐转化膜
24	GB/T 9988—1988	搪瓷耐碱性能测试方法
25	GB/T 10125—2012	人造气氛腐蚀试验　盐雾试验
26	GB/T 11372—1989	防锈术语
27	GB/T 11373—2017	热喷涂　金属零部件表面的预处理
28	GB/T 11374—2012	热喷涂涂层厚度的无损测量方法
29	GB/T 11375—1999	金属和其他无机覆盖层　热喷涂　操作安全
30	GB/T 11376—2020	金属及其他无机覆盖层　金属的磷化膜
31	GB/T 11377—2005	金属和其他无机覆盖层　储存条件下腐蚀试验的一般规则
32	GB/T 11378—2005	金属覆盖层　覆盖层厚度测量　轮廓仪法
33	GB/T 11379—2008	金属覆盖层　工程用铬电镀层
34	GB/T 11418—1989	搪瓷耐热性测试方法
35	GB/T 11419—2008	搪瓷炊具　耐温急变性测定方法
36	GB/T 11420—1989	搪瓷光泽测试方法
37	GB/T 12305.6—1997	金属覆盖层　金和金合金电镀层的试验方法　第六部分:残留盐的测定
38	GB/T 12307.3—1997	金属覆盖层　银和银合金电镀层的试验方法　第三部分:残留盐的测定
39	GB/T 12332—2008	金属覆盖层　工程用镍电镀层
40	GB/T 12333—1990	金属覆盖层　工程用铜电镀层
41	GB/T 12334—2001	金属和其他非有机覆盖层　关于厚度测量的定义和一般规则
42	GB/T 12599—2002	金属覆盖层　锡电镀层　技术规范和试验方法
43	GB/T 12600—2005	金属覆盖层　塑料上镍+铬电镀层
44	GB/T 12608—2003	热喷涂　火焰和电弧喷涂用线材、棒材和芯材　分类和供货技术条件
45	GB/T 12609—2005	电沉积金属覆盖层和相关精饰　计数检验抽样程序
46	GB/T 12611—2008	金属零(部)件镀覆前质量控制技术要求
47	GB/T 12612—2005	多功能钢铁表面处理液通用技术条件
48	GB/T 13322—1991	金属覆盖层　低氢脆镉钛电镀层
49	GB/T 13346—2012	金属及其他无机覆盖层　钢铁上经过处理的镉电镀层
50	GB/T 13744—1992	磁性和非磁性基体上镍电镀层厚度的测量
51	GB/T 13825—2008	金属覆盖层　黑色金属材料热镀锌层　单位面积质量称量法
52	GB/T 13826—2008	湿式(非金属类)摩擦材料

（续）

序号	标准编号	标准名称
53	GB/T 13911—2008	金属镀覆和化学处理标识方法
54	GB/T 13912—2020	金属覆盖层　钢铁制件热浸镀锌层　技术要求及试验方法
55	GB/T 13913—2008	金属覆盖层　化学镀镍-磷合金镀层　规范和试验方法
56	GB/T 14293—1998	人造气氛腐蚀试验　一般要求
57	GB/T 15519—2002	化学转化膜　钢铁黑色氧化膜　规范和试验方法
58	GB/T 15821—1995	金属覆盖层　延展性测量方法
59	GB/T 15827—1995	离子镀　仿金氮化钛的颜色
60	GB/T 16744—2002	热喷涂　自熔合金喷涂与重熔
61	GB/T 16745—1997	金属覆盖层产品钎焊性的标准试验方法
62	GB/T 16921—2005	金属覆盖层　覆盖层厚度测量　X射线光谱法
63	GB/T 17458—1998	球墨铸铁管　水泥砂浆离心法衬层　新拌砂浆的成分检验
64	GB/T 17459—1998	球墨铸铁管　沥青涂层
65	GB/T 17461—1998	金属覆盖层　锡-铅合金电镀层
66	GB/T 17462—1998	金属覆盖层　锡-镍合金电镀层
67	GB/T 17720—1999	金属覆盖层　孔隙率试验评述
68	GB/T 17721—1999	金属覆盖层　孔隙率试验　铁试剂试验
69	GB/T 17754—2012	摩擦学术语
70	GB/T 18178—2000	水性涂料涂装体系选择通则
71	GB/T 18179—2000	金属覆盖层　孔隙率试验　潮湿硫(硫华)试验
72	GB/T 18592—2001	金属覆盖层　钢铁制品热浸镀铝　技术条件
73	GB/T 18593—2010	熔融结合环氧粉末涂料的防腐蚀涂装
74	GB/T 18680—2002	液晶显示器用氧化铟锡透明导电玻璃
75	GB/T 18681—2002	热喷涂　低压等离子喷涂　镍-钴-铬-铝-钇-钽合金涂层
76	GB/T 18682—2002	物理气相沉积 TiN 薄膜技术条件
77	GB/T 18683—2002	钢铁件激光表面淬火
78	GB/T 18684—2002	锌铬涂层　技术条件
79	GB/T 18719—2002	热喷涂　术语、分类
80	GB/T 19349—2012	金属和其他无机覆盖层　为减少氢脆危险的钢铁预处理
81	GB/T 19350—2012	金属和其他无机覆盖层　为减少氢脆危险的涂覆后钢铁的处理
82	GB/T 19351—2003	金属覆盖层　金属基体上金覆盖层孔隙率的测定　硝酸蒸汽试验
83	GB/T 19352. 1—2003	热喷涂　热喷涂结构的质量要求　第1部分:选择和使用指南
84	GB/T 19352. 2—2003	热喷涂　热喷涂结构的质量要求　第2部分:全面的质量要求
85	GB/T 19352. 3—2003	热喷涂　热喷涂结构的质量要求　第3部分:标准的质量要求
86	GB/T 19352. 4—2003	热喷涂　热喷涂结构的质量要求　第4部分:基本的质量要求
87	GB/T 19354—2003	铝搪瓷　在电解液作用下铝上瓷层密着性的测定(剥落试验)
88	GB/T 19355. 1—2016	锌覆盖层　钢铁结构防腐蚀的指南和建议　第1部分:设计与防腐蚀的基本原则

（续）

序号	标准编号	标准名称
89	GB/T 19355.2—2016	锌覆盖层 钢铁结构防腐蚀的指南和建议 第2部分:热浸镀锌
90	GB/T 19355.3—2016	锌覆盖层 钢铁结构防腐蚀的指南和建议 第3部分:粉末渗锌
91	GB/T 19356—2003	热喷涂 粉末 成分和供货技术条件
92	GB/T 19822—2005	铝及铝合金硬质阳极氧化膜规范
93	GB/T 19823—2020	热喷涂 工程零件热喷涂涂层的应用步骤
94	GB/T 19824—2005	热喷涂 热喷涂操作人员考核要求
95	GB/T 20015—2005	金属和其他无机覆盖层 电镀镍、自催化镀镍、电镀铬及最后精饰 自动控制喷丸硬化前处理
96	GB/T 20016—2005	金属和其他无机覆盖层 不锈钢部件平整和钝化的电抛光法
97	GB/T 20017—2005	金属和其他无机覆盖层 单位面积质量的测定 重量法和化学分析法评述
98	GB/T 20018—2005	金属与非金属覆盖层 覆盖层厚度测量 β射线背散射法
99	GB/T 20019—2005	热喷涂 热喷涂设备的验收检查
100	GB/T 24916—2010	表面处理溶液 金属元素含量的测定 电感耦合等离子体原子发射光谱法
101	GB/T 26105—2010	防锈油防锈性能试验 多电极电化学法
102	GB/T 26106—2010	机械镀锌层 技术规范和试验方法
103	GB/T 26107—2010	金属与其他无机覆盖层 镀覆和未镀覆金属的外螺纹和螺杆的残余氢脆试验 斜楔法
104	GB/T 26108—2010	三价铬电镀 技术条件
105	GB/T 26109—2010	水基防锈液防锈性能试验 多电极电化学法
106	GB/T 26110—2010	锌铝涂层 技术条件
107	GB/T 28699—2012	钢结构防护涂装通用技术条件
108	GB/T 29036—2012	不锈钢表面氧化着色 技术规范和试验方法
109	GB/T 29037—2012	热喷涂 抗高温腐蚀和氧化的保护涂层
110	GB/T 31361—2015	无溶剂环氧液体涂料的防腐蚀涂装
111	GB/T 31554—2015	金属和非金属基体上非磁性金属覆盖层 覆盖层厚度测量 相敏涡流法
112	GB/T 31563—2015	金属覆盖层 厚度测量 扫描电镜法
113	GB/T 31564—2015	热喷涂 热喷涂沉积效率的测定
114	GB/T 31565—2015	热交换器用钢板搪瓷边缘覆盖率的测定
115	GB/T 31566—2015	金属覆盖层 物理气相沉积铝涂层 技术规范与检测方法
116	GB/T 31567—2015	用于空气-烟气、烟气-烟气再生式热交换器的搪瓷换热元件
117	GB/T 31568—2015	热喷涂热障 ZrO_2 涂层晶粒尺寸的测定 谢乐公式法
118	GB/T 34625—2017	金属及其他无机覆盖层 电气、电子和工程用金和金合金电镀层 技术规范和试验方法
119	GB/T 34626.1—2017	金属及其他无机覆盖层 金属表面的清洗和准备 第1部分:钢铁及其合金
120	GB/T 34626.2—2017	金属及其他无机覆盖层 金属表面的清洗和准备 第2部分:有色金属及其合金

（续）

序号	标 准 编 号	标 准 名 称
121	GB/T 34627—2017	金属及其他无机覆盖层　外观的定义及习惯用法
122	GB/T 34648—2017	金属及其他无机覆盖层　电磁屏蔽用化学镀铜上化学镀镍
123	GB/T 37421—2019	热喷涂　热喷涂涂层的表征和试验
124	GB/T 37707—2019	热喷涂　热喷涂零件　技术供应条件
125	GB/T 37773—2019	书写板钢板搪瓷
126	GB/T 38518—2020	柔性薄膜基体上涂层厚度的测量方法
127	GB/T 39495—2020	金属及其他无机覆盖层　铝及铝合金无铬化学转化膜
128	GB/T 39530—2020	热喷涂　纳米氧化锆粉末及涂层制备工艺技术条件
129	GB/T 39807—2021	无铅电镀锡及锡合金工艺规范

注：截至 2022 年 11 月。

表 B-2　全国金属与非金属覆盖层标准化技术委员会（SAC/TC 57）归口管理的现行有效机械行业标准

序号	标 准 编 号	标 准 名 称
1	JB/T 3206—1999	防锈油脂加速凝露　腐蚀试验方法
2	JB/T 4050. 1—1999	气相防锈油　技术条件
3	JB/T 4050. 2—1999	气相防锈油　试验方法
4	JB/T 4051. 1—1999	气相防锈纸　技术条件
5	JB/T 4051. 2—1999	气相防锈纸　试验方法
6	JB/T 4108—2015	热喷涂设备　分类及型号编制方法
7	JB/T 4216—1999	防锈油膜抗热流失性　试验方法
8	JB/T 5067—1999	钢铁制件粉末渗锌
9	JB/T 5071—1999	摩擦材料　术语
10	JB/T 6067—1992	气相防锈塑料薄膜技术条件
11	JB/T 6073—1992	金属覆盖层　实验室全浸腐蚀试验
12	JB/T 6075—1992	氮化钛涂层　金相检验方法
13	JB/T 6974—1993	线材喷涂碳钢及不锈钢
14	JB/T 6977—1993	机械产品防锈前处理　清净技术条件
15	JB/T 6978—2015	涂装前表面准备　酸洗
16	JB/T 6986—1993	铝及铝合金电镀前表面准备方法
17	JB/T 7503—1994	金属覆盖层横截面厚度扫描电镜　测量方法
18	JB/T 7504—1994	静电喷涂装备　技术条件
19	JB/T 7505—1994	离子镀术语
20	JB/T 7507—1994	刷镀　通用技术规范
21	JB/T 7508—2005	光亮镀镍添加剂　技术条件
22	JB/T 7702—1995	金属基体上金属和非有机覆盖层盐水滴腐蚀试验(SD 试验)
23	JB/T 7703—1995	热喷涂陶瓷涂层　技术条件

（续）

序号	标准编号	标准名称
24	JB/T 7704.1—1995	电镀溶液试验方法 霍尔槽试验
25	JB/T 7704.2—1995	电镀溶液试验方法 覆盖能力试验
26	JB/T 7704.3—1995	电镀溶液试验方法 阴极电流效率试验
27	JB/T 7704.4—1995	电镀溶液试验方法 分散能力试验
28	JB/T 7704.5—1995	电镀溶液试验方法 整平性试验
29	JB/T 7704.6—1995	电镀溶液试验方法 极化曲线测定
30	JB/T 7707—1995	离子镀硬膜厚度试方法 球磨法
31	JB/T 8424—1996	金属覆盖层和有机涂层 天然海水腐蚀试验方法
32	JB/T 8554—1997	气相沉积薄膜与基体附着力的划痕试验法
33	JB/T 8926—1999	火焰喷涂钼涂层检验方法
34	JB/T 8927—1999	铝及铝合金等离子体增强电化学表面陶瓷化(PECC)膜/有机涂层
35	JB/T 9188—1999	高压无气喷涂典型工艺
36	JB/T 9189—2015	水基材料防锈试验方法 铸铁粉末法
37	JB/T 9191—1999	等离子喷焊枪技术条件
38	JB/T 9192—1999	等离子喷焊电源
39	JB/T 10240—2001	静电粉末涂装设备
40	JB/T 10241—2001	金属覆盖层 装饰性多色彩组合电镀层
41	JB/T 10242—2013	阴极电泳涂装 通用技术规范
42	JB/T 10339—2002	光亮镀锌添加剂 技术条件
43	JB/T 10394.1—2002	涂装设备通用技术条件 第1部分:钣金件
44	JB/T 10394.2—2002	涂装设备通用技术条件 第2部分:焊接件
45	JB/T 10394.3—2002	涂装设备通用技术条件 第3部分:涂层
46	JB/T 10394.4—2002	涂装设备通用技术条件 第4部分:安装
47	JB/T 10413—2005	喷漆室
48	JB/T 10458—2004	机械设备抗高温涂层 技术条件
49	JB/T 10534—2005	多层镍镀层 各层厚度和电化学电位同步测量
50	JB/T 10536—2013	涂装供漆系统 技术条件
51	JB/T 10579—2006	腐蚀数据统计分析标准方法
52	JB/T 10580—2006	热喷涂 涂层设计命名方法
53	JB/T 10581—2006	化学转化膜铝及铝合金上漂洗和不漂洗铬酸盐转化膜
54	JB/T 10620—2006	铜锡合金 技术条件
55	JB/T 10621—2006	带钢连续热镀锌沉没辊及稳定辊热喷涂层 技术条件
56	JB/T 10915—2008	不锈钢表面着色
57	JB/T 11399—2013	漩流光饰机
58	JB/T 11614—2013	带钢连续退火炉辊热喷涂涂层 技术条件
59	JB/T 11615—2013	锅炉炉管电弧喷涂技术规范

（续）

序号	标准编号	标准名称
60	JB/T 11616—2013	电镀锌三价铬钝化
61	JB/T 11617—2013	塑料涂装通用技术条件
62	JB/T 12274—2015	装饰性酸性光亮镀铜技术条件
63	JB/T 12743—2015	阴极电泳涂膜制备实验装置　技术条件
64	JB/T 12854—2015	金属表面氧化锆复合膜技术条件
65	JB/T 12855—2015	金属覆盖层　锌镍合金电镀层
66	JB/T 12856—2015	汽车用精密钢管表面处理技术要求
67	JB/T 12857—2015	无六价铬电镀装饰镀层工艺规范
68	JB/T 12858—2015	无氰电镀锌及锌合金工艺规范

注：截至 2022 年 11 月。

表 B-3　ISO/TC 107 Technical Committees of Metallic and Other Inorganic Coatings 归口管理的现行有效国际标准

序号	标准编号	国际标准名称
1	ISO 1456:2009	Metallic and other inorganic coatings—Electrodeposited coatings of nickel, nickel plus chromium, copper plus nickel and of copper plus nickel plus chromium
2	ISO 1460:2020	Metallic coatings—Hot dip galvanized coatings on ferrous materials—Gravimetric determination of the mass per unit area
3	ISO 1461:2022	Hot dip galvanized coatings on fabricated iron and steel articles—Specifications and test methods
4	ISO 1463:2021	Metallic and oxide coatings—Measurement of coating thickness—Microscopical method
5	ISO 2063-1:2019	Thermal spraying—Zinc, aluminium and their alloys—Part 1: Design considerations and quality requirements for corrosion protection systems
6	ISO 2063-2:2017	Thermal spraying—Zinc, aluminium and their alloys—Part 2: Execution of corrosion protection systems
7	ISO 2064:1996	Metallic and other inorganic coatings—Definitions and conventions concerning the measurement of thickness
8	ISO 2080:2022	Metallic and other inorganic coatings—Surface treatment, metallic and other inorganic coatings—Vocabulary
9	ISO 2081:2018	Metallic and other inorganic coatings—Electroplated coatings of zinc with supplementary treatments on iron or steel
10	ISO 2082:2017	Metallic and other inorganic coatings—Electroplated coatings of cadmium with supplementary treatments on iron or steel
11	ISO 2093:1986	Electroplated coatings of tin—Specification and test methods
12	ISO 2177:2003	Metallic coatings—Measurement of coating thickness—Coulometric method by anodic dissolution
13	ISO 2178:2016	Non-magnetic coatings on magnetic substrates—Measurement of coating thickness—Magnetic method
14	ISO 2179:1986	Electroplated coatings of tin-nickel alloy—Specification and test methods
15	ISO 2360:2017	Non-conductive coatings on non-magnetic electrically conductive basis materials—Measurement of coating thickness—Amplitude-sensitive eddy-current method

（续）

序号	标准编号	国际标准名称
16	ISO 2361:1982	Electrodeposited nickel coatings on magnetic and non-magnetic substrates—Measurement of coating thickness—Magnetic method
17	ISO 2746:2015	Vitreous and porcelain enamels—High voltage test
18	ISO 2747:1998	Vitreous and porcelain enamels—Enamelled cooking utensils—Determination of resistance to thermal shock
19	ISO 2819:2017	Metallic coatings on metallic substrates—Electrodeposited and chemically deposited coatings—Review of methods available for testing adhesion
20	ISO 3497:2000	Metallic coatings—Measurement of coating thickness—X-ray spectrometric methods
21	ISO 3543:2000	Metallic and non-metallic coatings—Measurement of thickness—Beta backscatter method
22	修改单	ISO 3543:2000/Cor 1:2003
23	ISO 3613:2021	Metallic and other inorganic coatings—Chromate conversion coatings on zinc, cadmium, aluminium-zinc alloys and zinc-aluminium alloys—Test methods
24	ISO 3868:1976	Metallic and other non-organic coatings—Measurement of coating thicknesses—Fizeau multiple-beam interferometry method
25	ISO 3882:2003	Metallic and other inorganic coatings—Review of methods of measurement of thickness
26	ISO 3892:2000	Conversion coatings on metallic materials—Determination of coating mass per unit area—Gravimetric methods
27	ISO 4518:2021	Metallic coatings—Measurement of coating thickness—Profilometric method
28	ISO 4519:1980	Electrodeposited metallic coatings and related finishes—Sampling procedures for inspection by attributes
29	ISO 4520:1981	Chromate conversion coatings on electroplated zinc and cadmium coatings
30	ISO 4521:2008	Metallic and other inorganic coatings—Electrodeposited silver and silver alloy coatings for engineering purposes—Specification and test methods
31	ISO 4524-2:2000	Metallic coatings—Test methods for electrodeposited gold and gold alloy coatings—Part 2: Mixed flowing gas (MFG) environmental tests
32	ISO 4524-3:2021	Metallic coatings—Test methods for electrodeposited gold and gold alloy coatings—Part 3: Electrographic tests for porosity
33	ISO 4524-6:1988	Metallic coatings—Test methods for electrodeposited gold and gold alloy coatings—Part 6: Determination of the presence of residual salts
34	ISO 4525:2003	Metallic coatings—Electroplated coatings of nickel plus chromium on plastics materials
35	ISO 4526:2004	Metallic coatings—Electroplated coatings of nickel for engineering purposes
36	ISO 4527:2003	Metallic coatings—Autocatalytic (electroless) nickel-phosphorus alloy coatings—Specification and test methods
37	ISO 4528:2022	Vitreous and porcelain enamel finishes—Guide to selection of test methods for vitreous and porcelain enamelled areas of articles
38	ISO 4530:2022	Vitreous and porcelain enamelled manufactured articles—Determination of resistance to heat
39	ISO 4531:2022	Vitreous and porcelain enamels—Release from enamelled articles in contact with food—Methods of test and limits
40	ISO 4532:1991	Vitreous and porcelain enamels—Determination of the resistance of enamelled articles to impact—Pistol test

（续）

序号	标准编号	国际标准名称
41	ISO 4534:2010	Vitreous and porcelain enamels—Determination of fluidity behaviour—Fusion flow test
42	ISO 4536:1985	Metallic and non-organic coatings on metallic substrates—Saline droplets corrosion test(SD test)
43	ISO 4538:1978	Metallic coatings—Thioacetamide corrosion test (TAA test)
44	ISO 4539:1980	Electrodeposited chromium coatings—Electrolytic corrosion testing (EC test)
45	ISO 4541:1978	Metallic and other non-organic coatings—Corrodkote corrosion test(CORR test)
46	ISO 4543:1981	Metallic and other non-organic coatings—General rules for corrosion tests applicable for storage conditions
47	ISO 5154:2022	Decorative metallic coatings for radio wave transmissive application products—Designation and characterization method
48	ISO 6158:2018	Metallic and other inorganie coatings—Electrodeposited coatings of chromium for engineering purposes
49	ISO 6370-1:1991	Vitreous and porcelain enamels—Determination of the resistance to abrasion—Part 1: Abrasion testing apparatus
50	ISO 6370-2:2020	Vitreous and porcelain enamels—Determination of the resistance to abrasion—Part 2: Loss in mass after sub-surface abrasion
51	ISO 6769:2022	Vitreous and porcelain enamels—Determination of surface scratch hardness according to the Mohs scale
52	ISO 7587:1986	Electroplated coatings of tin-lead alloys—Specification and test methods
53	ISO 8289-1:2020	Vitreous and porcelain enamels—Low-voltage test for detecting and locating defects—Part 1: Swab test for non-profiled surfaces
54	ISO 8289-2:2019	Vitreous and porcelain enamels—Low-voltage test for detecting and locating defects—Part 2: Slurry test for profiled surfaces
55	ISO 8291:1986	Vitreous and porcelain enamels—Method of test of self-cleaning properties
56	ISO 8401:2017	Metallic coatings—Review of methods of measurement of ductility
57	ISO 9220:2022	Metallic coatings—Measurement of coating thickness—Scanning electron microscope method
58	ISO 9587:2007	Metallic and other inorganic coatings—Pretreatment of iron or steel to reduce the risk of hydrogen embrittlement
59	ISO 9588:2007	Metallic and other inorganic coatings—Post-coating treatments of iron or steel to reduce the risk of hydrogen embrittlement
60	ISO 9717:2017	Metallic and other inorganic coatings—Phosphate conversion coating of metals
61	ISO 10111:2019	Metallic and other inorganic coatings—Measurement of mass per unit area—Review of gravimetric and chemical analysis methods
62	ISO 10289:1999	Methods for corrosion testing of metallic and other inorganic coatings on metallic substrates—Rating of test specimens and manufactured articles subjected to corrosion tests
63	ISO 10308:2006	Metallic coatings—Review of porosity tests
64	ISO 10309:1994	Metallic coatings—Porosity tests—Ferroxyl test
65	ISO 10587:2000	Metallic and other inorganic coatings—Test for residual embrittlement in both metallic-coated and uncoated externally-threaded articles and rods—Inclined wedge method
66	ISO 11177:2019	Vitreous and porcelain enamels—Inside and outside enamelled valves and pressure pipe fittings for untreated and potable water supply—Quality requirements and testing

（续）

序号	标准编号	国际标准名称
67	ISO 11408:1999	Chemical conversion coatings—Black oxide coating on iron and steel—Specification and test methods
68	ISO 12670:2011	Thermal spraying—Components with thermally sprayed coatings—Technical supply conditions
69	ISO 12671:2021	Thermal spraying—Thermally sprayed coatings—Symbolic representation on drawings
70	ISO 12679:2011	Thermal spraying—Recommendations for thermal spraying
71	ISO 12683:2004	Mechanically deposited coatings of zinc—Specification and test methods
72	ISO 12686:1999	Metallic and other inorganic coatings—Automated controlled shot—peening of metallic articles prior to nickel, autocatalytic nickel or chromium plating, or as a final finish
73	ISO 12687:1996	Metallic coatings—Porosity tests—Humid sulfur(flowers of sulfur) test
74	ISO 12690:2010	Metallic and other inorganic coatings—Thermal spray coordination— Tasks and responsibilities
75	ISO 13123:2011	Metallic and other inorganic coatings—Test method of cyclic heating for thermal-barrier coatings under temperature gradient
76	ISO 13805:1999	Vitreous and porcelain enamels for aluminium—Determination of the adhesion of enamels on aluminium under the action of electrolytic solution (spall test)
77	ISO 13807:2022	Vitreous and porcelain enamels—Determination of crack formation temperature in the thermal shock testing of enamels for the chemical industry
78	ISO 13826:2013	Metallic and other inorganic coatings—Determination of thermal diffusivity of thermally sprayed ceramic coatings by laser flash method
79	ISO 14188:2012	Metallic and other inorganic coatings—Test methods for measuring thermal cycle resistance and thermal shock resistance for thermal barrier coatings
80	ISO 14231:2000	Thermal spraying—Acceptance inspection of thermal spraying equipment
81	ISO 14232-1:2017	Thermal spraying—Powders—Part 1: Characterization and technical supply conditions
82	ISO/TR 14232-2:2017	Thermal spraying—Powders—Part 2: Comparison of coating performance and spray powder chemistry
83	ISO 14571:2020	Metallic coatings on non-metallic basis materials—Measurement of coating thickness—Micro-resistivity method
84	ISO 14647:2000	Metallic coatings—Determination of porosity in gold coatings on metal substrates—Nitric acid vapour test
85	ISO 14713-1:2017	Zinc coatings—Guidelines and recommendations for the protection against corrosion of iron and steel in structures—Part 1: General principles of design and corrosion resistance
86	ISO 14713-2:2019	Zinc coatings—Guidelines and recommendations for the protection against corrosion of iron and steel in structures—Part 2: Hot dip galvanizing
87	ISO 14713-3:2017	Zinc coatings—Guidelines and recommendations for the protection against corrosion of iron and steel in structures—Part 3: Sherardizing
88	ISO 14916:2017	Thermal spraying—Determination of tensile adhesive strength
89	ISO 14917:2017	Thermal spraying—Terminology, classification
90	ISO 14918:2018	Thermal spraying—Qualification testing of thermal sprayers
91	ISO 14919:2015	Thermal spraying—Wires, rods and cords for flame and arc spraying—Classification—Technical supply conditions
92	ISO 14920:2015	Thermal spraying—Spraying and fusing of self-fluxing alloys

（续）

序号	标准编号	国际标准名称
93	ISO 14921:2010	Thermal spraying—Procedures for the application of thermally sprayed coatings for engineering components
94	ISO 14922:2021	Thermal spraying—Quality requirements for manufacturers of thermal sprayed coatings
95	ISO 14923:2003	Thermal spraying—Characterization and testing of thermally sprayed coatings
96	ISO 14924:2005	Thermal spraying—Post-treatment and finishing of thermally sprayed coatings
97	ISO 15695:2000	Vitreous and porcelain enamels—Determination of scratch resistance of enamel finishes
98	修改单	ISO 15695:2000/Cor 1:2000
99	ISO 15720:2001	Metallic coatings—Porosity tests—Porosity in gold or palladium coatings on metal substrates by gel-bulk electrography
100	ISO 15721:2001	Metallic coatings—Porosity tests—Porosity in gold or palladiun coatings by sulfurous acid/sulfur dioxide vapour
101	ISO 15724:2001	Metallic and other inorganic coatings—Electrochemical measurement of diffusible hydrogen in steels—Barnacle electrode method
102	ISO 15726:2009	Metallic and other inorganic coatings—Electrodeposited zinc alloys with nickel, cobalt or iron
103	ISO 15730:2000	Metallic and other inorganic coatings—Electropolishing as a means of smoothing and passivating stainless steel
104	ISO/TR 15922:2011	Metallic and other inorganic coatings—Evaluation of properties of dark-stain phenomenon of chromated coiled or sheet product
105	ISO 16348:2003	Metallic and other inrganic coatings—Definitions and conventions concerning appearance
106	ISO 16866:2020	Metallic and other inorganic coatings—Simultaneous thickness and electrode potential determination of individual layers in multilayer nickel deposits (STEP test)
107	ISO 17334:2008	Metallic and other inorganic coatings—Autocatalytic nickel over autocatalytic copper for electromagnetic shielding
108	ISO 17668:2016	Zinc diffusion coatings on ferrous products—Sherardizing—Specification
109	ISO 17834:2003	Thermal spraying—Coatings for protection against corrosion and oxidation at elevated temperatures
110	ISO 17836:2017	Thermal spraying—Determination of the deposition efficiency for thermal spraying
111	ISO 18332:2007	Metallic and other inorganic coatings—Definitions and conventions concerning porosity
112	ISO 18535:2016	Diamond-like carbon films—Determination of friction and wear characteristics of diamond-like carbon films by ball-on-disc method
113	ISO 18555:2016	Metallic and other inorganic coatings—Determination of thermal conductivity of thermal barrier coatings
114	ISO 19207:2016	Thermal spraying—Classification method of adhesive strength by indentation
115	ISO 19477:2016	Metallic and other inorganic coatings—Measurement of Young's modulus of thermal barrier coatings by beam bending
116	ISO 19487:2016	Metallic and other inorganic coatings—Electrodeposited nickel—ceramics composite coatings
117	ISO 19598:2016	Metallic coatings—Electroplated coatings of zinc and zinc alloys on iron or steel with supplementary Cr(Ⅵ)-free treatment
118	ISO 19496-1:2017	Vitreous and porcelain enamels—Terminology—Part 1: Terms and definitions

（续）

序号	标准编号	国际标准名称
119	ISO 19496-2:2017	Vitreous and porcelain enamels—Terminology—Part 2:Visual representations and descriptions
120	ISO 20267:2017	Thermal spraying—Determination of interfacial toughness of ceramic coatings by indentation
121	ISO 20274:2017	Vitreous and porcelain enamels—Preparation of samples and determination of thermal expansion coefficient
122	ISO 20523:2017	Carbon based films—Classification and designations
123	ISO 21164:2018	Metallic and other inorganic coatings—DC magnetron sputtered silver coatings for engineering purposes—Measurement of coating adhesion
124	ISO 21874:2019	PVD multi-layer hard coatings—Composition, structure and properties
125	ISO 21968:2019	Non-magnetic metallic coatings on metallic and non-metallic basis materials—Measurement of coating thickness—Phase-sensitive eddy-current method
126	ISO 22462:2020	Metallic and other inorganic coatings—Test method for the friction coefficient measurement of chemical conversion coatings
127	ISO 22680:2020	Metallic and other inorganic coatings—Measurement of the linear thermal expansion coefficient of thermal barrier coatings
128	ISO 22778:2006	Metallic coatings—Physical vapour-deposited coatings of cadmium on iron and steel—Specification and test methods
129	ISO 22779:2006	Metallic coatings—Physical vapour-deposited coatings of aluminium—Specification and test methods
130	ISO 23131:2021	Ellipsometry—Principles
131	ISO 23216:2021	Carbon based films—Determination of optical properties of amorphous carbon films by spectroscopic ellipsometry
132	ISO 23363:2020	Electrodeposited coatings and related finishes—Electroless Ni-P-ceramic composite coatings
133	ISO 23486:2021	Metallic and other inorganic coatings—Measurement of Young's modulus of thermal barrier coatings at elevated temperature by flexural resonance method
134	ISO 24284:2022	Metallic coatings—Corrosion test method for decorative chrome plating under a deicing salt environment
135	ISO 24449:2021	Metallic and other inorganic coatings—Determination of thermal conductivity of thermal barrier coatings at elevated temperature
136	ISO 24674:2022	Method and requirements for plasma nitriding and follow-up PVD hard coatings on cold-work mould steels
137	ISO 24688:2022	Determination of modulation period of nano-multilayer coatings by low-angle X-ray methods
138	ISO 26945:2011	Metallic and other inorganic coatings—Electrodeposited coatings of tin-cobalt alloy
139	ISO/TR 26946:2011	Standard method for porosity measurement of thermally sprayed coatings
140	ISO 27307:2015	Thermal spraying—Evaluation of adhesion/cohesion of thermal sprayed ceramic coatings by transverse scratch testing
141	ISO 27830:2017	Metallic and other inorganic coatings—Requirements for the designation of metallic and inorganic coatings
142	ISO 27831-1:2008	Metallic and other inorganic coatings—Cleaning and preparation of metal surfaces—Part 1: Ferrous metals and alloys
143	ISO 27831-2:2008	Metallic and other inorganic coatings—Cleaning and preparation of metal surfaces—Part 2: Nonferrous metals and alloys

（续）

序号	标准编号	国际标准名称
144	ISO 27874:2008	Metallic and other inorganic coatings—Electrodeposited gold and gold alloy coatings for electrical, electronic and engineering purposes—Specification and test methods
145	ISO 28706-1:2008	Vitreous and porcelain enamels—Determination of resistance to chemical corrosion—Part 1: Determination of resistance to chemical corrosion by acids at room temperature
146	ISO 28706-2:2017	Vitreous and porcelain enamels—Determination of resistance to chemical corrosion—Part 2: Determination of resistance to chemical corrosion by boiling acids, boiling neutral liquids, alkaline liquids and/or their vapours
147	ISO 28706-3:2017	Vitreous and porcelain enamels—Determination of resistance to chemical corrosion—Part 3: Determination of resistance to chemical corrosion by alkaline liquids using a hexagonal vessel or a tetragonal glass bottle
148	ISO 28706-4:2016	Vitreous and porcelain enamels—Determination of resistance to chemical corrosion—Part 4: Determination of resistance to chemical corrosion by alkaline liquids using a cylindrical vessel
149	ISO 28706-5:2010	Vitreous and porcelain enamels—Determination of resistance to chemical corrosion—Part 5: Determination of resistance to chemical corrosion in closed systems
150	ISO 28721-1:2019	Vitreous and porcelain enamels—Glass-lined apparatus for process plants—Part 1: Quality requirements for apparatus, components, appliances and accessories
151	ISO 28721-2:2015	Vitreous and porcelain enamels—Glass-lined apparatus for process plants—Part 2: Designation and specification of resistance to chemical attack and thermal shock
152	ISO 28721-3:2008	Vitreous and porcelain enamels—Glass-lined apparatus for process plants—Part 3: Thermal shock resistance
153	ISO 28721-4:2015	Vitreous and porcelain enamels—Glass-lined apparatus for process plants—Part 4: Quality requirements for glass-lined flanged steel pipes and flanged steel fittings
154	ISO 28721-5:2016	Vitreous and porcelain enamels—Glass-lined apparatus for process plants—Part 5: Presentation and characterization of defects
155	ISO 28722:2008	Vitreous and porcelain enamels—Characteristics of enamel coatings applied to steel panels intended for architecture
156	ISO 28723:2008	Vitreous and porcelain enamels—Determination of the edge covering on enamelled steel plate to be used in heat exchangers
157	ISO 28762:2010	Vitreous and porcelain enamels—Enamel coatings applied to steel for writing surfaces—Specification
158	ISO 28763:2019	Vitreous and porcelain enamels—Regenerative, enamelled and packed panels for air-gas and gas-gas heat exchangers—Specifications
159	ISO 28764:2015	Vitreous and porcelain enamels—Production of specimens for testing enamels on sheet steel, sheet aluminium and cast iron
160	ISO 28765:2022	Vitreous and porcelain enamels—Design of bolted steel tanks for the storage or treatment of water or municipal or industrial effluents and sludges

注：截至 2022 年 11 月。